Hans-Ulrich Harten

Physik für Mediziner

Eine Einführung

Unter Mitarbeit von
H. Nägerl J. Schmidt H.-D. Schulte

Vierte, überarbeitete und ergänzte Auflage

Mit 549, teilweise zweifarbigen Abbildungen
und 2 Farbtafeln

Springer-Verlag
Berlin Heidelberg New York 1980

Prof. Dr. Hans-Ulrich Harten
Direktor des IV. Physikalischen Instituts
der Universität
3400 Göttingen, Bunsenstraße 11–15

Mitarbeiter:

Dr. Hans Nägerl
IV. Physikalisches Institut der Universität
3400 Göttingen, Bunsenstraße 11–15

Dr. Jörg Schmidt
Physiologisches Institut der Universität
3400 Göttingen. Humboldtallee 7

Dr. Hans-Dieter Schulte
IV. Physikalisches Institut der Universität
3400 Göttingen, Bunsenstraße 11–15

ISBN 3-540-10315-5 4. Auflage Springer-Verlag Berlin Heidelberg New York
ISBN 0-387-10315-5 4th edition Springer-Verlag New York Heidelberg Berlin

ISBN 3-540-08182-8 3. Auflage Springer-Verlag Berlin Heidelberg New York
ISBN 0-387-08182-8 3rd edition Springer-Verlag New York Heidelberg Berlin

CIP-Kurztitelaufnahme der Deutschen Bibliothek
Harten, Hans-Ulrich:
Physik für Mediziner: e. Einf./Hans-Ulrich Harten.
Unter Mitarb. von H. Nägerl... – 4. Aufl. –
Berlin, Heidelberg, New York: Springer, 1980
ISBN 3-540-10315-5 (Berlin, Heidelberg, New York)
ISBN 0-387-10315-5 (New York, Heidelberg, Berlin)

Printed in Germany

Satz, Druck und Bindearbeiten: Universitätsdruckerei H. Stürtz AG, Würzburg
Zeichnungen: E. Neumann und J. Zerbst, Göttingen
2132/3130-543210

Vorwort zur vierten Auflage

Die Physik handelt von den Naturgesetzen, und die galten schon, als die Erde noch wüst und leer war. Verstöße gegen die Naturgesetze werden nicht bestraft, sie sind gar nicht erst möglich. Das gilt auch für organisches Leben und für die ärztliche Kunst. Die Natur folgt quantitativen Gesetzen; sie braucht den Menschen nicht zu fragen, ob ihm das gefällt. *Sola dosis facit venenum* hat Paracelsus dazu gesagt – allein die Dosis macht das Gift. Allein die Dosis entscheidet, ob etwas Gift ist und gefährlich, ob etwas Nahrungsmittel, Medikament, Genußmittel ist und damit lebensnotwendig oder doch zumindest ungefährlich, oder ob etwas schlicht bedeutungslos ist wegen zu geringer Dosis. Deren Bestimmung aber erfordert den Umgang mit Maß und Zahl, und der macht Mühe. Die Physik betreibt ihn ganz extensiv, und darum ist ein Physikbuch nicht so leicht zu lesen wie ein Kriminalroman. Bei einer Physik für Mediziner geht es nicht nur um physikalische Tatbestände, es geht so nebenbei auch um das Denken in quantitativen Zusammenhängen. Dazu braucht man den mathematischen Formalismus, vom Dreisatz bis zum Integral. Wer die Physik nutzen will, darf ihren Formeln nicht ausweichen.

Der älteste der Verfasser kann und will seinen im Sommer 1976 verstorbenen Lehrer R.W. Pohl nicht verleugnen; das zeigen viele aus dessen Lehrbüchern übernommene Abbildungen, an denen nichts mehr zu verbessern ist. Den Anstoß, das Manuskript überhaupt zu schreiben, gab Herr Dr. H. Wiebking – dazu später noch manchen guten Ratschlag. Die weitaus meisten Zeichnungen stammen von Herrn E. Neumann, insbesondere auch die neu aufgenommenen. Die Betreuung beim Verlag lag wieder in den bewährten Händen von Fräulein C. Grössl. Allen, ohne deren Hilfe dieses Buch nicht existierte, sei an dieser Stelle herzlich gedankt – vor allem jenen Lesern, die auf Fehler und Verbesserungsmöglichkeiten aufmerksam gemacht haben.

Göttingen, im Sommer 1980 Die Verfasser

Aus dem Vorwort zur ersten Auflage

Eine „Physik für Mediziner" handelt von keinen anderen Naturgesetzen als eine Physik für Physiker auch. Allenfalls kann man sich bemühen, erläuternde Beispiele vornehmlich im medizinischen Bereich zu suchen. Dem sind aber Grenzen gesetzt: Organisches Leben entwickelt eine faszinierende Virtuosität im Umgang mit den Naturgesetzen – dem Lernenden sind einfache Beispiele dienlicher, und die finden sich nun einmal eher in der von Menschen gemachten und darum weit simpleren Technik.
Das Anschauungsvermögen des Menschen hat sich an dem entwickelt, was seinen Sinnen unmittelbar zugänglich ist. Die Naturgesetze reichen weiter und wirken in der Welt der Moleküle „unanschaulich". Das Leben klammert diese Welt nicht aus; die ihm unerläßliche Erbinformation speichert es in der molekularen Struktur der Desoxyribonukleinsäure.
Als zuverlässige Brücke zur Welt des Unanschaulichen erweist sich die Mathematik. Beispielsweise läßt sich der dem menschlichen Vorstellungsvermögen unzugängliche *Dualismus von Welle und Korpuskel* mit Differentialgleichungen zwanglos beschreiben. Aber auch im Bereich des Anschaulichen hat die mathematische Formulierung ihren Nutzen: Sie zwingt zu klarer Einigung über den Gebrauch der verwendeten Vokabeln! In Disziplinen, denen dieses nicht möglich ist, sind ebenso end- wie fruchtlose Debatten nur allzuoft die Folge. Wie will man auch zu einem greifbaren Resultat kommen, wenn man mit den gleichen Worten Verschiedenes meint?
Die Formeln der Physik verleiten manchen dazu, sie auswendig zu lernen wie die Vokabeln einer fremden Sprache. Das ist unsinnig – es gibt weit mehr Formeln, als ein vernünftiger Mensch auswendig lernen kann. Worum es geht, ist dieses: Man muß einen beobachteten oder auch nur vermuteten Zusammenhang auf jeden Fall in Form eines Graphen darstellen können und, wenn die notwendige Abstraktion auf das Wichtigste gelingt, auch in Form einer Formel. Umgekehrt muß man aus Graph und Formel den Zusammenhang herauslesen können.

Einige Hinweise zum Gebrauch dieses Buches

Primär ist dies Buch als Lehrbuch geschrieben, nur in zweiter Linie läßt es sich auch als Nachschlagewerk benutzen. Am liebsten möchte es fortlaufend von vorn bis hinten gelesen werden: Nachfolgende Kapitel rechnen damit, daß der Inhalt der voraufgegangenen bekannt ist. Hinweise im Text sollen auf Querverbindungen aufmerksam machen; in der Natur hängt alles mit allem zusammen, sie ist nicht in Kapitel aufgeteilt wie ein Buch.

Kleingedrucktes darf der eilige Leser überschlagen, ohne gleich befürchten zu müssen, daß er den Faden verliert oder durch's Examen fällt. Er verzichtet lediglich auf die Butter zum Brot.

Was rotes Raster hervorhebt, gehört demgegenüber zum Tragenden, zum Gerippe: unverzichtbar, für sich allein aber geradezu Symbol des Verderbens.

Ein physikalisches Lehrbuch liest sich nicht so bequem wie ein flotter Roman – oder gar so diagonal wie eine Zeitung. Formeln müssen nun einmal Buchstabe für Buchstabe gelesen (und verstanden!) werden und viele Sätze Wort für Wort, manche auch zwei- und dreimal.

Lernen erschöpft sich nicht im Aufnehmen vorgedruckter Gedankengänge: Es erfordert eigenes Tun. Dieses anzuregen ist Sinn der eingestreuten Aufgaben. Sie sind kein Beiwerk; sie gehören zum Text und können ohne Schaden nicht ausgelassen werden.

Wer sich mit diesem Buch einläßt, muß deshalb Bleistift, Papier und Taschenrechner bereitlegen. Der Rechner gilt nur, wenn er mit Logarithmen, Winkelfunktionen und Zehnerpotenzen umgehen kann; ein Rechenschieber tut es natürlich auch. Vieles in der Physik läßt sich nicht beantworten ohne die Kenntnis einzelner Natur- und Materialkonstanten. Nur wenige von ihnen sind es wert, auswendig gelernt zu werden; den Rest schlägt man nach. Was der Inhalt dieses Buches verlangt, findet sich im Anhang – dazu auch einige Erinnerungen an Bekanntes aus der Mathematik.

Inhaltsverzeichnis

1. Mechanik starrer Körper

1.01 Physikalische Größen 1
1.02 Länge, Fläche, Volumen 3
1.03 Zeit 7
1.04 Geschwindigkeit 9
1.05 Momentangeschwindigkeit (graphische Differentiation) 11
1.06 Bedenkliche Bezeichnungen 12
1.07 Vektoren und Skalare 13
1.08 Beschleunigung 14
1.09 Meßfehler 17
1.10 Kräfte 19
1.11 Das Grundgesetz der Mechanik 22
1.12 SI-Einheiten 24
1.13 Gravitation 25
1.14 Reibung 25
1.15 Trägheitskräfte 26
1.16 Drehbewegungen 28
1.17 Energie 32
1.18 Integration 34
1.19 Energiesatz und Leistung 35
1.20 Hebel und Drehmoment 38
1.21 Kinetische Energie 41
1.22 Trägheitsmoment 43
1.23 Impuls 44
1.24 Drehimpuls 46

2. Mechanik deformierbarer Körper

2.01 Struktur der Materie 48
2.02 Viskoelastizität 51
2.03 Festkörper 51
2.04 Flüssigkeiten, hydrostatischer Druck 53
2.05 Schweredruck 55
2.06 Auftrieb 58
2.07 Manometer 59
2.08 Blutdruckmessung 60
2.09 Gase 61
2.10 Exponentialfunktion und Logarithmus 64
2.11 Oberflächenspannung 66
2.12 Kapillarwirkung 69

2.13 Zähigkeit 70
2.14 Laminare Strömung 72
2.15 Turbulente Strömung 75
2.16 Staudruck 77
2.17 Pumpen 79

3. Mechanische Schwingungen und Wellen

3.01 Oszillatoren 81
3.02 Harmonische Schwingungen 82
3.03 Gedämpfte Schwingungen 85
3.04 Erzwungene Schwingungen – Resonanz 87
3.05 Überlagerung von Schwingungen 88
3.06 Seilwellen 91
3.07 Schall 94
3.08 Schallstärke, Lautstärke und Lautheit 95
3.09 Schallausbreitung 97
3.10 Das Ohr 99
3.11 Schallerzeugung 100

4. Wärmelehre

4.01 Temperatur 103
4.02 Thermische Ausdehnung 106
4.03 Das Gasgesetz 107
4.04 Partialdruck und Partialvolumen 108
4.05 Die Stoffmenge 109
4.06 Die Zustandsgleichung nach van der Waals 110
4.07 Thermische Bewegung 110
4.08 Wärme 113
4.09 Umwandlungswärmen 115
4.10 Schmelzwärme 115
4.11 Lösungs- und Solvationswärme 117
4.12 Verdampfung 117
4.13 Dampfdruck und Dampfdichte 118
4.14 Luftfeuchtigkeit 120
4.15 Verdampfungswärme 121
4.16 Zustandsdiagramme 122
4.17 Diffusion 125
4.18 Osmose 127
4.19 Absorption und Adsorption 130
4.20 Wärmeleitung und Konvektion 131
4.21 Temperaturstrahlung 133
4.22 Die Sonderstellung der Energieform „Wärme“ 135
4.23 Der Carnotsche Kreisprozeß 136
4.24 Entropie 140
4.25 Der Wärmehaushalt der Erde 141

5. Elektrizitätslehre und Magnetismus

Elektrizitätslehre

5.01 Vorbemerkung 143
5.02 Die elektrische Spannung 144

5.03 Der elektrische Strom 146
5.04 Energie und Leistung 147
5.05 Der elektrische Widerstand 148
5.06 Das Ohmsche Gesetz 151
5.07 Knotenregel und Maschenregel. 152
5.08 Resistivität 153
5.09 Innenwiderstand 154
5.10 Spannungsteiler und Kompensationsmessung 157
5.11 Die Brückenschaltung 158
5.12 Wechselspannung 159
5.13 Elektrisches Potential 161
5.14 Elektrische Felder 163
5.15 Kugelsymmetrisches Feld 166
5.16 Stromdichte, Dielektrika 167
5.17 Der elektrische Dipol und das Einthovensche Dreieck 168
5.18 Elektrische Ladung und Kondensator 170
5.19 Kondensatorentladung und e-Funktion 172
5.20 Hoch- und Tiefpaß, Wechselstromwiderstand. 175
5.21 Die Energie des elektrischen Feldes 179
5.22 Kräfte im elektrischen Feld 180
5.23 Zwischenbemerkung 183
5.24 Der Millikan-Versuch. 183
5.25 Elektron und Elektronenleitung 184
5.26 Influenz. 186
5.27 Der Faraday-Käfig 188
5.28 Dielektrizitätszahl, Dipole, Austrittsarbeit 189
5.29 Elektronenröhren 191
5.30 Das Elektronvolt. 195
5.31 Ruhemasse und relativistische Masse 196
5.32 Gasentladung 197
5.33 Massenwirkungsgesetz und pH-Wert 199
5.34 Elektrolyte 201
5.35 Die Äquivalentenmenge 205
5.36 Elektrische Unfälle 206
5.37 Membranspannung. 208
5.38 Galvani-Spannung, galvanische Elemente 210
5.39 Thermospannung 212
5.40 Halbleiter 213

Magnetismus
5.41 Vorbemerkung. 215
5.42 Das magnetische Feld. 215
5.43 Kraftfluß und Kraftflußdichte 219
5.44 Elektromagnete 219
5.45 Kräfte im Magnetfeld 220
5.46 Induktion 222
5.47 Wirbelströme 225
5.48 Transformatoren 226
5.49 Selbstinduktion 227
5.50 Induktiver Widerstand 229

6. Elektrische Schwingungen und Wellen

6.01 Impedanz 231
6.02 Elektrische Resonanz 233
6.03 Der Schwingkreis 234
6.04 Die Schwingungsdifferentialgleichung 236
6.05 Elektronische Simulation 237
6.06 Lissajous-Figuren 238
6.07 Überlagerung von Schwingungen 239
6.08 Einschwingvorgänge 240
6.09 Geschlossene elektrische Feldlinien 240
6.10 Die Elektronenschleuder 243
6.11 Der schwingende elektrische Dipol 243
6.12 Elektromagnetische Wellen 245

7. Optik

7.01 Vorbemerkung. 247

Geometrische Optik

7.02 Lichtbündel 251
7.03 Spiegelung 253
7.04 Brechung und Totalreflexion 255
7.05 Dispersion 258
7.06 Abbildung durch Brechung 258
7.07 Abbildung durch Linsen 262
7.08 Linsenfehler 264
7.09 Bildkonstruktion 267
7.10 Das Auge 270
7.11 Fehlsichtigkeit und Brillen 272
7.12 Optische Instrumente 274
7.13 Der beleuchtende Strahlengang 277

Energieumsatz in der Optik

7.14 Strahlungs- und Lichtmeßgrößen 279
7.15 Das Lambertsche Cosinusgesetz 281
7.16 Farbsehen. 282
7.17 Optische Absorption 284
7.18 Temperaturstrahlung 287

Wellenoptik

7.19 Polarisiertes Licht 289
7.20 Interferenz 291
7.21 Kohärenz 293
7.22 Beugung 294
7.23 Interferenzen in weißem Licht 299

Quantenoptik

7.24 Das Lichtquant 300
7.25 Röntgenstrahlen 301
7.26 Energiezustände 304
7.27 Spektren 307
7.28 Der Laser 308

8. Atom- und Kernphysik

8.01 Das Bohrsche Atommodell 310
8.02 Die charakteristische Röntgenstrahlung 311
8.03 Heisenbergs Unschärferelation 312
8.04 Materiewellen 313
8.05 Das Elektronenmikroskop 314
8.06 Der Compton-Effekt 315
8.07 Atomkerne 316
8.08 Radioaktivität 317
8.09 Nachweis radioaktiver Strahlung 319
8.10 Das Gesetz des radioaktiven Zerfalls 322
8.11 $E = mc^2$ 324
8.12 Kernspaltung 325
8.13 Künstliche Radioaktivität 325
8.14 Dosimetrie 327
8.15 Strahlenschutz 328

9. Steuerung, Regelung, Information

9.01 Grundbegriffe 331
9.02 Einzelheiten des Regelkreises 332
9.03 Gegenkopplung und Mitkopplung 334
9.04 P-, I- und D-Regler 335
9.05 Biologische Regelkreise 336
9.06 Informationsübertragung 337
9.07 Wie mißt man „Information“? 340

Lösungen der Aufgaben 343

Anhang

Erweiterung von Einheiten 358
Das SI-System 358
Umrechnung von Energieeinheiten 359
Einige Naturkonstanten 360
Einige astronomische Konstanten 360
Kernladungszahlen und relative Atommassen einiger Elemente 360
Einige Eigenschaften des Wassers 361
Verschiedene Eigenschaften einiger Substanzen 361
Die Farben des sichtbaren Spektrums 362
Einige Formeln aus der Mathematik 362

Sachverzeichnis 365

1. Mechanik starrer Körper

1.01 Physikalische Größen

Des Menschen liebster Muskel ist das Herz; kein anderes Organ wird ähnlich mit Gefühlswerten befrachtet. Anatomisch handelt es sich um einen Hohlmuskel, der ganz nach Art einer Kolbenpumpe durch periodische Änderung seines Kammervolumens den Blutkreislauf in Gang hält. Vom Herzen des Menschen wird verlangt, daß es in der Minute etwa sechs Liter Blut umpumpt – bei körperlicher Belastung auch noch mehr – und dabei in der Aorta eben jenen Druck aufrechterhält, den der Blutstrom braucht, um den Widerstand des Gefäßsystems zu überwinden. Nach diesen Forderungen müssen sich Konstruktion und Betriebsbedingungen des Herzens richten, also Schlagvolumen, Muskelkraft und, vom Schrittmacher geregelt, Schlagfrequenz.

Mit Worten läßt sich der Ablauf eines Herzzyklus folgendermaßen beschreiben: In einer kurzen Kontraktionsphase, der *Systole*, spannt sich der Muskel; dadurch steigt der Blutdruck in der Herzkammer rasch an, bis er den in der Aorta übersteigt und die Aortenklappe öffnet; jetzt wird das Kammervolumen kleiner und stößt die entsprechende Blutmenge aus. In der nachfolgenden *Diastole* erschlafft der Muskel, und die Herzklappe zur Aorta schließt, weil der Druck sinkt. Unterschreitet er den des Vorhofes und damit auch der Vene, so öffnet sich deren Klappe, Blut strömt ein und weitet die Herzkammer wieder auf ihr altes Volumen.

Präziser und anschaulicher als Worte beschreibt den Herzzyklus eine Raumkurve in einem dreidimensionalen Diagramm, in dem z.B. der Druck in der Herzkammer nach oben, das Kammervolumen nach rechts und die Zeit nach hinten aufgetragen ist. Dem geschulten Betrachter braucht ein solches Diagramm nicht einmal als räumliches Modell dargeboten zu werden, ihm genügt eine perspektivische Zeichnung, wie sie in Abb. 1.01 abgedruckt ist. Man muß freilich schon sorgfältig und genau hinsehen, wenn man eine derartige Darstellung richtig interpretieren will.

Die Abb. 1.01 ist einem Lehrbuch der Physiologie entnommen*. Sein Verfasser setzt als selbstverständlich voraus, daß jeder, der zu diesem Buch greift, ein solches ja nicht mehr ganz einfaches Diagramm auch „lesen" kann. Dazu gehört räumliches Vorstellungsvermögen und einige Kenntnis elementarer Geometrie. Vor allem aber muß man wissen, was mit den Worten *Druck*, *Volumen* und *Zeit* eigentlich gemeint ist.

Die drei Vokabeln werden hier genau im Sinne der Physik benutzt, sie bezeichnen *physikalische Größen*.

> Kennzeichen physikalischer Größen ist ihre Meßbarkeit; eine jede von ihnen ist, letztlich unabhängig von Worten und Sprache, durch ihr spezielles Meßverfahren definiert.

So unterschiedlich diese Verfahren im einzelnen auch sein mögen, grundsätzlich geht es bei jeder Messung um das gleiche

* W.D. Keidel, Kurzgefaßtes Lehrbuch der Physiologie, Georg-Thieme-Verlag, Stuttgart.

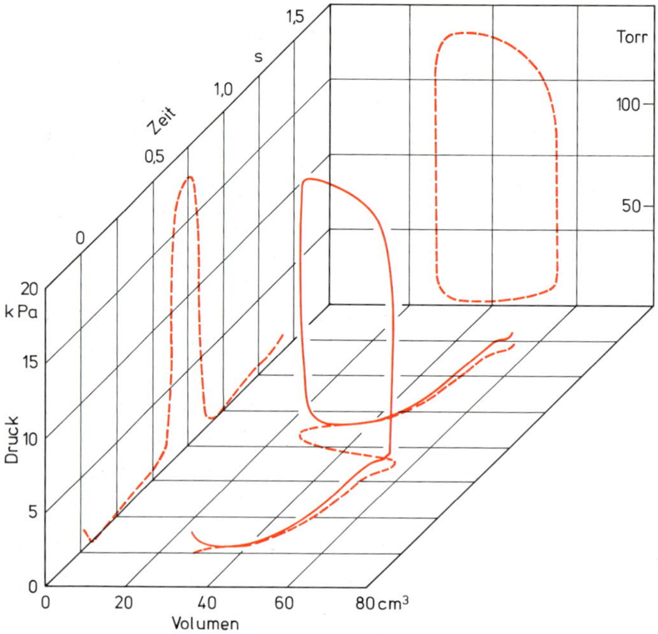

Abb. 1.01. Druck-Volumen-Zeit-Diagramm eines Herzzyklus (linker Ventrikel eines Hundes). Die rote Kurve beginnt mit der *Füllungszeit:* Zunahme des Volumens bei geringem Druck. Es folgt die *Anspannungszeit:* rascher Druckanstieg bei konstantem Volumen (Herzklappen geschlossen). Sobald der diastolische Aortendruck überschritten wird, beginnt die *Austreibungszeit:* Volumenabnahme bei weiter steigendem Druck. Sie endet, wenn der systolische Aortendruck erreicht wird. Danach *Entspannungszeit:* Druckabnahme bei konstantem Volumen. Das Diagramm enthält noch die nächste Füllungszeit. Offizielle Einheit des Blutdrucks ist das *Kilopascal* (kPa). (Manche Ärzte halten auch weiterhin der altgewohnten Einheit Torr = mmHg die Treue.) (Nach Keidel)

Prinzip: einen quantitativen Vergleich zwischen der Meßgröße und ihrer Maßeinheit. Welchen Bruchteil oder welches Vielfache der Einheit stellt die zu messende Größe dar? Daraus folgt aber:

Jede physikalische Größe ist das Produkt aus einer Zahl und einer Einheit – das Wort *Produkt* hier genau im Sinne der Mathematik verstanden. Deshalb darf man auch mit den Symbolen der Mathematik schreiben

physikalische Größe = Zahl · Einheit.

Dividiert man eine physikalische Größe durch ihre Einheit, so erhält man eine reine Zahl. So vorzugehen hilft zuweilen dem Verständnis, denn Rechenoperationen wie Malnehmen und Teilen sind ursprünglich nur für den Umgang mit Zahlen erfunden worden. Daß man sie auch auf Maßeinheiten anwenden kann und, einschließlich der Differentiation und der Integration, sogar auf physikalische Größen selber, mag überraschen, doch es ist so. Extensive Nutzung dieser Möglichkeit kennzeichnet die exakten Naturwissenschaften. Formeln mögen der flüssigen Lesbarkeit eines Textes entgegenstehen, für präzise Aussagen sind sie unentbehrlich. Ohne Frage gehören sie zum Wesen der Physik, vielleicht sogar zum Wesen einer jeden exakten Wissenschaft. „Physik ohne Formeln" – das gibt allenfalls eine unverbindliche Feierabendlektüre; wer Physik benutzen, wer gar physikalisch denken will, darf mathematischen Formulierungen nicht ausweichen.

Wollte man physikalische Größen mit ihrem vollen Namen in Formeln einsetzen, so würden die Formeln unhandlich. Also verwendet man einzelne Buchstaben als Symbole. Leider aber gibt es weit mehr physikalische Größen als Buchstaben, selbst wenn man das griechische Alphabet hinzunimmt. Eine in jeder Beziehung eindeutige Zuordnung ist deshalb nicht möglich. Internationale Empfehlungen helfen, sind aber nicht zwingend. Man sollte darum eine geläufige Formel auch in ungewohnter Schreibweise erkennen können.

1.02 Länge, Fläche, Volumen

Die physikalische Größe *Volumen* steht in engem Zusammenhang mit der physikalischen Größe *Länge*; ganz offensichtlich ist dies bei geometrisch einfachen Körpern, deren Volumina sich unmittelbar aus den Lineardimensionen berechnen lassen. An einige nützliche Formeln erinnert Abb. 1.02.

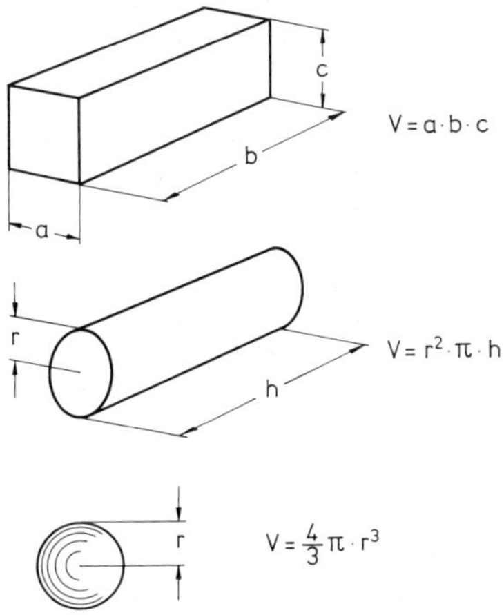

Abb. 1.02. Volumina geometrisch einfacher Körper: Quader mit den Kantenlängen *a*, *b* und *c*; Kreiszylinder mit dem Radius *r* und der Höhe *h*; Kugel mit dem Radius *r*

Wo immer Kreise und Kugeln auftauchen, erscheint auch die Zahl π, das Verhältnis von Kreisumfang und -durchmesser. Genauigkeitsfanatiker haben sie auf tausend Stellen hinter dem Komma ausgerechnet; physikalisch hat das keinen Sinn, weil sich eine entsprechende Meßgenauigkeit ja doch nicht erreichen läßt. Auswendig lernen sollte man nur: $\pi = 3{,}14 \ldots$ – für Abschätzungen genügt oft, $\pi \approx 3$ zu setzen.

Aufgabe 1.01: Welches Volumen steht dem Gehirn des Menschen ungefähr zur Verfügung? Zur Abschätzung sei angenommen, daß der Schädel eine hohle Halbkugel von 20 cm Durchmesser bildet.

In jeder Formel zur Berechnung eines Volumens erscheint das Produkt dreier Längen, sei es nun als $a \cdot b \cdot c$, als $r^2 \cdot h$ oder als r^3 – allenfalls steht noch ein Zahlenfaktor dabei. Das führt zu der Definition der physikalischen Größe *Volumen*: sie ist die dritte Potenz der Länge, also *Länge hoch drei.* Für die physikalische Größe *Fläche* ergibt sich ganz analog *Länge hoch zwei.* Aus den Definitionen der von der Länge abgeleiteten Größen folgen wiederum deren Einheiten. Bei ihr selbst hat man sich international auf die Einheit *Meter* geeinigt, abgekürzt m. Folglich ist die Einheit der Fläche m^2, auch *Quadratmeter* genannt, und die des Volumens m^3, das *Kubikmeter.*

Zuweilen spricht man in diesem Zusammenhang von der *Dimension* einer physikalischen Größe; eine reine Zahl wie π ist in diesem Sinne *dimensionslos.*

Die Festlegung von Einheiten ist reine Willkür; das beweisen all die vielen Meilen, Ellen und Füße, die Kaufleuten noch im vorigen Jahrhundert große und unnötige Mühe des Umrechnens gemacht haben. Internationale Einigung bedeutet hier schon für sich allein einen Fortschritt – welche Einheit es dann trifft, ist im Grunde nicht mehr so wichtig. Nur sollte sie sich so genau wie möglich jederzeit reproduzieren lassen. Der Platinstab in Paris, das berühmte Urmeter, genügt den Anforderungen moderner Präzisionsmeßtechnik nicht mehr. Zur Zeit gilt die Festlegung: Ein Meter lang sind genau 1 650 763,73 Wellenlängen einer bestimmten Spektrallinie, in das Vakuum ausgesandt von dem Isotop des Edelgases Krypton mit der Massenzahl 86 (s. hierzu Kap. 7.27 und 8.07).

Im Alltag wird das Meter hinreichend genau repräsentiert durch ein Bandmaß, eine Meßlatte, einen Zollstock – sein Name erinnert an vergangene Zeiten. Im Grunde liefern diese Geräte ihre Meßvorschrift gleich mit: man trage den Zollstock wiederholt längs der zu messenden Strecke ab und zähle, wie oft das geht. Im allgemeinen wird freilich ein Bruchteil vom Meter übrigbleiben; um ihn zu messen, ist der Zollstock unterteilt – in 100 große Abschnitte, die *Zentimeter* (cm), und 1000 kleine, die *Millimeter* (mm). Es steht nun im Belieben des Arztes, ob er meint, ein

Patient sei 1 m, 76 cm und 5 mm groß, oder ob er schreibt

1,765 m,
176,5 cm,
1765 mm,
$1{,}765 \cdot 10^3$ mm.

Alle vier Schreibweisen besagen dasselbe.
Wollte man die Wellenlänge λ des zur Festlegung des Meters benutzten Lichtes auch in Metern angeben, so hätte man zu schreiben

$\lambda = 0{,}0000006056$ m.

Die vielen Nullen sind weder handlich noch übersichtlich. Darum weicht man gern in eine Schreibweise mit Zehnerpotenzen aus

$\lambda = 6{,}056 \cdot 10^{-7}$ m

oder erweitert die Einheiten um ganze Dezimalfaktoren durch Vorsilben und ihre Abkürzungen. Zentimeter und Kilometer sind geläufige Beispiele. Für die Wellenlänge sichtbaren Lichtes ist das *Nanometer* (nm) angemessen; es entspricht 10^{-9} m:

$\lambda = 605{,}6$ nm.

Die international vereinbarten Bezeichnungen enthält eine Tabelle im Anhang – zumindest die folgenden sollte man wie Vokabeln auswendig gelernt haben:

Vorsilbe	Kennbuchstabe	Zehnerpotenz
mikro	μ	10^{-6}
milli	m	10^{-3}
centi	c	10^{-2}
dezi	d	10^{-1}
kilo	k	10^3
mega	M	10^6

Hier erweist sich wieder einmal die Kürze des Alphabetes als lästig: Der Buchstabe „m“ muß in Formeln die physikalische Größe *Masse* vertreten, als Einheit das *Meter* und als Präfix den Faktor 10^{-3}, *milli* genannt.
„Eine Länge mißt man durch Abtragen eines Maßstabes.“ Wie aber mißt man den Durchmesser eines Fußballes? An die Länge, die gemessen werden soll, kommt man ja mit dem Zollstock nicht heran! Folglich klemmt man den Fußball zwischen zwei parallele Latten und mißt deren Abstand. Nach dem gleichen Schema arbeitet der Arzt, wenn er die Körpergröße eines Patienten bestimmt (Abb. 1.03); hier

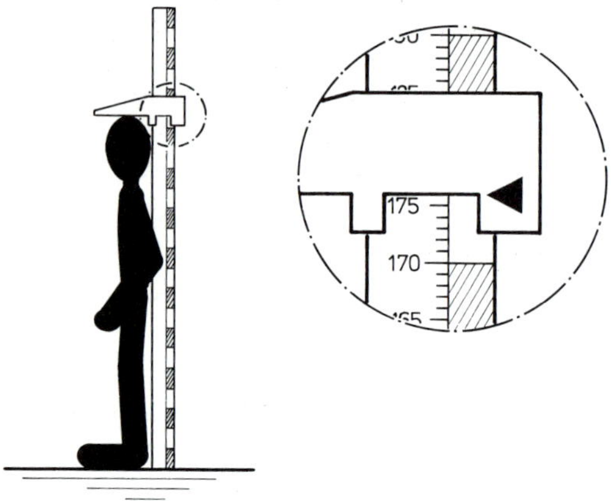

Abb. 1.03. Messung der Körpergröße eines Menschen

sorgt eine Mechanik für die Parallelführung des Meßfühlers. Ähnlich funktioniert die Schublehre des Feinmechanikers (Abb. 1.04). Seinen Ansprüchen an die Meßgenauigkeit genügt allerdings die einfache Teilung in Millimeter nicht mehr: damit die Zehntel nicht geschätzt werden müssen, trägt die Lehre als Ablesehilfe einen *Nonius*. An seinen Gebrauch erinnert die Abb. 1.05 und die

Aufgabe 1.02: Welcher Länge des Meßobjektes entspricht eine Stellung des Nonius nach Abb. 1.05c?

Ein Pantoffeltierchen kann man nicht zwischen die Backen einer Schublehre klemmen; seine Länge L wird unter dem Mikroskop bestimmt, und zwar in zwei Schritten. Das Okular besitzt hierfür ein *Okularmikrometer*, eine Skala, die der Beobachter zugleich mit dem Objekt scharf

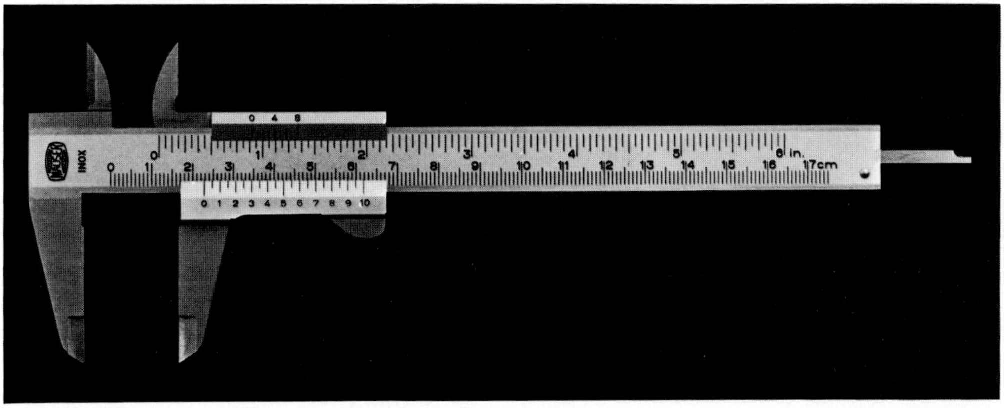

Abb. 1.04. Schublehre – die oberen Schneiden dienen zur Bestimmung von Innenmaßen, mit dem sich rechts herausschiebenden Fühler läßt sich die Tiefe eines Bohrloches ausmessen. Der Nonius der metrischen Skala erlaubt eine Ablesung auf $\frac{1}{20}$ mm, der Nonius der Zollskala auf $\frac{1}{16}$ in (inch). Zum Nonius s. Abb. 1.05

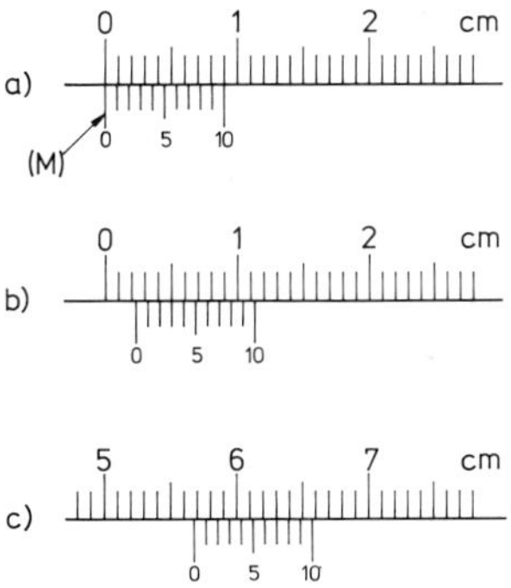

Abb. 1.05 a–c. Nonius. Der Ablesemarke (*M*) folgen zehn Teilstriche im Abstand von jeweils 0,9 mm (Teilbild (a)). Überschreitet die gemessene Länge einen vollen Millimeter um 0,3 mm, so deckt sich der dritte Teilstrich des Nonius mit einem Teilstrich der Meßskala, Teilbild (b) entspricht einer Länge $l=$ 2,3 mm. Welcher Länge entspricht demnach Teilbild (c)? (Aufgabe 1.02)

sieht (Abb. 1.06 a)*. Damit kennt er L zunächst einmal in Skalenteilen. Deren metrische Bedeutung läßt sich bestimmen, wenn man das Objekt vertauscht gegen ein *Objektmikrometer*, einen kleinen Maßstab, der meist 100 Teilstriche auf einem Millimeter enthält (Abb. 1.06 b). Der Rest ist Dreisatz.

Aufgabe 1.03: Wie lang ist das Pantoffeltierchen der Abb. 1.06?

* Zum Strahlengang des Mikroskopes s. Kap. 7.12.

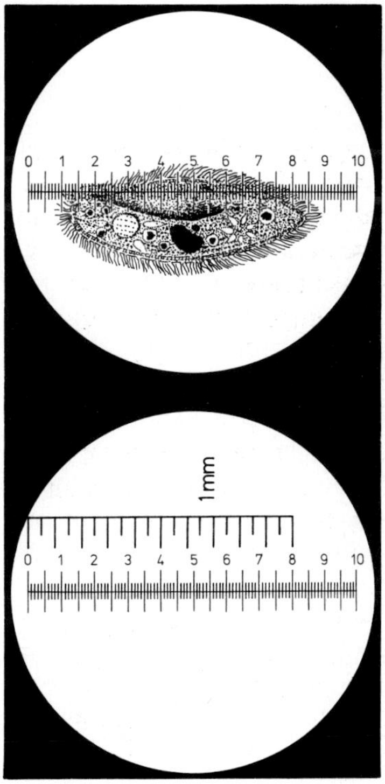

a)

b)

Abb. 1.06. Objektmikrometer und Pantoffeltierchen unter einem Mikroskop mit Skala im Okular (zu Aufgabe 1.03)

Kennt man von einem Gegenstand alle linearen Abmessungen, so kennt man auch seine Oberfläche – sagt die Mathematik, und im Prinzip hat sie recht. Handliche Formeln bietet sie freilich wieder nur für wenige, geometrisch einfache Fälle an, wie die der Abb. 1.02. Die Fläche eines Rechteckes ist das Produkt zweier Seiten; weil ein Quader von drei Paaren von Rechtecken begrenzt wird, kann man seine Oberfläche A_Q schreiben als

$$A_Q = 2(a \cdot b + b \cdot c + c \cdot a).$$

Von der Kugel sollte man wissen, daß ihre Oberfläche A_K viermal so groß ist wie die des Kreises von gleichem Radius – also

$$A_K = 4\pi r^2 \quad \text{und} \quad A_k = r^2 \pi.$$

Der Mantel eines Kreiszylinders schließlich läßt sich als Rechteck abrollen, wenn man ihn aufschneidet; eine Seite hat dann die Länge des Kreisumfanges

$$U_k = 2 r \pi.$$

Aufgabe 1.04: Wie groß ist die gesamte Oberfläche eines Kreiszylinders der Höhe h und mit dem Radius r?

Eine unregelmäßig begrenzte ebene Fläche bestimmt man am einfachsten dadurch, daß man sie vergrößert, verkleinert oder auch naturgetreu auf Millimeterpapier zeichnet und ganz stumpfsinnig die Quadratmillimeter auszählt. Beinahe hoffnungslos wird es aber bei unregelmäßig gewölbten Flächen: man bestimmt sie nicht mehr, man schätzt sie ab. Lungenbläschen z.B. sind nahezu Kugeln mit leidlich einheitlichem Radius r (beim Menschen ca. 0,14 mm). Kennt man ungefähr ihre Anzahl n (beim Menschen ca. $3 \cdot 10^8$) und unterschlägt man all die Röhrchen, die sie miteinander verbinden, so darf man für die gesamte Lungenoberfläche A_L näherungsweise setzen

$$A_L \approx 4\pi r^2 \cdot n.$$

Beim Menschen gibt das rund 70 m² – mit hinreichend feiner Unterteilung läßt sich auf wenig Raum viel Fläche unterbringen.

Riskanter ist schon die folgende Abschätzung: Ein erwachsener Mensch ist etwa 1,75 m groß (h_M) und hat einen Brust- und Hüftumfang (U_M) von ungefähr 95 cm. Die Oberfläche seines Körpers wird dann wohl nicht wesentlich abweichen von der eines entsprechenden Kreiszylinders (Abb. 1.07). Dessen Oberfläche A_Z läßt sich aber nach den Überlegungen der Aufgabe 1.04 ausrechnen.

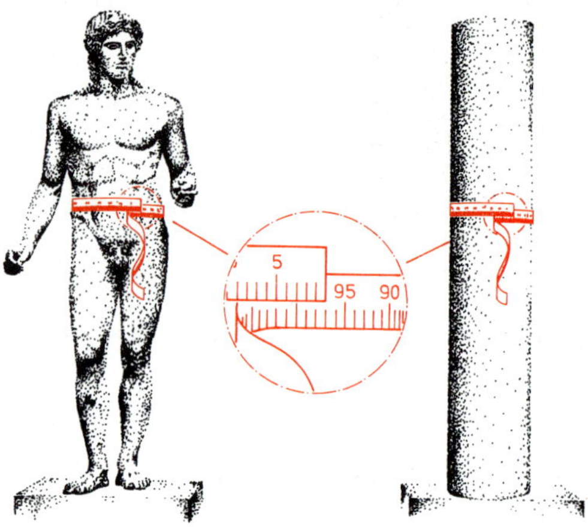

Abb. 1.07. Ein Mensch und sein „Ersatzzylinder“ zur Abschätzung der Körperoberfläche. Es ist nicht wesentlich, ob man den Umfang mit 97 oder 95 cm ansetzt

Aufgabe 1.05: Wie groß ist schätzungsweise die Körperoberfläche eines erwachsenen Menschen?

Zum Umgang mit quantitativen Größen gehört zuweilen auch der Mut zur groben Schätzung – nicht immer muß präzise gemessen werden.

Das Volumen eines unregelmäßig geformten Körpers läßt sich meist leichter und genauer bestimmen als seine Oberfläche. Taucht man ihn nämlich in eine Flüssigkeit wie Wasser, so verdrängt er dort genau sein eigenes Volumen. Das einer vorgegebenen Wassermenge bleibt nun aber unabhängig von der Form des Gefäßes, in das man sie gießt – unter normalen Umständen wenigstens. Ist es die Form eines Kreiszylinders, so ist auch das Volumen der Höhe des Wasserspiegels proportional, und zwar über die (bekannte) Grundfläche. Folglich kann man die Skala längs seines Mantels statt in cm gleich in cm³ teilen und so einen *Meßzylinder* herstellen (Abb. 1.08). Füllt man in ihn eine bestimm-

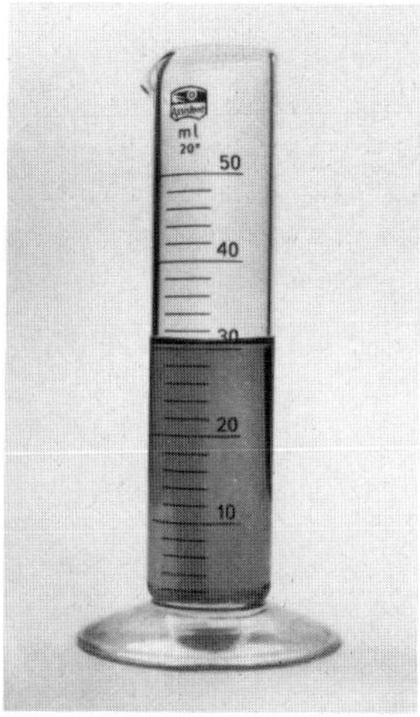

Abb. 1.08. Meßzylinder, gefüllt mit 31 cm^3 Flüssigkeit – relativ geringe Meßgenauigkeit

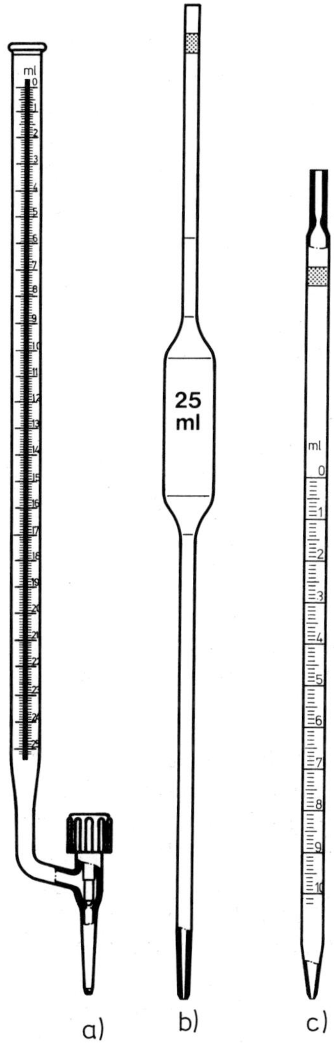

▷

Abb. 1.09 a–c. *Bürette* (a) – hohe Meßgenauigkeit; die Flüssigkeit wird über einen Hahn entnommen. *Vollpipette* (b) – sehr hohe Meßgenauigkeit für ein definiertes Volumen; die Flüssigkeit wird mit dem Mund bis zum Eichstrich angesaugt und durch Abschluß der Pipette am oberen Ende mit dem Finger am Auslaufen gehindert. Die *Meßpipette* (c) stellt einen Kompromiß zwischen Bürette und Pipette dar

te Menge Wasser (Volumen V_0) und taucht man den Probekörper (Volumen V_k) hinein, so steigt der Wasserspiegel auf die Marke V_1. Dann gilt

$$V_k = V_1 - V_0$$

– auch trivialen Zusammenhängen kann man mit einer Formel einen Hauch von Wissenschaftlichkeit geben! Schwierigkeiten macht zuweilen das Ablesen: der Flüssigkeitsspiegel ist oft nicht eben, weil ihn die Oberflächenspannung (Kap. 2.11) an der Zylinderwand ein wenig hochzieht. Als Ablesemarke gilt die Mitte des Meniskus.

Nach dem gleichen Prinzip wie der Meßzylinder arbeitet die *Bürette* (Abb. 1.09 a), aus der man meßbare Flüssigkeitsvolumina entnehmen kann. Sehr viel genauer ist die *Pipette* (Abb. 1.09 b), die freilich nur jenes Volumen abgibt, auf das sie geeicht ist.

Zuweilen findet man auf solchen Geräten die Einheit *Milliliter* (ml) statt des cm^3. Man lasse sich nicht irritieren: Beide Einheiten sind gleich, denn definitionsgemäß gilt für das *Liter* (l): $1\,l = 1\,dm^3 = 10^3\,cm^3$.

1.03 Zeit

Im Diagramm des Herzzyklus der Abb. 1.01 sind Druck und Volumen gegen die Zeit aufgetragen. Was ist das: Zeit?

Wenn Goethe vom „sausenden Webstuhl der Zeit“ spricht und Schiller von der „schönen Zeit der jungen Liebe“, dann meinen beide gewiß nicht dasselbe und schon gar nicht die physikalische Größe *Zeit* – es gibt eben mehr Begriffe in der Welt als Worte in der Sprache. Eben dies macht eine Verständigung zuweilen so schwierig: Wenn zwei mit dem gleichen Wort Verschiedenes meinen, wie sollen sie sich verständigen? Sorgfältige Definition des Wortgebrauches ist allemal Voraussetzung – bei physikalischen Größen liefert sie das Meßverfahren.

„Zeit ist, was man mit Uhren mißt", und *Uhren* zählen periodisch ablaufende Vorgänge.

Das können die Schwingungen eines Schwerependels sein, wie bei der Standuhr, oder eines Drehpendels (Armband- und Taschenuhr) oder eines sorgfältig geschliffenen Kristalles (Quarzuhr) oder auch die bestimmter Moleküle („Atomuhr"). Die *biologische Uhr* hingegen ist keine Uhr im physikalischen Sinne; das Leben auf der Erde hat sich lediglich vernünftigerweise auf den Tagesrhythmus eingestellt, wie er von der Erdrotation vorgegeben wird. Auch Drehbewegungen gehören zu den periodisch sich wiederholenden Vorgängen und können darum zur Zeitmessung dienen – und zur Festlegung von Einheiten.

Das Bedürfnis, Zeiten zu messen, ist weit älter als das Dezimalsystem. Darum kann es sich auf diesem Gebiet auch nicht mehr durchsetzen: der Tag (d) hat 24 Stunden (h), die Stunde 60 Minuten (min) und 3600 Sekunden (s). Das Jahr (a) hat ziemlich genau 365,24 Tage, ist zur Zeit 31556925,6 s lang und wird in jedem Jahrhundert rund eine halbe Sekunde länger. Zur Fixierung der Zeiteinheit *Sekunde* dient, ähnlich wie beim Meter Licht, die Schwingungsdauer einer bestimmten Spektrallinie, diesmal aber ausgesandt von dem Isotop des Alkalimetalles Caesium mit der Massenzahl 133.

Aufgabe 1.06: Für Vortragende auf wissenschaftlichen Kongressen gibt es die beherzigenswerte Regel: Rede niemals länger als ein Mikrojahrhundert! Wie lang ist das?

Abb. 1.10. Stoppuhr (Ablesegenauigkeit 0,1 s). Anzeige der abgebildeten Uhr: 1 min, 39,9 s

Uhren gibt es genug in der Welt. Üblicherweise zeigen sie einen *Zeitpunkt* an, die Tageszeit nämlich. Diese hat für physikalische Untersuchungen meist wenig Bedeutung – Naturgesetze gelten auch um Mitternacht. Wichtiger sind *Zeitspannen*, die Differenzen zwischen Zeitpunkten. Ihrer Messung dienen *Stoppuhren* (Abb. 1.10). Der Zeitnehmer beim 100-m-Lauf setzt die seine beim Startschuß durch Druck auf den Knopf in Gang und hält sie mit einem zweiten Druck wieder an, wenn der Sprinter durch das Ziel läuft. Dieser Satz ist nicht ganz korrekt, die Nervenleitung des Zeitnehmers braucht nämlich einige Zeit, das optische Signal vom Pulverdampf der Startpistole, auf der Netzhaut entstanden, umzusetzen in eine Kontraktion des Daumenmuskels. Dieser sogenannte *persönliche Fehler* beträgt, individuell verschieden, einige Zehntelsekunden; ihn kann z.B. Alkohol merklich verlängern. Träte er am Ziel in exakt der gleichen Größe wieder auf, so würde die Laufzeit des Sprinters schon richtig gemessen, wenn auch insgesamt ein wenig zu spät. Darauf ist aber kein Verlaß. Wer es genauer wissen will, nehme einen Zeitmesser, den er automatisch, etwa auf elektrischem Wege, starten und stoppen kann.

1.04 Geschwindigkeit

Wie schnell strömt das Blut durch die Adern? Eine vollständige Antwort wäre so kompliziert wie das System der Blutgefäße selbst, aber für die Aorta läßt sich eine einfache Abschätzung angeben. Sie hat etwa 2,5 cm Durchmesser, entsprechend einer Querschnittsfläche von 5 cm^2; da hinein pumpt das Herz des ruhenden Menschen in jeder Minute ungefähr 6 l Blut – eine entsprechende Röhre müßte 12 m lang sein, um diese Menge aufzunehmen. So weit müßte also das Blut in jeder Minute strömen, wenn die Aorta so lang wäre. Sie ist es nicht; aber 12 m in der Minute entsprechen 20 cm in der Sekunde, und das ist ein vorstellbarer Wert.

Die Formulierungen des letzten Absatzes sind nicht falsch, sie sind aber auch nicht sehr physikalisch. Präziser sollte man sagen: Die Volumenstromstärke des Blutes beträgt beim ruhenden Menschen ca. 6 l/min, bei 5 cm^2 Strömungsquerschnitt gehört dazu eine mittlere Strömungsgeschwindigkeit von 12 m/min oder 20 cm/s. Hier werden die beiden physikalischen Größen *Volumenstromstärke* und *Geschwindigkeit* definiert als die Quotienten zweier anderer physikalischer Größen, nämlich des Volumens bzw. des Weges und der Zeit, genaugenommen sogar als deren *Differentialquotient*. Weil dieser in der Physik so überaus wichtige mathematische Begriff hier zum erstenmal auftaucht, soll er zusammen mit der Geschwindigkeit verhältnismäßig ausführlich behandelt werden. Wer mit beiden umzugehen versteht, darf den Rest dieses Kapitels überschlagen – wer zudem noch graphisch differenzieren kann, das nächste dazu.

Ein (hypothetischer) Vorortzug stehe um 7.46 Uhr im Bahnhof, mit dem Triebwagen genau neben dem Kilometerstein 8,5 und warte auf das Abfahrtsignal. Sein Weg-Zeit-Diagramm beginnt demnach mit einer Linie parallel zur Zeitachse, horizontal in Abb. 1.11: die Zeit schreitet fort, der Zug

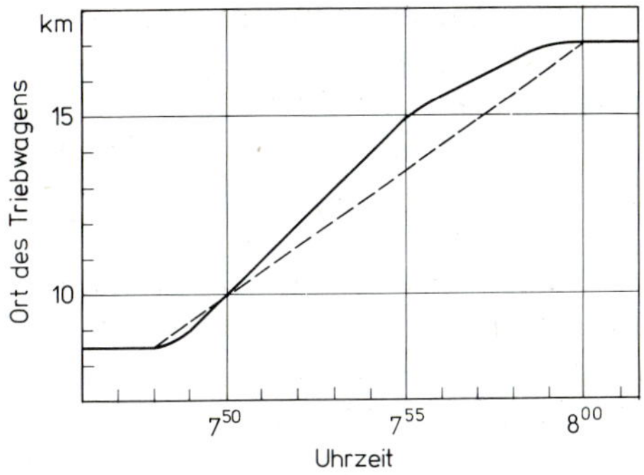

Abb. 1.11. Weg-Zeit-Diagramm eines (hypothetischen) Vorortzuges. (Einzelheiten im Text)

bleibt stehen. Um 7.48 Uhr fährt er an und erreicht schon eine Minute später beim Kilometerstein 9,0 seine volle Geschwindigkeit. Nach 6 km beginnt eine Baustelle – schon vor ihr bremst der Zug auf die halbe Geschwindigkeit herunter, hinter ihr rollt er aus in den nächsten Bahnhof und kommt genau um 8.00 Uhr neben dem Kilometerstein 17,0 zum Stehen. Für eine Strecke von 8,5 km Länge hat er 12 min gebraucht. Nun ist die physikalische Größe *Geschwindigkeit* (zunächst einmal) definiert als

$$\text{Geschwindigkeit} = \frac{\text{Weg}}{\text{Zeit}}.$$

Demnach war des Zuges

mittlere Geschwindigkeit

$$= \frac{8{,}5\ \text{km}}{12\ \text{min}} = 708\ \text{m/min} = 42{,}5\ \text{km/h}.$$

Eine Zeitspanne Δt kann immer aufgefaßt werden als die Differenz zweier Zeitpunkte t_1 und t_2, entsprechend eine Wegstrecke Δs als Differenz zweier Ortskoordinaten s_1 und s_2.

Demnach ist die *mittlere Geschwindigkeit* $\bar{v}$ definiert als *Differenzenquotient*

$$\bar{v} = \frac{\Delta s}{\Delta t} = \frac{s_2 - s_1}{t_2 - t_1}.$$

Die Tachometernadel des Triebwagens hat freilich während der ganzen Fahrt so gut wie nie 42,5 km/h angezeigt; auf freier Strecke stand sie über diesem Wert, in der Baustelle darunter. Wo? Darüber gibt das Weg-Zeit-Diagramm Auskunft. In den zwei Minuten von 7.56 Uhr bis 7.58 Uhr ist der Triebwagen gerade einen Kilometer weit gefahren, $\bar{\boldsymbol{v}}$ betrug hier also 0,5 km/min oder 30 km/h. Eine Halbierung der Meßstrecke hätte daran nichts geändert, denn sie hätte auch eine Halbierung der Meßzeit bedeutet, und der Quotient wäre der gleiche geblieben: die Geschwindigkeit des Zuges war in diesen zwei Minuten konstant.

Aufgabe 1.07: Wie schnell fuhr der Zug von Abb. 1.11 in der Zeit von 7.50 Uhr und 7.54 Uhr? Hilfsfrage zur Erleichterung der Ablesung: Wo wäre der Triebwagen um 7.55 Uhr angekommen, wenn er nicht vorher schon gebremst hätte?

Während des Anfahrens und Bremsens ändert sich die Geschwindigkeit laufend. Wie ist sie hier überhaupt zu definieren?

Bei der Festlegung der mittleren Geschwindigkeit als Differenzenquotient bestehen keine Vorschriften über die Größe der Differenzen. Im Prinzip darf man sie so klein machen, wie man will: der Quotient bleibt endlich – selbst dann noch, wenn man die Zeitspanne Δt der Mittelwertbildung im Grenzübergang zum Zeitpunkt zusammenschrumpfen läßt. Dieser Grenzübergang wandelt die Differenzen $\Delta \boldsymbol{s}$ und Δt zu *Differentialen* $d\boldsymbol{s}$ und dt, den Differenzenquotienten $\Delta \boldsymbol{s}/\Delta t$ zum *Differentialquotienten* $d\boldsymbol{s}/dt$ und löst in der strengen Mathematik scharfsinnige Betrachtungen über den Begriff des „unendlich Kleinen“ aus. In der Physik hat man es da leichter – in ihrer Welt existiert nichts, das unendlich klein wäre, auch ein Atom hat noch einen bestimmbaren Durchmesser.

Wenn hier die *Momentangeschwindigkeit* $\boldsymbol{v}$ durch

$$\boldsymbol{v} = \frac{d\boldsymbol{s}}{dt}$$

als Differentialquotient definiert wird, so soll das im Grunde nur besagen: man wähle die Meßstrecke $d\boldsymbol{s}$ so klein, daß eine weitere Verkleinerung den Quotienten im Rahmen der Meßgenauigkeit nicht mehr ändert.

Die Schreibweise ds/dt für einen Differentialquotienten ist übrigens rein willkürliche Vereinbarung, wie alle Schreibweisen; speziell Differentialquotienten nach der Zeit werden gern durch einen Punkt über dem Symbol der zu differenzierenden Größe gekennzeichnet, also

$$\boldsymbol{v} = \dot{\boldsymbol{s}}.$$

Zu einfachen mathematischen Funktionen gehören als Differentialquotienten oder *Ableitungen* wiederum einfache Funktionen, zum *linearen Zusammenhang*

$$y = a(x - x_0) + b$$

z.B. die Ableitung

$$\frac{dy}{dx} = a$$

– und dies unabhängig davon, ob die einzelnen Buchstaben nun physikalische Größen repräsentieren oder nicht. Wer einen physikalischen Zusammenhang mit einfacher Formel beschreiben kann, und sei es auch nur näherungsweise, spart nicht nur lange Meßwert-Tabellen und Graphen, er findet auch in Formelsammlungen, wie im mathematischen Anhang auf S. 364, deren Ableitungen. Setzt man etwa $y = \boldsymbol{s}$, $x = t$, $b = \boldsymbol{s}_0$ und $a = \boldsymbol{v}$, so beschreibt

$$\boldsymbol{s}(t) = \boldsymbol{v}(t - t_0) + \boldsymbol{s}_0$$

eine gleichförmige Bewegung mit der konstanten Geschwindigkeit $\boldsymbol{v}$. Für den Zug auf der Baustelle (Abb. 1.11) wäre zu schreiben: $\boldsymbol{s}_0 = 15{,}5$ km, $t_0 = 7.56$ Uhr und $\boldsymbol{v} = 30$ km/h.

Aufgabe 1.08: Mit welchen Werten für $\boldsymbol{s}_0$, t_0 und $\boldsymbol{v}$ beschreibt die letzte Gleichung die Fahrt des Zuges von Abb. 1.11 auf freier Strecke?

1.05 Momentangeschwindigkeit (graphische Differentiation)

Ob man einen physikalischen Zusammenhang, wie etwa die Fahrt des Vorortzuges von Abb. 1.11, mit einer Formel, einem Graphen oder einer Wertetabelle beschreibt, der Zusammenhang selbst bleibt davon natürlich unberührt. Graph und Formel entsprechen einander und sagen dasselbe aus. Welche Darstellung man vorziehen sollte, bestimmt die Zweckmäßigkeit: der Graph ist vielseitiger, die Formel – wenn anwendbar – kürzer. Wenn aber Graph und Formel einander entsprechen, dann muß sich der Graph ebenso wie die Formel differenzieren lassen. Konkret gefragt: Wie kann man aus dem Weg-Zeit-Diagramm der Abb. 1.11 das zugehörige Geschwindigkeit-Zeit-Diagramm ableiten – ableiten in des Wortes mathematischer Bedeutung?

Je schneller ein Zug fährt, desto weiter kommt er in vorgegebener Zeit, desto steiler verläuft auch sein Graph im Weg-Zeit-Diagramm: dessen *Steigung* ist ein Maß für die Geschwindigkeit. So markiert z.B. in Abb. 1.11 die Steigung der gestrichelten, Start und Stop in den beiden Bahnhöfen verbindenden Geraden die mittlere Geschwindigkeit $\bar{\boldsymbol{v}}$ des Zuges. Man erhält sie quantitativ, wenn man zu zwei Punkten der Geraden Wegstrecke und Zeitspanne abliest und durcheinander dividiert. Die Punkte sind beliebig, sie müssen nicht die Endpunkte sein – nur wird man sie der Ablesegenauigkeit zuliebe nicht zu dicht nebeneinanderlegen.

Nach dem gleichen Schema erhält man die beiden, für einige Zeit konstanten Geschwindigkeiten des Zuges auf freier Strecke und in der Baustelle; auch hier liefert der Graph im Weg-Zeit-Diagramm Geraden. Wenn es die Ablesung erleichtert, darf man sie auch über ihren eigentlichen Gültigkeitsbereich hinaus extrapolieren (dies tat bereits, wer Aufgabe 1.07 über die Hilfsfrage beantwortet hat). Daß während der Haltzeiten in den Bahnhöfen mit $\Delta \boldsymbol{s}=0$ auch $\boldsymbol{v}=0$ ist, braucht kaum erwähnt zu werden. Damit sind aber die wichtigsten Teile des Geschwindigkeit-Zeit-Diagrammes bestimmt, nämlich die in Abb. 1.12 rot gezeichneten horizontalen Linien. In vielen Fällen genügt es, sie in elegantem Schwung freihändig miteinander zu verbinden. Wer es genau wissen will, muß freilich korrekt und graphisch differenzieren.

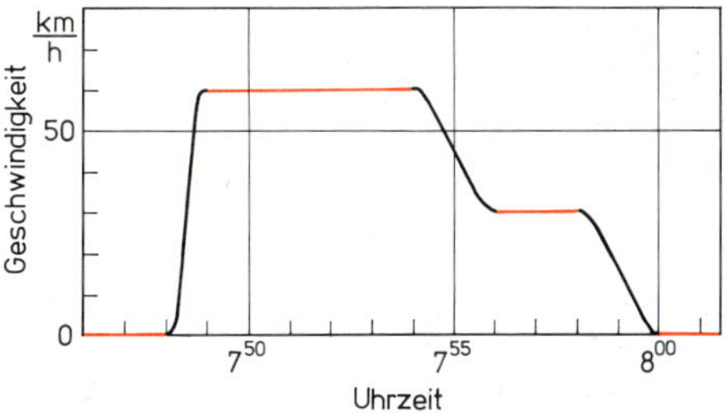

Abb 1.12. Geschwindigkeits-Zeit-Diagramm zu Abb. 1.11. (Einzelheiten im Text)

Mit welcher Momentangeschwindigkeit $\boldsymbol{v}_0$ fuhr der Vorortzug just um 7.55 Uhr? Weil der Graph zu diesem Zeitpunkt gekrümmt ist, lassen sich auf ihm keine hinreichend weit voneinander entfernten Punkte auswählen, deren Verbindungsgerade $\boldsymbol{v}_0$ liefern könnte. Wohl aber kann man mit dem Lineal eine Tangente an den Graphen legen – ihre Steigung entspricht der seinen am Berührungspunkt und läßt sich wie bei allen Geraden problemlos bestimmen. Abb. 1.13 zeigt dies an einem anderen Beispiel.

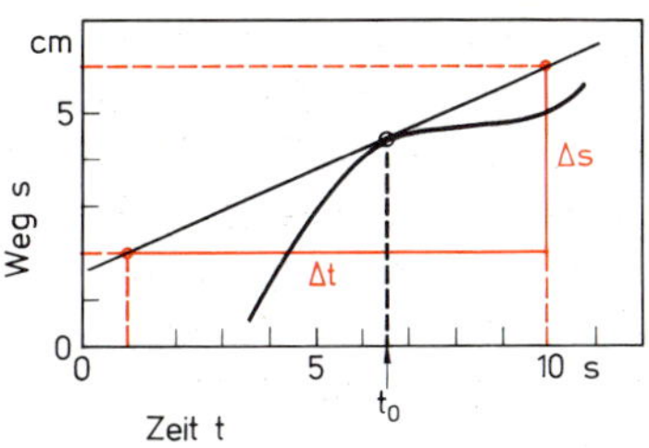

Abb. 1.13. Graphische Differentiation der durch die schwarze Kurve gegebenen Funktion $\boldsymbol{s}(t)$ zum Zeitpunkt $t_0=6{,}5$ s. Die Steigung der in diesem Punkt angelegten Tangente bestimmt sich über die beiden markierten Hilfspunkte zu

$$\frac{\Delta \boldsymbol{s}}{\Delta t}=0{,}44\ \text{cm/s}=\dot{\boldsymbol{s}}(t_0)$$

Aufgabe 1.09: Wie groß war die Momentangeschwindigkeit des Vorortzuges um 7.55 Uhr?

Eine graphische Differentiation muß keineswegs immer mit aller grundsätzlich möglichen Genauigkeit ausgeführt werden; in sehr viel Fällen genügt eine qualitative Abschätzung. Sie fällt leicht, wem die im mathematischen Anhang auf S. 364 aufgeführten Grundtypen geläufig sind: positive Ableitung bei steigender, negative bei fallender Kurve; Vorzeichenwechsel am Gipfel, aber auch im Tal; Ableitung null auf allen horizontalen Strecken; und: Kurven, die sich nur um eine additive Konstante unterscheiden, also lediglich vertikal gegeneinander versetzt sind, haben die gleiche Ableitungsfunktion.

Aufgabe 1.10: In Abb. 1.14 ist die Zeitfunktion $V_k(t)$ des Herzkammervolumens nach Abb. 1.01 aufgezeichnet worden. Wie sieht deren zeitliche Ableitung $\dot{V}_k(t)$ aus?

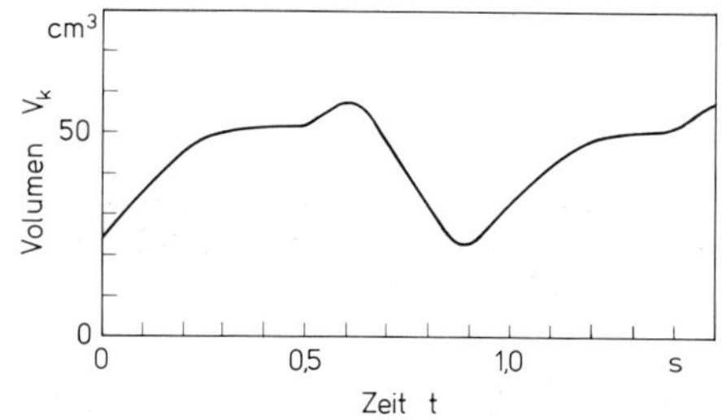

Abb. 1.14. Zeitfunktion $V_k(t)$ des Herzkammervolumens nach Abb. 1.01

1.06 Bedenkliche Bezeichnungen

Blut besteht im wesentlichen aus Wasser und läßt sich wie dieses so gut wie gar nicht komprimieren. Darum kann auch das Volumen V_k des linken Ventrikels während der Systole nur deshalb abnehmen, weil gleichzeitig ein entsprechendes Blutvolumen in die Aorta herübergedrückt wird – und dies mit einer Stromstärke $\dot{V}_A(t)$, die genau dem $\dot{V}_k(t)$ während der Kompression entspricht. Die Herzklappen haben anschließend dafür zu sorgen, daß in der Diastole kein Blut aus der Aorta zu-

Abb. 1.15. Verkehrsschild zur Begrenzung einer Geschwindigkeit, nicht einer Fahrstrecke

rückfließt, daß während dieser Zeit also $\dot{V}_A(t)=0$ ist. So entsteht für den Kreislauf ein gerichteter Blutstrom der mittleren *Volumenstromstärke*

$$\dot{V} \approx 6\ \mathrm{l/min}$$

beim ruhenden Menschen. Viele Physiologiebücher sagen nun hierzu, das „Herzminutenvolumen" betrage 6 l. Diese Ausdrucksweise ist zumindest bedenklich: es handelt sich ja nicht um ein Volumen, sondern um dessen zeitliche Ableitung, Volumenstromstärke genannt, also eine ganz andere physikalische Größe. Ihr kommt auch nicht die Einheit Liter zu, sondern der Quotient aus einer Volumen- und einer Zeiteinheit; m^3/s ist genau so zugelassen wie l/min.

Einer ähnlichen Sprachschöpfung wie der des Herzminutenvolumens entspräche die Bezeichnung „Stundenweg" statt Geschwindigkeit. Immerhin, Verkehrsschildern vom Typ der Abb. 1.15 scheint eine solche Vokabel zugrunde zu liegen, denn sie sollen ja nicht eine Fahrstrecke begrenzen, sondern eine Geschwindigkeit, die nun einmal nicht in Kilometern gemessen werden kann. Physikalisch ist und bleibt ein solches Schild amtlicher Unsinn – erträglich nur, weil jeder Fahrschüler ja doch die Bedeutung aller Verkehrszeichen auswendig lernen muß. Alle Zeichen aber sind willkürlich vereinbarte Symbole, alle Vokabeln auch. Wenn man sich einig ist, darf man sie so unlogisch vereinbaren, wie man will. Dem Fachmann fällt's meist nicht mehr auf, nur dem Eleven macht man's schwer.

1.07 Vektoren und Skalare

Wenn man zu einem Liter Wasser einen zweiten hinzugießt, dann hat man zwei Liter Wasser. Wenn man aber in New York vom Times Square aus die 42. Straße 450 m weit nach Osten geht und dann die 5th Avenue 900 m weit downtown Manhattan, dann hat man zwar 1350 m zurückgelegt, sich aber nur 1 km von seinem Ausgangspunkt entfernt – man hätte auch gleich den Broadway heruntergehen können (Abb. 1.16). Wege haben Richtungen, und das ermöglicht Umwege.

Unter dem Stichwort „Vektorrechnung" sind in der Mathematik Rechenregeln entwickelt worden, die sich vorzüglich für die Behandlung derartiger Probleme eignen und leicht von der Physik übernommen werden können. Konsequenz:

Physikalische Größen, die Richtungen im Raum haben, heißen *Vektoren* – ungerichtete physikalische Größen heißen *Skalare*.

Dividiert man den Vektor „Weg" durch den Skalar „Zeit", so erhält man den neuen Vektor „Geschwindigkeit".

Vektorielle Größen lassen sich immer durch Pfeile symbolisieren – in der Länge der symbolisierten Größe proportional, in der Richtung ihr parallel. Addiert werden Vektoren durch Aneinanderhängen ihrer Pfeile: Abb. 1.17 entspricht also der Gleichung

$$\boldsymbol{c} = \boldsymbol{a} + \boldsymbol{b}.$$

Diese Regel erlaubt, jeden Vektor in *Komponenten* zu zerlegen, deren Summe er darstellt – zwei Komponenten in der Ebene, drei im Raum (Abb. 1.18). Stellt man sie senkrecht aufeinander, so bilden zusammengehörige Vektorpfeile recht-

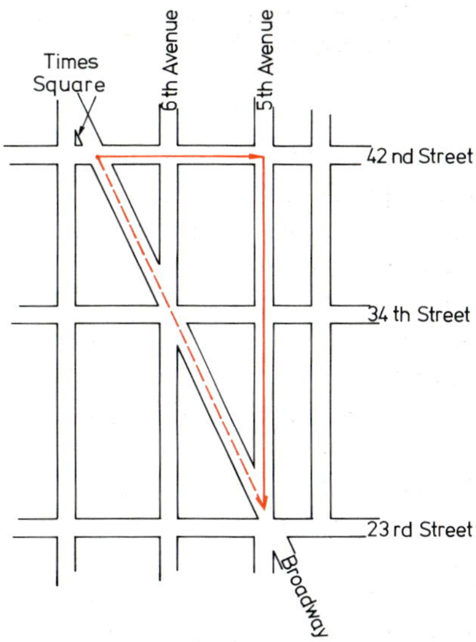

Abb. 1.16. Vereinfachter Ausschnitt aus dem Stadtplan von Manhattan

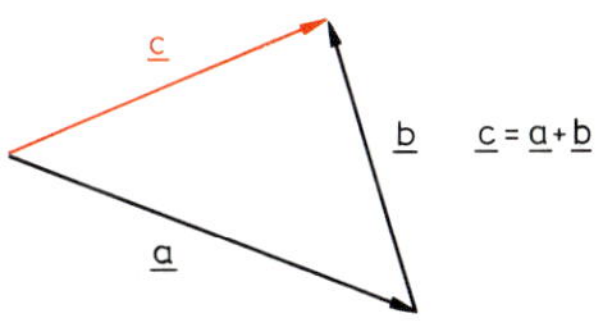

Abb. 1.17. Vektoraddition. Vektoren werden in Büchern meist durch Fettdruck, handschriftlich durch Unterstreichen gekennzeichnet

winklige Dreiecke; das vereinfacht quantitative Rechnungen: man kann sowohl den *Satz des Pythagoras* wie die Definition der *Winkelfunktionen* leicht anwenden.

Die vektorielle Addition von Geschwindigkeiten sei erläutert am Beispiel eines

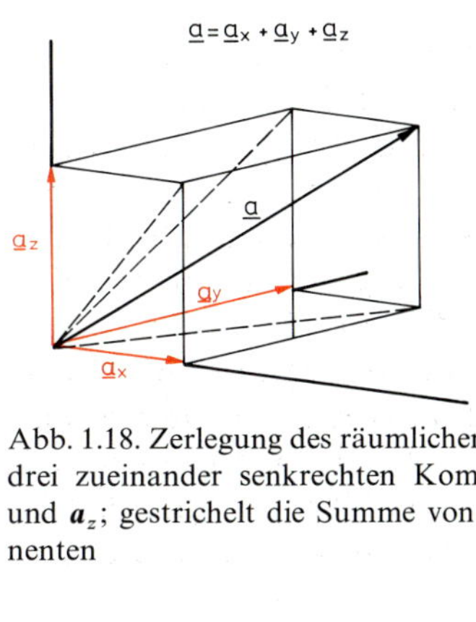

Abb. 1.18. Zerlegung des räumlichen Vektors $\boldsymbol{a}$ in die drei zueinander senkrechten Komponenten $\boldsymbol{a}_x$, $\boldsymbol{a}_y$ und $\boldsymbol{a}_z$; gestrichelt die Summe von je zwei Komponenten

Motorbootes, das einen breiten Fluß überqueren will. Von den vielen Möglichkeiten, die der Bootsführer wählen kann, fallen zwei heraus:

1. er kann sein Boot quer zum Strom halten und es abtreiben lassen (Abb. 1.19 a),
2. er kann gerade so „gegen den Strom halten", daß sein Boot das andere Ufer „auf gleicher Höhe" erreicht (Abb. 1.19 b).

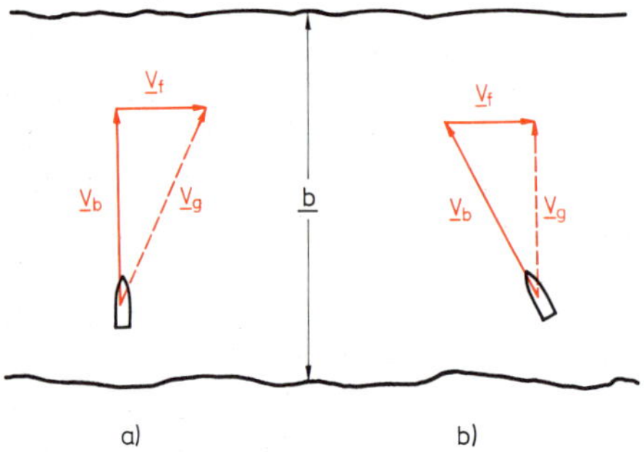

Abb. 1.19a u. b. Vektorielle Addition von Geschwindigkeiten: ein Boot mit der Eigengeschwindigkeit $\boldsymbol{v}_b$ überquert einen Fluß (Strömungsgeschwindigkeit $\boldsymbol{v}_f$, Breite $\boldsymbol{b}$). (a) Das Boot läßt sich abtreiben, (b) das Boot „hält vor". Die Geschwindigkeit über Grund ($\boldsymbol{v}_g$) berechnet sich nach den Winkelfunktionen und dem Satz des Pythagoras

Welcher Weg ist der schnellere? Mit welcher Geschwindigkeit fährt das Boot in beiden Fällen „über Grund"? Um welchen Winkel muß das Boot im zweiten Fall „vorhalten", wird es im ersten abgetrieben?

Alle diese Fragen lassen sich anhand der Abb. 1.19 beantworten. Im ersten Fall steht die Eigengeschwindigkeit des Bootes ($\boldsymbol{v}_b$) senkrecht auf der Strömungsgeschwindigkeit des Flusses ($\boldsymbol{v}_f$); aus ihren *Beträgen* oder *Absolutwerten* – meist v oder $|\boldsymbol{v}|$ geschrieben – berechnet sich der Betrag v_g der Geschwindigkeit über Grund $\boldsymbol{v}_g$ durch den Satz des Pythagoras zu

$$v_g^2 = v_b^2 + v_f^2 .$$

Den Driftwinkel α zwischen $\boldsymbol{v}_b$ und $\boldsymbol{v}_g$ liefert die Definition der Winkelfunktion Tangens

$$\tan \alpha = v_f / v_b .$$

In diesem Fall hat $\boldsymbol{v}_f$ keinen Einfluß auf die Zeit T, die das Boot zum Überqueren des Flusses benötigt; seine Breite b ist abgefahren in

$$T = \frac{b}{v_b} .$$

Damit folgt für die Strecke x, um die das Boot abgetrieben wird,

$$x = v_f \, T.$$

Entsprechende Überlegungen für den zweiten Fall (gekennzeichnet durch $x = 0$) zeigen, daß jetzt die Überquerung länger dauert.

Aufgabe 1.11: Für das Boot aus Abb. 1.19 soll der Betrag v_g der Geschwindigkeit über Grund, deren Winkel gegen die Eigengeschwindigkeit $\boldsymbol{v}_b$ des Bootes, die Zeit T zum Überqueren des Flusses der Breite b und die Driftstrecke x berechnet werden für die beiden Fälle $\boldsymbol{v}_b \perp \boldsymbol{v}_f$ und $x = 0$. Annahmen: Strömungsgeschwindigkeit des Flusses: $v_f = 3$ m/s, $v_b = 5$ m/s, $b = 160$ m.

1.08 Beschleunigung

Im Sprachgebrauch des Alltags wird das Wort „beschleunigt" zuweilen lediglich im Sinn von „schnell" verwendet – im Sprachgebrauch der Physik heißt jede Bewegung beschleunigt, die ihre Geschwindigkeit ändert, ob sie nun schneller wird oder langsamer oder auch nur in eine andere Richtung schwenkt.

Die physikalische Größe *Beschleunigung* $\boldsymbol{a}$ ist definiert als die Änderungsgeschwindigkeit einer Geschwindigkeit $\boldsymbol{v}$

$$\boldsymbol{a} = \frac{d\boldsymbol{v}}{dt} = \dot{\boldsymbol{v}},$$

sie ist also der (erste) Differentialquotient der Geschwindigkeit nach der Zeit und folglich der zweite des Weges $\boldsymbol{s}$

$$\boldsymbol{a} = \frac{d^2 \boldsymbol{s}}{dt^2} = \ddot{\boldsymbol{s}}.$$

Damit liegt auch ihre Einheit fest:

$$\frac{\text{m/s}}{\text{s}} = \text{m/s}^2 = \text{m s}^{-2}.$$

Aufgabe 1.12: Eine rasante Limousine kommt in 9,3 s „auf Hundert“, d.h. auf $v = 100$ km/h. Angenommen, die Beschleunigung ist in der ganzen Zeit konstant, welchen Wert hat sie?

Jede Beschleunigung hat eine Richtung und wird sich im allgemeinen mit der Zeit ändern; der allgemeine Fall ist immer denkbar kompliziert. Zum Glück gibt es einfache Grenzfälle. Zum Beispiel kann eine Beschleunigung die gleiche Richtung haben wie die Geschwindigkeit ($\boldsymbol{a} \parallel \boldsymbol{v}$), dann ändert sie nur deren Betrag, nicht deren Richtung und heißt *Bahnbeschleunigung*. Umgekehrt ändert eine *Radialbeschleunigung* ($\boldsymbol{a} \perp \boldsymbol{v}$) nur die Richtung der Geschwindigkeit und nicht ihren Betrag. Grundsätzlich läßt sich jede Beschleunigung als Vektor in eine radiale und eine tangentiale Komponente zerlegen.

Das Weg-Zeit-Diagramm des Vorortzuges von Abb. 1.11 sagt nichts aus über Kurven im Bahndamm, folglich auch nichts über möglicherweise aufgetretene Radialbeschleunigungen in diesen Kurven. Die Bahnbeschleunigung kann ihr aber durchaus entnommen werden, man muß nur das Geschwindigkeit-Zeit-Diagramm von Abb. 1.12 graphisch differenzieren. Das Resultat zeigt Abb. 1.20: In den Bahnhöfen, auf freier Strecke und in der Baustelle ist $a = 0$, überall dort nämlich, wo $v = \text{const}$. Positiv wird a nur in der einen Minute des Anfahrens, negativ hingegen in den beiden Bremsperioden vor der Baustelle und dem Zielbahnhof, in denen v abnimmt.

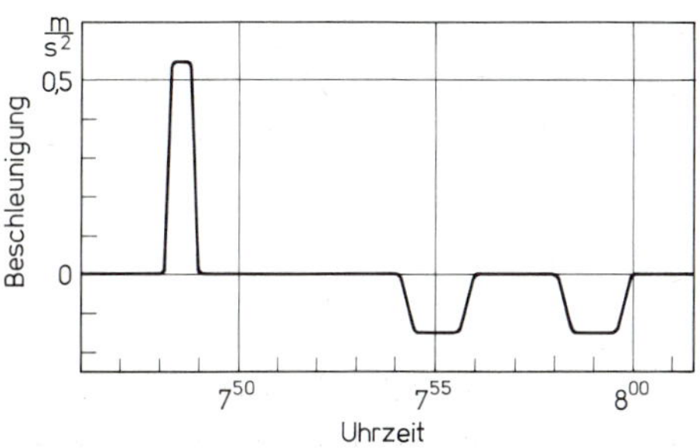

Abb. 1.20. Beschleunigungs-Zeit-Diagramm des Vorortzuges von Abb. 1.11 (nur Bahnbeschleunigung, qualitativ), erhalten durch graphische Differentiation des Geschwindigkeits-Zeit-Diagrammes von Abb. 1.12

Keine Beschleunigung kann auf der Erde für längere Zeit unverändert fortbestehen, denn auf die Dauer müßte sie zu übergroßen Geschwindigkeiten führen. Für einige Sekunden kommen jedoch konstante Beschleunigungen ausgesprochen häufig vor: beim *freien Fall*.

Filmt man eine frei fallende Stahlkugel mit 20 Bildern in der Sekunde, so kann man, sorgfältige Arbeit vorausgesetzt, den Aufnahmen eine Wertetabelle für den Zusammenhang von Fallzeit t und Fallstrecke s entnehmen, wie sie in den ersten beiden Spalten der Abb. 1.21 abgedruckt ist. Das entsprechende Weg-Zeit-Diagramm zeigt Abb. 1.22. Sein Graph wird immer steiler, offensichtlich nimmt die Fallgeschwindigkeit v also ständig zu. Dieser Anstieg ließe sich fraglos durch graphische Differentiation quantitativ ermitteln. Weil hier aber die einzelnen Meßwerte dicht genug beieinanderliegen, kann man diesmal auch rein rechnerisch vorgehen: man berechnet den Differenzen-

Freier Fall (Δt = 0.05 s)

t	s	Δs	$\bar{v}$	Δv	a
s	cm	cm	cm s^{-1}	cm s^{-1}	cm s^{-2}
0	0	1,2	24		
0,05	1,2	3,7	74	50	1000
0,10	4,9				
0,15	11,0				
0,20	19,7				
0,25	30,7				
0,30	44,2				
0,35	60,0				
0,40	78,5				
0,45	99,3				
0,50	122,6				

Abb. 1.21. Freier Fall. Wertetabelle der Fallstrecken s und Fallzeiten t in 0,05 s-Intervallen. Bestimmung der mittleren Fallgeschwindigkeiten $\bar{v}$ und der Fallbeschleunigung a durch Bildung der Differenzquotienten (nur für die ersten Meßwerte eingetragen)

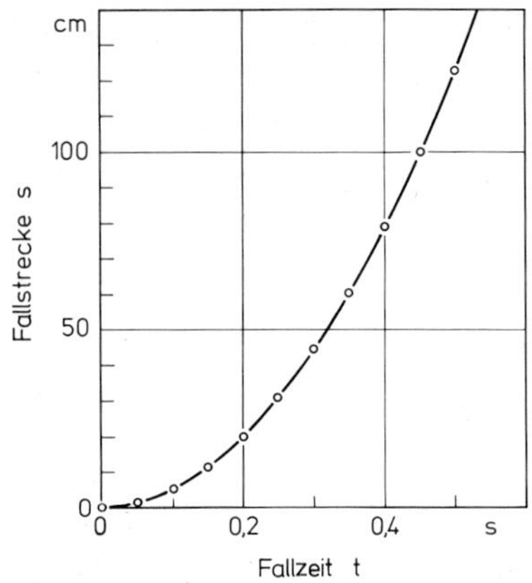

Abb. 1.22. Freier Fall. Weg-Zeit-Diagramm nach Abb. 1.21

quotienten zweier benachbarter Meßwertpaare und ordnet die so bestimmte mittlere Geschwindigkeit $\bar{v}$ in einem 0,05 s langen Zeitintervall dem Zeitpunkt der Intervallmitte zu; in der dritten und vierten Spalte der Abb. 1.21 sind die Zahlenwerte für die beiden ersten Intervalle eingetragen. Das vollständige Geschwindigkeit-Zeit-Diagramm zeigt Abb. 1.23: eine Gerade durch den Nullpunkt.

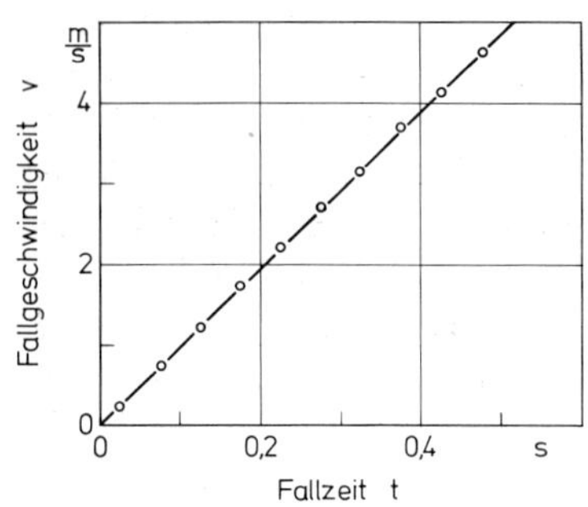

Abb. 1.23. Freier Fall. Geschwindigkeits-Zeit-Diagramm nach Abb. 1.21

Aufgabe 1.13: Man vervollständige die dritte und vierte Spalte der Abb. 1.21 und überzeuge sich durch Zeichnung von der Richtigkeit der Abb. 1.23.

Mathematisch bedeutet eine Gerade durch den Nullpunkt stets eine Proportionalität zwischen den beiden als Ordinate und Abszisse aufgetragenen Größen, hier also, daß die Fallgeschwindigkeit v proportional zur Fallzeit t ansteigt – als Formel

$$v \propto t$$

geschrieben, oder auch mit der Beschleunigung a als Proportionalitätskonstanten

$$v = a\,t\,.$$

Aufgabe 1.14: Welcher Wert ergibt sich für die Fallbeschleunigung aus dem v-t-Diagramm, das in Aufgabe 1.13 gezeichnet wurde?

Auch jetzt kann, weil die Meßpunkte dicht genug beieinanderliegen, die Beschleunigung statt durch die – bei einer Geraden besonders einfache – graphische Differentiation rein rechnerisch aus Differenzenquotienten bestimmt werden; Abb. 1.21 enthält in den beiden letzten Spalten die Eintragungen für den ersten Meßwert, Abb. 1.24 gezeichnet auch die weiteren.

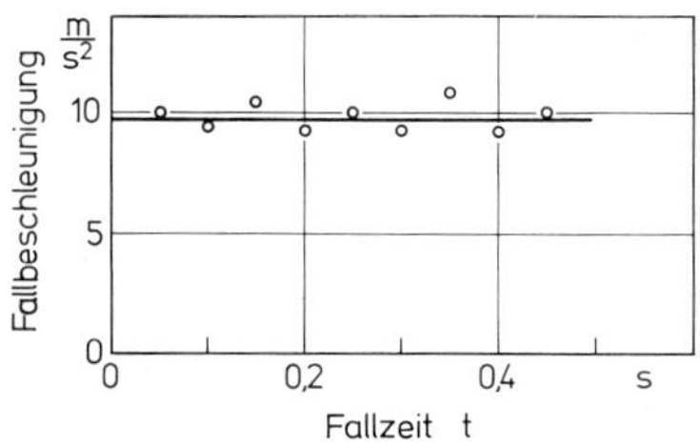

Abb. 1.24. Freier Fall. Beschleunigungs-Zeit-Diagramm nach Abb. 1.21

Aufgabe 1.15: Man vervollständige die beiden letzten Spalten der Abb. 1.21 und überzeuge sich durch Zeichnung von der Richtigkeit der Abb. 1.24.

Die neun für die Fallbeschleunigung gerechneten Werte sollten alle gleich sein – sie sind es nicht. Es wäre aber falsch, daraus zu schließen, die Beschleunigung habe während des Falles geschwankt; es handelt sich ganz einfach um Meßfehler, hier vor allem dadurch bedingt, daß die Fallstrecken nur auf 1 mm genau bestimmt werden konnten – bei einer Gesamtstrecke von mehr als 1 m ohnehin keine schlechte Leistung. Wenn Meßwerte streuen, gibt man als Ergebnis der Meßreihe den Mittelwert an; mit 9,82 m s^{-2} liegt er um nur 0,1 % neben dem offiziellen Wert der

Erdbeschleunigung $g = 9{,}81\ \mathrm{m\,s^{-2}}$.

In vielen Fällen ist es erlaubt, g kurzerhand zu $10\,\mathrm{m\,s^{-2}}$ anzusetzen – man macht damit nicht mehr als 2% Fehler.

Beim freien Fall kann es keine Zweifel über die Richtung der Vektoren $\boldsymbol{s}$, $\boldsymbol{v}$ und $\boldsymbol{a}$ geben, sie zeigen alle senkrecht nach unten. Darum brauchten sie zuletzt auch nicht als Vektoren geschrieben werden, zur Debatte standen nur ihre Beträge s, v und a. Das gilt nicht mehr beim *schiefen Wurf*, für den sich Leichtathleten wie Artilleristen interessieren müssen. Hier besitzt der geworfene Körper eine *Anfangsgeschwindigkeit* $\boldsymbol{v}_0$, deren vertikale Komponente, wenn sie nach oben zeigt, im Laufe der Zeit von der Fallbeschleunigung g zunächst aufgezehrt und dann in ihrer Richtung umgekehrt wird. Die horizontale Komponente bleibt davon unberührt. Ergebnis ist die *Wurfparabel*, von der Abb. 1.25 ein Beispiel zeigt.

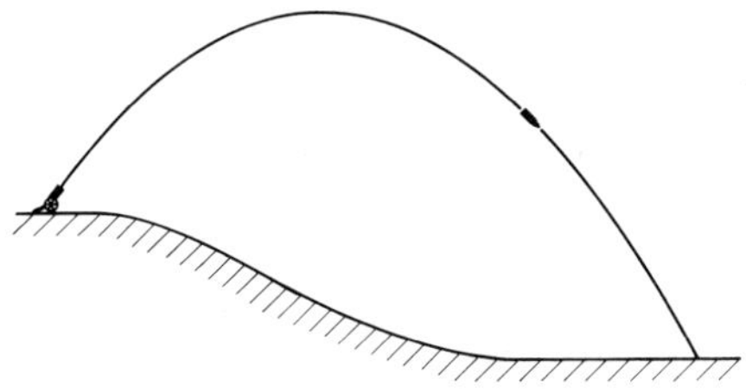

Abb. 1.25. Wurfparabel

Mathematisch ist eine Parabel gekennzeichnet durch eine quadratische Abhängigkeit der einen Variablen von der anderen, beim freien Fall also des Fallweges s von der Fallzeit t. Der Parabel des Weg-Zeit-Diagrammes von Abb. 1.22 entspricht die Formel

$$s=\frac{g}{2}\,t^2.$$

Zu ihr gehört eine zeitlich konstante Beschleunigung vom Betrage g, wie man durch zweimalige Differentiation leicht zeigen kann.

Der freie Fall ist Musterbeispiel für eine *gleichförmig beschleunigte Bewegung*. Daß freilich alle Körper auf der Erde gleich schnell fallen, versteht sich nicht von selbst; es muß durch zahlreiche Beobachtungen verifiziert werden. Dies wiederum gelingt nur soweit, wie Störungen durch die Reibung der Luft vernachlässigt werden können.

1.09 Meßfehler

Bestimmt man eine Meßgröße wie im vorigen Kapitel die Erdbeschleunigung n-mal hintereinander, so erhält man n Meßwerte $x_1, x_2, x_3, \ldots, x_n$, die im allgemeinen alle voneinander abweichen. Dem wahren Wert X, den man nicht kennt, entspricht keiner; ihm am nächsten aber kommt aller Wahrscheinlichkeit nach der *Mittelwert* $\bar{x}$, definiert als

$$\bar{x}=(x_1+x_2+\cdots x_n)\frac{1}{n},$$

was unter Verwendung des Summenzeichens auch geschrieben wird

$$\bar{x}=\frac{1}{n}\sum_{i=1}^{n} x_i.$$

Wie zuverlässig ist dieser Mittelwert? Sicher um so mehr, je weniger die Einzelmessungen streuen und je mehr von ihnen vorhanden sind. Die Wahrscheinlichkeitsrechnung liefert dafür exakte Kriterien; sie sollen hier ohne nähere Begründung hingeschrieben werden, denn die mathematische Herleitung würde zu weit führen.

Zunächst berechnet man für jeden einzelnen Meßwert x_i die Abweichung vom Mittelwert $\bar{x}$, summiert deren Quadrate und dividiert durch ihre Anzahl n. Das Ergebnis heißt *Varianz* und wird oft s^2 geschrieben, weil es das Quadrat der *Standardabweichung* s der Meßreihe ist:

$$s^2=\frac{1}{n-1}\sum_i (x_i-\bar{x})^2,$$

$$s=\sqrt{\frac{\sum_i (x_i-\bar{x})^2}{n-1}}.$$

Teilt man s noch einmal durch $\sqrt{n}$, so erhält man den *Standardfehler* (Standardabweichung des Mittelwertes)

$$s_{\bar{x}} = \sqrt{\frac{\sum_i (x_i - \bar{x})^2}{n(n-1)}}.$$

Der wahre Wert X liegt dann mit einer Wahrscheinlichkeit von 68% innerhalb des Standardfehlers zu beiden Seiten vom Mittelwert, also in einem Bereich

$$\bar{x} - s_{\bar{x}} < X < \bar{x} + s_{\bar{x}}.$$

Aufgabe 1.16: Mit welchem Standardfehler ist in Aufgabe 1.15 die Erdbeschleunigung g bestimmt worden? Es ist hier erlaubt, näherungsweise mit $g = 980\ \mathrm{cm\,s^{-2}}$ zu rechnen. Das spart Arbeit.

Hierzu sind folgende Anmerkungen zu machen: Im Prinzip läßt sich auch bei stark streuenden Einzelmessungen jede gewünschte Meßgenauigkeit dadurch erreichen, daß man die Meßreihe weit genug verlängert – im Schnitt wird $\sum (x_i - \bar{x})^2$ proportional zu n anwachsen, so daß nach Kürzung im Nenner des Standardfehlers immer noch ein $(n-1) \approx n$ zurückbleibt, das $s_{\bar{x}}$ herunterdrückt. Leider nur steht es unter der Wurzel: will man den Meßfehler auf ein Zehntel senken, muß man die Anzahl der Einzelmessungen verhundertfachen! – Auf der anderen Seite ist $n=1$ gleichbedeutend mit $n-1=0$ und darum $s_{\bar{x}} = \infty$. Das heißt, eine isolierte Einzelmessung, die sich grundsätzlich nicht wiederholen läßt, hat keinen Wert; erst die Wiederholbarkeit der Messung gestattet Aussagen.

Unerläßlich ist der Rechenaufwand zur Bestimmung von Varianz und Standardfehler bei allen statistischen Erhebungen, etwa einer Untersuchung über den Erfolg bestimmter Strahlenbehandlungen bei bestimmten Tumoren, denn hier besteht leicht die Gefahr, daß man sich allzu bereitwillig auf Ergebnisse verläßt, die einfach nach Zahl der beobachteten Fälle noch nicht als statistisch völlig gesichert angesehen werden dürfen. Auf der anderen Seite wäre es übertriebene Sorgfalt, wollte man allen Patienten in der Klinik jeden Morgen fünfmal die Körpertemperatur messen, nur um den Standardfehler ausrechnen zu können. Die Meßgenauigkeit eines Fieberthermometers liegt mit ca. 0,1 °C höher, als der Untersuchungszweck verlangt, und braucht darum gar nicht angegeben zu werden. Der Fachmann weiß sowieso Bescheid.

Man sollte sich aber angewöhnen, Zahlenwerte niemals genauer hinzuschreiben, als man sie hat; das heißt, die letzte angegebene Dezimalstelle sollte noch stimmen. Wenn also ein Verkehrsschild behauptet, bis Göttingen seien es noch 35 km, so sollte dies heißen, daß die Entfernung zwischen 34,5 und 35,5 km liegt. Darum sollte auch der mittlere Radius der Erdbahn zu $149{,}5 \cdot 10^6$ km angegeben werden und nicht zu 149500000 km, denn auf den Kilometer genau ist er nicht bekannt. Umgekehrt sollte die Länge des 50-m-Beckens in einem wettkampfgeeigneten Schwimmstadion durchaus mit 50,0 m angegeben werden können.

Nicht ohne Grund erscheint im vorigen Absatz so oft das Wörtchen „sollte": die Schreibregel ist nicht verpflichtend und wird durchaus nicht immer eingehalten. Auf jeden Fall braucht man sich aber in der Physik keine Gedanken über transzendente Zahlen zu machen – hier ist die Kreiszahl $\pi = 3{,}14$, in seltenen Fällen auch einmal gleich 3,14159. Zuweilen genügt sogar die Abschätzung $\pi \approx 3$.

Oft wird eine physikalische Größe nicht unmittelbar gemessen, sondern als Produkt oder Quotient anderer Größen berechnet. Wie überträgt sich dabei der Meßfehler der Ausgangsgrößen auf das Resultat? Ein Meßfehler wird üblicherweise angegeben als

absoluter Fehler, z.B. $x = (2{,}45 \pm 0{,}05)$ cm,

und seltener als

relativer Fehler, z.B. $x = 2{,}45\ \mathrm{cm} \pm 2\%$.

Bei Multiplikation und Division der Meßgrößen addieren sich deren relative Fehler.

Herleitung: Für die Fläche A eines Rechteckes mit den Kanten a und b gilt $A = a \cdot b$ und, wenn man den Meßfehler als absoluten Fehler schreibt,

$$A = A_0 \pm \Delta A = (a_0 \pm \Delta a)(b_0 \pm \Delta b).$$

Ausmultiplizieren der Klammern führt zu

$$A_0 \pm \Delta A = a_0 \cdot b_0 \pm a_0 \Delta b \pm b_0 \Delta a \pm \Delta a \Delta b.$$

Da man grundsätzlich mit der unglücklichsten Vorzeichenkombination rechnen muß, addieren sich die drei letzten Glieder zum absoluten Fehler ΔA und damit zum relativen

$$\frac{\Delta A}{A_0} = \frac{a_0 \Delta b}{a_0 b_0} + \frac{b_0 \Delta a}{a_0 b_0} + \frac{\Delta a \Delta b}{a_0 b_0}.$$

Nach Kürzung geben die beiden ersten Glieder die relativen Fehler der Einzelmeßgrößen; ihre Summe ist so groß, daß ihr Produkt dagegen vernachlässigt werden kann. Dies gilt freilich nur, wenn die Meßfehler selbst nicht zu groß sind.

Aufgabe 1.17: Wie groß ist der absolute Fehler des Volumens V einer Kugel, wenn ihr Radius zu $r = (9{,}8 \pm 0{,}1)$ cm bestimmt worden ist?

Werden Meßwerte addiert *oder* subtrahiert, so *addieren* sich in jedem Fall ihre absoluten Fehler. Das kann zu hohem relativen Fehler führen, wenn sich die gesuchte Größe nur als (kleine) Differenz zweier (großer) Meßwerte bestimmen läßt. Beispiel: Wieviel Nahrung ein Säugling beim Stillen aufgenommen hat, stellt man üblicherweise dadurch fest, daß man ihn vorher und hinterher wiegt. Grundsätzlich könnte man auch die Mutter wiegen, aber dann wäre das Resultat weniger genau.

1.10 Kräfte

Blut strömt stoßweise in die Aorta - als Folge der periodischen Kontraktion des Herzmuskels ist seine Geschwindigkeit nicht konstant, seine Bewegung beschleunigt. Jeder Muskel, ob Herz, ob Bizeps, übt bei der Kontraktion eine Kraft aus. Der Mensch hat ein sehr unmittelbares Gefühl für die Kraft seiner Muskeln, und hier verwendet der Sprachgebrauch des Alltags das Wort „Kraft" einmal recht genau im Sinne der physikalischen Größe *Kraft* - bei den Worten „Waschkraft" und „Kraftfutter" tut er es nicht.

Einer allgegenwärtigen Kraft hat sich jedes irdische Leben jeweils auf seine Weise anpassen müssen: der Schwerkraft, der Kraft seines Gewichtes. Sie verursacht auch die konstante Beschleunigung beim freien Fall - jede Beschleunigung hat eine Kraft als Ursache. Dieser Satz läßt sich aber nicht umkehren: die Gewichtskraft eines Menschen verschwindet nicht, wenn er ruhig und unbeschleunigt in seinem Bett liegt; in diesem Fall wird lediglich die Matratze zusammengedrückt und „verformt". Statt zu beschleunigen, können Kräfte auch verformen.

Verformungen bleiben oft unerkannt. Wer sich auf eine Bank setzt, biegt sie nicht erkennbar durch; aber er biegt sie durch, und mit einigem meßtechnischen Aufwand läßt sich das auch durchaus nachweisen. Wenn man aufsteht, federt die Bank wieder in ihre Ausgangslage zurück; die Verformung war *elastisch* - im Gegensatz zu der *plastischen* von Knetmasse. Ein erwachsener Mann biegt die Bank stärker durch als seine dreijährige Tochter; elastische Verformungen erweisen sich als gutes Maß für angreifende Kräfte. Besonders bewährt haben sich Schraubenfedern (Abb. 1.26).

Wer einen Kraftmesser kalibrieren will, braucht ein Verfahren zur Erzeugung definierter Kräfte; wer ihn obendrein noch eichen will, braucht zusätzlich eine Krafteinheit. Es liegt nahe, für beides die all-

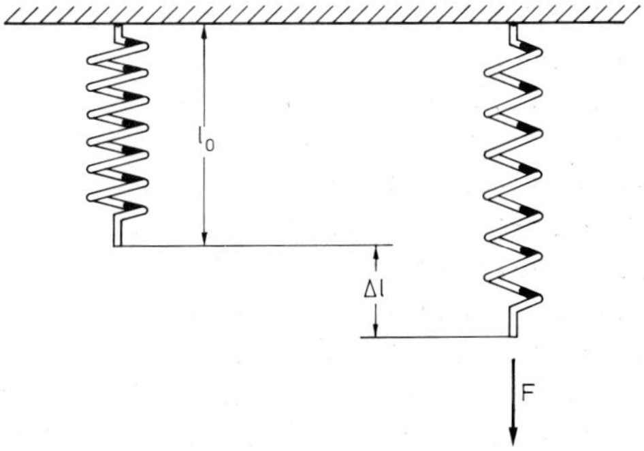

Abb. 1.26. Schraubenfeder. Eine Kraft F dehnt die Feder mit der Ausgangslänge l_0 um Δl. Lineares Kraftgesetz herrscht, wenn $\Delta l \propto F$, d.h. wenn $F = D\Delta l$ (D = Federkonstante)

gegenwärtige Schwerkraft zu Hilfe zu nehmen. Vier Liter Wasser wiegen gewiß doppelt soviel wie zwei Liter, und die Gewichtskraft eines Liters Wasser ließe sich grundsätzlich als Einheit verwenden. Das hat man früher auch getan und ihr den Namen *Kilopond* (kp) gegeben. Sie darf aber nicht mehr verwendet werden, von Gesetzes wegen jedenfalls. Die Definition der gesetzlichen Einheit, des *Newton*, setzt freilich das *Grundgesetz der Mechanik* voraus, und das kann erst im nächsten Kapitel behandelt werden. Bis dahin müssen ungeeichte Kraftmesser genügen, die nur Relativmessungen zulassen: In welchem Verhältnis stehen zwei Kräfte zueinander?

Messungen zeigen, daß gute Schraubenfedern einem *linearen Kraftgesetz* folgen: eine Feder mit der Ausgangslänge l_0 dehnt sich unter der Kraft F um Δl nach der Beziehung

$$F = D\,\Delta l$$

oder

$$l = l_0 + \Delta l = l_0 + \frac{F}{D}.$$

Hier bezeichnet D die *Federkonstante*, eine Kenngröße der jeweiligen Schraubenfeder.

Längenänderung Δl und *Dehnung* $\Delta l/l_0$ der Schraubenfeder sind also über die Federkonstante D der Kraft F proportional; graphisch dargestellt gibt die *Proportionalität* eine Gerade durch den Nullpunkt des Achsenkreuzes (Abb. 1.27). Zwischen F und der gesamten Länge l der Feder hingegen besteht keine Proportionalität, sondern eine *lineare Beziehung;* sie wird graphisch ebenfalls durch eine Gerade repräsentiert (Abb. 1.28), aber diese hat einen *Achsenabschnitt*, sie führt nicht durch den Nullpunkt.

Die Schwerkraft zieht immer nach unten; so ist *unten* nun einmal definiert. Durch Seil und Rolle kann ihre Wirkung aber leicht in jede gewünschte Richtung umgelenkt werden, wie Abb. 1.29 zeigt: Kräfte sind Vektoren. Zwei entgegengesetzt gleiche Kräfte, erzeugt etwa durch zwei gleiche Gewichte an den Enden eines Seiles (Abb. 1.30), heben sich auf – das System

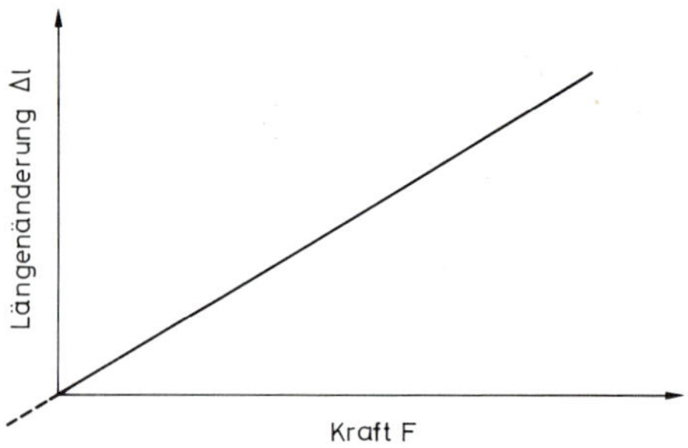

Abb. 1.27. Graph für eine Schraubenfeder mit linearem Kraftgesetz: Proportionalität zwischen Dehnung $\Delta l/l_0$ und Kraft F. Grundsätzlich kann eine Schraubenfeder auch gestaucht werden (gestrichelter Teil)

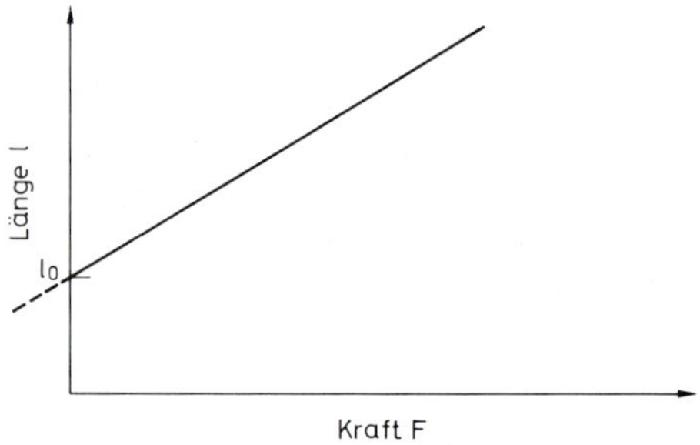

Abb. 1.28. Graph für eine Schraubenfeder mit linearem Kraftgesetz: linearer Zusammenhang zwischen Federlänge l und Kraft F

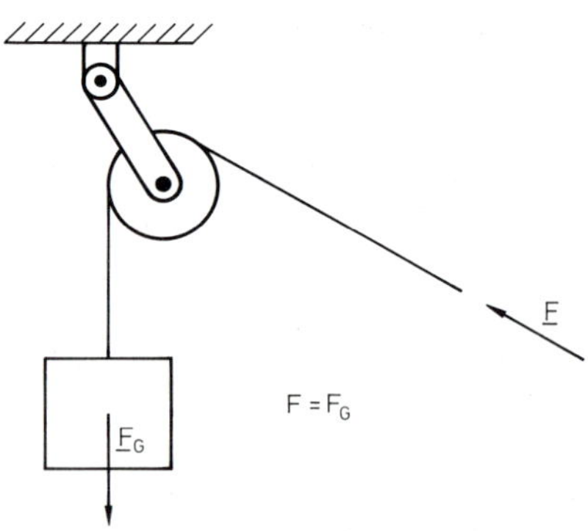

Abb. 1.29. Umlenken der Gewichtskraft $\boldsymbol{F}_G$ durch Seil und Rolle in eine beliebige Richtung. Der Betrag der Kraft bleibt unverändert

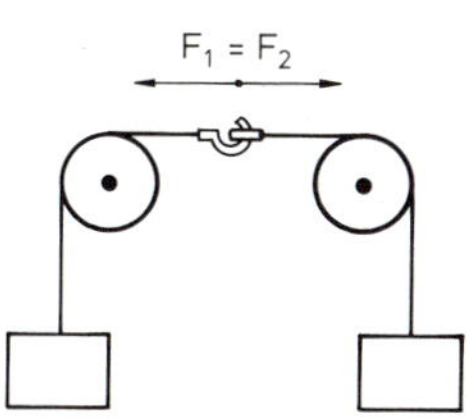

Abb. 1.30

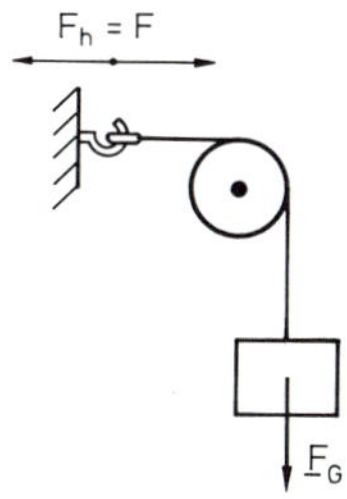

Abb. 1.31

Abb. 1.30. actio = reactio

Abb. 1.31. Erzeugung der zum Gleichgewicht notwendigen Gegenkraft $\boldsymbol{F}_h$ durch Verformung von Haken und Wand

bleibt in Ruhe, es herrscht *Gleichgewicht*. Das System bleibt auch dann in Ruhe, wenn man das eine Gewicht durch einen Haken in der Wand ersetzt (Abb. 1.31). Notwendigerweise müssen jetzt Haken und Wand die zum Gleichgewicht nötige Gegenkraft aufbringen (und zwar durch Verformung).

Dies ist das Gesetz der *Statik*, von Isaak Newton seinerzeit formuliert als

actio = reactio.

Korrekter schreibt man

actio + reactio = null,

Kraft und Gegenkraft sind nur dem Betrage nach gleich und nicht im Vorzeichen.

Seile können Kräfte nur in ihrer Längsrichtung übertragen. Werden sie wie in Abb. 1.29 über eine Rolle geführt, so treten zwei Längsrichtungen auf, und die beiden, dem Betrage nach gleichen Kräfte $\boldsymbol{F}_G$ und $\boldsymbol{F}$ addieren sich vektoriell zur resultierenden Kraft $\boldsymbol{F}_r$ (Abb. 1.32a). Das traditionelle *Paralellogramm der Kräfte* (Abb. 1.32b) ist nichts als eine etwas umständliche Form graphischer Vektoraddition. $\boldsymbol{F}_r$ muß von der Halterung der Rolle aufgenommen werden, und zwar durch eine Gegenkraft

$$\boldsymbol{F}_g = -\boldsymbol{F}_r .$$

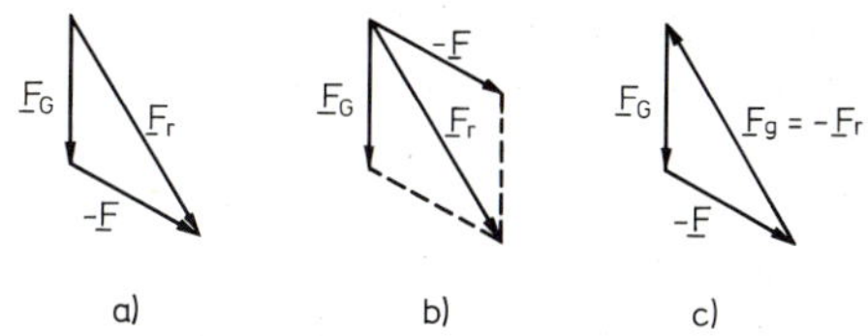

Abb. 1.32a–c. Vektoraddition von Kräften. (a) Die aus den Kräften $\boldsymbol{F}_G$ und $-\boldsymbol{F}$ resultierende Kraft $\boldsymbol{F}_r$ muß von der Halterung der Rolle in Abb. 1.29 aufgenommen werden. (b) Analoge Darstellung im *Parallelogramm der Kräfte*. (c) Die von der Halterung der Rolle aufgebrachte Gegenkraft $\boldsymbol{F}_g$ schließt das Kräftedreieck

Das heißt, die Summe der drei an der Rolle angreifenden Kräfte $\boldsymbol{F}_G$, $\boldsymbol{F}$ und $\boldsymbol{F}_g$ ist Null, ihre Pfeile bilden ein geschlossenes Dreieck (Abb. 1.32c).
Auch mehr als drei Kräfte können sich die Waage halten, dann nämlich, wenn sich ihr *Kräftepolygon* schließt: zeichnet man die Kraftpfeile hintereinander, so muß die Spitze des letzten mit dem Anfang des ersten zusammenfallen (Abb. 1.33). Das Gesetz der Statik läßt sich demnach kurz und allgemein schreiben als

$$\sum \boldsymbol{F} = 0$$

– dabei wird freilich vorausgesetzt, daß die Kräfte allesamt durch einen Punkt gehen; tun sie es nicht, so treten Drehmomente auf (Kap. 1.20).

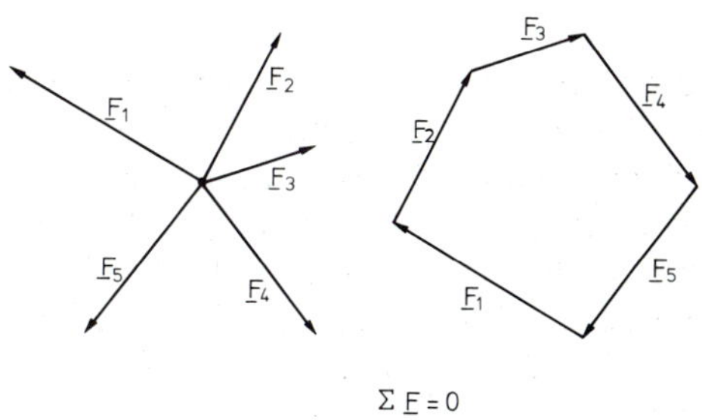

Abb. 1.33. Fünf Kräfte im Gleichgewicht: ihr Kräftepolygon ist geschlossen

Bei unglücklicher Geometrie können auch kleine Kräfte nur durch relativ große Gegenkräfte gehalten werden. Musterbeispiel ist die Wäscheleine (Abb. 1.34): je straffer man sie spannt, desto spitzer und länger wird ihr Kräftedreieck, dessen

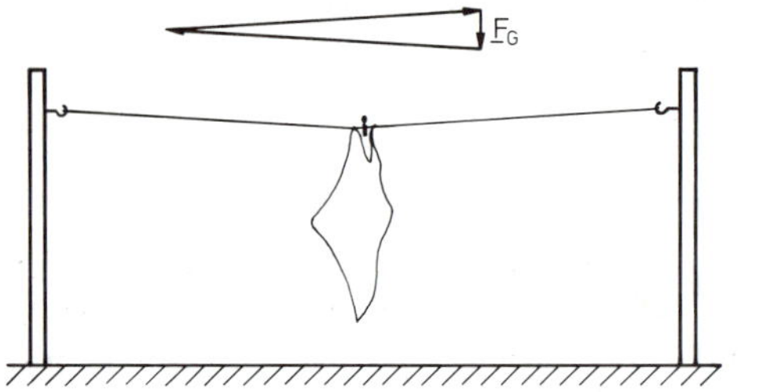

Abb. 1.34. Eine Wäscheleine mit ihrem Kräftedreieck

kleine Seite ja von der Gewichtskraft des Wäschestückes fest vorgegeben ist. Zum Klimmzug greift man vernünftigerweise genau in Schulterbreite an die Reckstange; wer die Arme spreizt, muß sich mehr anstrengen.

Aufgabe 1.18: Ein Turner hängt ruhig am Reck, die Arme parallel, die Hände also in Schulterbreite Abstand. Um welchen Faktor würde er seine Arme stärker belasten, wenn er sie so weit spreizte, daß sie einen Winkel von 30° gegen die Senkrechte annehmen?

Auf der anderen Seite spart eine schiefe Ebene Kraft: Über eine schräge Latte (Abb. 1.35) läßt sich noch ein Schubkarren auf das Baugerüst bugsieren, den kein Mensch mehr stemmen kann, denn nur die Komponente $\boldsymbol{F}_1$ der Gewichtskraft $\boldsymbol{F}_G$ muß für den Transport überwunden werden; $\boldsymbol{F}_2$ übernehmen Verformungskräfte der Latte.

In der Statik treten Kräfte stets paarweise auf – actio = reactio. Nach diesem Prinzip überträgt jeder Körper, wie auch immer er in Ruhe gehalten wird, die Kraft seines Gewichtes auf mehr oder weniger kompliziertem Wege auf den Erdboden. Woher

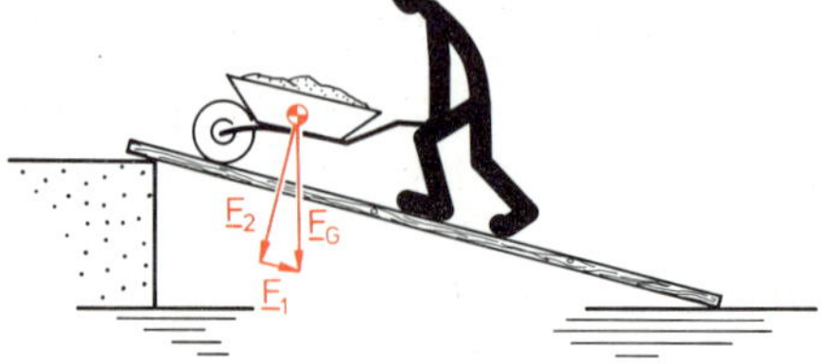

Abb. 1.35. Schiefe Ebene. Nur die Komponente $\boldsymbol{F}_1$ der Gewichtskraft $\boldsymbol{F}_G$ muß für die Bewegung überwunden werden; $\boldsymbol{F}_2$ übernimmt die Latte

bezieht dieser die Gegenkraft? Ursache aller Gewichtskräfte ist eine in ihrer physikalischen Natur noch keineswegs enträtselte Erscheinung: die *Gravitation.* Zwei Körper ziehen sich gegenseitig an, ganz allgemein und immer – die Erde den Mond und mit gleicher Kraft auch der Mond die Erde (Kap. 1.13).

1.11 Das Grundgesetz der Mechanik

Kräfte, die nicht durch statische Gegenkräfte kompensiert werden, beschleunigen. Wenn dieser Satz stimmt, dann muß ein kräftefrei gelagerter Körper jede einmal begonnene Bewegung bis in alle Ewigkeit fortsetzen, geradlinig und mit konstanter Geschwindigkeit – denn zu $\boldsymbol{F} = 0$ gehört nach diesem Satz $\boldsymbol{a} = \dot{\boldsymbol{v}} = 0$, also $\boldsymbol{v} = \text{const.}$ Das steht zumindest scheinbar im Gegensatz zu aller Erfahrung: Jede Bewegung in des Menschen alltäglicher Umgebung kommt, sich selbst überlassen, früher oder später zur Ruhe; und die Himmelskörper, deren Bewegungen andauern, laufen nicht auf geraden Bahnen. Im Grunde heißt dies aber nur, daß man eben keinen Körper wirklich kräftefrei lagern kann. Zumindest die Schwerkraft läßt sich im Laboratorium ja nicht abschalten.

Wohl aber läßt sich die Auswirkung der Schwerkraft bei der Untersuchung von Bewegungen unschädlich machen, durch eine ebene Fahrbahn, die streng horizontal justiert wird, damit nicht nach dem Prinzip der schiefen Ebene von der Gewichtskraft des Probekörpers doch noch eine Komponente in Bewegungsrichtung übrigbleibt. Unterdrückt werden muß aber auch die *Reibung*, eine nicht leicht durchschaubare, jedenfalls stets verzögernde Kraft, die – selbst von der Geschwindigkeit abhängig – eine Bewegung zur Ruhe bringt. Bewährte Mittel, sie zu mindern, sind Räder, Kugellager und Schmierung mit Ölen und Fetten. Das derzeit beste Verfahren aber liefert das *Luftkissenfahrzeug*.

Für Laborzwecke läßt es sich folgendermaßen realisieren: als Fahrbahn dient ein

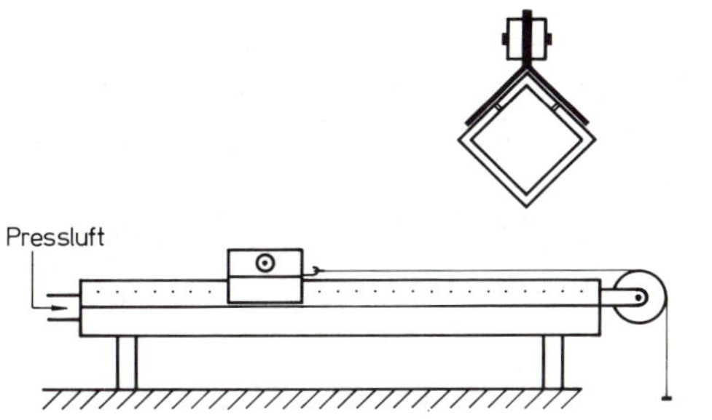

Abb. 1.36. Luftkissenfahrbahn. Preßluft strömt aus den Löchern der Schiene und hebt den Gleiter an

hohler, auf die Spitze gestellter Vierkant mit feinen, schräg nach oben gerichteten Bohrungen (Abb. 1.36); durch sie strömt eingepreßte Luft so rasch nach außen, daß sie einen lose aufgelegten, sauber eingeschliffenen Metallwinkel um vielleicht einen Zehntelmillimeter anhebt. Er ruht dann praktisch reibungsfrei auf einem Luftkissen und gleitet, einmal angestoßen, tatsächlich mit konstanter Geschwindigkeit bis zum Ende der Fahrbahn.

Von Hand auf einen solchen Gleiter horizontal eine konstante Kraft auszuüben – gemessen etwa mit einer Schraubenfeder – ist praktisch unmöglich. Leicht aber läßt sich die Schwerkraft durch einen Seilzug in die Horizontale umlenken, wenn auch nicht ohne etwas Reibung an der Rolle. Sie kann aber so klein gehalten werden, daß diese Anordnung durchaus erlaubt, die beschleunigende Wirkung verschiedener Kräfte, erzeugt durch auswechselbare Gewichte am Ende des Seiles, auf verschiedene Probekörper als Gleiter experimentell zu untersuchen. Die Ergebnisse vieler Meßreihen lassen sich in folgenden Punkten zusammenfassen:

Gleicher Gleiter, gleiche Kraft, verschiedene Wege:

Mißt man die Zeiten t, in denen vom Start aus der Ruhe weg verschiedene Strecken s zurückgelegt werden, so findet man wie beim freien Fall

$$s \propto t^2,$$

was natürlich auch geschrieben werden kann als

$$s = \frac{a}{2} t^2 .$$

Eine zeitlich konstante Kraft F verursacht eine zeitlich konstante Beschleunigung a, also eine gleichförmig beschleunigte Bewegung.

Gleicher Gleiter, gleicher Weg, verschiedene Kräfte:

Es verwundert nicht, daß eine starke Kraft auch eine hohe Beschleunigung auslöst. Messungen zeigen

$$a \propto F,$$

die Beschleunigung a ist der Kraft F proportional.

Gleiche Kraft, gleicher Weg, verschiedene Gleiter:

Ein Gleiter kommt um so langsamer in Bewegung, je größer und schwerer er ist – „größer und schwerer“ kann man ihn auch dadurch machen, daß man ihm Lasten aufpackt. Um seine *Trägheit* quantitativ zu kennzeichnen, wird eine neue physikalische Größe m so erfunden, daß bei vorgegebener Kraft F gilt

$$a \propto \frac{1}{m} .$$

m bekommt den Namen *Masse* und die Einheit *Kilogramm* (kg),

festgelegt durch einen Platinklotz in Paris, dessen Masse recht genau der von einem Liter Wasser bei 4 °C entspricht.

Es liegt nahe, die drei Beobachtungen am Gleiter zusammenzufassen zu

$$a \propto \frac{F}{m} \quad \text{oder auch} \quad F \propto m a ,$$

in Worten: Die Kraft F, notwendig um einem Körper der Masse m die Beschleunigung a zu erteilen, ist proportional zum Produkt „Masse mal Beschleunigung". Dies entspricht dem physikalischen Tatbestand. Läge nun die Einheit der Kraft schon fest, so müßte man jetzt die Proportionalitätskonstante durch Messung bestimmen. Weil aber die Einheit noch frei ist, kann man auch umgekehrt vorgehen: Man legt die Proportionalitätskonstante willkürlich fest und bestimmt damit die Krafteinheit.

Die handlichste aller Konstanten ist die Eins, denn sie macht aus einer Proportionalität eine Gleich*heit*, wandelt das $\propto$ zum $=$ und braucht dann selbst gar nicht mehr geschrieben zu werden:

$$a = \frac{F}{m} \quad \text{oder auch} \quad F = m\,a.$$

Definitionsgemäß lautet nun der physikalische Tatbestand

Kraft gleich Masse mal Beschleunigung

$\boldsymbol{F} = m\,\boldsymbol{a}$

– dies ist das *Grundgesetz der Mechanik*.

Die beiden Vektoren $\boldsymbol{F}$ und $\boldsymbol{a}$ haben gleiche Richtung, die Masse m ist ein Skalar. Damit wird diejenige Kraft zur Krafteinheit, die der Einheit der Masse (1 kg) die Einheit der Beschleunigung ($1\ \mathrm{m\,s^{-2}}$) erteilt – sie bekommt den Namen *Newton*:

$$\text{Newton} = \mathrm{N} = \mathrm{kg\,m\,s^{-2}}.$$

Aufgabe 1.19: Welche Schubkraft F_s muß der Motor des Sportwagens von Aufgabe 1.12 entwickeln, wenn dessen Masse 920 kg beträgt – und welche Bremskraft F_b ist erforderlich, um ihn aus 100 km/h auf 52 m zum Stehen zu bringen?

Aufgabe 1.20: Welche Schubkraft braucht eine Rakete mit einer Masse von 12 Tonnen (1 Tonne = 1 t = 10^3 kg), wenn sie senkrecht nach oben abgeschossen wird und 3 min nach dem Start mit konstanter Beschleunigung eine Geschwindigkeit von 8 km/s erreichen soll? – Eine Abnahme der Masse durch Treibstoffverbrauch werde vernachlässigt.

1.12 SI-Einheiten

Die Festlegung von Einheiten ist reine Willkür. Meter und Sekunde sind unabhängig voneinander definiert über die Eigenschaften des Lichtes, das von bestimmten Atomsorten unter bestimmten Bedingungen ausgesandt wird. Das macht sie zu *Basiseinheiten* des Maßsystemes und macht Länge und Zeit zu dessen *Basisgrößen*. Volumen und Geschwindigkeit sind demgegenüber *abgeleitete Größen*, denn ihre Einheiten $\mathrm{m^3}$ und m/s leiten sich aus Basiseinheiten ab.

Die Definition von Einheiten und Maßsystemen hat mit Physik wenig zu tun. Sie sollte lediglich nach dem Gesichtspunkt der Zweckmäßigkeit erfolgen – am zweckmäßigsten ist aber das System, auf das sich die meisten Menschen einigen. Es heißt *Systeme international d'unités*, seine Einheiten sind die *SI-Einheiten*. Es besitzt sieben Basisgrößen, nämlich

die *Länge* mit der Einheit *Meter* (m),
die *Zeit* mit der Einheit *Sekunde* (s),
die *Masse* mit der Einheit *Kilogramm* (kg),
den *elektrischen Strom* mit der Einheit *Ampere* (A),
die *Temperatur* mit der Einheit *Kelvin* (K),
die *Stoffmenge* mit der Einheit *Mol* (mol),
die *Lichtstärke* mit der Einheit *Candela* (cd).

Alle anderen physikalischen Größen sind 1970 von Gesetzes wegen zu abgeleiteten Größen erklärt worden, ihre Einheiten haben sich von denen der sieben Basisgrößen abzuleiten. Es sei nachdrücklich empfohlen, Einheiten, die nicht zum Système international gehören, nach Kräften zu vermeiden.

1.13 Gravitation

Verschiedene Goldklumpen haben Massen m, die dem jeweiligen Volumen V proportional sind: der Quotient m/V stellt eine charakteristische Materialkonstante dar. Er wird *Dichte* ρ genannt (präziser sollte man von *Massendichte* sprechen, denn auch andere physikalische Größen haben ihre volumenbezogenen „Dichten"). Für Wasser gilt

$$\rho_{H_2O} = 1{,}00 \text{ kg/l} = 1{,}00 \text{ g cm}^{-3}.$$

Proportional zum Volumen ist unter sonst gleichen Bedingungen aber auch die Gewichtskraft F_G. Folglich besteht auch eine Proportionalität zwischen F_G und m, und zwar ganz allgemein auf der Erde. Sie bewirkt, daß alle Körper gleich schnell fallen: den schwereren zieht zwar eine größere Gewichtskraft nach unten, er muß aber auch eine größere Masse in Bewegung setzen, und die Beschleunigung bleibt auf ihrem gewohnten Wert g:

$$\text{Gewichtskraft } F_G = m\,g.$$

Aufgabe 1.21: Mit welcher Gewichtskraft drückt ein Patient auf die Waage, dessen Masse 68,3 kg beträgt?

Hinter dem freien Fall steht das *Gravitationsgesetz*, das Himmelsmechanik und Raumfahrt mit großer Genauigkeit bestätigen. Es besagt: zwei Massen m_1 und m_2 im Abstand r voneinander (Abb. 1.37) ziehen sich gegenseitig an mit der Kraft

$$F = G\,m_1\,m_2/r^2.$$

G heißt *Gravitationskonstante* und beträgt

$$G = 6{,}68 \cdot 10^{-11} \text{ m}^3 \text{ kg}^{-1} \text{ s}^{-2}.$$

Des Menschen gewohnte Gewichtskraft wird bestimmt durch die Masse der Erdkugel und durch ihren Radius. Der Mond ist leichter und kleiner und die Fallbeschleunigung auf seiner Oberfläche auch – sie beträgt nur 1,6 m s^{-2}.

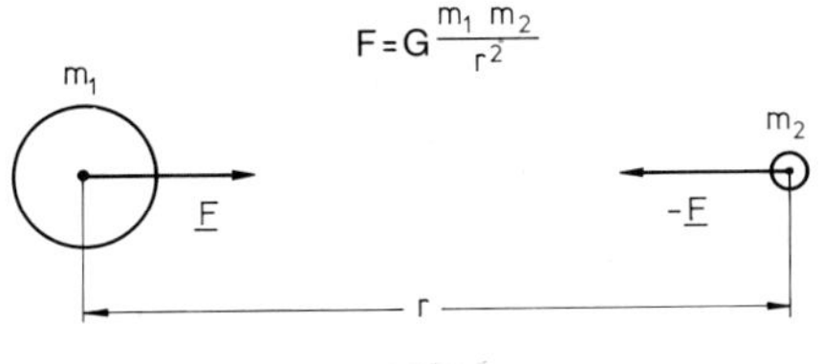

Abb. 1.37. Zum Gravitationsgesetz

Aufgabe 1.22: Was wiegt ein Mensch, der 72 kg auf die Waage bringt, auf dem Mond? Um welchen Faktor α ist er dort leichter als gewohnt?

Gewichtskräfte hängen an der Beschleunigung des freien Falles, und die ist ortsabhängig – man muß nicht gleich zum Mond reisen, um das festzustellen. In Djakarta auf 6° südlicher Breite beträgt g nur 9,7818 m/s^2, am Nordpol aber 9,8325 m/s^2. Eben dies macht Gewichtskräfte ungeeignet für die Definition einer Krafteinheit, denn deren Reproduzierbarkeit muß stets mit dem neuesten Stand der Präzisionsmeßtechnik Schritt halten. Wem es aber auf ein paar Promille nicht ankommt, der darf zu Hause, wo es der Gesetzgeber nicht sieht, schon mal die offiziell verbotene Krafteinheit *Kilopond* (kp), die Gewichtskraft eines Liters Wasser, verwenden:

$$1 \text{ kp} = 1 \text{ kg} \cdot g = 9{,}81 \text{ N}.$$

Er setzt damit für die Erdbeschleunigung g als mittleren Wert 9,81 m s^{-2} an (Kap. 1.08).

1.14 Reibung

So sorgfältig bei den Messungen zum Grundgesetz der Mechanik die Reibung als störend auch unterdrückt werden mußte, im Alltag erweist sie sich als ausgesprochen lebenswichtig. Gehen kann der Mensch nur, wenn seine Füße fest genug am Boden haften, um die zur Bewegung notwendigen Kräfte zu übertragen. Übersteigen sie die Kräfte der *Haftreibung*, so gleitet er aus. Gebiete verminderter Bodenreibung gelten sprichwörtlich als Gefahrenzonen: man kann jemanden „auf's Glatteis" führen.

Ist die Haftreibung einmal überwunden, so tritt an ihre Stelle die – kleinere – *Gleitreibung*. Um Antriebskräfte zu sparen, ersetzt man sie in der Verkehrstechnik durch die – wiederum geringere – *rollende Reibung* der Räder. Schmiermittel schließlich legen einen Flüssigkeitsfilm zwischen Achse und Lagerschale und tauschen die Gleitreibung gegen *innere Reibung* in Öl oder Fett. Denkbar gering ist diese in Gasen; Luftkissenfahrzeuge nutzen dies aus.

Ein Auto läßt sich nur deshalb lenken, weil seine Räder in Fahrtrichtung rollen, quer dazu aber von der größeren Haftreibung gehalten werden. Tritt der Fahrer so heftig auf die Bremse, daß die Räder blockieren, so gibt es nur noch Gleitreibung ohne Vorzugsrichtung, und das Fahrzeug bricht aus.

Kennzeichen aller Reibungskräfte $\boldsymbol{F}_r$ (außer denen der Haftreibung) ist dies: sie nehmen mit wachsender Geschwindigkeit $\boldsymbol{v}$ zu. Wie, das hängt sehr vom Einzelfall ab und läßt sich meist nur schwer übersehen. Deshalb setzt man gern den einfachen Fall der Proportionalität an

$$\boldsymbol{F}_r \propto -\boldsymbol{v}$$

– Reibungskraft und Geschwindigkeit sind stets einander entgegengerichtet.

Reibungskraft $\boldsymbol{F}_r$ und Antriebskraft $\boldsymbol{F}_a$ (wenn vorhanden) sind dies auch. Ihre Vektorsumme, d.h. die Differenz ihrer Beträge F_r und F_a, entscheidet darüber, ob ein Fahrzeug beschleunigt oder verzögert wird. Es fährt mit konstanter Geschwindigkeit, wenn

$$\boldsymbol{F}_r + \boldsymbol{F}_a = 0, \qquad \text{d.h.} \quad F_r = F_a.$$

Der Motor eines Autos muß ständig Antriebskraft liefern, dies um so mehr, je schneller man fährt.

Regentropfen fallen zumeist mit konstanter Geschwindigkeit. Sie bilden nahezu Kugeln. $\boldsymbol{F}_a$ wird von ihrer Gewichtskraft geliefert und steigt rascher mit dem Radius als die Reibungskraft. Folglich fallen dicke Tropfen schneller als kleine.

1.15 Trägheitskräfte

Ein Mensch, der im Bett liegt und schläft, meint, er sei in Ruhe. Zweifellos rotiert er aber mitsamt der Erde um deren Achse und läuft mit ihr um die Sonne. Diese wiederum macht die Drehung der Milchstraße mit, die zudem möglicherweise auf eine andere Galaxis zuläuft. Eine „wahre" Bewegung, eine „absolute" Geschwindigkeit läßt sich nicht feststellen – und zwar grundsätzlich nicht. Jede Geschwindigkeitsmessung setzt eine Ortsbestimmung voraus und diese verlangt wiederum ein Koordinatenkreuz als Bezugssystem. Jeder Beobachter bevorzugt das seine und behauptet gern, er befände sich mit ihm zusammen in Ruhe. Der Mensch neigt dazu, sich für den Mittelpunkt der Welt zu halten – in der Physik ist das in Grenzen sogar erlaubt: Koordinatensysteme, die sich in konstanter Geschwindigkeit geradlinig gegeneinanderbewegen, haben keine Vorrechte voreinander; ein jeder darf das seine für ruhend halten. Das gilt aber nicht mehr, sobald ein System seine Geschwindigkeit ändert – und dazu genügt bereits, daß es rotiert – denn dann treten *Trägheitskräfte* auf. Sie sind es, die Karussells und Achterbahnen so attraktiv machen.

Wenn ein Auto gegen einen Baum gefahren ist, dann liest man oft in der Zeitung, die Insassen seien durch die Wucht des Aufpralls aus dem Wagen herausgeschleudert worden – gerade so, als habe eine plötzlich auftretende Kraft sie von ihren Sitzen gerissen. Dies entspricht auch ihrem subjektiven Empfinden. Ein Augenzeuge könnte aber glaubhaft versichern, zunächst seien Auto und Insassen mit hoher Geschwindigkeit auf den Baum zugefahren, dann sei der Wagen plötzlich stehengeblieben, die Insassen jedoch nicht. Nach dieser Darstellung sind sie gerade deshalb aus dem Wagen geflogen, weil keine Kraft auf sie wirkte, um sie zusammen mit dem Auto anzuhalten. Was ist nun „wirklich" geschehen? Existierte eine Kraft auf die Insassen, ja oder nein?

Die Frage ist falsch gestellt. Beide Formulierungen beschreiben den Unfall durchaus zutreffend, nur von verschiedenen Standpunkten aus – physikalisch gesprochen: aus verschiedenen Bezugssystemen. Der Augenzeuge befindet sich in dem gleichen wie der Baum; ihnen gegenüber bewegen sich Auto und Fahrer zunächst gemeinsam. Der Wagen wird aber auf kürzeste Distanz bis zum Stillstand heruntergebremst – die dazu notwendigen hohen Verzögerungskräfte hinterlassen deutliche Spuren an Baum und Karosserie. Auf die Insassen, nicht angeschnallt, können entsprechende Kräfte nicht übertragen werden – folglich bewegen sie sich mit unverminderter Geschwindigkeit geradeaus weiter, für kurze Zeit jedenfalls.

Die Insassen sehen es anders: Ihr Bezugssystem ist der Wagen, in ihm befinden sie sich in Ruhe; nur die Landschaft gleitet rasch an ihnen vorbei. Plötzlich wird ihr Bezugssystem stark beschleunigt, auf die Geschwindigkeit der Landschaft nämlich; in diesem Moment treten starke Kräfte auf, die sie aus dem Wagen schleudern. Sie empfinden diese Kräfte höchst real und nennen sie Trägheitskräfte.

Ähnliches gilt, wenn auch weit harmloser, im Fahrstuhl. Der Gedanke mag ausgefallen erscheinen, aber man kann auch dort die Gewichtskraft eines Menschen mit einer Federwaage feststellen. Fährt nun der Fahrstuhl an, und zwar aufwärts, so muß der Passagier mit auf die Fahrgeschwindigkeit beschleunigt werden. Dazu ist eine nach oben gerichtete Kraft erforderlich, die nur über die Waage auf ihn übertragen werden kann. Prompt zeigt sie diese Kraft an, zusätzlich zu der des Gewichtes. Hat der Fahrstuhl seine volle Geschwindigkeit erreicht, so verschwindet mit der Beschleunigung auch die Zusatzkraft, und die Waage meldet dem Passagier wieder seine normale Gewichtskraft. Beim Bremsen im Obergeschoß wird der Fahrstuhl verzögert, d.h. nach unten beschleunigt – und der Passagier auch. Die dazu notwendige Kraft läßt sich mühelos von seiner Gewichtskraft abzweigen; die Waage zeigt entsprechend weniger an. Sobald der Fahrstuhl steht, ist alles wieder beim alten.
Der Passagier sieht von den Bewegungen seines Fahrstuhles nichts – der Korb sei geschlossen und fensterlos –, wohl aber bemerkt er, daß die Waage beim Anfahren und Bremsen seine normale Gewichtskraft F_G um ein ΔF verändert anzeigt. Er deutet sie als Trägheitskraft, die in seinem beschleunigten Bezugssystem auftreten muß. Weil er aus

$$F_G = m\,g$$

seine Körpermasse m kennt, kann er sogar die Beschleunigung a seines Bezugssystems berechnen nach

$$\Delta F = m\,a\,.$$

Könnte man den Fahrstuhl frei fallen lassen, so wäre $a = g$ und die Trägheitskraft höbe die Gewichtskraft exakt auf. Der Passagier fühlte sich „schwerelos“.

Diese *Schwerelosigkeit* erleben Astronauten in der Tat und für lange Zeit, von dem Moment an nämlich, in dem das Triebwerk ihrer Rakete abgeschaltet wird. Sie fallen mitsamt ihrer Kapsel von nun an frei, wenn auch nicht nach unten; ein in die Höhe geworfener Stein tut dies vor dem Scheitelpunkt seiner Bahn ja auch nicht. Sie fallen frei, selbst wenn ihre Wurfweite so groß ist, daß sie die Erde nicht mehr erreichen. Alle Gegenstände im Raumschiff fallen mit der gleichen Geschwindigkeit auf parallelen, gekrümmten Bahnen. Die Zahnbürste, die der Astronaut neben sich in die Luft legt, hat keinen Grund, sich von ihm zu entfernen: Kennzeichen der Schwerelosigkeit. Nicht, daß Raumschiff nebst Inhalt der irdischen Schwerkraft entzogen wären – es bewegt sich nur so, daß Gewichts- und Trägheitskräfte sich gegenseitig kompensieren.
Beim Start ist das anders. Hier addieren sich die Trägheitskräfte zu den Gewichtskräften – und übertreffen sie um ein Vielfaches, denn die Beschleunigung der Rakete übersteigt die Erdbeschleunigung auch um ein Vielfaches.

Ein Mensch, der ausgleitet und mit dem Hinterkopf aufschlägt, holt sich möglicherweise eine Hirnverletzung an der Stirn: beim Aufprall wird die Fallgeschwindigkeit des Kopfes auf einer Strecke von wenigen Millimetern abgebremst; das ja keineswegs starre Gehirn drückt sich am Hinterkopf zusammen und kann, wenn es das Unglück will, an der Stirn von der Hirnschale abreißen. Mit anderen Worten: die im Bereich der Stirn auf Zug beanspruchte mechanische Verbindung zwischen Hirn und Schädel war den hohen

Trägheitskräften beim Aufprall nicht gewachsen.

Trägheitskräfte sind wie Gewichtskräfte massenproportional. Darum gibt man die Beschleunigung eines Bezugssystemes gern in Vielfachen von g an: um eben diese Vielfache fühlt man sich im System schwerer.

Aufgabe 1.23: Ließen sich die Beobachtungen im Fahrstuhl grundsätzlich auch mit Waagen jenes Types gewinnen, den Justitia in der Hand zu halten pflegt?

Aufgabe 1.24: Ein Mensch gleitet aus und schlägt mit dem Hinterkopf auf den Boden. Um welchen Faktor α wird dabei die mechanische Verbindung zwischen Hirn und Stirn stärker belastet als in ruhiger Rückenlage? (Abschätzung unter folgenden Annahmen: freier Fall des Kopfes aus 1,5 m Höhe, konstante Verzögerung beim Aufschlag auf 5 mm.)

1.16 Drehbewegungen

Leicht läßt sich die Bahn nicht berechnen, die ein Raumschiff auf seinem Weg zum Mond verfolgt; daß es überhaupt dort ankommt, ist eine glänzende experimentelle Bestätigung des Gravitationsgesetzes und des Grundgesetzes der Mechanik. Bevor die Landefähre absteigt, schwenkt die Kommandokapsel in eine Kreisbahn um den Mond ein. Von allen Bewegungen einer Raumsonde ist die Kreisbahn noch am einfachsten zu beschreiben: zwar ändert sich der Geschwindigkeitsvektor $\boldsymbol{v}$ laufend, aber nur seine Richtung, nicht sein Betrag v; die beschleunigende Kraft $\boldsymbol{F}_z$ steht immer senkrecht auf $\boldsymbol{v}$:

$$\boldsymbol{F}_z \parallel \boldsymbol{a} \perp \boldsymbol{v} \quad \text{mit } v = \text{const.}$$

Dazu muß auch die Kraft $\boldsymbol{F}_z$ ihre Richtung ständig ändern – sie kann dies, weil sie als *Zentralkraft* immer zum Mittelpunkt des Mondes weist, der zugleich Mittelpunkt der Kreisbahn ist. Frage: Kann der Kommandant die Geschwindigkeit seiner Kapsel und ihre Höhe über der Mondoberfläche unabhängig voneinander nach Belieben einstellen?

Die Antwort auf diese Frage bedarf einiger allgemeiner Überlegungen, die anhand der Abb. 1.38 angestellt werden sollen.

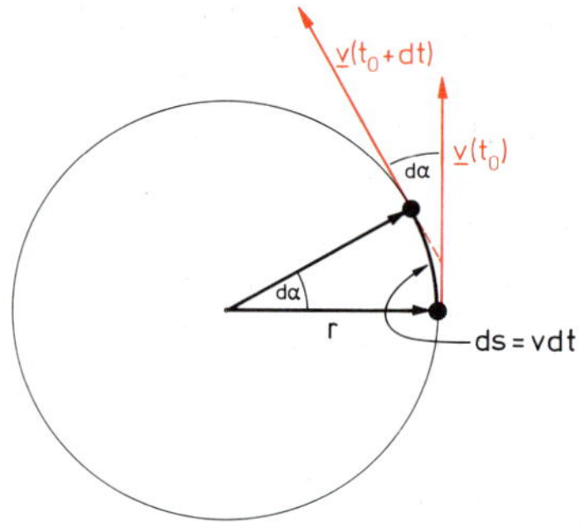

Abb. 1.38. Zur Drehbewegung. In der kurzen Zeitspanne dt durchläuft der Körper dank des Betrages v seiner Bahngeschwindigkeit die kleine Wegstrecke $ds = v\,dt$. Dabei dreht sich der Vektor $\boldsymbol{v}$ von $\boldsymbol{v}(t_0)$ nach $\boldsymbol{v}(t_0 + dt)$ um den kleinen Winkel $d\alpha$. Um $d\alpha$ dreht sich auch der Radiusvektor (Fahrstrahl) $\boldsymbol{r}$

Läuft ein Körper mit konstantem Betrag v seiner Geschwindigkeit $\boldsymbol{v}$ um auf einem Kreis vom Radius r, so legt er in der Umlaufszeit T den Kreisumfang $2\pi r$ zurück. Demnach ist

$$v = \frac{2\pi r}{T}.$$

In einer kurzen Zeitspanne dt kommt der Körper um die kleine Strecke

$$ds = v\,dt$$

weiter; dabei ändert er seine Bewegungsrichtung, die ja stets tangential zum Kreis zeigt, um den kleinen Winkel $d\alpha$. Um $d\alpha$ dreht sich auch sein *Fahrstrahl*, die Verbindungslinie vom Kreismittelpunkt zum Körper. Die Rotation hat eine

Winkelgeschwindigkeit ω

$$= \frac{\text{Drehwinkel } d\alpha}{\text{Zeit } dt} = \dot{\alpha}.$$

Wie mißt man Winkel? Mit einem Winkelmesser. Er ist geteilt in *Winkelgrad* – 90°

für den rechten, 180° für den gestreckten, 360° für den Vollwinkel. Diese Einheit ist so erlaubt und so willkürlich wie alle Einheiten, aber sie ist keine SI-Einheit. Deshalb bevorzugt man in der Physik das *Bogenmaß*. Es zu gewinnen, zeichnet man um den Scheitel des Winkels α einen Kreis mit beliebigem Radius r und bestimmt die Länge s des von den Schenkeln des Winkels eingeschlossenen Kreisbogens (Abb. 1.39). s ist r proportional, ihr Quotient gibt ein Maß für den Winkel

$$\text{Winkel } \alpha = \frac{\text{Länge } s \text{ des Kreisbogens}}{\text{Radius } r \text{ des Kreises}}.$$

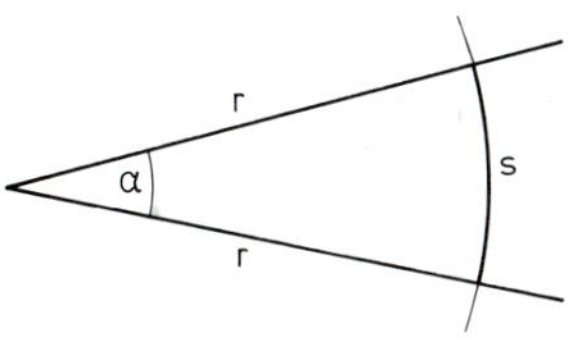

Abb. 1.39. Winkel im Bogenmaß: $\alpha = s/r$

Danach ist α eine reine Zahl, das *dimensionslose* Verhältnis zweier Längen. Trotzdem wird ihm zuweilen die Einheit *Radiant* (rad) zugeordnet. Sie erinnert daran, daß die zugehörige Maßzahl ein Quotient ist, aus einem Kreisbogen nämlich und seinem Radius. Die Umrechnung von Winkelgrad in Bogenmaß und umgekehrt bedeutet kein Problem, wie Abb. 1.40 zeigt.

Aufgabe 1.25: Wie groß sind die drei Winkel des gleichseitigen Dreiecks im Bogenmaß?

Aus der Definition des Bogenmaßes für den Winkel folgt für die Winkelgeschwindigkeit die Einheit $s^{-1} = 1/s$ (oder auch rad/s). In reziproken Sekunden gemessen werden auch *Frequenzen*, etwa die einer schwingenden Saite oder die der Wechselspannung in der Steckdose:

$$\text{Frequenz } \nu = \frac{1}{\text{Schwingungsdauer } T}.$$

Analog spricht man bei einer Rotation auch von der *Drehfrequenz*, definiert als

$$\text{Drehfrequenz } \nu = \frac{1}{\text{Umlaufzeit } T}$$

– die nicht seltene Bezeichnung *Drehzahl* ist nicht korrekt, weil es sich eben nicht um eine dimensionslose Zahl handelt, sondern um den Kehrwert einer Zeit, eine Frequenz; das Wort verführt dann aber dazu, tatsächlich nur noch eine Zahl anzugeben; gemeint ist dabei so gut wie immer „Umdrehungen pro Minute“. Analog zu diesen Definitionen wird die Winkelgeschwindigkeit ω oft auch *Kreisfrequenz* genannt – die Einheit *Hertz* (Hz) für s^{-1} bleibt allerdings den „echten“ Frequenzen vorbehalten.

Die Zusammenhänge zwischen Bahngeschwindigkeit v, Winkelgeschwindigkeit ω und Drehfrequenz ν liegen auf der Hand. Aus

$$s = r\,\alpha$$

folgt

$$v = \dot{s} = r\,\dot{\alpha} = r\,\omega,$$

und weil in der Umlaufzeit T der Vollwinkel 2π zurückgelegt wird, gilt

$$\omega = \frac{2\pi}{T} = 2\pi\,\nu.$$

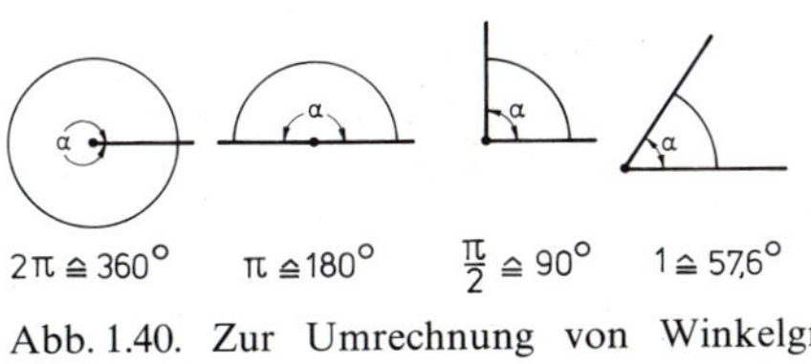

Abb. 1.40. Zur Umrechnung von Winkelgrad in Bogenmaß

Aufgabe 1.26: Welche Drehfrequenz ν und welche Kreisfrequenz ω sollte ein Turbinenbohrer annehmen, wenn der Zahnarzt auf den mit der Zahl „60000“ bezeichneten Knopf drückt?

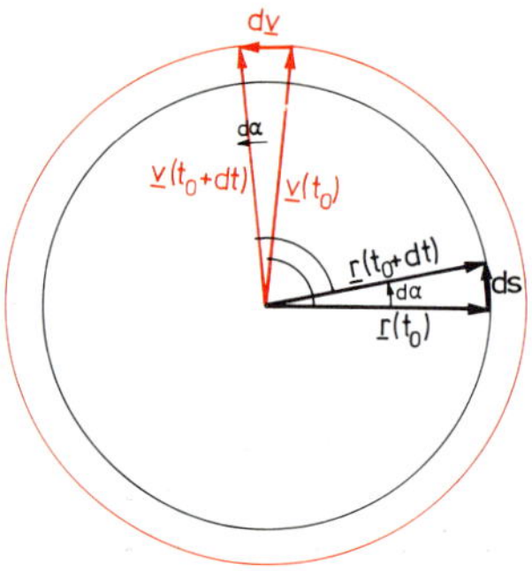

Abb. 1.41. Zur Kreisbewegung – Umzeichnung von Abb. 1.38. Der Vektor $\boldsymbol{v}$ der Bahngeschwindigkeit läuft dem Radiusvektor $\boldsymbol{r}$ um $\pi/2$ voraus. Beide drehen sich in dt um $d\alpha$. Dazu muß zu $\boldsymbol{r}$ das Wegstück $ds = r\,d\alpha$ und zu $\boldsymbol{v}$ die Zusatzgeschwindigkeit $dv = v\,d\alpha$ vektoriell addiert werden

Mit der Winkelgeschwindigkeit ω dreht sich nicht nur der Radiusvektor $\boldsymbol{r}$ des umlaufenden Körpers, sondern auch der Vektor $\boldsymbol{v}$ seiner Bahngeschwindigkeit, wie Abb. 1.38 zeigte. Läßt man die Vektoren im Diagramm ähnlich Uhrzeigern rotieren, so erhält man die Abb. 1.41: $\boldsymbol{v}$ läuft $\boldsymbol{r}$ um $\pi/2$ oder 90° voraus. Beide drehen sich in der kurzen Zeitspanne dt um den kleinen Winkel $d\alpha$. Um $\boldsymbol{r}$ in seine neue Lage zu bringen, muß ihm das kleine Wegstück ds im rechten Winkel vektoriell addiert werden. Ist ds klein genug, so läßt sich nicht mehr erkennen, ob es nun einen Kreisbogen oder eine Gerade darstellt, und man darf schreiben

$$ds = r\,d\alpha.$$

Ganz analog braucht der Geschwindigkeitsvektor $\boldsymbol{v}$ in der Zeit dt eine senkrecht addierte Zusatzgeschwindigkeit

$$dv = v\,d\alpha.$$

Das bedeutet eine ständige radiale Beschleunigung

$$\boldsymbol{a}_r = \dot{\boldsymbol{v}} = \frac{d\boldsymbol{v}}{dt}$$

mit

$$a_r = \frac{dv}{dt} = v\frac{d\alpha}{dt} = v\,\dot{\alpha} = v\,\omega$$

oder (da ja $v = r\,\omega$)

$$a_r = \omega^2\,r = \frac{v^2}{r}.$$

Diese Beschleunigung in Richtung auf das Zentrum des Kreises muß von einer *Zentralkraft* aufgebracht werden, der

$$\textit{Zentripetalkraft}\ F_z = m\omega^2 r = m\frac{v^2}{r}.$$

Bei einem Raumschiff, das um den Mond kreist, kann nur die Gravitationskraft $\boldsymbol{F}_M$, die des Mondes Masse M auf die Masse m des Schiffes ausübt, diese Kraft liefern

$$F_M = G\,m\frac{M}{r^2} = F_z.$$

Folglich besteht eine feste, von der Masse m unabhängige Beziehung zwischen ω und r, nämlich

$$\omega^2 = G\frac{M}{r^3}.$$

Der Kommandant kann nur eine von beiden frei wählen. Die Antwort auf die Frage von S. 28 hat etwas auf sich warten lassen. Sie besagt: Raumfahrzeuge auf gleichen Bahnen haben notwendigerweise gleiche Geschwindigkeiten – angenehm für Kopplungsmanöver.

Die Astronauten merken von der Anziehungskraft des Mondes nichts, für sie herrscht Schwerelosigkeit. Diesen Tatbestand kann man auch so beschreiben: Jede Kreisbewegung unterliegt einer Radialbeschleunigung, die Raumkapsel ist ein beschleunigtes Bezugssystem; folglich treten in ihm massenproportionale Trägheitskräfte auf, sie bekommen hier den Namen *Zentrifugalkraft* $\boldsymbol{F}_f$. Für jeden Insassen und jeden Teil des Raumschiffes kompensiert $\boldsymbol{F}_f$ genau die Anziehungskraft $\boldsymbol{F}_M$ des Mondes

$$\boldsymbol{F}_f = -\boldsymbol{F}_M = -\boldsymbol{F}_z$$

Abb. 1.42. Kettenkarussell. Links: Kräftedreieck des Passagiers – Ketten zeigen in Richtung der Resultierenden aus Zentrifugalkraft $\boldsymbol{F}_f$ und Gewichtskraft $\boldsymbol{F}_G$. Rechts: Kräftedreieck des Zuschauers – Horizontalkomponente der Kettenkraft liefert die notwendige Zentripetalkraft $\boldsymbol{F}_z$

und hat damit den gleichen Betrag, nur die entgegengesetzte Richtung wie die Zentripetalkraft $\boldsymbol{F}_z$, die ein außenstehender, nicht mitrotierender Beobachter als Ursache der Kreisbewegung angibt.

Astronauten spüren, schwerelos wie sie sind, weder Gravitations- noch Zentrifugalkraft. Anders der Passagier im Kettenkarussell (Abb. 1.42): er sagt, die Zentrifugalkraft $\boldsymbol{F}_f$ ziehe seinen Korb so weit nach außen, bis die Ketten gerade in Richtung der Resultierenden aus $\boldsymbol{F}_f$ und $\boldsymbol{F}_G$ zeigen. Der Zuschauer meint, die Zugkraft der Ketten schräg nach oben liefere mit ihrer horizontalen Komponente just die notwendige Zentripetalkraft $\boldsymbol{F}_z$.

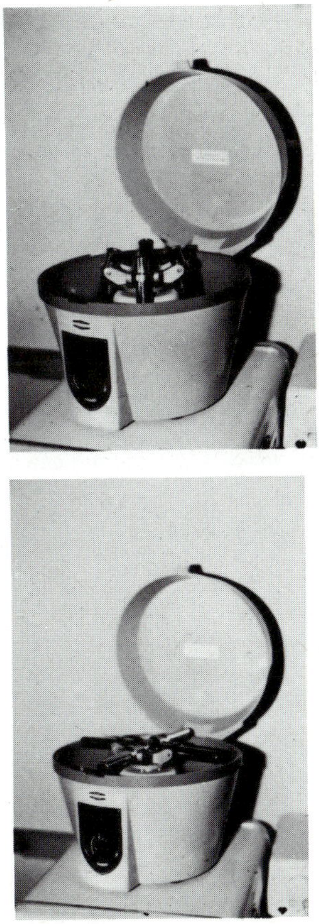

Abb. 1.43. Laborzentrifuge, oben in Ruhe, unten laufend (die Kürze der Belichtung läßt keine Bewegungsunschärfe entstehen)

Weit höhere Zentralbeschleunigungen erreichen *Zentrifugen*, wie sie in allen medizinischen Laboratorien eingesetzt werden – es müssen gar nicht einmal die besonders leistungsfähigen *Ultrazentrifugen* sein. Sie sollen Sedimentationsvorgänge etwa nach der Art der Blutsenkung beschleunigen, wenn sie gar zu langsam ablaufen, oder auch Gemische von Flüssigkeiten verschiedener Dichte voneinander trennen. Sie laufen so schnell, daß die eingesetzten Reagenzgläschen fast genau horizontal stehen (Abb. 1.43) – ein Zeichen dafür, daß die Zentrifugalkraft weit höher ist als die normale Gewichtskraft:

$$F_f \gg F_G.$$

Beide Kräfte sind massenproportional, durch die zugehörige Beschleunigung charakterisiert. Um die Leistungsfähigkeit einer Zentrifuge zu kennzeichnen, gibt man deshalb an, welches Vielfache der Erdbeschleunigung, „wieviel g" sie erreicht – ob nun durch kleines r bei großem ω oder umgekehrt, ist grundsätzlich gleich.

Aufgabe 1.27: Wieviel g entwickelt eine Laborzentrifuge bei 10 cm Radius um 1000 Umdrehungen/min?

Man lasse sich nicht täuschen: was aus einer Rotation heraus weggeschleudert wird, fliegt nicht radial ab, sondern tangential, in Richtung der momentanen Geschwindigkeit nämlich – die von einer Schleifscheibe absprühenden Funken zeigen dies sehr deutlich (Abb. 1.44).

Abb. 1.44. Von einer Schleifenscheibe tangential abfliegende Funken. (Nach R.W. Pohl)

1.17 Energie

Wer Säcke schleppt oder Karren zieht, kurz, wer mit Energie seine Muskeln anstrengt, vermeint, *Arbeit zu leisten.* Wahrscheinlich tut er dies auch im Sinne der Physik, die abweichend vom Sprachgebrauch des Alltags die Worte *Arbeit* und *Energie* synonym verwendet. Der oft zitierte Satz „Energie ist die Fähigkeit, Arbeit zu leisten" stellt darum eine sinnarme Tautologie dar.

Energie ist die wichtigste Größe der ganzen Physik. Ohne *elektrische Energie*, leicht zugänglich bereitgestellt von jeder Steckdose, wäre modernes Leben nicht mehr denkbar. Gewonnen wird sie vorerst noch im wesentlichen aus *chemischer Energie*, durch die Verbrennung von Kohle nämlich; auch der Mensch deckt den Energiebedarf seines Organismus aus der chemischen Energie der Nahrung. Pflanzen haben sie ursprünglich gespeichert aus der *Strahlungsenergie*, die von der Sonne kommt. Diese bezieht sie aus Kernprozessen, aus *Kernenergie*, die bei der Umwandlung chemischer Elemente frei werden kann. Im Gedankenversuch auf dem Papier läßt sich Energie aus jeder Form vollständig in jede andere überführen, in der Praxis bleibt aber stets etwas *Wärme* ungenutzt übrig.

Mechanische Energie wird immer dann umgesetzt, wenn man irgendetwas gegen irgendeine Kraft verschiebt, z.B. einen Wagen gegen die Reibungskraft seiner Räder, die Griffe eines Expanders gegen die Kraft der Federn oder sich selbst die Treppe aufwärts gegen die eigene Gewichtskraft. Diese letzte Form, die *Hubarbeit*, ist zwar etwas langweilig, aber leicht zu realisieren; darum liefert sie den Prototyp der *potentiellen (mechanischen) Energie.* Hubarbeit wird um so mehr geleistet, potentielle Energie W_{pot} um so mehr gewonnen, je größer die Gewichtskraft F_G und je größer die Hubhöhe h ist:

$$W_{pot} = F_G\, h = m\, g\, h.$$

Für konstante Kraft gilt

Arbeit = Energie W = Kraft $F \cdot$ Weg s.

Die SI-Einheit

$$\text{kg m}^2\,\text{s}^{-2} = \text{Newtonmeter} = \text{N m} = \text{Joule} = \text{J}$$

stimmt genau mit der Einheit der elektrischen Energie überein:

$$1\,\text{J} = 1\,\text{Wattsekunde} = 1\,\text{W s}.$$

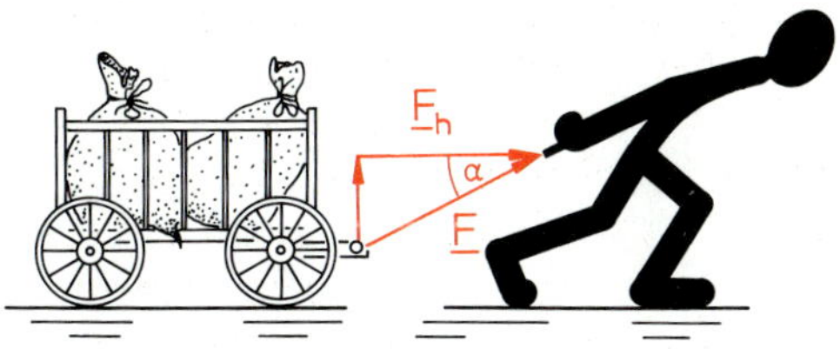

Abb. 1.45. Nur die horizontale Komponente der Zugkraft leistet Arbeit

Abb. 1.46. Wer einen Mehlsack über den Hof trägt, leistet grundsätzlich keine mechanische Arbeit gegen die Schwerkraft

Die um den Faktor $3{,}6 \cdot 10^6$ größere Einheit Kilowattstunde (kW h) ist jedem Verbraucher elektrischer Energie geläufig; sie hat einen Kleinhandelswert von rund 0,1 Deutsche Mark.

Die Definition mechanischer Energie bedarf einer Ergänzung. Kraft und Weg sind Vektoren und können schräg zueinander stehen. Wer sich vor einen Wagen spannt, wie es Abb. 1.45 zeigt, zieht um den Winkel α schräg nach oben. Mit der vertikalen Komponente seiner Kraft $\boldsymbol{F}$ entlastet er lediglich die Vorderachse des Wagens; diesen bewegt nur die horizontale Komponente

$$F_h = F \cos\alpha,$$

sie allein zählt bei der Berechnung der Energie

$$W = F s \cos\alpha$$

(die Mathematik hält hierfür den Begriff des *skalaren Produktes* zweier Vektoren bereit). Ohne Weg keine Arbeit. „Weg" heißt hier: Komponente des Weges in Richtung der Kraft – man kann auch die Komponente der Kraft in Richtung des Weges nehmen. Wer einen Mehlsack auf die Schultern hebt, leistet Arbeit, Hubarbeit nämlich. Wer ihn aber streng horizontal über den Hof trägt, leistet im Sinne der Physik keine Arbeit mehr. Daß er trotzdem ermüdet, ist seine Ungeschicklichkeit: hätte er einen Wagen gebaut und sorglich alle Reibung vermieden, so hätte er den Sack, einmal aufgeladen, mit dem kleinen Finger über den Hof schieben können – ohne Arbeit, weil (praktisch) ohne Kraft. Weg und Gewichtskraft stehen senkrecht aufeinander, ihr skalares Produkt ist null, weil cos 90° dies auch ist (Abb. 1.46).

Reine Haltebestätigung leistet keine mechanische Arbeit. Für sie Energie umzusetzen, ist grundsätzlich Verschwendung, kann aber aus anderen Gründen durchaus vernünftig sein. Hierfür ein technisches Beispiel: Ein Kran verlade Eisenschrott mit Hilfe eines Elektromagneten (Abb. 1.47). Um die Hubarbeit zu leisten, braucht er einen Elektromotor. Zusätzlich nimmt aber auch der Magnet elektrische Energie auf, um den Schrott zu halten. Vom Prinzip her wäre das nicht nötig, denn ein Permanentmagnet hielte das Eisen auch – nur ließe er es nicht wieder los. Allein der Flexibilität wegen wird hier Energie zum (vorübergehenden) Festhalten eingesetzt.

Ähnliches gilt für Muskeln, wenn auch in ganz anderem Mechanismus. Sie können sich unter Kraftentwicklung zusam-

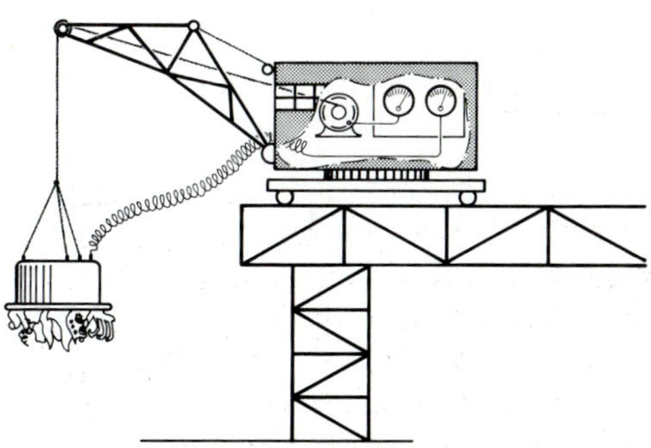

Abb. 1.47. Ein Kran hebt Eisenschrott. Elektrische Energie wird umgesetzt: im Elektromotor zur Hubarbeit (unvermeidlich), im Elektromagneten zur Haltebetätigung (grundsätzlich vermeidbar)

menziehen und dabei mechanische Arbeit leisten, etwa beim Klimmzug. Ein Muskel muß aber auch dann Energie umsetzen, wenn er sich lediglich von einer äußeren Kraft nicht dehnen lassen will. Der Mensch ist so konstruiert, daß er möglichst wenig Muskelarbeit für reine Haltebetätigung einsetzt; ganz vermeiden kann er sie aber nicht. Wer mit gestreckten Armen am Reck hängt, den tragen weitgehend Sehnen und Bänder, und das hält er eine ganze Weile aus. Mit angewinkelten Armen im halben Klimmzug muß der Bizeps ein Aufklappen des Ellbogengelenkes verhindern, und das kann er nur sehr begrenzte Zeit.

Aufgabe 1.28: Welchen Handelswert hat die von einem Wanderer geleistete Hubarbeit, der sich mit seinem Rucksack (zusammen 82 kg) von Hundelshausen (212 m über dem Meeresspiegel) auf den 641 m hohen Bilstein schleppt?

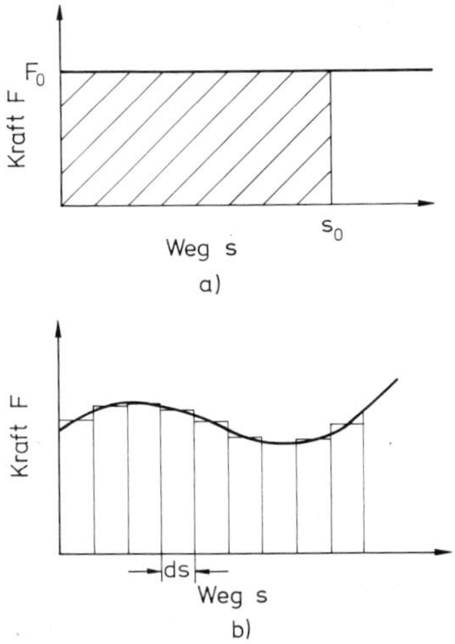

Abb. 1.48 a u. b. Berechnung der Energie $W=\int F\,ds$. Ist F konstant gleich F_0 über den ganzen Weg s_0, so wird $W=F_0\,s_0$ repräsentiert durch das schraffierte Rechteck im Teilbild (a). Ändert sich F mit s, so addiert man schmale Rechtecke – Teilbild (b)

1.18 Integration

Vorteil der Schwerkraft ist ihre Konstanz. Wie aber bestimmt man die Energie beim Spannen einer Feder? Hier steigt die Kraft mit der Dehnung, und jedes neue Stückchen Längenänderung ds erfordert mehr Energie dW:

$$dW=F(s)\,ds.$$

Alle Energiehäppchen dW der Schrittchen ds müssen aufsummiert werden, will man die Gesamtenergie W erhalten, die zu einer Verschiebung s gehört. Der Physiker entleiht für diese Summation bei der Mathematik die Schreibweise des *Integrals:*

$$W=\int F\,ds.$$

Graphisch besagt dies folgendes: Ist, wie bei der Hubarbeit, die Kraft F konstant gleich F_0, so wird die Arbeit

$$W=F_0\,s_0$$

repräsentiert durch die Fläche des schraffierten Rechteckes in Abb. 1.48a. Ändert sich aber F im Laufe des Weges, so setzt man W zusammen aus vielen Rechtecken, die so schmal sind, daß über ihren Wegstrecken ds die Kraft F jeweils eben doch noch als hinreichend konstant angesehen werden kann (Abb. 1.48 b). Geometrisch entspricht ein Integral der Fläche zwischen der zu integrierenden Kurve und der Abszisse.

Der Differentialquotient tritt an die Stelle des Bruches, sobald in Zähler und Nenner Funktionen auftreten, die nicht proportional zueinander sind. Ganz analog tritt das Integral an die Stelle des Produktes, sobald der eine Faktor von dem anderen abhängt. Integration und Differentiation sind mathematische Gegenoperationen:

$$s=\int \dot{s}\,dt.$$

Die im mathematischen Anhang aufgeführten Differentialquotienten $\dot{s}(t)$ von Funktionen $s(t)$ liefern auch die Integrale $s(t)$ der Funktionen $\dot{s}(t)$ – bis auf eine *Integrationskonstante* als Summand, die bei einer Differentiation ja wieder verschwindet. Eine graphisch gegebene Funktion $\dot{s}(t)$ integrieren, heißt, eine neue Funktion $s(t)$ so zu bestimmen, daß ihre Steigung die Ausgangsfunktion $\dot{s}(t)$ ergibt.

Definitionsgemäß ist

$$s = \int v\,dt$$

und

$$v = \int a\,dt.$$

Speziell für den freien Fall bedeutet dies:

$$a = g = \text{const.},$$

$$v = g\int dt = g\,t + v_0,$$

$$s = \int g\,t\,dt + \int v_0\,dt = \frac{g}{2}\,t^2 + v_0\,t + s_0.$$

Ganz analog gilt für die Energie W einer gespannten Schraubenfeder mit linearem Kraftgesetz ($F = D\,s$)

$$W = \int F\,ds = D\int s\,ds = \frac{D}{2}\,s^2$$

(Abb. 1.49).

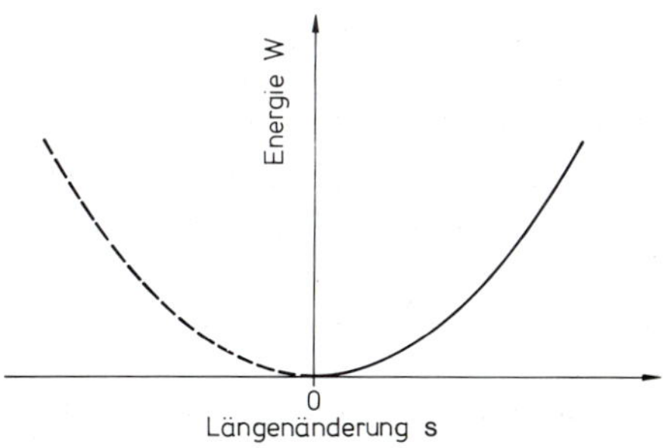

Abb. 1.49. Zum linearen Kraftgesetz einer Schraubenfeder (Abb. 1.27) gehört eine parabolische Abhängigkeit der potentiellen Energie. (Stauchung gestrichelt)

Die mathematisch unvermeidlichen Integrationskonstanten haben physikalische Bedeutung: Sie kennzeichnen die sog. *Randbedingungen* eines Problems. Beim Wurf sind dies die *Anfangsbedingungen* zur Zeit $t = 0$, die Geschwindigkeit v_0 nämlich, mit der geworfen wird, und die Ortskoordinate s_0, von der aus geworfen wird. Für die potentielle Energie hat dies eine auf den ersten Blick recht merkwürdige Konsequenz: W_{pot} läßt sich überhaupt nur definieren *bis auf eine willkürliche additive Konstante* – es ist grundsätzlich gleichgültig, ob man den Nullpunkt der Hubarbeit auf die Oberkante des Labortisches, auf mittlere Meereshöhe, auf das Zentrum der Erde oder auf sonst ein Niveau bezieht. *Änderungen* der potentiellen Energie werden vom Nullpunkt ja nicht beeinflußt.

1.19 Energiesatz und Leistung

Für einige physikalische Größen hat der Mensch ein recht sicheres, nahezu quantitatives Gefühl; so lassen sich Längen mit etwas Übung ganz zuverlässig abschätzen, zumindest kurze Zeiten gut abzählen („einundzwanzig, zweiundzwanzig ...“). Geschwindigkeiten aber schätzt der routinierte Autofahrer lieber nicht, er schaut, wenn er die Autobahn verläßt, zum Tachometer. Für die Energie fehlt ein quantitatives Vorstellungsvermögen so gut wie völlig. Darum hat es auch relativ lange gedauert, bis die physikalische Größe *Energie* zuverlässig definiert worden ist – der Arzt Robert Mayer war daran maßgeblich beteiligt. In der Zwischenzeit hat die Energie zuweilen recht abenteuerliche Namen geführt wie etwa den einer „lebendigen Kraft“.

Die fundamentale Bedeutung der Energie gründet sich auf ihre schier unbegrenzte Wandelbarkeit und ihre Unwandelbarkeit zugleich. Die vielfältigen Erscheinungsformen der Energie wurden schon zu Beginn des vorletzten Kapitels aufgezählt. An allem, was auf dieser Welt existiert und geschieht, ist Energie beteiligt; alle Prozesse des Lebens sind zugleich energetische Prozesse; ständig wird Energie aus einer Form in eine andere übergeführt.

So wandelbar die Erscheinungsformen der Energie sind, so unwandelbar ist ihre Menge. Es besagt der

Satz von der Erhaltung der Energie (Energiesatz): Energie kann weder aus dem Nichts entstehen noch in das Nichts entschwinden, sie kann nur umgewandelt werden.

Keinem Naturgesetz ist je so viel Aufmerksamkeit gewidmet, keines so oft und so sorgfältig überprüft worden wie der Energiesatz. Schon bevor er formuliert wurde, haben zahllose Erfinder vergeblich versucht, ihn durch Konstruktion eines *Perpetuum mobile* experimentell zu widerlegen. Heute erkennt zumindest jeder Physiker den Energiesatz rückhaltlos an (gegebenenfalls in der Modifizierung der Relativitätstheorie, nach der Energie und Masse äquivalent sind) und benutzt ihn gern, um Ergebnisse von Experimenten vorherzusagen.

Der Energiesatz läßt die Vokabel *Energieverbrauch* als zumindest verfänglich erscheinen: Energie wird nicht verbraucht wie Brot oder Benzin, sie wird nur umgewandelt – und zwar zumeist aus einer hochwertigen Form in eine für menschliche Zwecke weniger gut nutzbare. Brot und Benzin sind Träger derart hochwertiger chemischer Energie. Die von den Elektrizitätswerken verkaufte elektrische Energie ist wertvoll wegen ihrer vielseitigen Verwendbarkeit. Ein Haushalt setzt leicht ein paar hundert Kilowattstunden (kW h) im Monat um.

Noch vor 100 Jahren konnte sich niemand einen derart verschwenderischen Umgang mit der Energie leisten; dies ermöglicht erst die moderne Technik der Energie-„erzeugung“ – will sagen, des Anzapfens fossiler und atomarer Energievorräte. Stünden nur Mensch und Tier zur Verfügung und dazu noch Wind- und Wasserräder, die Lebensform der Gegenwart wäre nicht aufrechtzuerhalten – und ihre Bevölkerungszahlen schon gar nicht!

„Wer arbeitet, leistet etwas – er leistet um so mehr, je schneller er arbeitet.“ Nach diesem Satz leuchtet die Definition der physikalischen Größe *Leistung* durchaus ein:

$$\text{Leistung } P = \frac{\text{Energie } dW}{\text{Zeit } dt}.$$

SI-Einheit ist

$$\text{kg m}^2\,\text{s}^{-3} = \text{N m s}^{-1} = \text{J s}^{-1} = \text{W} = \text{Watt}.$$

Die aus der Elektrizitätslehre stammende Einheit *Watt* setzt sich auch in der Mechanik durch; Kraftfahrzeuge werden inzwischen nach den Kilowatt ihrer Motorleistung besteuert. Die Tage der traditionellen Einheit PS (= Pferdestärke = 735 W) sind gezählt.

Abb. 1.50. Mit einem *Fahrradergometer* können einer Versuchsperson vorgebbare mechanische Leistungen abverlangt werden

Um die Reaktionen des menschlichen Organismus auf körperliche Belastung zu untersuchen, benutzt der Arzt gern das *Fahrradergometer* (Abb. 1.50). Die Versuchsperson wird auf den Sattel eines stationären „Fahrrades“ gesetzt und hat die Tretkurbel in Gang zu halten; die ihr dabei abverlangte Leistung regelt eine Elektronik auf einstellbare Werte. 20 W, entsprechend einer nicht sehr hellen Nachttischlampe, sind leicht zu leisten; 100 W für eine anständige Arbeitsplatzbeleuchtung machen schon einige Mühe; 500 W für ein Bügeleisen kann man nur kurze Zeit liefern. Wollte man die so erzeugte elektrische Energie verkaufen, man käme allenfalls auf 1 Pfennig Stundenlohn (besser: auf eine Entlohnung von 0,01 DM/h). Der Mensch ist zu wertvoll, um als Muskelkraftmaschine verwendet zu werden! Auch ohne Ergometer kann man die Leistungsfähigkeit seiner Beine überprüfen, wenn man eine Treppe hinaufläuft. Hier leistet man Hubarbeit gegen die eigene Gewichtskraft.

Aufgabe 1.29: Wieviel Zeit hat man, seine 70 kg Masse ein Stockwerk, also 4 m hoch zu schleppen, wenn man dabei 500 Watt entwickeln will? Es ist zu schaffen, aber nicht für längere Zeit (Abb. 1.51). Wer weniger wiegt, muß schneller sein.

Abb. 1.51. Zur Leistung beim Treppensteigen

In einfachen Sonderfällen leuchtet unmittelbar ein, daß der Energiesatz gelten muß. Hängen etwa zwei Massen an den Enden eines über eine Rolle geführten Seiles, so halten sie sich die Waage, wenn ihre Gewichtskräfte gleich sind (Abb. 1.52). Sie tun dies in jeder Stellung; d.h. bringt man sie durch eine vernachlässigbare kleine Zusatzkraft, die nur die Reibung an der Rolle überwindet, in eine andere Position, so gewinnt m_2 genau so viel Höhe und Hubarbeit, wie m_1 verliert. Man kann auch sagen, jede der beiden Massen sei potentiell in der Lage, einen Teil der ganz zu Anfang an ihr geleisteten Hubarbeit an die andere weiterzugeben. Sie besitzt diese Hubarbeit als *potentielle Energie* oder *Energie der Lage*.

Etwas komplizierter ist der Flaschenzug (Abb. 1.53). Bei ihm verteilt sich die Gewichtskraft F_1 der Last gleichmäßig auf n Teilstücke des Seiles; die Gegenkraft F_2 muß darum nur eine Teillast kompensieren:

$$F_2 = F_1/n.$$

Beim Heben der Last um h_1 muß freilich jedes Teilstück des Seiles um h_1 verkürzt werden, und das addiert sich für die Gegenkraft auf zu

$$h_2 = n\, h_1.$$

Ein Flaschenzug spart also nur Kraft, nicht Energie:

$$h_2\, F_2 = n\, h_1 \cdot F_1/n = h_1\, F_1.$$

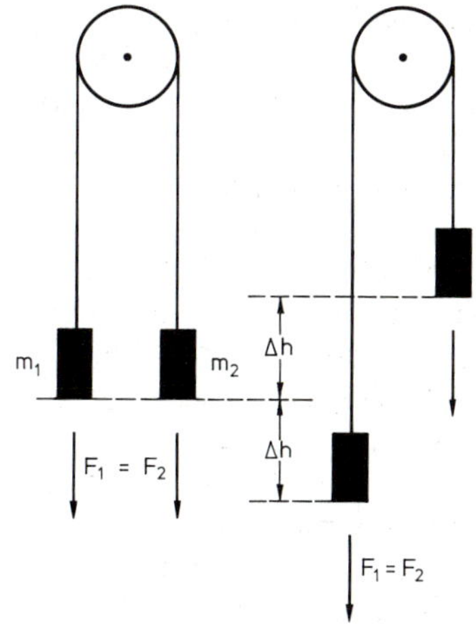

Abb. 1.52. Zum Energiesatz. Die Gewichtskräfte F_1 und F_2 der beiden Massen m_1 und m_2 halten sich in jeder Stellung die Waage. Im rechten Teilbild hat m_1 gegenüber seiner Ausgangsstellung mit $\Delta W_{pot} = m_1\, g\, \Delta h$ genau so viel Energie verloren wie m_2 gewonnen

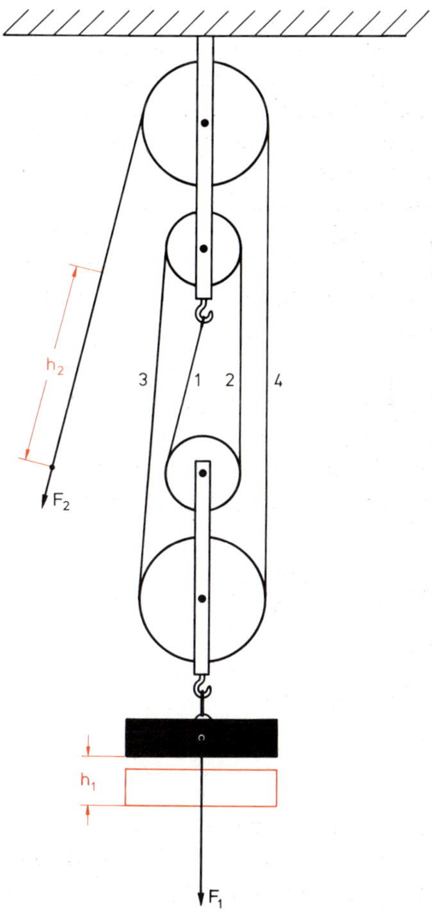

Abb. 1.53. Flaschenzug. (Einzelheiten im Text)

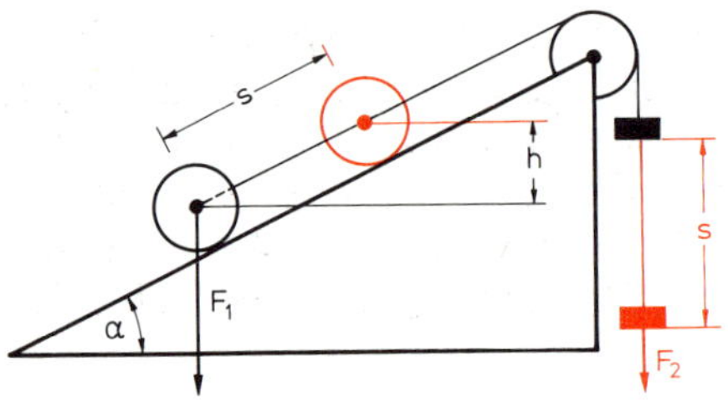

Abb. 1.54. Schiefe Ebene. (Einzelheiten im Text)

Ähnliches gilt für die schiefe Ebene (Abb. 1.54). Wegen der Komponentenzerlegung (besprochen in Abb. 1.35) kann die Last mit der Gewichtskraft F_1 gehalten werden durch die kleinere Kraft F_2, hier aufgebracht durch ein Gegengewicht über Seil und Rolle:

$$F_2 = F_1 \sin \alpha .$$

Um aber die Last das Stück h zu heben, muß sie um s verschoben werden, und um eben diese Strecke senkt sich das Gegengewicht. Nach der Definition der Winkelfunktionen ist

$$h = s \sin \alpha$$

und der Energiesatz bleibt erfüllt:

$$F_2\, s = F_1 \sin \alpha \cdot \frac{h}{\sin \alpha} = F_1\, h .$$

1.20 Hebel und Drehmoment

Wichtiger noch als Seil und Rolle sind *Hebel* für die Übertragung mechanischer Kräfte – Abb. 1.55 zeigt einen zweiarmigen Hebel schematisch. Seine Wirkung kann leicht berechnen, wer den Energiesatz kennt. Bewegt man einen Hebel, so drehen sich alle seine Teile um die gemeinsame Achse und mit dem gleichen Drehwinkel γ. Welchen Weg s sie dabei zurücklegen, hängt von ihrem jeweiligen Hebelarm l ab:

$$s = l\,\gamma .$$

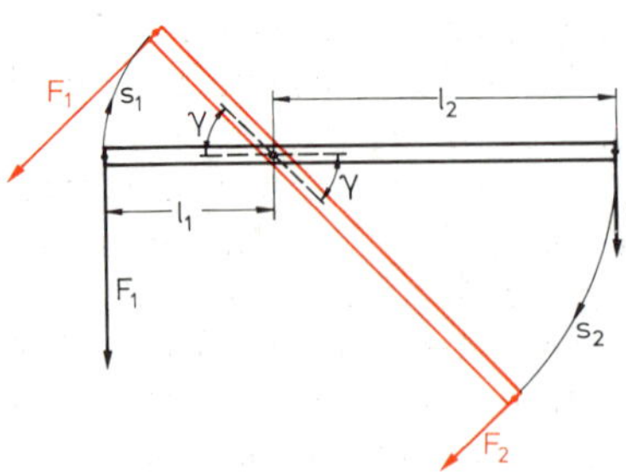

Abb. 1.55. *Zweiarmiger* Hebel: Kraft und Last greifen beiderseits der Drehachse an. (Einzelheiten im Text)

Dies gilt auch für die *Last* F_1 mit ihrem *Lastarm* l_1 und für die *Kraft* F_2 mit ihrem *Kraftarm* l_2. Die von beiden umgesetzten Energien müssen, dem Energiesatz gehorchend, gleich sein:

$$F_1\, s_1 = F_2\, s_2 = F_1\, l_1\, \gamma = F_2\, l_2\, \gamma .$$

Division durch γ führt zum *Hebelgesetz*

Kraft · Kraftarm = Last · Lastarm.

Das Produkt aus Kraft und Hebelarm heißt *Drehmoment*.

Das Hebelgesetz besagt also: Die beiden am Hebel angreifenden Drehmomente sind (dem Betrage nach) gleich.

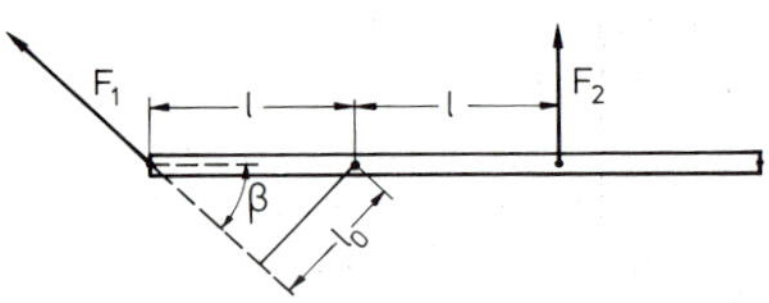

Abb. 1.56. Der effektive Hebelarm l_0 einer unter dem Winkel β angreifenden Kraft beträgt $l_0 = l \sin \beta$

In dieser Form setzt das Hebelgesetz stillschweigend voraus, daß Kraft und Hebelarm senkrecht aufeinanderstehen. Ist das nicht der Fall, so gilt als effektiver Hebelarm l_0 der kleinste, nämlich senkrechte Abstand der Kraft von der Drehachse (Abb. 1.56); schließen Kraft und Hebelarm den Winkel β ein, so ist

$$l_0 = l \sin \beta .$$

Mathematisch elegant behandeln läßt sich dieses Problem mit den Rechenregeln des

Vektorproduktes, formal gekennzeichnet durch ein ×. Das Drehmoment $\boldsymbol{T}$ wird definiert als das vektorielle Produkt der beiden Vektoren Hebelarm und Kraft

$$\boldsymbol{T} = \boldsymbol{l} \times \boldsymbol{F}$$

mit

$$T = F\, l \sin \beta .$$

Welche Richtungen $\boldsymbol{F}$ und $\boldsymbol{l}$ auch haben, $\boldsymbol{T}$ steht immer senkrecht auf beiden, es hat die Richtung der Achse. Zielt $\boldsymbol{F}$ genau auf diese Achse, so stehen $\boldsymbol{F}$ und $\boldsymbol{l}$ parallel, und wegen $\beta = 0$ ist auch $\boldsymbol{T} = 0$.
Man lasse sich nicht dadurch verwirren, daß ein Drehmoment in Newtonmeter gemessen werden kann wie eine Energie – beide Größen sind das Produkt aus einer Kraft und einer Länge. Nur ist die Energie das *skalare* Produkt der beiden Vektoren, und das Drehmoment ihr *vektorielles*.

Aufgabe 1.30: Welches Drehmoment muß ein Turner in jedem seiner Schultergelenke aufbringen, wenn er mit gespreizten Armen (Abb. 1.57) an den Ringen hängt? (Länge von Hand- bis Schultergelenk 65 cm, Masse 60 kg.)

Im großen Stil angewendet wird das Hebelgesetz von allen Wirbeltieren; das Skelett des Menschen enthält über 200 meist einarmige Hebel, von Hammer, Amboß und Steigbügel im Ohr bis zum Oberschenkel. Die Muskulatur greift so gut wie immer kurz neben dem Drehpunkt ihres Hebels an. Das erlaubt den Muskeln, mit relativ geringen Längenänderungen auszukommen, verlangt aber entsprechend größere Kräfte. Der Bizeps etwa hat nur einen Hebelarm von etwa 30 mm, gegenüber den 30 cm des Unterarmes (Abb. 1.58).

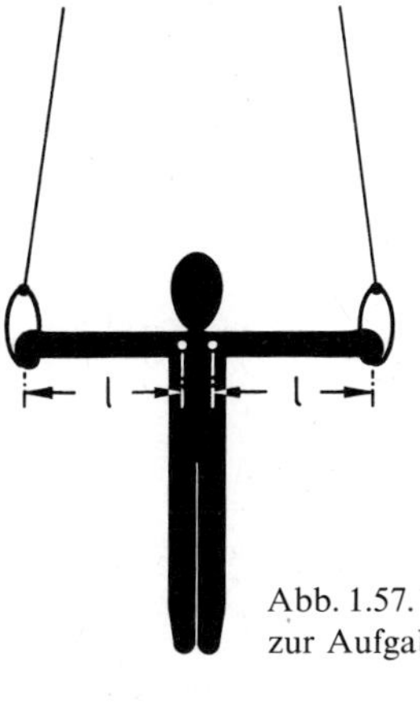

Abb. 1.57. Turner in den Ringen – zur Aufgabe 1.30

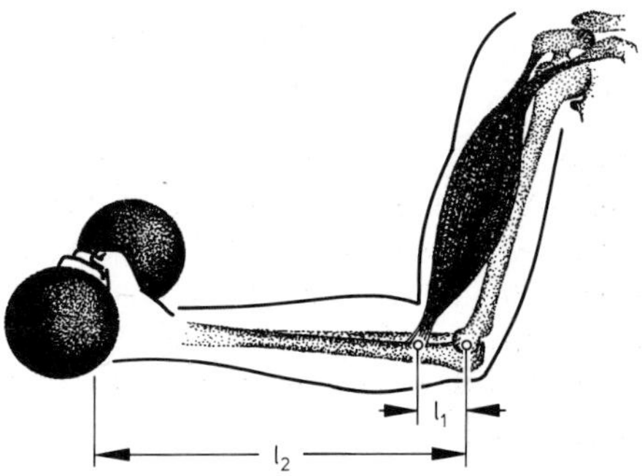

Abb. 1.58. *Einarmiger* Hebel (Arm und Bizeps, schematisch): Kraft und Last greifen auf die Drehachse bezogen nur einseitig an. Der Hebelarm l_1 des Muskels ist wesentlich kleiner als der Hebelarm l_2 der Hantel

Aufgabe 1.31: Welche Kraft muß der Bizeps einer Kellnerin im Hofbräuhaus ungefähr entwickeln, die in einer Hand sechs volle Literkrüge Bier trägt? Die Masse eines leeren Kruges beträgt 1,28 kg, die Dichte des Bieres sei der des Wassers gleichgesetzt.

Eine wichtige technische Anwendung des Hebelgesetzes bilden die *Waagen* (abgesehen von Federwaagen). Wie immer sie im einzelnen konstruiert sind, sie vergleichen zwei von Gewichtskräften erzeugte Drehmomente miteinander. Die einfache Apothekerwaage (Abb. 1.59) besitzt einen genau in der Mitte gelagerten zweiarmigen Hebel, den Waagebalken. Unerläßlich ist die gleiche Länge beider Hebelarme, jede Abweichung bedeutet einen systematischen Fehler. Die moderne Analysenwaage zeigt dem Benutzer nur noch eine Waageschale (Abb. 1.60), die Gewichte werden über eine verdeckte Mechanik mittels eines Drehknopfes aufgelegt – der kostbare Gewichtssatz, von dessen Präzision die Meßgenauigkeit abhängt, ist keiner unsachgemäßen Behandlung mehr ausgesetzt.

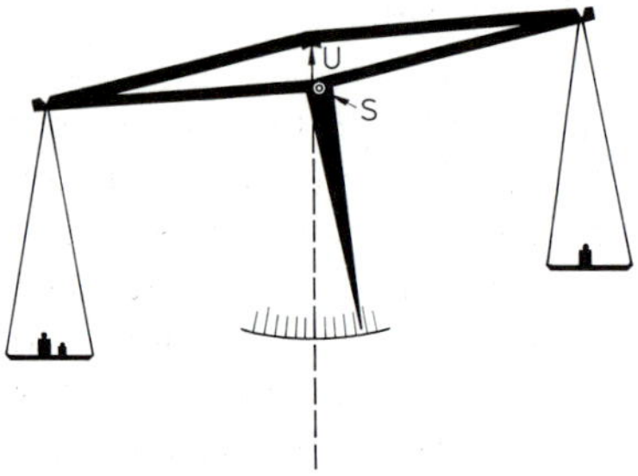

Abb. 1.59. Apothekerwaage. Außerhalb des Gleichgewichtes liegt der Schwerpunkt *S* des Waagebalkens nicht unter dem Unterstützungspunkt und erzeugt ein rücktreibendes Drehmoment. Der Ausschlag der Waage und damit ihre Empfindlichkeit ist um so größer, je leichter der Balken, je länger die Hebelarme und je näher der Schwerpunkt dem Unterstützungspunkt *U*

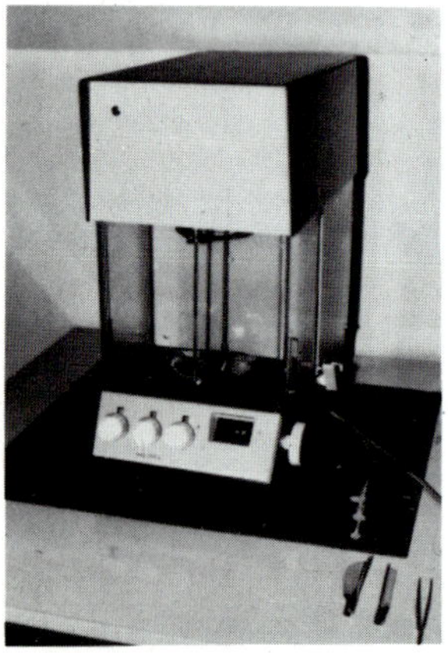

Abb. 1.60. Moderne Analysenwaage

Hängt man einen beliebigen Körper nacheinander an verschiedenen Punkten auf und zieht von jedem Aufhängepunkt eine Gerade senkrecht nach unten (Abb. 1.61), so stellt man fest: alle Geraden treffen sich in einem Punkt, dem *Schwerpunkt*.

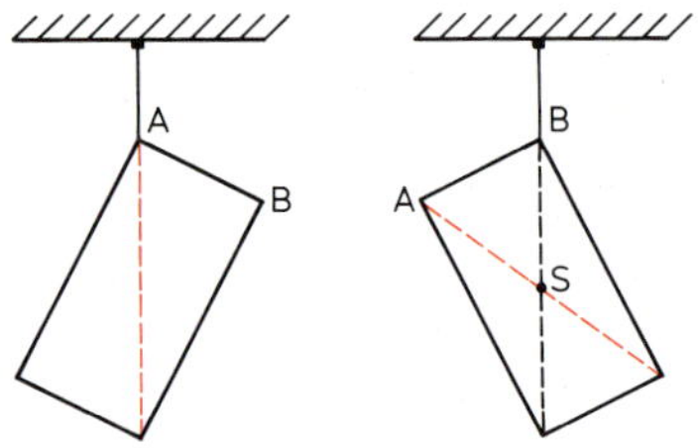

Abb. 1.61. Der Schwerpunkt *S* eines frei hängenden Körpers begibt sich unter den Unterstützungspunkt

Er kann, etwa beim Hufeisen, auch außerhalb des Körpers liegen. Für manche Zwecke darf dessen Masse als im Schwerpunkt konzentriert angesehen werden – so etwa bei der Berechnung der Hubarbeit. Einem guten Hochspringer gelingt es, durch geschickte Körperbewegungen seinen Schwerpunkt unter der Latte hindurchzumogeln (Abb. 1.62); das spart Energie.

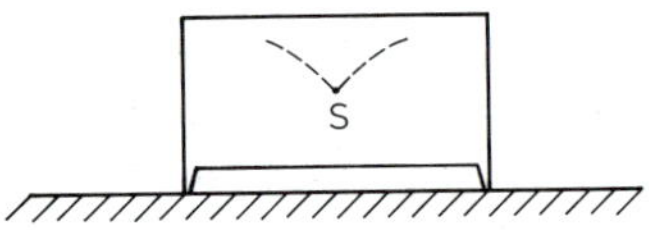

Abb. 1.63. Stabiles Gleichgewicht, obwohl der Schwerpunkt *S* höher liegt als die Unterstützungspunkte. Beim Kippen muß *S* angehoben werden (Bahn gestrichelt), das erfordert Energieaufwand

Von sich aus nimmt der Schwerpunkt eines jeden Körpers die tiefste Stellung ein, die ihm die Halterung erlaubt. Dazu muß er nicht unter dem Unterstützungspunkt liegen wie bei aufgehängten Bildern; auch bei Möbeln ist eine Standfestigkeit gesichert: will man eine Kommode kippen, so muß man ihren Schwerpunkt anheben (Abb. 1.63), und das kostet Energie. Die Kommode steht im *stabilen Gleichgewicht*. Kugeln und Räder können auf ebener

Abb. 1.62. Bei einem korrekt ausgeführten *Fosbury-Flop* rutscht der Schwerpunkt des Springers unter der Latte hindurch

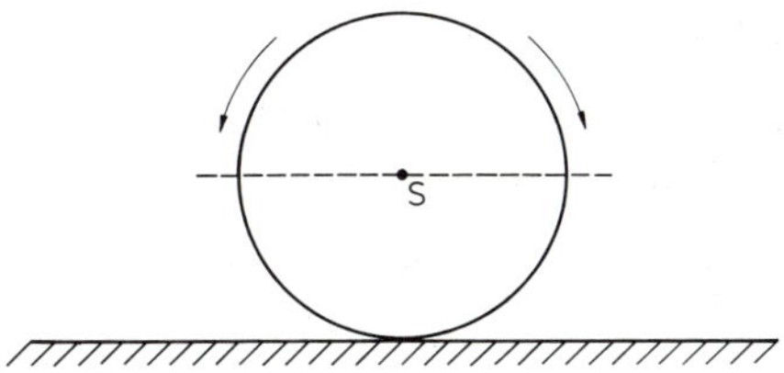

Abb. 1.64. Indifferentes Gleichgewicht, beim Rollen bewegt sich der Schwerpunkt horizontal: kein Energieumsatz

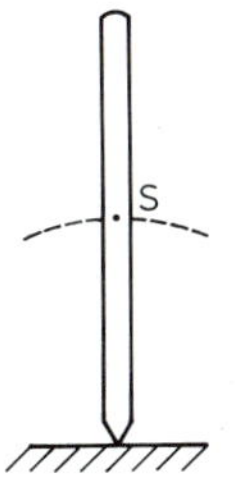

Abb. 1.65. Labiles Gleichgewicht, der Schwerpunkt fällt: Energiegewinn, sobald S nicht exakt senkrecht über dem Unterstützungspunkt liegt

Bahn rollen, ohne die Höhe ihres Schwerpunktes zu ändern: Sie befinden sich im *indifferenten Gleichgewicht* (Abb. 1.64). Grundsätzlich denkbar ist auch, daß sich S ganz exakt über dem Unterstützungspunkt befindet und mangels eines effektiven Hebelarmes kein Drehmoment ausüben kann (Abb. 1.65). Hier genügt der leiseste Anstoß, das *labile Gleichgewicht* zu zerstören. Umfallen braucht aber auch Zeit. Mit etwas Geschicklichkeit läßt sich der Unterstützungspunkt rechtzeitig nachführen – der Mensch kann eine Stange auf dem Finger balancieren und der Seelöwe einen Ball auf der Nase.

Zwei Kräfte, die sich nach Betrag und Richtung gegenseitig aufheben, können über unterschiedliche Hebelarme immer noch ein Drehmoment ausüben. Die Bedingung der Statik für die Ruhe wird deshalb noch nicht dadurch erfüllt, daß sich das Kräftepolygon schließt, die Kräfte müssen vielmehr auch noch so zusammengesetzt werden können, daß sie durch einen Punkt gehen. Neben

$$\sum \boldsymbol{F} = 0$$

muß erfüllt sein

$$\sum \boldsymbol{T} = 0.$$

1.21 Kinetische Energie

Wirft man einen Stein senkrecht in die Luft, so nimmt im Fluge seine potentielle Energie zu bis zum Gipfelpunkt der Bahn und danach wieder ab. Wie verträgt sich das mit dem Energiesatz? Damit der Stein überhaupt fliegen kann, muß er mit einer Anfangsgeschwindigkeit abgeworfen werden. Sie bleibt ihm aber nicht erhalten, geht im Umkehrpunkt sogar bis auf null herunter und steigt dann, mit umgekehrtem Vorzeichen, wieder an. Der Betrag der Geschwindigkeit nimmt also zu, wenn die potentielle Energie abnimmt.

Der Energiesatz wird erfüllt, weil auch die Bewegung eine Energie repräsentiert. Sie heißt *kinetische Energie*.

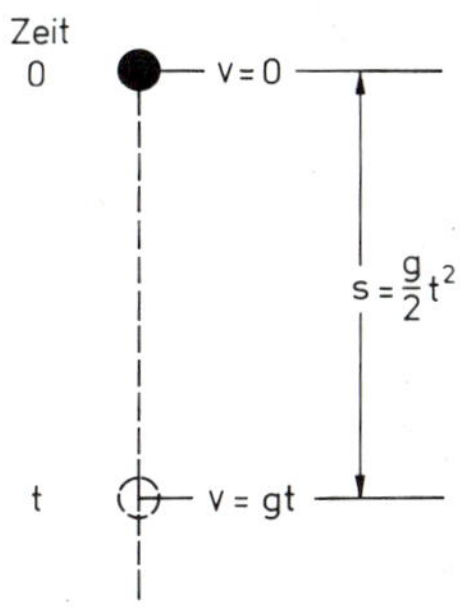

Abb. 1.66. Zur Herleitung der kinetischen Energie aus dem freien Fall. (Einzelheiten im Text)

Der Zusammenhang zwischen der kinetischen Energie W_{kin} und der Geschwindigkeit v läßt sich aus den Fallgesetzen ableiten (Abb. 1.66). Ein Körper der Masse m, aus der Ruhe losgelassen, durchfällt in der Zeit t die Strecke

$$s = \frac{g}{2} t^2$$

und verliert dabei die potentielle Energie

$$W_{pot} = m\,g\,s = m\,g\,\frac{g}{2}\,t^2 = \frac{m}{2}\,g^2\,t^2.$$

Um den gleichen Betrag muß, wenn der Energiesatz gilt, W_{kin} zugenommen haben. Zu Beginn des Versuches war wegen $v=0$ auch $W_{kin}=0$. In der Zeit t steigt aber v auf

$$v=g\,t$$

und damit die kinetische Energie auf

$$W_{kin}=\frac{m}{2}\,v^2.$$

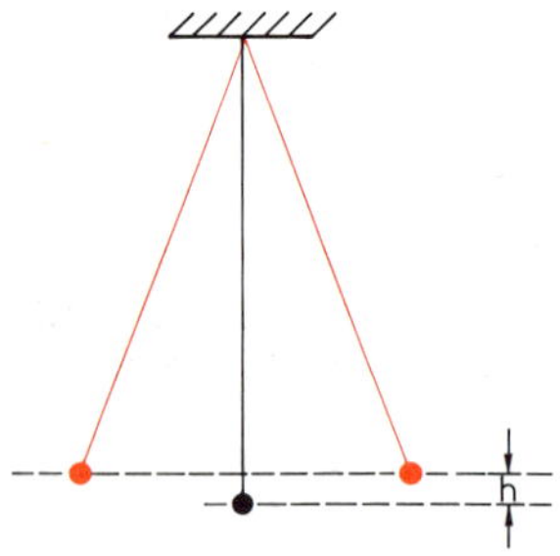

Abb. 1.67. Fadenpendel – beide Umkehrpunkte liegen um die gleiche Höhe h über dem Tiefstpunkt

Ein Musterbeispiel der Umwandlung kinetischer Energie in potentielle und umgekehrt liefert das *Fadenpendel* (Abb. 1.67). Die erste Auslenkung hebt den Schwerpunkt der Kugel um die Strecke h und erhöht somit die potentielle Energie um

$$\Delta W_{pot}=m\,g\,h.$$

Dieser Betrag ist dann voll in kinetische Energie umgesetzt worden, wenn das Pendel mit der Geschwindigkeit v_0 durch die Ruhelage schwingt:

$$\Delta W_{pot}=W_{kin}=\frac{m}{2}\,v_0^2.$$

Daraus folgt

$$v_0=\sqrt{2\,\Delta W_{pot}/m}=\sqrt{2\,g\,h}.$$

Hinter der Ruhelage wandelt sich kinetische Energie wieder in potentielle um, und zwar so lange, bis die Pendelkugel für einen Moment zur Ruhe kommt – sie tut dies genau auf der Ausgangshöhe h über dem Tiefstpunkt. Von nun an wiederholt sich das Spiel periodisch. Auf die Höhe h steigt die Kugel auch dann, wenn man dem Pendelfaden ein Hindernis in den Weg stellt (*Fangpendel* – Abb. 1.68).

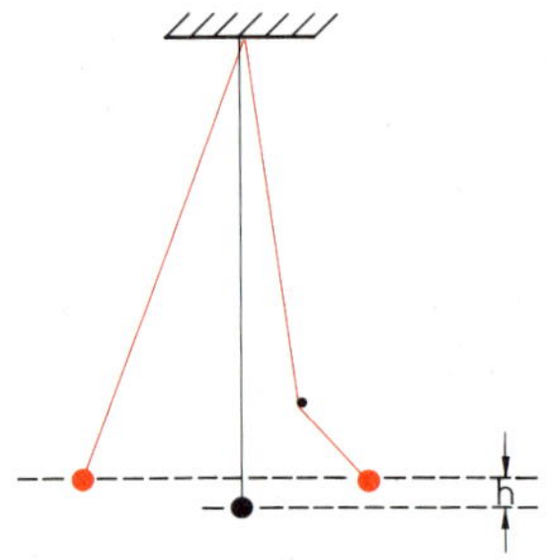

Abb. 1.68. Fangpendel – auch jetzt liegen beide Umkehrpunkte um die gleiche Höhe h über dem Tiefstpunkt

Die Geschwindigkeit v_0, mit der das Pendel durch die Ruhelage schwingt, hängt nur von der Hubhöhe h ab – nicht von der Masse, nicht von der Fadenlänge, nicht von der Form der Bahn. Sie ist die gleiche wie die eines Körpers, der die Strecke h frei durchfällt. Hier zeigt sich der Vorteil einer so allgemeingültigen Beziehung wie der des Energiesatzes: das Kind auf der Schaukel, der Skispringer am Schanzentisch, der Wagen der Achterbahn, der Apfel, der vom Baum fällt: für aller Geschwindigkeit gilt das gleiche Gesetz ...

... sofern man die Reibung vernachlässigen kann. Auch gegen eine Reibungskraft wird Arbeit geleistet – früher oder später zehrt sie die kinetische Energie jeder sich selbst überlassenen Bewegung auf und verwandelt sie in Wärme. Genaugenommen handelt es sich auch bei dieser um kinetische Energie, die der ungeordneten Bewegung einzelner Moleküle nämlich. Sie stellt aber eine so wichtige Sonderform kinetischer Energie dar, daß ihr in der „Wärmelehre" viele Seiten gewidmet werden müssen.

Kinetische Energie wandelt sich freiwillig in Wärme um, immer und unvermeidlich. Trotzdem gibt es Fälle, in denen diese Umwandlung problematisch wird, z.B. dann, wenn ein Auto plötzlich abgebremst werden soll. Eine Gefahrensituation im Straßenverkehr kann verlangen, daß viel kinetische Energie rasch in Wärme umgesetzt werden soll: Die Bremsen werden heiß – und wenn sie es nicht schaffen, wird die restliche Wärme durch plastische Verformung von Blech entwickelt. Menschen haben auch als Autofahrer gar kein sicheres Gefühl für die Geschwindigkeit v und schon gar nicht für v^2. Wer auf der Autobahn mit 160 km/h daherbraust, muß im Ernstfall zehnmal mehr Energie wegbremsen als bei 50 km/h im Stadtverkehr. Die große Masse eines Schnellzuges verlangt aus voller Geschwindigkeit (120 km/h) einen Bremsweg von mehr als 1000 m, sein absolutes Vorfahrtsrecht an Bahnübergängen ist physikalisch bedingt.

Aufgabe 1.32: Welchen Kleinhandelswert hat die kinetische Energie eines Großtankers, der beladen 200000 t wiegt (Masse $= 2 \cdot 10^8$ kg) und 15 Knoten läuft (1 Knoten = 1 Seemeile/h = 1,8 km/h)?

Aufgabe 1.33: Aus welcher Höhe endet ein Sprung mit der Auftreffgeschwindigkeit 50 km/h?

Auf freier, gerader, ebener Strecke arbeiten die Motoren eines Fahrzeuges nur noch gegen die Reibung, sie leisten *Reibungsarbeit*. Beim Anfahren hingegen produzieren sie auch kinetische Energie und leisten *Beschleunigungsarbeit*. Dies muß auch das Herz, weil es stoßweise pumpt. Seine Hauptaufgabe aber ist es, die innere Reibung des Blutes im Gefäßsystem zu überwinden: auch die mechanische Arbeit des Herzens geht letzten Endes in Wärme über.

1.22 Trägheitsmoment

Auch in der Rotation eines Rades steckt kinetische Energie. Ihre Berechnung ist etwas mühsam, weil sich alle Teile des Rades zwar mit der gleichen Winkelgeschwindigkeit ω drehen, aber eben deshalb mit unterschiedlichen Bahngeschwindigkeiten v. Um wenigstens zu einer einfachen Formel zu kommen, schiebt man die ganze Komplikation in eine neue physikalische Größe, das *Trägheitsmoment*. Der Gedankengang ist folgender:
Wirkt ein Drehmoment T auf einen drehbaren Körper, so setzt sich dieser in Bewegung – seine Winkelgeschwindigkeit ω ändert sich mit der *Winkelbeschleunigung* $\dot{\omega}$ (Einheit: s^{-2}). Besteht der Körper aus nur einem Teilchen der Masse dm im Abstand r von der Achse (Abb. 1.69), so gilt zunächst einmal

$$\omega = \frac{v}{r} \quad \text{und damit auch} \quad \dot{\omega} = \frac{\dot{v}}{r}.$$

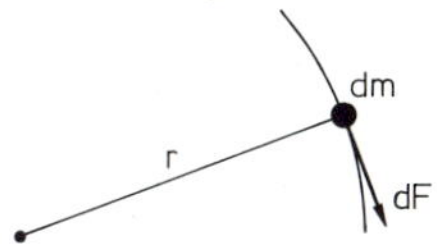

Abb. 1.69. Zur Herleitung des Trägheitsmomentes. (Einzelheiten im Text)

Nach dem Grundgesetz der Mechanik benötigt $\dot{v}$ die Kraft

$$dF = \dot{v}\, dm = r\, \dot{\omega}\, dm.$$

Folglich verlangt $\dot{\omega}$ das Drehmoment

$$dT = r\, dF = \dot{\omega}\, r^2\, dm.$$

Daraus folgt für einen ganzen, aus vielen Masseteilchen dm in verschiedenen Achsenabständen $r(m)$ bestehenden Drehkörper

$$T = \dot{\omega} \int r^2\, dm.$$

Das Integral wird Trägheitsmoment I genannt:

$$I = \int r^2\, dm.$$

Für geometrisch einfache Körper läßt es sich berechnen – seine Einheit ist kg m². Dem Grundgesetz der Mechanik entspricht bei den Drehbewegungen die Beziehung

$$T = I\, \dot{\omega},$$

und für die kinetische Energie ergibt sich

$$W_{kin} = \frac{I}{2}\, \omega^2.$$

Ganz allgemein kommt man von den Formeln der Translationsbewegung auf gerader Bahn herüber zu denen der Drehbewegung, wenn man ersetzt

s durch α,
v durch ω,
a durch $\dot{\omega}$,
F durch T,
m durch I.

Achsenferne Teile tragen in besonders hohem Maße zum Trägheitsmoment bei. Dies demonstriert folgender Versuch (Abb. 1.70): Zwei der äußeren Form und der Masse nach gleiche Rollen werden gemeinsam auf eine Ebene gesetzt und losgelassen – die eine kommt deutlich früher unten an. Grund: sie ist aus

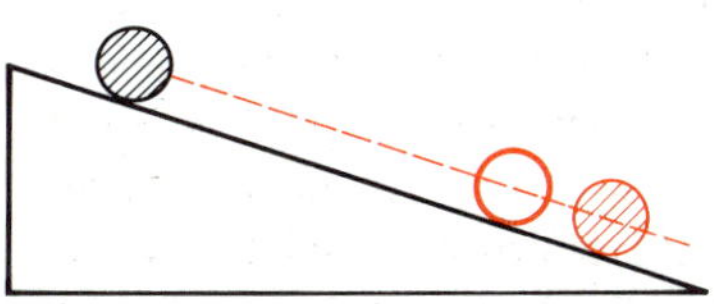

Abb. 1.70. Zwei form- und massegleiche Rollen auf der schiefen Ebene. Das größere Trägheitsmoment des Hohlzylinders kommt langsamer in Bewegung

einem Stück Holz herausgeschnitten, die andere aus einem Messingrohr. Beide Rollen erfahren das gleiche Drehmoment, aber die achsenfernen Massen des Rohres liefern ein größeres Trägheitsmoment, das schwerer in Bewegung zu setzen ist. Das Ergebnis sähe anders aus, wäre die schiefe Ebene so glatt, daß die Rollen rutschen könnten. Pferde haben vergleichsweise schmale und leichte Hufe – sie können ihre Beine rasch bewegen, ohne unnötiges Drehmoment für unnötiges Trägheitsmoment aufwenden zu müssen.

1.23 Impuls

Wer in die Höhe springt, gibt der Erde einen Tritt. Sie reagiert darauf nicht merklich, denn sie besitzt die größte Masse, die in der Reichweite des Menschen überhaupt vorkommt. Ein startendes Flugzeug kann sich nicht von der Erde abstoßen, es muß Luft aus der Umgebung ansaugen und als gerichteten Strahl nach hinten wegblasen. Einem Raumschiff steht auch keine Luft mehr zur Verfügung, es verwendet für den gleichen Zweck die Verbrennungsgase seines Treibstoffes. Wer immer die Richtung seiner Bahn beeinflussen will, muß etwas haben, um sich davon abzustoßen.

Quantitative Überlegungen gestattet folgender Versuch (Abb. 1.71): Zwei Wägelchen mit den Massen m_1 und m_2 stehen auf ebener Bahn, eine gespannte Feder zwischen sich; sie drückt auf die beiden Wagen mit betragsgleichen, aber entgegengesetzt gerichteten Kräften

$$\boldsymbol{F}_1 = -\boldsymbol{F}_2 .$$

Ein Zwirnsfaden bindet die Wagen zusammen und liefert die Gegenkräfte, die sie in Ruhe halten. Brennt man den Faden durch, so fahren die Wagen auseinander, beschleunigt, solange die Feder noch beide berührt:

$$m_1 \boldsymbol{a}_1 = \boldsymbol{F}_1 = -\boldsymbol{F}_2 = -m_2 \boldsymbol{a}_2 .$$

Die Kräfte halten nicht lange vor, sie ändern sich rasch und gleiches gilt für die Beschleunigungen. Doch wie auch immer deren zeitlicher Verlauf aussieht, er führt zu einer Endgeschwindigkeit

$$\boldsymbol{v} = \int \boldsymbol{a}\, dt = \frac{1}{m} \int \boldsymbol{F}\, dt .$$

Das Integral wird *Kraftstoß* genannt:

$$\int \boldsymbol{F}\, dt = m \boldsymbol{v}$$

– und das ihm gleiche Produkt aus Masse und Geschwindigkeit bekommt den Namen *Impuls* oder *Bewegungsgröße*

$$\boldsymbol{p} = m \boldsymbol{v}$$

mit der Einheit $\mathrm{kg\,m\,s^{-1}}$. Das heißt zugleich, daß eine beschleunigende Kraft der Änderungsgeschwindigkeit des Impulses entspricht:

$$\dot{\boldsymbol{p}} = \boldsymbol{F} .$$

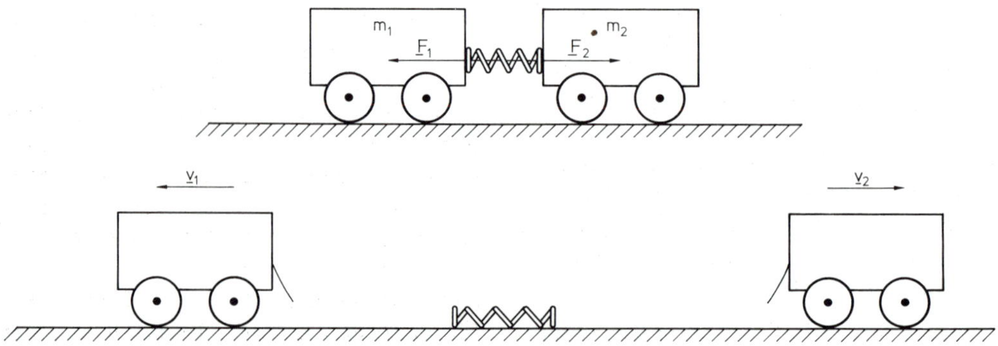

Abb. 1.71. Zum Impulssatz. Brennt man den Faden, der die beiden Wagen zusammenhält, durch, so fahren sie auseinander nach der Beziehung $m_1 \boldsymbol{v}_1 + m_2 \boldsymbol{v}_2 = 0$

Da im Versuch der Abb. 1.71 die Kräfte auf die beiden Wägelchen in jedem Zeitpunkt dem Betrage nach gleich waren, verhalten sich die Beträge ihrer Endgeschwindigkeiten $\boldsymbol{v}_1$ und $\boldsymbol{v}_2$ umgekehrt wie die Massen; aus

$$m_1 v_1 = m_2 v_2$$

folgt

$$v_1/v_2 = m_2/m_1 .$$

Weil aber die Wagen in entgegengesetzten Richtungen auseinanderfahren, sind ihre Impulse entgegengesetzt gleich

$$\boldsymbol{p}_1 = m_1 \boldsymbol{v}_1 = -m_2 \boldsymbol{v}_2 = -\boldsymbol{p}_2$$

und addieren sich zum Gesamtimpuls null:

$$\boldsymbol{p} = \boldsymbol{p}_1 + \boldsymbol{p}_2 = 0 .$$

Null war der Gesamtimpuls aber auch zu Beginn, als sich beide Wägelchen noch in Ruhe befanden. Es gilt der *Impulserhaltungssatz* (kürzer: *Impulssatz*), der besagt: Ein *abgeschlossenes System*, auf das keine äußeren Kräfte wirken, ändert seinen Impuls nicht.

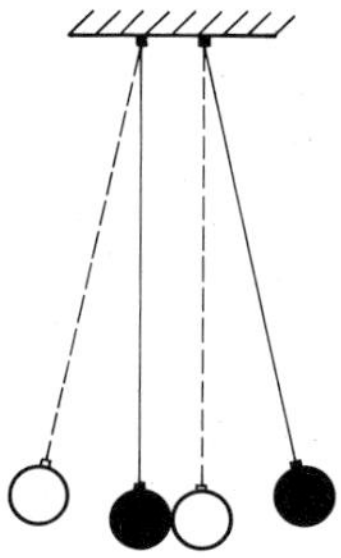

Abb. 1.72. Stoßpendel. Die ruhende Kugel übernimmt von der stoßenden Impuls und kinetische Energie

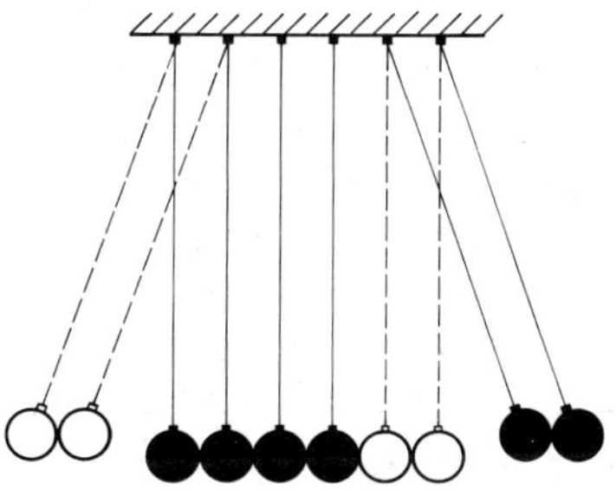

Abb. 1.73. Pendelkette. Es fliegen auf der einen Seite stets so viele Kugeln ab, wie auf der anderen Seite auftreffen (sofern alle Kugeln gleiche Massen haben!)

Physikalisch hat der Impulssatz ähnliche Bedeutung wie der Energiesatz. Er ist zuständig für Stöße aller Art, und gestoßen wird überall, nicht nur in der Mechanik. Gasmoleküle üben durch Stöße Druck auf die Wände ihres Gefäßes aus (Kap. 2.04 und 2.09), Röntgenquanten stoßen mit Elektronen (Kap. 8.06) und Elektronen der Gasentladung mit Molekülen (Kap. 5.32). Der allgemeine Fall kann durch die grundsätzlich ja immer notwendige Vektoraddition unübersichtlich werden; wem Überlegungen zum Prinzip genügen, der darf sich auf den *zentralen Stoß* beschränken, bei dem alle Bewegungen längs einer Geraden verlaufen – experimentell hinreichend realisiert durch zwei Kugeln, die nebeneinander als lange Fadenpendel aufgehängt sind (Abb. 1.72).

Im einfachsten Fall bestehen die Kugeln aus gehärtetem Stahl und haben gleiche Massen. Läßt man eine Kugel auf die andere, ruhende aufschlagen, so fliegt diese mit der vollen Geschwindigkeit ab, während sie selber stehenbleibt. Die zweite Kugel hat den Impuls der ersten voll übernommen.

Reizvoll zu beobachten ist die *Pendelkette* (Abb. 1.73). Bei ihr kann man mehr als eine Kugel zur Seite ziehen und aufschlagen lassen – die Kugeln am anderen Ende wissen genau, wie viele es waren: Sie springen nach dem Stoß in gleicher Anzahl ab. Das ist kein Wunder; man hat ja nur das erste Experiment mit einer einzigen stoßenden Kugel mehrmals rasch hintereinander wiederholt. Die Dauer des einzelnen Stoßes, also die Zeitspanne, in der sich zwei Kugeln nach der ersten Berührung elastisch abplatten und, wieder die alte Form annehmend, auseinanderfliegen, liegt in der Größenordnung von Millisekunden. Sie ist so kurz, daß mehrere Kugeln immer noch nacheinander stoßen.

Grundsätzlich wäre beim Stoß zweier gleicher Massen der Impulssatz auch erfüllt, wenn die stoßende Kugel kehrtmachte und die gestoßene mit doppelter Geschwindigkeit abflöge, denn der Anfangsimpuls

$$\boldsymbol{p}_0 = m\,0 + m\boldsymbol{v}_0 = m\boldsymbol{v}_0$$

bliebe erhalten

$$m \cdot 2\boldsymbol{v}_0 + m(-\boldsymbol{v}_0) = m\boldsymbol{v}_0 = \boldsymbol{p}_0 .$$

Hier aber erhebt der Energiesatz Einspruch: In der angenommenen Situation nach dem Stoß steckt weit mehr kinetische Energie, als die stoßende Kugel mitbrachte. Folglich kann die Situation nicht eintreten. Tatsächlich übernimmt die gestoßene Kugel von der anderen nicht nur den Impuls, sondern auch die kinetische Energie.

Aufgabe 1.34: Um welchen Faktor liegt in der eben angenommenen Situation nach dem Stoß die kinetische Energie der beiden Kugeln zusammen zu hoch?

Sonderfall eines Stoßes ist der von zwei sehr ungleichen Massen, etwa der von Ball und Mauer. Der Ball kehrt mit praktisch der gleichen Geschwindigkeit zurück, mit der er auftraf, nur eben in entgegengesetzter Richtung. Dazu muß er auf die Mauer doppelt soviel Impuls übertragen haben, wie er selbst besaß,

$$m\boldsymbol{v} - m(-\boldsymbol{v}) = 2m\boldsymbol{v},$$

aber er überträgt keine Energie

$$\frac{m}{2}v^2 - \frac{m}{2}(-v)^2 = 0 .$$

Dies überrascht, denn dem Impuls zuliebe muß sich die Mauer ja doch ein klein wenig bewegen. Dank ihrer extrem großen Masse kann sie ihn mit extrem kleinem v übernehmen; weil aber das Quadrat einer kleinen Zahl noch viel kleiner ist, übernimmt sie so gut wie keine Energie.

Bisher war stillschweigend angenommen worden, daß alle in den Stoß hineingebrachte kinetische Energie hinterher immer noch kinetische Energie ist – man spricht hier vom *elastischen Stoß*. Strenggenommen gibt es ihn nicht: Immer geht zumindest ein wenig kinetische Energie in Wärme über, am meisten beim *unelastischen Stoß*, experimentell realisierbar etwa durch ein Stück Kaugummi zwischen den Kugeln. Nach dem Stoß können sich die beiden Kugeln nicht mehr trennen, sie haften aufeinander und bewegen sich mit der gleichen Geschwindigkeit weiter. Über deren Höhe entscheidet der Impulssatz, während der Energiesatz zu bestimmen hat, wieviel Wärme durch plastische Verformung des Kaugummis entwickelt werden muß.

Rein mathematisch braucht man auf jeden Fall zwei Gleichungen, um die beiden unbekannten Geschwindigkeiten der Partner nach dem Stoß ausrechnen zu können. Die eine liefert stets der Impulssatz, die andere beim elastischen Stoß der Energiesatz und beim unelastischen die Forderung

$$\boldsymbol{v}_1 = \boldsymbol{v}_2 .$$

Aufgabe 1.35: Bei einem Verkehrsunfall fahren zwei massegleiche Wagen zusammen. Wieviel Energie wird durch verbogenes Blech bei unelastischem Stoß in Wärme umgesetzt, wenn

a) der eine Wagen auf den stehenden anderen auffährt,

b) beide Wagen frontal zusammenstoßen?

Die kinetische Energie eines fahrenden Wagens sei W_{kin}.

1.24 Drehimpuls

Was der Translationsbewegung auf gerader Bahn recht ist, ist der Drehbewegung billig. Nach der Gegenüberstellung einander entsprechender Größen aus Kapitel 1.22 überrascht nicht, daß zum Impuls ein *Drehimpuls* gehört, definiert als

$$L = I\,\omega$$

(Einheit: $\text{kg}\,\text{m}^2\,\text{s}^{-1}$) und zum Impulssatz ein *Drehimpulserhaltungssatz*. Jede Eistänzerin und jeder Kunstspringer nutzen ihn aus, ob sie ihn nun kennen oder nicht.

Im Gegensatz zu seiner Masse kann der Mensch sein Trägheitsmoment I in weiten Grenzen variieren, denn es hängt ja vom Abstand der einzelnen Körperteile zur Drehachse ab. Abb. 1.74 gibt einige Beispiele.

Will nun eine Eistänzerin eine Pirouette laufen, so besorgt sie sich zunächst mit dem Fuß ein Dreh-

Abb. 1.74. Trägheitsmoment des Menschen in verschiedenen Stellungen bei Drehung um die vertikale freie Achse (Anhaltswerte)

moment T, das ihr nach

$$T = \dot{L} \quad \text{bzw.} \quad L = \int T(t)\, dt$$

einen Drehimpuls verschafft. Diesen nimmt sie in einer Stellung mit hohem Trägheitsmoment (drittes Teilbild der Abb. 1.74) bei kleiner Winkelgeschwindigkeit auf. Richtet sie sich jetzt auf und holt sie ihre Arme an die vertikale Drehachse heran, so nimmt ihre Rotationsgeschwindigkeit beträchtlich zu, denn anders kann der Drehimpuls bei vermindertem Trägheitsmoment nicht aufrechterhalten werden. Ähnliches tut der Kunstspringer beim Salto, nur rotiert er um eine horizontale Achse. Am Ende des Sprunges streckt er sich wieder, um bei kleinem ω sicher mit den Händen zuerst in das Wasser einzutauchen.

Wer einen Salto springt, rotiert um eine *freie Achse* – im Gegensatz zum Geräteturner, der bei einer Riesenwelle die Reckstange als Achse vorgibt. Freie Achsen müssen immer durch den Schwerpunkt laufen. Tut eine Achse dies nicht, so beschreibt der Schwerpunkt einen Kreis, und die Masse des Drehkörpers, die ja in ihm konzentriert gedacht werden kann, erzeugt eine Zentrifugalkraft, die von der Achse mechanisch aufgenommen werden muß. Tatsächlich biegt sich die Reckstange bei der Riesenwelle nicht

Abb. 1.75. Zusatzgewicht zum Auswuchten eines Autorades

wenig durch. Die Räder des Autos müssen durch kleine Zusatzmassen „ausgewuchtet" werden (Abb. 1.75), bis ihre Schwerpunkte auf den konstruktiv vorgegebenen Achsen liegen, andernfalls „schlagen" sie und reißen an ihren Lagern. Der Springer im Salto hat kein Lager, ihm bleibt nur eine freie Achse.

Leben ist Bewegung. Wer sich aber bewegt, muß Impuls- und Drehimpulssatz einhalten. Im Bereich der Erde, die Füße leidlich fest auf dem Boden, macht das keine Schwierigkeiten: Der Globus ist groß genug, alle Impulse und Drehimpulse menschlicher Größenordnung spielend aufzufangen. Astronauten bewegen sich nicht ganz so bequem, vor allem weil ihnen in ihrer Schwerelosigkeit der sichere Kontakt mit der Raumkapsel fehlt. Doch was immer sie tun, der Schwerpunkt, den sie gemeinsam mit ihrem Raumschiff haben, zieht unbeirrbar seine von der Gravitation vorgegebene ballistische Kurve zum Mond.

Legt man einen Patienten auf ein über Drähte und Federn so gut wie frei beweglich an der Decke aufgehängtes Bett, so löst seine kleinste Handbewegung über den Impulssatz eine entsprechende Gegenbewegung des Bettes aus. Aber auch wenn der Patient ganz ruhig liegt und den Atem anhält, bleibt das Bett nicht still, denn das Herz arbeitet weiter. Stoßweise pumpt es das Blut in den Aortenbogen (Abb. 1.76); das bedeutet Impuls und Drehimpuls. Die entsprechenden Gegenimpulse muß das Bett auffangen; seine Bewegungen lassen sich über einen Spiegel, der ein Lichtbündel reflektiert, genau beobachten. Auch dies ist ein Verfahren, Störungen der Herztätigkeit zu diagnostizieren, mit einem *Ballistokardiographen* nämlich.

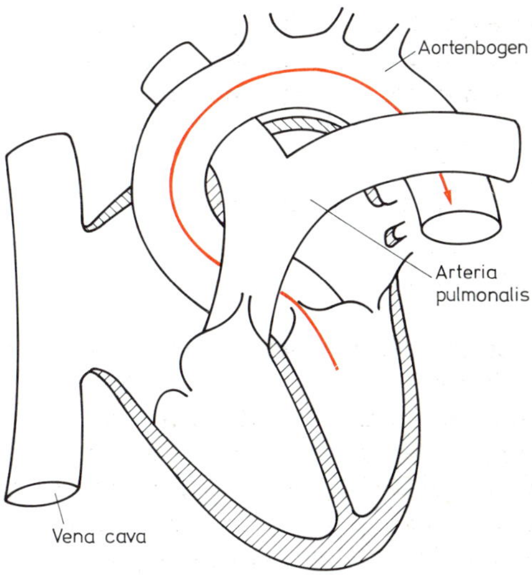

Abb. 1.76. Herz des Menschen mit dem Aortenbogen, schematisch

2. Mechanik deformierbarer Körper

2.01 Struktur der Materie

Die Welt besteht aus Molekülen, die Moleküle aus Atomen. Welche Kräfte halten sie zusammen? Einigermaßen einleuchtend ist der Zusammenhalt noch bei Ionenkristallen wie dem Kochsalz (NaCl). Natrium-Atome neigen dazu, ein Elektron ihrer Hülle abzugeben und so zum positiven Ion zu werden; umgekehrt nehmen Chlor-Ionen gern ein Elektron auf. Ladungen ungleichen Vorzeichens ziehen sich an: die *Coulomb-Kraft* der Elektrostatik besorgt die *heteropolare Bindung* der *Ionenkristalle.* Im Kochsalz sitzen Na^+-Ionen und Cl^--Ionen dicht gepackt abwechselnd nebeneinander (Abb. 2.01). Damit ist freilich nichts darüber ausgesagt, warum Natrium und Chlor zur Ionenbildung neigen.

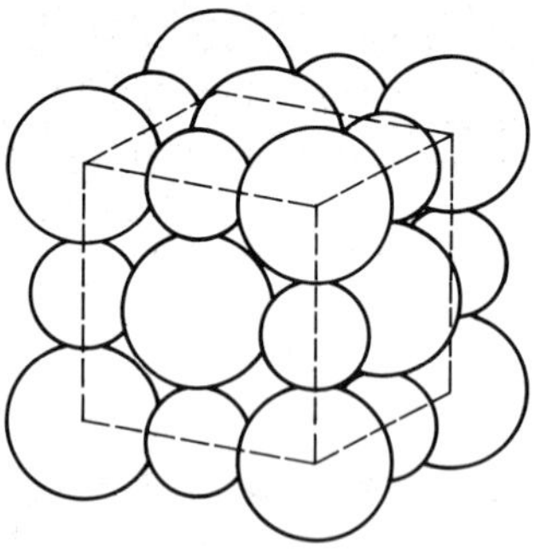

Abb. 2.01. Kristallgitter des NaCl (Kochsalz), schematisch. Die dicken Cl^--Ionen und die kleineren Na^+-Ionen liegen dicht an dicht

Ganz ohne Coulomb-Kraft miteinander auskommen müssen die Kohlenstoffatome im Diamanten, der härtesten bekannten Substanz. Keines der nicht unterscheidbaren Atome eines einzelnen chemischen Elementes hat einen Grund, einem Artgenossen ein Elektron abzugeben. Die am Anschauungsvermögen des Menschen ausgerichtete *klassische Physik* verfügt über kein Modell, die *homöopolare Bindung zwischen gleichartigen Atomen* zu erklären – aber die Natur ist nicht verpflichtet, in den Grenzen menschlicher Vorstellungskraft zu bleiben. Für Atome und Elementarteilchen gelten Regeln, die man in der makroskopischen Welt nicht unmittelbar mehr erkennen kann; ihre Formulierung erfordert einen beträchtlichen Aufwand an Mathematik. So deutet der Experte die homöopolare Bindung durch eine *Überlappung der Wellenfunktionen* bestimmter Elektronen benachbarter Atome – zuständig ist also die Wellenmechanik. Zusammen mit der Quantentheorie kann sie aus wenigen Grundannahmen eine Fülle von Beobachtungen deuten, neben der homöopolaren Bindung auch die Neigung mancher Atome zur Ionenbildung, die Abneigung der Edelgase, chemische Verbindungen einzugehen, das periodische System der Elemente, die Supraleitung und die Spektralanalyse. Die Mathematik erlaubt hier dem Menschen in der Tat, die Grenzen seiner unmittelbaren Erfahrung und Vorstellungswelt zu überschreiten. Wer sich lange genug damit befaßt, der vermag mit den mathematischen Formulierungen durchaus auch Anschauungen zu verbinden, denn anschaulich ist, woran man sich gewöhnt hat. Wer aber diesen mathematischen Aufwand nicht zu seinem Beruf machen will, der muß glauben, was die Experten behaupten, und muß die Kräfte der homöopolaren

Bindung als gegeben hinnehmen. Sie sind verhältnismäßig stark, haben nur kurze Reichweite und ausgeprägte Vorzugsrichtungen. Die Winkel zwischen ihnen heißen „*Valenzwinkel*". Homöo- und heteropolare Bindungen können auch in Mischformen auftreten. Außer ihnen gibt es noch die schwächeren „*van der Waals-Kräfte*" etwas größerer Reichweite, deren Natur nicht leichter zu erklären ist.

Atome und Moleküle befinden sich in ständiger, ungeordneter Wimmelbewegung, mit der sie sich ihren Bindungskräften zu entziehen trachten. Wieweit ihnen das gelingt, hängt von der Heftigkeit dieser *thermischen Bewegung* ab. Sie wird bestimmt von der Temperatur.

Ist die Temperatur niedrig, so berühren sich die Atome gegenseitig, und die Vorzugsrichtungen der Bindungskräfte schreiben ihnen ihre Positionen sehr genau vor: sie müssen sich zu einem regelmäßigen, räumlichen Kristallgitter ordnen. In vielen Fällen hat es kubische Symmetrie. So sitzen etwa im Kochsalz die Cl^--Ionen in den Ecken und mitten auf den Flächen kleiner Würfel (*kubisch flächenzentriertes Gitter* – Abb. 2.02). Für die Na^+-Ionen gilt das übrigens auch, nur sind deren Würfel gegen die des Cl^--Teilgitters etwas verschoben. Die räumliche Anordnung der Atome entscheidet über viele Eigenschaften des makroskopischen Kristalls: Kohlenstoff, kubisch kristallisiert, bildet harten, durchsichtigen Diamant, im hexagonalen Gitter aber weichen, schwarzen Graphit (Abb. 2.03). Gitterbausteine müssen nicht Atome oder Ionen sein, auch Moleküle können Kristallgitter bilden, H_2O-Moleküle gefrieren zu Eis und

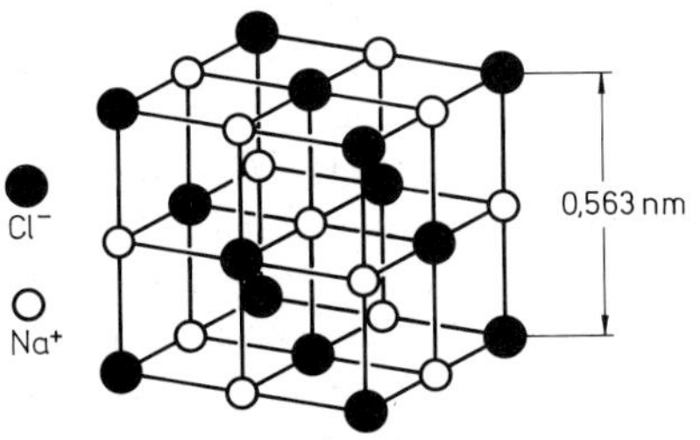

Abb. 2.02. Kubisch-flächenzentriertes Gitter des NaCl. Modelle dieser Art markieren nur die Lage der Zentren der Atome, ohne Rücksicht auf deren Durchmesser

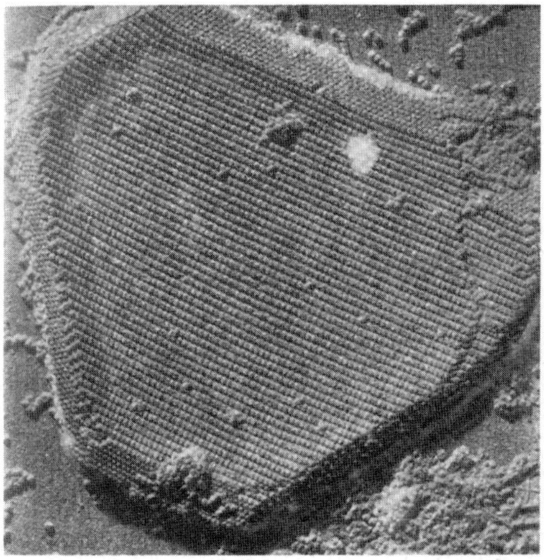

Abb. 2.04. Southern-bean-virus, kristallisiert; elektronenmikroskopische Aufnahme. (Aus: Nature **176**, 455 (1955))

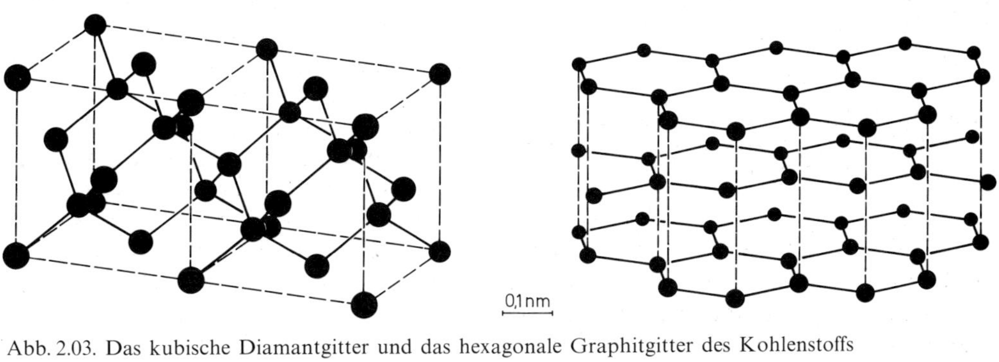

Abb. 2.03. Das kubische Diamantgitter und das hexagonale Graphitgitter des Kohlenstoffs

Schnee. Auch die Riesenmoleküle der Ribonukleinsäure kristallisieren unter geeigneten Bedingungen und sogar Viren (Abb. 2.04).

Kristalline Struktur ist das Kennzeichen des *Festkörpers* im Sinne der Physik. Sie muß sich nicht in der äußeren Form, in der „*Tracht*" des Kristalles äußern, wie sie es bei vielen Mineralen tut (Abb. 2.05), auch der doppelt gewendelte Wolfram-Faden einer Glühbirne besteht oft aus einem einzigen, trickreich hergestellten Kristall, einem *Einkristall*. Weitaus die meisten Drähte, Stäbe, Steine und Salze werden aber aus zahllosen, mikroskopisch kleinen, ineinander verhakelten Kriställchen gebildet, sie sind *polykristallin*. Die Strukturen so ziemlich aller festen Körper sind heute gut bekannt, ihre Bestimmung ist Aufgabe der Kristallographie.

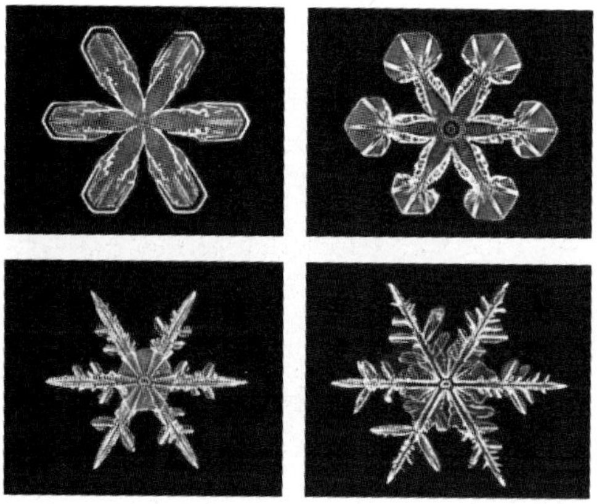

Abb. 2.05. Tracht von Eiskristallen. (Nach Hellwege)

Steigert man die Temperatur, so bricht das Kristallgitter plötzlich zusammen: der Kristall schmilzt. Auch in der *Schmelze* liegen die Moleküle recht dicht aufeinander, sogar Reste einer Orientierung von Nachbarn durch die Vorzugsrichtungen der Bindungskräfte lassen sich noch nachweisen – im großen und ganzen können sich die ehemaligen Gitterbausteine aber doch leidlich frei gegeneinander verschieben. Eine *Flüssigkeit* ist nicht formbeständig, sie paßt sich ihrem Gefäß an. Dazu braucht sie freilich mehr oder weniger Zeit: Wasser läßt sich in Sekunden umfüllen, Honig schon nicht mehr, Kochkäse verlangt viele Minuten. Gläser behalten die Form, in die sie gegossen wurden, bei Zimmertemperatur über Jahrhunderte bei. Trotzdem sind sie im Sinne der Physik keine Festkörper, denn ihnen fehlt der kristalline Aufbau.

Steigert man die Temperatur weiter, so kann die thermische Bewegung schließlich die Bindungskräfte ganz überwinden. Die Flüssigkeit siedet und wird zum *Gas*. Gasmoleküle wissen so gut wie nichts mehr voneinander, sie fliegen frei und einsam durch die Gegend und stoßen nur zuweilen mit Artgenossen und Gefäßwänden zusammen. Gewiß, in Zimmerluft geschieht dies jedem Molekül nahezu 10^{10}mal in jeder Sekunde, aber die Stoßzeiten selbst sind vernachlässigbar kurz gegenüber den freien Flugzeiten zwischen zwei Stößen. Im Laboratorium füllen die Gasmoleküle jeden Raum, der ihnen zur Verfügung gestellt wird, praktisch gleichmäßig aus. Trotzdem unterliegen sie der Schwerkraft der Erde: Die höchsten menschlichen Siedlungen liegen in Tibet, „auf dem Dach der Welt", etwa 6000 m über dem Meeresspiegel – alle 6 km etwa halbiert sich der Luftdruck; verglichen mit dem Radius der Erde – ca. 6370 km – ist die Lufthülle sehr dünn (Abb. 2.06).

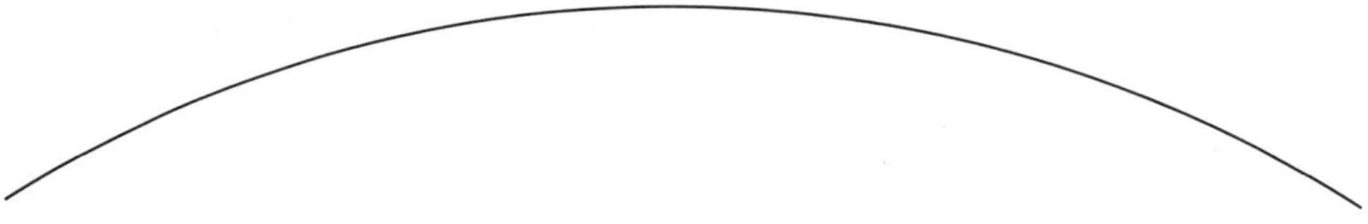

Abb. 2.06. Skizze der Erdoberfläche. Innerhalb der Strichbreite fällt die Dichte der Atmosphäre auf ein Zehntel ihres Wertes bei Meereshöhe ab

2.02 Viskoelastizität

Die Einteilung der Substanzen in die drei Aggregatzustände fest, flüssig und gasförmig erinnert an eine Zeit, in der man noch meinte, die Physik sei auf tote Materie beschränkt und Leben gehöre einer ganz anderen Kategorie an. Leben ist an Wasser gebunden, es ist im Wasser der Weltmeere entstanden und hat sich in seiner Entwicklung an dessen Zusammensetzung angepaßt. Auch menschliches Leben braucht Wasser und der Salzgehalt des Blutes ist dem des Meeres ähnlich. In gewissem Sinne haben die Tiere, als sie an Land gingen, ihre alte Umgebung mitgenommen, nur mußten sie nun sorglich einhüllen, was vorher Umgebung gewesen war. Der starre Panzer der Insekten hat konstruktive Nachteile; Säugetiere verlegen darum ihr Skelett nach innen, brauchen nun aber eine Haut, die schlagfest und wasserdicht ist und trotzdem beweglich und biegsam. Die technische Lösung liefert das Stichwort *Hochpolymere*; auch die chemische Industrie hat sich seiner in großem Umfang angenommen.

Unter *Polymerisation* versteht man das Zusammenlagern relativ kleiner Moleküle der organischen Chemie zu größeren Komplexen, die dann viele Tausend Atome umfassen können. Manche haben fadenförmige Struktur, sind in sich selbst biegsam und lagern sich verhakelt und verknäult zusammen. Dabei bleiben sie oft in weiten Grenzen gegeneinander verschiebbar, dürfen ihre Knäuel aufziehen, sich voneinander trennen und sich umlagern; die Körper, die sie bilden, sind weder so formstabil wie Kristalle noch so beweglich wie echte Flüssigkeiten – man nennt sie *viskoelastisch*, denn sie können z.B. einer mechanischen Beanspruchung zunächst momentan und *elastisch* folgen, danach aber *viskos* weiterkriechen. Zuweilen ändern sie ihre Form noch über Minuten und Stunden. Hört die mechanische Belastung schließlich auf, so kehren sie auf ähnlichem Wege wieder in ihre

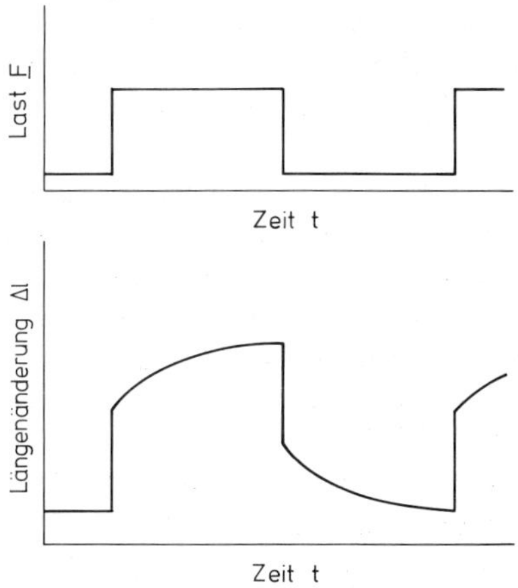

Abb. 2.07. Längenänderung eines viskoelastischen Stabes unter zeitlich wechselnder Last, schematisch

Ausgangsform zurück, mehr oder weniger. Ein Stab, der dies vollständig tut, sollte sich unter zeitlich wechselnder Last verhalten, wie in Abb. 2.07 etwas schematisch skizziert.

2.03 Festkörper

Auch die starken Bindungskräfte im Kristall halten Gitterbausteine nicht unverrückbar auf ihren Plätzen – ein *fester Körper* ist noch kein *starrer Körper*, er kann auch durch relativ schwache äußere Kräfte verbogen und verformt werden. Freilich lassen die Bindungen zunächst nur geringe Verschiebungen zu und holen die Gitterbausteine sofort in ihre Normallage zurück, sobald die äußere Kraft nachläßt: die Verformung ist *elastisch* und verschwindet spurlos. Leicht untersuchen läßt sich ein Sonderfall, die Dehnung eines Drahtes unter Zug. Es leuchtet ein, daß seine Längenänderung Δl mit der angreifenden Kraft F und der eigenen Länge l_0 zu- und mit dem Drahtquerschnitt A abnimmt.

In erster Näherung ist die *Dehnung* $\Delta l/l_0$ der *Spannung* $\sigma = F/A$ proportional: sie befolgt das *Hookesche Gesetz*

$$\sigma = E\frac{\Delta l}{l_0}$$

(Abb. 2.08). SI-Einheit des *Elastizitätsmoduls E* wie der Spannung σ ist $\mathrm{N\,m^{-2}}$ – häufiger verwendet wird $\mathrm{kp/mm^2}$. Die Elastizitätsmoduln der meisten Metalle liegen in der Größenordnung $10^{11}\,\mathrm{N\,m^{-2}}$.

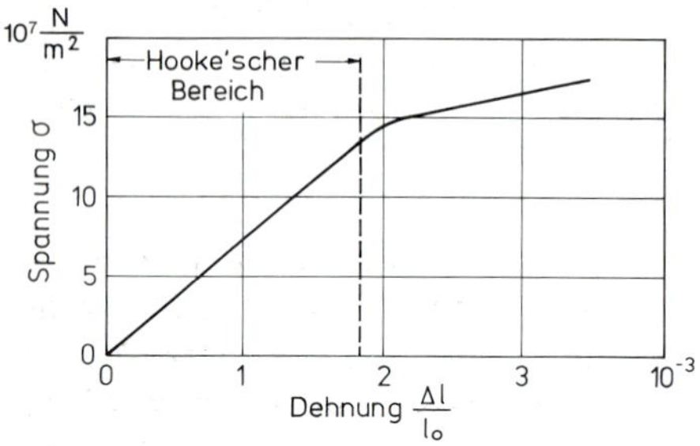

Abb. 2.08. Spannungs-Dehnungs-Diagramm von Kupfer

Aufgabe 2.01: Wie stark ungefähr dehnt sich ein 10 m langer und 2 mm starker Draht unter der Last eines Menschen (80 kg)?

Erhöht man die Spannung über die Elastizitätsgrenze hinaus, so nimmt die Dehnung überproportional zu (Abb. 2.08), der Draht beginnt zu *fließen* und kehrt nach Entlastung nicht auf die Ausgangslänge zurück, er hat sich *plastisch* gedehnt. Dem sind aber Grenzen gesetzt: einmal reißt schließlich der Draht. Spröde Substanzen zeigen so gut wie keine plastische Verformung – wird ihre Elastizitätsgrenze überschritten, so brechen sie auch.

Bei plastischer Verformung müssen ganze Bereiche eines Kristalles gegeneinander verschoben werden. Das geht nur, wenn Gitternachbarn sich voneinander trennen und mit neuen Nachbarn wieder zusammenlegen – ein schier unmöglicher Vorgang, wäre der Kristall perfekt gebaut, hätte also ausnahmslos jeder Gitterbaustein tatsächlich alle Nachbarn, die ihm nach der Struktur zustehen: Springen kann ein Baustein immer nur in eine *Leerstelle*, in einen aus irgendeinem Grunde zufällig nicht besetzten Gitterplatz.

Besondere Bedeutung haben linienförmige Anordnungen gleichartiger Gitterbaufehler, sog. *Versetzungen*, etwa der Art, wie sie Abb. 2.09 etwas schematisch andeutet. Hier können die Nachbaratome relativ leicht z.B. nach rechts in die Lücke hineinspringen und so die Versetzung um einen Atomabstand nach links verschieben. Wandert nach diesem Mechanismus eine Versetzung quer durch einen Kristall hindurch, so ist dessen unterer Bereich gegenüber dem oberen um einen Atomabstand *abgeglitten*. Zu plastischer Verformbarkeit gehören bewegliche Versetzungen; an Einschlüssen und Fremdatomen können sie sich festhaken: Sprödes Gußeisen enthält mehrere Prozent Kohlenstoff, schmiedbarer Stahl meist weniger als 0,1 %.

Bruchfestigkeiten hängen nicht nur an den Eigenschaften des Materials selbst. Schon winzige Kerben können sich verhängnisvoll auswirken, vor allem wegen des Drehmomentes, das oberflächennahe Kräfte auf die Kerbenspitze ausüben (Abb. 2.10a) –

Abb. 2.09. *Stufenversetzung*, schematisch: in den oberen Teil des Kristalles ist vier Gitterkonstanten weit eine zusätzliche Netzebene vertikal eingeschoben; darunter wird das Gitter lokal etwas aufgeweitet. Gleiches gilt für die Netzebenen oberhalb und unterhalb der Zeichenebene: Die Stufenversetzung zieht einen Schlauch durch den Kristall. Springen die beiden markierten Gitterbausteine nach rechts, so wird die Stufenversetzung um einen Netzebenenabstand nach links verschoben

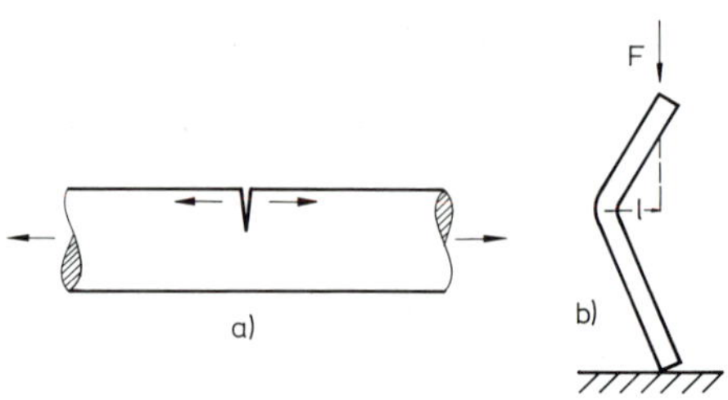

Abb. 2.10a u. b. Instabilität durch Hebelwirkung beim Bruch. Das Drehmoment (= Kraft F mal Hebelarm l), das auf die Spitze einer Kerbe (a) oder die Knickstelle eines auf Stauchung beanspruchten Stabes (b) wirkt, nimmt zu, je weiter die Kerbe einreißt bzw. der Stab einknickt

es wächst, je weiter die Kerbe einreißt. Zu dünne Stäbe, auf Stauchung beansprucht, knicken ein. Wieder wirkt ein Drehmoment auf die Knickstelle, dessen effektiver Hebelarm zunimmt, je weiter das Material nachgibt (Abb. 2.10b).

Knickung bedeutet *Biegung*. Ein gebogener Stab wird an der Außenseite gedehnt, an der Innenseite gestaucht. Dazwischen liegt die *neutrale Faser*, die ihre Länge nicht ändert (Abb. 2.11). Zur Biegesteifigkeit eines Stabes tragen die von der neutralen Faser weit entfernten Teile am meisten bei; man spart Material, wenn man sie auf Kosten des Mittelteils verstärkt – technisches Beispiel: Doppel-T-Träger (Abb. 2.12). Ist die Richtung der Biegebeanspruchung nicht von vornherein bekannt, so gibt ein kreisrundes Rohr die größte Festigkeit bei kleinstem Materialverbrauch – viele Halme sind nach diesem Prinzip konstruiert, auch die hohlen Knochen der Vögel.

Dehnung und Stauchung sind nicht die einzigen Belastungen, denen festes Material ausgesetzt sein kann: eine Achse, die ein Drehmoment übertragen soll, wird auf *Drillung* beansprucht. Bei großen Schiffen kann es vorkommen, daß die lange Antriebswelle dort, wo die Maschine angreift, schon eine volle Drehung weiter ist als die Schiffsschraube am anderen Ende.

Hinzu kommt, daß die mechanischen Eigenschaften vieler Materialien nicht einmal isotrop sind. Als Musterbeispiel kann ein Holzklotz dienen, der gestaucht werden soll (Abb. 2.13). Liegen seine Fasern längs oder quer zur Kraft, so hat er eine recht hohe Festigkeit. Sie ist am geringsten,

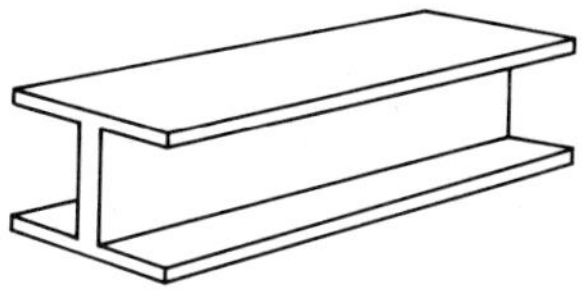

Abb. 2.12. Doppel-T-Träger: das von der neutralen Faser am weitesten entfernte Material trägt am meisten zur Biegesteifigkeit bei

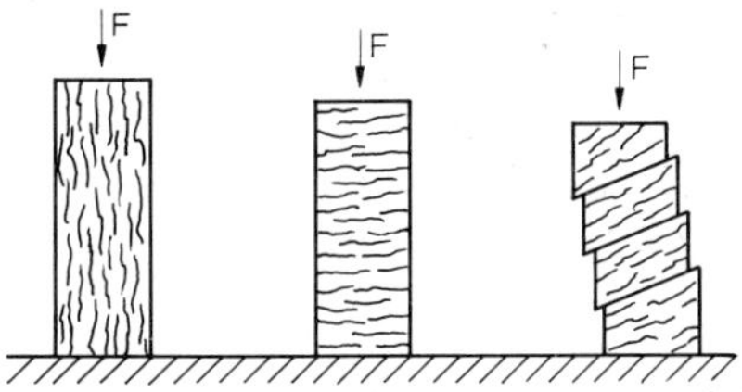

Abb. 2.13. Die Festigkeit faserigen Materials wie Holz gegenüber gerichteter Belastung hängt von der Richtung der Fasern ab

wenn die Fasern mit der Kraft einen Winkel von etwa 45° bilden, denn jetzt können die einzelnen Lagen des Holzes relativ leicht gegeneinander abgeschert werden; man stelle sich einen Stapel schlecht verleimter Brettchen vor. In dieser Lage erzeugt das stauchende Kräftepaar eine besonders hohe *Schubspannung* parallel zur Richtung der Fasern – die dazu senkrechte Komponente der Kräfte führt zur *Normalspannung*, die vom Holz leichter aufgenommen werden kann.

2.04 Flüssigkeiten, hydrostatischer Druck

Jede plastische Verformung eines Festkörpers beruht auf Abgleitungen nach Art schlecht verleimter Brettchen – durch die Struktur eines Kristalles sind *Gleitebenen* vorgebildet, die Schubspannungen ver-

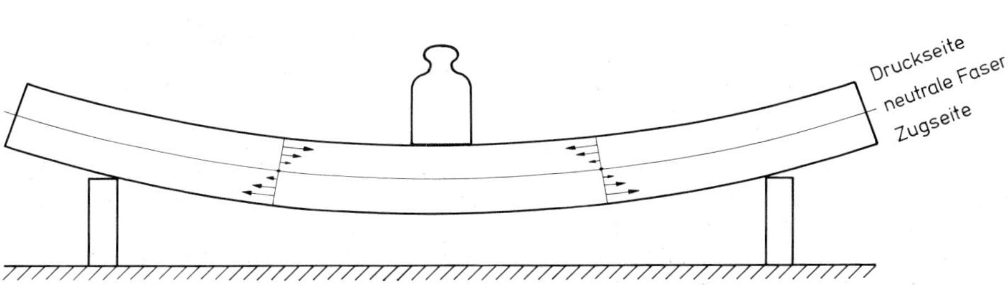

Abb. 2.11. Bei der Biegung ändert die *neutrale Faser* ihre Länge nicht

hältnismäßig wenig Widerstand entgegensetzen. Flüssigkeiten und erst recht Gase haben – zumindest im Idealfall – überhaupt keine Schubfestigkeit, weil ihre Moleküle unbegrenzt aneinander vorübergleiten können.
Dies gilt auch gegenüber Gefäßwänden. Als Folge ihrer thermischen Bewegung stoßen die Moleküle ständig und unregelmäßig auf die Wand. Nach dem Schema von Ball und Mauer (Kap. 1.23) übertragen sie jedesmal das Doppelte ihres Impulses als Kraftstoß – aber nur von der senkrechten Komponente: die Parallelkomponente nehmen sie unverändert mit (Abb. 2.14). Alle Kraftstöße summieren sich zu einer Kraft; daß sie als zeitlich konstant erscheint, liegt nur an der ungeheuer raschen Folge der Einzelstöße. Für ein Gas läßt sich dieses Modell ohne allzu großen Aufwand einigermaßen quantitativ durchrechnen (Kap. 2.09); für eine Flüssigkeit bleibt dies zu merken: Die sich drängelnden Moleküle üben auf eine sie einengende Wand eine Kraft aus, die senkrecht auf ihr steht und ihrer Fläche proportional ist – je mehr Fläche, desto mehr Stöße. Unter gegebenen Umständen ist also der Quotient aus Kraft und Fläche konstant. Er wird als selbständige physikalische Größe definiert und bekommt den Namen *Druck*:

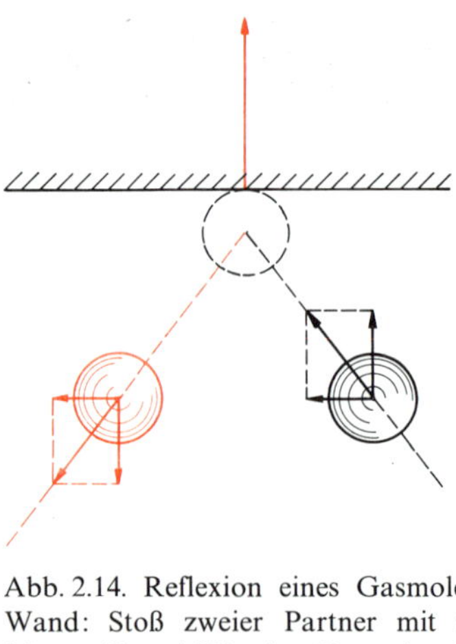

Abb. 2.14. Reflexion eines Gasmoleküles an einer Wand: Stoß zweier Partner mit sehr ungleicher Masse (Kap. 1.23); das Doppelte der senkrechten Impulskomponente wird als Kraftstoß auf die Wand übertragen

$$\text{Druck } p = \frac{\text{Kraft } F}{\text{Fläche } A}.$$

Der *hydrostatische Druck* einer (schwerelosen) Flüssigkeit ist überall im Gefäß gleich und allseitig. ***F*** steht immer senkrecht auf einem Hindernis.
Die SI-Einheit des Druckes, das

$$\text{Pascal} = \text{Pa} = \text{N m}^{-2},$$

ist verhältnismäßig klein; Meteorologen bevorzugen das

$$\text{Bar (bar)} = 10^5 \text{ Pa} = 1000 \text{ mbar}.$$

Es entspricht recht gut dem normalen Luftdruck in Meereshöhe, der *Atmosphäre*. Strenggenommen muß man zwei Atmosphären unterscheiden, die

technische Atmosphäre = at
$= \text{kp cm}^{-2} = 9{,}81 \cdot 10^4$ Pa

und die

physikalische Atmosphäre = atm
$= 1{,}033$ at $= 760$ Torr $= 1013$ mbar.

Die Druckeinheit *Torr* = *mmHg* = 0,133 kPa stammt vom Quecksilberbarometer (Kap. 2.07). Von Gesetzes wegen sollen inzwischen sogar die Mediziner auf sie verzichten und sich mit dem *Kilopascal* (kPa) der Allgemeinheit anschließen. Der diastolische Blutdruck, der bisher mit Werten über 100 (mmHg nämlich) Hypertonie signalisierte, tut dies hinfort mit Werten über 13 (kPa nämlich). Manche Ärzte sehen darin eine Gefahr für ihre Patienten. Dem Blutdruck ist es gleichgültig, in welcher Einheit er gemessen wird.

Die Allseitigkeit des hydrostatischen Druckes erlaubt, mit Hilfe der *hydraulischen Presse* große Kräfte zu erzeugen. Abb. 2.15 zeigt ihr Schema. Schiebt man den kleinen Kolben (Fläche A_1) mit der Kraft F_1 um die Strecke s_1 in seinem Zylinder vor, so pumpt man ein Flüssigkeitsvolumen $V = A_1 s_1$ mit dem Druck $p = F_1/A_1$ in den großen Zylinder hinüber. Dessen Stempel rückt um die Strecke

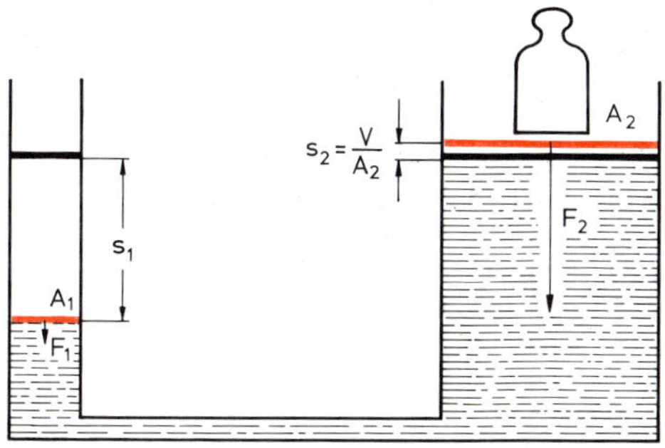

Abb. 2.15. Hydraulische Presse. (Einzelheiten im Text)

$s_2 = V/A_2$ vor, auf ihn wirkt die Kraft

$$F_2 = p\,A_2 = F_1\,\frac{A_2}{A_1} > F_1,$$

und die ist um das Verhältnis der beiden Kolbenflächen größer als F_1. Energie läßt sich damit natürlich nicht gewinnen:

$$W_2 = F_2\,s_2 = p\,A_2 \cdot \frac{V}{A_2} = p\,V$$

$$= p\,A_1 \cdot \frac{V}{A_1} = F_1\,s_1 = W_1\,.$$

Der Definition

Energie = Kraft · Weg

in der Mechanik starrer Körper entspricht bei Flüssigkeiten und Gasen die Definition

Energie = Druck · Volumen.

Man spricht hier von *Volumenarbeit*. Volumenarbeit leistet das Herz.

Über die Volumenarbeit können Flüssigkeiten und Gase mechanisch Energie speichern und transportieren. Die Energiewirtschaft nutzt dies aus in Stauseen und Pumpspeicherwerken (Abb. 2.16). Nachts, wenn die Kapazität der Elektrizitätswerke nicht ausgelastet ist, verwenden sie überschüssigen „Strom" – will sagen: überschüssige Energie –, um große Mengen Wasser in das hochgelegene Becken zu pumpen; die als Volumenarbeit geleistete Hubarbeit kann dann in der Verbrauchsspitze wieder in elektrische Energie umgesetzt werden.

2.05 Schweredruck

Pumpspeicherwerke nutzen den Druck aus, den Wasser durch seine Gewichtskraft erzeugt; er heißt *Schweredruck* und nimmt mit der Wassertiefe zu. Insofern bedarf der Satz von der Allseitigkeit und Gleichheit des hydrostatischen Druckes einer Ergänzung: er gilt nur für den *Stempeldruck*, der z.B. mit einem Kolben in einer gewichtslosen Flüssigkeit erzeugt wird.

Sobald Gravitations- und Trägheitskräfte eine Rolle spielen, überlagert sich ihm der Schweredruck. Seine Abhängigkeit von der Wassertiefe h läßt sich relativ leicht berechnen für ein zylindrisches Gefäß mit senkrechter Achse (Abb. 2.17). Jede Wasserschicht der (kleinen) Dicke dh drückt

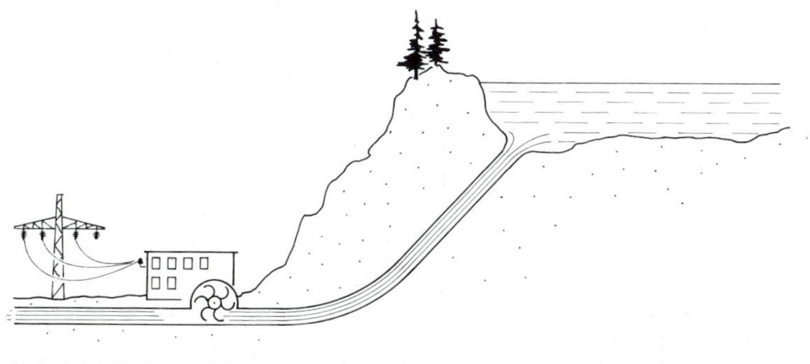

Abb. 2.16. Pumpspeicherwerk, schematisch. Nachts wird überschüssige elektrische Energie als Hubarbeit gespeichert. Sie kann in der Verbrauchsspitze durch Volumenarbeit des Wassers wieder in elektrische Energie zurückverwandelt werden, freilich nur mit begrenztem Nutzeffekt

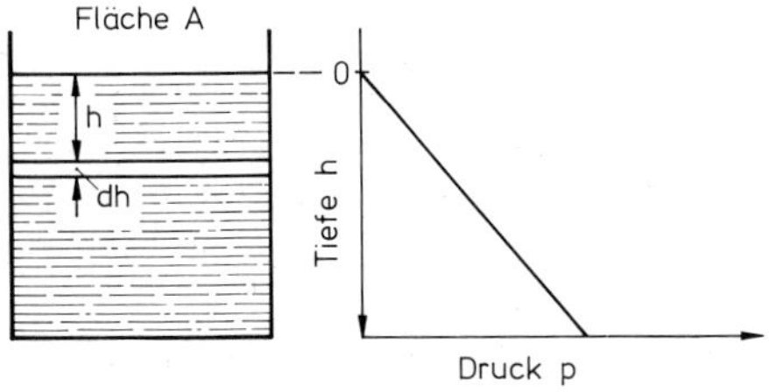

Abb. 2.17. Zur Herleitung des Schweredruckes; bei einer inkompressiblen Flüssigkeit (ρ = const.) steigt er proportional zur Wassertiefe h an

auf die unter ihr liegenden Schichten mit der (kleinen) Gewichtskraft dF_G. Hat der Zylinder die Querschnittsfläche A, so gehört zu der Schicht das Volumen

$$dV = A\,dh,$$

die Masse

$$dm = \rho\,dV = \rho\,A\,dh$$

(ρ = Dichte der Flüssigkeit) und die Gewichtskraft

$$dF_G = g\,dm = g\,\rho\,A\,dh$$

(g = Erdbeschleunigung). Diese Kraft erzeugt einen Druck

$$dp = dF_G/A = g\,\rho\,dh.$$

Mit steigender Wassertiefe summieren sich alle Druckanteile der einzelnen Schichten auf. Grundsätzlich muß man nun damit rechnen, daß ρ selber von Druck abhängt und darum mit der Wassertiefe zunimmt: $\rho = \rho(h)$. Der Zusammenhang zwischen p und h ist demnach als Integral

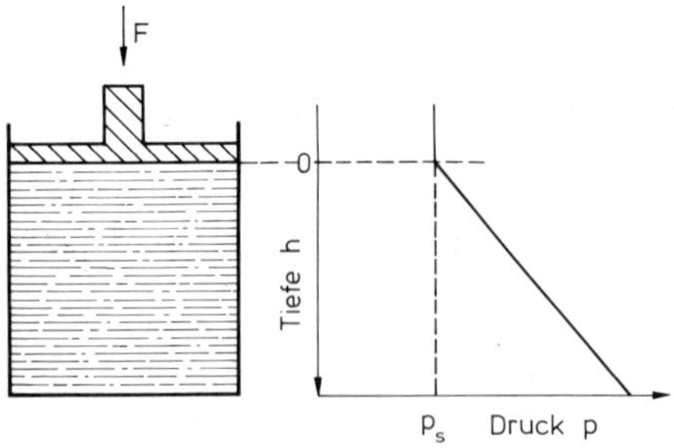

Abb. 2.18. Dem Schweredruck überlagert sich ein Stempeldruck p_s

zu schreiben:

$$p(h) = g \int \rho(h)\,dh.$$

Wasser ist freilich so gut wie *inkompressibel*, ändert also seine Dichte mit dem Druck fast gar nicht, so daß sich das Integral zum Produkt vereinfacht

$$p(h) = \rho\,g\,h$$

– der Schweredruck nimmt linear mit der Wassertiefe zu (Abb. 2.17). In einer geschlossenen Dose überlagert sich ihm ein etwa noch vorhandener Stempeldruck p_s. Der Gesamtdruck p_g ist dann (Abb. 2.18)

$$p_g(h) = \rho\,g\,h + p_s.$$

In offenen Gewässern erzeugt bereits die Lufthülle der Erde einen solchen Stempeldruck.

Wer taucht, registriert den Schweredruck des Wassers als *Überdruck* über dem, den er an Land gewohnt ist. Seine Atemmuskulatur muß ihn überwinden, solange er mit „Schnorchel" taucht, die Atemluft also unter Normaldruck dicht über der Wasseroberfläche ansaugt. Das geht nur in geringer Wassertiefe. Wer weiter hinunter will, muß eine Preßluftflasche mitnehmen – und vorsichtig wieder auftauchen, sonst bekommt er Schwierigkeiten mit dem Henry-Daltonschen Gesetz (Kap. 4.19). Immerhin steigt der hydrostatische Druck im Wasser alle zehn Meter um rund 1 bar – sehr tief kommt man sowieso nicht.

Eine „geschlossene Dose" im Sinne der Überlagerung von Schwere- und Stempeldruck bilden auch die Blutgefäße des Menschen: steht er aufrecht, so ist der Blutdruck in den Füßen notwendigerweise größer als im Kopf – liegt er horizontal, sind beide Drücke gleich. Das Gehirn verlangt aber eine gleichmäßige Durchblutung, folglich sorgt ein Regelsystem dafür, daß Druckschwankungen, wie sie Lageveränderungen hervorrufen müssen, in wenigen Sekunden aufgefangen werden. Krankhafte Störungen können die Einstellung des Solldruckes merklich verzögern oder gar Regelschwingungen

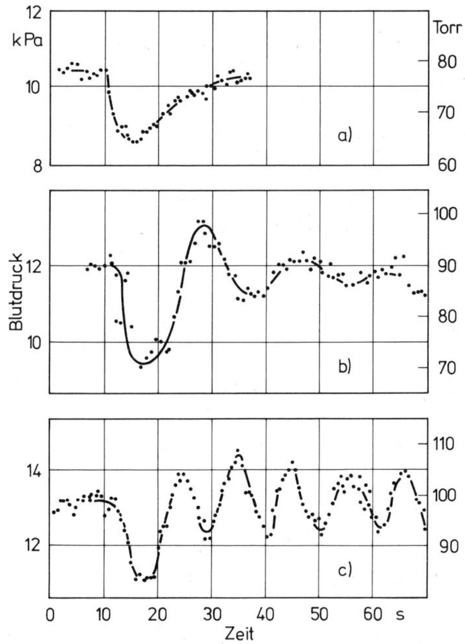

Abb. 2.19. Regelstörungen beim Blutdruck. Die Versuchsperson wird auf einer horizontalen Liege festgeschnallt und ohne eigene Muskelarbeit in die Vertikale gekippt. Infolge des Schweredruckes nimmt dabei der Blutdruck im Oberkörper zunächst ab; er wird aber beim Gesunden in weniger als einer halben Minute wieder auf den Normalwert eingeregelt (*a*). Ein krankhaft gestörter Regelkreis kann aber durch diese Belastung in gedämpfte (*b*) und sogar nahezu ungedämpfte (*c*) Schwingungen geraten. (Nach Keidel)

auslösen (Abb. 2.19). Hierüber wird im Kapitel „Steuerung und Regelung" noch zu reden sein.

Aufgabe 2.02: Um wieviel Bar, Kilopascal und Prozent (bezogen auf den diastolischen Normaldruck von ca. 10 kPa) müßte der diastolische Druck eines aufrecht stehenden erwachsenen Menschen in den Füßen höher sein als im Kopf, wenn man den Druckabfall längs der Arterien (Kap. 2.14) vernachlässigen könnte?

Grundsätzlich kann die Kraft für einen Stempeldruck erzeugenden Kolben auch von dem Schweredruck einer Flüssigkeit in einem Steigrohr stammen (Abb. 2.20). An den Druckverhältnissen ändert sich dann nichts, wenn man den Kolben entfernt – der Druck ist somit wieder reiner Schweredruck, nur noch abhängig von ρ, g und h, aber unabhängig von der Form des Gefäßes (*hydrostatisches Paradoxon*).

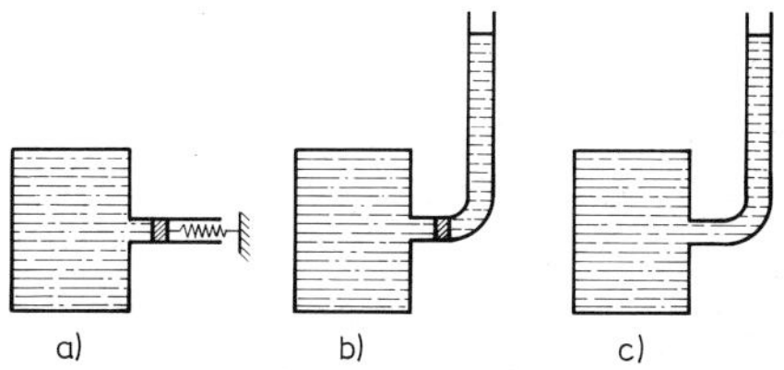

Abb. 2.20. Die einen Stempeldruck erzeugende Kraft auf einen Kolben muß nicht von einer Feder (*a*), sie kann auch von einer Wassersäule herrühren (*b*). Entfernt man den Kolben (*c*), so ist aus Stempeldruck Schweredruck geworden

Auf den ersten Blick mag überraschen, daß die verhältnismäßig kleine Gewichtskraft der Flüssigkeitssäule im dünnen Steigrohr die sehr viel höhere Kraft des Bodendruckes auf die große Grundfläche zu liefern vermag – für das Kräftegleichgewicht sorgt die vom hydrostatischen Druck auf den Gefäßdeckel ausgeübte, nach oben gerichtete Kraft.

Ideale Flüssigkeiten haben keine Scherfestigkeit. Infolgedessen müssen ihre freien Oberflächen immer horizontal stehen, denn täten sie es nicht, bekäme die Gewichtskraft eine Komponente parallel zur Oberfläche, der die Flüssigkeit nachgeben müßte. Dies gilt auch, wenn in *kommunizierenden Röhren* die Oberfläche durch Gefäßwände unterbrochen ist (Abb. 2.21): eine ruhende Wasseroberfläche liegt immer senkrecht zu der angreifenden Schwerkraft. Strenggenommen bildet sie auf Erde also keine Ebene, sondern den Ausschnitt aus einer Kugeloberfläche. Seeleute wissen das: von einem entgegenkommenden Schiff tauchen die Mastspitzen zuerst über der Kimm auf, und der Mann im Mastkorb entdeckt sie früher.

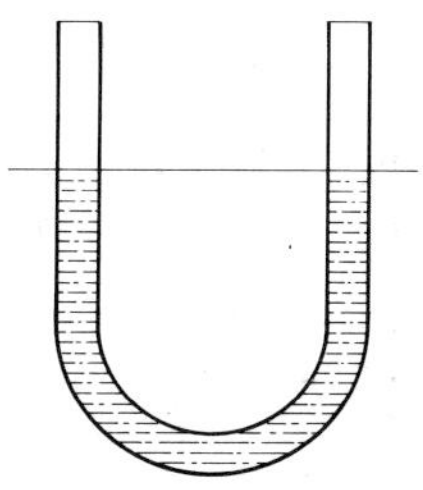

Abb. 2.21. In kommunizierenden Röhren haben die Flüssigkeitsspiegel gleiche Höhe

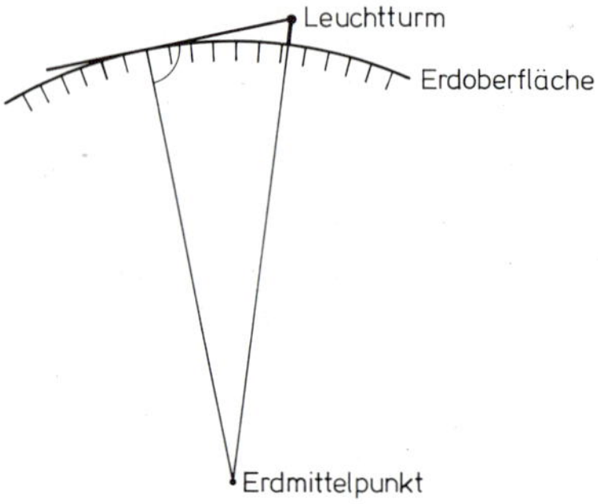

Abb. 2.22. Zur Sichtweite eines Leuchtturmes (Aufgabe 2.03)

Aufgabe 2.03: Das Lampenhaus des Leuchtturmes auf Helgoland liegt 83 m über dem Meeresspiegel. Wie weit kann man das direkte Licht des Leuchtfeuers bei klarem Wetter bestenfalls sehen? – Wie aus Abb. 2.22 hervorgeht, läßt sich diese Frage mit Hilfe des „Pythagoras" beantworten; weil man hierfür aber die Quadratwurzel aus der (kleinen) Differenz zweier (großer) Quadratzahlen braucht, reicht die Genauigkeit des Rechenschiebers ausnahmsweise einmal nicht ohne weiteres aus. Man muß deshalb die Rechnung so führen, daß man von folgender Näherungsformel Gebrauch machen kann: wenn $\varepsilon \ll 1$, dann $(1+\varepsilon)^2 = 1 + 2\varepsilon + \varepsilon^2 = 1 + 2\varepsilon$. – Ein 8stelliger Taschenrechner kann es freilich einfach so.

2.06 Auftrieb

Jeder beliebige Körper wird, in Wasser getaucht, von allen Seiten her zusammengedrückt. Weil aber der Druck mit der Wassertiefe zunimmt, übt er von unten her auf den Boden eine größere Kraft aus als von oben her: die Differenz liefert den *Auftrieb*. Am einfachsten läßt er sich für einen Sonderfall berechnen, den Abb. 2.23 darstellt: Ein Quader (Kantenlänge a, b und c) liegt horizontal in einer Flüssigkeit der Dichte ρ_F. Die Druckkräfte, die waagerecht auf den vier Seitenflächen stehen, heben sich paarweise gegenseitig auf – sie müssen lediglich von elastischen Gegenkräften des Quadermaterials aufgefangen werden. Die vertikalen Kräfte auf Deckel und Boden kompensieren sich aber nur zum Teil. In der Wassertiefe h_1 drückt von oben die Kraft

$$F_1 = a b p_1 = a b \rho_F g h_1$$

und entsprechend von unten (Tiefe h_2)

$$F_2 = a b p_2 = a b \rho_F g h_2 .$$

Die Differenz ist der Auftrieb

$$F_A = F_2 - F_1 = a b \rho_F g (h_2 - h_1) .$$

Die beiden Wassertiefen unterscheiden sich um die Kantenlänge c des Quaders:

$$F_A = a b c \rho_F g = V \rho_F g .$$

Hier ist V sowohl das Volumen des Quaders wie das der von ihm verdrängten Flüssigkeit. $V\rho_F$ gibt eine Masse m_F – aber nicht die des Quaders, sondern die der Flüssigkeit, deren Platz er einnimmt. Daraus folgt

das Archimedische Prinzip

$$F_A = m_F g ,$$

in Worten: der Auftrieb entspricht der Gewichtskraft der verdrängten Flüssigkeit.

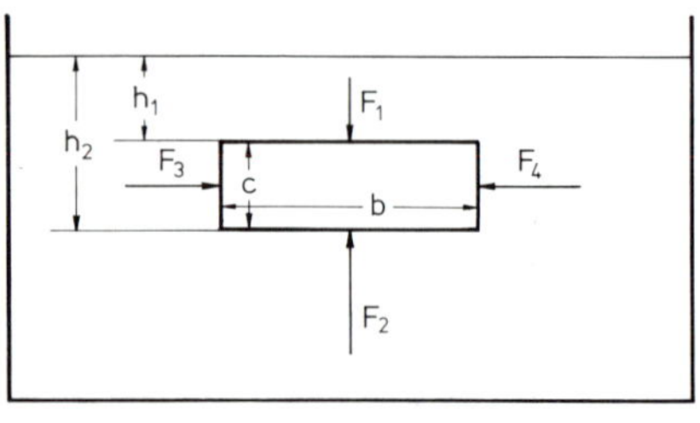

Abb. 2.23. Archimedisches Prinzip. Der Auftrieb entsteht durch die Differenz der hydrostatischen Drücke auf Boden und Oberseite des Quaders; er entspricht der Gewichtskraft der verdrängten Flüssigkeit. (Einzelheiten im Text)

Auch wenn dieser Satz hier nur für einen Quader abgeleitet worden ist, gilt er doch für jeden eingetauchten Körper, unabhängig von dessen Form. Der mathematische Beweis lohnt den Aufwand nicht.

Aufgabe 2.04: Der Sage nach hat Archimedes mit Hilfe seines Prinzips einen Goldschmied des Betruges überführt, bei dem der König Hieron von Syrakus eine Krone in Auftrag gegeben hatte. Hieron ließ dafür einen abgewogenen Klumpen reinen Goldes aus seiner Schatzkammer holen und später nachwiegen, daß die fertige Krone wirklich das richtige

Gewicht besaß. Trotzdem hatte der Schmied einen guten Teil des Goldes für sich behalten und die fehlende Masse durch zulegiertes Silber ersetzt – der Krone sah man das nicht an. Archimedes wußte, daß Silber „leichter" ist als Gold – will sagen: eine geringere Dichte hat. Er bewies den Betrug mit einer Waage, einem großen, wassergefüllten Bottich und einem zweiten Klumpen reinen Goldes, schwer wie die Krone. Wie?

Ein Körper, der mehr wiegt als die von ihm verdrängte Flüssigkeit, sinkt unter. Der Auftrieb kann sein Gewicht nicht tragen, wenn seine (mittlere) Dichte größer ist als die der Flüssigkeit. Ist sie kleiner, so schwimmt der Körper, und zwar taucht er genau so tief ein, daß die verdrängte Flüssigkeit just so viel wiegt wie er selber: ein leeres Schiff liegt höher im Wasser als ein beladenes. Außerdem hat es auf offener See ein wenig kleineren Tiefgang als im Hafen, denn der Salzgehalt gibt dem Meerwasser eine etwas erhöhte Dichte. Die Tauchtiefe eines *Aräometers* (Abb. 2.24) mißt die Dichte der Flüssigkeit, in der es schwimmt. Man muß das Gerät nicht in g/cm^3 eichen; teilt man es in „Grad Öchsle", so mißt es als „Gleukometer" das „Mostgewicht" zukünftiger Weine; es heißt „Laktometer", wenn man mit ihm den Fettgehalt der Milch bestimmt, und – im Bereich 1008–1020 mg cm^{-3} – „Urometer" bei den entsprechenden Fachärzten. Jede Branche entwickelt ihre Fachsprache.

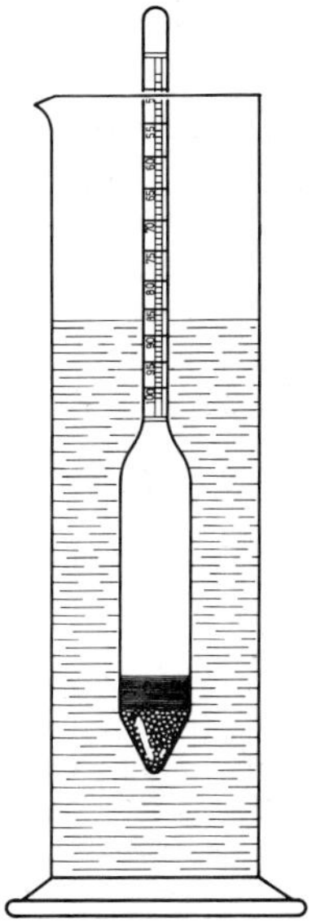

Abb. 2.24. Ein Aräometer taucht um so tiefer ein, je geringer die Dichte der Flüssigkeit ist

Wer schwimmen will „wie ein Fisch im Wasser", muß seine mittlere Dichte sehr genau anpassen, sonst treibt er auf oder geht unter. Fische haben dazu eine Schwimmblase, die sie, mit Gas gefüllt, mehr oder weniger aufblähen können. So ändern sie ihr Volumen ein wenig, aber nicht ihre Masse.
Der Mensch besteht im wesentlichen aus Wasser; seine mittlere Dichte liegt darum nur wenig über 1 g/cm^3. Das erlaubt ihm, mit geringen Schwimmbewegungen den Kopf über Wasser zu halten: der Auftrieb trägt den ganzen Körper und entlastet damit die Muskulatur – therapeutische Wirkung bei Bandscheibenschäden.

2.07 Manometer

Der Schweredruck erlaubt die Konstruktion technisch besonders einfacher Druckmesser, der *Flüssigkeitsmanometer*. Steht Wasser in einem zum U gebogenen Glasrohr so, wie Abb. 2.25 zeigt, so muß der Gasdruck über dem linken Meniskus höher sein als über dem rechten – und zwar um einen Betrag Δp, der genauso groß ist wie der Schweredruck einer Wassersäule der Höhe Δh:

$$\Delta p = \rho g \Delta h .$$

Ein Flüssigkeitsmanometer läßt sich mit Lineal oder besser mit hinterlegtem Milli-

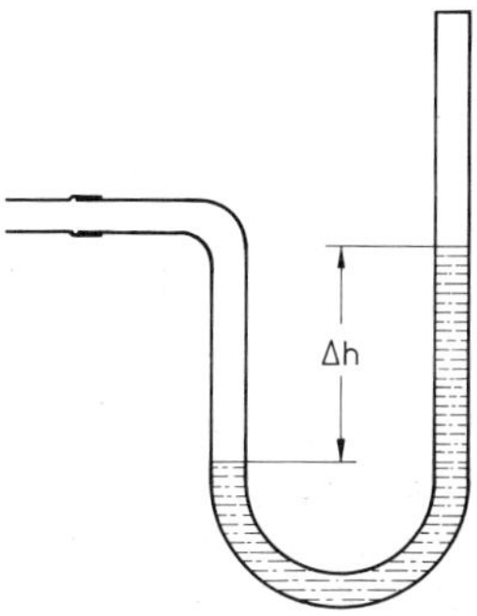

Abb. 2.25. Flüssigkeitsmanometer. Auf dem linken Schenkel lastet ein Überdruck $\Delta p = \rho g \Delta h$

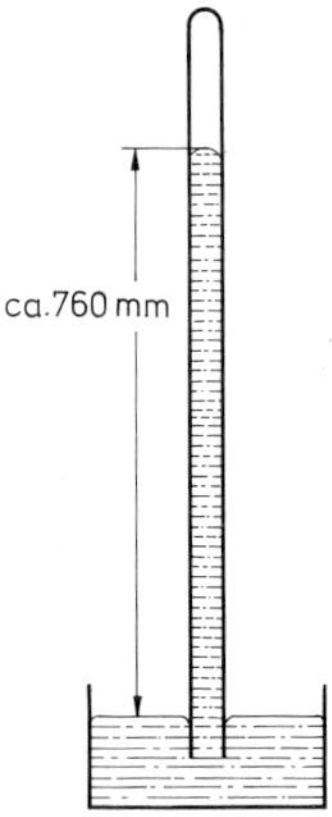

Abb. 2.26. Quecksilber-Barometer

meterpapier ablesen; in die Eichung geht dann noch die Dichte ρ der Manometerflüssigkeit ein.

Schließt man die eine Seite eines Flüssigkeitsmanometers und evakuiert sie, so mißt man den vollen Gasdruck auf der anderen Seite (Abb. 2.26). Wäre dies normaler Luftdruck, so stiege Wasser im geschlossenen Schenkel fast 10 m hoch – höher kann auch die beste Saugpumpe Wasser auf dieser Erde nicht heben. Dank seiner großen Dichte (13,5 g/cm^3) verkürzt Quecksilber die Steighöhe auf 760 mm. Erfunden wurde das *Hg-Barometer* 1643 von Evangelista Torricelli. Von ihm hat die inzwischen zum Tode verurteilte Druckeinheit Torr ihren Namen.

Flüssigkeitsmanometer lassen sich zwar leicht herstellen, aber sie müssen senkrecht stehen und können auslaufen, wenn sie umkippen. Darum verwendet man zur Druckmessung lieber dünnwandige Hohlkörper, die sich verformen, wenn ein Druckunterschied zwischen innen und außen besteht. Die Verformung wird dann meist rein mechanisch, zuweilen auch elektrisch, auf einen Zeiger übertragen. Abb. 2.27 zeigt zwei Beispiele.

2.08 Blutdruckmessung

Im allgemeinen verlangt eine Druckmessung mechanischen Anschluß des Manometers an das Druckgefäß – kein Problem bei Dampfkesseln und Autoreifen. Für den Arzt kann es aber bedeuten: Öffnung einer großen Ader und Einführung eines Katheters, an dessen Ende das Manometer sitzt. In Sonderfällen geschieht dies tatsächlich, vor allem im Tierversuch. Der Experimentator, der etwa, wie bei den Messungen zur Abb. 1.01, ausgerechnet den zeitlichen Verlauf des Druckes im linken Ventrikel eines Hundeherzens wissen will, hat keine andere Wahl. Daß sich dieses Verfahren aber für die Routineuntersuchungen eines praktischen Arztes verbietet, bedarf keiner Begründung. Hier hat sich eine Methode durchgesetzt, die als Musterbeispiel einer schon recht raffinierten indirekten Messung angesehen werden kann. Sie ist ohne einige Detailkenntnisse im Zusammenspiel von Herz und Aorta nicht zu verstehen.

Ein Herz arbeitet nach dem Prinzip der Kolbenpumpe: Durch periodische Änderung des wirksamen Volumens wird Flüssigkeit oder Gas bewegt und die Richtung vorgeschrieben durch Ventile, sprich Herzklappen. Unvermeidlich erfolgt der Transport stoßweise. Kein Schweißbrenner funktionierte, würde ihm die Preßluft stoßweise zugeführt; der Techniker schaltet darum hinter die Pumpe einen *Windkessel*,

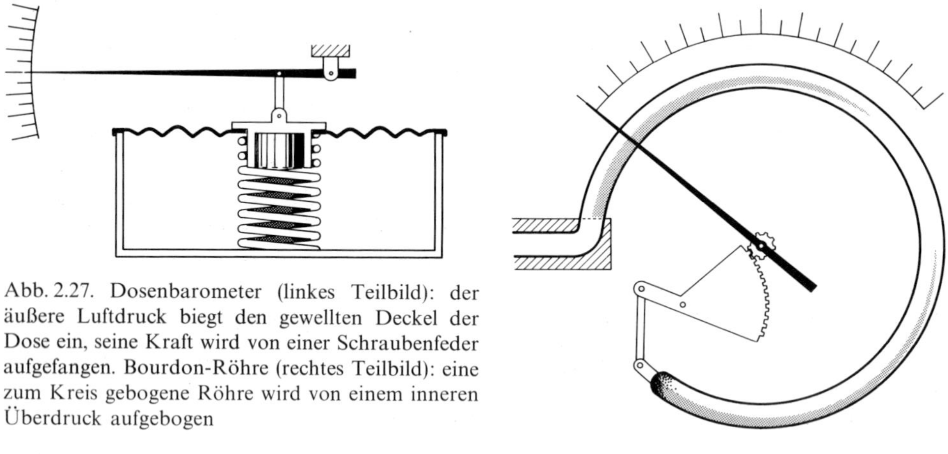

Abb. 2.27. Dosenbarometer (linkes Teilbild): der äußere Luftdruck biegt den gewellten Deckel der Dose ein, seine Kraft wird von einer Schraubenfeder aufgefangen. Bourdon-Röhre (rechtes Teilbild): eine zum Kreis gebogene Röhre wird von einem inneren Überdruck aufgebogen

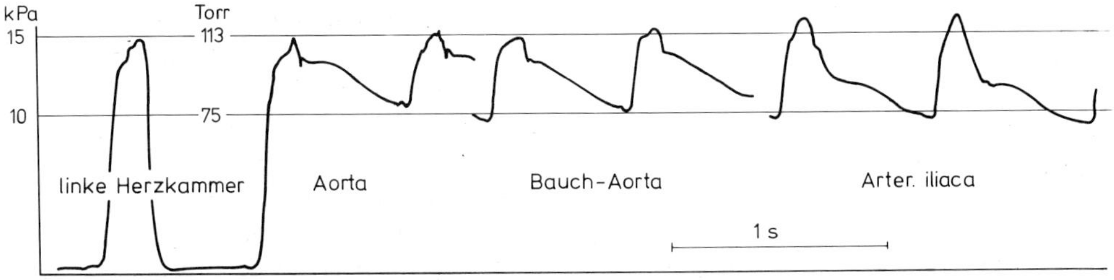

Abb. 2.28. Die starken Druckschwankungen im Herzen werden zum größten Teil durch die Windkesselfunktion der Aorta aufgefangen. (Nach Rein-Schneider)

einen Topf mit einem Volumen weit größer als das der Pumpe. Erfolg: die stoßweise eingepreßten Volumina verursachen nur noch geringfügige Druckstöße, zum Brenner hin strömt die Luft fast ganz gleichmäßig ab. Das gleiche Ziel verfolgt die Aorta, nur kann sie es nicht mit einem starren Gefäß tun, weil Blut wie Wasser praktisch inkompressibel ist. Sie muß sich vielmehr vorübergehend um das Herzschlagvolumen aufblähen. Dabei wird die Aortenwand gedehnt und hält, unterstützt von Ringmuskeln, relativ hohen Druck auch dann noch aufrecht, wenn das Herz sich längst wieder ausdehnt und die Herzklappen geschlossen sind. Bis zur nächsten Kontraktion strömt das Blut aus der gespannten Aorta leidlich gleichmäßig in die Körperorgane ab, die Aderwand entspannt sich langsam, entsprechend sinkt der Druck – seinen zeitlichen Verlauf, gemessen mit einem Katheter an verschiedenen Stellen im Adersystem, zeigt Abb. 2.28. Er unterscheidet sich deutlich von dem im Ventrikel: *Windkesselfunktion* der Aorta.

In allen Schlagadern, abhängig vom Abstand zum Herzen, schwankt der Blutdruck periodisch zwischen einem *systolischen* Maximum p_s und einem *diastolischen* Minimum p_d. Nur diese beiden Grenzwerte werden bei der üblichen Blutdruckmessung bestimmt, und zwar am Oberarm des sitzenden Patienten. Ihm wird eine Manschette umgelegt, bestehend aus einem festen, nicht dehnbaren Gewebe mit einem breiten, flachen und weichen Gummischlauch darunter, der mit Hilfe eines kleinen Gummiballes oder einer Motorpumpe aufgeblasen werden kann (Abb. 2.29). Er drückt dann den Oberarm und in ihm die Schlagader zusammen. Übersteigt der Druck p in der Manschette den systolischen Druck ($p > p_s$), so wird die Schlagader völlig abgequetscht, und in der Beuge des Ellbogengelenkes, dort wo die Schlagader dicht unter der Haut verläuft, ist mit dem Stethoskop kein Pulsgeräusch mehr zu hören. Läßt man jetzt Luft langsam aus der Manschette ab, so kann – und zwar sobald $p < p_s$ – der systolische Druck für mehr oder weniger kurze Zeit die Ader öffnen; das anschließende Zusammenschlagen der Ader unter dem Außendruck der Manschette ergibt ein unverkennbares Geräusch im Ellbogengelenk. Es verstummt wieder, wenn der Manschettendruck den diastolischen unterschreitet ($p < p_d$), weil die Ader jetzt ständig offenbleibt. Über das akustische Signal kann der Arzt am Manometer der Manschette die beiden Grenzwerte p_s und p_d ablesen und mit den bekannten Sollwerten des Gesunden vergleichen.

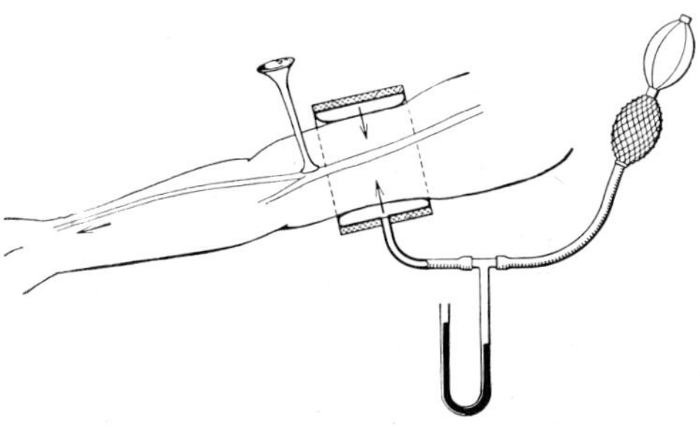

Abb. 2.29. Blutdruckmessung nach Riva-Rocci (schematisch). Eine aufblasbare und mit einem Manometer verbundene Manschette um den Oberarm quetscht die Arterie ab. Das Pulsgeräusch wird im Ellenbogengelenk abgehört. (Einzelheiten im Text.) (Nach Rein-Schneider)

2.09 Gase

Im Verhalten gegenüber äußerem Druck unterscheiden sich Gase von Flüssigkeiten vor allem durch hohe Kompressibilität: ihre Dichte ist stark druckabhängig. Das folgt aus ihrer molekularen Struktur: Während in einer Flüssigkeit die Moleküle noch so ziemlich dicht an dicht liegen, wissen sie im Gas so gut wie nichts mehr voneinander. Sie fliegen die meiste Zeit einfach geradeaus und werden nur relativ selten durch einen Stoß mit einem anderen Molekül in eine neue Richtung geworfen. Eine ganze Reihe von Eigenschaften vieler Gase lassen sich sogar quantitativ deuten, unter zwei idealisierenden Annahmen: Zum einen sollen die Moleküle überhaupt nicht miteinander stoßen (d.h. ihr Eigenvolumen soll vernachlässigbar klein sein gegenüber dem Volumen, in dem sie sich herumtummeln dürfen), zum andern sollen sie auch dann keine Kräfte aufeinander ausüben, wenn sie ganz dicht aneinander vorbeifliegen. Diese Annahmen kennzeichnen die *idealen Gase*. Wenn man es nicht allzu genau nimmt, gehört Zimmerluft zu ihnen.

Gasmoleküle bewegen sich, statistisch auf alle Richtungen im Raum gleichmäßig verteilt, mit Geschwindigkeiten um einen Mittelwert v_{th}. Auf Gefäße, die ihren Bewegungsdrang einengen, üben sie einen Druck p dadurch aus, daß sie bei jedem Stoß auf die Wand Impulse übertragen.

Weil man nachgeprüft hat, daß eine korrekte Rechnung mit entsprechendem mathematischen Aufwand zu dem gleichen Ergebnis führt, darf man p mit Hilfe der grob vereinfachenden Annahme ausrechnen, daß alle Moleküle exakt mit der mittleren thermischen Geschwindigkeit v_{th} fliegen, und dies auch nur in drei zueinander rechtwinkligen Richtungen im Raum, von denen eine senkrecht auf der Wand steht, die untersucht werden soll. Die Moleküle verteilen sich gleichmäßig auf diese drei Richtungen, ein Drittel von ihnen marschiert also senkrecht zur Wand, je zur Hälfte auf sie zu und von ihr weg. Demnach treffen in einer beliebigen Zeitspanne Δt ein Sechstel derjenigen Moleküle auf die Wand, die zu Beginn der Zeitspanne nicht weiter als $s = v_{\text{th}}\,\Delta t$ von ihr entfernt waren. Auf ein willkürlich aus der Wand herausgegriffenes Flächenstück der Größe A trifft demnach ein Sechstel jener N Atome, die sich anfangs innerhalb des in Abb. 2.30 gezeichneten Quaders befunden

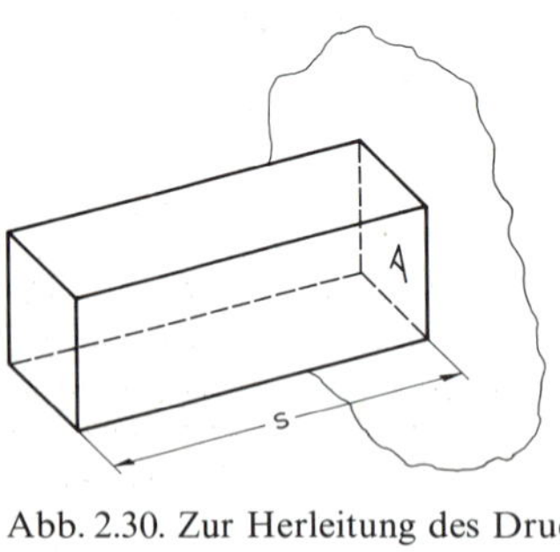

Abb. 2.30. Zur Herleitung des Druckes eines idealen Gases. (Einzelheiten im Text)

haben. Sein Volumen V ist gegeben durch

$$V = A\,s = A\,v_{\text{th}}\,\Delta t\,.$$

Mit seiner Masse m_0 überträgt jedes stoßende Molekül das Doppelte seines Impulses

$$\boldsymbol{p} = m_0\,\boldsymbol{v}_{\text{th}}$$

(genauer: der senkrechten Komponente seines Impulses – s. Abb. 2.14) als Kraftstoß $\int \boldsymbol{F}_0\,dt$ auf die Wand (s. Kap. 1.23). Die Stöße der $N/6$ Moleküle erzeugen, statistisch über Δt verteilt, die mittlere Dauerkraft

$$\boldsymbol{F} = \frac{N}{6}\,\frac{\int \boldsymbol{F}_0\,dt}{\Delta t} = \frac{N}{6}\,\frac{2m_0\,\boldsymbol{v}_{\text{th}}}{\Delta t} = \frac{N}{3}\,\frac{m_0\,\boldsymbol{v}_{\text{th}}}{\Delta t}\,.$$

Dazu gehört der Druck

$$p = \frac{F}{A} = \frac{F}{V}\,v_{\text{th}}\,\Delta t = \frac{1}{3}\,\frac{N}{V}\,m_0\,v_{\text{th}}^2\,.$$

N/V ist die *Anzahldichte* n der Moleküle (Einheit: Anzahl/$\text{cm}^3 = \text{cm}^{-3}$), sie hängt eng zusammen mit der *Massendichte* ρ (Einheit: $\text{g}\,\text{cm}^{-3}$): die im Volumen V versammelte Masse M aller Moleküle bildet die Summe der N Molekülmassen m_0, d.h.

$$\rho = \frac{M}{V} = \frac{N}{V}\,m_0 = n\,m_0\,.$$

Daraus folgt

$$p = \tfrac{1}{3}\,n\,m_0\,v_{\text{th}}^2 = \tfrac{1}{3}\,\rho\,v_{\text{th}}^2 = \frac{1}{3}\,\frac{v_{\text{th}}^2}{V_s}$$

– der Kehrwert der Dichte heißt auch *spezifisches Volumen* V_s.

Die thermische Geschwindigkeit v_{th} der Moleküle hängt nur von der Temperatur ab, nicht vom Druck, also ist dieser der Dichte proportional

$$p \propto \rho\,.$$

Bei konstanter Temperatur erfüllt ein ideales Gas das *Gesetz von Boyle-Mariotte*

$$p\,V_s = \text{const.}$$

Die hohe Kompressibilität der Gase, die dieses Gesetz beschreibt, muß u.U. berücksichtigt werden, wenn man etwa das Atemzugvolumen V_z eines Menschen bestimmen will: Im *Spirometer* (Abb. 2.31), in das der Patient hineinbläst, herrscht

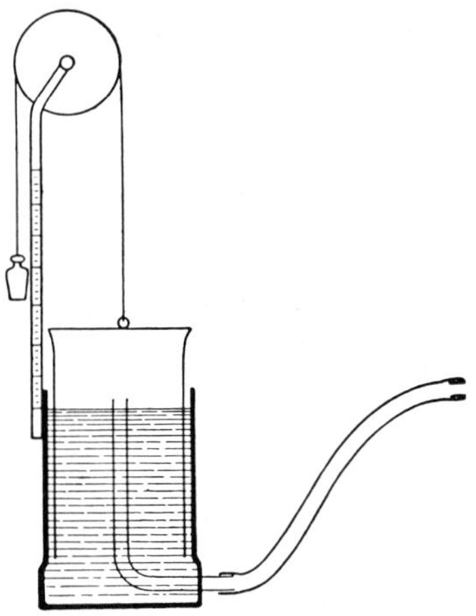

Abb. 2.31. Spirometer zur Bestimmung des Atemzugvolumens. Die eingeblasene Luft hebt den eingetauchten Zylinder. Wenn dessen Gewichtskraft über Seil und Rolle sorgfältig kompensiert wird, herrscht im Spirometer der gleiche Druck wie außen. (Nach Rein-Schneider)

möglicherweise ein Druck p_s, der von dem normalen Druck p_L in der Lunge abweicht. Die ausgeatmeten Luftmoleküle nehmen dann im Spirometer ein (gemessenes) Volumen V_g ein, das mit V_z nicht genau übereinstimmt. Nach dem Gesetz von Boyle-Mariotte gilt für eine abgeschlossene Gasmenge (feste Molekülanzahl N und feste Gesamtmasse M) unter verschiedenen Drücken

$$p_1 V_1 = p_2 V_2 .$$

Folglich lautet die Korrekturformel der Spirometermessung

$$V_g = V_z \, p_0/p_s .$$

Aufgabe 2.05: Welchem Atemzugvolumen V_z entspricht ein gemessenes Volumen V_g, wenn im Spirometer ein Überdruck von 12 cm Wassersäule herrscht? (Nur der Einfluß des Druckes soll berücksichtigt werden – die vollständige Korrekturformel der Spirometermessung folgt in Kap. 4.14.)

Die inkompressible Flüssigkeit ($\rho = \text{const}$; $d\rho/dp = 0$) und das hochkompressible ideale Gas ($\rho \propto p$; $d\rho/dp = \text{const}$) markieren zwei mathematisch leicht zu behandelnde Grenzfälle, zwischen denen sich, von wenigen Ausnahmen in begrenzten Temperaturbereichen abgesehen, die realen Substanzen ansiedeln. Bei ihnen muß man letztlich empirisch bestimmen, um welchen Betrag dV etwa das Volumen V_0 einer abgewogenen Substanzmenge abnimmt, wenn man den allseitigen äußeren Druck um dp erhöht. Eine Proportionalität zwischen V_0 und dV kann nicht überraschen; es ist deshalb sinnvoll, in Analogie zum Elastizitätsmodul $E = l_0 \, d\sigma/dl$ (in Kap. 2.03 noch nicht differentiell geschrieben) den

$$\textit{Kompressionsmodul}\ Q = -V_0 \frac{dp}{dV}$$

zu definieren – Physiologen nennen ihn gern *Volumenelastizitätsmodul.* Sein Kehrwert $\kappa = 1/Q$ heißt *Kompressibilität.* Das negative Vorzeichen berücksichtigt, daß V mit steigendem Druck *ab*nimmt. Der Differentialquotient $-dp/dV$ wird auch als *Volumenelastizitätskoeffizient* E' bezeichnet. Physiker kennen ihn kaum: Wegen seiner Abhängigkeit von V_0 ist er zur Kennzeichnung einer Substanz nicht geeignet. Er vermag aber die elastischen Eigenschaften der Wände gleichgroßer Hohlkörper recht gut zu beschreiben, die von menschlichen Herzen z.B. – damit wird E' für die Physiologie interessant.

Erhebliche Konsequenzen hat die hohe Kompressibilität der Gase für den Luftdruck, den Schweredruck der irdischen Lufthülle. Wie nimmt er mit der Höhe ab? Die dafür zuständige Formel ist schon für den Schweredruck einer nicht ganz inkompressiblen Flüssigkeit abgeleitet worden. In Kap. 2.05 steht

$$p(h) = g \int \rho(h) \, dh .$$

Dies kann, wenn $\rho(h) \propto p(h)$, umgeschrieben werden zu

$$p(h) \propto \int p(h) \, dh ,$$

also in eine *Integralgleichung* – sie fragt nach einer Funktion, die ihrem Integral, wenn auch nicht gleich, so doch proportional ist. Notwendigerweise muß sie dann auch ihrem Differentialquotienten proportional sein. Eigens dieser Bedingung wegen ist eine spezielle Funktion erfunden worden, die *Exponentialfunktion* oder auch *e-Funktion*, in Formeln geschrieben als

$$y(x) = e^x = \exp x .$$

Sie liefert als Lösung obiger Integralgleichung die *barometrische Höhenformel*

$$p(h)=p_0 \exp\left(-\rho_0 g \frac{h}{p_0}\right)$$

– der Index $_0$ bezeichnet die Werte am Erdboden. Freilich: was bedeutet diese Formel nun? Nach Sinus und Cosinus ist die e-Funktion wohl die wichtigste mathematische Funktion in der ganzen Physik. Darum soll ihr ein eigenes Kapitel gewidmet werden.

2.10 Exponentialfunktion und Logarithmus

Mathematisch definiert ist die e-Funktion als diejenige Funktion, die differenziert und integriert sich selbst ergibt:

$$\frac{d}{dx}(e^x)=\int e^x\,dx=e^x.$$

Demzufolge steigt die e-Funktion um so steiler an, je größer sie bereits geworden ist. Als Funktion der Zeit läuft sie, immer schneller werdend, ins Unendliche. Rein mathematisch kann sie das auch, aber in der Physik und in der Wirklichkeit gibt es nichts Unendliches, und darum läuft hier die e-Funktion in die Katastrophe: sie kennzeichnet die Explosion – ob sie nun die Verbrennung von Dynamit beschreibt oder das Wachstum der Erdbevölkerung. Den Graphen der e-Funktion zeigt Abb. 2.32.

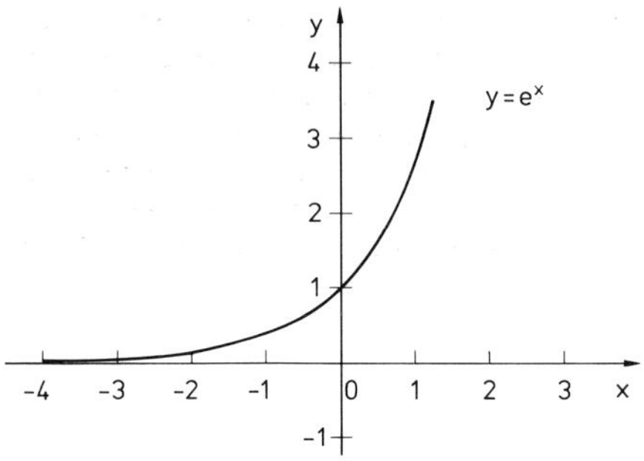

Abb. 2.32. Die Exponentialfunktion

Die Kettenregel der Differentiation führt zu

$$\frac{d}{dx}(\exp a\,x)=a \exp a\,x.$$

Das heißt aber: Wird statt der Gleichheit von Funktion und Differentialquotient nur eine Proportionalität gefordert, so kommt die Proportionalitätskonstante als Faktor in den Exponenten. Je nach seinem Wert werden die Graphen steiler oder flacher, sie bleiben aber einander ähnlich.

Aus dieser Überlegung folgt sofort, daß die e-Funktion harmlos ist, sobald ihr Exponent ein negatives Vorzeichen hat, denn dann sind Differentialquotient und Steigung negativ und die Funktion fällt ab:

$$\frac{d}{dx}(e^{-ax})=-a\,e^{-ax}.$$

Sie fällt um so langsamer ab, je kleiner sie schon geworden ist; sie schleicht sich „asymptotisch" an die Null heran, freilich ohne sie im mathematisch strengen Sinn jemals zu erreichen (Abb. 2.33). Eben weil e-Funktionen mit positivem Exponenten explosive Prozesse beschreiben, die sich früher oder später selbst zerstören, haben sie in der Physik so gut wie immer einen negativen Exponenten – auch in der barometrischen Höhenformel.

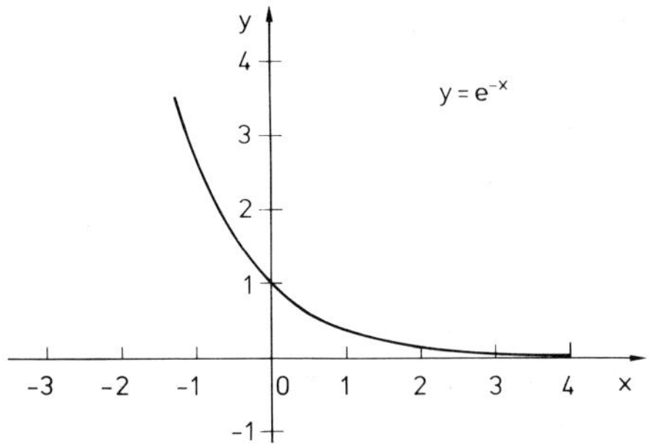

Abb. 2.33. Exponentialfunktion mit negativem Exponenten

e ist eine reine Zahl. Die Mathematik bestimmt sie als Irrationalzahl zu e = 2,71828 .... In manchen Fällen genügt es, e ungefähr gleich 3 zu setzen. Daß alle Regeln des Potenzrechnens auch für die e-Funktion gelten, versteht sich von selbst.

Merken muß man sich auf jeden Fall

$$\exp(-a\,x)=\frac{1}{\exp a\,x}$$

und $\exp 0=1$.

Grundsätzlich könnte man den Zahlenwert, den die e-Funktion bei einem ganz bestimmten Wert des Exponenten annimmt, einem Graphen nach Art der Abb. 2.32 entnehmen. Oft wird aber die Ablesegenauigkeit nicht ausreichen. Darum ist die e-Funktion tabelliert. Manche Rechenschieber besitzen für sie eine besondere Skala und viele elektronische Tischrechner eine eigene Taste. Wer keinen bequemen Zugang zu einer dieser drei Möglichkeiten hat, berechnet die e-Funktion leichter über ihre Umkehrfunktion, den *Logarithmus*.

Ganz allgemein ist der Logarithmus folgendermaßen definiert:

wenn $a=b^c$, dann $c={}_b\log a$.

Speziell zur e-Funktion gehört der *natürliche Logarithmus:*

wenn $y = e^x$, dann $x = \ln y$.

Zum Rechnen handlicher ist der *dekadische* oder *Briggsche Logarithmus:*

wenn $y = 10^w$, dann $w = \lg y$.

Ihn hat jede Logarithmentafel und jeder vernünftige Rechenschieber. Allerdings liefern beide nur die Stellen hinter dem Komma. Das macht demjenigen keine Schwierigkeiten, der seine Zahlen grundsätzlich als *Faktor mit Zehnerpotenz* schreibt, also z.B. $3{,}25 \cdot 10^3$ statt 3250. Nach den Rechenregeln der Logarithmen ist

$$\lg(3{,}25\ 10^3) = \lg 10^3 + \lg 3{,}25 = 3 + \lg 3{,}25\,.$$

Nun gilt definitionsgemäß

$$e = 10^{\lg e},$$

also auch

$$y = e^x = (10^{\lg e})^x = 10^{x \lg e}.$$

Daraus folgt aber

$$\lg y = x \cdot \lg e = \ln y \cdot \lg e\,.$$

Die beiden Logarithmen unterscheiden sich also nur um den Zahlenfaktor

$$\lg e = 0{,}432\ldots$$

– kennt man den einen, so kennt man auch den anderen. Damit ist der Weg frei für die Berechnung der e-Funktion: man multipliziere ihren Exponenten x mit lg e und suche die Zahl y, zu der das Produkt Briggscher Logarithmus ist.

Wie groß ist nun der normale Luftdruck auf dem Brocken, d.h. in 1142 m Höhe? Die barometrische Höhenformel verlangt zunächst die Berechnung des Exponenten $\rho_0 g h/p_0$. Bei $p_0 = 1013$ mbar $= 760$ Torr und normaler Temperatur hat Luft die Dichte

$$\rho_0 = 1{,}20\ \text{g/l}\,.$$

Damit sind alle notwendigen Größen bekannt. Rechenfehler zu vermeiden, bedarf hier aber einiger Aufmerksamkeit.

Wer immer Rechnungen mit physikalischen Größen auszuführen hat, die nicht mehr trivial sind, dem sei ganz allgemein das *Schema der drei Bruchstriche* dringend empfohlen. Hierzu werden im ersten Schritt die beteiligten Größen mit Zahlenwert und gerade benutzter Einheit der Formel entsprechend aufgeschrieben:

$$z = \rho_0\, g\, h/p_0$$

$$= 1{,}20\,\frac{\text{g}}{\text{l}}\ 9{,}81\,\frac{\text{m}}{\text{s}^2}\ 1142\ \text{m}/1013\ \text{mbar}.$$

Im zweiten Schritt folgen nun die drei Bruchstriche – auf dem ersten werden alle Zahlenfaktoren, auf dem zweiten alle Zehnerpotenzen und auf dem dritten alle Einheiten gesammelt, also

$$z = \frac{1{,}20\ 9{,}81\ 1{,}142}{1{,}01}\ \frac{10^3}{10^3}\ \frac{\text{g m m}}{\text{l s}^2\ \text{mbar}}.$$

Im dritten Schritt rechnet man nun die verwendeten Einheiten auf SI-Einheiten um – die dazu notwendigen Faktoren kommen auf die beiden anderen Bruchstriche. Im vorliegenden Falle sind betroffen:

$$\text{g} = 10^{-3}\ \text{kg}, \quad \text{l} = 10^{-3}\ \text{m}^3 \quad \text{und}$$

$$\text{mbar} = 10^2\ \text{Pa} = 10^2\ \text{kg m}^{-1}\,\text{s}^{-2}.$$

Das bedeutet

$$z = \frac{1{,}20\ 9{,}81\ 1{,}14}{1{,}01}\ \frac{10^3\ 10^{-3}}{10^3\ 10^{-3}\ 10^2}\ \frac{\text{kg m m m s}^2}{\text{m}^3\,\text{s}^2\,\text{kg}}.$$

Hier kürzen sich zunächst alle Einheiten gegeneinander weg. Das ist in Ordnung: Exponenten wie Logarithmen sind immer reine („dimensionslose") Zahlen. Die beiden anderen Brüche liefern zusammen

$$z = 0{,}133\,.$$

Das bedeutet

$$p(h) = 0{,}876\ p_0 = 887\ \text{mbar}\,.$$

Aufgabe 2.06: In welcher Höhe h^* ist der Luftdruck auf die Hälfte seines Wertes p_0 in Meereshöhe abgesunken? Wie groß ist er noch in der Höhe $2\,h^*$?

Charakteristisch für die e-Funktion ist die Art, wie sie sich der Abszisse asymptotisch nähert (Abb. 2.34): je weiter sie in x-Richtung fortschreitet, um so kleiner wird y, ohne jedoch die Null jemals zu erreichen. Eine bestimmte Schrittweite $x_{\frac{1}{2}}$ halbiert y allemal, gleichgültig, von welcher Stelle aus dieser Schritt getan wird. Man könnte die in Aufgabe 2.06 berechnete Höhe h^* als „Halbwertshöhe" des atmosphärischen Luftdruckes bezeichnen – entsprechend

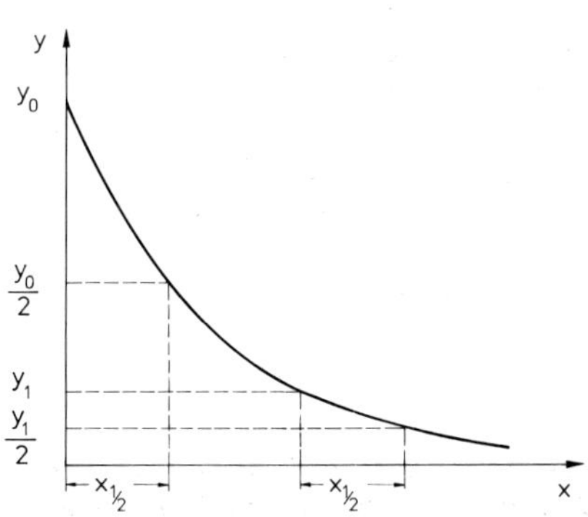

Abb. 2.34. Die Schrittweite $x_{\frac{1}{2}}$ charakterisiert den Abfall einer e-Funktion: sie halbiert die Ordinate, gleichgültig, von welcher Stelle aus der Schritt getan wird

redet man bei zeitabhängigen e-Funktionen (radioaktiver Zerfall – Kap. 8.10) von einer „Halbwertszeit" und bei schichtdickenabhängigen (Absorption von Strahlung – Kap. 7.25) von einer „Halbwertsdicke". Sie sind ein Maß dafür, wie schnell im Einzelfall die e-Funktion abfällt. In der Formel steht dafür der Faktor a im Exponenten. Aus der Definition des Logarithmus folgt

$$a = \frac{\ln 2}{x_{\frac{1}{2}}}.$$

Läßt sich ohne große Mühe feststellen, ob ein empirisch bestimmter Zusammenhang zwischen zwei physikalischen Größen gut durch eine e-Funktion beschrieben werden kann? Die übliche graphische Darstellung auf Millimeterpapier hilft da wenig: Exponentielle Abhängigkeit bedeutet gekrümmte Kurve; nur Geraden lassen sich zuverlässig erkennen und mit dem Lineal kontrollieren. Man erhält sie leicht, wenn man seine Messungen auf *halblogarithmisches Papier* überträgt: bei ihm ist nur eine Skala, die Abszisse, linear geteilt, die Ordinate aber logarithmisch wie der Rechenschieber – gleiche Strecken bedeuten gleiche Faktoren. Definitionsgemäß gibt hier jede e-Funktion eine Gerade, steigend bei positivem, abfallend bei negativem Exponenten. Abb. 2.35 zeigt die barometrische Höhenformel in halblogarithmischer Darstellung, kühn extrapoliert bis in extreme Höhen.

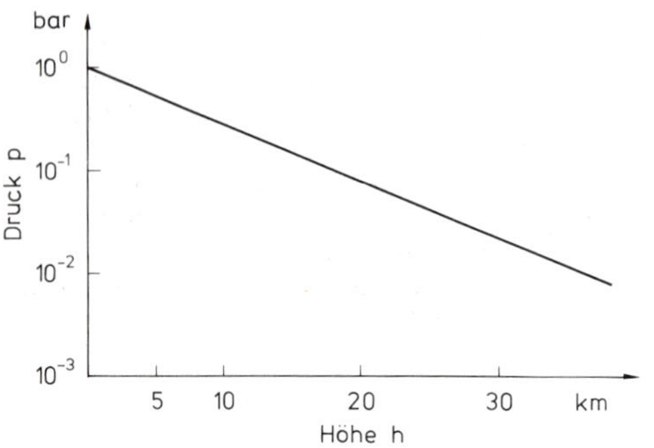

Abb. 2.35. Graph der barometrischen Höhenformel, halblogarithmisch. Diese Darstellung gibt den Verlauf des Luftdruckes nur grobschematisch wieder, weil Ungleichmäßigkeiten in der Temperaturschichtung die Druckverteilung stören

2.11 Oberflächenspannung

Moleküle halten zusammen. Nicht nur im Festkörper, auch in der Flüssigkeit liegen sie (fast) so dicht beieinander, wie ihnen dies ihr eigener Durchmesser erlaubt – ganz ohne Nachhilfe durch die Schwerkraft.

Die Wirkung der anziehenden Kräfte zwischen den Molekülen einer Flüssigkeit heißt *Kohäsion.*

Sie liefert zunächst einmal eine Zerreißfestigkeit, weit geringer als bei Festkörpern, aber durchaus vorhanden. Ein Ölfilm zwischen zwei planen Aluminiumplatten von 20 cm Durchmesser vermag schon die Gewichtskraft der Masse eines Kilogramms zu tragen (Abb. 2.36). Auch der Flüssigkeitsheber (Abb. 2.37) bedarf grundsätzlich nicht des äußeren Luftdruckes, um die Flüssigkeit über den höchsten Punkt des Verbindungsschlauches hinwegzubekommen – ihre Zerreißfestigkeit genügt.

Am deutlichsten verspüren die oberflächennahen Teilchen die zwischenmolekularen Kräfte der Kohäsion. Diese suchen nicht nur Molekel zurückzuhalten, die in den Gasraum ausbrechen wollen, sie behindern schon ihr Eindringen in die letzte Moleküllage (Abb. 2.38). Molekel meiden die Oberfläche und halten sie so klein wie möglich: die natürliche Form eines Tropfens, der keinen äußeren Kräften unterliegt, ist die Kugel. Im kosmischen

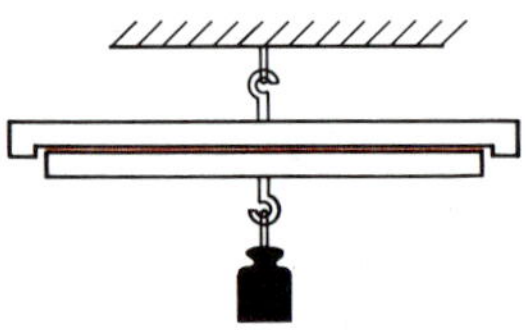

Abb. 2.36. Zerreißfestigkeit eines Ölfilmes zwischen zwei Metallplatten – die obere trägt einen Randwulst, um ein Abscheren zur Seite zu verhindern

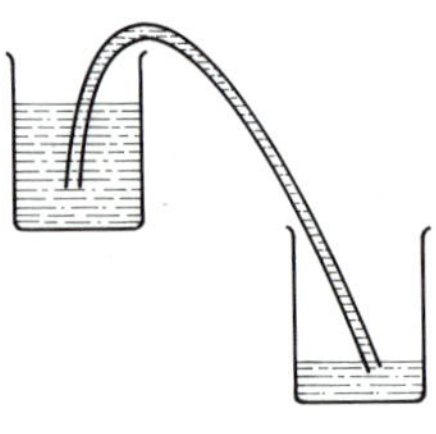

Abb. 2.37. Flüssigkeitsheber. Der Schweredruck läßt Wasser vom oberen Gefäß in das untere strömen; die Zerreißfestigkeit gestattet, den Verbindungsschlauch über den Wasserspiegel anzuheben – der äußere Luftdruck ist nützlich, aber nicht notwendig

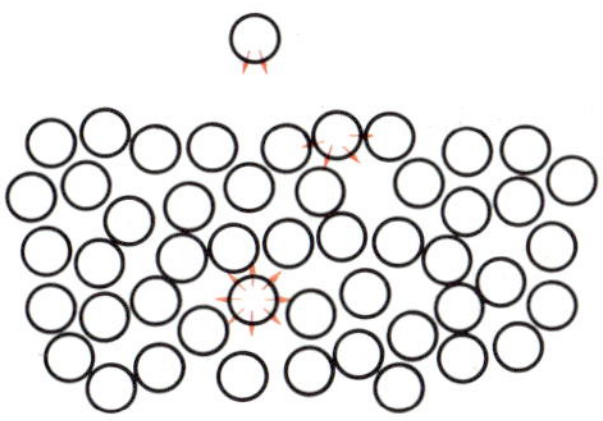

Abb. 2.38. Kohäsion. Ihre zwischenmolekularen Kräfte wirken im Innern der Flüssigkeit allseitig, behindern aber bereits den Eintritt in die letzte Moleküllage und vor allem den Übertritt in den Gasraum

Maßstab gilt das sogar für feste Körper wie Erde und Mond und für Gaswolken wie die Sonne. Hier ist so viel Materie zusammengeballt, daß die Gravitation allein für Kugelform sorgt. Gießt man Quecksilber aus einem feinen Röhrchen in ein Uhrglas, so bildet es zunächst viele winzige Tröpfchen; sie schließen sich aber rasch zu größeren zusammen, bis nur einer übrigbleibt, denn dadurch sparen sie Oberfläche. Abb. 2.39 zeigt diesen Vorgang in einigen Momentaufnahmen.

Aufgabe 2.07: Nimmt die Anzahl der Tropfen aus Abb. 2.39 nach einer e-Funktion ab? Prüfung durch halblogarithmische Darstellung.

Die Kräfte der Kohäsion wirken auf Moleküle wie eine sie einschließende, gespannte Haut; sie erzeugen eine *Oberflächenspannung* – zuweilen lebensgefährlich für kleine Insekten: geraten sie in einen Wassertropfen, so können sie sich oft nicht mehr aus ihm befreien. Wegen der Oberflächenspannung des Wassers verlangt das Leben an Land ein Minimum an Körperkräften und damit an Körpergrößen. Auf der anderen Seite sind die Abmessungen durch Dichte und Erdschwere begrenzt. Wer im Wasser bleiben will, hat mehr Spielraum, sowohl nach unten (Amöben) wie nach oben (Wale).

Wer eine Seifenblase machen will, muß pusten. In der Blase herrscht ein Überdruck; er ist nicht groß, aber vorhanden. Gegen ihn muß Volumenarbeit geleistet werden, wenn man den Durchmesser der Blase vergrößert. Dabei vergrößert sich

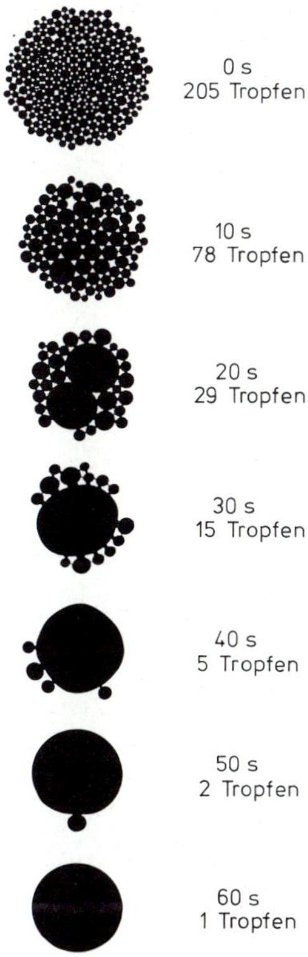

Abb. 2.39. Oberflächenspannung. Hg-Tropfen verringern ihre Oberfläche, indem sie sich zu einem einzigen zusammenschließen. Momentaufnahmen in 10 s Abstand – der Vorgang wird durch ein Gemisch von Wasser und Glyzerin verlangsamt. Große Tropfen können unrund erscheinen, wenn sie im Moment der Belichtung noch schwingen, weil sie kurz zuvor einen kleinen Tropfen aufgenommen haben. (Nach R.W. Pohl)

naturgemäß auch die Fläche der Seifenhaut: Moleküle, die sich zunächst noch in ihrem Inneren aufhalten konnten, müssen an die Oberfläche gebracht werden und dabei Arbeit gegen die Kräfte der Kohäsion leisten; für jedes neue Flächenstück dA eine entsprechende Energie dW.

Die Oberflächenspannung σ ist eine *Flächendichte der Oberflächenenergie:*

$$\sigma = \frac{\text{Zuwachs an Energie } dW}{\text{Zuwachs an Oberfläche } dA}$$

mit der SI-Einheit J/m^2 oder N/m.

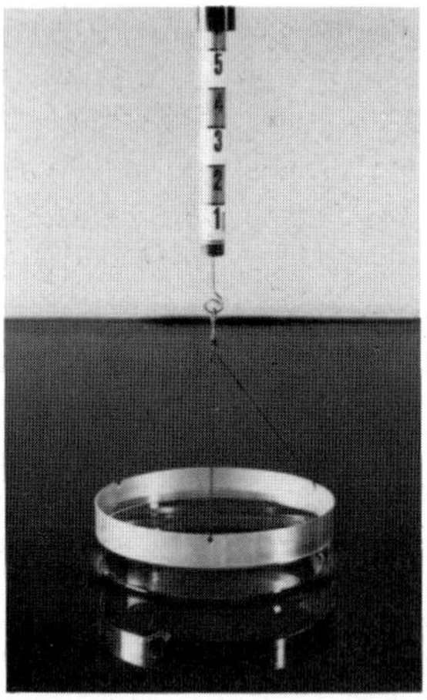

Abb. 2.40. Messung der Oberflächenspannung mit Hilfe eines eingetauchten Ringes und einer Federwaage. (Einzelheiten im Text)

Um die Oberflächenspannung zu messen, kann man einen leichten Ring mit scharfer Unterkante an einer Federwaage aufhängen (Abb. 2.40) und in die zu untersuchende Flüssigkeit eintauchen. Zieht man ihn nun mitsamt der Waage vorsichtig nach oben heraus, so zieht er einen Flüssigkeitsfilm hinterher. Er hat die Form eines Zylindermantels und hält dank seiner Oberflächenspannung den Ring mit einer Kraft F fest. F wirkt zusätzlich zur Gewichtskraft des Ringes und wird von der Waage angezeigt. Man liest in dem Moment ab, in dem die elastische Kraft der Waagenfeder überwiegt und den Ring aus der Flüssigkeit herausreißt.
Der Ring habe den Durchmesser d, also den Umfang $d \cdot \pi$. Zieht er die zylindermantelförmige Flüssigkeitshaut um das Stückchen Δx weiter nach oben heraus, so vergrößert er ihre Oberfläche um

$$\Delta A = 2\pi d \Delta x$$

– der Faktor 2 rührt daher, daß die Haut eine Haut ist: sie hat nicht nur eine Oberfläche „nach außen" sondern auch eine zweite (praktisch gleich große) „nach innen", mit Blickrichtung zur Zylinderachse. Die zur Herstellung dieses neuen Oberflächenstückes ΔA notwendige Energie ΔW beträgt

$$\Delta W = \sigma \Delta A = 2\pi \sigma d \Delta x .$$

Dies bedeutet eine Zusatzkraft F_σ auf die Waage:

$$F_\sigma = \frac{\Delta W}{\Delta x} = 2\pi d \sigma .$$

Die Messung von F_σ erlaubt also, die Oberflächenspannung zu bestimmen. Diese Rechnung zeigt zugleich, daß sich eine gespannte Flüssigkeitslamelle nicht genau so verhält wie eine Gummihaut oder eine Feder: F_σ ist unabhängig von Δx, die Kraft wächst nicht mit der Dehnung.

Aufgabe 2.08: Ein Aluminiumring (50 mm Durchmesser, Masse 3,1 g) wird entsprechend Abb. 2.40 in Wasser getaucht und herausgezogen. Die Waage zeigt 53 mN an, wenn der Wasserfilm reißt. Wie groß ist die Oberflächenspannung des Wassers?

Bei Patienten, die „ihre Tropfen nehmen", dient die Oberflächenspannung zur Dosierung von Medikamenten. Man verläßt sich darauf, daß alle vom Schnabel der Flasche fallenden Tropfen zumindest ungefähr die gleiche Größe haben. Wodurch wird sie bestimmt? An einem Röhrchen mit dem Außendurchmesser d kann sich ein Tropfen mit seiner Oberflächenspannung festhalten, weil er beim Abfallen zunächst eine zusätzliche Oberfläche schaffen muß, und zwar für einen Zylinder mit dem Umfang $d \cdot \pi$ (Abb. 2.41). Dazu gehört eine Kraft

$$F_\sigma = \pi d \sigma$$

(hier tritt der Faktor 2 nicht auf, denn im Gegensatz zur Lamelle ist der Tropfen „massiv", das beim Abfallen erzeugte Zylinderstückchen hat nur eine Ober-

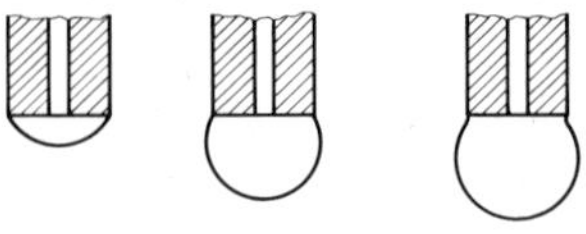

Abb. 2.41. Die Oberflächenspannung hält einen Tropfen am Röhrchen fest, weil dieser beim Abfallen zunächst zusätzliche Oberfläche für einen Zylinder von Röhrchendurchmesser schaffen müßte

fläche nach außen). Der Tropfen reißt ab, sobald sein Volumen V_T so groß geworden ist, daß die Gewichtskraft

$$F_G = \rho g V_T$$

(ρ = Dichte der Flüssigkeit) die haltende Kraft F_σ erreicht. Ein bestimmtes Flüssigkeitsvolumen V_0 bildet also $n = V_0/V_T$ Tropfen:

$$n = \frac{g}{\pi d} V_0 \frac{\rho}{\sigma}.$$

Kennt man ρ und d, so kann man auf diese Weise auch die Oberflächenspannung bestimmen (*Stalagmometer*). Dabei wird die Tropfengröße entscheidend vom Rohrdurchmesser d bestimmt: eine Tropfflasche mit beschädigter Tülle dosiert falsch!

In einem Tropfen vom Radius r erzeugt die Oberflächenspannung σ einen Binnendruck

$$p = 2\sigma/r,$$

in einer Seifenblase ist er doppelt so hoch. Allgemein gilt: je kleiner Tropfen oder Blase, desto größer der Binnendruck – gerade umgekehrt wie bei einem Luftballon.

Aufgabe 2.09: Zur Ableitung der letzten Beziehung wende man ähnlich wie bei der Ringmethode auf S. 68 den Energiesatz an: der Radius des Tropfens soll um den kleinen Betrag Δr von r_0 auf $r_0 + \Delta r$ vergrößert werden. Dazu verlangt σ einen kleinen Energiebetrag ΔW, der als Volumenarbeit $p\,\Delta V$ gegen den Binnendruck p aufgebracht werden muß.

2.12 Kapillarwirkung

Jedes Gerät zur Bestimmung der Oberflächenspannung enthält einen Bauteil aus einem festen Körper, an dem die Flüssigkeit haftet: sie muß ihn *benetzen*. Sie tut dies, wenn die Kräfte, die ihre Moleküle aufeinander ausüben, geringer sind als die Kräfte gegenüber den Molekülen in der festen Oberfläche: die *Adhäsion* muß die *Kohäsion* übertreffen.

Das tut sie oft, aber keineswegs immer. Man braucht eine Glasplatte nur hauchdünn einzufetten, und schon perlt Wasser, das vorher benetzte, in dicken Tropfen ab. Die anfangs *hydrophile* Oberfläche ist *hydrophob* geworden. Gewissenhafte Autofahrer machen ihre Lieblinge beständig gegen Wind und Wetter, indem sie den Lack wenigstens einmal im Jahr mit einem Hartwachs einreiben. Enten und andere Wasservögel besitzen Talgdrüsen eigens zu dem Zweck, das Gefieder hydrophob zu erhalten; dann bleibt der Bauch trocken und warm, und die eingschlossene Luft trägt auch noch beim Schwimmen. Wasserläufer stehen auf der Oberflächenspannung wie auf einer Membran, denn ihre Füßchen sind hydrophob. Umgekehrt müssen Schmiermittel darauf gezüchtet werden, daß sie die Metalle, aus denen Kolben, Zylinder, Zahnräder und Achslager bestehen, gut benetzen. Ähnliches gilt für Klebstoffe.

Ob eine Flüssigkeit benetzt oder nicht, sieht man auf den ersten Blick an der Form ihrer Oberfläche: Zieht sie sich an der Gefäßwand hoch, so überwiegt die Adhäsion, wird sie heruntergedrückt (Abb. 2.42), wie beim Quecksilber, so ist die Kohäsion stärker. Sind Benetzung oder Nichtbenetzung vollkommen, so gleicht sich die Flüssigkeitsoberfläche asymptotisch der Gefäßwand an – wenn nicht, so stoßen beide Flächen in einem bestimmten Winkel φ aufeinander (Abb. 2.43).

Stehen sich zwei Gefäßwände auf hinreichend kurzem Abstand gegenüber, so

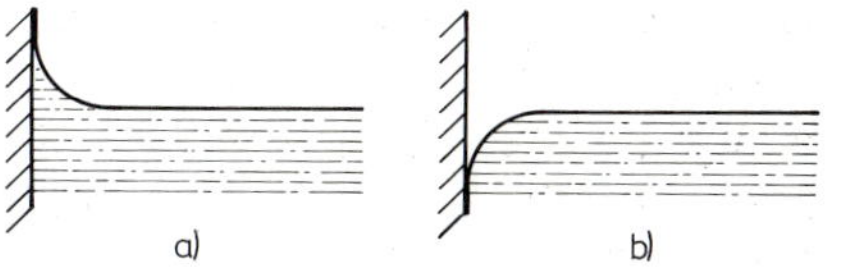

Abb. 2.42. Benetzende (*a*) und nicht benetzende (*b*) Flüssigkeiten an einer Gefäßwand

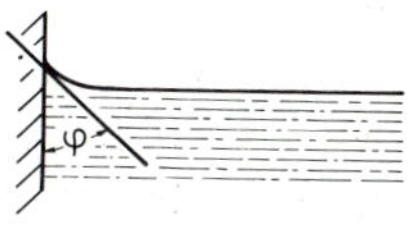

Abb. 2.43. Bei unvollkommener Benetzung bildet die Flüssigkeit einen Winkel φ mit der Gefäßwand

kann sich eine benetzende Flüssigkeit an beiden zugleich hinaufhangeln und der Regel von den kommunizierenden Röhren (Kap. 2.05) widersprechen. Sehr wirksam funktioniert dies in feinen Röhren: Bäume transportieren mit Hilfe der *Kapillarwirkung* Wasser von den Wurzeln zu den Blättern. Wie groß kann die Steighöhe h werden? Für eine kreisrunde Kapillare mit dem Innendurchmesser $2r$ läßt sich h leicht angeben. Angenommen, das Wasser benetzt vollkommen, dann bildet seine Oberfläche in der Kapillare eine Halbkugel vom Radius r (Abb. 2.44). Die Folge ist ein Druck in Richtung Kugelmittelpunkt, erzeugt von der Oberflächenspannung σ,

$$p_\sigma = \frac{2\sigma}{r}.$$

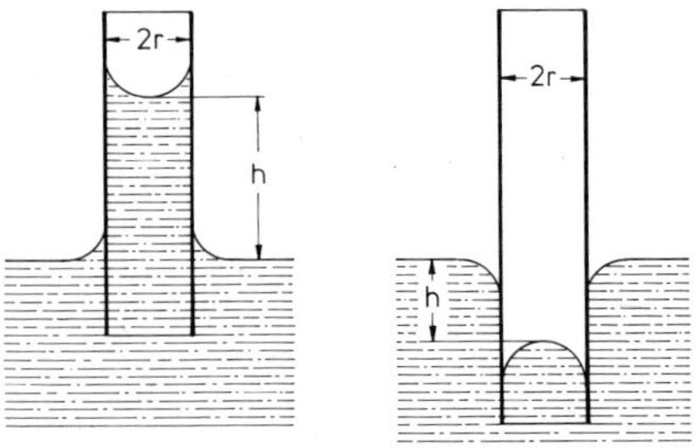

Abb. 2.44. Kapillaranhebung und -depression

An ihm kann sich ein Flüssigkeitsfaden so lange aufhängen, bis sein Schweredruck

$$p_s = \rho g h$$

p_σ erreicht. Die Steighöhe h vermag also einen Grenzwert nicht zu überschreiten

$$h < \frac{2\sigma}{r\rho g}.$$

Je feiner die Kapillare, desto größer die Steighöhe.

Benetzt die Flüssigkeit nur unvollkommen, stößt sie also mit dem Grenzwinkel φ an die Wand der Kapillare, so wirkt nur eine effektive Oberflächenspannung

$$\sigma_{\text{eff}} = \sigma \cos\varphi.$$

Benetzt die Flüssigkeit überhaupt nicht, so kommt es zu einer *Kapillardepression* (Abb. 2.44). Sie muß zuweilen bei Hg-Manometern beachtet werden.

Aufgabe 2.10: Welchen Durchmesser dürfen die Kapillaren der Blätter eines 15 m hohen Baumes höchstens haben? Zur Oberflächenspannung des Wassers siehe Aufgabe 2.08.

Bestimmt wird die Oberflächenspannung von den vergleichsweise wenigen Molekülen, die sich auch tatsächlich in der Oberfläche herumtreiben. Manche Molekülsorten sind darauf geradezu spezialisiert. Wenige Tropfen eines modernen Spülmittels genügen, um Wasser so sehr zu „entspannen“, daß es ein Weinglas gleichmäßig benetzt, also keine Tropfen bildet und damit beim Verdunsten auch keine Tropfenränder. Eine Ente, in entspanntes Wasser gesetzt, guckt verwundert, weil sie versinkt. Das Wasser drängt sich zwischen ihre sorgsam gefetteten Bauchfedern und vertreibt dort das Luftpolster, dessen Auftrieb von der Natur bei der Konstruktion der Ente einkalkuliert worden ist.

2.13 Zähigkeit

Πάντα ῥεῖ sagten die alten Griechen und *ἄριστον μῆν ὕδωρ**, denn Wasser ist das Ursymbol aller Bewegung und allen Lebens. Ohne Wasser hätte sich irdisches Leben nicht entwickeln können. Fließendes Wasser transportiert alles, was darauf und darin schwimmt, auch in Form gelöster Moleküle. Pflanzen nehmen mit ihren Wurzeln eine Nährstofflösung aus dem Boden auf. An den Blättern verdunsten sie reines Wasser; die gelösten Stoffe dürfen sie für sich behalten. Der Blutkreislauf von Tier und Mensch hat sich weitaus höher entwickelt. Er ist ein geschlossener Kreislauf mit eigenem Pumpwerk und einem ungemein komplizierten Röhren-

* „Panta rhei“ – Alles fließt; „Ariston men hydor“ – Das Beste ist Wasser.

system. Zudem: Blut ist ein ganz besonderer Saft – zwar bildet Wasser immer noch die Basis, aber es enthält eine Fülle in den Konzentrationen sorglich regulierter Zusätze, von einfachen anorganischen Salzen über Riesenmoleküle von Enzymen bis zu roten und weißen Blutkörperchen. Der Arzt verteilt Medikamente über den Blutstrom an den ganzen Organismus, in der zuversichtlichen Erwartung, daß erkrankte Organe schon das für sie bestimmte herausfischen werden.

Flüssigkeiten bilden einen für Transportzwecke günstigen Kompromiß: Ihre Materialdichte ist kaum kleiner, in Sonderfällen (Wasser) sogar ein wenig höher als die des entsprechenden Festkörpers, ihre Beweglichkeit reicht zwar nicht an die der Gase heran, ist aber trotzdem groß genug. Möglich wird dies durch einen passenden Wert der zwischenmolekularen Kräfte – ausreichend, um die Moleküle dicht beieinanderzuhalten und eine Zerreißfestigkeit zu erzeugen, wie sie die Bäume brauchen, klein genug, um den Molekülen eine eingermaßen freie Verschieblichkeit gegeneinander zu erlauben.

Bei Scherungskräften gibt eine Flüssigkeit nach, so gut wie beliebig weit, aber keineswegs beliebig schnell. Fließen braucht Zeit, und Wasser fließt leichter als Honig. Folge der zwischenmolekularen Kräfte ist eine innere Reibung; ohne treibendes Druckgefälle kommt eine strömende Flüssigkeit bald zur Ruhe: in der Strömung wird Volumenarbeit in Reibungswärme übergeführt. Vorgänge der Reibung aber sind komplex, unübersichtlich im Detail und Modellvorstellungen nur schwer zugänglich. Darum faßt man sie hier in einer sehr summarischen physikalischen Größe zusammen, der *Zähigkeit* oder *Viskosität*. Sie ist, in Grenzen, eine Materialkonstante der Flüssigkeit, meist stark von der Temperatur abhängig. Ihre Definition merkt man sich am leichtesten anhand eines Gedankenexperimentes, das sich auf dem Papier ganz einleuchtend darstellt, in der Praxis allerdings kaum sauber durchzuführen ist. Gegeben seien zwei ebene Platten im Abstande d, zwischen ihnen die Flüssigkeit in einer solchen Menge, daß sie auf beiden Platten die Fläche A benetzt. Hält man nun die untere Platte fest und zieht die obere mit einer Kraft F zur Seite, so gleitet diese ab – anfangs beschleunigt, aber wegen der inneren Reibung im Flüssigkeitsfilm bald nur noch mit einer konstanten Geschwindigkeit v_0. Als Folge der Adhäsion haftet der Film an beiden Platten; unten bleibt er demnach in Ruhe, oben bewegt er sich mit v_0. Dazwischen gleiten horizontale Flüssigkeitsschichten aufeinander und bilden ein lineares Geschwindigkeitsprofil: v steigt linear mit dem Abstand x von der unteren Platte an, bis es bei $x=d$ den Wert v_0 erreicht. Es stellt sich ein konstantes *Geschwindigkeitsgefälle*

$$\frac{dv}{dx}=\frac{v_0}{d}$$

ein (Abb. 2.45).

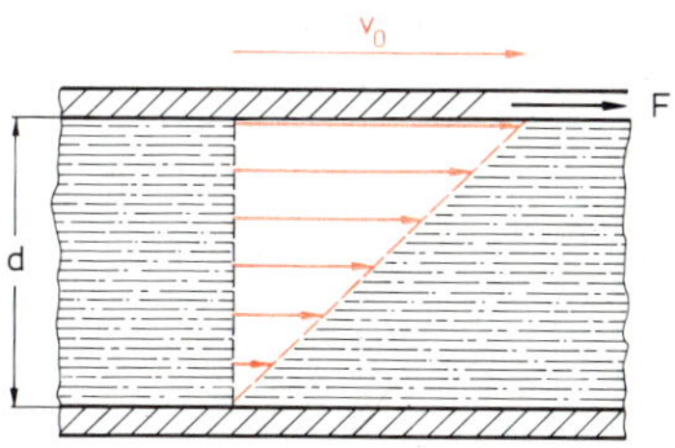

Abb. 2.45. Gedankenversuch zur Definition der Zähigkeit η für einen Flüssigkeitsfilm (übertrieben dick gezeichnet), der zwischen zwei parallelen Platten eine Fläche A ausfüllt. Eine Scherspannung F/A führt zu einem linearen Geschwindigkeitsgefälle

$$\frac{dv}{dx}=\frac{v_0}{d}=\frac{F}{\eta A}$$

Ändert man in einer Meßreihe nur den Plattenabstand d, so wird man die Geschwindigkeit v_0 proportional zu d finden. Hierfür wird man aber eine um so größere Kraft F benötigen, je größer die benetzte Fläche A und je größer die Zähigkeit η des Flüssigkeitsfilmes ist. Alles zusammen ergibt

$$F=\eta A\frac{v_0}{d}$$

und als Definitionsgleichung für die Zähigkeit

$$\eta = \frac{F\,d}{A\,v_0}.$$

Ihr kommt die Einheit N s m^{-2} zu.

Gemessen wird η in *Viskosimetern*, technischen Geräten, zu denen der Hersteller Gebrauchsanweisungen und Eichung mitliefert. Meist läßt man ein vorgegebenes Volumen der zu untersuchenden Flüssigkeit durch eine präzise Kapillare laufen und stoppt die dafür benötigte Zeit. An kleine Zähigkeiten kommt man heran über die Geschwindigkeit, mit der eine Kugel in einem flüssigkeitsgefüllten Rohr kaum größeren Durchmessers zu Boden sinkt (Abb. 2.46). Gute Viskosimeter besitzen einen Wassermantel zur Thermostatierung, denn die Zähigkeit der meisten Flüssigkeiten nimmt mit steigender Temperatur rapide ab.

Abb. 2.46. Kugelfallviskosimeter, schematisch. Gemessen wird die Zeit, in der die Kugel eine vorgegebene Strecke (mit konstanter Geschwindigkeit) durchfällt. Die Dichte der Flüssigkeit muß berücksichtigt werden

Kleine Kugeln (mit dem Radius r), die sich gegenseitig nicht stören, sinken mit der Geschwindigkeit

$$v_0 = \frac{F}{6\pi\eta r} = \frac{2}{9}\frac{r^2}{\eta}\,g\,\Delta\rho$$

(Stokessches Gesetz) – hier ist F der Anteil an der Gewichtskraft, den das Archimedische Prinzip (Kap. 2.06) den Kugeln dank ihres Dichteüberschusses $\Delta\rho$ gegenüber der Flüssigkeit noch läßt. Rote Blutkörperchen haben Scheibchenform und sinken darum im Blutplasma nach komplizierterem Gesetz zu Boden. Man braucht es nicht zu kennen, um aus erhöhter *Blutsenkungsgeschwindigkeit* eine Infektion zu diagnostizieren.

2.14 Laminare Strömung

Das Gedankenexperiment des vorigen Kapitels ist so übersichtlich, weil die einfache Geometrie für ein lineares Geschwindigkeitsprofil sorgt. Schon bei der Strömung durch Röhren wird es komplizierter: auch hier haftet die Flüssigkeit an der Wand und fließt konsequenterweise am schnellsten in der Röhrenachse. Im kreisrunden Rohr bekommt das Geschwindigkeitsprofil die Form eines Rotationsparaboloides (Abb. 2.47). Die Strömungsgeschwindigkeit v liefert darum zwar ein detailliertes, aber eben auch nicht ganz einfaches Maß zur Beschreibung einer Strömung. In vielen Fällen darf man getrost über die Querschnittsfläche A mitteln und sich an die

$$\textit{Volumenstromstärke}\ I = \frac{dV}{dt} = \dot{V}$$

halten, definiert als Differentialquotient aus dem durch eine gedachte Fläche hindurchgeflossenen Volumen dV und der dabei abgelaufenen Zeitspanne dt. Damit kann man dann auch eine mittlere Strömungsgeschwindigkeit $\bar{v} = I/A$ festlegen.

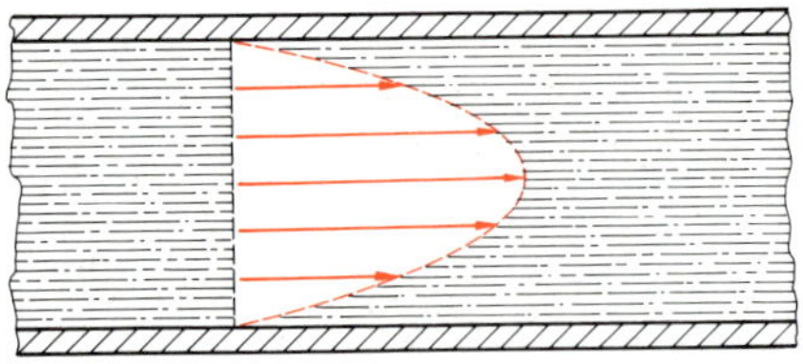

Abb. 2.47. Für eine laminar in einer kreisrunden Röhre strömende Flüssigkeit hat das Geschwindigkeitsprofil die Form eines Rotationsparaboloides und ein axialer Schnitt die Form einer Parabel

Das sog. „Herzminutenvolumen“ stellt eine Volumenstromstärke dar, und zwar den zeitlichen Mittelwert der Blutstromstärke, die das Herz stoßweise in die Aorta pumpt und einigermaßen gleichmäßig aus der Vena cava wieder angeliefert bekommt. Als Einheit dient l/min, denn die SI-Einheit m^3/s ist für physiologische Zwecke viel zu groß; im Gegensatz zur Wasserwirtschaft: Die mittlere Stromstärke des Rheines bei Emmerich beträgt $2{,}3 \cdot 10^3$ m^3/s.

Als Folge ihrer Viskosität entwickelt jede strömende Flüssigkeit Reibungswärme; eine Energiequelle muß sie liefern, und zwar als Volumenarbeit durch ein Druckgefälle dp/dl, das sie längs der durchströmten Röhre (Länge l_0) aufrechterhält. Bei konstantem Strömungsquerschnitt erfordert dies eine Druckdifferenz

$$\Delta p = \frac{dp}{dl} l_0 .$$

Aufgabe 2.11: Welche Leistung muß das Herz für die Reibungswärme des Blutstromes aufbringen, wenn es eine Stromstärke $I = 6$ l/min aufrechterhält? Das Blut wird mit dem systolischen Druck $p_s = 160$ mbar abgegeben und kommt aus der Vene praktisch ohne Überdruck zurück.

Man definiert nun den Bruch $\Delta p/I$ als *Strömungswiderstand*

$$R = \frac{\text{Druckdifferenz } \Delta p}{\text{Volumenstromstärke } I}$$

mit der Einheit $\mathrm{N\,s\,m^{-5}}$. Sein Kehrwert heißt *Leitwert*.

In günstigen Fällen ist R unabhängig vom Druck und damit

$I \propto \Delta p$.

Dann besteht eine formale Analogie zum Ohmschen Gesetz der Elektrizitätslehre (Kap. 5.06): Ein elektrischer Widerstand R, definiert als Quotient von elektrischer Spannung U und elektrischem Strom I, heißt *ohmsch*, wenn R unabhängig von U, also $I \propto U$ ist. Flüssigkeiten, die das Ohmsche Gesetz der Hydrodynamik $I \propto \Delta p$ erfüllen, heißen *newtonsch* (Abb. 2.48).

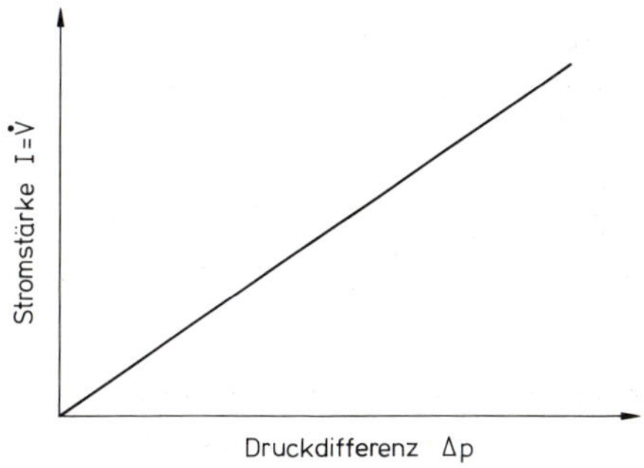

Abb. 2.48. Stromstärke-Druckdifferenz-Diagramm einer Newtonschen Flüssigkeit, schematisch

Blut gehört nicht zu ihnen: Nach proportionalem Beginn bei kleinen Drücken wächst die Stromstärke immer weniger an (Abb. 2.49). Der Kurvenverlauf im Stromstärke-Druckdifferenz-Diagramm hängt obendrein auch noch ganz wesentlich ab vom *Volumengehalt* der Blutzellen *(Hämatokrit)*. Diese Größe gibt an, welcher Bruchteil des Blutvolumens von Zellen eingenommen wird – der Rest ist Plasma.

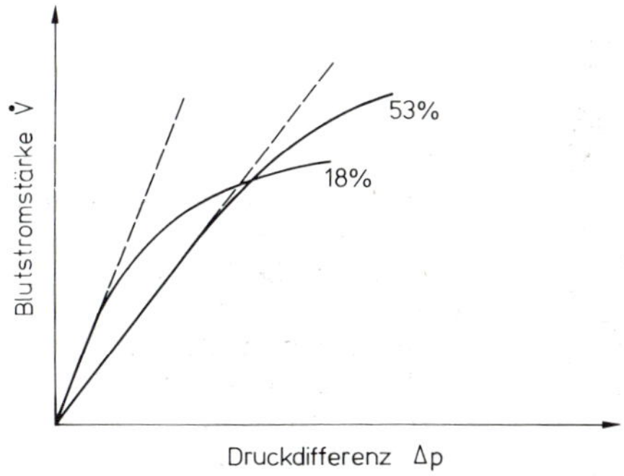

Abb. 2.49. Stromstärke-Druckdifferenz-Diagramm des menschlichen Blutes, halbschematisch. Parameter: Hämatokrit = Volumengehalt an Blutzellen

Die Analogie zwischen elektrischem und Flüssigkeits-Strom reicht weiter. In beiden Fällen addieren sich die Widerstandswerte, wenn man mehrere Widerstände hintereinanderschaltet, zum Gesamtwiderstand R_{ges}.

$$R_{ges} = R_1 + R_2 + R_3 + \cdots = \sum_i R_i .$$

Entsprechend sind beide Widerstände der Länge des Rohres bzw. des Drahtes proportional. In beiden Fällen addieren sich bei Parallelschaltung aber auch die Kehrwerte der Einzelwiderstände, also die Leitwerte zum Gesamtleitwert

$$\frac{1}{R_{\text{ges}}} = \frac{1}{R_1} + \frac{1}{R_2} + \cdots = \sum_i \frac{1}{R_i}.$$

Formale Analogien kommen nicht von ungefähr; so gut wie immer liegen ihnen in der Physik sachliche Analogien zugrunde. Flüssigkeitsstrom und elektrischem Strom ist dies gemeinsam: beide bestehen aus gerichteter Bewegung eines großzahligen Kollektivs submikroskopischer Teilchen. Wenn man wollte, könnte man für beide Ströme eine *Teilchenstromstärke* N definieren: Anzahl dN der Teilchen, die in einem Zeitabschnitt dt an einem Beobachtungsposten vorbeilaufen, dividiert durch eben diesen Zeitabschnitt dt.

In zwei Punkten unterscheiden sich die wandernden Teilchen beider Strömungen allerdings markant voneinander: Elektronen sind sehr viel kleiner als Flüssigkeitsmoleküle, und es gibt nur eine Sorte von ihnen. Auf ihrem Marsch durch den Draht stoßen sie praktisch nur mit dessen Atomen zusammen, so gut wie gar nicht mit ihren Artgenossen; Flüssigkeitsmoleküle stehen sich immer nur gegenseitig im Weg. Das hat zwei Konsequenzen: 1. hängt ein elektrischer Widerstand ab von einer Materialeigenschaft des Drahtes, in dem die Elektronen laufen, von dem spezifischen elektrischen Widerstand nämlich – ein Strömungswiderstand aber nicht von einer Materialeigenschaft der Röhre, sondern der Flüssigkeit, von deren Viskosität nämlich; 2. driften im Draht alle Elektronen im Mittel mit der gleichen Geschwindigkeit, die elektrische Stromstärke ist darum ihrer Zahl einfach proportional und damit auch einfach proportional zur Querschnittsfläche des Drahtes, unabhängig von seiner Form – Flüssigkeitsmoleküle haften an der Wandung und driften am schnellsten in der Rohrachse, um so schneller, je weiter die Wand weg und je dicker das Rohr ist; die Flüssigkeitsstromstärke nimmt darum schneller als linear mit der Querschnittsfläche A des Rohres zu und ist von deren Form keineswegs unabhängig.

Den einfachen Fall eines Rohres der Länge Δl mit kreisförmigem Querschnitt vom Radius r erfaßt das Gesetz von *Hagen-Poiseuille*

$$I = \dot{V} = \frac{\pi r^4}{8\eta} \frac{\Delta p}{\Delta l} = \frac{A^2}{8\pi\eta} \frac{\Delta p}{\Delta l}$$

– die Stromstärke I ist dem Druckgefälle (Druckgradienten) $\Delta p/\Delta l$ proportional.

Die vierte Potenz im Zähler signalisiert eine ungemein starke Abhängigkeit der Stromstärke und des Widerstandes vom Radius der Röhre; nur 20% Aufweitung verdoppeln schon Strom und Leitwert! Die Blutgefäße des Menschen können sich dehnen und zusammenziehen, so steuern sie mit kleinsten Änderungen sorgsam die Durchblutung der Haut. Das ist notwendig für die Regelung der Körpertemperatur. Die vom Organismus entwickelte Wärme muß ja notwendigerweise an die umgebende Luft abgegeben werden, und zwar ganz exakt, nicht mehr und nicht weniger; auf die Dauer kann der Körper keine Wärme speichern. Darum ziehen sich die Blutgefäße der Haut in der Kälte ein wenig zusammen, vermindern damit kräftig die Stromstärke des warmen Blutes und senken so die Oberflächentemperatur. Täten sie es nicht, so verlöre der Mensch zu viel Wärme und könnte erfrieren. Diese Gefahr besteht möglicherweise ganz ernsthaft für einen Betrunkenen in kalter Winternacht, denn Alkohol erweitert die Blutgefäße und fördert die Durchblutung. Er wirkt so dem Regelprozeß entgegen und verschafft obendrein noch den Thermorezeptoren in der Haut ein ganz ungerechtfertigtes Wärmegefühl, eben durch über-

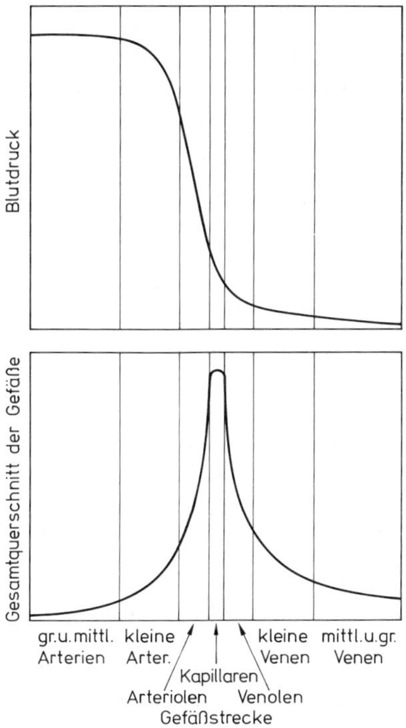

Abb. 2.50. Verteilung von Druck und gesamter Querschnittsfläche im System der Blutgefäße des Menschen (schematisch). Der steilste Druckabfall liegt in den Arteriolen, dort ist also der Strömungswiderstand der (parallel geschalteten) Gefäße am größten. (Nach Keidel)

große Versorgung mit warmem Blut. „Das wärmste Jäckchen ist noch immer ein Cognac'chen!" – die Sinne täuschen, es scheint nur so!

Das Gefäßsystem des Menschen ist ungemein verzweigt. Je feiner es sich verästelt, desto größer wird sein Gesamtquerschnitt: die Aorta ist noch ein einzelner dicker Schlauch mit etwa 4,5 cm² Querschnittsfläche; die Arterien bringen es zusammen schon auf 20 cm², die Arteriolen auf 400 cm² und die Kapillaren schließlich auf rund 4500 cm². Entsprechend sinkt die mittlere Strömungsgeschwindigkeit, denn die gesamte Stromstärke muß ja konstant bleiben. Eine ganz andere Frage ist die nach Druckabfall und Strömungswiderstand: vom verfügbaren Blutdruck verbraucht die Aorta als Einzelrohr nur wenig, obwohl ihr Querschnitt vergleichsweise klein ist. Abb. 2.50 zeigt stark schematisiert die Verhältnisse im Kreislauf des Menschen.

Aufgabe 2.12: Wenn ein kreisrundes Rohr vorgegebener Länge und Querschnittsfläche aufgeteilt wird in 100 parallelgeschaltete, ebenfalls kreisrunde Röhren gleicher Länge, gleicher Gesamtquerschnittsfläche und mit untereinander gleichen Einzelquerschnitten, um welchen Faktor steigt dann der Strömungswiderstand?

Das Gesetz von Hagen-Poiseuille gilt nur unter einer Voraussetzung – bisher stillschweigend gemacht, aber keineswegs immer erfüllt: Die Strömung muß *laminar* sein und damit frei von Turbulenzen. Was hat man darunter zu verstehen?

2.15 Turbulente Strömung

Im Laborversuch kann man strömendes Wasser strichweise einfärben und so die Strombahnen sichtbar machen. Laminare Strömung zeigt immer – auch wenn sie Hindernissen ausweichen muß – sorglich voneinander getrennte, parallellaufende *Stromfäden*; die Abb. 2.51 bringt einige

Abb. 2.51. Stromfäden laminarer Strömung um Hindernisse. (Nach R. W. Pohl)

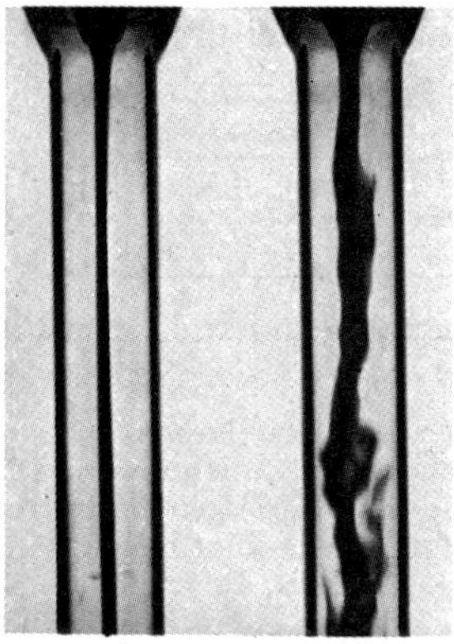

Abb. 2.52. Laminare und turbulente Strömung. Wasser, beim Eintritt in ein Glasrohr zentral im Strömungsquerschnitt eingefärbt. Überschreiten des kritischen Wertes der Reynolds-Zahl und Turbulenz durch Erhöhung der Strömungsgeschwindigkeit. (Nach R.W. Pohl)

Beispiele. Hinter scharfen Kanten, bei plötzlicher Änderung des Strömungsquerschnittes und ganz allgemein bei hinreichend hohen Strömungsgeschwindigkeiten können sich aber Wirbel bilden (Abb. 2.52): die Strömung wird *turbulent*. Luftwirbel hinter leeren Fahnenmasten lassen Flaggenseile penetrant im Winde klatschen; Strudel in Flüssen sind Schwimmern durchaus gefährlich, und die großen Luftwirbel der Zyklone können ganze Landstriche verwüsten.

Strudel rotieren um ihren Wirbelkern, aber nicht wie ein Rad mit überall gleicher Winkelgeschwindigkeit, sondern innen schneller und außen langsamer. Sie schaffen damit gegenüber laminarer Strömung zusätzliche *Reibungsflächen* zwischen verschiedenen Flüssigkeitsschichten, sie setzen vermehrt kinetische Energie in Wärme um. Wirbel bedeuten zusätzlichen Strömungswiderstand, zusätzlich zu dem, den das Gesetz von Hagen-Poiseuille erfaßt. Darum suchen Vögel, Fische und manche Autos durch *Stromlinienform* Wirbelbildung am Heck zu vermeiden; der größte Teil des Luftwiderstandes liegt hinter ihnen und nicht am Kopfende.

Wenn das Staubecken eines Pumpspeicherwerkes leerläuft, setzt es potentielle Energie, zuvor als Hubarbeit am Wasser geleistet, wieder um, zum Teil in Beschleunigungsarbeit, die dann als kinetische Energie in den Turbinen verwendet werden kann, zum Teil aber, als Folge der inneren Reibung des Wassers, auch in Wärme, die dem technischen Nutzen verlorengeht. Das Verhältnis beider Energien heißt *Reynoldssche Zahl Re*:

$$Re = \frac{\text{Beschleunigungsarbeit}}{\text{Reibungsarbeit}}.$$

Erfahrungsgemäß muß man mit Wirbelbildung rechnen, sobald Re einen kritischen Grenzwert (etwa 1100) überschreitet. Nun steigt die Beschleunigungsarbeit (als kinetische Energie) quadratisch mit der Strömungsgeschwindigkeit, die Reibungsarbeit aber nur linear. Schnelle Strömungen neigen darum besonders zu Wirbeln, und erreichen kann man die Turbulenz immer, zumindest im Prinzip.

Blutkreislauf und Atmung bilden zwei für den Warmblüter lebensnotwendige Strömungen; der Organismus achtet sorglich darauf, daß sie stets laminar erfolgen. Dem dient z.B. die Scheidewand in der Nase – Fehlbildungen, die Turbulenzen auslösen, erschweren das Luftholen und müssen gegebenenfalls operativ korrigiert werden. Auf den ersten Blick ist die Situation paradox: Die Scheidewand engt den Strömungsquerschnitt ein, teilt eine Röhre in zwei auf und erhöht damit nach dem Gesetz von Hagen-Poiseuille den Strömungswiderstand; aber sie verhindert Turbulenzen. Dicke Röhren neigen zur Wirbelbildung, denn sie führen hohe Driftgeschwindigkeiten in ihren Achsen. Das bedeutet hohe kinetische Energie und hohe Reynolds-Zahl.

Ähnliches gilt für Flüssigkeiten geringer Viskosität. Ohne Zähigkeit keine innere Reibung, ohne Reibung keine Reibungsenergie, ohne Reibungsenergie extrem große Reynolds-Zahl, also Turbulenz. Wieder ein paradoxes Ergebnis: gerade reibungsarme Flüssigkeiten mit kleinem η neigen

zu hohen Strömungswiderständen, weil zu Wirbeln.
Die Definition der Reynoldschen Zahl als das Verhältnis zweier Energien (oder auch Leistungen) mag physikalisch halbwegs einleuchten; im praktischen Einzelfall kann man mit ihr nicht so sehr viel anfangen, denn wie will man die beiden Energien durch Messung oder Rechnung zuverlässig auseinanderhalten? Überschlagsmäßig kann man freilich folgendes sagen: die Beschleunigungsarbeit findet sich als kinetische Energie wieder, wird also zumindest lokal der Massendichte ρ des strömenden Mediums und dem Quadrat der Strömungsgeschwindigkeit v proportional sein – die Reibungsarbeit wächst demgegenüber nur linear mit v, außerdem aber auch noch mit der Zähigkeit η. Die Reynoldsche Zahl Re sollte also ihrerseits dem Bruch $\rho v/\eta$ proportional sein. Setzt man hier einmal die SI-Einheiten der drei physikalischen Größen ein, so stellt man fest: dem Bruch kommt die Einheit Meter^{-1} zu. Man muß ihn also noch mit einer Länge multiplizieren, um etwas Dimensionsloses wie die Reynoldsche Zahl herauszubekommen. Experten schreiben deshalb

$$Re = \frac{\rho v l}{\eta}$$

und bezeichnen l etwas sibyllinisch als eine *für die experimentelle Anordnung charakteristische Länge*. Bei kreisrunder Röhre entspricht l dem Radius und nicht dem doppelt so großen Durchmesser. Im Ernstfall, etwa bei besonders turbulenzträchtigen plötzlichen Querschnittserweiterungen, erfordert die richtige Definition der charakteristischen Länge das ganze Fingerspitzengefühl des gewiegten Hydrodynamikers.

2.16 Staudruck

Ein Arzt spiele mit seiner Injektionsspritze. Zwischen Daumen und Zeigefinger erzeugt er leicht eine Kraft von 2 kp oder 20 N. Bei einer Spritze mittleren Kalibers mit 66 mm² Kolbenfläche bedeutet das einen Überdruck p von 3 bar. Vernachlässigt man die Reibung, so wird die Volumenarbeit pV vollständig umgesetzt in kinetische Energie $\frac{m}{2}v^2$ des ausgespritzten Wassers:

$$pV = \tfrac{1}{2} m v^2 = \tfrac{1}{2} \rho V v^2.$$

Unabhängig vom Volumen der Spritze steigt demnach die (mittlere) Strömungsgeschwindigkeit an mit der Quadratwurzel aus dem Druck:

$$v = \sqrt{\frac{2p}{\rho}}.$$

Der Arzt bringt es also leicht auf 25 m/s und das Blut der verletzten Arterie auf 5,5 m/s (bei 16 kPa Systolendruck); der Weltrekord im Sprint liegt bei 10 m/s. Wie die Formel zeigt, ist v übrigens auch unabhängig vom Strömungsquerschnitt – nur muß die Leistung der Energiequelle reichen, um den angenommenen Druck auch tatsächlich aufrechterhalten zu können.

Eine Umsetzung von Volumenarbeit in kinetische Energie passiert an allen Düsen, an allen Engpässen einer Strömung – und hat dann eine sehr überraschende Konsequenz. Wasser ist inkompressibel, durch die Engstelle fließt also die gleiche Stromstärke, quält sich in vorgegebener Zeit das gleiche Volumen wie durch das weite Rohr. Möglich ist das nur mit erhöhter Strömungsgeschwindigkeit, also mit erhöhter kinetischer Energie. Diese kann nicht aus dem Nichts geschaffen, sondern nur aus der Volumenarbeit pV genommen werden. Das Volumen V kann sich aber nicht ändern wegen der Inkompressibilität; folglich muß der Druck die Energie liefern, d.h. aber: er muß sinken. Im Engpaß ist der Druck keineswegs erhöht, wie man naiv vielleicht erwarten möchte, sondern vermindert (Abb. 2.53), man kann

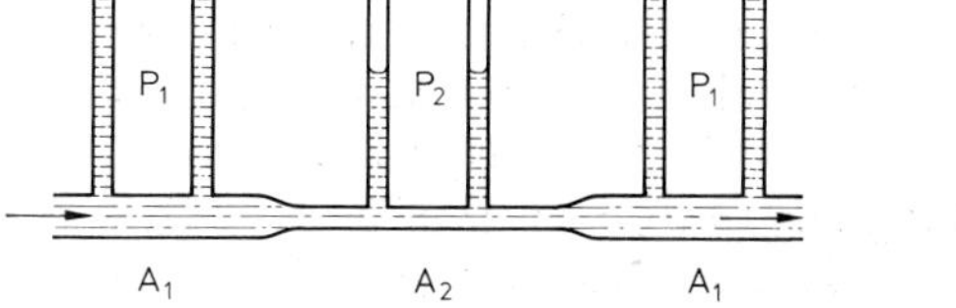

Abb. 2.53. *Hydrodynamisches Paradoxon:* in der Querschnittsverengung führt die erhöhte kinetische Energie zu einer Abnahme des Druckes

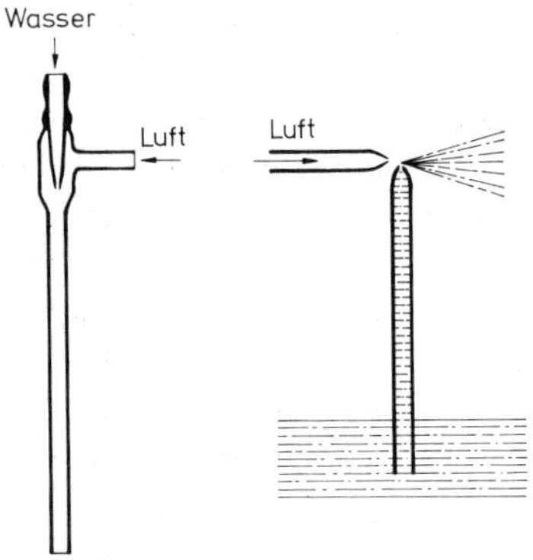

Abb. 2.54. Mit Hilfe des hydrodynamischen Paradoxons saugt in der Wasserstrahlpumpe ein Flüssigkeitsstrom Gas an und im Zerstäuber ein Gasstrom Flüssigkeit

auf diese Weise sogar saugen. Der Zerstäuber des Flakons zeigt dies für einen Luftstrom, die Wasserstrahlpumpe für eine Flüssigkeit (Abb. 2.54); der Bunsenbrenner mischt nach diesem Prinzip dem Leuchtgas Sauerstoff zu und Schiffsventilatoren stehen mit dem Rücken zum Wind (Abb. 2.55), denn sie saugen die Luft aus den Kabinen.

Dieser Effekt läßt sich leicht quantitativ beschreiben, solange die Reibungsarbeit vernachlässigt werden kann. Der Energiesatz schreibt dann vor, daß Volumenarbeit nur zur Erzeugung kinetischer Energie verwendet wird und die Summe beider Energien konstant ist:

$$p\,V + \frac{m}{2}\,v^2 = \text{const.}$$

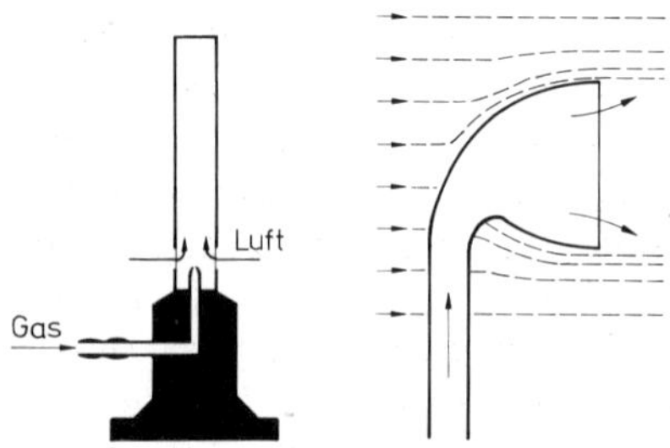

Abb. 2.55. Beim Bunsenbrenner und beim Schiffsventilator saugt ein Gasstrom Luft an. Schiffsventilatoren stehen mit dem Rücken zum Wind

Jene Überlegung, die zu Beginn dieses Kapitels die Strömungsgeschwindigkeit bei einer Injektionsspritze geliefert hat – also Ersetzen von m durch $\rho\,V$ und Dividieren durch V – führt jetzt zur

Gleichung von Bernoulli

$$p + \frac{\rho}{2}\,v^2 = \text{const} = p_0\,,$$

in Worten:

statischer Druck + Staudruck

= Gesamtdruck.

Auch $\rho\,v^2$ hat die Dimension eines Druckes. Der Name *Staudruck* wird verständlich durch das *Staurohr*, mit dem ein Flugzeug seine Geschwindigkeit in der Luft messen kann, der Physiologe im Tierversuch aber auch die Strömungsgeschwindigkeit des Blutes in einer Vene. Abb. 2.56 zeigt es schematisch im Schnitt. An den seitlichen Öffnungen herrscht nur der statische Druck p; am vorderen Loch wird aber die Strömungsgeschwindigkeit auf Null abgebremst, dort steht der Gesamtdruck p_0; folglich zeigt das Manometer als beider Differenz den Staudruck an.

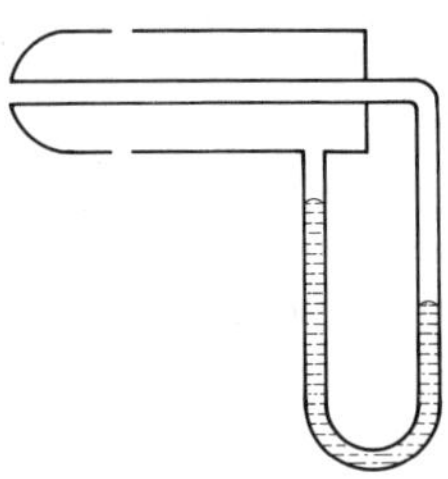

Abb. 2.56. Staurohr – das Manometer mißt den von der Strömungsgeschwindigkeit des umgebenden Mediums abhängigen Staudruck als Differenz von statischem Druck und Gesamtdruck

Dem Druckabfall in Düsen entspricht ein Druckanstieg in Rohrerweiterungen. Ist eine Flüssigkeit nicht reibungsfrei, so überlagert sich diesem Effekt ein Druckabfall nach dem Gesetz von Hagen-Poiseuille.

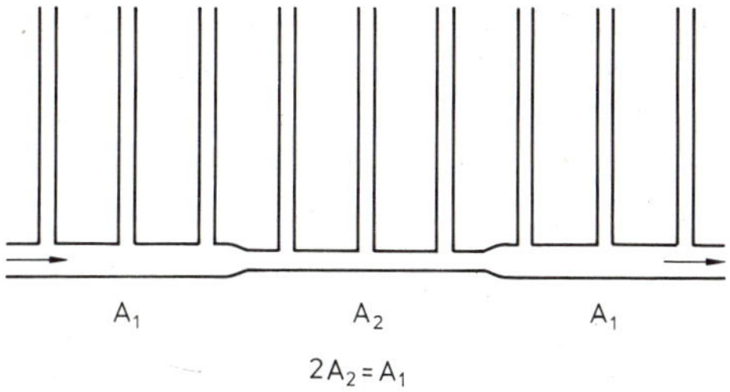

Abb. 2.57. Zur Aufgabe 2.13

Aufgabe 2.13: Zeichne qualitativ den Druckverlauf in einem durchströmten Rohr nach Abb. 2.57 unter Berücksichtigung der inneren Reibung.

2.17 Pumpen

Mit einer Kammer, die periodisch ihr Volumen ändert, und mit zwei Ventilen kann man pumpen. Technische Form ist die *Kolbenpumpe* (Abb. 2.58), die abgesehen von Dichtungsstücken ganz aus starren Metallteilen gefertigt werden kann. Die Ventile haben den zunächst nur pendelnden Strom der Flüssigkeit oder des Gases in eine Vorzugsrichtung zu steuern. Dazu muß ihre Bewegung mit der des Kolbens koordiniert werden – zwangsweise durch eine entsprechende Mechanik oder eleganter einfach dadurch, daß sie vom Strom des Fördergutes im richtigen Takt mitgerissen werden.

Jeder Kolben braucht eine Dichtung gegenüber seinem Zylinder – ein technisch keineswegs einfaches Problem, das obendrein meist noch recht hohe Reibungsverluste verursacht. Darum ersetzt man zuweilen den Kolben durch eine dünne Membran, die periodisch hin und her gebogen wird (*Membranpumpe* – Abb. 2.59). Nach ähnlichem Prinzip arbeiten Herzen, nur verwendet die Natur weitaus raffinierteres Baumaterial: Muskeln, die sich auf Kommando zusammenziehen können.

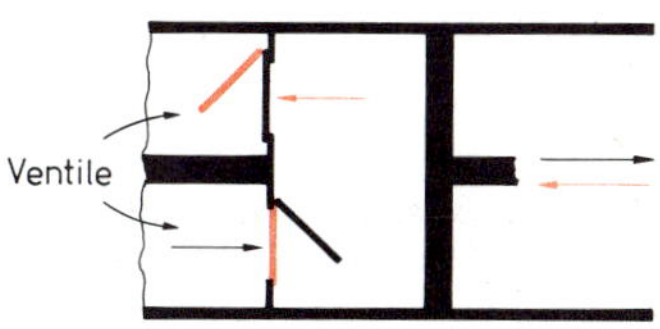

Abb. 2.58. Kolbenpumpe, schematisch

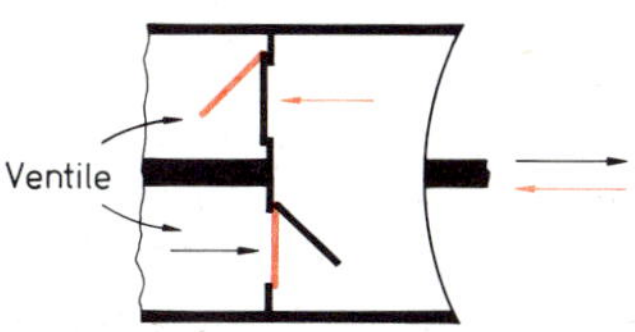

Abb. 2.59. Membranpumpe, schematisch

An Pendelbewegungen hat der Techniker nur selten Freude. Motorachsen drehen sich und können mechanisch nur auf dem wenig eleganten Wege über Kurbelwelle und Pleuel in Pendelbewegungen umgesetzt werden. Oft ist das nicht zu umgehen; wer aber nur kleine Druckunterschiede braucht, kann ganz ohne Kolben und Ventile allein mit einem Flügelrad auskommen – er verläßt sich dabei auf die Zähigkeit seines Fördergutes. Sie ist bei Gasen geringer als bei Flüssigkeiten, aber sie reicht aus. Schließlich haben sich jahrzehntelang Propellerflugzeuge nach dem gleichen Prinzip durch die Luft geschraubt wie Schiffe durch das Wasser. Beide nutzen den Rückstoß (Impulssatz, Kap. 1.23). Angemerkt sei noch, daß alle Arten mechanischer Pumpen grundsätzlich auch „rückwärts" als Motoren betrieben werden können – Dampfmaschinen, Turbinen und Windmühlen zeigen es.

Die Lunge muß beim Einatmen Unterdruck erzeugen, um den Strömungswiderstand der Luftröhre zu überwinden. Für die nötige Kraft sorgt die Atemmuskulatur; sie darf aber nicht an den Lungenbläschen unmittelbar angreifen, dazu sind diese viel zu zart und empfindlich. Folglich werden sie außen in die *interpleurale Flüssigkeit* eingebettet, die sich selbst wieder in einem festen Hautsack befindet. Er ist gasdicht an der Luftröhre angewachsen und außen mit der Muskulatur verbunden. Ein grobschematisches Funktionsmodell zeigt Abb. 2.60*. Eine schlaffe Gummiblase vertritt hier die Lunge. Sie

* Nach H. Hinzpeter, Physik als Hilfswissenschaft, Verlag Vandenhoek und Ruprecht, Göttingen.

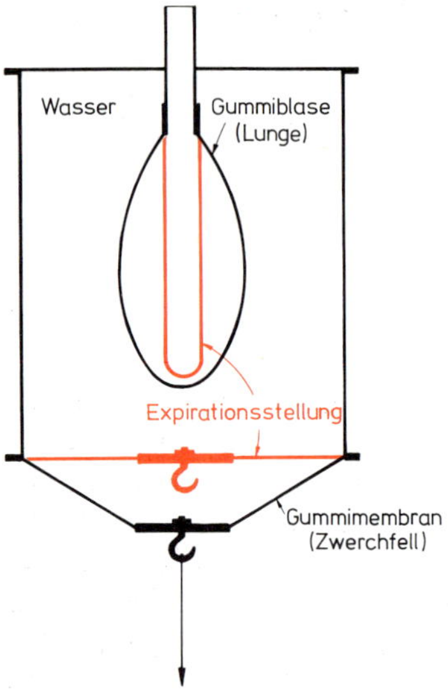

Abb. 2.60. Grobschematisches Funktionsmodell der Atmung. (Einzelheiten im Text.) (Nach Hinzpeter)

schwimmt, über eine Röhre mit der Außenluft verbunden, in einem wassergefüllten Kasten, der nach oben, unten und allen Seiten sorgfältig abgedichtet ist. Seinen Boden bildet eine kräftige Gummischeibe, Ersatz für das Zwerchfell. In der Mitte hat sie einen Haken, an dem die Atemmuskulatur ziehen kann. Nun würde das Wasser allein durch seinen Schweredruck die „Lunge" völlig zusammenpressen, sorgte nicht das „Zwerchfell" von vorneherein für einen Unterdruck.

Zieht man jetzt am „Zwerchfell", so vergrößert man das Volumen des „Thorax". Wasser ist aber inkompressibel und darum auch nicht dehnbar; nur die „Lunge" kann das Zusatzvolumen liefern, indem sie Luft einsaugt. Freilich geht das nur, wenn der Brustkorb zuverlässig abgedichtet ist und an keiner anderen Stelle „Nebenluft" hereinholen kann: Bei einem Leck klappt die Lunge zusammen, *ein* Lungenflügel zumindest. Vorsichtshalber wurde ja bei der Konstruktion des Menschen eine Reihe wichtiger Organe doppelt angelegt; so steckt jeder der beiden Lungenflügel in seinem eigenen, luftdicht abgeschlossenen Sack. Setzt beispielsweise ein Lungendurchschuß den einen außer Betrieb, so kann der andere den Verletzten immerhin noch am Leben erhalten.

Dieser Effekt macht Thoraxoperationen problematisch: öffnet man den Brustkorb ohne weitere Vorsichtsmaßnahmen, so fällt die halbe Lunge mit Sicherheit aus. Deshalb versuchte Sauerbruch seinerzeit zunächst, den interpleuralen Unterdruck bei offenem Thorax dadurch aufrechtzuerhalten, daß er kurzerhand aus dem ganzen Operationssaal etwas Luft absaugte, den Kopf des Patienten aber – sorgfältig am Hals abgedichtet – draußen ließ. Das Verfahren funktionierte, aber es war technisch anfällig: ein Leck in der Tür des Operationssaales, und Unterdruck entwich. So ist manches Versuchstier gestorgen. Notwendig ist aber nicht ein Unterdruck außerhalb der Lungenbläschen, sondern lediglich eine Druckdifferenz zwischen innen und außen. Man kann sie auch durch leichten Überdruck auf Kopf und Atemöffnung des Patienten erzeugen und dabei den Operationssaal so belassen, wie bei allen anderen Eingriffen auch. Dadurch ist die technische Frage der Dichtung weit weniger problematisch und der Patient weit weniger gefährdet. Von daher sind Thoraxoperationen heute kein Risiko mehr.

3. Mechanische Schwingungen und Wellen

3.01 Oszillatoren

Es ist erstaunlich, was alles schwingen kann. Die Pendel von Uhren sowieso, dazu Klaviersaiten, Stimmbänder und die Luft von Orgelpfeifen - kurz alles, womit man Musik oder auch nur Lärm machen kann. Dazu gehören dann auch die Membranen von Lautsprechern, und weil sie elektrisch angeregt werden, müssen elektrische Ströme und Spannungen ebenfalls schwingen können. Selbst die Temperatur der Luft schwingt, wenn auch sehr langsam, um einen Mittelwert, allerdings nicht aus eigenem Antrieb, sondern bedingt durch die im Rhythmus von Tages- und Jahreszeit wechselnde Sonneneinstrahlung; Ursache sind also hier die beiden Rotationen der Erde um Achse und Zentralgestirn. Zwischen Schwingungen und Drehbewegungen bestehen nicht nur hier recht enge Beziehungen.

Zittern kann aber auch die Hand eines Patienten, der an der Parkinsonschen Krankheit leidet; schwingen kann, wie bereits in Abb. 2.19 gezeigt, unter Umständen auch der Blutdruck nach einer Lageänderung des Patienten, wenn der zuständige Mechanismus nämlich den Sollwert nicht ordnungsgemäß wiederfindet. Beide Male handelt es sich um den schon komplizierten Fall einer *Regelschwingung*. Das gibt es auch im Bereich der Landwirtschaft, ein Beispiel liefert der sog. „Schweinezyklus".

Ist aus irgendwelchen Gründen Schweinefleisch knapp, so ist es auch teuer, und die Aufzucht von Ferkeln verspricht Gewinn. Weil das viele Bauern vermuten, kommen auch viele Ferkel zur Welt. Sie brauchen aber ihre Zeit, bis sie schlachtreif werden - und dann werden sie es alle fast gleichzeitig. Plötzlich drücken viele Schweine auf den Markt und auf die Preise, und die Ferkelaufzucht sieht gar nicht mehr so lohnend aus. Sauen kommen seltener zum Eber, und entsprechend weniger Ferkel werden geboren. Später, wenn sie groß geworden wären, fehlen sie am Markt: das Schweinefleisch wird wieder knapper und teurer, und das Spiel kann von vorne beginnen. Hier ist das, was schwingt, die Anzahl der schlachtreifen Schweine.

Weil so unterschiedliche Systeme schwingen können, dabei aber stets einem gemeinsamen Grundprinzip folgen, ist die farblose Bezeichnung *schwingungsfähiges Gebilde* durchaus sinnvoll. Physikalische Systeme heißen auch *Oszillatoren*. Damit ein System überhaupt selbständig schwingen kann, müssen folgende Bedingungen erfüllt sein:

1. es muß eine Größe existieren, die einen Normalwert besitzt, von dem sie nach beiden Richtungen abweichen kann,
2. sobald sie dies tut, muß ein Mechanismus einsetzen, der sie in die Normallage zurückzuholen versucht,
3. darf sie diesem Mechanismus nicht momentan, sondern nur träge, verzögert folgen.

Im Falle des Schweinezyklus liefert der Markt den rücktreibenden Mechanismus, während die Zeitspanne zwischen Geburt und Schlachtreife eines Schweines für die Trägheit sorgt. In der Physik kann man es einfacher haben.

Da alle schwingungsfähigen Gebilde dem gleichen Grundprinzip folgen, gehorchen sie auch der gleichen Mathematik – und weil das Grundprinzip über die Physik hinaus vielfache Bedeutung hat, soll diese Mathematik gleich zweimal behandelt werden (jedenfalls für den am einfachsten darstellbaren Idealfall): hier am Beispiel der mechanischen Pendel und in Kap. 6.03 für den elektrischen Schwingkreis.

3.02 Harmonische Schwingungen

Das übersichtlichste schwingungsfähige Gebilde der Mechanik ist das Federpendel: Die Masse des Pendelkörpers wird von zwei (im Idealfall masselosen) Schraubenfedern in eine Ruhelage gezogen (Abb. 3.01) – im übrigen soll sie kräfte- und reibungsfrei gelagert sein, etwa nach Art des Luftkissenfahrzeuges von Abb. 1.36. Der Pendelkörper kann nach beiden Seiten aus der Ruhelage ausgelenkt werden; sobald dies geschieht, versucht eine der beiden Federn, ihn wieder zurückzuholen; die

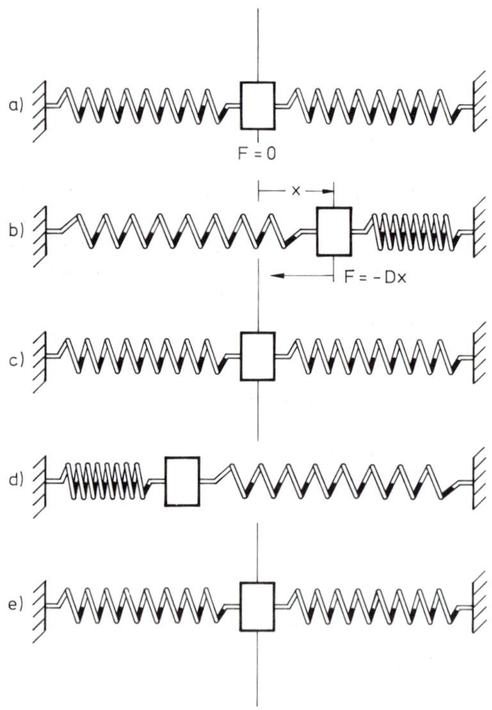

Abb. 3.01. Federpendel – Ablauf einer Schwingungsdauer

rücktreibende Kraft tritt momentan auf, aber der Körper folgt ihr nur entsprechend der Trägheit seiner Masse: die drei Bedingungen einer Schwingung sind erfüllt.

Im einzelnen läuft eine Schwingung folgendermaßen ab: Zunächst wird der Pendelkörper beispielsweise nach rechts aus seiner Ruhelage herausgezogen und festgehalten (Abb. 3.01 b); im Augenblick, in dem er losgelassen wird, befindet er sich noch in Ruhe ($v = \dot{x} = 0$), setzt sich aber unter der Kraft der Feder beschleunigt in Bewegung; sobald er die Ruhelage erreicht ($x = 0$), ist er kräftefrei, denn die beiden Federn kompensieren sich gegenseitig (Abb. 3.01 c) – eben deshalb behält er aber die Geschwindigkeit bei, mit der er in der Ruhelage ankommt und fährt nach links über sie hinaus; dabei spannt er die andere Feder so lange, bis sie ihn im Maximalausschlag zur Ruhe gebracht hat (Abb. 3.01 d). Jetzt wiederholt sich das Spiel in umgekehrter Richtung: Nach einer Weile gleitet der Körper, Geschwindigkeit nach rechts, wieder durch die Ruhelage (Abb. 3.01 e) und kehrt, noch ein Weilchen später, in die Ausgangsposition zurück – eine Schwingungsdauer ist abgelaufen. Der Vorgang wiederholt sich, solange die Energie reicht.

Zu Beginn ist potentielle Energie in die gespannte Feder hineingesteckt worden; sie hat sich beim Durchgang durch die Ruhelage voll in kinetische verwandelt und findet sich beim Maximalausschlag nach links wieder potentiell in der gespannten Feder und so fort.

Ginge nicht doch stets ein wenig mechanische Energie durch Reibungsverluste in Wärme über, das Pendel schwänge bis in alle Ewigkeit so weiter.
Quantitativ läßt sich die Schwingung des Federpendels folgendermaßen beschreiben: Dank ihres linearen Kraftgesetzes (Kap. 1.10) geben die Schraubenfedern eine rücktreibende Kraft

$$F = -D\,x$$

auf den Pendelkörper – negatives Vorzeichen, weil ja die Richtung der rücktreibenden Kraft F der Richtung der Auslenkung x entgegensteht. Nach dem Grundgesetz der Mechanik führt F zu einer Beschleunigung

$$a = \ddot{x} = F/m$$

der Masse m des Pendelkörpers. Das bedeutet zusammengenommen

$$\ddot{x} = -\frac{D}{m}x.$$

Dies ist wieder eine Differentialgleichung; sie fragt nach einer Funktion, die nicht, wie bei der barometrischen Höhenformel (Kap. 2.10), zu ihrer ersten, sondern zu ihrer zweiten Ableitung mit negativem Vorzeichen proportional ist. Dieses Mal braucht auch die Lösungsfunktion nicht eigens definiert zu werden wie die Exponentialfunktion; sie existiert bereits, und zwar gleich zweimal: in den Winkelfunktionen Sinus und Cosinus. Beide gehen bei der Differentiation ineinander über, aber – und das ist wesentlich – das eine Mal unter Erhalt des Vorzeichens und das andere Mal nicht. Ausführlich schreibt sich das (gleich unter Anwendung der Kettenregel) so:

$$x_1(t) = A_0 \sin \omega t;$$
$$\dot{x}_1(t) = \omega A_0 \cos \omega t;$$
$$\ddot{x}_1(t) = -\omega^2 A_0 \sin \omega t;$$
$$= -\omega^2 x_1(t);$$

$$x_2(t) = A_0 \cos \omega t;$$
$$\dot{x}_2(t) = -\omega A_0 \sin \omega t;$$
$$\ddot{x}_2(t) = -\omega^2 A_0 \cos \omega t;$$
$$= -\omega^2 x_2(t).$$

Die Differentialgleichung ist also in beiden Fällen erfüllt, und zwar unabhängig von A_0, der *Amplitude* der Schwingung (hier also der Auslenkungsamplitude eines Federpendels). Zusätzlich kommt heraus, daß

$$\omega = \sqrt{\frac{D}{m}}$$

sein muß. Zunächst ist allerdings zu zeigen, daß Sinus und Cosinus überhaupt eine Schwingung beschreiben.

Beide Winkelfunktionen stehen in enger Beziehung zur Kreisbewegung. Läßt man einen Punkt auf einer Kreisbahn mit dem Radius A_0 rotieren, so kann sein *Fahrstrahl*, also seine Verbindungslinie zum Zentrum, stets aufgefaßt werden als Hypotenuse eines rechtwinkligen Dreiecks mit den Katheten x_1 und x_2 (Abb. 3.02). Läuft nun der Punkt um mit der Winkelgeschwindigkeit ω, so beträgt der Drehwinkel $\alpha(t)$ am Zentrum

$$\alpha(t) = \omega t.$$

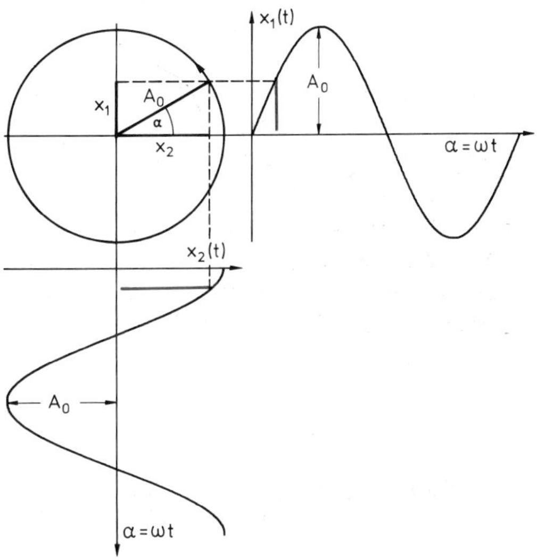

Abb. 3.02. Zusammenhang zwischen den Winkelfunktionen Sinus (rechts) und Cosinus (unten) und der Drehbewegung eines auf einer Kreisbahn umlaufenden Punktes. Der Radius des Kreises bestimmt die *Amplitude* A_0, die Zeit für einen Umlauf die *Schwingungsdauer* $T = 2\pi/\omega$

Definitionsgemäß ist aber

$$\sin \alpha = \frac{\text{Gegenkathete}}{\text{Hypotenuse}} = \frac{x_1}{A_0}$$

und

$$\cos \alpha = \frac{\text{Ankathete}}{\text{Hypotenuse}} = \frac{x_2}{A_0},$$

also auch

$$x_1 = A_0 \sin \omega t \quad \text{und} \quad x_2 = A_0 \cos \omega t.$$

Anschaulich entsteht x_1 durch horizontale

und x_2 durch vertikale Parallelprojektion des umlaufenden Punktes in Abb. 3.02. Zeichnet man schrittweise beide Projektionen auf, so erhält man in der Tat in jedem Fall den Graphen einer Schwingung. Beide sind fast identisch, nämlich bis auf den Startwert bei $t=0$ (d.h. $\alpha=0$): Der Sinus hat dort einen Nulldurchgang, der Cosinus seinen Maximalausschlag A_0. Einen Viertelumlauf später ($\alpha=\pi/2$) ist es umgekehrt: Der Cosinus läuft dem Sinus immer um $\pi/2$ voraus; er hat eine *Phasenverschiebung* um einen *Phasenwinkel*, der genau $-\pi/2$ beträgt:

$$A_0 \sin \omega t = A_0 \cos\left(\omega t - \frac{\pi}{2}\right).$$

Für die Beschreibung einer Schwingung hat der Zeitnullpunkt meist nur untergeordnete Bedeutung; er kann willkürlich gewählt werden. Darum darf man von einer *Sinusschwingung* auch dann sprechen, wenn man sie einmal mit dem Cosinus beschreibt. Eine solche Schwingung heißt *harmonisch* – sie wird ausgeführt von einem *harmonischen Oszillator*.

Mit einem Luftkissenfahrzeug nach Abb. 1.39 läßt sich ein solcher harmonischer Oszillator experimentell realisieren: Man braucht den Gleiter nur zwischen zwei passende Schraubenfedern zu hängen. Auch der formale Zusammenhang zwischen seiner Schwingung und einer Kreisbewegung kann demonstriert werden, sofern ein Drehkörper vorhanden ist, der – etwa angetrieben von einem regelbaren Elektromotor – synchron zum Federpendel und mit dem richtigen Bahnradius umläuft: Setzt man einen schwingenden und einen rotierenden Körper phasenrichtig in Bewegung, so bleiben beide immer „auf gleicher Höhe" nebeneinander.

Die Schwingungsdauer T ist abgelaufen, wenn der Oszillator, wenn das Pendel wieder zum Ausgangspunkt zurückgekehrt ist, und zwar in gleicher Marschrichtung. Bei der Kreisbewegung entspricht dies einem Umlauf, also dem Winkel 2π:

$$\omega T = 2\pi$$

und

$$\omega = 2\pi/T = 2\pi\nu;$$

Frequenz ν und Kreisfrequenz ω unterscheiden sich durch den Faktor 2π (Kap. 1.16).

Durch Zusatzgewichte auf dem Luftkissenfahrzeug, die seine Masse m erhöhen, durch Zusatzfedern, die die Federkonstante D beeinflussen, läßt sich auch die Vorhersage der Differentialgleichung und ihrer mathematischen Lösung experimentell bestätigen:

$$T = \frac{2\pi}{\omega} = 2\pi\sqrt{\frac{m}{D}}:$$

Ein Federpendel schwingt um so langsamer, je schwerer seine Masse und je weicher seine Federn sind.

Diesem Satz scheint das Fadenpendel (Abb. 3.03) auf den ersten Blick zu wider-

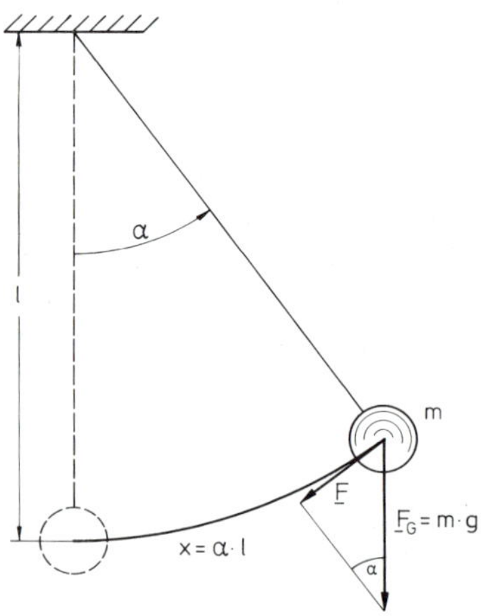

Abb. 3.03. Fadenpendel. Die Gewichtskraft F_G hat zwei zueinander senkrechte Komponenten, deren eine ($F_G \sin\alpha$) rücktreibend wirkt. Bei kleinen Ausschlägen kann $\sin\alpha \approx \alpha$ gesetzt werden. Das Pendel schwingt dann harmonisch mit der Schwingungsdauer

$$T = 2\pi\sqrt{\frac{l}{g}}$$

sprechen, denn seine Schwingungsdauer hängt zwar von der Fadenlänge l, nicht aber von der Masse m der Pendelkugel ab. Der Grund ist der gleiche wie beim freien Fall, der ja auch massenunabhängig abläuft: Die gleiche Masse, deren Gewichtskraft die Bewegung antreibt, verzögert sie über ihre Trägheit. Das Fadenpendel stellt übrigens nur bei hinreichend kleiner Amplitude einen harmonischen Oszillator dar. Bei großen Ausschlägen ist die rücktreibende Kraft nicht mehr proportional zur Auslenkung, und die Schwingung wird einigermaßen kompliziert. Dies zeigt die mathematische Beschreibung. Wird das Pendel um die Bogenlänge $x=\alpha l$ aus der Ruhelage herausgezogen, so bekommt seine Gewichtskraft $F_G=mg$ eine Komponente F senkrecht zur Richtung des Fadens; sie beträgt

$$F=F_G \sin\alpha;$$

nun gilt bei kleinen Winkeln

$$\alpha \approx \sin\alpha,$$

so daß für F, die als rücktreibende Kraft ein negatives Vorzeichen bekommt, auch geschrieben werden kann

$$F(x)=-\frac{mg}{l}x.$$

Der Bruch mg/l hat also im linearen Kraftgesetz des Fadenpendels die gleiche Funktion wie die Federkonstante D im Gesetz des Federpendels; dies eingesetzt in die Formel für die Schwingungsdauer führt zu

$$T=2\pi\sqrt{\frac{m}{mg/l}}=2\pi\sqrt{\frac{l}{g}};$$

die Masse fällt also in der Tat heraus, T ist von ihr unabhängig.

Das Fadenpendel stellt einen mathematisch einfachen, im strengen Sinn aber physikalisch nicht realisierbaren Sonderfall dar: In Wirklichkeit ist die Pendelkugel nicht punktförmig, sie hat außer ihrer Masse m auch ein Trägheitsmoment I. Das spielt eine Rolle, weil sie sich bei ihrer Schwingung auch noch ein wenig um ihren Aufhängepunkt am oberen Ende des Fadens dreht. Erheblich wird dieser Effekt bei vielen realen Pendeln – etwa den schwingenden Armen und Beinen eines Läufers – und erfordert einigen Aufwand, wenn man ihn mathematisch korrekt behandeln will. Einfacher ist dann wieder der von Schwerkraft und Lage unabhängige Grenzfall des reinen Drehpendels, realisiert etwa in der Unruhe einer Armbanduhr. Hier sorgt eine Spiralfeder über ihre *Winkelrichtgröße* D^* für ein dem Auslenkwinkel α proportionales rücktreibendes Drehmoment

$$T=D^*\alpha$$

und führt – in sauberer Analogie zwischen Rotation und geradliniger Bewegung – zu einer Drehschwingung

$$\alpha(t)=\alpha_0 \sin\omega t$$

mit der Schwingungsdauer

$$T=2\pi\sqrt{\frac{I}{D^*}}.$$

Aufgabe 3.01: Als *Sekundenpendel* bezeichnet man ein Fadenpendel, das genau eine Sekunde braucht, um von einem Umkehrpunkt in den anderen zu kommen. Welche Pendellänge hat es auf der Erde, welche auf dem Mond?

Aufgabe 3.02: Auch die Flüssigkeit in dem U-Rohr eines Manometers kann schwingen. Wie hängt die Schwingungsdauer T ab von der Dichte ρ der Flüssigkeit, der Länge l des Flüssigkeitsfadens und vom Radius r der Manometerröhre (Abb. 3.04)?

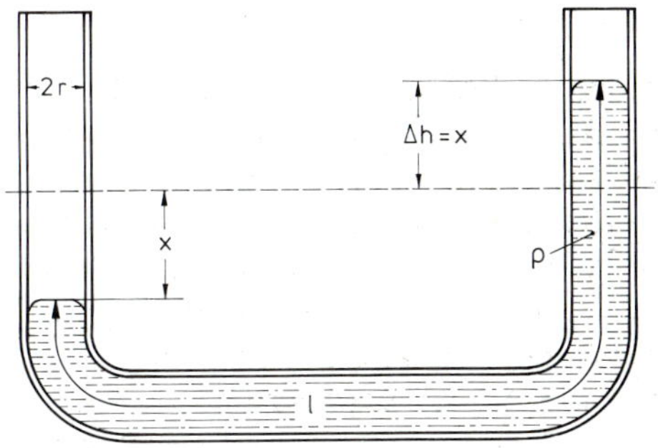

Abb. 3.04. Manometerflüssigkeit als schwingungsfähiges Gebilde (zu Aufgabe 3.02)

3.03 Gedämpfte Schwingungen

Jede mechanische Schwingung besitzt eine Energie W_s. In den Umkehrpunkten ist sie rein potentiell, im Nulldurchgang rein kinetisch, in der Zwischenzeit teilt sie sich auf. Für ein Federpendel mit der Masse m und der Federkonstanten D bedeutet dies

$$\frac{m}{2} v^2 + \frac{D}{2} x^2 = W_s.$$

Im Idealfall geht keine mechanische Energie durch Reibung in Wärme über; W_s bleibt konstant, und das Pendel kehrt nach jeder Schwingungsdauer zur gleichen Amplitude A_0 zurück. Genau diesen Fall beschreibt die Sinusfunktion: *harmonisch* im strengen Sinne ist nur die *ungedämpfte Schwingung* mit konstanter Amplitude.

Ideale stehen lediglich auf dem Papier – sie lassen sich leichter beschreiben als die Wirklichkeit. Jedes wirkliche Pendel, sich selbst überlassen, schwingt *gedämpft*: seine Amplitude wird mit der Zeit in dem Maße kleiner, in dem es Schwingungsenergie verliert und Reibungswärme erzeugt. Auch hier gibt es einen Idealfall: die Energie W_s verschwindet mit einer Leistung $\dot{W}_s$, die ihr selbst proportional ist. Dann führt die Differentialgleichung

$$\dot{W}_s \propto - W_s(t)$$

zu einem exponentiellen Abklingen der Schwingung nach

$$x(t) = A_0 \exp(-\delta t) \cdot \sin \omega t.$$

Den entsprechenden Graphen zeigt Abb. 3.05 – zwei aufeinanderfolgende Amplituden stehen immer im gleichen Verhältnis.

Die *Dämpfungskonstante* δ wächst mit der Reibung; je größer sie ist, desto schneller kommt das Pendel, einmal angestoßen, zur Ruhe – vorausgesetzt, es schwingt überhaupt noch. Im sogenannten *aperiodischen Grenzfall* kehrt es auf schnellstem Wege von einem Ausschlag in die Ruhelage zurück. Dämpft man noch stärker, so dauert die Rückkehr wieder länger *(Kriechfall)*.

Abb. 3.06 bringt einige Beispiele; sie sind an elektrischen Pendeln gewonnen, denn in der Mechanik läßt sich eine willkürlich einstellbare Dämpfung nur schwer realisieren. Wegen der Einzelheiten sei deshalb auf Kap. 6.03 verwiesen.

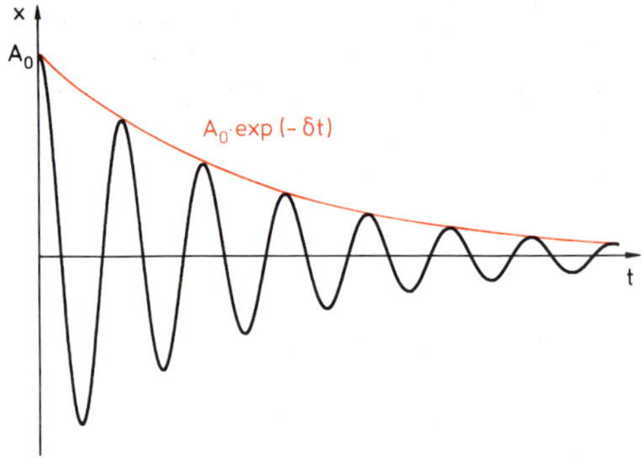

Abb. 3.05. Gedämpfte Schwingung. Die (rot gezeichnete) Kurve durch die Maxima der Schwingung ist eine Exponentialfunktion

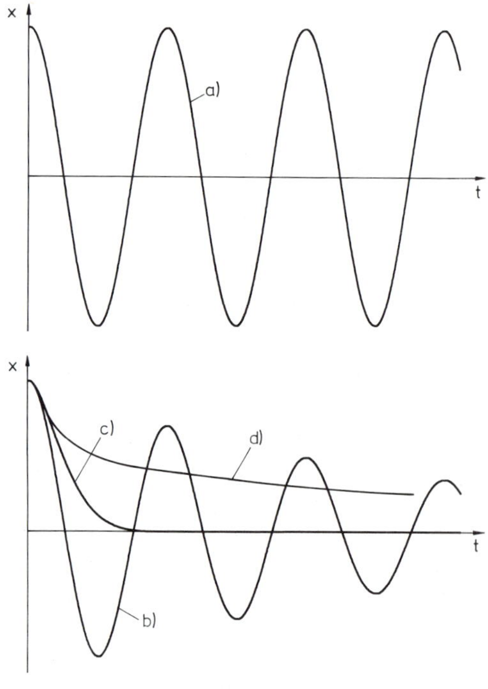

Abb. 3.06. Schwingungen unterschiedlicher Dämpfung. Ungedämpfte *harmonische* Schwingung (*a*), *Schwingfall* (*b*), *aperiodischer Grenzfall* (*c*), *Kriechfall* (*d*) für den gleichen Oszillator

Dem Ungeübten einigen Kummer bereiten kann das Pegelmaß *Dezibel* (dB). Der Name läßt eine Einheit vermuten, tatsächlich verbirgt sich hinter ihm aber eine Rechenvorschrift. Wenn die Energie W_1 einer Schwingung etwa durch Dämpfung auf $W_2 = 0{,}01\ W_1$ heruntergeht, dann beträgt der Unterschied der beiden *Pegel* 20 dB.

Das ergibt folgende Rechenvorschrift: Man bilde zunächst den Bruch W_1/W_2, logarithmiere ihn dekadisch und multipliziere den Logarithmus mit 10 – das Ergebnis ist der Pegelunterschied in Dezibel; d.h.

$W_1/W_2 = 100$ entspricht 20 dB,

weil $10 \lg 100 = 10 \cdot 2 = 20$.
Ein Unterschied der Pegel von

0 db bedeutet $W_1 = W_2$,

weil $0 = 10 \lg 1$.
Bei linearem Kraftgesetz ist die Schwingungsenergie W dem Quadrat der Amplitude A proportional:

$$W_1/W_2 = A_1^2/A_2^2.$$

Daraus folgt

$$10 \lg(W_1/W_2) = 10 \lg(A_1/A_2)^2 = 20 \lg(A_1/A_2).$$

Man kann das Pegelmaß auch aus dem Amplitudenverhältnis bestimmen, aber dann verlangt die Rechenvorschrift einen Faktor 20 zum Logarithmus.

Aufgabe 3.03: Welchem Energie- und welchem Amplitudenverhältnis entspricht eine Dämpfung von 5 dB?

Ein Kind, zum erstenmal auf eine Schaukel gesetzt, muß angestoßen werden und kommt der Reibung wegen bald zur Ruhe. Es lernt aber rasch, durch geschickte Bewegung des Oberkörpers die Schaukel auch für längere Zeit in Bewegung zu halten: Es führt ihr periodisch, immer im richtigen Moment, inzwischen verlorengegangene Schwingungsenergie wieder zu und erzeugt so eine ungedämpfte, harmonische Schwingung – ohne im mindesten zu ahnen, was das überhaupt ist.

Die rhythmische Energiezufuhr muß nicht gefühlsmäßig oder gar durch Nachdenken besorgt werden, eine rein mechanische *Selbststeuerung* tut es auch, wie Uhren beweisen. Wenn man sie aufzieht, speichert man Energie in einer Spiralfeder oder in einem angehobenen Gewicht. Über Zahnradgetriebe, Steigrad und Anker (Abb. 3.07) wird sie in kleinsten Portionen

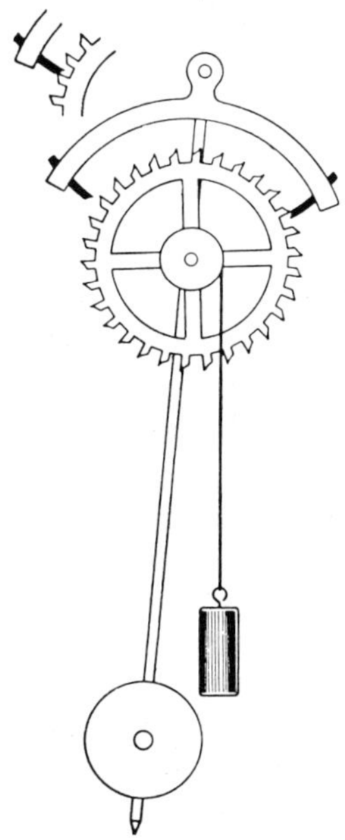

Abb. 3.07. Selbststeuerung eines Uhrpendels. Die Zähne des *Steigrades* drücken jeweils auf die schrägen Enden der Stifte des *Ankers* und führen so dem Pendel Energie zu. (Nach Gerthsen)

stoßweise an das Pendel abgegeben – es führt damit ungedämpfte Schwingungen aus, solange der Energievorrat reicht. Was bei Uhren Ziel der Konstruktion ist, kann bei Regelkreisen ausgesprochen stören: Selbsterregung zu unerwünschten Schwingungen. Wichtiges, wenn auch nicht einziges Mittel zur Abhilfe bildet eine Erhöhung der Dämpfung.

3.04 Erzwungene Schwingungen – Resonanz

Die regelmäßige Energiezufuhr zur ungedämpften Schwingung muß nicht vom Pendel selbst ausgelöst werden, sie kann auch von einem unabhängigen *Erreger* ausgehen. Hängt z.B. das rechte Ende eines Federpendels an einem Faden, den ein Exzenter, angetrieben von einem Elektromotor, periodisch hin und her zieht (Abb. 3.08), so schwingt der Pendelkörper auch jetzt ungedämpft: er führt *erzwungene Schwingungen* aus, und zwar genau mit der Frequenz ν des Erregers. Dabei hat das

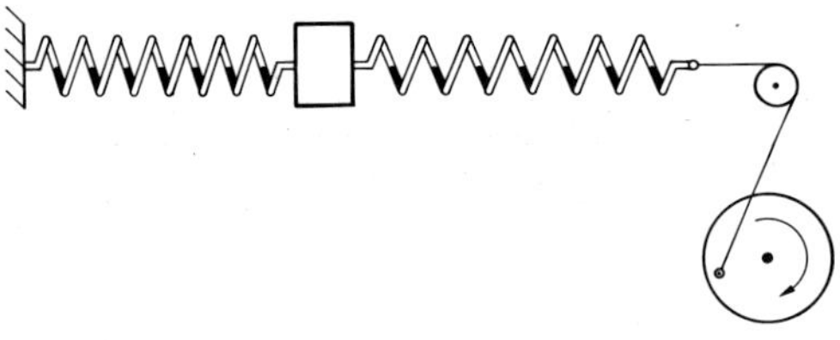

Abb. 3.08. Federpendel zur Untersuchung erzwungener Schwingungen. Ihre Frequenz wird vorgegeben von einem Exzenter, den ein Elektromotor dreht

Pendel aber seine Eigenfrequenz ν_0 nicht vergessen; es schwingt mit um so größerer Amplitude, je näher ν und ν_0 beieinanderliegen. Nicht selten klappert ein altes Auto besonders laut bei einer ganz bestimmten Geschwindigkeit; irgendein Blechteil ist locker und schwingungsfähig geworden und gerät in *Resonanz*, wenn der Motor seine Eigenfrequenz trifft.

Eine genauere Untersuchung erzwungener Schwingungen führt zur *Resonanzkurve* (Abb. 3.09). Bei kleinen Frequenzen folgt der Resonator dem Erreger unmittelbar,

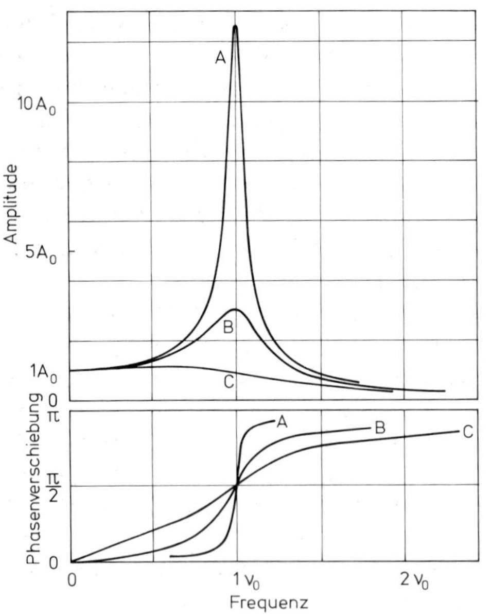

Abb. 3.09. Resonanzkurven eines Oszillators der Eigenfrequenz ν_0. Die Ordinate ist unterteilt mit der Auslenkungsamplitude A_0 bei kleinen Frequenzen als Einheit. Mit stärkerer Dämpfung nimmt die *Resonanzüberhöhung* ab und die Phasenverschiebung zwischen Erreger und Resonator bei kleinen Frequenzen zu. (Nach R. W. Pohl)

beide erreichen ihre Maximalausschläge zu gleicher Zeit: Sie schwingen *in Phase* (d.h. mit der Phasenverschiebung 0). Steigert man die Frequenz des Erregers, so wächst im allgemeinen die Amplitude des Resonators. Sie erreicht ihren Höchstwert ungefähr bei dessen Eigenfrequenz *(Resonanz)* und geht von da ab asymptotisch auf Null herunter. Erreger und Resonator schwingen schließlich *in Gegenphase* (d.h. mit der Phasenverschiebung π). In unglücklichen Fällen kann die Resonanzamplitude so groß werden, daß der Resonator dabei zu Bruch geht – durch seinen Blechtrommler Oskar Matzerath, der gläserne Gegenstände aller Art „zersingen" konnte, hat Günter Grass der *Resonanzkatastrophe* zu belletristischem Eigenleben verholfen. Physikalisch setzt sie Resonatoren mit extrem geringer Dämpfung voraus. Aperiodisch oder gar bis in den Kriechfall hinein gedämpfte Oszillatoren sind zu einer *Resonanzüberhöhung* nicht mehr fähig. Weil alle Erscheinungen der Resonanz sich am leichtesten bei elektrischen Schwingungen untersuchen lassen, werden sie in Kap. 6.02 noch einmal und ausführlicher behandelt.

3.05 Überlagerung von Schwingungen

Man kann ein Federpendel auch zwischen zwei unabhängige Erreger setzen, an jedem Ende einen (Abb. 3.10). Was dabei herauskommt, läßt sich in einfachen Fällen durch reine Überlegung gewinnen. Am leichtesten zu übersehen ist der Fall, daß beide Erreger mit gleicher Amplitude und Frequenz laufen (sie soll klein sein gegen-

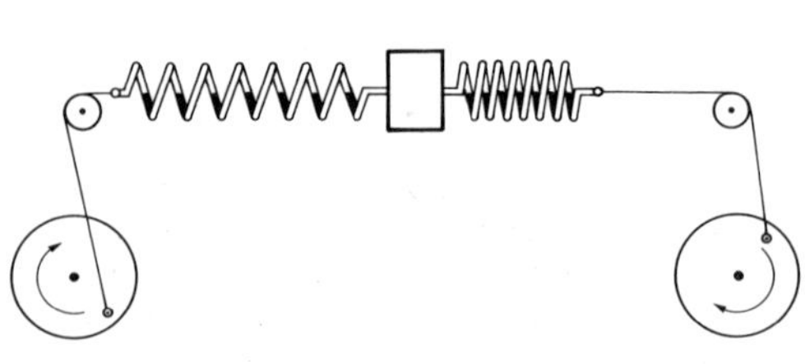

Abb. 3.10. Federpendel, zwischen zwei Erregern schwingend

über der Eigenfrequenz des Pendels). Schwingen sie in Gegenphase, so bleibt der Pendelkörper einfach stehen zwischen zwei zwar periodisch wechselnden, aber zu jedem Zeitpunkt entgegengesetzt gleichen Kräften: die Schwingungen der Erreger löschen sich in *destruktiver Interferenz* gegenseitig aus. Schwingen sie in Phase, so ziehen sie den Pendelkörper hin und her, praktisch ohne die Federn zu dehnen: Er folgt ihnen mit gleicher Frequenz und Amplitude – diese ist doppelt so groß wie bei Anregung durch nur einen Erreger *(konstruktive Interferenz)*. Jede andere Phasenbeziehung führt zu einem Ergebnis zwischen diesen beiden Grenzfällen. Ganz formal kann man es erhalten, wenn man die Ausschläge, die jeder Erreger für sich allein erzeugen würde, zu jedem Zeitpunkt addiert (Abb. 3.11).

Bemerkenswert ist die Überlagerung zweier Schwingungen von nicht genau, aber fast gleicher Frequenz: sie führt zur

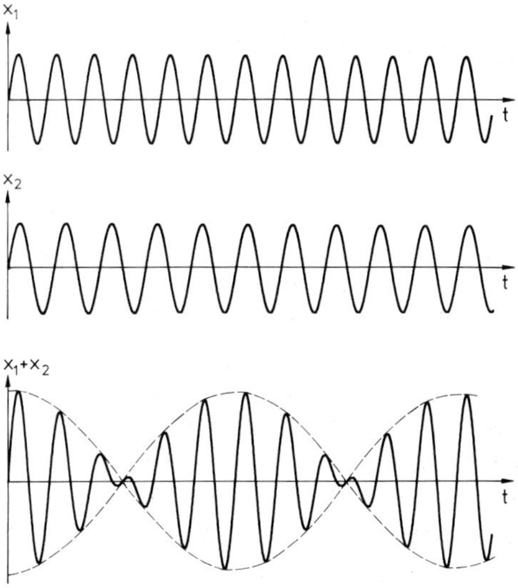

Abb. 3.12. Schwebung, Überlagerung zweier amplitudengleicher Schwingungen mit nahezu gleichen Frequenzen ν_1 und ν_2. Schwebungsfrequenz = Differenzfrequenz $\nu_d = \nu_1 - \nu_2$

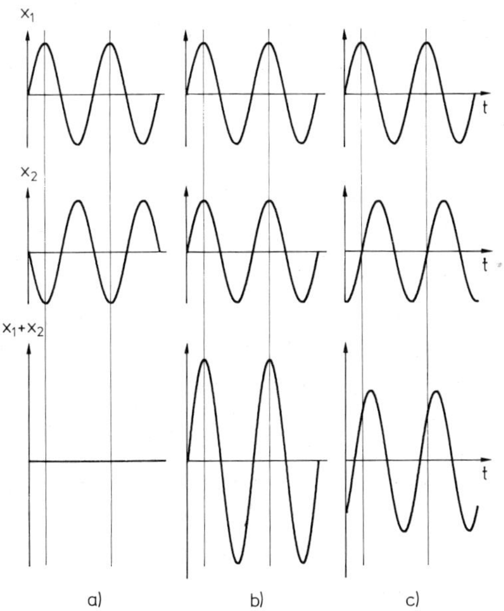

Abb. 3.11. Überlagerung von zwei Schwingungen gleicher Frequenz und Amplitude. Auslöschung in Gegenphase, *destruktive Interferenz* (*a*), Amplitudenverdopplung bei gleichphasiger Schwingung, *konstruktive Interferenz* (*b*), Situation zwischen den Grenzfällen, mittlere Amplitude mit Phasenverschiebung (*c*)

Schwebung (Abb. 3.12). Verstärken sich die beiden Schwingungen zu irgendeinem Zeitpunkt, weil sie gerade gleiche Phase haben, so wird ein Weilchen später die eine Schwingung der anderen gerade um eine halbe Schwingungsdauer davongelaufen sein: Sie geraten in Gegenphase und löschen sich aus. Dieses Spiel wiederholt sich periodisch, und zwar mit der *Differenzfrequenz*, der Differenz der beiden Einzelfrequenzen.

Etwas schwieriger zu übersehen ist die Überlagerung zweier Schwingungen im Frequenzverhältnis 1:2. Auch hier hängt das Resultat wesentlich von der Phasenlage ab (Abb. 3.13). Grundsätzlich darf man auch mehr als zwei Schwingungen einander überlagern. Treibt man es weit genug, so kann man im Prinzip jeden periodisch ablaufenden Vorgang, jede noch so komplizierte Schwingungsform aus einzelnen Sinusschwingungen zusammensetzen *(Fourier-Synthese)* oder auch in sie zerlegen *(Fourier-Analyse)*. In mathematischer Strenge läßt sich beweisen: Die Frequenz ν_0, mit der sich ein beliebiger Vorgang periodisch wiederholt, erscheint

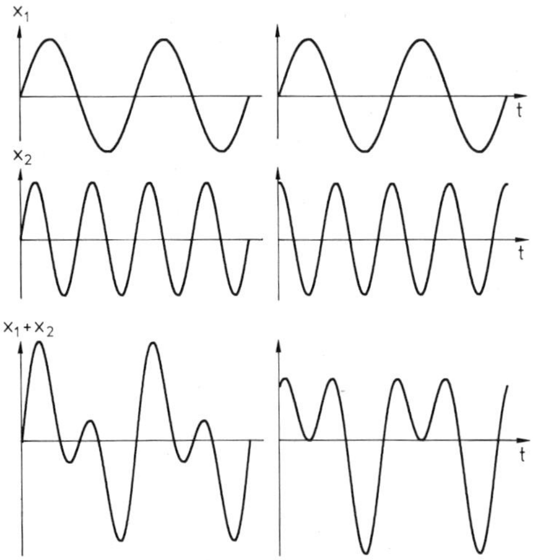

Abb. 3.13. Überlagerung zweier amplitudengleicher Schwingungen im Frequenzverhältnis 2:1. Die Phasenlage ist wesentlich

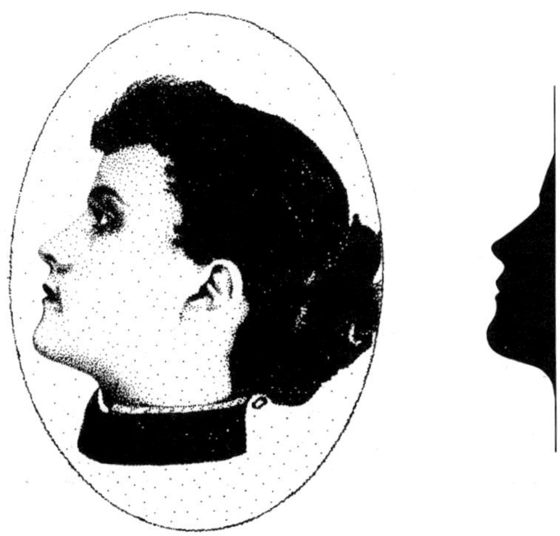

Abb. 3.14. Auch die Grenzkurve eines (geeigneten) Scherenschnittes kann, sofern man sich ihn periodisch wiederholt vorstellen darf, in Sinusfunktionen zerlegt werden. Da die Kurve einseitig links der Nullinie liegt, enthält die Fourier-Analyse ein konstantes, nichtperiodisches Glied:

$$
\begin{aligned}
y = 0{,}9432 & \qquad + 1{,}0402 \sin (x - 1{,}02) \\
0{,}1531 \sin (2x - 1{,}89) & + 0{,}2800 \sin (3x - 3{,}09) \\
0{,}1198 \sin (4x + 1{,}24) & + 0{,}1088 \sin (5x + 1{,}39) \\
0{,}0951 \sin (6x - 1{,}06) & + 0{,}0043 \sin (7x - 2{,}96) \\
0{,}0455 \sin (8x - 1{,}93) & + 0{,}0324 \sin (9x + 2{,}21) \\
0{,}0105 \sin (10x - 3{,}04) & + 0{,}0302 \sin (11x + 0{,}76) \\
0{,}0112 \sin (12x - 1{,}20) & + 0{,}0086 \sin (13x - 2{,}63) \\
0{,}0092 \sin (14x - 1{,}36) & + 0{,}0129 \sin (15x + 2{,}79) \\
0{,}0045 \sin (16x + 1{,}65) & + 0{,}0008 \sin (17x + 2{,}87) \\
0{,}0052 \sin (18x + 0{,}46) & + 0{,}0043 \sin (19x - 0{,}52) \\
0{,}0068 \sin (20x - 2{,}60) & + 0{,}0007 \sin (21x - 0{,}59) \\
0{,}0053 \sin (22x + 3{,}11) & + 0{,}0044 \sin (23x + 1{,}36) \\
0{,}0029 \sin (24x - 0{,}71) & + 0{,}0003 \sin (25x + 2{,}67)
\end{aligned}
$$

in der Analyse als Frequenz der *Grundschwingung*; ihr überlagern sich *Oberschwingungen*, deren Frequenzen ganzzahlige Vielfache von ν_0 sind. Über die Phasenwinkel dieser sog. *Harmonischen* läßt sich allgemein nichts aussagen, sie hängen vom Einzelfall ab; ebenso die Amplituden, die aber mit steigender Frequenz schließlich einmal monoton gegen Null gehen. Ein Computer mittlerer Größe ist gern bereit, die umfangreiche und etwas stumpfsinnige Rechenarbeit einer Fourier-Analyse zu übernehmen - auch dann, wenn der Kurvenzug senkrecht von oben nach unten verläuft und, auf der einen Seite schwarz eingefärbt, den Scherenschnitt eines erfreulichen Profiles darstellt, wie in Abb. 3.14. Die Fourier-Komponenten, ob man sie nun formelmäßig aufschreibt (Unterschrift zu Abb. 3.14) oder als Wellenzüge aufzeichnet (oberes Teilbild der Abb. 3.15), enthalten im wesentlichen die gleiche Information wie die Silhouette; sie sollten darum von einem versierten Mathematiker auch mit dem gleichen Genuß betrachtet werden können. Für das untere Teilbild der Abb. 3.15 hat sich der Computer die Mühe gemacht, die einzelnen Fourier-Glieder sukzessive aufzusummieren: Man kann gewissermaßen zusehen, wie sich das Profil schrittweise entwickelt.

Praktische Bedeutung hat die Fourier-Zerlegung für die Meßtechnik registrierender Geräte wie z. B. Elektrokardiographen. Auch ein EKG kann ja als aus Grund- und Oberschwingungen zusammengesetzt aufgefaßt werden. Sie müssen alle mit richtiger Amplitude, Phase und Frequenz der Schreibfeder des Gerätes mitgeteilt werden, damit diese das Kardiogramm korrekt aufzeichnen kann. Das aber ist nicht ganz so selbstverständlich, wie es auf den ersten Blick erscheinen mag: Schreibfeder, Halterung, Elektronik, der ganze Kardiograph stellt elektrisch und mechanisch schwingungsfähige Gebilde dar, die frequenzabhängig zu Resonanzüberhöhungen und Phasenverschiebungen neigen. Der Gerätehersteller muß das ver-

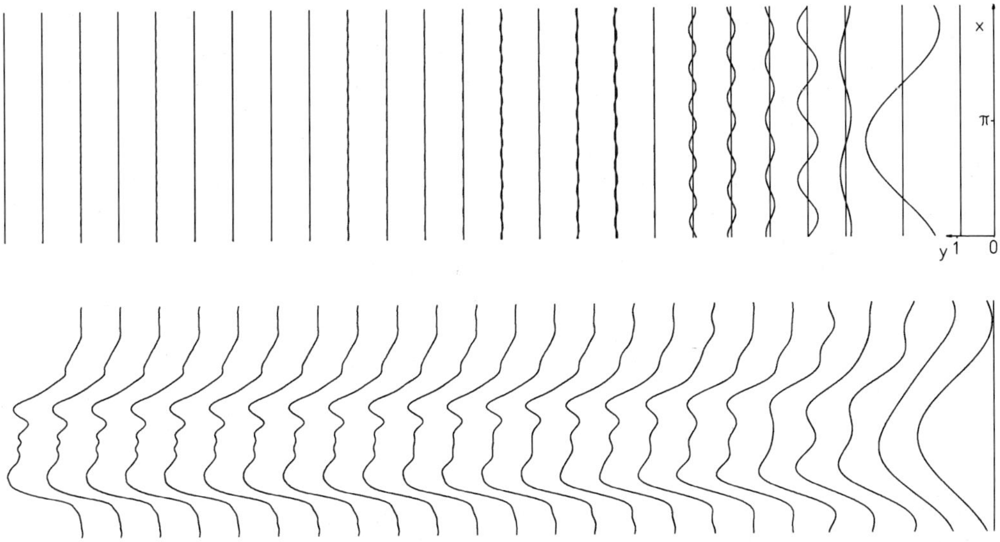

Abb. 3.15. Oberes Teilbild: *Fourier-Analyse* – Zeichnungen der ersten 26 Fourier-Glieder des vorgegebenen Profiles; unteres Teilbild: *Fourier-Synthese* – die Fourier-Glieder werden nacheinander von rechts nach links aufaddiert. (Computer-Rechnung und -Zeichnung von W. Steinhoff)

meiden. Übliche Kardiographen schneiden die Übertragung kurzerhand in der Größenordnung von 100 Hz ab; mit Spezialgeräten aufgenommene *Hochfrequenz-Kardiogramme* enthalten mehr Information und sind entsprechend schwerer zu deuten.

Bei der Übertragung eines EKG wie bei der Fourier-Analyse der Silhouette spielen die Phasenbeziehungen der einzelnen Harmonischen untereinander eine ganz entscheidende Rolle; für viele andere Probleme, insbesondere in der Akustik, haben sie demgegenüber so gut wie keine Bedeutung: Es genügt, das *Spektrum* zu kennen, d.h. die in der Schwingung enthaltenen Frequenzen und ihre Amplituden. Ein akustisches Spektrum läßt sich mit einem *Zungenfrequenzmesser* aufnehmen, bestehend aus einer Reihe unterschiedlich langer Blattfedern, die schwach gedämpfte Resonatoren mit dicht beieinanderliegenden Eigenfrequenzen darstellen. Gibt man die Schwingung, die untersucht werden soll, auf die gemeinsame Halterung der Federn, so sucht sich jeder Resonator seine Eigenfrequenz heraus und schwingt, sofern sie überhaupt vorhanden ist, mit einer entsprechenden Amplitude. Auch dieses Problem läßt sich aber heute mit elektrischen Schwingkreisen leichter und eleganter lösen.

Übersichtlich darstellen und mathematisch einfach beschreiben läßt sich nur die reine *harmonische* Sinusschwingung. Die Welt aber ist voll von *anharmonischen* Schwingungen. Die Fourier-Analyse versucht, den komplizierten allgemeinen Fall, so gut das geht, auf den einfachen zurückzuführen.

3.06 Seilwellen

Ein Federpendel schwingt harmonisch. Es hält sich an die Resonanzkurve, sobald einem Federende eine sinusförmige Bewegung aufgezwungen wird. Was aber geschieht, wenn man zwei Federpendel so, wie Abb. 3.16 das zeigt, aneinanderkoppelt?

Stößt man zunächst nur ein Pendel an, so glaubt es, zwischen fest eingespannten Federn zu schwingen; der andere Pendel-

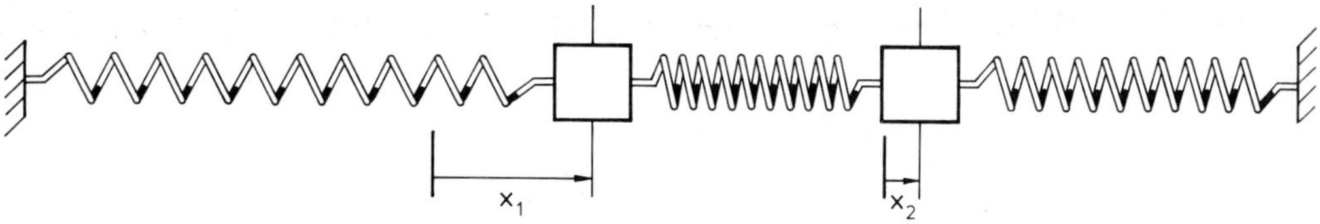

Abb. 3.16. Zwei gekoppelte Federpendel mit den momentanen Auslenkungen x_1 und x_2

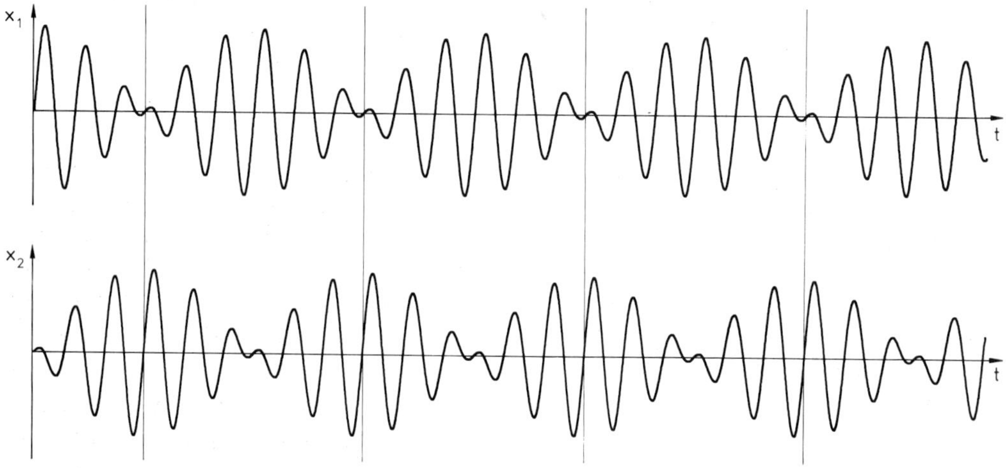

Abb. 3.17. Schwingungen gekoppelter Pendel: die Energie wechselt mit der Schwebungsfrequenz zwischen beiden Pendeln hin und her

▽ Abb. 3.18. Pendelkette

körper ist ja anfangs in Ruhe. Für Pendel 2 führt aber das eine Federende sinusförmige Schwingungen aus, und zwar genau in seiner Eigenfrequenz, folglich erinnert es sich der Resonanzkurve und beginnt seinerseits zu schwingen. Die dafür notwendige Energie kann es aber nur dem Pendel 1 entnehmen. Dessen Amplitude nimmt also ab. Wenn sie auf Null angekommen ist, haben beide Oszillatoren ihre Rolle gegenüber der Ausgangssituation vertauscht; das Spiel wiederholt sich. Die Schwingungsenergie wechselt periodisch zwischen beiden Pendeln hin und her, jedes für sich führt die Bewegung einer Schwebung aus (Abb. 3.17). Die Schwebungsfrequenz derartiger *gekoppelter Pendel* hängt wesentlich von der Stärke der koppelnden Federn ab.

Merklich anders verhält sich eine lange Kette gleicher Oszillatoren, die relativ stark aneinandergekoppelt sind (Abb. 3.18): Hier gibt jedes einzelne Pendel mit nur geringer Zeitverzögerung Schwingungsenergie z.B. an seinen Nachbarn zur Linken weiter, noch ehe es sie von seinem Nachbarn zur Rechten voll übernommen hat. Infolgedessen kann ein Erregungszustand von einem Ende der Kette zum anderen durchlaufen. Das einzelne Pendel verläßt dabei seinen Platz in der Kette nicht, es schwingt lediglich um seine Ruhelage. Was transportiert wird, ist keine Materie, sondern ein Erregungszustand, repräsentiert durch die Phase einer Schwingung und die mit ihr verbundene Schwingungsenergie. Entlang der Kette läuft eine Welle. Grundsätzlich sind den Oszillatoren

Abb. 3.19. Längs- und Querwelle, Momentaufnahme, schematisch

dabei verschiedene Schwingungsrichtungen erlaubt. Man unterscheidet zwei Grenzfälle:

Bei der *longitudinalen* oder *Längs-Welle* bewegen sie sich in Richtung der Kette und der Ausbreitungsgeschwindigkeit, bei der *transversalen* oder *Quer-Welle* senkrecht dazu (Abb. 3.19).

Jedes einzelne Pendel übernimmt dabei den Schwingungsablauf praktisch unverändert von seinem Nachbarn: Der Wellenzug läuft formfest durch die ganze Kette, ob er nun aus einem Impuls oder einem ganzen Wellenzug besteht. Dabei ist nicht notwendig, daß man Pendelkörper und Kopplungsfedern deutlich voneinander trennen kann. Querwellen laufen auch längs einer Wäscheleine.

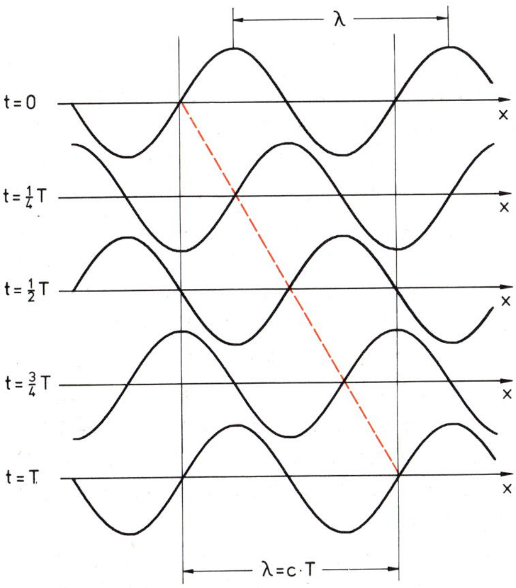

Abb. 3.20. Jede Welle läuft in der Schwingungsdauer T um eine Wellenlänge λ weiter:

$c = \lambda\,\nu$

Die Ausbreitungsgeschwindigkeit einer Welle hängt ab von den mechanischen Eigenschaften der Pendelkette, in der sie läuft. Auf jeden Fall muß sie aber während einer Schwingungsdauer T um genau eine Wellenlänge fortschreiten (Abb. 3.20). Kehrwert von T ist die Frequenz ν; also gilt

Ausbreitungsgeschwindigkeit c = Wellenlänge $\lambda \cdot$ Frequenz ν.

An diese Beziehung muß sich jede Welle halten, ob sie nun Seil-, Schall-, Licht-, Wasser- oder sonst eine Welle ist.

Kommt eine Welle an das Ende einer Pendelkette, so kann sie dort reflektiert werden. Die Folge ist eine Überlagerung von zwei gegenläufigen Wellen gleicher Frequenz und Amplitude; sie führt zu einer *stehenden Welle* (Abb. 3.21): Einzelne Oszillatoren bleiben ständig in Ruhe, sie liegen in *Schwingungsknoten*; andere im *Schwingungsbauch* sind in voller Bewegung. Der Abstand zwischen benachbarten Knoten oder Bäuchen beträgt eine halbe Wellenlänge.

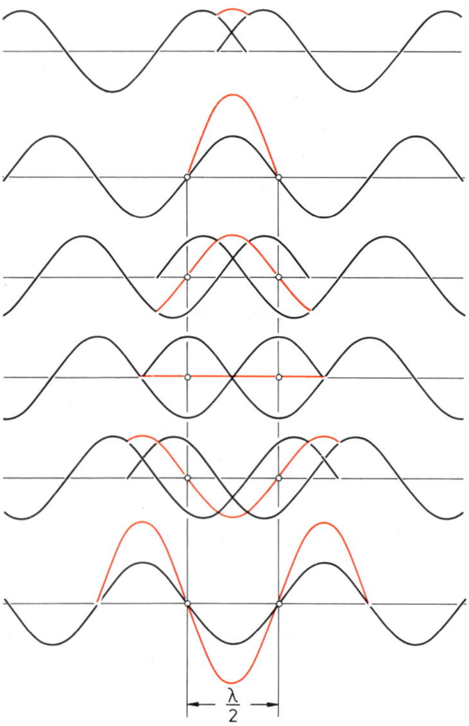

Abb. 3.21. Zwei gegenläufige Wellen gleicher Amplitude und Frequenz geben eine *stehende Welle*. Der Abstand zweier Knoten oder zweier Bäuche beträgt eine halbe Wellenlänge

3.07 Schall

Mechanische Schwingungen im Frequenzbereich von 16 Hz bis 16 kHz kann der Mensch hören. Schwingungen kleinerer Frequenz werden als Bewegungen empfunden, unterhalb etwa 3 Hz lassen sie sich unmittelbar abzählen. In der Akustik bezeichnet man diesen Bereich auch als *Infraschall*. Die obere Hörfrequenzgrenze ist eine Frage des Lebensalters, sie nimmt mit den Jahren ab. Schall, der darüberliegt, heißt *Ultraschall*.

Hörschall muß zu seiner Wahrnehmung nicht unbedingt auf dem normalen Wege über Luft und Trommelfell auf das eigentliche Sinnesorgan, die Schnecke im Innenohr, übertragen werden; eine Stimmgabel, unmittelbar auf die Stirn gesetzt, ist gut zu hören, allerdings nur von dem Träger der Stirn selbst. Auch feste, flüssige und viskoelastische Körper, hier die Schädelknochen, transportieren Schall. Verwunderlich ist das nicht. Die Atome eines Kristalles z.B. können ihre Plätze im Gitter nicht verlassen, aber sie können um ihre Ruhelagen schwingen. Dabei übertragen sie ihre Bewegungen durch zwischenatomare Kräfte auf ihre Nachbarn; alle zusammen bilden ein dreidimensionales System von Pendelketten.

Die Ausbreitungsgeschwindigkeit c des Körperschalles steigt mit der Härte der „Kopplungsfedern", repräsentiert durch den Elastizitätsmodul E des Materials – sie sinkt mit der Masse der Pendelkörper, repräsentiert durch die Dichte ρ. Quantitativ ergibt sich für Dehnwellen auf langen dünnen Stäben

$$c=\sqrt{E/\rho}\,.$$

Gase haben keine Zerreißfestigkeit und keinen Elastizitätsmodul, an seine Stelle tritt der Kompressionsmodul Q, definiert in Kap. 2.09. Erst in Kap. 4.23 kann gezeigt werden, daß Q ebenso wie ρ proportional zum Druck ist. Folge: in Gasen hat der Druck keinen nennenswerten Einfluß auf die Schallgeschwindigkeit. Sie ist dort verhältnismäßig klein, etwa 330 m/s in normaler Luft, sie ist größer in Flüssigkeiten (z.B. 1480 m/s in Wasser) und am größten in Festkörpern (z.B. ca. 5 km/s in Aluminium).

In Flüssigkeiten und Gasen haben die Moleküle keine festen Plätze wie in Kristallen und können darum auch keine echten Pendelketten bilden. Sie werden von einer Schallquelle, etwa der Membran eines Lautsprechers lokal zusammengeschoben. Das bedeutet eine örtliche Druckerhöhung, die sich radial, in Bewegungsrichtung der Moleküle, mit Schallgeschwindigkeit ausbreitet. Schallwellen in Wasser und Luft sind immer longitudinale Wellen – und in Festkörpern meistens auch.

Im Prinzip breiten sich Schallwellen nach den gleichen Gesetzen aus wie sichtbares Licht; nur sind sie an Materie gebunden – Vakuum ist schalltot – und haben sehr viel größere Wellenlängen. Sie zeigen alle Erscheinungen der Beugung, Brechung und Interferenz, die in Kap. 7.27 ff. für Licht ausführlich besprochen werden; nur verlangen sie wegen ihrer Wellenlänge sehr viel ausgedehntere experimentelle Anordnungen. Für die Schallreflexion des Echos nimmt man am besten gleich eine ganze Bergwand, für echten Schattenwurf sind Häuser zu klein. Immerhin dringt der tiefe, und damit langwellige Ton der großen Trommel einer Militärkapelle leichter in Querstraßen ein als die hohen Töne der Pfeifen.

Aufgabe 3.04: Welche Wellenlänge hat der Kammerton *a'* (440 Hz) in Luft, Wasser und Aluminium?

Normalerweise hört das Ohr einen Ton mit eben derjenigen Frequenz, mit der ihn die Schallquelle ausgesandt hat. Das muß aber nicht so sein. Das Martinshorn eines Polizeifahrzeuges senkt in dem Augenblick seine Tonhöhe, in dem es an einem vorbeifährt – das Horn selbst weiß davon nichts. Die Ursache dieses *Doppler-Effektes* liegt in der Relativbewegung zwischen Schallquelle einerseits sowie Luft und Beobachter andererseits. Fährt die Quelle auf einen zu, so treffen die Druckmaxima das Ohr in rascherer Folge, als sie vom Horn ausgesandt werden: Man hört einen höheren Ton. Das Umgekehrte gilt, wenn sich die Schallquelle entfernt (Abb. 3.22). Wer sich mit mehr als Schallgeschwindigkeit durch die Luft bewegt, kann nach vorn keinen Schall mehr abstrahlen – er holte ihn ja ein. Dafür erzeugt er einen Druckstoß, den er als eine kegelförmig sich ausbreitende *Kopfwelle* hinter sich herzieht (Abb. 3.23). Jede plötzliche Druckschwankung empfindet das Ohr

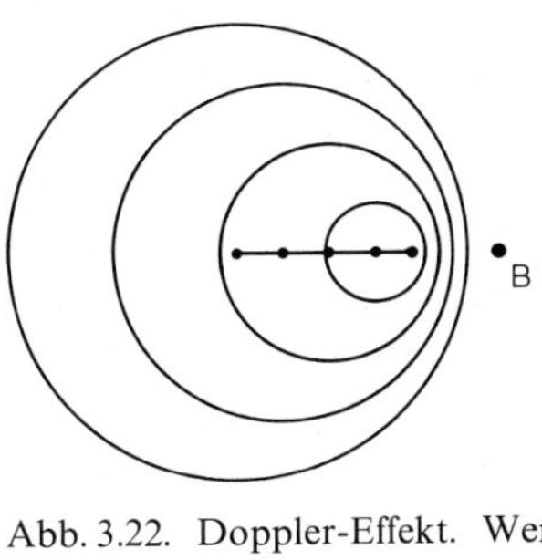

Abb. 3.22. Doppler-Effekt. Wenn sich die Schallquelle auf den Beobachter *B* zubewegt, erscheint diesem die Frequenz erhöht

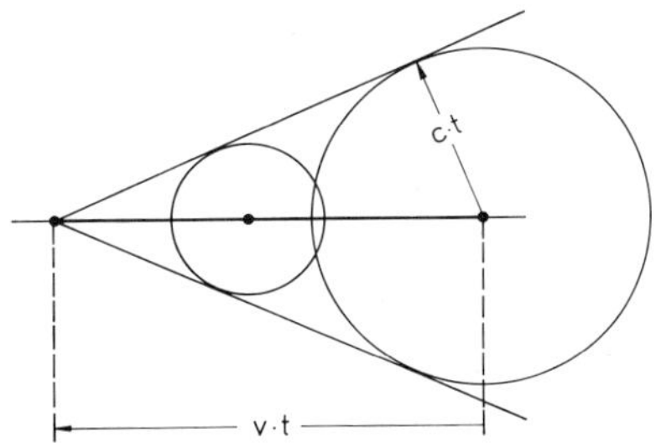

Abb. 3.23. Kopfwelle eines Überschallflugzeuges. Sie bildet die Einhüllende der vom Flugzeug ausgesandten Kugelwellen

als Knall – Überschall-Flugzeuge lösen mit ihrer Kopfwelle einen Überschall-Knall aus, und zwar nicht nur einmal, wenn das Flugzeug „die Schallmauer durchbricht", sondern ständig. Sie werden von einer Knallschleppe begleitet, solange sie schneller sind als der Schall.

Aufgabe 3.05: Welchen Öffnungswinkel hat der Kegel der Kopfwelle eines Flugzeuges, das mit doppelter Schallgeschwindigkeit *(Mach 2)* fliegt?

3.08 Schallstärke, Lautstärke und Lautheit

Der Überschallknall ist unangenehm und auf die Dauer auch gesundheitsschädlich. Das Ohr als ein Warnsystem, das auch im Schlaf nicht ganz abgeschaltet wird, hat seine Empfindlichkeit bis an die Grenze des Sinnvollen gesteigert – noch ein wenig mehr, und es müßte die thermische Bewegung der Luftmoleküle als ein permanentes Rauschen wahrnehmen. Zum Hörschall normaler Sprechlautstärke gehören Druckschwankungen in der Größenordnung von 10^{-2} Pa, sie werden *Schalldruck* genannt. Zu ihnen gehören Schwingungen der Moleküle mit Amplituden im Bereich 10^{-6} cm und Geschwindigkeiten von etwa 10^{-4} m/s. Diese Geschwindigkeit heißt *Schallschnelle* und hat mit der Ausbreitungsgeschwindigkeit des Schalles nichts zu tun. Eng verbunden aber ist sie mit der *Schallstärke*, auch *Schallintensität* genannt, einem objektiven, vom menschlichen Ohr unabhängigen Maß für die von einer Schallwelle transportierte Leistung.

Definiert ist

$$\text{Schallstärke } I = \frac{\text{Schall-Leistung } P}{\text{Empfänger-Fläche } A}$$

mit der Einheit W/m^2. Zwischen ihr und der Schallschnelle v besteht der Zusammenhang

$$I = \tfrac{1}{2} \rho c v^2.$$

Herleitung: Jede Schallwelle besitzt eine Energiedichte

$$\varepsilon = \frac{\text{Energie}}{\text{Volumen}} = \frac{W}{V};$$

W setzt sich zusammen aus potentieller Energie (Schalldruck) und kinetischer (Schallschnelle), muß aber im Schnellemaximum von dieser allein geliefert werden; dort gilt also

$$W = \tfrac{1}{2} m v^2$$

und

$$\varepsilon = \tfrac{1}{2} \rho v^2.$$

ε wird mit der Schallgeschwindigkeit c transportiert; dies bedeutet einen Energiedichtefluß εc, eben die Schallstärke I.

Aufgabe 3.06: In welcher Größenordnung liegt die Schalleistung, die ein Ohr bei normaler Sprechlautstärke aufnimmt? (Empfängerfläche in der Größenordnung cm^2.)

Der Schalldruck, um den in einer Schallwelle der Luftdruck um den Barometerstand als Mittelwert schwankt, darf nicht verwechselt werden mit dem *Schallstrahlungsdruck*, den eine Schallwelle auf jedes Hindernis ausübt, das ihr im Wege steht. Auch er ist gering; für den Effekt der Posaunen von Jericho hat er gewiß nicht ausgereicht.

Schallstärkemesser benötigen ein Mikrophon, einen Verstärker und ein Anzeigegerät. Es macht grundsätzlich keine Schwierigkeiten, sie in W/m^2 zu eichen. Dem Arbeitsphysiologen aber, der sich etwa für den Krach in einer Kesselschmiede interessiert oder die nächtliche Ruhestörung in einer Schlafstadt durch den nahegelegenen Flugplatz, ist damit wenig gedient. Schall stört nur, wenn man ihn hören kann – Ultraschall macht keinen Lärm! Aber auch im Hörbereich wertet das Ohr nicht alle Frequenzen gleichermaßen. Seine höchste Empfindlichkeit liegt bei 3 kHz – nicht ohne Grund brüllen Babys bevorzugt auf dieser Frequenz: Hier hört die Mutter bereits eine Schallstärke vom 10^{-13} W/m^2. Schon bei 1 kHz erfordert die *Hörschwelle* zehnfache Schallstärke. Den Frequenzgang des menschlichen Ohres zu berücksichtigen, versucht eine neue Meßgröße, die *Lautstärke* mit der Einheit *Phon*.

Die Sinnesorgane sind keine Meßinstrumente mit linear geteilter Skala – wären sie es, sie könnten niemals den großen, viele Zehnerpotenzen überdeckenden Intensitätsbereich verarbeiten, aus dem Reize auf sie einströmen. Folglich werden sie vermutlich logarithmisch reagieren – dies postuliert jedenfalls das *Weber-Fechnersche Gesetz*. Es hat bei der Festlegung der Phon-Skala Pate gestanden – und das Dezibel dazu. Echt logarithmisch ist die Skala für den *Normalton* 1000 Hz: Hier wird der Hörschwelle der Meßwert 4 Phon zugeordnet, und jede Zehnerpotenz in der Schallstärke bringt 10 Phon dazu. Damit liegt die Vergleichsskala fest – Versuchspersonen müssen nun nur noch bestimmen, bei welcher Schallstärke sie Töne anderer Frequenzen gleich laut wie einen Normalton hören: beide Töne bekommen dann die gleiche Lautstärke zugeordnet. Mittelung über viele Einzelmessungen an zahlreichen Versuchspersonen führt dann schließlich zu dem offiziellen Diagramm für das „Normalohr", das Abb. 3.24 zeigt. Lautstärken über 120 Phon schmerzen und können unmittelbar Hörschäden verursachen. Einige Anhaltswerte liefert die folgende Aufstellung:

10 Phon	Blätterrauschen,
20 Phon	Flüstern,
50 Phon	Umgangssprache,
70 Phon	starker Straßenlärm,
90 Phon	Preßlufthammer in der Nähe,
100 Phon	Motorrad in nächster Nähe,
120 Phon	Flugzeugmotor in 3 m Abstand.

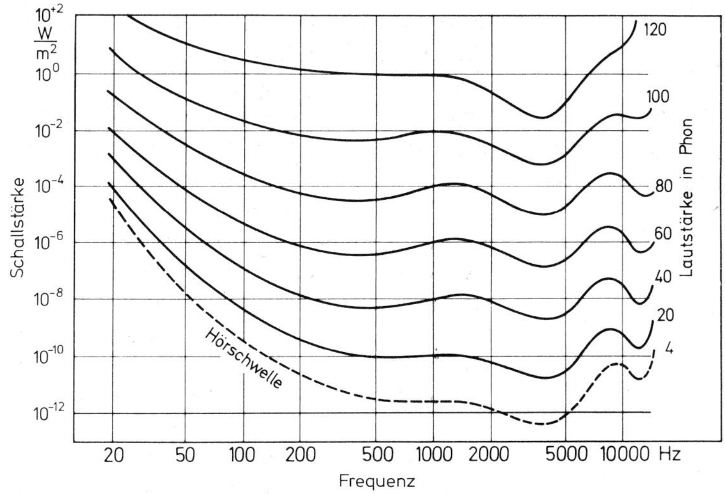

Abb. 3.24. Spektrale Empfindlichkeit des Ohres bei verschiedenen Lautstärken – Töne gleicher Lautstärke werden als gleichlaut empfunden, bei 1000 Hz ist die Skala der Lautstärke streng logarithmisch zur Schallstärke: ein Faktor 10 in der Schallstärke bringt hier einen Zuwachs von 10 Phon in der Lautstärke

Eine Lautstärke ist immer nur für den Ort des Empfängers definiert, nicht für die Schallquelle.

Wer die Lautstärke an einer Straßenkreuzung zur Rushhour messen will, muß ein breites Frequenzspektrum aufnehmen und jede einzelne Frequenz entsprechend der Empfindlichkeit des Normalohres bewerten – reizvolle Aufgabe für einen Computer mittlerer Größe. Im technischen Alltag muß mindere Genauigkeit bei minderem Aufwand genügen: Man einigt sich auf elektronische Verstärker mit normiertem Frequenzgang, der Ohrempfindlichkeit angepaßt, so gut sich dies mit vertretbaren Kosten erreichen läßt. Es wäre freilich nicht mehr korrekt, das Anzeigeinstrument eines solchen Verstärkers in Phon zu eichen, darum eicht man in Dezibel. Ganz korrekt ist dies allerdings auch nicht, denn das *Pegelmaß* mit der Einheit dB ist zunächst ja nur für die *Verhältnisse* zweier Leistungen, Energien oder Amplituden definiert und nicht für deren *Absolutwerte* (Kap. 3.03); bei der Schallmessung bietet sich aber die Hörschwelle als Bezugswert an. Verstärker, deren Anzeige der Phonskala am nächsten kommt, messen in „dB_A"; daneben gibt es noch „dB_B" und „dB_C", für die etwas andere Frequenzgänge festgelegt worden sind.

Streng hält sich das Ohr gewiß nicht an die logarithmische Skala und das Weber-Fechnersche Gesetz. Darum wird neben der Lautstärke mit der Einheit Phon noch eine *Lautheit* mit der Einheit *Sone* definiert. 1 Sone hat ein Normalton von 40 Phon Lautstärke. Jeder Ton, der einer Versuchsperson doppelt so laut erscheint – beidohrig gehört und senkrecht von vorn angeboten – bekommt 2 Sone usw. Auf diese Weise kann man sich ebenfalls durch den ganzen Hörbereich hindurcharbeiten. Von der Versuchsperson wird jetzt aber nicht nur verlangt, Töne verschiedener Frequenz als gleich laut zu erkennen, sie muß vielmehr Faktoren der Lautheit, also „doppelt so laut" oder „halb so laut" bestimmen. Allzu hohe Meßgenauigkeit darf man hier nicht erwarten.

Die Skala der Lautstärke birgt Überraschungen für jeden, dem der Umgang mit Logarithmen nicht geläufig ist. Knattert ein Moped in einiger Entfernung mit 62 Phon, so schaffen vier vom gleichen Typ zusammen nicht mehr als 68 Phon. Umgekehrt kann der Hersteller von Schalldämmstoffen schon ganz zufrieden sein, wenn es ihm gelingt, von 59 Phon auf 39 herunterzukommen, denn das bedeutet eine Reduktion der Schallstärke auf 1 %.

Aufgabe 3.07: Wenn jeder einzelne Sänger eines Chores von 65 Personen am Ort des Dirigenten eine Lautstärke von 65 Phon erzeugt, mit welcher Lautstärke hört der Dirigent dann den ganzen Chor?

3.09 Schallausbreitung

Eine frei im Raum aufgehängte Schallquelle könnte grundsätzlich gleichmäßig nach allen Seiten abstrahlen. Die von ihr ausgesandte Leistung erfaßt dann mit wachsendem Abstand r immer größere Kugelflächen, sie verteilt sich auf Flächen, die proportional zu r^2 anwachsen. Entsprechend nimmt die Schallstärke ab:

$$I(r) \propto r^{-2}.$$

Dieses *quadratische Abstandsgesetz* gilt auch für eine gerichtete Strahlung, die nur einen begrenzten Raumwinkel erfaßt (Abb. 3.25), und gilt für Strahlungen aller Art.

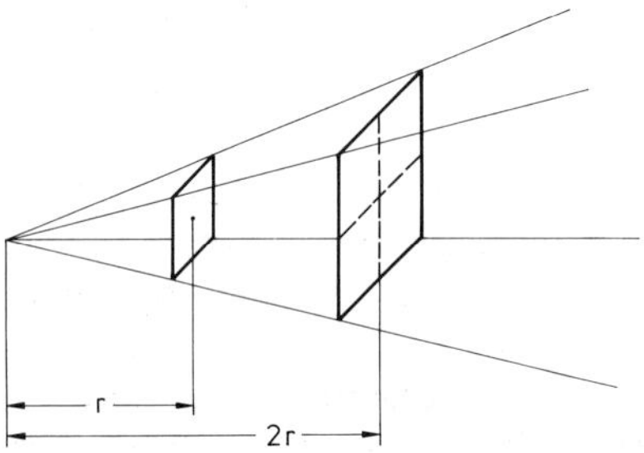

Abb. 3.25. Quadratisches Abstandsgesetz. Die in einen festen Raumwinkel hinein abgestrahlte Leistung erfaßt eine Fläche, die mit dem Quadrat des Abstandes r vom Sender wächst

Es findet sich also in der Optik und in der Kernphysik wieder. Seine Gültigkeit setzt freilich voraus, daß von dem Medium, in dem sich die Strahlung ausbreitet, keine Energie absorbiert wird. Tatsächlich setzen aber alle schalleitenden Substanzen einen Teil der Schalleistung in Wärme um, im Idealfall entsprechend einer Exponentialfunktion. In Luft ist diese Absorption gering, eben deshalb kann man sich auch auf größere Entfernungen etwas zurufen, eben deshalb kann aber auch Bau- und Straßenlärm so lästig werden. Material zur Schalldämmung muß Schall absorbieren. Dazu muß es ihn aber zunächst einmal annehmen: es darf ihn nicht reflektieren.

Dichte ρ und Schallgeschwindigkeit c sind Materialkonstanten jeder schalleitenden Substanz; ihr Produkt heißt *Schallwellenwiderstand.* Er ist groß in den als *schallhart* bezeichneten Metallen und klein in den *schallweichen* Gasen. Nur Substanzen gleichen Schallwellenwiderstandes können Schall reflexionsfrei voneinander übernehmen. Täfelt man einen Raum lückenlos an Wänden, Decke und Boden mit Metallplatten, so kann er Schall kaum noch loswerden, weil er ihn ständig reflektieren muß. Sprachverständigung ist in einem solchen *Hallraum* nicht mehr möglich: Die erste Silbe klingt noch nach, wenn bereits die vierte gesprochen wird. Der *Nachhall* der großen Kirchenräume zwingt die Pfarrer zum pastoralen Ton.

Fehlt der Nachhall, so klingt der Raum „trocken" – für manche Untersuchungen nehmen Raumakustiker vollkommen trockene Musik in einem eigens dafür konstruierten reflexionsfreien Raum auf. Der Sprachverständigung ist auch das nicht dienlich: Schon im Freien wird sie durch Reflexionen sehr unterstützt, auch wenn sie nur vom Boden herrühren können, denn das spart Energie. Erst recht gilt dies für Innenräume. Den besten Kompromiß zwischen nachhallverkürzender Absorption und lautstärkehebender Reflexion zu finden, macht die Kunst der Raumakustiker aus. Hörsäle verlangen andere Akustik als Konzertsäle.

Nur ein Teil der Schallenergie läuft geradewegs vom Sender zum Empfänger, der Rest erreicht ihn nach Reflexionen, d.h. nach unterschiedlichen Wegen und Laufzeiten. Für Frequenzgemische bedeutet dies unterschiedliche Phasenverschiebungen der einzelnen Schwingungen gegeneinander; das Ohr nimmt sie vernünftigerweise gar nicht erst wahr, es reagiert nur auf das Spektrum der Schallwelle. Fledermäuse nutzen Laufzeitunterschiede zur Orientierung: Sie senden kurze Ultraschallimpulse aus und analysieren die Ankunftzeiten der Echos. Nach dem gleichen Prinzip, nur mit elektromagnetischen Wellen, arbeiten die Radaranlagen des See- und Luftverkehrs. Wasserschallradar dient dem Arzt zur Diagnose: Abb. 3.26 zeigt das aus Ultraschallechos ermittelte Bild vom Schädel eines Ungeborenen. Man hätte es auch aus Röntgenaufnahmen gewinnen können, aber die Untersuchung mit Ultraschall erscheint weniger schädlich.

Einen ganz speziellen Laufzeitunterschied benutzt auch der Mensch zur Orientierung,

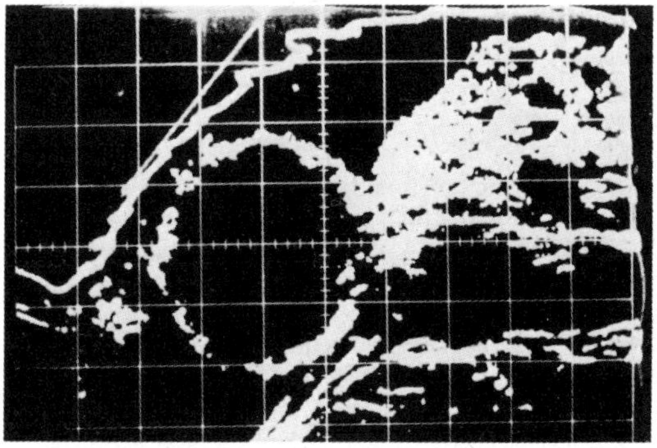

Abb. 3.26. Aus Ultraschall-Echos gewonnenes Bild vom Kopf eines Ungeborenen. (Nach Kratochwil)

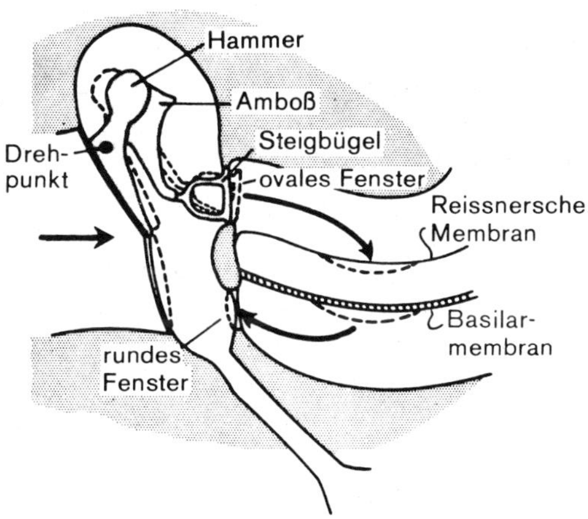

Abb. 3.27. Mittelohr. Die Schwingungen des schallweichen *Trommelfelles* werden von *Hammer*, *Amboß* und *Steigbügel* auf die (der nachfolgenden Flüssigkeit im Innenohr wegen) schallharte Haut des *ovalen Fensters* übertragen. (Nach Ganong)

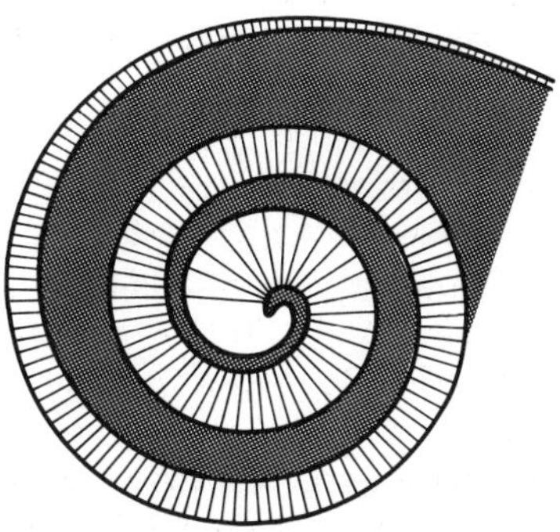

Abb. 3.28. Die Basilarmembran in der Schnecke des Ohres, schematisiert. Ihr schmales Ende liegt am *ovalen Fenster*, ihr breites läßt im Zentrum der Schnecke eine Öffnung frei, das *Helicotrema*

nämlich beim Richtungshören: Schall einer seitlichen Quelle erreicht das eine Ohr früher als das andere, wenn auch nur im Bereich der Millisekunden. Stereophon aufgenommene Schallplatten vermögen in der Tat einen räumlichen Musikeindruck zu simulieren, indem sie passend phasenverschobene Schallwellen von zwei Lautsprechern aus abstrahlen.

3.10 Das Ohr

Das Organ, mit dem der Mensch Schallwellen in Nervensignale überführt, ist das *Cortische Organ*, mechanisch gekoppelt an die *Basilarmembran* in der *Schnecke* des Innenohres. Als überaus empfindliches Häutchen muß die Basilarmembran in einer Flüssigkeit aufbewahrt werden. Damit steht die Natur vor dem Problem, Schwingungen, die über das schallweiche Medium Luft angeliefert werden, auf schallhartes Wasser zu übertragen. Dem dient das zierliche Hebelsystem der drei Gehörknöchelchen *Hammer*, *Amboß* und *Steigbügel* (Abb. 3.27). Sie werden bewegt vom *Trommelfell*, einer dünnen, schallweichen Haut, die quer im Gehörgang steht. Sie kann nur dann schallweich sein, wenn sie auf beiden Seiten an Luft angrenzt. Dann muß aber der Raum auf der Innenseite des Trommelfelles Verbindung zur Außenwelt haben, denn sonst müßte das Trommelfell auf jede Änderung des Luftdruckes reagieren wie die Membran eines Dosenbarometers. Diese Verbindung besorgt die *Eustachische Röhre*. Sie ist nicht selten durch Flüssigkeiten aus irgendeinem Katarrh verstopft; dann helfen Schluckbewegungen. Sie auszulösen dienen die Bonbons, die Luftpassagieren beim Start gereicht werden.

Die Basilarmembran teilt die Schnecke auf in zwei am Ende miteinander verbundene Kammern (Abb. 3.28). Die eine ist nach außen abgeschlossen durch die Haut des *ovalen Fensters*. Dort greift der Steigbügel an und überträgt seine Schwingungen auf die Flüssigkeit in dieser Kammer. Die Folge ist eine Art Seilwelle, die die Basilarmembran entlangläuft. Sie hat allerdings eine sehr merkwürdige Eigenschaft: Ihre Amplitude wird um so größer und ihre Wellenlänge um so kleiner, je weiter sie fortschreitet – und dann stirbt sie ganz plötzlich ab, und dies um so früher, je höher die Frequenz ist. Das hängt mit der Geometrie der Membran zusammen: Sie ist sehr schmal am ovalen Fenster und wird zum Ende der Schnecke hin immer breiter. Wie die Schwingungen der Membran in Nervensignale übersetzt werden, ist nicht mehr Sache des Physikers.

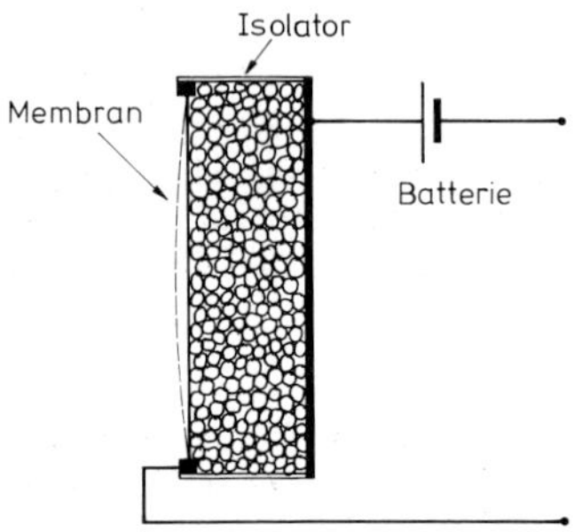

Abb. 3.29. Kohlekörner-Mikrophon, schematisch. Die vom Schall in Schwingungen versetzte Membran drückt die Graphitkörner periodisch zusammen und ändert dadurch ebenfalls periodisch deren elektrischen Übergangswiderstand

Dem Prinzip des schallweichen Trommelfelles folgen auch die Membranen aller technischen Mikrophone. Sie haben die Aufgabe, Schallschwingungen in synchrone elektrische Schwingungen zu übersetzen. Einfach und robust, wenn auch mit beschränkter Qualität arbeitet das *Kohlekörner-Mikrophon* (Abb. 3.29). Bei ihm ist die Kammer hinter der Membran mit Graphit-Körnern gefüllt; sie werden im Takt der Schallschwingungen von der Membran zusammengepreßt und wieder lockerer gelassen und ändern dabei im gleichen Takt ihren elektrischen Übergangswiderstand. Für telefonische Sprachübertragung genügt das; die Konstrukteure von Konzertmikrophonen müssen sich Besseres einfallen lassen.

Das ästhetische Empfinden des menschlichen Gehörs unterliegt einfachen mathematischen Regeln. Tonfolgen gelten als wohlklingend, Akkorde als harmonisch, wenn die Frequenzen der beteiligten Töne untereinander in Verhältnissen relativ kleiner ganzer Zahlen stehen. Entsprechend sind die Intervalle der Musiker definiert: für die *Oktave* 2:1, für die *Quinte* 3:2, für die *Quarte* 4:3. Quinte und Quarte aufeinander geben eine Oktave. Die *Sekunde* mit 9:8 oder die *Septime* mit 15:8 klingen unangenehm und gelten als Dissonanzen. Die Forderung der Tonleiter, zwölf Halbtonschritte auf der Oktave unterzubringen, zwingt allerdings zu Kompromissen. Die *pythagoreische Stimmung* der Antike gewinnt die Halbtöne durch Quinten und Transponierung um Oktaven. Freilich: 12 Quinten übersteigen 7 Oktaven um das *pythagoreische Komma* 524288:531441, um das z.B. der Halbton gis über dem g höher liegt als der Halbton as unter dem a. Geiger können so spielen. Auf dem Klavier gibt es aber für beide Halbtöne nur eine Taste. Seit Johann Sebastian Bach schließt man hier den Kompromiß der *gleichschwebend temperierten Stimmung:* Die Oktave wird gleichmäßig unterteilt und zwei benachbarte Halbtöne bekommen das Frequenzverhältnis $\sqrt[12]{2}:1$.

3.11 Schallerzeugung

Alles, was sich in Luft bewegt, erzeugt Schall; bewegt es sich periodisch und im Hörfrequenzbereich, so erzeugt es einen Ton oder einen Klang – bewegt es sich nichtperiodisch, so gibt es nur ein Geräusch. Die Zähne einer Kreissäge greifen periodisch ins Holz und kreischen dementsprechend; die Tonhöhe sinkt, wenn der Motor Mühe hat, das Sägeblatt durch das Holz zu ziehen, und dementsprechend langsamer dreht. Auch Drehbewegungen haben eine Periode: der Bohrer des Zahnarztes singt markant und drehfrequenzabhängig.
Vielseitigste Form der Schallerzeugung ist die mit der Membran des Lautsprechers: sie vermag Stimmen von Tier und Mensch zu imitieren und alle Musikinstrumente. Hier wird eine meist konische Membran aus starkem Papier gewaltsam von einem Elektromagneten hin und her bewegt (Abb. 3.30),

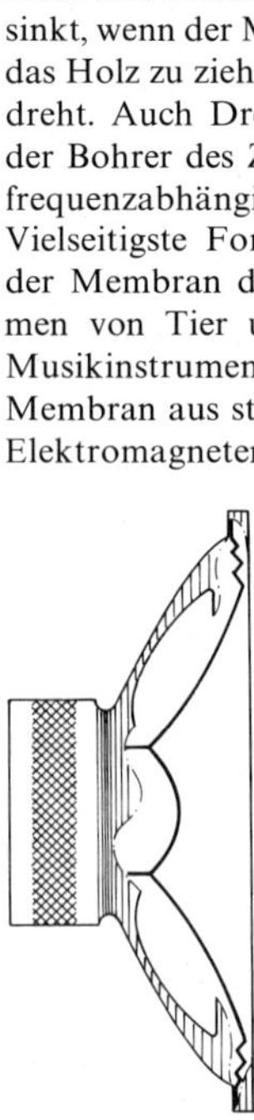

Abb. 3.30. Lautsprecher im Schnitt. Die konische Membran aus starkem Papier ist am Rand federnd eingespannt. Sie wird elektromagnetisch hin und her bewegt

und zwar im Takt einer Wechselspannung, die ein elektronischer Verstärker liefert. Die Membran ist an ihrem Außenrand weich federnd gelagert – sie soll so wenig eigenen Willen haben wie nur möglich: Sie soll keine Frequenzen von sich aus bevorzugen oder unterdrücken. Sie soll aber nicht nur in allen Frequenzen gleichmäßig schwingen, sie soll auch Schall aller Frequenzen gleichmäßig abstrahlen – und hier bekommt sie Schwierigkeiten bei Frequenzen, zu denen in Luft Wellenlängen gehören, die größer sind als sie selbst. Dann kann nämlich die Druckerhöhung, die sie schwingend auf ihrer einen Seite erzeugt, leicht die Druckverminderung auf der anderen Seite dadurch ausgleichen, daß sie einfach um den Rand des Lautsprechers herumläuft. Diesen Weg kann man versperren, indem man den Lautsprecher fest in eine große Schallwand einmontiert: Ein Tieftonlautsprecher muß groß sein. Kofferradios sind das nicht – und so klingen sie auch.

Edelste Form der Musikerzeugung ist die mit der Saite einer Geige. Diese schwingt mit der Form stehender Seilwellen. Da sie an beiden Enden fest eingespannt ist, müssen dort Schwingungsknoten liegen; sie haben den Abstand einer halben Wellenlänge und legen damit die *Grundfrequenz* der Saite fest. Sie steigt, wenn man die Saite straffer spannt, denn dadurch erhöht sich die Fortpflanzungsgeschwindigkeit der Seilwelle – so werden Geigen gestimmt; sie steigt auch, wenn man die wirksame Länge der Saite verkürzt – so werden Geigen gespielt. Die Forderung nach den beiden Schwingungsknoten an den Saitenenden verbieten nicht das Auftreten weiterer Schwingungsknoten, etwa einer genau in der Mitte oder zwei auf je einem Drittel der Länge (Abb. 3.31). Die Unterteilung erfolgt notwendigerweise in ganzzahligen Bruchteilen, die zugehörigen Frequenzen sind demnach ganzzahlige Vielfache der Grundschwingung. Derartige *Obertöne* erzeugt jedes Musikinstrument, sie machen seine *Klangfarbe* aus. Freilich: Nicht die Saite bestimmt die Schönheit eines Geigenklanges, sondern der Geigenkörper. Die Saite allein kann Schall so gut wie gar nicht abstrahlen – sie ist so dünn, daß sich die Unterschiede des Luftdruckes zu ihren beiden Seiten auch bei den höchsten Frequenzen noch ausgleichen können: die Saite braucht den Geigenkörper als Resonanzboden. Dessen Eigenfrequenzen, von der Saite mehr oder weniger angeregt, bestimmen den Klang.

Eine Saite kann nur in ihrer Grundfrequenz schwingen und in den dazu ganzzahligen Vielfachen der Obertöne. Für einen ausgedehnteren Körper, wie etwa eine Metallplatte, gibt es hingegen verschiedene Schwingungsformen mit möglicherweise relativ dicht beieinanderliegenden Eigenfrequenzen. Man kann sie sichtbar machen mit den *Chladnischen Klangfiguren:* Die Platte wird horizontal eingespannt und mit leichtem, ihre Bewegungen nicht hindernden Sand bestreut. Regt man sie jetzt zu Schwingungen an, so wird der Sand von den Schwingungsbäuchen weggeschleudert und sammelt sich in den Knotenlinien. Je nach Anregungsfrequenz ergeben sich verschiedene geometrische Figuren (Abb. 3.32).

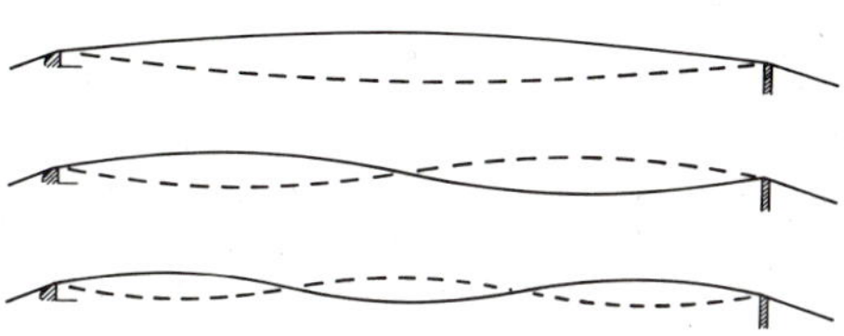

Abb. 3.31. Geigensaite in ihrer Grundschwingung und den beiden ersten Oberschwingungen

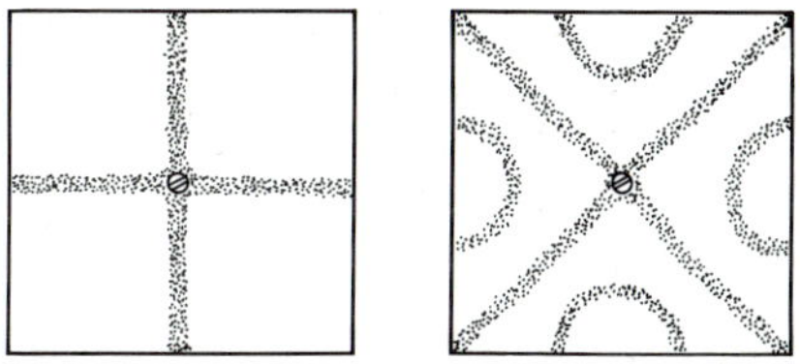

Abb. 3.32. Chladnische Klangfiguren, idealisiert. Die Lage der durch Sand markierten Schwingungsknoten hängt von der Anregungsfrequenz und von der mechanischen Einspannung der Platte ab

Nicht nur Festkörper haben ihre Eigenfrequenzen, sondern auch in Hohlräume eingesperrte Gase. Der Detektiv klopft die Wände nach geheimen Fächern ab und der Arzt den Brustkorb seines Patienten nach der Lunge. Die Resonanzen signalisieren beiden die Grenzen des Hohlraumes. Flöten geben ihm die Form einer gestreckten Röhre und bilden damit die Verhältnisse der schwingenden Saite nach. Meist sind sie an beiden Enden offen: Dort liegen dann die Druckknoten und Schnellebäuche einer stehenden Schallwelle – ihr Abstand beträgt dann eine halbe Wellenlänge des Grundtones (Abb. 3.33). Dessen

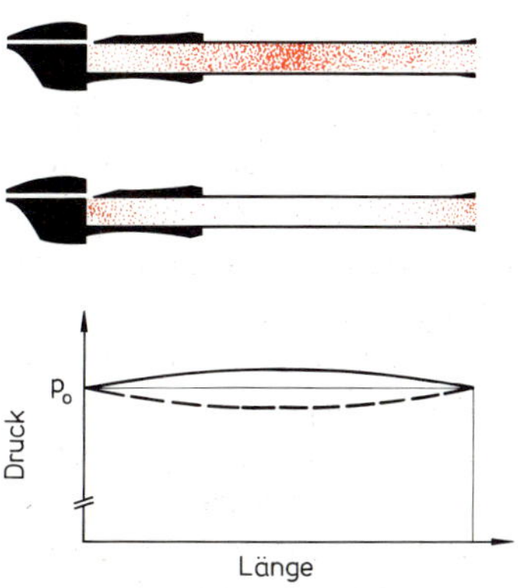

Abb. 3.33. Offene Pfeife (Blockflöte) in ihrer Grundschwingung (schematisch). Der Luftdruck p hat an beiden Enden einen Knoten, er schwankt im Schwingungsbauch nur minimal um den Normalwert p_0

Frequenz bestimmt die Luft mit ihrer Schallgeschwindigkeit: Bläst man eine Blockflöte mit Wasserstoff an, so steigt ihre Tonhöhe um mehr als eine Oktave.

Aufgabe 3.08: Wie lang ist eine offene Pfeife für den Kammerton *a'* (440 Hz)?

Wichtigste Form menschlicher Schallerzeugung ist die mit dem *Kehlkopf*. Dieser besitzt zwei *Stimmbänder*, die er über einen *Stellknorpel* willkürlich spannen kann. Durch die *Stimmritze* zwischen ihnen wird beim Sprechen und Singen Luft gepreßt. Die in Grenzen einstellbaren Eigenfrequenzen der Stimmbänder bestimmen die Tonlage. Welcher Laut den Mund verläßt, legen freilich die Stimmbänder nicht alleine fest. Wesentliche Rollen spielen hier der Unterkiefer und vor allem die bewegliche Zunge: Sie legen die momentane Form des Rachenraumes fest und damit die Eigenfrequenzen des Hohlraumresonators, der von den Stimmbändern angeregt wird. Auch hier spielt die Schallgeschwindigkeit der Luft eine wesentliche Rolle. Nimmt man für einen Atemzug Wasserstoff in die Lunge, so kann man zwar noch ganz normal sprechen, aber die Stimme klingt eigenartig gequetscht und grotesk verzerrt. Hier sei angemerkt, daß man die eigene Stimme auf dem Wege des Körperschalles durch den Schädelknochen zum Ohr transportiert und darum durchaus anders hört als der Gesprächspartner. Wer zum erstenmal seine Stimme von einem Tonband vernimmt, erkennt sie kaum wieder.

4. Wärmelehre

4.01 Temperatur

Jeder Mensch besitzt in seiner Haut zahllose Rezeptoren, die ihm „warm“ oder „kalt“ signalisieren. Sie sind nicht sehr genau und für manche Zwecke auch ein wenig zu langsam: man merkt immer erst zu spät, daß man sich die Finger – oder den Schnabel – verbrannt hat. Wie alle Sinne läßt auch dieser sich täuschen, wenn man es darauf anlegt. Wer etwa in der Badewanne sitzt und sich den Kopf wäscht, kann in der rechten Hand die Brause halten und in deren warmem Strahl sich mit der linken durch die Haare fahren. Nimmt er dann nach einer Weile beide Hände in das Badewasser zurück, so meldet die linke „kalt“ und die rechte „warm“. Die Thermorezeptoren reagieren auch auf Temperaturwechsel, nicht nur auf Temperatur allein; sie sollen ja vor allem vor Gefahren warnen und nicht durch ständige Meldungen belästigen. Auf jeden Fall muß sich der Physiker nach Genauerem umsehen, sowohl für die Messung wie für die Begriffsbestimmung.

Größere physikalische Gebiete werden gern durch eine eigene Grundgröße geehrt. Das muß man nicht tun, aber es hat manches für sich. Grundgröße der Wärmelehre ist die *Temperatur* mit der Einheit *Kelvin* (K). Ihre Festlegung bedarf einigen Nachdenkens.

Physikalische Größen werden über ihre Meßverfahren definiert. Für die Temperatur bietet sich die *thermische Ausdehnung* an: fast alle festen und flüssigen Körper werden ein wenig größer, wenn man sie erwärmt – nur einige Hochpolymere machen da eine Ausnahme, gespannte Gummibänder etwa ziehen sich zusammen. Am leichtesten beobachten läßt sich die thermische Ausdehnung einer Flüssigkeit: man sperrt sie in ein kleines Glasgefäß ein und setzt darauf eine feine Kapillare. Abb. 4.01 zeigt das vielleicht wichtigste Meßinstrument der Medizin. Es benutzt Quecksilber als Thermometerflüssigkeit.

Fieberthermometer sind sog. *Maxima-Thermometer:* sie bleiben auf der höchsten in der Meßzeit angezeigten Temperatur stehen. Man erreicht dies durch einen Knick in der Kapillare; bei Abkühlung reißt dort der Quecksilberfaden dank seiner hohen Oberflächenspannung ab. Zur nächsten Messung muß er heruntergeschüttelt werden.

Wer ein Thermometer benutzt, setzt stillschweigend voraus, daß die Thermometerkugel auch wirklich die Temperatur annimmt, die gemessen werden soll. Das ist nicht immer selbstverständlich und braucht zumindest Zeit. Experimente in der Wärmelehre wirken dadurch leicht ein wenig langweilig.

Abb. 4.01. Fieberthermometer

Die Definition des Meßverfahrens muß ergänzt werden durch die Definition einer Maßeinheit, und diese macht weit mehr Mühe.

Einem Vorschlag des schwedischen Astronomen Celsius folgend, legt man zunächst zwei *Fixpunkte* fest, die Temperatur des schmelzenden Eises und die des siedenden Wassers (beide bei normalem Luftdruck gemessen) und teilt dann den Bereich zwischen ihnen gleichmäßig auf in 100 Teile, *Grad Celsius* genannt und °C geschrieben.

Celsius selber ließ die Skala noch von oben nach unten laufen; später hat man sie herumgedreht und den Eispunkt auf 0 °C gelegt. Was aber heißt hier „gleichmäßig aufgeteilt"?
Bringt man ein Wasserbad auf eine solche Temperatur, daß der Faden eines Quecksilber-Thermometers genau in der Mitte zwischen den Markierungen der beiden Fixpunkte steht, so findet man den Faden eines Alkohol-Thermometers, in das gleiche Temperaturbad getaucht, ein wenig neben der Mitte *seiner* Skala. Flüssigkeiten dehnen sich nicht vollkommen gleichmäßig aus, und das Glas des Thermometers spielt bei der Anzeige auch noch eine Rolle. Die Einheit der Temperatur soll aber nicht an eine bestimmte *Thermometersubstanz* geknüpft werden und damit von deren letzten Endes ja doch willkürlichen Eigenschaften abhängen. Darum definiert man die sog. *thermodynamische Temperaturskala* mit Hilfe des *Carnotschen Kreisprozesses*, der allerdings erst in Kap. 4.23 besprochen werden kann. Die Lage ist ähnlich wie die in der Mechanik: dort mußten Kräfte bereits gemessen werden, ehe das Grundgesetz der Mechanik zur Verfügung stand, das seinerseits die Grundlage der Krafteinheit Newton bildet.

Der Carnotsche Kreisprozeß behandelt ideale Gase. Weil Luft sich unter nicht zu extremen Bedingungen wie ein ideales Gas verhält, läßt sich die thermodynamische Temperaturskala für praktische Zwecke hinreichend genau mit einem *Gasthermometer* verwirklichen. Wie in Kap. 2.09 das Modell der thermisch bewegten, voneinander unabhängigen Gasmoleküle zeigte, folgt ein ideales Gas dem Gesetz von Boyle-Mariotte: Bei vorgegebener Temperatur und vorgegebener Gasmenge ist das Produkt aus Druck p und Volumen V konstant. Die Konstante selbst hängt aber von der Temperatur T ab, und zwar erweist sie sich als zu ihr proportional:

$$p V \propto T.$$

Diese Formel erlaubt die Konstruktion eines Gasthermometers, wie es Abb. 4.02 zeigt. Als Thermometergefäß dient eine Glaskugel, deren thermische Ausdehnung vernachlässigt werden kann. An sie angeschlossen ist eine Kapillare, die in einem Quecksilbermanometer endet; es mißt den Druckunterschied Δp zwischen dem eingesperrten Gas und dem Barometerstand p_0. Sein rechter Schenkel ist über einen Gummischlauch angeschlossen, so daß man ihn heben und senken kann. Dadurch läßt sich der linke Meniskus auf eine vorgegebene Marke und damit das Gasvolumen auf einen festen Wert einstellen. Steigt jetzt die Temperatur, so klettert das Quecksilber im Manometer. Man führt seine linke Oberfläche auf die Marke zurück und liest den neuen Wert für Δp ab. Meßreihen zeigen nun, daß verschiedene Thermometergase wie Wasserstoff, Sauerstoff, Stickstoff, Helium, Neon, Argon usw. untereinander gleiche Ergebnisse liefern: Haben sie bei einer bestimmten Temperatur gleichen Gesamtdruck

$$p = p_0 + \Delta p,$$

so haben sie dies bei allen anderen Temperaturen auch – sie verhalten sich sämtlich wie ein ideales Gas.

Die Fixierung auf ein festes Volumen bedeutet Proportionalität zwischen Druck

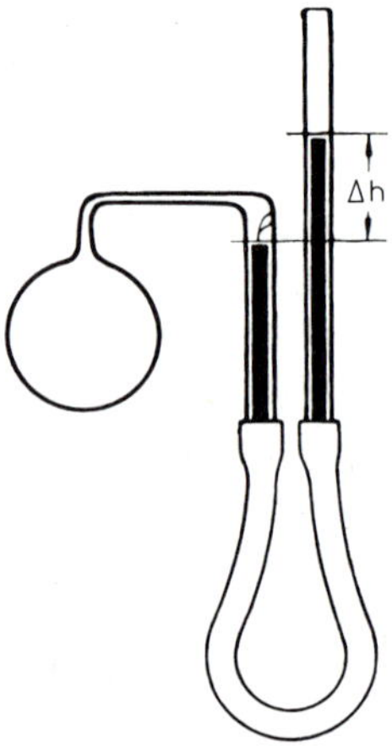

Abb. 4.02. Gasthermometer. Durch Heben oder Senken des rechten Schenkels kann der linke Meniskus des Hg-Manometers immer auf eine bestimmte Marke gebracht und damit das Meßvolumen auf einem festen Wert gehalten werden

und Temperatur; der Graph des Druck-Temperatur-Diagrammes ist eine Gerade (Abb. 4.03). Sie schneidet die T-Achse im *absoluten Nullpunkt*, einem Fixpunkt, der keineswegs so willkürlich ist wie der Eispunkt: er bezeichnet die tiefste überhaupt denkbare Temperatur, grundsätzlich nicht unterschreitbar, experimentell nicht einmal erreichbar.

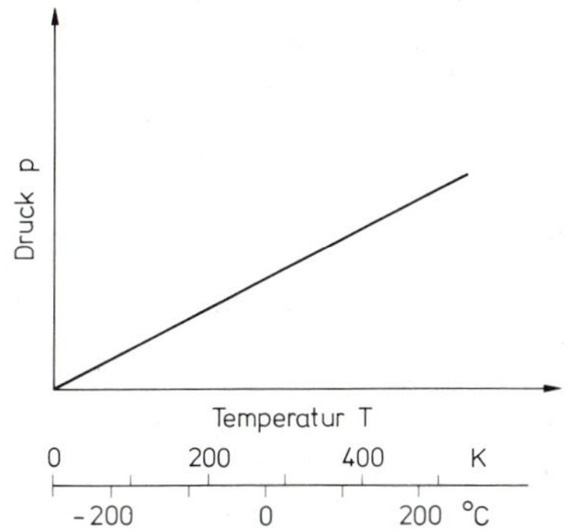

Abb. 4.03. Die thermodynamische *Temperaturskala* ist so festgelegt, daß für ein ideales Gas bei konstantem Volumen gilt:

$p \propto T$

Zur Festlegung der Einheit *Kelvin* hält man nun an beiden Fixpunkten der Celsius-Skala fest: man fordert, daß sie genau 100 K auseinanderliegen. Dadurch gerät der Eispunkt auf 273 K (genau: 273,15 K).

Aufgabe 4.01: Die Körpertemperatur des Menschen beträgt normalerweise 37 °C. Wieviel Kelvin sind das?

Die Celsius-Skala hat sich viel zu sehr eingebürgert, als daß sie im täglichen Leben noch von der thermodynamischen Temperaturskala verdrängt werden könnte – trotz ihres wesentlichen Mankos, das die willkürliche Fixierung des Eispunktes auf 0 °C bedingt: Schon an kalten Wintertagen kann die Lufttemperatur leicht unter diesen Punkt absinken und muß dann durch eine Meßzahl mit negativem Vorzeichen beschrieben werden. Negative Temperaturen gibt es aber genausowenig wie etwa negative Volumina. Diesen Mangel versuchte Fahrenheit zu umgehen, indem er den Nullpunkt seiner Skala auf die tiefste ihm bekannte Temperatur legte, auf die einer Kältemischung aus Eis und Salmiak. Als anderen Fixpunkt, zu 100 °F definiert, nahm er so ungefähr die Körpertemperatur des Menschen. Vor allem in angelsächsischen Ländern mißt man Temperaturen gern in *Grad Fahrenheit* (°F), negative Maßzahlen lassen sich aber auch hier nicht vermeiden. Fahrenheits Kältemischung liegt noch weit über dem absoluten Nullpunkt. Einen groben Vergleich der drei Temperaturskalen erlauben die folgenden Angaben:

Eispunkt			
	273 K =	0 °C =	32 °F
Siedepunkt des Wassers			
	373 K =	100 °C =	212 °F
Köpertemperatur des Menschen			
	310 K =	37 °C =	99 °F
absoluter Nullpunkt			
	0 K =	−273 °C =	−460 °F

Nicht selten wird die Temperatur T „absolute Temperatur“ genannt, sobald man sie in Kelvin mißt. Das läßt sich historisch begründen, ist aber nicht unbedingt sinnvoll. Eine Länge wird ja auch nicht dadurch zur „absoluten Länge“, daß man die alte Elle durch das moderne Meter ersetzt. Allerdings haben die Temperaturskalen eine Besonderheit: Eine Länge von 0 Metern bekommt bei jeder anderen Längeneinheit ebenfalls die Maßzahl 0 – Temperaturangaben, die in °C vorliegen, rechnet man aber generell dadurch in K um, daß man die Maßzahl um 273 erhöht. Zuweilen liest man

$$T = 273 + t$$

– „t“ bezeichnet dann die sog. „Celsius-Temperatur“ im Gegensatz zu der absoluten Temperatur T. Als Merkformel mag man es durchgehen lassen, korrekt ist es nicht. Allein das Meßverfahren bestimmt eine physikalische Größe, nicht ihre Einheit. Bei 40 °C hat ein Patient genau das gleiche Fieber wie bei 313 K. Zudem ist 273 eine dimensionslose Zahl und keine Temperaturangabe, die man zu einer anderen hinzuaddieren könnte.

Flüssigkeitsthermometer, so beliebt und einfach sie sind, müssen sich beschränken auf eben jenen Temperaturbereich, in dem die Thermometersubstanz auch wirklich flüssig ist; sie darf weder sieden noch erstarren. Quecksilber-Thermometer können darum nur zwischen −38 °C und etwa 350 °C benutzt werden, Alkohol reicht bis −114 °C herunter. Grundsätzlich kann man aber jeden Effekt, der eindeutig von der Temperatur abhängt, auch zu deren Messung benutzen, z.B. die elektrische Leitfähigkeit von Metallen: sie nimmt bei Erwärmung ab (Kap. 5.08). Der Einsatzbereich eines *Widerstandsthermometers* ist nach unten im Prinzip gar nicht, nach oben allerdings spätestens durch den Schmelzpunkt des Metalles begrenzt (Platin: 1773 °C). Besonders elegant und schnell arbeitet ein *Thermoelement* (Kap. 5.39): Zwei an ihren Enden zusammengelötete Drähte aus verschiedenen Metallen erzeugen eine, allerdings nicht sehr große, elektrische Spannung (*Thermospannung*), wenn sich die Lötstellen auf verschiedenen Temperaturen befinden. Ganz allgemein erfreuen sich elektrische Meßtechniken besonderer Beliebtheit: Sie erlauben, das Instrument zur Anzeige weitab vom Ort des Geschehens aufzustellen, wie etwa beim Kühlerthermometer eines Autos. Sie erlauben auch den Einsatz aufwendiger Elektronik: Im Kontrollzentrum kennt man die Körpertemperatur eines Astronauten, der auf dem Mond Steine sammelt, genauer als dieser selbst.

4.02 Thermische Ausdehnung

Auch Festkörper werden bei Erwärmung ein bißchen größer.

Das Stückchen Δl, um das eine Eisenbahnschiene der Länge l_0 sich ausdehnt, wenn man die Temperatur um ΔT erhöht, wird zu l_0 proportional sein und zumindest in guter Näherung auch zu ΔT. Daraus folgt

$$\Delta l = \alpha l_0 \, \Delta T$$

und

$$l = l_0 + \Delta l = l_0 (1 + \alpha \, \Delta T).$$

α ist der *lineare Ausdehnungskoeffizient* des Materials, seine Einheit 1/K. Er liegt meist in der Größenordnung $10^{-5}\,K^{-1}$, ist also recht klein – zwischen Zimmertemperatur und absolutem Nullpunkt ändert sich die Länge eines Kupferdrahtes um noch nicht 1 %.

Aufgabe 4.02: Der Funkturm in Berlin ist offiziell 135 m hoch. Um welches Stück ungefähr ist er an einem schwülen Sommertag (30 °C) höher als bei strengem Frost (−25 °C)?

Mit etwas Geschick läßt sich auch die geringe thermische Ausdehnung der Metalle noch zur Temperaturmessung ausnutzen: Man schweißt zwei Bleche mit unterschiedlichem Ausdehnungskoeffizienten fest aufeinander – ändert sich T, so muß sich ein solcher *Bimetallstreifen* krümmen (Abb. 4.04). Man kann ihn leicht so kräftig bauen, daß er einen elektrischen Kontakt zu öffnen oder zu schließen ver-

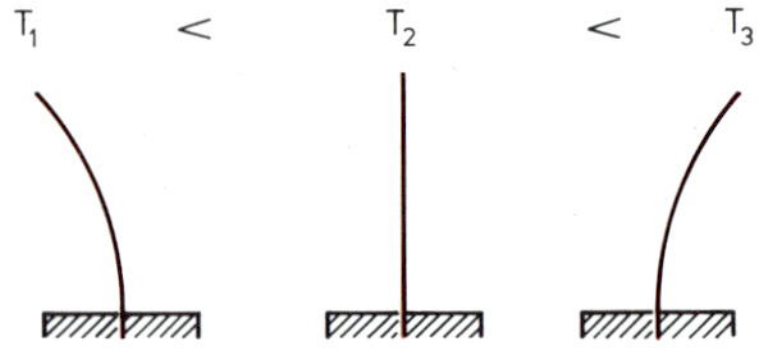

Abb. 4.04. Ein *Bimetallstreifen* biegt sich bei Temperaturänderung, weil das hier rot gezeichnete Metall sich stärker ausdehnt

mag. Nach diesem Prinzip arbeitet z.B. die Temperaturregelung eines Bügeleisens.

Natürlich dehnt sich ein Metallstab nicht nur in seiner Längsrichtung, auch sein Querschnitt nimmt zu und damit sein Volumen. Es liegt deshalb nahe, analog zu α auch einen *Volumenausdehnungskoeffizienten* β zu definieren:

$$V = V_0(1 + \beta \Delta T).$$

Nun gilt für einen Quader mit den Kantenlängen a_0, b_0 und c_0 bei Temperaturerhöhung ohne Frage

$$V = (a_0 + \Delta a)(b_0 + \Delta b)(c_0 + \Delta c)$$
$$= a_0\, b_0\, c_0\, (1 + \alpha \Delta T)^3.$$

Da $\alpha \Delta T$ sicher klein ist gegen 1, kann man beim Ausmultiplizieren der letzten Klammer höhere Potenzen vernachlässigen:

$$V = V_0(1 + 3\alpha \Delta T).$$

Demnach gilt in guter Näherung

$$\beta = 3\alpha.$$

Für Flüssigkeiten kann überhaupt nur ein Volumenausdehnungskoeffizient sinnvoll angegeben werden. Auch er ist klein, wenn auch meist ein bis zwei Zehnerpotenzen größer als bei Festkörpern. Einige Werte finden sich im Anhang.
Wer genau mißt, findet, daß alle Ausdehnungskoeffizienten ein wenig von der Temperatur abhängen – eben dieser Effekt verdirbt ja die Temperaturdefinition einfach mit dem Flüssigkeitsthermometer. Besonders auffällig ist er beim Wasser: es hat seine größte Dichte bei 4 °C. Ein Teich hält diese Temperatur auf seinem Grund auch dann noch, wenn er an seiner Oberfläche zufriert, denn das kältere Wasser ist „leichter" und schwimmt oben. Nur so können Fische einen strengen Winter überleben.

4.03 Das Gasgesetz

Gase dehnen sich thermisch wieder um rund eine Zehnerpotenz stärker aus als Flüssigkeiten – jedenfalls unter normalen Bedingungen. In Kap. 4.01 war die Temperatur T so definiert worden, daß für Druck p und Volumen V einer abgeteilten Menge eines idealen Gases gilt

$$p\,V \propto T.$$

Daraus folgt unmittelbar

$$\frac{p\,V}{T} = \text{const.}$$

und daraus wiederum

bei konstantem Volumen:
$$\Delta p/p_0 = \Delta T/T_0,$$

bei konstantem Druck: $\Delta V/V_0 = \Delta T/T_0$.

Wollte man die letzte Gleichung unbedingt auf diejenige Form bringen, die den (im wesentlichen inkompressiblen) Festkörpern und Flüssigkeiten durchaus angemessen ist, so hätte man zu schreiben

$$V = V_0 + \Delta V = V_0(1 + \Delta T/T_0).$$

Damit würde der Volumenausdehnungskoeffizient zum Kehrwert der Ausgangstemperatur T_0 – und alles andere als temperaturunabhängig. Wählt man obendrein den Eispunkt zur Ausgangstemperatur, so bekommt ΔT die gleiche Maßzahl wie die Temperatur selbst, sofern man sie in °C mißt. Bezeichnet man T dann auch noch als „Celsius-Temperatur" mit dem Buchstaben t, so hat man endlich die bedenkliche, aber anscheinend unausrottbare Gleichung

$$V = V_0(1 + t/273).$$

Das Atemzugvolumen eines Patienten bestimmt man dadurch, daß man ihn in ein Spirometer hineinblasen läßt – d.h. man füllt eine bestimmte Gasmenge aus einem Gefäß 1 um in ein Gefäß 2. Dabei wird sich ihr Volumen im allgemeinen ändern, weil Druck und Temperatur ja auch nicht konstant bleiben. Die Druckkorrektur ist bereits in Kap. 2.09 behandelt worden; zusammen mit der Korrektur für die Temperaturänderung ergibt sich jetzt

$$V_2 = \frac{T_2}{T_1} \frac{p_1}{p_2} V_1 .$$

Allerdings ist Atemluft wegen ihres Gehaltes an Wasserdampf alles andere als ein ideales Gas. Deshalb kann die vollständige Korrekturformel erst in Kap. 4.14 angegeben werden. Daß sich überhaupt so viele gasförmige Substanzen (fast) genauso verhalten, wie man dies von einem idealen Gas erwartet, zwingt zu folgendem Schluß: Für den Zusammenhang zwischen Druck, Volumen und Temperatur kommt es auf die Art der Moleküle, ihre Struktur und ihre Masse gar nicht an, sondern nur auf ihre Anzahl N. Je größer N, desto größer auch p, wenn V und T vorgegeben sind. Dies führt zu der

Zustandsgleichung der idealen Gase (kurz: *Gasgesetz*)

$$p\,V = N\,k\,T.$$

In ihr tritt eine Naturkonstante auf, die

Boltzmann-Konstante $k = 1{,}38 \cdot 10^{-23}\,\mathrm{J\,K^{-1}}$.

Sie hat etwas zu tun mit der kinetischen Energie eines Gasmoleküls als Folge seiner thermischen Bewegung.

Wer die Boltzmann-Konstante kennt, kann die Masse μ eines einzelnen Moleküls bestimmen – jedenfalls wenn sich die fragliche Substanz gut verdampfen läßt. Das Gasgesetz erlaubt ihm, aus den *Zustandsgrößen* p, V und T, die sich messen lassen, die Anzahl N der beteiligten Moleküle auszurechnen. Ihre Gesamtmasse m, die sich ebenfalls messen läßt, wird von den N Molekülen geliefert:

$$m = N\,\mu .$$

Meist bestimmt man allerdings nicht die Masse m, sondern die *Dampfdichte* $\rho = m/V$ und rechnet sie zum besseren Vergleich auf die *Normalbedingungen* $p = 1013$ mbar und $T = 0$ °C um. ρ unter Normalbedingungen ist ja der Molekülmasse μ proportional.

Aufgabe 4.03: Unter Normalbedingungen beträgt die Dichte der Zimmerluft, also eines Gemisches aus rund 20% Sauerstoff und rund 80% Stickstoff, 1,29 g/l. Wie groß ist demnach die mittlere Molekülmasse der Luft?

4.04 Partialdruck und Partialvolumen

Daß sich Luft im wesentlichen aus Stickstoff und Sauerstoff zusammenmischt, kümmert das Gasgesetz wenig: ihm sind alle Moleküle gleich. Bei einem Gasgemisch aus n Komponenten darf man deren Molekülanzahlen N_1 bis N_n darum einfach aufaddieren:

$$p\,V = (N_1 + N_2 + \cdots + N_n)\,k\,T = k\,T \sum_i^n N_i .$$

Auch Druck und Volumen auf der linken Seite der Gleichung darf man den Komponenten zuordnen; formal gibt es dafür sogar zwei Möglichkeiten:

$$(p_1 + p_2 + \cdots + p_n)\,V = k\,T \sum_i^n N_i ,$$

$$p\,(V_1 + V_2 + \cdots + V_n) = k\,T \sum_i^n N_i .$$

Beide Formeln suggerieren eine Modellvorstellung. Im ersten Fall tut man so, als stünde jeder Molekülsorte das gesamte Volumen V zur Verfügung: dann trägt jede Komponente ihren Anteil p_i als *Partialdruck* zum Gesamtdruck p bei:

$$p = p_1 + p_2 + \cdots + p_n = \sum_i^n p_i .$$

Im zweiten Fall behauptet man, jede Molekülsorte stünde unter dem gleichen Druck p, habe aber nur ihr *Partialvolumen* V_i zur Verfügung:

$$V = V_1 + V_2 + \cdots + V_n = \sum_i^n V_i .$$

Definitionsgemäß stehen die Partialdrucke und die Partialvolumina untereinander in den gleichen Verhältnissen wie die Molekülanzahlen:

$$p_1 : p_2 : p_3 = V_1 : V_2 : V_3 = N_1 : N_2 : N_3 .$$

4.05 Die Stoffmenge

Die Absolutwerte von Molekülmassen lassen sich dem Gasgesetz erst entnehmen, seit man die Boltzmann-Konstante gemessen hat. Schon vorher konnte man aber das Verhältnis bestimmen, in dem die Massen zweier Molekülsorten zueinander stehen – dazu braucht man ja nur zu wissen, daß gleiche Gasvolumina unter sonst gleichen Bedingungen stets gleiche Molekülanzahlen N enthalten; N selbst braucht man nicht zu kennen. Auf jeden Fall gilt:

Die beiden Dampfdichten ρ_1 und ρ_2 verhalten sich wie die Molekülmassen μ_1 und μ_2. Es liegt nun nahe, so bestimmte Relativwerte auf die Masse des leichtesten Atoms zu beziehen, sie also in Vielfachen der Masse des Wasserstoffatoms anzugeben. Aus rein meßtechnischen Gründen wählt man heute den zwölften Teil der Masse des Kohlenstoff-Isotopes ^{12}C zur *atomaren Masseneinheit u*. Ohne u selbst zu kennen, kommt man so durch reine Vergleichsmessungen zu den *relativen Atom- und Molekülmassen*, auch *Atom- und Molekulargewichte* genannt und mit dem Buchstaben M bezeichnet. Nach ihrer Definition

$$\mu = M u$$

sind sie weder Massen noch Gewichte, sondern dimensionslose Zahlen. Für die Atome der chemischen Elemente findet man sie in *Atomgewichtstabellen* – aus ihnen läßt sich die relative Masse eines Moleküls zusammenaddieren, sobald man dessen chemische Formel kennt. Es leuchtet ein, daß

$$M_{H_2O} = M_O + 2 M_H .$$

Etwas aufpassen muß man bei den chemischen Elementen: Meist schließen sich zwei Atome zu einem Molekül zusammen, nur die Edelgase bleiben *einatomig*.

Um eine bestimmte Menge Wasserstoff zu Wasser verbrennen zu können, braucht man zusätzlich Sauerstoff, und zwar halb soviel. Dieses „halb soviel" bezieht sich auf die Anzahl N der Moleküle, nicht etwa auf deren gesamte Masse m; sie muß achtmal so groß sein, weil M_O ungefähr 16, M_H aber nur ungefähr 1 beträgt. Die für eine chemische Reaktion notwendigen Molekülanzahlen bekommt man richtig in das Reagenzglas, wenn man bei der Einwaage die relativen Molekülmassen der Ausgangssubstanzen richtig berücksichtigt:

Von einem Stoff mit großem M nimmt man eine entsprechend große Masse. Hieraus leitet sich ein zweckmäßiges, wenn auch etwas gewagtes Verfahren ab: Man bezeichnet M Gramm einer Substanz als ein *Mol* – wie sich gleich zeigen wird, entspricht dies $6{,}02 \cdot 10^{23}$ Teilchen – und nimmt das Mol als Einheit einer neuen Größe, der *Stoffmenge n*. Gewagt ist dieses Verfahren, weil die Stoffmenge nicht durch ein Meßverfahren definiert wird, sondern sich aus der Masse ableitet durch eine an ganz bestimmte Einheiten gebundene Rechenvorschrift.

Es gilt

$$\text{Stoffmenge } n = \frac{\text{Masse } m}{M \text{ Gramm}} \text{ mol} .$$

Gleiche Stoffmengen n enthalten gleiche Teilchenanzahlen N, beide Größen sind einander proportional. Aus diesem Grunde kann das Gasgesetz auch geschrieben werden als

$$p V = n R T .$$

Hier erscheint anstelle der Boltzmann-Konstanten die

allgemeine Gaskonstante R

$$= 8{,}31 \text{ J mol}^{-1} \text{ K}^{-1} .$$

Wer Wasserstoff und Sauerstoff zu Knallgas zusammenmischen will, wird die erforderlichen Stoffmengen nicht durch Wägung bestimmen, sondern volumetrisch – bei Gasen ist das einfacher. Unter Normalbedingungen gilt

$$V_n = V/n = 22{,}4\ \mathrm{l/mol}.$$

V_n heißt *Molvolumen*; es ist eine *stoffmengenbezogene* Größe, deren Verwendung zuweilen das Rechnen erleichtert.

Aufgabe 4.04: Wie groß ist die mittlere relative Molekülmasse der Luft? Vergleiche hierzu Aufgabe 4.03 – auch im Rechenaufwand.

Die Einführung der Stoffmenge n gestattete es, mit Molekülanzahlen N zu operieren, bevor man sie bestimmen konnte. Ganz analog gestattet das Molekulargewicht M mit Molekülmassen μ zu operieren, bevor man sie kennt. Beide Größen behält man bei, obwohl sie im Grunde überflüssig wurden, als die erste Molekülmasse absolut gemessen worden war. Aus ihrem Wert folgt sofort der Wert für die atomare Masseneinheit zu

$$u = 1{,}661 \cdot 10^{-24}\ \mathrm{g}$$

als Masse eines hypothetischen Teilchens mit $M = 1{,}000$. Weil ein Mol dieser hypothetischen Substanz genau ein Gramm Masse hat, gibt 1 g dividiert durch u die Anzahl der Teilchen im Mol. Es ist

$$N_A = \frac{N}{n} = 6{,}022 \cdot 10^{23}\ \mathrm{mol}^{-1}$$

– N_A wird *Avogadro-Konstante* genannt. Es handelt sich um die *stoffmengenbezogene Teilchenanzahl.*

Aufgabe 4.05: Man überzeuge sich durch Herleitung und Zahlenrechnung, daß

$R = k N_A$ und $N_A u = 1\ \mathrm{g\,mol}^{-1}$.

4.06 Die Zustandsgleichung nach van der Waals

Mit Hilfe des Molvolumens $V_n = V/n$ kann das Gasgesetz, also die Zustandsgleichung der idealen Gase,

$$p V_n = R T$$

geschrieben werden. Exakt richtet sich kein Gas danach, aber in vielen Fällen können die Abweichungen bedenkenlos vernachlässigt werden. Alle Gase kondensieren jedoch zu Flüssigkeiten, wenn man sie nur weit genug abkühlt; schon vorher, in der Nähe der Kondensationsbedingungen, werden sie zu *Dämpfen*, die sich gar nicht mehr an das Gasgesetz halten. Näherungsweise berücksichtigen dies zwei Korrekturen, die van der Waals eingeführt hat.

Zum ersten sind Moleküle ja nicht beliebig klein; sie haben ein *Eigenvolumen*, um das sich der Raum, den ihnen das Gefäß an sich zur Verfügung stellt, für ihre Bewegungen verringert. Es ist der Stoffmenge proportional, läßt sich also am einfachsten durch einen Subtrahenden b zum Molvolumen V_n berücksichtigen. Zum anderen gibt es auch im Gas zwischenmolekulare, und zwar anziehende Kräfte. In den Augen der Moleküle erhöhen sie den von außen wirkenden Druck, können also durch einen Summanden zu p berücksichtigt werden. Weil sie aber um so größer sind, je dichter die Moleküle aneinander vorbeifliegen, geht V_n auch hier ein, und zwar unter dem Bruchstrich. Van der Waals hat sogar eine quadratische Abhängigkeit angenommen und geschrieben

$$(p + a/V_n^2)(V_n - b) = R T.$$

Die beiden Konstanten a und b charakterisieren die jeweilige Substanz; sind die klein genug (d.h. ist V_n groß genug), so geht die *van der Waals-Gleichung* in das Gasgesetz über. Auch die korrigierte Zustandsgleichung wird von keinem Gas genau eingehalten, sie gibt aber eine für manche Zwecke nützliche Näherung.

4.07 Thermische Bewegung

Gasmoleküle sind in unablässiger thermischer Wimmelbewegung; Abb. 4.05

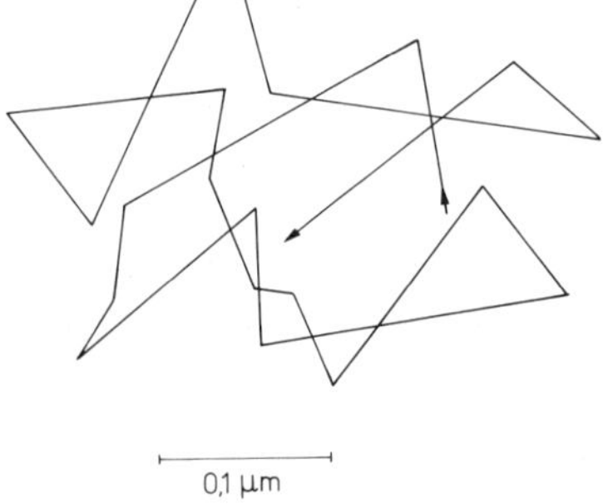

Abb. 4.05. Bahn eines Luftmoleküles, schematisch. Bei Zimmertemperatur wäre das Molekül die gezeichnete Strecke in ungefähr $5 \cdot 10^{-8}$ s abgelaufen

zeigt etwas schematisch eine mögliche Bahn für ein Molekül der Zimmerluft. Bei Flüssigkeiten kann man sich diese *Brownsche Molekularbewegung* jedenfalls mittelbar unter dem Mikroskop ansehen: kleine Rußteilchen zittern und torkeln unter den unregelmäßigen Stößen der Moleküle ständig hin und her. Nur auf hinreichend großer Fläche mitteln sich die Einzelstöße zu einem scheinbar konstanten Druck.

Die Behauptung des Gasgesetzes, bei vorgegebener Temperatur käme es für diesen Druck p nur auf die Anzahldichte N/V der Moleküle an, nicht aber auf die Masse μ jedes einzelnen, hat eine bemerkenswerte Konsequenz für die mittlere kinetische Energie

$$\varepsilon = \frac{1}{2}\mu v_{\text{th}}^2,$$

die ein Molekül als Folge seiner mittleren thermischen Geschwindigkeit v_{th} besitzt. Nach den Überlegungen, die in Kap. 2.09 zum Gesetz von Boyle-Mariotte führten, ist

$$p = \frac{1}{3}\frac{N}{V}\mu v_{\text{th}}^2,$$

nach dem Gasgesetz ferner

$$p = \frac{N}{V}kT.$$

Die letzten drei Gleichungen zusammengefaßt besagen, daß

$$\varepsilon = \frac{3}{2}kT.$$

Danach ist die Temperatur T nichts anders als ein Maß für die mittlere kinetische Energie, die unterschiedslos jedem Molekül für seine thermische Translationsbewegung zugeteilt wird.

Für jede der drei zueinander senkrechten Bewegungsrichtungen im Raum bekommt es die Hälfte von kT.

Aufgabe 4.06: Wie groß ist die mittlere thermische Geschwindigkeit der Luftmoleküle bei Zimmertemperatur (20 °C) ungefähr? Diese Aufgabe setzt voraus, daß die mittlere Masse der Luftmoleküle bereits in Aufgabe 4.03 bestimmt wurde.

Die letzte Feststellung erfährt eine schon recht tiefgehende Interpretation durch den sog. *Gleichverteilungssatz*. Er besagt, daß sich die vorhandene thermische Energie gleichmäßig auf alle Moleküle verteilt, und zwar bekommt ein jedes für jeden seiner *Freiheitsgrade* im Schnitt $kT/2$. Allein wegen seiner Zickzack-Bewegung besitzt ein Molekül drei Freiheitsgrade, entsprechend den drei zueinander senkrechten Komponenten, die jede geradlinige Bewegung im Raum grundsätzlich hat. Damit ist das praktisch punktförmige Molekül eines einatomigen Gases aber auch versorgt – mehr thermische Energie kann es nicht aufnehmen, es gibt sich mit

$$\varepsilon_1 = \frac{3}{2}kT$$

zufrieden. Zweiatomige Moleküle haben Hantelform und können zusätzlich Energie in Drehbewegungen unterbringen. Möglich sind ihnen Rotationen um zwei zueinander senkrechte Achsen (Abb. 4.06); eine Drehung um die dritte Achse, die der Hantel selbst, kann mangels Trägheitsmoment keine Energie unterbringen. Insgesamt fünf Freiheitsgrade bedeuten für das zweiatomige Molekül

$$\varepsilon_2 = \frac{5}{2}kT.$$

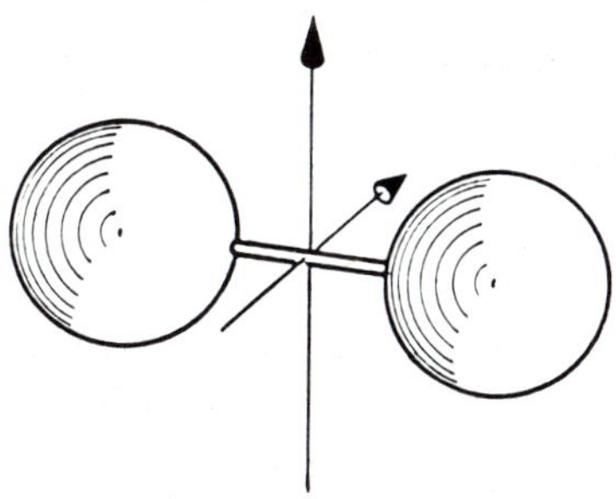

Abb. 4.06. Ein zweiatomiges, hantelförmiges Molekül hat zwei Achsen, zwei *Freiheitsgrade*, in denen es Rotationsenergie unterbringen kann

Drei- und mehratomige Moleküle besitzen auch für die dritte Achse ausreichendes Trägheitsmoment und damit sechs Freiheitsgrade entsprechend

$$\varepsilon_3 = \frac{6}{2}kT.$$

Unübersichtlich wird es allerdings, wenn bei höheren Temperaturen die Atome eines Moleküls auch noch beginnen, gegeneinander zu schwingen.

Kaum ein Molekül besitzt tatsächlich die Geschwindigkeit, die ihm nach dem Gleichverteilungssatz zukommt – dieser bezeichnet lediglich einen Mittelwert, um den sich die wirklichen Geschwindigkeiten mehr oder weniger eng gruppieren. Könnte man für einen Augenblick alle

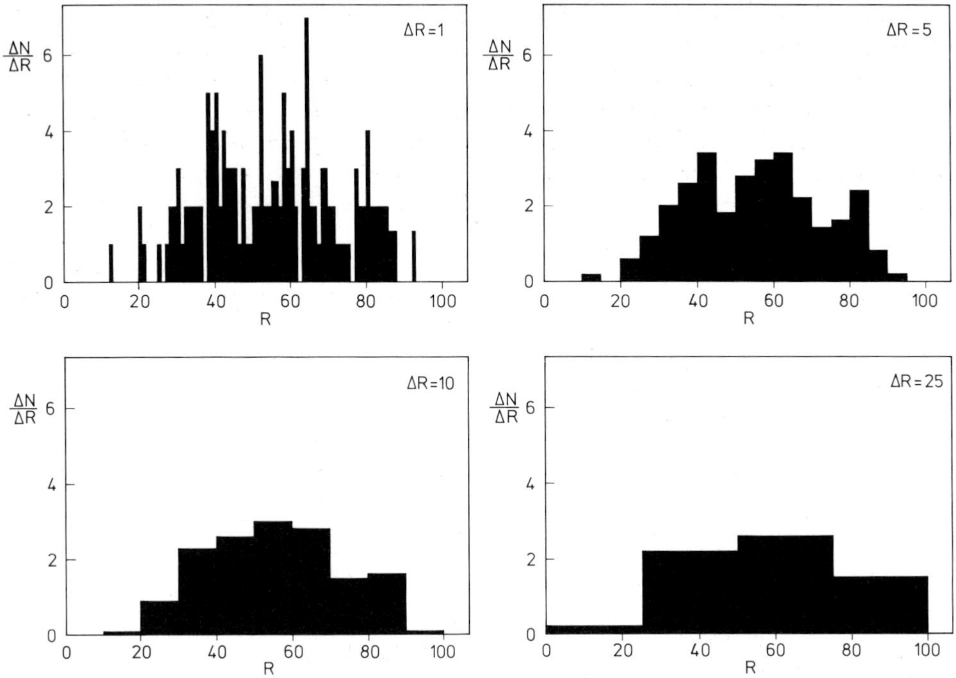

Abb. 4.07. Häufigkeitsverteilung (Histogramm) der Anzahl R der richtigen Antworten aus einem Mathematiktest für Studienanfänger; gestellt wurden 95 Aufgaben. Als Ordinate aufgetragen ist der Bruch $\Delta N/\Delta R$ mit der Anzahl ΔN der Studenten, deren Anzahl richtiger Antworten zwischen R und $R+\Delta R$ liegt. Alle Diagramme beschreiben den gleichen Test, sie unterscheiden sich nur durch das willkürlich wählbare ΔR. Wählt man ΔR zu klein, so stören statistische Schwankungen; wählt man ΔR zu groß, so unterdrückt man wesentliche Information. Die Ordinatenmaßstäbe sind so gewählt, daß die Flächen unter den Treppenkurven gleich werden

diese Geschwindigkeiten messen, so könnte man auch alle Moleküle aufteilen in lauter Geschwindigkeitskästchen einheitlicher Breite Δv und nachzählen, wie viele sich in jedem Kästchen gerade befinden. Man erhielte dann eine Treppenkurve, die *Häufigkeitsverteilung* oder auch *Histogramm* genannt wird. Einen Moment später befänden sich alle Moleküle, die inzwischen gestoßen haben, in einem anderen Kästchen, aber sie hätten die Plätze so miteinander getauscht, daß die Form der Treppenkurve sich praktisch gar nicht ändert. Im Detail hängt sie durchaus von der Breite Δv ab, die man für seine Kästchen wählt: Macht man sie zu groß, so unterdrückt man Einzelheiten – macht man sie zu klein, so bekommt man zu wenig Individuen für das einzelne Kästchen; Abb. 4.07 zeigt Beispiele. Jede ma-

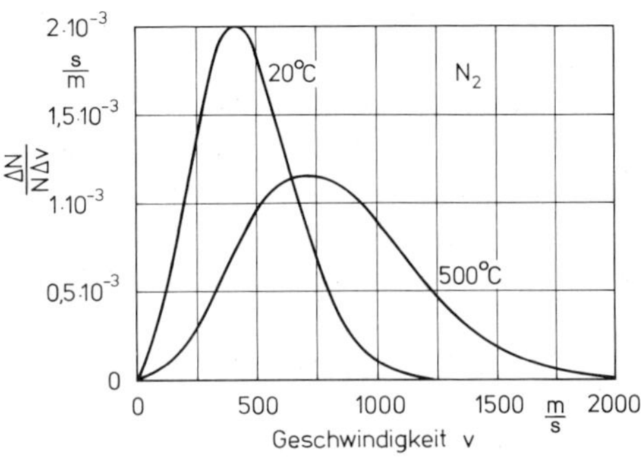

Abb. 4.08. Häufigkeitsverteilung der thermischen Geschwindigkeiten von Stickstoffmolekülen für zwei Temperaturen (*Maxwellsche Geschwindigkeitsverteilung*). Als Ordinate aufgetragen ist der Bruchteil $\Delta N/N$ der N vorhandenen Moleküle, deren Geschwindigkeiten zwischen dem auf der Abszisse aufgetragenen Wert v und $v+\Delta v$ liegen, dividiert durch Δv. Dadurch wird die Fläche unter allen Kurven unabhängig von N und Δv. Das Geschwindigkeitsintervall Δv kann so klein gewählt werden, daß die Treppenstufen des Histogramms in der Strichbreite verschwinden. (Nach R.W. Pohl)

kroskopische Gasmenge enthält freilich so viele Moleküle, daß man die Kästchen beliebig schmal machen kann. Das Histogramm wird dann zur glatten Kurve. Abb. 4.08 zeigt die *Maxwellsche Geschwindigkeitsverteilung* der Moleküle des Stickstoffs.

4.08 Wärme

Ob nun ideales oder van der Waals-Gas, ob Flüssigkeit oder Festkörper: in jedem Fall gehört zur Temperatur ungeordnete thermische Bewegung und damit Energie. Sie wird *Wärme* oder auch *Wärmeenergie* genannt, wie jede andere Energie in Joule gemessen, aber gern mit dem Buchstaben Q (statt W) bezeichnet.

Will man die Temperatur eines Körpers um ΔT erhöhen, so muß man ihm dafür eine Wärmemenge ΔQ zuführen; beide Größen sind einander in guter Näherung proportional:

$$\Delta Q = C \Delta T.$$

C bezeichnet die *Wärmekapazität* des Körpers, zu messen in $\mathrm{J\,K^{-1}}$. Natürlich hat ein Kaninchen eine kleinere Wärmekapazität als ein Mensch, obwohl beide bezüglich ihres thermischen Verhaltens im wesentlichen aus Wasser bestehen. Bezieht man C auf die Körpermasse m, so kommt man zur *spezifischen Wärmekapazität c* mit der Einheit $\mathrm{J\,g^{-1}\,K^{-1}}$. Sie wird oft nicht ganz korrekt *spezifische Wärme* genannt. Es gilt

$$\Delta Q = m c \Delta T.$$

Erlaubt sein muß auch, eine Wärmekapazität auf die Stoffmenge zu beziehen; die Größe C/n heißt, ebenfalls nicht ganz korrekt, *Molwärme*. Sie hat die Einheit $\mathrm{J\,mol^{-1}\,K^{-1}}$.

Wärmemengen werden im *Kalorimeter* bestimmt; man mißt die Temperaturänderung einer bekannten Wärmekapazität. Favorisierte Kalorimetersubstanz ist das Wasser – in abgemessener Menge eingefüllt in ein Gefäß mit guter Wärmeisolation. Bewährt haben sich hier *Dewar-Gefäße**, doppelwandige Glasflaschen, deren Wandung evakuiert ist (sie heißen auch *Thermosflaschen*); als thermische Bewegung von Molekülen ist Wärme an Materie gebunden und kann deshalb vom Vakuum nicht fortgeleitet werden (Abb. 4.09).

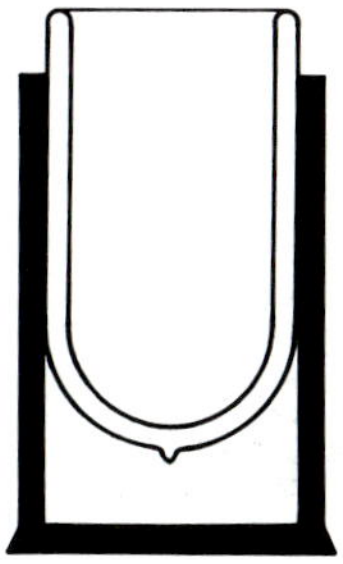

Abb. 4.09. *Dewar-Gefäß* – doppelwandiges Gefäß mit guter Wärmeisolation. Der Zwischenraum zwischen den beiden Wänden ist evakuiert (die Wände selbst verspiegelt, um Energieübertragung durch Strahlung zu unterdrücken – s. Kap. 4.21)

Messungen mit einem Kalorimeter setzen voraus, daß man die spezifische Wärmekapazität der Kalorimetersubstanz kennt. Eine mögliche Messung sei anhand der Abb. 4.10 beschrieben: Im Dewar-Gefäß befindet sich Wasser der Masse m auf der Temperatur T_0; vom Deckel des Kalorimeters her taucht eine Heizwendel in das Wasser. Legt man jetzt für die Zeit t eine elektrische Spannung U an die Wendel, so fließt ein Strom I und setzt die elektrische Energie (s. Kap. 5.04)

$$W = U I t$$

(gemessen in Volt · Ampere · Sekunde = Joule) um in die Wärmemenge Q. Diese heizt das Wasser entsprechend seiner spezifischen Wärmekapazität c_{H_2O} auf bis zur Temperatur T_1 nach der Gleichung

$$Q = m c_{H_2O}(T_1 - T_0).$$

* Sprich „Djuar" – die Aussprache englischer Namen kann aus der Schrift allein nicht geschlossen werden.

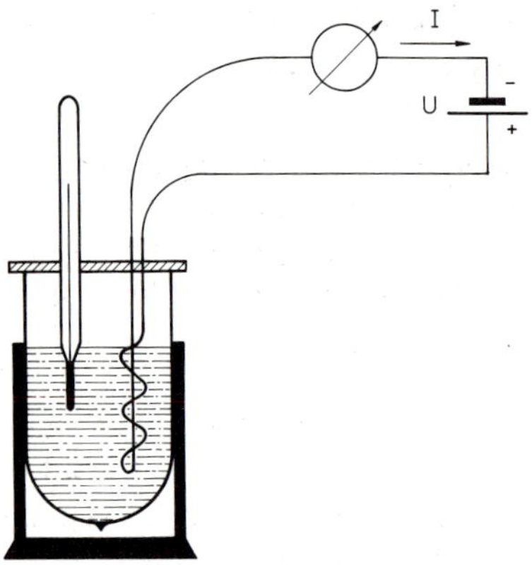

Abb. 4.10. Bestimmung der spezifischen Wärmekapazität des Wassers. Gemessen wird die Temperaturerhöhung, die eine elektrisch bestimmte, in der Heizwendel in Wärme umgesetzte Energie in abgemessener Menge Wasser erzeugt

Aufgabe 4.07: Welcher Wert ergibt sich für die spezifische Wärmekapazität des Wassers aus $m = 200$ g, $U = 10$ Volt, $I = 4{,}7$ Ampere, $t = 50$ s, $T_0 = 18{,}3$ °C und $T_1 = 21{,}1$ °C? – Der so erhaltene Wert für c_{H_2O} liegt etwas über den offiziellen 4,187 J g^{-1} K^{-1}; Ursache ist das Dewar-Gefäß, dessen Innenwand, soweit sie mit dem Wasser in Berührung steht, ebenfalls erwärmt wird. Vor genauen Messungen muß der *Wasserwert* des Kalorimetergefäßes bestimmt werden.

Ist die spezifische Wärmekapazität des Wassers erst einmal bekannt, so können die anderer Substanzen grundsätzlich nach folgendem Schema ausgemessen werden: Man hängt z.B. einen Kupfer-Ring (Masse m_{Cu}) zunächst in siedendes Wasser (Temperatur T_3) und bringt ihn dann in das Kalorimeter; dessen Temperatur steigt dadurch von T_1 auf T_2. Die dafür erforderliche Wärme muß der Ring durch Abkühlung geliefert haben – aus eben dieser Tatsache läßt sich c_{Cu} bestimmen.

Aufgabe 4.08: Wie lautet die Formel zur Berechnung von c_{Cu} nach obigem Verfahren?

Bei Messungen mit dem Wasserkalorimeter spart man eine zahlenmäßige Umrechnung, wenn man Wärmemengen nicht in der SI-Einheit *Joule* angibt, sondern in der traditionellen Energieeinheit der Wärmelehre, der *Kalorie* (*cal*), denn mit ihr bekommt die spezifische Wärmekapazität des Wassers

$$c_{H_2O} = 4{,}1868 \text{ J g}^{-1} \text{ K}^{-1}$$

eine handliche Maßzahl:

$$c_{H_2O} = 1{,}0 \text{ cal g}^{-1} \text{ K}^{-1}.$$

Das Gesetz erlaubt diese Bequemlichkeit freilich nicht mehr. Weil die Kalorie aber vermutlich noch einige Zeit in der Illegalität weiterleben wird, lohnt es, sich zu merken

$$1 \text{ cal} = 4{,}18400 \text{ J} \approx 4{,}2 \text{ J}.$$

Leben braucht Energie, setzt Energie um – und das nicht nur, wenn man läuft, also mechanische Arbeit produziert. Auch im Schlaf hat der Mensch noch einen *Grundumsatz* von etwa 7 MJ/Tag ($\approx$ 1650 kcal/d) oder auch 80 Watt, erforderlich, um die lebenswichtigen Funktionen und die Körpertemperatur aufrechtzuerhalten. Der Mensch hat aber auch eine Wärmekapazität – da er im wesentlichen aus Wasser besteht, darf man bei 70 kg Körpermasse schreiben

$$C_{\text{Mensch}} \approx 70 \text{ kcal/K} \approx 0{,}3 \text{ MJ/K}.$$

Das heißt nun wieder: Könnte man einen Menschen völlig wärmeisoliert lagern, so müßte ihn sein Grundumsatz mit einer Geschwindigkeit von etwa 1 K/h aufheizen. Sehr viel schneller kann Fieber aus rein wärmetechnischen Gründen nicht steigen.

Die Energie zum Leben bezieht der tierische Organismus aus seiner Nahrung, bestehend aus organischen Molekülen, also im wesentlichen aus Atomen des Kohlenstoffes und des Wasserstoffes. Letzten Endes werden sie in CO_2 und H_2O übergeführt, d.h. oxydiert. Der Weg der Umsetzung ist denkbar kompliziert und erfolgt in vielen Einzelschritten – zu jedem gehört eine Energieumwandlung. Schließlich und endlich wird aber immer Wärme daraus, und zwar genausoviel wie bei schlichter Verbrennung in der Retorte auch; auf den Energiesatz ist Verlaß. Man kann demnach ganz unabhängig vom lebenden Organismus den *Brennwert* von Nahrungsmitteln im Laboratorium messen, den Betrag an chemischer Energie etwa, der in einem Pfeffersteak gespeichert ist und bei Oxydation frei wird.

Er steht in sog. *Kalorientabellen* (besser *Brennwerttabellen*), z.B. 550 kcal/100 g = 2300 kJ/100 g für Schokolade, 45 kcal/100 g = 188 kJ/100 g für Bier. Leider fehlt in manchen Tabellen der Bezugswert „100 g" und oft sogar der Buchstabe k bei der Einheit. Von einem Diät-Gebäck mit dem Vermerk „32 g = 1/4 Packung = 162 Kalorien = 678 Joule" muß man, um den Grundumsatz eines Tages zu decken, nicht 1/3 Tonne herunterwürgen; zweieinhalb Packungen genügen.

Aufgabe 4.09: Ein gepflegtes Bier wird mit 8 °C serviert. Ehe der Organismus die in ihm gespeicherte Energie verwerten kann, muß er es im Magen auf Körpertemperatur aufwärmen. Welcher Bruchteil der Energie muß dafür aufgewendet werden?

Aufgabe 4.10: Nahrungsmittel stellen eine hochveredelte Energieform dar und sind dementsprechend teuer. Um welchen Faktor ist die Energie einer 100-g-Tafel Schokolade, die DM 1,10 kostet, teurer als die des Elektrizitätswerkes?

4.09 Umwandlungswärmen

Energie läßt sich speichern – am einfachsten in Hubarbeit, doch ebensogut in gespannten Federn. Wie Federn wirken auch die zwischenmolekularen Kräfte, die Kristalle und Flüssigkeiten zusammenhalten; folglich können sie ebenfalls Energie speichern – und die innermolekularen Kräfte, die chemisch Atome zu Molekülen binden, erst recht. Chemische Reaktionen bauen Moleküle um; kein Wunder, daß andere Bindungs„federn" auch andere Energiebeträge speichern. Die Differenz muß bei *endothermer Reaktion* von außen zugeführt werden, bei *exothermer Reaktion* wird sie frei.

Die Kräfte der chemischen Bindung sind weitaus stärker als die der Kohäsion zwischen den Molekülen; chemische Reaktionen setzen darum verhältnismäßig viel Energie um; Wasser durch Elektrolyse in Knallgas zu überführen, ist weit aufwendiger, als es nur zu verdampfen.

Jede Umwandlung des Aggregatzustandes ändert die zwischen den Teilchen gespeicherte Energie und verlangt oder liefert die entsprechende *Umwandlungswärme*.

Die Namen bringt Abb. 4.11. Gemessen werden sie zumeist in J/g oder J/mol – gemeint sind also *spezifische*, d.h. massenbezogene, oder *molare*, d.h. stoffmengenbezogene Umwandlungswärmen.

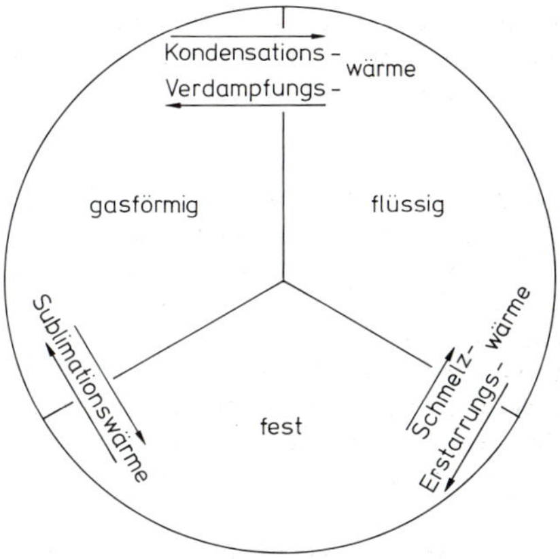

Abb. 4.11. Die Aggregatzustände und ihre Umwandlungswärmen. Nur beim direkten Übergang fest – gasförmig wird die Richtung nicht durch den Namen gekennzeichnet

4.10 Schmelzwärme

Wenn man ein Reagenzglas mit Wasser füllt, ein Thermometer hineinstellt, das ganze in einer Tiefkühltruhe fest einfriert, am Ende herausholt und auf den Tisch stellt, so kann man zusehen, wie die Temperatur nun langsam wieder ansteigt. Zunächst kommt das Thermometer aber nur bis auf 0 °C – dort bleibt es längere Zeit stehen und klettert erst weiter, wenn das ganze Eis geschmolzen ist (Abb. 4.12). Auch während dieses *Haltepunktes* nimmt das kalte Reagenzglas ständig Wärme von der umgebenden Luft auf, aber es steckt sie nicht in die Wärmekapazität seines Inhaltes, sondern nutzt sie, das Eis zu

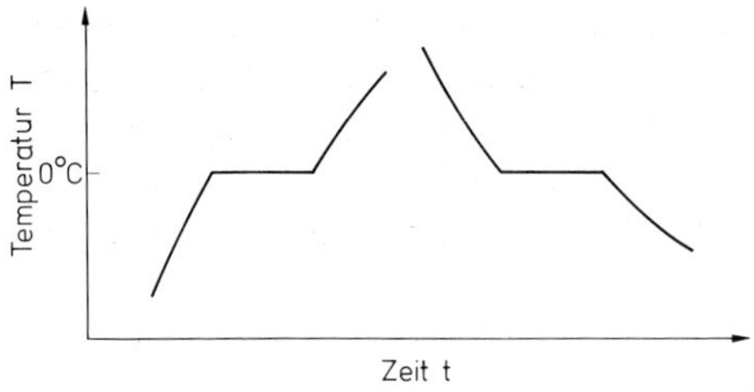

Abb. 4.12. Erwärmungs- und Abkühlungskurve für H_2O schematisch. Während des *Haltepunktes* deckt die *Schmelz-* bzw. *Erstarrungswärme* den Wärmeaustausch mit der Umgebung ohne Änderung der Temperatur

schmelzen. Die einströmende Wärme wird als *Schmelzwärme* gebraucht und kann darum die Temperatur nicht erhöhen. Das Analoge hätte man vorher auch bei der Abkühlung beobachten können: hier gab das Reagenzglas ständig Wärme an die Kühltruhe ab; zu Beginn und am Ende wurde sie der Wärmekapazität entnommen, für die Dauer des Haltepunktes aber von der *Erstarrungswärme* geliefert. Haltepunkte sind gut zu beobachten, sie liefern präzise Fixpunkte für die Eichung von Thermometern. Nur beim *Schmelzpunkt* können Kristall und Schmelze nebeneinander existieren; ein Zehntelgrad mehr, und alles ist geschmolzen – ein Zehntelgrad weniger, und alles ist erstarrt. Dafür muß aber die Umwandlungswärme von der Umgebung beschafft oder an sie abgegeben werden, und das kostet Zeit. Solange Eisstückchen in Wasser schwimmen, steht die Temperatur zuverlässig auf 0 °C (jedenfalls nahe der Oberfläche; am Boden können, der Dichteanomalie des Wasser wegen, 4 °C herrschen).

Die Schmelzwärme c_s des Eises kann im Wasserkalorimeter (Masse m_0, Temperatur T_0) leicht bestimmt werden: man wirft einen in Wasser schwimmenden Eiswürfel (Masse m_E) hinein und mißt, wenn er geschmolzen ist, die neue Temperatur T_1. Dann ist dem Kalorimeterwasser eine unschwer berechenbare Wärmemenge Q entzogen worden. Verbraucht wurde sie allerdings nicht nur zum Schmelzen des Eises, denn das Schmelzwasser mußte ja auch noch auf die Endtemperatur T_1 aufgewärmt werden. Q teilt sich also auf in die Wärme zum Schmelzen

$$Q_s = m_E c_s$$

und die zum Aufwärmen

$$Q_w = m_E c_{H_2O} \ (T_1 - 0\ °C).$$

Heraus kommt $c_s = 333$ J/g – Wasser hat nicht nur eine ungewöhnlich hohe spezifische Wärmekapazität, es hat auch eine ungewöhnlich hohe Schmelzwärme.

Schmelz- und Erstarrungspunkt liegen bei der gleichen Temperatur T_s. Aber nicht immer erstarrt eine Schmelze, sobald diese Temperatur erreicht wird: Viele Substanzen kann man mit einiger Vorsicht noch weit und lange unter dem Erstarrungspunkt flüssig halten, man kann sie *unterkühlen*. Irgendwann setzt die Kristallisation aber doch einmal ein; dann wird plötzlich viel Erstarrungswärme frei, die Temperatur springt auf T_s und wartet dort die reguläre Dauer des Haltepunktes ab (Abb. 4.13). Umwandlungen des Aggregatzustandes sind sogenannte *Keimbildungsprozesse*, sie müssen nicht nur thermodynamisch möglich sein, sie müssen auch ausgelöst werden – eben durch einen Keim, der sich im statistischen Zufall bildet, meist sehr rasch, zuweilen aber auch erst nach Jahrhunderten: Glas, so wie man es normalerweise kennt, ist eine unterkühlte Flüssigkeit. Wenn es doch einmal auskristallisiert, spricht man von *Entglasung*.

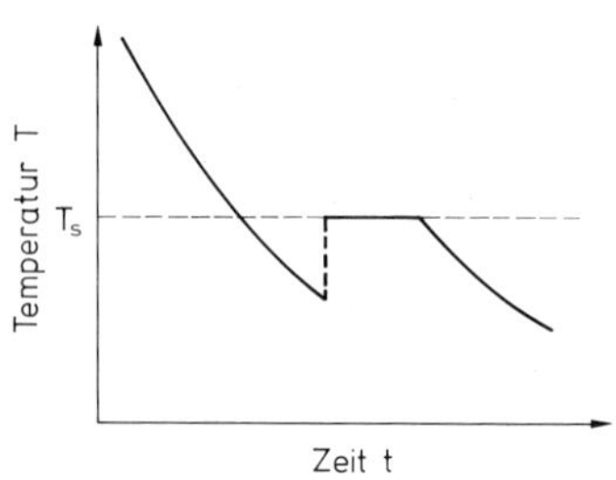

Abb. 4.13. *Unterkühlung*. Die Abkühlungskurve unterschreitet zunächst den Schmelzpunkt T_s, bis endlich die Erstarrung doch einsetzt und die plötzlich freiwerdende Kristallisolationswärme die Temperatur wieder auf T_s anhebt

Die allermeisten Substanzen dehnen sich beim Schmelzen aus; ihr Kristall hat die größere Dichte. Äußerer Druck bringt darum den festen Aggregatzustand in Vorteil und hebt den Schmelzpunkt ein wenig an. Dies ist aber kein Naturgesetz, sondern eine Regel. Regeln haben Ausnahmen, und wieder einmal ist die pathologische Substanz H_2O dabei: Eisberge schwimmen und der Eispunkt sinkt unter Druck, zur Freude der Schlittschuhläufer. Sie stehen mit voller Gewichtskraft auf schmaler Kufe. Das bedeutet hohen Druck und örtlich schmelzendes Eis: der Schlittschuh gleitet auf einem Film flüssigen Wassers, der hinter ihm sofort wieder erstarrt.

4.11 Lösungs- und Solvatationswärme

Schmelzen ist nicht die einzige Möglichkeit, ein Kristallgitter kleinzukriegen, in passender Flüssigkeit kann man einen Kristall auch *auflösen*. Weil dabei Arbeit gegen die Kräfte der Gitterbindung geleistet, weil *Gitterenergie* aufgebracht werden muß, liegt die Erwartung nahe, daß sich eine Lösung beim Ansetzen abkühlt – KNO_3 (Salpeter) in H_2O tut dies tatsächlich. Es kann aber auch anders kommen, denn möglicherweise lagern sich Moleküle des Lösungsmittels dicht an gelöste Teilchen an und bilden so eine *Solvathülle*, bei Wasser *Hydrathülle* genannt (Kap. 5.34). Das entspricht in gewissem Sinne einer lokalen Erstarrung des Lösungsmittels, bei der dann *Solvatationsenergie* frei wird. Dies kann schon bei der Mischung zweier Flüssigkeiten geschehen – *Lösen* ist im Grunde ja nur eine Sonderform des *Mischens*. Gießt man Alkohol oder Schwefelsäure in Wasser, so erwärmt sich die Mischung. Die *Lösungswärme*, die sich unmittelbar beobachten läßt, ist die Differenz von freiwerdender Solvatationsenergie und aufzubringender Gitterenergie.
Auf jeden Fall liegt der Erstarrungspunkt einer Lösung unter dem des reinen Lösungsmittels. Dies nutzt aus, wer Viehsalz streut, statt Schnee zu schippen. Er erzeugt eine wäßrige Salzlösung, deren Gefrierpunkt unter der Lufttemperatur liegt, die darum flüssig bleibt und ohne sein Zutun versickert – zum Schaden benachbarter Pflanzen, die sich nicht wehren können. Es mag überraschen, soll hier aber ohne weitere Begründung lediglich festgestellt werden: Die *Gefrierpunktserniedrigung* ΔT_s hängt nur vom Lösungsmittel und der Anzahldichte n der gelösten Teilchen ab, nicht von ihrer Art, von der gelösten Substanz:

$$\Delta T_s \propto n .$$

Statt der *Teilchenanzahldichte* (Einheit: cm^{-3}) kann man als Angabe für die Konzentration einer Lösung auch die *Massendichte* (g/cm^3) oder die *Stoffmengendichte* (mol/cm^3) verwenden. Beliebt sind aber auch die verschiedenen (dimensionslosen) *Gehalte*, wie Volumengehalt („Vol.%“ = Volumen des gelösten Stoffes geteilt durch das Volumen der Lösung), Massengehalt und Stoffmengengehalt *(Molenbruch)*.

4.12 Verdampfung

Auch die Moleküle einer Flüssigkeit verteilen ihre thermischen Geschwindigkeiten um einen temperaturbedingten Mittelwert; es gibt schnelle und langsame. Zudem werden immer einige oberflächennahe Moleküle versuchen, in den Gasraum auszubrechen; aber nur den zufällig schnellsten wird es gelingen, denn die zwischenmolekularen Kräfte, die an der Oberfläche ja nur einseitig wirken, halten die langsameren zurück. Umgekehrt kann jedes Molekül aus dem Dampf in die Flüssigkeit zurückkehren, wenn es nur die Oberfläche erreicht.

Aus diesen einfachen Modellvorstellungen lassen sich etliche Folgerungen herleiten, die experimentell überprüft werden müssen.

1. Eine Flüssigkeit *verdampft* bei allen Temperaturen, nicht erst beim *Siedepunkt*. In der Tat trocknet eine regennasse Straße auch bei normaler Lufttemperatur, aber

um so schneller, je wärmer es ist – auch dies in Übereinstimmung mit dem Modell.

2. Weil nur die schnellsten Moleküle verdampfen, verbleibt den übrigen immer weniger thermische Energie: sie kühlen sich ab. Diesen Effekt nutzt der Mensch, wenn er schwitzt. Das Problem der *Verdampfungswärme* wird im Kapitel 4.15 ausführlich behandelt.

3. Eine Flüssigkeit steht dann mit ihrem Dampf im *Gleichgewicht*, wenn die Grenzgänger unter den Molekülen in beiden Richtungen gleich häufig vorkommen. Potentiell rückkehrfähig sind alle Moleküle des Dampfes; ihre Anzahldichte muß mit steigender Temperatur zunehmen, weil sie nur so die wachsende Zahl der verdampfungsfähigen Moleküle aus der Flüssigkeit ausgleichen können. Das Problem von Dampfdruck und Dampfdichte wird im nächsten Kapitel behandelt.

4. Steht eine Flüssigkeit nicht mit ihrem Dampf im Gleichgewicht, so *verdampft* sie, oder der Dampf *kondensiert*. Um das Gleichgewicht wieder zu erreichen, müssen ungeheuer viele Moleküle einseitig durch die Oberfläche laufen; das kann recht viel Zeit erfordern.

5. Das Modell erlaubt zunächst nur arteigenen Molekülen, aus dem Dampf in die Flüssigkeit zurückzukehren – artfremde müssen draußen bleiben. Verschiedene Flüssigkeiten können in den gleichen Gasraum hineindampfen, ihre Dampfdrücke addieren sich als *Partialdrücke* unabhängig voneinander zum Gesamtdruck.

6. Übersteigt – außerhalb des Gleichgewichts – der Dampfdruck einer Flüssigkeit den äußeren Gesamtdruck (und den Schweredruck dazu), so können sich auch in ihrem Volumen Gasblasen bilden: die Flüssigkeit *siedet*. Der Siedepunkt hängt von Außendruck ab.

4.13 Dampfdruck und Dampfdichte

Ein amüsantes Spielzeug zum Thema Dampfdruck zeigt Abb. 4.14. Es besteht aus Glas und ist mit einer eingefärbten Flüssigkeit gefüllt. Sie sprudelt in kleiner Fontäne nach oben, sobald man den unteren Kolben mit der Hand umfaßt. Das Gasgesetz vermag diesen Effekt nicht zu erklären: Die Hand erhöht die Temperatur des Kolbens allenfalls um 10 K, also rund 3% – um den gleichen Bruchteil könnte sich das Gasvolumen ausdehnen; viel zuwenig, um die ganze Flüssigkeitsmenge nach oben zu drücken.

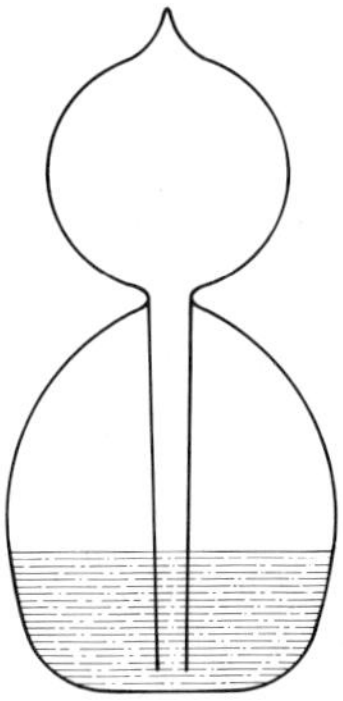

Abb. 4.14. Dampfdruck-Spielzeug, schematisch im Schnitt. Wenn man den unteren Kolben mit der Hand erwärmt, sprudelt die Flüssigkeit unter ihrem Dampfdruck in kleiner Fontäne nach oben

Ihren *Dampfdruck* p_D sucht eine Flüssigkeit unabhängig vom verfügbaren Volumen einzustellen; sie verdampft eben so lange, bis ihr Dampf p_D erreicht hat. Das kann viel Zeit kosten – schließlich muß sich die Flüssigkeit ja die notwendige Verdampfungswärme besorgen. In der Natur wechselt die Lufttemperatur schneller, als Flüsse, Seen und Wälder mit dem Dampfdruck des Wassers nachkommen können. Zudem kann bei großem Dampfraum die Flüssigkeit vollständig verdampft sein, ehe sie p_D erreicht hat.

Dampfdrücke steigen weitaus stärker mit der Temperatur an als nur linear, nämlich nahezu exponentiell. Eine jede Flüssigkeit ist durch ihre *Dampfdruckkurve* charak-

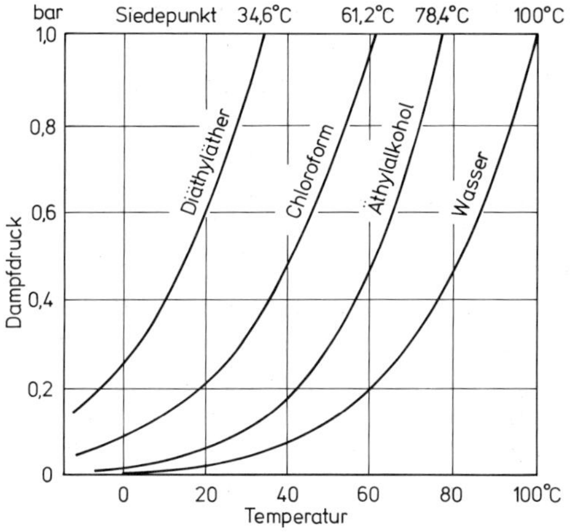

Abb. 4.15. Dampfdruckkurven verschiedener Flüssigkeiten

terisiert, Abb. 4.15 bringt einige Beispiele. Vom Spielzeug der Abb. 4.14 wird nur verlangt, daß die Flüssigkeit schon bei Zimmertemperatur einen leidlichen Dampfdruck hat, so daß 10 K mehr einen hinreichenden Zuwachs bringen – nötig ist ferner ausreichender Wärmekontakt zwischen Hand und Flüssigkeit.

Zum Dampfdruck p_D gehört eine *Dampfdichte* ρ_D, gemessen etwa in g/m^3. Sie muß eigens bestimmt werden, denn dem Gasgesetz kann man sie nicht entnehmen: Dämpfe, die im Gleichgewicht mit ihrer Flüssigkeit stehen, sind alles andere als ein ideales Gas. Eine Tabelle mit p_D und ρ_D für die wichtige Substanz Wasser findet sich im Anhang.

Normalerweise findet eine Flüssigkeit über ihrer Oberfläche nicht nur Moleküle ihres eigenen Dampfes vor; ihr Dampfdruck bildet nur einen Partialdruck des Gesamtdruckes. Sie beginnt zu *sieden*, sobald ihr Dampfdruck den äußeren Druck erreicht. Wasser repräsentiert den oberen Fixpunkt der Celsius-Skala nur bei normalem Luftdruck von 1013 mbar; auf der Zugspitze, in 2960 m Höhe, siedet es schon bei ca. 90 °C – zu früh, um darin in 5 min ein Ei weichzukochen. Die zum Garen benötigten Zeiten hängen sehr von der Temperatur ab; Kochbücher beziehen sich nur deshalb auf 100 °C, weil dieser Wert so leicht eingestellt werden kann in einer Küche, die sich ja normalerweise nicht so sehr weit über Meereshöhe befindet. Die eilige Köchin benutzt auch hier einen *Dampftopf*. Er ist dicht verschlossen und kontrolliert mit einem einfachen Manometer den erhöhten Binnendruck, zu dem dann auch eine erhöhte Siedetemperatur mit verkürzten Garzeiten gehört. Ohne Dampftopf kann der Koch auf dem Schneefernerhaus seine Gäste nicht versorgen.

An sich ist der Dampfdruck eine Kenngröße der Flüssigkeit; ein wenig hängt er aber von Beimengungen ab. Löst man z.B. Zucker in Wasser, so sinkt der Dampfdruck und der Siedepunkt steigt. Wie beim Gefrierpunkt geht es auch hier nur um die Anzahldichte n der gelösten Moleküle, nicht um deren Art und Masse. Für die *Dampfdruckerniedrigung* Δp_D gilt

$$\Delta p_D \propto n$$

– im einzelnen abhängig von Dampfdruck und Lösungsmittel. Sie kann benutzt werden, um die relative Molekülmasse der gelösten Substanz (also ihr Molekulargewicht) zu bestimmen.

Aufgabe 4.11: Wie?

Bringt man eine Lösung zum Sieden, so dampft im wesentlichen nur das Lösungsmittel ab; die Lösung wird immer konzentrierter, bis sie sich *übersättigt*, und der gelöste Stoff beginnt auszukristallisieren. So gewinnt man seit Jahrhunderten Salz aus Meerwasser. Auch die Komponenten eines Flüssigkeitsgemisches verdampfen, unterschiedlichen Dampfdruckes wegen, nicht mit der gleichen Geschwindigkeit: man kann sie durch *Destillation* voneinander trennen. Nur so lassen sich Schnäpse herstellen, die Alkohol in höherer Konzentration enthalten, als die Hefe, die ihn doch produziert hat, vertragen kann. Die Trennung gelingt allerdings nicht vollständig; der Alkohol, der im Kühler kondensiert, enthält auch nach wiederholter

Destillation noch rund 4% Wasser *(azeotropisches Gemisch).*
Der Vollständigkeit halber sei erwähnt, daß auch Festkörper einen Dampfdruck haben, sonst könnten sie ja nicht sublimieren. Hiervon wird in Kap. 4.16 noch kurz die Rede sein.

4.14 Luftfeuchtigkeit

Wälder und Wiesen, Flüsse und Seen geben ständig große Mengen Wasserdampf an die Luft ab. Sein Partialdruck bleibt meist unter dem zur lokalen Temperatur gehörenden Wasserdampfdruck p_D – erreicht er ihn, so ist die Luft mit Wasserdampf *gesättigt*. In den frühen Morgenstunden wird es kühl, und der neue Grenzwert von p_D kann leicht unter den tatsächlichen Partialdruck geraten. Dann ist die Luft *übersättigt* und der Wasserdampf versucht zu kondensieren. Dazu braucht er aber Kondensationskeime – zuweilen findet er sie im Staub der Luft (Morgennebel), immer aber in den Blättern der Pflanzen (Tau). Nebeltröpfchen gewinnen Energie aus der Oberflächenspannung, wenn sie sich zu Regentropfen zusammenschließen.

Für des Menschen Wohlbefinden hat die Feuchtigkeit der Luft, die ihn umgibt, große Bedeutung – aus zwei Gründen vor allem: Einmal verlangen die empfindlichen Lungenbläschen mit Wasserdampf gesättigte Luft, die Schleimhäute der Atemwege müssen das notwendige Wasser liefern; sie haben Mühe und fühlen sich gereizt, wenn die Luft zu trocken ist. Zum andern verlangt der Energiehaushalt des Menschen eine ständige Abgabe von Wärme an die Umgebung, dazu nutzt er auch die Verdampfungswärme des Wassers, das Schweißdrüsen abgeben. Das kann aber nicht mehr funktionieren, wenn die Luft schon mit Wasserdampf gesättigt ist: dem Menschen wird schwül. Beide Effekte hängen weniger an der tatsächlichen Dichte ρ des Wasserdampfes in der Luft als an seinem Verhältnis zur Sättigungsdichte, also an der sog. *relativen Luftfeuchtigkeit* ρ/ρ_D. 70%–80% sind dem Menschen am zuträglichsten; bei 100% beginnt das Nebelnässen. Manche Frisuren reagieren auf Luftfeuchtigkeit – *Haarhygrometer* nutzen diesen Effekt zur Messung; sehr genau sind sie nicht.

Mühsamer, aber korrekter bestimmt man die relative Luftfeuchtigkeit aus dem *Taupunkt*: Eine spiegelnd polierte Metallplatte wird so weit abgekühlt, bis Wasser zu kondensieren beginnt; auf dem Spiegel ist das gut zu sehen, er überzieht sich plötzlich mit einem matten Schleier. Man mißt die Temperatur und schlägt in einer Tabelle die zugehörige Sättigungsdichte ρ_D des Wasserdampfes nach. Sie entspricht der *absoluten Luftfeuchtigkeit* und liefert, geteilt durch die Sättigungsdichte bei Umgebungstemperatur, auch die relative.

Wer sein Zimmer an kalten Wintertagen gut lüftet, treibt die Feuchtigkeit ins Freie – wie in einer Destille strebt das Wasser in das Gebiet niedrigeren Dampfdruckes. Es zu ersetzen, gelingt Verdunstungsschalen auf Heizkörpern nur unvollkommen. Ein Wohnraum braucht nicht wenig Wasser.

Aufgabe 4.12: Wieviel Wasser enthält die Luft eines Wohnraumes (30 m^2 Grundfläche, 2,50 m hoch) bei 20 °C und 75% relativer Luftfeuchtigkeit?

Wer in ein Spirometer bläst, entläßt aus seiner Lunge Atemluft mit 100% Luftfeuchtigkeit bei Körpertemperatur. Im Spirometer ist sie übersättigt, der größte Teil des Wasserdampfes muß kondensieren, man kann ihn auch gleich durch ein Trockenröhrchen herausholen. Dann fehlt aber bei der Messung das Volumen, das er in der Lunge eingenommen hat. Dies muß durch einen Korrekturfaktor berücksichtigt werden – er macht nur einige Prozent aus, deshalb darf man bei seiner Abschätzung etwas kühn vorgehen. Man vermindert kurzerhand den wahren Luftdruck um den Dampfdruck p_D des Wassers, d.h. man tut so, als ob feuchte Luft beim Druck p das gleiche Volumen einnähme wie trokkene beim Druck $p - p_D$, umgerechnet nach dem Gasgesetz. Dies wäre korrekt für ein Gemisch idealer Gase: nimmt man den Partialdruck einer Komponente heraus, so dehnt sich das Restgas auf das alte Volumen aus. Aber ein gesättigter Dampf ist kein ideales Gas. Immerhin steht damit nun endlich die vollständige Formel zur Verfügung, mit der das Lungenvolumen V_L aus dem im Spirometer gemessenen Volumen V_o berechnet werden kann (der Index $_o$ bezieht sich immer auf das Spirometer, der Index $_L$ auf die Lunge). Sie lautet

$$V_L = V_o f_T f_D$$

und hat zwei Korrekturfaktoren; einen für die Temperatur:

$$f_T = T_L / T_o,$$

und einen für den Wasserdampf, der zugleich einen eventuellen Druckunterschied zwischen Lunge und Spirometer berücksichtigt:

$$f_D = \frac{p_o - p_{Do}}{p_L - p_{DL}}.$$

Aufgabe 4.13: Ein Patient blase bei einem Barometerstand von 1000 mbar in einem tiefen Atemzug 3,9 l in ein Spirometer (20 °C). Wie groß ist sein Atemzugvolumen, wenn dem Spirometer a) ein Trockenröhrchen vorgeschaltet war, b) kein Trockenröhrchen vorgeschaltet war. Eine Druckkorrektur soll unnötig sein.

Unter den sog. *Normalbedingungen* $p = 760$ Torr $=$ 1013 mbar, $T = 0$ °C befindet sich ein Gas im *Normzustand*, ist es obendrein noch trocken, so erfüllt es die in der Physiologie gebräuchliche *Standardbedingung STPD* (Standard Temperature Pressure Dry). Atemluft *in* der Lunge hält sich demgegenüber an die *Standardbedingung BTPS* (Body Temperature Pressure Saturated): Körpertemperatur, lokaler Luftdruck (nicht auf Meereshöhe reduziert!), Sättigung mit Wasserdampf.

4.15 Verdampfungswärme

Mit einem Kalorimetergefäß läßt sich auch die Wärmemenge bestimmen, die zum Verdampfen einer Flüssigkeit notwendig ist. Man braucht dafür nicht einmal ein Thermometer, wohl aber eine Waage. Auf ihrer einen Schale stehe das Dewar-Gefäß, gefüllt z.B. mit Wasser, in das die elektrische Heizwendel taucht, die schon in Kap. 4.08 bei der Messung der spezifischen Wärmekapazität des Wassers benutzt worden war. Die Waage ist nicht sauber austariert, dem Dewar-Gefäß wird ein Übergewicht belassen. Entwickelt man jetzt in der Wendel Stromwärme, so beginnt nach einiger Zeit Wasser zu verdampfen, und das Gefäß wird leichter. In dem Augenblick, in dem die Waage durch ihr Gleichgewicht läuft, setzt man eine Stoppuhr in Bewegung, nimmt gleich anschließend ein Gewichtsstück der Masse m von der anderen Waagschale herunter und hält die Stoppuhr wieder an, sobald die Waage zum zweitenmal ihr Gleichgewicht erreicht. Wie in Kap. 4.07 kann man jetzt aus Strom I, Spannung U und Meßzeit t die elektrisch entwickelte Wärmemenge Q_D berechnen, mit der in diesem Fall Wasser der Masse m verdampft wurde. Daraus folgt die *Verdampfungswärme*, präziser die *spezifische Verdampfungsenthalpie*

$$c_D = \frac{Q_D}{m}.$$

Mit 2,26 kJ/g bei 100 °C liegt Wasser wieder einmal ungewöhnlich hoch. Das hilft dem Menschen, wenn er seinen Wärmehaushalt durch Transpiration in Ordnung halten muß, und sorgt für die gegenüber dem Kontinentalklima gemäßigten Temperaturwechsel des Seeklimas: Jede Änderung der Wassertemperatur verlangt viel Verdampfungswärme oder liefert viel Kondensationswärme.

Aufgabe 4.14: Welche „Wasserstromstärke" müßte der Mensch ausschwitzen, wenn er seinen Grundumsatz nur durch Transpiration abgäbe? (Abschätzung genügt.)

Warum verwendet man diese exotische Vokabel „Enthalpie" statt „Wärme"? Ein Wechsel des Aggregatzustandes ist immer mit einer Änderung der Dichte verbunden, also einer Änderung des Volumens. Beim Schmelzen ist sie vernachlässigbar klein, beim Verdampfen aber von erheblicher Bedeutung: Das neue Volumen V muß ja gegen den Dampfdruck p_D gebildet werden und darum Volumenarbeit $p_D V$ leisten. Diese Arbeit gehört nicht zur Verdampfungswärme im engeren Sinne, der sog. *inneren Verdampfungswärme*, ist aber in der gemessenen *Verdampfungsenthalpie* enthalten – das gilt grundsätzlich auch für andere Umwandlungswärmen:

Enthalpie
= Umwandlungswärme + Volumenarbeit.

Die innere Verdampfungswärme ist eine Materialkonstante, die Enthalpie hängt wesentlich von der Temperatur, weil vom Dampfdruck ab.
Medizinisch gern genutzt wird die Verdampfungsenthalpie des *Chloräthyls* (CH_3CH_2Cl). Der Arzt hat es in großen Glasampullen, die mit einem einfachen Federventil verschlossen sind (Abb. 4.16). Ein Druck auf den Hebel, und es spritzt, vom eigenen Dampfdruck getrieben, in feinem Strahl aus. An Luft verdunstet es rasch und entzieht seiner Umgebung die Verdampfungswärme, die es dazu braucht. So kann man einen Furunkel leicht weit genug abkühlen, um die Nervenenden in der Haut empfindungslos zu machen – einfaches Verfahren kurzfristiger örtlicher Betäubung.

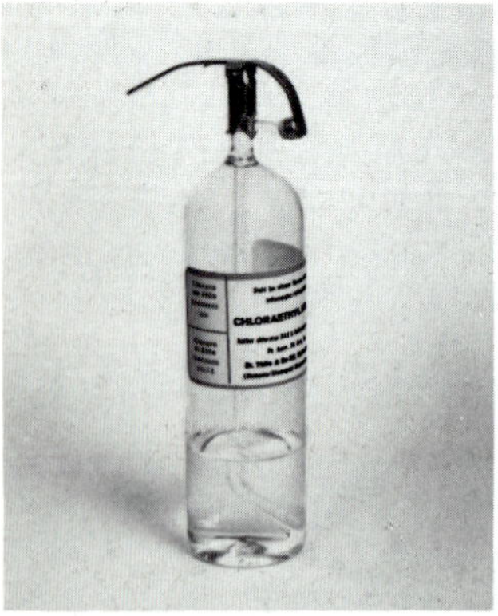

Abb. 4.16. Chloräthyl-Ampulle zur kurzzeitigen örtlichen Betäubung der Haut – sie wird durch die Verdampfungswärme des Chloräthyls bis zur Empfindungslosigkeit abgekühlt

4.16 Zustandsdiagramme

Thermodynamisch ist der *Zustand* eines Gases vollkommen beschrieben, wenn man zwei der drei *Zustandsgrößen* Druck p, Temperatur T und Volumen V kennt: Sind zwei vorgegeben, so stellt sich die dritte der Stoffmenge n entsprechend ein. Wählt man statt V das *stoffmengenbezogene Volumen* V_n (Molvolumen), so wird man sogar von der Stoffmenge selbst unabhängig. Den Zusammenhang zwischen den Zustandsgrößen liefert die *Zustandsgleichung*, für ein ideales Gas also das Gasgesetz

$$p V_n = RT.$$

Für ein weniger ideales Gas liefert die van der Waals-Gleichung (Kap. 4.06) eine bessere Näherung; genügt auch sie nicht mehr, will man gar den flüssigen und den festen Aggregatzustand mit einbeziehen, so bleibt nur der Ausweg, der immer noch gangbar ist, wenn formelmäßige Darstellungen versagen: man zeichnet einen Graphen, ein Diagramm.

Ein *Zustandsdiagramm* hat den Zusammenhang zwischen drei Zustandsgrößen zu beschreiben; es braucht also ein dreidimensionales Koordinatenkreuz und liefert ein räumliches Modell. Das ist mühsam herzustellen und auf dem Papier nur in perspektivischer Zeichnung wiederzugeben. Deshalb weicht man gern in die sog. *Parameterdarstellung* aus: man trägt im ebenen, zweiachsigen Koordinatenkreuz Kurven ein, zu denen feste Werte

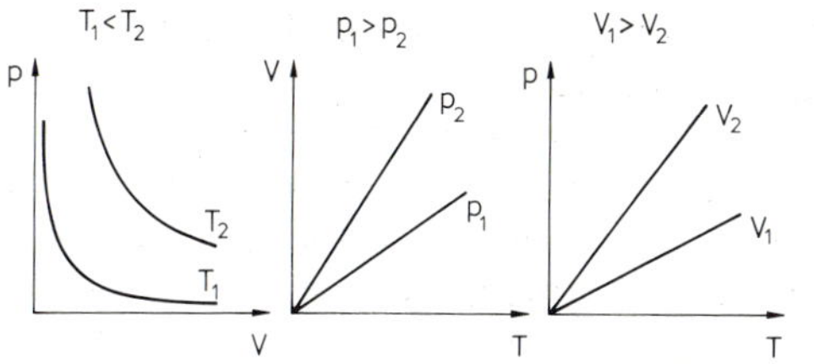

Abb. 4.17. Die drei *Parameterdarstellungen* des *Zustandsdiagrammes* idealer Gase: *Isothermen* im *p-V*-Diagramm, *Isobaren* im *V-T*-Diagramm, *Isochoren* im *p-T*-Diagramm. Solange die Achsen keine Maßstäbe bekommen, ist es gleichgültig, ob man unter *V* das Volumen einer abgeteilten Gasmenge versteht oder das spezifische Volumen $V_s = V/m$ eines Gases oder sein stoffmengenbezogenes Molvolumen $V_n = V/n$

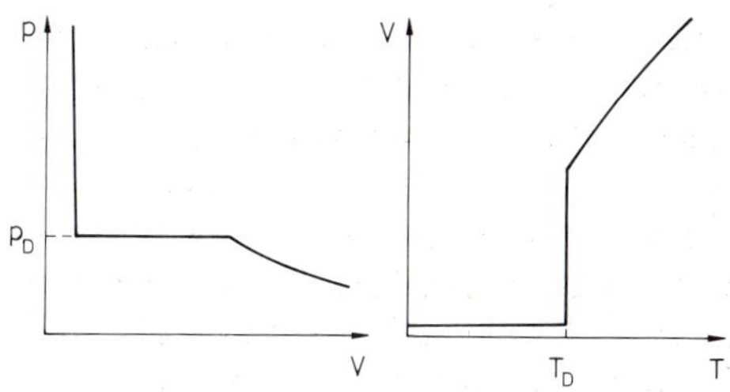

Abb. 4.18. *Verdampfung* und *Kondensation* bedeuten isobaren und isothermen Wechsel des (spezifischen) Volumens. Im *Koexistenzbereich* von flüssiger und gasförmiger *Phase* verläuft demnach die Isotherme im *p-V*-Diagramm horizontal bei dem *Dampfdruck* p_D und die Isobare im *V-T*-Diagramm vertikal beim *Siedepunkt* T_D

der dritten Größe als *Parameter* gehören. Als Beispiel diene das *p-V-Diagramm* eines idealen Gases (Abb. 4.17): Nach Aussage des Gesetzes von Boyle-Mariotte sind die Kurven gleicher Temperatur, *Isothermen* genannt, Hyperbeln. Genausogut könnte man im *V-T*-Diagramm *Isobaren* einzeichnen, also Kurven gleichen Druckes – sie sind Geraden – oder im *p-T*-Diagramm Kurven gleichen Volumens, die *Isochoren* – sie sind ebenfalls Geraden. Alle drei Diagramme der Abb. 4.17 besagen dasselbe, und zwar dasselbe wie das Gasgesetz.

Gelingt es, den Druck eines Gases auf den Dampfdruck zu bringen – das kann z.B. isotherm durch Druckerhöhung, aber auch isobar durch Temperaturerniedrigung geschehen – so beginnt die Kondensation. Dabei verschwindet viel Gasvolumen, während sich entsprechend der sehr unterschiedlichen Dichte der beiden Aggregatzustände nur wenig Flüssigkeitsvolumen bildet; und dies ohne Änderung von Druck und Temperatur – nur die Kondensationswärme muß abgeführt werden. Im *Koexistenzbereich* von Gas und Flüssigkeit kann eine vorgegebene Substanzmenge jedes angebotene Volumen dadurch ausfüllen, daß sie sich passend auf die beiden Aggregatzustände verteilt; deren spezifische Volumina bestimmen die Grenzen des Bereiches. Dies alles geschieht genau beim – temperaturabhängigen – Dampfdruck p_D: die Isotherme ist zugleich Isobare, horizontal im *p-V*-, vertikal im *V-T*-Diagramm (Abb. 4.18). Nach Abschluß der Kondensation existiert nur noch die flüssige Phase, sie ist nahezu inkompressibel und hat fast keinen thermischen Ausdehnungskoeffizienten. Entsprechend verläuft die Isotherme in Abb. 4.18 hier sehr steil und die Isobare sehr flach.

Nur beim Dampfdruck p_D können flüssiger und gasförmiger Aggregatzustand, auch *Phasen* genannt, im thermodynamischen Gleichgewicht nebeneinander existieren; überwiegt der Stempeldruck *p* auch nur minimal, so kondensiert der ganze Dampf, ist $p < p_D$, so verdampft die ganze Flüssigkeit (Abb. 4.19). Befindet

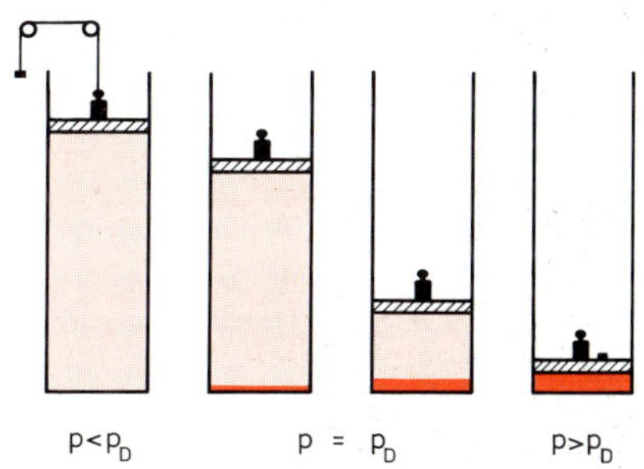

Abb. 4.19. Entspricht der Stempeldruck *p* genau dem Dampfdruck p_D, so bleibt der Stempel bei jedem gewünschten Volumen innerhalb des Koexistenzbereiches stehen. Ein kleines Zusatzgewicht läßt den Dampf vollständig kondensieren, ein Entlastungsgewicht die Flüssigkeit vollständig verdampfen

sich im Dampfraum ein Gasgemisch, so zählt nur der zuständige Partialdruck. Um freilich thermodynamisches Gleichgewicht zu erreichen, muß die entsprechende Umwandlungswärme zu- oder abgeführt werden, und das kann viel Zeit beanspruchen.

Bei Verdampfung und Kondensation ändert sich das spezifische Volumen der Substanz sprunghaft zwischen den Werten, die zu den beiden Phasen jeweils gehören. Entsprechend enden die Isochoren im p-T-Diagramm auf der Dampfdruckkurve (Abb. 4.20): diese ist Grenzkurve zwischen den Existenzbereichen der beiden Aggregatzustände. Hier zeigt sich nun ein sehr merkwürdiger Effekt: die Dampfdruckkurve hat ein oberes Ende. Erhöht man T, so steigt auch p_D, und zwar kräftig. Mit dem Dampfdruck steigt aber auch die Dampfdichte, das spezifische Volumen des Dampfes nimmt also ab. Das der Flüssigkeit nimmt aber zu, denn sie dehnt sich bei Erwärmung aus und wegen der kleinen Kompressibilität vermag die Druckerhöhung das nicht zu kompensieren. Folglich wandern die beiden spezifischen Volumina aufeinander zu und engen den Koexistenzbereich von Dampf und Flüssigkeit ein, bis er am *kritischen Punkt* ganz verschwindet (Abb. 4.21). Dort unterscheiden sich Dampf und Flüssigkeit nicht mehr, denn ihre Dichten sind gleich geworden: Die *kritische Isotherme* T_k hat, wenn sie den *kritischen Druck* p_k erreicht, nur noch einen horizontalen Wendepunkt. Bei höheren Drücken und Temperaturen läßt sich das Gas nicht mehr verflüssigen, es ist *permanent* geworden und nähert sein Verhalten immer mehr dem der idealen Gase an.

Den Bereich oberhalb des kritischen Punktes erfaßt die Zustandsgleichung nach van der Waals recht gut, mit dem Koexistenzbereich hat sie aber auch ihre Schwierigkeiten (die hier nicht weiter erörtert werden sollen).

Analog zur Dampfdruckkurve lassen sich auch zwischen den Bereichen der anderen Aggregatzustände Grenzkurven im p-T-Diagramm zeichnen; sie markieren die Druckabhängigkeit des Schmelzpunktes bzw. den Sublimationsdruck des Festkörpers. Alle drei Kurven treffen sich im *Tripelpunkt* (Abb. 4.22), dem einzigen

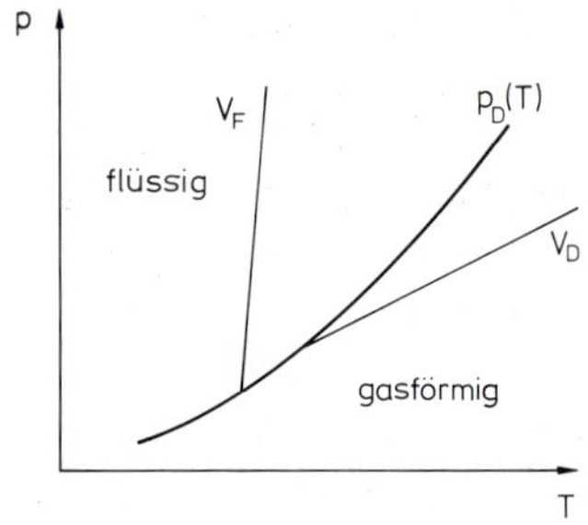

Abb. 4.20. Die Isochoren (V_D und V_F) von Dampf und Flüssigkeit enden auf der Dampfdruckkurve; diese ist Grenzkurve zwischen den Existenzbereichen der beiden Aggregatzustände

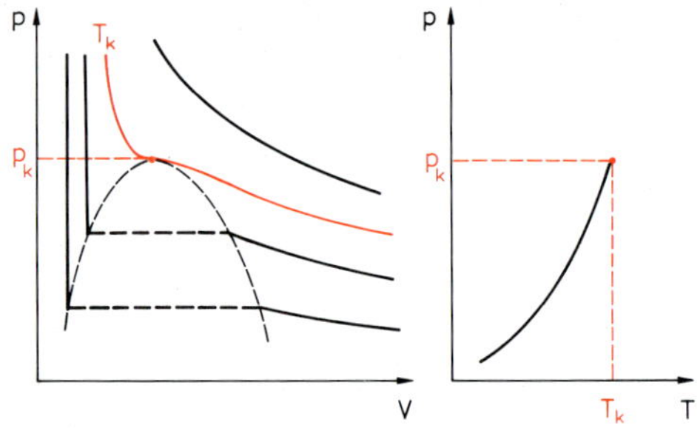

Abb. 4.21. Mit steigendem Dampfdruck nimmt das spezifische Volumen eines Dampfes ab, das der Flüssigkeit zu, folglich engt sich der *Koexistenzbereich* (Grenze im linken Teilbild gestrichelt) mit steigender Temperatur ein, bis er beim kritischen Punkt verschwindet. Bei der *kritischen Temperatur* T_k und dem *kritischen Druck* p_k endet die Dampfdruckkurve (rechtes Teilbild)

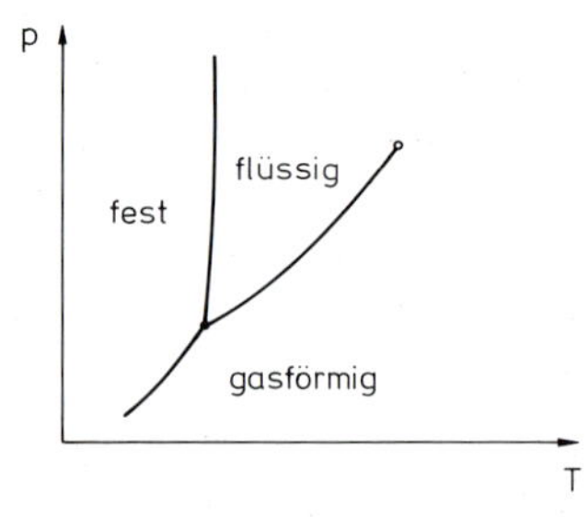

Abb. 4.22. Die Grenzkurven der drei Phasenbereiche im p-T-Diagramm, schematisch. Nur am Tripelpunkt können Festkörper, Flüssigkeit und Dampf im Gleichgewicht nebeneinander existieren

Punkt, in dem alle drei Aggregatzustände gleichzeitig existieren können – im thermodynamischen Gleichgewicht jedenfalls. Wenn an einem kalten Wintertag ein Bach, auf dem Eisschollen schwimmen, sichtbar dampft, so befindet er sich kaum beim Tripelpunkt des Wassers (0,075 °C und 6,1 mbar) – aber er befindet sich eben auch nicht im Gleichgewicht.

4.17 Diffusion

Die thermische Bewegung wirbelt die Moleküle eines Gases ständig durcheinander und verteilt sie gleichmäßig im Gelände; auch – und vor allem – dann, wenn gleichzeitig mehrere Molekülsorten herumschwirren: sie werden auf die Dauer homogen durchmischt. Im Gedankenversuch kann man ein Gefäß durch eine herausnehmbare Trennwand unterteilen und auf der linken Seite Sauerstoff, auf der rechten Stickstoff einfüllen, beide Gase unter gleichem Druck (Abb. 4.23a). Entfernt man die Trennwand, so werden im ersten Augenblick von links nur Sauerstoffmoleküle die alte Grenzfläche überschreiten, einfach weil rechts keine sind. Auch eine Weile später werden sie dort immer noch in der Minderzahl sein und darum von links nach*diffundieren* (Abb. 4.23b). Erst wenn sich die Anzahldichten der beiden Molekülsorten ausgeglichen haben (Abb. 4.23c), werden sich auch die Anzahlen der Grenzgänger in beiden Richtungen ausgleichen.

Schon nicht mehr im Gedankenversuch, allenfalls im Märchen, kann man sich vorstellen, an der Grenze säße ein mikroskopisch kleiner und ungemein flinker Beobachter und zählte Moleküle, eine Stoppuhr in der Hand – etwa: in der letzten Mikrosekunde 375 Milliarden Sauerstoffmoleküle von links mehr als von rechts. Das entspräche einem *Teilchenstrom s* von $3{,}75 \cdot 10^{17}\,\mathrm{s}^{-1}$. Überblickt der Beobachter eine Fläche von einem halben Quadratmillimeter, so hat er eine

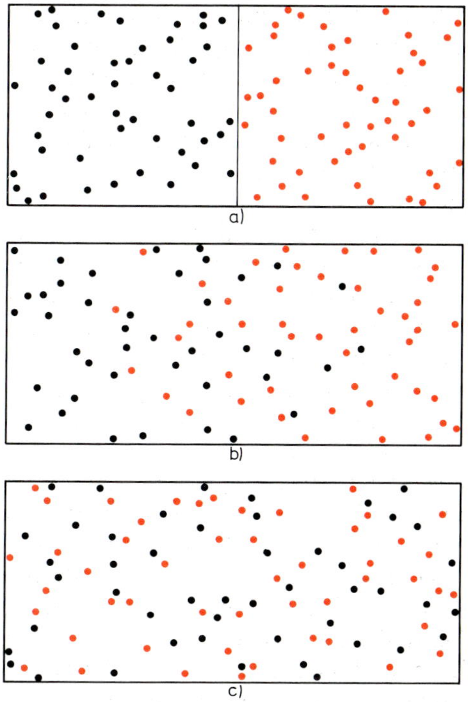

Abb. 4.23. *Diffusion* im molekularen Bild. Im ersten Augenblick nach Entfernen der Trennwand können die beiden Molekülsorten nur jeweils einseitig die alte Grenzfläche überschreiten. Erst wenn sich die Konzentrationen ausgeglichen haben, sind auch die effektiven Teilchenstromdichten Null geworden

Teilchenstromdichte j

$$= 7{,}5 \cdot 10^{19}\,\mathrm{cm}^{-2}\,\mathrm{s}^{-1}$$

gesehen. Deren Ursache ist ein Konzentrationsunterschied *c* der Sauerstoffmoleküle in den beiden Gefäßhälften (zu messen beispielsweise über die Differenz der beiden Teilchenanzahldichten in cm^{-3}), genaugenommen ein Konzentrationsgefälle, besser ein

$$\textit{Konzentrationsgradient } c' = \frac{dc}{dx}$$

(entsprechend zu messen in $\mathrm{cm}^{-3}/\mathrm{cm} = \mathrm{cm}^{-4}$)*. Selbstverständlich darf man, statt Moleküle zu zählen, sich auch auf Stoffmengen oder Massen beziehen.

* Ganz genau genommen hat das Konzentrationsgefälle eine Richtung, es ist ein Differentialquotient *und* ein Vektor. Eben dies ist in der Mathematik mit der Vokabel *Gradient* gemeint, geschrieben: grad *c*.

In jedem Fall aber wird die Diffusionsstromdichte j dem Konzentrationsgradienten c' zumindest in erster Näherung proportional sein, und zwar mit entgegengesetztem Vorzeichen: die Teilchen diffundieren ja den Konzentrationsberg hinab. Das heißt

$$j = -D c'.$$

Der *Diffusionskoeffizient* D wird meist in $cm^2\,s^{-1}$ angegeben

– seine Einheit ist unabhängig von denen für c' und j, nur müssen diese natürlich zueinander passen.

Mit steigender Temperatur wird die thermische Bewegung immer heftiger. Daß mit ihr auch der Diffusionskoeffizient zunimmt, ist kein Wunder. Kleine Moleküle müssen schneller laufen, um den ihnen zukommenden Teil der thermischen Energie zu übernehmen (s. Kap. 4.07); daß der Diffusionskoeffizient des Wasserstoffs größer ist als die von Sauerstoff und Stickstoff, wundert demnach auch nicht. Es läßt sich zudem sinnfällig demonstrieren mit einem hohlen und porösen Tonzylinder, an den unten ein gläserner Stutzen mit einem Wassermanometer angeschmolzen ist.

Stülpt man jetzt von oben ein umgekehrtes Becherglas, das mit Wasserstoff gefüllt ist, über den Zylinder, so signalisiert das Manometer Überdruck (Abb. 4.24): Der Wasserstoff diffundiert durch die poröse Wand schneller in den Zylinder hinein als die Luft heraus.

Was den Gasen recht ist, ist den Flüssigkeiten billig und vor allem den in ihnen gelösten Stoffen. Ihre Moleküle haben aber sehr viel kleinere freie Weglängen in der thermischen Bewegung und darum auch sehr viel kleinere Diffusionskoeffizienten. Füllt man ein meterhohes Gefäß zur Hälfte mit Tinte und darüber mit klarem Wasser, entfernt die Trennwand und schaut nach einem Jahr wieder nach, so ist zwar die alte Grenzfläche durchaus um ein paar Zentimeter auseinander-

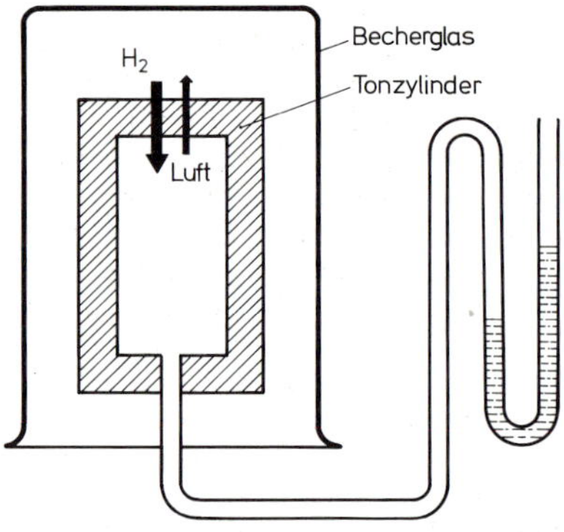

Abb. 4.24. Zur Diffusion von H_2 durch einen porösen Tonzylinder. Das Becherglas wird mit Wasserstoff gefüllt; da er schneller in den Tonzylinder hineindiffundiert als die Luft hinaus, entsteht ein Überdruck

diffundiert, aber von homogener Verteilung kann auch nach 100 Jahren noch nicht gesprochen werden. Wer Milch und Zucker in den Kaffee gibt, tränke gern ein homogenes Gemisch. Wer Geduld hat, braucht nur zu warten – die Diffusion wird es ihm besorgen. Üblich ist, umzurühren – d.h. die Diffusion durch *Konvektion* zu unterstützen.

Die geringe Diffusionsgeschwindigkeit in Flüssigkeiten hat erhebliche Konsequenzen für die Konstruktion von Mensch und Tier. Die Nährstoffe, die Muskeln und Organe brauchen, können zwar vom Blutstrom durch Konvektion „vor Ort" geschafft werden, das letzte Stückchen Weges müssen sie aber durch Diffusion überwinden. Es soll möglichst klein sein und die Querschnittsfläche des Diffusionsstromes möglichst groß. Darum sind die Lungenbläschen so winzig und so zahlreich, darum ist das System der Blutgefäße so unglaublich fein verästelt. Zur Erläuterung diene in grober Abschätzung unter vereinfachten Annahmen die

Aufgabe 4.15: Für die Reibungswärme des Blutstromes bringt das Herz des Menschen eine Pumpleistung $P_0 \approx 1{,}6$ W auf (s. Aufgabe 2.11). Angenommen, es arbeite mit einem Nutzeffekt von 25%, welche Leistung P muß es dann von seiner Energiequelle anfordern? Weiter angenommen, es beziehe diese Leistung vollständig aus der Verbrennung von Glukose (Heizwert 17 kJ/g), welcher Massenstrom $\dot{m}$ an Glukose muß dann ständig angeliefert werden? Weiterhin angenommen, Glukose sei im Blut mit einer Massendichte $c = 1\ \text{mg cm}^{-3}$ gelöst, mit welcher Blutstromstärke I_{min} muß sich das Herz mindestens selbst versorgen? Fraglos muß Diffusion durch die Aderwand den Glukosestrom $\dot{m}$ liefern. Setzt man den Diffusionsweg Δx kurzerhand mit 0,1 mm an und die Glukosekonzentration im Muskelgewebe der Einfachheit halber gleich Null, welcher Konzentrationsgradient c' steht dann ungefähr für die Diffusion zur Verfügung? Messungen legen nahe, den Diffusionskoeffizienten im Muskelgewebe mit dem abgerundeten Wert $D = 1 \cdot 10^{-6}\ \text{cm}^2\ \text{s}^{-1}$ anzusetzen. Welche Diffusionsstromdichte j läßt sich dann maximal erreichen? Welche Diffusionsfläche A ist demnach mindestens notwendig? – Zweifellos kann man mit derart groben Annahmen nur Größenordnungen abschätzen; es lohnt nicht, Faktoren mit dem Taschenrechner zu bestimmen. Trotz ihrer Ungenauigkeit sollte man den Nutzen solcher Überschlagsrechnungen aber nicht unterschätzen.

Diffusion muß auch das lebende Gewebe mit Sauerstoff versorgen. Herangeschleppt wird er zunächst einmal mit dem Blutstrom in den Kapillaren; aus ihnen diffundiert er dann seitlich heraus. Für das notwendige Konzentrationsgefälle sorgt das Gewebe mit seinem O_2-Verbrauch selbst. Als Folge davon fällt die Konzentration auch längs der Kapillaren merklich ab. Die Abb. 4.25 illustriert diese Situation schematisch in der Ebene zwischen zwei parallel laufenden Kapillaren. Sinkt an der am schlechtesten mit O_2 versorgten Stelle die Konzentration unter einen Grenzwert, so antwortet der Organismus mit einer Erweiterung der Kapillaren, mit besserer Durchblutung also, und dies gegebenenfalls auf Kosten anderer Organe. Dem Hirn werden hier Vorrechte eingeräumt; bei ihm kann Sauerstoffmangel zu lebensgefährlichen Bewußtseinsstörungen führen.

Besondere Bedeutung für lebende Organismen hat die Diffusion durch eine Zellwand, allgemeiner ausgedrückt: durch eine *Membran*. Es kann nicht verwundern, daß hier die Diffusionskoeffizienten im allgemeinen wesentlich kleiner sind als in der reinen Zellflüssigkeit. Im Grenzfall liegt der Konzentrations*gradient* c' voll über der Zellwand und ist zur Konzentrations*differenz* Δc zwischen den in sich nahezu homogenen Lösungen auf beiden Seiten der Mem-

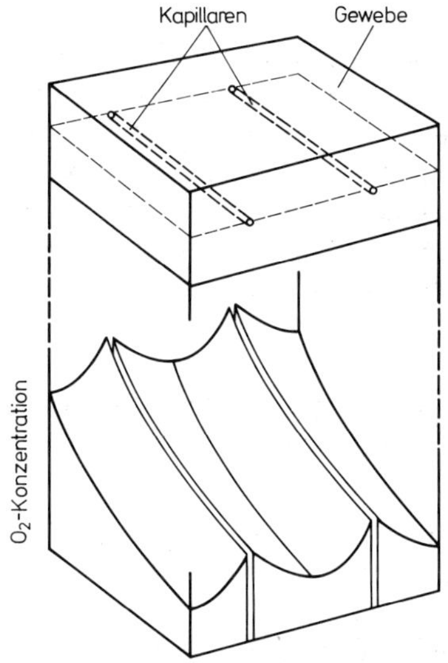

Abb. 4.25. Konzentrationsprofil des in einem homogen O_2 umsetzenden Gewebe wie dem menschlichen Hirn *physikalisch* gelösten Sauerstoffs, schematisch gezeichnet für die (gestrichelt eingetragene) Ebene zweier parallel laufender Kapillaren, die das Gewebe durch ihren Blutstrom mit Sauerstoff versorgen. Die O_2-Konzentration im Blut wird vom Diagramm ausgespart, denn dort ist der Sauerstoff fast ausschließlich *chemisch* gebunden, und zwar an das Hämoglobin der Erythrozyten. Anhaltswerte für das menschliche Hirn: O_2-Konzentration einige µmol/l; Länge der Kapillaren einige Zehntelmillimeter; Abstand der Kapillaren um 60 µm (nach Thews)

bran (mit der Dicke d) proportional. Dies erlaubt, das Diffusionsgesetz in der Form

$$j = -\frac{D}{d}\,\Delta c = -P\Delta c$$

zu schreiben und so einen für Membran und diffundierende Substanz charakteristischen *Permeabilitätskoeffizienten* $P = D/d$ zu definieren. Man kann ihn messen, ohne d zu kennen. Eine anständige Membran ist 5 nm dick *(Einheitsmembran)* und hat bei Körpertemperatur für Glukose ein P von $0{,}6\ \text{cm s}^{-1}$ – der Diffusionskoeffizient beträgt $3 \cdot 10^{-7}\ \text{cm}^2\ \text{s}^{-1}$.

4.18 Osmose

Läßt man, wie im vorigen Kapitel beschrieben (Abb. 4.24), Wasserstoff durch die poröse Wand in einen Tonzylinder hineindiffundieren, so entsteht dort als Folge der unterschiedlichen „Durchlässigkeiten" für Wasserstoff und Luft ein Überdruck, der notwendigerweise selbst eine Gasströmung auslöst, die – von innen nach außen gerichtet – dem Diffusionsstrom der H_2-Moleküle entgegensteht, den der Luft aber unterstützt. Der Überdruck verschwindet wieder, sobald sich die Zusammensetzungen der Gasgemische zu beiden Seiten der porösen Wand ausgeglichen haben. Dies könnte nicht geschehen, wäre der Tonzylinder nur für die eine Molekülsorte durchlässig, für die andere aber vollkommen dicht. Gleichgewicht könnte sich jetzt nur noch dadurch einstellen, daß die vom Überdruck Δp ausgelöste, ihm proportionale Strömung der durchtretenden Teilchen deren Diffusionsstrom – der Konzentrationsdifferenz Δc proportional – genau kompensiert. Die Folge wäre ein permanenter Überdruck

$$\Delta p \propto \Delta c$$

– permanent, so lange diffusionsfähige Moleküle im Außenraum des Tonzylinders vorhanden sind.

Bei Gasen kommt das nicht vor (Ausnahme: glühendes Palladium läßt selektiv Wasserstoff durchtreten); keineswegs ungewöhnlich ist die Situation aber für flüssige Lösungen. Gerade lebende Organismen setzen in unglaublicher Vielfalt sog. *semipermeable (halbdurchlässige) Membranen* ein – eine nicht unbedingt glückliche Vokabel zur Kennzeichnung der Tatsache, daß diese Häutchen im allgemeinen Wassermoleküle hindurchlassen, die Moleküle mancher in ihm gelöster Substanzen jedoch nicht. Im einfachsten Fall darf man sich eine solche Membran durchaus als ein Sieb mit molekülfeinen Poren vorstellen (Abb. 4.26): dann wird es Teilchen geben, die schlicht zu dick sind, um hindurchzukommen. Spezialisierte Membranen entwickeln allerdings eine Fülle von Selektionsmöglichkeiten, manche von ihnen können sogar aktiv pumpen, nicht nur sortieren. Die Fülle des Vorkommenden ist groß, kompliziert und in vielen Einzelheiten noch gar nicht erforscht.

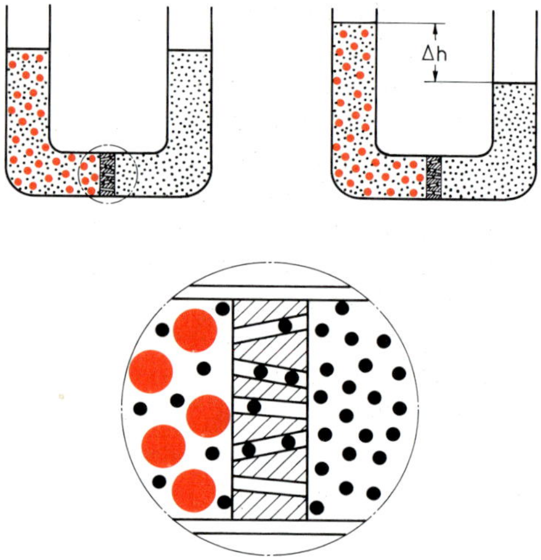

Abb. 4.26. Zur Entstehung des osmotischen Druckes. Die Membran mit molekülfeinen Poren läßt nur die kleinen Moleküle des Lösungsmittels hindurch und hält die großen der gelösten Substanz zurück. Folglich diffundiert Lösungsmittel seinem Konzentrationsgefälle folgend in die Lösung hinein, bis dort ein Überdruck ($\hat{=} \Delta h$) entsteht, dessen Strömung durch die Membran den Diffusionsstrom kompensiert

Angenommen, eine Membran könne Zuckerlösung von destilliertem Wasser unterscheiden, lasse also die kleinen H_2O-Moleküle mit ihrer relativen Molekülmasse $M=18$ hindurch, die dicken der Glukose ($M=180$) jedoch nicht. Dann ist die Anzahldichte der Wassermoleküle in der Lösung notwendigerweise geringer als die im reinen Wasser, einfach weil die Moleküle des Zuckers auch ihren Platz verlangen. Folglich sucht das Wasser seinem Konzentrationsgefälle nachzulaufen, durch die Membran hindurch in die Lösung einzudringen und diese zu verdünnen. Dadurch steigt dort aber im allgemeinen der hydrostatische Druck – er kann steigen bis zu einem Grenzwert, *osmotischer Druck* genannt, zu dem eine Strömung durch die Membran gehört, die gerade den Diffusionsstrom kompensiert.

Es kann lange dauern, bis sich dieser Grenzwert p_{osm} wirklich einstellt, und in vielen Fällen platzt die Membran vorher. Insofern kann man p_{osm} als „potentiellen" Druck bezeichnen; es lohnt, nach einer Formel zu suchen, mit der er sich ausrechnen läßt. Dabei zeigt sich, daß es letzten Endes nur auf die Stoffmengendichte n/V (oder die Anzahldichte N/V) der *gelösten* Moleküle ankommt und nicht auf deren Natur – nicht einmal auf die der Moleküle des Lösungsmittels. Aus quantitativer Rechnung, die hier nicht ausgeführt werden soll, folgt als erste Näherung die

van t'Hoffsche Gleichung

$$p_{osm} = \frac{n}{V} RT.$$

Sie liefert den potentiellen osmotischen Druck einer Lösung gegenüber reinem Lösungsmittel. Stehen sich an der Membran zwei Lösungen gegenüber, so kann sich dort höchstens die Differenz der beiden osmotischen Drücke ausbilden.

Formal gleicht die van t'Hoffsche Gleichung dem Gasgesetz. Dies verleitet manchen zu einer falschen Deutung: Nur die Moleküle der gelösten Substanz trommeln auf die Membran, die sie nicht zu durchdringen vermögen, während die Moleküle des Lösungsmittels quasi frei hindurchtreten. Dieses Bild erklärt aber nicht, warum der osmotische Druck Zeit braucht, sich aufzubauen, und warum das Lösungsmittel in die Lösung einzudringen und sie zu verdünnen sucht.

Stoffmengendichten werden in der Chemie bevorzugt in der Einheit mol/l angegeben und dann *Molaritäten* genannt. Weil es für den osmotischen Druck aber nicht notwendigerweise auf die Stoffmengendichte aller gelösten Moleküle ankommt, sondern nur auf die derjenigen, die von der Membran zurückgehalten werden, spricht man in diesem Zusammenhang auch von der *Osmolarität*. Lösungen vorgegebener Molarität stellt man im allgemeinen dadurch her, daß man zunächst das gewünschte Lösungsmittelvolumen V_0 im Meßzylinder abteilt, die zur verlangten Stoffmenge n gehörige Masse m der zu lösenden Substanz ausrechnet, abwiegt und zugibt. Exakt erreicht man den angestrebten Wert auf diese Weise nicht, denn die Molarität bezieht sich auf das Volumen V_1 der fertigen Lösung und nicht auf V_0. Neben der Molarität wird deshalb zuweilen auch die *Molalität* benutzt, definiert als

$$\text{Molalität} = \frac{\text{Stoffmenge gelöster Substanz}}{1000\text{ g Lösungsmittel}}$$

(s. auch Tabelle auf S. 206).

Lösungsmittel können Fremdmoleküle beträchtlich dichter packen als Gase unter Normalbedingungen: osmotische Drücke werden entsprechend hoch. Lebende Organismen müssen ihrer semipermeablen Membranen wegen sehr sorgfältig auf die Osmolaritäten in ihren verschiedenen Gefäßen achten – und der Arzt zuweilen auch. Musterbeispiel ist die Bluttransfusion. Wollte man einem Unfallpatienten, weil gerade nichts Besseres zur Hand ist, seinen Blutverlust durch Leitungswasser ersetzen, so brächte man ihn auf der Stelle um: Die roten Blutkörperchen sind die Osmolarität des Blutplasmas gewohnt, ihr eigener Inhalt hat eine entsprechende Konzentration. Kommen sie in reines Wasser, so dringt dies durch ihre Oberflächenmembran ein und bringt sie zum Platzen. Umgekehrt trocknet sie eine zu konzentrierte Umgebung aus. Beides geht bei derart kleinen Partikelchen sehr schnell – Blutersatzmittel müssen deshalb sehr genau *isotonisch* zu normalem Blut sein, d.h. dessen Osmolarität besitzen.

Für den osmotischen Druck ist es allerdings bedeutungslos, welche Moleküle ihn erzeugen, sie dürfen nur die Membran nicht durchdringen. Die Haut der roten Blutkörperchen z.B. vermag zwar die Ionen des Kochsalzes von Wassermolekülen zu unterscheiden, nicht aber die positiv geladenen Ionen des Natriums von den negativen des Chlors – sie hält beide zurück. Eben deshalb kann die berühmte *physiologische Kochsalzlösung* mit 0,9 Gewichtsprozent NaCl in H_2O im äußersten

Notfall als Blutersatz dienen. Ihren osmotischen Druck nach der van t'Hoff-Gleichung zu berechnen, bedarf freilich einiger Aufmerksamkeit: Jedes NaCl-Molekül dissoziiert ja in zwei osmotisch wirksame Teilchen, die von der Membran der Erythrozyten nicht unterschieden werden. Die Osmolarität ist deshalb doppelt so groß wie die Molarität der Lösung. Sie erzeugt einen osmotischen Druck, der weit mehr als eine Größenordnung über dem normalen Blutdruck liegt. Beide haben freilich auch nichts miteinander zu tun: Den Blutdruck müssen die Aderwände abfangen, der osmotische Druck tritt in isotonischer Lösung an keiner Membran wirklich auf.

Aufgabe 4.16: Wie groß ist der osmotische Druck der physiologischen Kochsalzlösung und damit des Blutes? Für welche Temperatur muß p_{osm} vernünftigerweise ausgerechnet werden?

Wesentlich Neues geschieht, wenn die Membran positive und negative Ionen voneinander unterscheidet, Na^+-Ionen etwa hindurchläßt und Cl^--Ionen zurückhält: Dann kommt es zu einer Ladungstrennung und einer *Membranspannung* statt eines osmotischen Druckes – die Diffusion wird jetzt durch einen elektrischen Ionenstrom kompensiert. Auch dieser Effekt, der erst in Kap. 5.37 besprochen werden kann, wird von lebenden Organismen virtuos eingesetzt.

4.19 Absorption und Adsorption

Nicht nur Festkörper, auch Gase können sich in Flüssigkeiten lösen – man spricht hier von *Absorption*. Das vielleicht bekannteste Beispiel liefert das CO_2 in Bier, Limonade und Sekt. Die Löslichkeit ist begrenzt. Sie nimmt mit steigender Temperatur ab – schon vor dem Sieden perlt die vom Wasser absorbierte Luft auf – und mit steigendem Partialdruck des Gases zu – Sektflaschen haben feierlich vertäute Korken, denn ihr Inhalt steht unter Druck, wie freilich der von Limonadeflaschen mit prosaischem Kronenkorken auch. Läßt man den Druck entweichen, so ist die Flüssigkeit übersättigt und schäumt auf; nicht gerade explosionsartig, denn auch hier handelt es sich um einen Keimbildungsprozeß, der verzögert abläuft. Immerhin ist dieser Effekt interessant genug, um auch noch aus einem mittleren Wein ein festliches Getränk zu machen.

Den Zusammenhang zwischen Partialdruck p des Gases, der Stoffmengendichte c seiner in der Flüssigkeit gelösten Moleküle und der Temperatur T beschreibt das *Henry-Daltonsche Gesetz*

$$p = c\,K(T)$$

– d.h. bei konstanter Temperatur sind p und c einander proportional.

Dieses Gesetz kann Sporttauchern gefährlich werden, wenn sie nämlich mit einem Atemgerät in größere Tiefen vorstoßen. Dann lastet der Schweredruck des Wassers auf ihnen, und sie müssen ihrer Lunge Atemluft von gleichem Druck zuführen; anders könnten sie ihren Brustkorb nicht mehr heben. Das ist an sich unbedenklich, denn der Sauerstofftransport zu den Organen wird sowieso vom Hämoglobin besorgt und nicht etwa durch das physikalisch im Blut gelöste Gas. Gefahr droht erst beim Auftauchen, wenn nämlich der Luftdruck in der Lunge dem Wasserdruck entsprechend zurückgenommen werden muß. Geschieht dies zu schnell, so wird das Blut übersättigt und scheidet Luftbläschen aus, die zu einer Embolie führen können. Ähnliches droht Astronauten, wenn ein plötzliches Leck in der Kapsel den gewohnten Luftdruck zu schnell mindert.

Gas- und Flüssigkeitsmoleküle können auch an der Oberfläche von Festkörpern eingefangen, wie man sagt: *adsorbiert* werden – besonders gut natürlich, wenn die Oberfläche groß, der Körper also feinkörnig und porös ist. Als eine Art Allerweltssubstanz erfreut sich hier die *Aktiv-Kohle* besonderer Beliebtheit, eine nachbehandelte Holz- oder Knochenkohle, die es bis auf 400 m^2/g spezifische Oberfläche bringt. Der Arzt verfüttert sie bei manchen Magenbeschwerden, um die Symptome zu lindern.

4.20 Wärmeleitung und Konvektion

Ein Luftmolekül läuft in seiner thermischen Bewegung längs einer unregelmäßigen Zickzackbahn; lange bevor es sich ernsthaft von seinem Ausgangspunkt entfernt, hat es schon mit zahllosen Artgenossen durch Stöße Energie ausgetauscht. Die Gitterbausteine eines Kristalles können thermische Energie sogar weitergeben, ohne ihren Platz zu verlassen. Hängt man einen Metallstab mit seinem unteren Ende in flüssige Luft, bringt ihn also dort auf rund 80 K, so kann man an Wasserhaut und Reifbildung verfolgen, wie Tau- und Gefrierpunkt langsam nach oben kriechen – in Kupfer schneller als in Eisen, denn es hat eine höhere Wärmeleitfähigkeit (Abb. 4.27).

Die Brownsche Molekularbewegung sorgt für Wärmeleitung wie für Diffusion – kein Wunder, daß sich beide an ähnliche

Abb. 4.27. Demonstrationsversuch zur Wärmeleitung. Ein Kupfer- und ein Eisenstab gleichen Durchmessers tauchen gleich tief in flüssige Luft. Reifbildung markiert den langsam nach oben kriechenden Eispunkt – er kriecht in Cu schneller als in Fe

Gesetze halten. Eine

Wärmemenge Q

– gemessen in J oder allenfalls in cal – wird fortgeleitet durch einen

Wärmestrom $I = \dot{Q} = \dfrac{dQ}{dt}$

– gemessen in W oder allenfalls cal s^{-1} – I repräsentiert eine Leistung. Zu ihm gehört eine

Wärmestromdichte $j_Q = \dfrac{I}{A}$

– gemessen in W m^{-2} oder allenfalls cal cm^{-2} s^{-1}. Ihre Ursache ist eine Temperaturdifferenz ΔT, genauer ein

Temperaturgradient $\dfrac{dT}{dx}$ *

– gemessen in K/m. In erster Näherung sind Temperaturgradient und Wärmestromdichte einander proportional.

Das führt zu der *Wärmeleitungsgleichung*

$$j_Q = -\lambda \frac{dT}{dx}$$

– wie beim Diffusionsgesetz (Kap. 4.17) steht hier ein negatives Vorzeichen, weil der Wärmestrom das Temperaturgefälle herunterläuft. Die Proportionalitätskonstante λ heißt *Wärmeleitfähigkeit* – gemessen in W m^{-1} K^{-1} oder auch cal cm^{-1} s^{-1} K^{-1} – und hängt im allgemeinen noch von der Temperatur ab;

eben deshalb gilt die Wärmeleitungsgleichung nur näherungsweise für nicht zu große Temperaturdifferenzen.

Auch die Elektronen, die im Metall elektrischen Strom transportieren, nehmen an der Wärmebewegung teil. Gute elektrische Leiter wie Silber und Kupfer sind darum auch gute Wärmeleiter – Kochlöffel fer-

* Die Bemerkungen der Fußnote auf S. 125 lassen sich hier sinngemäß übertragen.

tigt man seit alters her aus dem elektrischen Isolator Holz. Gase haben schon wegen ihrer geringen Dichte auch nur geringe Wärmeleitfähigkeit, und die beste Wärmeisolation liefert das Vakuum, ausgenutzt im Dewar-Gefäß (s. Abb. 4.09 von S. 113). Die Wärmeleitfähigkeiten einiger Substanzen sind im Anhang aufgeführt.

Enten müssen ihren Bauch gegen Auskühlung durch das Wasser schützen. Sie tun dies mit einem Luftpolster, das sie in sorgsam gefettete, also nicht benetzbare Federn einpacken. Warum aber trägt der Eisbär ein dickes Fell? Er kann darin doch nur die gleiche Luft halten, die ihn sowieso umgibt?
Wärme läßt sich auch dadurch transportieren, daß man einen Stein erst auf dem Herd erwärmt und dann unter die Bettdecke schiebt: sie ist an Materie gebunden und kann mit ihr befördert werden. Am bequemsten geschieht dies fraglos durch strömende Flüssigkeiten – die Warmwasserheizung ist ein technisches Beispiel, aber auch der Blutkreislauf hat (unter anderem) diese Funktion. Selbst die Heizkörper im Zimmer geben Wärme nicht nur durch Leitung ab: die von ihnen aufgewärmte Luft steigt wegen ihrer geringeren Dichte zur Decke auf, sinkt am Fenster abgekühlt wieder herunter und kriecht über den Boden zum Heizkörper zurück. Diese *Konvektion* fördert den Wärmeaustausch ungemein. Sie zu unterbinden, dienen Fell und Kleidung.
Den Wärmeübergang durch Konvektion sauber zu berechnen, ist nicht möglich, dazu sind die Strömungsverhältnisse im allgemeinen zu kompliziert.

Darum erfaßt man ihn etwas summarisch mit einer *Wärmeübergangszahl* α, angesetzt als Proportionalitätskonstante zwischen der von einer warmen Fläche abgegebenen Wärmestromdichte j_Q und ihrer Temperaturdifferenz ΔT zum umgebenden Medium:

$$j_Q = \alpha \Delta T.$$

Für Zimmerluft liegen leidlich brauchbare Erfahrungswerte vor; je nach Stellung der warmen Fläche (horizontal oder vertikal) liegt α zwischen 9,1 und 5,5 W m^{-2} K^{-1}.

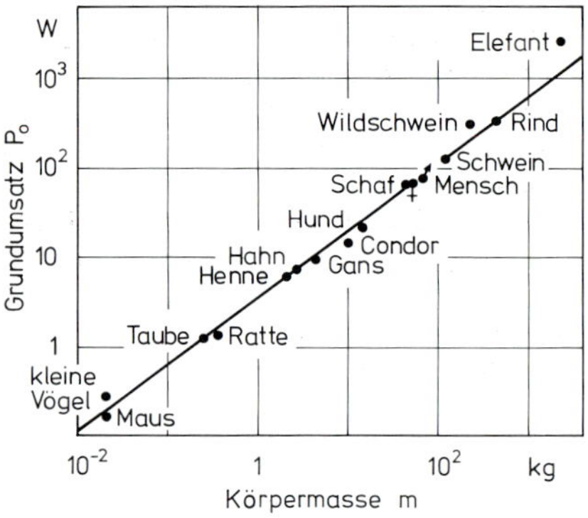

Abb. 4.28. Grundumsatz P_0 und Körpermasse m folgen bei Warmblütern sehr genau der Beziehung $P_0 = c\,m^{3/4}$ mit $c = 3{,}3$ W kg$^{-3/4}$

Aufgabe 4.17: Wie dick darf die Wolldecke, in die man ein bewußtloses Unfallopfer wickelt, zusammen mit dessen Kleidung sein, wenn der Grundumsatz an die umgebende Luft (10 °C) abgegeben werden soll, ohne daß dabei die Hauttemperatur 37 °C übersteigt? Die Wärmeleitfähigkeit sei mit $\lambda = 3{,}8 \cdot 10^{-2}$ W m^{-1} K^{-1} angenommen, die Wärmeübergangszahl mit $\alpha = 6{,}5$ W m^{-2} K^{-1}. Unbekleidete Körperoberflächen sollen bei dieser Abschätzung ebenso vernachlässigt werden wie die Temperaturstrahlung (Kap. 4.21). Zum Grundumsatz s. Kap. 4.08, zur Körperoberfläche s. Aufgabe 1.05.

Die Gleichungen von Wärmeleitung und Wärmeübergang zusammen erlauben, die zweckmäßige Schichtdicke d von Fell oder Kleidung abzuschätzen. Die Oberflächentemperatur der Haut betrage T_H, die der Luft T_L; an der Außenseite der Kleidung stelle sich T_x ein. Dieser Wert hängt von der Wärmeleitfähigkeit der Kleidung ab; ist sie extrem hoch, so wird $T_x = T_H$, ist sie klein, so fällt T_x auf T_L ab. Auf jeden Fall verläßt die Körperoberfläche ein Wärmestrom der Dichte

$$j_Q = \frac{\lambda}{d}(T_H - T_x),$$

der voll an die umgebende Luft weitergereicht werden muß. Das bedeutet

$$j_Q = \alpha(T_x - T_L),$$

und danach hat T_x sich zu richten.

Ein Bernhardiner hat – wen wundert's? – einen höheren Grundumsatz P_0 als ein Zwergpinscher. Ganz naiv könnte man erwarten, daß P_0 proportional zur Körpermasse m ansteigt und damit auch proportional zum Körpervolumen V, denn die mittlere Dichte aller Tiere ist im wesentlichen gleich, gleich der des Wassers nämlich. Nun muß aber die vom Grundumsatz entwickelte Wärme durch die Körperoberfläche A abgeführt werden; man könnte also auch $P_0 \propto A$ erwarten. A steigt aber nur proportional zu $V^{2/3}$, jedenfalls bei einander (im mathematischen Sinn) „ähnlichen" Körpern. Tatsächlich schlägt die Natur einen Mittelweg ein und entschließt sich zu

$$P_0 \propto m^{3/4}.$$

Wie Abb. 4.28 zeigt, gilt diese Beziehung erstaunlich genau, von der Maus bis zum Elefanten.

4.21 Temperaturstrahlung (s. auch Kap. 7.18)

Vakuum unterbindet jeden Temperaturausgleich durch Wärmeleitung oder Konvektion – das gilt für die Doppelwand des Dewar-Gefäßes wie für den Weltenraum. Trotzdem bleibt eine Form des Wärmeaustausches möglich: der durch *Temperaturstrahlung*. Ohne sie gäbe es auf der Erde kein Leben, denn jedes Leben braucht Energie, und die Energiequelle irdischen Lebens ist die Sonne – durch den leeren Weltenraum von ihm getrennt.

Wärme ist im wesentlichen kinetische Energie ungeordneter Molekülbewegungen und somit an Materie gebunden; Wärmeaustausch über Temperaturstrahlung durch das Vakuum setzt deshalb zweimalige Energieumwandlung voraus: Die Strahlenquelle verliert Wärmeenergie, der Strahlungsempfänger gewinnt Wärmeenergie, unterwegs aber hat sie die Energieform der *elektromagnetischen Welle*, also des Lichtes. Deren ausführliche Behandlung gehört in den Bereich „Optik", entsprechend findet sich auch dort ein Kapitel über Temperaturstrahlung (Kap. 7.18). Hier sei nur so viel vorweggenommen:

Jeder Körper auf einer Temperatur über 0 K – und das heißt wirklich: jeder Körper – strahlt Licht ab, wenn auch nicht notwendigerweise sichtbares, erst oberhalb etwa 700 °C wird eine heiße Fläche auch für das menschliche Auge zum Selbstleuchter; mit steigender Temperatur verschiebt sich das Spektrum der Strahlung in Richtung kürzerer Wellen *(Wiensches Verschiebungsgesetz)*, die gesamte Strahlungsleistung nimmt rapide zu, proportional zu T^4 nämlich *(Stefan-Boltzmann-Gesetz)*.

Unsichtbare Temperaturstrahlung wird zuweilen auch *Wärmestrahlung* genannt – wer sich vor einen eisernen Kanonenofen setzt, dem leuchtet diese Bezeichnung höchst sinnfällig ein. Trotzdem ist sie nicht unbedenklich, vor allem, wenn etwa im Gegensatz zu Lichtstrahlung verwendet: Nicht Wärme wird abgestrahlt, sie wandelt sich lediglich in die Energie elektromagnetischer Wellen, und der Empfänger wandelt diese wieder in Wärme zurück. Temperatur wird freilich erst recht nicht abgestrahlt, aber sie ist immerhin die entscheidende physikalische Größe.

An wolkenlosen Sommertagen darf die Lufttemperatur nur „im Schatten" gemessen werden – andernfalls wird das Thermometer zum Strahlungsempfänger und wandelt Sonnenlicht in Wärme um, die es nur wieder los werden kann, indem es sie an die Luft abgibt. Dazu ist aber eine Temperaturdifferenz unerläßlich: das Thermometer zeigt „zuviel" an. Nur so sind manche Urlaubsberichte zu verstehen – gegen eine echte Lufttemperatur von 45 °C oder gar 50 °C kann man kaum einen halben Tag lang anschwitzen. Besonders gefährdet wäre ein Thermometer mit dunkelgefärbtem Alkohol, weil es Licht gut absorbiert; metallisch reflektierendes Quecksilber wiese demgegenüber den größten Teil der einfallenden Strahlungsleistung durch Spiegelung ab.

Jede Fläche hat gegenüber sichtbarem und unsichtbarem Licht ein

$$\text{Absorptionsvermögen } \alpha = \frac{\text{absorbierte Strahlungsleistung}}{\text{einfallende Strahlungsleistung}}$$

und ein

$$\text{Reflexionsvermögen } \rho = \frac{\text{reflektierte Strahlungsleistung}}{\text{einfallende Strahlungsleistung}}$$

– beide liegen zwischen 0 und 1 und hängen so gut wie immer markant von der Wellenlänge ab: im sichtbaren Spektralbereich macht dies die Welt so bunt. Eine Ausnahme bildet der graue Körper mit dem wichtigen Grenzfall des *schwarzen Körpers* ($\alpha=1$) und dem weniger wichtigen des weißen ($\alpha=0$). Der Energiesatz verlangt

$$\alpha+\rho=1,$$

die völlig weiße Fläche reflektiert vollständig, wenn auch nicht notwendigerweise regulär wie ein Spiegel, sondern mehr oder weniger diffus.

Auch die Temperaturstrahlung reagiert auf das Absorptionsvermögen α; sie muß es einem allgemeinen Prinzip zuliebe. Dieses besagt: Der Wert, auf den sich ein Gleichgewicht – wenn überhaupt – einstellt, ist unabhängig von dem Weg, auf dem dies geschieht. Nun bedeutet Temperaturgleichgewicht zwischen zwei Körpern 1 und 2, wenn sie Wärme durch Leitung austauschen können, mit Sicherheit $T_1 = T_2$. Sind sie aber thermisch voneinander isoliert, so muß Strahlungsgleichgewicht zu dem gleichen Ergebnis führen – auch wenn der eine Körper schwarz und der andere fast völlig weiß ist. Der weiße absorbiert nun aber so gut wie nichts von dem, was ihm der schwarze zustrahlt; folglich darf er auch so gut wie nichts abstrahlen, denn im Gleichgewicht kann er nicht mehr Energie abgeben als aufnehmen. Maximales Emissionsvermögen für Temperaturstrahlung hat nur der *schwarze Körper;* er sendet *schwarze Strahlung* aus – sie gibt ihm seine Bedeutung. Umgekehrt sind Dewar-Gefäße meist verspiegelt, um nämlich auch den Wärmeaustausch durch Strahlung wenn auch nicht zu unterbinden, so doch zu verlangsamen; wer gut reflektiert, der strahlt schlecht. Auch die unsichtbare Temperaturstrahlung, ausgesandt von Körpern, die noch nicht heiß genug sind, um zu glühen, ist Licht. Man kann mit ihr photographieren, sofern man nur entsprechend sensibilisierte Filme verwendet – möglicherweise muß man sie im Kühlschrank aufbewahren, wenn nämlich Temperaturstrahlung von 20 °C, die ihre Verpackung ja ständig abstrahlen würde, sie belichtet. Abb. 4.29 zeigt die Hand eines Menschen, photographiert in ihrem eigenen Licht, und zwar kurz nach dem Genuß einer Zigarette: Nikotin verengt die Blutgefäße und senkt damit die Oberflächentemperatur der Haut. Umgekehrt macht sich eine geschwollene Mandel durch erhöhte Temperaturstrahlung der entsprechenden Halspartie bemerkbar. Für den Wärmehaushalt des Menschen spielt seine Eigen-

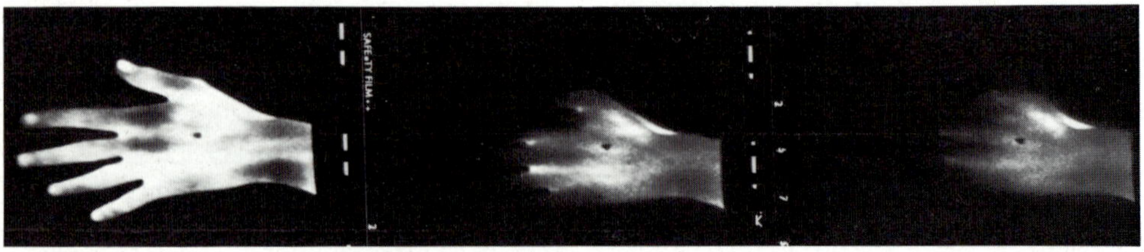

Abb. 4.29. Hand eines Menschen im infraroten Licht ihrer eigenen Temperaturstrahlung. Die *Thermogramme* wurden im Zwei-Minuten-Abstand während des Rauchens einer Filter-Zigarette aufgenommen: Nikotin verengt die Blutgefäße und senkt mit der Durchblutung auch die Hauttemperatur. (Aufnahmen von Prof. W. Stürmer, Erlangen)

strahlung durchaus eine Rolle. Erst recht gilt dies für den Wärmehaushalt der Erde; er läßt sich überhaupt nur durch die Strahlung ins Gleichgewicht bringen (Kap. 4.25).

Aufgabe 4.18: Wenn durch eine Entzündung die Oberflächentemperatur eines Patienten lokal um 3 K erhöht wird, um welchen Bruchteil liegt dort die Temperaturstrahlung über der ihrer Umgebung?

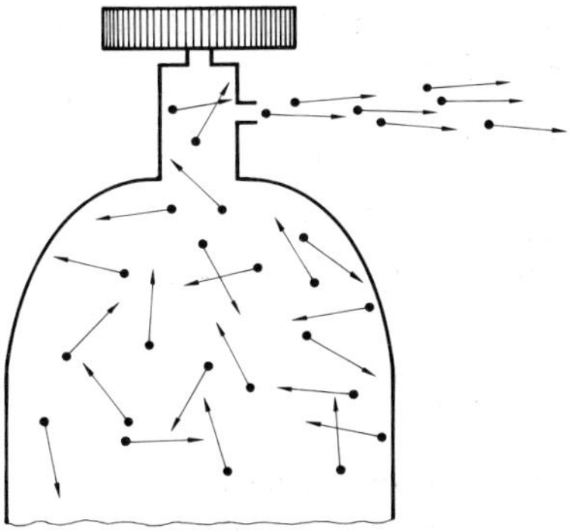

Abb. 4.30. Aus einer Preßluftflasche strömen Luftmoleküle in Richtungsbündelung heraus: Umsetzung thermischer Energie in kinetische. Die Zeichnung übertreibt: Auch im Strahl überwiegt die ungeordnete Bewegung bei weitem

4.22 Die Sonderstellung der Energieform „Wärme“

Alles, was geschieht, setzt Energie um – nicht zuletzt das Leben. Tiere nehmen mit ihrer Nahrung chemische Energie auf und machen daraus auf jeden Fall Wärme und mechanische Energie, zuweilen auch elektrische wie der Zitteraal *(Gymnotus electricus)* oder unmittelbar Licht wie das Glühwürmchen *(Lampyris noctiluca)*. Grundsätzlich kann Energie aus jeder Form in jede Form umgewandelt werden – ohne Gewinn und Verlust, wie der Energiesatz es verlangt. Wärme ist letztlich nur eine Unterform der mechanischen Energie, nämlich die der ungeordneten, thermischen Wimmelbewegung. Trotzdem nimmt sie eine markante Sonderstellung ein: Energie jeglicher Form läßt sich hemmungslos in Wärme umwandeln; bei allen sonstigen Energieumsetzungen fällt immer ein wenig Wärme ab, nicht aus prinzipieller Notwendigkeit, aber tatsächlich; ist jedoch Wärme erst einmal entstanden, dann macht die Rückumwandlung Schwierigkeiten und läßt sich nur in Grenzen durchführen. Auf die Dauer marschiert alle Energie in Richtung Wärme – sie ist die einzige Energieform, die sich ständig vermehrt.

Das heißt nicht, daß eine Rückumwandlung unmöglich wäre. Öffnet man das Ventil einer Preßluftflasche, so strömen genau diejenigen Moleküle aus, deren thermische Geschwindigkeit gerade eine passende Richtung hat (Abb. 4.30). Sie werden aus dem großen Haufen ihrer Artgenossen aussortiert, fliegen als Luftstrom leidlich parallel nebeneinander her und können z.B. ein Windrad treiben: Energie ungeordneter Wärmebewegung ist durch einfache Bündelung zu kinetischer Energie gerichteter Geschwindigkeit geworden. Hält man ein Thermometer in den Luftstrom, so meldet es in der Tat Abkühlung. Nur: ehe die Preßluft abgeblasen werden konnte, muß sie zuvor zusammengedrückt worden sein, und dafür hat die Pumpe mehr mechanische Energie verlangt, als sich hinterher wieder herausholen läßt. Tatsächlich wurde mechanische Energie in der Flasche nur gespeichert wie in einer Feder – und das unter Verlust: er ist als Wärme zurückgeblieben.

Eine *Wärmekraftmaschine* muß periodisch arbeiten können; sie muß in der Lage sein, immer wieder Wärme aus einem Temperaturbad herauszuholen, zumindest teilweise in mechanische Energie umzuwandeln und den Rest an ein anderes Temperaturbad abzugeben. Schön wäre ein Schiff, das dem Ozean Wärme entzieht, um mit ihr seine Maschine zu treiben. Daß es noch nicht gebaut wurde, liegt an der Sonderstellung der Energieform Wärme.

Warum das so ist, sagt die Thermodynamik. Sie befaßt sich unter anderem mit den prinzipiellen Möglichkeiten der Energieumwandlung aus der Wärme heraus, also auch mit den prinzipiellen Möglichkeiten von Wärmekraftmaschinen. Diese brauchen dann nicht gebaut zu werden; es genügt, wenn sie auf dem Papier stehen – die Thermodynamik ist eine recht abstrakte Wissenschaft, zu ausgedehnten mathematischen Formulierungen neigend, und darum nicht nach jedermanns Geschmack. Sie liefert aber eine so grundsätzliche Erkenntnis, daß es niemanden, der sich mit Physik befaßt, erlaubt sein kann, ihr ganz auszuweichen.
Es gehört zu den Kennzeichen der exakten Naturwissenschaften, daß sie naturgesetzliche Zusammenhänge auch dann noch erkennen und exakt beschreiben können, wenn sich diese unmittelbarer Erfahrung entziehen, sei es nun, daß sie von Störeffekten wie etwa der Reibung überdeckt werden, sei es, daß sie für menschliches Anschauungsvermögen einfach zu kompliziert sind. Möglich wird die Beschreibung durch den mathematischen Formalismus. Einmal zwingt er zur Abstraktion, vor allem aber gestattet er, noch überschaubare Einzelschritte logisch zwingend aneinanderzureihen und ihr nicht mehr überschaubares Resultat in einer einzigen Formel zusammenzufassen. Dies erfordert freilich eine geduldige, oftmals etwas ermüdende Kleinarbeit; sie ist durch nichts zu ersetzen. Der strahlendste Genieblitz hat keinen Wert, wenn er ihr nicht standhält.

Als ein Beispiel dieser Kleinarbeit sei im folgenden Kapitel überlegt, welcher Teil einer verfügbaren Wärmemenge günstigenfalls in mechanische Arbeit umgesetzt werden kann, und welcher Teil ungenutzt bleiben muß.

4.23 Der Carnotsche Kreisprozeß

Ein Reagenzglas mit siedendem Wasser repräsentiert eine ganz bestimmte Wärmemenge. Taucht man es kurzzeitig in ein Becherglas mit kaltem Wasser, so gibt es ein wenig Wärme dorthin ab. Formal ausgedrückt: Eine Wärmemenge ΔQ ist von einem Reservoir auf relativ hoher Temperatur T_h übergegangen auf ein Bad mit der niedrigeren Temperatur T_t – dies durch Wärmeleitung; mechanische Energie war nicht im Spiel.
Grundsätzlich hätte man ΔQ auch dazu verwenden können, ein wenig Wasser bei T_h zu verdampfen. Läßt man es bei T_t wieder kondensieren, so erlaubt der Unterschied in den Dampfdrücken prinzipiell den Betrieb einer Dampfmaschine. Diese könnte eine mechanische Arbeit ΔA liefern, die – ideale Bedingungen vorausgesetzt – der Differenz zwischen Verdampfungsenthalpie bei T_h und Kondensationsenthalpie bei T_t entspräche: ΔQ ist zum Teil in ΔA übergeführt worden. Der Bruch $\Delta A/\Delta Q$ heißt *Nutzeffekt* η und liefert ganz allgemein ein Maß für die Qualität einer Dampfmaschine. Reine Wärmeleitung bedeutet $\eta=0$; sie verschenkt eine grundsätzlich vorhandene Arbeitsfähigkeit der Wärmemenge ΔQ. Das Optimum holt die *Carnot-Maschine* heraus – auf dem Papier.
Grundelement einer klassischen Wärmekraftmaschine ist ein Zylinder mit Kolben und eingesperrtem Arbeitsgas. Im theoretischen Modell soll dieses Gas Wärme mit zeitweilig angekoppelten Temperaturbädern so austauschen können, daß dabei keine Arbeitsfähigkeit verschenkt wird. Auf dem Papier ist das möglich: Man macht die Temperaturdifferenz zwischen Gas und Bad unendlich klein. Dann werden lediglich die Austauschzeiten unendlich groß und die Carnot-Maschine läuft unendlich langsam – praktische, aber nicht prinzipielle Schwierigkeit. Natürlich soll die Maschine zudem noch reibungsfrei laufen.

Arbeitsgas sei ein ideales Gas; dann sind seine Zustandsgrößen *Druck p, Temperatur T und stoffmengenbezogenes Volumen* V_n durch das Gasgesetz miteinander verknüpft. Man spart nun einige Zungenschläge und Buchstaben, wenn man das Wort „stoffmengenbezogen" sowie den Index $_n$ kurzerhand unterschlägt und das Gasgesetz als

$$pV=RT$$

schreibt. Ungefährlich ist das nicht. Darum sei hier ausdrücklich betont: In diesem Kapitel 4.23 – und nur in diesem – sind bei allen Größen, die sich auf die Stoffmenge des im Zylinder der Carnot-Maschine eingesperrten Arbeitsgases beziehen lassen, eben diese stoffmengenbezogenen Größen gemeint, auch wenn sie nicht ausdrücklich so genannt werden und der Index fehlt. Das gilt insbesondere auch für Energiebeträge.
Aus der Unzahl möglicher Zustandsänderungen des idealen Arbeitsgases lassen sich vier Grundtypen herausschälen.

1. *Isochore Zustandsänderung* mit $\Delta V=0$. Hierfür wird der Kolben im Zylinder festgeklemmt; wenn er sich nicht verschieben kann, kann er auch keine mechanische Arbeit leisten; wird dem Gas Wärme zugeführt, so wandert es im *p-V*-Diagramm senkrecht nach oben auf eine höhere Isotherme (Abb. 4.31). Für eine Wärmekraftmaschine ist dieser Prozeß denkbar ungünstig: Die (stoffmengenbezogene) Wärmemenge ΔQ dient nur der Temperaturerhöhung. Sie erhöht damit die sog. *innere Energie U* des Arbeitsgases (stoffmengenbezogen) um

$$\Delta U=c_v\,\Delta T$$

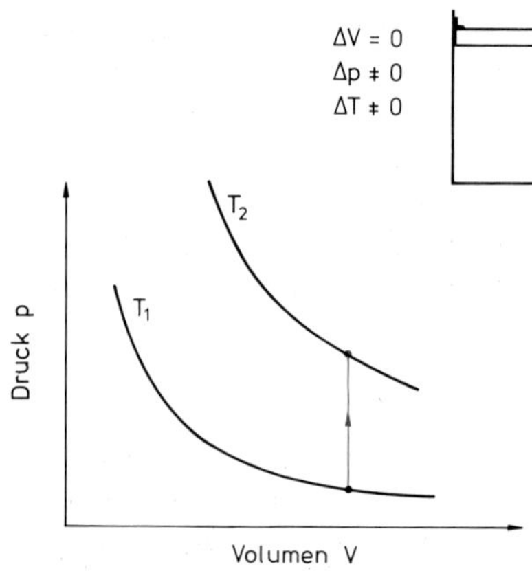

Abb. 4.31. Isochore Erwärmung. $\Delta A=0$; $\Delta Q=\Delta U=c_v\,\Delta T$

– c_v ist die *stoffmengenbezogene Wärmekapazität bei konstantem Volumen.* Für ein ideales Gas läßt sie sich aus dem Gleichverteilungssatz (Kap. 4.06) berechnen.

2. *Isobare Zustandsänderung* mit $\Delta p = 0$. Die gleiche Temperaturerhöhung ΔT kann man auch bei konstantem Druck erreichen, in Abb. 4.32 symbolisiert durch ein

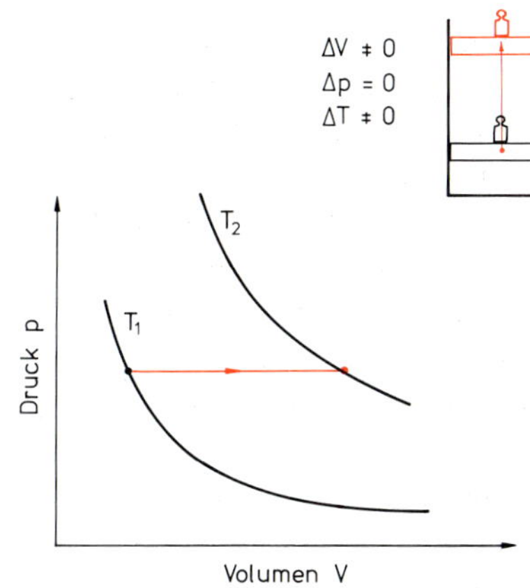

Abb. 4.32. Isobare Expansion. $\Delta Q = \Delta U + \Delta A = c_p \Delta T$

Gewichtsstück auf dem Kolben. Im *p-V*-Diagramm wandert das Gas jetzt horizontal nach rechts. Dabei leistet es mechanische Arbeit ΔA (stoffmengenbezogen), weil es Kolben und Gewicht anhebt:

$$\Delta A = p \, \Delta V$$

(wer es sehr genau nimmt, gibt dem ΔA ein negatives Vorzeichen, um anzudeuten, daß es vom Gas abgegeben wird). Innere Energie muß freilich als Folge der Temperaturerhöhung genau so erzeugt worden sein wie zuvor. Demnach hat das Wärmereservoir jetzt eine größere Wärmemenge ΔQ abgeliefert

$$\Delta Q = \Delta U + \Delta A = c_p \, \Delta T$$

– c_p ist die *stoffmengenbezogene Wärmekapazität bei konstantem Druck. Der Bruch* c_p/c_v wird *Verhältnis der spezifischen Wärmen* genannt und bekommt den Buchstaben κ. Er ist stets größer als 1.

Die Beziehung

$$\Delta Q = \Delta U + \Delta A$$

gilt ganz allgemein. Sie heißt *1. Hauptsatz der Wärmelehre* und ist eine Form des Energiesatzes. Ihre Aussage: die kinetische Energie ungeordneter Molekülbewegung, Wärme genannt, ist genauso Energie wie die geordneter Molekülbewegung, die man in der Mechanik „kinetische Energie" nennt.

Beide kann man grundsätzlich ineinander überführen, wenn auch nur mit der praktischen Einschränkung des 2. Hauptsatzes (Kap. 4.24).

3. *Isotherme Zustandsänderung* mit $\Delta T = 0$. Jetzt wandert das Gas im *p-V*-Diagramm längs einer Isothermen, z.B. nach rechts unten (Expansion). Seine innere Energie ändert sich nicht ($\Delta U = 0$), es leistet aber Nutzarbeit ΔA, und zwar bei abnehmendem Druck, in Abb. 4.33 symbolisiert durch ein weggenommenes Gewichtsstück. Formal kann sie deshalb nur durch ein Integral ausgedrückt werden:

$$\Delta A = \int p \, dV.$$

Ersetzt man p mit Hilfe des Gasgesetzes, so erhält man

$$\Delta A = \int \frac{RT}{V} dV$$

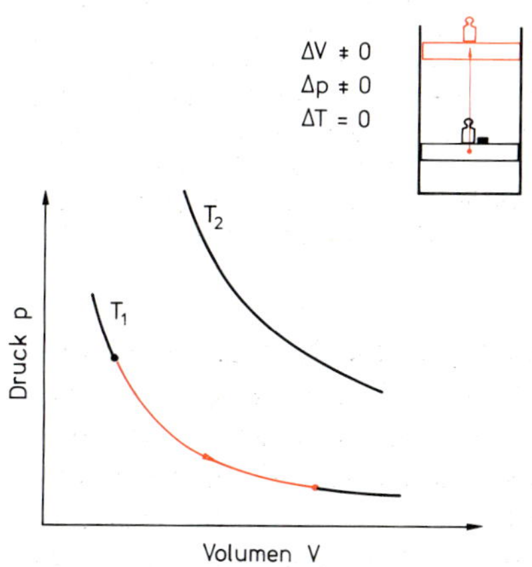

Abb. 4.33. Isotherme Expansion. $\Delta U = 0$; $\Delta A = RT \ln(V_2/V_1)$; $pV = \text{const.}$

und, da ja R und T konstant sind,

$$\Delta A = RT \int \frac{dV}{V}.$$

Nun sagt die Integralrechnung ganz allgemein, daß

wenn $y = \ln x$

auch $\dfrac{dy}{dx} = \dfrac{1}{x}$

und somit

$$\int_{x_1}^{x_2} \frac{dx}{x} = \ln x_2 - \ln x_1 = \ln(x_2/x_1).$$

Daraus folgt für die *isotherme Expansion*

$$\Delta A = RT \ln(V_2/V_1).$$

4. *Adiabatische Zustandsänderung* mit $\Delta Q = 0$.
Grundsätzlich kann auch ein gegen Wärmeaustausch völlig isoliertes Gas seinen Zustand ändern, die Änderung heißt dann *adiabatisch*. Eine Expansion leistet auch jetzt Arbeit, nach dem 1. Hauptsatz kann sie nur der inneren Energie entnommen werden. Das bedeutet Abnahme der Temperatur: im p-V-Diagramm muß die *Adiabate* steiler verlaufen als eine *Isotherme* (Abb. 4.34). Ihren exakten Verlauf bestimmt die *Adiabaten-Gleichung*

$$p V^{\kappa} = \text{const.}$$

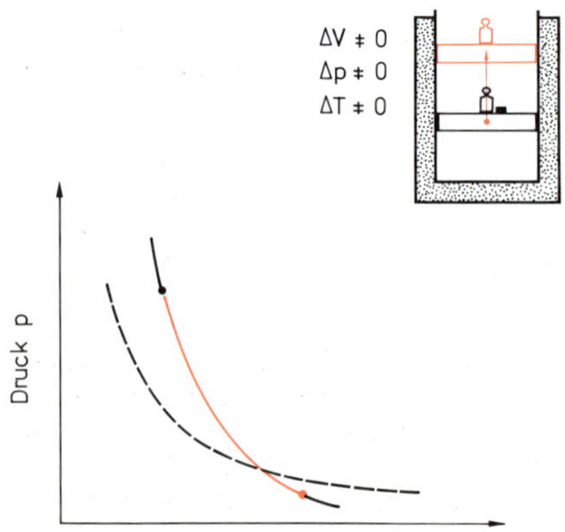

Abb. 4.34. Adiabatische Expansion. $\Delta Q = 0$; $p V^{\kappa} =$ const. Gestrichelt: Isotherme. Schematisch

Herleitung: Von einem zu einem anderen Punkt auf einer Adiabaten kann man auch in zwei Schritten kommen, einem isobaren (im p-V-Diagramm horizontal) und einem anschließenden isochoren (vertikal), wie Abb. 4.35 andeutet. Der erste Schritt verlangt eine Wärmemenge

$$\Delta Q_1 = c_p \, \Delta T_1,$$

die der zweite exakt wieder übernehmen muß, denn sonst führte er ja nicht wieder auf die Adiabate zurück:

$$\Delta Q_2 = c_v \, \Delta T_2 = -\Delta Q_1$$

(hier muß das Vorzeichen unbedingt beachtet werden). Dann gilt aber für das Verhältnis der beiden Temperaturänderungen

$$\Delta T_2 / \Delta T_1 = -c_p / c_v = -\kappa.$$

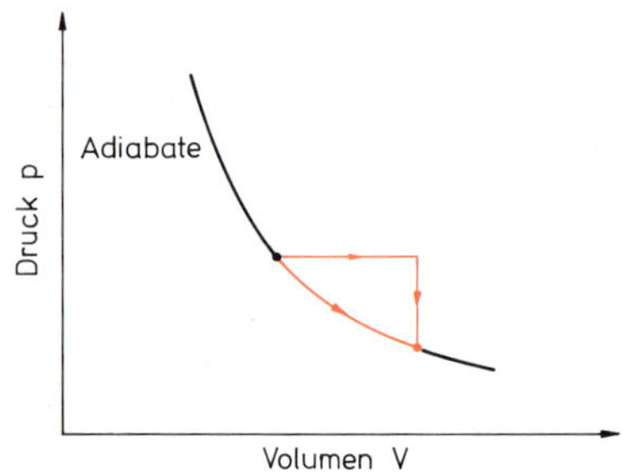

Abb. 4.35. Zur Herleitung der Adiabaten-Gleichung $p V^{\kappa} = \text{const}$.

Andererseits folgt aus dem Gasgesetz für den ersten Schritt ($p = \text{const}$)

$$\Delta T_1 = \frac{p}{R} \Delta V$$

und für den zweiten ($V = \text{const}$)

$$\Delta T_2 = \frac{V}{R} \Delta p,$$

also auch

$$\frac{\Delta T_2}{\Delta T_1} = \frac{V \Delta p}{p \Delta V}.$$

Sicher dürfen die Schritte auch differentiell klein gedacht werden. Dann ergeben sie zusammen

$$\frac{dp}{p} \frac{V}{dV} = -\kappa$$

oder

$$\frac{dp}{p} = -\kappa \frac{dV}{V}$$

und integriert

$$\ln(p_2/p_1) = -\kappa \ln(V_2/V_1) = \ln(V_1/V_2)^{\kappa}.$$

Das bedeutet aber

$p_2/p_1 = (V_1/V_2)^\kappa$

oder

$p_2 V_2^\kappa = p_1 V_1^\kappa = \text{const.}$

Nahezu adiabatische Zustandsänderungen sind häufiger, als man zunächst vermuten möchte: Wärmeaustausch braucht Zeit. Schallschwingungen etwa sind dafür zu schnell, darum richtet sich die Schallgeschwindigkeit (Kap. 3.07) auch nach dem adiabatischen Kompressionsmodul $Q_a = \kappa p$, und nicht nach dem isothermen Modul $Q_i = p$ – beide Moduln ergeben sich entsprechend der Definition $Q = -V dp/dV$ (Kap. 2.06) durch Differentiation aus der Adiabatengleichung bzw. dem Gasgesetz. Auch wenn man einen schlappen Autoreifen aufpumpt, komprimiert man die angesaugte Luft adiabatisch, erwärmt sie also. Nach einiger Zeit gleicht sich die Temperatur wieder aus, und der Reifen verliert zwar nicht Luft, aber Druck.

Aufgabe 4.19: Ein leerer Autoreifen ($V = 25$ l) wird adiabatisch auf 1,6 Bar Überdruck aufgepumpt. Welches Volumen wird dabei aus der umgebenden Luft angesaugt und wieweit fällt der Überdruck nach Temperaturausgleich ab? Für Luft gilt $\kappa = 1{,}40$.

Bester Schritt für die Umsetzung von Wärme in mechanische Energie ist fraglos die *adiabatische Expansion:* Gas, aus einer Stahlflasche abgeblasen, leistet Arbeit und kühlt sich dabei auch noch ab (vgl. Abb. 4.30). Für eine Wärmekraftmaschine reicht dieser Schritt allein freilich nicht aus, weil er, einmal abgelaufen, sich nicht wiederholen läßt. Das wird erst möglich, wenn man ihn mit dem zweitbesten Schritt, der *isothermen Zustandsänderung* kombiniert zum *Carnotschen Kreisprozeß*, der beliebig oft zyklisch durchfahren werden kann. Seinen Ablauf im *p-V*-Diagramm zeigt Abb. 4.36.

Beginnend im Punkt 1 – höchster Druck (p_1), kleinstes Volumen (V_1) – nimmt das Arbeitsgas bei der Temperatur T_1 in isothermer Expansion die Wärmemenge ΔQ_1 auf und liefert sie als Nutzarbeit

$$\Delta A_1 = R T_1 \ln(V_2/V_1)$$

wieder ab. Als zweiter Schritt folgt eine adiabatische Expansion von Punkt 2 nach 3 – kleinster Druck (p_3), größtes Volumen (V_3). Hier wird unter Abkühlung auf T_2 innere Energie

$$\Delta U_2 = c_v(T_1 - T_2)$$

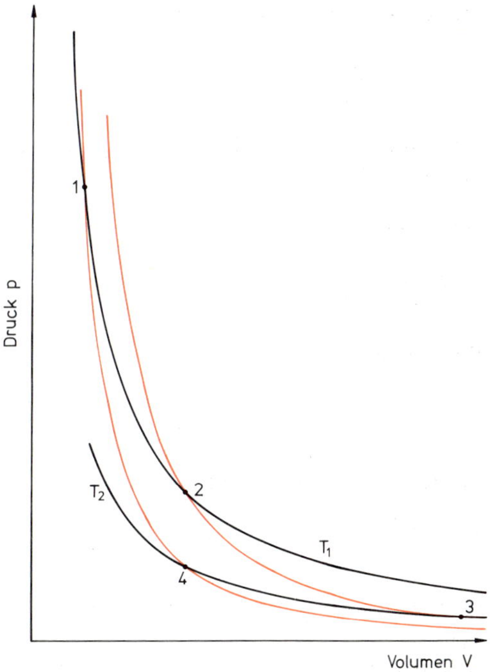

Abb. 4.36. Der Carnotsche Kreisprozeß im *p-V*-Diagramm. (Einzelheiten im Text)

umgesetzt in Nutzarbeit ΔA_2. Der Ausgangspunkt 1 kann jetzt nur dadurch wieder erreicht werden, daß man dem Gas durch Kompression äußere Arbeit zuführt. Sie wäre der soeben gewonnenen gleich, kehrte man beide Schritte einfach um. Man spart aber mechanische Arbeit, wenn man zunächst auf T_2 isotherm komprimiert bis zum Punkt 4, von dem aus sich Punkt 1 adiabatisch erreichen läßt. Auflisten dieser vier Schritte ergibt (noch ohne Berücksichtigung der Vorzeichen).

Schritt	ΔU	ΔQ	ΔA
1	0	ΔA_1	$R T_1 \ln(V_2/V_1)$
2	ΔA_2	0	$c_v(T_1 - T_2)$
3	0	ΔA_3	$R T_2 \ln(V_3/V_4)$
4	ΔA_4	0	$c_v(T_1 - T_2)$

Die beiden adiabatischen Schritte 2 und 4 müssen sich energetisch genau kompensieren; die innere Energie eines idealen Gases hängt ja nur von der Temperatur ab, hat also nach Ablauf des Kreisprozesses ihren Ausgangswert wieder erreicht. Gewonnen wird Nutzarbeit, weil

$$\Delta A_3 < \Delta A_1 .$$

Das ist freilich nicht auf einen Blick zu erkennen.

Zum Beweis schreibt man zunächst einmal für jeden Schritt das Gesetz von Boyle-Mariotte bzw. die Adiabaten-Gleichung an:

$$p_1 V_1 = p_2 V_2; \quad p_2 V_2^\kappa = p_3 V_3^\kappa$$

$$p_3 V_3 = p_4 V_4; \quad p_4 V_4^\kappa = p_1 V_1^\kappa$$

und ersetzt schrittweise immer den Druck auf der rechten Seite einer Formel aus der nächsten. Das ergibt

$$p_1 V_1 = V_2 p_2 = V_2 \frac{p_3 V_3^\kappa}{V_2^\kappa}$$

$$= V_2^{1-\kappa} V_3^\kappa p_3 = V_2^{1-\kappa} V_3^\kappa \frac{p_4 V_4}{V_3}$$

$$= V_2^{1-\kappa} V_3^{\kappa-1} V_4 p_4 = V_2^{1-\kappa} V_3^{\kappa-1} V_4 \frac{p_1 V_1^\kappa}{V_4^\kappa}$$

$$= V_2^{1-\kappa} V_3^{\kappa-1} V_4^{1-\kappa} V_1^\kappa p_1 .$$

Division durch $p_1 V_1$ führt zu

$$1 = V_2^{1-\kappa} V_3^{\kappa-1} V_4^{1-\kappa} V_1^{\kappa-1},$$

was auch

$$V_2^{\kappa-1} V_4^{\kappa-1} = V_3^{\kappa-1} V_1^{\kappa-1}$$

geschrieben werden kann. Ziehen der entsprechenden Wurzel liefert

$$V_2 V_4 = V_3 V_1,$$

was auch bedeutet

$$V_2 : V_1 = V_3 : V_4 .$$

Damit ergibt sich für die in den beiden isothermen Schritten des Carnotschen Kreisprozesses umgesetzte Arbeit und Wärme

$$\Delta A_1 = \Delta Q_1 \propto T_1,$$

$$\Delta A_3 = \Delta Q_3 \propto T_2,$$

denn die beiden Logarithmen in den Formeln für ΔA sind ja gleich. Dabei wurde ΔQ_1 dem heißen Temperaturbad bei T_1 entzogen, ΔQ_3 dem kälteren bei T_2 zugeführt und die Differenz als mechanische Nutzarbeit abgeliefert. Daraus folgt für den Nutzeffekt der Carnot-Maschine

$$\eta = \frac{\Delta Q_1 - \Delta Q_3}{\Delta Q_1} = \frac{T_1 - T_2}{T_1},$$

eine Beziehung, die sich kaum ahnen und jedenfalls nur durch etwas pedantische Rechnung sicherstellen läßt. Sie liefert den höchsten überhaupt von einer Wärmekraftmaschine erreichbaren Nutzeffekt; er steigt mit der Temperaturdifferenz – Grund für die Technik, Motore mit hohen Dampf- oder Verbrennungstemperaturen zu züchten. Zwar schmälert ein hohes T_1 den Nutzeffekt wieder, weil es auch im Nenner steht, aber sein Einfluß im Zähler ist stärker. T_2 kann sowieso normalerweise nicht unter Zimmertemperatur liegen – meist liegt es deutlich höher. Abdampf und Auspuffgas sind heiß und geben ihre Restwärme ungenutzt an die Luft ab. Muskeln müssen die mit der Nahrung aufgenommene chemische Energie unmittelbar in mechanische Arbeit umsetzen können, ohne wie Dampfturbinen den Umweg über die Wärme zu gehen; der Nutzeffekt einer Wärmekraftmaschine zwischen Körper- und Zimmertemperatur wäre zu klein.

Aufgabe 4.20: Wie groß wäre der Nutzeffekt einer Carnot-Maschine, die zwischen 37 und 20 °C arbeitet?

Seit einiger Zeit versucht auch die Technik, diesen Umweg zu vermeiden, in *Brennstoffzellen* etwa, die chemische Energie, oder in *Solarzellen* (Kap. 5.40), die Sonnenlicht unmittelbar in elektrische Energie umwandeln. Der Wirkungsgrad einer Carnot-Maschine läßt sich auch hier nicht überschreiten, aber bei der Solarzelle wird die Rolle des heißen Temperaturbades immerhin von der Sonnenoberfläche gespielt – deren 6000 K erlauben gegen Zimmertemperatur einen Nutzeffekt von 95%. Allerdings nur im Prinzip, denn im technischen Alltag fällt immer irgendwo Verlustwärme an. Bei der Muskelkontraktion ist das nicht anders: Wer körperlich arbeitet, dem wird warm. Auch die Natur hat keinen Weg gefunden, theoretisch mögliche Wirkungsgrade tatsächlich zu erreichen.

4.24 Entropie

Wärme fließt freiwillig von heiß nach kalt; wer geschickt ist, kann dabei einen Teil abzweigen und in mechanische oder andere Energie überführen – niemals mehr, als die Carnot-Maschine erlaubt, problemlos weniger oder auch gar nichts. Wer Wärme einfach nur so durch Leitung transportiert, verschenkt prinzipiell vorhandene Arbeitsfähigkeit. Dies geschieht – unvermeidlich – allenthalben.
Wärme ist um so wertvoller, je heißer sie zur Verfügung steht. In der Thermodynamik wird für sie eine Art „Gütemaß" definiert, die

$$\textit{Entropie } S = \frac{Q}{T}.$$

Man könnte sie auch ein Ungütemaß nennen, für das, was man mit einer verfügbaren Wärmemenge macht: Man ist mit ihr um so leichtfertiger umgegangen, je mehr die Entropie dabei zunimmt. In diesem Sinne gibt es nichts Besseres als die Carnot-Maschine. Sie entzieht dem heißen Temperaturbad die Entropie

$$\Delta S_1 = \Delta Q_1 / T_1$$

und liefert dem kalten Bad eine Entropie ΔS_2 an. Nun ist aber im Carnotschen Kreisprozeß

$$\Delta Q \propto T$$

und darum

$$\Delta S_1 = \Delta S_2 :$$

das kühle Bad hat genau soviel Entropie bekommen wie das heiße verloren; insgesamt ist S konstant geblieben. Besseres läßt sich nicht erreichen.
Wärmeleitung erhöht allemal die Entropie, denn ein und dieselbe Wärmemenge rutscht einfach die Temperatur hinunter – und die steht bei S im Nenner. Jede Umsetzung anderer Energie in Wärme erhöht die Entropie erst recht, denn sie schafft ja ein ΔQ, das vorher noch gar nicht da war. Überall in der Welt, soweit sie bekannt ist, nimmt die Entropie *abgeschlossener Systeme* zu; nur lokal darf sie abnehmen, wenn sie dafür an anderer Stelle entsprechend ansteigt. Dies besagt der *2. Hauptsatz der Wärmelehre*, beschrieben durch die Ungleichung

$$\dot{S} \geqq 0$$

– das Gleichheitszeichen wird nur aus intellektueller Redlichkeit hinzugefügt: die unendlich langsame Carnot-Maschine mit $\dot{S}=0$ ist ja immerhin denkbar. Prozesse ohne Entropievermehrung heißen *reversibel.* In der makroskopischen, außeratomaren Welt kommen sie nicht vor, doch ihre Existenz anzunehmen, erleichtert zuweilen das Nachdenken. Die reibungsfreie Bewegung und der elastische Stoß geben Musterbeispiele.
Was steckt dahinter? Ordnet man 15 Billardkugeln im Dreieck (Abb. 4.37) und stößt eine 16. hinein, so gibt es ein großes Durcheinander, und die Kugeln bleiben nach einer Weile statistisch verteilt auf dem grünen Tuch liegen. Von selbst finden sie nie wieder in die alte Ordnung zurück. Undenkbar wäre das nicht: Der Zufall könnte ja wollen, daß sich die Moleküle der Luft in ihrer thermischen Bewegung einmal darauf einigen, eine Kugel kurzzeitig lediglich von einer Seite aus anzugehen – sie bekämen sie schon ins Rollen. Nur: „mit an Sicherheit grenzender Wahrscheinlichkeit" wird das zu keines Menschen Lebzeiten einmal geschehen; man könnte die Wahrscheinlichkeit ausrechnen. Und auch dann rollte erst eine Kugel irgendwohin und nicht 15 zurück ins Dreieck. Ordnung macht Mühe, Unordnung entsteht von selbst. Auch so kann man den 2. Hauptsatz interpretieren: Wärme ist ungeordnete Bewegung und damit als Energieform bevorzugt.
Leben ist an Materie gebunden, die sich in einem unübersehbar komplizierten Ordnungszustand befindet. Ihn aufzubauen, zu erhalten, nach einer Verletzung wieder herzustellen, bedeutet Entropieverminderung, die durch Entropievermehrung an anderer Stelle wettgemacht werden muß. *Leben frißt negative Entropie.* Geliefert wird sie letztlich von der Sonne, die ja Kernenergie bei extrem hohen Temperaturen in Wärme umsetzt, in eine Wärme also, die noch viel Entropievermehrung zuläßt.
Globale Entropievermehrung kennzeichnet die Richtung, in der die Zeit abläuft. Entropieverminderung läßt sich durch einen Film simulieren, den man rückwärts laufen läßt: sie wirkt grotesk. Lediglich reversible Prozesse relativer Entropiekonstanz sehen vorwärts wie rückwärts gleich natürlich aus, ein reibungsarmes Fadenpendel zum Beispiel. Sind sie komplizierter, so können sie Aufmerksamkeit und Wohlgefallen erregen: manche Figuren beim Eistanz gehören dazu.
Die Entropie wächst und wächst, bis schließlich alle Energie zu Wärme geworden ist: die Welt geht dem *Wärmetod* entgegen. Zum Glück braucht auch dieser thermodynamische Vorgang viel Zeit.

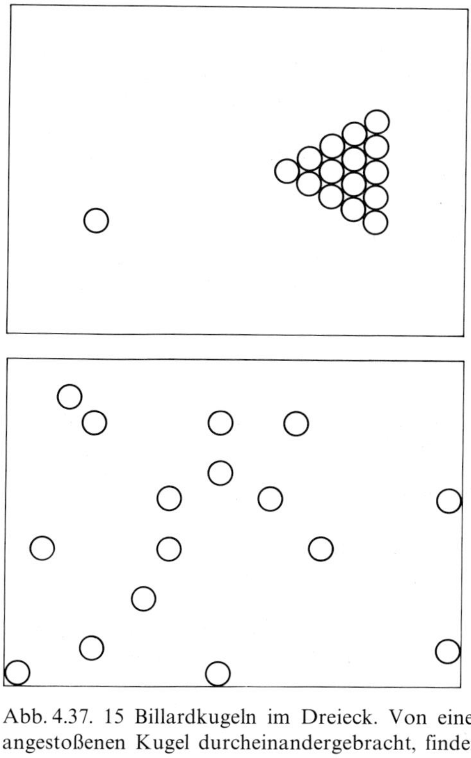

Abb. 4.37. 15 Billardkugeln im Dreieck. Von einer angestoßenen Kugel durcheinandergebracht, finden sie nie zur alten Ordnung zurück

4.25 Der Wärmehaushalt der Erde

Die Sonne befindet sich zur Zeit etwa in der Mitte ihrer stabilen Brennphase: Sie steuert seit etwa 4 Milliarden Jahren ihre Kernreaktion zur Umwandlung von Wasserstoff in Helium so, daß sie eine Oberflächentemperatur von fast 6000 K konstant hält und die entsprechende Temperaturstrahlung in den Weltenraum hinausschickt. Einen winzigen Bruchteil fängt die Erde davon ab: $1{,}7 \cdot 10^{14}$ kW, entsprechend einer Bestrahlungsstärke von $1{,}36\ \mathrm{kW/m^2}$ *(extraterrestrische Solarkonstante).* Diese von der Erde absorbierte Leistung kann auf ihr nicht bleiben, sie muß wieder in den Weltenraum abgestrahlt werden, und dies erfordert eine ganz bestimmte Oberflächentemperatur. Die klimatischen Bedingungen, in die hinein sich das irdische Leben entwickelt hat, sind entscheidend bestimmt durch das Strahlungsgleichgewicht der Erdkugel zwischen Sonne und Weltall. Es ist ein *Fließgleichgewicht*, ein *stationärer Zustand;* ihn ernsthaft zu stören, wäre tödlich.

Aufgabe 4.21: Angenommen, die Erdkugel sei ein schwarzer Körper, der nach dem Gesetz von Stefan-Boltzmann allseitig homogen eine Temperaturstrahlung der Flächendichte

$$j = \sigma T^4$$

abstrahlt mit $\sigma = 5{,}67 \cdot 10^{-11}$ kW m^{-2} K^{-4}. Welche Oberflächentemperatur brächte ihn in Strahlungsgleichgewicht gegenüber der Solarkonstanten?

Die Sonnenstrahlung kommt als elektromagnetische Welle. Sie wird zum größten Teil sofort in Wärme umgesetzt, aber auch zum Verdampfen des Meerwassers verwendet. Dieses kommt dann als Regen wieder herunter und kann auf seinem Rückweg in das Meer Wasserkraftwerke versorgen, die elektrische Energie liefern. Schließlich und endlich aber wird aus dem Sonnenlicht allemal Wärme.

Wasserräder und Windmühlen befriedigen den Energiehunger des Menschen schon lange nicht mehr. Darum zapft er fossile Energiespeicher an, die Pflanzen und Fische in Form von Kohle und Erdöl vor Jahrmillionen angelegt haben. Pflanzen können durch *Photosynthese* Energie des Sonnenlichtes unmittelbar zum Aufbau komplizierter Moleküle einsetzen. Dabei liefern sie Nahrung für die Tiere und Sauerstoff zum Atmen. Ihre Leistungsfähigkeit ist beachtlich, aber selbstverständlich begrenzt wie die Erdoberfläche selbst und die Sonnenstrahlung auch. Alle Tiere zusammen müssen mit dem gebildeten Sauerstoff auskommen, insofern bedeutet jedes Kilogramm Mensch mehr ein Kilogramm Tier weniger

Was Dampfturbinen fossilen Speichern entnehmen, was moderne Kernkraftwerke aus Atomkernen herausholen – nach dem 2. Hauptsatz wird am Ende immer Wärme daraus: sie ist der Energiemüll, der nicht auf der Erde verbleiben kann. Er muß in den Weltenraum abgestrahlt werden wie die Energielieferung P_0 der Sonne auch. Erhöhte Temperaturstrahlung $P_0 + \Delta P$ verlangt erhöhte Oberflächentemperatur $T_0 + \Delta T$. Dies macht nichts aus, solange mit $\Delta P \ll P_0$ auch $\Delta T \ll T_0$. Eine ernsthafte Temperaturerhöhung kann sich die Menschheit aber gewiß nicht leisten. Schon ein Plus von 3 K im Jahresmittel schmölze Grönlandeis und bedrohte die Küsten, weil der Meeresspiegel steigt. Noch ist es nicht gefährlich. Die rund $6 \cdot 10^7$ Einwohner der Bundesrepublik haben 1978 rund $3 \cdot 10^{12}$ kWh an sog. *Primärenergie* umgesetzt; das sind im zeitlichen Mittel $3{,}5 \cdot 10^8$ kW und ca. 6 kW pro Kopf. Wollte man allen $4 \cdot 10^9$ Menschen auf der Erde den gleichen Lebensstandard zubilligen wie den Mitteleuropäern – er bestimmt sich im wesentlichen nach dem Energieumsatz – so gäbe das $2{,}4 \cdot 10^{10}$ kW, eine Leistung, die allenfalls zusammenzubringen ist, wenn die Kraftwerke nach dem Prinzip der *Kernfusion*, der Kernverschmelzung, technisch funktionieren. Den Wärmehaushalt der Erde würde diese Leistung noch nicht stören, denn gegenüber der Sonneneinstrahlung von $1{,}7 \cdot 10^{14}$ kW macht sie noch keine 0,02 % aus. Freilich, mit einem ganzen Prozent käme man schon bedenklich nahe an Klimaveränderungen heran, mit unabsehbaren Folgen. Bei der gegenwärtigen Wachstumsrate der Menschheit von 2,3 s^{-1} wird ein Faktor 50 in der Weltbevölkerung noch vor dem Jahr 2200 erreicht. Ballungszonen wie Manhattan setzen schon heute mehr Wärme frei, als die Sonne ihren Quadratkilometern zuteilt.

Es gibt andere Möglichkeiten, schon früher zu Weltkatastrophen zu kommen – wie sich Möglichkeiten denken lassen, sie zu vermeiden. Aber den 2. Hauptsatz der Wärmelehre kann niemand umgehen. Technikern ist das geläufig, aber welcher Politiker wüßte es schon?

5. Elektrizitätslehre und Magnetismus

5.01 Vorbemerkung zur Elektrizitätslehre

Elektrische Energie ist im Zeitalter der Technik die handlichste aller Energieformen; sie läßt sich vielseitig einsetzen und kann – steht erst einmal ein dichtes Netz von Kabeln und Überlandleitungen zur Verfügung – praktisch überall bereitgehalten werden. Der Verbrauch elektrischer Energie pro Kopf der Bevölkerung gilt geradezu als Maß für den Entwicklungsstand einer Volkswirtschaft. Aber auch organisches Leben ist untrennbar mit elektrischen Erscheinungen verknüpft; prompt nutzt der Arzt dies für seine Zwecke aus. Ein bekanntes Beispiel liefert das *Elektrokardiogramm (EKG).*

Um ein EKG aufzunehmen, werden dem Patienten leidlich großflächige Elektroden mindestens an ein Handgelenk und ein Fußgelenk geschnallt und durch Kupferlitzen mit dem *Elektrokardiographen* verbunden (Abb. 5.01). Sind Patient und Kardiograph in Ordnung, so zeichnet dessen Schreibstift eine Kurve auf den Registrierstreifen, wie sie Abb. 5.02 zeigt.

Abb. 5.01. Zur Aufnahme eines Elektrokardiogramms werden Elektroden an Hand- und Fußgelenken befestigt (mindestens zwei, meistens vier)

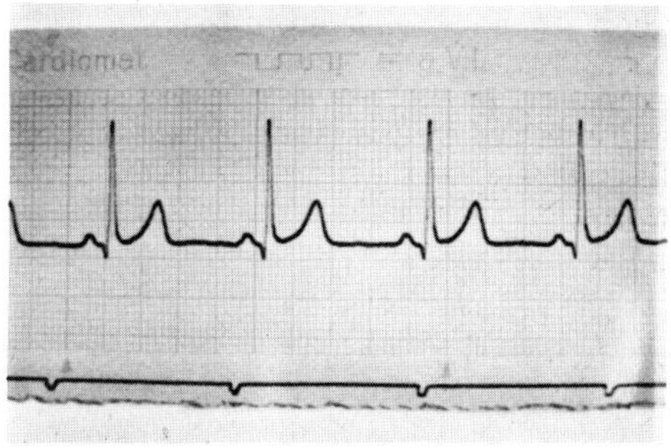

Abb. 5.02. Elektrokardiogramm eines gesunden Menschen. Unten Zeitmarken in Sekundenabstand. Pulsfrequenz demnach ca. $72\ \mathrm{min}^{-1} = 1{,}2\ \mathrm{Hz}$

Ihre medizinische Bedeutung braucht im Rahmen dieses Buches nicht behandelt zu werden – jedenfalls zuckt der Schreibstift synchron zum Puls des Patienten. Offensichtlich ist das Herz nicht nur eine pulsierende Flüssigkeitspumpe, sondern auch eine pulsierende Quelle elektrischer Energie. Ein frisch isoliertes Froschherz bestätigt diese Vermutung: solange es schlägt, kann man über zwei feuchte Wollefäden auch von ihm ein EKG abnehmen (Abb. 5.03). Es ist dem des Menschen nicht unähnlich. Weder Biologen noch Mediziner können auf einige Kenntnisse aus der Elektrizitätslehre verzichten.

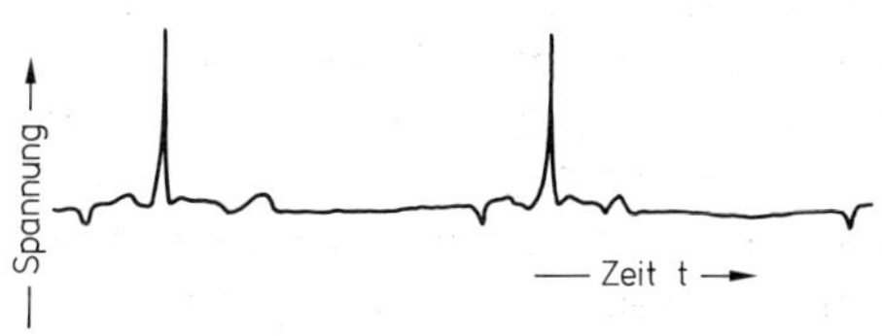

Abb. 5.03. EKG eines isolierten Froschherzens, nach Registrierkurve gezeichnet

5.02 Die elektrische Spannung

Wer sich in ein ihm neues Gebiet einarbeiten will, beginnt zweckmäßigerweise nicht mit dem Komplizierten, auch wenn es ihn am meisten interessiert. So reizvoll das EKG sein mag, es gibt einfachere Quellen elektrischer Energie als ausgerechnet Wirbeltierherzen. Am weitesten verbreitet ist die *Steckdose*, aber sie bildet nur das zugängliche Ende eines wenig übersichtlichen Großsystemes von Kraftwerken, Überlandleitungen, Umspannstationen und Verteilernetzen. Für erste Experimente weit besser eignet sich eine *Taschenlampenbatterie* – man braucht die Elektrochemiker ja nicht zu fragen, wie sie funktioniert.
Eine gesunde Taschenlampenbatterie „hat 4,5 Volt". Hier tritt die erste, eigens für die Elektrizitätslehre definierte physikalische Größe auf,

> die *elektrische Spannung*. Sie bekommt meist den Buchstaben U und wird in der Einheit *Volt* (V) gemessen.

Man hätte sie als Grundgröße einführen können; man hat es nicht getan, sondern hängt sie über den elektrischen Strom als Grundgröße und über die Leistung an die Grundgrößen der Mechanik an. Das ist aber nur für das Maßsystem von Bedeutung, nicht für die Physik der elektrischen Erscheinungen.
Wie jede physikalische Größe ist auch die elektrische Spannung über ihr Meßverfahren definiert. Weil dies aber erst in Kap. 5.22 besprochen werden kann, muß vorerst genügen, daß der Handel zahlreiche Spannungsmesser, auch *Voltmeter* genannt, für die verschiedensten Zwecke bereithält – darunter auch *Vielfachmeßinstrumente*, wie Abb. 5.04 eines als Beispiel zeigt. Bei ihm erlaubt ein *Meßbereichumschalter* festzulegen, welche Spannung jeweils dem Vollausschlag des Zeigers entsprechen soll. Unerläßlich für die Messung sind dann noch zwei elektrisch leitende Verbindungen von den Polen der Batterie zu den Klemmen des Instrumentes; man stellt sie leicht mit Laborkabeln her, isolierten Kupferlitzen mit blanken Bananensteckern an ihren Enden (Abb. 5.05). Erste, alltägliche Erkenntnis: es gibt *elektrische Leiter* – meist Metalle – und *elektrische Isolatoren* wie Gläser, Kunststoffe, Holz, Gummi, Öle usw. Die Grenze zwischen beiden Gruppen erweist sich freilich als nicht ganz scharf.
Elektrizitätslehre läßt sich nicht betreiben ohne *elektrische Schaltungen*. Die meisten sind zu kompliziert, um sie mit Worten vernünftig beschreiben zu können: mehr als langatmige Sätze sagen schematische Skizzen. In ihnen werden die einzelnen Schaltelemente durch international vereinbarte Symbole vertreten; so stehen z.B. zwei ungleich lange und ungleich dicke parallele Striche für eine Batterie und ein Kreis mit einem schrägen Pfeil für ein Meßinstrument: die Skizze der Abb. 5.06

Abb. 5.04. Vielfachmeßinstrument (als Beispiel zahlreicher technischer Ausführungsformen)

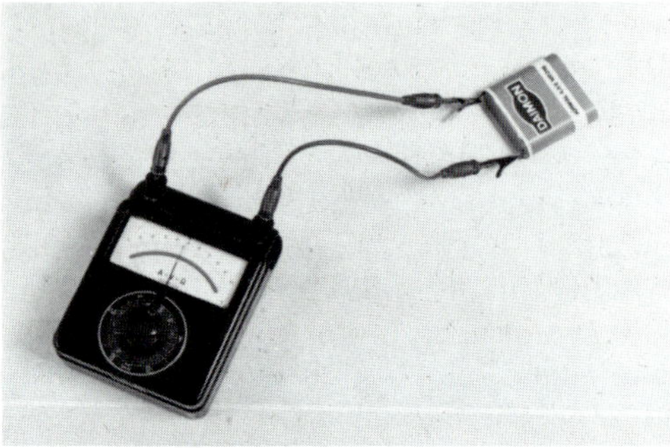

Abb. 5.05. Schaltung zur Messung der Spannung einer Taschenlampenbatterie

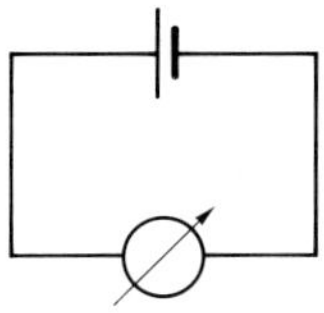

Abb. 5.06. Schaltskizze der Schaltung von Abb. 5.05

entspricht der Schaltung von Abb. 5.05.

Die Kabel zwischen Batterie und Voltmeter dürfen gern hundert Meter lang sein – elektrische Spannungen müssen nicht am Ort des Geschehens abgelesen werden, wie etwa der Puls eines Patienten. Darum entwickelt die Meßtechnik immer raffiniertere *Meßwandler*, um irgendwelche interessante physikalische Größen in zu ihnen proportionale elektrische Spannungen umzusetzen, die dann an einem zentralen Meßpult gemeinsam abgelesen werden können. So lassen sich in einer klinischen Intensivstation zahlreiche Lebensfunktionen eines gefährdeten Patienten von einem einzigen Meßplatz aus gleichzeitig überwachen – in prominenten Fällen sogar mittels Meßwertübertragung durch Funk: wenn ein Astronaut auf dem Mond stolpert, sieht der überwachende Arzt auf der Erde an der zu ihm übertragenen Pulskurve, ob und wie sehr sich der da oben aufgeregt hat.

Wer ohne weiteres Nachdenken Batterie und Voltmeter zusammenschaltet, erlebt in der Hälfte aller Fälle, daß der Zeiger seines Instrumentes „nach links" ausschlägt, zur falschen Seite. Der Fehler läßt sich leicht korrigieren, indem man die Polung der Anschlußkabel vertauscht. Erkenntnis: die elektrische Spannung hat eine Richtung. Georg Christoph Lichtenberg, der scharfzüngige Physiker und Aphorismenschreiber des 18. Jahrhunderts hat hierfür die mathematischen Vorzeichen + und − eingeführt, und so tragen heute alle Vielfachinstrumente an einer Klemme ein Pluszeichen, genauso Batterien. Die Definition ist reine Willkür, aber einmal festgelegt nicht mehr zu ändern – auch wenn zumindest Lehrbuchautoren sich heute vielleicht wünschen möchten, Lichtenberg hätte seinerzeit anders herum definiert. Jedenfalls hat man Batterie und Spannungsmesser richtig geschaltet, wenn man Pluspol mit Pluspol verbindet. Wer korrekt ist, bedenkt in seinen Schaltskizzen, daß offiziell der lange Strich des Batteriesymboles dem positiven Pol zugeordnet wird.

Daß Lichtenberg mit seiner Idee vom mathematischen Vorzeichen genau das Richtige getroffen hat, zeigt sich, wenn man mehrere Batterien *in Reihe* hintereinanderschaltet: bei „richtiger" Polung – immer Plus an Minus – addieren sich ihre Spannungen (Abb. 5.07), liegt aber eine Batterie falsch herum (Abb. 5.08), so subtrahiert sie ihre Spannung von der Summe der anderen. Mathematisch ist freilich eine Subtraktion auch nur eine Addition, wenn auch mit negativem Vorzeichen; darum darf man die Gesamtspannung U einer Reihe hintereinandergeschalteter Spannungsquellen als die Summe der Einzelspannungen $U_1, U_2, \ldots$ schreiben, also

$$U = U_1 + U_2 + U_3 + \cdots + U_n = \sum_n U_n .$$

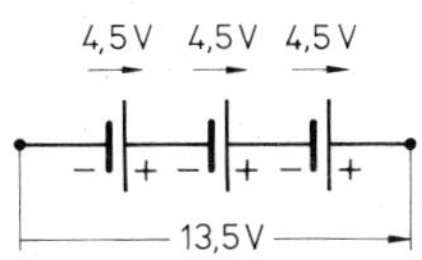

Abb. 5.07

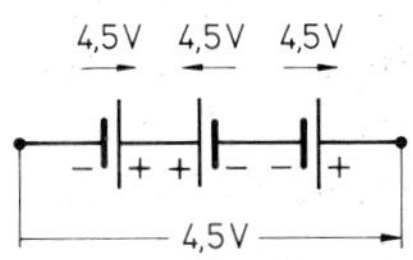

Abb. 5.08

Abb. 5.07. Drei Taschenlampenbatterien *in Reihe* geschaltet. Ihre Einzelspannungen U_0 addieren sich zu $U = 3\,U_0$

Abb. 5.08. Eine der drei Batterien liegt „verkehrt herum". Sie subtrahiert ihre Spannung von der Summe der zwei anderen: $U = (2-1)\,U_0 = 1\,U_0$

Aufgabe 5.01: Vier Taschenlampenbatterien mit je 4,5 Volt lassen sich auf mehrerlei Weise hintereinanderschalten. Welche Gesamtspannungen kann man so mit ihnen erzeugen?

An dieser Stelle sei die mißtrauische Frage erlaubt: Haben denn nun wirklich Wirbeltierherz und Taschenlampenbatterie etwas miteinander zu tun? Kann man etwa ein EKG auch mit einem Vielfachmeßinstrument beobachten? Kann man umgekehrt mit einem Kardiographen die Brauchbarkeit einer Batterie überprüfen? Der Besitzer eines Vielfachmessers darf bedenkenlos das Experiment, das auf ihn entfällt, machen und sich überzeugen: es geht nicht. Der Besitzer des Kardiographen aber sei gewarnt: möglicherweise mordet er sein kostbares Gerät. Auf jeden Fall wird dessen Schreibstift sehr heftig reagieren. EKG und Taschenlampenbatterie haben schon etwas miteinander zu tun, nur liegen die Spannungen in beiden Fällen um etwa den Faktor 1000 auseinander – der Vielfachmesser ist einfach nicht empfindlich genug für das EKG und der Kardiograph zu empfindlich für die Batterie.

Im Bereich *Mikrovolt* (μV) liegen die Signale, die Fernsehantennen aus dem Äther fischen; *Millivolt* (mV) bis Zehntelvolt erzeugen biologische Prozesse, von Ausnahmen abgesehen (Zitteraal); einige Volt sind für den Menschen noch ungefährlich, meist spürt er sie nicht einmal – Spielzeugeisenbahnen fahren darum mit Spannungen um die zehn Volt herum; die 220 V der Steckdosen sind aber keineswegs mehr harmlos; Hochspannungsleitungen im Bereich *Kilovolt* (kV) erfordern schon besondere Sicherheitsvorkehrungen; Überlandleitungen und Röntgenröhren bringen es über 100 kV, und Gewitter geben sich mit *Megavolt* (MV) bei weitem noch nicht zufrieden. Der Bereich elektrischer Spannungen ist groß.

5.03 Der elektrische Strom

Gemeinhin soll eine Taschenlampenbatterie ein Taschenlampenbirnchen zum Leuchten bringen; sie tut dies, sobald über das Birnchen und die Zuleitungen *der Stromkreis geschlossen ist*, wie in Abb. 5.09 schematisch gezeichnet. Dann *fließt ein elektrischer Strom*, der den Glühdraht des Birnchens so weit aufheizt, daß dessen Temperaturstrahlung für das Auge sicht-

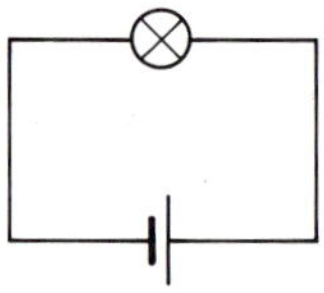

Abb. 5.09. Batterie und Glühbirne in *geschlossenem Stromkreis*

bar wird: Umsetzung elektrischer Energie in Wärme und Licht.

Was wird derweil mit der Spannung der Batterie? Das läßt sich nachprüfen, wenn man den Spannungsmesser dort beläßt, wo er in Abb. 5.06 schon war, das Birnchen also mit ihm *parallel* schaltet, wie Abb. 5.10 zeigt. Eine frische Batterie hält auch jetzt ihre Spannung unverändert, eine müde freilich tut dies nicht. Sie bricht unter der Last zwar noch nicht gleich zusammen, aber ihre Spannung „geht doch in die Knie“. Warum? Eine befriedigende Antwort läßt sich nicht mit zwei Worten geben und folgt darum erst in Kap. 5.09.

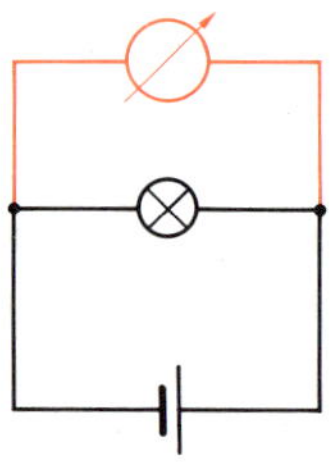

Abb. 5.10. Ein Spannungsmesser wird *parallel zum Verbraucher* (Glühbirne) geschaltet

Nächste Frage: Kann man den Strom messen, den das Birnchen „zieht“? Man kann es – erstaunlicherweise sogar mit dem gleichen Vielfachinstrument, das schon zur Spannungsmessung diente: man muß es nur auf einen Strom-Meßbereich schalten und zum Birnchen *in Reihe* legen (Abb. 5.11). Warum ein und dasselbe Instrument sowohl Spannungen wie Ströme messen kann, läßt sich wiederum nicht mit zwei Worten sagen – die Antwort folgt

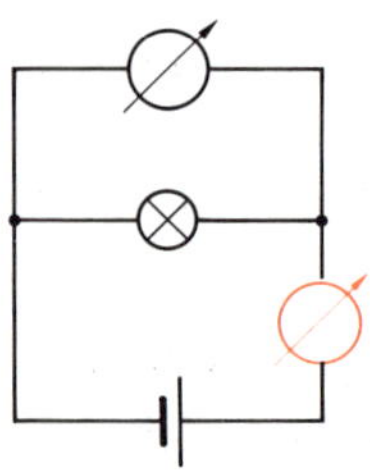

Abb. 5.11. Ein Strommesser wird in *Reihe zum Verbraucher* geschaltet

auch jetzt in Kap. 5.09. Auf jeden Fall ist es gerechtfertigt, beide Male das gleiche Schaltzeichen zu verwenden; ob Strom oder Spannung gemessen wird, sieht man an der Schaltung: liegt das Instrument parallel oder in Reihe zum Verbraucher? Die zweite, eigens für die Elektrizitätslehre eingeführte elektrische Größe ist:

Der elektrische Strom. Er bekommt meist den Buchstaben I und ist im SI-System eine echte Grundgröße mit der Basiseinheit *Ampere* (A).

Deren Definition erfordert einige Kenntnisse aus dem Bereich des Magnetismus und kann darum erst in Kap. 5.45 behandelt werden. Man darf sich damit zufrieden geben, daß die Meßgeräteindustrie schon weiß, wie sie ihre Instrumente zu eichen hat.
Letzte Frage: Ist es eigentlich gleichgültig, ob der Strommesser rechts oder links vom Verbraucher, vor oder hinter ihm im Stromkreis liegt? Es ist gleichgültig. Der Strom fließt überall im Kreis mit gleicher Stärke, von der Batterie quasi herumgepumpt wie das Blut vom Herzen. Nicht der Strom wird vom Verbraucher verbraucht, sondern elektrische Energie – genauer: elektrische Energie wird umgewandelt in eine andere Energieform.

5.04 Energie und Leistung

„Elektrizität" ist vielseitig verwendbar. Man kann etwas Licht mit ihr erzeugen, wie in der Taschenlampe, oder mehr Licht, wie in der Lampe auf dem Schreibtisch, man kann einen Fernsehapparat mit ihr betreiben, eine Kochplatte oder auch die Lokomotive eines Schnellzuges. Diese fünf Geräte sind hier „nach steigendem Verbrauch" geordnet, zuweilen spricht man auch von „Stromverbrauch". Darum sei hier noch einmal ausdrücklich betont:

Der elektrische Strom fließt nur in geschlossenen Stromkreisen und dann in ihnen herum. „Verbraucht" wird allenfalls elektrische Energie, d.h. sie wird in eine andere Energieform umgesetzt, hier in Licht, in Wärme oder in mechanische Arbeit.

Die Lokomotive setzt mehr Energie in kürzerer Zeit um als eine Glühbirne: die fünf Geräte sind *nach steigender Leistung* geordnet.
Die *Energie* W und ihr zeitlicher Differentialquotient, die *Leistung* $P(=\dot{W})$, sind die beherrschenden Größen, die in allen Sparten der Physik immer wieder auftauchen, in vielfältigen Erscheinungsformen zwar, aber zu Recht immer unter den gleichen Namen und Kennbuchstaben. Die Leistung, die ein elektrisches Gerät von seiner Energiequelle verlangt, ist um so größer, je mehr Strom es zieht, steigt aber auch mit der elektrischen Spannung: sie ist beiden Größen proportional

Leistung $P = \text{Strom } I \cdot \text{Spannung } U$.

Daraus folgt die SI-Einheit *Volt · Ampere*, sie wird *Watt* (W) genannt.

Auf jeder Glühbirne steht die von ihr beanspruchte und umgesetzte Leistung vermerkt.
Über Verteilernetz und Steckdosen bieten Kraftwerke elektrische Leistung an, sie halten elektrische Spannung bereit. Allein dieses Angebot lassen sie sich bezahlen – über die *Grundgebühr* nämlich – denn es kostet sie laufend Geld, das Netz nur zu unterhalten. Wieweit dann der einzelne von diesem Angebot wirklich Gebrauch macht, hängt davon ab, was er an elektrischen Geräten einschaltet – und wie lange! Über den *Arbeitspreis* muß er dem Elektrizitätswerk auch die Energie bezahlen, die er von ihm bezogen hat. Nach den Überlegungen von Kap. 1.19 ist

Energie $W = \int P\,dt$,

die SI-Einheit der elektrischen Energie demnach die *Wattsekunde* (Ws). Man hat sie so festgelegt, daß sie mit der SI-Einheit der mechanischen Energie übereinstimmt:

Wattsekunde = Newtonmeter = Joule.

Diese Beziehung sollte man sich merken. Sie bildet die Brücke zwischen elektrischen und mechanischen Einheiten; man beschreitet sie immer dann, wenn man zwischen physikalischen Größen der Mechanik und der Elektrizitätslehre hin und her rechnen muß.
Die Typenschilder elektrischer Geräte vermitteln ein gewisses Gefühl für die Einheit der Leistung: 100 W in der Tischlampe sind genug bis reichlich. Der Mensch vermag sie als Muskelarbeit für eine Weile zu liefern, versagt aber bei den *2 Kilowatt* (2 kW) eines Heizlüfters – wie bereits in Kap. 1.19 besprochen. Kraftwerke werden heute für Leistungen der Größenordnung *Gigawatt* ($1\ \mathrm{GW} = 10^9\ \mathrm{W}$) und darüber ausgelegt; Sinnesorgane wie Auge und Ohr sind mit Signalleistungen von *Picowatt* ($\mathrm{pW} = 10^{-12}\ \mathrm{W}$) mehr als zufrieden.

Aufgabe 5.02: Welchen Strom zieht ein Fernsehapparat mit 125 W Leistung aus der Steckdose? Welche Leistung setzt eine Röntgenröhre, betrieben mit 80 kV Hochspannung und 5 mA Röhrenstrom, um?

Für den Hausgebrauch ist die Energieeinheit Joule recht klein. Das Elektrizitätswerk rechnet mit der um den Faktor $3{,}6 \cdot 10^6$ größeren Einheit *Kilowattstunde* (kWh) und verlangt dafür im Kleinhandel rund 10 Deutsche Pfennige – Großabnehmer erhalten Mengenrabatt.

Aufgabe 5.03: Ein anständiger Blitz hat eine Spannung von vielleicht 10^9 V, führt einen Strom der Größenordnung 10^5 A und dauert ungefähr 100 µs an. Welche Energie setzt er um und was ist sie im Kleinhandel wert?

5.05 Der elektrische Widerstand

Welche Leistung ein Verbraucher der Steckdose entzieht, hängt allemal von deren Spannung ab – ohne Spannung weder Strom noch Leistung. Über den Strom aber entscheidet der Verbraucher selber, durch seinen „Widerstand" nämlich – je größer der Widerstand, desto kleiner der Strom.
Hier erscheint die dritte, eigens für die Elektrizitätslehre gebildete physikalische Größe, der *elektrische Widerstand*, definiert als

$$\text{Widerstand } R = \frac{\text{Spannung } U}{\text{Strom } I}.$$

Ihm kommt die Einheit Volt/Ampere zu, sie wird *Ohm* genannt und mit Ω abgekürzt. Der Kehrwert des Widerstandes heißt *Leitwert;* seine Einheit ist *Ohm*$^{-1}$, zuweilen auch als *Siemens* (S) bezeichnet

und in der angelsächsischen Literatur manchmal auch *mho* geschrieben – Georg Simon Ohm kann sich gegen diesen Umgang mit seinem Namen ja nicht mehr wehren.
Auch wenn es in manchen Büchern anders steht, die Gleichung $R = U/I$ ist nicht das Ohmsche Gesetz, sondern die Definitionsgleichung des elektrischen Widerstandes und, wie sich gleich zeigen wird, auch nur die des *statischen elektrischen Widerstandes*. Was ist damit gemeint?
Es ist nicht üblich, aber man kann niemanden daran hindern, seine Nachttischlampe mit Taschenlampenbatterien zu betreiben: 49 von ihnen, richtig hintereinandergeschaltet, ergeben auch 220 V (ein halbes Volt Überspannung macht der Glühbirne nichts aus). Für 15 Watt Leistung braucht sie 68 mA Strom, das entspricht einem Widerstand von 3,2 kΩ. Diesen Wert könnte man auch ohne Umweg über den Strom ausrechnen, denn aus den Definitionsgleichungen von Leistung und Widerstand folgt unmittelbar

$$P = \frac{U^2}{R} \quad \text{und übrigens auch}$$

$$P = I^2 R.$$

Nimmt man nun schrittweise eine Taschenlampenbatterie nach der anderen aus der Kette heraus, so leuchtet die Lampe immer schwächer: mit der Spannung sinken Strom und Leistung. Wie? Dies erfährt, wer die *Strom-Spannungs-Kennlinie* der Glühbirne aufnimmt – vorsichtshalber in einer Schaltung nach Abb. 5.12, in der das eine der beiden Instrumente die Spannung der noch in der Kette verbliebenen Taschenlampenbatterien kontrolliert. Welches ist es, Instrument 1 oder 2?

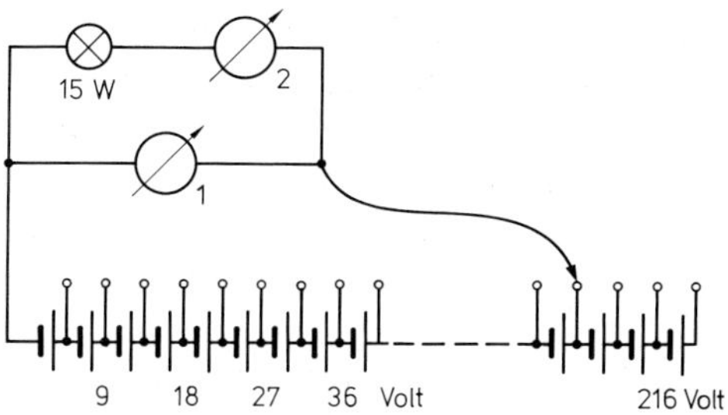

Abb. 5.12. Schaltung zur Messung der Strom-Spannungs-Kennlinie einer Glühbirne. Welches der beiden hier mit 1 und 2 gekennzeichneten Instrumente ist der Spannungsmesser?

Abb. 5.13 zeigt diese Strom-Spannungs-Kennlinie. Bei kleinen Spannungen beginnend, steigt der Strom zunächst recht steil, später aber deutlich flacher an. Dies bedeutet einen mit steigender Spannung sinkenden Leitwert $L = I/U$ (Abb. 5.14) und zunehmenden Widerstand $R = U/I$ (Abb. 5.15), während die Leistung $P = U\,I$

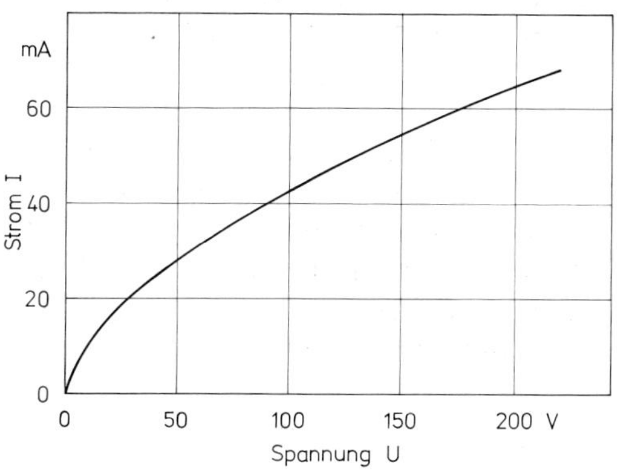

Abb. 5.13. Strom-Spannungs-Kennlinie einer Glühbirne

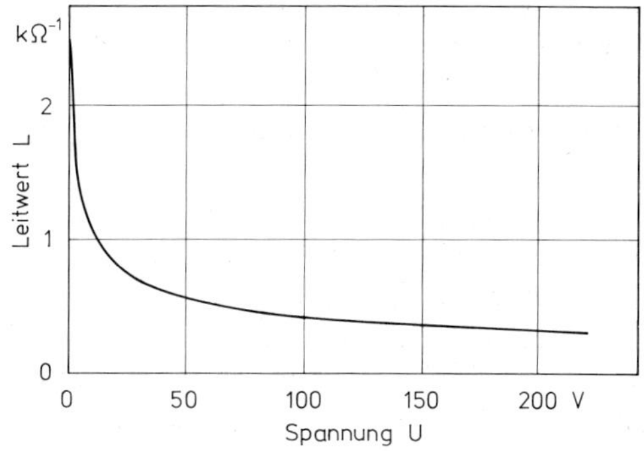

Abb. 5.14. Abhängigkeit des Leitwertes der Glühbirne von Abb. 5.13 von der Spannung. Die Einheit $k\Omega^{-1}$ könnte auch mS geschrieben werden

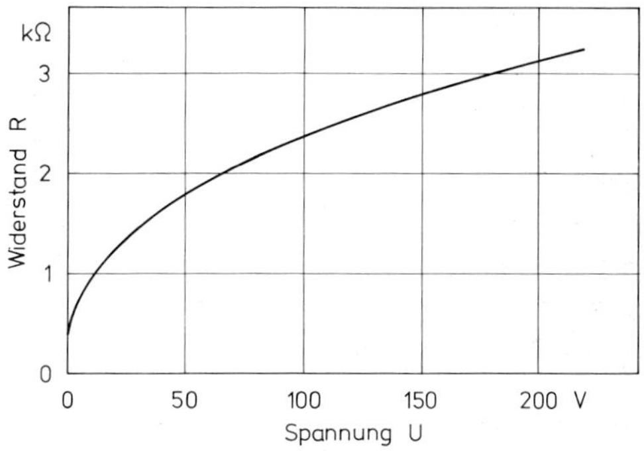

Abb. 5.15. Abhängigkeit des (statischen) Widerstandes der Glühbirne von Abb. 5.13 von der Spannung

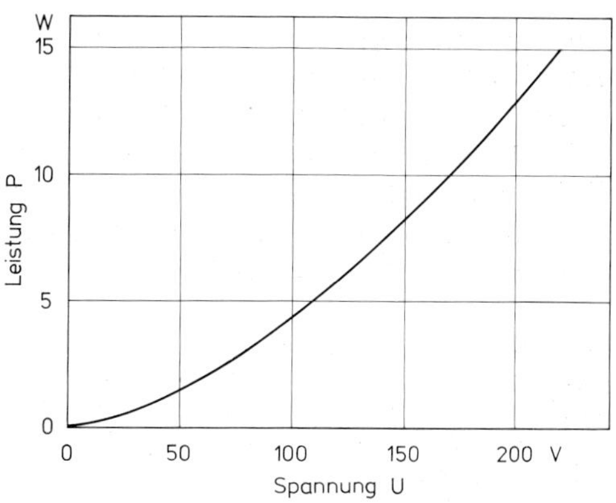

Abb. 5.16. Abhängigkeit der in der Glühbirne von Abb. 5.13 umgesetzten elektrischen Leistung von der Spannung

steil in die Höhe geht (Abb. 5.16). Diese Leistung setzt elektrische Energie in Wär-

me um, sie entwickelt *Stromwärme*, auch *Joulesche Wärme* genannt.
Mit wachsender Spannung wird aber auch, Abb. 5.13 zeigt dies deutlich, die Strom-Spannungs-Kennlinie immer flacher: ihre Steigung nimmt ab. Mathematisch schreibt diese sich als Differentialquotient dI/dU, hat also ebenfalls die physikalische Dimension eines Leitwertes, nämlich Ampere/Volt = Ohm^{-1}. Ihr Kehrwert ist der *differentielle Widerstand*

$$R_{\text{diff}} = \frac{dU}{dI},$$

bei der Glühbirne deutlich größer als der statische Widerstand R (Abb. 5.17), aber wie er mit der Spannung ansteigend. R_{diff} und R stehen zueinander in ähnlicher Beziehung wie Momentangeschwindigkeit und mittlere Geschwindigkeit (Kap. 1.04) – nur: wer von Geschwindigkeiten redet, meint meistens die momentane, und wer von Widerständen spricht, meist den statischen.

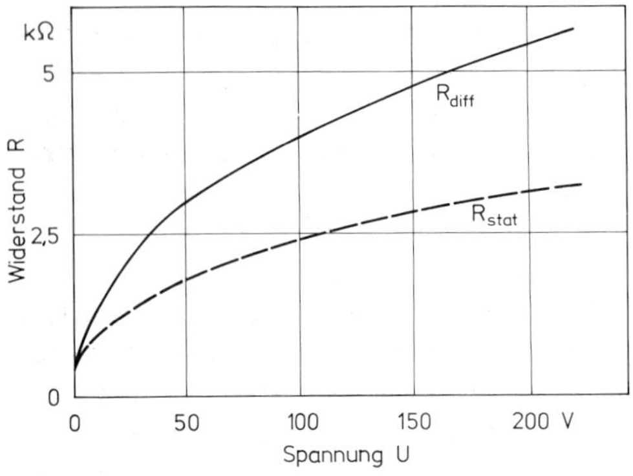

Abb. 5.17. Abhängigkeit des differentiellen Widerstandes der Glühbirne von Abb. 5.13 von der Spannung. Zum Vergleich ist der statische Widerstand ebenfalls eingetragen (Wechsel im Ordinatenmaßstab gegenüber Abb. 5.15)

Als ein technisches Gerät läßt sich die Glühbirne relativ zuverlässig und reproduzierbar durchmessen, als Beispiel für einen spannungsabhängigen Widerstand ist sie nicht so sehr glücklich: könnte man den Glühdraht auf konstanter Temperatur halten, so hielte er sein R so spannungsunabhängig wie die meisten technischen Widerstände. Ganz anderes gilt für Elemente organischen Lebens, vom Froschnerv bis zur Elefantenhaut. Alle Menschen sind verschieden und darum gibt es auch nicht *den* elektrischen Widerstand des Menschen; aber man kann doch Grenzwerte bestimmen, gemessen etwa zwischen den beiden Handgelenken. Der Widerstand hängt ab von der Konstitution – bei einem zartgliedrigen Mädchen ist er höher als bei einem Boxweltmeister im Schwergewicht –, zudem liegt er zu einem guten Teil in der Haut und wird von deren Feuchtigkeit bestimmt. Abb. 5.18 kann darum nur Grenzwerte angeben.

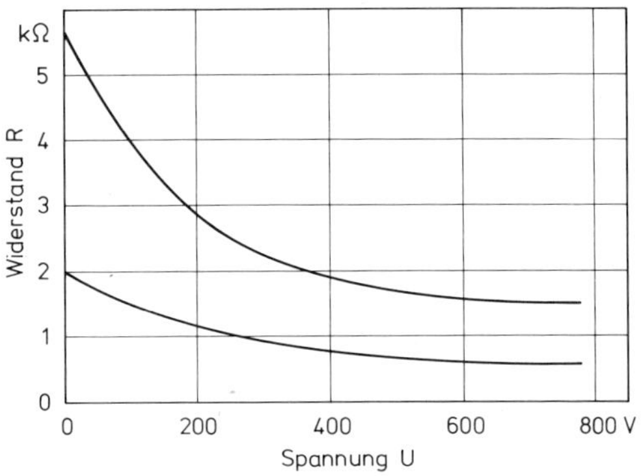

Abb. 5.18. Widerstandskennlinie des Menschen, gemessen an Leichen. Obere Grenzkurve: zarte Gelenke, trockene Haut; untere Grenzkurve: starke Gelenke, feuchte Haut

Wie immer im einzelnen: der Widerstand menschlicher Glieder nimmt mit steigender Spannung ab! Das macht hohe Spannungen bei elektrischen Unfällen doppelt gefährlich, denn biologisch wirksam ist der Strom (s. hierzu auch Kap. 5.36). 100 mA durch den Brustkorb sind meist tödlich – der Neugierige sei davor gewarnt, die Messungen der Abb. 5.18 etwa im Selbstversuch zu prüfen: sie wurden an frischen Leichen durchgeführt.

Aufgabe 5.04: Welchem Strom entsprechen die zwei Grenzkurven der Abb. 5.18 bei 400 V?

5.06 Das Ohmsche Gesetz

Besondere technische, vor allem auch meßtechnische Bedeutung hat ein Sonderfall (Abb. 5.19):

Ist die Strom-Spannungs-Kennlinie eine Gerade durch den Nullpunkt, sind also Strom und Spannung einander proportional, statischer und differentieller Widerstand gleich und spannungsunabhängig, dann gilt das *Ohmsche Gesetz*

$I \propto U; \quad R = \text{const.}$

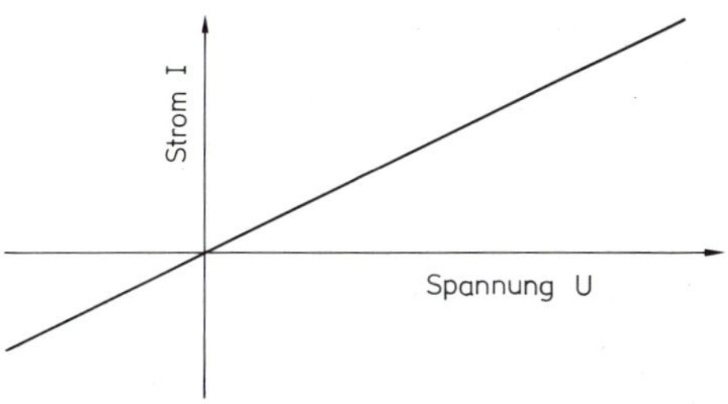

Abb. 5.19. Strom-Spannungs-Kennlinie eines Ohmschen Widerstandes: sie ist immer eine Gerade durch den Nullpunkt

Vor allem Metalldrähte gehorchen ihm, aber auch dünne Graphitschichten. Beide werden für die Elektroniker auf kleine Keramikröhrchen aufgebracht, mit Elektroden versehen und lackiert. Sie sehen dann aus, wie Abb. 5.20 zeigt, und heißen *Widerstände*. Damit bekommt diese Vokabel in der Elektrizitätslehre eine doppelte Bedeutung: *ein Widerstand hat einen Widerstand*. Das Schaltelement „Widerstand" ist so wichtig, daß ihm ein eigenes Schaltzeichen gebührt, ein schmales Rechteck (s. Abb. 5.22) – gemeint ist damit so gut wie immer ein *Ohmscher Widerstand*.

Aufgabe 5.05: Wenn 125 V durch einen Ohmschen Widerstand 93 mA hindurchtreiben, welcher Strom fließt dann bei 42 V?

Ohmsche Widerstände sind in der Technik und im Laboratorium so häufig, daß

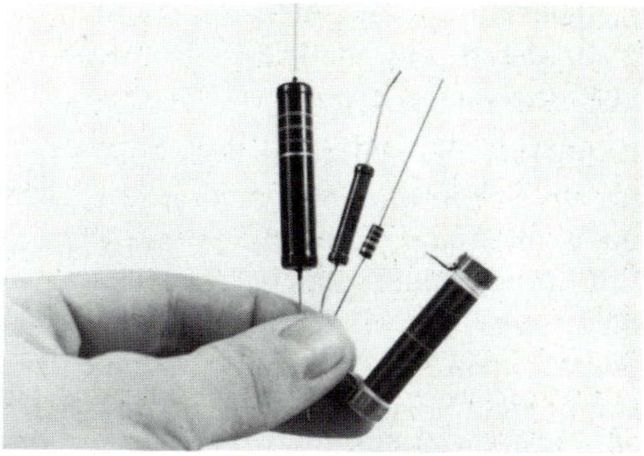

Abb. 5.20. Technische Widerstände für elektronische Schaltungen. Die (farbigen) Markierungsringe bezeichnen über einen vereinbarten Code den Widerstandswert

man fast meinen könnte, es gäbe nicht anderes. Physiologen und Ärzte, Botaniker und Zoologen seien aber gewarnt: die Objekte ihrer Wissenschaften erweisen sich, wenn man sie schon als elektrische Leiter verwendet, als ausgesprochen nichtohmsch.

Den Unterschied signalisiert die Strom-Spannungs-Kennlinie: zum Ohmschen Widerstand gehört zwingend die Gerade durch den Nullpunkt; jede Abweichung bedeutet nicht-ohmsches Verhalten.

Wer es genau nimmt, muß zugeben: das Ohmsche Gesetz ist gar kein Gesetz, sondern eine Regel, die von manchen Widerständen besser, von anderen schlechter und ganz exakt von kaum einem eingehalten wird. Weil es aber so bequem ist und alle Rechnungen erleichtert, sollen auch in diesem Buch immer Ohmsche Widerstände gemeint sein, wenn von Widerständen die Rede ist und nicht ausdrücklich etwas anderes gesagt wird.

Das Meßwerk eines Vielfachinstrumentes bildet einen Ohmschen Widerstand. Daß es Ströme *und* Spannungen messen kann, liegt an seinem Widerstand überhaupt, er müßte nicht ohmsch sein. Das Instrument braucht gar nicht zu wissen, was es mißt: liegt an seinen Klemmen eine Spannung, so fließt durch sein Meßwerk ein Strom – fließt durch sein Meßwerk ein Strom, so liegt an seinen Klemmen eine Spannung.

Ergibt sich die Spannung über einem Leiter aus Strom und Widerstand, so spricht man zuweilen von einem *Spannungsabfall*. Erfahrungsgemäß macht dieser Begriff nicht selten Schwierigkeiten. Der Mensch denkt gern in Kausalitäten: *Weil* am Widerstand eine Spannung liegt, *darum* fließt ein Strom. Aber das Umgekehrte ist genau so wahr: *Weil* durch den Widerstand ein Strom fließt, *darum* fällt über ihm eine Spannung ab. Weit öfter als ein (kausal gerichtetes) *Weil-Darum* gilt in der Physik ein (umkehrbares) *Wenn-Dann*. Die beiden Seiten einer mathematischen Gleichung lassen sich grundsätzlich miteinander vertauschen.

5.07 Knotenregel und Maschenregel

Wer zum erstenmal einen Blick auf den Schaltplan eines Fernsehapparates wirft, der wird schier erschlagen von dem Durcheinander aus Leitungen, Widerständen und anderen Schaltelementen. Freilich, ein „Stromverteilungsplan" vom Brustkorb eines Menschen mit dem Herzen als Batterie und einem Gewirr gut leitender Blutgefäße und nahezu isolierender Rippen sähe nicht einfacher aus. Zum Glück läßt sich ein EKG auch ohne diesen Stromverteilungsplan auswerten. Wie kompliziert eine Schaltung aber auch immer aufgebaut sein mag, stets müssen sich Ströme und Spannungen an zwei im Grunde triviale Regeln halten.
Erstens: Treffen sich mehrere Leiter in einem Punkt (*Knoten* genannt – Abb. 5.21), so müssen die einen zusammen gerade so viel elektrischen Strom heranführen, wie die anderen ableiten.

Strom entsteht und verschwindet nicht, sondern wird lediglich von Spannungsquellen in Stromkreisen herumgepumpt. Gibt man den in einen Knoten hineinfließenden Strömen positives und den abfließenden negatives Vorzeichen, so muß ihre Summe Null sein. Daraus folgt die

Knotenregel $\sum I = 0$.

Zweitens: Kein Punkt einer Schaltung kann gegen sich selbst eine Spannung haben – Spannungen liegen immer nur zwischen zwei Punkten. Marschiert man darum in einer Leiterschleife (*Masche* genannt – Abb. 5.22), die Teil eines größeren „Netzes" sein kann, einmal im Uhrzeigersinn herum und zählt dabei alle Spannungen, über die man hinwegläuft – ob sie nun von Batterien stammen oder von Spannungsabfällen stromdurchflossener Widerstände –, vorzeichenrichtig zusammen, so muß auch diese Summe Null ergeben. Daraus folgt die

Maschenregel $\sum U = 0$.

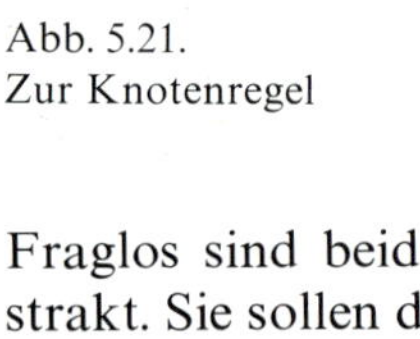

Abb. 5.21. Zur Knotenregel

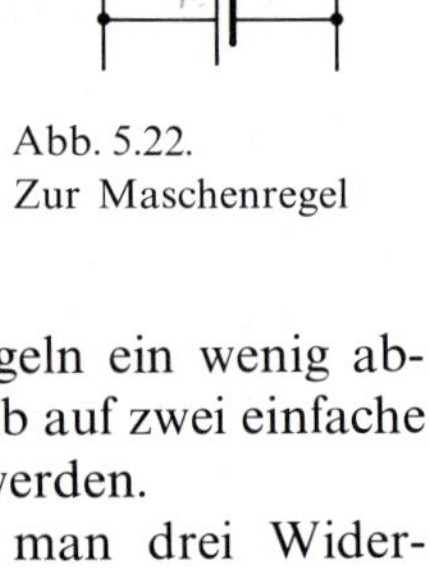
Abb. 5.22. Zur Maschenregel

Fraglos sind beide Regeln ein wenig abstrakt. Sie sollen deshalb auf zwei einfache Beispiele angewendet werden.
Was geschieht, wenn man drei Widerstände R_1, R_2 und R_3 parallelschaltet und zusammen an eine Batterie legt (Abb. 5.23)? Dann liegt an jedem Widerstand die volle Batteriespannung U (Maschenregel), jeder verlangt seinen Strom $I_n = U/R_n = U \cdot L_n$, und die Batterie muß die Summe dieser Ströme liefern (Knotenregel):

$$I = I_1 + I_2 + I_3 = U(L_1 + L_2 + L_3);$$

sie fühlt sich demnach belastet durch einen Gesamtwiderstand mit dem Leitwert

$$L = \sum_n L_n .$$

Merkregel: Parallelgeschaltete Widerstände addieren ihre Leitwerte; der Gesamtwiderstand R ist kleiner als jeder Einzelwiderstand R_n.

Parallelschaltung von zwei Widerständen führt übrigens zu

$$R = \frac{R_1 R_2}{R_1 + R_2} .$$

Aufgabe 5.06: Herleitung?

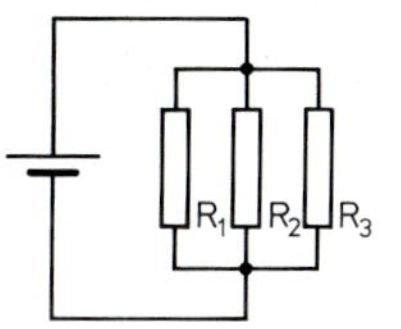

Abb. 5.23

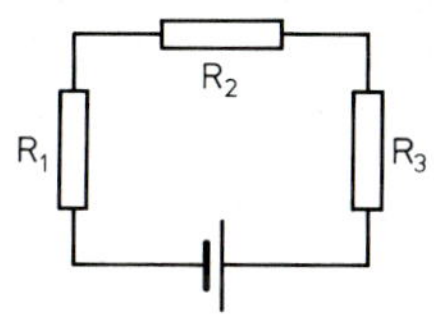

Abb. 5.24

Abb. 5.23. Parallelschaltung von drei Widerständen

Abb. 5.24. Serienschaltung (= Reihenschaltung) von drei Widerständen

Was geschieht demgegenüber, wenn man die drei Widerstände hintereinander an die Batterie legt (Abb. 5.24)? Dann fließt durch jeden der gleiche Strom I (Knotenregel, ein wenig degeneriert) und jeder verlangt seinen Spannungsabfall $U_n = I \cdot R_n$. Alle drei Teilspannungen müssen zusammen der Batteriespannung U entsprechen (Maschenregel). Daraus folgt

$$U = U_1 + U_2 + U_3 = I(R_1 + R_2 + R_3).$$

Jetzt ist die Batterie also belastet durch einen Gesamtwiderstand

$$R = \sum_n R_n .$$

Merkregel: Hintereinandergeschaltete Widerstände addieren ihre Widerstände und der Gesamtwiderstand R ist allemal größer als jeder Einzelwiderstand R_n.

Aufgabe 5.07: Es gibt mehrere Möglichkeiten, vier gleiche Widerstände zusammenzuschalten, Abb. 5.25 zeigt acht von ihnen. Man versuche zunächst, sie durch rein qualitative Überlegung nach steigendem Gesamtwiderstand zu sortieren, und überzeuge sich dann durch Rechnung (mit 50 Ω je Einzelwiderstand), daß man richtig sortiert hat. Dem Unentwegten sei schließlich empfohlen, den Spannungsabfall über jedem Widerstand jeder Schaltung zu bestimmen (mit 20 V über der ganzen Schaltung), obwohl dies ein wenig stumpfsinnig zu sein scheint; auch komplizierte Fälle können dann nicht mehr schrecken. Zudem: jede Wissenschaft hat ihre Durststrecken, die durchzustehen sie keinem erspart, der sich ernsthaft mit ihr befassen will.

Die beiden Merkregeln – die man sich nicht merken muß, weil man sie sich jederzeit leicht selbst wieder herleiten kann – haben zahlreiche Konsequenzen. Einigen von ihnen sind die folgenden Kapitel gewidmet. Zuvor aber noch eine Bemerkung zum Zeichnen von Schaltskizzen: Jeder versierte Radiobastler greift zum Lötkolben, wenn er zwei Drähte leitend miteinander verbinden will – ein reiner Berührungskontakt ist zu unsicher, an die Verbindungsstelle gehört ein Tropfen Lötzinn. Diesen „Lötpunkt“ übernimmt man auch in die Schaltskizzen, er muß immer dort gezeichnet werden, wo zwei Leitungen elektrisch verbunden sind. Fehlt er, so überkreuzen sich zwei isolierte Drähte.

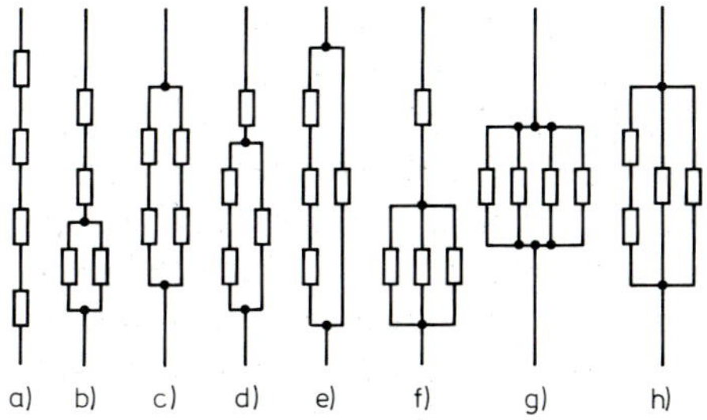

Abb. 5.25. Acht Möglichkeiten, vier Widerstände zusammenzuschalten (zu Aufgabe 5.07)

5.08 Resistivität

Legt man vier gleiche Drahtstücke hintereinander, so addieren sich ihre Längen und ihre elektrischen Widerstände. Demnach leuchtet ein: der Widerstand R eines homogenen Drahtes ist seiner Länge l proportional. Schaltet man die Drähte aber zueinander parallel, so addieren sich ihre Querschnittsflächen und ihre Leitwerte. Das bedeutet: der Widerstand R eines homogenen Drahtes ist seiner Querschnittsfläche A umgekehrt proportional. Beides zusammen führt zu

$$R = \rho \frac{l}{A}.$$

Hier ist ρ die *Resistivität* (auch *spezifischer elektrischer Widerstand* genannt) mit der Einheit Ωm – in manchen Tabellen findet man auch die um den Faktor 10^6 kleinere Einheit $\frac{\Omega}{\mathrm{m/mm^2}}$. Der Kehrwert zu ρ heißt *elektrische Leitfähigkeit* σ.

σ und ρ sind Materialkenngrößen der Substanz, aus der ein Leiter besteht – er muß kein Draht sein. Sind sie konstant, d.h. unabhängig von der angelegten elektrischen Spannung, so erfüllt der Leiter das Ohmsche Gesetz, denn wenn seine Resistivität nicht von der Spannung abhängt, kann es sein Widerstand auch nicht. Kaum eine andere physikalische Größe überstreicht einen so weiten Bereich: 30 Zehnerpotenzen von den gut leitenden Metallen bis zu den guten Isolatoren

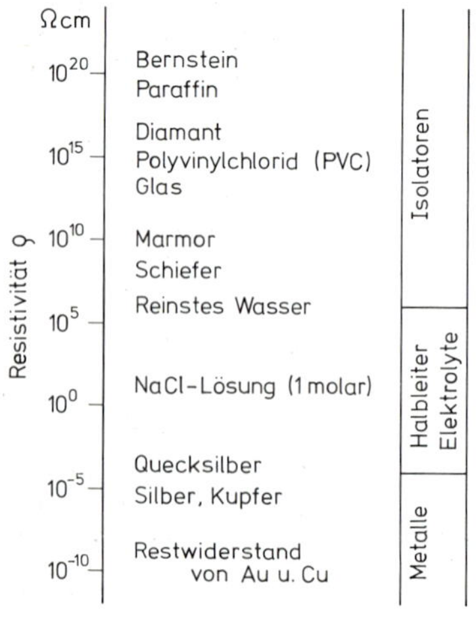

Abb. 5.26. Die Skala vorkommender Resistivitäten. *Restwiderstand* ist der Tieftemperaturwiderstand

(Abb. 5.26). Dabei sind die *Supraleiter* noch nicht einmal mitgezählt: Deren Resistivität fällt bei sehr tiefen Temperaturen auf einen Wert, der sich experimentell von Null nicht unterscheiden läßt. Außerhalb dieses Bereiches nimmt bei so gut wie allen Metallen ρ mit der Temperatur zu, sein

$$\text{Temperaturkoeffizient} \quad \alpha_\rho = \frac{d\rho}{dT}$$

ist positiv. Dies ist der Grund für das nichtohmsche Verhalten der Glühbirne: mit steigender Spannung steigt die Entwicklung Joulescher Wärme, steigt die Temperatur und mit ihr der Widerstand.

Wegen ihres Temperaturkoeffizienten kann man die Resistivität zur Temperaturmessung benutzen – im *Widerstandsthermometer*, das meist aus einem dünnen, in Glas eingeschmolzenen Platindraht besteht. Ebenfalls für Meßzwecke hätte man gern weitgehend temperaturunabhängige Präzisionswiderstände. Eigens für sie wurde eine recht bekannte Legierung mit $\alpha_\rho \approx 0$ entwickelt, das *Konstantan*. Der Vollständigkeit halber sei erwähnt, daß viele Substanzen, vor allem Halbleiter und Elektrolyte, auch ein $\alpha_\rho < 0$ besitzen. Abgesehen von gezüchteten Sonderfällen gilt ganz allgemein:

Die elektrische Leitfähigkeit hängt von der Temperatur ab.

Aufgabe 5.08: Die Anschlußleitung einer Tischlampe ist 4 m lang und hat einen Kupferquerschnitt von 0,75 mm² je Ader. Wie groß ist ihr Widerstand?

5.09 Innenwiderstand

Vielfachinstrumente arbeiten mit Magnetfeldern, ihre Funktionsweise kann darum erst in Kap. 5.45 besprochen werden. Soviel hier: das eigentliche Meßwerk besteht aus einem langen, dünnen, lackisolierten Kupferdraht, der zu einer kleinen, sog. *Drehspule* aufgewickelt wird. Er stellt also einen Ohmschen Widerstand dar: wenn an seinen Enden eine Spannung liegt, durchfließt ihn ein zu ihr proportionaler Strom und bewirkt den Ausschlag der Drehspule und ihres Zeigers. Notwendigerweise hat das Instrument einen weder extrem großen noch extrem kleinen *Innenwiderstand.* Ähnliches gilt übrigens auch für komplizierte elektronische Meßgeräte wie Elektrokardiographen; sie besitzen Verstärker mit einem *Eingangswiderstand.* Das hat meßtechnische Konsequenzen.

Bestimmt man nämlich in einer Schaltung (Abb. 5.27), wie sie schon in Kap. 5.03 für die Glühbirne verwendet wurde, den Widerstand eines Verbrauchers dadurch, daß man Strom und Spannung mißt und durcheinander dividiert, so kann man einen systematischen Meßfehler nicht vermeiden: der Strom I fließt ja nicht nur durch den gesuchten Widerstand R, sondern zum Teil auch durch den Innenwiderstand R_i des Voltmeters. Bestimmt wird also die Parallelschaltung von R und R_i, und deren Widerstand ist mit Sicherheit kleiner als R. Notfalls kann man die Korrektur berechnen, wenn man R_i kennt. Die Instrumentenbauer sollten R_i jedenfalls so groß machen wie möglich – um so kleiner wird der Fehler.
Der Fehler in der Strommessung läßt sich durch einen Schaltungstrick entsprechend Abb. 5.28 umgehen: das Amperemeter zeigt jetzt wirklich nur den Strom an, der durch R fließt. Weil es aber ebenfalls einen Innenwiderstand R_i hat, liegt über ihm ein Spannungsabfall – und der wird nun vom Spannungsmesser mitgemessen. Der alte Fehler ist vermieden, aber man hat einen neuen eingetauscht: man bestimmt jetzt die Serienschaltung von R und R_i, und deren Widerstand ist mit Sicherheit größer als R. Hier sollten die Instrumentenbauer aber R_i möglichst klein machen.

Sie müssen, wie so oft, einen Kompromiß schließen. Sie brauchen ein Minimum an elektrischer Leistung, um das Meßwerk des Instrumentes, seiner Lagerreibung zum Trotz, zuverlässig zu bewegen – sie brauchen um so mehr, je robuster und billiger das Gerät sein soll. Folglich können sie Spannungsmesser nicht allzu hochohmig und Strommesser nicht allzu niederohmig bauen. Nicht selten legen sie ihren empfindlichsten Meßbereich so aus: Vollausschlag bedeutet sowohl 60 mV wie auch 0,1 mA, entsprechend 600 Ω für die Drehspule. Um den Meßbereich zu höheren Spannungen zu erweitern, schalten sie dann Zusatzwiderstände in Reihe (Abb. 5.29) – wunschgemäß steigt damit R_i. Für höhere Strommeßbereiche werden *Shunts* parallelgeschaltet (Abb. 5.30) – sie setzen wunschgemäß R_i herab.

Aufgabe 5.09: Welche Widerstände müssen zu der erwähnten Drehspule wie hinzugeschaltet werden, um Vollausschlag a) bei 300 V und b) bei 6 A zu bekommen?

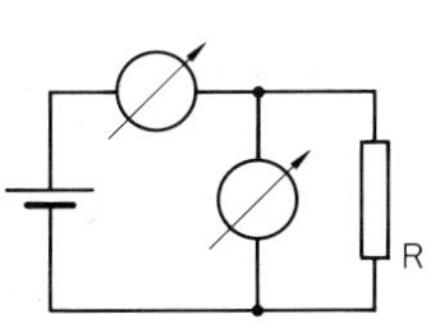

Abb. 5.27

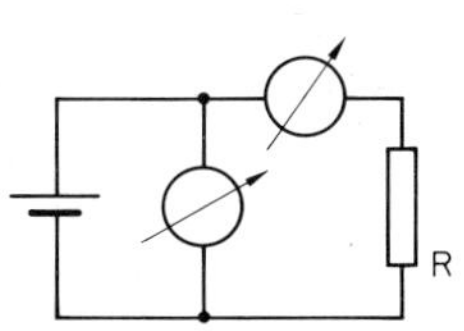

Abb. 5.28

Abb. 5.27. Messung eines Widerstandes R aus Strom und Spannung. Systematischer Fehler durch den Innenwiderstand R_i des Spannungsmessers: R wird zu klein bestimmt

Abb. 5.28. Der systematische Fehler von Abb. 5.27 ist gegen einen anderen eingetauscht: wegen des Innenwiderstandes des Strommessers wird R jetzt zu groß bestimmt

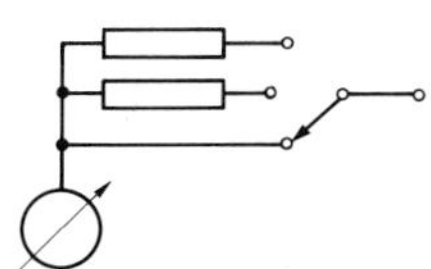

Abb. 5.29

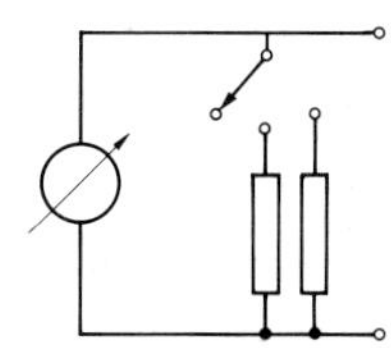

Abb. 5.30

Abb. 5.29. Meßbereicherweiterung eines Spannungsmessers durch Vorwiderstände

Abb. 5.30. Meßbereicherweiterung eines Strommessers durch Shunts

Auch Spannungsquellen haben Innenwiderstände. Steckdosen sind über lange Kupferkabel an ihr Kraftwerk angeschlossen, Bleiakkumulatoren enthalten Schwefelsäure mit nicht allzu hoher Leitfähigkeit, Taschenlampenbatterien geht es nicht besser. Ganz formal kann man so tun, als liege mit einer idealen, d.h. widerstandslosen Spannungsquelle in Reihe ein (meist nicht-ohmscher) Widerstand R_i, und zwar so untrennbar, daß man mit Zuleitungen immer nur an die Außenklemmen herankommen kann, niemals zwischen die beiden. Entnimmt man nun der Spannungsquelle einen Strom I (Abb. 5.31), so erzeugt dieser einen Spannungsabfall über R_i:

Von der *Leerlaufspannung* U_0 – zuweilen auch *elektromotorische Kraft* (EMK) genannt – bleibt für die *Klemmspannung* U_K nur noch

$$U_K = U_0 - I \cdot R_i .$$

Nur U_K läßt sich messen, stimmt aber *im Leerlauf*, d.h. bei hinreichend kleinem Strom, mit U_0 praktisch überein.

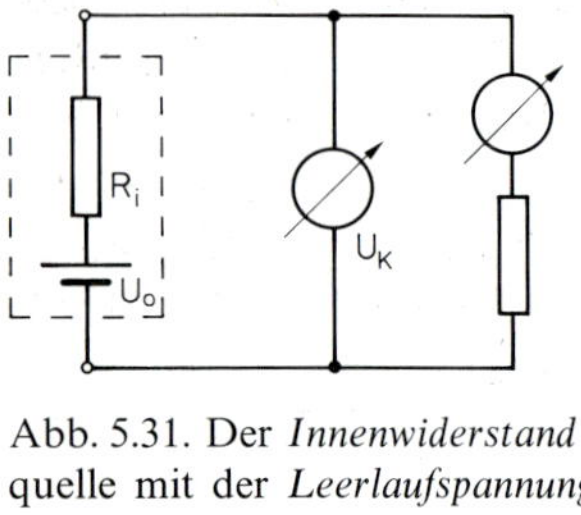

Abb. 5.31. Der *Innenwiderstand* R_i einer Spannungsquelle mit der *Leerlaufspannung* U_0 setzt die *Klemmenspannung* U_k um den Spannungsabfall $I \cdot R_i$ gegenüber U_0 herab. U_0 und R_i sind räumlich nicht voneinander getrennt. Zuleitungen erreichen nur die Klemmen *(Ersatzschaltbild)*

Eine Taschenlampenbatterie kann man leicht in die Knie zwingen, Abb. 5.32 zeigt ein Beispiel. Mehr als 3,8 A vermag diese Batterie überhaupt nicht zu liefern, denn dann fällt bereits das ganze U_0 über dem Innenwiderstand ab, und für U_K bleibt nichts mehr übrig. Für den Lastwiderstand natürlich auch nicht, er muß praktisch

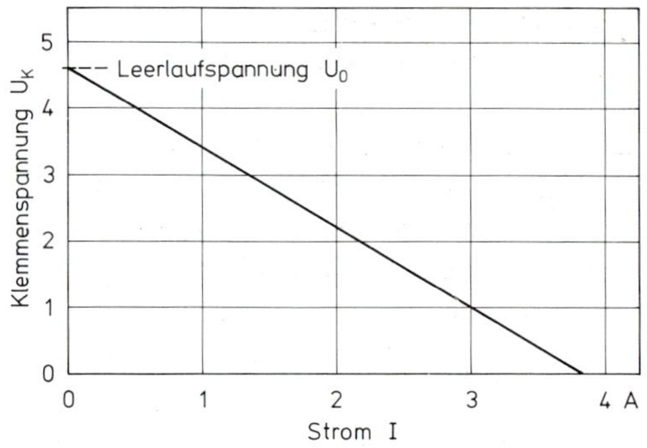

Abb. 5.32. Absinken der Klemmenspannung U_k einer Taschenlampenbatterie bei Belastung

Null sein. Das nennt man dann *Kurzschluß* – keine Spannungsquelle hat ihn gern. Elektrizitätswerke schützen sich gegen ihn durch *Sicherungen*: sie schalten den lästigen Stromkreis kurzerhand ab – am einfachsten durch einen dünnen Silberdraht, in dem ein zu hoher Strom so viel Joulesche Wärme erzeugt, daß er schmilzt *(Schmelzsicherung)*.

Technische Spannungsquellen werden verständlicherweise auf kleine Innenwiderstände hin gezüchtet; es müssen schon vergleichsweise anspruchsvolle Stromverbraucher kommen, um sie zu erschüttern. Anders das Herz: es ist als Pumpe konstruiert und nicht als Batterie für das EKG. Sein Innenwiderstand – zu dem ja auch der von Armen und Beinen als unvermeidlichen Zuleitungen hinzugerechnet werden muß – ist so hoch, daß ein hinreichend empfindliches Drehspulinstrument schon Kurzschluß bedeutet. Der Elektrokardiograph muß deshalb einen Verstärker mit recht hochohmigem Eingang haben (z.B. 2 MΩ), der dann die zur Bewegung eines Zeigers oder eines Schreibstiftes notwendige Leistung nicht dem Meßobjekt entnimmt, sondern, vom Meßobjekt gesteuert, aus der Steckdose holt. – Wer auf die Innenwiderstände seiner Spannungsquellen und seiner Meßinstrumente nicht sorgsam achtet, kann erstaunlichen Unfug zusammenmessen!

Aufgabe 5.10: Wie groß ist der Innenwiderstand der Batterie von Abb. 5.32?

5.10 Spannungsteiler und Kompensationsmessung

Für mancherlei Zwecke hätte man gerne Ohmsche Widerstände, deren Wert von Hand willkürlich eingestellt werden kann. Technisch bedeutet ihre Herstellung kein Problem: man wickelt einen *Widerstandsdraht* (aus Material hoher Resistivität) auf einem Keramikrohr zur Spule und führt die eine Zuleitung über einen Schleifkontakt an ihn heran (Abb. 5.33); auf diese Weise kann man seine elektrisch genutzte Länge und damit seinen Widerstand beliebig verringern – strenggenommen immer nur um den ganzer Windungen, aber für praktische Zwecke können die Stufen klein genug gehalten werden. Wickelt man den Draht auf einen Ringkern, so läßt sich der Schleifkontakt über einen Drehknopf einstellen (Abb. 5.34). Man hat dann ein *Drehpoti* – „Poti" ist die Koseform von *Potentiometer*.

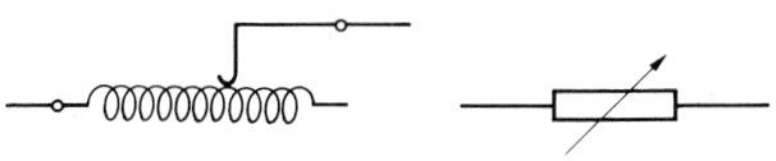

Abb. 5.33. Variabler Widerstand *(Schiebewiderstand)*, Konstruktionsschema und Schaltzeichen

Abb. 5.34. Drehpotentiometer

Eine *Potentiometer*- oder *Spannungsteiler-Schaltung* erhält man, wenn man eine Spannungsquelle U_0 an die beiden festen Enden schaltet: je nach Stellung des Schleifers läßt sich jetzt zwischen ihm und einem der festen Enden jede Spannung zwischen

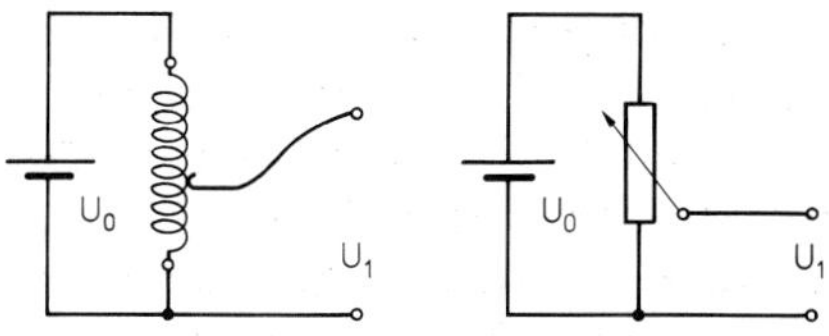

Abb. 5.35. *Spannungsteiler (Potentiometer)*, dargestellt im Konstruktionsschema und als Schaltskizze

0 und U_0 abgreifen (Abb. 5.35). Elektrisch unterteilt ja der Schleifkontakt den Gesamtwiderstand R_0 in zwei Teilwiderstände R_1 und R_2; sie werden vom gleichen Strom $I = U_0/R_0$ durchflossen, und jeder verlangt für sich den Spannungsabfall

$$U_n = I \cdot R_n = U_0 \frac{R_n}{R_0} = U_0 \frac{R_n}{R_1 + R_2}.$$

Sie teilen also die Gesamtspannung U_0 im Verhältnis ihrer Widerstandswerte untereinander auf:

$$U_1 : U_2 : U_0 = R_1 : R_2 : R_0 .$$

Streng gilt dies allerdings nur für den *unbelasteten Spannungsteiler*, denn liegt etwa parallel zu R_1 ein Verbraucher, dessen Widerstand R_x nicht groß gegen R_1 ist (Abb. 5.36) – möglicherweise ist dies nur der Innenwiderstand eines Spannungsmessers –, so zählt für die Spannungsteilung die Parallelschaltung von R_x und R_1.

Aufgabe 5.11: Wie teilt ein 6 kΩ-Potentiometer, dessen Schleifer 3 kΩ abgreift, eine Spannung von

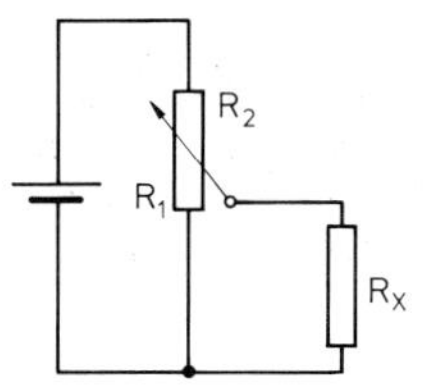

Abb. 5.36

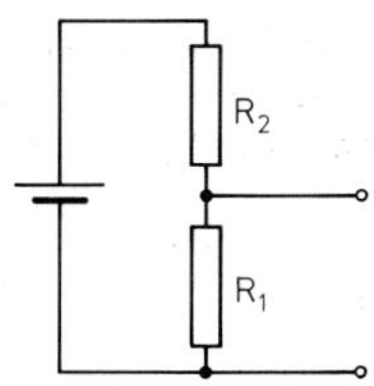

Abb. 5.37

Abb. 5.36. Belasteter Spannungsteiler. Sein Teilungsverhältnis wird von der Parallelschaltung von R_1 und R_x bestimmt. Auch wenn der Innenwiderstand der Batterie vernachlässigt werden kann, verhält sich der belastete Spannungsteiler wie eine Spannungsquelle mit Innenwiderstand

Abb. 5.37. Spannungsteiler aus zwei Festwiderständen

60 V auf, wenn es a) nicht belastet wird, b) mit 3 kΩ belastet wird?

Es bedarf keiner Begründung, daß auch zwei Festwiderstände Spannungsteiler spielen können (Abb. 5.37). Sie lassen sich mit großer Präzision herstellen und erlauben damit, eine vorgegebene Spannung sehr genau zu unterteilen. Zwecks größerer Handlichkeit werden sie hierfür zuweilen zehnerweise zu *Widerstandsdekaden* zusammengefaßt und mit einem Stufenschalter versehen (Abb. 5.38).

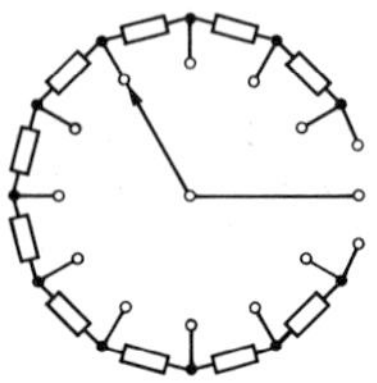

Abb. 5.38

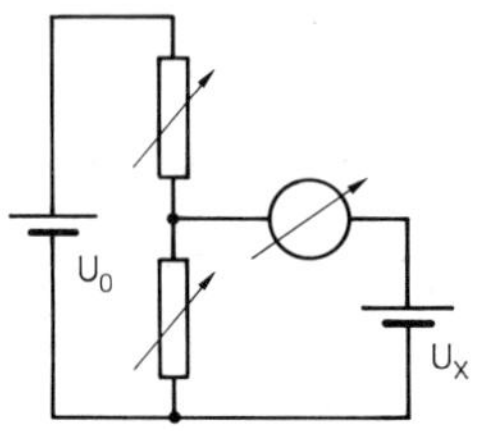

Abb. 5.39

Abb. 5.38. Widerstandsdekaden. Zwischen unterem und Mittenkontakt können beispielsweise 0 bis 1 kΩ in Stufen von je 100 Ω gelegt werden

Abb. 5.39. Spannungsmessung in Kompensation. Ein geeichter Spannungsteiler erzeugt mit der bekannten Spannung U_0 eine ebenfalls bekannte Teilspannung U' so, daß sie die unbekannte Spannung U_x kompensiert: das Nullinstrument zeigt dann Null an

Wer einen geeichten Spannungsteiler besitzt und die Spannung U_0 seiner Batterie kennt, der kann jede kleinere Spannung U' definiert einstellen. Das erlaubt ihm, eine unbekannte Spannung U_x *in Kompensation* zu messen – die entsprechende Schaltung zeigt Abb. 5.39. Hier sind U_x und U' gegeneinandergeschaltet, das Instrument zwischen ihnen vermeldet ihre Differenz. Ist sie Null, so ist

$$U_x = U',$$

und U' läßt sich am geeichten Spannungsteiler ablesen. Das Instrument braucht nicht geeicht zu sein, es muß ja nur die Null erkennen können *(Nullinstrument)*. Dafür darf es, hat man erst einmal den Abgleich ungefähr erreicht, auf hohe Empfindlichkeit geschaltet werden: sein Vollausschlag kann schließlich um Zehnerpotenzen unter U_x liegen. Der erste Vorteil der Kompensationsmessung liegt in ihrer großen Genauigkeit.

Der zweite Vorteil liegt darin, daß bei korrekter Kompensation die unbekannte Spannungsquelle nicht mehr belastet wird: Null am Nullinstrument bedeutet ja auch Null für den Strom. Auch bei einer Quelle mit hohem Innenwiderstand läßt sich so die Leerlaufspannung messen.

Das Prinzip der Kompensationsmessung ist nicht auf die Elektrizitätslehre beschränkt; ein mechanisches Beispiel liefert die Küchenwaage: Sie kann z.B. mit 10 kg belastet werden, reagiert aber bereits auf ein „Übergewicht" von wenigen Gramm mit „Vollausschlag". Zur Kompensationsmessung gehört allerdings immer neben dem Nullinstrument ein Satz präzise geeichter Vergleichsgrößen, hier der Gewichtssatz zur Waage, dort der Spannungsteiler mit seiner Batterie.

5.11 Die Brückenschaltung

Es kann nicht verboten sein, die Spannung U_x der Abb. 5.39 selbst aus einem Spannungsteiler zu beziehen und diesen mit der gleichen Batterie zu füttern wie den ersten auch. Man erhält dann die Schaltung der Abb. 5.40, die *Wheatstonesche Brücke*. Das Brückeninstrument zeigt Null, die Brücke ist *abgeglichen*, wenn beide Spannungsteiler die Batteriespannung U_0

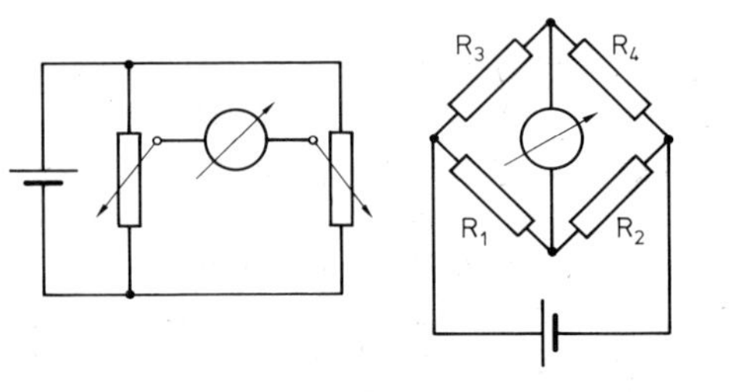

Abb. 5.40. Die *Wheatstonesche Brücke* – meist im Schema der Skizze rechts gezeichnet. Sie ist *abgeglichen*, wenn $R_1/R_2 = R_3/R_4$

im gleichen Verhältnis unterteilen, wenn also die *Brückenbedingung*

$$R_1:R_2=R_3:R_4$$

erfüllt ist. Dazu muß U_0 gar nicht einmal bekannt sein.
Die Wheatstonesche Brücke ist *die* Schaltung schlechthin, in der man elektrische Widerstände mißt – ohne die systematischen Fehler der Schaltungen aus Kap. 5.09 (Abb. 5.27 und 5.28), und wenn es verlangt wird, in höchster Präzision: ist die Brücke einmal abgeglichen, die Brückenbedingung erfüllt, so kann man den vierten Widerstand berechnen, wenn man die drei anderen kennt.

Aufgabe 5.12: Wenn $R_1=3752$ Ohm, $R_2=6248$ Ohm und $R_3=5000$ Ohm, wie groß ist dann R_4? (Bei abgeglichener Brücke selbstverständlich.) – Präzisionsmeßbrücken können leicht die Genauigkeit des Rechenschiebers überfordern!

Erst die Präzision einer Brückenschaltung macht das Widerstandsthermometer (Kap. 5.07) zu einem verläßlichen Instrument – mit $0{,}004\,\mathrm{K}^{-1}$ ist die relative Änderung des Widerstandes eines Platindrahtes doch recht gering. Aus dem gleichen Grunde baut man *Meßwandler* häufig so, daß sie Änderungen der physikalischen Größe, die sie messen sollen, in Widerstandsänderungen überführen. Die Brückenschaltung wird damit zu einer der wichtigsten elektronischen Schaltungen. Ihr einziger Nachteil: sie ist oft nicht so sehr schnell, denn sie muß abgeglichen werden.

5.12 Wechselspannung

Jeder Anfänger wird vernünftigerweise seine ersten elektrischen Experimente mit Taschenlampenbatterien ausführen und nicht mit der Steckdose – deren 220 V sind nicht ungefährlich. Aber auch der schon weiter Fortgeschrittene erlebt möglicherweise noch eine Überraschung, wenn er etwa versucht, diese Spannung mit einem schlichten Drehspulinstrument zu messen: der Zeiger bleibt stehen oder vibriert allenfalls nervös um den Nullpunkt herum. Der Grund: die Steckdose liefert nicht wie die Batterie eine zeitlich konstante *Gleichspannung*, sondern eine *Wechselspannung*, die einhundertmal in der Sekunde ihr Vorzeichen wechselt. Das entspricht einer Frequenz von 50 Hz (wieso eigentlich?), und diese wird vom Kraftwerk sorgfältig und uhrengenau eingehalten. Die Spannung selbst ist *sinusförmig*, kann also nach dem, was in Kap. 3.02 gesagt wurde, mathematisch als

$$U(t)=U_s \sin \omega t$$

geschrieben werden.

Frage zur Gedächtniskontrolle: Welche physikalische Größe wird hier mit dem Buchstaben ω bezeichnet und wie groß ist sie bei der Netzspannung?

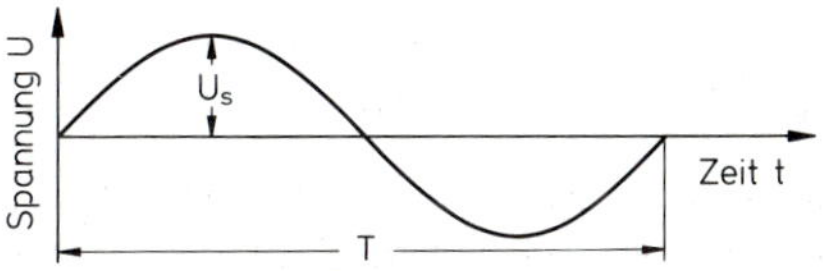

Abb. 5.41. Sinusförmige Wechselspannung mit der Schwingungsdauer T und der Amplitude *(Spitzenspannung)* U_s

Was bedeutet nun aber bei einem Verlauf der Spannung, wie ihn Abb. 5.41 zeigt, die Behauptung des Kraftwerkes, es liefere *220 V*?

Diese Angabe meint den sog. *Effektivwert* der Wechselspannung, folgendermaßen definiert: entwickelt eine Gleichspannung $U_=$ in einem Ohmschen Widerstand die gleiche Stromwärme wie – im zeitlichen Mittel – die fragliche sinusförmige Wechselspannung, so ist deren Effektivwert U_{eff} ebenso groß wie $U_=$.

Wie groß ist dann aber die Spannungsamplitude U_s?
Bei einem streng Ohmschen Widerstand R sind Strom und Spannung einander streng proportional, wie schnell sie sich auch mit der Zeit ändern. Zu einer Wechselspan-

nung $U(t)$ gehört also ein frequenz- und phasengleicher Wechselstrom

$$I(t) = I_s \sin \omega t$$

mit $I_s = U_s/R$.
Die verheizte Leistung ist wie immer das Produkt aus $I(t)$ und $U(t)$ – positiv in der ersten Halbwelle, Null im Nulldurchgang und wieder positiv, wenn Strom und Spannung gemeinsam das Vorzeichen gewechselt haben! Der Jouleschen Wärme ist es gleichgültig, in welcher Richtung der Strom einen Widerstand durchfließt.

Diese periodische Entwicklung der Stromwärme läßt Glühbirnen ein wenig flimmern – zu schnell, um vom Auge unmittelbar wahrgenommen zu werden, aber durchaus verwendbar als stroboskopische Beleuchtung, etwa für die Kontrolle der Drehfrequenz beim Teller eines Plattenspielers. Legt man auf den Teller eine runde Scheibe mit so vielen radialen Strichen, daß in der Zeit, die von einem Helligkeitsmaximum bis zum nächsten vergeht, sich jeder Strich in die Position seines Nachbarn weiterdreht, so scheint dem Betrachter die Scheibe stillzustehen. Bei Leuchtstoffröhren, die weit stärker flimmern als Glühbirnen, kann sich ein unbeabsichtigter Stroboskopeffekt durchaus störend bemerkbar machen.

Aufgabe 5.13: Wieviel Striche muß die Stroboskopscheibe haben, um die Drehfrequenz $33\frac{1}{3}\,\text{min}^{-1}$ richtig anzuzeigen?

Abb. 5.42 zeigt den zeitlichen Verlauf von Wechselspannung U, Strom I und Leistung P beim Ohmschen Widerstand R. Strom und Spannung halten sich genauso lange unterhalb der Nulllinie auf wie oberhalb, ihr zeitlicher Mittelwert ist 0. Die Leistung wird demgegenüber niemals negativ, ihr Mittelwert $\bar{P}$ ist halb so groß wie ihr Maximalwert P_s:

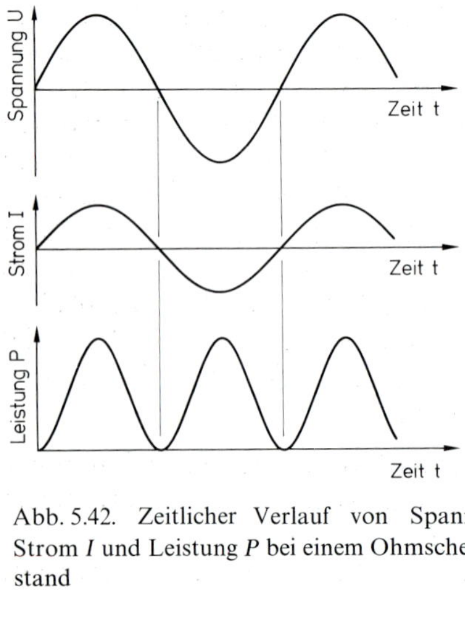

Abb. 5.42. Zeitlicher Verlauf von Spannung U, Strom I und Leistung P bei einem Ohmschen Widerstand

$$\bar{P} = \frac{1}{2} P_s = \frac{1}{2} U_s \cdot I_s = \frac{1}{2} \frac{U_s^2}{R}.$$

Die gleiche Leistung im gleichen Widerstand setzt eine Gleichspannung $U_=$ um, wenn

$$\bar{P} = \frac{U_=^2}{R}.$$

Nun soll $U_=$ definitionsgemäß dem Effektivwert U_{eff} der Wechselspannung entsprechen. Daraus folgt

$$U_s = \sqrt{2}\, U_{\text{eff}}.$$

Ganz analog wird der Effektivwert sinusförmigen Wechselstromes definiert.

Aufgabe 5.14: Die 220 V der Steckdose bezeichnen den Effektivwert der Wechselspannung. Wie groß ist die Spitzenspannung?

Der Definition entsprechend kann man nur bei sinusförmigen Spannungen und Strömen Effektivwerte so einfach festlegen. Kompliziertere zeitliche Abläufe lassen sich im Prinzip zwar immer als Überlagerung mehrerer Sinusschwingungen auffassen (Kap. 3.05), hier empfiehlt es sich aber doch, stets den ganzen Verlauf zu registrieren. Beim EKG interessiert obendrein nur dieser Verlauf und nicht der Absolutwert der Spannung.

Ein normales Drehspulinstrument ist zu träge, um der Netzwechselspannung folgen zu können – korrekter ausgedrückt: seine Eigenfrequenz als schwingungsfähiges Gebilde liegt zu niedrig für erzwungene Schwingungen nennenswerter Amplitude bei 50 Hz. Infolgedessen zeigt es den zeitlichen Mittelwert an, und der ist Null. Trotzdem haben gute Vielfachinstrumente auch Meßbereiche für Wechselspannungen und Wechselströme. Sie erreichen dies durch Vorschalten eines *Gleichrichters*, eines Schaltelementes mit unsymmetrischer Kennlinie nach Art

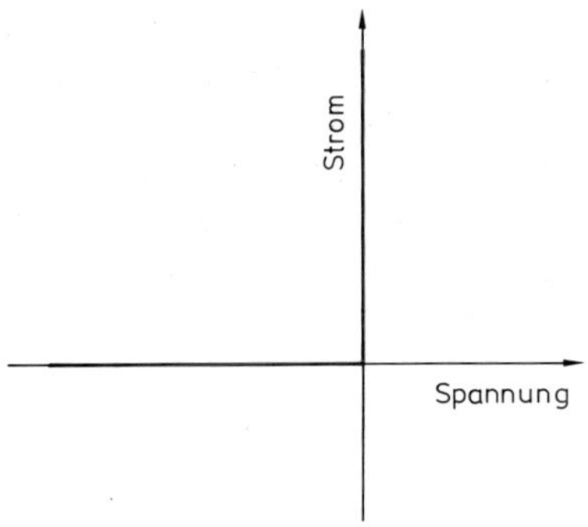

Abb. 5.43. Strom-Spannungs-Kennlinie eines Gleichrichters, schematisch und idealisiert

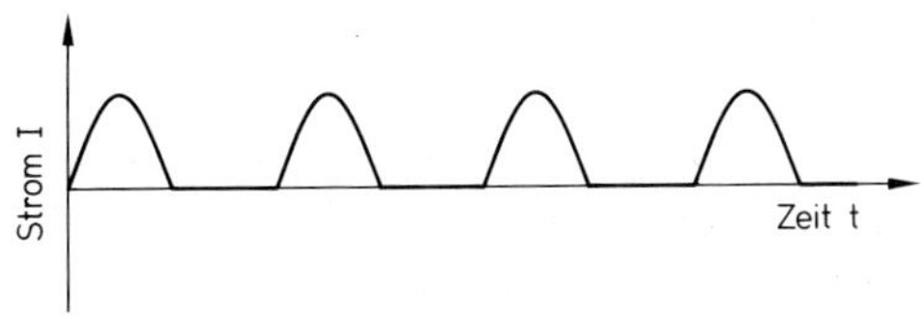

Abb. 5.44. Pulsierender Gleichstrom – die negative Halbwelle des Wechselstromes ist vom Gleichrichter unterdrückt

der Abb. 5.43 (s. hierzu auch Kap. 5.39). Dieser Gleichrichter läßt nur in einer Halbwelle der Spannung Strom für die Drehspule hindurch, in der anderen Halbwelle sperrt er. Das Resultat ist ein pulsierender Gleichstrom mit einem durchaus von Null verschiedenen Mittelwert (Abb. 5.44), den die Drehspule anzeigen kann.

5.13 Elektrisches Potential

Einem Radiobastler wird es nur selten gelingen, die Schaltung eines komplizierten Verstärkers, die er sich gekauft hat, so sorgfältig nachzubauen, daß sein Gerät auf Anhieb funktioniert – im allgemeinen muß er sich zunächst einmal auf Fehlersuche begeben. Hierfür gibt es bewährte Verfahren. Eines besteht darin, das eine „Bein" eines Spannungsmessers z.B. an den Minus-Pol der Batterie zu legen und mit dem anderen verschiedene Knotenpunkte der Schaltung nacheinander abzutasten. In guten Schaltskizzen ist eingetragen, welche Spannung man jeweils zu erwarten hat; Abweichungen geben Hinweise auf Schaltfehler. Hierfür ein vereinfachtes Beispiel: vier gleiche Widerstände hängen an einer Batterie von 6,0 V so, wie Abb. 5.45 das zeigt. Berührt man mit dem freien Ende des Spannungsmessers nacheinander die Punkte 1 bis 4, so hat man nacheinander die Anzeige von 0, 2,4, 3,6 und 6,0 V zu erwarten.

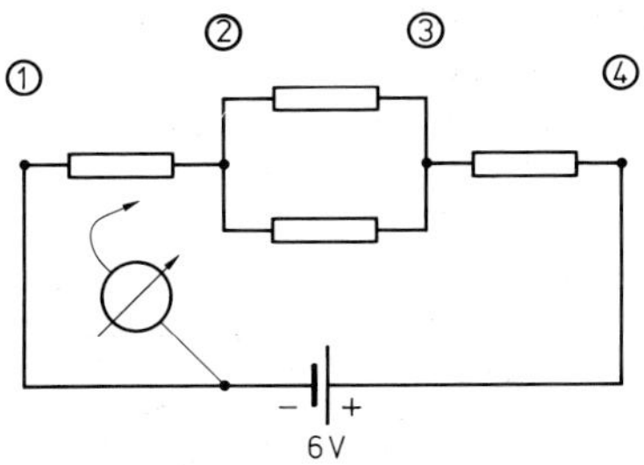

Abb. 5.45. Zur Herleitung des Begriffes *Potential.* (Einzelheiten im Text)

Nach diesem Verfahren läßt sich jedem Punkt einer Schaltung ein *elektrisches Potential* zuordnen, gemessen in der Einheit Volt. Die Differenz der Potentiale zu beiden Seiten eines Widerstandes entspricht genau der Spannung, die über diesem Widerstand liegt. Auf den ersten Blick könnte man meinen, der Unterschied zwischen Spannung und Potential bestehe darin, daß eine Spannung immer zwischen zwei Punkten liegt, während das Potential jedem Punkt für sich alleine zukommt. Hierin liegt aber ein Trugschluß. Das Potential eines Punktes läßt sich nämlich erst angeben, wenn zuvor das Bezugspotential – willkürlich – festgelegt worden ist; im Beispiel der Abb. 5.45 ist dies der Minus-Pol der Batterie. Nimmt man statt dessen den Plus-Pol, so verschieben sich alle Potentiale um -6 V und werden negativ. Alle Potentialdifferenzen bleiben aber unverändert erhalten. Ein Potential ist die Spannung zwischen Meßpunkt und Bezugspunkt.

Der Trugschluß wird fraglos dadurch sehr genährt, daß sich ein ganz bestimmtes Potential als Bezugswert recht allgemein durchgesetzt hat: das des Erdbodens.

Zumindest dort, wo sie feucht ist, leitet Erde den Strom so gut und mit so großem Strömungsquerschnitt, daß nennenswerte Spannungen nicht auftreten können; folglich liegen alle Punkte auf gleichem Potential. In sorgfältig eingerichteten Meßlaboratorien holt man dieses *Erdpotential* dadurch herein, daß man eine große Metallplatte im Grundwasser vergräbt und von ihr ein gut leitendes Kupferkabel zur Schalttafel führt. Im Wohnhaus sind zumindest die Rohre der Heizung und der Wasserleitung gut *geerdet* – und der Mensch ist es normalerweise auch, denn Ledersohlen haben einen noch hinreichenden Leitwert. Mancher Fußbodenbelag aus Kunststoff hat ihn aber nicht; der Mensch, der auf ihm geht, kann sich elektrisch aufladen und zuckt zusammen, wenn er die Türklinke berührt.

Elektronische Schaltungen sind (so gut wie immer) an irgendeiner Stelle geerdet – in der Skizze durch ein besonderes Schaltzeichen markiert – es muß nicht unbedingt die eine Seite der Spannungsquelle sein (Abb. 5.46). Mehrere Punkte mit dem Erdzeichen stehen untereinander in leitender Verbindung. Von ihnen aus werden (normalerweise) alle Potentiale gemessen.

Aufgabe 5.15: Welche Potentiale haben die vier markierten Punkte in der Schaltung der Abb. 5.46?

Wer es darauf anlegt, kann das Wort „Potential" grundsätzlich vermeiden, es bedeutet ja nur: Spannung gegen Erde. Seine Verwendung erleichtert aber doch die Verständigung, wie das folgende Kapitel zeigen wird. Zuvor noch ein Hinweis: Jede ordnungsgemäß verlegte Steckdose besitzt außer den beiden Kontakten hinter ihren Löchern noch einen *Schutzkontakt*

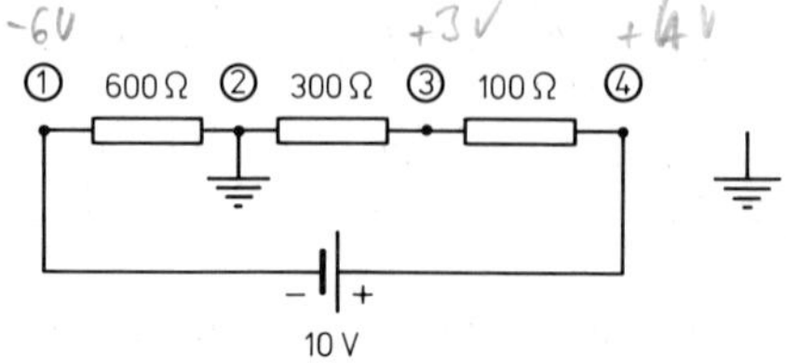

Abb. 5.46. Beispiel einer nicht bei der Spannungsquelle geerdeten Schaltung. Rechts: Erdzeichen

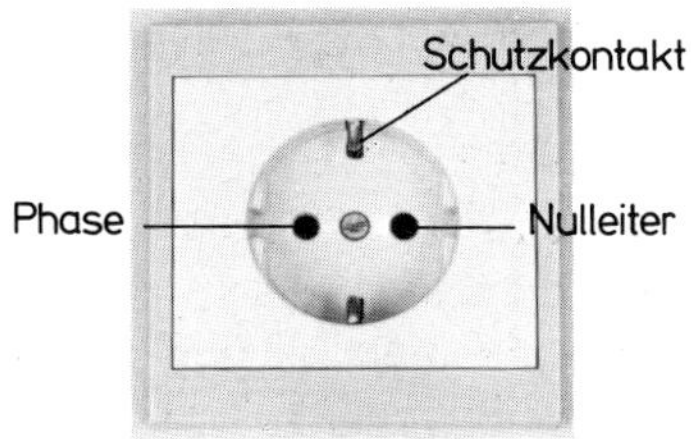

Abb. 5.47. Schukodose mit Phase, Nulleiter und Schutzkontakt – Phase und Nulleiter können auch vertauscht sein

(Abb. 5.47). Hinter einem der Löcher liegt das spannungsführende Kabel, die *Phase*, hinter dem anderen der *Nulleiter* für den Rücktransport des Stromes (er wird auch *Mittelpunktsleiter* genannt). Grundsätzlich sollte er auf Erdpotential liegen, brauchte also nicht isoliert zu sein; weil er aber doch zuweilen beträchtliche Ströme führen muß, die längs seines unvermeidlichen Widerstandes Spannung abfallen lassen, wird sein Potential örtlich durchaus vom Erdpotential abweichen können – Schaltskizzen idealisieren, denn sie tun so, als lägen Spannungen immer nur über den Schaltelementen und nie längs der Leitungen. Weil aber der Nulleiter nicht notwendigerweise streng auf Erdpotential liegen muß, kann es unangenehm sein, wenn man ihn zufällig berührt. Dies zuverlässig zu vermeiden, dient der Schutzkontakt: er legt über eine dritte Leitung, die *Schutzleitung*, das Gehäuse eines elektrischen Gerätes niederohmig an Erde, so daß es gefahrlos angefaßt werden kann. Wichtige Forderung für den Unfallschutz: Die Schutzleitung muß immer und unter allen Umständen niederohmig bleiben und z.B. ihr Erdpotential auch dann zuverlässig halten, wenn sie etwa durch eine schadhafte Isolation Kontakt mit der Phase bekommt. In einem solchen Fall hat der Schutzleiter so viel Strom zu ziehen, daß die Sicherung im spannungführenden Leiter Kurzschluß registriert und abschaltet.

5.14 Elektrische Felder

In den bisherigen Kapiteln flossen die Ströme immer durch lange, dünne Drähte, längs denen Spannungen abfielen. Allenfalls durften sich die Ströme in den Knoten der Netzwerke verzweigen. Das Herz, als Spannungsquelle im Brustkorb des Menschen, paßt nicht recht in dieses Schema – seine Situation ähnelt eher der einer Taschenlampenbatterie, die versehentlich in ein Aquarium gefallen ist. Wie verteilen sich Strom und Spannung in einem räumlich ausgedehnten Leiter?

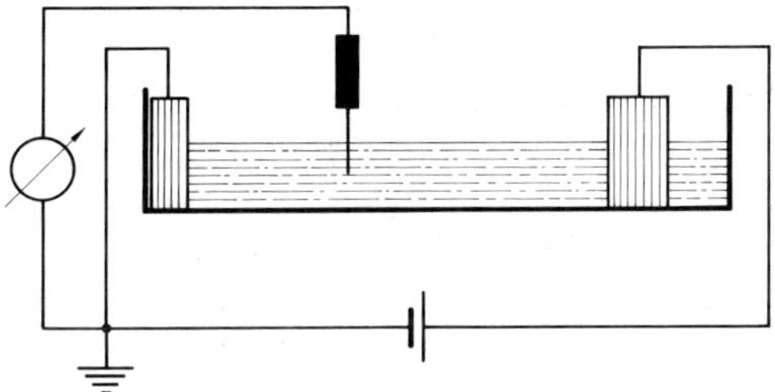

Abb. 5.48. Elektrolytischer Trog. Zwischen den Metallelektroden baut die Spannungsquelle im Elektrolyten (Wasser mit gelöstem *Leitsalz*) ein elektrisches Feld auf, dessen Potentialverteilung mit Spannungsmesser und *Potentialsonde* punktweise abgetastet werden kann

Für den Anfang empfiehlt es sich, statt eines Aquariums eine flache Wanne zu benutzen und in sie Elektroden mit senkrechten Grenzflächen einzusetzen (Abb. 5.48), denn damit reduziert sich das räumliche Problem zu einem ebenen. In die Wanne wird Wasser gefüllt, dem man durch Zusatz von Kochsalz oder Kupfersulfat eine hinreichende elektrolytische Leitfähigkeit gibt (s. auch Kap. 5.34). Ähnlich wie bei einem Netzwerk kann man jetzt mit einem hochohmigen Spannungsmesser und einer *Potentialsonde* die Spannungen zwischen der geerdeten Elektrode und jedem Punkt im *elektrolytischen Trog* messen und so die Potentialverteilung kartographieren. Landmesser verbinden Punkte gleicher Höhe über dem Meeresspiegel in ihren Karten durch *Höhenschichtlinien* (Abb. 5.49) – ganz analog verbindet man Punkte gleichen elektrischen Potentials mit *Äquipotentiallinien* (auch *Isopotentiallinien* genannt). Abb. 5.50 zeigt ein ausgemessenes Beispiel.

Es ist nicht schwer, rein qualitativ Äquipotentiallinien freihändig zu zeichnen. Metallelektroden haben im Vergleich zum Elektrolyten sehr hohe Leitfähigkeit und erlauben darum keine ernsthaften Span-

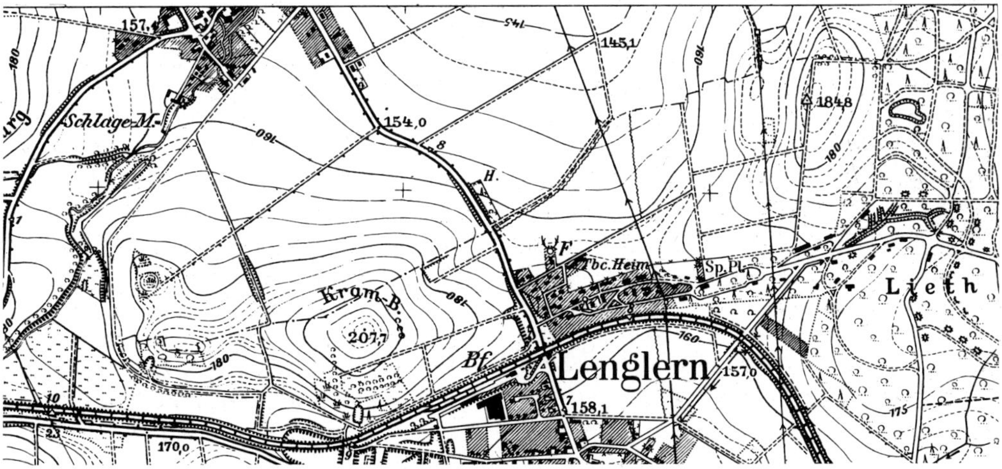

Abb. 5.49. Geschlossene Höhenschichtlinien auf einer Landkarte kennzeichnen einen Hügel. Das Gelände ist um so steiler, je dichter die Linien beieinanderliegen. (Grundlage: Topographische Karte 1:25000, Blatt 4425 Göttingen; Druck mit Genehmigung des Niedersächsischen Landesverwaltungsamtes – Landesvermessung – vom 26. 2. 1974 B 4-66/74)

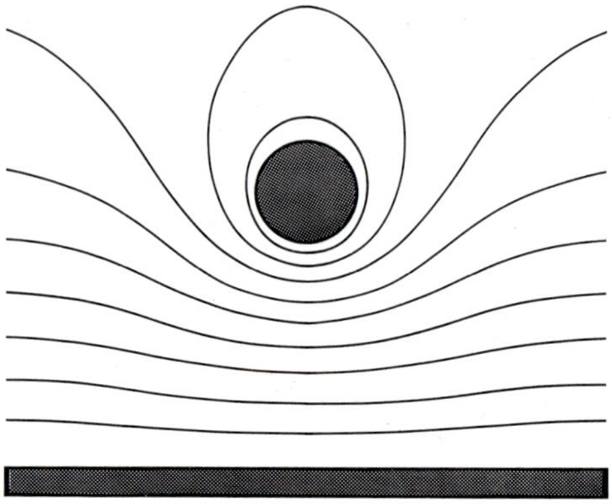

Abb. 5.50. Äquipotentiallinien, in einem elektrolytischen Trog mit der Potentialsonde ausgemessen

nungsabfälle: ihre Begrenzungen sind Äquipotentiallinien. Weiterhin bemühen sich benachbarte Potentiallinien, so gut es geht, parallel zueinander zu laufen. Man braucht also nur einen glaubhaften Übergang von der Begrenzung der einen Elektrode zu der der anderen zu finden.

Im räumlich ausgedehnten Aquarium treten an die Stelle der Linien *Äquipotentialflächen*, auszumessen mit einer punktförmigen, also hinter der freien Spitze isolierten Potentialsonde. Auch in der flachen Wanne gibt es genaugenommen nur Äquipotentialflächen; weil sie aber senkrecht stehen, erscheinen sie im Blick von oben als Linien.
Ringförmige geschlossene, konzentrische Höhenschichtlinien auf der Landkarte markieren Hügel im Gelände; auf der Seite der steileren Flanke liegen die Linien dichter. Auf Straßen wird der Autofahrer vor kritischen Gefällstrecken durch Verkehrsschilder gewarnt (Abb. 5.51), mit Angabe des Gefälles in Prozent, d.h. in m/m (nämlich: Meter Höhenunterschied pro Meter horizontaler Entfernung). Man kann dieses Gefälle den Höhenlinien der Karte entnehmen. Ganz analog darf man nun auch die Äquipotentiallinien als „Höhenlinien“ eines „Potentialgebirges“ ansehen und dieses Gebirge in Gips modellieren – Abb. 5.52 zeigt ein perspektivisch gezeichnetes Beispiel für eine flache elektrolytische Wanne (ein räumlich ausgedehntes

Abb. 5.51. Verkehrsschild vor Gefällstrecken – Angabe des Gefälles in Prozent, d.h. m/m

Abb. 5.52. Perspektivische Zeichnung des Potentialgebirges von Abb. 5.50

Aquarium macht hier Schwierigkeiten, weil dem menschlichen Anschauungsvermögen die vierte Dimension fehlt, in der das Potential aufzutragen wäre). Auch hier gilt: je dichter die Linien, desto steiler das *Potentialgefälle*, jetzt zu messen in V/m. Längs der Linien ist das Gefälle definitionsgemäß gleich Null und konsequenterweise senkrecht zu ihnen am größten. Für jeden Punkt im Trog läßt sich Richtung und Steilheit dieses größten Potentialgefälles angeben – es bekommt einen eigenen Namen, nämlich:

Elektrische Feldstärke ***E*** mit der SI-Einheit V/m. Als gerichtete physikalische Größe ist ***E*** ein Vektor.

In Richtung der elektrischen Feldstärke, in Richtung des *elektrischen Feldes* fließt der Strom im Elektrolyten – man kann seine Stromfäden nachzeichnen: sie müssen immer senkrecht auf den Äquipotentiallinien stehen, also auch senkrecht auf den Elektroden. Sie können sich nicht überschneiden, denn dann müßte ja ein Punkt nach zwei Richtungen gleichzeitig „stärkstes Potentialgefälle“ haben. In Abb. 5.53 sind rot die *Feldlinien* des elektrischen Feldes zu den Potentiallinien von Abb. 5.50 hinzugezeichnet. Sie markieren zunächst nur die Richtung des Feldes, sagen qualitativ aber auch etwas über seine Feldstärke aus: dort, wo sie sich drängen, herrscht starkes Feld. Zuweilen spricht man in diesem Zusammenhang von „Feldliniendichte“, und zwar so, als sei sie der Feldstärke proportional. Diese Ausdrucksweise ist ein wenig lax, denn es bleibt einem jeden überlassen, wie dicht er seine Feldlinien zeichnen will – und auch zwischen ihnen existiert das Feld.

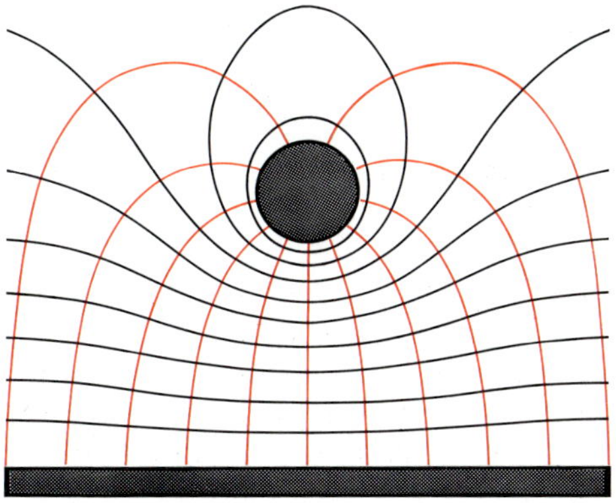

Abb. 5.53. Die Elektrodenanordnung der Abb. 5.50 mit Potentiallinien (schwarz) und Feldlinien (rot)

Es ist grundsätzlich gleichgültig, ob man ein elektrisches Feld durch seine Äquipotentialflächen oder – üblicher – durch seine Feldlinien anschaulich macht; beide Darstellungen enthalten die gleiche Information. Der Geübte vermag beide Bilder zu zeichnen und zu lesen – um welches es sich handelt, sieht er am Linienverlauf in Elektrodennähe.

Aufgabe 5.16: Zeichne zu der Elektrodenanordnung der Abb. 5.54 die Feld- und Potentiallinien.

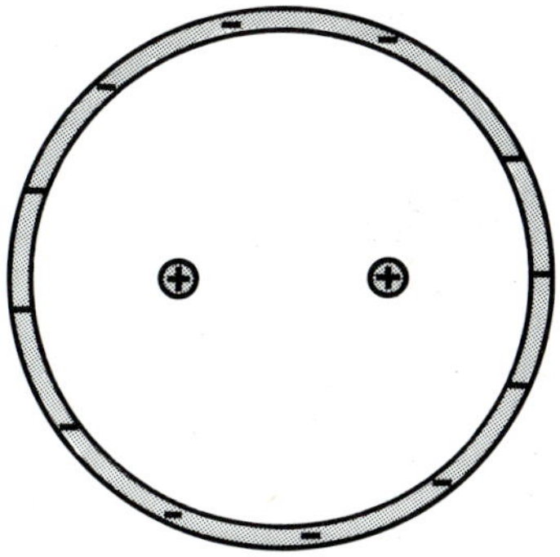

Abb. 5.54. Zu Aufgabe 5.16

Die letztlich das EKG auslösenden, vom Herzen stammenden, pulsierenden Äquipotentialflächen im Brustkorb lassen sich nicht ausmessen; man müßte ja mit einer Sonde im Patienten herumfahren. Die Flächen treffen aber auf die Körperoberfläche und schneiden die Haut in Linien, die man abtasten und aufzeichnen kann.

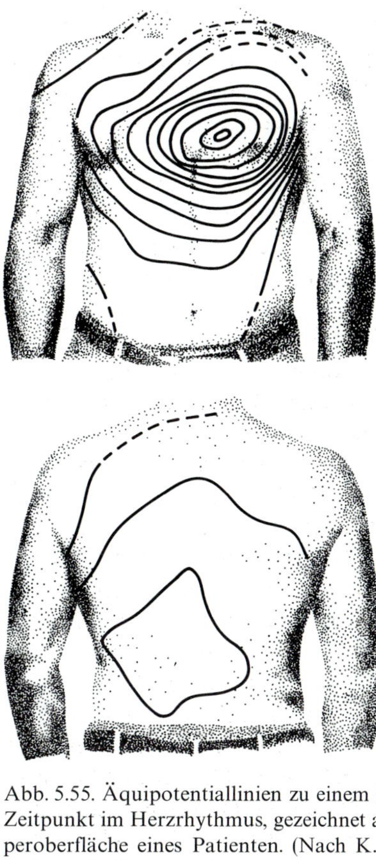

Abb. 5.55. Äquipotentiallinien zu einem bestimmten Zeitpunkt im Herzrhythmus, gezeichnet auf die Körperoberfläche eines Patienten. (Nach K. Rothschuh in Landois-Rosemann)

Abb. 5.55 zeigt ein Beispiel: der „Herzdipol“ liegt schräg im Brustkorb, seine Achse zielt in die Zentren der geschlossenen Potentiallinien.

So leicht sich die Verteilung elektrischer Felder qualitativ auch zeichnen läßt, ihre quantitative Berechnung erfordert auch in wenig komplizierten Fällen einigen Aufwand. Leicht geht es nur in dem Gebiet zwischen zwei großen, planparallelen Elektroden (Abb. 5.56): Abgesehen vom *Streufeld* am Rand laufen die Feldlinien parallel und geradewegs von einer Elektrode zur anderen; die Äquipotentialflächen liegen äquidistant und senkrecht dazu: das Feld ist *homogen*. Den Absolutwert der elektrischen Feldstärke E liefert der Quotient aus Spannung U und Abstand l zwischen den Elektroden. Das Vorzeichen muß definiert werden: die Richtung des elektrischen Feldes zeigt von Plus nach Minus und darum gilt für

homogenes Feld

$$E = -\frac{U}{l}.$$

In vielen Fällen interessiert das Vorzeichen nicht und wird unterschlagen.

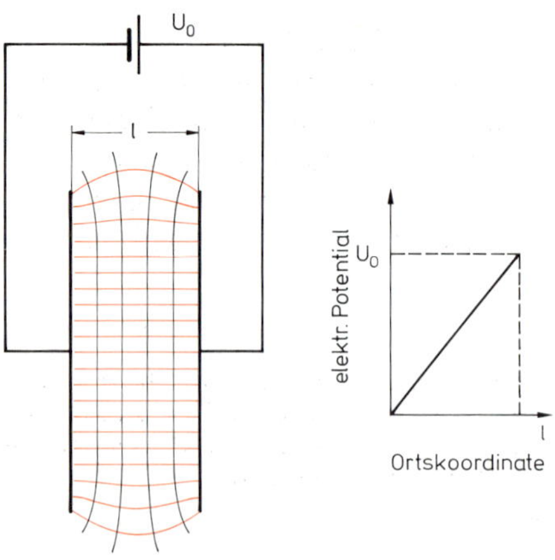

Abb. 5.56. Feldlinien (rot) und Potentiallinien (schwarz) im homogenen Feld zwischen zwei planparallelen Elektroden (linkes Teilbild) und dazugehöriger Verlauf des elektrischen Potentials längs einer der geraden Feldlinien (rechtes Teilbild)

5.15 Kugelsymmetrisches Feld

Über das Feld zwischen zwei konzentrischen Kugelelektroden (Abb. 5.57 – an die innere Kugel muß die Zuleitung irgendwie herangemogelt werden) läßt sich auf Anhieb sagen, daß seine Feldlinien geradlinig und radial auseinanderlaufen. Ihre Dichte ist demnach der Oberfläche einer gedachten Kugel um den gemeinsamen Mittelpunkt (Radius r) umgekehrt proportional, d.h.

$E \propto 1/r^2$.

Wie groß aber ist die Proportionalitätskonstante?

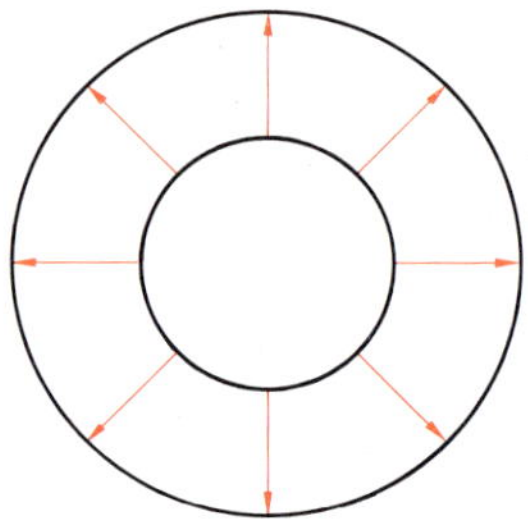

Abb. 5.57. Das elektrische Feld zwischen zwei konzentrischen Kugelelektroden nimmt umgekehrt proportional zum Quadrat des Abstandes vom Kugelmittelpunkt ab

Da sie sicher mit der Spannung zwischen den Elektroden zusammenhängt, sei nach den Äquipotentialflächen gefragt. Auch sie sind konzentrische Kugeln, aber sie sind nicht äquistant, denn E nimmt ja nach außen ab. Die mathematisch exakte, ganz allgemeine Formulierung des Zusammenhanges zwischen Potential und Feldstärke kann man nun aus dem einfachen Spezialfall des homogenen Feldes herleiten: läuft man in ihm ein kleines Stückchen Δs in Feldrichtung, so verliert man ein kleines Stückchen ΔU vom Potential. Dabei ist

$$\frac{\Delta U}{U} = -\frac{\Delta s}{l}$$

oder

$$\Delta U = -\frac{U}{l}\Delta s = -E\,\Delta s$$

(wegen der Größen U und l s. Abb. 5.56). Im inhomogenen Feld muß man das Stückchen Weges differentiell klein wählen und integrieren

$U = -\int \boldsymbol{E}\,d\boldsymbol{s}$.

Hier handelt es sich um ein sog. *Linienintegral*, denn die $d\boldsymbol{s}$ setzen sich zu einer Linie zusammen, die sich grundsätzlich auch schlängeln darf; sie sind ja Vektoren. $\boldsymbol{E}$ hat leider auch eine Richtung, die nicht unbedingt parallel zu $d\boldsymbol{s}$ liegen muß, und das macht die Integration noch ein bißchen schwieriger: es geht um das *skalare Produkt* zweier Vektoren, von dem in Kap. 1.17 bereits die Rede war – bei der Integration muß immer der Cosinus des Winkels zwischen Feld und Weg mit hereinmultipliziert werden. Auch die Umkehrung des Integrals, die Differentiation, wird ein wenig mühsamer. Im homogenen Feld kann man noch (gewissermaßen skalar) schreiben

$$E = -\frac{dU}{ds} = -\frac{U}{l},$$

weil die Richtung des Feldes sowieso klar ist. Im inhomogenen Feld wird die Feldstärke E als *Gradient* des Potentials U bezeichnet, geschrieben

$$\boldsymbol{E} = -\operatorname{grad} U,$$

und hat die Richtung steilsten Potentialgefälles.
Das Feld zwischen den Kugelelektroden ist zwar inhomogen, aber wenigstens kugelsymmetrisch. In radialer Richtung gilt allemal

$$U \propto -\int r^{-2}\, dr$$

und, wenn man statt des Proportionalitätszeichens eine zunächst noch unbekannte Proportionalitätskonstante K einführt, nach Integration

$$U = K\frac{1}{r} + \text{const.}$$

K muß jetzt aus der Spannung U_0 zwischen den beiden Kugelelektroden und aus deren Radien r_1 und r_2 berechnet werden. Dies führt zu einem bestimmten Integral, das die Integrationskonstante erspart (Obacht beim Vorzeichen!),

$$U_0 = -K\int_{r_1}^{r_2} r^{-2}\, dr = K\left(\frac{1}{r_2} - \frac{1}{r_1}\right) = -K\left(\frac{1}{r_1} - \frac{1}{r_2}\right),$$

der Bestimmungsgleichung für K. In dem Sonderfall einer sehr großen äußeren Kugel ($r_2 \gg r_1$ und $1/r_2 \ll 1/r_1$) bleibt davon

$$U_0 = -\frac{K}{r_1} \quad \text{und} \quad K = -U_0\, r_1.$$

Daraus folgt für den Betrag der elektrischen Feldstärke $E(r)$ um eine Kugel mit dem Radius r_1, deren Gegenelektrode weit weg ist,

$$E(r) = U_0\frac{r_1}{r^2}$$

und an ihrer Oberfläche ($r = r_1$)

$$E_1 = \frac{U_0}{r_1}.$$

Dies ist ein wichtiges Ergebnis, das in guter Näherung auch für Halbkugeln und Nadelspitzen gilt: die elektrische Feldstärke steigt proportional zum Kehrwert des Krümmungsradius! Hochspannungsleitungen dürfen keine scharfen Spitzen haben, weil vor ihnen so hohe Feldstärken auftreten können, daß die Luft nicht mehr isoliert. Eben dies will der Blitzableiter erreichen. Qualitativ erkennt man das hohe Feld sofort am Feldlinienbild der Abb. 5.53.

Genaue Rechnungen sind stets um ein Vielfaches mühsamer als qualitative Überlegungen. Weil sich die Natur nun aber einmal an mathematisch formulierbare Gesetze hält, kann niemand, der sich mit der Natur befassen will, diesen Formulierungen ganz ausweichen – und der Mensch gehört zur Natur. Im richtigen Fingerspitzengefühl für Aufwand und Nutzeffekt genauer Rechnung liegt ein guter Teil des Geheimnisses erfolgreicher naturwissenschaftlicher Arbeit. Man kann auch übertreiben und mit mathematischen Kanonen nach physikalischen Spatzen schießen, Fanatiker der Computertechnik neigen dazu. Zwischen exakter Rechnung und rein qualitativem Nachdenken steht das grobe Abschätzen in Größenordnungen. Man sollte es pflegen!

5.16 Stromdichte, Dielektrika

Stromfäden folgen Feldlinien; wo diese sich drängen, herrscht nicht nur eine große Feldstärke E, sondern auch eine große *Stromdichte* j. Sie wird definiert als der Quotient aus Stromstärke I und Querschnittsfläche A des Leiters:

$$j = \frac{I}{A},$$

bekommt also die SI-Einheit A/m^2. Ihren Betrag bestimmt neben der Feldstärke E das Medium, in dem der Strom fließt. Hält es sich an das Ohmsche Gesetz, so sind j und E einander proportional, und zwar über die elektrische Leitfähigkeit σ:

$$j = \sigma E.$$

Aufgabe 5.17: Man überzeuge sich, daß diese Gleichung in dem homogenen Feld zwischen planparallelen Elektroden übergeführt werden kann in die alte Gleichung aus Kap. 5.05

$$I = U/R.$$

Ist das Medium ohmsch und homogen, so nimmt es keinen Einfluß auf den Verlauf der Feldlinien – selbst dann nicht, wenn es praktisch isoliert und den Feldlinien keine

Stromfäden mehr folgen, weil auch keine Ströme mehr fließen. Schlecht leitende Substanzen zwischen Elektroden heißen *Dielektrika;* meist sind es Öle, Gläser, Kunststoffe, Porzellane. In allen können elektrische Felder auftreten, auch in dem bestisolierenden aller Dielektrika, dem Vakuum. In ihm nehmen Feldlinien den gleichen, von den Elektroden und den an ihnen liegenden Spannungen bestimmten Verlauf wie in leitendem Wasser (von Feinheiten einmal abgesehen) – nur kann man die Potentialflächen nicht mehr so leicht mit einer Sonde abtasten, weil der Strom fehlt, das unvermeidliche Voltmeter zu füttern (wie man die elektrische Feldstärke trotzdem messen kann, behandelt Kap. 5.22). Wo immer in der Welt elektrische Spannungen bestehen, da bestehen auch elektrische Felder.

Schwieriger wird es bei hochleitenden Einschlüssen in mäßig leitendem Dielektrikum. Sie stellen gewissermaßen Elektroden dar, die an keine Batterie angeschlossen sind und sich darum ihr Potential selber suchen müssen. Ihre Begrenzungen sind Äquipotentialflächen und sie saugen die Feldlinien senkrecht in sich hinein (Abb. 5.58a). Genau das Gegenteil gilt für hochisolierende Einschlüsse: als Stromfäden weichen ihnen die Feldlinien aus – folglich enden hier die Potentialflächen senkrecht auf der Begrenzung (Abb. 5.58b). Vollends unübersichtlich wird es dann bei Einschlüssen, die weder voll isolieren, noch besonders gut leiten, noch zuverlässig scharf begrenzt sind; auch sie biegen an den Feldlinien herum.

Genau diese unübersichtliche Situation präsentiert das Herz im Brustkorb. Die Lunge macht es noch relativ einfach: Luft isoliert. Aber die unterschiedlichen Leitfähigkeiten von Adern, Muskeln und Knochen richtig zu erfassen, ist schier unmöglich. Also postuliert man bei mancher Auswertung eines EKG kurzerhand homogene Leitfähigkeit – und weil diese Näherung schon grob ist, kann man sich noch ein paar weitere grobe Vereinfachungen leisten. Das nächste Kapitel zeigt es.

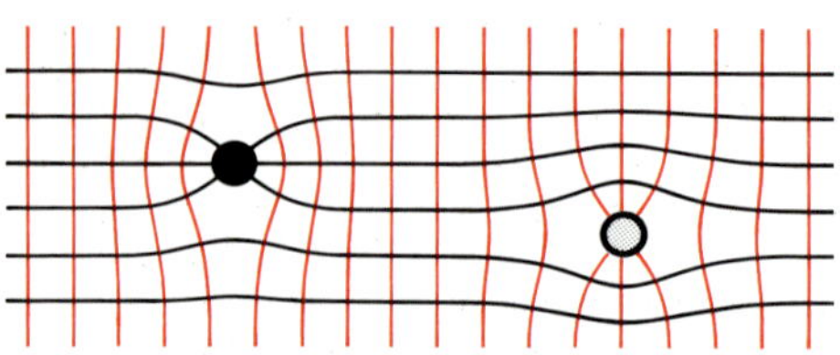

Abb. 5.58. Feldlinien und Potentialflächen um einen gut leitenden (rechts) und einen isolierenden (links) Einschluß

5.17 Der elektrische Dipol und das Einthovensche Dreieck

Die Rechnung des vorletzten Kapitels liefert auch die Potentialverteilung um einen *Monopol*, eine Kugel vom Radius r_0 auf dem Potential U_0 mit weit entfernter, geerdeter Gegenelektrode. Die Verteilung des Potentials U ist dann kugelsymmetrisch im Raum, hängt also nur vom Abstand r vom Kugelmittelpunkt ab:

$$U(r) = U_0 \frac{r_0}{r}.$$

Aufgabe 5.18: Aus welchen Gleichungen des Kap. 5.15 folgt diese Beziehung und wie?

Diese Formel hilft auch in komplizierteren Fällen weiter. Halten sich mehrere Monopole gleichzeitig im Gelände auf, so ad-

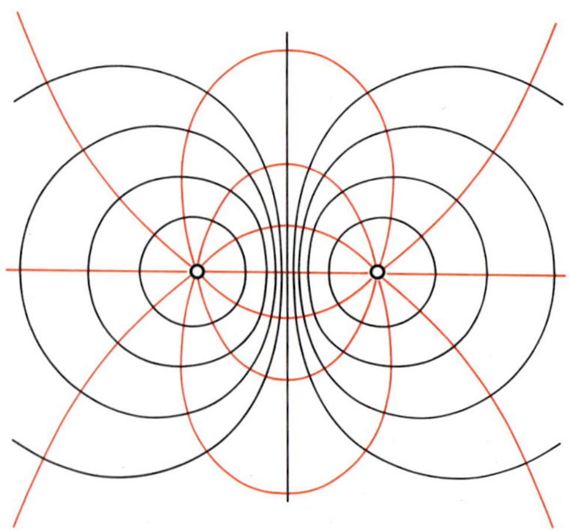

Abb. 5.59. Feldlinien (rot) und Potentiallinien (schwarz) eines Dipols

dieren sich an jedem Ort die von ihnen einzeln erzeugten Potentiale zum Gesamtpotential. Es ist nicht so sehr schwer, aber mühsam, einen wichtigen Sonderfall durchzurechnen, den des *Dipoles*, bestehend aus zwei Kugeln in geringem Abstand und auf entgegengesetzt gleichen Potentialen. Abb. 5.59 zeigt Feld- und Potentiallinien aus der Nähe betrachtet, Abb. 5.60 das gleiche aus einer Entfernung, in der man die – tatsächlich nicht so wichtige – Dipollänge nicht mehr erkennen kann.

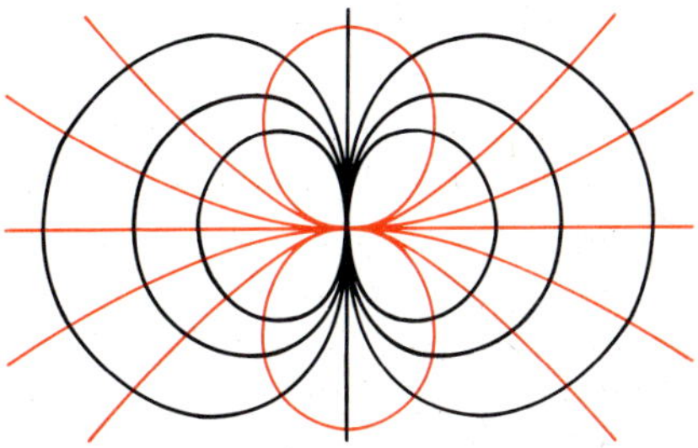

Abb. 5.60. Das Feld eines Dipols aus größerer Entfernung betrachtet. Die Länge des Dipols ist nicht mehr erkennbar

Mit etwas Mut kann man das schlagende Herz einem solchen Dipol gleichsetzen (Abb. 5.61). Natürlich pulsiert er: die Potentialflächen blähen sich rhythmisch auf und ziehen sich wieder zusammen, die Achse des Dipols braucht dabei nicht ruhig zu bleiben. Jede auf Papier gezeichnete Feldverteilung kann immer nur eine Momentaufnahme geben, die sich aber in jedem Herzzyklus einmal wiederholt (das galt auch schon für die Potentiallinien der Abb. 5.55).

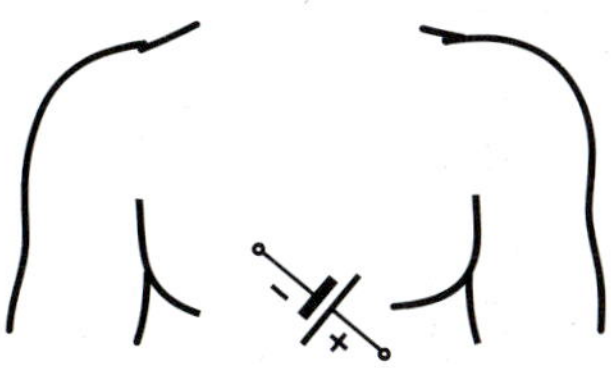

Abb. 5.61. Das Herz als elektrischer Dipol im Brustkorb, grobschematisch

Will man nun zur Auswertung eines EKG die berechenbare Feldverteilung der Abb. 5.60 verwenden, so muß man so tun, als habe man ein verschwindend kleines Herz in einem unendlich großen Brustkorb homogener Leitfähigkeit. Das stimmt gewiß nicht, aber der Einfachheit halber sei es einmal so angenommen. Bei der Aufnahme eines EKG liegt der Patient still auf einem Ruhebett; befände sich die Achse seines Herzdipols in der Körperebene, so läge sie jetzt horizontal. Das stimmt nicht, wie Abb. 5.55 ja gezeigt hat, aber der Einfachheit halber sei es einmal so angenommen. Die Elektroden zum Kardiographen werden dem Patienten an Hand- und Fußgelenke geschnallt. Wären seine Extremitäten dünne, gut leitende Drähte, so übernähmen sie jeweils von einem Punkt in den Schultergelenken und im Zentrum des Beckens das Potential, das vom Herzen in diesen Punkten angeliefert wird, und führten es zum Kardiographen. Dem ist nicht so, aber der Einfachheit halber sei es einmal so angenommen. Beim normalen Menschen bilden Schultergelenke und Becken ein einigermaßen gleichschenkliges Dreieck; es ist kein gleichseitiges Dreieck, aber das wäre einfacher und darum sei es angenommen. Schließlich sitzt das Herz gemeinhin etwas links im Brustkorb, also nicht gerade im Zentrum des gleichseitigen Dreieckes. Das wäre einfacher und darum sei es angenommen. Vom Patienten bleibt nach alledem ein flaches Strichmännchen nach Abb. 5.62.

Abb. 5.62. Reduktion eines Patienten zum gleichseitigen Dreieck mit fadenförmigen Extremitäten zur Auswertung des EKG nach Einthoven

Sinn aller Annahmen ist, daß man jetzt so tun darf, als produziere das Herz ein ungestörtes Dipolfeld, aus dem drei Potentiale zum Kardiographen abgeleitet werden aus Punkten, die symmetrisch um den Dipol liegen und mit ihm in einer Ebene. Zeigte nun die Achse dieses Dipols exakt vom Kopf des Menschen zu seinen Füßen, so dürfte zwischen den Elektroden an den Handgelenken keine Spannung auftreten: aus Symmetriegründen lägen ihre Ableitpunkte ja immer auf gleichen Potentiallinien (Abb. 5.63). Da eine Spannung auftritt, muß der Dipol gedreht sein (Abb. 5.64). Seine Lage bestimmt man nun dadurch, daß man längs der drei Seiten des *Einthovenschen Dreiecks* (Abb. 5.65) Pfeile aufträgt, deren Längen proportional zu den zwischen den entsprechenden Elektroden gemessenen Spannungen sind, und danach so tut, als seien sie die Projektionen des gesuchten Dipols senkrecht auf die Dreiecksseiten.

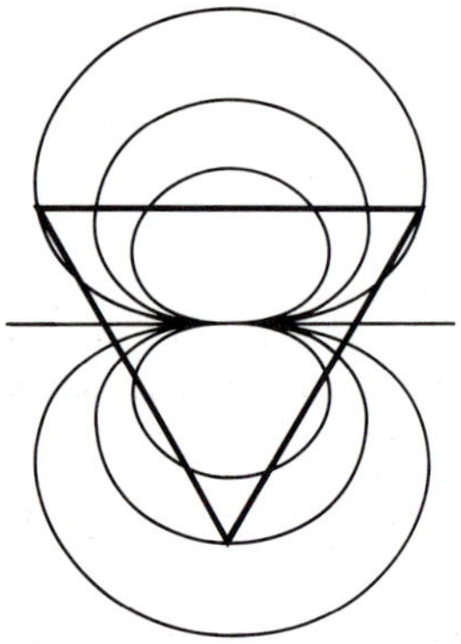

Abb. 5.63. Potentialverteilung eines vertikalen Dipols im Einthovenschen Dreieck: zwischen den Schultergelenken tritt keine Spannung (Potentialdifferenz) auf

Abb. 5.64. Bei schrägem Dipol kommt es zu einer Spannung zwischen den Schultergelenken

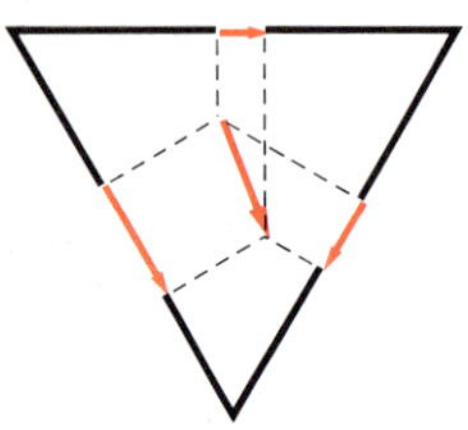

Abb. 5.65. *Einthovensches Dreieck* – graphische Bestimmung der Lage des Herzdipols im Zentrum aus Pfeilen auf den Dreieckseiten, deren Längen proportional zu den zwischen den entsprechenden Elektroden gemessenen Spannungen sind

Für den oberflächlichen Betrachter hat die Abb. 5.65 eine gefährliche Ähnlichkeit mit der Komponentenzerlegung eines Vektors – in der Tat wird zuweilen vom *Summenvektor* des Herzdipols gesprochen. Aber es geht um elektrische Spannungen und Potentiale, und die sind keine Vektoren, sondern reine Skalare. Zudem: ein Vektor in der Ebene hat auch im schiefwinkligen Koordinatenkreuz nur zwei Komponenten und nicht drei. Trotzdem käme die Richtung des Dipols nach dem Verfahren von Einthoven richtig heraus, wären die Annahmen alle erfüllt – insbesondere die von der zentralen Lage des Dipols im gleichseitigen Dreieck (die mathematische Herleitung würde hier zu weit führen).

Es mag verwundern, daß die Auswertung eines EKG nach Einthoven trotz der kühnen Annahmen vernünftige Ergebnisse liefert, etwa über die Verlagerung des Herzens durch Atembewegungen. Aber die Natur folgt quantitativen Gesetzen, und eine auch nur grob interpretierbare Messung ist allemal besser als gar keine Messung. Kritisch würde es freilich, wollte jemand behaupten, sein Herz führe bei jedem Schlag einen doppelten Looping aus, bloß weil der Summenvektor seines nach Einthoven ausgewerteten EKG dies tut. Wer Modelle benutzt, muß ihre Grenzen kennen.

5.18 Elektrische Ladung und Kondensator

Zwei Metallplatten, auf kurzem Abstand einander isoliert gegenübergestellt, bilden ein wichtiges Schaltelement der Elektronik: den *Kondensator*. Was geschieht, wenn man ihn an eine Batterie legt? Strom kann ja wohl nicht fließen bei einem isolierenden Dielektrikum zwischen den Platten! Es empfiehlt sich immer, Prognosen zu mißtrauen, stattdessen zu beobachten, was wirklich geschieht, und – das ist entscheidend – seine Vorstellungen gegebenenfalls zu korrigieren. Das gilt nicht nur in der Physik.

Eine mögliche Schaltung zeigt Abb. 5.66:

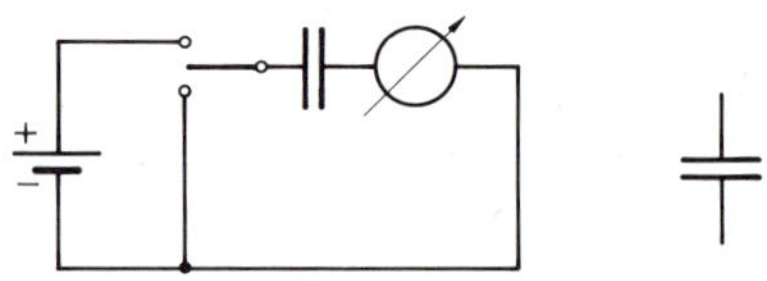

Abb. 5.66. Schaltung zur Beobachtung des elektrischen Verhaltens eines Kondensators – rechts sein Schaltzeichen

der Kondensator liegt in Reihe mit einem Strommesser und kann über einen Wechselschalter nach Wahl an die Batterie gelegt oder kurzgeschlossen werden. Handtellergroße Elektroden in einigen Millimetern Abstand in Luft erweisen sich freilich nicht als gutes Untersuchungsobjekt, sie würden ein extrem empfindliches Instrument und beste Isolation erfordern. Leichter geht es mit einem technischen Kondensator, wie ihn Abb. 5.67 zeigt. Er besteht im Inneren aus zwei metallisierten Kunststoffolien, zu einem Paket zusammengewickelt; so bringt man viel Fläche bei kleinem Abstand auf wenig Raum unter.

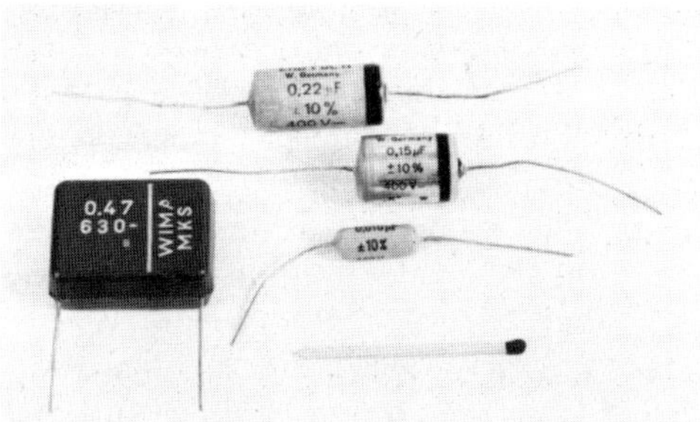

Abb. 5.67. Technische Kondensatoren

Sobald nun der Kondensator vom Schalter mit der Batterie verbunden wird, zuckt der Zeiger des Instrumentes kurz und scharf z.B. nach rechts. Danach zuckt er beim Kurzschließen genauso nach links. Auf die Dauer fließt in der Tat kein Strom, aber immer beim Umschalten geschieht etwas – nur geschieht es zunächst noch zu schnell für eine genauere Aussage. Man kann es einmal anders herum versuchen und dem Kondensator einen kleinen, aber konstanten Strom für längere Zeit einfach aufzuzwingen. Was macht dann die Spannung?

Einen leidlich konstanten Strom erzeugt folgender Schaltungstrick: man nehme eine Batterie mit 120 V *(Anodenbatterie)* und schalte mit ihr in Reihe einen hohen Widerstand von z.B. 10^8 Ohm. Dann fließen 1,2 μA. Sie fließen auch dann, wenn da in dem Stromkreis noch etwas liegt, solange dieses Nochetwas dafür nur keine Spannung verlangt, die vergleichbar wäre mit 120 V. Zwei Volt wären ihm schon zu erlauben, denn das senkt den Strom um nicht einmal 2 %. Die Schaltung sieht dann aus, wie Abb. 5.68 sie zeigt: ein Strommesser kann fehlen, dafür liegt ein Voltmeter parallel zum Kondensator. Es braucht einen extrem hohen Innenwiderstand, denn es muß mit weit weniger als 1 μA zufrieden sein.

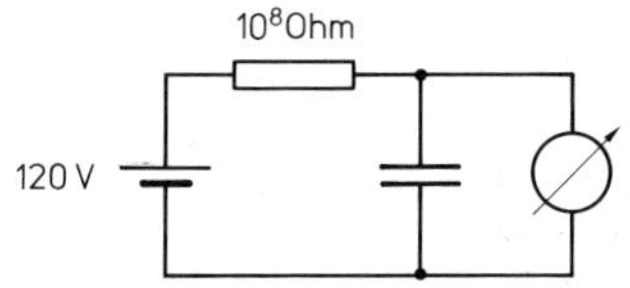

Abb. 5.68. Schaltung, um einen Kondensator mit konstantem Strom aufzuladen. Der Innenwiderstand des Spannungsmessers muß $10^8\,\Omega$ weit übersteigen

Der Versuch ergibt: sobald der Strom fließt, setzt sich das Voltmeter in Bewegung, die Spannung U am Kondensator wächst proportional zur Zeit t. Sie bleibt stehen, wenn man den Strom abschaltet; sie marschiert mit der gleichen Geschwindigkeit $\dot{U}$ zurück, wenn man die Batterie umpolt, und sie läuft doppelt so schnell, wenn man den Strom I verdoppelt (Abb. 5.69). Beim Ohmschen Widerstand ist die Spannung dem Strom proportional – beim Kondensator ist es die Änderungsgeschwindigkeit der Spannung:

$$\dot{U} \propto I\,.$$

Für die Spannung kommt es demnach auf das Produkt von Strom und Zeit an, oder, um gleich auch zeitlich veränderliche Ströme zu erfassen, auf das *Strom-Zeit-Integral:*

$$U \propto \int I\,dt\,.$$

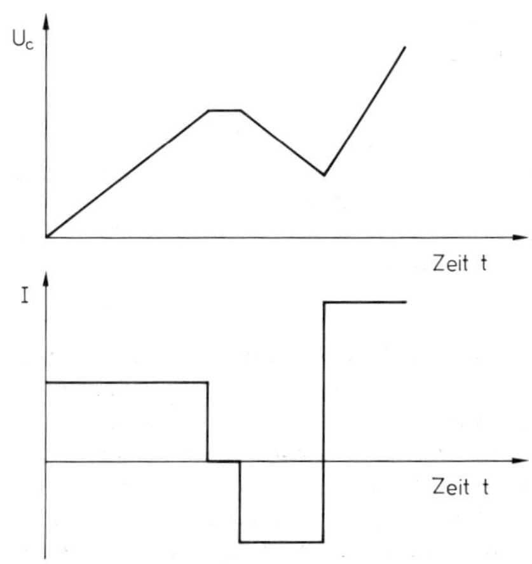

Abb. 5.69. Spannung U_C und Strom I bei einem Kondensator, abhängig von der Zeit t (Beispiel)

Dieses Integral erweist sich als eine ungemein wichtige physikalische Größe; es erhält den Namen *elektrische Ladung Q* und die Einheit *Coulomb* (C), die einer Amperesekunde (As) entspricht. Es gilt also

elektrische Ladung $Q = \int I\,dt$.

Kondensatoren nehmen Ladungen auf, und zwar proportional zu der Spannung, auf die sie *aufgeladen* werden. Die Proportionalitätskonstante ist eine Kenngröße des jeweiligen Kondensators; sie heißt

Kapazität C und wird gemessen in *Farad* (F), nämlich Coulomb/Volt:

$Q = C \cdot U$.

Das Farad erweist sich als sehr groß. Schon ein μF bedeutet einen ziemlich „dicken" Kondensator, auch nF sind im Handel und sogar einige pF.

Wie wird die Kapazität eines Plattenkondensators von seiner Geometrie abhängen? Man kann einmal raten. Es wäre sonderbar, wenn C nicht mit der Fläche A der Platten wüchse – einfachste Annahme: $C \propto A$. Andererseits, ist der Abstand d der beiden Platten sehr groß, so wissen sie so gut wie nichts mehr voneinander und bilden darum auch praktisch keinen Kondensator: C muß mit steigendem d fallen – einfachste Annahme: $C \propto 1/d$. Selbstverständlich muß eine solche Annahme experimentell überprüft werden; sie erweist sich in der Tat als richtig, solange nur der Abstand der Platten klein bleibt gegenüber ihren Linearabmessungen – eben dies ist das Kennzeichen des *Plattenkondensators*.

Bei der experimentellen Überprüfung wird die Proportionalitätskonstante mitgeliefert. Es ist üblich, sie aufzuteilen in eine *Dielektrizitätszahl* ε (oft Dielektrizitäts*konstante* genannt) und die *Influenzkonstante* ε_0. Dies ergibt

$$C = \varepsilon\,\varepsilon_0 \frac{A}{d}$$

als Formel für den Plattenkondensator. Dabei ist ε eine dimensionslose Kenngröße des Dielektrikums, 1 für Vakuum und praktisch auch für Luft; ε_0 ist eine Naturkonstante

$$\varepsilon_0 = 8{,}854 \cdot 10^{-12}\,\frac{\mathrm{C}}{\mathrm{V\,m}}.$$

Aufgabe 5.19: Welche Plattenfläche müßte ein Luftkondensator haben, wenn er bei 1 mm Plattenabstand 1 μF aufbringen soll?

Es ist schon eine technische Leistung, ein paar hundert μF in einem noch nicht faustgroßen Kondensator unterzubringen. Hier hilft die Dielektrizitätszahl – Werte um 3 sind keine Seltenheit, reines Wasser bringt es auf 81, speziell gezüchtete Festkörper, *Ferroelektrika* genannt, auf weit über 1000. Helfen tut aber auch ein kleines d. Sehr dünne Dielektrika lassen sich elektrochemisch auf manche Metalle aufbringen und ermöglichen die Herstellung sog. *Elektrolytkondensatoren*, verwendbar nur für kleine Spannungen und auch das nur in der richtigen Polarität. Ein „Elko" hat Gleichrichterwirkung; polt man ihn falsch herum, so zieht er einen Strom, der ihm und anderen Schaltelementen gefährlich werden kann.

5.19 Kondensatorentladung und e-Funktion

Wer die Spannung U_C eines Kondensators kennt, kennt auch die in ihm gespeicherte Ladung Q. Sie ist definitionsgemäß das Zeitintegral eines Stromes $I(t)$, der irgendwann einmal in diesen Kondensator hineingeflossen sein muß. Lag in dessen Weg ein Ohmscher Widerstand R, so erzeugte er über ihm einen Spannungsabfall $U_R(t)$ – und dessen Zeitintegral ist zu U_C proportional. Quantitativ gilt

$$U_C = \frac{Q}{C} = \frac{1}{C}\int I\,dt = \frac{1}{RC}\int U_R\,dt.$$

Man kann also mit Kondensator, Widerstand und Spannungsmesser das Zeitintegral einer Spannung bestimmen – sog.

Analogrechner tun dies, unter anderem. Zum Beispiel könnte man durch Sonde und Meßwandler den zeitlichen Verlauf des Blutdruckes in der Aorta eines Versuchstieres elektrisch registrieren und zugleich mit Hilfe einer Integrationsschaltung etwas über das Volumen der geförderten Blutmenge erfahren.

Aufgabe 5.20 (als Frage zur Gedächtniskontrolle): Welches Gesetz der Strömungslehre müßte vom Kreislauf des Versuchstieres erfüllt werden, und zu welcher Gruppe von Flüssigkeiten müßte sein Blut gehören, wenn zwischen Druck p, Zeit t und gefördertem Blutvolumen $V(t)$ die Beziehung

$V(t) \propto \int p\,dt$ bestehen soll?

Eine Integrationsschaltung zeigt Abb. 5.70:

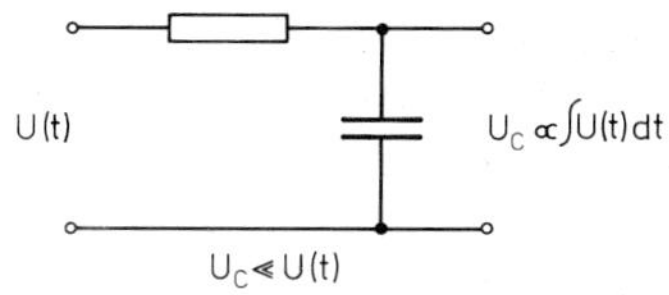

Abb. 5.70. Integrationsschaltung. Die zeitabhängige Spannung $U(t)$ treibt durch den Ohmschen Widerstand einen ihr proportionalen Strom I und lädt damit den Kondensator auf eine Spannung $U_C \propto \int U(t)\,dt$ (Voraussetzung: $U_C \ll U$)

die Spannung $U(t)$ treibt durch den Ohmschen Widerstand einen ihr proportionalen Strom – jedenfalls solange

$$U_C \ll U(t)$$

– und lädt damit den Kondensator U_C auf. Allerdings läßt sich das kleine U_C im allgemeinen nur noch nach elektronischer Verstärkung sicher genug messen und anzeigen; die dafür notwendigen *Rechenverstärker* erlauben dann trickreichere Integrationsschaltungen als die gezeigte. Doch das Prinzip bleibt: Spannungsmessung am Kondensator.

Wer integrieren kann, kann auch differenzieren. Ganz formal läßt sich ja behaupten:

wenn $U_C \propto \int U_R\,dt$, dann $U_R \propto \dot{U}_C$.

Man kann dies auch physikalisch begründen. Wenn am Kondensator $U_C \propto Q$ ist, dann ist auch

$$\dot{U}_C \propto \dot{Q}.$$

Eine Ladung kann sich aber mit der Zeit nur ändern, wenn ein Strom fließt:

$$\dot{Q} = I.$$

Daß ein Lade- und Entladestrom beim Kondensator proportional zu $\dot{U}_C$, der Änderungsgeschwindigkeit der Spannung, ist, hat schon Abb. 5.69 gezeigt. Zwängt man I durch einen Ohmschen Widerstand R, so gibt es einen Spannungsabfall

$$U_R = RI = R\dot{Q} = RC\dot{U}_C.$$

Eine Differentiationsschaltung sieht einer Integrationsschaltung sehr ähnlich (Abb. 5.71), nur muß jetzt der Differentialquotient als Spannung über R abgenommen und durch einen kleinen Widerstand für

$$U_R \ll U(t)$$

gesorgt werden, damit nämlich die vorgegebene Spannung $U(t)$ praktisch voll über dem Kondensator liegt.

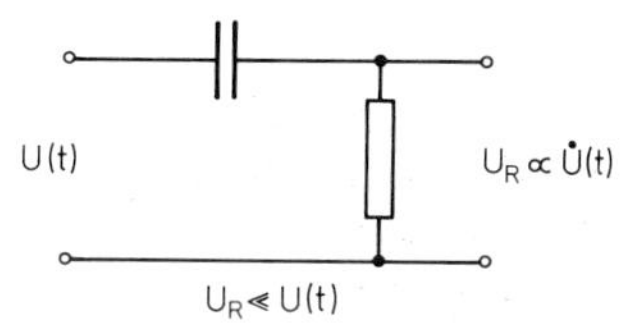

Abb. 5.71. Differentiationsschaltung. Der Kondensator folgt der Spannung $U(t)$ mit einem zu $\dot{U}(t)$ proportionalen Strom I, der über dem Ohmschen Widerstand eine Spannung $U_R \propto \dot{U}(t)$ abfallen läßt (Voraussetzung: $U_R \ll U$)

Analogrechner operieren mit zeitlich sich ändernden elektrischen Spannungen. Sie können mit ihnen ausgesprochen komplizierte Vorgänge nicht nur aus der Physik simulieren. Sie können von Spannungen Summen und Differenzen, Produkte und Quotienten bilden und weiter verarbeiten; sie können Differenzieren und Integrieren. Sie können sogar *Differentialgleichungen* lösen. Die nächsten Absätze zeigen dies an einem wichtigen Beispiel.

Was geschieht, wenn U_C und U_R dem Betrage nach gleich sind? Experimentell läßt sich das ja leicht erreichen, man muß nur einen aufgeladenen Kondensator mit einem Widerstand überbrücken (Abb. 5.72). Die Maschenregel (Kap. 5.07) besagt dann

$$U_C + U_R = 0.$$

Andererseits gilt nach wie vor die Gleichung

$$U_R(t) = RC\dot{U}_C(t),$$

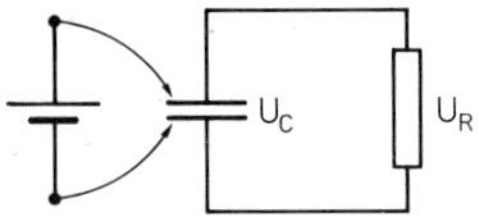

Abb. 5.72. Entladung eines Kondensators über einen Ohmschen Widerstand *(RC-Glied)*. Sie führt zur e-Funktion

also auch

$$\dot{U}_C(t) = -\frac{1}{RC}\, U_C(t).$$

Die Spannung U_C am Kondensator fällt demnach mit einer zu ihr selbst proportionalen Geschwindigkeit $\dot{U}_C$ ab und gehorcht damit der wichtigsten Differentialgleichung der ganzen Physik. Alle zu U_C proportionale Größen wie Q, I und $\dot{U}_C$ tun dies natürlich auch.

Mit ganz anderen Buchstaben und ganz anderer physikalischer Bedeutung war diese Differentialgleichung schon in Kap. 2.09 und 2.10 aufgetaucht und hatte dort zur barometrischen Höhenformel geführt, also zu der Exponentialfunktion. Für mathematische Zusammenhänge sind aber Buchstaben und ihre Bedeutungen unwichtig: jede Größe, deren Änderungsgeschwindigkeit ihr selbst proportional ist, folgt einer e-Funktion – ob das nun die Geschwindigkeit eines unter idealer, nämlich geschwindigkeitsproportionaler Reibung auslaufenden Wagens, die Konzentration eines vom menschlichen Organismus konzentrationsproportional abgebauten Medikamentes, ein radioaktives Präparat oder die Übertemperatur einer heißen Tasse Kaffee ist. Die unabhängige Variable, auf die sich die „Geschwindigkeit" bezieht, muß nicht einmal die Zeit sein, wie die barometrische Höhenformel ja beweist. Alle der Differentialgleichung folgenden Zusammenhänge lassen sich mit einem Kondensator (C) und einem Widerstand (R) simulieren, denn für ein *RC-Glied* gilt

$$U_C(t) = U_0 \exp(-t/RC) = U_0 \exp(-t/\tau).$$

$\tau = RC$ heißt *Zeitkonstante* und wird gemessen in Sekunden (= Ohm · Farad).

Aufgabe 5.21: Wieso ist „Ohm · Farad = Sekunde"?

Aufgabe 5.22: Welcher Widerstand muß zu einem Kondensator mit $C = 2\,\mu F$ hinzugeschaltet werden, um die Zeitkonstante $\tau = 0{,}4$ s zu geben?

Manchem erscheinen elektrische Vorgänge anschaulicher als anderes in der Physik. Darum soll für diejenigen, denen die Exponentialfunktion ein wenig unheimlich geblieben ist, ihr Verlauf am Beispiel des RC-Gliedes noch einmal halbquantitativ erläutert werden. Angenommen, ein Kondensator mit $C = 1\,\mu F$ wird auf die Spannung $U_0 = 100$ V aufgeladen; er enthält dann die Ladung $Q = 0{,}1$ mC. Überbrückt man seine Elektroden jetzt mit einem Widerstand $R = 100\ k\Omega$, so beginnt die Entladung mit einem Strom $I_0 = 1$ mA. Würde dieser Strom konstant weiterfließen, so wäre der Kondensator in 100 ms leer – diese Zeit entspricht genau der Zeitkonstanten des RC-Gliedes. Tatsächlich nimmt aber I_0 schon in der ersten Millisekunde 1 μC mit, immerhin 1% von Q_0, und senkt damit die Spannung am Kondensator um 1% von U_0 ab auf 99 V. Dadurch verringert sich aber auch der Entladestrom um 1% auf 0,99 mA. Er braucht jetzt rund 1,01 ms, um das zweite μC herauszuholen. Nach dieser Zeit sind Ladung, Spannung und eben auch Strom auf 98% ihres Ausgangswertes abgefallen, so daß für das dritte μC schon 1,02 ms gebraucht werden, für das zehnte 1,105 ms und das zwanzigste 1,22 ms – die Entladung wird immer langsamer. Ähnlich könnte man ihren Verlauf als *Polygonzug* aus lauter kleinen Geraden zusammensetzen, wie in Abb. 5.73 angedeutet – tatsächlich bleibt aber der Entladestrom in keiner Millisekunde konstant; deshalb hält sich die echte Entladung an die e-Funktion. Sie ist eine krumme Kurve, deren Funktionswerte numerisch ausgerechnet werden müssen – ein ermüdendes Geschäft für den Menschen, eine Sache von Zehntelsekunden für den Taschenrechner. Den Graphen der fallenden e-Funktion zeigt Abb. 5.74 (wie auch schon Abb. 2.32). Ihm folgen beim RC-Glied

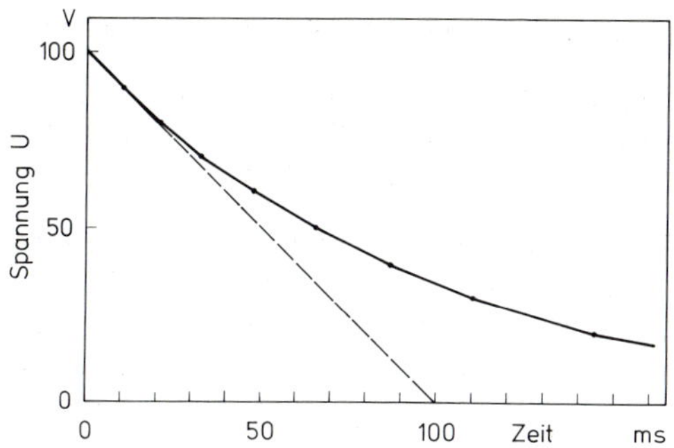

Abb. 5.73. Polygonzug zur Annäherung an die e-Funktion. (Einzelheiten im Text)

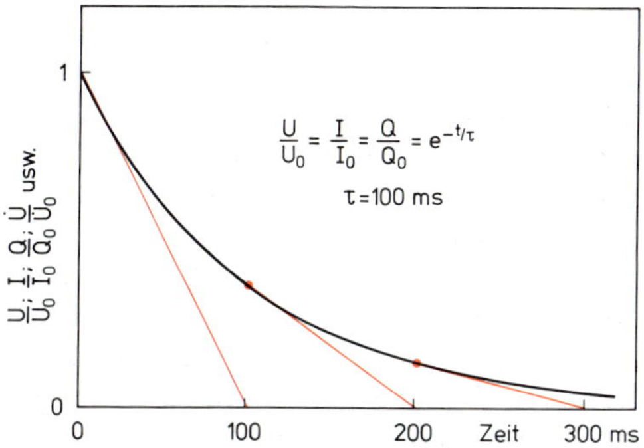

Abb. 5.74. e-Funktion der Kondensatorentladung mit der Zeitkonstanten τ. Jede zu einem beliebigen Zeitpunkt t_0 an die Kurve gelegte Tangente trifft die Abszisse zum Zeitpunkt $(t_0+\tau)$

Ladung $Q(t)$, Spannung $U(t)$, Strom $I(t)$ und alle ihre Änderungsgeschwindigkeiten, d.h.

$$U(t) = U_0 \exp(-t/\tau),$$

$$Q(t) = Q_0 \exp(-t/\tau),$$

$$I(t) = I_0 \exp(-t/\tau),$$

$$\dot{U}(t) = \dot{U}_0 \exp(-t/\tau),$$

usw.

Für jede dieser Größen zielt die Anfangssteigung ihres Graphen auf die Zeitkonstante τ, in der sie allerdings tatsächlich nur auf den e-ten Teil ihres Ausgangswertes abfällt (Abb. 5.74). Die Zeitspanne τ darf auch mitten in die laufende Entladung hineingelegt werden: in der Spanne zwischen den Zeitpunkten t_0 und $(t_0+\tau)$ fällt jede der genannten Größen auf den e-ten Teil desjenigen Wertes ab, den sie zum Zeitpunkt t_0 besaß. Formal wird dieser Tatbestand z.B.

$$U(t_0) = \mathrm{e} \cdot U(t_0+\tau)$$

geschrieben. Bei solcher Schreibweise muß man aufpassen, sonst verwechselt man womöglich den Funktionswert $U(t_0+\tau)$ zum Zeitpunkt $(t_0+\tau)$ mit dem (sinnlosen) Produkt $U(t_0+\tau)$, das $U \cdot t_0 + U \cdot \tau$ betrüge.

Die Zeitkonstante eines *RC*-Gliedes läßt sich in weiten Grenzen variieren, auch kontinuierlich. Dazu kann man ein *Drehpoti* (Kap. 5.10) als variablen Widerstand einsetzen, aber auch einen *Drehko*, also variablen Kondensator – Abb. 5.75 zeigt Schaltzeichen und Ausführungsform: der eine Plattensatz des Kondensators kann gegenüber dem anderen mechanisch verstellt werden.

Abb. 5.75. Drehkondensator als variable Kapazität – Schaltzeichen und Ausführungsform

Aufgabe 5.23 (zur Erinnerung an den Umgang mit der e-Funktion): Ein Kondensator mit 10 µF, auf 272 V aufgeladen, wird mit einem Widerstand von 1 MΩ überbrückt. Auf welchen Wert ist seine Spannung abgesunken nach 10, 20 und 27,2 s?

5.20 Hoch- und Tiefpaß, Wechselstromwiderstand

Der Kondensator in Abb. 5.76 läßt sich über den Widerstand sowohl aufladen wie entladen, je nach Stellung des Schalters. Für den Widerstand unterscheiden sich Ladung und Entladung nur durch das Vorzeichen von Strom und Spannung, nicht aber durch deren zeitlichen Verlauf.

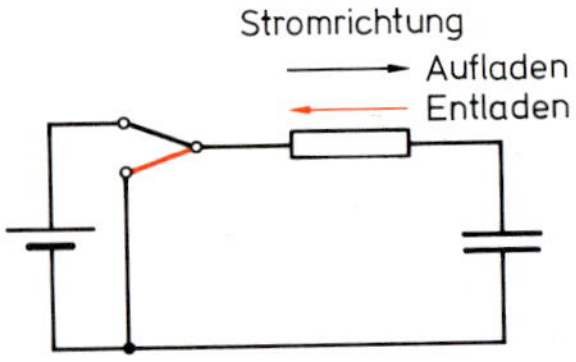

Abb. 5.76. Schaltung zur Ladung und Entladung eines Kondensators über einen Widerstand

Zu Beginn der Ladung ist die Spannung U_C über dem Kondensator noch Null, liegt also die volle Batteriespannung U_B als U_R über dem Widerstand; je näher aber im Laufe der Zeit U_C an U_B herankommt, desto weniger bleibt für U_R übrig und um so kleiner wird auch der Strom I. Daß Lade- und Entladestrom entgegengesetzte Vorzeichen haben, leuchtet unmittelbar ein. Man kann dies auch der Maschenregel entnehmen – wie immer, wenn Vorzeichen eine wesentliche Rolle spielen, muß man dabei recht pedantisch vorgeben.
Ist die Aufladung beendet, so fließt kein Strom mehr ($U_R=0$), Kondensator und Batterie zählen allein in der Masche und addieren ihre Spannungen zu Null:

$$U_C = -U_B; \qquad U_R = 0.$$

Zu Beginn der Entladung wird die Batterie herausgeschaltet, Kondensator und Widerstand liegen allein in der Masche und addieren jetzt ihre Spannungen zu Null:

$$U_R = -U_C = U_B.$$

Der Vorgang der Entladung folgt der e-Funktion:

$$U_R(t) = U_B \exp(-t/\tau) = -U_C(t).$$

Zu Beginn der Aufladung wird die Batterie wieder hereingeschaltet; jetzt muß U_R ihre Spannung zu Null ergänzen, denn der Kondensator ist ja noch leer:

$$U_R = -U_B; \qquad U_C = 0.$$

Während der Aufladung sinkt der Betrag von U_R in dem Maße, wie der von U_C wächst:

$$U_R(t) + U_C(t) + U_B = 0,$$

dies wieder nach der e-Funktion, aber von $-U_B$ ausgehend:

$$U_R(t) = -U_B \exp(-t/\tau) = -U_B - U_C(t).$$

Daraus folgt, daß sich die Spannung am Kondensator asymptotisch nach

$$U_C(t) = -U_B(1 - \exp(-t/\tau))$$

an ihren Endwert $-U_B$ heranarbeitet. Abb. 5.77 zeigt den Graphen.

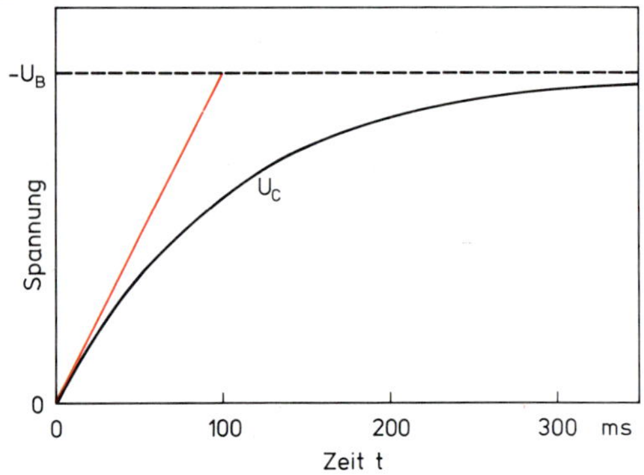

Abb. 5.77. Ladekurve eines Kondensators. Seine Spannung U_C nähert sich asymptotisch dem von der Batterie vorgegebenen Endwert $-U_B$ (Vorzeichen entsprechend der Maschenregel); Zeitkonstante $\tau = 100$ ms

Es ändert sich nichts Wesentliches, wenn man, statt den Kondensator zu entladen, die Batterie umpolt. Im ersten Moment stehen dann das alte U_C und das neue U_B hintereinander, und der Widerstand muß die Gesamtspannung $2\,U_B$ übernehmen. Der Einsatzstrom ist also doppelt so groß

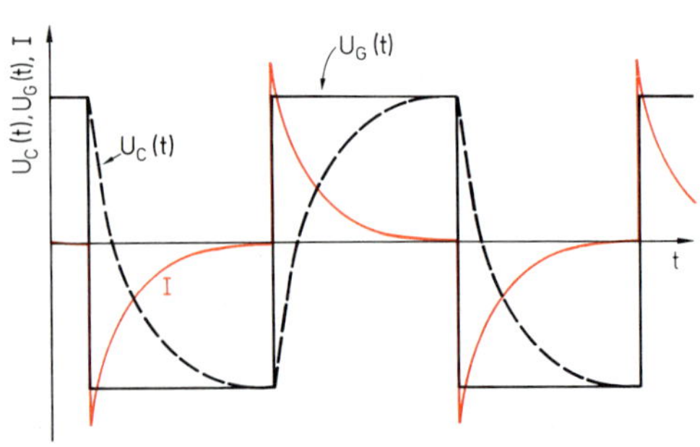

Abb. 5.78. Strom I und Spannung U_C eines RC-Gliedes unter andauernder Rechteckspannung U_G (der Einfachheit halber bleibt die Vorzeichenforderung der Maschenregel unberücksichtigt)

wie zuvor, die Zeitkonstante bleibt aber die gleiche. Abb. 5.78 zeigt Strom und Spannung eines RC-Gliedes unter andauernder *Rechteckspannung* $U_G(t)$; man muß sie nicht durch Batterie und Polwender erzeugen: es gibt technische *Funktionsgeneratoren*, die Sinus-, Rechteck- und andere Spannungen in weiten Frequenzbereichen abliefern.

Solange die Impulsdauer T des Rechteckgenerators groß ist gegenüber der Zeitkonstanten τ des RC-Gliedes, folgt U_C der Generatorspannung U_G praktisch momentan; am Widerstand treten nur kurze Spannungsspitzen auf, die dem Ladestromstoß beim Umschalten entsprechen (Abb. 5.79). Steigert man aber jetzt die Generatorfrequenz, oder erhöht man $\tau = RC$, so muß sich der Kondensator schon wieder umladen, noch ehe die Ladung in der alten Richtung beendet ist: er erreicht die volle Generatorspannung nie, und für den Widerstand bleibt immer etwas übrig (Abb. 5.80). Bei sehr hohen Frequenzen oder einer großen Zeitkonstante wird schließlich $T \ll \tau$, und der Kondensator vermag so gut wie gar nicht mehr zu folgen; ihm bleibt nur noch eine kleine *Dreieckspannung*, während der Widerstand die Generatorspannung fast vollständig übernimmt (Abb. 5.81). Daraus folgt: legt man an ein RC-Glied eine Wechselspannung (es muß kein Rechteck sein), so findet man die niedrigen Frequenzen bevorzugt als U_C über dem Kondensator wieder, hohe aber als U_R über dem Widerstand – das RC-Glied wirkt als *Paß*. Es spielt *Hochpaß*, wenn man das Ausgangssignal vom Widerstand abnimmt, und *Tiefpaß*, wenn man es vom Kondensator holt (Abb. 5.82).

Als Paß verhält sich das RC-Glied wie ein Spannungsteiler mit frequenzabhängigem Teilungsverhältnis: Sinusspannungen kleiner Frequenzen fallen bevorzugt über dem Kondensator ab, die hoher Fre-

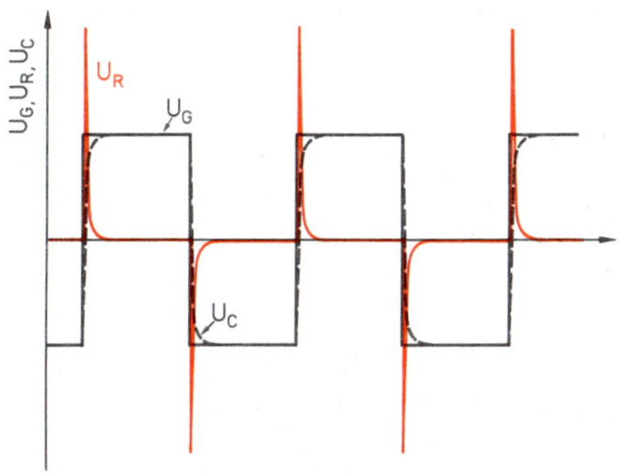

Abb. 5.79. RC-Glied unter langsamer Rechteckspannung (Impulsdauer $T \gg$ Zeitkonstante τ). U_G = Generatorspannung (ausgezogen), U_C = Spannung über dem Kondensator (gestrichelt), U_R = Spannung über dem Widerstand (rot)

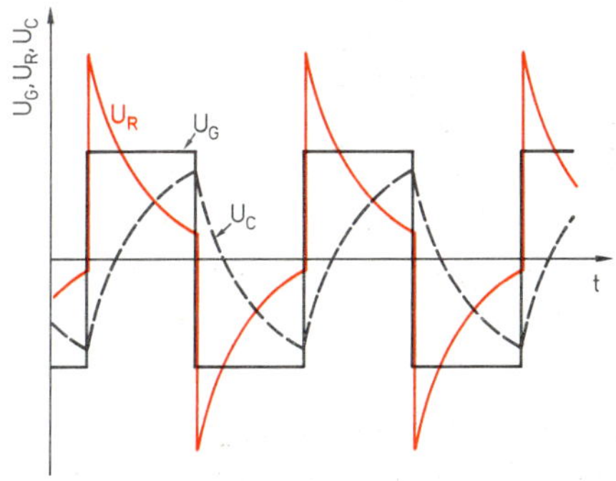

Abb. 5.80. RC-Glied unter mittelschneller Rechteckspannung ($T \approx \tau$). Bezeichnungen wie in Abb. 5.79

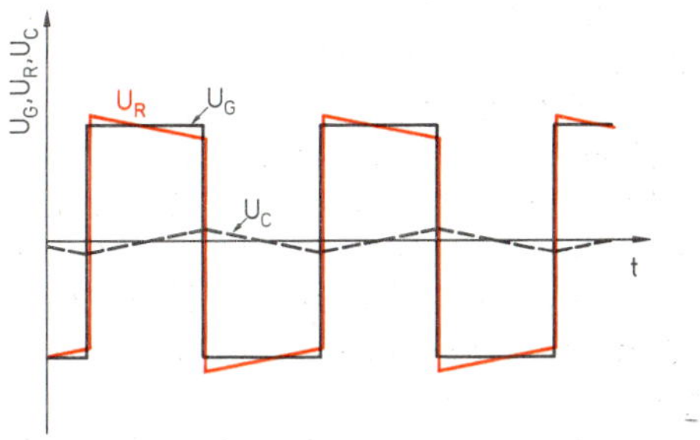

Abb. 5.81. RC-Glied unter schneller Rechteckspannung ($T \ll \tau$). Bezeichnungen wie in Abb. 5.79

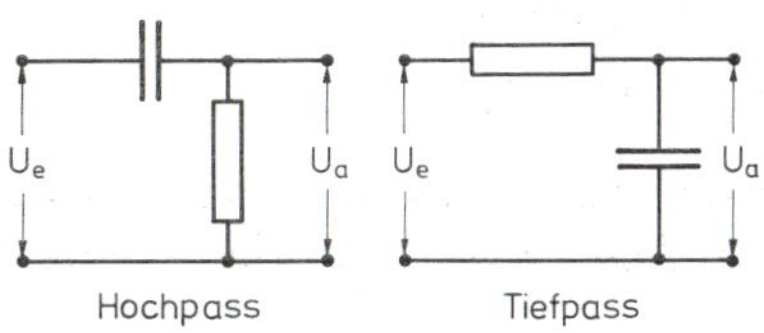

Abb. 5.82. RC-Glied als Hochpaß und Tiefpaß. U_e = Eingangssignal, U_a = Ausgangssignal

quenzen bevorzugt über dem Widerstand. Das legt die Frage nahe: Kann man auch für den Kondensator einen „Widerstand" definieren? Gegenüber Gleichspannung wäre er unendlich groß, allenfalls führen Isolationsfehler des Dielektrikums zu einem *Leckwiderstand.* Anders bei Wechselstrom: zur periodischen Umladung gehört ein periodisch wechselnder Strom. Dann muß sich aber auch als Quotient aus beiden ein *Wechselstromwiderstand* definieren lassen.

Wie im vorigen Kapitel gezeigt, gilt für einen Kondensator mit der Kapazität C

$$I(t) = C\dot{U}(t).$$

Aufgabe 5.24: Explizit steht diese Beziehung in Kap. 5.19 nicht. Aus welchen Gleichungen folgt sie – und wie?

Wird nun der Kondensator mit einer sinusförmigen Wechselspannung

$$U(t) = U_s \sin \omega t$$

gefüttert, so verlangt er einen Strom

$$I(t) = C U_s \omega \cos \omega t = I_s \cos \omega t,$$

wie ein jeder sieht, der die Winkelfunktionen differenzieren kann und die Kettenregel beherrscht. Ein Drehspulinstrument mit Gleichrichter registriert nun lediglich die zu U_s und I_s proportionalen Effektivwerte U_{eff} und I_{eff}. Für ihren Quotienten, den Wechselstromwiderstand R_C des Kondensators, folgt demnach

$$R_C = \frac{U_{\text{eff}}}{I_{\text{eff}}} = \frac{U_s}{I_s} = \frac{1}{\omega C}.$$

Wie vom Paßverhalten her zu erwarten, benimmt sich ein Kondensator gegenüber Wechselspannung wie ein Widerstand, dessen Wert mit steigender Kreisfrequenz ω abnimmt.

Aufgabe 5.25: Welchen Wechselstromwiderstand hat ein Kondensator von 1 µF gegenüber technischem Wechselstrom (50 Hz)?

Registriert man Strom und Spannung am Kondensator gleichzeitig mit einem *Zweistrahloszillographen,* so findet man immer dann einen Nulldurchgang für I, wenn U auf einem Extremwert angekommen ist – und umgekehrt (Abb. 5.83). Das leuchtet physikalisch ein: im Extremwert ist ja die Spannung für einen Moment konstant und zu $\dot{U} = 0$ gehört dann auch $I = 0$. Mathematisch folgt dies aus dem Unterschied von Sinus und Cosinus – beide Winkelfunktionen sehen sich zwar zum Verwechseln ähnlich, sind aber gegeneinander *phasenverschoben* um 90° oder $\pi/2$, wie schon bei den harmonischen Schwingungen in Kap. 3.02 besprochen. Diese Phasenverschiebung hat eine ganz merkwürdige Konsequenz für die elektrische Leistung $P(t)$. Im ersten Viertel einer Schwingungsdauer haben U und I noch gleiche Richtung, ihr Produkt P also positives Vorzeichen. Im zweiten Viertel hat aber der Strom seine Richtung gewechselt, die Spannung noch nicht – also wird P negativ! Im dritten Viertel laufen Strom und Spannung wieder miteinander und machen $P < 0$; aber eine Viertelschwingung später hat P sein Vorzeichen schon wieder gewechselt (Abb. 5.84). Im Zeitmittel folgt daraus

$$\bar{P} = 0.$$

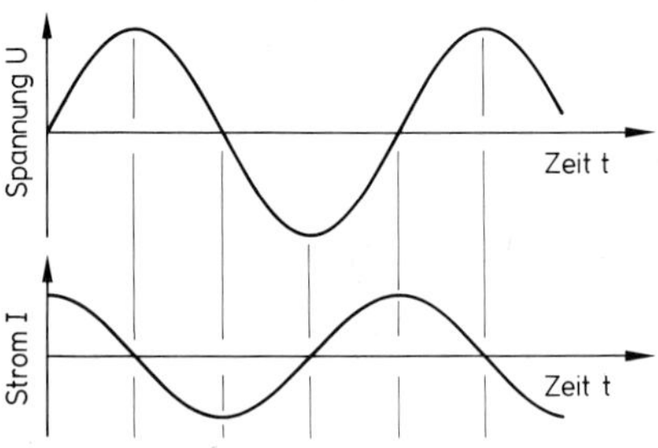

Abb. 5.83. Beim Kondensator eilt der Wechselstrom der Wechselspannung um 90° oder $\pi/2$ voraus

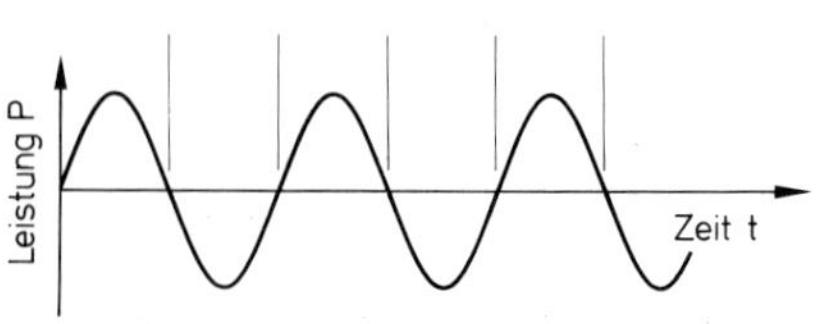

Abb. 5.84. Beim Kondensator wechselt die Leistung $P(t) = U(t) \cdot I(t)$ bei Wechselstrom das Vorzeichen. (Zeitmaßstab und Phasenlage wie in Abb. 5.83)

Obwohl durch den Kondensator ein Strom fließt, wird auf die Dauer keine Leistung umgesetzt! Man spricht darum von einem *Blindstrom.* Physikalisch muß der Vorzeichenwechsel von P so interpretiert werden: In der einen Viertelschwingung nimmt der Kondensator Leistung auf, in der nächsten gibt er sie wieder ab. Die zugehörige Energie muß er für eine Weile gespeichert haben. Wo?

5.21 Die Energie des elektrischen Feldes

Ein geladener Kondensator unterscheidet sich von einem ungeladenen durch das Feld im Dielektrikum. Dieses Feld zu erzeugen, verlangt Spannung – der Kapazität wegen aber auch Ladung und damit Energie. Sie steckt im elektrischen Feld.
Überall, wo Strom und Spannung gemeinsam auftreten, wird Leistung

$$P(t)=U(t)\cdot I(t)$$

umgesetzt und mit ihr die Energie

$$W(t)=\int P(t)\,dt.$$

Nun steigt speziell bei einem Kondensator, dessen Kapazität C mit einem konstanten Strom I_0 aufgeladen wird, die Spannung U proportional zur Ladezeit t an

$$U(t)=\frac{t}{C}\,I_0,$$

und die Leistung tut dies auch

$$P(t)=\frac{t}{C}\,I_0^2.$$

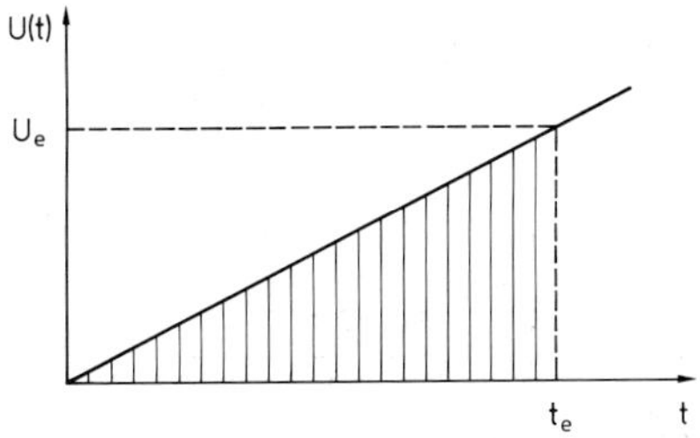

Abb. 5.85. Spannung-Zeit-Diagramm eines mit konstantem Strom I aufgeladenen Kondensators. Die bis zur Zeit t_e mit der Spannung U_e gespeicherte Energie ist der schraffierten Fläche proportional

Um auf die Endspannung U_e zu kommen, muß die Ladung Q_e eingebracht werden; I_0 braucht dazu die Zeit t_e, bestimmt durch

$$Q_e=I_0\,t_e=C\,U_e.$$

Die bis dahin umgesetzte Energie W_e berechnet sich zu

$$W_e=W(t_e)=\frac{1}{C}\,I_0^2\int_0^{t_e} t\,dt$$

$$=\frac{1}{2C}\,I_0^2\,t_e^2=\tfrac{1}{2}\,I_0\,U_e\,t_e=\frac{1}{2C}\,Q_e^2$$

$$=\tfrac{1}{2}\,C U_e^2.$$

Daß die Integration einen Faktor $\frac{1}{2}$ bringt, geht auch aus dem U-t-Diagramm der Abb. 5.85 hervor: das der umgesetzten Energie W_e entsprechende schraffierte Dreieck ist halb so groß wie das von U_e und t_e aufgespannte Rechteck.
Gespeichert wird die Energie W_e vom elektrischen Feld des Kondensators – es sei das homogene Feld E_e eines Plattenkondensators mit der Plattenfläche A, dem Plattenabstand d und der Kapazität $C=\varepsilon\,\varepsilon_0\,A/d$. Es erfüllt das Volumen $V=A\cdot d$ mit der elektrischen Feldstärke $E_e=U_e/d$. Daraus folgt

$$W_e=\tfrac{1}{2}\,C U_e^2=\tfrac{1}{2}\,C\,d^2\,E_e^2$$

$$=\tfrac{1}{2}\,\varepsilon\,\varepsilon_0\,\frac{A}{d}\,d^2\,E_e^2=\tfrac{1}{2}\,\varepsilon\,\varepsilon_0\,V E_e^2.$$

Demnach gehört zu einem elektrischen Feld der Stärke E die

$$\textit{Energiedichte}\quad w=\frac{W}{V}=\tfrac{1}{2}\,\varepsilon\,\varepsilon_0\,E^2.$$

Daß dies auch für inhomogene Felder gilt, läßt sich nur durch weit mühsamere Rechnung zeigen. Merken sollte man sich: Der Energieinhalt eines elektrischen Feldes steigt nicht linear, sondern quadratisch mit der Feldstärke. Viel Energie läßt sich in einem üblichen Kondensator nicht speichern.

Aufgabe 5.26: Welche Kapazität wäre nötig, um mit 220 V Gleichspannung eine Kilowattstunde, also Energie für rund 10 Pfennig, aufzubewahren?

5.22 Kräfte im elektrischen Feld

Die Formeln des Plattenkondensators erlauben ein wichtiges Gedankenexperiment: Man nehme zwei Metallplatten der Fläche A, stelle sie isoliert voneinander so auf, daß man ihren Abstand d variieren kann, erde die eine, setze die andere auf die Spannung U und schalte anschließend die Batterie ab. Der Kondensator besitzt jetzt die Ladung Q und behält sie auch, ideale Isolation vorausgesetzt. Zieht man nun die beiden Platten auseinander und zwar auf n-fachen Abstand, so geht die Kapazität C auf den n-ten Teil herunter. Das heißt aber wiederum, daß die Spannung auf das n-fache ansteigen muß, denn anders kann der Kondensator ja die unverändert gebliebene Ladung nicht halten. Wenn aber U genau so ansteigt wie d, dann bleibt ihr Quotient, die elektrische Feldstärke E, konstant.

Hinter dieser quantitativen Aussage steht die Idealisierung eines Gedankenexperimentes: Vorhanden sein soll nur das streng homogene Feld zwischen den beiden Platten und kein Streufeld. Strenggenommen ist das nicht möglich, denn es muß auch ein Feld zwischen der spannungsführenden Platte und den geerdeten Zimmerwänden existieren. Die Abstände müssen hier als so groß angenommen werden, daß sie keinen erkennbaren Beitrag zur Kapazität zulassen.

Fraglos ist die Vorhersage des Gedankenexperimentes so wichtig, daß sie experimentell überprüft werden muß; der dafür notwendige extrem hochohmige Spannungsmesser steht aber erst am Ende dieses Kapitels zur Verfügung. Jedenfalls besagt sie folgendes: Es besteht eine feste Beziehung zwischen den Größen, die konstant geblieben sind, also der Stärke E des homogenen Feldes und der Ladung Q – besser der

$$\text{Flächendichte } D \text{ der Ladung} = \frac{Q}{A},$$

denn bei jedem Plattenkondensator sind ja C und Q der Fläche A proportional. Quantitativ findet man leicht

$$D = \varepsilon\,\varepsilon_0\,E.$$

Diese Beziehung gilt sogar für inhomogene Felder, was man freilich nur durch etwas mühsamere Rechnung feststellen kann und darum besser glaubt.

Aufgabe 5.27: Wie läßt sich die Beziehung zwischen D und E aus den Formeln für den Plattenkondensator herleiten?

Die Behauptung *kein Feld ohne Ladung – keine Ladung ohne Feld* hat beträchtliche Konsequenzen für die noch zu entwickelnden Modellvorstellungen. Ladung tragen muß nicht nur die spannungsführende Kondensatorplatte, sondern auch die geerdete, denn vor ihr endet das gleiche Feld. Die Batterie, die einen Kondensator lädt, füllt demnach nicht etwa Ladung in ihn hinein wie Wasser in ein Glas, sie gibt lediglich der einen Platte Ladung, die sie der anderen entzieht und die demnach dort vorher schon vorhanden gewesen sein muß. Das aber ist wiederum nur möglich, wenn zwei Sorten elektrischer Ladung mit entgegengesetztem Vorzeichen existieren: eine Elektrode erscheint dann und nur dann ungeladen und *elektrisch neutral*, wenn sie beide Ladungsarten in gleicher Menge enthält.

Es folgt noch mehr. Weil das Feld des Plattenkondensators – seine Stärke soll ausnahmsweise einmal mit E^* bezeichnet werden – nur zwischen den Platten liegt, dürfen Ladungen auch nur auf deren Innenseiten sitzen; das gilt auch nach Abklemmen der Batterie (Abb. 5.86 oben). Zieht man jetzt aber die geerdete Platte weit weg, so steht die „geladene", d.h. die spannungsführende Platte frei im Raum; keine ihrer beiden Seiten ist mehr bevorzugt und die Ladungen verteilen sich gleichmäßig. Ihnen steht jetzt die doppelte Fläche zur Verfügung, folglich sinken D und E auf die Hälfte:

$$E = \tfrac{1}{2}\,E^*$$

(Abb. 5.86 unten). Ohne Frage stellt diese

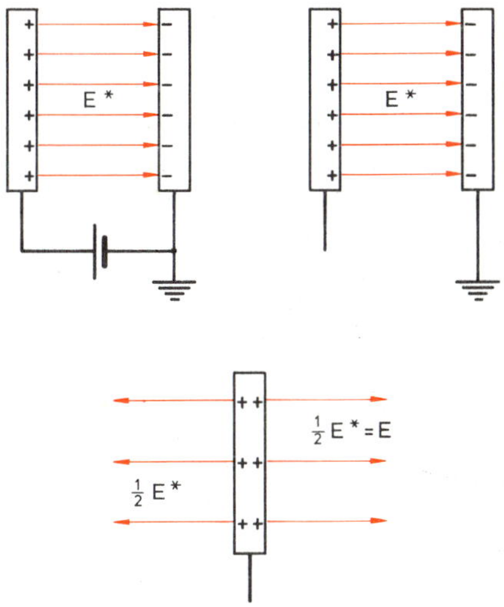

Abb. 5.86. Im Plattenkondensator herrscht nennenswertes Feld nur zwischen den Platten, Ladung sitzt darum nur auf ihren Innenseiten (obere Teilbilder). Entfernt man die geerdete Platte, so verteilen sich die Ladungen der anderen gleichmäßig auf deren beide Seiten: Ladungsdichte und Feldstärke sinken auf die Hälfte

Überlegung einige Anforderungen an das Abstraktionsvermögen: solange die beiden Platten noch beisammen waren (für E^* also), wurde die Existenz der Zimmerwände geleugnet – ist die geladene Platte allein (für E also), so bilden die Zimmerwände die unerläßliche Gegenelektrode. Homogen kann das Feld jetzt nur in Abständen klein gegen Plattendurchmesser sein – in hinreichend großer Entfernung wird es schließlich kugelsymmetrisch.

Die letzte und wichtigste Konsequenz des Gedankenversuches liefert folgende Überlegung: Durch das Auseinanderziehen der Platten wird, solange sie nahe genug beieinanderbleiben, zwar nicht die Feldstärke E^* zwischen ihnen geändert, wohl aber das vom Feld ausgefüllte Volumen

$$V = A\,d\,.$$

Mit E^* bleibt die Energiedichte w^* konstant, mit V steigt die Energie im Feld:

$$W^* = w^*\,V.$$

Wo kommt sie her? Sie kann nur von der Hand des Experimentators geliefert werden, wenn dieser die Platten auseinanderzieht – und das heißt wieder, daß nach den Gesetzen der Mechanik zwischen beiden Platten eine anziehende Kraft F herrscht, gegen die der Experimentator arbeiten muß. Das entgeht ihm möglicherweise, weil die Reibungskräfte, die er beim Verschieben überwindet, viel größer sind – aber immerhin: dem Energiesatz muß Genüge getan werden. Seine Forderungen lassen sich berechnen.

Elektrisch gilt

$$\Delta W^* = w^*\,\Delta V = \tfrac{1}{2}\,\varepsilon\varepsilon_0\,E^{*2}\,A\,\Delta d$$

und mechanisch (Kap. 1.17)

$$\Delta W^* = F\,\Delta d\,.$$

Daraus folgt die Kraft zwischen den Platten

$$F = \tfrac{1}{2}\,\varepsilon\varepsilon_0\,E^{*2}\,A\,.$$

Mit dieser Gleichung kann man ein wenig spielen. Man kann sich z.B. daran erinnern, daß auf der geerdeten Platte die gleiche Ladung

$$Q = D^*\,A = \varepsilon\varepsilon_0\,E^*\,A$$

sitzt wie auf der geladenen, nur mit umgekehrtem Vorzeichen. Demnach kann die Kraft auch geschrieben werden als

$$F = \tfrac{1}{2}\,Q\,E^*\,.$$

Bezieht man sich schließlich auf die Feldstärke E, die am Ort der geerdeten Platte herrscht, wenn diese nicht da ist, so folgt

$$F = Q\,E\,,$$

in Worten

Kraft = Ladung · Feldstärke.

Das elektrische Feld beschreibt demnach einen *Raumzustand*, in dem auf eine elektrische Ladung eine Kraft ausgeübt wird.

Die letzte Gleichung ist eine der wichtigsten in der ganzen Elektrizitätslehre. Zugegeben, der Weg, auf dem sie hier gefunden wurde, wirkt etwas gekünstelt. Er wurde gewählt, um über eines keinen Zweifel zu lassen: berechnet man die Kraft, die eine elektrische Ladung in einem elektrischen Feld erfährt, so zählt diejenige Feldstärke E, die am Ort der Ladung Q herrschte, als Q noch nicht da war! Dies sei an einem geläufigen Beispiel überprüft: der Kraft zwischen zwei punktförmigen Ladungen. Mit welcher Kraft F wirken zwei punktförmige Ladungen Q_0 mit Q_1 aufeinander, wenn ihr Abstand r ist? Dazu muß zunächst das Feld um Q_0 herum ausgerechnet werden; Q_1 wird dann in dieses Feld als *Probeladung* hineingesetzt. In Kap. 5.15 hatte sich für einen kugelförmigen Monopol mit dem Radius r_0 und dem Potential U_0 ergeben:

Feldstärke im Abstand r: $E(r) = U_0 r_0/r^2$,
Feldstärke an der Oberfläche: $E_0 = U_0/r_0$.

Zu E_0 gehört die Ladungsdichte D_0 und zu ihr wieder eine gleichmäßig auf die Kugeloberfläche verteilte Ladung

$$Q_0 = D_0 \cdot 4\pi r_0^2 = 4\pi\varepsilon\varepsilon_0 E_0 r_0^2 = 4\pi\varepsilon\varepsilon_0 U_0 r_0 .$$

Dies hat eine erfreuliche Konsequenz für die Feldstärke: bezogen auf die Ladung ist sie unabhängig vom Radius r_0 des Monopols

$$E(r) = \frac{Q_0}{4\pi\varepsilon\varepsilon_0 r^2}$$

– Q_0 darf eben auch eine beliebig wenig ausgedehnte Punktladung sein. Auf die zweite Punktladung Q_1 im Abstand r wirkt dann die Kraft

$$F(r) = \frac{Q_0 Q_1}{4\pi\varepsilon\varepsilon_0 r^2} .$$

Dies ist das *Coulombsche Gesetz*, nach dem Prüfer nur selten vergeblich fragen. Man kennt es aus der Schule, mitsamt seiner wichtigen Vorzeichenregel:

Gleichnamige Ladungen stoßen sich ab, ungleichnamige ziehen sich an.

Die *elektrostatische Anziehung* zweier Kondensatorplatten ist dem Quadrat der Feldstärke und damit auch dem Quadrat der Spannung proportional; folglich kann man sie zur Spannungsmessung benutzen. Eine mögliche Meßanordnung zeigt Abb. 5.87:

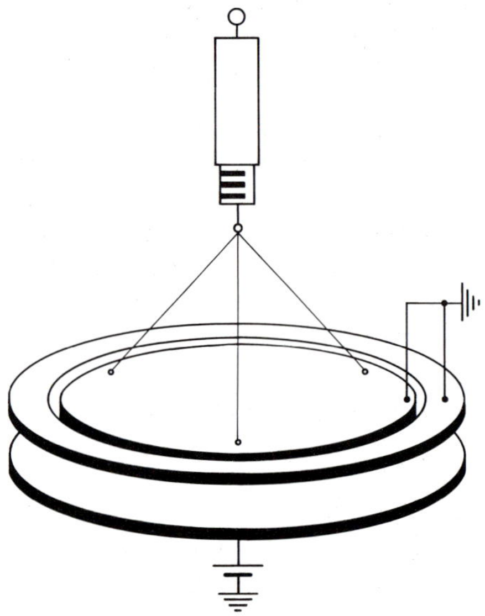

Abb. 5.87. Prinzip elektrostatischer Spannungsmessung: die Federwaage mißt die vom Feld ausgeübte Kraft auf die Ladung der oberen Kondensatorplatte. *Schutzring*, um das Streufeld unschädlich zu machen

das Mittelstück der einen Kondensatorplatte wird beweglich an einer Federwaage aufgehängt. Weit primitiver, aber nach dem gleichen Prinzip, arbeitet das gute alte *Goldblattelektroskop* mit seinen sich spreizenden Beinchen; durch einen locker drehbaren, nahezu im Schwerpunkt gelagerten Aluminiumzeiger läßt es sich zu einem eichfähigen *Elektrometer* weiterentwickeln (Abb. 5.88). Auch weit raffiniertere Konstruktionen sind im Handel. Gemeinsamer Vorteil aller *elektrostatischen Instrumente:* extrem hoher Innenwiderstand, nur von unvermeidlichen Lecks der Isolatoren beeinträch-

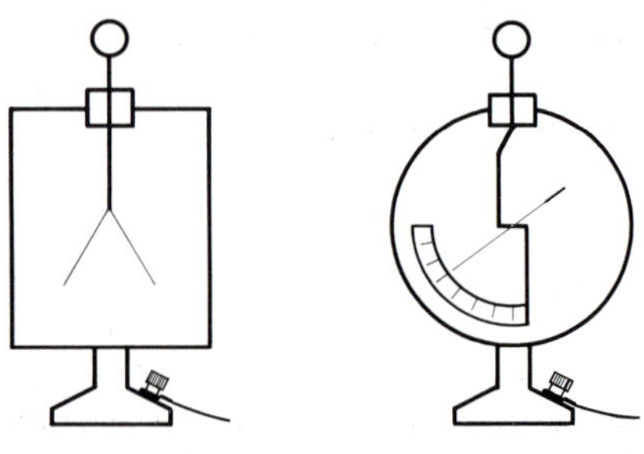

Abb. 5.88. Goldblattelektroskop und eichfähiges Elektrometer, schematisch

tigt; gemeinsamer Nachteil: begrenzte Empfindlichkeit – elektrostatische Kräfte sind nicht so sehr hoch. Immerhin erlauben sie, den Grundversuch zu Beginn dieses Kapitels praktisch auszuführen.

Aufgabe 5.28: Mit welcher Kraft wird die Federwaage der Abb. 5.87 zusätzlich zur Gewichtskraft belastet bei 10 mm Plattenabstand, kreisrunder Zentralscheibe von 15 cm Durchmesser und 3000 V?

Die elektrischen Kräfte haben zur Folge, daß Energie ΔW umgesetzt wird, sobald sich Ladungen in elektrischen Feldern bewegen. ΔW wird frei, wenn die Ladung dem Feld folgen darf; ΔW muß aufgebracht werden, wenn man sie gewaltsam gegen das Feld verschiebt. In der Mechanik gilt beim Arbeiten gegen eine Kraft F über den Weg s die Beziehung (Kap. 1.18)

$$\Delta W = \int F\, ds.$$

Daraus folgt für die Verschiebung der Ladung Q von einem Punkt mit dem Potential U_1 zu einem anderen mit U_2 der Energieumsatz

$$\Delta W = Q \int E\, ds = Q(U_2 - U_1) = Q\, \Delta U$$

– dies übrigens unabhängig von dem Weg, den die Ladung genommen hat.

Entsprechend kann einer Ladung Q, die sich auf dem elektrischen Potential U befindet, die

potentielle Energie $W_{\text{pot}} = Q \cdot U$

zugeordnet werden

(daher der Name „Potential“). Ihr Nullpunkt ist willkürlich wie bei jeder potentiellen Energie, und darum ist es der des Potentials auch. Durchquert aber die Ladung eine Potentialdifferenz ΔU, so wird ganz unabhängig vom Nullpunkt die Energie $\Delta W = Q\, \Delta U$ umgesetzt.

5.23 Zwischenbemerkung

Man muß die *Coulomb-Kräfte* nicht unbedingt über den Energiesatz einführen, man kann sie auch an den Anfang einer Darstellung der Elektrizitätslehre setzen. Dann folgt man einmal dem historischen Weg, den die Physik gegangen ist, und kommt zum andern schnell zum Begriff der elektrischen Ladung und zu der anschaulichen Modellvorstellung von *Elektronen* und *Ionen*, winzigen geladenen Kügelchen, die sich mit ihren elektrostatischen Kräften gegenseitig schubsen und ziehen und dabei elektrische Ströme transportieren. Mancher, der sich dieses handlichen Modells noch aus der Schule entsinnt, mag es hier bisher vermißt haben.

Modelle zeichnen Bilder der Wirklichkeit, handlich, anschaulich und eben darum vereinfacht und vergröbert. Sie dienen einer *Informationsreduktion*, wie sie auch von den Sinnesorganen geleistet wird: nur ein Bruchteil dessen, was die Augen aufnehmen, gelangt ins Bewußtsein; nur ein Bruchteil des Bewußt-Gewordenen bleibt im Gedächtnis. Anders könnte der Mensch die Vielfalt, die ihn umgibt, nicht erfassen. Seine Neigung, Modelle zu verabsolutieren, sie mit der Wirklichkeit zu verwechseln, ist darum verständlich. Genau hierin liegt die Gefahr der Modelle – und das gilt anderswo noch weit mehr als in der Physik. Bilder werden erfunden, um eine gar zu komplizierte Wirklichkeit überschaubar zu machen; folglich muß man sie dieser Wirklichkeit anpassen. Immer, wenn Beobachtung und Modell einander widersprechen, hat die Beobachtung recht. Dies klingt wie eine Binsenwahrheit – es ist erstaunlich, wie oft und mit wie tiefer Überzeugung dagegen verstoßen wird. Zur Wissenschaft gehört die *empirische Falsifizierbarkeit ihrer Hypothesen.* Modellvorstellungen, die nicht durch Beobachtung überprüft werden können, mögen durchaus ihren Wert haben, aber sie sind reine Glaubenssätze, die man annehmen mag oder auch nicht.

Naturwissenschaft setzt nüchtern hintereinander: Beobachtung, Begriffsdefinition, logischen Schluß und empirische Überprüfung; der bisherige Text dieser Elektrizitätslehre hat sich darum bemüht. Es ist oft nicht leicht, aus einem Wort nicht mehr und nicht weniger herauszulesen, als hineindefiniert wurde; der Text liest sich nicht so glatt wie ein Roman. Manchem mag diese Art der Wissenschaft „unmenschlich“ erscheinen – sie ist „naturgemäß“. Sie ist jener Natur gemäß, in die der Mensch hineingeboren worden ist und deren Gesetze schon galten, als die Erde noch wüst und leer war.

5.24 Der Millikan-Versuch

Wie kommt man zur Modellvorstellung vom Elektron? Einen ersten, wichtigen Schritt erlaubt der *Öltropfenversuch von Millikan.* Aus einem Zerstäuber wird Öl oder Wasser zu feinen Tröpfchen versprüht – aufgrund ihrer Schwerkraft und der Luftreibung sinken sie langsam zu Boden. Ihre Bewegungen lassen sich leicht mit einem Mikroskop verfolgen. Sie ändern sich entscheidend, wenn die Tröpfchen in ein vertikales elektrisches Feld gesprüht werden (Abb. 5.89): einige fallen

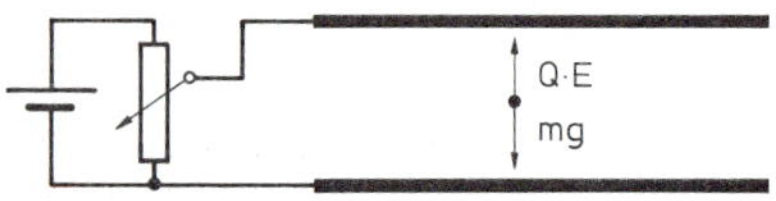

Abb. 5.89. *Millikan-Versuch.* Ein Öltröpfchen schwebt im homogenen Feld eines Plattenkondensators, wenn seine Gewichtskraft mg von der elektrostatischen Kraft $Q \cdot E$ kompensiert wird: Verfahren zur Bestimmung von Q

schneller, andere langsamer, manche steigen nach oben. Augenscheinlich überlagert sich der Schwerkraft eine elektrostatische Kraft, die Tröpfchen müssen also elektrische Ladungen tragen, und dies mit beiden Vorzeichen. Woher die Ladungen stammen, braucht vorerst nicht zu interessieren – jedenfalls lassen sie sich für jedes Tröpfchen quantitativ bestimmen. Dazu braucht das Feld nur homogen zu sein und z.B. durch ein Potentiometer so eingestellt werden können, daß ein ausgewähltes Tröpfchen gerade schwebt. Dann wird seine Gewichtskraft $m \cdot g$ genau kompensiert durch die Kraft $Q \cdot E$ der Ladung im elektrischen Feld:

$$m\,g = Q\,E.$$

E ist bekannt, m läßt sich aus Dichte und Tröpfchendurchmesser bestimmen, zumindest im Prinzip.

Mißt man nach diesem Verfahren die Ladungen vieler Tröpfchen und listet sie auf, so kommt man zu einem überraschenden Ergebnis: alle gemessenen Werte sind ganzzahlige Vielfache eines kleinsten Wertes, die ganzen Zahlen 0 und 1 eingeschlossen.

Dieser kleinste Wert bekommt den Namen *Elementarladung*, das Zeichen e_0 oder e und beträgt

$$e_0 = 1{,}602 \cdot 10^{-19}\,\mathrm{C}.$$

Als eine der fundamentalen Naturkonstanten ist e_0 inzwischen unzählige Male nach verschiedenen Methoden und mit höchster Präzision nachgemessen worden. Eine Ladung kleineren Absolutwertes hat kein Experimentator je zuverlässig beobachtet.

Hier zeigt sich ein Grundprinzip der Natur: sie setzt die Welt aus kleinsten Elementarbausteinen zusammen. Atome sind heute so bekannt, daß ihre Existenz in Kap. 2.01 ohne experimentelle Begründung kurzerhand behauptet werden konnte – vor hundert Jahren glaubten viele Naturwissenschaftler noch nicht daran. Die Quantelung der Energie bereitet in der Gegenwart manchem Vorstellungsschwierigkeiten – in hundert Jahren wird sie zum Stoff allgemeiner Schulbildung gehören. Anschaulich ist, woran man frühzeitig gewöhnt wurde.

Aufgabe 5.29: Im Millikan-Versuch schwebt ein Öltröpfchen (Dichte 0,91 g cm^{-3}, Durchmesser 3,5 µm) gerade dann, wenn an den Platten (vertikaler Abstand 12 mm) 7,5 kV Spannung liegen. Wieviel Elementarladungen trägt das Tröpfchen?

5.25 Elektron und Elektronenleitung

Der Millikan-Versuch beweist nur die Existenz der Elementarladung, er sagt nichts über ihre Träger aus. Trotzdem soll von nun an die bewährte Modellvorstellung *Elektron* bedenkenlos verwendet werden. Man darf es sich als winzig kleine Kugel vorstellen, weit kleiner als das kleinste Atom. Es trägt genau eine Elementarladung, und zwar mit negativem Vorzeichen, und besitzt eine Masse, die freilich erst in Kap. 5.45 bestimmt werden kann. In manchen Büchern der Halbleiterphysik wird es grün gezeichnet – im Modell ist das erlaubt; aber was kleiner ist als die Wellenlängen sichbaren Lichtes, hat keine Farbe mehr.

Atome sind elektrisch neutral. Dies heißt nicht, daß sie keine Ladungen enthielten, sondern nur, daß Elementarladungen beiderlei Vorzeichens in gleicher Anzahl vor-

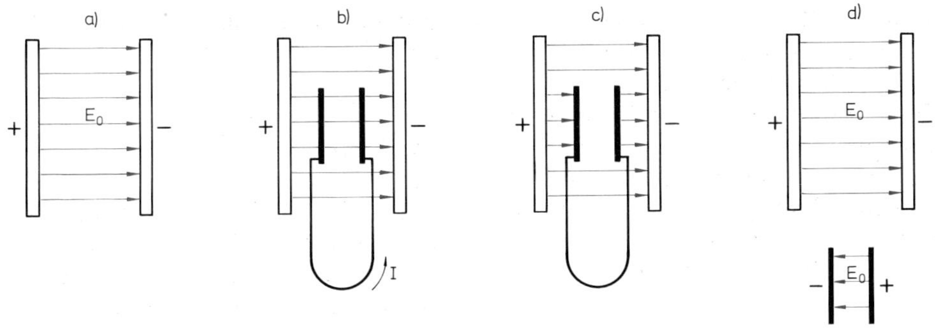

Abb. 5.91. Der *Influenzversuch*, schematisch. In das – nicht notwendigerweise homogene – Feld E_0 (*a*) werden zwei elektrisch leitend verbundene kleine Platten gebracht: Ladungstrennung im Feld E_0 (*b*), bis beide Platten auf gleichem Potential liegen und kein Feld mehr zwischen ihnen besteht (*c*). Trennt man die Platten im Feld und zieht man sie heraus, so steht zwischen ihnen ein Feld der Stärke E_0, aber entgegengesetzter Richtung (*d*)

den Knopf eines Elektrometers, so schlägt es aus; folgt man mit dem zweiten Löffel nach, so kehrt sein Zeiger in die Ruhestellung zurück (Abb. 5.93). Liefert man wiederholt die Ladung immer nur eines Löffels ab, so kann man recht hohe Spannungen erzeugen; geht man mit beiden Löffeln immer wieder an die Enden eines Widerstandes, so durchfließen ihn Stromstöße, die Joulesche Wärme entwickeln. Woher stammt die Energie? Von der Hand des Experimentators: er bringt sie mechanisch auf, wenn er die geladenen Löffel aus dem Feld herauszieht.

Aufgabe 5.31: Begründe die letzte Feststellung qualitativ.

Mit Ladungen, auf Löffelchen bekannter Fläche influenziert, kann man die Stärken elektrischer Felder messen. Auch im inhomogenen Feld darf man sich darauf verlassen, daß zwischen den Platten Elektronen mit einer Flächendichte D der Ladung verschoben werden, die der lokalen Feldstärke E entspricht. Generell gilt

$$D = \varepsilon\varepsilon_0 E.$$

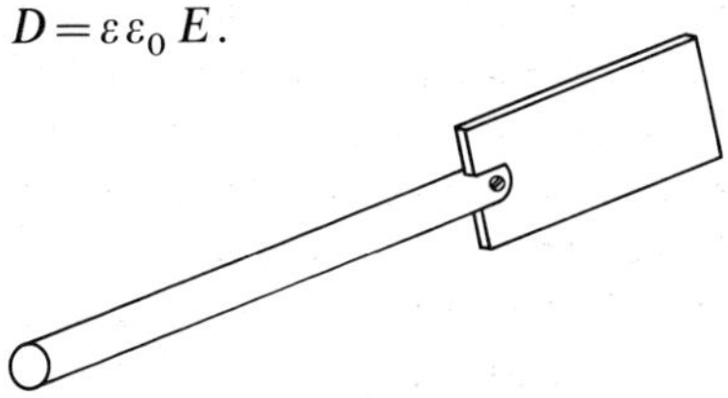

Abb. 5.92. Elektrischer Löffel

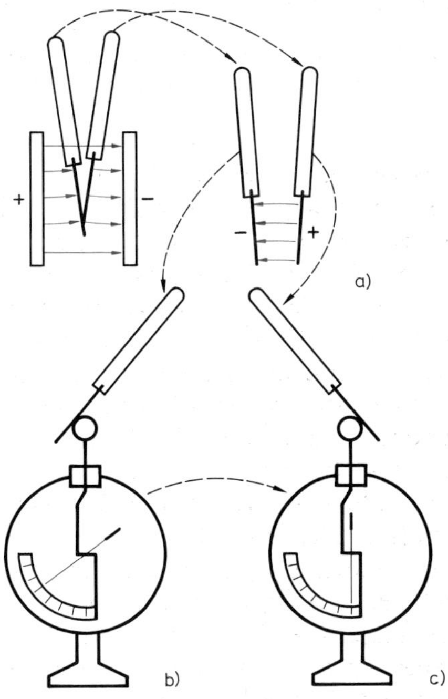

Abb. 5.93. Ausführung des Influenzversuches. Die beiden elektrischen Löffel werden zwischen die großen Kondensatorplatten gebracht, im Feld getrennt und herausgezogen (*a*). Das Elektrometer schlägt aus wenn ein Löffel ihm seine Ladung überträgt (*b*) und geht auf Null zurück, wenn dies auch der zweite, entgegengesetzt geladene Löffel tut (*c*)

D wird deshalb auch unmittelbar als Meßgröße elektrischer Felder benutzt, leider unter dem nicht so sehr glücklichen Namen *Verschiebungsdichte*. Die Einheit ist $\mathrm{C\,m^{-2}}$.

5.27 Der Faraday-Käfig

Solange beim Influenzversuch die beiden kleinen Platten elektrisch miteinander verbunden sind, herrscht zwischen ihnen kein Feld, gleichgültig, was außen geschieht. Das gilt erst recht für den Innenraum einer Blechdose: mit ihrer Hilfe kann man empfindliche Meßinstrumente von störenden elektrischen Feldern *abschirmen*. Die Dose darf auch Löcher haben, sogar zu einem Käfig aus Maschendraht degenerieren *(Faraday-Käfig)* – ein äußeres Feld reicht dann zwar ein wenig durch die Maschen hindurch, aber eben doch nicht sehr weit. Das Deutsche Museum in München besitzt einen derartigen Käfig, groß genug, einen Menschen sitzend darin aufzunehmen. Er wird zwischen die Elektroden einer Hochspannungsanlage gehängt: meterlange Entladungen schlagen oben in ihn hinein und unten heraus (Abb. 5.94). Der Mensch im Käfig registriert dies nur optisch und akustisch; elektrisch spürt er nichts, denn er sitzt ja im feldfreien Raum. Wehe nur dem, der eine neugierige Nase durch die Maschen nach außen steckt!

Abb. 5.94. Faraday-Käfig zur Abschirmung eines Menschen vom Feld einer Hochspannungsanlage

Jede Blechdose schirmt als Faraday-Käfig ihren Innenraum gegen elektrische Felder ab, jedes Auto und jedes Flugzeug. Selbst in der Kümmerform des Blitzableiters ist das Prinzip noch leidlich wirksam, hier unterstützt vom Prinzip der Spitzenentladung (Kap. 5.15): vor Leitern mit kleinem Krümmungsradius treten besonders hohe elektrische Felder auf, überschreiten hier zuerst die Durchschlagsfeldstärke der Luft und ziehen so die atmosphärische Entladung in den Blitzableiter hinein. Während der Strom fließt, kommt es zu Spannungsabfall und Feld – Faraday-Käfige schirmen strenggenommen nur statische Felder ab.

Benannt wurden die Käfige nach Michael Faraday. Er hatte sich seinerzeit gewundert, daß er Ladungen immer nur auf der Außenseite eines konischen Drahtnetzes nachweisen konnte – selbst dann, wenn er es mit Hilfe eines an seiner Spitze befestigten Seidenfadens umstülpte (Abb. 5.95).

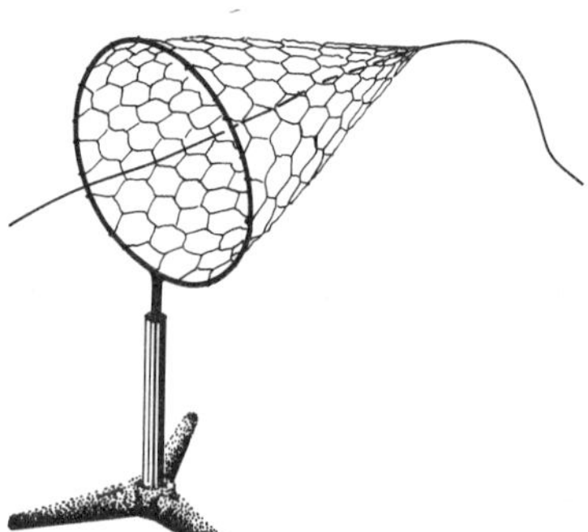

Abb. 5.95. Faradays Drahtnetz: Ladungen lassen sich immer nur auf seiner Außenseite nachweisen, auch wenn man es mit Hilfe des Seidenfadens umstülpt

Coulomb-Kräfte zwingen bewegliche Überschußladungen, sich so weit voneinander zu entfernen, wie ihnen das geometrisch möglich ist; darum sitzen sie bei Metallkörpern immer auf der Außenseite. Innen können sie sich auch dann nicht halten, wenn sie gewaltsam dorthin gebracht werden. Daraus folgt ein zuverlässiges Verfahren, Influenzladungen von einem elektrischen Löffel vollständig wieder herunterzuholen: man tippt mit ihm innen in einen Becher hinein (Abb. 5.96). Technisch wird dies vom *van de Graaff-*

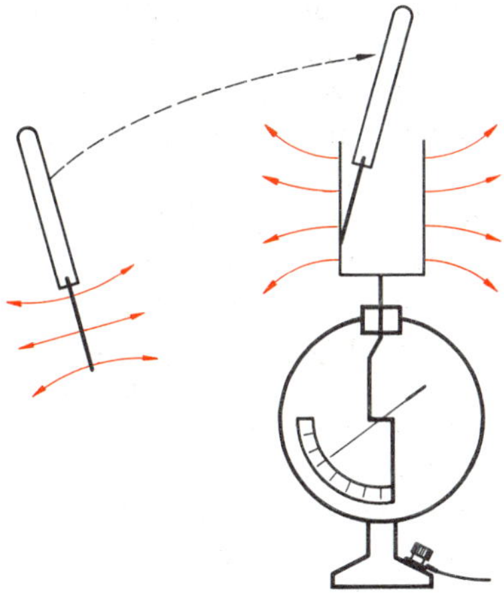

Abb. 5.96. Ein elektrischer Löffel liefert seine Ladung vollständig an einen Faraday-Becher ab

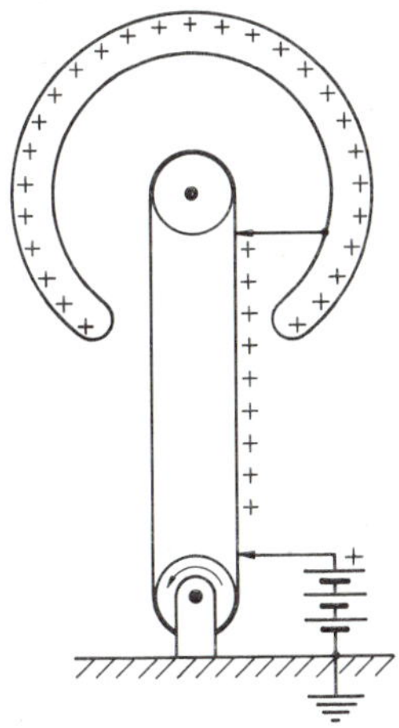

Abb. 5.97. Van-de-Graaff-Generator. Ein Förderband transportiert von einem Kamm aufgesprühte Ladungen in die obere Kugel. Dort werden sie von einem zweiten Kamm abgezogen. Die Kugel kann so auf extrem hohe Spannungen aufgeladen werden

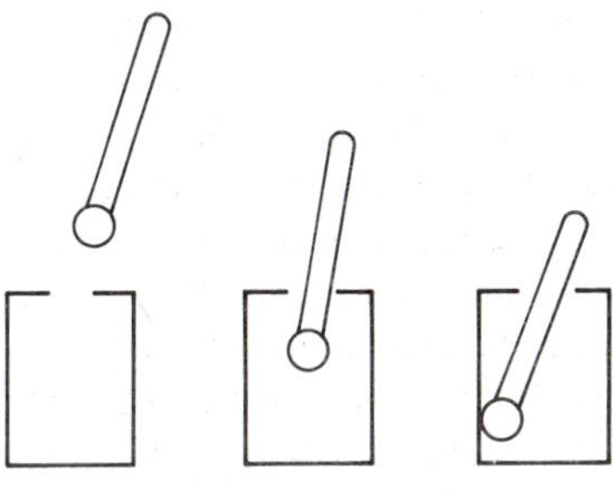

Abb. 5.98. Zu Aufgabe 5.32

Generator ausgenutzt (Abb. 5.97). Man sprüht zunächst aus den Zinken eines Kammes Ladungen auf ein isolierendes Förderband und schleppt sie rein mechanisch in eine große Hohlkugel hinein. Dort werden sie mit Metallbürsten wieder abgenommen: sobald sie einen Weg zur Oberfläche der Kugel finden, können sie sich in deren Innern ja nicht halten, denn dieses will feldfrei sein – so feldfrei, daß man dort auch ein kleines Laboratorium mit empfindlichen Instrumenten einrichten kann. Das hohe Potential gegen Erde stört den Experimentator dort genausowenig wie die Schwalbe auf der Hochspannungsleitung. Potentiale sind harmlos und die Definition ihres Nullpunktes reine Willkür. Gefährlich werden immer nur Potentialdifferenzen, sprich: Spannungen, Potentialgradienten, sprich: elektrische Felder.

Aufgabe 5.32: Zeichne qualitativ den Verlauf der Feldlinien beim Abliefern von Ladungen in einen Faraday-Becher in den drei Situationen der Abb. 5.98.

5.28 Dielektrizitätszahl, Dipole, Austrittsarbeit

Schiebt man die Platten eines geladenen Luftkondensators aufeinander zu, so verkürzt man die Feldlinien, die Kapazität steigt an und die (etwa von einem Elektrometer angezeigte) Spannung sinkt. Stattdessen kann man auch eine dicke Metallscheibe zwischen die Platten schieben (Abb. 5.99); influenzierte Oberflächenladungen halten deren Inneres feldfrei. Wieder werden die Feldlinien verkürzt, wieder wächst die Kapazität. Es muß nicht einmal ein Metall sein; ein Isolator tut es auch, allerdings nicht so gut. Er isoliert ja nicht, weil er keine Ladungsträger besitzt, sondern weil diese nicht frei in ihm herumlaufen können. Wenn sie sich aber innerhalb der Moleküle verschieben lassen und diese so zu influenzierten Dipolen machen *(Verschiebungspolarisation)*, so führt auch

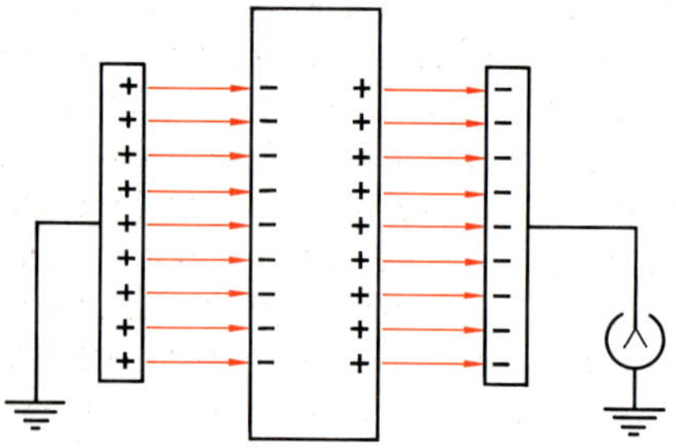

Abb. 5.99. Schiebt man eine dicke Metallscheibe zwischen die Platten eines Luftkondensators, so verringern die influenzierten Ladungen den elektrisch wirksamen Abstand der Kondensatorplatten und erhöhen die Kapazität: bei vorgegebener Ladung sinkt die Spannung. Zum gleichen Resultat führen lokale Ladungsverschiebungen in einem isolierenden, aber polarisierbaren Dielektrikum. Der Effekt wird summarisch beschrieben durch die *Dielektrizitätszahl* ε

das zu einer Verkürzung der Feldlinien und zu einem Anwachsen der Kapazität. Schließlich können die Bausteine des Isolators auch von vornherein als „polare" Moleküle kleine Dipole bilden, deren Achsen, an sich thermisch durcheinander gewirbelt, vom äußeren Feld ein wenig ausgerichtet werden *(Orientierungspolarisation)*. Das Resultat ist immer das gleiche: Erhöhung der Kapazität. Ganz summarisch, ohne Rücksicht auf Details, wird dieses Ergebnis beschrieben durch die *Dielektrizitätszahl* ε (Kap. 5.18).

Schematisch darf man sich einen molekularen Dipol wie eine kleine Hantel vorstellen mit zwei nur durch das Vorzeichen unterschiedenen Ladungen q_+ und q_- (Betrag q) im Abstand l (Abb. 5.100). Hat sich ein solcher Dipol im homogenen Feld ausgerichtet, so heben sich die Feldkräfte F_+ und F_- auf die beiden Ladungen gegenseitig auf. Ganz anders im inhomogenen Feld: im Beispiel der Abb. 5.101 etwa findet q_+ eine etwas größere Feldstärke E_0 vor als q_-, an dessen Position lediglich das Feld $E_0 - \Delta E$ herrscht. Folglich zieht am ausgerichteten Dipol eine resultierende Kraft

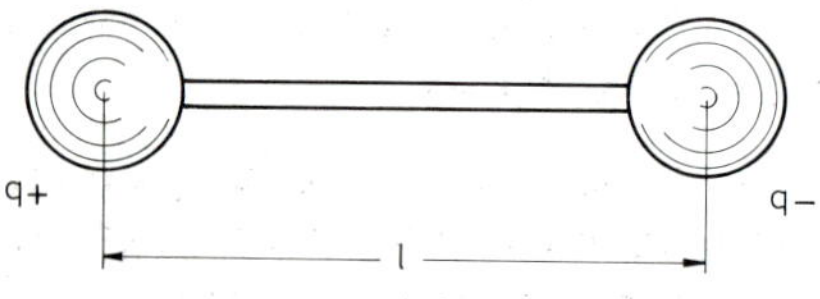

Abb. 5.100. Schematische Darstellung eines Dipols mit dem Dipolmoment $p = q\,l$

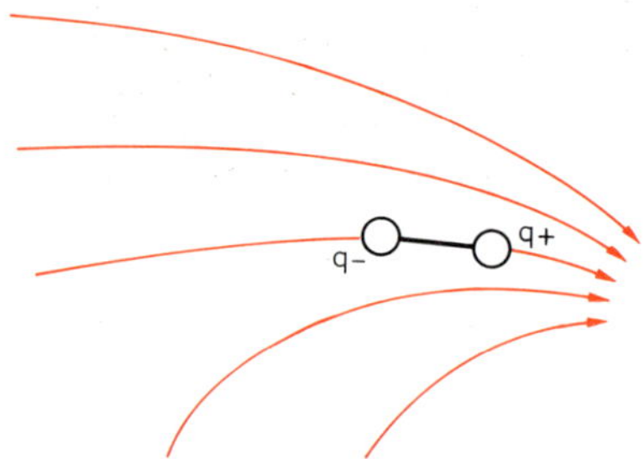

Abb. 5.101. Dipol im inhomogenen Feld

$$F = F_+ - F_- = q\,E_0 - q(E_0 - \Delta E)$$
$$= q(E_0 - E_0 + \Delta E) = q\,\Delta E$$

nach links. Die Differenz ΔE der beiden Feldstärken hängt sowohl von der Hantellänge l ab wie vom Gradienten der Feldstärke, der hier einfachheitshalber als Differentialquotient

$$E' = \frac{dE}{ds}$$

geschrieben werden darf. ΔE ist das Produkt aus beiden. Daraus folgt für die Kraft

$$F = q\,l\,E'.$$

Hier erweist sich das Produkt $q \cdot l$ als eine charakteristische Eigenschaft des polaren Moleküls; es bekommt den Namen *Dipolmoment* p (Einheit: C m). Im inhomogenen Feld zieht eine Kraft

$$F = p\,E'$$

einen Dipol in das Gebiet höherer Feldstärke.

Aufgabe 5.33: Warum immer in das Gebiet *höherer* Feldstärke?

Chemikern ist eine Konsequenz dieses Effektes geläufig, die *Hydratation* (allgemeiner *Solvatation*): polare Moleküle wie die des Wassers scharen sich um die Punktladung eines Ions mit seinem radialsymmetrisch inhomogenen Feld, sie umgeben es mit einer durch Coulomb-Kräfte gehaltenen *Solvathülle* und lassen es beträchtlich dicker erscheinen, als es in Wirklichkeit ist.

Coulomb-Kräfte ziehen die beiden Ladungen eines Dipols zusammen – andere Kräfte müssen beim polaren Molekül dem entgegenwirken. Auch ein Elektron, das in thermischer Bewegung einer Metallplatte entfliehen möchte, spürt diese Kraft – selbst wenn die Platte geerdet ist und darum die entwichene Elementarladung leicht wieder ersetzen kann. Das Elektron influenziert ja eine Verteilung von Gegenladungen, die für senkrechtes Auftreffen der Feldlinien zu sorgen hat (Abb. 5.102). Diese verlaufen

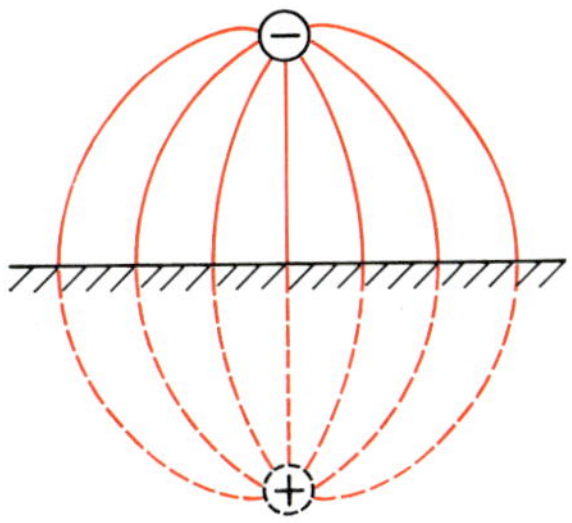

Abb. 5.102. Zur Entstehung der *Bildkraft* – ein Elektron vor einer Metallplatte influenziert eine Gegenladung, von der es angezogen wird

im Außenraum demnach gerade so wie in einem halben Dipol, so als säße innen eine positive Elementarladung spiegelbildlich zum Elektron. Die zu diesem „Dipol" gehörige sog. *Bildkraft* hält in der Tat den Ausreißer zurück, es sei denn, er hat sich irgendwoher genug Energie besorgen können, um die *Austrittsarbeit* zu überwinden – mit wachsendem Abstand nimmt die Bildkraft ja ab. Dieses Modell geht freilich an die Grenze des Erlaubten: in atomaren Dimensionen kann keine Oberfläche mehr eben sein! Die Bildkraft liefert darum nur einen, wenn auch wichtigen, Beitrag zur Austrittsarbeit.

5.29 Elektronenröhren

Der Austrittsarbeit zum Trotz verlassen einige Leitungselektronen ihr Metall, diejenigen nämlich, die im statistischen Spiel der thermischen Bewegung zufällig genügend, d.h. besonders viel kinetische Energie mitbekommen haben. Verglichen mit der Zahl der überhaupt vorhandenen Elektronen gelingt dies nur verschwindend wenigen, aber ihre Anzahl steigt kräftig mit der Temperatur an. In Luft kommen sie freilich nicht weit; Moleküle fangen sie ab und bilden mit ihnen eine Wolke negativer Ionen, deren Coulomb-Kräfte nachfolgenden Elektronen den Austritt verleiden.

Anders im Vakuum: Hier hindert nichts ein entwichenes Elektron daran, bis zur nächsten Wand durchzulaufen. Hilft man mit einem elektrischen Feld nach, so kann man sie alle zu einer Gegenelektrode herüberholen, d.h. einen Strom *freier Elektronen* durch das Vakuum hindurchziehen. Bei Zimmertemperatur liegt er allerdings weit unter der Nachweisbarkeitsgrenze. Mit einem dünnen Wolfram-Draht (z.B.) als emittierender Elektrode, durch eine zusätzliche *Heizspannung* zum Glühen gebracht, erreicht man leicht einen Elektronenstrom von mehreren Milliampere. Er fließt aber nur, wenn die kalte Elektrode positives Potential gegenüber der heißen hat (Abb. 5.103); polt man um,

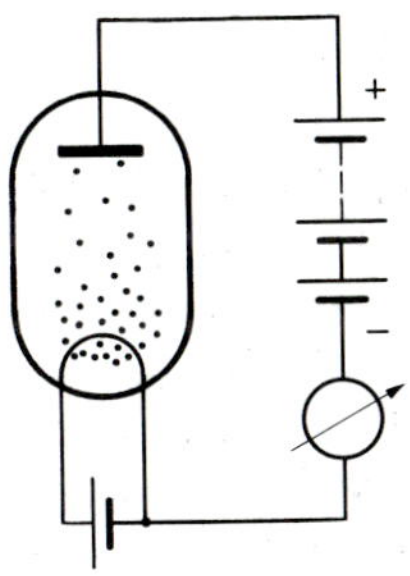

Abb. 5.103. Vakuum-Diode. Eine kleine Heizbatterie bringt den Draht der *Kathode* zum Glühen, so daß Elektronen austreten können. Strom fließt nur, wenn die kalte Elektrode positiv gepolt ist

so verschwindet der Strom, denn die kalte Elektrode emittiert ja so gut wie gar keine Elektronen – experimenteller Nachweis für deren negative Ladung. In der Vakuum-Röhre transportieren Elektronen Strom von der negativen *Glühkathode* zur positiven *Anode*, der konventionellen Stromrichtung entgegen. Die Anordnung, *Diode* genannt, ist ein *Gleichrichter* mit unsymmetrischer Strom-Spannungs-Kennlinie (Abb. 5.104).

Keine noch so hohe Anodenspannung kann freilich mehr Elektronen aus der Kathode herausziehen, als diese nach Oberfläche und Temperatur herzugeben

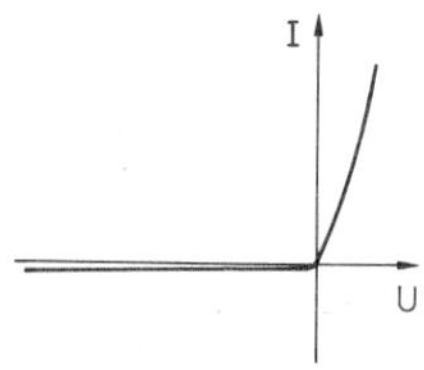

Abb. 5.104. Schema der Strom-Spannungs-Kennlinie eines *Gleichrichters* – es muß keine Vakuum-Diode sein. Rechts: Durchlaßrichtung, hoher Strom bei kleiner Spannung – links: Sperrichtung, hoher Widerstand (ggf. Isolationswiderstand des Glaskolbens einer Vakuum-Diode)

vermag*: Der Anodenstrom ist *gesättigt;* sein Sättigungswert läßt sich mit Hilfe der Heizspannung, d.h. der Temperatur der Glühkathode in weiten Grenzen willkürlich einstellen (Abb. 5.105) – ein Verfahren, das bei Röntgenröhren technisch genutzt wird (Kap. 7.25).

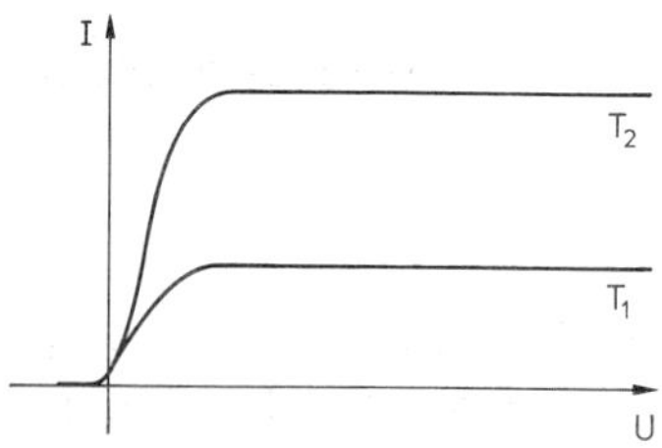

Abb. 5.105. Bei hinreichend hoher Anodenspannung ist der Emissionsstrom einer Glühkathode gesättigt, der Sättigungswert steigt rasch mit der Kathodentemperatur (Parameter der Zeichnung). Die Kennlinie geht nicht durch den Nullpunkt, weil die thermisch emittierten Elektronen die Kathode mit einem Rest kinetischer Energie verlassen, der ihnen erlaubt, auch gegen eine nicht zu hohe Gegenspannung anzulaufen

Durch den Einbau einer dritten Elektrode wird die Diode zur *Triode* und außerdem zur Stammutter einer Gruppe elektronischer Bauelemente, die für Jahrzehnte die gesamte Verstärkertechnik beherrscht hat. Inzwischen ist ihr im *Transistor* ein potenter

* Dieser Satz ist nicht ganz korrekt: mit extremen Feldern vor scharfen Spitzen kann man eine *Feldemission*, auch *kalte Emission* genannt, erzwingen – ein Sonderfall, der im Rahmen dieses Buches nicht näher erörtert werden muß.

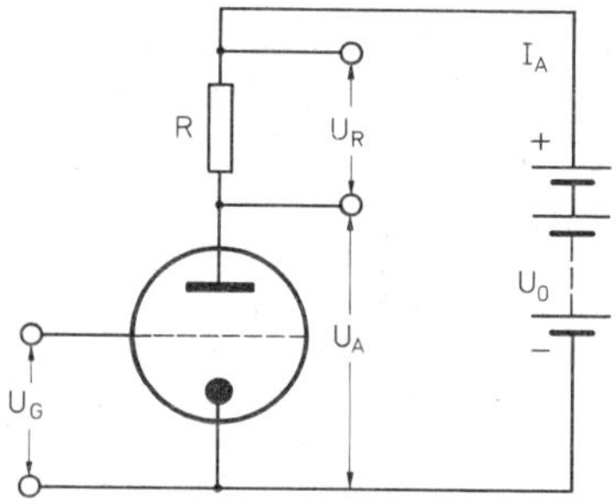

Abb. 5.106. Triode als Spannungsverstärker. Der durch die Gitterspannung U_G gesteuerte Anodenstrom I_A erzeugt über dem Anodenwiderstand R einen Spannungsabfall, dessen Schwankungen synchron zu den auslösenden Schwankungen der Gitterspannung sind, aber um Zehnerpotenzen größer sein können

Konkurrent erwachsen – kleiner, einfacher und anspruchsloser in der Handhabung, aber weit komplizierter im Mechanismus (Kap. 5.40).

Die dritte Elektrode der Triode, das sog. *Gitter*, sitzt als weitmaschiges Netz zwischen Anode und Kathode, wie im Schaltzeichen (Abb. 5.106) schematisch angedeutet. Sein Potential entscheidet jetzt über die Höhe des Anodenstromes: ist es positiv gegenüber der Kathode, so werden die dort austretenden Elektronen abgesaugt, schlüpfen durch die weiten Maschen des Gitters und laufen zur Anode weiter; hinreichend negatives Gitter scheucht die Elektronen in die Kathode zurück, es vermag den Anodenstrom vollständig zu unterbinden – die Triode arbeitet als elektronischer Schalter. Zwischenwerte der Gitterspannung erlauben Zwischenwerte des Anodenstromes. (Abb. 5.107 zeigt als

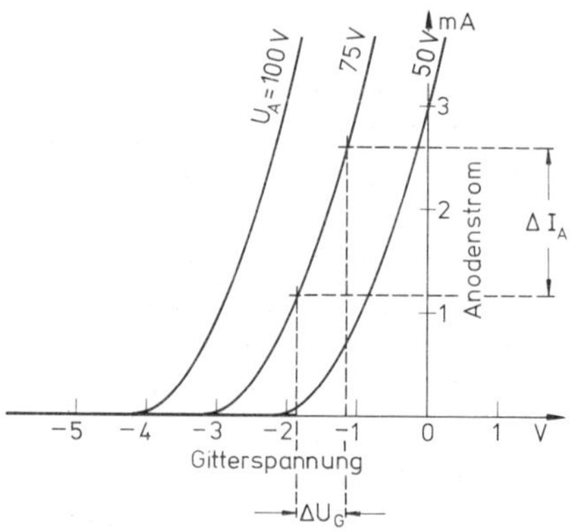

Abb. 5.107. Kennlinienfeld einer Triode mit der Anodenspannung U_A als Parameter. Eine Änderung der Gitterspannung um 0,7 V löst eine Änderung des Anodenstromes I_A um 1,4 mA aus

Beispiel das entsprechende Kennlinienfeld einer technischen Elektronenröhre.) Schwankungen ΔI_A des Anodenstromes I_A übersetzt ein Anodenwiderstand (R in Abb. 5.106) in Schwankungen der Spannung U_R über diesem Widerstand; sie sind synchron zu den auslösenden Schwankungen ΔU_G der Gitterspannung U_G, möglicherweise aber um Zehnerpotenzen größer – die Triode arbeitet als *Spannungsverstärker*, und dies praktisch trägheitslos. Um die Laufzeit der Elektronen von Kathode zu Anode braucht man sich in den meisten Fällen nicht zu kümmern, sie kann leicht unter Mikrosekunden gehalten werden.

Aufgabe 5.34: Wie groß muß der Anodenwiderstand R in Abb. 5.106 sein, damit eine Triode mit dem Kennlinienfeld der Abb. 5.107 einen Verstärkungsfaktor 10 liefert?

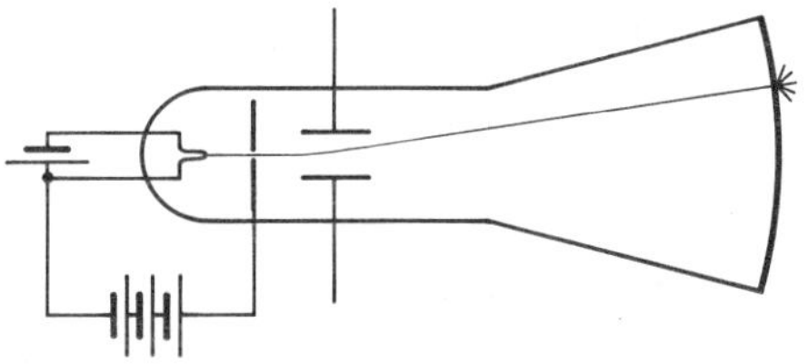

Abb. 5.108. Oszillographenröhre. Die Elektronenkanone schießt einen gebündelten Elektronenstrahl auf den Leuchtschirm. Zwei Paare von Ablenkplatten gestatten, mit geeigneten Spannungen den Strahl horizontal und vertikal auf jeden beliebigen Punkt des Leuchtschirmes auszulenken (der Übersichtlichkeit halber sind nur die Platten für die Vertikalablenkung gezeichnet)

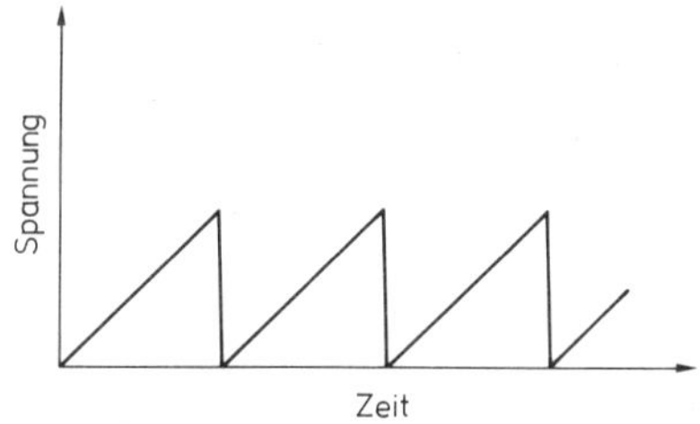

Abb. 5.109. Sägezahn-Spannung für die Zeitablenkung eines Oszillographen

Normalerweise emittiert die Kathode ihre Elektronen gedankenlos nach allen Seiten. Durch geschickte Konstruktion mit Leitblechen auf passenden Potentialen kann man erreichen, daß ein scharf gebündelter Strahl durch ein feines Loch im Anodenblech die *Elektronenkanone* verläßt, z.B. in den feldfreien Raum einer konisch sich erweiternden Vakuumröhre hinein (Abb. 5.108). Belegt man jetzt den Boden des Glaskolbens innen mit einem geeigneten Leuchtstoff, so wird die Auftreffstelle des Elektronenstrahles durch *Elektrolumineszenz* für das Auge sichtbar – dabei darf sich der Leuchtstoff nicht aufladen; seine Leitfähigkeit muß also ausreichen, die ankommenden Elektronen zur Erde abzuführen.

Auch frei im Strahl fliegende Elektronen reagieren auf elektrische Felder: schießt man sie quer durch einen geladenen Kondensator, so werden sie zur Seite, in Richtung auf die positive Elektrode hin, abgelenkt (Abb. 5.108). Legt man eine Wechselspannung an den Kondensator, so folgt der Strahl synchron und malt einen Strich auf den Leuchtschirm. Das kann so schnell erfolgen, daß Einzelheiten im Ablauf vom Auge des Menschen nicht mehr aufgelöst werden. Darum sieht dieses auch den gleichen statischen Strich, wenn man den Strahl nicht mit einer sinusförmigen Wechselspannung, sondern mit einem *Sägezahn* ablenkt (Abb. 5.109): der Lichtpunkt läuft jetzt mit konstanter Geschwindigkeit von links nach rechts über den Leuchtschirm und springt dann rasch in die Ausgangsstellung zurück.

Stellt man dem Strahl noch einen zweiten Kondensator mit vertikalem elektrischen Feld in den Weg, so kann man ihn zusätzlich nach oben und unten auslenken; der Lichtpunkt zeichnet jetzt getreulich einen Graphen vom zeitlichen Ablauf der Spannung an den vertikalen Ablenkplatten. Er liefert dem Auge ein stehendes Bild, wenn sich diese Spannung periodisch wiederholt, wenn der horizontale Sägezahn zu ihr synchron *getriggert* ist und alles zusammen schnell genug abläuft: Die Elektronenröhre hat sich zur *Braunschen Röhre* gemausert, die Elektronik drumherum macht aus ihr einen *Kathodenstrahl-Oszillographen* („Oszi"). Er dient anschaulicher Registrierung rasch ablaufender Vorgänge, die über passende Meßwandler in synchrone elektrische Spannungen umgesetzt worden sind. Weil aber die Ablenkplatten weit höhere Spannungen verlangen, als Meßwandler gemeinhin anbieten, ist dem Oszillographen zumindest für die vertikale *Y-Ablenkung* ein stufenweise einstellbarer Vorverstärker eingebaut, gleich in der resultierenden Empfindlichkeit des Leuchtpunktes auf dem Schirm geeicht (also z.B. in der Angabe „10 mV/cm"). Auch die horizontale *X-Ablenkung* kann einen Verstärker bekommen, wenn nämlich der Zusammenhang zwischen zwei beliebigen, elektrisch gemessenen Größen geschrieben werden soll. Meist liegt hier aber ein fest eingebauter Sägezahngenerator für geeicht einstellbare Zeitablenkungen (z.B. „3 ms/cm").

Jede Elektronik gehört in einen nur Spezialisten zugänglichen Kasten, die sprichwörtliche *black box*, auch die des Oszillographen. Es ist Sache der Industrie, sie ständig auf der Höhe der Technik zu halten. Der Experimentator muß nur in der Lage sein, seine Kästen richtig einzusetzen. Dies zu üben, sei wenigstens andeutungsweise versucht in der

Aufgabe 5.35: Von je einem Oszillographen registriert werden soll a) die Strom-Spannungs-Kennlinie eines Gleichrichters, wie sie Abb. 5.104 gezeigt hat, und b) der zeitliche Verlauf des vom Gleichrichter unter sinusförmiger Wechselspannung durchgelassenen Stromes (Abb. 5.110). Zur Verfügung stehen die Instrumente und Schaltelemente der Abb. 5.111. Beim Zeichnen der Schaltung ist zu bedenken, daß Verstärker hohe Eingangswiderstände besitzen und darum Spannungsmesser darstellen, daß also Ströme, die gemessen werden sollen, in zu ihnen proportionale Spannungen übergeführt werden müssen.

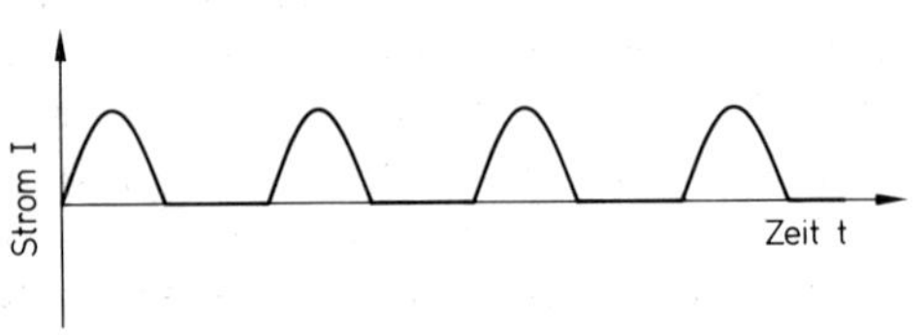

Abb. 5.110. *Halbwellen-Gleichrichtung.* Ein Gleichrichter läßt nur die positive Halbwelle sinusförmiger Wechselspannung als Strom durch und schneidet die negative ab

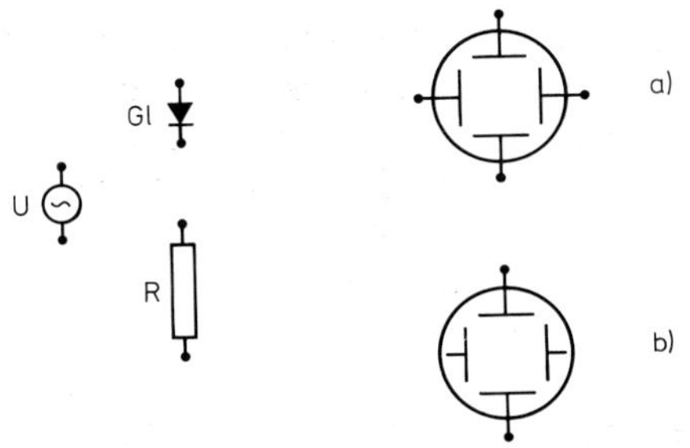

Abb. 5.111. Zu Aufgabe 5.35. Zur Verfügung stehen: ein Gleichrichter *Gl*, eine Wechselspannungsquelle *U* und ein Ohmscher Widerstand *R*, dazu zwei Oszillographen, angedeutet durch das Schema der Ablenkplattenpaare beim Blick auf die Oszillographenröhre von vorn. In den Anschlüssen zu den Platten sind die notwendigen Verstärker zu denken. Die Horizontalplatten des Oszillographen b) sind nicht herausgeführt, weil an ihnen der Sägezahngenerator für die Zeitablenkung fest angeschlossen ist

Eine schaltungstechnische Komplikation, von der Aufgabe nicht berücksichtigt, bringt eine Eigenart fast aller black boxes mit sich: Sie wollen „auf einem Bein" geerdet sein! Das gilt auch für die Verstärker der Oszillographen. Daraus folgt, daß in der Schaltung der Aufgabe 5.35 ein ganz bestimmter Punkt auf Erde liegen muß – und das verlangt wiederum eine erdfreie Spannungsquelle, sonst bricht der Gleichrichter möglicherweise wegen Überlastung in Durchlaßrichtung zusammen.

Aufgabe 5.36: Warum?

Ursprünglich hatten alle Oszillographen einen gemeinsamen Nachteil: Nur periodische Vorgänge liefern stehende Bilder – einmalig Ablaufendes konnte allenfalls photographiert werden. Das ist inzwischen behoben. Sogenannte *Speicher-Oszillographen* malen wie mit Kreide auf die Wandtafel und lassen sich durch Knopfdruck löschen.

Legt man an beide Plattenpaare Sägezähne, horizontal einen schnellen (200 kHz) und vertikal einen langsamen (25 Hz), so schreibt der Leuchtpunkt 25mal in der Sekunde ein rechteckiges Feld mit 800 waagerechten Zeilen voll – das Auge sieht eine gleichmäßig leuchtende Fläche, flimmerfrei, wenn sie nicht zu hell ist. Nun kann man im Braunschen Rohr die Stärke des Elektronenstrahles ganz ähnlich wie bei einer Triode durch eine dem Gitter analoge Elektrode willkürlich und schnell verringern und so dunkle Punkte in das helle Feld setzen. Richtig gesteuert ergeben sie ein Bild, das dem Auge auch bewegt erscheinen kann: Prinzip des Fernsehapparates.

5.30 Das Elektronvolt

Nach welcher Zeit und mit welcher Geschwindigkeit kommt ein freies Elektron auf der Anode an? Für den einfachen Sonderfall des homogenen Feldes läßt sich diese Frage leicht beantworten – weil wieder einmal die korrekten Integrale nichts grundsätzlich Neues liefern, sollen sie Experten und Liebhabern überlassen bleiben.
Im homogenen Feld unterliegt das Elektron einer konstanten Kraft

$$\boldsymbol{F} = e_0\,\boldsymbol{E},$$

es „durchfällt" das Feld wie ein Apfel das homogene Schwerefeld um den Apfelbaum, also nach den in Kap. 1.08 und 1.11 behandelten Gesetzen der *gleichmäßig beschleunigten Bewegung*. Wem hier saubere Laufzeitmessungen gelingen, der kann die Masse m_e eines einzelnen Elektrons bestimmen – andere Verfahren (Kap. 5.45) erweisen sich allerdings als genauer. Heraus kommt als Naturkonstante

$$m_e = 9{,}1066 \cdot 10^{-31}\ \text{kg}.$$

Das ist nicht viel, aber dafür bildet das Elektron ja auch das kleinste stabile materielle Teilchen der Welt.

Aufgabe 5.37: Welche Zeit braucht ein aus der Ruhe startendes Elektron, um im homogenen Feld der Stärke $E = 100\ \text{V/cm}$ einen Zentimeter weit zu kommen? (Diese Werte entsprechen grob den Verhältnissen in einer gängigen Elektronenröhre.)

Die letzte Aufgabe läßt sich nach den Regeln des freien Falles (Kap. 1.08) lösen, denn sie entsprechen homogenem Feld und konstanter Beschleunigung. Für eine bequeme Berechnung der Laufzeit sind diese Voraussetzungen gut; die Endgeschwindigkeit v_0 kann aber auch auf einfacherem und allgemeinerem Weg bestimmt werden, mit Hilfe des Energiesatzes nämlich. Das Elektron „durchfällt" ja die Potentialdifferenz ΔU. Folglich setzt es die potentielle Energie $\Delta W_{\text{pot}} = Q\,\Delta U = e_0\,\Delta U$ um (Kap. 5.22), und zwar in kinetische Energie $\Delta W_{\text{kin}} = m_e v_0^2/2$ (Kap. 1.21). Das gilt auch für inhomogene Felder.

Selbstverständlich darf man die potentielle oder kinetische Energie eines einzelnen Elektrons in Wattsekunden angeben; die Zahlenwerte werden dann aber naturgemäß sehr klein – kein Elektron kann sich in den Besitz dieser der makroskopischen Welt angepaßten Energieeinheit bringen. Deshalb ist es vernünftig, für den Mikrokosmos der Elementarteilchen eine neue Energieeinheit zu definieren, das *Elektronenvolt*, auch *Elektronvolt* genannt und eV abgekürzt. Gemeint ist das Produkt aus der Elementarladung e_0 und der Spannungseinheit Volt:

$$1\ \text{eV} = 1{,}602 \cdot 10^{-19}\ \text{W s}.$$

Ein Elektron, das (ohne nennenswerte thermische Energie) aus einer Glühkathode herauskommt, besitzt aufgrund der Anodenspannung U eine potentielle Energie W_{pot}, wandelt sie auf dem Wege zur Anode vollständig in kinetische Energie W_{kin} um, trifft mit ihr auf und macht daraus – wie könnte es anders sein – im wesentlichen Wärme: Durch Elektronenbeschuß kann man selbst hochschmelzende Metalle im Vakuum flüssig machen, mit gut gebündelten Strahlen sogar feine Löcher in Edelsteine bohren. So ganz am Rande fällt dabei auch noch ein sehr wichtiges Nebenprodukt an: Röntgenstrahlung (Kap. 7.25).

Aufgabe 5.38: Eine Vakuum-Diode wird mit 120 V betrieben, die Glühkathode so geheizt, daß ein Gleichstrom von 5 mA fließt. Mit welcher Geschwindigkeit (m/sec) und welcher kinetischen Energie (eV) treffen die Elektronen auf die Anode, und welche Leistung (W) verheizen sie dabei?

5.31 Ruhemasse und relativistische Masse

Röntgenröhren für 300 kV Anodenspannung sind nicht die Regel in Kliniken, aber es gibt sie. Wer auch auf die Elektronen derartiger Röhren die Formeln des letzten Kapitels anwendet, macht bei Energie und Leistung keinen Fehler – auf den Energiesatz ist Verlaß –, wohl aber bei der Berechnung der Endgeschwindigkeit. Gutgläubige Rechnung böte 300-keV-Elektronen einen Wert von 325 000 km/s, also etwas mehr als die Geschwindigkeit des Lichtes im Vakuum – und hier legt die Relativitätstheorie ihr Veto ein. Sie postuliert, daß kein materielles Teilchen die

$$\text{Lichtgeschwindigkeit } c \approx 300\,000 \text{ km/s} = 3 \cdot 10^8 \text{ m/s}$$

erreichen, geschweige denn überschreiten kann – und zahllose Versuche der Kernphysik weisen dieses Postulat als experimentelle Erfahrung aus.

Wo liegt der Fehler? Bei jeder Rechnung muß man sich davon überzeugen, daß die zugrundegelegte Formel auch angewandt werden darf, daß der Bereich ihrer Gültigkeit nicht überschritten wird. Hier ist die Formel $W_{\text{kin}} = m v^2/2$ überzogen, denn sie gilt nur für „kleine" Geschwindigkeiten, nur wenn $v \ll c$. Diese Bedingung ist in der normalen Umwelt des Menschen allemal erfüllt, selbst kosmische Geschwindigkeiten sind in diesem Sinne zumeist noch klein.

Aufgabe 5.39: Der Radius der Erdbahn beträgt $1{,}49 \cdot 10^8$ km. Wie groß ist demnach die mittlere Geschwindigkeit der Erde, a) gemessen in der Einheit des Straßenverkehrs (km/h) und b) verglichen mit c?

Elementarteilchen hingegen sammeln leicht Energie genug an, um in den Machtbereich der Relativitätstheorie zu kommen; dank ihrer kleinen Masse genügen bei Elektronen schon 100 keV. Die Konsequenz erscheint auf den ersten Blick grotesk: Wenn das Elektron einerseits vom Feld gezwungen wird, seine kinetische Energie immer weiter zu erhöhen, andererseits aber die absolute Barriere der Vakuumlichtgeschwindigkeit c respektieren soll, dann hat es keine Wahl: es muß seine Masse erhöhen! Das heißt nun nicht, daß es auch dicker wird und schließlich walnußgroß durch die Gegend fegt, aber es heißt doch immerhin, daß die physikalische Größe „Masse" so unwandelbar nicht ist, wie sie bisher erschien. Masse und Energie sind äquivalent: Ihren Zusammenhang liefert die bekannte und berühmte Gleichung

$$E = m c^2,$$

die hier ohne Beweis und Herleitung (und aus historischen Gründen mit dem Buchstaben E für die Energie) hingeschrieben werden soll. Sie ist experimentell zuverlässig überprüft worden – schließlich bildet sie die Grundlage der Kernkraftwerke.
Daß diese Gleichung im normalen Alltag des Menschen keine Rolle spielt, liegt an dem großen Wert der Lichtgeschwindigkeit: alle gängigen kinetischen Energien repräsentieren Massen, die lächerlich klein sind gegenüber der *Ruhemasse* m_0 des Körpers, der da läuft. Selbst bei der halben Lichtgeschwindigkeit passiert noch nicht viel, aber danach steigt die *relativistische Masse* m steil an. Wieder sei eine zuständige Gleichung ohne Herleitung hingeschrieben (sie gilt für Teilchen auf einer Kreisbahn):

$$m = \frac{m_0}{\sqrt{1 - v^2/c^2}}.$$

Den entsprechenden Graphen zeigt Abb. 5.112.

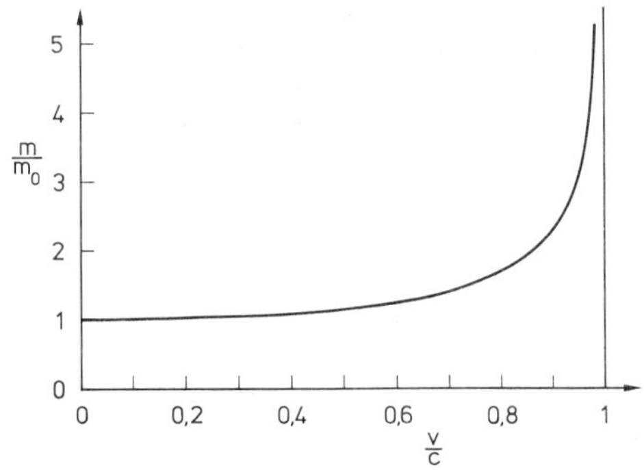

Abb. 5.112. Nach der Relativitätstheorie wächst die *relativistische Masse* m eines Körpers mit der *Ruhmasse* m_0 bei steigender Geschwindigkeit v zunächst nur geringfügig, dann aber so steil an, daß keine noch so hohe und noch so lang andauernde beschleunigende Kraft erlaubt, die Lichtgeschwindigkeit c zu erreichen

Wie Masse und Geschwindigkeit eines Elektrons von seiner kinetischen Energie abhängen, kann man Abb. 5.113 entnehmen – um beide Größen in ein Diagramm aufnehmen zu können, sind hier in der Ordinate die dimensionslosen Verhältnisse m/m_e und v/c aufgetragen, und zwar in doppelt logarithmischem Maßstab. Große Energien gehen so gut wie vollständig in die relativistische Masse, m/m_e und W sind einander proportional, der Graph zielt, auf den Ordinatenwert $1 = 10^0$ extrapoliert, auf das Energieäquivalent der Ruhemasse m_e des Elektrons; kleine Energien werden so gut wie vollständig von der Geschwindigkeit übernommen, ihr Graph läuft nur wegen des Wurzelzusammenhanges flacher.
Es ist zuweilen schwer, in ein Wort nicht mehr hinein-

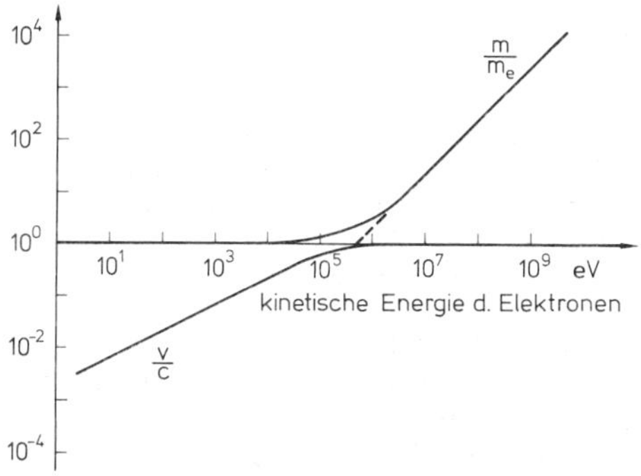

Abb. 5.113. Abhängigkeit der relativistischen Masse eines Elektrons (gemessen in Vielfachen seiner Ruhmasse m_e) und seiner Geschwindigkeit v (gemessen in Vielfachen der Lichtgeschwindigkeit c) von seiner kinetischen Energie

zugeheimnissen, hinter ihm nicht mehr zu vermuten, als vorher durch Definition hineingesteckt worden ist. Die physikalische Größe „Masse" wurde in Kap. 1.11 eingeführt, um Kraft und Beschleunigung miteinander zu verbinden: $m = F/a$. Kein Wunder, daß m sehr groß wird, wenn – aus welchen Gründen auch immer – die Geschwindigkeit nicht recht steigen will!

5.32 Gasentladung

Ist das Vakuum in einer Vakuumröhre nicht so sehr gut, dann kommt kein Elektron von der Kathode bis zur Anode, ohne unterwegs ein paarmal mit Molekülen zusammenzustoßen. Dabei kann leicht ein neues Elektron aus dem getroffenen Molekül herausgeschlagen werden, immer dann nämlich, wenn die kinetische Energie des stoßenden Elektrons größer ist als die *Ionisierungsarbeit* des Moleküls – sie liegt, von der Art des Gases abhängig, bei einigen eV. Das neue Ion setzt sich zur Kathode hin in Bewegung, dank seiner relativ großen Masse aber so langsam, daß dem keine allzu große Bedeutung zukommt. Wichtiger ist das neue Elektron, das rasch kinetische Energie aufsammelt, selber stößt und ionisiert, derweilen das erste, auslösende Elektron natürlich auch nicht untätig bleibt. Wenn der Mechanismus der *Stoßionisation* wiederholt funktioniert, so bricht eine *Elektronenlawine* los – vergleichsweise nicht weniger gefährlich als eine Schneelawine, denn sie bedeutet einen explosionsartig ansteigenden Strom mit entsprechender Wärmeentwicklung. Die Zahl der Elektronen wächst nach einer Exponentialfunktion mit positivem Exponenten. Überdies treffen auch noch Ionen auf die Kathode und können dort weitere Elektronen herausschlagen.

Technische Bedeutung hat diese *Gasentladung*, weil sie Licht aussendet. Durch den Stoß wird das Ion nicht nur gebildet, sondern auch *angeregt*, zudem fängt es früher oder später ein zufällig noch langsam vorbeifliegendes Elektron ein und wird wieder zum neutralen Molekül – und dabei sendet es Licht aus (zum Mechanismus s. Kap. 7.26). Man hat deshalb durchaus ein technisches Interesse daran, die Elektronenlawine der Gasentladung zu zähmen. Das geht am einfachsten, wenn man sie nicht aus einer Batterie, sondern aus einem Kondensator nährt, denn dann steht nur eine begrenzte Ladung zur Verfügung – ist sie verbraucht, bricht mit der Spannung auch das treibende Feld zusammen, und die Elektronen können sich nicht mehr auf Ionisationsenergie beschleunigen: Die Entladung erstirbt in einem kurzen, hellen Blitz. Er ist den Photographen als *Elektronenblitz* geläufig.

Man kann aus ihm unschwer eine *Stroboskoplampe* machen, die in regelmäßigen Zeitabständen ihre Blitze aussendet; man muß nur den Kondensator

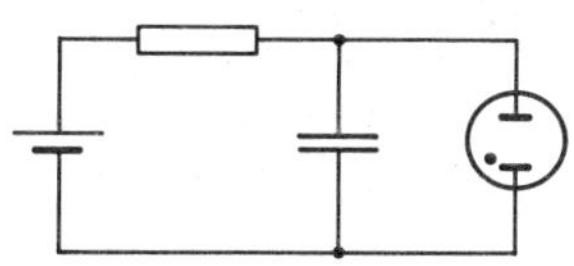

Abb. 5.114. Prinzipschaltung einer Stroboskoplampe (der Punkt im Schaltzeichen deutet das verdünnte Gas an)

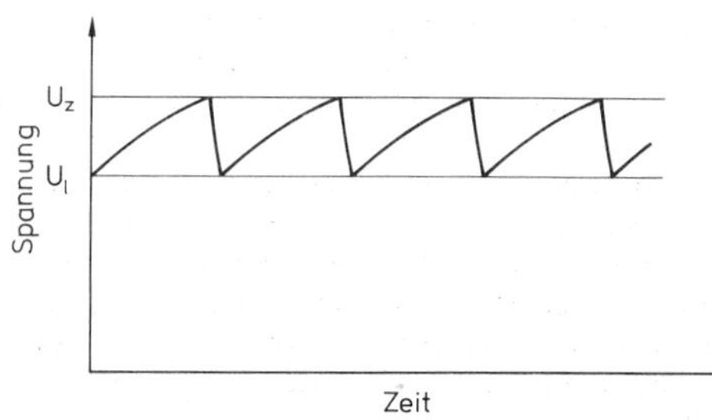

Abb. 5.115. Spannungsverlauf am Kondensator der Abb. 5.114: U pendelt sägezahnförmig zwischen Zündspannung U_z und Löschspannung U_l der Glimmlampe

ständig über Batterie und Widerstand nachladen (Abb. 5.114). Sobald die *Zündspannung* U_z der Blitzlampe erreicht ist, läuft die Lawine los und reißt den Kondensator fast momentan auf die *Löschspannung* U_l herunter. Das Spiel kann mit langsamer Aufladung von neuem beginnen – der zeitliche Verlauf der Spannung am Kondensator hat nahezu die Form des Sägezahns, den die Zeitablenkung des Oszillographen braucht (Abb. 5.115). In der Tat werden einfache Sägezahngeneratoren nach diesem Prinzip gebaut, allerdings nicht mit Blitzlampen, sondern den anspruchsloseren *Glimmlampen*. Wesentlich ist der Unterschied zwischen U_z und U_l, der hier ohne nähere Untersuchung und Begründung akzeptiert werden soll. Man kann eine Elektronenlawine auch mit einem schlichten Vorwiderstand bändigen (Abb. 5.116). Sobald die Entladung zündet, verlangt er für den Strom einen Spannungsabfall, entzieht ihr also Feldstärke und reduziert die Ionisationswahrscheinlichkeit – just so weit, daß eben nur jedes von einem Ion eingefangene Elektron durch Stoßionisation ersetzt wird. Das erfordert ein ganz bestimmtes Feld; Entladung und Widerstand müssen die Batteriespannung dementsprechend untereinander aufteilen. Die bunten Röhren der Leuchtreklame folgen diesem Prinzip – ihre Farben sind charakteristisch für das verwendete Gas: Neon leuchtet rot, Natriumdampf gelb, Quecksilberdampf blau; bei ihm ist zusätzlich ein erheblicher Anteil unsichtbaren ultravioletten Lichtes vorhanden – mehr kosmetisch als medizinisch genutzt in der *Höhensonne*, in den sichtbaren Spektralbereich überführt durch *Fluoreszenz* (Kap. 7.27) bei den *Leuchtstoffröhren*.

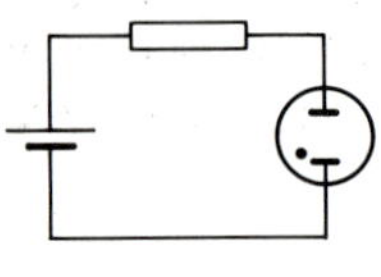

Abb. 5.116. Glimmlampe (Gasentladungslampe) im Dauerbetrieb; ein Schutzwiderstand verhindert Lawine und Kurzschluß

Mit gängigen Feldstärken kann eine *selbständige Gasentladung* nur bei mittlerem Vakuum brennen (einigen Torr): Ist es zu gut, so stoßen die freien Elektronen zu selten; ist es zu schlecht, so stoßen sie bereits, ehe sie die zur Ionisation notwendige kinetische Energie wieder aus dem Feld aufgesammelt haben. Mit Gewalt kann man aber eine Gasentladung immer erzwingen, Zimmerluft verlangt eine *Durchbruchsfeldstärke* von etwa 30 kV/cm. Weit weniger genügt einem *Lichtbogen*, der z.B. zwischen zwei Kohlestäben brennt. Man zündet ihn durch kurze Berührung der Stäbe und Auseinanderziehen auf etwa 1 cm – ein Vorwiderstand muß Kurzschluß verhindern. Im Lichtbogen wird auf wenig Raum viel Leistung verheizt – entsprechend hoch steigt die Temperatur (darum auch die Kohlestäbe: sie schmelzen nicht). Auch wenn es zu einer kräftigen thermischen Ionisation noch nicht kommt, so wird doch den Elektronen die Stoßionisation ungemein erleichtert. Zur hohen Temperatur gehört eine entsprechende *Temperaturstrahlung* (Kap. 4.21 und 7.22). Bogenlampen sind besonders hell.

Aufgabe 5.40: Eine Kohlebogenlampe wird mit 220 V Gleichspannung und einem Vorwiderstand von 25 Ω betrieben. Es fließen 4,2 A. Welche Leistung wird im Bogen umgesetzt?

Wenn die Bedingungen für eine Stoßionisation nicht mehr ausreichen, werden die Elektronen eingefangen, möglicherweise von positiven Ionen – ihnen hilft die Coulomb-Kraft –, wahrscheinlicher aber von neutralen Atomen, denn ihnen hilft ihre große Zahl: die Ionisation führt zu Ionenpaaren. Auch sie verschwinden durch Rekombination, tauschen das überzählige Elektron aus, aber das braucht doch etwas Zeit. Dadurch wird eine *unselbständige Gasentladung* möglich – unselbständig, weil sie einen äußeren Prozeß braucht, der gegen die Rekombination anarbeitend ständig Ionenpaare bildet und auf stationärer Anzahl hält. Hierfür genügt schon die chemische Oxydation in einer Kerzenflamme: hält man sie zwischen die Platten eines geladenen Kondensators, so fällt dessen Spannung rasch zusammen.

Besondere medizinische Bedeutung haben alle Arten *ionisierender Strahlung*, ob sie nun einer Röntgenröhre entstammt (Kap. 7.25), einer Elektronenschleuder (Kap. 6.10) oder irgendeinem radioaktiven Prozeß (Kap. 8.08). Auch die biologische Wirkung solcher Strahlen beruht zum guten Teil auf Ionisation, jetzt aber im Gewebe. Sie ist der Ionisation in Luft ähnlich genug, um diese für Meß- und Dosierungszwecke einsetzen zu können. Einzelheiten zur Dosimetrie und zum radiologischen Standardinstrument, der *Ionisationskammer*, bringt Kap. 8.14.

Um die gebildeten Ionenpaare zuverlässig zu zählen, muß jedes erzeugte Ion „seine" Platte sicher erreichen, es darf nicht unterwegs rekombinieren. Nur dann fließt durch den Außenkreis eine volle Elementarladung je Ionenpaar. Das erfordert hinreichend hohes Feld in der Ionisationskammer; es ist erreicht, wenn eine weitere Steigerung der angelegten Spannung den Ionenstrom nicht mehr erhöht (Konstanz der ionisierenden Strahlung vorausgesetzt).

Aufgabe 5.41: Wie sieht die Stromspannungskennlinie einer Ionisationskammer, die von Röntgenstrahlen konstanter Intensität (*Dosisleistung*, Kap. 8.14) durchsetzt wird, qualitativ aus? Wie ändert sie sich bei Halbierung der Dosisleistung?

In jedem praktischen Fall bleibt der Ionenstrom so klein, daß ihm mit einem simplen Drehspulinstrument ohne Verstärker nicht beizukommen ist. Die sowieso notwendige hohe Spannung erlaubt aber den Einsatz eines statischen Voltmeters. Lädt man die Kammer bis weit in die Stromsättigung auf, so kann man aus einem strahlungsbedingten Absinken der Spannung die transportierte Ladung bestimmen, sofern man die Kapazität zur Kammer kennt. Die Ladung ist der absorbierten *Dosis* proportional – der Ionenstrom zur *Dosisleistung*.

Aufgabe 5.42: Die *Strahlenschutzverordnung* (Kap. 8.15) verlangt Aufmerksamkeit, sobald die Möglichkeit besteht, daß jemand im Laufe eines Jahres aus zivilisationsbedingter ionisierender Strahlung eine Dosis aufsammelt, die in jedem Kubikzentimeter normaler Zimmerluft $3 \cdot 10^8$ Ionenpaare erzeugen würde. Angenommen, man appliziert diese Dosis einer Ionisationskammer mit einem Meßvolumen von $100\,\mathrm{cm}^3$, und zwar gleichmäßig über das Jahr verteilt, mit konstanter Dosisleistung also, welcher Sättigungsstrom flösse dann in der Kammer?

Einen Zwitter zwischen selbständiger und unselbständiger Entladung benutzt das Standardinstrument der Kernphysik, das *Geiger-Müller-Zählrohr*, das einzelne ionisierende Teilchen nachweisen kann, wie sie bei radioaktiven Vorgängen entstehen. Es besitzt ein meist sehr dünnwandiges Fenster, die Teilchen in die Meßkammer hereinzulassen, eine Nadel oder einen feinen Draht als Elektrode und ein speziell ausgesuchtes Gas unter vermindertem Druck (Abb. 5.117). Die Spannung zwischen Elektrode und Kammerwand wird so geregelt, daß eine selbständige Entladung gerade eben noch nicht zündet. Dann ge-

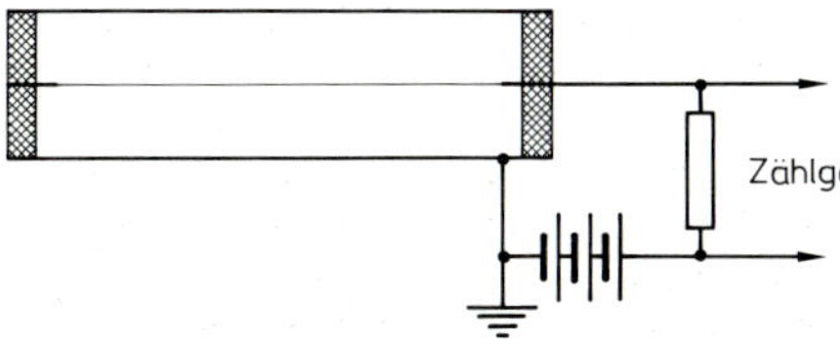

Abb. 5.117. Geiger-Müller-Zählrohr, schematisch

nügt aber z.B. ein einzelnes schnelles Elektron, ein β-Teilchen (Kap. 8.08), eine Entladung auszulösen – dann nämlich, wenn der Ionenschlauch, mit dem es seine Bahnspur umgibt, durch das Gebiet hohen Feldes um Draht oder Nadelspitze führt: Die Elektronen des Ionenschlauches starten die Lawine. Sie soll schleunigst wieder abbrechen. Hierzu hilft ein hoher Vorwiderstand in der Zuleitung zur Elektrode: Mit der Lawine verbunden ist ein plötzlicher Anstieg des Stromes, mit ihm steigt ebenso plötzlich die Spannung am Widerstand, sie fehlt dem Zählrohr, und die Entladung verlöscht. Das alles kann in weniger als einer Mikrosekunde ablaufen – nach kurzer *Totzeit* ist das Rohr wieder zählbereit. Den Spannungsimpuls am Widerstand übernimmt eine Elektronik; hängt an ihrem Ausgang ein Lautsprecher, so löst jedes registrierte Teilchen einen Knacks regelbarer Lautstärke aus: „Der Geigerzähler tickt".

5.33 Massenwirkungsgesetz und pH-Wert

Gasmoleküle bilden Ionenpaare in nennenswertem Umfang nur bei massivem Eingriff von außen oder bei extrem hohen Temperaturen; in flüssigem Aggregatzustand sind Ionen demgegenüber weitaus häufiger. Wasser z.B. *dissoziiert* schon bei Zimmertemperatur, zwar nur geringfügig, aber doch durchaus merklich in positive Wasserstoffionen (H^+) und negative Hydroxylionen (OH^-) nach der Reaktionsgleichung

$$H_2O \rightleftharpoons H^+ + OH^-$$

– wer es genau nimmt, schreibt freilich lieber

$$2\,H_2O \rightleftharpoons H_3O^+ + OH^-,$$

weil sich das H^+-Ion sofort an ein H_2O-Molekül anlagert. Salze, in Wasser gelöst, dissoziieren oft so gut wie vollständig, Kochsalz etwa

$$NaCl \rightleftharpoons Na^+ + Cl^-$$

oder das alte Haus- und Gurgelmittel Kaliumpermanganat

$$KMnO_4 \rightleftharpoons K^+ + MnO_4^-.$$

Jedes der bisher genannten Ionen trägt eine positive oder negative Elementarladung, es ist *einwertig*. Anderes kommt auch vor, etwa bei der Schwefelsäure

$$H_2SO_4 \rightleftharpoons 2\,H^+ + SO_4^{--}$$

– selbstverständlich muß die Ladungsbilanz stimmen.

Unter *Dissoziation* versteht man ganz allgemein den Zerfall eines Moleküls in mehrere Teile, insbesondere auch in Ionen.

An dieser Stelle sei daran erinnert, daß chemische Reaktionsgleichungen nur äußerlich mathematischen und physikalischen Formeln ähneln: Die in ihnen verwendeten Buchstaben stehen für materielle Teilchen, für Moleküle, Atome und Ionen – im Gegensatz zu physikalischen Größen kann man sie nicht mathematischen Operationen unterwerfen. Darum bedeutet ein Pluszeichen hier keine Addition, sondern gleichzeitige Existenz; Minuszeichen sollte man vermeiden und Gleichheitszeichen auch: An ihre Stelle gehört ein Doppelpfeil, der andeutet, daß eine Reaktion grundsätzlich immer in beiden Richtungen abläuft. Abhängig von den Randbedingungen wie Druck und Temperatur stellt sie früher oder später für alle beteiligten Teilchensorten Gleichgewichtskonzentrationen ein. Diese sind physikalische Größen und folgen einem Gesetz, das zu Recht mit Gleichheitszeichen geschrieben wird: dem *Massenwirkungsgesetz*.

Angenommen, es seien zunächst undissoziierte, aber dissoziierbare Moleküle der Anzahldichte n_0 vorhanden, dann bekommen einige von ihnen im Spiel der thermischen Bewegung zufällig mehr als eine gewisse Aktivierungsenergie W_1 und zerfallen. Es werden um so mehr sein, je größer die Anzahldichte n_x der noch intakten Moleküle ist. n_x nimmt aber ab mit einer Geschwindigkeit

$$\left(\frac{dn_x}{dt}\right)_- = -k_1 n_x.$$

Mit der gleichen Geschwindigkeit bilden sich positive und negative Ionen in den Anzahldichten n_+ und n_- – sie seien der Einfachheit halber als einwertig angenommen:

$$n_+ = n_- = n_0 - n_x.$$

Immer dann, wenn sich zwei entgegengesetzt geladene Ionen in thermischer Bewegung zufällig treffen, werden sie mit einer gewissen Wahrscheinlichkeit (abhängig von einer neuen Aktivierungsenergie W_2) zum Molekül *rekombinieren*; das wird um so häufiger geschehen, je größer sowohl n_+ wie auch n_- ist. Das bedeutet eine Bildungsgeschwindigkeit intakter Moleküle

$$\left(\frac{dn_x}{dt}\right)_+ = k_2 n_+ n_-.$$

Gleichgewicht ist erreicht, wenn beide Prozesse gleich schnell ablaufen und sich gegenseitig kompensieren, d.h. wenn

$$\left(\frac{dn_x}{dt}\right)_+ + \left(\frac{dn_x}{dt}\right)_- = 0$$

und

$$k_1 n_x = k_2 n_+ n_-$$

oder

$$\frac{n_+ n_-}{n_x} = K.$$

Dies ist das Massenwirkungsgesetz mit der *Massenwirkungskonstanten*

$$K = \frac{k_1}{k_2},$$

die ganz energisch von der Temperatur abhängt, weil dies die beiden Geschwindigkeitskonstanten k_1 und k_2 ja auch tun. Im allgemeinen gilt

$$K(T) = K_0 \exp(-W/kT).$$

Hier ist

$$W = W_1 - W_2$$

die sog. Bildungs- oder Dissoziationsenergie der Reaktion. Diese exponentielle Beziehung tritt immer dann auf, wenn ein Prozeß, um ablaufen zu können, *thermisch aktiviert* werden muß, wenn also in statistischer Wärmebewegung eine *Aktivierungsenergie* aufzubringen ist. Immer dann erscheint ein *Boltzmann-Faktor* $\exp(-W/kT)$.

Chemiker ziehen den Anzahldichten n zumeist die Stoffmengendichten $c=n/N_L$ („Molaritäten" – Kap. 4.08) vor und konsequenterweise auch die Gaskonstante R der Boltzmann-Konstanten k. Sie schreiben dann das Massenwirkungsgesetz des besprochenen Beispieles als

$$\frac{c_+ c_-}{c_x} = K = K_0 \exp(-W/RT)$$

und erhalten W als molare *Aktivierungsenergie* in J/mol (oder auch cal/mol).

Thermisch aktivierte Prozesse sind ausgesprochen häufig; es lohnt deshalb in vielen Fällen, die empirisch gefundene Temperaturabhängigkeit einer Größe probeweise halblogarithmisch gegen $1/T$ aufzutragen. Bilden die Meßpunkte die erwartete abfallende Gerade, wie in Abb. 5.118 für die Gleichgewichtskonstante der Dissoziation des Wassers gezeigt, so liefert deren Steigung die für den Prozeß wesentliche Energie, hier die Dissoziationsenergie des Wassermoleküls.

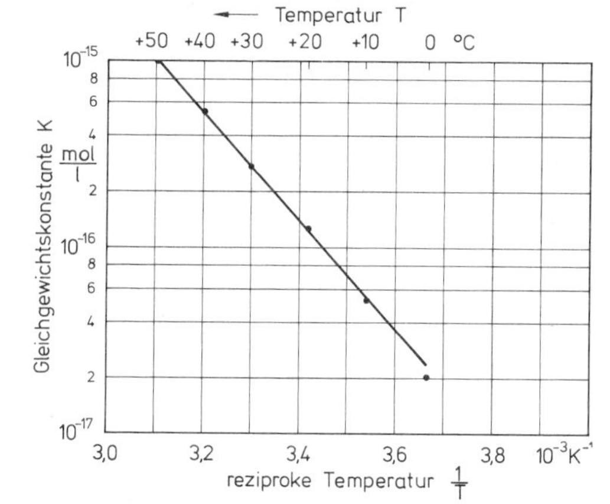

Abb. 5.118. Typisches Beispiel für die Temperaturabhängigkeit eines chemischen Gleichgewichtes, hier der Dissoziation des Wassers. Massenwirkungsgesetz:

$$K(T) = \frac{c_{H^+} \cdot c_{OH^-}}{c_{H_2O}} = K_0 \exp(-W/RT)$$

Aufgabe 5.43: Bezeichnen T_1 und T_2 die Grenzen eines Temperaturintervalles, in dem sich die gemessene Größe gerade um den Faktor e ändert, so ist

$$\frac{1}{kT_1} - \frac{1}{kT_2} = \frac{1}{W}.$$

Begründe diese Beziehung und bestimme die Dissoziationsenergie des Wassers aus Abb. 5.118.

Es hängt von der Massenwirkungskonstanten $K(T)$ und damit von der Temperatur ab, ob eine Molekülsorte fast vollständig (Beispiel: NaCl in H_2O) oder fast gar nicht (Beispiel: H_2O selbst) dissoziiert. Man definiert einen

$$\textit{Dissoziationsgrad}\ x_D = \frac{n_0 - n_x}{n_0},$$

er liegt notwendigerweise zwischen 0 und 1. Bei einwertigen Ionen gilt zudem

$$x_D = \frac{n_+}{n_0} = \frac{n_-}{n_0}.$$

Reines Wasser hat bei 25 °C einen Dissoziationsgrad von $1{,}9 \cdot 10^{-9}$, das entspricht einer Stoffmengendichte c beider Ionensorten von ziemlich genau 10^{-7} mol/l. Den negativen dekadischen Exponenten der Molarität der Wasserstoffionen bezeichnet man als *pH-Wert*: Wasser hat pH 7. Dieser Wert markiert den Neutralpunkt zwischen Säure (pH < 7) und Lauge (pH > 7) – aber nur bei Zimmertemperatur.

In ein und demselben Becherglas können mehrere Massenwirkungsgesetze gleichzeitig ihre Ansprüche befriedigen. Löst man etwa Moleküle der Salzsäure (HCl) in Wasser, so dissoziieren sie gemäß ihrer Massenwirkungskonstanten bei Zimmertemperatur so gut wie vollständig. Die dadurch gebildeten Wasserstoffionen greifen dann aber in das Massenwirkungsgesetz der H_2O-Dissoziation ein und drängen die Konzentration der OH^--Ionen zurück: Bei dem kleinen Dissoziationsgrad des Wassers ist hier ja $n_x \approx n_0$, also praktisch konstant und demzufolge

$$n_{H^+} \cdot n_{OH^-} = N_L^2 \cdot 10^{-14} (\text{mol/l})^2$$

oder

$$c_{H^+} \cdot c_{OH^-} = \frac{n_{H^+}}{N_L} \cdot \frac{n_{OH^-}}{N_L} = 10^{-14} (\text{mol/l})^2.$$

Aufgabe 5.44: Wie groß ist die Stoffmengendichte c der H^+-Ionen und der OH^--Ionen bei pH 2?

5.34 Elektrolyte

Ionen im Wasser folgen einem von außen angelegten elektrischen Feld geradeso wie

Elektronen im Draht. Sie müssen sich mühsam zwischen neutralen Molekülen hindurchdrängeln, bewegen sich darum wie unter starker Reibung. Folglich *driften* sie mit konstanter Geschwindigkeit, proportional zur Feldstärke; deshalb läßt sich auch für sie eine *Beweglichkeit* definieren, die zumeist den Buchstaben u bekommt (statt des bei Elektronen üblichen μ). Die Ionen machen ihre Wirtsflüssigkeit zum *Elektrolyten*, sie geben ihr eine elektrische, eine *elektrolytische* Leitfähigkeit. Im einzelnen bestehen freilich mancherlei Unterschiede gegenüber dem, was in Kap. 5.25 über die Metallelektronen gesagt wurde.

Elektronen sind ununterscheidbar gleich, Ionen gibt es in vielerlei Arten und mit beiderlei Vorzeichen. Die positiven laufen zur Kathode und heißen darum *Kationen*, die negativen zur Anode und heißen *Anionen*. Dies ist ehrwürdiger chemischer Sprachgebrauch – für den Physiker ein wenig irritierend, weil er mit der Vorsilbe *kat* unwillkürlich das negative Vorzeichen der Kathode verbindet. Am Stromtransport beteiligen sich Kationen und Anionen in gleicher Weise: Die konventionelle Stromrichtung fragt nicht, ob negative Träger ihr entgegen- oder positive zu ihr parallellaufen. Alle Ionensorten addieren ihre Beiträge zur elektrischen Leitfähigkeit

$$\sigma = e_0 \sum_i z_i n_i u_i .$$

Diese Formel berücksichtigt, daß verschiedene (durch die Laufzahl i gekennzeichnete) Ionensorten unterschiedliche Wertigkeit z, Anzahldichte n und Beweglichkeit u haben können. u liegt weit unter dem μ der Elektronen im Metall und steigt mit der Temperatur. Vom Modell her ist das verständlich: Ionen sind weit dicker als Elektronen, sie schwimmen wie Fremdkörper in einem Medium, dessen Zähigkeit mit wachsender Temperatur abnimmt.

Unter Umständen liefert die elektrolytische Leitfähigkeit ein empfindliches Maß für Verunreinigungen einer Flüssigkeit. Dank seiner minimalen Dissoziation ist sorgfältig destilliertes und *deionisiertes* Wasser fast schon ein Isolator. Seine Leitfähigkeit steigt im Laufe von Tagen, wenn man es unter Luftabschluß in einem Glasgefäß aufbewahrt, weil es aus ihm Spuren von Alkaliionen herauslaugt – dagegen helfen Flaschen aus teurem Quarzglas (SiO_2). Die Leitfähigkeit steigt aber im Laufe von Stunden, wenn man den Luftabschluß vergißt: Das Wasser nimmt *Kohlendioxid* auf und bildet mit ihm *Kohlensäure*, die dann dissoziiert:

$$CO_2 + H_2O \rightleftharpoons H_2CO_3 \rightleftharpoons H^+ + HCO_3^- .$$

Welche unter den zahllosen, an sich denkbaren Reaktionen tatsächlich ablaufen und in welcher Richtung, das ist nicht immer leicht einzusehen. Gute Chemiker entwickeln hier ein Fingerspitzengefühl, das den Laien fast wie ein Einfühlungsvermögen in die Mentalität von Molekülen anmuten mag.

Im Gegensatz zur metallischen Leitung durch Elektronen ist die elektrolytische durch Ionen immer mit einem echten Materietransport verbunden. Man kann unmittelbar zusehen, wie die violetten MnO_4^--Ionen des Kaliumpermanganates im Feld laufen. Hierzu setzt man eine vielleicht 1 mm dicke Wasserlamelle zwischen zwei Glasplatten, die an den Enden durch zwei schmale Streifen Fließpapier auf Abstand gehalten werden. Dort sitzen auch die Elektroden, die zur Batterie führen. Tränkt man zuvor den einen Papierstreifen mit Permanganatlösung, so wandert von ihm aus eine violette Wolke mit gerader Front in das klare Wasser, sofern er Kathode ist (Abb. 5.119). Die Wolke macht kehrt, sobald man umpolt. Das Marschkommando des elektrischen Feldes breitet sich mit Lichtgeschwindigkeit aus, die Marschkolonne der Ionen gehorcht momentan, aber die Marschgeschwindigkeit bleibt gering, leicht mit Stoppuhr und Lineal zu verfolgen. So läßt sich wenigstens bei bunten Ionen die Beweglichkeit leicht ermitteln. Kennt man sie, so kann man sie auch zur qualitativen

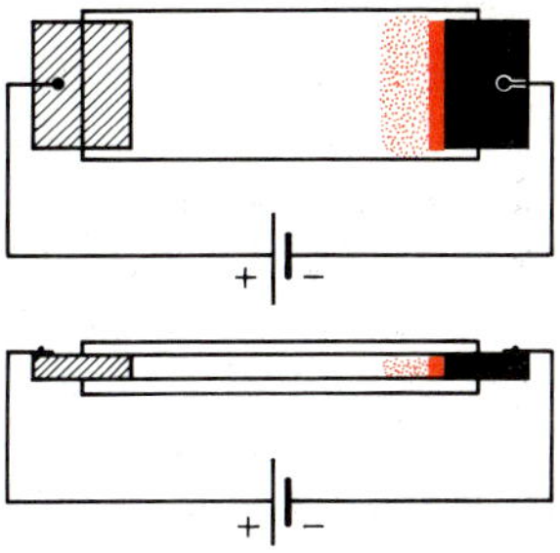

Abb. 5.119. Ionenwanderung, schematisch. Der Elektrolyt befindet sich zwischen zwei Glasplatten (unteres Teilbild: Seitenansicht; oberes: Draufsicht). Vor der Kathode liegen einige Körner Kaliumpermanganat; von dort wandert eine violette Wolke negativer Manganat-Ionen in den Elektrolyten. Sie kehrt um, wenn man die Spannungsquelle umpolt

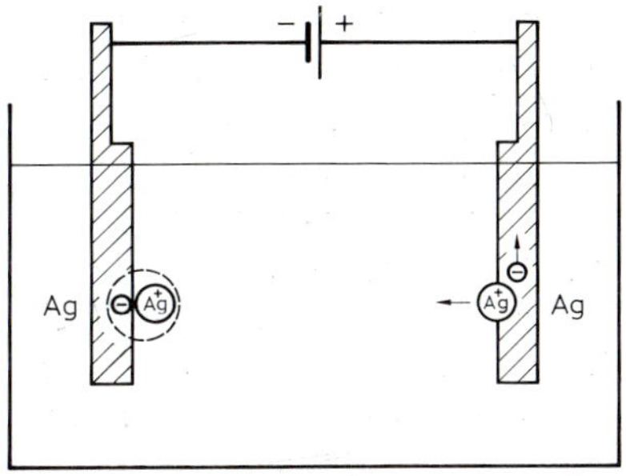

Abb. 5.121. Elektrolytische Abscheidung von Silber aus Silbernitrat. Ag^+-Ionen mit der Gesamtmasse Δm gehen bei der Anode in Lösung und lagern sich bei der Kathode an, während die Ladung ΔQ als Elektronenstrom durch den Metalldraht fließt

chemischen Analyse heranziehen – bevorzugtes Verfahren in manchen Bereichen organischer Chemie. Man tränkt einen langen Streifen Fließpapier, malt ihm quer einen Strich mit der zu untersuchenden Lösung auf und legt ein elektrisches Feld an. Die bunten Ionen marschieren ab und sind nach einiger Zeit, ihrer Beweglichkeit keit entsprechend, mehr oder weniger weit gekommen (Abb. 5.120).

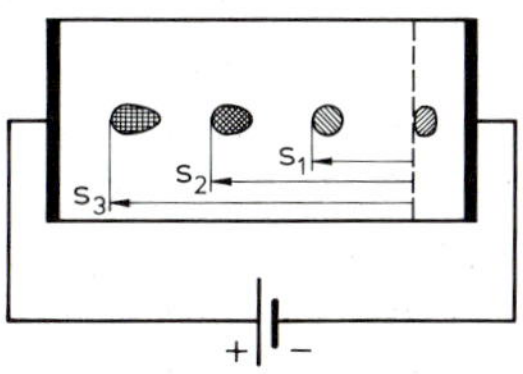

Abb. 5.120. Qualitative chemische Analyse durch *Elektrophorese:* farbige Ionen wandern im elektrischen Feld längs eines feuchten Streifens Fließpapier ihren Beweglichkeiten entsprechend in vorgegebener Zeit unterschiedlich weit. Im analogen Verfahren kann man auch dissoziierende Medikamente mit angelegtem elektrischen Feld durch die Haut eines Patienten transportieren – *Ion(t)ophorese*

Nur selten besteht ein Stromkreis allein aus Elektrolyten, fast immer sind Meßinstrumente, Widerstände und Kabel, sind metallische Leiter mit im Spiel. Das erfordert mehr oder weniger großflächige Elektroden, an deren Oberfläche der Leitungsmechanismus wechselt: Die Elektronen des Metalles müssen auf Ionen umsteigen. Damit sind allemal elektrochemische Prozesse verbunden, in schier unüberschaubarer Vielfalt.

Ein besonders einfaches Beispiel liefern zwei Silberelektroden in einer wäßrigen Lösung von Silbernitrat (Abb. 5.121), das gemäß

$$AgNO_3 \rightleftharpoons Ag^+ + NO_3^-$$

dissoziiert. Im Endeffekt läuft der Stromtransport so ab, als werde er nur von den Ag^+-Ionen getragen. Vorhanden sind sie auch im Metall der Anode – sie können dort den Kristallverband verlassen und in den Elektrolyten hineinschwimmen; sie werden dazu von der Spannungsquelle ermutigt, die ja der Anode Elektronen entzieht, so daß diese versuchen muß, auch positive Ladungen loszuwerden. Umgekehrt schließen sich Ag^+-Ionen der Lösung dem Kristallgitter der Kathode an, hier erwartet von Elektronen, die der Leitungsstrom im Draht inzwischen angeliefert hat.

Elektroneutralität wird hierbei insofern gewahrt, als die Anzahlen gelöster Anionen (NO_3^-) und gelöster Kationen (Ag^+) im Elektrolyten gleich und unverändert bleibt: Für jedes Silber-Ion, das an der Anode *in Lösung geht*, wird ein anderes an der Kathode *abgeschieden* – zudem läuft eine Elementarladung durch den Draht.

Das Experiment bestätigt die Erwartung: Es besteht eine strenge Proportionalität zwischen der Masse Δm der elektrolytisch transportierten Silbermenge – durch Wägung der Elektroden leicht zu bestimmen – und der vom Elektronenstrom transportierten Ladung ΔQ – bestimmt durch Messung von Strom und Zeit. Man findet

$$\frac{\Delta m}{\Delta Q} = 1{,}1179 \frac{\text{mg}}{\text{C}}.$$

Nun weiß man aus anderen Untersuchungen, daß Silber hier nur einwertige Ionen bildet, deren jedes die Elementarladung e_0 trägt. Folglich müssen, um ΔQ wegzuschleppen,

$$N = \frac{\Delta Q}{e_0}$$

Ionen unterwegs gewesen sein. Jedes von ihnen besitzt die Masse

$$m_{\text{Ag}} = \frac{\Delta m}{N} = e_0 \frac{\Delta m}{\Delta Q} = 1{,}79 \cdot 10^{-22}\ \text{g}.$$

Dieser Wert gilt auch für ein Silber-Atom, das ja nur um die rund fünf Zehnerpotenzen kleinere Masse eines Elektrons schwerer ist. Aus m_{Ag} folgt die *relative Atommasse*

$$M_{\text{Ag}} = m_{\text{Ag}}/u = 107{,}87$$

als Mittelwert für alle im Versuch abgeschiedenen Ionen, die ja nicht unbedingt gleiche Masse haben müssen (*Isotope*, Kap. 8.07 – wegen der atomaren Masseneinheit u s. Kap. 4.05).

Man darf diese Rechnung auch über stoffmengenbezogene Größen führen. An die Stelle der Elementarladung tritt dann die

$$\textit{Faraday-Konstante}\ F \approx 96484 \frac{\text{C}}{\text{mol}}.$$

Zur abgeschiedenen Masse Δm gehört die abgeschiedene Stoffmenge Δn und zu ihr die transportierte Ladung

$$\Delta Q = z F \Delta n$$

bei Ionen mit der Wertigkeit z. Daraus folgt für die relative Atommasse

$$M = \frac{\Delta m}{u N_A \Delta n} = \frac{z F \Delta m}{u N_A \Delta Q}.$$

Aufgabe 5.45: Man überzeuge sich durch Rechnung, daß diese Formel den richtigen Wert für M_{Ag} liefert.

Nur selten liegen die Verhältnisse so einfach wie in dem besprochenen Fall, meist kommt es an den Elektroden zu mehr oder weniger komplizierten Folgereaktionen. Als Beispiel sei die *elektrolytische Zersetzung* von H_2O besprochen. Mit hochreinem Wasser läßt sie sich praktisch nicht durchführen, dazu sind Dissoziationsgrad und Leitfähigkeit zu gering. Darum wird ihm ein gut dissoziierendes *Leitsalz* zugesetzt, dessen Ionen dann den Stromtransport übernehmen, NaCl zum Beispiel. Man kann aber auch Natriumhydroxid (NaOH) verwenden; dann wird die Lösung *alkalisch* (pH > 7). Die Elektroden seien sicherheitshalber aus dem chemisch extrem inaktiven Platin gefertigt.

Wird nun ein Na^+-Ion an der Kathode durch Aufnahme eines Elektrons neutralisiert, so reagiert es als Atom sofort chemisch mit dem Wasser – ein jeder erinnert sich noch aus der Schule an das Bröckchen metallischen Natriums, das zischend, fauchend und zur Kugel geschmolzen auf der Wasseroberfläche herumfuhr. Dabei reißt ein Na-Atom ein H_2O-Molekül auseinander und drängt dem dabei entstandenen H^+-Ion das Elektron auf, das es selbst nicht haben will. Dieses tut sich als neutrales H-Atom mit einem anderen zusammen und verschwindet als H_2-Molekül gasförmig aus dem Wasser:

$$\begin{aligned} &Na^+ + e^- + H_2O \rightleftharpoons Na + H_2O, \\ &Na + H_2O \rightleftharpoons Na + H^+ + OH^-, \\ &Na + H^+ + OH^- \rightleftharpoons Na^+ \\ &\quad + \tfrac{1}{2} H_2 + OH^-. \end{aligned}$$

Für jedes von der Kathode abgegebene Elektron wird ein Wassermolekül zersetzt und ein halbes Wasserstoff-Molekül sowie ein OH^--Ion gebildet. In derartigen Gleichungen treten Elektronen mit dem Symbol e^- als Reaktionspartner auf.

Vor den Anoden bilden jeweils zwei Hydroxyl-Ionen ein H_2O-Molekül und geben ihre beiden Elektronen dem übrigbleibenden Sauerstoff-Ion mit. Dieses liefert die Ladung an die Platin-Elektrode ab und entweicht gemeinsam mit einem Artgenossen gasförmig als O_2-Molekül:

$$2OH^- \rightleftharpoons H_2O + O^{--}$$
$$\rightleftharpoons H_2O + \tfrac{1}{2}O_2 + 2e^- .$$

Summiert über alles ergibt sich: Vier transportierte Elementarladungen zersetzen zwei H_2O-Moleküle und bilden zwei H_2- und eine O_2-Molekel. Fängt man das an den Elektroden aufperlende Gas in Meßzylindern, so zeigt sich wie erwartet: Der an der Kathode entwickelte Wasserstoff hat doppeltes Volumen wie der an der Anode entwickelte Sauerstoff.

5.35 Die Äquivalentenmenge

Ein neues Molekül kann sich in chemischer Reaktion immer nur dann bilden, wenn die Teile, aus denen es entstehen soll, sich zufällig beim thermischen Stoß treffen. Weil gute Durchmischung hilft, spielt sich soviel Chemie in wäßriger Lösung ab – die Chemie das Lebens macht da keine Ausnahme. Aber nicht nur die Reaktionsgeschwindigkeit, auch die Gleichgewichtsverteilung, die sich schließlich einstellt, hängt von der Häufigkeit wirksamer Stöße ab – und diese wieder von der Temperatur und den Konzentrationen der beteiligten Teilchen; das ist letzten Endes die Aussage des Massenwirkungsgesetzes. Praktisch kann man es nur anwenden, soweit man vernünftige Angaben über diese Konzentrationen besitzt.
Wer sich die thermische Wimmelbewegung der Moleküle einigermaßen anschaulich vorstellen kann, der kann auch etwas mit der *Anzahldichte* als Konzentrationsangabe anfangen. Aber nicht ohne Grund haben sich in der chemischen Meßtechnik die von der eigens zu diesem Zweck eingeführten *Stoffmenge* abgeleiteten Meßgrößen durchgesetzt – nur werden sie leider nicht immer so pedantisch definiert, wie sich ein in diesem Punkt empfindlicher Physiker das wünschen möchte.

Wichtigste Größe ist die *Molarität*, abgekürzt durch ein „M". Wer „0,15 M NaCl" schreibt, meint eine „nullkommaeinsfünfmolare" wäßrige Kochsalzlösung, d.h. eine Lösung, die 0,15 Mol = 8,57 g NaCl je Liter fertiger Lösung enthält. Demnach ist definiert

Molarität

$$= \frac{\text{Stoffmenge gelöster Substanz in Mol}}{\text{Volumen der Lösung in Liter}} .$$

Diese Fixierung auf ganz bestimmte Einheiten (*Mol* und nicht *Millimol*, *Liter* und nicht *Kubikmeter*) ist dem Physiker immer ein bißchen unheimlich. Jedenfalls dissoziiert NaCl in H_2O so gut wie vollständig; die Lösung enthält Kat- wie Anionen in der *Molarität 0,15*.
Salzsäure dissoziiert in Wasser vollständig entsprechend

$$HCl \rightleftharpoons H^+ + Cl^- .$$

0,001 M HCl enthält also H^+- wie Cl^--Ionen in der Stoffmengendichte 10^{-3} mol/l, entsprechend pH 3. Schwefelsäure dissoziiert ebenfalls vollständig, aber entsprechend der Reaktionsgleichung

$$H_2SO_4 \rightleftharpoons 2H^+ + SO_4^{--} .$$

0,001 M H_2SO_4 enthält also SO_4^{--}-Ionen ebenfalls in der Stoffmengendichte 10^{-3} mol/l, aber doppelt so viele H^+-Ionen – und $2 \cdot 10^{-3}$ mol/l H^+-Ionen entsprechen pH 2,7.

Aufgabe 5.46: Wieso eigentlich pH 2,7?

Eigens solcher Komplikationen wegen ist für mehrwertige Ionen eine neue Konzentrationsangabe erfunden worden, die *Normalität*, gekennzeichnet durch ein „n" und definiert durch

$$\text{Normalität} = \text{Molarität} \cdot \text{Wertigkeit} .$$

Die „ein-tausendstel-molare" Schwefelsäure ist also eine „zwei-tausendstel-normale" Schwefelsäure, und die Normalität 0,002 gilt für die Wasserstoff- wie die Sulfat-Ionen:

0,001 M H_2SO_4 entspricht 0,002 n H_2SO_4.

Die Molarität ist an die Stoffmenge angeschlossen. Um der Normalität die Analogie zu wahren, wird eine neue Größe definiert, die

Äquivalentenmenge
= Stoffmenge · Wertigkeit.

Da die Wertigkeit z eine reine Zahl ist, muß die Äquivalentenmenge grundsätzlich ebenfalls in Mol gemessen werden – nur enthält ein Mol der Äquivalentenmenge z-wertiger Ionen zwar $6{,}02 \cdot 10^{23}$ Elementarladungen, aber nur $\frac{6{,}02}{z}\,10^{23}$ Teilchen.

Zuweilen wird der Äquivalentenmenge eine eigene Einheit zugebilligt, das *Äquivalent*, abgekürzt *val*. Dann ist das Mol ausschließlich Einheit der Stoffmenge, und es gilt

$$1\ \text{val} = \frac{1}{z}\ \text{mol}.$$

Die „0,001 M H_2SO_4" hat also nach wie vor im Liter ein Millimol Schwefelsäure, aber auch 2 Millival. Hier darf man sich nicht verwirren lassen: Bei mehrwertigen Ionen ist die Einheit *val kleiner* als die Einheit *mol* und darum die Normalität *größer* als die Molarität. Wer korrekt ist, schreibt die

$$\text{Faraday-Konstante } F = 96484 \cdot z\,\frac{\text{C}}{\text{mol}}$$

und mancher eben auch

$$F = 96484\,\frac{\text{C}}{\text{val}}.$$

Aufgabe 5.47: Welcher Strom wird gebraucht, wenn unter Normalbedingungen (1,01 bar, 0 °C) 1 l Wasserstoff in einer Viertelstunde durch Wasserzersetzung gebildet werden soll?

Konzentrationsangaben *(Dichten)*

Begriff	Definition	Einheit
Teilchenanzahldichte	$\frac{\text{Teilchenanzahl}}{\text{Volumen}}$	m^{-3}
Massendichte	$\frac{\text{Masse}}{\text{Volumen}}$	$kg\,m^{-3}$
Stoffmengendichte	$\frac{\text{Stoffmenge}}{\text{Volumen}}$	$mol\,m^{-3}$
speziell: *Molarität*		$\frac{\text{mol}}{\text{l}}$
Äquivalentenmengendichte	$\frac{\text{Äquivalentenmenge}}{\text{Volumen}}$	$mol\,m^{-3}$
speziell: *Normalität*		$\frac{\text{mol}}{\text{l}}$

5.36 Elektrische Unfälle

Abb. 5.121 aus dem vorletzten Kapitel zeigte schematisch eine Anordnung, mit der die elektrolytische Auflösung und Abscheidung von Silber untersucht werden konnte. Teilt man einmal das Gefäß des Elektrolyten durch ein zusätzliches Silberblech in zwei Kammern (Abb. 5.122), so können keine Ionen mehr ganz von der Anode zur Kathode oder umgekehrt hindurchlaufen. Trotzdem beobachtet man an den Elektroden die gleichen Masse-

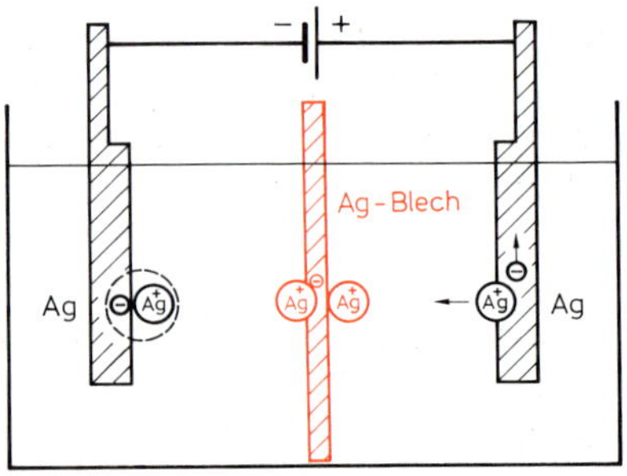

Abb. 5.122. Elektrolytische Zelle mit leitender Trennwand. Ag^+-Ionen wandern von der Anode zur Trennwand und von der Trennwand zur Kathode. Die Wand tauscht zwar Materie aus, ändert aber ihre Masse nicht

änderungen wie zuvor, während das Trennblech seine Masse hält. Es kann dies, weil auf seiner linken Seite ebenso viele Ag^+-Ionen in Lösung gehen, wie auf seiner rechten Seite abgeschieden werden. Dieser Austausch von Materie stört ein massives Blech nur wenig.

Zellwände lebender Organismen sind da empfindlicher. Wenn sie in einen elektrischen Stromkreis geraten, kommt es an ihren Oberflächen zu Konzentrationsänderungen im Ionenhaushalt der Zellflüssigkeit. In Grenzen werden sie stillschweigend ausgeglichen, bedenklichere Störungen aber als Schmerz dem Gehirn gemeldet. Starke Störungen führen zu Dauerschäden und möglicherweise zum Tod. Gefahr droht vor allem, wenn wichtige Steuerorgane betroffen sind, etwa der Schrittmacher am Herzen, der den Pulsschlag regelt; fällt er durch Stromschaden aus, kommt jeder Arzt zu spät. Elektrische Unfälle sind dann besonders gefährlich, wenn die Strombahn von Hand zu Hand quer durch den Brustkorb führt. Wer im Laboratorium mit hohen Spannungen zu tun hat, beherzige darum die alte Regel: Immer eine Hand in die Hosentasche! Robuste Elektriker prüfen zuweilen mit zwei Fingern, „ob Strom in der Steckdose ist"; zumal mit öligen Händen kann das gut gehen, weil hier keine lebenswichtigen Organe im Stromkreis liegen. Trotzdem sei vor Nachahmung dringend gewarnt. Wer einen elektrischen Schlag bekommt, unterbricht meist durch seine Schreckreaktion den Stromkreis sofort. Wer aber einen defekten Tauchsieder voll umfaßt, dessen Hand verkrampft sich möglicherweise so, daß er nicht wieder loslassen kann.

Ausgelöst werden elektrische Unfälle von Spannungsquellen, die physiologische Wirkung rührt aber vom Strom her; folglich hat der Widerstand im Stromkreis wesentliche Bedeutung und damit die Frage: Wie kommt der Strom vom spannungsführenden Teil durch das Unfallopfer zur Erde? Dicke Schuhsohlen, weiche Teppiche, Holz-, Kunststoff- und Fliesenböden mögen hier manches Schlimme schon gemildert haben. Feuchte Kacheln sind bedenklicher. Wer aber großflächig geerdet in der Badewanne sitzt, dem kann schon der kleinste Isolationsfehler im Griff eines Haartrockners gefährlich werden.

Bei Wechselspannungen von 50 Hz muß man mit folgendem rechnen:

unter 0,4 mA	keine spürbare Wirkung,
0,4–4 mA	geringe, aber merkliche Wirkung,
5–25 mA	erhebliche Störungen,
25–80 mA	kurzzeitige Bewußtlosigkeit, reversibler Herzstillstand,
über 100 mA	Bewußtlosigkeit, Verbrennungen, Herzstillstand.

Welche Spannungen gehören zu diesen Strömen? Das hängt sehr vom Einzelfall ab. Eine gewisse Abschätzung erlaubt aber die Widerstandskennlinie des menschlichen Körpers, die in Abb. 5.18 gezeigt worden ist. Steckdosen sind keineswegs harmlos!

Aufgabe 5.48: Welche Wechselspannung von 50 Hz
a) ist auch bei feuchter Haut sicher noch ohne merkliche Wirkung?
b) kann auch bei trockener Haut zu kurzzeitiger Bewußtlosigkeit führen?
c) muß auch im günstigsten Fall als lebensgefährlich gelten?
d) kann im ungünstigsten Fall bereits tödlich wirken?
Hilfestellung: Im R-U-Diagramm der Abb. 5.18 liegen Punkte gleicher Stromstärke I auf einer Geraden durch den Nullpunkt mit der Steigung

$$\frac{dR}{dU} = \frac{1}{I}.$$

Wer mit Wechselspannung Silber elektrolytisch abzuscheiden versucht, wird arg enttäuscht: Was sich während einer Halbwelle an einer Elektrode anlagert, geht in der nächsten wieder in Lösung. Auch in dieser Beziehung sind lebende Organismen empfindlicher, aber bei hinreichend hohen

Frequenzen werden ihnen auch stärkere Ströme ungefährlich. Übrig bleibt dann nur die Entwicklung Joulescher Wärme. Dies ist das Ziel von *Diathermie* und *Kurzwellenbestrahlung:* Der Patient kommt als „Dielektrikum" zwischen die Platten eines Kondensators, und der influenzierte Wechselstrom entwickelt Wärme dort, wo sie gebraucht wird, z.B. gleich in den Bandscheiben - sie muß nicht wie bei einem Heizkissen mühsam mit Hilfe eines Temperaturgefälles durch die Haut herangeschleppt werden.

5.37 Membranspannung

Zellwände - allgemeiner: *Membranen* - können im elektrischen Stromkreis nicht nur wie Elektroden und Widerstände wirken, sondern unter Umständen auch wie Spannungsquellen. Dazu genügt bereits ein Mechanismus, der weitgehend dem der in Kap. 4.18 behandelten *Osmose* entspricht: Die Membran soll derart feine Poren besitzen, daß sie kleine und große Partikel auseinandersieben kann. Trennt sie nicht neutrale Moleküle, sondern geladene Ionen, so kommt es nicht zum osmotischen Druck, sondern zur *Membranspannung*. Dies sei anhand der Abb. 5.123 erläutert.

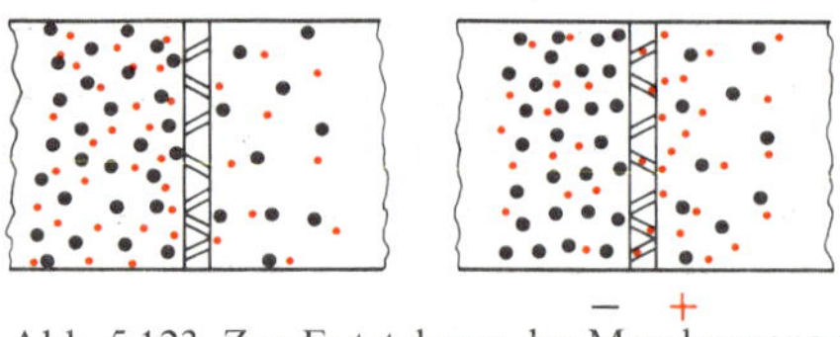

Abb. 5.123. Zur Entstehung der Membranspannung. (Einzelheiten im Text)

Die Membran lasse von einer wäßrigen NaCl-Lösung nur die Kationen hindurch und halte die Anionen zurück - nach dem Mechanismus soll hier nicht gefragt werden. Er ist kompliziert und zumal bei lebenden Zellwänden noch gar nicht vollständig bekannt. Jedenfalls sortiert eine *ionensensitive* Membran die Ionen nicht einfach nach ihrer Größe wie ein Sieb. Wie auch immer, die Existenz der Membran hat dann weiter keine Konsequenzen, wenn die Kochsalzlösungen auf beiden Seiten gleiche Konzentrationen besitzen. Tun sie dies nicht, so versuchen die Ionen, den Unterschied durch Diffusion auszugleichen. Das gelingt ihnen aber nicht: Zwar treten einige Na^+-Ionen durch die Membran hindurch - sie können sich aber nicht weit entfernen, weil die Coulomb-Kräfte der zurückbleibenden Cl^--Ionen sie festhalten. Folglich sammelt sich ein Natrium-Überschuß in dünner, positiver Ladungsschicht auf der Seite der geringen Konzentration und ein entsprechender, negativ geladener Chlor-Überschuß auf der anderen. Das entspricht aber genau der Situation eines geladenen Plattenkondensators: über der Membran erscheint die Membranspannung. Sie ist ein *Konzentrationspotential*, von den unterschiedlichen Konzentrationen der Lösungen auf beiden Seiten verursacht - die Membran selbst ist bei diesem Mechanismus nur passiv beteiligt. Wenn sie beide Ionensorten vollständig trennt und nicht nur den Durchtritt der einen etwas stärker hemmt als den der anderen, so wird die Größe der Membranspannung gegeben durch die

Nernstsche Formel

$$U_M = \frac{kT}{z e_0} \ln \frac{c_1}{c_2} = \frac{RT}{zF} \ln \frac{c_1}{c_2}.$$

Das Vorzeichen überlegt man sich anhand des Modelles: Welche Ladungen treten durch die Membran hindurch, welche werden zurückgehalten?

Auf den ersten Blick mag überraschen, daß nicht die Konzentrationsdifferenz $(c_1 - c_2)$ in die Formel eingeht, sondern das Konzentrationsverhältnis c_1/c_2; zumindest hat es den banalen Vorteil, daß es auf die Maßeinheit für c - ob nun Molarität oder Normalität oder Anzahldichte - nicht ankommt. Die Herleitung der Nernstschen Formel verlangt freilich etwas Vertrauen in die Mathematik. Wen wundert es, daß physikalisch der Energiesatz dahintersteckt?

Die notwendige Mathematik ist bereits in Kap. 4.23 verwendet worden. Dort hatte sich für die Nutzarbeit ΔA, die ein Gas bei isothermer Expansion vom Volumen V_1 auf V_2 leistet, ergeben

$$\Delta A = n R T \ln V_2/V_1 .$$

Hier bezeichnet n die Stoffmenge des Gases; sie enthalte N Moleküle, dann gilt auch

$$\Delta A = N k T \ln V_2/V_1 .$$

Daraus folgt für den Anteil eines einzelnen Moleküls

$$\Delta A_0 = k T \ln V_2/V_1 .$$

Nun hatte sich bei der Osmose (Kap. 4.18) gezeigt, daß sich Partikel in Lösung an die gleichen Regeln halten wie die Moleküle eines Gases, im günstigsten Falle nämlich an das Gasgesetz

$$p V = N k T = n R T ,$$

von dem sich die letzten Formeln herleiten. Der eben berechnete Anteil eines einzelnen Moleküls an der Expansionsarbeit kommt also auch einem jeden Ion zu, das durch eine Membran hindurchtritt. Es findet auf der Seite kleinerer Konzentration mehr Freiheitsraum vor; die einer bestimmten Ionenzahl zuzuordnenden Volumina V sind den Ionenkonzentrationen c umgekehrt proportional. Ohne nach der Proportionalitätskonstante zu fragen, darf man jedenfalls schreiben

$$V_2/V_1 = c_1/c_2 .$$

Damit ergibt sich für die Expansionsarbeit ΔA_i eines einzelnen Ions

$$\Delta A_i = k T \ln c_1/c_2 .$$

Nun muß ein Ion, das die Membran dem Konzentrationsgefälle folgend durchtritt, als geladenes Teilchen gegen ein elektrisches Potentialgefälle anlaufen und dabei die elektrische Arbeit

$$\Delta W_E = z e_0 U_M$$

leisten, wenn sich die Membranspannung U_M voll ausgebildet hat. Im Gleichgewicht verlangt der Energiesatz

$$\Delta W_E = \Delta A_i ,$$

denn dann bringt ein Durchtritt in beiden Richtungen keine Energie mehr; das heißt aber

$$z e_0 U_M = k T \ln c_1/c_2 .$$

Daraus folgt die Nernstsche Formel unmittelbar.

Den Faktor der Nernstschen Formel

$$\frac{k T}{z e_0} = \frac{R T}{z F}$$

aus Tabellenwerten auszurechnen, macht etwas Mühe. Da sich biologische Prozesse aber doch immer nahezu bei Zimmertemperatur abspielen, lohnt es, sich hierfür einen Zahlenwert zu merken und dabei zugleich noch von dem etwas unbequemen natürlichen Logarithmus auf den handlicheren dekadischen überzuwechseln. Je Zehnerpotenz (Dekade) im Konzentrationsverhältnis liefern einwertige Ionen bei Zimmertemperatur 59 mV Membranspannung:

$$U_M = \frac{1}{z}\, 59 \text{ mV} \lg c_1/c_2 .$$

An den Logarithmus muß man sich gewöhnen: Eine Verzehnfachung des Konzentrationsverhältnisses bedeutet eben keineswegs einen Faktor 10 in der Membranspannung, sondern ein Plus von 59 mV.

Aufgabe 5.49: Welche Spannung liegt bei Zimmertemperatur über einer Membran, die Na^+-Ionen hindurchläßt und Cl^--Ionen völlig zurückhält, wenn sich auf ihren beiden Seiten NaCl-Lösungen befinden in den Konzentrationen

a) links 0,1 molar und rechts 1 molar,
b) links 0,01 molar und rechts 1 molar,
c) links 0,1 molar und rechts 0,01 molar,
d) links 0,1 molar und rechts 0,2 molar?

Über die Verteilung von Ionenkonzentrationen erzeugt die Haut einer lebenden Nervenfaser ein *Ruhepotential* von etwa 80 mV – Physiologen sprechen hier von *Membran-Polarisation*; sie sprechen von *Hyperpolarisation*, wenn das Ruhepotential aus irgendwelchen Gründen überschritten wird. „Feuert" nun ein Nerv, so bricht das Ruhepotential momentan zusammen, es wird durch *Depolarisation* der Membran zum *Aktionspotential*. Binnen Millisekunden baut sich dann das Ruhepotential wieder auf. Im primitiven Modell könnte man vermuten, daß die Membran bei Erregung ihre Poren plötzlich erweitert: damit erlaubt sie allen Ionen den Durchtritt, und mit der Ionentrennung wäre dann auch die Membranspannung dahin. Sie tritt erst wieder auf, wenn sich die Poren schließen. Damit ist freilich nicht erklärt, woher die ursprünglichen Konzentrationsunterschiede überhaupt stammen. Bei näherem Zusehen erweisen sich die Verhältnisse aber überhaupt als sehr viel komplizierter: Neben NaCl ist auch KCl in der Flüssigkeit beiderseits der Membran enthalten; diese vermag beide Kationen klar voneinander zu unterscheiden und sogar aktiv zu pumpen – sie kann sie gegen ein schon vorhandenes Konzentrationsgefälle „den Berg hinauf" drücken und braucht dazu selbstverständlich Energie. Diese Fähigkeit ist, wie es scheint, an „das Leben" gebunden – eine tote Membran besitzt keinen Mechanismus, sich die Energie zu beschaffen.

5.38 Galvani-Spannung, galvanische Elemente

Das Entstehen einer Konzentrationsspannung läßt sich, wie das vorige Kapitel zeigte, zumindest qualitativ ganz gut verstehen; eine zuverlässige Messung ist schon schwieriger. Das Meßinstrument verlangt allemal metallische Zuleitungen und damit metallische Elektroden in den beiden Kammern des Elektrolyten. Auch an deren Oberflächen bilden sich Potentialunterschiede aus, im Grunde nach dem gleichen Schema: *Grenzflächenspannungen* treten immer dort auf, wo durch eine *Phasengrenze* von den mindestens zwei Sorten von Ladungsträgern, die aus Neutralitätsgründen ja vorhanden sein müssen, nur die eine hindurchkommt – oder doch merklich leichter hindurchkommt als die andere.

Ein Beispiel gibt das Silberblech in Silbernitratlösung. Das Metall besitzt Ag^+-Ionen und Elektronen, der Elektrolyt ebenfalls Ag^+-Ionen und dazu NO_3^--Ionen. Aus chemischen Gründen können nur die Silberionen aus der einen Phase in die andere herüberwechseln; die Elektronen dürfen das Metall nicht verlassen. Folglich baut sich zwischen Elektrode und Elektrolyt eine *Galvanispannung* auf. Sie hat einen beträchtlichen Schönheitsfehler: man kann sie prinzipiell nicht messen! Dazu ist ja eine zweite Elektrode in der Nitratlösung notwendig; besteht sie auch aus Silber, so entwickelt sie die gleiche Galvanispannung, und für das Meßinstrument bleibt nichts mehr übrig – besteht sie aus einem anderen Metall, so bildet dieses seine eigene Galvanispannung aus, und das Instrument bekommt die Differenz. Das ist interessant genug, aber mißt eben keine der beiden Galvanispannungen für sich allein.

Die Differenz zweier Galvanispannungen erscheint als Klemmenspannung eines *galvanischen Elementes.* Ein im Modell übersichtliches, praktisch freilich bedeutungsloses Beispiel geben ein Silber- und ein Kupferblech, leitend durch einen Draht miteinander verbunden und gemeinsam eingetaucht in eine wäßrige Lösung von Silbernitrat (Abb. 5.124). In diesem Fall liegen die Galvanispannungen so, daß Cu^{++}-Ionen stark in die Lösung hineindrücken und einfach der Elektroneutralität des Elektrolyten wegen doppelt so viele Ag^+-Ionen aus ihr verdrängen, möglicherweise in deren Elektrode hinein. Dann laufen gleichzeitig Elektronen im Draht vom Kupfer zum Silber und können dort Arbeit leisten. Für den Außenkreis

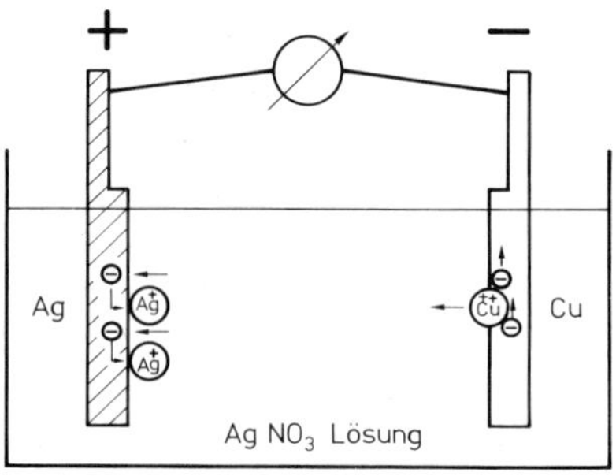

Abb. 5.124. Galvanisches Element. Die Ionen des Edelmetalles Silber werden von denen des weniger edlen Kupfers aus der Lösung verdrängt. Ladungsausgleich durch Elektronenstrom im Draht: Ag-Elektrode nach außen positiv, Cu-Elektrode negativ. Für eine zuverlässige Messung der galvanischen Spannung müßte jede Elektrode in einen Elektrolyten tauchen, in dem nur die Nitrat-Ionen ihres Metalles gelöst sind, und beide Kammern durch eine nur für NO_3-Ionen durchlässige Wand getrennt sein

ist das Kupferblech negativer Pol, für den Elektrolyten positiver. In der Praxis läuft dieser Versuch meist so ab, daß sich das verdrängte Silber unmittelbar auf dem Kupferblech abscheidet. Hat sich dieses schließlich voll versilbert, so sind die beiden Galvanispannungen einander angeglichen und die Klemmenspannung ist Null. Es ist Aufgabe der Technik, Systeme zu finden, bei denen sich derartige unerwünschte Nebenreaktionen vermeiden lassen. Ein Beispiel liefert die Taschenlampenbatterie - mit einem Mechanismus, nicht einfach genug und auch zu fernliegend für eine ausführliche Diskussion an dieser Stelle. Immer ist die technische Realisierung, die ja auf viele Nebenbedingungen Rücksicht nehmen muß, weit komplizierter als ihr physikalisches Prinzip.

Wer verdrängt eigentlich wen aus der Lösung? Dies ist eine Frage an die Chemie. Es geht primär um die positiven Kationen, die relativ leicht durch die Phasengrenze zwischen Elektrode und Elektrolyt hindurchtreten können - wer verdrängt wird, lädt seine Elektrode dabei notwendigerweise positiv auf. Das bedeutet eine Spannung gegenüber der anderen Elektrode, die im Leerlauf und unter normalisierten Bedingungen eine quantitative Antwort auf die eingangs gestellte Frage gibt. Man kann alle Ionensorten in eine *Spannungsreihe* ordnen, für deren Zahlenwerte freilich eine Bezugselektrode vereinbart werden muß. Aus hier nicht zu erörternden Gründen hat man sich auf die *Wasserstoffelektrode* geeinigt, repräsentiert durch ein H_2-umspültes, oberflächenpräpariertes Platinblech - auch der Wasserstoff bildet ja Kationen. Die Position in der Spannungsreihe legt fest, wie *edel* ein chemisches Element ist. Gold und Silber liegen am positiven Ende: In der Elektrochemie gilt, daß der Unedle den Edleren verdrängt. Man soll daran keine philosophischen Überlegungen knüpfen - dem Grundsatz getreu, in kein Wort mehr hineinzugeheimnissen, als hineindefiniert worden ist.

Galvanispannungen zwischen Elektrode und Elektrolyt lassen sich nicht vermeiden, auch nicht bei den Sonden, mit denen z.B. Aktionspotentiale von Nervenfasern gemessen werden. In manchen Fällen genügt es, wenn die Grenzflächenspannungen der Sonden lediglich für die Dauer des Versuches konstant bleiben - dann läßt sich schon mit Platindrähten viel erreichen. Oft wird mehr verlangt; dann muß man zu eigens für bestimmte Zwecke entwickelten *Normalelektroden* greifen - dem elektrochemischen Laien bleibt hier nicht viel mehr, als sich strikt und vertrauensvoll an die mitgelieferte Gebrauchsanweisung zu halten.

Es leuchtet ein, daß die Galvanispannung vor einer Elektrode auf die Konzentration beteiligter Ionen im Elektrolyten reagiert. Die *Kalomel-Elektrode* z.B. ist darauf gezüchtet, H^+-Ionen zu ignorieren, also unabhängig vom pH-Wert zu messen. Genau das Gegenteil gilt für die *Glaselektrode* (Abb. 5.125): Eine dünnwandige Halbkugel aus Spezialglas wird zusammen mit einer pH-unabhängigen Elektrode in die Flüssigkeit getaucht, deren pH-Wert gemessen werden soll. Im Inneren der

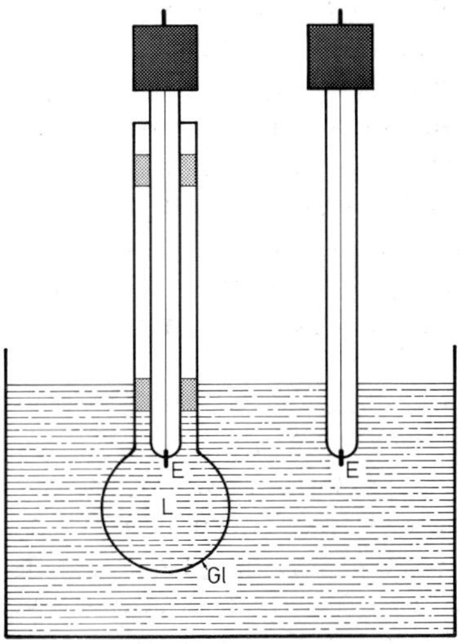

Abb. 5.125. Glaselektrode zur Bestimmung des pH-Wertes, schematisch. Die Elektroden *E* sind pH-unabhängig, *L* eine Vergleichslösung mit bekanntem pH-Wert, z.B. pH 7, umschlossen von einer dünnen Kugel *Gl* aus Spezialglas

Kugel befindet sich eine Vergleichslösung, exakt auf pH 7,0 gehalten, in die eine zweite Elektrode vom gleichen pH-unabhängigen Typ eintaucht. Was sich im einzelnen alles abspielt, ist kompliziert; letzten Endes tritt aber zwischen den Anschlüssen der beiden Elektroden die Konzentrationsspannung der H^+-Ionen als Leerlaufspannung auf, gerade so, als sei das Spezialglas für die Ionen durchlässig. Nach der Nernstschen Formel liefert diese Spannung ein weit genaueres Maß für den pH-Wert der Lösung als etwa das klassische Lackmuspapier.

Aufgabe 5.50: Welchen pH-Wert hat die Lösung, wenn die soeben besprochene Glaselektrode eine Leerlaufspannung von 177 mV abgibt, Elektrode im Inneren der Kugel positiv? Und welchen pH-Wert bei umgekehrtem Vorzeichen? (Messung bei Zimmertemperatur.)

Alle Potentialmessungen mit Normalelektroden setzen stillschweigend voraus, daß sich die Elektrode während der Messung nicht ändert. Das ist nicht so selbstverständlich, wie es auf den ersten Blick erscheinen mag. Die Elektrode muß ja ein Meßinstrument versorgen, dessen Innenwiderstand nicht unendlich groß ist, das also einen Strom verlangt. Dieser löst notwendigerweise eine elektrochemische Reaktion an der Elektrode aus, die grundsätzlich deren Galvanispannung ändern kann: die Elektrode wird *polarisiert*. Die Meßtechnik muß sich dementsprechend nach *unpolarisierbaren* Elektroden umsehen – sie erfordern eine wohlüberlegte Chemie. Immer bestehen bleibt aber die Forderung nach kleinen Strömen und hochohmigen Instrumenten, meist mit Verstärkern. Entscheidend ist freilich nicht der Strom, sondern die Stromdichte; Normalelektroden werden deshalb einigermaßen großflächig konstruiert – ein Prinzip, das freilich dem nicht hilft, der das Aktionspotential vom Sehnerv der Einzelfacette eines Fliegenauges bestimmen will.

5.39 Thermospannung

Die Situation, daß an einer Grenzfläche nur eine Sorte von Ladungsträgern hinüber- und herüberwechseln kann, besteht im Prinzip auch an der Kontaktstelle zwischen zwei Metallen: Nur die Elektronen sind beweglich, die Ionen müssen auf ihren Plätzen im Kristallgitter bleiben. Folglich entsteht auch hier eine Galvanispannung – weil sie nicht gemessen werden kann, kümmert man sich meist nicht um sie. Strenggenommen liegt aber ein geerdeter Kupferdraht auf einem anderen Potential als ein geerdeter Silberdraht, denn zwischen beiden besteht eine Galvanispannung. Strenggenommen liegt auch die kupferne Drehspule eines Instrumentes auf einem anderen Potential als der Messingbügel, mit dem seine Klemmen einmal kurzgeschlossen sein mögen. Trotzdem fließt kein Strom, denn die Galvanispannungen an den beiden Kontaktstellen stehen sich gleich, aber entgegengesetzt gegenüber. Dafür sorgt schon der Energiesatz: Höben sich die Spannungen nicht auf, so flösse ein Strom und entwickelte Joulesche Wärme. Woher sollte die Energie kommen?

Grenzflächenspannungen ändern sich mit der Temperatur. Hängt man deshalb an die Klemmen eines Spannungsmessers zwei Kupferdrähte und verbindet man ihre Enden mit einem Draht aus Konstantan (Abb. 5.126), so schlägt das Instrument aus, sobald die beiden *Lötstellen* auf verschiedenen Temperaturen liegen; es mißt die *Thermospannung*, ein von den beiden Metal-

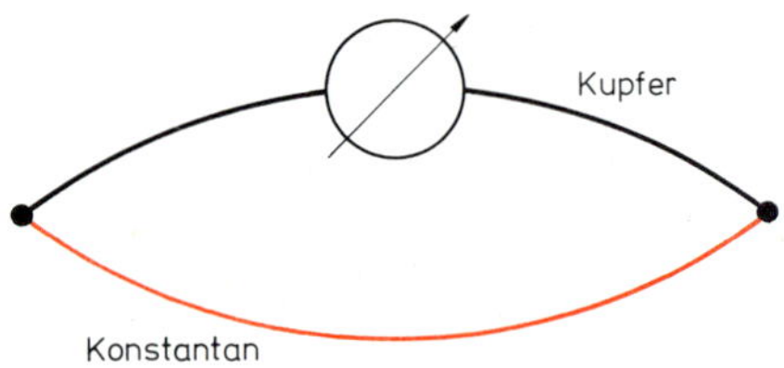

Abb. 5.126. Thermoelement. Befinden sich die beiden Lötstellen nicht auf gleicher Temperatur, so heben sich die beiden Galvani-Spannungen nicht auf. Die Differenz wird als Thermospannung vom Instrument angezeigt

len des *Thermoelements* abhängiges Maß der Temperaturdifferenz. Der Energiesatz ist's zufrieden und der 2. Hauptsatz der Wärmelehre auch: Die heiße Lötstelle nimmt sowieso Wärme vom Meßobjekt auf und leitet sie längs des Drahtes an die kalte Lötstelle weiter; da kann auch noch Energie für Joulesche Wärme in der Drehspule des Instrumentes beschafft werden. Hält man jetzt die eine Lötstelle z.B. in einem Dewargefäß mit Eiswasser auf zuverlässig definierter Temperatur, so bekommt man ein genaues und schnelles elektrisches Thermometer. Es kann sogar *Fernthermometer* spielen, denn der Spannungsmesser darf auch über ein langes Kabel angeschlossen werden (Abb. 5.127).

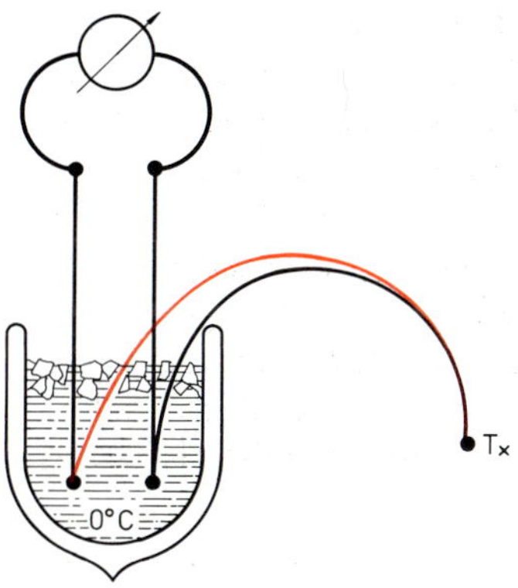

Abb. 5.127. Temperaturmessung mit dem Thermoelement. Die Vergleichslötstelle wird durch ein Eis-Wasser-Gemisch auf 0 °C gehalten. Das Instrument darf über eine lange Kupferleitung angeschlossen werden (Fernthermometer)

Die Spannungen gezüchteter *Thermopaare* wie Eisen-Konstantan, Nickel-Nickelchrom usw. sind genau vermessen, und die zuständige Industrie achtet durch sorgfältige Kontrolle der Legierungen auf Reproduzierbarkeit. Einziger Nachteil: Die Thermospannungen zwischen Metallen sind recht kümmerlich – das speziell für hohe Temperaturen entwickelte Thermopaar Platin-Platinrhodium liefert nur etwa 10 mV für 1000 K Temperaturdifferenz. Die *differentielle Thermokraft* α, definiert durch

$$U_{\mathrm{th}} = \alpha \, \Delta T,$$

ist zudem selbst noch abhängig von der Temperatur. Zwischen U_{th} und ΔT besteht nur in grober Näherung eine Proportionalität. Ein Thermoelement macht aus einer Temperaturdifferenz elektrische Spannung und – je nach Widerstand im Leiterkreis – elektrischen Strom: es setzt Wärme unmittelbar in elektrische Energie um. Zu diesem auch *Seebeck-Effekt* genannten Prozeß gibt es eine Umkehrung, den *Peltier-Effekt*: Erzwingt man mit der Spannung einer Batterie Strom durch ein Thermopaar, so transportiert man Wärme von einer Lötstelle zur andern, Abkühlung hier, Erwärmung dort. Leider ist dieser Effekt bei Metallen zu gering für eine technische Nutzanwendung, er wird von der Jouleschen Wärme zugedeckt. Besser geht es mit Halbleitern. Sie sind zu vielem fähig, sogar zu einem Peltier-Kühlschrank ohne Motor und bewegte Teile.

5.40 Halbleiter

Die technisch verwendeten *Halbleiter* wie Silizium und Germanium sind Elektronenleiter ähnlich den Metallen – aber sie sind es zumeist nicht aus eigener Kraft: Ihnen werden in Spuren bestimmte Fremdatome zugesetzt, z.B. 1 ppm Antimon*.
Im Gegensatz zu den Gitterbausteinen eines Metalles bleiben die eines Halbleiters neutrale Atome; Antimon aber, eingesprengt auf Gitterplätzen des Siliziums, kann für wenig thermische Energie Elektronen abdissoziieren, die dann für eine elektrische Leitfähigkeit sorgen – dies sogar mit recht hoher Beweglichkeit. Der Antimon-*Donator* bleibt derweil an seinen Gitterplatz gefesselt (Abb. 5.128, rechtes Teilbild). Durch passende *Dotierung* mit Donatoren kann die Leitfähigkeit grundsätzlich in weiten Grenzen eingestellt werden – die technischen Schwierigkeiten, derartig kleine Mengen gezielt in einen Kristall einzubauen, stehen hier nicht zur Debatte. Eine solche, von negativen Elektronen getragene Leitfähigkeit heißt *n-Leitung*.
Diese Bezeichnung ist nur dem verständlich, der weiß, daß man einen Halbleiter auch anders dotieren kann, mit *Akzeptoren* nämlich, die in Silizium z.B. von Gallium-Atomen gebildet werden. Sie wirken so, als spalteten sie elektronenähnliche Partikel mit positiver Elementarladung ab, *Defektelektronen* ge-

* *ppm* bedeutet „part per million", also einen Gehalt an Fremdatomen von 10^{-6}.

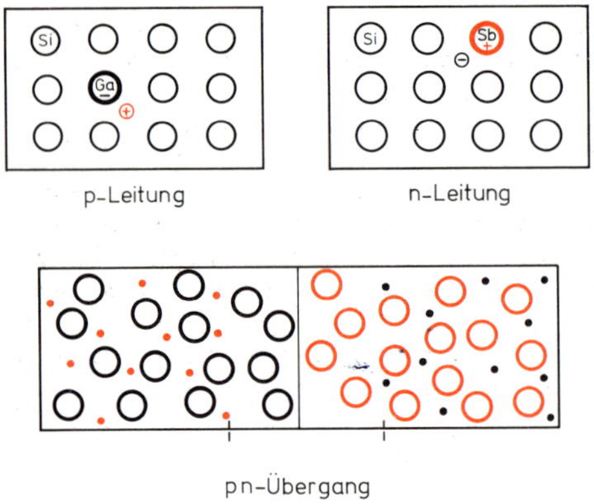

Abb. 5.128. Dotierung des Halbleiters Silizium, schematisch. Rechtes oberes Teilbild: Sb-Atome auf Gitterplätzen *(Donatoren)* spalten bewegliche Elektronen ab und werden positive Ionen. Linkes oberes Teilbild: Ga-Atome auf Gitterplätzen *(Akzeptoren)* spalten Defektelektronen (auch „Löcher" genannt) ab und werden negative Ionen. Unteres Teilbild: die Grenze zwischen einem p- und einem n-Gebiet innerhalb eines Einkristalles bildet einen *pn-Übergang* mit einer Raumladungszone verminderter Leitfähigkeit, in der bewegliche Ladungsträger nahezu fehlen (Dicke in der Größenordnung μm) – Si-Atome sind hier nicht mitgezeichnet worden

heißen (Abb. 5.128, linkes Teilbild). Diese etwas gewundene Ausdrucksweise hat ihren Grund darin, daß der Mechanismus des Stromtransportes nach Dotierung mit Akzeptoren korrekt nur unter einigem Aufwand an wellenmechanischer Rechnung beschrieben werden kann. Ein Festkörperphysiker sollte ihn beherrschen, aber bereits Praktiker der Halbleiterelektronik darauf verzichten und Ärzte erst recht. Hier muß also die Feststellung genügen, daß sich durch Dotierung auch eine wie von positiven Ladungen getragene *p-Leitung* willkürlich erzeugen läßt,

... und das sogar in zwei unmittelbar aneinandergrenzenden Zonen ein und desselben Einkristalles. Ein solches Gebilde heißt *pn-Übergang* und besitzt eine Phasengrenze mit Galvanispannung: Zwei der vier Ladungsträgersorten können die Grenze überschreiten, die Elektronen aus dem n-Gebiet nämlich und die Defektelektronen aus dem p-Gebiet, aber die positiven Donator-Ionen und die negativen Akzeptor-Ionen können dies nicht. Ohne nähere Begründung sei hier folgendes konstatiert: An der Dotierungsgrenze des pn-Überganges bildet die Galvanispannung eine vergleichsweise dicke Raumladungszone aus, in der beide Arten beweglicher Ladungsträger weit unterrepräsentiert sind – die Raumladung stammt von Donatoren und Akzeptoren (Abb. 5.128, unteres Teilbild). Es leuchtet ein, daß diese Zone relativ hohen elektrischen Widerstand haben muß, weil bewegliche Ladungsträger knapp sind. Dieser Widerstand läßt sich aber durch eine äußere Spannung merklich erniedrigen; nur muß sie so gepolt sein, daß sie Elektronen wie Defektelektronen in die Raumladungszone hineindrückt (Abb. 5.129 b). Dann wird der schlecht leitende Bereich schmaler, sein Widerstand sinkt und läßt einen vergleichsweise großen Strom hindurch. Polt man um, so saugt man bewegliche Träger auch noch aus der Raumladungsschicht heraus, sie wird dicker (Abb. 5.129 c), erhöht ihren Widerstand und sperrt den Strom, wenn auch nicht vollkommen: der pn-Übergang wirkt als Gleichrichter. Es sei nicht verschwiegen, daß dieses Bild die wahren Verhältnisse arg simplifiziert – aber es ist ganz anschaulich, nicht ganz falsch und gibt zumindest die Polarität von Durchlaß- und Sperrrichtung korrekt wieder.

Der modernen Halbleitertechnik macht es keine ernsthafte Mühe, auf einem p-leitenden Si-Scheibchen eine dünne n-leitende Oberflächenschicht mit nur wenigen Elektronen darin zu erzeugen (Abb. 5.130). Die beiden Elektroden an ihren Enden sind nur durch diese Elektronen leitend miteinander verbunden; den Strompfad durch das Innere des Scheibchens versperrt der pn-Übergang. Man läßt nun über der n-Schicht eine dünne Haut aus isolierendem Quarzglas (SiO_2) wachsen und versieht sie außen mit einem schmalen Metallbelag. Dieser bildet dann mit

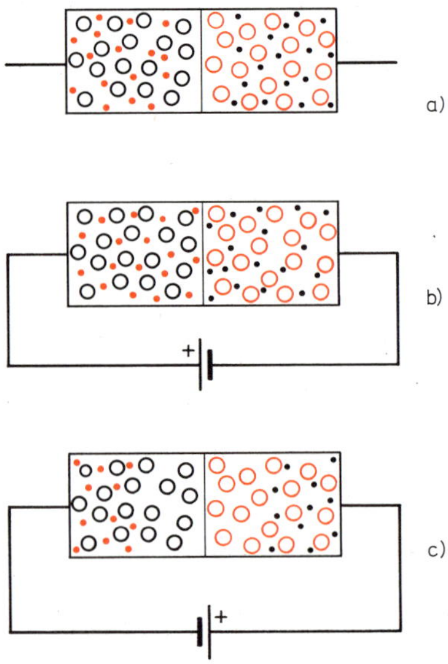

Abb. 5.129. *pn*-Übergang als Gleichrichter, schematisch. Ohne äußere Spannung hat die Raumladungszone eine bestimmte Dicke und relativ hohen Widerstand (a). Legt man den positiven Pol einer Batterie an das *p*-Gebiet, so schwemmt man Defektelektronen wie Elektronen in die Raumladungszone hinein; sie wird schmaler, ihr Widerstand sinkt: Durchlaßrichtung (b). Polt man um, so wird sie dicker und erhöht ihren Widerstand: Sperrichtung (c)

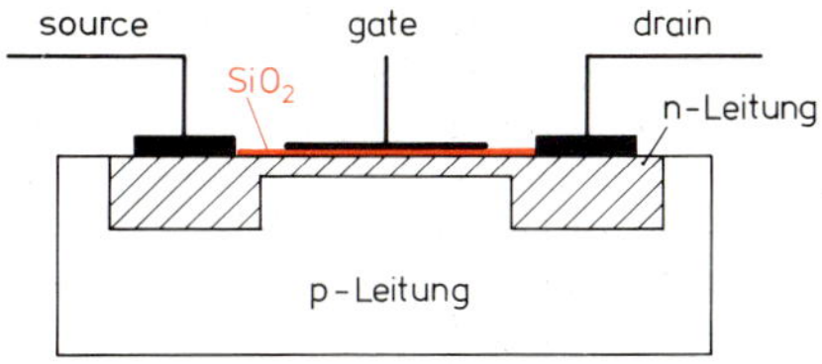

Abb. 5.130. MOSFET, schematisch. (Einzelheiten im Text)

der n-Schicht einen Kondensator; lädt man ihn, so ändert man die Zahl der Elektronen in seinen „Platten", also auch in der n-Schicht. Entsprechend ändert sich deren Leitwert zwischen den Elektroden: Spannung an der metallischen *Gate*-Elektrode steuert den Strom zwischen *Source*- und *Drain*-Elektrode – anderer Mechanismus, aber gleiches Resultat wie bei der Elektronenröhre, der Triode (Kap. 5.29). Dieser sog. *Mosfet* (*M*etal-*O*xyd-*S*emiconductor-*F*ield-*E*ffect-*T*ransistor) hat sich weite Gebiete der Verstärker- und Rechenmaschinentechnik erobert; er ist winzig, braucht keine Glühkathode und entwickelt kaum Joulesche Wärme. Darum kann er zehntausenderweise auf kleinem Raum zusammengepackt werden. Hätte man ihn nicht rechtzeitig erfunden, so gäbe es heute kein Computer-Zeitalter.

Auch die elektrische Leitfähigkeit eines undotierten Silizium-Stäbchens ist nicht null: Für rund ein Elektronenvolt thermischer Energie spalten die Atome des Grundgitters bewegliche Ladungsträger ab, und zwar gleich als Elektronen-Defektelektron-Paare – sie bleiben selbst neutral. Diese *Eigenleitung* eines Halbleiters (Gegenstück zu der durch Dotierung erzwungenen *Störleitung*) nimmt mit steigender Temperatur kräftig zu: Eigenhalbleiter sind *Heißleiter*. Auch für sie gibt es technische Verwendung.

Die Erzeugung eines Elektron-Defektelektron-Paares braucht Energie; sie muß nicht aus der thermischen Bewegung stammen, sie darf auch von Licht geliefert werden. Halbleiter erlauben deshalb die Herstellung von *Photowiderständen* – Bauelementen, die ihren Leitwert bei Lichteinstrahlung kräftig heraufsetzen. Ein technisches Beispiel liefert der Belichtungsmesser der meisten Filmkameras für Amateure; er wird aus Kadmiumsulfid (CdS) gefertigt. Sein Vorteil: er ist sehr empfindlich – sein Nachteil: er braucht eine Batterie. Wer vergißt, sie rechtzeitig auszuwechseln, wundert sich über fehlbelichtete Filme.

Strahlt man Licht auf einen pn-Übergang, so werden die optisch erzeugten Ladungsträgerpaare gleich im Feld der Galvanispannung geboren und von ihm getrennt. Das bedeutet einen Strom im Außenkreis, sofern dieser geschlossen ist: Der pn-Übergang wird zum *Photoelement*, das ohne Batterie einen Strommesser versorgen kann – Prinzip der meisten Belichtungsmesser in Photoapparaten, Prinzip auch der *Solar-Zellen*, die Satelliten mit Strom versorgen: direkter Umsatz von Strahlungsenergie in elektrische.

Auf der Erde könnte dieses Prinzip, großtechnisch eingesetzt, grundsätzlich manche Probleme der Energieversorgung mildern helfen, insbesondere bei der Beseitigung des Energiemülls Wärme (Kap. 4.25): Er fällt sozusagen nicht an. Für den Wärmehaushalt der Erde ist es gleichgültig, ob Sonnenlicht wie bisher vom Wüstensand unmittelbar in Wärme umgesetzt wird oder auf dem Umweg über elektrische Energie, die zwischendurch Bedürfnisse menschlicher Kultur befriedigt. Dem steht vorerst noch manches technische Hindernis im Wege, darunter ein ausgesprochen banales: Man müßte den Solarbatterien gar zu oft die Scheiben putzen, nicht nur der Vögel wegen. Satelliten haben diese Sorge nicht.

5.41 Vorbemerkung zum Magnetismus

So souverän auch organisches Leben all die Möglichkeiten für seine Zwecke nutzt, die ihm die Naturgesetze eröffnen, mit dem Magnetismus weiß es nichts Rechtes anzufangen. Aus gutem Grund: Makroskopische magnetische Kräfte, die in ihrer Stärke irdischer Schwerkraft vergleichbar sind, beschränken sich entweder auf eine ausgefallene Gruppe anorganischer Substanzen, die *Ferromagnetika*, oder auf elektrische Leiter, die Ströme führen, deren Stärke das weit übersteigt, was lebende Organismen ertragen können. Trotzdem darf auch eine Physik für Mediziner dieses Kapitel nicht ganz übergehen, dazu beruht die technisierte und vor allem elektrifizierte Umwelt des Menschen und des Arztes zu sehr auf magnetischen, insbesondere elektromagnetischen Effekten. Röntgenröhre und Elektrokardiograph könnten ohne sie nicht betrieben werden; vielleicht orientiert sich sogar der eine oder andere Zugvogel am Magnetfeld der Erde. Eine vergleichsweise knappe Darstellung sollte freilich gestattet sein.

5.42 Das magnetische Feld

Schon im Mittelalter navigierten Kapitäne, Admirale und Seeräuber nicht nur nach der Sonne und den Gestirnen, sondern auch nach der Kompaßnadel – also nach einem Magneten, der, reibungsarm um eine vertikale Achse drehbar, sich einigermaßen zuverlässig in Nord-Süd-Richtung einstellt. Er tut dies als kleiner magnetischer Dipol im großen Magnetfeld der Erde; ganz analog würde sich ein kleiner elektrischer Dipol in einem entsprechenden elektrischen Feld einstellen (Kap. 5.28). Auch ein magnetisches Feld kann mit Hilfe seiner Feldlinien beschrieben werden; die Kompaßnadel stellt sich zu ihnen parallel. Nur zeigen sie nicht von Plus nach Minus, sondern von Nord nach Süd – Bezeichnungen dürfen frei vereinbart werden. Wie im elektrischen Falle stoßen sich gleichnamige Pole ab, und weil nun der Südpol der Kompaßnadel vereinbarungsgemäß auch nach Süden zeigt, muß irgendwo in der Antarktis der erdmagnetische Nordpol liegen (Abb. 5.131).

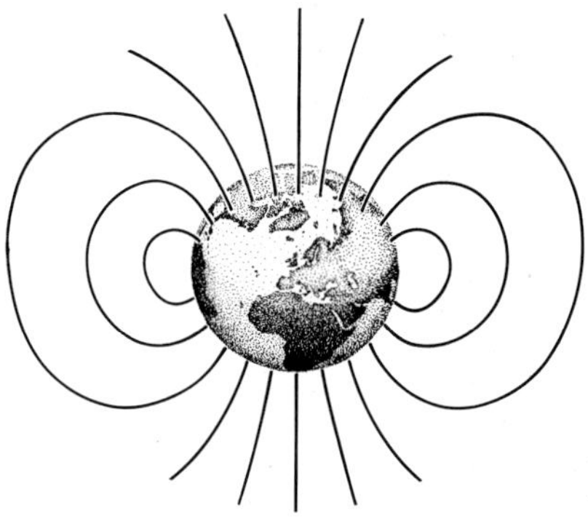

Abb. 5.131. Magnetfeld der Erde, schematisch. Damit der Südpol der Kompaßnadel in Richtung des geographischen Südens zeigen kann, muß der erdmagnetische Nordpol in der Antarktis liegen

Auf eine Kompaßnadel ist freilich nur so lange Verlaß, wie sich keine zweite in unmittelbarer Nähe befindet: Als magnetische Dipole tragen die Nadeln selbst ein Magnetfeld und beeinflussen sich damit gegenseitig. Magnetische Feldlinien lassen sich mit Eisenfeilspänen anschaulich sichtbar machen; Abb. 5.132 zeigt einige Beispiele – man vermeint zu sehen, wie der Hufeisenmagnet versucht, die Kompaßnadel herumzuziehen. Hier stellt sich übrigens heraus, daß es zwei Gruppen ferromagnetischer Substanzen gibt: *Harte Ferromagnetika*, die einmal aufmagnetisiert, permanent Magnete bleiben, *weiche* wie die Eisenfeilspäne, die wohl im äußeren Magnetfeld selbst magnetisch werden, aus eigener Kraft aber keine Felder erzeugen. Wie so oft in der Natur gibt es allerdings auch hier keine scharfe Grenze.

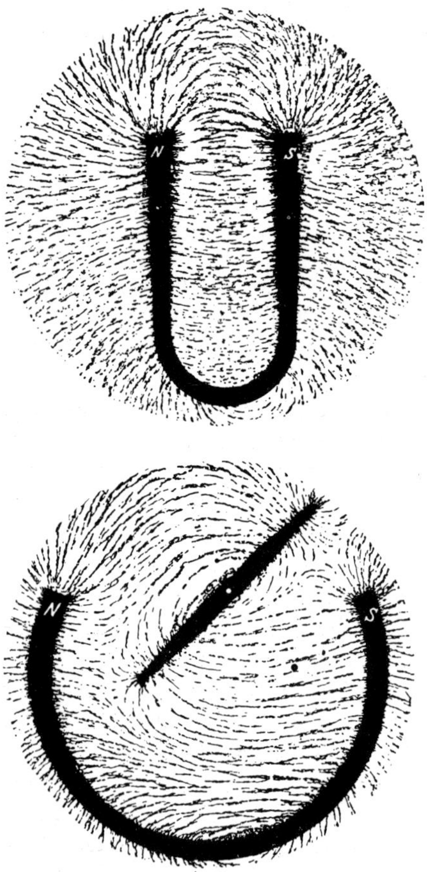

Abb. 5.132. Magnetische Feldlinien lassen sich durch Eisenfeilspäne sichtbar machen; Hufeisenmagnet ohne und mit Kompaßnadel. (Nach R. W. Pohl)

Genauer als mit Eisenfeilspänen läßt sich ein Magnetfeld durch punktweises Abtasten mit einer Kompaßnadel bestimmen; sie liefert freilich zunächst nur seine Richtung, nicht seine Feldstärke. Gefesselt an eine Spiralfeder wird sie aber zum (vorerst noch nicht geeichten) *Magnetometer:* Stellt man sie zwangsweise quer zu den Feldlinien, so erlaubt die Feder, das Drehmoment zu messen, das an der Nadel zieht. Es ist proportional zur Stärke H des

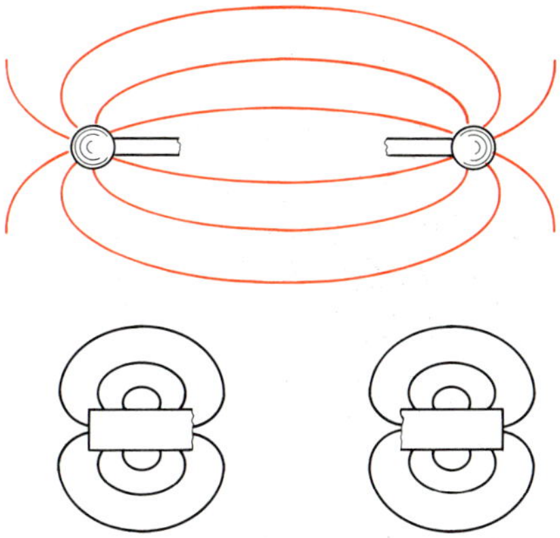

Abb. 5.133. Bricht man einen elektrischen Dipol auseinander, so lassen sich die Ladungen beliebig weit trennen (oben); zerbricht man einen magnetischen Dipol (Stabmagneten), so erhält man zwei kleine Dipole (unten)

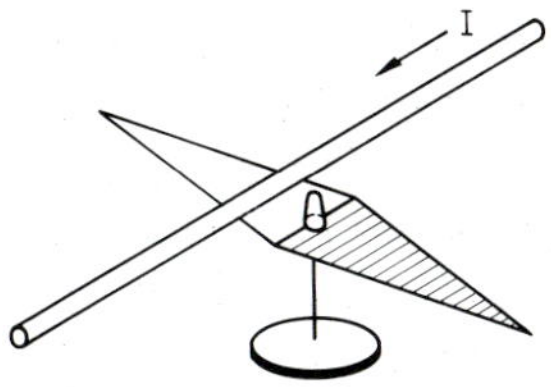

Abb. 5.134. Eine Kompaßnadel stellt sich quer zu einem elektrischen Strom I

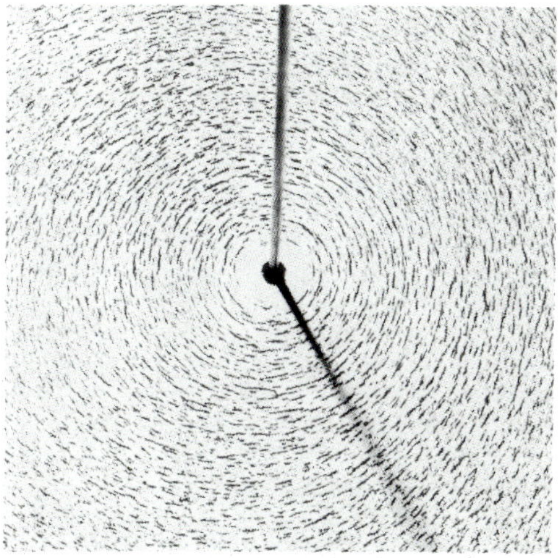

Abb. 5.135. Kreisförmige konzentrische magnetische Feldlinien – hier durch Eisenfeilspäne sichtbar gemacht, umgeben einen stromdurchflossenen Leiter wie einen Schlauch. (Nach Orear)

Magnetfeldes. Ähnliches könnte man mit einem elektrischen Dipol im elektrischen Felde tun.

Zwischen beiden Feldern besteht aber ein markanter Unterschied: Die beiden Ladungen eines makroskopischen elektrischen Dipols werden mechanisch durch einen Isolator auseinandergehalten, bricht man ihn durch, so kann man die Ladungen beliebig weit voneinander trennen – zerbricht man einen Stabmagneten, so erhält man zwei kleine, ein jeder vollständig mit Nord- und Südpol ausgerüstet (Abb. 5.133). Es gibt keine den elektrischen voll analoge magnetische Ladungen. Dies macht eine Modellvorstellung verständlich, die in den folgenden Absätzen entwickelt werden soll.

Kompaßnadeln reagieren nicht nur auf Permanentmagnete, sie reagieren auch auf elektrische Ströme: Schickt man durch einen horizontalen Kupferdraht einen Gleichstrom von mehreren Ampere, so stellt sich jede Kompaßnadel zu ihm quer (Abb. 5.134). Offensichtlich umgibt sich der Strom mit kreisförmigen, konzentrischen, magnetischen Feldlinien ohne Anfang und Ende. Sie hüllen ihn ein wie einen Schlauch. Bei hinreichend starkem Strom kann man sie auch mit Eisenfeilspäne sichtbar machen (Abb. 5.135). Die Vorzeichenkonvention führt zu einer Schraube mit Rechtsgewinde: Dreht man sie so, wie die Feldlinien in Nord-Süd-Richtung umlaufen, so schiebt sich die Schraube in Richtung des konventionellen Stromes (Abb. 5.136).

Stellt man parallel zum Draht einen zweiten, vom Strom in Gegenrichtung durchflossen, so drängen sich die Ringsysteme beider Magnetfelder gegenseitig ab. Man kann den Draht auch gleich zur Schleife biegen: Das Feld ähnelt dem eines kleinen Stabmagneten. Es ähnelt ihm noch mehr, wenn man ein paar Schleifen hintereinanderstellt (Abb. 5.137). Viele kleine, parallel orientierte Dipole geben einen großen.

Nach dem Bohrschen Modell (Kap. 8.01) besitzt jedes Atom einen winzigen Kern,

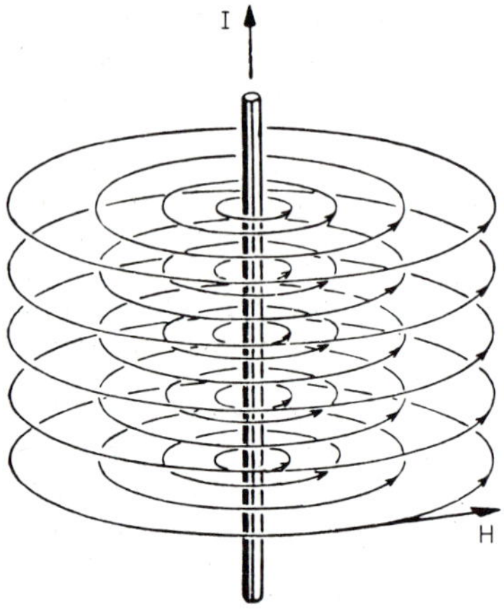

Abb. 5.136. Vorzeichendefinition des Magnetfeldes: dreht man eine Rechtsschraube in Richtung der Feldlinien von Nord nach Süd, so schraubt sie sich in der Richtung des konventionellen Stromes vor. (Nach Gerthsen)

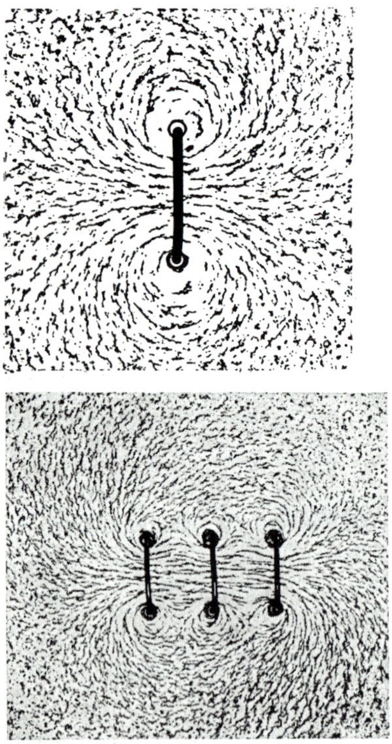

Abb. 5.137. Magnetfeld einer einzelnen Stromschleife und mehrerer, von parallelen Strömen durchflossener Schleifen. (Nach R. W. Pohl)

in dem seine Masse konzentriert ist und der eine für das jeweilige chemische Element charakteristische Anzahl positiver Elementarladungen trägt. Sie werden elektrisch neutralisiert durch eine gleich große Anzahl negativer Elektronen, die auf vergleichsweise weiten *Planetenbahnen* um den Kern kreisen. Ein kreisendes Elektron repräsentiert einen elektrischen Kreisstrom und damit einen magnetischen Dipol. Gesetze der Quantenmechanik verpflichten jeweils zwei Elektronen eines Atoms, gegeneinander zu kreisen – aber in ungerader Anzahl bleibt eines übrig und macht das Atom als Ganzes zum magnetischen Dipol. Im allgemeinen wirbelt nun die thermische Bewegung deren Richtungen ständig durcheinander, aber Ferromagnetika machen davon eine Ausnahme (jedenfalls bei nicht zu hohen Temperaturen – unterhalb ihres *Curie-Punktes* nämlich): Zumindest in Domänen stellen sich die atomaren Elementarmagnete parallel. Lassen sich die Domänen auch noch untereinander ausrichten, so hat man einen *Permanentmagneten* – und wenn man ihn durchbricht, zwei.

Die stromdurchflossenen Schleifen der Abb. 5.137 müssen elektrisch nicht parallel, sie dürfen auch hintereinander geschaltet werden; technisch zweckmäßig ist es, den Draht dazu wie eine Schraubenfeder zur Spule aufzuwickeln – notfalls auf eine Papphröhre, wenn er zu weich ist, sich selbst zu tragen. Im Inneren einer hinreichend langen Spule laufen die magnetischen Feldlinien praktisch parallel (Abb. 5.138), das Feld ist *homogen*.

Prüft man seine Stärke H mit einem Magnetometer, so findet man sie proportional zum Strom I, zur Windungszahl n der Spule, zum Kehrwert der Spulenlänge l und unabhängig vom Spulendurchmesser (jedenfalls solange dieser klein gegen l ist). Das erlaubt die Definition

magnetische Feldstärke $H = \dfrac{nI}{l}$.

H kommt demnach die SI-Einheit Ampere/Meter zu.

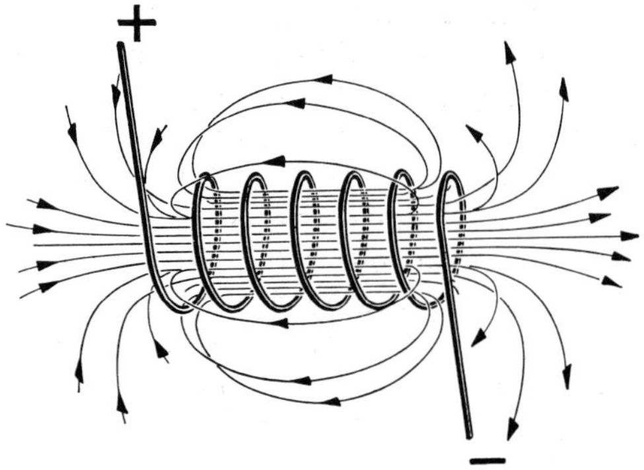

Abb. 5.138. Im Innern einer langen gestreckten Spule ist das magnetische Feld homogen. (Nach Gerthsen)

Das Magnetfeld der Erde bleibt unter 100 A/m, technische Elektromagnete erreichen leicht 10^6 A/m und mit Mühe auch noch mehr.

5.43 Kraftfluß und Kraftflußdichte

Zur magnetischen Feldstärke gehört die Einheit A/m, zur elektrischen die Einheit V/m. Hier zeigt sich eine merkwürdige Analogie zwischen elektrischen und magnetischen Meßgrößen: Immer, wenn man Volt und Ampere gegeneinander austauscht, erhält man die Einheit der analogen Meßgröße des anderen Feldes. Selbstverständlich darf sich kein Physiker hierauf blindlings verlassen, er soll schon verstehen, was dahinter steckt. Ein Arzt aber kann zu Recht behaupten, er müsse so viel aus so vielen Gebieten kennen, daß er unmöglich alles dürfe verstehen wollen, was den Fachmann interessieren muß. Darum sei hier ein Teil der Analogie ohne ernsthafte Begründung einmal durchgespielt.

In Kap. 5.22 war das elektrische Feld beschrieben worden als ein „Raumzustand, in dem auf eine elektrische Ladung eine Kraft ausgeübt wird", und, wie man ergänzen darf, auf einen elektrischen Dipol ein Drehmoment ausgeübt werden kann, dann nämlich, wenn er sich noch nicht im Feld ausgerichtet hat. Das Feld E steht aber in noch engerem Zusammenhang mit der Ladung Q: Es wird, wenn man so will, von ihr erzeugt. Sitzt auf einer Elektrode eine Ladung (gemessen in C = A s) mit der Flächendichte $D = Q/A$ (gemessen in A s m^{-2}), so herrscht vor ihr die Feldstärke $E = D/\varepsilon\varepsilon_0$ (gemessen in V/m). Formal gilt diese Beziehung auch mitten im Feld, weitab von den Elektroden; sie bekommt sogar eine sehr praktische Bedeutung durch den Influenzversuch: Er erlaubt, D unmittelbar zu messen und danach E auszurechnen.

Magnetische Ladungen, etwa nach Art von Elektronen, kommen in der Natur nicht vor. Deshalb läßt sich ein magnetisches Feld auch nur beschreiben als ein „Raumzustand, in dem auf einen magnetischen Dipol ein Drehmoment ausgeübt werden kann". Was aber, wenn man einmal so tut, als ob – ganz formal? Dann müßten an den Enden eines Hufeisenmagneten magnetische Ladungen sitzen, zu messen in Voltsekunden, sie müßten Ladungsdichten haben, zu messen in V s/m^2, und diese müßten zur Feldstärke proportional sein über eine Naturkonstante und eine Materialkonstante. Tatsächlich lassen sich die gewünschten Größen sinnvoll definieren: Die Einheit V s bekommt den Namen *Weber* (Wb) und mißt den *Kraftfluß* ϕ; ein Wb/m^2 heißt *Tesla* (T = 10^4 Gauß) und ist die Einheit der *Kraftflußdichte* B (zuweilen auch nicht ganz glücklich *magnetische Induktion* genannt), die ihrerseits mit der Feldstärke H verknüpft ist über die Gleichung

$$B = \mu_0 \cdot H.$$

Hier erscheint die *Induktionskonstante* $\mu_0 = 1{,}256 \cdot 10^{-6}$ V s/A m (auch *magnetische Feldkonstante* genannt) und die *Permeabilität* μ, eine dimensionslose Materialgröße wie die Dielektrizitätszahl ε. An dieser Stelle besteht sogar eine Analogie der Modellvorstellungen: Ursache von ε ist eine Ausrichtung vorhandener oder eine Bildung noch nicht vorhandener molekularer elektrischer Dipole, Ursache von μ ist eine Ausrichtung vorhandener oder eine Bildung noch nicht vorhandener atomarer Elementarmagnete. Sinnvoll werden die Definitionen vor allem durch den *Induktionsversuch* (Kap. 5.46): Er erlaubt, B unmittelbar zu messen und danach H auszurechnen.

5.44 Elektromagnete

Das magnetische Feld im Inneren einer gestreckten Spule ist homogen, variabel und berechenbar, aber es ist schwer zugänglich – die Spule selbst steht im Wege. Vollends unzugänglich wird es, wenn man zur Erhöhung der Kraftflußdichte einen Weicheisenkern einschiebt: Jetzt kann man nur noch im äußeren Streufeld experimentieren. Aber auch dieses Feld läßt sich homogen machen, wenn man nämlich den Eisenkern zum U biegt und seinen Schenkeln *Polschuhe* aufsetzt, die sich auf kurzem Abstand mit planparallelen Oberflächen gegenüberstehen. Der Kraftfluß läuft, soweit ihm das irgend möglich ist, im Bereich hoher Permeabilität, also im Eisen. An den Polschuhen muß er aber austreten und nun in der Luft bei $\mu = 1$ eine vergleichsweise hohe magnetische Feldstärke erzeugen. Abb. 5.139 zeigt dies schematisch. Schneidet man die Polschuhe schräg an, so lassen sich auch Felder definierter Inhomogenität erzeugen.

Der Eisenkern macht große *Elektromagnete* tonnenschwer und unhandlich. Zudem verlangt ihre Spule auch noch eine Wasserkühlung, denn der Strom entwickelt Joulesche Wärme. Für das Magnetfeld wäre sie nicht nötig – dieses verlangt nur seinen Strom,

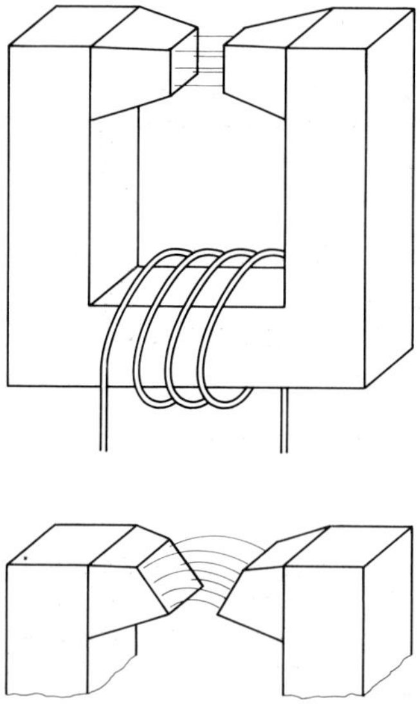

Abb. 5.139. Elektromagnet, schematisch. Der magnetische Kraftfluß läuft nach Möglichkeit in der hohen Permeabilität des Eisenkernes, muß aber an den Polschuhen in die Luft austreten. Homogenes Feld zwischen planparallelen Polschuhen (oben), inhomogenes zwischen abgeschrägten (unten)

aber grundsätzlich keine Spannung und keine Leistung. Die Spule sollte demnach einen möglichst kleinen Widerstand haben; beliebig groß kann man aber den Querschnitt ihres Kupferdrahtes nicht machen. Besonders moderne Experimentiermagnete nutzen deshalb bereits den Effekt der *Supraleitung:* Manche Substanzen verlieren ihre elektrische Resistivität plötzlich und vollständig, wenn man sie unter ihren *Sprungpunkt* abkühlt – er liegt leider bei nur wenigen Kelvin. Der technische Aufwand bei supraleitenden Elektromagneten geht deshalb vor allem in das Kühlaggregat.

5.45 Kräfte im Magnetfeld

Wenn zwei Kompaßnadeln sich gegenseitig beeinflussen, dann müssen dies zwei stromdurchflossene Drähte auch tun. Kräfte, vermittelt von Magnetfeldern, können ja nicht davon abhängen, ob diese Felder nun durch Leitungsströme entstanden sind oder durch atomare Kreisströme. In der Tat: zwei parallele Drähte, in gleicher Richtung vom Strom durchflossen, ziehen sich gegenseitig an. Über die Kraft, die sie aufeinander ausüben, wird im SI-System die Basiseinheit *Ampere* der Grundgröße *elektrischer* Strom definiert – dies im Physikum zu wissen, verlangt der neue Gegenstandskatalog für die Fächer der Ärztlichen Vorprüfung vom Mediziner; Einzelheiten freilich interessieren nur die *Physikalisch-Technische Bundesanstalt*, die für Eichungen aller Art und damit auch für die Reproduktion der Basiseinheiten zuständig ist. Physikalisch größere Bedeutung hat ein anderer Fall: Spannt man einen Draht horizontal und quer zu einem ebenfalls horizontalen Magnetfeld und schickt man durch ihn einen Gleichstrom, so versucht er, in vertikaler Richtung aus dem Feld herauszukommen (Abb. 5.140). Biegt man ihn zu einer rechteckigen Schleife, drehbar um eine waagerechte Achse gelagert, so dreht er sich bis in die Stellung der Abb. 5.141. Dann hört die Bewegung auf:

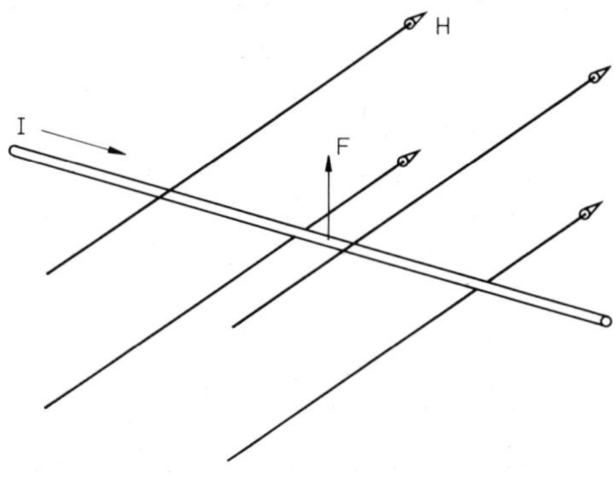

Abb. 5.140. Auf einen von einem Strom *I* durchflossenen Draht, der quer im Magnetfeld *H* liegt, wirkt eine zu beiden senkrechte Kraft *F*

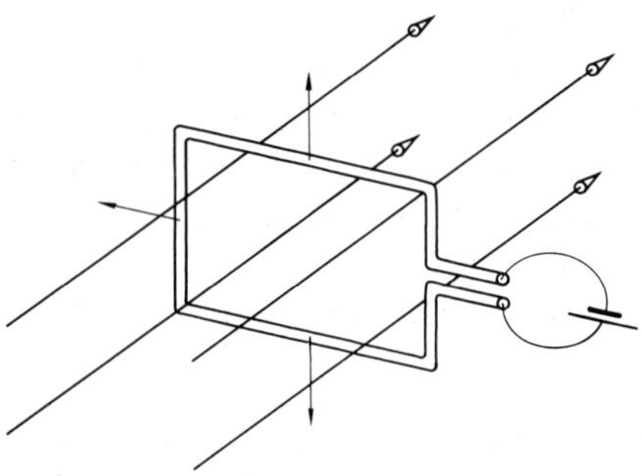

Abb. 5.141. Eine um eine horizontale Achse drehbare Leiterschleife dreht sich bei Stromfluß bis in die gezeichnete Stellung

Alle Leiterteile stehen jetzt senkrecht zum Feld, und die Kräfte möchten die Schleife auseinanderziehen; das aber verhindert deren mechanische Festigkeit. Schaltet man den Strom kurz zuvor ab und kurz danach in Gegenrichtung wieder ein, so dreht sich die Schleife dank ihrer mechanischen Trägheit über den Totpunkt hinweg und dann unter Kraftwirkung im alten Drehsinne weiter. Nach diesem Prinzip arbeiten viele Elektromotore – ein mit der Achse verbundener Polwender schaltet immer im richtigen Moment den Strom der Schleife auf Gegenrichtung um. Zur Verstärkung der Kraft wird der Draht in vielen Windungen zur Drehspule gewickelt und bekommt auch noch einen Weicheisenkern. Will man einen solchen Motor mit Wechselspannung betreiben, so muß man mit ihr auch das äußere Magnetfeld erzeugen. Unabhängig von der Drehfrequenz der Spule wechseln dann Feld und Strom synchron ihr Vorzeichen: Der Motor läuft, als werde er mit Gleichspannung betrieben.

Die Drehspule bildet einen stromabhängigen magnetischen Dipol. Gibt man ihr wie beim Magnetometer mit Hilfe einer Spiralfeder eine Ruhestellung vor und setzt sie quer in ein Magnetfeld, so kann man durch den Auslenkungswinkel das auf sie wirkende Drehmoment bestimmen. Bei bekanntem H ist es ein Maß für den Spulenstrom. Nach diesem Prinzip arbeiten die *Drehspulinstrumente*, von deren Existenz hier gleich zu Beginn der Elektrizitätslehre Gebrauch gemacht wurde. Abb. 5.142 zeigt schematisch den Aufbau. Primär reagiert ein solches Instrument auf die Kraft, die ein stromdurchflossener Leiter im Magnetfeld erfährt; es kann aber zum Spannungsmesser umgeeicht werden, da ja der Widerstand der Drehspule bekannt und obendrein noch ohmsch ist.

Fließt ein Strom im Draht, so wandern Elektronen. Die Vermutung liegt nahe, daß eben diese Elektronen im Magnetfeld eine Kraft erfahren; sie versuchen, zur Seite auszuweichen, und nehmen dabei den Draht, den sie ja nicht verlassen können, mit.

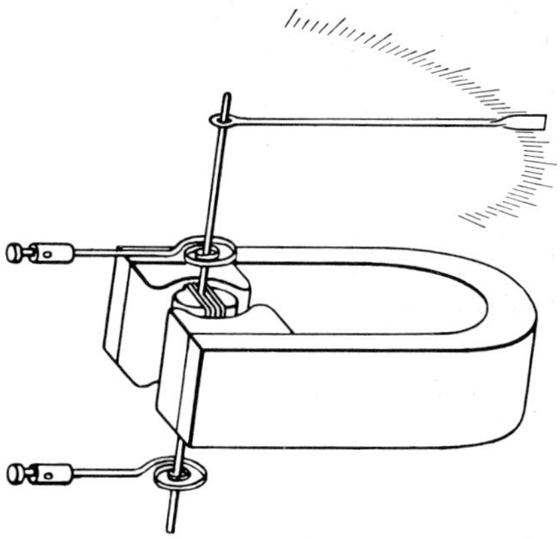

Abb. 5.142. Drehspulinstrument. Ein Hufeisenmagnet erzeugt mit Polschuhen und Weicheisenkern ein konstantes Magnetfeld, im wesentlichen radialsymmetrisch um die Achse der Drehspule. Diese ist reibungsarm in Spitzen gelagert und von zwei Spiralfedern gehalten, die zugleich als Stromzuführungen dienen. (Nach Gerthsen)

Um die Hypothese zu überprüfen, wird man nachsehen, ob ein freier Elektronenstrahl, aus einer Elektronenkanone ins Vakuum geschossen, durch einen Stabmagneten zur Seite abgelenkt wird. Er wird es in der Tat. Genaue Messungen zeigen dies:

Fliegt irgendein Teilchen, das die elektrische Ladung q trägt, mit der Geschwindigkeit v quer zu einem magnetischen Feld der Kraftflußdichte B, so wirkt auf das Teilchen die

Lorentz-Kraft $F_L = q\,v\,B$.

Dabei steht $\boldsymbol{F}_L$ als Vektor senkrecht auf den beiden Vektoren $\boldsymbol{v}$ und $\boldsymbol{B}$ zugleich. Die Formel verlangt zudem, daß auch $\boldsymbol{v}$ und $\boldsymbol{B}$ ihrerseits senkrecht aufeinanderstehen – nur dieser Sonderfall sei hier behandelt*. Für ihn gilt nach der Konvention der Vorzeichen die *Dreifingerregel der rechten Hand:* Spreizt man Daumen, Zeige- und Mittelfinger der rechten Hand in zueinander senkrechte Richtungen, so darf man ihnen für positive Ladungsträger die drei Größen *Bewegung*, *Feld* und *Kraft* in alphabetischer Reihenfolge zuordnen.

Aufgabe 5.51: Zeige mit Hilfe der Formel für die Lorentz-Kraft, daß auf einen Draht, der über die Länge l senkrecht in einem homogenen Magnetfeld der Kraftflußdichte B den Strom I führt, die Kraft

$F = B\,I\,l$

wirkt.

* Stehen $\boldsymbol{v}$ und $\boldsymbol{B}$ nicht senkrecht aufeinander, so berechnet sich $\boldsymbol{F}_L$ nach den mathematischen Regeln des Vektorproduktes (Kap. 1.20).

Läßt man nicht zu schnelle Elektronen in freiem Strahl quer zu einem hinreichend ausgedehnten, homogenen magnetischen Feld fliegen, so kommen sie nie aus ihm heraus: Die Lorentz-Kraft zwingt sie auf eine Kreisbahn. Da F_L stets senkrecht auf der Flugrichtung steht, kann sie Zentralkraft und Zentripetalkraft abgeben, sie dreht sich ja ständig mit der Bahngeschwindigkeit der Elektronen mit. Nach den Überlegungen des Kapitels 1.16 braucht ein Körper der Masse m, der mit einer Geschwindigkeit v auf einem Kreis mit dem Radius r umlaufen soll, die Zentripetalkraft $F_z = m\,v^2/r$. Setzt man sie gleich der Lorentz-Kraft auf freifliegende Elektronen (Ladung e_0, Masse m_e), so folgt

$$\frac{e_0}{m_e} = \frac{v}{r\,B}.$$

Die Elementarladung e_0 ist vom Millikan-Versuch her bekannt, B und r lassen sich messen. Wer v kennt, kann die Ruhemasse m_e des Elektrons bestimmen. Sie beträgt

$$m_e = 9{,}1066 \cdot 10^{-31}\ \mathrm{kg}.$$

v ergibt sich grundsätzlich aus der Spannung U, mit der die Elektronen des Strahles beschleunigt wurden.

Aufgabe 5.52: Zeige, daß mit den benutzten Symbolen für nicht zu schnelle (d.h. nicht-relativistische) Elektronen gilt

$$m_e = e_0\,\frac{r^2\,B^2}{2\,U}.$$

Ganz allgemein lassen sich durch geschickte Kombinationen von elektrischen und magnetischen Feldern freifliegende Teilchen nach ihrer *spezifischen Ladung e/m* sortieren. Für Analysenzwecke geschieht dies in sog. *Massenspektrometern.*

5.46 Induktion

Für die Lorentz-Kraft hat nur die Bewegung der Elektronen Bedeutung, nicht ihre Ursache. Liegt sie, wie im vorigen Kapitel besprochen, in einem elektrischen Feld, das die Elektronen einen Draht entlangzieht, so weichen sie im Magnetfeld quer zum Draht aus und nehmen ihn mit – Resultat ist eine mechanische nachweisbare Kraft. Denkbar wäre aber auch dies: Man bewegt den Draht „von Hand" quer zu sich selbst durch das Magnetfeld; jetzt nimmt er die Elektronen mit, sie weichen in seiner Längsrichtung aus und sammeln sich an seinem einen Ende – Resultat müßte eine elektrische Spannung sein, und wenn der Leiterkreis außerhalb des Magnetfeldes geschlossen ist, auch ein elektrischer Strom (Abb. 5.143). Ein Experiment, ganz nach diesem Schema ausgeführt, bestätigt in der Tat die Erwartung.

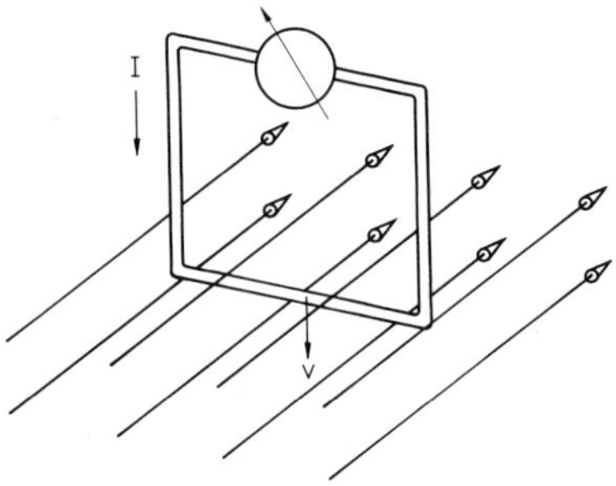

Abb. 5.143. Bewegt man einen Draht mit einer Geschwindigkeit v in einem Magnetfeld, so wird an seinen Enden eine Spannung *induziert*. Es fließt ein Strom I, wenn der Leiterkreis außerhalb des Magnetfeldes geschlossen ist

Die zeitliche Dauer des letzten Versuches ist begrenzt wie die räumliche Ausdehnung des Magnetfeldes. Er läßt sich aber periodisch wiederholen mit einer drehbaren Drahtschleife, wie sie schon in Abb. 5.141 verwendet wurde. Ersetzt man dort die Spannungsquelle durch einen Spannungsmesser und dreht man die Schleife mit einer Handkurbel (Abb. 5.144), so beobachtet man eine Wechselspannung – nach diesem Prinzip arbeiten die Generatoren aller Elektrizitätswerke in der Welt. Wer

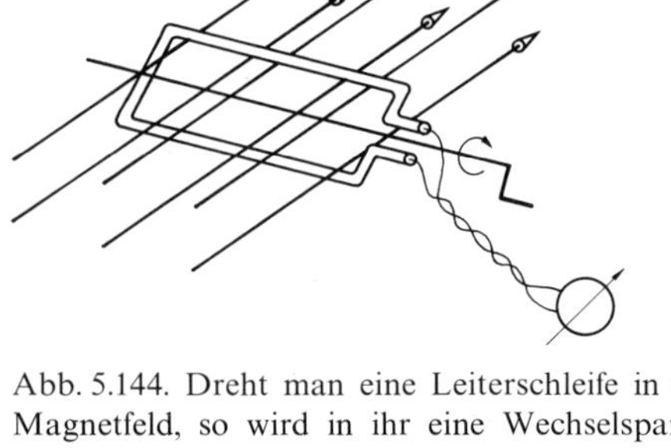

Abb. 5.144. Dreht man eine Leiterschleife in einem Magnetfeld, so wird in ihr eine Wechselspannung induziert

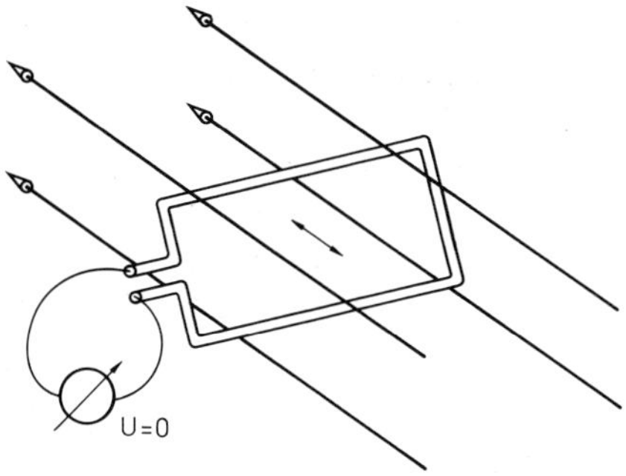

Abb. 5.145. Keine Spannung wird induziert, wenn man die Leiterschleife parallel zum Magnetfeld bewegt

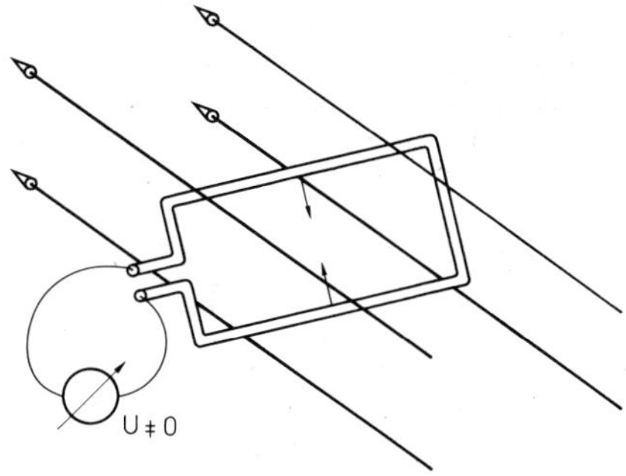

Abb. 5.147. Spannung wird induziert, wenn man die Leiterschleife im Magnetfeld verbiegt

freilich die Schleife nicht dreht, sondern nur parallel zu ihr selbst in Richtung der magnetischen Feldlinien verschiebt (Abb. 5.145), der darf keine Spannung erwarten: Für die Lorentz-Kraft zählt ja nur eine Bewegung quer zum Feld.

Es mag auf den ersten Blick überraschen, aber auch dann, wenn man die Drahtschleife, wie in Abb. 5.146 gezeichnet, quer zum Feld verschiebt, wird an ihren Enden keine Spannung induziert, jedenfalls so lange nicht, wie sie im homogenen Teil des Magnetfeldes verbleibt. Eine genauere Überlegung besagt: Wohl zieht die Lorentz-Kraft die Elektronen im oberen und im unteren Horizontaldraht der Schleife zur Seite, aber beide Male in die gleiche geographische Richtung; im Umlaufsinn der Maschenregel stehen sie aber gegeneinander, und da sie gleich sind, heben sie

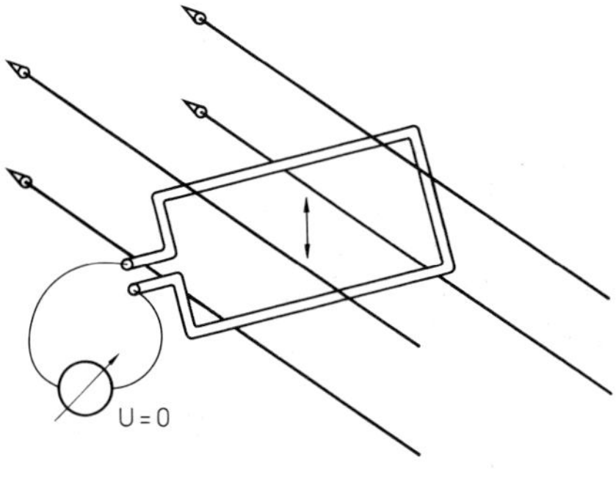

Abb. 5.146. Keine Spannung wird induziert, wenn man die Leiterschleife ohne Drehung senkrecht zu einem homogenen Magnetfeld verschiebt

sich auf. Anders wäre es im inhomogenen Feld: Verschiedene Kraftflußdichten bei beiden Drahtstücken führen zu unterschiedlichen Lorentz-Kräften, diese zu ungleichen Spannungen, und deren Differenz erscheint beim Meßinstrument.

Denkbar wäre schließlich noch, daß man die beiden fraglichen Drahtstücke in entgegengesetzten Richtungen verschiebt (Abb. 5.147) – das geht nur mit Gewalt: Man muß die Schleife verbiegen – dann liegen die Lorentz-Kräfte geographisch auch entgegengesetzt, und die von ihnen erzeugten elektrischen Spannungen addieren sich.

Die Ergebnisse der fünf Gedankenversuche, die man auch alle praktisch überprüfen kann, seien noch einmal zusammengefaßt:

a) Schleife rotiert, Feld homogen oder inhomogen
   Resultat: Wechselspannung;
b) Schleife gleitet parallel zum Feld (homogen oder inhomogen)
   Resultat: keine Spannung;
c) Schleife gleitet quer zum homogenen Feld
   Resultat: keine Spannung;
d) Schleife gleitet quer zum inhomogenen Feld
   Resultat: Spannung;
e) Schleife wird verformt, Feld homogen oder inhomogen
   Resultat: Spannung.

Frage: Gibt es einen übergeordneten Gesichtspunkt, der die Fälle a), d) und e) gemeinsam von den beiden anderen unterscheidet?

Es gibt ihn. Er liegt im magnetischen Fluß ϕ, der die Schleife durchsetzt, also im Produkt aus *Kraftflußdichte* B und wirksamer Schleifenfläche A: immer, wenn sich ϕ im Experiment ändert, tritt eine Spannung auf. Im Fall a) bleibt bei homogenem Feld zwar B konstant, aber A ändert sich periodisch – von der tatsächlichen Querschnittsfläche der Schleife zählt ja nur der Teil, die Komponente, die wirklich vom Feld durchsetzt wird. Im Fall d) bleibt A konstant, aber B nicht, und im Fall d) steht wieder B, aber A wird gewaltsam verändert.
Diese Deutung verleitet zu einer kühnen Hypothese: Wenn es nur auf eine Änderung des wirksamen Flusses ϕ ankommt, dann muß man auch ohne jede mechanische Bewegung eine Spannung dadurch induzieren können, daß man eine Drahtschleife in das Feld eines Elektromagneten oder einer Luftspule setzt und den felderzeugenden Strom abschaltet oder auch nur variiert. In der Tat: Das Experiment bestätigt auch diese Erwartung!

Damit läßt sich jetzt das *Induktionsgesetz* ganz allgemein formulieren: Sobald sich der magnetische Fluß ϕ, der eine Drahtschleife durchsetzt, ändert, aus welchen Gründen auch immer, entsteht an den Enden der Schleife eine Spannung U; sie ist, wie sich zeigt, gleich der Änderungsgeschwindigkeit $\dot{\phi}$ des Flusses:

$$U_{\text{ind}} = -\dot{\phi}$$

– das negative Vorzeichen wird in Kap. 5.49 begründet. Man kann diesen Sachverhalt auch folgendermaßen ausdrücken: Ein Wechsel des Flusses um den Betrag $\Delta\phi$ verursacht einen

Spannungsstoß $\int U\,dt = -\Delta\phi$.

Elektronische Geräte, die Ladungen messen können, lassen sich auch auf Spannungsstöße umeichen, wenn man ihnen einen passenden Vorwiderstand gibt. Damit erlauben sie, nach dem Induktionsgesetz Magnetfelder auszumessen, selbst die von Permanentmagneten. Man wickelt eine kleine *Probespule* mit der Fläche A und der Windungszahl n, führt sie dorthin, wo man die Kraftflußdichte B bestimmen möchte, zieht sie heraus bis in ein (praktisch) feldfreies Gebiet und mißt dabei den induzierten Spannungsstoß. Dann ist dem Betrage nach

$$B = \frac{\int U\,dt}{n\,A}.$$

Aufgabe 5.53: Zwischen den Polschuhen eines großen Elektromagneten wird eine Probespule mit konstanter Geschwindigkeit parallel zu sich selbst genau auf der Symmetrielinie des Feldes entlanggezogen, aus dem feldfreien Raum durch das homogene Feld in den feldfreien Raum (Abb. 5.148). Zeichne qualitativ den Verlauf der induzierten Spannung, bezogen auf die momentane Position der Probespule.

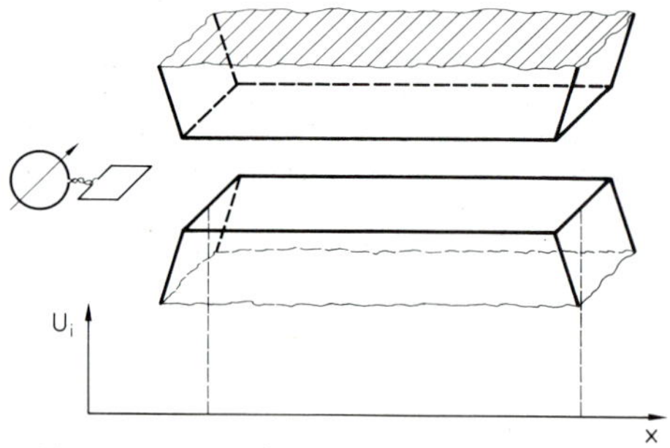

Abb. 5.148. Zu Aufg. 5.53

Sind die Enden der Induktionsspule über einen Widerstand leitend miteinander verbunden, so gehört zu der induzierten Spannung auch ein Strom und als Produkt beider eine in Joulesche Wärme umgesetzte elektrische Leistung. Die entsprechende Energie muß von demjenigen aufgebracht werden, der beispielsweise die Spule im Magnetfeld dreht. Dies wird um so mühsamer, je höher der Leitwert des Widerstandes ist: Im Induktionsversuch kann mechanische Energie in elektrische umgewandelt werden – unmittelbar und ohne Zeitverzögerung. Darin liegt die

Aufgabe der Elektrizitätswerke, und ihr Problem zugleich: Die Turbine, die den Generator antreibt, muß jederzeit genau diejenige Leistung mechanisch anliefern, die alle Verbraucher des Netzes zusammen in diesem Augenblick verlangen.

5.47 Wirbelströme

Der zu einer induzierten Spannung gehörende Strom muß nicht durch eine Drahtschleife sorgfältig kanalisiert werden, er kann auch als *Wirbelstrom* auf weniger leicht identifizierbaren Strombahnen in einem ausgedehnten Leiter fließen, in einem Aluminiumblech beispielsweise, das zwischen den Polschuhen eines Permanentmagneten hin- und herpendelt, ohne zu berühren (Abb. 5.149). Dort, wo sich das Blech im inhomogenen Streufeld des Magneten bewegt, werden Wirbelströme induziert, die naturgemäß Joulesche Wärme entwickeln. Das kostet Energie – sie kann nur dem Pendel entzogen werden; es kommt deshalb relativ rasch zur Ruhe. Hier ersetzt eine *Wirbelstrombremse* mechanische Reibung. Manche Meßinstrumente, die zu Schwingungen neigen, werden auf diese Weise gedämpft.

Analoges gilt für einen Zylinder, der – unmagnetisch, aber metallisch leitend – drehbar zwischen den Polen eines um die gleiche Achse drehbaren Hufeisenmagneten gelagert ist (Abb. 5.150): Er möchte in Ruhe bleiben, weil er dann keine Joulesche Wärme entwickeln muß. „Ruhe" heißt hier: Ruhe relativ zum Magneten und seinem Feld. Wenn dieser selbst rotiert, so versucht der Zylinder zu folgen; man bekommt eine sehr weiche, lastabhängige Kupplung zwischen zwei Achsen. Wenn möglich, gehen beide auf gleiche Drehfrequenz – aber man kann die eine gewaltsam festhalten, ohne die andere zu zerstören.

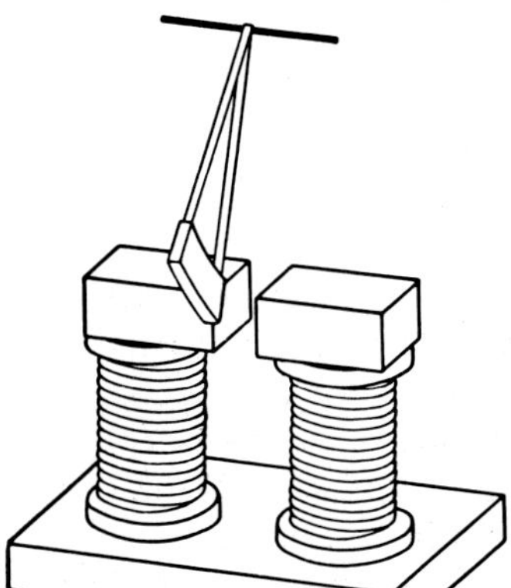

Abb. 5.149. Wirbelstrombremse. Das zwischen den Polschuhen eines Magneten pendelnde Aluminiumblech kommt rasch zur Ruhe, weil durch die Relativbewegung zwischen Blech und Magnetfeld Wirbelströme induziert werden; sie entwickeln Stromwärme, die der Schwingungsenergie entzogen werden muß. (Nach Gerthsen)

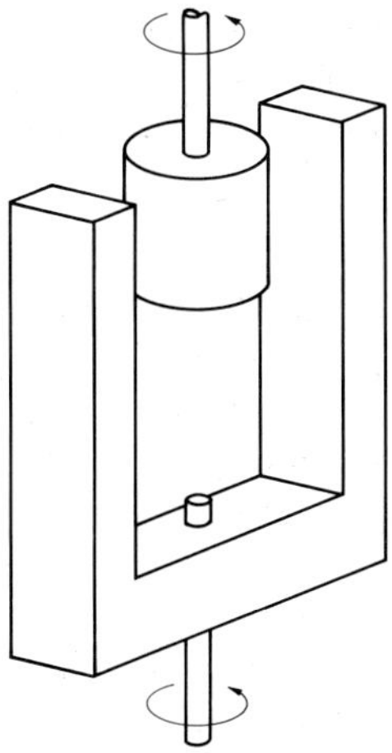

Abb. 5.150. Prinzip des Drehfeldmotors: rotiert der Magnet, so folgt der Metallzylinder, weil er dann am wenigstens Joulesche Wärme als Folge induzierter Wirbelströme umsetzen muß

Besonderen technischen Reiz bekommt dieser Effekt nun dadurch, daß es möglich ist, ein magnetisches Drehfeld auch ohne rotierenden Magneten zu erzeugen. Man braucht dazu lediglich sog. *Drehstrom*. Darunter versteht man drei frequenzgleiche Wechselspannungen – der Elektriker nennt sie die *Phasen* und bezeichnet sie mit den Buchstaben R, S und T – die über drei getrennte Leitungen angeliefert werden und gegeneinander um 120° phasenverschoben sind (Abb. 5.151). Mit ihm werden drei Elektromagnete betrieben, die ihrerseits um 120 Winkelgrad gegeneinander versetzt im Kreise herumstehen (Abb. 5.152). Und nun hilft es nichts mehr, man muß die Situation schrittweise durchgehen. Zum Beispiel zeige zu einem bestimmten Zeitpunkt der Magnet I gerade mit seinem Nordpol zur gemeinsamen Achse. Dann tut dies nach einem Sechstel der Schwingungsdauer Magnet III mit seinem Südpol, nach einem weiteren Sechstel Magnet II mit seinem Nordpol und danach I mit dem Südpol: das Feld hat jetzt eine halbe Drehung ausgeführt. Weiter geht es: III mit N, II mit S und wieder I mit N – eine volle Drehung ist vollzogen. Ein entsprechend gelagerter metallischer Läufer versucht zu folgen. Das ist das Prinzip des *Drehstrommotors;* er braucht – technischer Vorteil – dem Läufer keinen Strom über Schleifkontakte zuzuführen.

Große Kraftwerke geben Drehstrom ab und hängen deshalb drei oder sechs Kabel an die Masten ihrer

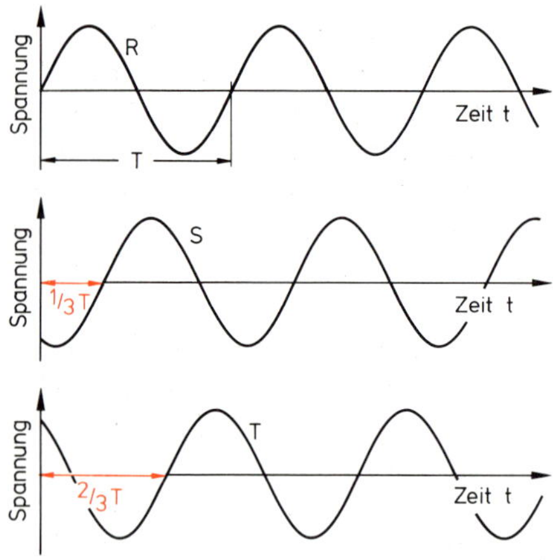

Abb. 5.151. Die drei *Phasen R, S* und *T* des *Drehstromes* sind um 120° gegeneinander phasenverschoben, d.h. sie laufen um ein Drittel der Schwingungsdauer *T* hintereinander her

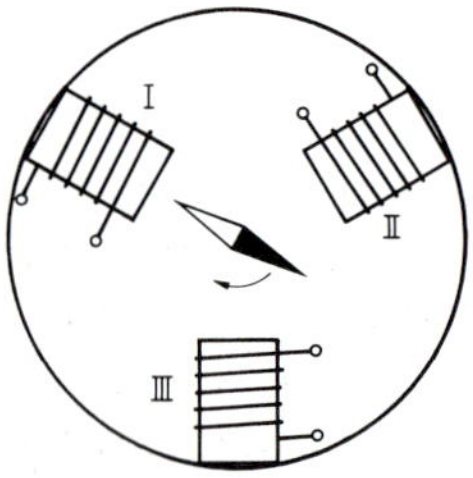

Abb. 5.152. Zum Prinzip des Drehstrommotors. (Einzelheiten im Text)

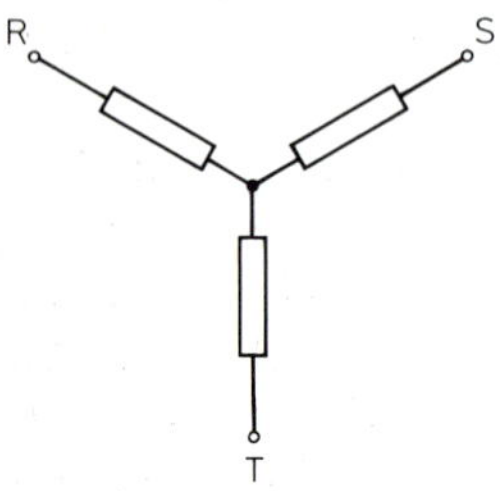

Abb. 5.153. Bei gleichen Widerständen in den drei Phasen braucht der Drehstrom keine Rückleitung; die Ströme addieren sich in jedem Augenblick zu Null (vgl. Abb. 5.151) – *Sternschaltung*

Fernleitungen – wer nur eine Phase ausnutzt, erhält normalen Wechselstrom. Wieso brauchen aber die Fernleitungen nur die drei Phasen zu transportieren? Wieso kommen sie ohne Rückleitung aus? Intelligenzprämie für den Erfinder des Drehstromes: Werden alle drei Phasen mit dem gleichen elektrischen Widerstand belastet, so addieren sich die drei Ströme in jedem Augenblick zu Null; man darf also die freien Enden der Widerstände einfach zusammenschalten (Abb. 5.153). Das geht auch dann noch einigermaßen gut, wenn die drei Widerstände nicht ganz genau gleich sind.

5.48 Transformatoren

Wer die Spule eines Elektromagneten mit Wechselspannung füttert, bekommt ein magnetisches Wechselfeld, in das er nur eine zweite Spule hineinzuhalten braucht, um in ihr eine frequenzgleiche Wechselspannung induziert zu erhalten. Diese wird um so größer sein, je vollständiger die *Sekundärspule* vom magnetischen Fluß der *Primärspule* durchsetzt wird: Am besten wickelt man beide auf die Schenkel eines geschlossenen Eisenkernes (Abb. 5.154).

Abb. 5.154. Transformator

Eine derartige Anordnung heißt *Transformator*. Es leuchtet auf den ersten Blick ein, daß die in der Sekundärspule induzierte Spannung U_s proportional zu deren Windungszahl n_s ist. Keineswegs auf den ersten Blick leuchtet freilich ein, daß U_s zur Windungszahl n_p der Primärspule *umgekehrt* proportional ist. Eine Begründung erfordert mehr Aufwand, als die zu erwartende Erkenntnis rechtfertigt – Hinweise gibt das nächste Kapitel. Jedenfalls erlaubt ein Transformator, Wechselspannungen nicht nur herabzusetzen (das könnte ein Spannungsteiler ja ebenfalls), sondern auch herauf.

Im Idealfall ist das *Übersetzungsverhältnis* zwischen *Primärspannung* U_p und *Sekundärspannung* U_s gegeben durch das Verhältnis der Windungszahlen n_p und n_s:

$$U_s : U_p = n_s : n_p .$$

„Idealfall" heißt hier vor allem: Leerlauf bei der Sekundärspule.

Des Transformators wegen liefern die Steckdosen in aller Welt Wechselspannung – nur sie wiederholt den Induktionsversuch periodisch, Gleichspannung läßt sich nicht transformieren. Röntgenanlagen, die gern hohe Gleichspannungen hätten, setzen deshalb Gleichrichter hinter ihren Hochspannungstransformator (oder benutzen die Röntgenröhre selbst als Gleichrichter). Für die allgemeine Versorgung mit elektrischer Energie sind Transformatoren bei dem heutigen Stand der Technik unerläßlich. Sie erlauben den Umspannwerken, die Leistung, die eine Stadt bei 220 V umsetzen will, über die Fernleitung mit 220 kV heranzuführen – und das heißt: mit einem Tausendstel des Stromes. Entsprechend niedrig sind Joulesche Wärme und Spannungsabfall längs der Fernleitung, also die Leitungsverluste, die das Kraftwerk decken muß, ohne sie dem Verbraucher unmittelbar in Rechnung stellen zu können. Ein jeder muß daran interessiert sein, sie klein zu halten.

Aufgabe 5.54: Jede Schule hat in ihrer physikalischen Sammlung einen *Experimentiertrafo*, bestehend aus U-Kern, aufsetzbarem Joch und einem Satz auswechselbarer Spulen. Vorhanden sei je eine Spule mit 24, 250, 500, 1000 und 25000 Windungen. Welche Kombination wird der Lehrer wählen, wenn er für einen Versuch ungefähr 12 kV Hochspannung, für einen anderen 6 V Kleinspannung haben möchte? Als primäre Spannungsquelle dient eine normale Steckdose mit 220 V.

5.49 Selbstinduktion

Auch ein Transformator kann sich nicht am Energiesatz vorbeimogeln. Wenn irgendein Verbraucher von der Sekundärspule Leistung verlangt, dann muß die Primärspule entsprechende Leistung bei ihrer Spannungsquelle anfordern: Der Strom im Primärkreis weiß, was im Sekundärkreis geschieht. Woher weiß er das? Die Antwort ist nicht leicht zu geben.

Zunächst soll ein noch recht übersichtlicher Sonderfall besprochen werden: Die Sekundärspule sei offen (oder auch gar nicht vorhanden), der Eisenkern lasse sich verlustlos ummagnetisieren und die Primärspule habe einen Ohmschen Widerstand R_0. An sie werde nun plötzlich die Gleichspannung U_0 angelegt. Wer sich gar zu vertrauensvoll auf das Ohmsche Gesetz verläßt, mag erwarten, daß nun auch der Strom I plötzlich auf seinen Endwert

$$I_0 = U_0 / R_0$$

springt. Das hieße aber, daß auch der magnetische Fluß ϕ, der ja notwendig zu I gehört, auf seinen Endwert ϕ_0 *springen*, also mit einem sehr hohen $\dot{\phi}$ heraufschnellen müßte. Ein $\dot{\phi}$ braucht der Transformator, um in der Sekundärspule Spannung zu induzieren. Der Fluß durchsetzt aber auch die Primärspule, und diese hat gegenüber ihrer Artgenossin keine Vorrechte. Folglich induziert $\dot{\phi}$ auch in ihr eine Spannung (U_i).

U_i kann nur U_0 entgegenstehen, I und ϕ hemmen und die eigene Ursache, das $\dot{\phi}$ mindern – wäre es anders, hülfe U_i dem U_0, so hülfe U_i sich selbst und müßte sich im Einschaltprozeß bis zur Katastrophe aufschaukeln. Woher sollte die Energie kommen? Daß dies nicht sein kann, ist die Aussage der *Lenzschen Regel:* Ein jeder Induktionsvorgang sucht, seiner eigenen Ursache entgegenzuwirken. Aus diesem Grunde steht im Induktionsgesetz

$$U_{\text{ind}} = -\dot{\phi}$$

das negative Vorzeichen (Kap. 5.46).

Wenn nun aber eine Spule beim Einschalten des Stromes auf sich selbst eine Gegenspannung U_i induziert, dann kann diese nicht größer sein als die Batteriespannung U_0, denn sonst kehrte ja der Induktionsvorgang seine eigene Ursache um. Wenn aber U_i einen Höchstwert nicht überschreiten kann, dann können es $\dot{\phi}$ und $\dot{I}$ auch nicht. Folglich steigt der Strom I beim Einschalten mit begrenzter Geschwindigkeit, d.h. *träge* an. Wenn er steigt, dann verlangt der Spulenwiderstand R_0 mit der Zeit einen immer größeren Anteil an der Batteriespannung U_0 als Spannungsabfall U_R für sich. U_i darf deshalb immer weniger kompensieren, $\dot{\phi}$ und $\dot{I}$ müssen immer kleiner werden. Schließlich gehen sie auf Null zurück und I erreicht seinen stationären Wert I_0. U_0 wird sich also vermutlich so in

$$U_i(t) \propto \dot{\phi}(t) \propto \dot{I}(t)$$

und

$$U_R(t) \propto I(t) \propto \phi(t)$$

aufteilen, wie Abb. 5.155 das andeutet. Wen kann verwundern, daß bei der *Selbstinduktion* wieder einmal die Exponentialfunktion im Spiele ist? Die mathematische Begründung folgt in Kürze.

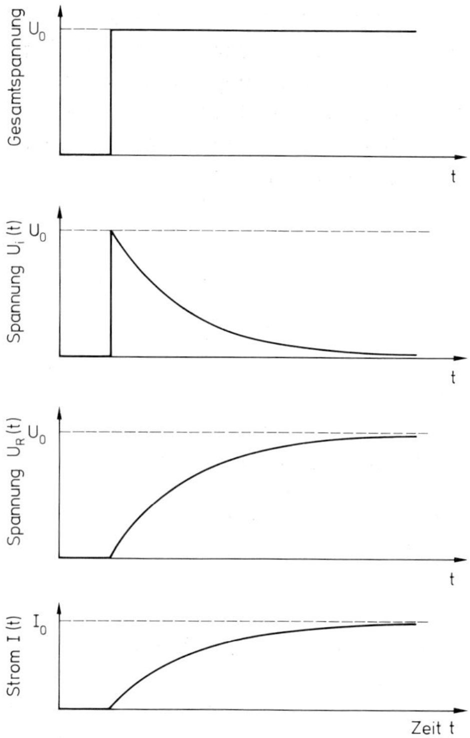

Abb. 5.155. Selbstinduktion. Die Batteriespannung U_0 teilt sich so in induzierte Gegenspannung $U_i(t)$ und Ohmschen Spannungsabfall $U_R(t)$ auf, daß der Strom $I(t)$ träge auf seinen Endwert I_0 ansteigt

Die Energie, die I und U_R zusammen umsetzen, wird zu Joulescher Wärme, nicht aber die Energie aus I und U_i: Sie findet sich im magnetischen Fluß wieder. Ganz analog zum elektrischen Feld besitzt auch ein magnetisches der Stärke H eine

Energiedichte $w = \mu \mu_0 H^2$.

Die entsprechende Energie wird beim Abschalten des Magnetfeldes wieder frei; für große Elektromagnete kann das durchaus bedenkliche Folgen haben. Schaltet man den Spulenstrom plötzlich ab, so versucht die Selbstinduktion auch jetzt, ihre eigene Ursache, den Abbau des Feldes nämlich, zu behindern – das heißt aber, daß sie jetzt die Batteriespannung unterstützt, und dem sind nach oben keine Grenzen gesetzt. Möglicherweise reicht U_i aus, einen Lichtbogen über dem Schalter zu zünden, der diesen zerstört. Große Elektromagnete können deshalb nur stufenweise geschaltet werden.

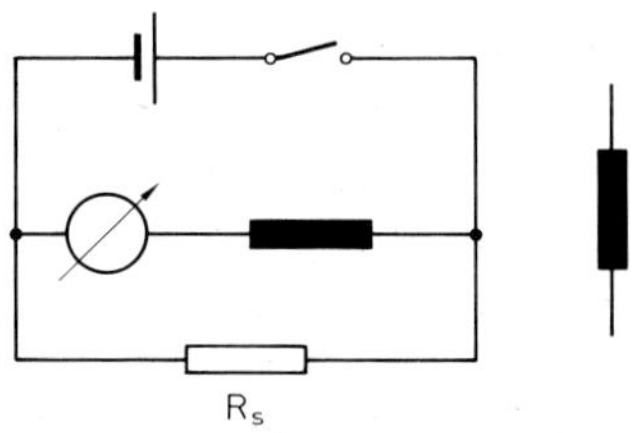

Abb. 5.156. Schaltung zur Beobachtung der Selbstinduktion. Der Schutzwiderstand R_s gestattet eine allmähliche Entladung der Induktionsspule nach Öffnen des Schalters. Rechts: Schaltzeichen eines Elementes mit Selbstinduktion

Wer die Trägheit des Magnetfeldes als Folge der Selbstinduktion beobachten will, dem sei die Schaltung der Abb. 5.156 empfohlen. Hier muß zwar die Batterie neben dem Strom durch die Spule auch noch einen zweiten durch den Schutzwiderstand R_s liefern, das Instrument mißt ihn aber nicht mit. Der Strom durch die Spule steigt so träge an, wie er dies ohne R_s auch täte. Öffnet man aber jetzt den Schalter, so ist der Stromkreis für die

Spule nicht unterbrochen, sie kann sich über den Schutzwiderstand „entladen". Vom Instrument angezeigt, fließt der Strom noch eine Weile in seiner ursprünglichen, von der Batterie vorgegebenen Richtung weiter (Abb. 5.157).

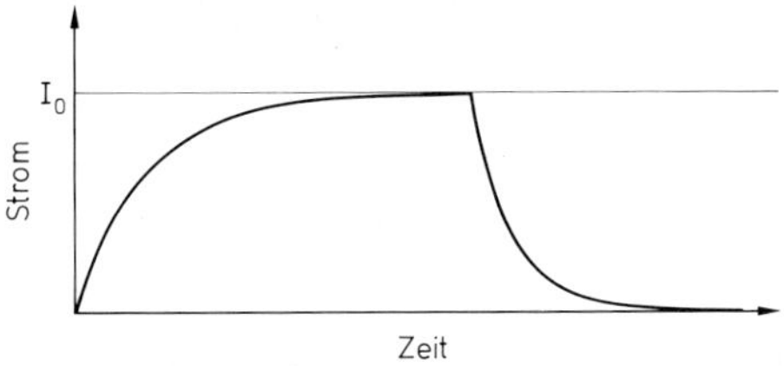

Abb. 5.157. In der Schaltung der Abb. 5.156 steigt der Spulenstrom träge auf seinen Endwert I_0 und fällt nach Öffnen des Schalters mit kürzerer Zeitkonstanten wieder ab

Wie immer man eine Spule baut, stets ist die Spannung U_i, die sie auf sich selbst induziert, der Änderungsgeschwindigkeit $\dot{I}$ des sie durchsetzenden Stromes proportional. Es liegt darum nahe, einen *Selbstinduktionskoeffizienten* L zu definieren durch die Gleichung

$$U_i = -L\dot{I}.$$

L kommt die Einheit $\mathrm{V\,s\,A^{-1}}$ zu, *Henry* (H) genannt. Es ist die Kenngröße von Spulen, wie die Kapazität Kenngröße von Kondensatoren ist, und hängt völlig vom geometrischen Aufbau der Spule ab. Auch ein gerader Draht hat noch ein $L>0$.

Wenn man in Abb. 5.156 den Schalter öffnet, so muß von diesem Augenblick an die selbstinduzierte Spannung U_i allein den Strom I sowohl durch den Schutzwiderstand R_s wie durch den Spulenwiderstand R_0 treiben. Sind beide Widerstände ohmsch und addieren sie sich zu R, so gilt

$$U_i(t) = R\,I(t),$$

und das zu jedem Zeitpunkt. $U_i(t)$ hängt aber über L an $\dot{I}(t)$ und daraus folgt

$$\dot{I}(t) = -\frac{R}{L}\,I(t).$$

Diese Differentialgleichung ist mit anderen Buchstaben schon häufiger aufgetaucht, zuletzt bei der Kondensatorentladung (Kap. 5.19). Sie führt auch hier zu einer e-Funktion, nämlich zu

$$I(t) = I_0 \exp(-t/\tau)$$

mit der *Zeitkonstanten*

$$\tau = \frac{L}{R}.$$

Aufgabe 5.55: Warum fällt in Abb. 5.157 der Strom mit kürzerer Zeitkonstanten ab, als er zuvor angestiegen ist?

5.50 Induktiver Widerstand

Verlangt man von einer Spule mit dem Selbstinduktionskoeffizienten L, daß sie einen Wechselstrom

$$I(t) = I_0 \sin \omega t$$

führt, so verlangt sie ihrerseits eine von einem Generator zu liefernde, phasenverschobene Wechselspannung

$$U_g(t) = U_0 \sin(\omega t + \varphi),$$

mit der sie ihre auf sich selbst induzierte Spannung U_i kompensieren kann. Nach den Überlegungen des vorigen Kapitels gilt

$$U_g(t) = -U_i = L\dot{I}(t) = \omega L I_0 \cos \omega t$$
$$= \omega L I_0 \sin\left(\omega t + \frac{\pi}{2}\right).$$

Im Gegensatz zum Kondensator führt die Spule einen um 90° *nachhinkenden* Wechselstrom, nämlich eine *voreilende* Wechselspannung. Analog zum kapazitiven Widerstand R_C eines Kondensators (Kap. 5.20) läßt sich damit für die Spule ein *induktiver Widerstand* R_L definieren:

$$R_L = \frac{U_{\mathrm{eff}}}{I_{\mathrm{eff}}} = \frac{U_0}{I_0} = \omega L.$$

R_L steigt mit der Kreisfrequenz ω der Wechselspannung, hat also gerade den

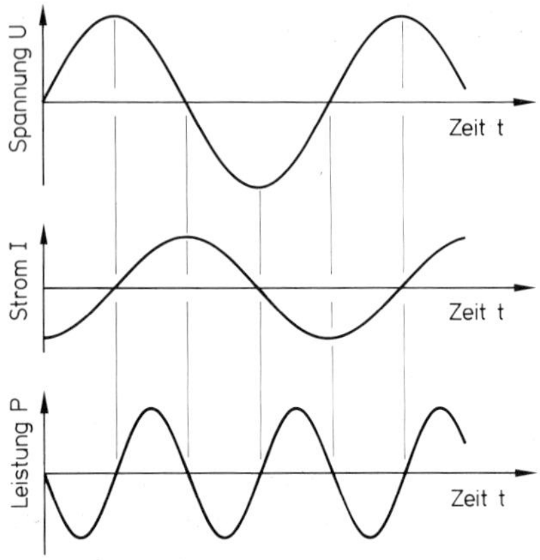

Abb. 5.158. Bei rein induktiver Last beträgt die Phasenverschiebung zwischen Spannung und Strom $-90°$. Es fließt ein im Zeitmittel leistungsloser Blindstrom (vgl. Abb. 5.83 und 5.84)

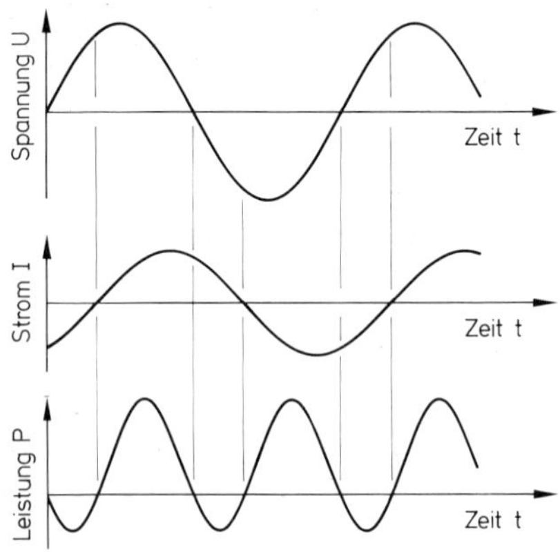

Abb. 5.159. Hat die Last einen Ohmschen Anteil, so ist $\varphi \neq -90°$ und damit $\cos\varphi \neq 0$; die während einer Schwingungsdauer vom Magnetfeld der Spule zurückgelieferte Energie kompensiert die aufgewendete nicht vollständig: übrig bleibt eine

Wirkleistung $P_w = U_{\text{eff}}\, I_{\text{eff}} \cos\varphi$

entgegengesetzten Frequenzgang wie R_C. Auch mit Spulen lassen sich grundsätzlich Hoch- und Tiefpässe herstellen.

Ebenfalls ganz analog zum kapazitiven Widerstand führt auch ein rein induktiver zu einem im zeitlichen Mittel leistungslosen *Blindstrom* – er entzieht der Spannungsquelle immer für eine Viertelschwingungsdauer Energie, um das Magnetfeld aufzubauen, und liefert ihn in der nächsten Viertelschwingung aus dem zerfallenden Magnetfeld an die Spannungsquelle zurück (Abb. 5.158). Allerdings lassen sich nur für relativ hohe Frequenzen Spulen wickeln, deren Ohmscher Widerstand klein ist gegenüber dem induktiven. Wird aber in merklichem Umfang Joulesche Wärme entwickelt, so bekommt die Spannungsquelle während einer Viertelschwingung nicht alle Energie aus dem Magnetfeld zurück, die sie in der vorigen an Feld und Widerstand zusammen abgegeben hat. Die Folge ist eine Phasenverschiebung φ von weniger als 90° und eine

Wirkleistung $P = U_{\text{eff}} \cdot I_{\text{eff}} \cdot \cos\varphi$

(Abb. 5.159). Über den Phasenwinkel φ steuert (unter anderem) die Primärspule eines Transformators die Leistungsanforderung an ihre Spannungsquelle, wenn ein Verbraucher an der Sekundärspule Wirkleistung verlangt. Die Formel gilt allgemein, auch für Kondensatoren mit parallelem Leckwiderstand. Bei rein Ohmscher Last wird $\varphi = 0$ und $\cos\varphi = 1$.

Was geschieht, wenn man einen Ohmschen, einen kapazitiven und einen induktiven Widerstand in Reihe an eine Wechselspannungsquelle variabler Frequenz anschließt? Wenn man *elektrischen Schwingungen und Wellen* überhaupt einen eigenen Abschnitt im Buch zukommen lassen will, dann muß man die Antwort auf diese Frage dorthin einordnen. Es sei aber daran erinnert, daß sich die Physik nicht ohne Willkür in einzelne Abschnitte einteilen läßt. Die Teilung entspringt einem Bedürfnis des menschlichen Denkapparates, nicht der Natur.

6. Elektrische Schwingungen und Wellen

6.01 Impedanz

Der umfangreiche Abschnitt *Elektrizitätslehre und Magnetismus* hatte begonnen mit dem Elektrokardiogramm und geendet mit dem Wechselstromwiderstand einer Spule, zwei Themen, die enger beieinanderliegen, als man auf dem ersten Blick vermuten mag. Für den Elektrokardiographen ist das Herz eine Spannungsquelle, die zahlreiche sinusförmige Wechselspannungen unterschiedlicher Frequenz und Amplitude, einander überlagert, gleichzeitig abgibt. Der Kardiograph selber ist ein Verstärker mit Transistoren, Widerständen und Kondensatoren, der – je nach Konstruktion – spätestens in einer seinen Schreibstift bewewegenden Spule auch eine Induktivität besitzt. Tatsächlich wirkt er als Tiefpaß mit einer Grenzfrequenz in der Gegend von 1 kHz (dies allerdings nicht wegen der Selbstinduktion, sondern wegen der mechanischen Trägheit seines Schreibsystems). In seinem Registrierbereich darf er keine Frequenz bevorzugen oder vernachlässigen, denn sonst verzerrte er ja das EKG – seine Konstrukteure müssen darauf achten. Damit bekommt das Wechselstromverhalten verschiedener Schaltelemente, wie Spulen und Kondensatoren und ihrer Kombinationen, eine eminent praktische Bedeutung in der modernen elektronischen Meßtechnik, wie sie auch in Kliniken und Arztpraxen eingesetzt wird; es führt aber auch zu einigen grundsätzlichen physikalischen Erkenntnissen.

Das letzte Kapitel hatte geendet mit der Frage: Was geschieht, wenn man einen Kondensator, eine Spule und einen Ohmschen Widerstand in Reihe an eine Wechselspannungsquelle variabler Frequenz anschließt? Eines kann man auf Anhieb sagen: Die *Impedanz* Z, d.h. der Wechselstromwiderstand dieser Serienschaltung (Abb. 6.01) ist bei hohen Frequenzen sehr groß, weil die Induktivität der Spule keinen Strom hindurchläßt, und bei kleinen Frequenzen ebenfalls, weil die Kapazität sperrt. Dazwischen muß Z notwendigerweise ein Minimum haben.

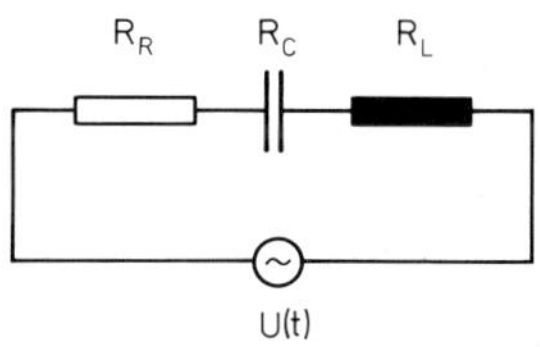

Abb. 6.01. Serienschaltung von Ohmschem Widerstand, Kondensator und Spule

Die Frequenz ν_0 des Impedanzminimums läßt sich erraten. Am zweckmäßigsten trägt man dazu die Abhängigkeiten der Wechselstromwiderstände der drei passiven Schaltelemente von der Frequenz auf, wie in Abb. 6.02 für ein konkretes Beispiel geschehen*.

Aufgabe 6.01: Für welche Werte der Kapazität C, der Induktivität L und des Ohmschen Widerstandes R_R ist Abb. 6.02 gezeichnet?

Zu Recht vermutet man ν_0 bzw. die zugehörige Kreisfrequenz ω_0 dort, wo sich

* Hierfür bietet sich eine doppelt-logarithmische Darstellung an. In ihr geben alle Potenz-Zusammenhänge Geraden mit dem Exponenten als Steigung, der Frequenzgang des kapazitiven Widerstandes eine fallende Gerade unter 45°.

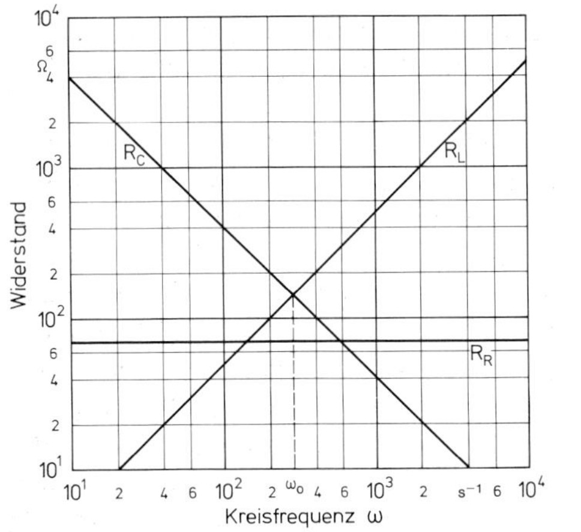

Abb. 6.02. Abhängigkeit von kapazitivem Widerstand R_C, induktivem R_L und Ohmschen R_R von der Kreisfrequenz ω für ein konkretes Beispiel; doppeltlogarithmische Darstellung

kapazitiver Widerstand R_C und induktiver R_L treffen. Aus

$$R_C = R_L = \frac{1}{\omega_0 C} = \omega_0 L$$

folgt

$$\omega_0 = \frac{1}{\sqrt{LC}}.$$

Wer jetzt freilich, um die Impedanz auszurechnen, die drei Wechselstromwiderstände der Abb. 6.02 in aller Harmlosigkeit zu 350 Ohm zusammenaddiert, macht einen krassen Fehler: er übersieht die Phasenverschiebung zwischen Strom und Spannung bei Kondensator und Spule. Die Situation ist komplizierter als bei einer Serienschaltung rein Ohmscher Widerstände.

Schaltelemente in Reihe führen zu jedem Zeitpunkt gleichen Strom, hier also amplituden- *und* phasengleichen Wechselstrom $I(t)$. Sie müssen ihn so einstellen, daß die Generatorspannung $U(t)$ gerade übereinstimmt mit der Summe der über ihnen abfallenden Einzelspannungen $U_R(t)$, $U_C(t)$ und $U_L(t)$ – und diese sind im allgemeinen nicht amplitudengleich, auf keinen Fall aber phasengleich. $U_R(t)$ stimmt in der Phase überein mit dem Strom $I(t)$, $U_C(t)$ hinkt ihm gegenüber um 90° nach, $U_L(t)$ läuft um 90° vor. Zwischen diesen beiden Spannungen besteht also eine Phasenverschiebung von 180°, sie schwingen in *Gegenphase*. Sie haben ihre Nulldurchgänge zur gleichen Zeit, ebenso ihre Extremwerte, diese aber mit entgegengesetzten Vorzeichen. Bei ω_0 sind ihre Amplituden gleich; dann heben sie sich zu jedem Zeitpunkt gegenseitig auf, und der Ohmsche Widerstand muß die Generatorspannung $U(t)$ voll übernehmen, so als seien C und L gar nicht vorhanden. Dafür verlangt er einen Strom $I(t)$ entsprechend seinem Wert R_R. Kondensator und Spule können ihn nur führen mit Spannungen, die im Beispiel der Abb. 6.02 größer sind als $U(t)$. Abb. 6.03 zeigt den zeitlichen Verlauf aller vier Spannungen. R_R bestimmt in diesem Fall die Impedanz allein.

Noch komplizierter wird die Situation bei jeder anderen Frequenz. Immer stehen zwar $U_C(t)$ und $U_L(t)$ in Gegenphase, aber sie kompensieren sich nicht ganz, weil sie verschiedene Amplituden haben. Es bleibt ein gegen $U_R(t)$ phasenverschobener Rest, der sich mit $U_R(t)$ zusammen zu $U(t)$ ergänzen muß. Die vollständige Rechnung

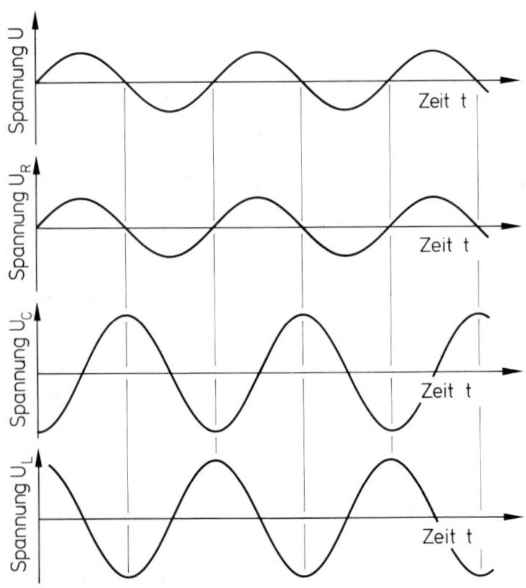

Abb. 6.03. Zeitlicher Verlauf der vier Spannungen $U(t)$, $U_R(t)$, $U_C(t)$ und $U_L(t)$ nach dem Beispiel der Abb. 6.02 für die ausgezeichnete Frequenz ν_0 (bzw. ω_0)

wird aufwendig, aber nicht lohnend; darum soll die Formel für den Betrag $|Z|$ der Impedanz Z hier ohne Ableitung hingeschrieben werden:

$$|Z|=\sqrt{R_R^2+\left(\omega L-\frac{1}{\omega C}\right)^2}\,.$$

Sie sagt nichts über die Phasenbeziehung zwischen Strom und Spannung aus. Es ist notwendig, diese Formel etwas ausführlicher zu diskutieren – auswendiglernen muß man sie nicht.

6.02 Elektrische Resonanz

Die Impedanzformel am Ende des letzten Kapitels bestätigt quantitativ, was für eine Schaltung nach Abb. 6.01 qualitativ auf Anhieb gesagt werden konnte: Die Amplitude

$$I_0(\omega)=\frac{U_0}{|Z(\omega)|}$$

[U_0 = Amplitude der Generatorspannung $U(t)$] setzt bei kleinen Frequenzen ω mit kleinen Werten ein, denn hier bestimmt im wesentlichen das Glied $1/\omega C$ die Impedanz (das negative Vorzeichen wird durch die Quadrierung mit anschließendem Wurzelzeichen aufgehoben); bei hohen ω endet $I_0(\omega)$ wieder bei kleinen Werten, denn hier hat ωL das Kommando; dazwischen besitzt $I_0(\omega)$ ein Maximum bei ω_0. Der Graph läßt eine auffallende Ähnlichkeit mit der *Resonanzkurve* erzwungener mechanischer Schwingungen (Abb. 3.09) erwarten.

Aus der Ähnlichkeit wird eine Übereinstimmung bis in alle Einzelheiten, wenn man statt der Amplitude des Stromes die der Spannung U_C über dem Kondensator als Ordinate gegen die Frequenz ω aufträgt, oder besser gleich ihr Verhältnis z zur Amplitude U_0 der Generatorspannung.

$$z=\frac{U_c}{U_0}=\frac{I_0\,R_c(\omega)}{I_0\,|Z(\omega)|}=\frac{1/\omega C}{|Z(\omega)|}$$

beginnt wie die mechanische Resonanzkurve bei kleinen Frequenzen mit dem Wert 1.

Mit dieser Formel berechnet ist die Schar elektrischer *Resonanzkurven*, die Abb. 6.04 zeigt, und zwar für das Zahlenbeispiel der Aufgabe 6.01 und Abb. 6.02 – die einzelnen Kurven unterscheiden sich lediglich durch den für den Ohmschen Widerstand R_R angenommenen Wert. Er bestimmt die *Resonanzüberhöhung* z_{max} bei der *Resonanzfrequenz* ω_0 bzw. ν_0. $R_R \to 0$ bedeutet *Resonanzkatastrophe* ($z_{max} \to \infty$). Mit wachsendem Widerstand prägt sich die Resonanzerscheinung immer weniger deutlich aus, die Kurve wird (relativ) breiter, die Überhöhung kleiner. Schließlich fällt sie ganz aus. Infolgedessen muß sich die Frequenz maximaler Amplitude stetig, wenn auch anfangs unmerklich, zu kleineren Frequenzen verschieben. Der Ohmsche Widerstand übernimmt die Rolle der Reibungskraft beim mechanischen Pendel, er bestimmt die *Dämpfung*.

Die Formel für $z(\omega)$ mit dem Impedanzbetrag $|Z|$ der Serienschaltung von Kondensator, Spule und Widerstand als *Resonanznenner* sagt nichts über die Phasenbeziehung zwischen $U_C(t)$ über dem Kondensator und $U(t)$ des Generators. Sie kann einer weitergehenden Theorie des Wechselstromwiderstandes entnommen werden, die hier zu weit führen würde. Den Graphen zeigt das untere Teilbild der Abb. 6.04 für drei Fälle unterschiedlicher Dämpfung. Wieder deckt sich das, was für den elektrischen Fall berechnet werden kann – und vom Experiment mit aller wünschenswerten Genauigkeit bestätigt wird –, exakt mit den erzwungenen Schwingungen eines mechanischen Pendels: Gleichphase zwischen Erreger und Resonator bei kleinen Frequenzen, Gegenphase bei hohen. Der Wechsel erfolgt in einem Frequenzbereich, der um so schmaler ist, je schwächer die Dämpfung. Diese Übereinstimmung kann nicht rein zufällig sein, ihr muß eine physikalische Analogie zugrunde liegen.

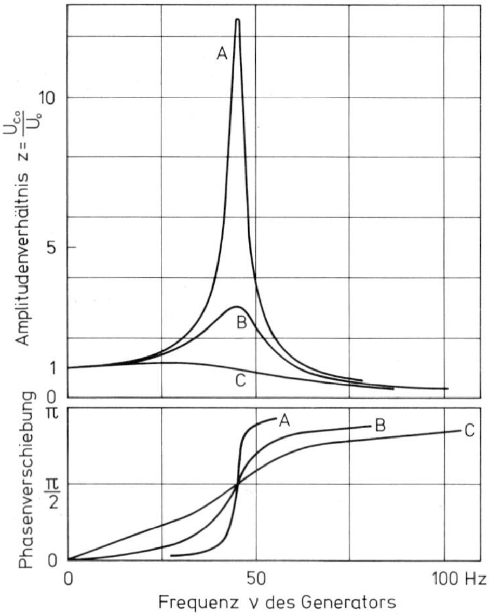

Abb. 6.04. Resonanz der Schaltung von Abb. 6.01 und 6.02 bei verschiedenen Werten des Widerstandes R_R. Oberes Teilbild: Verhältnis z der Amplituden der Spannungen von Kondensator und Generator; unteres Teilbild: Phasenwinkel zwischen beiden Spannungen. Beide Teilbilder decken sich exakt mit entsprechenden Graphen mechanischer Resonanz. Kurve A: $R_R = 11\,\Omega$; Kurve B: $R_R = 48\,\Omega$; Kurve C: $R_R = 148\,\Omega$

6.03 Der Schwingkreis

In der Mechanik wurde Resonanz beobachtet an *schwingungsfähigen Gebilden*, d.h. an Systemen, die auch ohne periodische Anregung mit ihrer *Eigenfrequenz* schwingen konnten. Ein übersichtliches Beispiel lieferte das *Federpendel*, eine träge Masse zwischen zwei Schraubenfedern mit linearem Kraftgesetz, wie in Abb. 3.01 ausführlich dargestellt. Wenn nun die Resonanz bei einer Serienschaltung von Kondensator, Spule und Widerstand mehr bedeuten soll als reiner Zufall, dann ist zu erwarten, daß auch diese drei elektrischen Schaltelemente ein *schwingungsfähiges Gebilde* abgeben, und zwar vermutlich bereits Spule und Kondensator allein, weil ja der Widerstand lediglich die Rolle des (im Grunde nur störenden) Dämpfungsgliedes spielt. Daß dem in der Tat so ist, soll anhand der Abb. 6.05 genauer erläutert werden. Zunächst sei nur die linke Seite dieser Abbildung betrachtet. Als erstes werde der Kondensator von außen auf eine bestimmte Spannung U_0 aufgeladen. Schließt man jetzt die Spule an (1. Teilbild), so entlädt sich der Kondensator.

Vom Standpunkt des (verschwindend kleinen) Ohmschen Widerstandes her gesehen, dürfte er dieses in äußerst kurzer Zeit tun, mit einem kurzen und kräftigen Stromstoß. Hierzu gehörte aber ein sehr steiler Anstieg des Stromes auf hohe Werte, unmittelbar gefolgt von einem kaum minder steilen Abfall – und dagegen wehrt sich die Spule mit ihrer Selbstinduktion L ganz entschieden. In dem Moment, in dem die Spule angeschlossen wird, übernimmt sie die volle Spannung U_0, die der Kondensator zu diesem Zeitpunkt noch hat. Damit erlaubt sie dem Strom eine ganz bestimmte, genau begrenzte Anstiegsgeschwindigkeit $\dot{I}_0 = U_0/L$. Dementsprechend entlädt sich der Kondensator, anfangs vergleichsweise langsam, durchaus schneller werdend, aber immer langsamer schneller werdend, denn mit U_C fällt auch $\dot{I} = U_C/L$. Schließlich und endlich ist der Kondensator leer – von ihm aus könnte der Strom nun aufhören. Aber wieder erhebt die Spule Einspruch: sie hat mühsam ein Magnetfeld aufgebaut (2. Teilbild), und das kann nun nicht so einfach und folgenlos wieder zerfallen; es verlangt, daß der Strom noch eine Weile in der alten Richtung weiterfließt – schwächer werdend, aber immerhin. Damit wird nun aber der Kondensator wieder aufgeladen. Ist das Magnetfeld weg, hat der Kondensator seine alte Spannung wieder, nur mit entgegengesetztem Vorzeichen (3. Teilbild).

Jetzt muß die Spule einen Strom in Gegenrichtung erlauben, aber wieder nur mit begrenzter Anstiegsgeschwindigkeit. Ist dann der Kondensator wieder leer, so ist auch das Magnetfeld wieder vorhanden

a)
b)
c)
d)

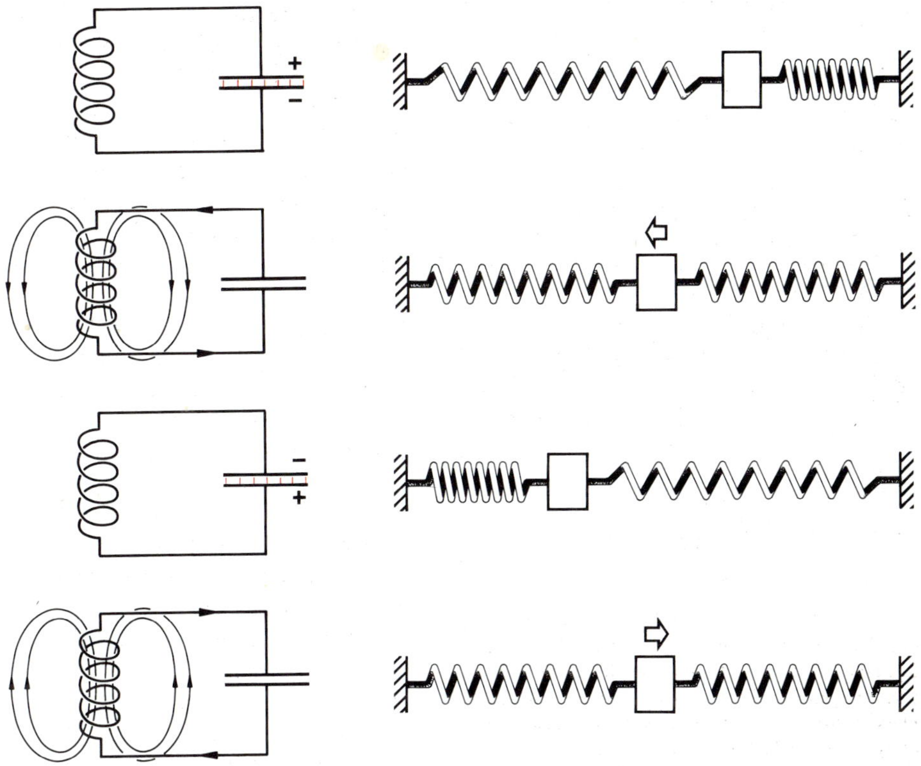

Abb. 6.05. Elektrischer Schwingkreis in Analogie zum Federpendel. Im elektrischen Fall pendelt die Energie zwischen elektrischem Feld im Kondensator und magnetischem in der Spule hin und her. (Einzelheiten im Text)

(4. Teilbild), natürlich in umgekehrter Richtung. Um zerfallen zu können, erzwingt es in der Spule einen Strom, der den Kondensator auflädt – just bis in die Situation, die zu Beginn vorlag: der *Schwingkreis* hat eine volle Schwingung absolviert. Die Analogie zum mechanischen Federpendel zeigen die rechten Teilbilder der Abb. 6.05.

Grundsätzlich sollte der Schwingkreis rein sinusförmige Schwingungen konstanter Amplitude ausführen (Abb. 6.06). Das kann er freilich nur, wenn kein Ohmscher Widerstand im Kreis etwas von der anfangs im Kondensator gespeicherten Schwingungsenergie in Joulesche Wärme umsetzt. Tatsächlich läßt sich das nicht vermeiden; folglich fehlt nach jeder halben Schwingung etwas Energie, und die Spannungsamplitude am Kondensator wird von Mal zu Mal kleiner: die Schwingung ist *gedämpft*. Dämpft man mit größerem Widerstand stärker, so kann sie auch ganz unterbleiben *(aperiodischer Grenzfall)*, und schließlich kriecht die Spannung wie bei einer Kondensatorentladung im RC-Glied (Kap. 5.19) nach einer Exponentialfunktion auf Null zurück. Die Schaltung eines Schwingkreises mit einstellbarer Frequenz und Dämpfung zeigt Abb. 6.07.

Elektrische Schwingungen lassen sich bequem mit einem Kathodenstrahloszillographen beobachten; man braucht nur den Verstärkereingang der Vertikalablenkung parallel zum Kondensator zu legen und eine passende Zeitablenkung einzustellen, schon erscheint der Graph der Schwingung auf dem Leuchtschirm. Die einzelnen Kurven der Abb. 6.06 sind von einem Speicheroszillographen abphotographiert.

Auch ein gedämpfter elektrischer Schwing-

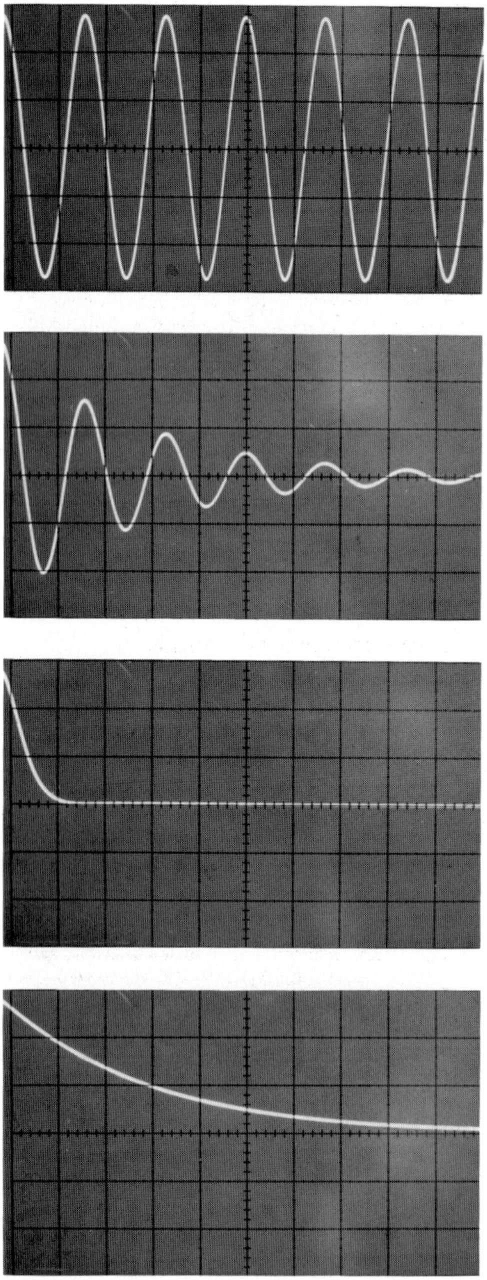

Abb. 6.06. Schwingungen eines elektrischen Schwingkreises, photographiert von einem Speicheroszillographen; ungedämpft sowie periodisch, in den aperiodischen Grenzfall und kriechend gedämpft

kreis kann – ganz analog zum mechanischen Pendel – ungedämpfte freie Schwingungen ausführen, wenn man über eine *Selbststeuerung* periodisch immer wieder

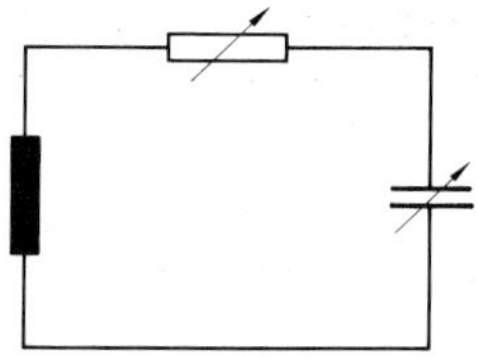

Abb. 6.07. Schwingkreis mit Drehkondensator zur Einstellung der Eigenfrequenz und variablem Widerstand zur Einstellung der Dämpfung

im richtigen Augenblick ein wenig Energie nachliefert. Bewährte technische Hilfsmittel hierfür sind Transistor und Elektronenröhre. Man zweigt über einen Abgriff an der Induktionsspule eine kleine Hilfsspannung ab und gibt sie auf die Steuerelektrode. Wenn dies phasenrichtig geschieht, kann der Transistor immer im rechten Moment den Kondensator wieder auf die volle Ausgangsspannung aufladen. Die Frequenz der freien Schwingung liegt genau da, wo man sie nach der Resonanzkurve auch erwartet, bei

$$\omega_0 = \frac{1}{\sqrt{LC}}.$$

Dies ist die *Eigenfrequenz* des elektrischen Schwingkreises.

6.04 Die Schwingungsdifferentialgleichung (ein Kapitel für Liebhaber)

Die Analogie zwischen mechanischen und elektrischen Schwingungen läßt sich mathematisch begründen: beide Pendel halten sich an die gleiche Differentialgleichung. Beim reibungsfreien mechanischen Pendel ist die rücktreibende Kraft $F(x)$ proportional zur Auslenkung x, denn die Feder hält sich an ein lineares Kraftgesetz

$$F(x) = -D\,x$$

(negatives Vorzeichen, weil F der Auslenkung entgegengerichtet ist). Diese Kraft beschleunigt die Pendelmasse m, und zwar nach dem Grundgesetz der Mechanik mit der Beschleunigung

$$a = \ddot{x} = \frac{F}{m}.$$

Durch Einsetzen folgt unmittelbar die *Schwingungsdifferentialgleichung*

$$\ddot{x} = -\frac{D}{m}\,x,$$

d.h. zwischen der (zeitabhängigen) physikalischen Größe x und ihrer zweiten Ableitung nach der Zeit besteht eine Proportionalität mit negativem Vorzeichen.
Im elektrischen Schwingkreis wird der Kondensator (Kapazität C) von der Ladung Q auf die Spannung

$$U_C = \frac{Q}{C}$$

gebracht. Die Folge ist ein Strom

$$I = -\dot{Q}$$

(negatives Vorzeichen, weil von positiver zu negativer Elektrode abfließender Strom positiv gezählt wird, die Ladung aber erniedrigt). Seine Änderungsgeschwindigkeit $\dot{I}$ erzeugt über der Spule (Selbstinduktionskoeffizient L) die Spannung

$$U_L = -L\dot{I} = L\ddot{Q}.$$

Nun bilden im ungedämpften Schwingkreis (ohne Ohmschen Widerstand) Kondensator und Spule zusammen eine *Masche*, ihre Spannungen sind also nach der Maschenregel (Kap. 5.07) entgegengesetzt gleich

$$U_C = -U_L.$$

Daraus folgt eine Schwingungsdifferentialgleichung für Q, nämlich

$$\ddot{Q} = -\frac{1}{LC}\,Q$$

– in Worten: Zwischen der (zeitabhängigen) Ladung Q auf dem Kondensator eines ungedämpften Schwingkreises und ihrer zweiten Ableitung nach der Zeit besteht eine Proportionalität mit negativem Vorzeichen.

Aufgabe 6.02: Welche Größen beim elektrischen Schwingkreis entsprechen der Auslenkung x des Federpendels, der Geschwindigkeit $\dot{x}$ seines Pendelkörpers, der potentiellen und der kinetischen Energie?

In ganz allgemeiner Form kann die Schwingungsdifferentialgleichung geschrieben werden als

$$\ddot{Y} = -\text{const.}\ Y.$$

Sie wird erfüllt von den beiden Winkelfunktionen Sinus und Cosinus. Denn wenn man probeweise einmal ansetzt

$$Y_1 = Y_0 \sin \omega_0 t \quad \text{und} \quad Y_2 = Y_0 \cos \omega_0 t,$$

dann erhält man durch Differentiation nach der Zeit

$$\dot{Y}_1 = Y_0\, \omega_0 \cos \omega_0 t \quad \text{und} \quad \dot{Y}_2 = -\,Y_0\, \omega_0 \sin \omega_0 t$$

und durch nochmalige Differentiation

$$\ddot{Y}_1 = -\,Y_0\, \omega_0^2 \sin \omega_0 t \quad \text{und} \quad \ddot{Y}_2 = -\,Y_0\, \omega_0^2 \cos \omega_0 t,$$

also wie verlangt

$$\ddot{Y}_1 = -\text{const.}\ Y_1 \quad \text{und} \quad \ddot{Y}_2 = -\text{const.}\ Y_2.$$

In beiden Fällen kommt für die Konstante der Differentialgleichung das Quadrat der Kreisfrequenz der Schwingung heraus. Das bedeutet für das Federpendel

$$\omega_0 = \sqrt{\frac{D}{m}}$$

und für den Schwingkreis

$$\omega_0 = \sqrt{\frac{1}{LC}}$$

in voller Übereinstimmung mit den Beobachtungen.
Wem die mathematische Kurzschrift geläufig ist, der kann leicht die Schwingungsdifferentialgleichung um ein Dämpfungsglied erweitern. Ihre Lösungen liefern dann alle Möglichkeiten gedämpfter Schwingungen von Schwing- bis Kriechfall, einschließlich der genauen Bedingung für den aperiodischen Grenzfall. Setzt man schließlich noch ein periodisches Glied für einen möglichen Erreger hinzu, so kommen die erzwungenen Schwingungen heraus und mit ihnen alle Einzelheiten der Resonanzkurve.

6.05 Elektronische Simulation

Wer die Differentialgleichung eines Systems kennt, kann dessen Verhalten sowie dessen Reaktion auf bestimmte Situationen vorhersagen. Nun hat das vorige Kapitel gezeigt, daß äußerlich so verschiedene Systeme wie Federpendel und Schwingkreis der gleichen Differentialgleichung gehorchen. Folglich kann man vom (beobachteten) Verhalten des einen auf das (zu erwartende) Verhalten des anderen schließen; man muß lediglich die Analogien beachten: der Auslenkung x des Pendels entspricht die Ladung Q im Schwingkreis (zu messen über die Spannung U_C am Kondensator), der Masse m entspricht die Selbstinduktion L und der Federkonstanten D der Kehrwert $1/C$ der Kapazität. Es hat wenig Sinn, mit einem Pendel den Schwingkreis simulieren zu wollen, wohl aber, umgekehrt vorzugehen: *elektronische Simulation* wird durch die verfügbaren Geräte ungemein vielseitig und flexibel. Die Federkonstante eines Pendels läßt sich nur durch Auswechseln der Feder ändern, die Kapazität eines Kondensators durch einen Handgriff am Drehknopf – dies sogar kontinuierlich und nach wählbarem Zeitprogramm in eine laufende Schwingung hinein. Man könnte so etwa das Zähneklappern eines Menschen simulieren, der seine Kaumuskeln anspannt bei dem Versuch, die Zähne aufeinanderzubeißen.
Elektronischer Simulation dienen *Analogrechner*. Eine einzelne Schwingungsdifferentialgleichung für sich allein mag ihren Einsatz nicht unbedingt rechtfertigen, denn hier kann man der Mathematik auch noch mit Bleistift und Papier beikommen. Anders wird es bei mehreren gekoppelten schwingungsfähigen Gebilden, vor allem aber: der Analogrechner

ist ja nicht auf diesen einen Typ von Differentialgleichung beschränkt. Zu den Standardprogrammen vieler Rechner gehört der elastische Ball im rechteckigen Kasten, d.h. die Simulation seiner Bewegungen auf dem Bildschirm eines Oszillographen. Durch Drehen an Knöpfen kann man nicht nur seine Masse variieren und Luft- und Wandreibung einführen, man kann auch die Fallbeschleunigung g kontinuierlich ändern, also die Verhältnisse auf dem Mond oder im Raumschiff nachahmen. Man kann sogar die unnatürliche Situation eines negativen g, ja selbst einer negativen Masse simulieren.

Aufgabe 6.03: Ein Federpendel werde elektronisch simuliert mit einem Schwingkreis aus $C = 100\,\mu\text{F}$, $L = 300$ H und $R = 50$ Ohm. a) Wie groß ist die Eigenfrequenz ν_0 des Pendels? b) Welche elektrische Größe muß auf welchen Wert geändert werden, um eine Verdoppelung der Federkonstanten zu simulieren? c) Wie groß ist ν_0' jetzt?

6.06 Lissajous-Figuren

Wer einen Oszillographen und zwei Sinusgeneratoren besitzt, der kann sich leicht einen vergnügten Nachmittag machen: er braucht nur jede der beiden Wechselspannungen auf jeweils einen der beiden Verstärkereingänge für die Horizontal- und die Vertikalablenkung zu schalten (die eingebaute Zeitablenkung also wegzunehmen) und mit etwas Geschick an allen Knöpfen zu spielen. Angenommen, die Amplituden beider Spannungen seien gleich, dann steht dem Leuchtpunkt des Oszillographen grundsätzlich ein quadratisches Feld zur Verfügung. Welchen Weg er aber tatsächlich durchläuft, das bestimmen Frequenz- und Phasenbeziehung der beiden Wechselspannungen.

Ganz einfach liegen die Verhältnisse, wenn die Spannungen mit gleicher Frequenz und Phase schwingen. Dann läuft der Punkt vom Zentrum des Quadrates (Nulldurchgang) auf der Diagonalen nach oben rechts (Höchstausschlag positiv) und zurück nach unten links (Höchstausschlag negativ): er malt eine Gerade (Abb. 6.08, links). Schwingen beide Spannungen in Gegenphase, so gibt es wieder eine Gerade, nur ist sie um 90° gedreht: der positive Höchstausschlag der einen Schwingung fällt zeitlich zusammen mit dem negativen der anderen (Abb. 6.08, rechts). Beträgt die Phasenverschiebung jedoch $\pi/2$, so durchläuft der Punkt einen Kreis: jede Schwingung hat ihren Höchstausschlag beim Nulldurchgang der anderen. Alle Phasenlagen dazwischen führen zu Ellipsen, eingeschrieben in das erlaubte Quadrat (Abb. 6.08). Weichen die beiden Frequenzen ein ganz klein wenig voneinander ab, so werden alle Phasendifferenzen nacheinander periodisch durchlaufen und damit auch die eben beschriebenen *Lissajous-Figuren*. Schon dieser einfache Fall hat ästhetischen Reiz.

Er wird größer, wenn die beiden Frequenzen sich unterscheiden. Ein Frequenzverhältnis 1:3 etwa ergibt, je nach Phasenlage, eine Figur aus der Serie der Abb. 6.09. Kombiniert man eine langsame Horizontalschwingung großer Amplitude mit einer kleinen, weitaus schnelleren vertikalen, der die Horizontalfrequenz auch noch überlagert ist, so erhält man ein perspektivisch erscheinendes „Krönchen" (Abb. 6.10); es dreht sich, wenn das Frequenzverhältnis nicht exakt ganzzahlig ist. Die zahllosen Möglichkeiten komplizierter Lissajous-Figuren nutzen Fernsehanstalten zuweilen als Pausenfüller.
Steht eine sinusförmige *Referenzspannung* bekannter und möglichst auch einstellbarer Frequenz zur Verfügung, so kann man mit Hilfe der Lissajous-Figur, die sie zusammen mit einer unbekannten Wechselspannung liefert, eben diese unbekannte Spannung analysieren.

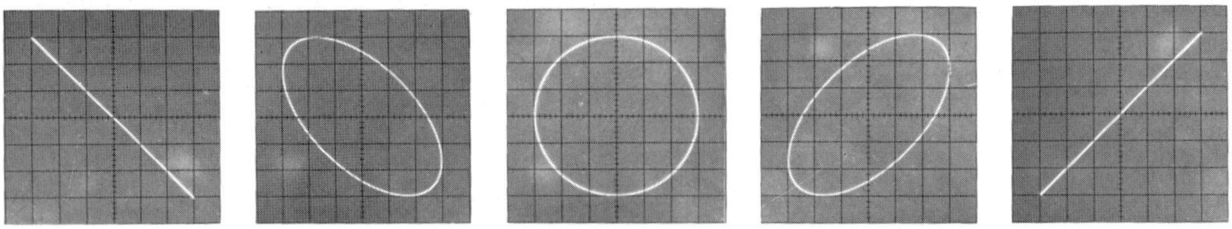

Abb. 6.08. Lissajous-Figuren. Amplituden- und Frequenzverhältnis 1:1 bei verschiedenen Phasenwinkeln

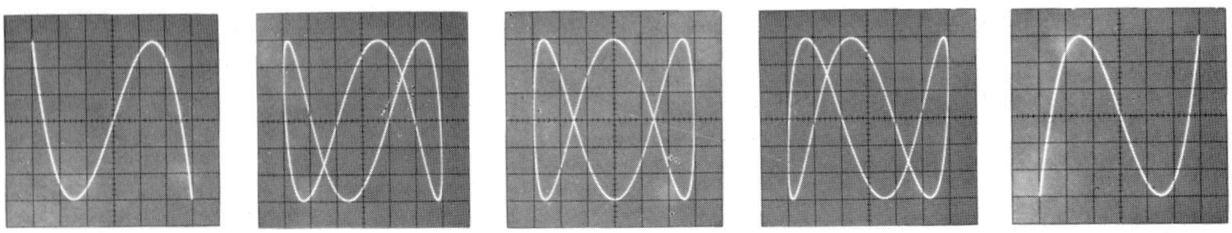

Abb. 6.09. Lissajous-Figuren im Frequenzverhältnis 1:3, Amplitudenverhältnis 1:1

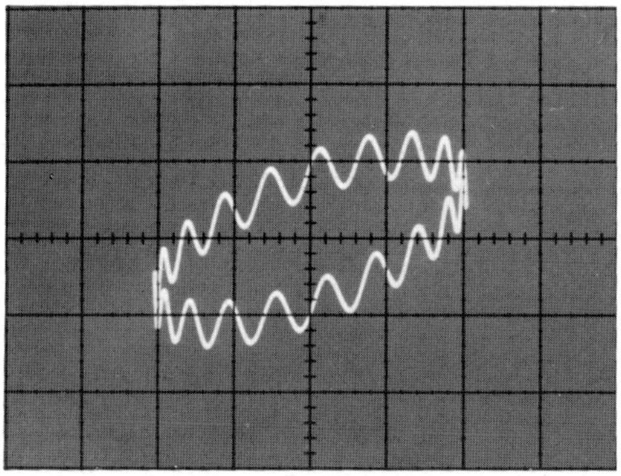

Abb. 6.10. „Krönchen" als Lissajous-Figur

◁

Aufgabe 6.04: Die Teilbilder der Abb. 6.11 stammen von einem Oszillographen, dessen Horizontalablenkung an einen Sinusgenerator von 1 kHz angeschlossen war. Welche Frequenz der Vertikalschwingung gehört zu jedem Teilbild?

Abb. 6.11. Lissajous-Figuren zur Schwingungsanalyse (Aufgabe 6.04)

▽

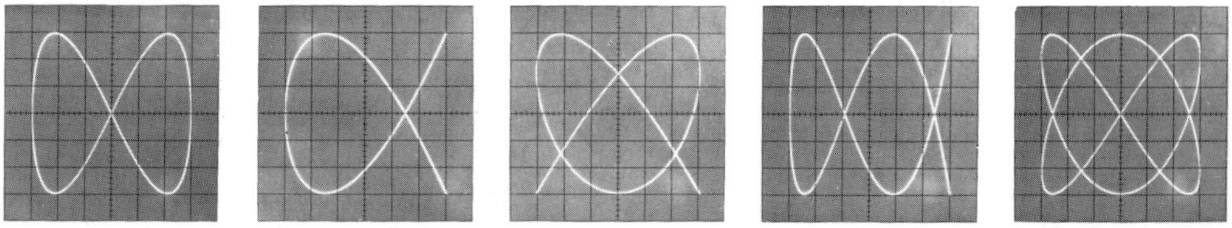

6.07 Überlagerung von Schwingungen

Läßt man einen Oszillographen mit seiner eingebauten Zeitablenkung laufen und gibt man den Ausgang eines Sinusgenerators auf den Eingang des Vertikalverstärkers, so erscheint auf dem Schirm eine saubere Sinuskurve. Das gleiche Ergebnis erhält man auch mit einem Transformator in der Leitung – der Generator arbeitet auf dessen Primärspule, der Oszillograph hängt an der sekundären. Nun macht es keine Schwierigkeiten, mehr als zwei Wicklungen auf dem Eisenkern eines Transformators unterzubringen und dann eine ganze Anzahl verschiedener Sinusgeneratoren gleichzeitig auf die Sekundärspule einwirken zu lassen: sie überlagern dann ihre Schwingungen. Alles, was in Kap. 3.05 zu diesem Thema vom Modell her überlegt worden ist, läßt sich am elektrischen Beispiel experimentell ohne großen Aufwand nachvollziehen bis zur Zusammensetzung eines komplizierten Schwingungsverlaufes aus seinen einzelnen *Harmonischen (Fourier-Synthese).*

Auch das Umgekehrte, die *Fourier-Analyse*, macht der Elektronik keine wesentlichen Schwierigkeiten. Ihr stehen Schwingkreise sehr kleiner Dämpfung, also mit extrem hohen und schmalen Resonanzkurven zur Verfügung. Bietet man ihnen ein Frequenzgemisch an, so geraten sie in erzwungene Schwingungen, die aber nur dann eine kräftige Amplitude annehmen, wenn die Eigenfrequenz des Kreises im Gemisch enthalten ist. Die Analyse läßt sich auch mit nur einem, dann aber *abstimmbaren* Schwingkreis (variabler Frequenz) ausführen. Nach diesem Prinzip filtern Radioapparate und Fernsehgeräte genau diejenige Information aus dem von der Antenne angelieferten Wellensalat heraus, die der eingestellte Sender bei seiner Sendefrequenz abstrahlt. Spezielle *Frequenzanalysatoren* stimmen ihren Schwingkreis selbständig und periodisch durch und geben das *Spektrum* der analysierten Schwingung auf den Leuchtschirm eines Oszillographen. Dort erscheinen also die beteiligten Frequenzen mit ihren Amplituden. Abb. 6.12 zeigt einige Beispiele, darunter auch ein EKG.

Ausdrücklich erinnert sei hier an eine Bemerkung, die auch schon bei den mechanischen Schwingungen (Kap. 3.05) ge-

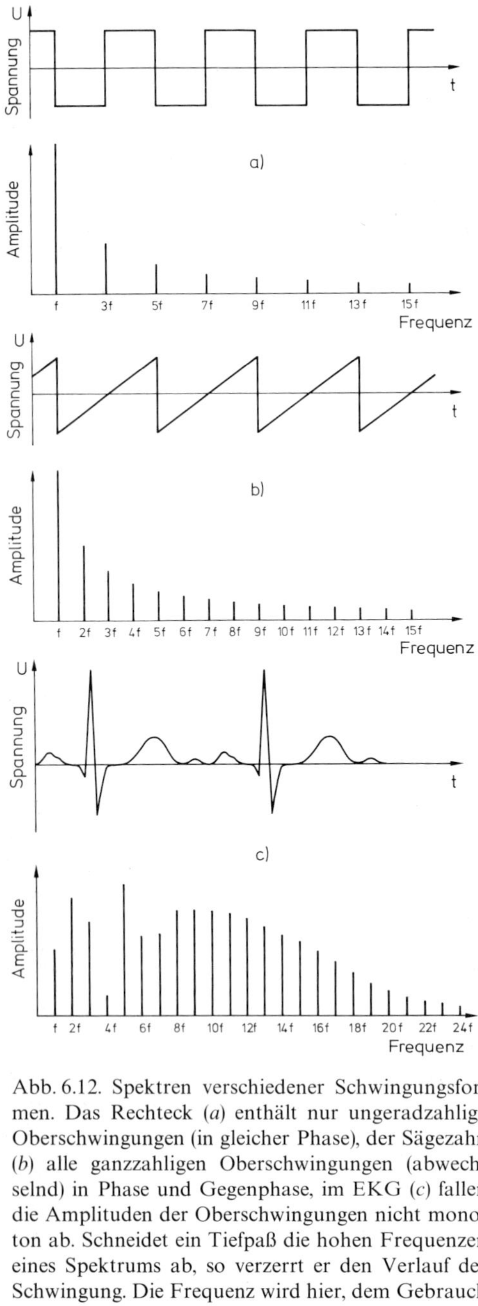

Abb. 6.12. Spektren verschiedener Schwingungsformen. Das Rechteck (*a*) enthält nur ungeradzahlige Oberschwingungen (in gleicher Phase), der Sägezahn (*b*) alle ganzzahligen Oberschwingungen (abwechselnd) in Phase und Gegenphase, im EKG (*c*) fallen die Amplituden der Oberschwingungen nicht monoton ab. Schneidet ein Tiefpaß die hohen Frequenzen eines Spektrums ab, so verzerrt er den Verlauf der Schwingung. Die Frequenz wird hier, dem Gebrauch in der Elektrotechnik entsprechend, mit dem Buchstaben f bezeichnet

macht wurde: Eine Frequenzanalyse ist noch keine Fourier-Analyse, weil ihr die Information über die Phasenwinkel fehlt. Eben deshalb läßt sich aus einem Spektrum die erzeugende Schwingung nicht eindeutig rekonstruieren. In vielen Fällen, so etwa in der Akustik (Kap. 3.09) genügt aber die im Spektrum enthaltene Information.

6.08 Einschwingvorgänge

Ist ein nahezu ungedämpfter Schwingkreis erst einmal in Resonanz geraten, so schwingt er auch dann noch mit hoher Amplitude einige Zeit weiter, wenn der Erreger plötzlich abgeschaltet wird; der Kreis braucht möglicherweise einige tausend Perioden, um seine Schwingungsenergie an das (kleine) Dämpfungsglied abzugeben. Umgekehrt kommt ein solcher Resonator aber auch nur langsam in eine Schwingung mit konstanter Amplitude. Bis dahin führt er eine komplizierte Überlagerung von erzwungener und Eigenschwingung aus. Frequenzgemische, deren Zusammensetzung sich ändert, lassen sich dann nicht analysieren, wenn der *Einschwingvorgang* zu viel Zeit braucht. Um ihn abzukürzen, muß man den Resonator stärker dämpfen. Damit wird aber die Resonanzkurve niedriger und breiter, die Frequenzanalyse also weniger scharf und empfindlich. Jede praktische Ausführung muß einen Kompromiß treffen, den jeweiligen Bedürfnissen angepaßt. Wieder bewährt sich die hohe Flexibilität der Elektronik: mit einem Griff kann man die Dämpfung willkürlich und definiert ändern. Abb. 6.13 zeigt den Ablauf von Ein- und Ausschwingvorgang bei verschiedener Dämpfung. Mechanische Resonatoren halten sich an die gleichen Regeln.

6.09 Geschlossene elektrische Feldlinien

Schwingkreise für hohe Frequenzen kommen mit kleinen Kapazitäten und Induktivitäten aus, möglicherweise genügen der Spule schon wenige Windungen. Ein Zahlenbeispiel bringt die

Aufgabe 6.05: Ein Radiobastler möchte einen Schwingkreis für den UKW-Bereich, also für ca. 100 MHz herstellen. Er besitzt einen Kondensator von 25 pF. Die Spule will er mit dünnem Draht auf einen Bleistiftstummel wickeln (3 cm lang, 7,5 mm Durchmesser). Wie viele Windungen braucht er? Diese Aufgabe ist nicht zu lösen ohne die Formel für die Induktivität L einer gestreckten Spule mit der Windungszahl n, der Länge l und der Querschnittsfläche A, die herzuleiten (oder gar auswendig zu lernen) nicht lohnt. Sie lautet

$$L = \mu\,\mu_0 \frac{A}{l} n^2.$$

Die Permeabilität μ des Bleistiftes darf zu 1 angesetzt werden.

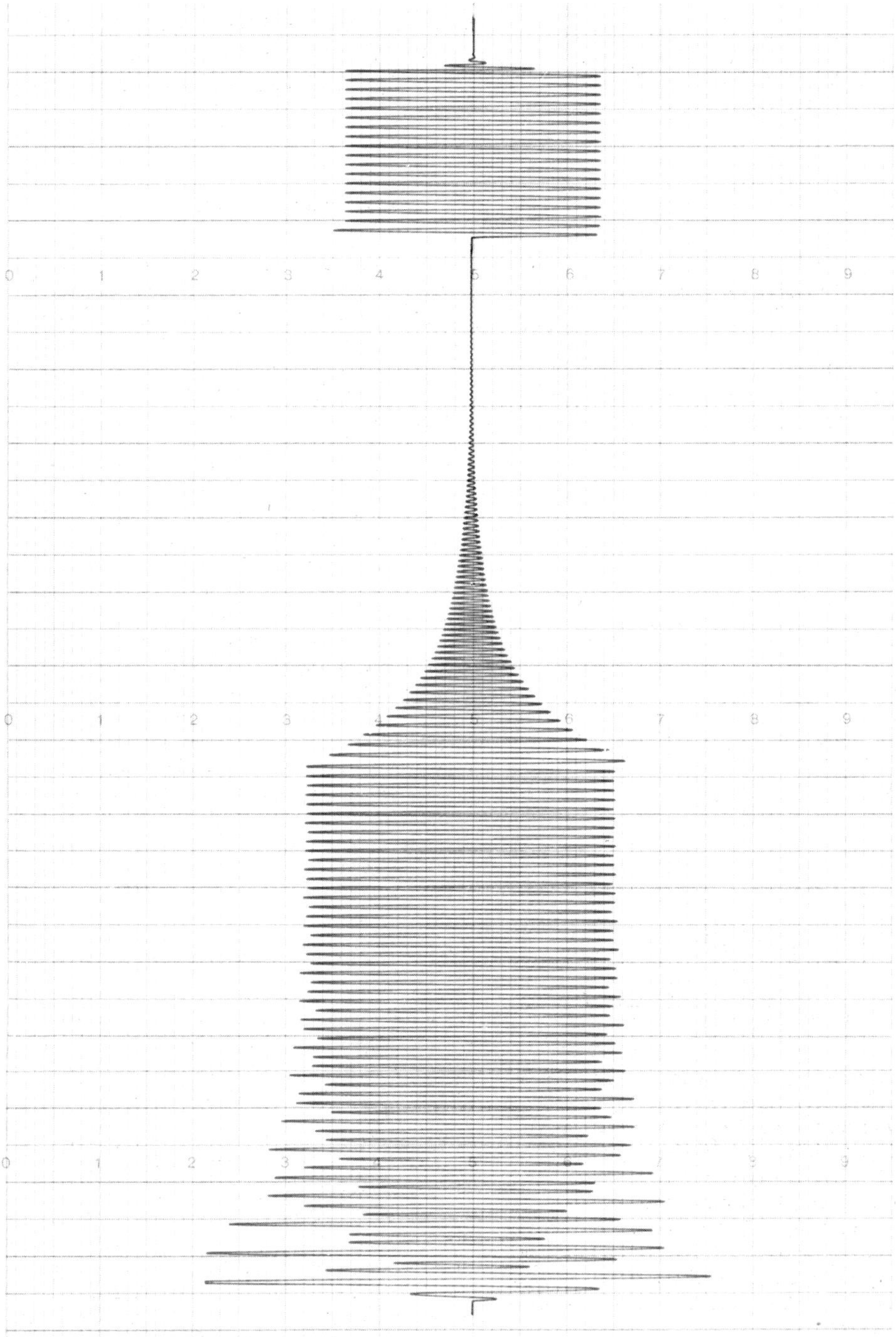

Abb. 6.13. Einschwingvorgänge brauchen nicht weniger Zeit als das Ausschwingen. Links: schwache Dämpfung; rechts: nahezu aperiodische Dämpfung (hier ist die Amplitude um den Faktor 5 überhöht gezeichnet)

Noch höhere Frequenzen erreicht man ganz ohne Spule. Auch ein zum Kreis gebogener Draht, der zwei Kondensatorplatten verbindet, hat eine Induktivität, denn stromdurchflossen umgibt er sich mit einem Schlauch magnetischer Feldlinien (Abb. 6.14), die auf ihn eine Spannung induzieren, sobald sich Feldstärke H oder Flußdichte B zeitlich ändern. Sie tun dies notwendigerweise, wenn der Kondensator sich (durch einen nicht konstanten Strom I) entlädt. Was geschieht mit dem schlauchförmigen Magnetfeld bei den Kondensatorplatten? Es endet dort nicht: auch der Kondensator wird in den

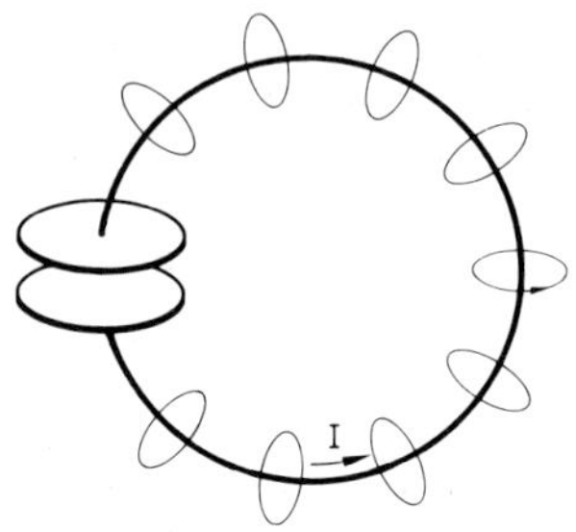

Abb. 6.14. Der Draht, der die Platten eines geladenen Kondensators verbindet, umgibt sich, solange ein Strom I fließt, mit einem Schlauch geschlossener magnetischer Feldlinien

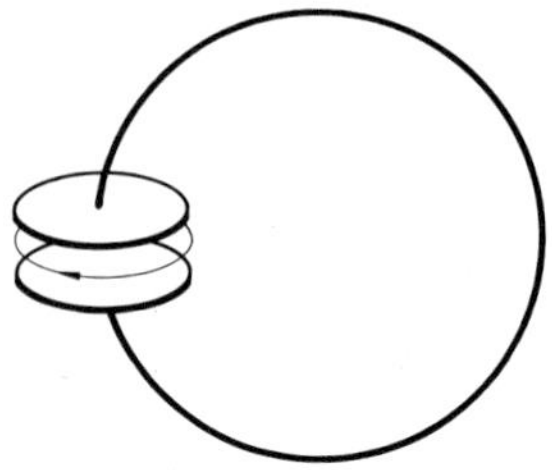

Abb. 6.15. Geschlossene magnetische Feldlinien umgeben auch das elektrische Feld des Kondensators, sobald es sich zeitlich ändert

Schlauch mit einbezogen – dieser weitet sich lediglich auf, der Ausdehnung der Platte entsprechend; Abb. 6.15 versucht, dies schematisch zu skizzieren. Zum Magnetfeld H gehört ein Strom I; dieser entspricht einer Änderungsgeschwindigkeit $\dot{Q}$ elektrischer Ladungen im Kondensator, damit aber auch einer Änderungsgeschwindigkeit $\dot{D}$ von deren Flächendichte; $\dot{D}$ ist aber wiederum mit einer Änderungsgeschwindigkeit $\dot{E}$ der elektrischen Feldstärke verbunden. Demnach sind I und $\dot{E}$ einander äquivalent: umgibt sich ein Strom mit geschlossenen magnetischen Feldlinien, so tut dies ein zeitlich sich änderndes elektrisches Feld auch.
Die mathematische Behandlung dieses Sachverhaltes verlangt einen Begriff, der explizit bisher noch nicht verwendet wurde, das *Linienintegral* längs eines geschlossenen Weges, durch das Zeichen $\oint$ symbolisiert. Die Schreibweise $\oint H\,ds$ bedeutet eine Meßvorschrift, die man am einfachsten folgendermaßen erfüllt: Man laufe entlang einer magnetischen Feldlinie einmal im Kreis herum, also zum Ausgangspunkt zurück, messe in kleinen Wegabschnitten ds die Feldstärke H und summiere die Produkte $H\,ds$ auf*. Tut man dies bei einer vom Strom I durchflossenen Spule mit der Windungszahl n, so findet man

$$\oint H\,ds = nI.$$

Dem aufmerksamen Leser wird hier der Zusammenhang mit der Formel

$$H = n\frac{I}{l}$$

für das homogene Feld im Innern einer langen, gestreckten Spule aus Kap. 5.42 nicht entgehen. Demnach kann das homogene Feld nicht über die ganze Spulenlänge l reichen, denn sonst bliebe dem äußeren Streufeld kein Beitrag mehr zum Linienintegral – Hl hätte ja schon den ganzen verfügbaren Wert nI geliefert. Aber die Stärke des Streufeldes ist gering, sein Beitrag zum Integral kann durch einen vergleichsweise kleinen Abfall des Feldes im Inneren zu den Spulenenden hin ausgeglichen werden. Weil nun aber

$$I = -\dot{Q} = -A\dot{D},$$

so gilt auch

$$\oint H\,ds = -\varepsilon\,\varepsilon_0\,A\dot{E}$$

– A ist hier die Fläche, die von der umfahrenen Magnetfeldlinie (allgemeiner: dem Integrationsweg) eingeschlossen wird.
Die an anderer Stelle so zuverlässig beobachtete Analogie zwischen elektrischem und magnetischem Feld verleitet jetzt zu einem kühnen Schluß: Wenn ein sich änderndes elektrisches Feld sich mit magnetischen Feldlinien umgibt, sollte sich dann nicht auch ein sich änderndes magnetisches Feld mit geschlossenen elektrischen Feldlinien umgeben? Immerhin: Linien des E-Feldes, die nicht auf Ladungen enden, wären etwas Neues! Quantitativ hätte man zu erwarten

$$\oint E\,ds = -\mu\,\mu_0\,A\dot{H},$$

und in der Tat: die Erwartung trügt nicht. Im Grunde handelt es sich sogar nur um eine allgemeinere Formulierung des Induktionsgesetzes von Kap. 5.46.

Zumindest im Gedankenversuch kann man ein elektrisches Feld auch dadurch nachweisen, daß man einen leitenden Draht hineinhält, der in der Mitte von einem unendlich hochohmigen Spannungsmesser mit unendlich kleiner Kapazität unterbrochen ist: weil sich längs des Drahtes ein E-Feld nicht halten kann, signalisiert das Instrument genau diejenige Spannung, die der Draht an seinen Enden als Potentialdifferenz vorfindet (Abb. 6.16). Im elektrolytischen Trog (Kap. 5.14) funktioniert dieses Verfahren auch praktisch: wegen der relativ guten Leitfähigkeit des Elektrolyten wird von dem Instrument an der Potentialsonde nur ein hoher, aber kein unendlich hoher Innenwiderstand verlangt. Ringförmig geschlossene elektrische Feldlinien wird man vernünftigerweise mit einem fast geschlossenen Drahtring nachzuweisen trachten, d.h. einer Induktions-

* Man muß nicht unbedingt längs einer Feldlinie, also parallel zum Vektor $\boldsymbol{H}$ integrieren. Schließen $\boldsymbol{H}$ und $d\boldsymbol{s}$ einen Winkel φ ein, so zählt das *skalare Produkt*

$$\boldsymbol{H}\cdot d\boldsymbol{s} = H\,ds\cos\varphi.$$

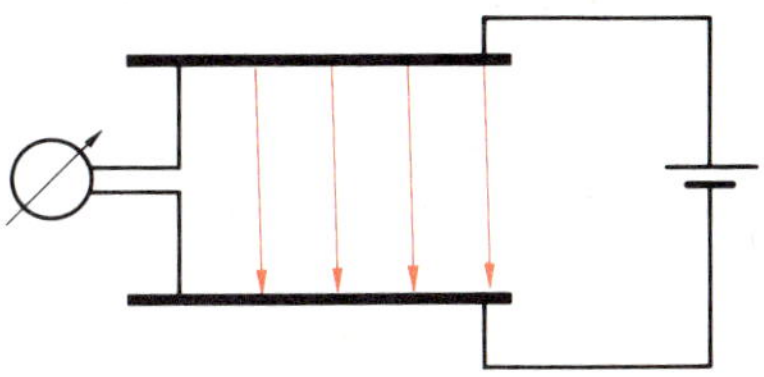

Abb. 6.16. Längs eines Drahtes bricht das elektrische Feld zusammen; das Instrument zeigt die Potentialdifferenz zwischen den Drahtenden an

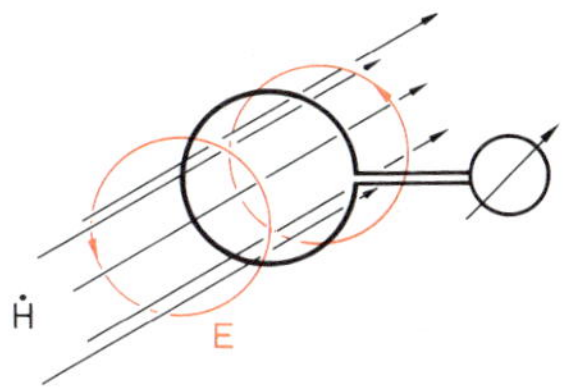

Abb. 6.17. Nachweis ringförmiger geschlossener elektrischer Feldlinien um ein sich änderndes Magnetfeld nach dem Schema der vorigen Abbildung: allgemeinere Interpretation des Induktionsversuches

schleife (Abb. 6.17). Das eingeschlossene Instrument sollte dann die Spannung

$$U=\oint E\,ds=-\mu\,\mu_0\,A\dot{H}=-A\dot{B}=-\dot{\phi}$$

anzeigen. Dies ist exakt das Induktionsgesetz.

6.10 Die Elektronenschleuder

Den unmittelbaren Nachweis geschlossener elektrischer Feldlinien bringt ein in der Strahlentherapie medizinisch genutztes Gerät, die *Elektronenschleuder (Betatron)*. Sie ist nichts weiter als ein spezialisierter Transformator, also ein dicker Eisenkern mit einer Primärspule. Die Sekundärspule im üblichen Sinne allerdings fehlt; dort, wo sie hingehört, ist der Eisenkern aufgeschnitten, und ausgeklügelte Polschuhe geben dem H-Feld eine genau berechnete Verteilung, innerhalb einer Vakuumkammer übrigens. Seitlich sitzt eine Elektronenkanone mit Schußrichtung quer zum Magnetfeld, am Zentrum vorbei.

Schon bald nach einem Nulldurchgang erzeugt der Primärstrom ein magnetisches Feld, das stark genug ist, die eingeschossenen Elektronen mit der Lorentz-Kraft auf eine Kreisbahn zu zwingen. Nun steigt mit wachsendem Strom die Feldstärke H an, besitzt also ein $\dot{H}$. Folglich umgibt sich das Magnetfeld mit ringförmig geschlossenen elektrischen Feldlinien. Die Elektronen spüren sie genau: da sie in Richtung dieses E-Feldes laufen, werden sie von ihm beschleunigt. Sie auf der Kreisbahn zu halten, erfordert immer größere Lorentz-Kraft – aber das Magnetfeld steigt ja in der ersten Viertelperiode des Wechselstromes noch an. Erst gegen deren Ende wird der Anstieg so langsam, daß die Elektronen tangential abfliegen (Abb. 6.18). Bis dahin sind sie aber viele Male im Kreis herumgeschleudert worden und haben bei jedem Umlauf die Energie

$$W=e_0\oint E\,ds$$

aufgenommen. Auch wenn dies jeweils nur 100 eV waren, 40000 Umläufe summieren die Energie zu 4 MeV auf – die Elektronen sind längst an die Lichtgeschwindigkeit herangekommen. In dieser Phase darf man das Betatron auffassen als einen Transformator, dessen Sekundärspule aus einem frei im Kreise fliegenden Pulk von Elektronen besteht.

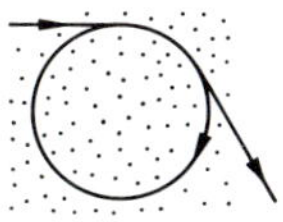

Abb. 6.18. Zum Schema der Elektronenschleuder. Ein ansteigendes Magnetfeld (senkrecht zur Zeichenebene) zwingt die Elektronen auf eine Kreisbahn und beschleunigt sie so lange, bis sie schließlich als Pulk tangential abfliegen

Sind die Elektronen abgeflogen, so nimmt das Magnetfeld bald danach wieder ab; für die nächsten drei Viertelperioden des Primärstromes können keine neuen Elektronen eingefangen und beschleunigt werden: $H(t)$ und $\dot{H}(t)$ passen nicht zusammen. Das Betatron liefert einen pulsierenden Elektronenstrahl mit der Frequenz des Primärstromes.

Derart energiereiche Elektronen fliegen meterweit in Zimmerluft und zentimeterweit im menschlichen Körper. Sie ionisieren und können damit wie alle ionisierende Strahlung biologische Wirkungen auslösen. Ionisation bedeutet Energieübertragung und diese ist, bezogen auf die Länge durchlaufenen Weges, bei langsamen Elektronen höher als bei schnellen. Darin liegt der Reiz des Betatrons für die Strahlentherapie: auf die Haut treffen noch extrem schnelle Elektronen und geben dementsprechend relativ wenig Energie ab. Erst in einiger Tiefe, wenn sie langsamer geworden sind, entwickeln sie voll ihre (Krebszellen) zerstörende, also heilende Wirkung. Diese Tiefe kann über die Anfangsenergie in gewissen Grenzen eingestellt werden.

6.11 Der schwingende elektrische Dipol

Will man die Eigenfrequenz eines Schwingkreises erhöhen, so muß man Kapazität und Induktivität verringern. Gegebenenfalls kann man auf die Induktionsspule ganz verzichten; wie in Kap. 6.09 besprochen, hat ja auch der Drahtbügel, der zwei

Kondensatorplatten verbindet, eine Selbstinduktion. Von nun ab läßt sich die Eigenfrequenz nur noch erhöhen, wenn man auch den Kondensator verkümmern läßt: Zwei parallele Drähte haben schließlich immer noch eine Kapazität gegeneinander, auch eine Haarnadel bildet noch einen Schwingkreis, obwohl man Kondensator und Spule nicht mehr exakt lokalisieren kann (Abb. 6.19). Zudem: wenn L und C so klein werden, spielt das unvermeidliche R eine immer größere Rolle – der Schwingkreis ist stark gedämpft. Trotzdem kann man ihn mit einer geeigneten Selbststeuerung zu ungedämpften Schwingungen anregen.

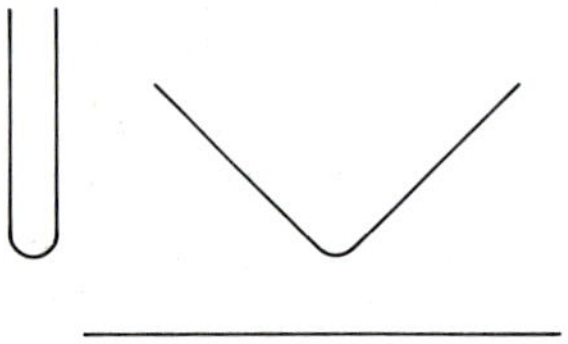

Abb. 6.19. Auch eine Haarnadel bildet noch einen Schwingkreis mit (nicht mehr lokalisierbarer) Kapazität und Induktivität. Die Eigenfrequenz läßt sich noch erhöhen, wenn man die Haarnadel zum gestreckten *Dipol* aufbiegt

Mit der Haarnadelform ist die Obergrenze möglicher Eigenfrequenzen noch nicht erreicht. Die Kapazität eines Kondensators nimmt ab, wenn man den Plattenabstand vergrößert – folglich steigt die Eigenfrequenz des verkümmerten Schwingkreises noch an, wenn man die Haarnadel aufbiegt (Abb. 6.19). Mehr als strecken kann man sie freilich nicht: die höchstmögliche Eigenfrequenz besitzt ein Leiter vorgegebener Länge in der Form des geraden Drahtes. Auch dann vermag er grundsätzlich noch als *elektrischer Dipol* zu schwingen.

Die vier Phasen einer elektrischen Dipolschwingung zeigt grobschematisch die Abb. 6.20. Im ersten Teilbild ist durch eine äußere Spannungsquelle die Kapazität des Dipols aufgeladen worden, in dieser Phase existiert ein inhomogenes elektrisches Feld zwischen seinen beiden Hälften. Es löst einen elektrischen Strom längs des Dipols aus – dieser kann aber nicht beliebig schnell ansteigen, weil er ja ein konzentrisches Magnetfeld aufbauen muß, das über die Selbstinduktion des geraden Drahtes den Strom behindert. Nach einer Viertelschwingungsdauer ist das E-Feld zusammengebrochen und das H-Feld voll vorhanden (Teilbild b). Es bricht nun seinerseits zusammen und zwingt den Strom, in der alten Richtung weiterzufließen: der Dipol lädt sich wieder auf, mit entgegengesetztem Vorzeichen (c). Ist das H-Feld verschwunden, so kehrt das neue E-Feld die Stromrichtung um, verschwindet (d) und wird vom weiterfließenden Strom in der ursprünglichen Richtung aufgebaut: die Ausgangssituation ist wieder erreicht, eine volle Schwingungsdauer abgelaufen. Die zugehörige Zeit T wird von der Dipollänge l und der Lichtgeschwindigkeit c bestimmt; es gilt

$$T = \frac{2l}{c}$$

– aber diese Beziehung können erst die

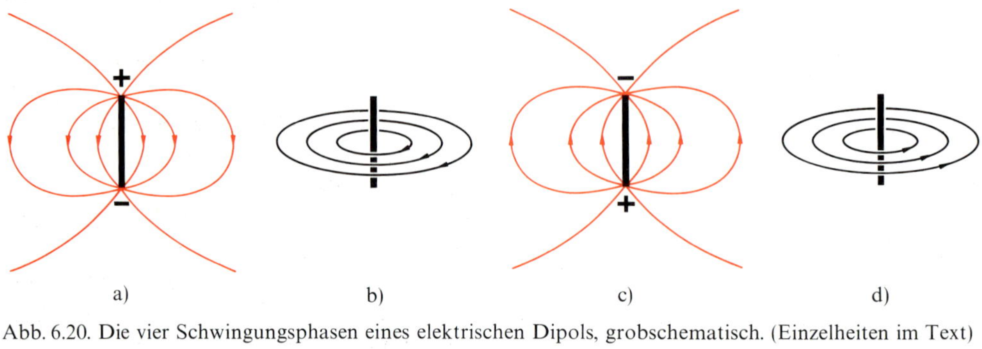

a) b) c) d)

Abb. 6.20. Die vier Schwingungsphasen eines elektrischen Dipols, grobschematisch. (Einzelheiten im Text)

Überlegungen des nächsten Kapitels verständlich machen.

6.12 Elektromagnetische Wellen

Die Bilderreihe der Abb. 6.20 macht zwar plausibel, wieso ein gerader Draht als elektrischer Dipol schwingen kann und eine Eigenfrequenz besitzt, aber sie schematisiert die Feldverteilung doch in unzulässiger Weise, denn nicht nur die Ladungen längs der Dipolachse verursachen ein elektrisches Feld: dasselbe tut auch das sich ändernde Magnetfeld des sich ändernden elektrischen Stromes. Resultat: Die elektrischen Feldlinien werden so vom Dipol abgedrängt, wie dies die Teilbilder der Abb. 6.21 andeuten, immer noch schematisch, aber nicht mehr grobschematisch. Dieses Abdrängen hört auch dann nicht auf, wenn der Strom längst sein Maximum überschritten hat und das *E*-Feld am Dipol seine Richtung umkehrt. Im Nulldurchgang haben sich die Feldlinien aber vom Dipol abgelöst und liefern jetzt ein selbständiges Gebilde, das im Schnitt der Zeichenebene nierenförmig erscheint, die Dipolachse jedoch rotationssymmetrisch umgibt. Nach Ablauf der nächsten halben Schwingungsdauer löst sich wieder ein ringförmiger Schlauch elektrischen Feldes vom Dipol ab und drängt den ersten vor sich her: das *E*-Feld greift immer weiter in den Raum hinaus. Das *H*-Feld läuft derweil mit, und zwar in Form konzentrischer Kreise, die in regelmäßig wechselndem Umlaufsinn gewissermaßen aus dem Dipol herausquellen (Abb. 6.22). Nach und nach wird der ganze Raum von den beiden senkrecht zueinanderstehenden Feldern erfaßt, nur in Längsrichtung des Dipols geschieht nichts. Die größten Feldstärken finden sich in der Symmetrieebene senkrecht zu seiner Achse.

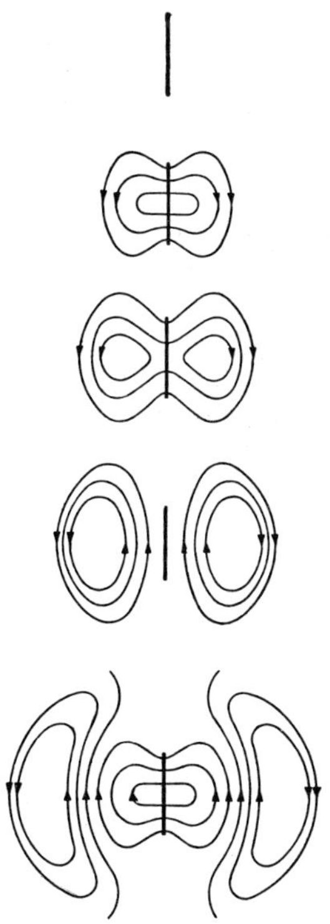

Abb. 6.21. Verlauf der elektrischen Feldlinien um einen schwingenden Dipol, schematisch (nicht mehr grobschematisch, wie in Abb. 6.20). (Nach R. W. Pohl)

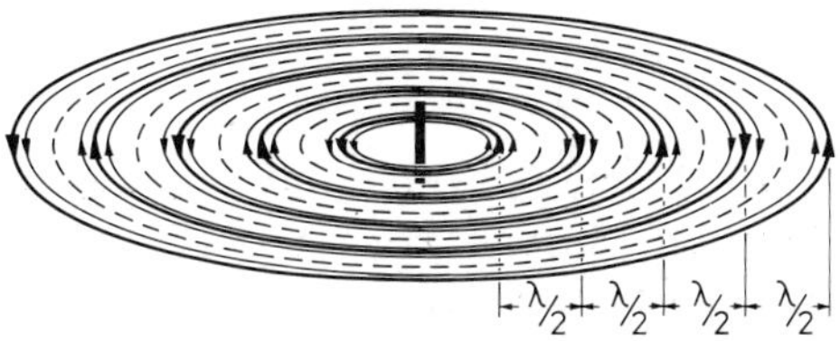

Abb. 6.22. Verlauf der magnetischen Feldlinien in der Symmetrieebene um einen schwingenden Dipol; Momentaufnahme. (Nach R. W. Pohl)

Greift man ganz willkürlich eine einzige Ausbreitungsrichtung heraus, so kann man als Momentaufnahme die Stärken der beiden Felder graphisch darstellen. Abb. 6.23 zeigt das Ergebnis: ein elektrisches Wechselfeld parallel zur Dipolachse und ein magnetisches Wechselfeld senkrecht dazu. Beide laufen synchron, sie haben ihre Maxima und ihre Nulldurchgänge zur gleichen Zeit am gleichen Ort. Ihre Wellenlänge ist just doppelt so groß wie die Länge des Dipols. Das Ganze läuft rasch vom Dipol weg, mit Lichtgeschwin-

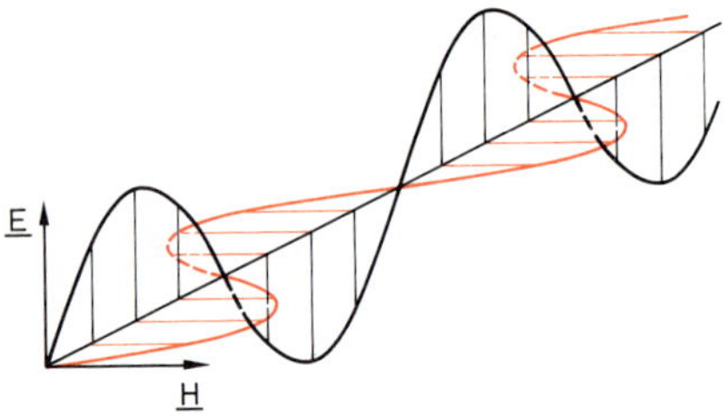

Abb. 6.23. Momentaufnahme einer elektromagnetischen Welle

digkeit nämlich. Dabei wird die in beiden Feldern enthaltene Energie mitgenommen: Der Dipol strahlt eine *elektromagnetische Welle* ab und muß die entsprechende Leistung liefern. Auch wenn er selbst keinen Ohmschen Widerstand besäße, seine Schwingung käme durch *Strahlungsdämpfung* rasch zur Ruhe, würde sie nicht durch einen passenden Wechselspannungsgenerator ungedämpft erhalten. In jeder halben Schwingungsdauer kommt die elektromagnetische Welle um eine Dipollänge weiter; daraus folgt die Beziehung am Ende des vorigen Kapitels, denn hier gilt der gleiche Zusammenhang zwischen Ausbreitungsgeschwindigkeit, Wellenlänge und Frequenz wie für alle anderen Wellen auch.

Aufgabe 6.06: Wie lautet dieser Zusammenhang als Formel, und wie führt er zu der gefragten Beziehung?

Elektromagnetische Wellen entstehen, weil ein sich änderndes elektrisches Feld sich mit magnetischen Feldlinien umgibt und umgekehrt. Formelmäßig wird dieser Sachverhalt beschrieben durch die beiden Linienintegrale des Kap. 6.09. Sie enthalten die beiden Materialkonstanten ε und μ des Mediums, in dem die Welle läuft ($=1$ im Vakuum), und die beiden Naturkonstanten ε_0 und μ_0. Es wundert nicht allzusehr, daß diese vier Größen für die Ausbreitungsgeschwindigkeit der Welle maßgebend sind. Die genaue Formel läßt sich auf nicht ganz einfache Weise theoretisch herleiten; wem aber die Physik lediglich Hilfswissenschaft ist, der darf sich mit einer gewiß nicht beweiskräftigen *Dimensionsbetrachtung* begnügen (und auch diese, einmal akzeptiert, wieder vergessen). Solche Betrachtungen helfen zuweilen, physikalische Zusammenhänge zu erahnen.

ε und μ sind dimensionslose Zahlen, die Einheiten von ε_0 und μ_0 lauten $\mathrm{A\,s\,V^{-1}\,m^{-1}}$ und $\mathrm{V\,s\,A^{-1}\,m^{-1}}$. Multipliziert man sie miteinander, so erhält man $\mathrm{s^2/m^2}$, also das Quadrat vom Kehrwert der Einheit einer Geschwindigkeit. Demnach darf man für die Ausbreitungsgeschwindigkeit v einer elektromagnetischen Welle in einem Medium vermuten:

$$v = \frac{1}{\sqrt{\varepsilon\varepsilon_0\mu\mu_0}}.$$

v ist allemal kleiner als die

Vakuumlichtgeschwindigkeit $c = \dfrac{1}{\sqrt{\varepsilon_0\mu_0}}$.

c bezeichnet eine fundamentale Naturkonstante: die höchste überhaupt in der Natur auftretende Geschwindigkeit. Kein materieller Körper kann sie je erreichen. Die Konsequenzen sind verblüffend und erregen die Gemüter immer wieder, seit sie von Albert Einstein in der *Relativitätstheorie* zum ersten Male formuliert wurden. Zu ihnen gehört nicht nur die Zunahme der *relativistischen Masse* bei extrem hohen Geschwindigkeiten, die in Kap. 5.31 erwähnt wurde, sondern auch die Wirkung der Gravitation auf das Licht und die *Zeitdilatation*. Eine elektromagnetische Welle ist zwar nicht-materieller Natur, trotzdem unterliegt sie der Gravitationswirkung großer Himmelskörper – in sog. *schwarzen Löchern* vermuten die Astrophysiker eine derart hohe Zusammenballung von Masse in extremer Dichte, daß die zugehörige Gravitation kein Licht mehr herausläßt. Noch unheimlicher ist der Zeiteffekt bei langdauernden hohen Geschwindigkeiten: Astronauten, die sich auf ihrer Reise durch den Weltraum bis in die Nähe der Lichtgeschwindigkeit beschleunigen, können nach zehn Jahren Flugzeit auf eine Erde zurückkehren, die inzwischen einhundert Jahre älter geworden ist. Im Bereich der Relativitätstheorie verliert der Begriff der *Gleichzeitigkeit* seine gewohnte Bedeutung. All dieses gehört heute zum gesicherten Bestand der Physik.

Aufgabe 6.07: Welche Frequenzen bzw. Wellenlängen im Vakuum haben

a) technischer Wechselstrom?
b) ein UKW-Sender bei 98 MHz?
c) blaues Licht mit $\lambda = 450$ nm?
d) mittelharte Röntgenstrahlen mit $\lambda = 0{,}01$ nm?

7. Optik

7.01 Vorbemerkung

Optik ist die Lehre vom Licht, von seiner Ausbreitung vor allem, denn Erzeugung und Nachweis spielen schon wieder in die Atomphysik hinüber, in die Wärmelehre und die Elektrizitätslehre. Unter *Licht* versteht man zunächst einmal diejenige Strahlung, für die der Mensch eigens ein Sinnesorgan entwickelt hat, sein wichtigstes sogar: das Auge.

Das menschliche Auge reagiert freilich nicht auf Licht allein. Wem jemand so sehr mit der Faust daraufschlägt, daß er „Sterne sieht und die Funken stieben", der sieht diese Sterne und Funken wirklich, aber sie sind die Folge eines mechanischen Reizes, keines optischen. Man kann es auch weniger gewalttätig haben: schon ein leichter Druck auf den ausgeruhten, vom Licht abgeschirmten Augapfel löst im Gehirn das Signal „Licht" aus, wie ein jeder leicht bei sich selbst nachprüfen kann. Sogar im stockdunklen Zimmer gibt das Auge keine Ruhe: übrig bleibt immer noch ein unablässiger, regelloser Tanz unzählbarer kleiner Lichtpunkte. Die Erscheinung ist nicht unähnlich dem „verrauschten" Bild eines Fernsehapparates, der neben den Sender eingestellt ist.

Zum Gesichtssinn gehört nicht nur das Auge mit Linse, Bulbus und Retina, zu ihm gehören auch die sich anschließenden Nervenleitungen mitsamt dem für das Sehen zuständigen beträchtlichen Teil des Gehirnes. Er vermittelt Eindrücke von einer bei ausreichendem Licht bunten, immer aber räumlichen Welt. Hier kann man den Gesichtssinn täuschen: zumal in ebene Bilder interpretiert er virtuos räumliche Vorstellung hinein, sofern die Perspektive auch nur einigermaßen stimmt – Maler und Photographen nutzen das aus. Der Sinn ist auch nicht allzu schnell: Bilder mit einer Folgefrequenz von 25 Hz verwechselt er mit kontinuierlichem Licht – Film und Fernsehen nutzen dies aus. Und doch liefert der Gesichtssinn dem Menschen weit vollkommenere Eindrücke von seiner Umgebung als alle anderen Sinne zusammen. Voraussetzung ist natürlich, daß der Sinneseindruck „Licht" ausgelöst wird durch das physikalische Phänomen „Licht" und nicht durch mechanische Reizung oder gar halluzinogene Drogen. Die beiden Bedeutungen des Wortes *Licht* müssen jedenfalls sorglich auseinandergehalten werden – sie sind eng verknüpft, können aber selbständig existieren. Licht (im physikalischen Sinne) war in der Welt, lange bevor es Augen gab.

Konstruiert ist das Auge des Menschen für den Nachweis elektromagnetischer Wellen, deren Wellenlänge etwas unter 1 µm liegt. Die für den Normalsichtigen damit verbundenen Farbeindrücke versucht die Abb. 7.01 in der Farbtafel gegenüber S. 284 wiederzugeben, so gut das im Druck möglich ist. Grob reicht der *sichtbare Spektralbereich* demnach von 400 bis 800 nm. Das ist nicht viel, just eine Oktave im Sinne der Akustik. Tieraugen geht es da nicht besser, es lohnt nämlich nicht, auf der Erde einen größeren Empfindlichkeitsbereich zu entwickeln. Die Sonne strahlt zwar noch weit außerhalb dieses Gebietes, aber die Strahlung kommt auf der Erdoberfläche nicht mehr an: kurzwelliges *Ultraviolett* absorbiert vor allem das Ozon in der hohen Atmosphäre, Teile vom langwelligen *Infrarot* nimmt der Wasserdampf heraus. Augen sehen gerade in dem schmalen *spektralen Fenster*, das die irdische Lufthülle nun einmal besitzt (Abb. 7.02).

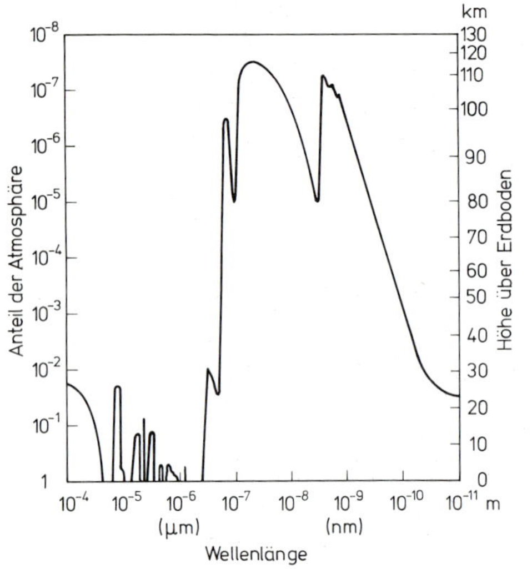

Abb. 7.02. Eindringtiefe der extraterrestrischen Sonnenstrahlung in die Erdatmosphäre. Gezeichnet ist der Anteil der Atmosphäre (linke Ordinate), in den 10% der einfallenden Strahlungsleistung noch vordringen; diese Angabe ist in der rechten Ordinate auf Höhe über dem Erdboden umgerechnet

Es ist üblich, nicht nur die Strahlung im sichtbaren Spektralbereich als *Licht* zu bezeichnen, sondern auch die der angrenzenden Gebiete. Was danach kommt, heißt auf der kurzwelligen Seite *Strahlen* (Röntgen- und γ-Strahlen) und auf der anderen Seite *Wellen* (Millimeter-, Meter-Radiowellen), obwohl es sich physikalisch immer um die gleiche Erscheinung handelt: um elektromagnetische Wellen, nur durch die Wellenlänge voneinander unterschieden (Abb. 7.03). Darum ist auch der Ausbreitungsmechanismus für das ganze Spektrum prinzipiell derselbe; alle seine Teile halten sich an die *Vakuum-Lichtgeschwindigkeit c*, die als fundamentale Naturkonstante mit äußerster Präzision ausgemessen worden ist:

$$c = (299\,792\,456{,}2 \pm 1{,}1)\ \text{m/s}.$$

Wer sich statt dessen merkt:

Lichtgeschwindigkeit $c = 300\,000$ km/s,

der merkt sich einen um noch nicht 1 Promille zu großen Wert.

Für alle Wellen, nicht nur die elektromagnetischen gilt

Ausbreitungsgeschwindigkeit
= Wellenlänge · Frequenz.

Alle Wellen befolgen die gleichen Gesetze der Überlagerung und *Interferenz*. Darum ist es durchaus erlaubt, die Ausbreitung des Lichtes am Modell der Wasserwellen zu studieren; die *Wellenwanne* (Abb. 7.04) ist wichtiges Hilfsmittel im Bereich der Optik. Sie reduziert zugleich die immer ein wenig unübersichtliche Wellenausbrei-

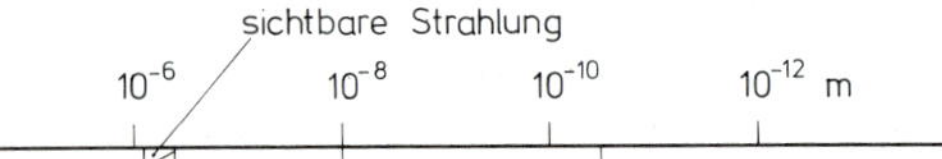

Abb. 7.04. Wellenwanne, schematisch. Ein Stift tippt periodisch in ein flaches Wasserbecken

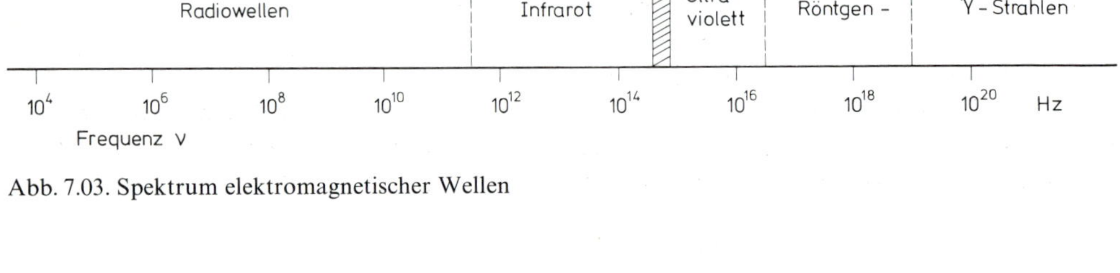

Abb. 7.03. Spektrum elektromagnetischer Wellen

tung im Raum auf die leichter überschaubare in der Ebene.
In hinreichend großem Abstand von der Wellenquelle, dem *Wellenzentrum*, sind Wellen immer kugel- bzw. kreisförmig (Abb. 7.05), sie breiten sich gleichmäßig

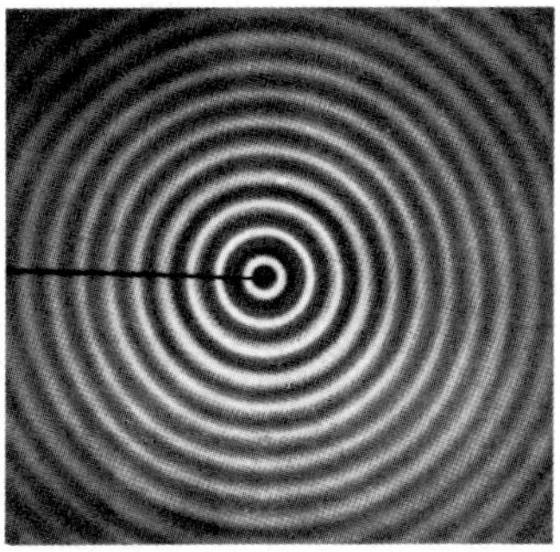

Abb. 7.05. „Kugel"wellen in einer Wellenwanne. (Nach R. W. Pohl)

radial nach allen Richtungen aus. Geht man sehr weit weg, so erscheinen sie eben, jedenfalls in einem hinreichend schmalen Bereich (Abb. 7.06). Stellt man der Welle

Abb. 7.06. Ebene Wellen in einer Wellenwanne. (Nach R.W. Pohl)

ein Hindernis in den Weg, so hängt das Resultat sehr von dessen Größe ab. Ist es klein gegenüber der Wellenlänge, so wird das Hindernis selbst zum Wellenzentrum (Abb. 7.07); ist es groß, so entsteht hinter ihm ein wellenfreier *Schattenraum*, der, wenn man nicht allzu genau hinsieht, begrenzt wird durch Geraden, die man vom Wellenzentrum aus über die Kanten des Hindernisses hinweg zeichnen kann (Abb.

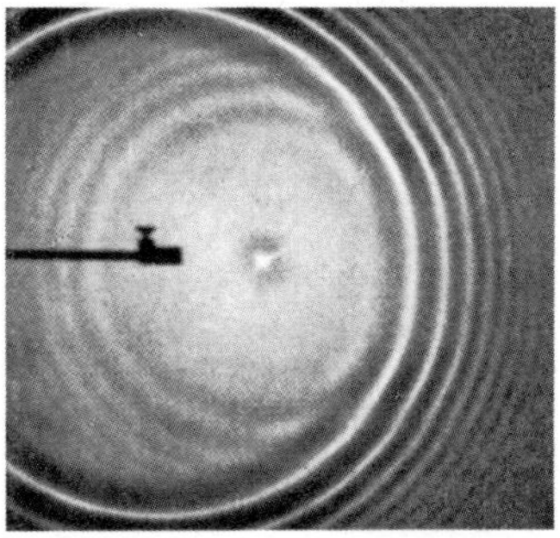

Abb. 7.07. Ein kleines Hindernis wird selbst zum Wellenzentrum. (Nach R. W. Pohl)

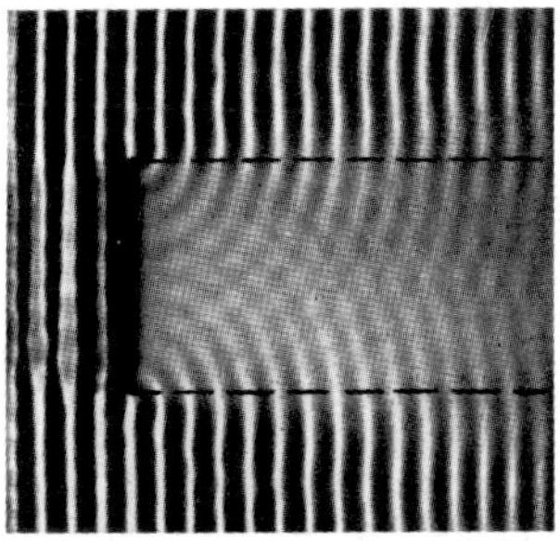

Abb. 7.08. Ein großes Hindernis wirft einen Schatten. (Nach R. W. Pohl)

7.08). Zwischen diesen beiden Grenzfällen wird es unübersichtlich und bedarf der genaueren Betrachtung von Kap. 7.20. Umgekehrt kann man auch durch Loch-

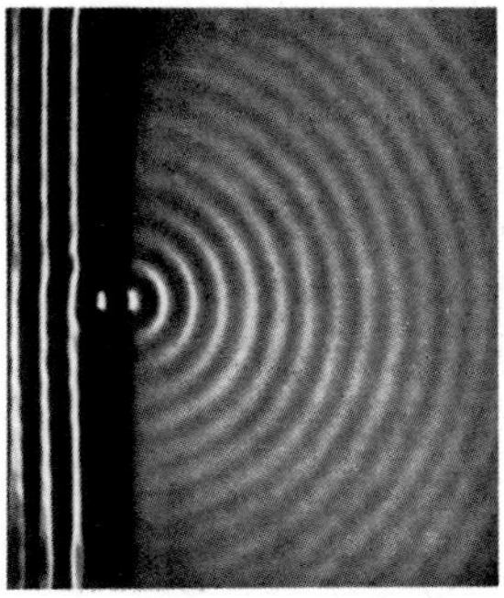

Abb. 7.09. Ein kleines Loch wirkt als Wellenzentrum praktisch in den ganzen Halbraum hinein. (Nach R. W. Pohl)

blenden Wellenbündel erzeugen. Sie laufen divergent in ihren Halbraum hinein, ist das Loch klein gegen die Wellenlänge

(Abb. 7.09); sie laufen divergent in einen leidlich geradlinig begrenzten Sektor, ist es groß, und werden dann schließlich und endlich zum Parallelbündel ebener Wellen (Abb. 7.10).

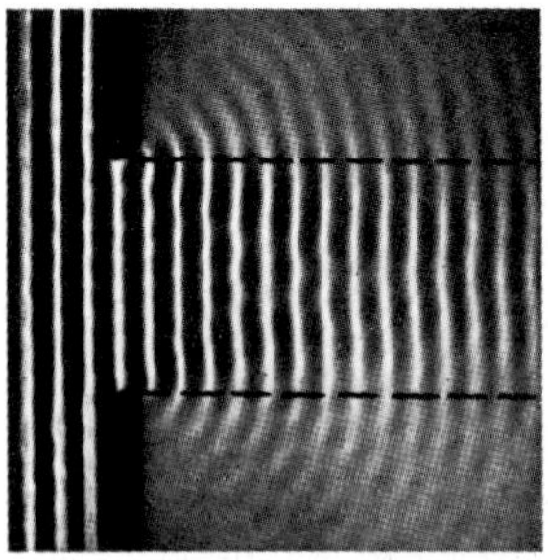

Abb. 7.10. Ein großes Loch liefert ein nicht scharf begrenztes Wellenbündel. (Nach R. W. Pohl)

Die geraden Bündelbegrenzungen rechtfertigen den Ausdruck *Strahlen* – er impliziert eine Näherung, die um so besser erfüllt ist, je berechtigter die Wellenlänge gegenüber allen Lineardimensionen des Experimentes vernachlässigt werden darf. Für Röntgenstrahlen gilt dies in höherem Maße als für sichtbares Licht, aber auch dessen Wellenlänge ist verschwindend klein in der normalen Umwelt des Menschen. Darum hat es auch so lange gedauert, bis man seine Wellennatur erkannte: Gerade Bündelbegrenzungen könnten ja auch die Folge gerader Flugbahnen schwereloser Lichtteilchen sein, wie Isaac Newton (1643–1727) in seiner Korpuskulartheorie noch annahm. Derjenige Teil der Optik, der sich um die Lichtwellenlänge nicht kümmert, heißt *geometrische Optik*.

Wellen können sich wie Schwingungen bei der Überlagerung verstärken, schwächen und sogar auslöschen; die Folge sind *Interferenz* und *Beugung*, ausführlich besprochen in Kap. 7.20 und 7.22. Das Wort „Strahl", das gerade Bündelbegrenzung, scharfe Schatten und gleichmäßige Ausleuchtung des schattenfreien Raumes einschließt, wird diesen Erscheinungen nicht mehr gerecht. Interferenz und Beugung machen sich um so deutlicher bemerkbar, je näher die Wellenlänge λ an die Abmessungen der „Geräte" herankommt, je weiter sie diese gar überschreitet. Die *Langwelle* des Deutschlandfunkes ($\lambda \approx 1$ km) läuft über Berg und Tal und wirft keine Schatten, die *Ultrakurzwelle* eines Fernsehsenders ($\lambda \approx 3$ m) läßt sich zwar von Bäumen kaum stören, ist aber in Monschau nicht unmittelbar zu empfangen, denn dieser Ort liegt tief unten in einem schmalen Tal der Eifel. Effekte solcher Art behandelt die *Wellenoptik* – als weiterentwickelte Theorie schließt sie dabei alle Aussagen der geometrischen Optik ein, eben in der Näherung vernachlässigbarer Wellenlänge. Mit Interferenzversuchen konnte Thomas Young (1773–1829) endlich die *Wellentheorie* des Lichtes von Christian Huygens (1629–1695) bestätigen.

Ein echtes Dilemma, unlösbar für das Anschauungsvermögen des Menschen, entstand dann zu Beginn des 20. Jahrhunderts, als sich dies herausstellte: Licht breitet sich zwar nach den Gesetzen der Wellenoptik aus, emittiert und absorbiert wird es aber in *Quanten*, deren Größe von der Frequenz abhängt. Damit bekommt die elektromagnetische Welle, wenn man so will, einen korpuskularen Charakter. Mit der *Quantenoptik* wird das Gebiet der *klassischen Physik* verlassen. Daß sich die klassische Physik überhaupt entwickeln konnte, liegt an der Kleinheit der Quanten. Die Energie auch noch der größten von ihnen ist verschwindend klein gegenüber dem, was in normalen Prozessen dieser Welt umgesetzt wird. Wäre es anders, so wäre auch jedermann Quanteneffekte gewohnt und hielte sie für natürlich und selbstverständlich. So aber braucht der Mensch unanschaulich und kompliziert erscheinende Theorien, um, wenn auch nicht zu „verstehen", so doch wenigstens zu beschreiben, was in der Natur geschieht. Sie ist älter als der Mensch und hat keinen Anlaß, sich nach seinem Vorstellungsvermögen zu richten.

Geometrische Optik

7.02 Lichtbündel

Als Carl Friedrich Gauß überprüfen wollte, ob der Satz von der Winkelsumme im Dreieck auch dann noch gilt, wenn dieses Dreieck vom Brocken im Harz, vom Hohen Hagen bei Göttingen und vom Großen Inselsberg in der Nähe von Eisenach aufgespannt wird, also recht groß ist, da maß er auf jedem der drei Gipfel den Winkel, den er zwischen den beiden anderen sah. Zusammengezählt ergaben sie in der Tat sehr genau 180°. Gauß hat dabei stillschweigend vorausgesetzt, daß Lichtbündel als Seiten eines mathematischen Dreiecks fungieren können, sich also geradlinig im Raum ausbreiten.

Ein geometrisches Gebilde, das, von einem Punkt ausgehend, gerade durch den Raum läuft, nur in dieser einen Richtung ausgedehnt, heißt in der Mathematik *Strahl.* Physikalisch läßt sich ein solcher Strahl nicht realisieren, einigermaßen nahe kommt ihm aber das *Lichtbündel* eines Lasers* (Abb. 7.11): es hat einen zwar kleinen, aber durchaus endlichen Durchmesser, und es hat einen ebenfalls kleinen, aber durchaus endlichen *Öffnungswinkel:* der Durchmesser wird mit dem Laufweg größer (Abb. 7.12).

Abb. 7.11. Lichtbündel eines Helium-Neon-Lasers, durch Rauch deutlicher sichtbar gemacht

Aufgabe 7.01: Das Licht großer Laser ist so intensiv, daß man den Widerschein eines auf die dunkle Seite des Mondes gerichteten Bündels von der Erde aus beobachten kann. Von einem 1962 ausgeführten Experiment wird berichtet, das Bündel habe auf dem Mond eine Fläche von 4 km Durchmesser ausgeleuchtet. Wie groß war demnach der Öffnungswinkel?

Auch hinter dem Begriff des Öffnungswinkels verbirgt sich noch eine nicht realisierbare Abstraktion: die einer *punktförmigen Lichtquelle*, aus deren allseitiger Strahlung ein scharf begrenztes, divergentes Bündel durch Schattenwurf herausgeblendet wird. In der Wirklichkeit existierende Lichtquellen sind immer ausgedehnt und werfen neben dem eigentlichen *Kernschatten* auch noch einen *Halbschatten*, in dessen Raum sie mit einem Teil ihrer Oberfläche hineinleuchten (Abb. 7.13).

Licht wird nur dann gesehen, wenn es in ein Auge fällt. Bündel, die quer zur Blickrichtung laufen, bleiben unbemerkt, es sei denn, daß Fremdkörper im Weg einen Teil des Lichtes aus dem Bündel herausstreuen und in die Linse eines Auges oder eines Photoapparates hinein. Bei dem überaus hellen Laser genügt hier schon normale Zimmerluft; wie Abb. 7.11 gezeigt hat, kann man durch Tabakrauch nachhelfen. Aber auch die handfesten Gegenstände der täglichen Umwelt werden, von Licht getroffen, zu unselbständi-

* Zur Arbeitsweise des Lasers s. Kap. 7.28.

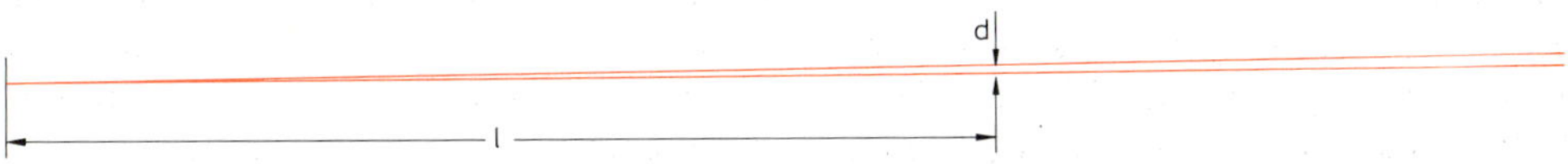

Abb. 7.12. Das schmale Bündel eines Lasers, schematisch. Hier gilt in guter Näherung für den Öffnungswinkel

$$\omega = \frac{\text{Durchmesser } d}{\text{Laufweg } l}$$

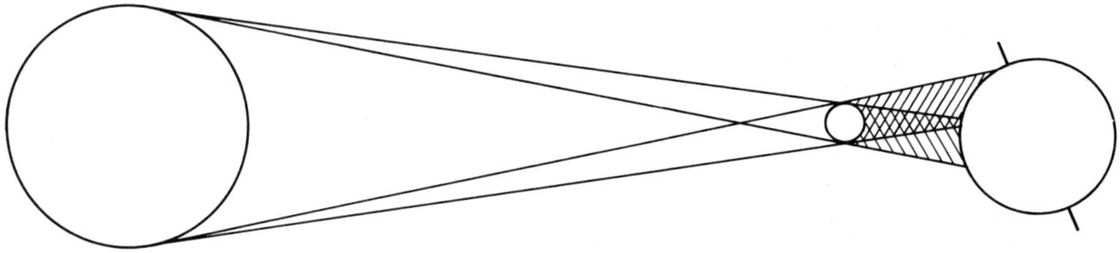

Abb. 7.13. Dort wo der von der Sonne geworfene *Kernschatten* des Mondes die Erdoberfläche trifft, wird eine *totale Sonnenfinsternis* beobachtet. Im Bereich der *Halbschatten* deckt der Mond nur einen Teil der Sonnenscheibe ab *(partielle Sonnenfinsternis)*

gen *sekundären* Lichtquellen – sie werfen Licht aus dem Primärbündel seitlich hinaus. In der Welt des Menschen gab es zunächst nur eine wesentliche *Primärlichtquelle*, die Sonne. Auch wenn sie nicht „scheint", genügt tagsüber das Streulicht der Atmosphäre und der Wolken, die Szene hinreichend zu erhellen und die anderen Primärquellen des Kosmos, die Sterne, völlig zu überstrahlen. Man lasse sich hierdurch nicht irreleiten: Lichtbündel verschiedener Quellen durchsetzen sich gegenseitig, ohne sich zu beeinflussen – tags sieht man nur deshalb keine Sterne, weil das Auge schwaches Licht nicht mehr wahrnimmt, wenn es von hellem zu sehr beansprucht wird.

Sekundärstrahler sind naturgemäß weit lichtschwächer als der primäre, der sie beleuchtet. Das Auge ist für Sekundärlicht entwickelt worden und entsprechend empfindlich – direktes Sonnenlicht blendet nicht nur, es überlastet die Retina bis zur Schädigung. Auch künstliche Primärstrahler wie Glühbirnen sollten durch Mattglasscheiben abgedeckt sein oder einen Raum *indirekt* beleuchten.

Aus den unzähligen, diffus in alle Richtungen laufenden Sekundärlichtbündeln, die ein Zimmer durchsetzen, blendet das Auge nur einen verschwindend kleinen Bruchteil für sich selbst heraus. Es sind schlanke, kegelförmige, divergente Bündel mit von der Pupille bestimmten Öffnungswinkeln. Die Ausgangspunkte dieser Bündel werden dem Hirn gemeldet, es setzt aus dieser Meldung ein räumliches Bild der Umwelt zusammen.

Wollte man bei einem konkreten optischen Problem alle durcheinanderlaufenden Lichtbündel auf Papier zeichnen, die Linienfülle wäre unüberschaubar. Darum beschränkt man sich auf die wichtigen Bündel und zeichnet von ihnen nur die *Bündelbegrenzungen*, wie sie durch Blenden festgelegt werden – und das nicht nur hinter, sondern auch vor der Blende, als wüßte das Bündel schon dort, was ihm noch widerfahren wird (Abb. 7.14). Zuweilen wird auch diese Methode noch zu unübersichtlich. Dann zeichnet man nur den *Zentralstrahl*, der die Hauptrichtung des Bündels markiert. In jedem Falle stehen *Lichtstrahlen*, auf Papier gezeichnet, für Ausschnitte aus elektromagnetischen Kugelwellen bis zum Grenzfall des *Parallellichtbündels*, das mit dem Öffnungswinkel Null eine (streng nicht realisierbare) ebene Welle repräsentiert (Abb. 7.15).

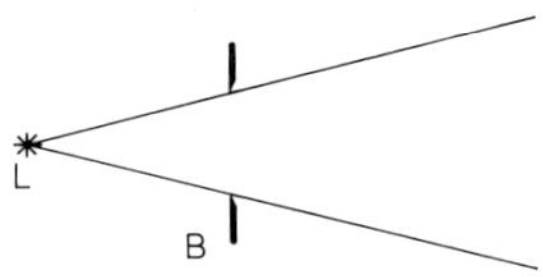

Abb. 7.14. Divergentes Lichtbündel, von der Blende *B* aus dem Licht der allseitig strahlenden Punktlichtquelle *L* ausgeblendet. Die Bündelbegrenzungen werden schon vor der Blende gezeichnet

Zumeist sind Lichtbündel so schlank, daß man ihren Öffnungswinkel nach dem Schema der Abb. 7.12 berechnen darf.

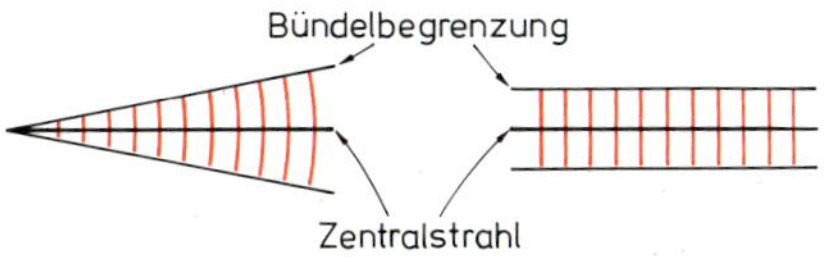

Abb. 7.15. *Lichtstrahlen* repräsentieren als Bündelbegrenzungen wie als Zentralstrahlen Ausschnitte aus elektromagnetischen Kugelwellen (Wellenfronten hier rot gezeichnet, Momentaufnahme) bis zum Grenzfall des Parallellichtbündels (ebene Welle)

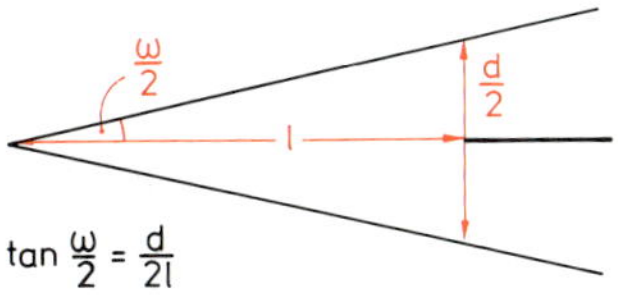

Abb. 7.16. Zur Herleitung der korrekten Formel für den Öffnungswinkel

Korrekt muß man freilich schreiben

$$\tan(\omega/2) = \frac{d/2}{l} = \frac{d}{2l},$$

wie aus Abb. 7.16 hervorgeht. Zuweilen wird auch der Winkel $\omega/2$ als „Öffnungswinkel" bezeichnet.

7.03 Spiegelung

Nur in dem Sonderfall einer matt getünchten Oberfläche streut ein Körper das Licht, das ihn trifft, ganz diffus nach allen Seiten; im allgemeinen gibt er ihm eine Vorzugsrichtung mit, die von der Einfallsrichtung abhängt. Je ausgeprägter eine Oberfläche dies tut, desto blanker und glänzender erscheint sie dem Auge. (Idealisierter) Grenzfall ist die *reguläre Reflexion* eines vollkommenen Spiegels: das einfallende Licht wird vollständig zurückgeworfen und bleibt dabei so scharf ausgerichtet, wie es ankommt.

> Gespiegeltes Licht hält sich an das *Reflexionsgesetz*
>
> Einfallswinkel α = Ausfallswinkel β,
>
> beide Winkel gemessen zum *Einfallslot*,

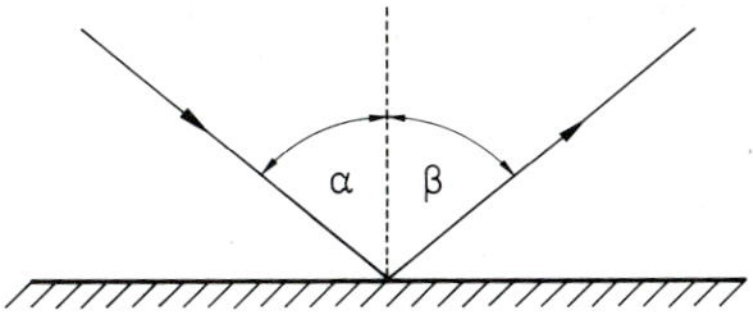

Abb. 7.17. Reflexionsgesetz

der *Flächennormalen* am Auftreffpunkt (Abb. 7.17). Die Strahlen liegen mit dem Lot in einer Ebene. Bei *senkrechter Inzidenz* ($\alpha = \beta = 0$) läuft ein Strahl in sich zurück, im Grenzfall *streifender Inzidenz* ($\alpha = \beta = 90°$) wird er gar nicht abgelenkt. Setzt man zwei ebene Spiegel im rechten Winkel zusammen, so erhält man einen *90°-Winkelspiegel*, der ein schlankes Bündel parallel zu sich selbst zurückwirft, gleichgültig, aus welcher Richtung es auf ihn trifft, sofern es nur in der Zeichenebene der Abb. 7.18 anläuft. Will man sich von dieser Einschränkung freimachen, so muß man drei Spiegel wie eine Würfelecke zusammensetzen. Derartige Reflektoren stehen inzwischen auf dem Mond und dienen der genauen Bestimmung seiner Entfernung; gemessen wird die Laufzeit eines Laserblitzes hin und zurück. Nach dem Prinzip des Winkelspiegels, nur nicht ganz sauber, arbeiten die Rückstrahler an Fahrzeugen und Fahrbahnmarkierungen *(Katzenaugen)*: sie sollen das Licht der Autoscheinwerfer nicht genau in die Richtung der Lampen zurückwerfen, aber doch so ungefähr, nämlich in die nahegelegenen Augen des Fahrers.

Bei einem ebenen Spiegel stehen alle Einfallslote parallel; ein divergent einfallendes

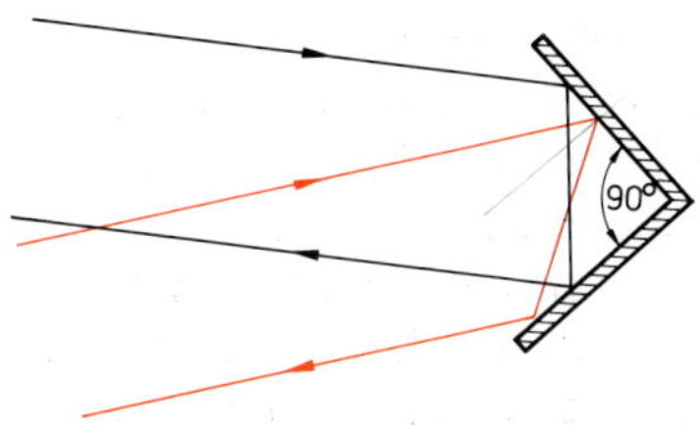

Abb. 7.18. Ein 90°-Winkelspiegel wirft einfallendes Licht immer parallel zu sich selbst zurück (sofern es in der Zeichenebene ankommt)

Bündel behält deshalb nach der Reflexion seinen Öffnungswinkel bei: nicht nur der Zentralstrahl, auch die Randstrahlen folgen dem Reflexionsgesetz (Abb. 7.19). Das reflektierte Bündel scheint deshalb von einem Punkte herzukommen, der im gleichen Abstand hinter dem Spiegel liegt wie die wahre Lichtquelle vor ihm. Genau diesen Punkt würde ein Auge dem Hirn als Ausgangspunkt des reflektierten Bündels melden. Dieses sieht dann ein *virtuelles Spiegelbild* an einer Stelle, an der sich tatsächlich ganz etwas anderes befindet (z.B. Mauerwerk).

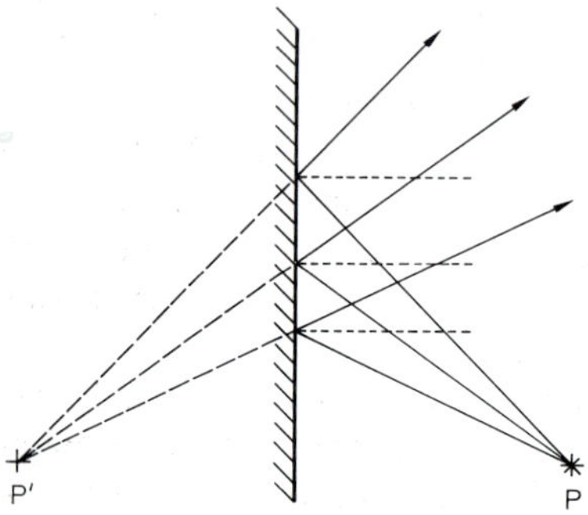

Abb. 7.19. Reflexion eines divergenten Bündels an einem ebenen Spiegel. Ein Auge meldet das virtuelle Spiegelbild P' der Lichtquelle P als Ausgangspunkt des reflektierten Bündels an das Gehirn

Aufgabe 7.02: In einem Textilhaus sollen senkrechte Garderobespiegel so aufgestellt werden, daß sich die Kunden darin von Kopf bis Fuß vollständig betrachten können. Dazu müssen die Spiegel grundsätzlich nicht bis zum Boden reichen, sondern dürfen in einer Höhe h über dem Boden enden. Wie hängt h ab

a) von der Augenhöhe H des Kunden?
b) vom horizontalen Abstand d zwischen Kunden und Spiegel?

Spiegelbilder sind seitenverkehrt. Dies ist nicht eine Eigentümlichkeit der Optik, sondern der Richtungsbegriffe: wer von Ost nach West in einen Spiegel schaut und seine rechte Hand hebt, hebt seine nördliche Hand – sein Spiegelbild hebt ebenfalls die nördliche Hand, aber weil es von West nach Ost schaut, ist es seine linke. Zwei Menschen, die sich auf der Erde gegenüberstehen, sind der gleichen Meinung bezüglich oben und unten, aber entgegengesetzter bezüglich links und rechts.

Ist ein Spiegel gewölbt, so stehen die Einfallslote nicht mehr parallel nebeneinander, und die Randstrahlen eines divergenten Bündels werden unterschiedlich weit abgelenkt: der Öffnungswinkel des reflektierten Bündels ist größer als der des einfallenden, und das virtuelle Bild erscheint verkleinert und etwas an den Spiegel herangerückt (Abb. 7.20). Verkehrsspiegel an unübersichtlichen Straßenkreuzungen nutzen aus, daß man auf diese Weise ein relativ großes Bildfeld überblicken kann.

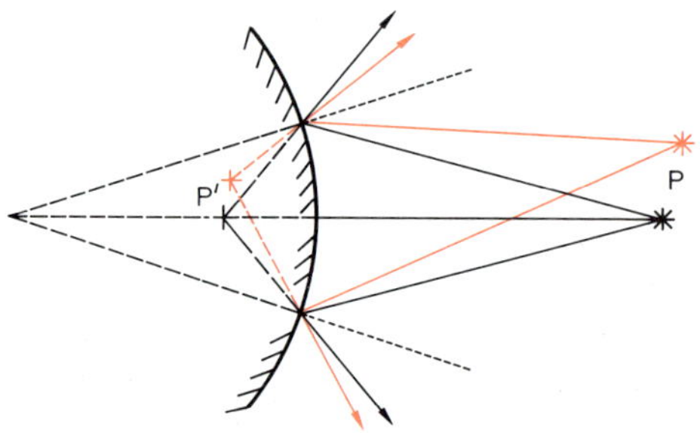

Abb. 7.20. Ein gewölbter Spiegel vergrößert den Öffnungswinkel des reflektierten Bündels gegenüber dem des einfallenden. Ein Auge meldet demnach ein verkleinertes, etwas an den Spiegel herangerücktes virtuelles Spiegelbild P' von der Lichtquelle P

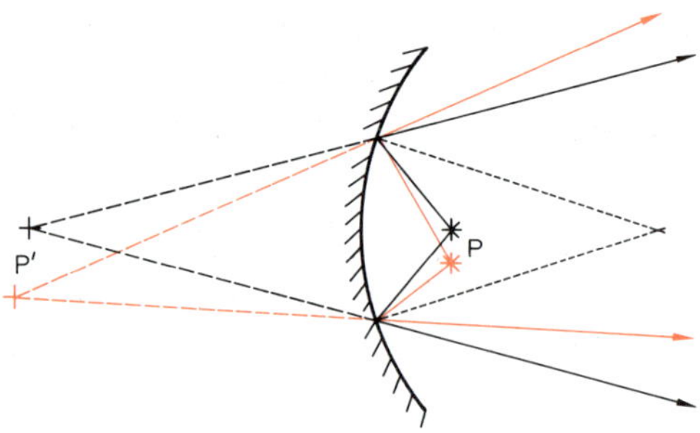

Abb. 7.21. Hohlspiegel bei kleinem Objektabstand. Der Öffnungswinkel wird verkleinert, bleibt aber positiv: virtuelles, vom Spiegel abgerücktes, vergrößertes Bild P' von der Lichtquelle P

Anders ist es beim *Hohlspiegel:* hier wird der Öffnungswinkel verkleinert, und das kann zu zwei sehr verschiedenen Konsequenzen führen. Liegt die Lichtquelle hinreichend nahe dem Spiegel, so bleibt das reflektierte Bündel divergent und ein Betrachter sieht wieder ein virtuelles Bild (Abb. 7.21), diesmal vergrößert und vom Spiegel abgerückt – Prinzip des Rasierspiegels. Bei hinreichend großem Abstand der Lichtquelle wird aber der Öffnungswinkel des reflektierten Bündels negativ, das Bündel selbst zunächst einmal *konvergent*: es zieht seinen Querschnitt zusammen bis zum Konvergenzpunkt P' und dehnt ihn danach erst wieder aus (Abb. 7.22). Von nun ab verhält es sich, als ginge es von einer selbstleuchtenden Lichtquelle aus. P' liefert ein *reelles Bild* der wahren Lichtquelle P: das divergente Bündel, das P' verläßt, scheint nicht nur von P' herzukommen wie beim virtuellen Bild, es kommt tatsächlich von dort her.

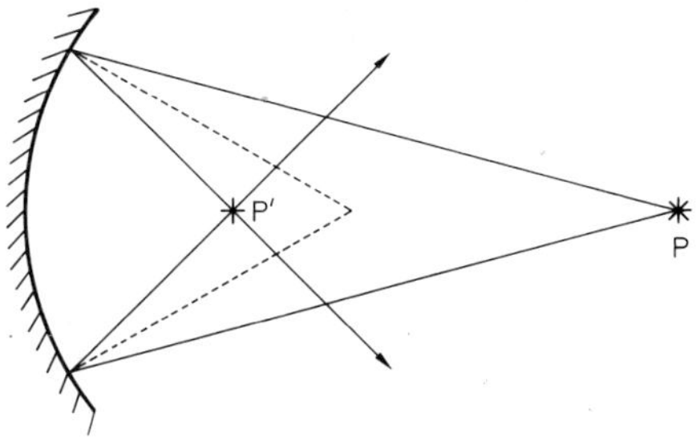

Abb. 7.22. Hohlspiegel bei großem Objektabstand: der Öffnungswinkel wird negativ, das reflektierte Bündel zunächst konvergent – reelles Bild P' der Lichtquelle P

Die Erzeugung reeller Bilder realer Objekte heißt in der Optik *Abbildung*. Vornehmlich die Teleskope großer Sternwarten benutzen hierfür Hohlspiegel, anderswo in Physik und Technik bevorzugt man aber die Abbildung durch Linsen, also mit Hilfe der *Brechung*, der sich auch die Augen der lebenden Organismen bedienen. Wer die Abbildung durch Linsen beherrscht (Kap. 7.07), kann die dort geltenden Prinzipien leicht auf die Abbildung durch Hohlspiegel übertragen. Diese braucht hier also nicht näher behandelt zu werden.

7.04 Brechung und Totalreflexion

Ein guter Metallspiegel reflektiert fast vollständig; sein *Reflexionsvermögen*

$$R = \frac{\text{reflektierte Strahlungsleistung}}{\text{auffallende Strahlungsleistung}}$$

liegt nur wenig unter 1. Immerhin, es liegt unter 1, und darum gibt es eine Differenz der beiden Strahlungsleistungen, die notwendigerweise in das Metall eindringen muß. Dort kommt das Licht freilich nicht weit – im sichtbaren Bereich wird es schon auf weniger als einer Wellenlänge vollständig absorbiert, d.h. in Wärme umgewandelt. Man kann aber elektrisch leitende Metallschichten z.B. auf Glasplatten aufbringen, die durchaus noch Licht hindurchlassen. Gold in dünner Schicht sieht grün aus, Silber blau.

Gläser reflektieren weit schlechter und absorbieren eingedrungenes Licht weit schwächer. Eine gut geputzte, d.h. streuteilchenfreie Glasplatte stört den Blick so wenig, daß in manchen Geschäftshäusern den Glastüren Sichtstreifen aufgeklebt werden müssen, damit man sie überhaupt bemerkt. Schon manchem Dompfaff hat eine Fensterscheibe das Genick gebrochen.

Nur bei senkrechter Inzidenz durchsetzt Licht eine Glasplatte ohne jede Richtungsänderung; fällt es schräg ein, so wird es beim Eintreten wie beim Austritt *gebrochen*. Dies ist eine Folge seiner im Glas herabgesetzten Ausbreitungsgeschwindigkeit. Fällt, wie in Abb. 7.23 gezeichnet, ein Parallellichtbündel, aus dem Vakuum mit der Lichtgeschwindigkeit c kommend, un-

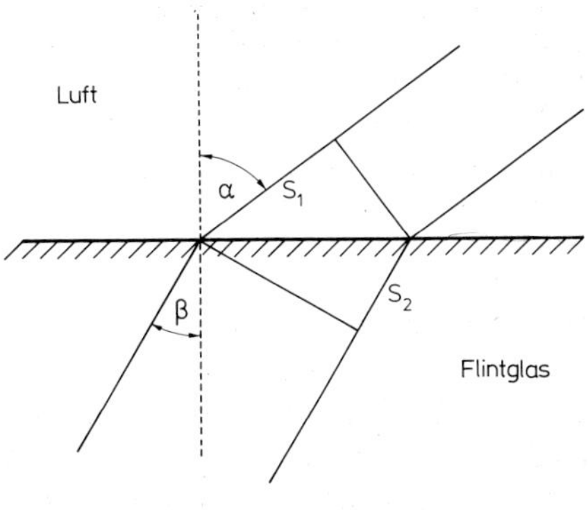

Abb. 7.23. Zur Herleitung des Brechungsgesetzes. In der Zeitspanne, in der der rechte Randstrahl die Oberfläche früher erreicht, weil er im Vakuum die Strecke s_1 spart, kommt er im Medium mit der verminderten Lichtgeschwindigkeit v nur das Stück s_2 weit

ter dem Einfallswinkel α auf die ebene Oberfläche eines *brechenden Mediums* (mit der Lichtgeschwindigkeit v), so kommt der untere Randstrahl ein klein wenig früher an als der obere um die Zeitspanne

$$\Delta t = \frac{s_1}{c}$$

nämlich. Im Medium kann das Licht in dieser Zeit nur das Stückchen

$$s_2 = v\,\Delta t = s_1 \frac{v}{c}$$

weit laufen und muß deshalb, will es ein Parallellichtbündel bleiben, seine Richtung ändern. Den Ausfallswinkel β liefern die beiden aus Bündelbegrenzung und Wellenfront gebildeten Dreiecke der Abb. 7.23 durch die Gleichung

$$\frac{\sin\alpha}{\sin\beta} = \frac{s_1}{s_2} = \frac{c}{v}.$$

Nun ist es in der Optik nicht üblich, brechende Medien durch ihre Lichtgeschwindigkeiten zu kennzeichnen; bevorzugt wird statt dessen die dimensionslose

Brechzahl n

$$= \frac{\text{Lichtgeschwindigkeit } c \text{ im Vakuum}}{\text{Lichtgeschwindigkeit } v \text{ im Medium}},$$

auch *Brechungsindex* genannt. Mit ihr schreibt sich das *Brechungsgesetz* für den Übergang aus einem brechenden Medium (n_1, α) in ein anderes (n_2, β) zu

$$\frac{\sin\alpha}{\sin\beta} = \frac{n_2}{n_1}.$$

Medien mit hoher Brechzahl heißen *optisch dicht*. Tritt Licht vom optisch dünneren Medium in das optisch dichtere über, so wird es *zum Lot hin gebrochen* und bei umgekehrtem Übertritt *vom Lot weg*. Insofern heben sich die beiden Brechungen beim Durchgang durch eine planparallele Glasplatte gegenseitig auf: ein Parallellichtbündel wird nur ein wenig parallel zu sich selbst versetzt, und ein divergentes Bündel ändert Richtung und Öffnungswinkel nicht (Abb. 7.24). Eine nicht zu dicke Fensterscheibe stört den Blick auch von der Brechung her nicht.

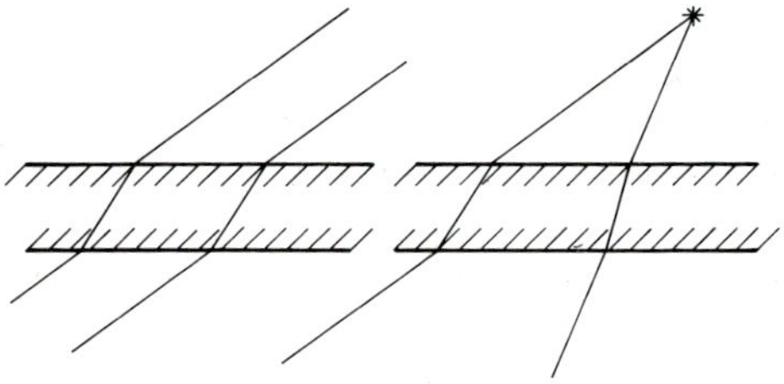

Abb. 7.24. Beim Durchgang durch eine planparallele Glasplatte wird ein Parallellichtbündel lediglich parallel zu sich selbst versetzt, ein divergentes Bündel ändert Öffnungswinkel und Richtung nicht

Anderes gilt bei einem Teich. Hier ist das brechende Medium Wasser dick und die Sekundärlichtquelle, etwa die Rückenflosse eines Goldfisches, befindet sich mitten darin. Das divergente Lichtbündel, das des Betrachters Auge trifft, kommt nicht so geraden Weges an, wie der Gesichtssinn vermutet; darum wird die Flosse an einer Stelle „gesehen", an der sie sich gar nicht befindet, und der Rest des Fisches auch. Das führt zu markanten Verzerrungen, insbesondere bei schräger Blickrichtung (Abb. 7.25).

Mehr als streifende Inzidenz ist nicht möglich: nach ihrer Definition können Einfalls- und Ausfallwinkel 90°, ihre Sinusse also die 1 nicht überschreiten. Demzufolge erlaubt aber auch das Brechungs-

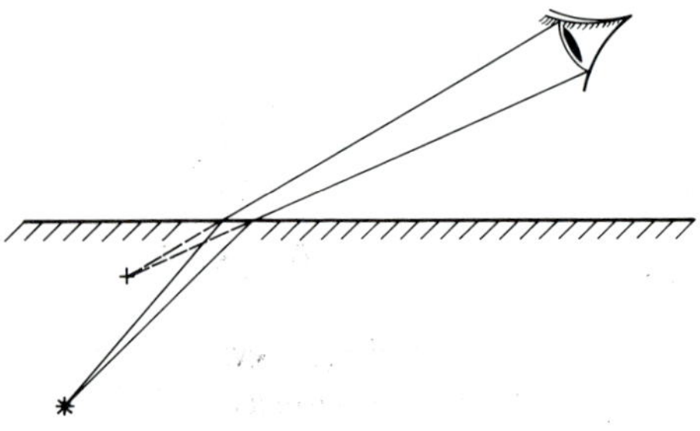

Abb. 7.25. Eine Lichtquelle im brechenden Medium (Goldfisch im Wasser) wird an einer Stelle „gesehen", an der sie sich nicht befindet

gesetz beim Übertritt aus einem dünnen in ein dichtes Medium keinen Austrittswinkel β, der größer wäre, als durch die Ungleichung

$$\sin \beta < \frac{n_1}{n_2} < 1$$

vorgegeben. Im dichteren Medium gibt es demnach einen Winkelbereich, der durch Licht von außen nicht erreicht werden kann. Er ist in Abb. 7.26 schwarz gerastert.

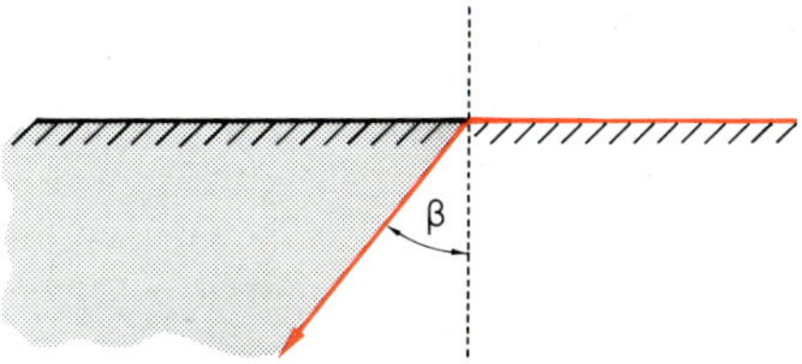

Abb. 7.26. Licht aus dem dünneren Medium kann im dichteren einen Grenzwinkel β nicht überschreiten – umgekehrt kann Licht aus dem dichteren Medium, das die Oberfläche flacher als unter dem *Grenzwinkel der Totalreflexion* β anläuft, dieses Medium nicht verlassen: es wird reflektiert

Was geschieht mit Licht, das aus diesem Bereich stammend von der Seite des dichteren Mediums her die Grenzfläche anläuft und heraus möchte? Zeichnungen von *Strahlengängen*, Reflexions- und Brechungsgesetz selber sagen nichts über die Richtung des Lichts aus: *Lichtwege sind umkehrbar*. Daraus folgt aber notwendigerweise: kann Licht aus dem dünneren Medium *in* einen bestimmten Bereich des dichteren nicht eindringen, so kann umgekehrt Licht *aus* diesem Bereich das dichtere Medium nicht verlassen – es läuft unter *Totalreflexion* in seinem Medium weiter. Das Reflexionsvermögen ist noch höher als beim Metallspiegel, nur beeinträchtigt durch möglicherweise vorhandene Streuteilchen oder Absorptionsschichten an der Grenzfläche. Dies gilt aber nur bei hinreichend flacher Inzidenz und für den Übertritt des Lichtes aus dem optisch dichteren Medium heraus. Der Winkel β der Abb. 7.26 ist zugleich der *Grenzwinkel der Totalreflexion*. Man kann ihn zur Bestimmung von Brechzahlen verwenden.

Aufgabe 7.03: Der *Glaskörper* des menschlichen Auges hat die Brechzahl $n = 1{,}34$. Welcher Grenzwinkel der Totalreflexion gegenüber Luft ($n \approx 1{,}00$) gehört dazu?

In der Medizin wird die Totalreflexion angewendet durch den sog. *Lichtleiter*, mit dem Körperhöhlen wie etwa der Magen für photographische Zwecke ausgeleuchtet werden können. Man nehme einen feinen Glasfaden, vielleicht 30 µm im Durchmesser (er läßt sich leicht um den Finger wickeln, ohne zu zerbrechen). Gibt man jetzt durch seine Stirnfläche Licht in ihn hinein, so kann es nur durch die Stirnfläche am anderen Ende wieder heraus: auf Seitenflächen trifft es auch in Biegungen immer nur mit Einfallswinkeln jenseits des Grenzwinkels der Totalreflexion auf (Abb. 7.27). Zwischen zwei Reflexionen kommt das Licht gewiß nicht weit – ehe es das andere Ende eines Dezimeter langen Glasfadens erreicht, hat es viele hundert Spiegelungen hinter sich.

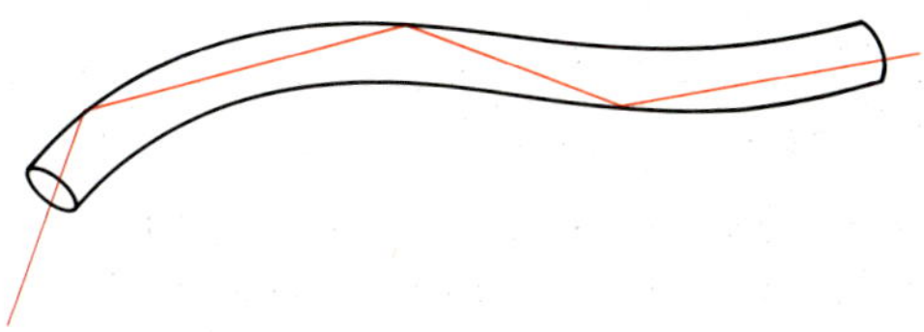

Abb. 7.27. Lichtleiter, schematisch. Licht, das durch eine Stirnfläche in einen dünnen und biegsamen Glasfaden eingedrungen ist, kann wegen der Totalreflexion an den Seiten nicht heraus und wird auch durch Krümmungen bis zur anderen Stirnfläche geleitet

Läge das Reflexionsvermögen auch nur um ein Promille unter der 1, es käme kaum noch Licht an. Eine einzelne Faser kann freilich wegen ihres kleinen Querschnittes nur wenig Licht aufnehmen; darum packt man ein paar Hundert von ihnen zum Lichtleiter zusammen. Legt man die Fasern sorgfältig parallel, so kann man mit einem Lichtleiter auch Bilder übertragen: für jeden Bildpunkt eine Faser.

7.05 Dispersion

Der aufmerksame Leser mag fragen, ob es denn lohne, für eine lichtdurchlässige Substanz neben der Dielektrizitätskonstanten ε auch noch eine Brechzahl n anzugeben – hängen doch beide Größen über die Beziehung

$$n = \sqrt{\varepsilon}$$

eng miteinander zusammen.

Aufgabe 7.04: Wieso eigentlich?

Der Elektroniker, der nach ε fragt, hat es aber nur selten mit Frequenzen über 10^9 Hz zu tun; die sichtbaren Lichtes liegen bei 10^{15} Hz. n wie ε erweisen sich aber als frequenzabhängig.

Das gilt auch innerhalb des optischen Bereiches: so gut wie immer nimmt n mit steigender Wellenlänge ab; rotes Licht breitet sich in Gläsern ein wenig schneller aus als blaues. Dieser Effekt heißt *Dispersion* (Abb. 7.28). Er ist nicht sehr groß, betrifft oft nur die zweite Stelle hinter dem Komma; trotzdem läßt er sich recht einfach demonstrieren, und zwar mit einem optischen *Prisma*.

Abb. 7.29 zeigt schematisch ein Parallellichtbündel, das ein *60°-Prisma* symmetrisch durchsetzt. Brechung zum Lot beim Eintritt in das Glas bedeutet hier ein Abknicken nach rechts; Brechung vom Lot weg beim Austritt bedeutet dies wieder, denn das Lot steht jetzt anders.

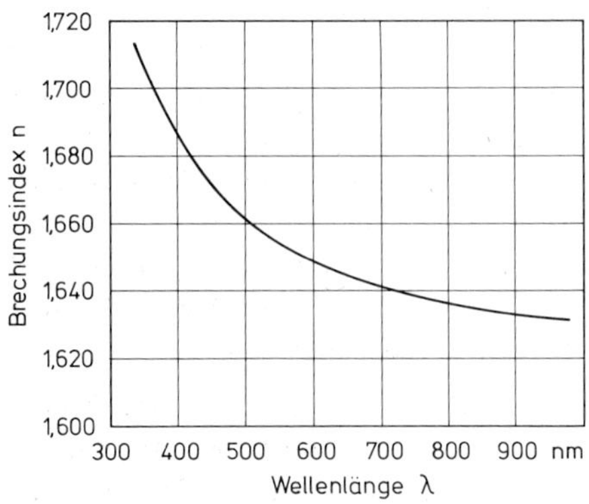

Abb. 7.28. Dispersionskurve von Flintglas

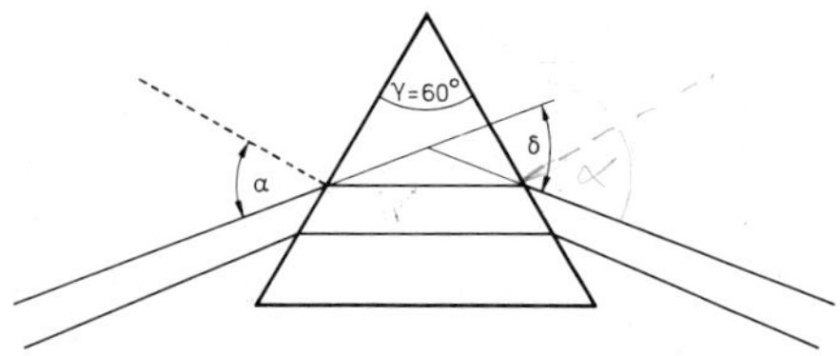

Abb. 7.29. Ein Parallellichtbündel durchsetzt symmetrisch ein Prisma mit dem *brechenden Winkel* $\gamma = 60°$. Einfallswinkel α, Ablenkwinkel δ

Aufgabe 7.05: Wenn das 60°-Prisma aus dem Material der Abb. 7.28 besteht und das Lichtbündel von einem Laser mit der Wellenlänge $\lambda = 632{,}8$ nm stammt, welchen Einfallswinkel α muß es dann für symmetrischen Durchgang haben, und um welchen Winkel δ wird es insgesamt abgelenkt?

Nach dieser Aufgabe wäre es ein wenig langweilig, anhand der Dispersionskurve nun auch noch den Ablenkwinkel δ' für ein blaues Lichtbündel ($\lambda = 400$ nm) bei gleicher Einfallsrichtung auszurechnen; jedenfalls ist wegen der höheren Brechzahl $\delta' > \delta$. Auch wenn sich die Winkel nur wenig unterscheiden, werden die beiden Bündel nach einigem Laufweg deutlich voneinander getrennt: mit Prismen kann man Licht *spektral zerlegen.*

Läßt man statt des Laserlichtes ein Bündel Sonnenlicht auf das Prisma fallen, so wird es in alle Farben des Regenbogens aufgespalten. Vom Auge als *weiß* empfundenes Licht bildet zumeist ein Gemisch aus allen Wellenlängen des sichtbaren Spektralbereiches (das muß allerdings nicht so sein, wie sich in Kap. 7.16 herausstellen wird). Licht, in dem (praktisch) nur eine Wellenlänge – und damit auch nur eine Frequenz – vertreten ist, heißt *monochromatisch* (korrekter hieße es *monofrequent*).

7.06 Abbildung durch Brechung

Wie schon am Ende des Kap. 7.03 bemerkt, versteht man unter einer *optischen Abbildung* im allgemeinen die Erzeugung eines *reellen Bildes:* aus all dem Licht, das jeder einzelne *Dingpunkt P* aussendet – ob er nun zu einem Selbstleuchter gehört oder zu einem beleuchteten Sekundärstrahler – blendet das *abbildende System* ein divergentes Bündel aus und wandelt es in ein konvergentes Bündel um, das den reellen *Bildpunkt P'* ansteuert. Alle Bildpunkte zusammen liefern das reelle Bild, man kann es auf einem Schirm auffangen. Tut man dies nicht, so werden alle konvergenten Bündel hinter ihren Bildpunkten wieder divergent. Ausdrücklich zugelassen sind Parallellichtbündel, die von praktisch unendlich weit entfernten Dingpunkten abstammen; wenn man schon photographiert, dann darf man grundsätzlich auch Sonne, Mond und Sterne photographieren.

Ein Fixstern ist so weit weg, daß er dem irdischen Beobachter ausdehnungslos erscheint: Sein Licht kommt als einzelnes Parallelbündel an und wird vom abbildenden System in einen einzigen Bildpunkt zusammengezogen. Für die anderen Fixsterne gilt gleiches; die Parallelbündel sind gegeneinander geneigt, ihre Bildpunkte liegen in Abständen nebeneinander und spannen eine Bildfläche auf, die sog. *Brennfläche* des abbildenden Systems. In ihr findet sich auch das Bild der Sonne, zusammengesetzt aus unzählig vielen Bildpunkten, die jetzt dicht an dicht liegen. Entsprechend zahllos sind die zugehörigen Parallelbündel, ein jedes blitzwenig geneigt gegen seine Nachbarn.

Daß man einen Hohlspiegel als abbildendes System verwenden kann, hat Abb. 7.22, wenn auch nicht bewiesen, so doch plausibel gemacht. Bevorzugt wird aber die Abbildung durch Brechung. Mit viellinsigen photographischen Objektiven gibt die Industrie dem zahlungsfähigen Amateur wahre Wunderwerke optischer Präzision in die Hand; nur noch der Fachmann vermag ihre Funktionsweisen in allen Einzelheiten zu durchschauen. Aber auch die einfache dünne Linse, ein Brillenglas etwa oder eine Lupe, hat immer noch zwei Oberflächen: das Licht, das sie durchsetzt, wird zweimal gebrochen. Zur Abbildung genügt aber bereits *eine* Brechung allein. Freilich kann das Licht auf seinem Wege zum reellen Bild jetzt den Glaskörper nicht mehr verlassen: ein Bildschirm oder ein photographischer Film müßte sich in dessen Innerem, allenfalls unmittelbar auf seiner Rückseite befinden – keine gute Lösung für die Technik. Der Natur aber, die ihre Lebewesen mit Augen versehen will, stellt sich das Problem ganz anders dar. Ihre hochgezüchtete lichtempfindliche Schicht, die *Netzhaut*, ist auch mechanisch hochempfindlich – zu sehr, als daß sie in die freie Luft gestellt werden könnte: Sie bekommt ihren Platz auf der Rückseite des Augapfels (Abb. 7.51 in Kap. 7.10). Mit dieser Konstruktion wird die *Abbildung durch nur eine brechende Fläche* geradezu erzwungen, nur kann sie den Anforderungen noch nicht voll gerecht werden, die an ihre Augen zu stellen, die Natur den Säugetieren beispielsweise im allgemeinen erlaubt. Darum sorgen zwei weitere brechende Flächen, die der *Augenlinse*, für zusätzlichen Komfort (wie in Kap. 7.10 ausführlicher behandelt werden wird).

Welche Form muß man nun einer brechenden Fläche geben, damit sie abbilden kann, damit alle gebrochenen Lichtbündel zuverlässig wissen, welche Bildpunkte sie anzusteuern haben? Im strengen Sinne der Mathematik ist das überhaupt nicht möglich, denn in der physikalischen Realität gibt es keine ausdehnungslosen mathematischen Punkte, in der Optik schon gar nicht: Die mit der Wellennatur des Lichtes untrennbar verkoppelte Beugung (Kap. 7.22) steht dem entgegen. Wenn man es aber allzu genau doch nicht zu nehmen braucht, dann genügt eine brechende Kugelfläche zur Abbildung vollkommen – jedenfalls solange man die Einfallswinkel aller beteiligten Lichtbündel „hinreichend klein“ halten kann. Dies zu zeigen verlangt nur ein paar Kenntnisse aus der Geometrie und etwas Bruchrechnen.

Einiges kann man auch ohne Rechnung schon aussagen. Mit Hilfe des Brechungsgesetzes muß die brechende Fläche zweifellos alle divergent anlaufenden Lichtbündel

„nach innen" knicken (Abb. 7.30), um sie konvergent zu machen. Wie immer das nun im einzelnen geschieht: je divergenter das linke Bündel, desto weniger konvergent das rechte, je kleiner die *Dingweite a*, desto größer die *Bildweite a'* – und umgekehrt. Nun kann das „Ding" höchstens unendlich weit weg sein; dann kommt sein Licht in Parallelbündeln an und wird in die Brennfläche hinein abgebildet. Deren Bildweite ist also die kleinstmögliche, sie wird *bildseitige Brennweite f'* genannt. Umgekehrt gibt es eine kleinste Dingweite, die gerade noch ein (unendlich fernes) reelles Bild erlaubt, die *dingseitige Brennweite f*. Den Zusammenhang zwischen Ding-, Bild- und den beiden Brennweiten liefert die *Abbildungsgleichung*, die im folgenden hergeleitet werden soll. Wem die Rechnung zu mühsam ist, muß ihr Ergebnis glauben.

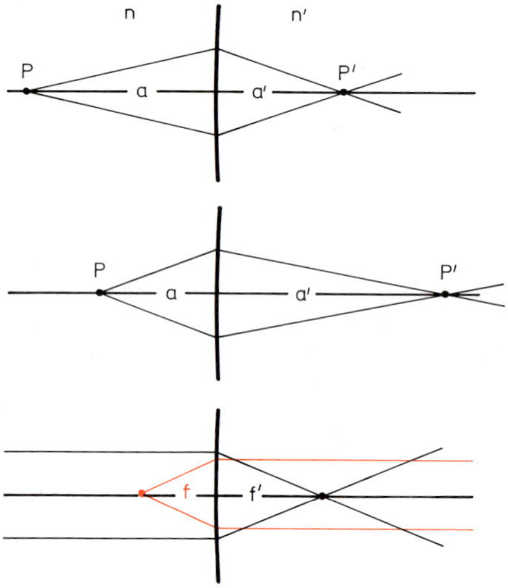

Abb. 7.30. Je kleiner die *Dingweite a*, desto größer die *Bildweite a'* (obere Teilbilder). Ein unendlich fernes Ding wird im Abstand der *bildseitigen Brennweite f'* abgebildet, ein Ding in der *dingseitigen Brennweite f* im Unendlichen (unteres Teilbild) – schematische Zeichnung, nicht maßstabsgerecht

Für die Abbildung durch eine brechende Kugelfläche waren „hinreichend kleine" Einfallswinkel der beteiligten Lichtbündel verlangt worden. Diese Forderung muß zunächst mathematisch formuliert werden. Grundsätzlich ist der Sinus eines Winkels kleiner als dessen Bogenmaß und dieses wiederum kleiner als der Tangens, Abb. 7.31 erinnert daran. Lediglich für $\alpha = 0$ sind Sinus und Tangens ebenfalls Null. Das heißt aber auch: je kleiner der Winkel, desto kleiner der Unterschied zwischen Sinus und Tangens. Kann er im Rahmen der Meßgenauigkeit vernachlässigt werden, so ist der Winkel „hinreichend klein":

$$\sin\alpha \approx \alpha \approx \tan\alpha .$$

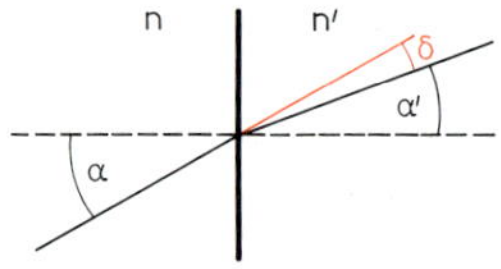

Abb. 7.32. Der Ablenkwinkel δ (zur Aufgabe 7.06)

Solange der Winkel 8° nicht übersteigt, bleibt der Fehler unter 1%. Das Brechungsgesetz, in den Bezeichnungen der Abb. 7.32 geschrieben als

$$\frac{\sin\alpha}{\sin\alpha'} = \frac{n'}{n}$$

vereinfacht sich damit zu

$$\frac{\alpha}{\alpha'} \approx \frac{n'}{n}:$$

Einfallswinkel α und Ausfallswinkel α' sind einander proportional und gemeinsam proportional zum *Ablenkwinkel* δ, um den nämlich der Lichtstrahl durch Brechung aus seiner Richtung geworfen wird. Es ist

$$\delta \approx \frac{n'-n}{n'}\alpha \approx \frac{n'-n}{n}\alpha' .$$

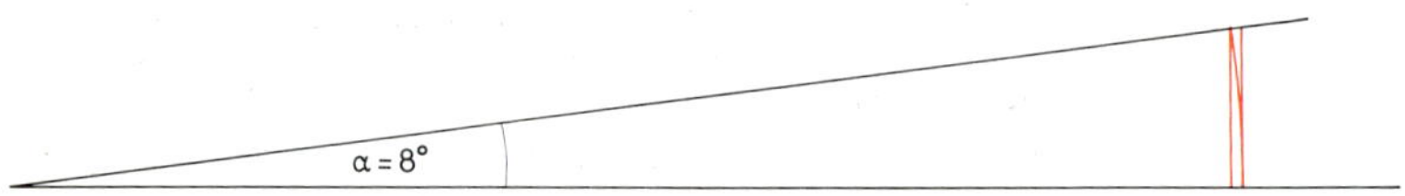

Abb. 7.31. Die drei rot gezeichneten Strecken repräsentieren – von links nach rechts – den Sinus (Gegenkathete durch Hypotenuse), das Bogenmaß (Bogenlänge durch Radius) und den Tangens (Gegenkathete durch Ankathete) des Winkels α. Mit kleiner werdendem α gleichen sich die drei Strecken einander immer mehr an

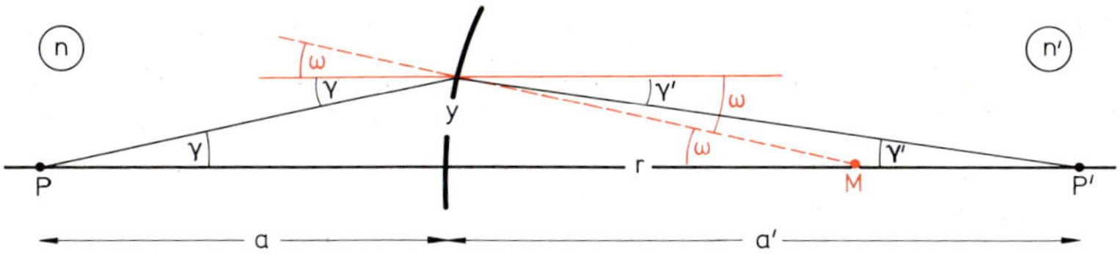

Abb. 7.33. Zur Herleitung der Abbildungsgleichung für die Abbildung durch eine Kugel mit dem Radius r und der Brechzahl n'. Einzelheiten im Text

Aufgabe 7.06: Wieso?

Ohne Zweifel trifft einer der vielen Strahlen, die den Dingpunkt P nach allen Seiten verlassen, senkrecht auf die brechende Kugelfläche und steuert ohne Richtungsänderung ($\alpha=\alpha'=\delta=0$) deren Mittelpunkt M an (Abb. 7.33). Dieser Strahl bekommt den Namen *optische Achse*. Auf ihm liegt nicht nur P (in der Dingweite a vor der Kugelfläche), sondern auch der Bildpunkt P' (in der Bildweite a' hinter der Kugelfläche) und natürlich M (im Abstand des Kugelradius r). Die optische Abbildung verlangt nun, daß irgendein anderer Strahl, der P unter dem Winkel γ gegen die Achse verläßt und die brechende Fläche im Abstand y neben der Achse erreicht, genau in die Richtung auf P' gebrochen wird, und zwar unabhängig von γ und y selbst. Nun ist in der Näherung kleiner Winkel (und den Bezeichnungen der Abb. 7.33)

$$y=a\gamma=a'\gamma'=r\omega$$

und außerdem

$$\alpha=\omega+\gamma \quad \text{und} \quad \alpha'=\omega-\gamma'.$$

Es empfiehlt sich jetzt, zunächst einen Sonderfall zu betrachten: P sei sehr weit weg ($a=\infty$). Dann wird die Bildweite a' zur Brennweite f'. Nun gehört zu $a=\infty$ zweifellos $\gamma=0$. Damit wird $\alpha=\omega$ und $\delta=\gamma'$. Zusammen mit dem vereinfachten Brechungsgesetz bedeutet dies

$$\gamma'=\omega\frac{n'-n}{n'}$$

und

$$\frac{y}{a'}=\frac{y}{f'}=\frac{y}{r}\frac{n'-n}{n'}.$$

Daraus folgt für die bildseitige Brennweite

$$f'=r\frac{n'}{n'-n}.$$

Ganz analog läßt sich auch die dingseitige Brennweite f ermitteln, zu der ein unendlich fernes Bild gehört. Der Gedankengang:

$$a'=\infty; \quad \gamma'=0; \quad \alpha'=\omega;$$

$$\frac{y}{f}=\gamma=\delta=\omega\frac{n'-n}{n}=\frac{y}{r}\frac{n'-n}{n};$$

das Ergebnis:

$$f=r\frac{n}{n'-n}.$$

Die Formeln für die beiden Brennweiten unterscheiden sich nur durch einen kleinen $'$ im Zähler, aber der ist wesentlich: zum Medium mit der größeren Brechzahl gehört auch die größere Brennweite. Es gilt

$$f:f'=n:n'.$$

Mit Hilfe der beiden Brennweiten läßt sich nun auch der allgemeine Fall ganz bequem behandeln. Zunächst einmal gilt auf der Dingseite

$$\alpha=\omega+\gamma=\frac{y}{r}+\frac{y}{a}$$

und auf der Bildseite entsprechend

$$\alpha'=\omega-\gamma'=\frac{y}{r}-\frac{y}{a'}.$$

Auch für den Ablenkwinkel gibt es eine allgemeine Beziehung

$$\delta=\alpha-\alpha'=\gamma+\gamma'.$$

δ liefert aber auch das (vereinfachte) Brechungsgesetz, d.h.

$$\frac{y}{a}+\frac{y}{a'}=\frac{y}{r}\frac{n'-n}{n'}+\frac{y}{a}\frac{n'-n}{n'}.$$

Alle Glieder dieser Gleichung besitzen einen gemeinsamen Faktor: y. Man wird ihn los, indem man durch ihn dividiert – die Gleichung enthält dann kein y mehr; mathematische Formulierung der physikalischen Aussage: Abbildung durch Brechung ist möglich. Wenn man nämlich aus der Dingweite a die Bildweite a' ausrechnen kann, ohne y und damit γ zu kennen, dann muß auch jeder Strahl, der den Dingpunkt P verläßt, den gleichen Bildpunkt P' erreichen, gleichgültig, welches y und welches γ er wählt.

Der Zusammenhang zwischen a und a' läßt sich eleganter formulieren. Mit der Beziehung für die Brennweite f' erhält man zunächst einmal

$$\frac{1}{a}\left(1-\frac{n'-n}{n'}\right)+\frac{1}{a'}=\frac{1}{f'}.$$

Dies läßt sich umschreiben zu

$$\frac{f'}{a}\frac{n}{n'}+\frac{f'}{a'}=1,$$

und nun liefert der Zusammenhang zwischen den beiden Brennweiten und den beiden Brechzahlen die

Abbildungsgleichung

$$\frac{f}{a}+\frac{f'}{a'}=1.$$

Die beiden Brennweiten f und f' legen fest, wie Ding- und Bildweite voneinander abhängen; sie kennzeichnen das abbildende System – ganz unabhängig davon, auf welchem technischen Wege sie im Einzelfall realisiert werden. Allerdings, sie selbst sind nicht unabhängig voneinander; sie stehen ja im gleichen Verhältnis wie die Brechzahlen der Medien, in denen sie liegen. Auf beiden Seiten gleich ist deshalb der

Brechwert $D=\frac{n}{f}=\frac{n'}{f'}$.

Er bekommt die Einheit

Dioptrie $=\mathrm{dpt}=\mathrm{m}^{-1}$.

Der Augenarzt stellt Brillenrezepte in Dioptrien aus. Der Brechwert wird zuweilen auch *Brechkraft* genannt.
Aus welcher Richtung man eine Kugel auch immer anschaut, sie zeigt sich stets in der gleichen Gestalt. Von wo ein Lichtbündel auch anläuft, auf jeden Fall besitzt es eine optische Achse, auf der ein Lichtstrahl ungebrochen zu Kugelzentrum und Bildpunkt laufen kann. Die Brennfläche einer brechenden Kugelfläche ist selbst eine Kugelfläche und hat den gleichen Mittelpunkt (Abb. 7.34). Eine Kugel besitzt *Kugelsymmetrie*, die höchste Symmetrie, die es überhaupt gibt. Die Abb. 7.34 hat freilich einen etwas akademischen Charakter. Man braucht nämlich eine für sichtbares Licht schon ungewöhnlich hohe Brechzahl, um die Brennfläche innerhalb einer Vollkugel unterzubringen. Diamant erreicht sie: $n=2{,}41$. Eben diese hohe Brechzahl macht ihn als Schmuckstein so beliebt, denn zu ihr gehört ein besonders kleiner Grenzwinkel der Totalreflexion. Er erlaubt, den Diamanten zum Brillanten mit vielen glitzernden Flächen zu schleifen.

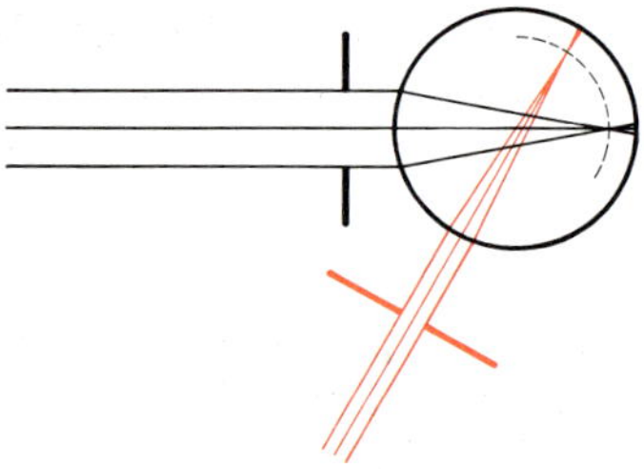

Abb. 7.34. Parallelbündel aus verschiedenen Richtungen werden von einer brechenden Kugel in eine zu ihr konzentrische Kugelfläche abgebildet. Sie ist die *Brennfläche*

Aufgabe 7.07: Welche Brechzahl muß eine Kugel haben, wenn ihre eigene Oberfläche Brennfläche sein soll? (Diese Aufgabe kann nur lösen, wer das Kleingedruckte nicht übersprungen hat.)

7.07 Abbildung durch Linsen

So wichtig die Abbildung durch nur eine brechende Fläche für lebendige Augen ist, Industrie und Technik bevorzugen die Abbildung durch Linsen und durch mehrlinsige optische Systeme, denn dann kann sich der photographische Film, der beispielsweise das Bild auffangen soll, ebenso in Luft befinden wie (normalerweise) das abzubildende Objekt. Zwar wird der Strahlengang jetzt durch die mehrfache Brechung komplizierter – und die Herleitung der Abbildungsgleichung erst recht; heraus kommt aber wieder das gleiche (jedenfalls bei hinreichend dünnen Linsen). Auch jetzt sind für den Zusammenhang von Ding- und Bildweite allein die Brennweiten von Bedeutung und nicht die Brechzahlen und Krümmungsradien, durch die sie erzeugt wurden. Liegen obendrein noch Ding und Bild im gleichen Medium, so werden die beiden Brennweiten gleich; hat das Medium schließlich die Brechzahl 1,0 wie Luft, dann wird der Kehrwert der

Brennweite zum Brechwert. Die Abbildungsgleichung vereinfacht sich damit zu

$$\frac{1}{a}+\frac{1}{a'}=\frac{1}{f}=D.$$

Wesentlich geändert gegenüber den Verhältnissen bei der Kugel hat sich freilich die Geometrie: Eine Linse ist nur noch *rotationssymmetrisch* und zwar um eine Achse, die senkrecht auf der Linsenmitte steht und durch die Krümmungsmittelpunkte *M* und *M'* der beiden kugelförmigen Linsenflächen führt (Abb. 7.35). Sie ist zugleich die *optische Achse* des Systems, auf der allein ein Lichtstrahl ungebrochen vom Ding zum Bild kommen kann; auf ihr liegen, im Abstand der *Brennweite* vor und hinter der Linse, die beiden *Brennpunkte F* und *F'*, die Ding- bzw. Bildpunkte für achsenparallele Parallellichtbündel. Einem Strahl, der die Linsenmitte schräg ansteuert, erscheint die Linse als planparallele Glasplatte: Er läuft zwar in seiner alten Richtung weiter, wird aber parallelversetzt (Abb. 7.36). Bei hinreichend dünner Linse darf man diese Versetzung unterschlagen und jeden *Zentralstrahl*, auch *Mittelpunktstrahl* genannt, mit dem Lineal schnurgerade durch den Schnitt„punkt" von Linse und optischer Achse

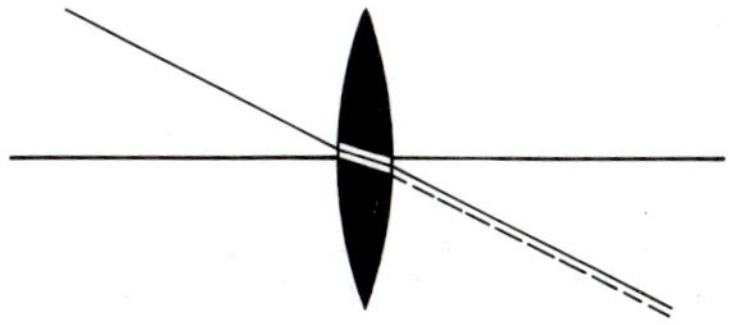

Abb. 7.36. Nur ein Strahl längs der optischen Achse kommt ohne Brechung durch eine Linse hindurch. Schräg anlaufende *Zentralstrahlen* werden parallelversetzt. Bei *dünnen Linsen* darf man diese Versetzung vernachlässigen

hindurchzeichnen. Die Linse wird in dieser Näherung also durch eine Ebene repräsentiert – sie heißt *Hauptebene*. Dementsprechend sind auch die Brennflächen *Brennebenen*, sie stehen parallel zur Hauptebene und schneiden die optische Achse im jeweiligen Brennpunkt.

In den Brennebenen liegen die Bilder weit entfernter Objekte, die Konvergenzpunkte zu Parallelbündeln also, die von der anderen Seite her die Linse ansteuern – dies unabhängig davon, an welcher Stelle sie die Linse treffen (Abb. 7.37). Jeder einzelne Bildpunkt läßt sich über den schnurgerade durchlaufenden Zentralstrahl ermitteln – nur ein achsenparalleles Bündel landet im Brennpunkt. Notwendige Folge: je größer die Brennweite, desto größer das Bild – je kleiner die Brennweite, desto größer das Bildfeld (das etwa von einem vorgegebenen Filmformat erfaßt wird). Photographen benutzen dementsprechend für Fernaufnahmen *Teleobjektive* mit

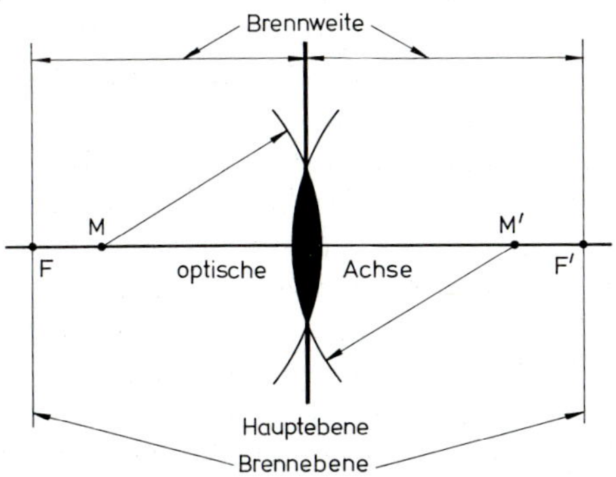

Abb. 7.35. Eine durch Kugelflächen begrenzte *sphärische Linse* ist *rotationssymmetrisch* um ihre *optische Achse*. Diese läuft durch die Mittelpunkte *M* und *M'* der beiden Kugelflächen. Auf ihr liegen die beiden *Brennpunkte F* und *F'*; dort stehen senkrecht zur Achse und parallel zur *Hauptebene* der Linse, und zwar im Abstand der *Brennweite*, die beiden *Brennebenen*

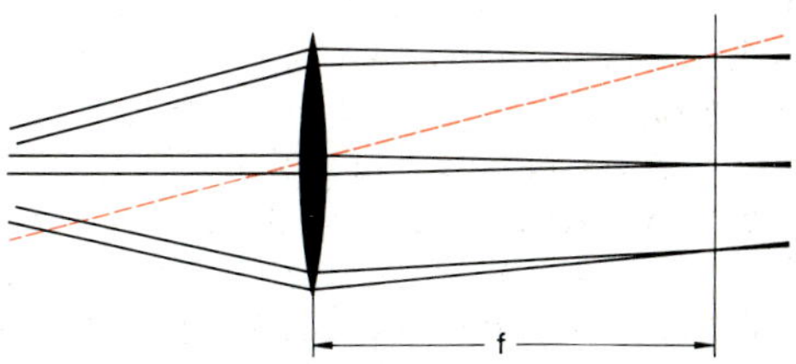

Abb. 7.37. Parallellichtbündel werden von der Linse auf Punkte in der Brennebene zusammengezogen, deren Lage durch den zum Bündel gehörenden Zentralstrahl vorgegeben ist (rot: Zentralstrahl für das obere Bündel). Wo ein Bündel die Linse trifft und welchen Durchmesser es hat, ist für die Lage des Konvergenzpunktes ohne Bedeutung

langer Brennweite und für Innenaufnahmen sog. *Weitwinkel* mit kurzer. Filmkameras bekommen meist sogar *Zoom-Objektive* (vulgo: *Gummilinsen*), deren Brennweite kontinuierlich verstellt werden kann. Mit ihnen lassen sich „Fahraufnahmen" vortäuschen, die gar keine sind: Durch Verlängerung der Brennweite wird das Objekt scheinbar „herangeholt".

Rückt ein Ding aus dem Unendlichen heran, so wächst die Bildweite über die Brennweite hinaus – qualitativ hatte dies bereits die Abb. 7.30 gezeigt, quantitativ folgt es aus der Abbildungsgleichung. Entsprechend verschiebt der Photograph das Objektiv seiner Kamera für die *Scharfeinstellung*; die Bildebene mit dem Film ist ja konstruktiv vorgegeben. Auf weniger als Brennweite darf er freilich an sein Objekt nicht heran, denn dann reicht der Brechwert des Objektivs nicht mehr aus, das divergent anlaufende Bündel konvergent zu machen (Abb. 7.38). Die Folge wäre ein *virtuelles*, vergrößertes Bild. Die Abbildungsgleichung antwortet auf dies Problem mit einer negativen Bildweite: das virtuelle Bild liegt gewissermaßen „auf der falschen Seite" der Linse.

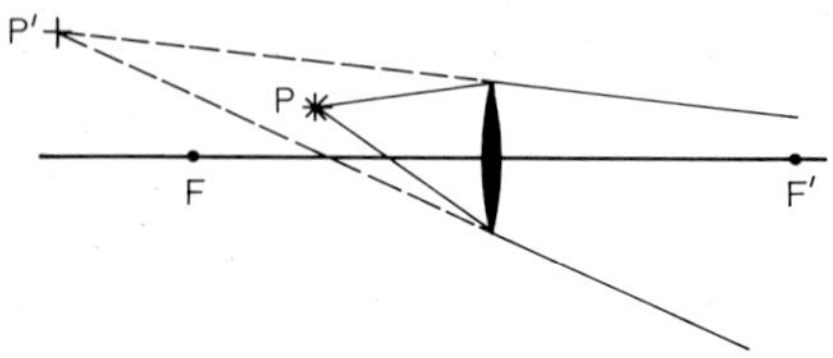

Abb. 7.38. Liegt der Dingpunkt *P innerhalb* der Brennweite, so kann die Linse nur noch ein divergentes Bündel mit dem *virtuellen* Bildpunkt *P'* liefern

Für die bisher allein besprochenen *konvexen* oder auch *Sammellinsen* ist das virtuelle Bild die Ausnahme und das reelle die Regel; normalerweise werden die Strahlen des divergent anlaufenden Bündels zur Konvergenz auf den Bildpunkt „gesammelt". Herstellen lassen sich auch *konkave* Linsen, die in der Mitte dünner sind als am Rande. Sie weiten ein divergent anlaufendes Bündel auf höheren Öffnungswinkel auf und heißen darum *Zerstreuungslinsen*. Von ihnen kann man (von Ausnahmen abgesehen – Abb. 7.50) nur virtuelle Bilder verlangen. Trotzdem läßt sich eine Brennweite definieren: In ihr liegen die virtuellen Bildpunkte, die zu anlaufenden Parallelbündeln gehören (Abb. 7.39). Weil aber jetzt die Brennebene „auf der falschen Seite" der Linse liegt,

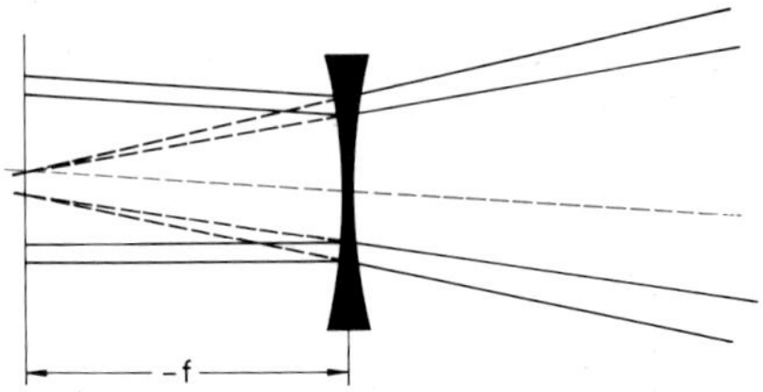

Abb. 7.39. Eine *Zerstreuungslinse* weitet Parallellichtbündel zu divergenten Bündeln auf; sie scheinen von Punkten auf einer Brennebene *vor* der Linse zu stammen: negative Brennweite. Rot: Zentralstrahl des oberen Bündels

bekommen Brennweite und Brechkraft negative Vorzeichen. Die Abbildungsgleichung ist damit einverstanden.

7.08 Linsenfehler

Die Abbildungsgleichung fragt nicht nach dem Durchmesser einer Linse – zumindest solange nicht, als die Näherung kleiner Winkel erfüllt ist, die Voraussetzung der Herleitung. Die Praxis fragt aber sehr wohl danach. Der Photograph etwa verringert zuweilen ganz bewußt den wirksamen Durchmesser seines Objektivs durch *Abblenden*, um nämlich dessen *Schärfentiefe* zu erhöhen: Die abbildenden Bündel werden schlanker und das Bild bleibt auch außerhalb der offiziellen Bildebene leidlich scharf. Freilich verliert man damit Licht, muß diesen Verlust durch Verlängerung der Belichtungszeit wettmachen – und riskiert Bewegungsunschärfe. Wer aus irgendwelchen Gründen nur extrem kurz belichten darf, braucht ein lichtstarkes

Objektiv mit großem Durchmesser*. Dann können aber die Ein- und Ausfallswinkel am Linsenrand nicht mehr klein gehalten werden und die Voraussetzung für die Abbildungsgleichung ist dahin. Weil diese Gleichung aber gar so handlich und bequem ist, nimmt man sie für naturgegeben und wirft der Linse vor, sie mache *Linsenfehler*. Es ist Aufgabe der optischen Industrie, Linsenfehler zu korrigieren, die Abbildungsgleichung also auch dort noch einzuhalten, wo dies so ganz leicht nicht mehr geht. Je ausgefallener die Forderung, je sorgfältiger die Korrektur, desto viellinsiger und teurer das Objektiv. Die drei wichtigsten Linsenfehler sollen im folgenden kurz besprochen werden.

Welche Folgen hat ein Verstoß gegen die Näherung kleiner Winkel? Dann gilt das Brechungsgesetz nicht mehr in der vereinfachten Form des Kap. 7.06, und Einfalls-, Ausfalls- und Ablenkungswinkel sind einander nicht mehr proportional. Nun wächst ein Winkel stets schneller als sein Sinus. Folge: gibt etwa das Brechungsgesetz im konkreten Einzelfall vor

$$\frac{\sin\alpha}{\sin\alpha'}=1{,}2,$$

* Entscheidend ist das Verhältnis von Durchmesser und Brennweite, sein Kehrwert wird *Blende* genannt: Große Blendenzahlen bedeuten geringe Lichtstärke. Die einströmende Lichtmenge wächst proportional zur Fläche der Linsenöffnung, also proportional zum Quadrat des (wirksamen) Linsendurchmessers. Entsprechend werden Blendenwerte bei Photoapparaten meist in Stufen von $\sqrt{2}$ vorgegeben, passend nämlich zu den in Faktoren von 2 gestuften Belichtungszeiten. Fast schon hinterhältig ist die Stufung der Filmempfindlichkeit in der DIN-Norm: Hier wird der *Faktor* 2 markiert durch ein *Plus* von drei Einheiten – die Skala ist logarithmisch.

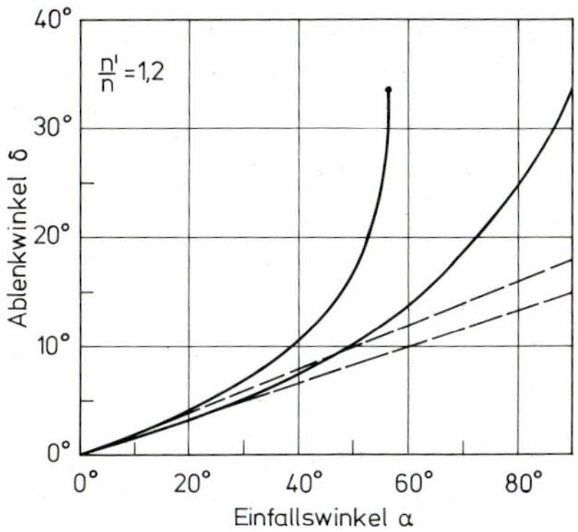

Abb. 7.40. Der Ablenkwinkel δ der Brechung (zur Definition s. Abb. 7.32) an der Grenze zwischen Luft und einem Glas mit $n'=1,2$. Untere Kurve: Eintritt in das Glas. Obere Kurve: Austritt aus dem Glas. Die beiden gestrichelten Geraden entsprechen der für kleine Winkel gültigen Näherung $\sin\alpha\approx\alpha$. Die obere Kurve endet beim Grenzwinkel der Totalreflexion

so muß das Verhältnis der Winkel diesen Wert überschreiten:

$$\frac{\alpha}{\alpha'}>1{,}2$$

– dies um so mehr, je größer die Winkel sind. Dann muß aber auch der Ablenkwinkel, in Abb. 7.32 als Differenz von α und α' definiert, stärker als proportional zu α steigen. Für die Abb. 7.40 ist dies einmal durchgerechnet. Dementsprechend werden die randnahen Strahlen mit ihren verhältnismäßig großen Einfallswinkeln von einer einfachen Linse vergleichsweise stärker nach innen geknickt als achsennahe Strahlen, sie haben eine kürzere Brennweite. Dies ist der *Öffnungsfehler*, auch *sphärische Aberration* genannt (Abb. 7.41 a).

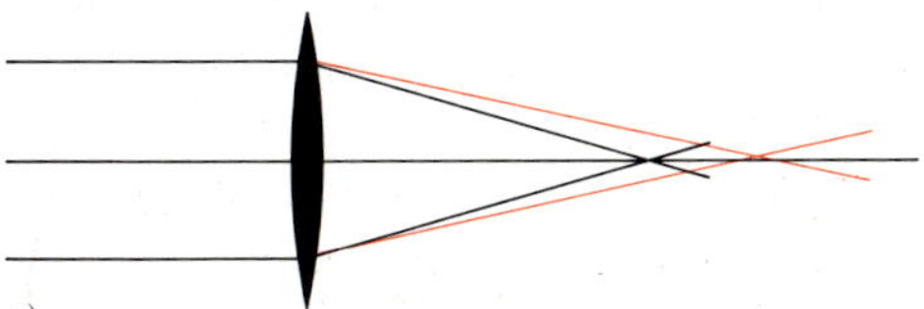

a)

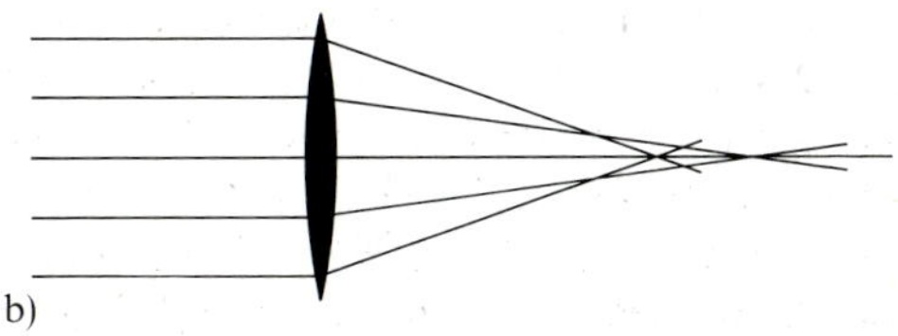

b)

Abb. 7.41. (a) *Öffnungsfehler:* randnahe Bündel haben kürzere Brennweite als achsennahe. (b) *Farbfehler:* langwelliges Licht hat als Folge der Dispersion größere Brennweite als kurzwelliges

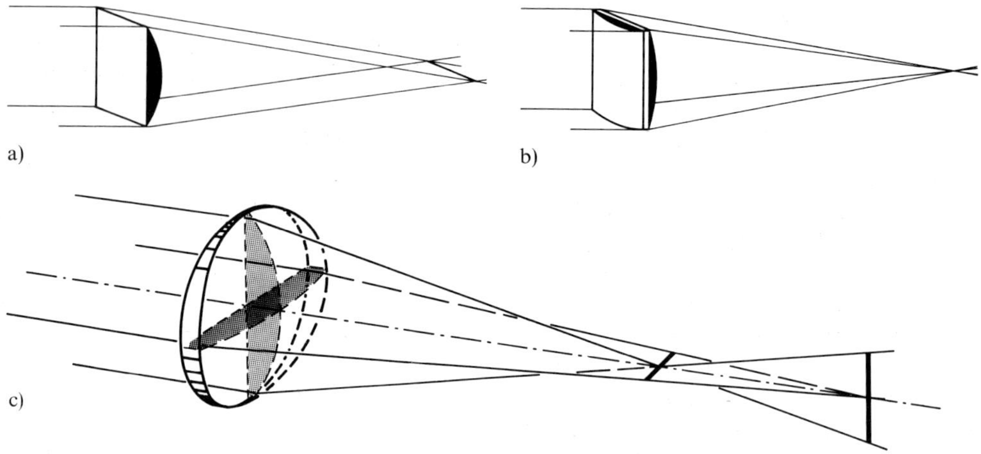

Abb. 7.42. (a) Eine *Zylinderlinse* liefert einen Bildstrich. (b) Zwei Zylinderlinsen mit gleichen Brennweiten und zueinander senkrechten Zylinderachsen bilden ab wie eine sphärische Linse. (c) Eine *astigmatische Linse* (sphärisch mit Zylinderanteil) gibt zwei zueinander senkrechte Bildstriche

Die unvermeidliche Dispersion des Linsenmaterials (Kap. 7.05) verursacht den *Farbfehler*, die *chromatische Aberration*. Normalerweise wird das kurzwellige blaue Licht stärker gebrochen als das langwellige rote, entsprechend unterscheiden sich die Brennweiten (Abb. 7.41 b). Zur Korrektur spielt man die unterschiedliche Dispersion verschiedener Glassorten gegeneinander aus; farbfehlerkorrigierte Systeme heißen *Achromate*.

Nützlich in ausgefallenen Situationen ist zuweilen eine reine *Zylinderlinse*, z.B. begrenzt durch eine ebene Fläche und durch eine Zylinderfläche mit horizontaler Achse (Abb. 7.42a). Auch ihr kann man eine Brennweite zuordnen, nur zieht sie ein anlaufendes Parallelbündel nicht zu einem Punkt zusammen, sondern zu einem horizontalen Strich. Man erhält aber wieder einen korrekten Bildpunkt, wenn man ihr eine zweite Zylinderlinse vorschaltet, geschliffen wie die erste, aber mit senkrechter Zylinderachse (Abb. 7.42b). Stimmen freilich die Brennweiten der beiden Linsen nicht überein, so liefert jede ihren Bildstrich. Das gleiche tut eine nur scheinbar sphärische Linse, in deren eine Kugelfläche ein zylindrischer Anteil eingeschliffen worden ist (Abb. 7.42c); eine solche Linse ist *astigmatisch*, ihr Fehler kann durch eine passende Zylinderlinse korrigiert werden. Unangenehm aber ist dies: auch eine vollkommen sphärische Linse erscheint einem Lichtbündel astigmatisch, das sehr steil, also mit großem Winkel zwischen optischer und Bündelachse anläuft – letztlich ist wieder einmal die Näherung kleiner Winkel verletzt.

Die Abbildungsgleichung fragt nicht danach, auf welchem technischen Wege die Brennweite einer Linse „gemacht“ wird; bei den Linsenfehlern spielt die Linsenform eine beträchtliche Rolle. Abb. 7.43 zeigt die Grundtypen. Will man ein weit entferntes Objekt abbilden, so ist eine plankonvexe Linse besser als eine bikonvexe, sofern man die ebene Seite zum Bild dreht (und nicht umgekehrt!) – man soll immer versuchen, so symmetrisch wie möglich durch eine Linse hindurchzukommen.

Abb. 7.43. Grundformen optischer Linsen. Von links: bikonvex, plankonvex, konkavkonvex (Sammellinsen), bikonkav, plankonkav, konvexkonkav (Zerstreuungslinsen)

7.09 Bildkonstruktion

Grundsätzlich kann man mit Hilfe der Abbildungsgleichung ausrechnen, wo sich der einem bestimmten Dingpunkt zugehörige Bildpunkt befindet. In vielen Fällen weitaus bequemer läßt sich dieser aber mit Bleistift und Lineal *konstruieren.*

Einer hinreichend dünnen Linse kann man zuverlässig die Ebene zuordnen, von der aus die Abstände zu Gegenstand und Bild gemessen werden müssen; sie heißt *Hauptebene*. Senkrecht zu ihr durch die Linsenmitte läuft die *optische Achse*. Ein achsenparallel einfallendes Parallellichtbündel wird von der Linse in den *Brennpunkt F'* zusammengezogen, er liegt auf der Achse im Abstand der Brennweite f von der Hauptebene (Abb. 7.44).

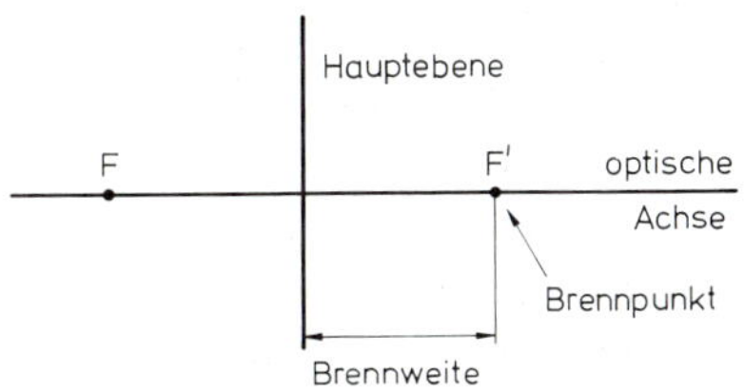

Abb. 7.44. Die wesentlichen Elemente einer dünnen Linse sind optische Achse, Hauptebene und Brennpunkte F und F'

Der letzte Satz enthält im Grunde alles, was man über die Abbildung durch (fehlerfreie) Linsen wissen muß; den Rest kann man sich leicht überlegen.
Erstens: Linsen in Luft arbeiten symmetrisch, die beiden Brennweiten sind gleich ($f = f'$). Zweitens: Lichtwege sind umkehrbar – d.h. das divergente Lichtbündel einer Quelle im Brennpunkt verläßt die Linse als achsenparalleles Parallelbündel. Drittens: Zentralstrahlen, d.h. Strahlen durch den Schnittpunkt von Achse und Hauptebene werden auch dann nicht gebrochen, wenn sie schräg einfallen. Damit läßt sich der für die Bildkonstruktion wichtige Tatbestand auch folgendermaßen formulieren:

Jeder *achsenparallele Strahl* wird an der Hauptebene zum *Brennstrahl* und umgekehrt; jeder *Zentralstrahl* läuft geradeaus weiter.

Abb. 7.45 illustriert dies.

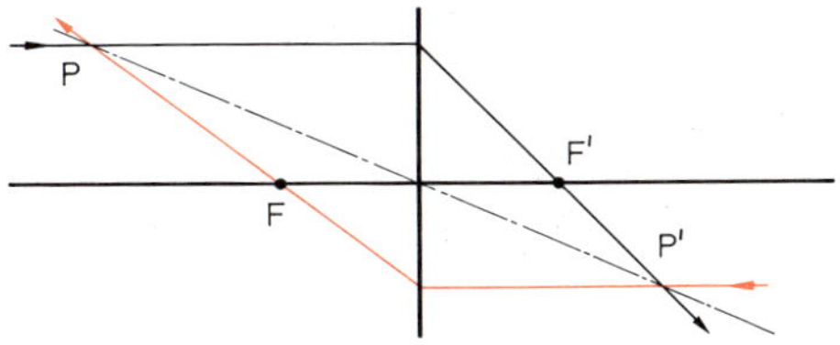

Abb. 7.45. Der von links einlaufende, schwarz gezeichnete, achsenparallele Strahl wird rechts von der Hauptebene zum Brennstrahl; analoges gilt für den von rechts anlaufenden, rot gezeichneten Strahl. Der strichpunktierte Zentralstrahl läuft geradeaus weiter. Man kann die Zeichnung auch als Konstruktion des zum Dingpunkt P gehörenden Bildpunktes P' auffassen

Nun weiß eine Linse nicht, ob ein achsenparallel bei ihr ankommender Strahl (etwa der schwarz gezeichnete in Abb. 7.45) zu einem Parallellichtbündel gehört und damit einer sehr fernen Lichtquelle entstammt, oder ob er Teil eines divergenten Bündels ist, das etwa von einer Lichtquelle im Punkte P ausgehen könnte; in jedem Fall knickt der Strahl an der Hauptebene zum Brennstrahl ab. Zum divergenten Bündel des Punktes P gehört nun aber auch der rot gezeichnete Strahl, wenn auch in Gegenrichtung durchlaufen. Er ist links der Hauptebene Brennstrahl, also rechts achsenparallel. Er trifft den schwarzen im Punkte P' – und dies gilt für alle Strahlen des divergenten Bündels aus P, der Zentralstrahl zeigt es unmittelbar: die Linse bildet P nach P' ab, und weil Lichtwege umkehrbar sind, auch P' nach P. Nach diesem Schema läßt sich zu jedem Punkt eines Gegenstandes der zugehörige Bildpunkt konstruieren. Da grundsätzlich drei Strahlen für die Konstruktion zur Verfügung stehen, kann man sogar seine Zeichengenauigkeit überprüfen.

Aufgabe 7.08: Konstruiere (am besten auf Millimeterpapier) für eine Sammellinse mit $f = 30$ mm den Bildpunkt P' zu einem Punkt P des Gegenstandes, der 6 cm vor der Hauptebene und 2,5 cm neben der Achse liegt. Konstruiere für die gleiche Linse den Bildpunkt eines Parallellichtbündels, dessen Zentralstrahl 6 cm vor der Linse durch einen Punkt 2 cm unterhalb der Achse läuft.

Es ist keineswegs notwendig, daß die zur Bildkonstruktion auf dem Papier verwendeten Strahlen im praktischen Versuch als Lichtbündel tatsächlich realisiert werden. Strahlen dürfen auch weit außerhalb der Linsenfassung auf die Hauptebene treffen, Lichtbündel laufen nur durch die Linsenöffnung; auf jeden Fall wird aber alles, was vom Dingpunkt P ausgeht, im Bildpunkt P' gesammelt, sofern es nur durch die Linse hindurchkommt. Deren Durchmesser bestimmt den Öffnungswinkel des abbildenden Bündels, nicht aber die Lage des Bildpunktes. Auch ein Elefant läßt sich photographieren, obwohl er viel größer ist als Linse und Kamera (Abb. 7.46).

So gut wie immer sind die Bilder auf photographischen Filmen sehr viel kleiner als die Objekte, von denen sie stammen. Wer ein vergrößertes Bild möchte, muß so dicht an sein Objekt heran, daß die Dingweite a kleiner wird als die Bildweite a' – nur Spezialobjektive können das hinreichend fehlerfrei leisten. Das Verhältnis $a':a$ bestimmt den *Abbildungsmaßstab*.

Aufgabe 7.09: Markanter Sonderfall ist der Abbildungsmaßstab 1:1. In welchem Verhältnis stehen dann a und a' zur Brennweite?

Vor virtuellen Bildern kapituliert die Bildkonstruktion ebenso wenig wie die Abbildungsgleichung. Nur muß man sich jetzt noch mehr frei machen von der Vorstellung, die gezeichneten Bleistiftstriche entsprächen Lichtstrahlen: Allein das Ergebnis der geometrischen Konstruktion wird von der geometrischen Optik honoriert, nicht ihr Weg. Stammt das virtuelle Bild von einer Sammellinse, so liegt der Dingpunkt P innerhalb der Brennweite, und der dingseitige Brennstrahl läuft vom Brennpunkt F über P zur Hauptebene – und nicht von P über F wie sonst (Abb. 7.47a). Bei einer Zerstreuungslinse muß man auf die negative Brennweite achten: der dingseitige Brennpunkt F liegt auf der anderen Seite der Linse als das Ding (Abb. 7.47b). Bildkonstruktion und Abbildungsgleichung entsprechen einander vollkommen; mit der Mathematik ähnlicher Dreiecke läßt sich das sogar ganz allgemein belegen.

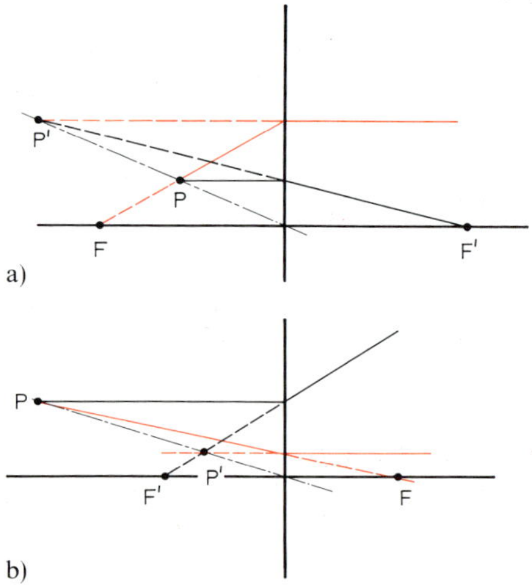

Abb. 7.47a u. b. Konstruktion virtueller Bilder, Bezeichnungen und Symbole wie in Abb. 7.45. Oberes Teilbild: Sammellinse, Dingweite kleiner als Brennweite; unteres Teilbild: Zerstreuungslinse, Brennweite negativ, d.h. F' links von der Hauptebene

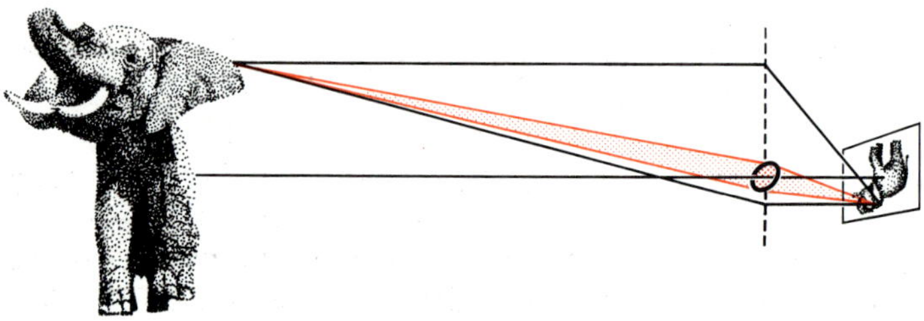

Abb. 7.46. Strahlengang zur Bildkonstruktion (schwarz) und abbildendes Bündel (rot) vom Elefantenohr bei der Photographie, schematisch

Für eine Sammellinse ist jeder Gegenstand mit einer Dingweite groß gegen die Brennweite praktisch unendlich weit weg: er wird in die Brennebene hinein abgebildet. Daraus ergibt sich ein einfaches Verfahren zur Bestimmung der Brennweite: man mißt den Abstand, in dem man ein Leseglas vor die Zimmerwand halten muß, um das gegenüberliegende Fensterkreuz scharf abzubilden. Die Methode ist freilich nicht sehr genau; nur bei sehr dünnen Linsen kann man hinreichend sicher sagen, wo ihre Hauptebene liegt. Bei dicken Linsen und erst recht bei mehrlinsigen Objektiven wird es schwierig – hier lassen sich Abbildungsgleichung und geometrische Bildkonstruktion nur noch mit sanfter Gewalt der Wirklichkeit anpassen: Man ordnet dem Objektiv *zwei* Hauptebenen H und H' zu und tut so, als sei der Raum zwischen ihnen gar nicht vorhanden (korrekter: man bezieht alles Dingseitige auf H und alles Bildseitige auf H' – Abb. 7.48). Dabei wird dann der Zentralstrahl parallel zu sich selbst um den Abstand der Hauptebenen versetzt.

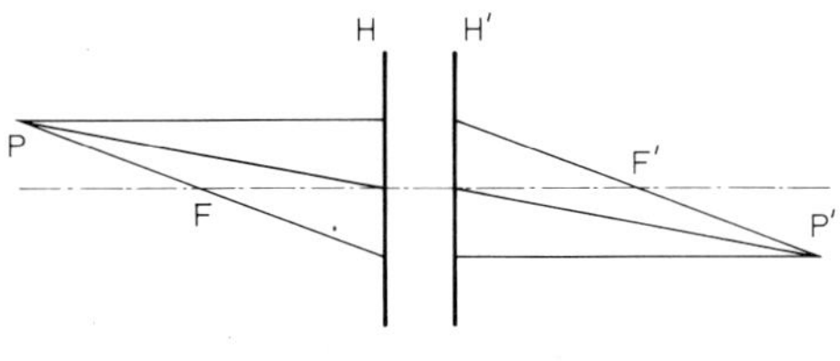

Abb. 7.48. Formale Bildkonstruktion für eine dicke Linse oder ein Objektiv: Der Raum zwischen den *Hauptebenen* H und H' wird als nichtexistent behandelt

Bei Unterwasseraufnahmen befindet sich das Ding in einem Medium anderer Brechzahl als das Bild; die Kamera ist wasserdicht verpackt und guckt durch ein ebenes Fenster, das mit zum abbildenden System gehört. Die Abbildungsgleichung reagiert darauf mit zwei unterschiedlichen Brennweiten, gerade so wie in Kap. 7.06 bei der Abbildung durch nur eine brechende Fläche. Bei der Bildkonstruktion macht das keine Schwierigkeiten, solange man sich auf achsenparallele und auf Brenn-

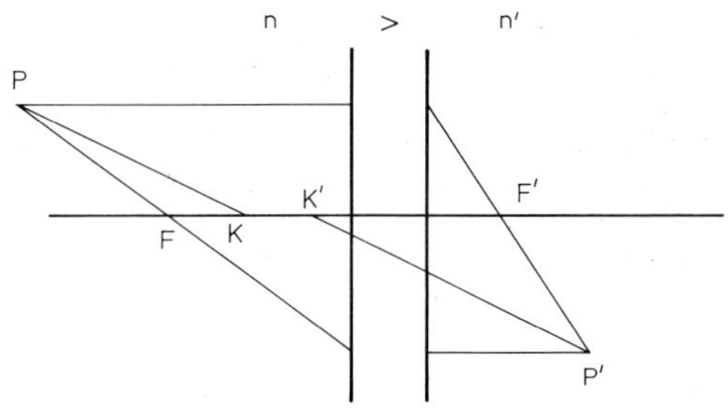

Abb. 7.49. Formale Bildkonstruktion bei ungleichen Brennweiten f und f'. Den ehemaligen Zentralstrahl ersetzt jetzt der *Richtungsstrahl* durch die beiden *Knotenpunkte* K und K'

strahlen beschränkt. Was aber wird aus dem dritten, dem Zentralstrahl? Er hat vor der einen Hauptebene eine andere Richtung als hinter der anderen. Darum läßt man ihn weg und zeichnet stattdessen den *Richtungsstrahl*, für den eigens zwei *Knotenpunkte K und K'* auf der optischen Achse definiert werden: der Richtungsstrahl läuft K von P aus an, bei K' läuft er parallelversetzt weiter (Abb. 7.49). Die Knotenpunkte halten gleichen Abstand voneinander wie die Hauptebenen und liegen auf der Seite der größeren Brennweite und Brechzahl.

Optische Achse, Hauptebenen, Brenn- und Knotenpunkte zusammen sind die *Kardinalelemente* eines abbildenden Systems; über ihre Lage im menschlichen Auge geben Fachbücher Auskunft. Sie sind unerläßlich für die Bildkonstruktion. Aber auch die Abbildungsgleichung funktioniert nur, wenn man die dingseitigen Weiten f und a auf die dingseitige Hauptebene H bezieht und entsprechend f' und a' auf H'. Dann aber gilt

$$\frac{f}{a}+\frac{f'}{a'}=1$$

auch noch in arg komplizierten Fällen, in denen der tatsächliche Strahlengang gar zu unübersichtlich wird.

Die Aussage der Abbildungsgleichung läßt sich auch graphisch darstellen – in voller Allgemeinheit sogar, wenn man die Achsen in den dimensionslosen Verhält-

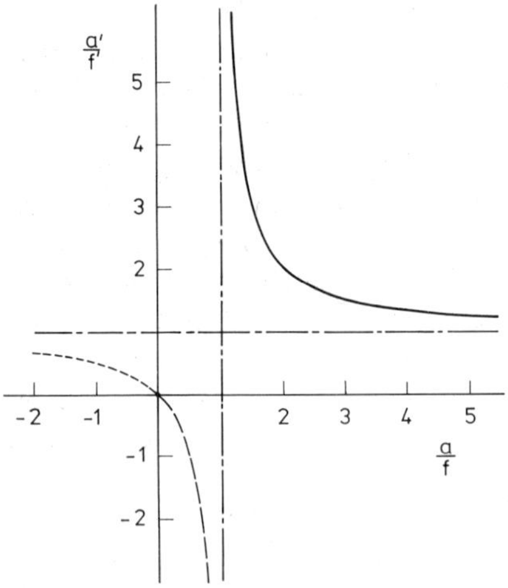

Abb. 7.50. Graph der Abbildungsgleichung. Einzelheiten im Text

nissen von Ding- bzw. Bildweite und der zugehörigen Brennweite teilt; Abb. 7.50 zeigt es. Zumeist interessiert nur der ausgezogene Hyperbelast: reelles Bild ($a' > 0$) eines realen Objektes ($a > 0$), entworfen von einer Sammellinse in Luft ($f = f' > 0$). Je näher das Ding, desto weiter das Bild – weniger als Brennweite ($a/f = 1$) ist beiden nicht erlaubt. Rückt das Ding dennoch dichter heran ($a/f < 1$), so gerät man auf den gestrichelten Hyperbelast: Die Bildweite a' wird negativ, das Bild virtuell. Es wandert, aus dem Unendlichen kommend immer näher an die Linse heran, bis es sich bei ihr schließlich mit dem Ding trifft ($a = a' = 0$). Der punktierte Hyperbelast schließlich entspricht negativer Dingweite, d.h. das Lichtbündel, das die Linse ansteuert, ist bereits konvergent und wird von ihr noch stärker zusammengezogen auf einen reellen Bildpunkt vor der Brennebene ($a'/f' < 1$).
Abb. 7.50 läßt sich auch auf Zerstreuungslinsen mit negativer Brennweite anwenden. Ein reales Ding landet jetzt auf dem punktierten Hyperbelast ($a > 0$; $f < 0$: $a/f < 0$) und liefert ein virtuelles Bild innerhalb der Brennweite ($a'/f' > 0$; $f' < 0$: $a' < 0$). Steuert aber ein konvergentes Bündel ($a < 0$) die Linse an, so gibt es zwei Möglichkeiten. Entweder ist das Bündel schon so konvergent, daß es auch hinter der Linse noch konvergent bleibt und ein reelles Bild liefert ($a'/f' < 0$: $a' > 0$ – gestrichelter Hyperbelast), oder das Bündel wird von der Linse in die Divergenz „umgeklappt" und gibt dann ein virtuelles Bild ($a'/f' > 0$: $a' < 0$ – ausgezogener Hyperbelast).

7.10 Das Auge

Das menschliche Auge besteht im wesentlichen aus einer lichtdurchlässigen Kugel von 24 mm Durchmesser, dem *Glaskörper* (*Corpus vitreum*). Seine Rückseite ist mit der lichtempfindlichen *Netzhaut* belegt, der *Retina*. Man könnte nun hoffen, eine solche Kugel erlaubte, zumindest die halbe Welt mit einem einzigen „Panoramablick" zu überschauen: Die Optik der brechenden Kugel bevorzugt ja keine Blickrichtung. Aufgabe 7.07 hatte aber gezeigt: Um die Brennfläche einer Vollkugel auf ihre eigene Oberfläche zu legen, braucht man ein Material mit der Brechzahl 2. Das aber steht der Natur im Bereich der lebenden Organismen nicht zur Verfügung; sie muß sich beim Glaskörper mit $n = 1{,}34$ zufrieden geben. Folglich wölbt sie die *Hornhaut*, die *Cornea*, deutlich vor und verringert dadurch mit dem Radius der brechenden Kugel auch die Brennweite. Der Panoramablick geht damit verloren, er wird durch hohe Beweglichkeit des Auges ersetzt.

Aufgabe 7.10: Welchen Brechwert braucht ein menschliches Auge, um unendlich ferne Objekte scharf auf die Retina abzubilden?

Mit der vorgewölbten Hornhaut allein wäre das Auge freilich fest auf eine ganz bestimmte Sehweite eingestellt (plus/minus Schärfentiefe): Cornea und Retina können ja nicht gegeneinander verschoben werden. Zur Einstellung auf nahe Objekte, für die sog. *Akkommodation*, baut die Natur dem Menschenauge deshalb noch eine *Augenlinse* ein, bestehend aus einer gallertartigen Masse mit der Brechzahl 1,42. Sich selbst

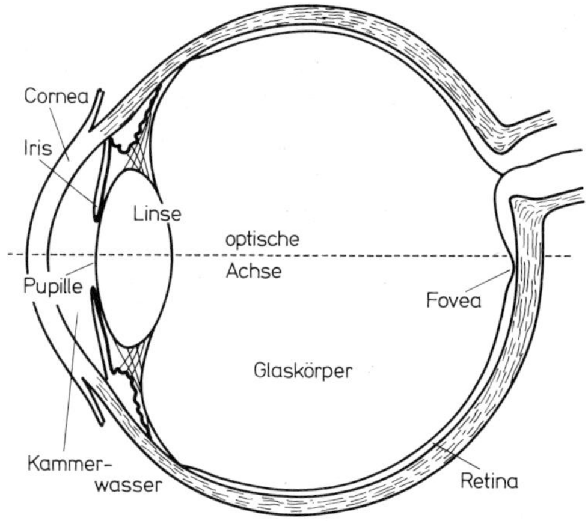

Abb. 7.51. Schnitt durch das menschliche Auge

überlassen nähme sie Kugelform an, unter der Wirkung der Oberflächenspannung nämlich. Daran wird sie aber von radial angreifenden Spannfasern gehindert; diese ziehen sie flach zu einer echten Bikonvexlinse. Abb. 7.51 zeigt ein Auge im Schnitt. Außen hängen die Spannfasern an einem Ringmuskel. Kontrahiert er, so geben die Spannfasern nach, die Oberflächenspannung macht die Linse kugeliger, und der Brechwert steigt: Akkommodation auf kleinere Sehweite.

Bei „entspanntem" Auge, d.h. *ent*spanntem Ringmuskel und *ge*spannter Linse, akkommodiert das gesunde Auge „auf Unendlich". Von dem notwendigen Brechwert liefert die Hornhaut 43 Dioptrien, die Linse nur noch 15 dpt. Wird sie bei einer Staroperation entfernt, so braucht die *Starbrille* nur diese 15 dpt zu ersetzen; der Brechwert der Hornhaut bleibt ja erhalten – die Fähigkeit zur Akkommodation freilich nicht.

Im Vergleich mit dem Objektiv selbst eines relativ billigen Photoapparates nehmen sich die Abbildungseigenschaften des menschlichen Auges recht kümmerlich aus; in den vielerlei Gläsern, sorgfältig erschmolzen und vorsichtig auf Zimmertemperatur abgekühlt, stehen der optischen Industrie einfach die besseren Werkstoffe zur Verfügung. Die Natur hat andere Möglichkeiten, diesen Mangel auszugleichen. Zunächst einmal arbeitet sie aber rationell: Nur ein kleiner Teil der Netzhaut, die *Fovea*, wird dicht mit Sehzellen belegt – dort liegen die Konvergenzpunkte von Lichtbündeln, die nur wenig gegen die optische Achse geneigt sind, dort machen sich Linsenfehler am wenigsten bemerkbar. Auch weiter draußen vermag die Retina durchaus noch Einzelheiten auseinanderzuhalten; hohes Auflösungsvermögen lohnt hier aber nicht mehr, denn es ließe sich optisch ja doch nicht ausnutzen. Dafür hat das Auge aber eine hohe Beweglichkeit entwickelt, es läßt sich rasch in eine solche Richtung drehen, daß sich der interessanteste Teil eines interessanten Objekts in die Fovea hinein abbildet. Wer ein Buch liest, vermag kaum mehr als ein einzelnes Wort gleichzeitig scharf zu sehen, aber seine Augen folgen dem Text auch im Zeilensprung gerade so schnell, wie das Gehirn den Inhalt des Gelesenen verarbeitet. Nur der Ungeübte muß hierbei den Finger zu Hilfe nehmen. Die Kugelform des Augapfels ist nicht optisch, sie ist mechanisch bedingt.

Dieses Verfahren, das wirksame Gesichtsfeld des Auges wesentlich zu erweitern, stellt übrigens beträchtliche Anforderungen an den Mechanismus, mit dem die Signale der Sehzellen im Gehirn verarbeitet werden. Jede Bewegung der Augäpfel läßt ja das optisch erzeugte Bild über die Netzhaut gleiten, meist weit schneller als bei einem starren Blick aus dem D-Zug-Fenster. Trotzdem registriert ein ruhender Beobachter seine Umwelt ganz korrekt als ruhend. Das ist nur möglich, wenn eigens dafür vorgesehene Sensoren ständig die Bewegungen der Augen registrieren, und ein Neurocomputer die Signale des Sehnerven entsprechend korrigiert, ehe sie auf der Ebene des Bewußtseins ankommen. Dazu müssen die Augen freilich mit den hierfür vorgesehenen Muskeln gerollt werden – wer sie „von Hand" bewegt, etwa indem er mit dem Zeigefinger ein wenig am rechten Augenwinkel zieht, der sieht die Umwelt wackeln.

7.11 Fehlsichtigkeit und Brillen

Ein gesundes Auge kann die Sterne scharf sehen, sein *Fernpunkt* liegt im Unendlichen. Die kürzeste für ein Individuum noch einstellbare Entfernung bestimmt den *Nahpunkt*. Zwischen beiden liegt die *Akkommodationsstrecke*. Es hat etwas für sich, nicht sie, sondern ihren Kehrwert anzugeben, und zwar in Dioptrien. Wer auf alles akkommodieren kann, was sich zwischen 5 cm und unendlich vor seinem Auge befindet, hat eine *Akkommodationsbreite* von 20 dpt. Scharfeinstellung auf kurze Entfernungen strengt an, der Ringmuskel um die Augenlinse muß zu sehr gegen die Spannfasern anarbeiten. Immerhin vermag der normalsichtige Mensch stundenlang auf 35 cm zu akkommodieren. Das ist die übliche Leseentfernung. Sie deckt sich nicht mit der sog. *Bezugssehweite* von 25 cm, auf die man die Vergrößerung optischer Instrumente bezieht. Diese wird etwas irreführend auch „deutliche Sehweite genannt.

Mit dem Lebensalter läßt die Elastizität der Augenlinse und die Spannkraft des Ringmuskels nach, die Akkommodationsbreite nimmt ab und der Nahpunkt rückt weiter weg (Abb. 7.52). Wenn sein Kehrwert 4 dpt unterschritten hat, wird das Lesen mühsam: Man muß die Zeitung weiter weghalten als nur 25 cm, und dafür ist die Schrift zu klein. Weil dies beim Menschen meist im Laufe seines fünften Lebensjahrzehntes einsetzt, spricht man hier von *Alterssichtigkeit*. Man kompensiert sie mit einer Sammellinse als Brille (Abb. 7.53). Dadurch läßt sich zwar der nicht mehr ausreichenden Brechkraft des Auges nachhelfen; mit dem Nahpunkt rückt aber auch der Fernpunkt heran, denn die verlorengegangene Akkommodationsbreite kann eine starre Linse ja nicht zurückbringen: die Brille ist nur eine *Lesebrille*.

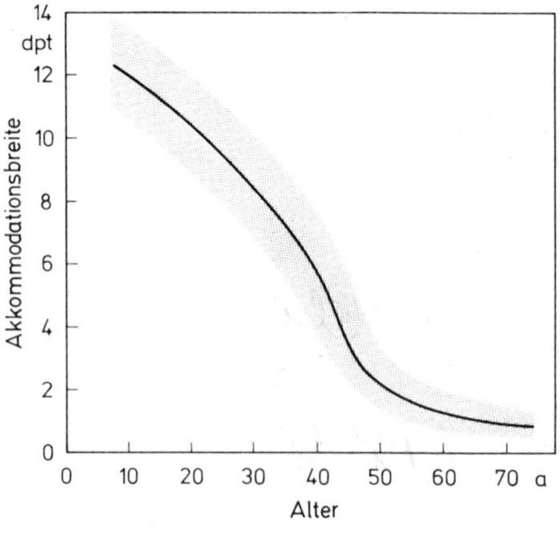

Abb. 7.52. Abnahme der Akkommodationsbreite mit dem Lebensalter. Als Ordinate aufgetragen ist der Kehrwert der Entfernung des Nahpunktes

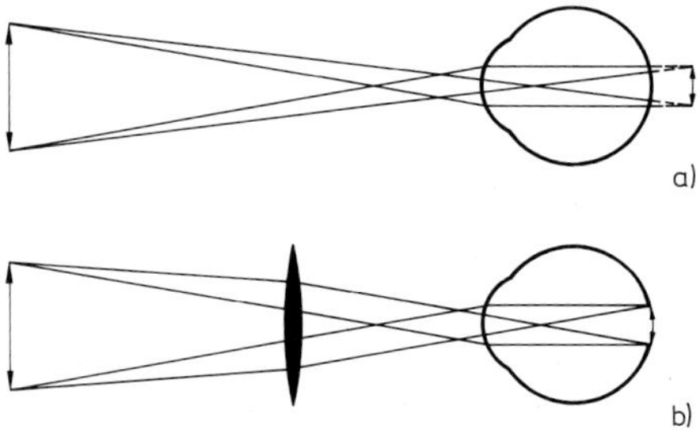

Abb. 7.53. Alterssichtigkeit schiebt den Nahpunkt über die *Bezugssehweite* hinaus: ein dort liegendes Objekt wird hinter die Netzhaut abgebildet (*a*). Abhilfe durch eine Sammellinse als Lesebrille: Abbildung auf die Netzhaut auch bei Akkommodation auf Unendlich (*b*)

Bestünden Brillengläser aus normalen, z.B. bikonvexen Linsen, so beeinträchtigte ihr Astigmatismus (Kap. 7.06) den Blick, sobald die Augen nicht starr geradeaus sehen, sondern nach unten, oben oder zur Seite gerollt werden. Zur Abhilfe paßt man die Gläser leidlich genau einer Kugelfläche an, in deren Zentrum der Augendrehpunkt liegt (Abb. 7.54): Dieser geht dann immer halbwegs senkrecht durch die Linse.

Bei manchen Menschen ist der Augapfel ein wenig zu groß für die Krümmung der Hornhaut; auch bei völlig entspanntem Auge liegen die Bilder von Mond und Sternen noch vor der Netzhaut und können durch kein Akkommodationsbemühen auf sie gebracht werden. Nur hinreichend nahe Gegenstände werden scharf gesehen:

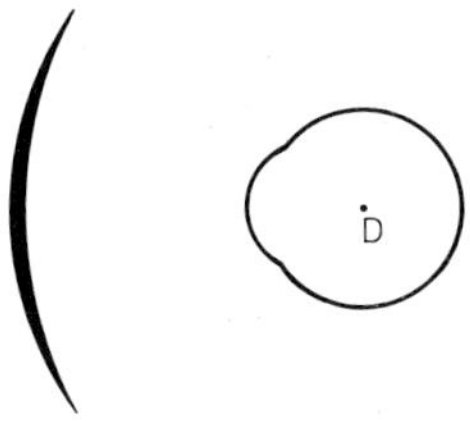

Abb. 7.54. Abbildungsfehler durch den Astigmatismus der Sammellinse bei schräger Blickrichtung vermeiden Brillengläser, die einer Kugelfläche um den Augendrehpunkt *D* angepaßt sind

der Fernpunkt ist herangerückt – beispielsweise auf 25 cm entsprechend 4 dpt. Daß bei voll erhaltener Akkommodationsbreite der Nahpunkt ebenfalls heranrückt, nützt dem Träger eines solchen *kurzsichtigen* Auges wenig, denn hier bringen vier Dioptrien nur wenige Millimeter. Die lebenswichtigen großen Sehweiten lassen sich aber durch eine Brille mit Zerstreuungslinsen zurückgewinnen: Einfallende Parallelbündel müssen derart divergent aufgeweitet werden, daß ihre Konvergenzpunkte hinter der Hornhaut bei entspanntem Auge gerade auf die Netzhaut fallen (Abb. 7.55). Auch das Umgekehrte kommt vor: Der Bulbus ist zu kurz, die Krümmung der Hornhaut zu gering; fehlende Brechkraft des *weitsichtigen* Auges ersetzt eine Brille mit Sammellinsen.

Aufgabe 7.11: Welche Brechkraft brauchen die Brillengläser für einen Kurzsichtigen, dessen Fernpunkt bei 25 cm liegt?

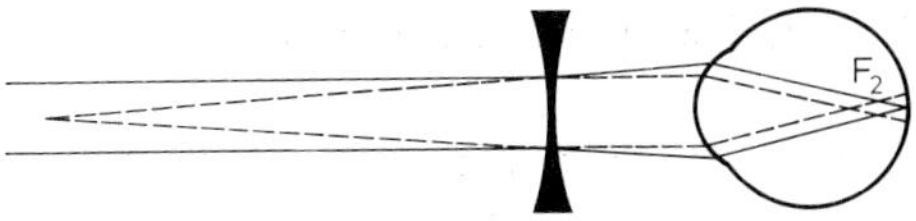

Abb. 7.55. Beim kurzsichtigen Auge muß die zu hohe Brechkraft der Hornhaut durch eine Zerstreuungslinse als Brillenglas reduziert werden. Sie weitet ein achsenparallel einfallendes Parallellichtbündel gerade so sehr auf, daß es auf das Zentrum der Retina fokussiert wird (ausgezogener Strahlengang). Verlängert man die Begrenzungsstrahlen des divergenten Bündels hinter der Linse nach rückwärts, so findet man den *Fernpunkt* des kurzsichtigen Auges (gestrichelter Strahlengang links); verlängert man das Parallellichtbündel durch die Linse nach rechts, so findet man hinter der Hornhaut deren vor der Retina liegenden Brennpunkt F_2 (gestrichelter Strahlengang rechts)

Auch bei einem kurzsichtigen Menschen nimmt die Akkommodationsbreite mit dem Lebensalter ab. Wessen Fernpunkt zufällig bei 25 cm liegt, der kann nach wie vor ohne Brille lesen; wer dieses Glück nicht hat, muß dann, wenn sein anfangs normalsichtiger Altersgenosse Sammellinsen als Lesebrille aufsetzt, die Zerstreuungslinsen seiner Fernbrille gegen weniger starke vertauschen.

Nicht notwendigerweise bildet die Hornhaut eine kugelförmige Oberfläche aus. An sich sollte sie von einem schießscheibenähnlichen Objekt ein Spiegelbild entwerfen, das ebenfalls aus konzentrischen Kreisen besteht (Abb. 7.56). Sieht der Arzt Ellipsen, so ist das Auge vermutlich *astigmatisch* – eine Fehlsichtigkeit, die sich mit

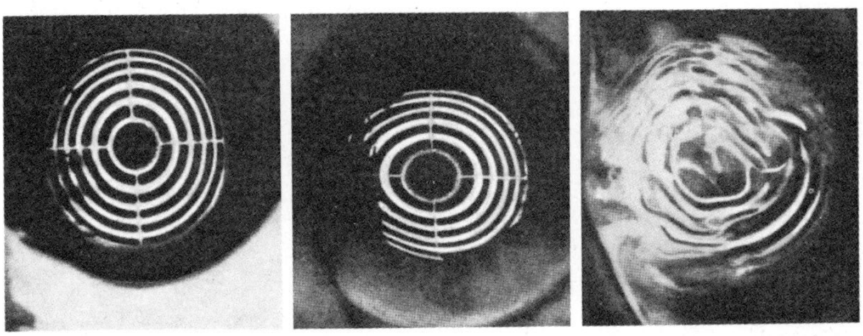

a) b) c)

Abb. 7.56 a–c. Schießscheibenähnliches Objekt, gespiegelt an der Hornhaut eines normalsichtigen (a) und eines astigmatischen (b) Auges. Unebenheiten der Hornhaut entsprechend Teilbild (c) lassen sich durch eine Brille nicht korrigieren. (Nach Landois-Rosemann)

einem Brillenglas korrigieren läßt, dem bewußt ein Zylinderanteil eingeschliffen worden ist (auf die richtige Lage der Zylinderachse muß beim Einsetzen in die Brillenfassung geachtet werden). Unebenheiten der Hornhaut, wie sie von einem *keratoskopischen Bild* entsprechend Abb. 7.56c angezeigt werden, lassen sich freilich durch keine Brille mehr ausgleichen.
Brillengläser müssen nicht unbedingt von einem Gestell getragen werden, das auf der Nase aufliegt und sich hinter den Ohren festhält: Man kann sie auch als dünne *Haftschalen* unmittelbar auf die Hornhaut setzen – allerdings nur für eine begrenzte Zeit. Linsen optischer Instrumente sollten regelmäßig geputzt werden, beim Auge besorgt dies ein häufiger Lidschlag. Er hält zugleich die Hornhaut feucht – ein Vorgang, den die Haftschalen stören.
Der Augenarzt, der seinem Patienten eine Brille verschreiben will, findet sein endgültiges Rezept im wesentlichen durch Probieren. Dazu braucht er aber nicht alle denkbaren Brillengläser vorrätig zu halten, er darf kombinieren. Linsen, dicht hintereinandergestellt, addieren ihre Brechkräfte. Wenn er einen Satz Zerstreuungslinsen hat, beginnend mit $-0{,}25$, $-0{,}5$ und $-0{,}75$ dpt und von 1,0 dpt ab nur noch in ganzen Dioptrien, dann kann er jedem Kurzsichtigen mit zwei Linsen seine Brille auf die Vierteldioptrie genau anpassen – und mit ein paar reinen Zylinderlinsen auch einen Astigmatismus ausgleichen.

7.12 Optische Instrumente

Wie groß Spaziergänger eine Pappel sehen, hängt nicht nur von der Höhe des Baumes ab, sondern auch von seiner Entfernung. Entscheidend ist die Größe des Bildes auf der Netzhaut, und die wird vom *Sehwinkel* bestimmt, dem Winkel zwischen den Zentralstrahlen der abbildenden Bündel von Fuß und Gipfel der Pappel (Abb. 7.57). Sonne und Mond erscheinen dem irdischen Beobachter gleich groß – sie sind es nicht, aber ihre Sehwinkel sind es. In vielen Fällen beträgt der Winkel zwischen den Achsen zweier abbildender Bündel nur einige Grad; dann darf man in guter Näherung schreiben

$$\text{Sehwinkel} = \frac{\text{Abmessung des Objektes}}{\text{Entfernung des Objektes}}.$$

Aufgabe 7.12: Unter welchem Sehwinkel erscheinen Sonne und Mond von der Erde aus gesehen?

Der Mensch sieht, was auf die Netzhaut seiner Augen abgebildet wird: ein flaches Bild seiner Umwelt. Aber sein Gesichtssinn hat gelernt, es räumlich zu interpretieren. Bei hinreichend nahen Gegenständen hilft dazu das *binokulare* Sehen: Da beide Augen aus etwas unterschiedlichem Gesichtswinkel schauen, übermitteln sie auch etwas unterschiedliche Bilder vom gleichen Objekt – das Gehirn deutet diese Unterschiede räumlich. *Stereoskopische Aufnahmen* nutzen diese Fähigkeit; sie erlauben sogar, den Eindruck von der Tiefe eines Objektes zu übertreiben, wenn nämlich die beiden Bilder von zwei Positionen

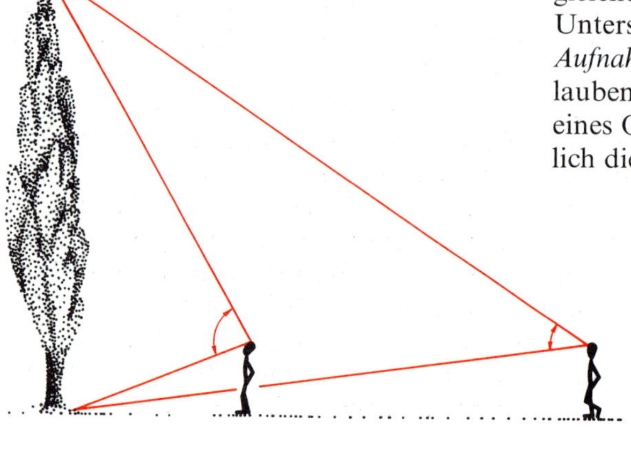

Abb. 7.57. Je mehr sich der Spaziergänger der Pappel nähert, um so größer wird der Sehwinkel, unter dem sie ihm erscheint

aus aufgenommen wurden, die um mehr als Augenabstand auseinanderlagen. Die räumliche Interpretation gelingt aber auch dann ohne Mühe, wenn dem Auge tatsächlich nur ein flaches Objekt angeboten wird, sofern nur die Perspektive wenigstens einigermaßen richtig dargestellt wird. Ein ferner Gegenstand muß kleiner gezeichnet werden, denn in der Natur käme ihm ja auch ein kleinerer Sehwinkel zu. Wer etwas genauer betrachten will, muß sich bemühen, den Sehwinkel zu vergrößern.

Das gängige Verfahren dazu heißt: näher herangehen. Wenn das nicht möglich oder nicht erlaubt ist, greift man zum Fernrohr oder zum Opernglas; ist man schon so nahe, daß weiteres Annähern zu Akkommodationsschwierigkeiten führt, benutzt man eine *Lupe*. Im einfachsten Fall besteht sie aus einer Sammellinse von wenigen Zentimetern Brennweite. Sie erzeugt von allen Dingpunkten in ihrer Brennebene Parallellichtbündel, die das Auge so entspannt auf seine Netzhaut abbilden kann, als kämen sie von einem unendlich fernen Gegenstand. Die Sehwinkel gibt aber jetzt die Lupe vor: Sie sind so groß, als könne das Auge auf deren Brennweite akkommodieren (Abb. 7.58). Der Abstand zwischen

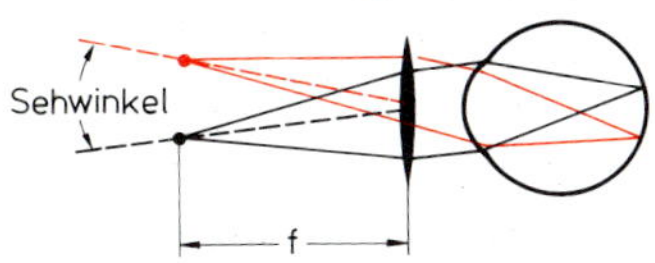

Abb. 7.58. Strahlengang einer Lupe

Lupe und Auge spielt, der Parallelbündel wegen, an sich keine Rolle – nur: Wenn man ihn klein hält, erlaubt die Lupe ein größeres Gesichtsfeld, denn dies wird von ihrer Linsenfassung begrenzt. Große Lesegläser verschwenden Glas, denn sie erzeugen weite Parallelbündel, von denen die kleine Pupille des Auges doch nur einen Bruchteil ausnutzen kann. Ein Uhrmacher klemmt die Lupe dicht vor das Auge.

Die *Vergrößerung* Γ eines optischen Instrumentes wird ganz allgemein definiert als Faktor der Sehwinkelvergrößerung gegenüber dem unbewaffneten Auge, also

$$\Gamma = \frac{\text{Sehwinkel mit Instrument}}{\text{Sehwinkel ohne Instrument}}.$$

Bei der Lupe wird der Gewinn an Sehwinkel bestimmt durch den Gewinn an Nähe zum Objekt; das unbewaffnete Auge soll dabei grundsätzlich nicht näher herankommen können als auf die Bezugssehweite. Demnach ist

$$\Gamma_{\text{Lupe}} = \frac{25\ \text{cm}}{f}.$$

Aufgabe 7.13: Welche Brennweite hat eine Lupe mit der Aufschrift „8 ד?

Auf weniger als Nasenlänge kann man ein Objekt nur schwer an das Auge heranführen; dadurch ist der Bereich sinnvoller Lupenbrennweiten nach unten begrenzt. Niemand muß aber ein Objekt als solches unter die Lupe nehmen: Es genügt auch ein reelles Bild von ihm, entworfen von einem *Objektiv* in ausreichendem Abstand hinter der Hauptebene. Deckt sich dieser Abstand ungefähr mit der Brennweite, so ist der Gegenstand sehr weit weg, sein Bild verkleinert und das Instrument ein Fernrohr. Hat das Objektiv kurze Brennweite und liegt das Objekt nahezu in seiner Brennebene, so ist das Bild vergrößert und das Instrument ein *Mikroskop*. Das Grundsätzliche seines Strahlenganges zeigt Abb. 7.59.

Die optische Industrie hat sich darauf geeinigt, das Zwischenbild eines Mikroskopes etwa 180 mm hinter das Objektiv zu legen; dadurch kommt der Mikroskoptisch in handliche Entfernung vom Auge. Demnach ist das Zwischenbild gegenüber dem Objekt ziemlich genau um den *Abbildungsmaßstab* $\beta = 180\ \text{mm}/f_{\text{obj}}$ vergrößert. Es wird mit einer *Okular* genannten Lupe betrachtet, also mit dem Vergrö-

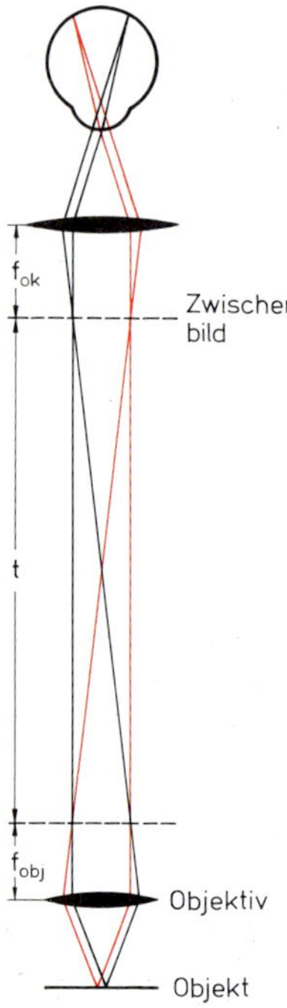

Abb. 7.59. Strahlengang eines Mikroskopes, schematisch. Das Okular liefert als Lupe Parallelbündel für das Auge von einem reellen Bild des Objektes, das vom Objektiv etwa 180 mm hinter seiner Hauptebene (in der „optischen Tubuslänge“ t) entworfen worden ist. An diese Stelle gehört ein *Okularmikrometer* (vgl. Abb. 1.06)

ßerungsfaktor $\Gamma_{ok} = 250\,\text{mm}/f_{ok}$. Das gibt dann die Gesamtvergrößerung des Mikroskopes

$$\Gamma_M \approx \beta \cdot \Gamma_{ok} = \frac{180\,\text{mm}}{f_{obj}} \frac{250\,\text{mm}}{f_{ok}}.$$

β und Γ_{ok} sind auf Objektiven bzw. Okularen eingraviert, auf den Objektiven zusätzlich noch die *numerische Apertur* (s. Kap. 7.13).

Das Zwischenbild ist nicht materiell, es schwebt frei im Raum. Man kann an seine Position eine Glasplatte bringen, in die eine Teilung eingeritzt ist, ein *Okularmikrometer*. Der Beobachter sieht es zusammen mit dem Objekt scharf (vgl. hierzu Abb. 1.06). Das Zwischenbild ist gegenüber dem Objekt um 180° gedreht, es steht auf dem Kopf, aber es ist nicht seitenverkehrt wie ein Spiegelbild. Das stört nicht – man lernt sehr rasch, wie man ein Objekt auf dem Mikroskoptisch verschieben muß, um es richtig in das Bildfeld zu bekommen.

Ähnliches gilt für ein *Fernrohr*, solange es auf astronomische Objekte gerichtet wird. Alle Mondkarten haben den Südpol oben, so wie man den Mond von der Nordhalbkugel der Erde aus im umkehrenden astronomischen Fernrohr sieht. Beim terrestrischen Fernrohr würde dies stören, hier soll unten auch unten bleiben. Man muß aber die Parallellichtbündel, die man seinem Auge mit vergrößertem Sehwinkel anbieten will, nicht unbedingt mit einer Sammellinse *hinter* dem Zwischenbild herstellen, eine Zerstreuungslinse *vor* ihm tut dies auch. Dann wird der Sehwinkel nicht umgekehrt und das Bild erscheint auf der Netzhaut in gewohnter Stellung (Abb. 7.60). Hohe Vergrößerungen verlangen beim Fernrohr langbrennweitige Objektive und entsprechend lange Lichtwege. Trotzdem kann man mit kleiner Baulänge auskommen, wenn man den Strahlengang durch vier ebene Spiegel zusammenfaltet. Der *Prismen-Feldstecher* benutzt hierfür totalreflektierende Prismen, mit denen er das Bild auch gleich noch aufrichtet.

Aufgabe 7.14: Begründe mit Hilfe der Abb. 7.60 die Beziehung

$$\Gamma_F = \frac{\Gamma_{obj}}{\Gamma_{ok}}$$

für den Vergrößerungsfaktor Γ_F eines Fernrohres.

Vom Standpunkt der geometrischen Optik ist den Vergrößerungsfaktoren optischer Instrumente keine obere Grenze gesetzt. Allenfalls kann man sich vorstellen, daß Teleskope mit Objektiv-Brennweiten über 10 m und entsprechender Baulänge nicht leicht zu handhaben sind – nur Sternwarten treiben entsprechenden Aufwand. Beim Mikroskop wird die Grenze sinnvoller Vergrößerung durch Beugungserscheinungen bestimmt, die von der Wellenlänge des Lichtes abhängen (Kap. 7.22): Details

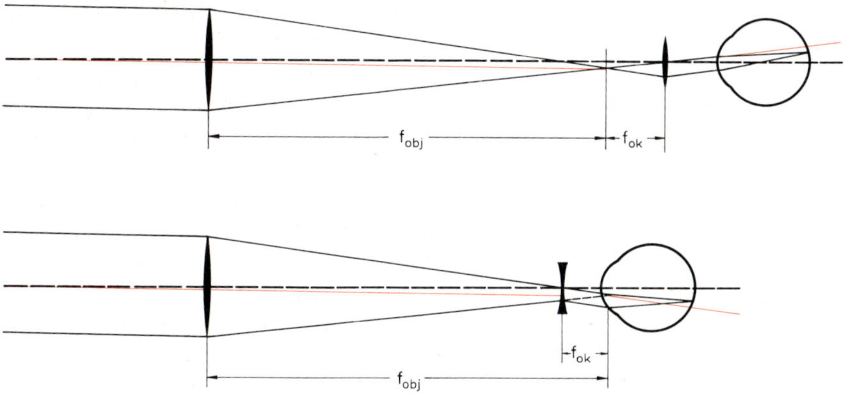

Abb. 7.60. Strahlengang von astronomischem Fernrohr (umkehrend, Sammellinse als Okular) und terrestrischem Fernrohr (nicht umkehrend, Zerstreuungslinse als Okular). Rot: Strahlen durch die Mittelpunkte der Linsen in Richtung der Achsen der sie verlassenden Bündel – Hilfestellung zur Aufgabe 7.14. Daß diese Strahlen mit je einer Begrenzung des abbildenden Bündels hinter dem Okular zusammenfallen, ist Zufall

von Objekten, die unter 1 µm liegen, lassen sich im Lichtmikroskop kaum noch auflösen. Das entspricht einer Vergrößerung von maximal etwa 1000, es reicht für Einzeller und viele Bakterien, aber nicht mehr für Viren.

7.13 Der beleuchtende Strahlengang

Auge und Photoapparat entwerfen Bilder aus einer Welt von Sekundärstrahlern – das weitaus meiste Licht, das diese verstreuen, geht ungenutzt an Linsen vorbei. Netzhaut und Film sind entsprechend empfindlich. Anderes gilt für Projektionsapparate und die meisten Mikroskope: ihre Objekte sind *transparent*, sie werden „von hinten“ beleuchtet, absorbieren einen Teil dieses Lichtes und lassen den Rest ohne Richtungsänderung hindurch. Damit bekommt der *beleuchtende Strahlengang* eine Bedeutung, die dem des *abbildenden* kaum nachsteht. Sie sei am Beispiel des Projektionsapparates untersucht – er ist optisch einfacher als das Mikroskop.

Abb. 7.61 zeigt schematisch in allen ihren Teilbildern eine Glühbirne als Lichtquelle, das flache Diapositiv und die Linse, die es scharf auf einen weit entfernten Schirm abbilden soll. Das geschieht im ersten Teilbild auch, aber nur für einen sehr kleinen Zentralteil des Dias; Bündel durch seine randnäheren Teile erreichen die Linse nicht mehr: das Bildfeld ist unzulässig eingeengt. Grundsätzlich könnte hier eine Mattscheibe helfen, im Licht der Glühbirne wird sie zum großflächigen und allseitigen Sekundärstrahler (zweites Teilbild). Jetzt aber geht das weitaus meiste Streulicht an der abbildenden Linse vorbei: Das Bildfeld ist zwar groß genug, aber das Bild zu dunkel. Die Lösung bringt der *Kondensor*, eine Sammellinse, groß wie das Dia und in seiner unmittelbaren Nähe angeordnet, der die Lichtquelle in die abbildende Linse hinein abbildet (drittes Teilbild). Dieses Bild braucht nicht gut zu sein, der Kondensor darf Linsenfehler haben – Hauptsache: er fädelt alles Licht, das ihn trifft, durch

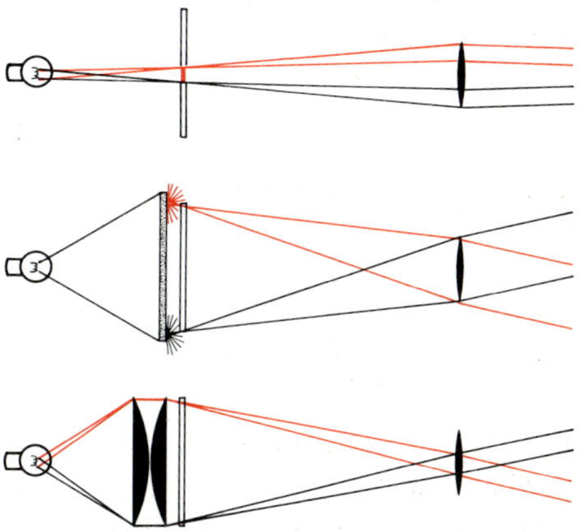

Abb. 7.61. Abbildender und beleuchtender Strahlengang beim Projektionsapparat. Erstes Teilbild: vom Diapositiv wird nur ein (rot gezeichneter) Zentralteil ausgeleuchtet, randnähere Bündel verfehlen das abbildende Objektiv. Zweites Teilbild: das Streulicht einer Mattscheibe leuchtet zwar das Dia voll aus, aber das Bild wird dunkel, weil das Objektiv nur einen kleinen Raumwinkel erfaßt. Drittes Teilbild: ein Kondensor bildet die Lichtquelle in das Objektiv ab, alles von ihm erfaßte Licht kann zur Abbildung verwendet werden, das Dia ist gleichmäßig und hell ausgeleuchtet

das Objektiv hindurch. Dann sind alle Teile des Dias voll *ausgeleuchtet*. Damit der Kondensor viel Licht, d.h. einen großen Raumwinkel erfaßt, soll er dicht bei der Lampe stehen, also kurze Brennweite haben. Den im dritten Teilbild gezeichneten Strahlen läßt sich doppelte Bedeutung zuordnen: Schwarz bzw. rot dargestellt sind zwei Bündel des *abbildenden Strahlenganges* – sie verlassen das Objektiv praktisch als Parallelbündel, um erst auf dem fernen Bildschirm zu konvergieren; faßt man aber je einen rot und einen schwarz gezeichneten Strahl, von je einem Punkt der Lichtquelle ausgehend, zusammen, so erhält man zwei Bündel des *beleuchtenden Strahlenganges:* Sie konvergieren zu Bildpunkten der Lampe im Objektiv.

Mikroskope haben ihrer kleinen Objekte wegen oft mit der Lichtstärke zu kämpfen. Ihre Objektive sind oft für Bündel extrem hoher Öffnungswinkel konstruiert, zuweilen mit Linsendurchmessern größer als die Brennweite. Der Kondensor muß hier mithalten und die Lichtquelle mit entsprechend hohem Öffnungswinkel in das Objektiv hinein abbilden, sonst verschenkt er nicht nur Lichtstärke, sondern (wie sich in Kap. 7.22 herausstellen wird) auch Auflösungsvermögen.

Mikroskopische Objekte liegen zumeist auf ihrem Objektträger in einem Wassertropfen, der durch ein Deckgläschen gegen Verdunsten geschützt wird. Das hat optisch eine unangenehme Konsequenz: Die Brechzahl im Objektraum liegt über 1, und ein (divergentes) abbildendes Bündel wird beim Verlassen des Deckgläschens auch noch aufgeweitet (Abb. 7.62), sein Öffnungswinkel ist beim Objekt kleiner als beim Objektiv. Wendet man das Brechungsgesetz auf seinen Randstrahl an, so bekommt man für den halben Öffnungswinkel $\varepsilon = \omega/2$

$$\frac{\sin \varepsilon_1}{\sin \varepsilon_2} = \frac{n_2}{n_1}.$$

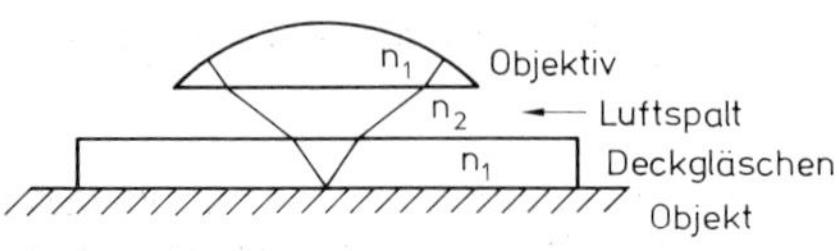

Abb. 7.62. Beim Übertritt aus dem Deckgläschen in die Luft wird beim Mikroskop das abbildende Bündel aufgeweitet

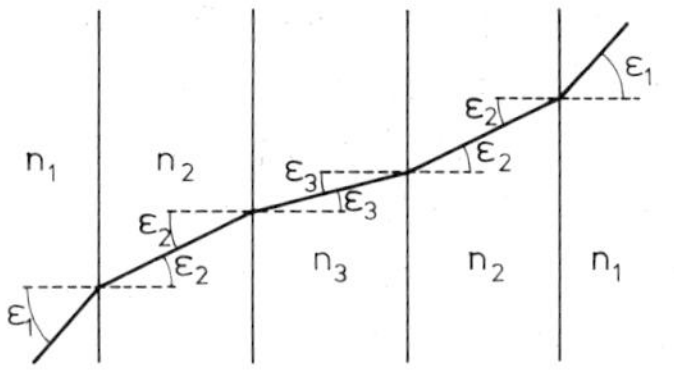

Abb. 7.63. Beim Durchgang durch ein geschichtetes Medium bleibt die *numerische Apertur* $n \sin \varepsilon$ eines Lichtbündels erhalten

Demnach gilt beim Durchgang durch ein geschichtetes Medium (Abb. 7.63)

$$n_1 \sin \varepsilon_1 = n_2 \sin \varepsilon_2 = n_3 \sin \varepsilon_3 .$$

Erhalten bleibt die

numerische Apertur $n \sin \varepsilon$.

Sehr große Öffnungswinkel, notwendig für extreme Mikroskopvergrößerungen, können nur noch mit einem *Immersionsobjektiv* ausgeleuchtet werden – es vermeidet mit einem Tropfen Immersionsöl zwischen sich und dem Deckglas den Luftspalt kleiner Brechzahl und somit die Aufweitung des Bündels.

Sehr zarte Objekte sind freilich auch in hellem Licht nicht gut zu erkennen – weil sie kaum absorbieren, werden sie *überstrahlt*. Das klassische Mittel zur Abhilfe heißt *Einfärben:* Die optische Absorption des (notwendigerweise toten) Objektes

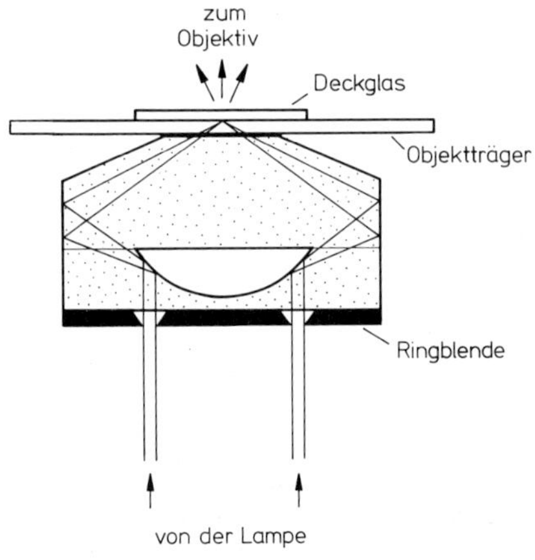

Abb. 7.64. Dunkelfeldkondensor. In den Strahlengang des Mikroskopes gelangt nur Streulicht vom Objekt. (Nach R. W. Pohl)

wird durch spezifische Farbstoffe künstlich erhöht. Helfen kann aber auch ein *Dunkelfeldkondensor:* Er leuchtet so flach auf das Objekt, daß alles direkte Licht unter dem Objektiv entlangläuft (Abb. 7.64). In den Strahlengang des Mikroskopes gelangt nur Streulicht vom Objekt: Dieses wirkt als Sekundärstrahler und verlangt entsprechend hohe Beleuchtungsstärke.

Energieumsatz in der Optik

7.14 Strahlungs- und Lichtmeßgrößen

Die Sonne scheint heller als der Mond, sie strahlt „intensiver". Man spricht zuweilen von der *Intensität* einer Strahlung, aber auch von der Intensität einer Lampe. Das ist freilich nur erlaubt, wenn man nicht allzu genau Bescheid zu wissen braucht. Hinter der Vokabel „Intensität" verbirgt sich nämlich eine ganze Reihe von *Strahlungs-* und *Lichtmeßgrößen*, die man im Ernstfall nicht miteinander verwechseln darf.
Jede Strahlung transportiert Energie, eben die

Strahlungsenergie Q

(zu messen in Joule), und sie tut dies mit der

Strahlungsleistung $\Phi = \dot{Q}$

(zu messen in Watt), die auch *Strahlungsfluß* genannt wird. Ein guter Scheinwerfer strahlt (nahezu) ein Parallellichtbündel ab, also ein Bündel mit (nahezu) konstanter Querschnittsfläche A_0. Das Bündel besitzt dann die

Strahlungsflußdichte $\varphi = \dfrac{\Phi}{A_0}$

(zu messen in $\mathrm{W\,m^{-2}}$). Im Bereich der Erdbahn bringt es die Sonne auf die *extraterrestrische Solarkonstante* $\varphi_S = 1{,}36\ \mathrm{kW/m^2}$; auf der Erdoberfläche kommt der Atmosphäre wegen etwas weniger an. Hält man einen Absorber in ein Strahlenbündel, so erfaßt dies eine Empfängerfläche A. Sie ist gleich A_0, wenn sie senkrecht im Bündel steht; andernfalls ist sie um den Kehrwert vom Cosinus des Einfallswinkels α größer (Abb. 7.65). Daraus folgt die

Bestrahlungsstärke $E = \dfrac{\Phi}{A} = \varphi \cos\alpha$.

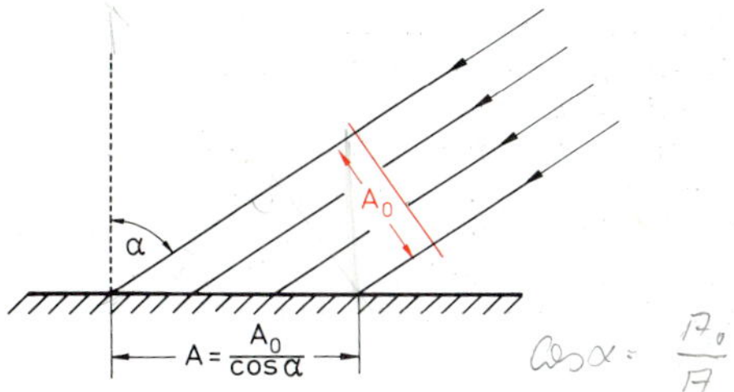

Abb. 7.65. Bei schräger Inzidenz verteilt sich die Strahlung aus dem Bündelquerschnitt A_0 auf die größere Empfängerfläche A

Ein Parallelbündel im mathematisch strengen Sinn gibt es in der Physik nicht. Normalerweise wird ein Lichtkegel ausgesandt, und zwar in einen größeren oder kleineren *Raumwinkel* ω. Man definiert ihn analog zum ebenen Winkel (Kap. 1.16) über die Fläche A_K, die der Kegel aus der Oberfläche einer Kugel vom Radius r herausschneidet, zu $\omega = A_K/r^2$ (Abb. 7.66). Das gibt eine dimensionslose Zahl, der aber – wieder analog zum ebenen Winkel – zuweilen auch eine Einheit zugeordnet wird, der *Steradiant* (sr).

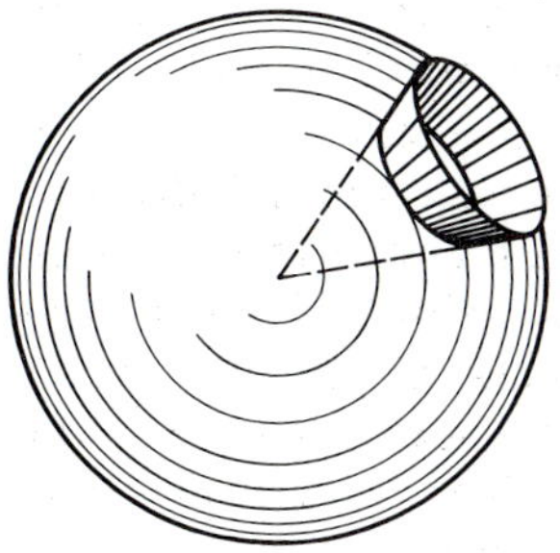

Abb. 7.66. Zur Definition des Raumwinkels

Aufgabe 7.15: Wie groß ist der Raumwinkel, in den die Sonne als Ganze hineinstrahlt (es ist der größtmögliche) und welchen Raumwinkel schattet die Erde ab?

Bei konstantem Raumwinkel wächst der Bündelquerschnitt eines Lichtkegels proportional zum Quadrat des Abstandes r von der Kegelspitze; entsprechend nimmt die Strahlungsflußdichte umgekehrt proportional zu r^2 ab. Das ist das *quadrati-*

sche Abstandsgesetz. Streng gilt es nur für einen punktförmigen Strahler, den es wieder einmal nicht gibt.

Aufgabe 7.16: Wie groß ist die Solarkonstante beim Jupiter? Bahnradius: $7{,}78 \cdot 10^8$ km.

Die ebene Oberfläche eines leuchtenden oder auch nur beleuchteten Körpers strahlt mit $\omega = 2\pi$ in ihren *Halbraum.* Die gesamte Strahlungsleistung wächst mit der Senderfläche A' an, aber nicht unbedingt zu ihr proportional. Man definiert darum die

spezifische Ausstrahlung $M = \dfrac{d\Phi}{dA'}$

als Differentialquotient; nur bei homogen strahlenden Flächen darf der einfache Quotient Φ/A' genommen werden. M hat wieder die Einheit $\mathrm{W\,m^{-2}}$. Kaum eine Senderfläche leuchtet ihren Halbraum gleichmäßig aus. Um eine Richtungsabhängigkeit zu erfassen, bezieht man die Strahlungsleistung auf ihren (im Prinzip differentiell kleinen) Raumwinkel und definiert so die

Strahlstärke $I = \dfrac{d\Phi}{d\omega}$

(zu messen in $\mathrm{W\,sr^{-1}}$). Im allgemeinen wird I von Frequenz ν und Wellenlänge λ der Strahlung abhängen. Das führt gleich zu zwei

spektralen Strahlstärken: $I_\nu = \dfrac{dI}{d\nu}$; $\quad I_\lambda = \dfrac{dI}{d\lambda}$

(zu messen in $\mathrm{W\,sr^{-1}\,s}$ bzw. $\mathrm{W\,sr^{-1}\,m^{-1}}$).

Bezieht man I auf die Senderfläche A', die bei schräger Blickrichtung (unter dem Winkel α' zum Lot) auch noch perspektivisch verkürzt erscheint, so kommt man zu der

Strahldichte $L = \dfrac{dI}{dA'} \dfrac{1}{\cos\alpha'}$

– gemessen in $\mathrm{W\,m^{-2}\,sr^{-1}}$.

Wichtiges Bestimmungsstück aller Strahlungsmeßgrößen ist der *Strahlungsfluß* Φ – die übrigen unterscheiden sich im Grunde nur durch Geometriefaktoren voneinander: Unter sonst gleichen Bedingungen sind sie einander proportional. Eben dies gestattet zuweilen, die Mühe genauen Nachdenkens zu sparen und etwas summarisch von *Intensität* zu sprechen: je intensiver eine Strahlungsquelle, desto größer alle ihre Strahlungsmeßgrößen. Wenn man nicht aufpaßt, kann man mit dem Wort Intensität aber auch heillose Verwirrung stiften. Darum sei, auch wenn dies etwas stumpfsinnig erscheint, das Verständnis der Definitionen überprüft, anhand der Kontrollfragen der

Aufgabe 7.17:
1. Zu welcher Strahlungsmeßgröße gehört die Solarkonstante?
2. Welche Werte folgen aus der Solarkonstanten für
a) den gesamten Strahlungsfluß der Sonne und
b) ihre spezifische Ausstrahlung?
3. Wie groß ist in der hohen Atmosphäre über Göttingen (geographische Breite 51,5°) die Bestrahlungsstärke auf ein horizontales Brett durch die Sonne bei Frühlingsanfang, mittags 12 Uhr Ortszeit? (Die Sonne steht dann über dem Äquator und auf dem gleichen Längengrad wie Göttingen.)
4. Wie groß sind schätzungsweise die Energiereserven der Sonne für die ca. 4 Milliarden Jahre stabiler Brennzeit, die sie noch vor sich hat? (Wer diese Frage beantwortet, lernt die Vorzüge des Dezimalsystems schätzen. In der Zeitrechnung wird es sich freilich nicht mehr durchsetzen.)

Ein für Strahlungsmessungen gut verwendbares Instrument ist das *Strahlungsthermoelement* (Abb. 7.67). Es mißt primär die Temperaturerhöhung, die sein geschwärztes Blech als Strahlungsempfänger infolge der absorbierten und zu Wärme umgesetzten Strahlungsleistung stationär annimmt – sie ist der Bestrahlungsstärke in ausgezeichneter Näherung proportional, und dies über einen weiteren Spektralbereich unabhängig von der Lichtwellenlänge. Das hat meßtechnisch große Bedeutung, denn die *Strahlungsmeßgrößen* sind ja auch wellenlängenunabhängig definiert.

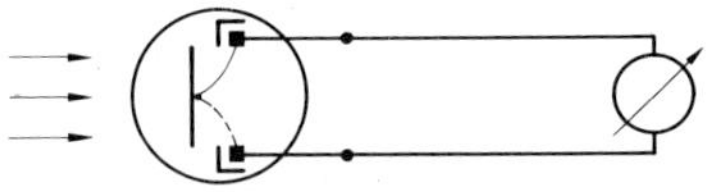

Abb. 7.67. Strahlungsthermoelement, schematisch. Ein dünnes, geschwärztes Blech dient als Absorber. Seine stationäre Temperaturerhöhung als Folge absorbierter Strahlung wird von einem feinen Thermoelement gemessen, dessen zweite Lötstelle sorgfältig gegen Strahlung abgedeckt ist, sich also auf Zimmertemperatur befindet. Infolgedessen ergeben die Kontakte in der Leitung zum Instrument keine weiteren Thermospannungen. Zur Verminderung der Wärmeleitung befindet sich das Thermoelement häufig in einem evakuierten Glaskolben

Eben darum sind sie freilich ungeeignet zur Bewertung von Arbeitsplatz und Wohnzimmerbeleuchtung: Infrarotes Licht, es mag so intensiv sein, wie es will, gibt keine *Helligkeit,* denn es wird vom Auge nicht gesehen. Zu einer *Lichtmessung* müssen deshalb die Strahlungsmeßgrößen noch mit einer Bewertung modifiziert werden, die sich an die spektrale Empfindlichkeit des („normalen") menschlichen Auges hält: Strahlungsleistung im Gelbgrünen zählt viel, im

Blauen und Roten weniger und im Ultravioletten wie im Infraroten gar nichts mehr. Photoelemente und -widerstände, zusammen mit passenden Farbfiltern, leisten diese Aufgabe hinreichend genau.

Zu jeder Strahlungsmeßgröße wird nun konsequent eine *Lichtmeßgröße* – auch *photometrische Meßgröße* – definiert; sie bekommen eigene Namen und Einheiten, üblicherweise aber das gleiche Buchstabensymbol. Die wichtigsten sind in der folgenden Tabelle zusammengestellt.

Name	Symbol	Einheit	entsprechende Strahlungsmeßgröße
Lichtstärke	I	Candela (cd)	Strahlstärke
Leuchtdichte	L	cd m^{-2}	Strahldichte
Lichtstrom	Φ	Lumen (lm) = cd sr	Strahlungsfluß
Lichtmenge	Q	Lumenstunde	Strahlungsenergie
Beleuchtungsstärke	E	Lux (lx) = lm/m^2	Bestrahlungsstärke

Offiziell ist *Candela* als Basiseinheit des SI-Systems definiert worden, und zwar so, daß für schmelzendes Platin eine Leuchtdichte von $6 \cdot 10^5$ cd/m² herauskommt. Dieser Wert liegt hart an der Grenze der Blendung für das menschliche Auge.

Der Gesichtssinn des Menschen überdeckt zwischen Schwelle und Blendung einen nicht ganz so großen Empfindlichkeitsbereich wie das Gehör, aber 8 Zehnerpotenzen in der nachweisbaren Leuchtdichte sind es auch. Als Anhaltswerte können gelten:

10^{-2} cd/m²	reines Dämmerungssehen (keine Farberkennung)
10 cd/m²	ausreichend zum Lesen
10^3 cd/m²	gute Schreibtischbeleuchtung
10^6 cd/m²	Blendung.

7.15 Das Lambertsche Cosinusgesetz

Sind die Wolken gerade so dicht und so licht, daß man bedenkenlos in die Sonne blicken kann, so glaubt man keine Kugel zu sehen, sondern eine Scheibe, gleichmäßig hell von der Mitte bis zum Rand. Demnach ist die Leuchtdichte der Sonnenscheibe auf ihrer ganzen Fläche konstant (und die Strahlungsdichte auch). Das muß verwundern, denn in Wirklichkeit ist die Sonne ja nun einmal eine Kugel, deren randnahe Gebiete perspektivisch verkürzt erscheinen. Dort wird von einem vorgegebenen Bündelquerschnitt ein weit größerer Teil der Sonnenoberfläche erfaßt als im Zentrum (Abb. 7.68). Es wäre unsinnig, vom

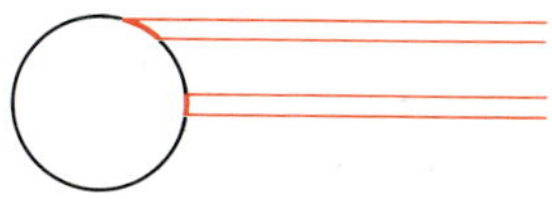

Abb. 7.68. Ein Lichtbündel vorgegebenen Querschnittes erfaßt am Sonnenrand einen größeren Teil der Sonnenoberfläche als im Zentrum

Sonnenrand eine verminderte spezifische Ausstrahlung zu erwarten; woher sollte er wissen, aus welcher Richtung ein irdischer Beobachter gerade herüberschaut? Wenn aber trotzdem das randnahe Bündel keinen größeren Strahlungsfluß erhält, dann muß wohl die Strahlungsstärke bei flacher Emission genau in dem Maße abnehmen, in dem die erfaßte Strahlerfläche zunimmt.

Demnach kann die Forderung konstanter Leucht- und Strahldichte L nur erfüllt werden, wenn für Licht- und Strahlungsstärke I gilt

$$I(\alpha') = I_0 \cos \alpha' .$$

Dies ist das *Lambertsche Cosinusgesetz*. Sein Graph ergibt einen Kreis, wenn man ihn in *Polarkoordinaten* aufträgt: mit einem *Fahrstrahl* in Emissionsrichtung, dessen Länge proportional zu $I(\alpha')$ ist (Abb. 7.69). Vollkommen matte, diffus streuende Sekundärstrahler sollten sich ebenfalls an das Cosinusgesetz halten, und das unabhängig von der Richtung, aus der sie beleuchtet werden. Tatsächlich

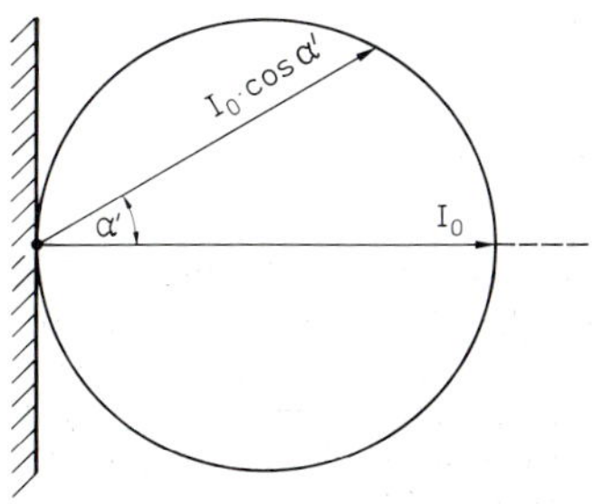

Abb. 7.69. Das Lambertsche Cosinusgesetz, dargestellt in Polarkoordinaten

zeigen sie aber immer eine mehr oder weniger ausgeprägte *Vorwärtsstreuung* in Richtung der regulären Reflexion.

7.16 Farbsehen

Einheiten dürfen willkürlich, sie sollten zweckmäßig definiert werden. Die Einheiten der Lichtmeßgrößen erfordern hier die Festlegung der Faktoren, mit denen Licht verschiedener Wellenlänge zu bewerten ist. Diese Festlegung sollte sich so gut wie möglich mit der spektralen Verteilung der Empfindlichkeit normaler menschlicher Augen decken – eine durchaus problematische Forderung. Sie läßt sich am ehesten noch für den freilich weniger bedeutsamen Fall des reinen *Dämmerungssehens* erfüllen.

Bei Nacht sind alle Katzen grau. Dieser Satz beschreibt keine physikalische Tatsache, sondern eine Eigenschaft des sogenannten *skotopischen Apparates* im menschlichen Gesichtssinn, der bei schwachem Lichtstrom allein erregt werden kann und keine Farbeindrücke vermittelt. Bietet man Versuchspersonen im dunklen Zimmer auf weißem Papier monochromatisch und hinreichend schwach beleuchtete Felder an, so können sie einigermaßen sicher sagen, wann ihnen zwei Felder, die sie einheitlich grau sehen, gleich hell erscheinen. Die gemessenen Bestrahlungsstärken des monochromatischen Lichtes liefern dann die spektrale Verteilung der Empfindlichkeit des skotopischen Apparates; Abb. 7.70 zeigt das Ergebnis. Die Empfindlichkeit ist hier in relativen Einheiten aufgetragen, normiert auf 1 im Maximum bei

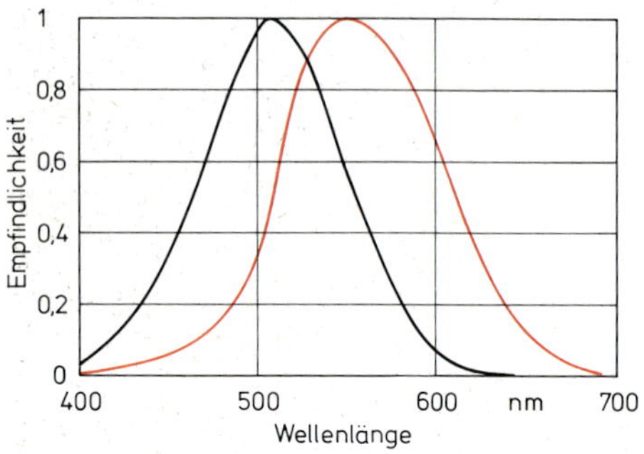

Abb. 7.70. Spektrale Verteilung der Empfindlichkeit des *skotopischen* Apparates (Dämmerungssehen, schwarze Kurve) und des *photopischen* Apparates (Farbsehen, rote Kurve), beide im Maximum auf 1 normiert

505 nm. Absolutwerte könnten allenfalls für die Wahrnehmungsschwelle angegeben werden. Sie ist aber nicht konstant, sondern kann ganz wesentlich gesenkt werden, wenn der Gesichtssinn Zeit genug hat zu *adaptieren.* Wer sich in die Dunkelkammer eines Photoamateures einschließt, sieht nach einigen Minuten sehr deutlich, durch wie viele Ritzen und Spalten sich immer noch etwas Licht von außen hereinschleicht.

Abb. 7.70 enthält auch die Kurve der Empfindlichkeit des *photopischen Apparates*, der bei höheren Lichtströmen erregt wird und dann *Farbe* meldet. Hier müssen die Versuchspersonen monochromatisch beleuchtete Flächen als gleich hell diagnostizieren, die sie verschiedenfarbig sehen. Bei der Festlegung dieser Kurve spielt es eine deutliche, wenn auch nicht gravierende Rolle, ob man die Farbenblinden entsprechend ihrem Anteil an der Gesamtbevölkerung berücksichtigt oder nicht. Dies zeigt zumindest, daß Präzisionsmessungen in der Photometrie schon von der Definition der Einheiten her nicht möglich sind.

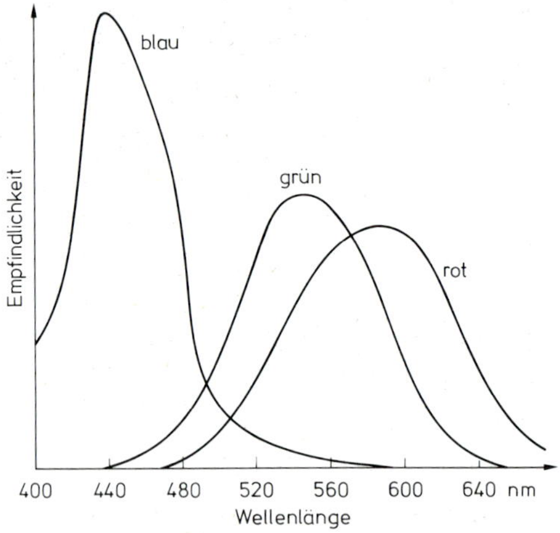

Abb. 7.71. Vermutliche spektrale Verteilung der Empfindlichkeiten der drei im menschlichen Auge am Farbsehen beteiligten Rezeptoren. Da die Nervensignale nicht unmittelbar gemessen werden können, sind die Kurven aus den Absorptionsspektren spezifischer Farbstoffe in den Rezeptoren geschlossen

Vollends problematisch wird dann die Frage nach dem physiologischen Mechanismus des *Farbsehens*; hier müssen noch manche Einzelheiten geklärt werden. Dem im folgenden beschriebenen Modell liegt die *Young-Helmholtzsche Farbentheorie* zugrunde. Es widerspricht jedenfalls nicht der *Farbmetrik* und den beobachteten Störungen des Farbsinnes *(Farbenblindheit)*. Es sei einmal angenommen, man könne durch Potentialsonden in den richtigen Stellen des Sehnerven ein objektives Maß für die Erregung optischer Rezeptoren in der Retina gewinnen. Dann würde man zunächst einmal feststellen, daß am Farbsehen normalerweise drei Gruppen von Rezeptoren beteiligt sind, die sich in ihrer spektralen Empfindlichkeit deutlich voneinander unterscheiden (Abb. 7.71). Die Vermutung liegt nahe, daß sie die drei Farbeindrücke *Rot*, *Grün* und *Blau* vermitteln.

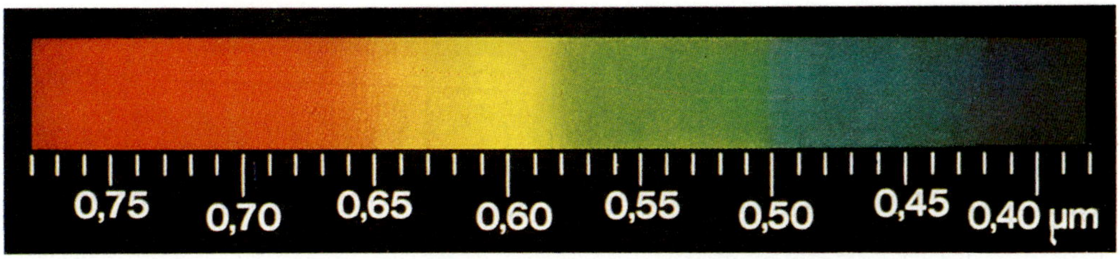

Abb. 7.01. Farbempfinden bei den verschiedenen Wellenlängen sichtbaren Lichtes (s. S. 248)

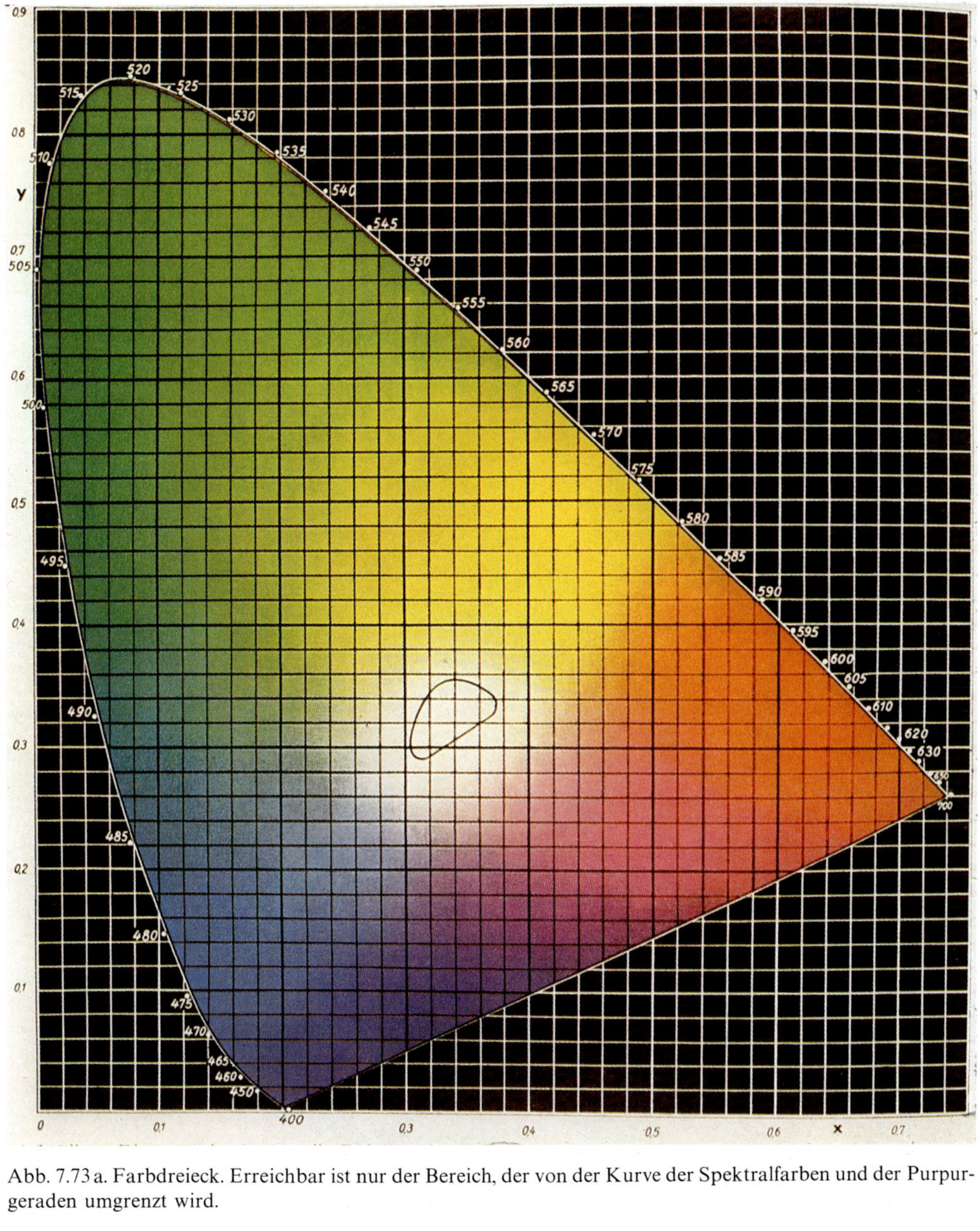

Abb. 7.73 a. Farbdreieck. Erreichbar ist nur der Bereich, der von der Kurve der Spektralfarben und der Purpurgeraden umgrenzt wird.

Abb. 7.73 b. Die drei Grundfarben Rot, Grün und Blau ergeben subtraktiv gemischt Schwarz

Abb. 7.73 c. ... und additiv gemischt Weiß

Ihre als meßbar angenommenen *Erregungen* seien mit R_r, R_g und R_b bezeichnet. Diese drei Erregungen summieren sich zu einer Gesamterregung

$$R = R_r + R_g + R_b,$$

die ein Maß dafür liefert, wie hell dem Betrachter eine bestimmte, bunt gesehene Fläche erscheint. Für den *Farbeindruck* sollte die Helligkeit freilich keine Rolle spielen; er wird bestimmt durch die relativen Erregungen

$$r_r = R_r/R; \quad r_g = R_g/R; \quad r_b = R_b/R.$$

Da sie sich definitionsgemäß zu 1 addieren:

$$r_r + r_g + r_b = \frac{R_r + R_g + R_b}{R} = 1,$$

genügen zwei von ihnen, in der *Farbmetrik* eine Farbe zu kennzeichnen. Dies kann auch graphisch geschehen. Üblich ist, in einem Koordinatenkreuz r_r nach rechts und r_g nach oben aufzutragen. Grundsätzlich sind in einem solchen Diagramm dann nur Punkte erreichbar, die innerhalb des Dreiecks der Abb. 7.72 liegen – jeder Punkt außerhalb würde für zumindest einen Rezeptor negative Erregung bedeuten. Tatsächlich kann aber auch keine realisierbare Farbe allzu dicht an die Seiten des Dreiecks herankommen, denn das würde für jeweils einen Rezeptor eine Erregung nahe bei Null verlangen; dafür überlappen sich aber ihre Empfindlichkeitsbereiche zu sehr.

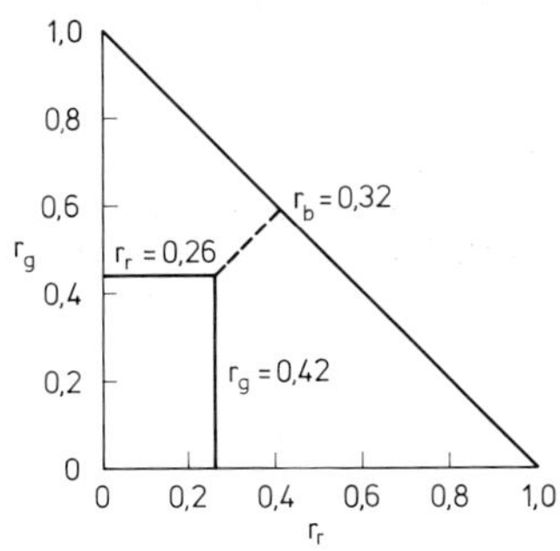

Abb. 7.72. Farbdreieck, schematisch. Trägt man die relative Erregung r_r des Rezeptors für Rot längs der Abszisse und die des Rezeptors für Grün (r_g) längs der Ordinate auf, so ist der Abstand eines Punktes von der schrägen Dreieckseite Maß für die Erregung r_b des Blau-Rezeptors. Punkte außerhalb des Dreiecks sind grundsätzlich, Punkte nahe den Dreieckseiten tatsächlich nicht erreichbar

Abb. 7.73 (Farbtafel) zeigt das *Farbdreieck*, so gut dies im Druck möglich ist. Der zugängliche Bereich wird im wesentlichen begrenzt durch die Kurve der monochromatischen *Spektralfarben*, sie besitzen die höchste *Farbsättigung*, d.h. die größtmögliche Entfernung vom *Weißpunkt*. Projiziert man das Licht zweier monochromatischer Lampen übereinander, so mischt man ihre Spektralfarben *additiv*; im Dreieck liegt dann die Mischfarbe auf der Verbindungsgeraden zwischen den beiden gemischten Farben, bei gleicher Leuchtdichte genau in der Mitte, sonst zu der helleren hin verschoben. Diese Mischungsregel gilt auch, wenn die gemischten Farben selbst bereits ungesättigte Mischfarben sind.

Jede additive Mischung führt näher an den Weißpunkt heran, mindert also die Farbsättigung – mit Ausnahme der *Purpurgeraden*: sie verbindet die beiden Enden des Spektrums. Purpurtöne sind im Spektrum selbst nicht enthalten. Grundsätzlich läßt sich jede ungesättigte Farbe durch mehr als ein einziges Rezept additiver Farbmischung erreichen; ein bestimmter subjektiver Farbeindruck sagt noch nichts über die spektrale Verteilung des ihn auslösenden Lichtes aus. Insbesondere muß der Eindruck *Weiß* nicht durch das breite Spektrum des Sonnenlichtes erzeugt werden; zu jeder Spektralfarbe gibt es eine bestimmte *Komplementärfarbe*, die, im richtigen Verhältnis zugemischt, ebenfalls weiß ergibt. Im Farbdreieck führt die Verbindungslinie zwischen zwei Komplementärfarben durch den Weißpunkt.

Aufgabe 7.18: In welchem Bereich des sichtbaren Spektrums gibt es keine Spektralfarben als Komplementärfarben?

Additive Farbmischung ist im Farbdreieck leicht zu beschreiben; technisch genutzt wird sie fast nur vom Bildschirm des Farbfernsehers. Seine Röhre besitzt drei Elektronenkanonen, die auf Flecken aus drei verschiedenen Leuchtstoffen zielen. Schön wäre es, könnte die Strahlung jedes einzelnen Leuchtstoffes auch nur einen einzigen Rezeptor im Auge erregen – weil dies nicht möglich ist, sind die Farben im Fernsehen immer etwas gegenüber der Wirklichkeit verfälscht. Dies stört kaum: der Mensch liebt die Illusion, und sein Gesichtssinn ist anpassungsfähig.

Subtraktive Farbmischung wird vom Menschen häufiger verwendet als additive, insbesondere Maler nutzen sie. Physikalisch geschieht dies: *Unbuntes* Licht durchsetzt nacheinander mehrere Farbstoffschichten, *Farbfilter* also, die jeweils bestimmte Bereiche des Spektrums durch Absorption schwächen; der Rest wird bunt. Zwei *Monochromatfilter* mit schmalen Durchlässigkeitsbereichen würden für sich nahezu gesättigte Farben ergeben, zusammen ergeben sie Schwarz, weil jedes das vom anderen durchgelassene Licht abfängt. Weiß läßt sich subtraktiv gar nicht erreichen.

Es leuchtet ein, daß die spektrale Zusammensetzung des von Filtern durchgelassenen Lichtes – und damit der von ihm ausgelöste Farbeindruck – entscheidend bestimmt wird durch die spektrale Zusammensetzung des auffallenden Lichtes. Monochromatisch beleuchtet kann auch das schönste Ölgemälde nur monochromatisch mit abgestuften Helligkeitswerten erscheinen. Weiterhin: weißes Licht von Leuchtstoffröhren hat eine andere Zusammensetzung als weißes Tageslicht – ein und derselbe Farbstoff kann in beiden Fällen durchaus unterschiedliche Farbeindrücke liefern. Daran muß denken, wer Kleider oder Krawatten in künstlich beleuchteten Räumen kauft.

Mit dem Farbdreieck ist zwar die Farbmetrik, nicht aber die Physiologie des Farbsehens behandelt. Der Farbeindruck, den eine bestimmte spektrale Zusammensetzung auslöst, hängt nämlich noch wesentlich von Farbe und Helligkeit des Umfeldes ab. Zudem können Rezeptoren ermüden: Hält man eines seiner Augen für eine Weile geschlossen, so kann es sich ausruhen und meldet, wenn es wieder geöffnet wird, zunächst durchaus andere Farben als das belastete Auge.

7.17 Optische Absorption

Farben im Sinne des lateinischen Wortes *color* sind als subjektive Farbeindrücke allenfalls mit Worten beschreibbar, physikalischer Messung jedoch nicht zugänglich. Niemand kann wissen, ob er das Rot einer Rose geradeso sieht wie sein Nachbar. *Farben* im Sinne des lateinischen Wortes *pigmentum* sind Farbstoffe, die Licht verschiedener Wellenlänge λ unterschiedlich absorbieren, eine Eigenschaft die keineswegs auf den sichtbaren Spektralbereich beschränkt ist und die sich zuverlässig ausmessen läßt – am einfachsten an *Farbfiltern* aus buntem Glas.

Man definiert für sie die (wellenlängenabhängige)

Durchlässigkeit $D(\lambda)$

$$= \frac{\text{durchgelassene Strahlstärke } I}{\text{einfallende Strahlstärke } I_0}$$

D liegt notwendigerweise zwischen 1 und 0.

Messen läßt sich die Durchlässigkeit mit einem *Spektralphotometer* – sein wichtigster Teil ist der *Monochromator* (Abb. 7.74). Das weiße Licht einer Glühbirne wird vom Kondensor auf den schmalen *Eingangsspalt* Sp 1 konzentriert, vom *Kollimator* als Parallelbündel auf ein Prisma gegeben, dort spektral zerlegt und in die Brennebene einer weiteren Linse zusammengezogen. Hier besteht das Spektrum aus einer Reihe aneinanderliegender, nach ihrer Wellenlänge sortierter Bilder des Eingangsspaltes. Der *Ausgangsspalt* Sp 2 fischt einen schmalen Spektralbereich heraus und gibt ihn auf eine Linse, die das divergente Bündel wieder parallel richtet und durch das Filter oder auch eine längere Küvette schickt – sie kann eine Flüssigkeit enthalten, deren Absorption untersucht werden soll. Eine letzte Linse sammelt dann das durchgelassene Licht auf die nachweisende Photozelle. Die Optik hin-

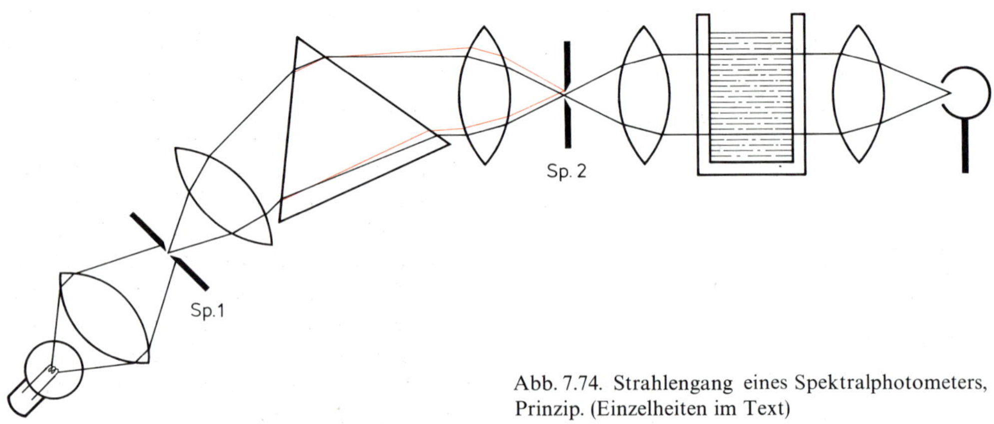

Abb. 7.74. Strahlengang eines Spektralphotometers, Prinzip. (Einzelheiten im Text)

ter dem Austrittsspalt ergänzt den Monochromator zum Spektrometer. Selbstverständlich beschränken sich derartige Instrumente nicht auf den sichtbaren Spektralbereich.
Die Durchlässigkeit eines Filters oder der Flüssigkeit in einer Küvette hängt außer von Wellenlänge und Material auch von der Schichtdicke d ab. Immer nimmt ein nachfolgendes Schichtelement der (geringen) Dicke Δd aus der Strahlstärke I, die bei ihm ankommt, den gleichen Bruchteil $\Delta I/I$ durch Absorption heraus – er muß deshalb negativ angesetzt werden. Über eine Materialkonstante k ist er zu Δd proportional. Dieser Zusammenhang läßt sich schreiben:

$$\frac{\Delta I}{\Delta d} = -kI.$$

Hier braucht man nur die kleinen, mit einem Δ bezeichneten Größen durch Differentiale zu ersetzen, um eine Differentialgleichung zu erhalten, die – mit anderen Buchstaben als Symbole für andere physikalische Größen – schon bei der barometrischen Höhenformel (Kap. 2.09) und bei der Kondensatorentladung (Kap. 5.19) zur Exponentialfunktion geführt hat.

Hier liefert sie für die Durchlässigkeit das *Lambertsche Gesetz*

$$D(d) = \frac{I(d)}{I_0} = \exp(-kd) = \exp(-d/a)$$

mit der *Extinktionskonstanten* $k(\lambda)$ – gemessen in cm^{-1} – oder ihrem Kehrwert, der *Eindringtiefe* $a(\lambda)$ – gemessen in cm – als das absorbierende Material charakterisierende Größen.

Nur bei sogenannten *Graufiltern* sind sie von der Wellenlänge unabhängig (jedenfalls in einem begrenzten Bereich).

Aufgabe 7.19: Zwei Graufilter aus gleichem Glas haben die Durchlässigkeiten $D_1 = 0{,}60$ und $D_2 = 0{,}35$. Die Dicke des ersten Filters ist $d_1 = 0{,}50$ mm. Reflektionsverluste seien vernachlässigt.

a) Wie groß ist die Extinktionskonstante k des Glases?
b) Wie dick ist das zweite Filter?
c) Welche Durchlässigkeit haben beide Filter zusammen?

Absorbiert wird Licht von einzelnen Atomen, von Molekülen, von Molekülkomplexen, oft auch von Ionen. Jede Teilchenart bevorzugt bestimmte Wellenlängenbereiche, man kann sie an ihrem *Absorptionsspektrum* erkennen. Abb. 7.75 zeigt das der Stearinsäure – wie man sieht, ändert es sich beim Schmelzen der Substanz nur in Details, nicht in den Grundzügen. Etwas anderes gilt für chemische Eingriffe: *Hämoglobin*, im Blut zuständig für den Sauerstofftransport, hat als *Oxy-Hämoglobin* ein deutlich anderes Absorptionsspektrum als in seiner reduzierten Form (Abb. 7.76); eben deshalb sieht das sauerstoffbeladene arterielle Blut hellrot und das venöse bläulicher aus: Zufällig liegen wesentliche Absorptionen im sichtbaren Spektralbereich.

Daß viele Moleküle ein charakteristisches Absorptionsspektrum wie eine Visitenkarte mit sich herumtragen, läßt sich anschaulich begründen. Sie bestehen nun einmal aus Atomen, die oft unter Beteiligung von Coulomb-Kräften chemisch aneinandergebunden sind – viele Moleküle stellen deshalb elektrische Dipole dar, wie in Abb. 7.77 für H_2O schematisch angedeutet. Ein äußeres elektrisches Feld versucht nicht nur, das Molekül zu drehen, es biegt auch an ihm herum. Nun sind seine Teile nicht vollkommen starr miteinander verbunden: Sie können mit einer durch Masse und Bindungskraft festgelegten Eigenfrequenz gedämpft um ihre Ruhelage schwingen. Paßt die Frequenz eines elektrischen Wechselfeldes, so kommt es zur Resonanz und damit zu einer Energieübertragung. Die Eigenfrequenzen der meisten Molekülschwingungen liegen im Bereich infraroten Lichtes – die Folge ist eine Absorption der elektromagnetischen Wellen.

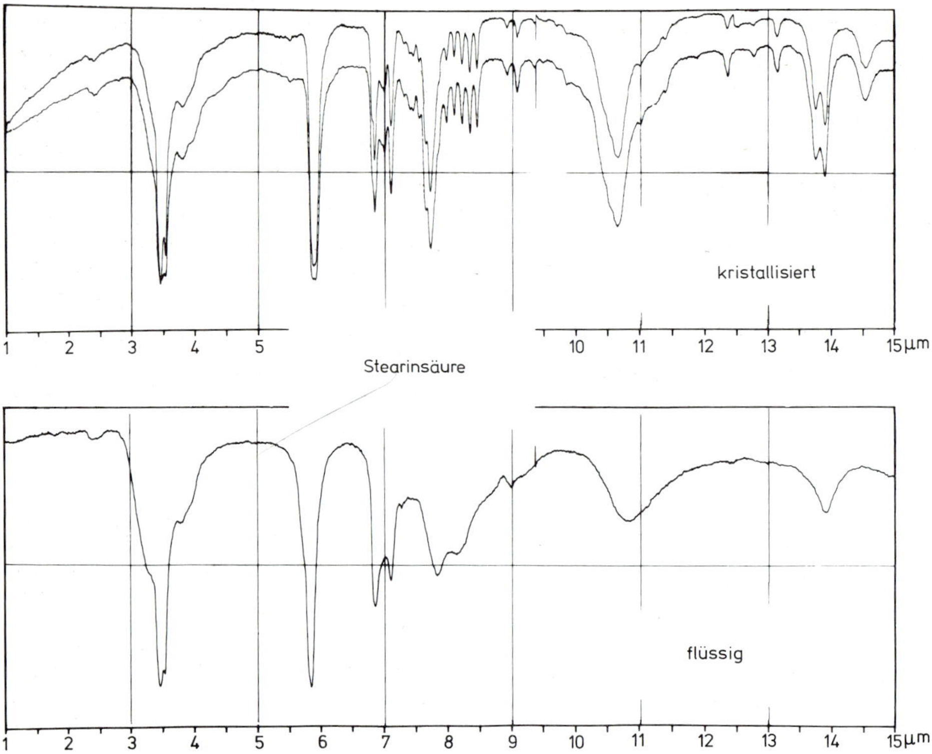

Abb. 7.75. Durchlässigkeit von Stearinsäure, kristallisiert (oben) und geschmolzen (unten)

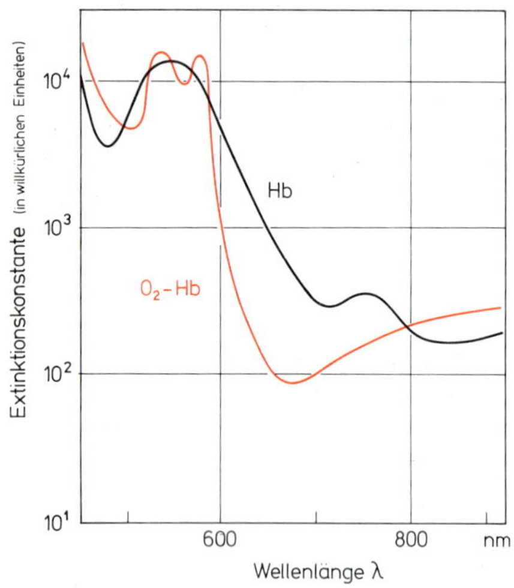

Abb. 7.76. Absorptionsspektrum von Hämoglobin und Oxy-Hämoglobin

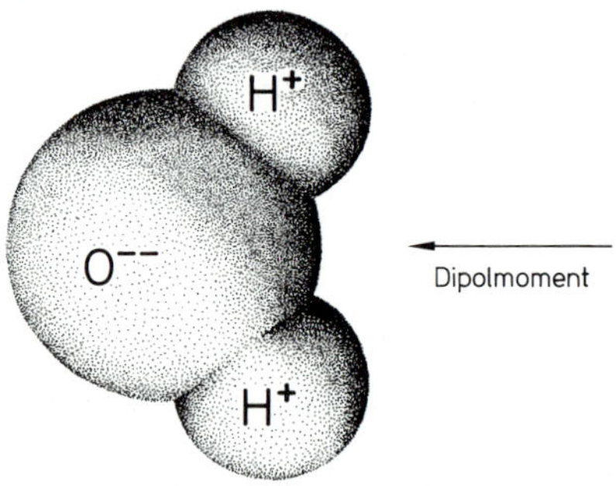

Abb. 7.77. Wassermolekül, schematisch

In dicken Atlanten sind die Spektren zahlloser Substanzen gesammelt – unentbehrliches Hilfsmittel der chemischen *Absorptionsspektralanalyse.* Auch die quantitative Analyse ist hier möglich. Je mehr absorbierende Teilchen im Strahlengang stehen, desto mehr Licht wird absorbiert. Den Einfluß der Schichtdicke, also der Länge des Lichtweges im absorbierenden Medium berücksichtigt bereits die Exponentialfunktion. Die Extinktionskonstante k hängt aber noch von der Anzahldichte *n* der absorbierenden Teilchen ab, die in der untersuchten Lösung enthalten sind – statt *n* kann auch jedes andere Maß für ihre Konzentration *c* verwendet werden.

Näherungsweise gilt eine Proportionalität, das *Beersche Gesetz*

$$k(c) = K c,$$

bei höheren Konzentrationen treten Abweichungen auf (Abb. 7.78). Nimmt man das Lambertsche Gesetz hinzu, so kommt man zum *Lambert-Beerschen Gesetz*

$$I = I_0 \exp(-K(\lambda)\, c\, d).$$

Dieses Gesetz, das freilich kein Naturgesetz ist, sondern ähnlich dem Ohmschen Gesetz eine oft erfüllte Regel, erlaubt jedem praktischen Arzt, den Blutzuckergehalt seiner Diabetiker zu bestimmen – unter anderem. Am Anfang der quantitativen Analyse stehen standardisierte Reaktionen: Dem Patienten wird eine genau abgemessene Menge Blut abgezapft und diese so mit ebenfalls genau abgemessenen Reagentien versetzt, daß ein jedes Zuckermolekül ein anderes, an seiner optischen Absorption sicher erkennbares Molekül bildet, und dies in einer genau festgelegten Menge Lösung. Sie wird in eine genormte Küvette eingefüllt und mit dieser in den Strahlengang eines Spektrometers gesetzt, eingestellt auf die Wellenlänge der charakteristischen Absorption der Moleküle, die in einer zur Konzentration der Zuckermoleküle im Patientenblut proportionalen Anzahldichte in der Lösung vorhanden sind. Den Proportionalitätsfaktor bestimmen die normierten Reaktionen, den Zusammenhang mit der Durchlässigkeit die Größe $K(\lambda)$ und das *d* der Küvette. Zum Instrument mitgelieferte Tabellen ersparen die mühsame Umrechnung von Durchlässigkeit auf Konzentration.

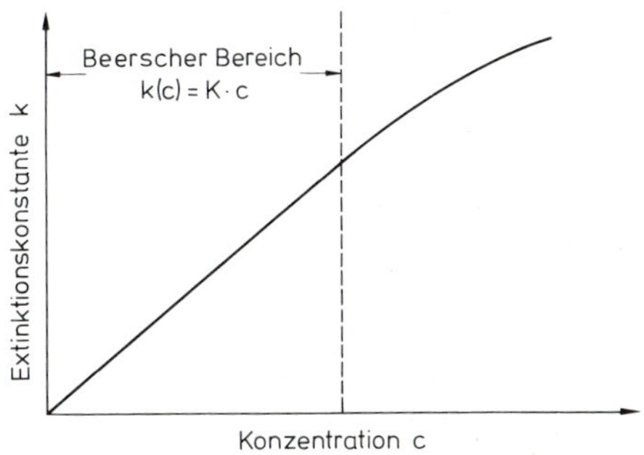

Abb. 7.78. Das Beersche Gesetz, die Proportionalität zwischen Extinktionskonstante *k* und Konzentration *c* der Lösung ist nur für nicht zu hohe Werte von *c* erfüllt

Aufgabe 7.20: Eine praktische Messung mit einem Instrument, das die durchgelassene Strahlstärke *I* auf einer von 0 bis 100 reichenden Skala in willkürlichen Einheiten angibt, könnte nach folgendem Schema ablaufen:

1. Es wird eine Leerküvette eingesetzt – sie soll nicht absorbieren, aber ähnliche Reflexionsverluste haben wie die Meßküvette – und die Lichtquelle sowie der Meßverstärker auf Vollausschlag eingeregelt. Anzeige?
2. Um die Einstellung der richtigen Wellenlänge zu kontrollieren, wird eine Vergleichsküvette eingesetzt, die das Meßlicht vollständig absorbiert. Anzeige?
3. Die Meßküvette wird eingesetzt. Angenommen, das Instrument zeigt jetzt 67 Skalenteile, wie groß ist dann die Durchlässigkeit *D*?
4. Angenommen, die 67 Skalenteile entsprechen einer Konzentration des Blutzuckers von 0,80 mg/cm³, welche Anzeige ist dann für 1,20 mg/cm³ zu erwarten?

7.18 Temperaturstrahlung
(s. auch Kap. 4.21)

Eine Tapete wirkt um so dunkler, je weniger Licht sie zurückstreut, je mehr sie also absorbiert. Völliges Schwarz läßt sich freilich mit keinem Farbanstrich erreichen, eher schon mit einem Stoff wie Samt: Zwischen seinen feinen Haaren kann sich das doch noch gestreute Licht in Mehrfachstreuung totlaufen. Zuverlässig schwarz ist das Spundloch eines leeren Fasses: Licht, das zu ihm hereinkommt, findet den Weg nicht wieder heraus. Dazu müssen die Innenwände nicht einmal dunkelgefärbt sein – auf ein paar Streuungen mehr oder weniger kommt es nicht an. Die Pupille des Auges erscheint tiefschwarz, obwohl der Augenhintergrund rot aussieht und strukturiert ist. Als *schwarzen Körper* bezeichnet man in der Physik ein kleines Loch in einer großen Kiste.

Täte ein schwarzer Körper nichts anderes, als Licht zu absorbieren, so müßte er sich, wärmeisoliert aufgehängt, langsam aber sicher unendlich hoch aufheizen. Für einen grauen oder einen bunten Körper gälte übrigens das gleiche. Das kann aber nicht sein – folglich muß ein Körper auch selbständig Strahlung aussenden; ein dunkler mehr als ein heller, weil er ja auch mehr absorbiert – und ein schwarzer am meisten. Nur so läßt sich thermodynamisches Gleichgewicht über Strahlung einstellen (vgl. Kap. 4.21).

Die Welt befindet sich nicht im Gleichgewicht – zum Glück, denn sonst gäbe es nichts auf ihr zu sehen: Alle Körper leuchteten gleich hell und unterschieden sich durch keine Konturen, denn was die dunklen vom Umgebungslicht weniger zurückstreuten, das müßten sie als Eigenstrahlung mehr aussenden. Wenn man durch eine kleine Klappe in den Brennofen einer Porzellanfabrik hineinschaut, sieht man in der Tat nichts als eine gleichmäßige Glut. Die normale Umgebung des Menschen hat aber nur Strahler mit Oberflächentemperaturen weit über Zimmertemperatur; nur deren Licht hat Bedeutung für das Sehen. Die Eigenstrahlung von Baum und Tier liegt im unsichtbaren Infrarot. Daß man auch mit ihr photographieren kann, hatte Abb. 4.29 gezeigt.

Die „Intensität" der Temperaturstrahlung steigt scharf mit der Temperatur an und verschiebt sich zugleich immer mehr in Richtung kürzerer Wellen; erst oberhalb 600 °C beginnt ein Körper sichtbar zu glühen. Der schwarze Körper spielt hier die Rolle eines Eichnormales: Er strahlt am stärksten, alle anderen entsprechend dem Absorptionsvermögen $\alpha(\lambda)$ ihrer Oberflächen mit einem wellenlängenabhängigen Bruchteil der Stärke der schwarzen Strahlung – technisch realisiert durch die Strahlung einer kleinen Öffnung in einem großen elektrischen Ofen. Abb. 7.79 zeigt ihre spektrale Verteilung für einige Temperaturen.

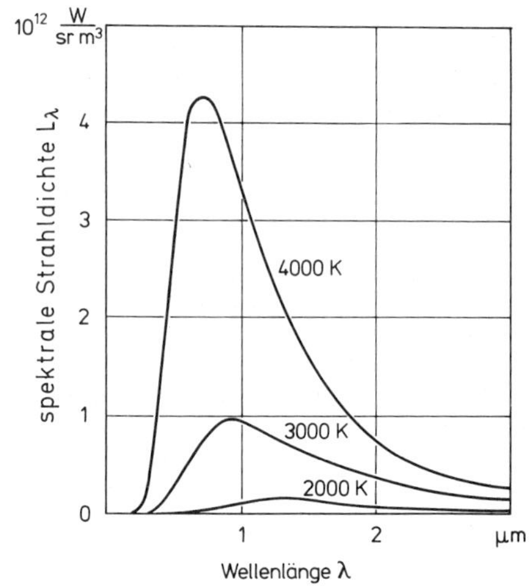

Abb. 7.79. Strahlung des *schwarzen Körpers (schwarze Strahlung)*, Parameter: Temperatur. Als Ordinate aufgetragen ist die *spektrale Strahldichte* $L_\lambda = dL/d\lambda$, d.h. die auf ein kleines Wellenlängenintervall $d\lambda$ entfallende Strahlungsdichte dL der nach dem Lambertschen Cosinusgesetz strahlenden Öffnung, geteilt durch eben dieses Intervall $d\lambda$. (Nach R.W. Pohl)

Aufgabe 7.21: Wieso wird in Abb. 7.79 die *spektrale Strahldichte* L_λ in W m^{-3} sr^{-1} gemessen?

Wie man sieht, steigt die schwarze Strahlung in allen Spektralbereichen mit der Temperatur an, in den kurzwelligen aber stärker. Ihr Maximum verschiebt sich entsprechend

$$\lambda_{max} \cdot T = \text{const.}$$

(Wiensches Verschiebungsgesetz).

Die gesamte schwarze Strahlung, integriert über alle Wellenlängen, folgt dem *Gesetz von Stefan-Boltzmann*

$$M(T) = \sigma T^4$$

mit $\sigma = 5{,}67 \cdot 10^{-11}\ \mathrm{kW\,m^{-2}\,K^{-4}}$.

Aufgabe 7.22: Die Sonne strahlt mit einer Oberflächentemperatur von etwa 6000 K, das Maximum ihrer Strahlung liegt im Blaugrünen (480 nm). a) Bei welcher Wellenlänge liegt das Maximum der Eigenstrahlung des Menschen? b) Wie groß ist die Konstante im Wienschen Verschiebungsgesetz ungefähr?

Das Gesetz von Stefan-Boltzmann und das Wiensche Verschiebungsgesetz beschreiben nur zwei Aspekte der schwarzen Strahlung. Als Max Planck um die Jahrhundertwende versuchte, beide Gesetze zusammenzufassen und die spektrale Verteilung der Temperaturstrahlung vollständig zu deuten, scheiterte er zunächst. Erfolg brachte erst die kühne und für die damalige Zeit schier unglaubliche Hypothese, daß Licht nur in Form von *Quanten* emittiert werden könne. In der *Planckschen Strahlungsformel*

$$L_\lambda = \frac{dL}{d\lambda} = \frac{2hc^2}{\lambda^5 \exp(h\nu/kT) - 1}$$

tritt zum ersten Male die Naturkonstante h, die *Plancksche Konstante* auf. Wo man sie nicht mehr als klein vernachlässigen darf, muß man die Grenze zwischen der sog. *klassischen Physik* und der „modernen“ *Quantenphysik* überschreiten. Inzwischen sind übersichtlichere Experimente bekannt als die schwarze Strahlung, um die Existenz der Quanten vorzuführen – Kap. 7.24 wird dies zeigen. Hier, wie so oft, ist die Geschichte nicht den einfachsten Weg gegangen.

Wellenoptik

7.19 Polarisiertes Licht

Licht gehört zu den transversalen Wellen: Die beiden Vektoren des elektrischen und des magnetischen Feldes stehen senkrecht auf der Ausbreitungsrichtung, wie Abb. 6.23 angedeutet hat. Folglich steht beiden Feldern eine ganze Ebene zur Verfügung, in der sie sich grundsätzlich ihre Schwingungsrichtung noch frei wählen können, lediglich mit der Einschränkung, daß sie selbst wieder senkrecht aufeinanderstehen müssen. Bei der Dipolstrahlung liegt der elektrische Vektor parallel zur Dipolachse (Abb. 6.21): Die abgestrahlte Welle ist (*linear*) *polarisiert*. Leider bezeichnet man die Richtung des magnetischen Feldes als *Polarisationsrichtung* oder *Polarisationsebene*.

Eine makroskopische Lampe kann als aus unzähligen elementaren Dipolen zusammengesetzt angesehen werden. Sie schwingen unabhängig voneinander in allen nur denkbaren Richtungen; was sie gemeinsam abstrahlen, ist unpolarisiertes, sog. *natürliches* Licht, in dem alle Polarisationsrichtungen in unauflösbar rascher Zeitfolge vorkommen. Keine von ihnen wird im zeitlichen Mittel bevorzugt.

Ein bequemes Verfahren, natürliches Licht zu polarisieren, bieten heutzutage die *Polarisationsfolien*. Sie sind *dichroitisch*, d.h. sie bestehen aus einem Material, dessen Absorptionsspektrum von der Polarisationsrichtung des einfallenden Lichtes abhängt: So wird etwa für die eine Richtung der ganze sichtbare Spektralbereich nahezu ungehindert hindurchgelassen, für die dazu senkrechte Polarisationsrichtung aber schon auf weniger als einem Millimeter fast vollständig abgefangen. Eine einzelne derartige Folie erscheint dem Auge grau – knapp die Hälfte vom Lichtstrom natürlichen Lichtes läßt sie passieren. Erst eine zweite Folie im Strahlengang macht deutlich, daß es sich nicht um einfache Graufilter handelt: Sind sie *gekreuzt*, so absorbiert die zweite Folie alles Licht mit einer Polarisationsrichtung, die von dem ersten durchgelassen wurde – dreht man eine der beiden Folien in ihrer eigenen Ebene, so hellt sich das Gesichtsfeld auf. Maximale Durchlässigkeit ist nach Drehung um 90° erreicht: beide Polarisatoren stehen *parallel*. Abb. 7.80 versucht, diesen Tatbestand etwas schematisch zu skizzieren. Nach altem Sprachgebrauch wird der zweite Polarisator auch

Analysator genannt – physikalisch unterscheidet er sich von dem ersten, stets *Polarisator* genannten durch nichts.

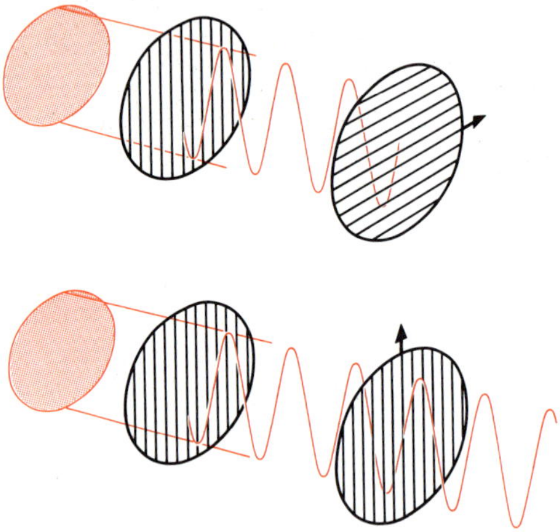

Abb. 7.80. Linear polarisiertes Licht: Dunkelheit hinter gekreuzten, Licht hinter parallelen Polarisatoren, schematisch

Einige der komplizierten organischen Moleküle, z.B. manche Zucker, sind *optisch aktiv*, sie können die Polarisationsebene des sie durchsetzenden Lichtes selbst dann noch drehen, wenn sie in Wasser gelöst sind. Bringt man eine entsprechend gefüllte Küvette zwischen gekreuzte Polarisatoren, so hellt sich das Gesichtsfeld auf. Man bekommt wieder Dunkelheit, wenn man z.B. den Analysator um einen Winkel δ nachdreht. Dieser Winkel ist der Länge d der Küvette und der Konzentration c der aktiven Moleküle proportional – Meßverfahren der *Saccharimetrie* zur raschen Bestimmung des Gehaltes an Zucker im ausgepreßten Saft entsprechender Rüben.

Klassischer Polarisator aller Schulbücher ist das *Nicolsche Prisma;* es nutzt den merkwürdigen Effekt der *Doppelbrechung*, den viele Minerale zeigen: Sie spalten einfallendes Licht in zwei Teilbündel auf, von denen sich eines an das übliche Brechungsgesetz mit eindeutiger Brechzahl n hält (*ordentlicher Strahl*), während das andere weit komplizierteren Regeln folgt, die zu behandeln hier nicht lohnt (*außerordentlicher Strahl*). Abb. 7.81 zeigt dies etwas schematisch. Wichtig ist nun: Beide Bündel sind senkrecht zueinander polarisiert, und zwar in Richtungen, die fest von der kristallographischen Orientierung des Minerals vorgegeben werden. Ein *Nicol* besteht nun aus einem Kalkspatkristall, der so aufgeschnitten und wieder zusammengeklebt worden ist, daß nur der außerordentliche Strahl die Trennfläche durchsetzen kann; der ordentliche trifft jenseits vom Grenzwinkel der Totalreflexion auf (Kap. 7.04).

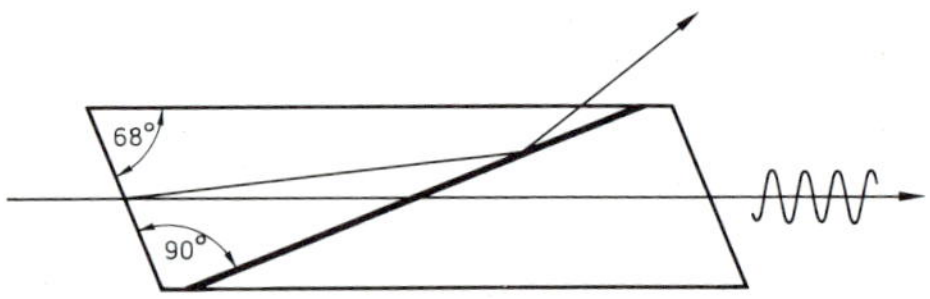

Abb. 7.81. Nicolsches Prisma aus doppelbrechendem Kalkspat, schematisch. Der ordentliche Strahl wird an der Kittfläche total reflektiert

In dünnem, doppelbrechenden Kristall finden ordentlicher und außerordentlicher Strahl nicht genügend Lichtweg vor, um sich ernsthaft voneinander trennen zu können: Wenn sie die Probe verlassen, überlappen sich die beiden Bündel noch so gut wie vollständig. Ihre Wellenfelder überlagern sich mit den Amplituden, mit denen beide Strahlen angeregt wurden; diese sind z.B. gleich, wenn die Polarisationsrichtung des einfallenden Lichtes gerade auf der Winkelhalbierenden zwischen denen von ordentlichem und außerordentlichem Strahl lag. Nun gelten für beide verschiedene Brechzahlen; folglich laufen sie mit verschiedenen Geschwindigkeiten und – bei gleicher Frequenz – mit verschiedenen Wellenlängen. Daraus folgt wiederum, daß sie zwar phasengleich starten, aber mit einem Phasenunterschied wieder herauskommen: Eine Schichtdicke, die für den ordentlichen Strahl vielleicht genau 1732 volle Wellenlängen bedeutet, könnte vom außerordentlichen Strahl eine halbe Wellenlänge mehr verlangen – das Resultat wäre eine Phasenverschiebung von 180°. Einzelheiten hängen von den Brechzahlen, der Schichtdicke und der Lichtwellenlänge ab. Jedenfalls können sich grundsätzlich die beiden frequenz- und möglicherweise amplitudengleichen, senkrecht zueinander linear polarisierten Bündel nach den Regeln der *Lissajous-Figuren* (Kap. 6.06) zu allen Arten von *linear, elliptisch* und *zirkular polarisiertem* Licht zusammensetzen und – je nach Stellung – einen Analysator mehr oder weniger gut durchdringen. Weil der ganze Vorgang entscheidend von der Wellenlänge des Lichtes bestimmt wird, erscheinen dünne, doppelbrechende Schichten weiß beleuchtet, zwischen Polarisatoren in strahlenden Farben – hübsch anzusehen und mühsam auszuwerten. Die Farben wechseln, sobald man einen der beiden Polarisatoren oder auch das Objekt ein wenig dreht. Immerhin besitzen nicht wenige Mikroskope eine *Polarisationsoptik* zur Untersuchung der Doppelbrechung.

Viele an sich *optisch isotrope* Materialien aus dem Bereich der Gläser und Kunststoffe werden bei mechanischer Verspannung doppelbrechend. Ein Plexiglasstab – mit rechteckigem Querschnitt etwa – erscheint zwischen gekreuzten Polarisatoren dunkel wie sein Umfeld. Biegt man ihn, so wird sein Bild hell bis auf die mechanisch ja nicht beanspruchte neutrale Faser (Kap. 2.03). Dieser in seinen Einzelheiten recht komplizierte Effekt heißt *Spannungsdoppelbrechung*.

Auch in der freien Natur gibt es polarisiertes Licht – meist freilich natürlichem Licht überlagert; man spricht dann von *unvollständiger Polarisation*. Bienen orten mit seiner Hilfe die Sonne auch dann noch, wenn sie ihnen etwa von einem Berg oder von Wolken verdeckt wird: Streulicht ist meist zumindest teilweise polarisiert. Dies kann man leicht einsehen, wenn man die Streuteilchen als Dipole auffaßt, die vom einfallenden Licht zu erzwungenen Schwingungen angeregt werden – verständlicherweise nur in Richtungen, die der elektrische Vektor des Primärlichtes ihnen vorgibt, d.h. senkrecht zu dessen Einfallsrichtung. Die Dipole selbst strahlen nur Wellen ab, deren elektrisches Feld senkrecht zu ihrer eigenen Schwingungsrichtung steht. Soweit sie rechtwinklig aus dem Primärbündel herausstreuen, ist ihr Licht polarisiert; Licht, das bereits polarisiert einfällt, kann in der Richtung seines elektrischen Vektors nicht gestreut werden (Abb. 7.82). Bienen wissen: Das Streulicht des Himmels ist um so vollständiger linear polarisiert, je genauer es senkrecht zur Richtung auf die (verdeckte) Sonne läuft.

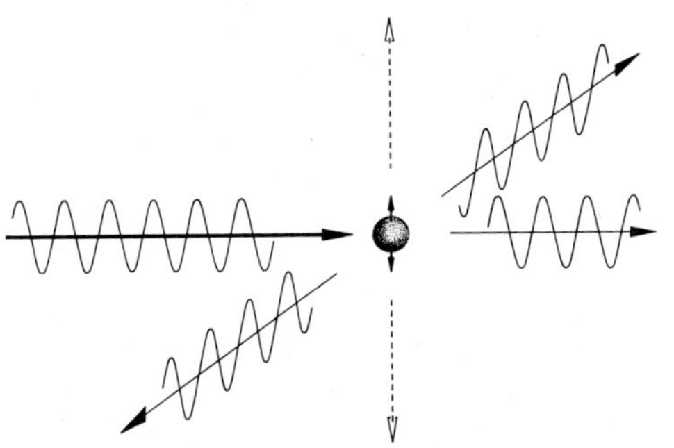

Abb. 7.82. Polarisation durch Streuung; die vom einfallenden Licht in Resonanz angeregten Dipole strahlen nicht in ihrer eigenen Längsrichtung. Polarisiert einfallendes Licht wird in Richtung seines elektrischen Vektors nicht gestreut

Das Modell vom Resonanzdipol funktioniert auch noch bei der Reflexion (*Brewstersches Gesetz*); hier halten sich die Dipole bereits an die neue Marschrichtung des gebrochenen Strahles im optisch dichteren Medium. Muß der reflektierte Strahl senkrecht auf dieser Richtung stehen, so kann er kein Licht enthalten, dessen elektrischer Vektor in der Einfallsebene schwingt (von Lot und einfallendem Bündel gebildet – Abb. 7.83). Der zugehörige Einfallswinkel hängt von der Brechzahl des Mediums ab; er heißt *Brewster-Winkel*.

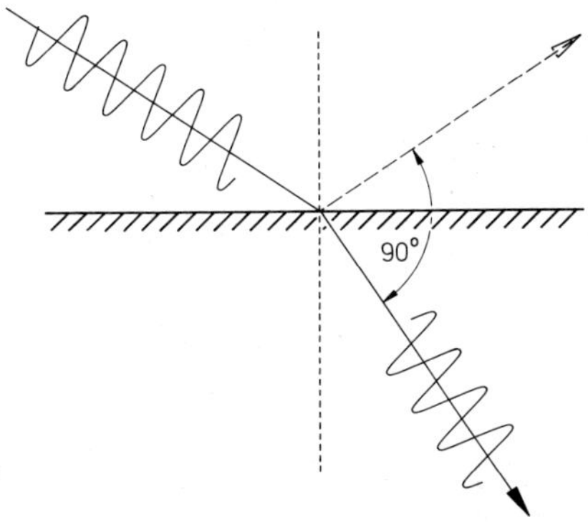

Abb. 7.83. Brewstersches Gesetz. Polarisiert einfallendes Licht mit dem elektrischen Vektor in der Einfallsebene wird dann nicht reflektiert, wenn der reflektierte Strahl senkrecht auf dem eindringenden stehen müßte

Aufgabe 7.23: Wie müssen die Polarisationsfolien einer Spezial-Sonnenbrille orientiert sein, wenn sie am Strand den Augen ihres Trägers Sonnenreflexe vom Wasser mildern sollen?

7.20 Interferenz

Aus der Polarisierbarkeit des Lichtes folgt zwar seine Wellennatur – nur transversale Wellen lassen sich in der geschilderten Weise polarisieren – Aussagen über die Wellenlänge liefert aber erst eine Beobachtung der *Interferenz*, also dessen, was geschieht, wenn Wellenzüge sich überlagern. Interferenzerscheinungen sind nicht auf Licht beschränkt; Wasser- und Schallwellen zeigen sie genauso – man kann sogar an einem rein geometrischen Modell anschaulich erläutern, was bei der Überlagerung zweier Wellenzüge herauskommen muß.

Die Momentaufnahme einer Kugelwelle sei dargestellt durch ein System konzentrischer Kreise von gleicher Breite, jeweils schwarz und weiß gezeichnet – sie sollen Wellenberge und Wellentäler repräsentieren. Legt man zwei derartige Systeme übereinander, um 12 „Wellenlängen" gegeneinander versetzt, so erhält man die Figur der Abb. 7.84; sie suggeriert, was bei einer entsprechenden Überlagerung zweier Lichtwellen in der Tat herauskäme: helle und dunkle *Interferenzstreifen.* Daß Wasserwellen dem folgen, zeigt Abb. 7.85.

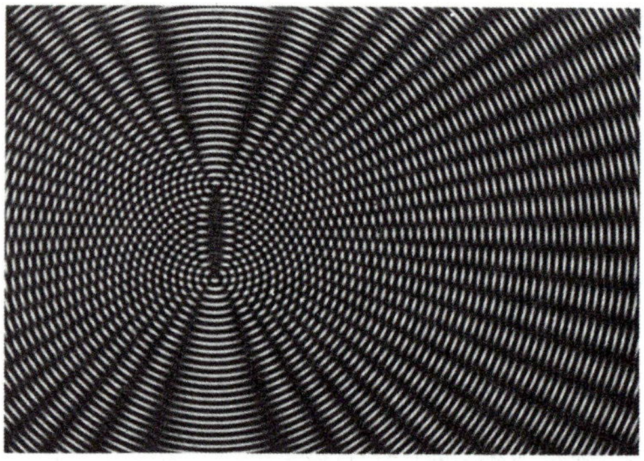

Abb. 7.84. Modellversuch zur Interferenz; zwei Wellenfelder werden dargestellt durch zwei Systeme konzentrischer Kreise. Auslöschung durch Interferenz dort, wo helle und dunkle Streifen alternierend aufeinandertreffen, d.h. Berg auf Tal und Tal auf Berg: destruktive Überlagerung der lokal ausgelösten Schwingungen. (Nach R. W. Pohl)

Zur Begründung sei an die Überlagerung von Schwingungen (Kap. 3.05) erinnert. Eine jede Welle löst überall in ihrem Wellenfeld lokale Schwingungen aus – überlagern sich zwei Wellenfelder, so überlagern sich auch deren Schwingungen. Ihre Amplituden verstärken sich dort, wo sie *in Phase* schwingen, wo also Wellenberg auf Wellenberg und Wellental auf Wellental trifft – im Modell der Abb. 7.84 geschieht dies dort, wo die hellen und die dunklen Streifen beider Kreissysteme unmittelbar aufeinanderliegen. An anderer Stelle liegen die lokalen Schwingungen aber in *Gegenphase*, dort trifft Berg auf Tal und Tal auf Berg. Sind die Amplituden gleich, so löschen sich die Wellen aus – auf jeden Fall schwächen sie sich. Im Modell geschieht dies dort, wo ein schwarzer Streifen des einen Systems auf einem hellen des anderen liegt.

Abb. 7.85. Interferenz zweier Wasserwellen in der Wellenwanne. (Nach R. W. Pohl)

Es ist nicht zu leugnen: Die Vorhersage des Modells widerspricht zunächst einmal alltäglicher optischer Erfahrung, denn sie behauptet, daß unter Umständen Licht plus Licht Dunkelheit ergeben könne. Trotzdem soll zunächst das Modell weiter verfolgt werden, und zwar quantitativ. Angenommen sei, daß die beiden Wellenzentren nicht nur mit gleicher Frequenz und Amplitude, sondern auch mit gleicher Phasenlage schwingen. Nun wird die Phase einer im Wellenfeld ausgelösten lokalen Schwingung bestimmt durch den Abstand zum Wellenzentrum; beträgt er ein ganzzahliges Vielfaches (nämlich n-faches) der Wellenlänge λ, so sind Zentrum und lokale Schwingung in Phase; beträgt er ein ungeradzahliges Vielfaches (nämlich $(2n+1)$-faches) von $\lambda/2$, so sind sie in Gegenphase. Das gilt gegenüber beiden Wellenzentren. Wie sich eine Überlagerung auswirkt, dieses entscheidet der *Gangunterschied* x der beiden Wellen, d.h. die Differenz der Abstände zu den beiden Zentren: Verstärkung für

$$x = n \cdot \lambda,$$

Abb. 7.86. Modellversuch zur Interferenz. Gegenüber der Abb. 7.84 ist der Abstand der Wellenzentren um eine halbe Wellenlänge erhöht worden. (Nach R. W. Pohl)

Schwächung und bei Amplitudengleichheit Auslöschung für

$$x=(2n+1)\frac{\lambda}{2}.$$

Am leichtesten zu übersehen ist dies in Richtung der verlängerten Verbindungslinie zwischen beiden Zentren. In Abb. 7.84 beträgt ihr Abstand 12 Wellenlängen (Verstärkung), in Abb. 7.86 ist er auf 12,5 Wellenlängen erhöht (Auslöschung).
Alle Punkte auf der Symmetrieebene zwischen den Wellenzentren sind dadurch ausgezeichnet, daß sie zu beiden Zentren jeweils gleichen Abstand haben; der Gangunterschied ist demnach Null: auf der Symmetrieebene liegt das Interferenzmaximum 0. Ordnung. Der Winkel α_n, um den das Maximum n-ter Ordnung gegen diese Ebene versetzt ist, läßt sich – jedenfalls für hinreichend große Abstände von den Zentren – leicht anhand der Abb. 7.87 berechnen: Die beiden in der Ferne interferierenden Strahlen verlassen die Zentren praktisch parallel, ihren Gangunterschied x bis zum Treffpunkt findet man durch das Lot von dem einen Wellenzentrum auf den Strahl des anderen. Zwischen diesem Lot und der Verbindungslinie der Zentren liegt der gleiche Winkel α wie zwischen der Richtung der Strahlen und der Symmetrieebene. Aus der Definition der Winkelfunktionen im rechtwinkligen Dreieck folgt dann

$$\sin\alpha=\frac{x}{d}$$

(d = Abstand der Zentren). Mit $x=n\cdot\lambda$ ergibt sich als Bedingung für das Maximum n-ter Ordnung

$$\sin\alpha_n=\frac{n\lambda}{d}.$$

Aus dieser Beziehung kann man umgekehrt die Wellenlänge λ bestimmen, wenn man α_n und d gemessen hat.

7.21 Kohärenz

Wenn Licht eine elektromagnetische Welle ist, warum gehören dann optische Interferenzen nicht zu den alltäglichen Erfahrungen, die jedermann geläufig sind? Reale, makroskopische Lampen bestehen aus unzähligen mikroskopischen Oszillatoren, die

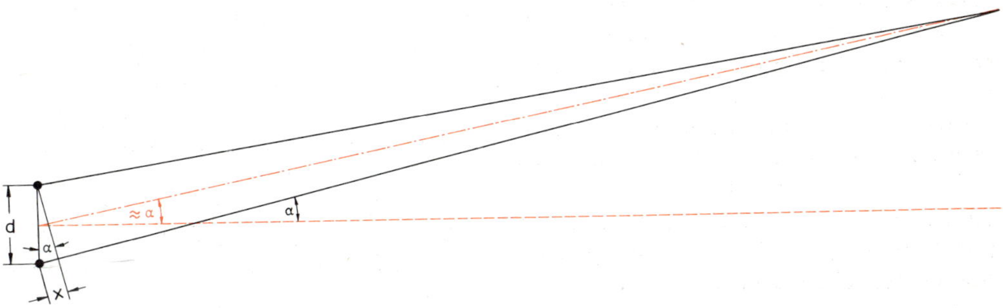

Abb. 7.87. Zur Herleitung der Beziehung für den Winkel α zwischen der Symmetrieebene zweier Wellenzentren und Richtung eines Interferenzmaximums

unabhängig voneinander schwingen. Ein jeder kann plötzlich seine Schwingung unterbrechen und ein wenig später wieder anfangen, jetzt aber in beliebig anderer Phasenlage und Polarisationsrichtung, vielleicht sogar mit anderer Frequenz. Normalerweise wird ein Lichtbündel von einer Unzahl rasch und unregelmäßig aufeinanderfolgender Wellengruppen gebildet. Abb. 7.88 deutet dies grobschematisch an.

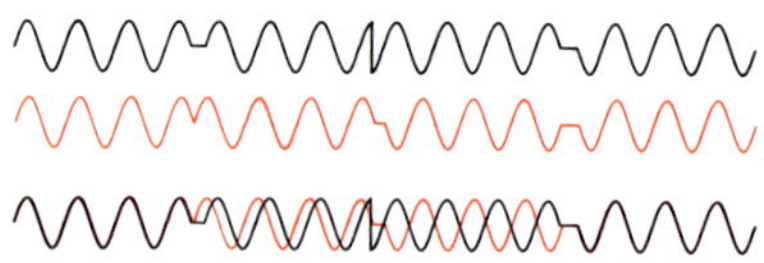

Abb. 7.88. Normales Licht wird von einer Unzahl rasch und unregelmäßig aufeinanderfolgender Wellengruppen gebildet. Überlagerung führt zu ebenso rasch wechselnden Interferenzfiguren, vom Auge nur als gleichmäßige und konstante mittlere Helligkeit wahrgenommen

Überlagern sich zwei derartige Wellenzüge, so verstärken sie sich für kurze Zeit, löschen sich aber mit ihren nächsten Wellengruppen schon wieder aus. Interferenzfiguren werden sich bilden, aber sie wechseln ihren Platz so schnell und unregelmäßig, daß sich nur eine konstante und gleichmäßige mittlere Strahlungsleistung feststellen läßt. Licht getrennter Quellen liefert keine beobachtbare Interferenz, es ist *inkohärent*.

Dagegen hilft nur eines: Man muß ein Lichtbündel aufspalten und seine Teilbündel einander überlagern. Auch dann besteht jedes Teilbündel aus einer unregelmäßigen Folge kurzer Wellengruppen, aber diese Folge ist in beiden Bündeln gleich (Abb. 7.89), und je nach Gangunterschied verstärken oder schwächen sie sich über längere Zeit. Voraussetzung ist freilich, daß der Gangunterschied noch deutlich unter der Länge der einzelnen Wellengruppen bleibt, er darf die *Kohärenzlänge* des Lichtes nicht überschreiten.

Experimentell gibt es viele Möglichkeiten, ein Lichtbündel aufzuspalten, z.B. durch

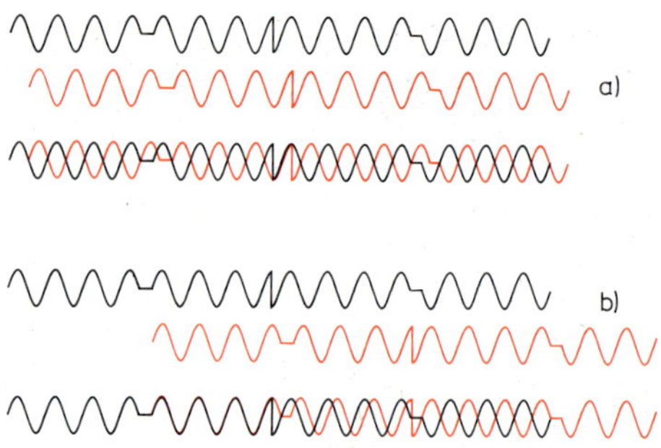

Abb. 7.89. Spaltet man ein Lichtbündel in zwei Teilbündel auf, so bestehen beide aus der gleichen Folge unregelmäßiger Wellengruppen und werden damit interferenzfähig (*a*). Voraussetzung ist allerdings, daß der Gangunterschied die Kohärenzlänge nicht überschreitet (*b*)

Reflexion an Vorder- und Rückseite eines dünnen Glimmerblattes (Dicke d). Eine Lichtquelle bekommt dadurch zwei virtuelle Spiegelbilder, die im Abstand $2d$ hintereinanderstehen. Die Kohärenzlänge einer Quecksilberdampflampe genügt, um ein Interferenzfeld mit metergroßen Ringen an der Wand zu bilden (Abb. 7.90).

7.22 Beugung

In der Anordnung der Abb. 7.90 stehen die beiden kohärenten Lichtquellen, d.h. die virtuellen Spiegelbilder der Hg-Lampe, hintereinander. Erwartungsgemäß bilden die Interferenzmaxima Kegel um die Verbindungslinie der Wellenzentren, aus denen die Zimmerwand Kreise herausschneidet. Das Maximum höchster Ordnung liegt in deren Zentrum; das Maximum 0. Ordnung ist nicht zu beobachten, denn es liegt auf der Symmetrieebene zwischen den beiden Zentren, und diese befindet sich hinter dem Glimmerblatt, also außerhalb des vom reflektierten Licht erfaßten Bereiches.

Aufgabe 7.24: Angenommen, die Abb. 7.90 sei mit dem grünen Licht der Quecksilber-Lampe ($\lambda = 546$ nm) und einem 0,11 mm dicken Glimmerblatt erzeugt worden. Von welcher Ordnung ungefähr wäre dann das zentrale Maximum? Wie groß muß die Kohärenzlänge x der Hg-Lampe mindestens gewesen sein?

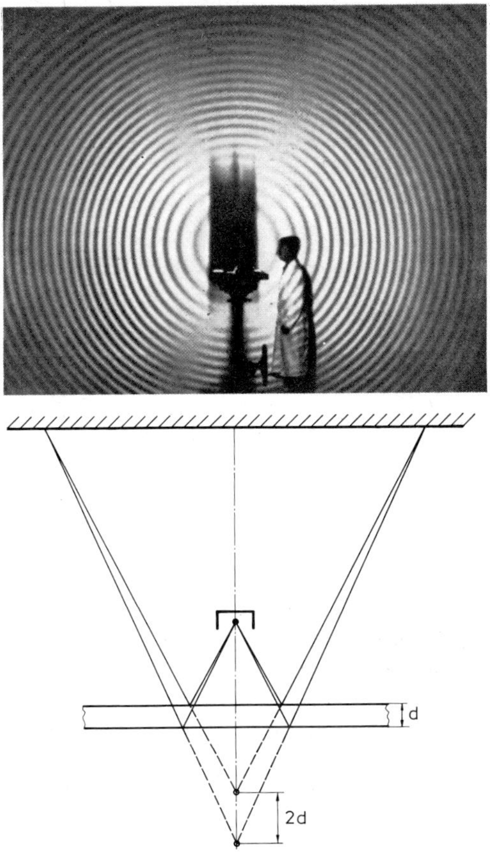

Abb. 7.90. Das Licht einer Quecksilberdampflampe wird an Vorder- und Rückseite eines Glimmerblattes der Dicke d reflektiert. Es entsteht ein Wellenfeld, das von den beiden virtuellen Spiegelbildern der Lampe herzurühren scheint. Sie stehen im Abstand $2\,d$, strahlen kohärent und liefern an der Wand metergroße Interferenzringe, nur gestört durch den Schatten der Lampe und ihrer Halterung. (Nach R. W. Pohl)

Mit Licht kleiner Kohärenzlänge können Interferenzen nur in niedrigen Ordnungen beobachtet werden. Dazu müssen dann die beiden Wellenzentren nebeneinander, nicht hintereinander stehen. Eine mögliche Versuchsanordnung bildet der *Doppelspalt:* zwei schmale Schlitze, parallel zueinander in ein dünnes Blech geschnitten. Beleuchtet man sie kräftig von der einen Seite, so werden sie nach dem Schema der Abb. 7.09 aus Kap. 7.01 zu Sekundärstrahlern für den ganzen Halbraum der anderen Seite. Da sie von ein und derselben Primärwelle angeregt werden, leuchten sie kohärent. Sie liefern ein System paralleler Interferenzstreifen mit der 0. Ordnung in der Mitte (Abb. 7.91). Der Streifenabstand ergibt sich aus der Überlegung der Abb. 7.87 und der entsprechenden Formel. Versuche bestätigen auf diesem Wege, daß die Wellenlängen sichtbaren Lichtes in der Tat in einem relativ schmalen Bereich um 0,5 µm herum liegen.

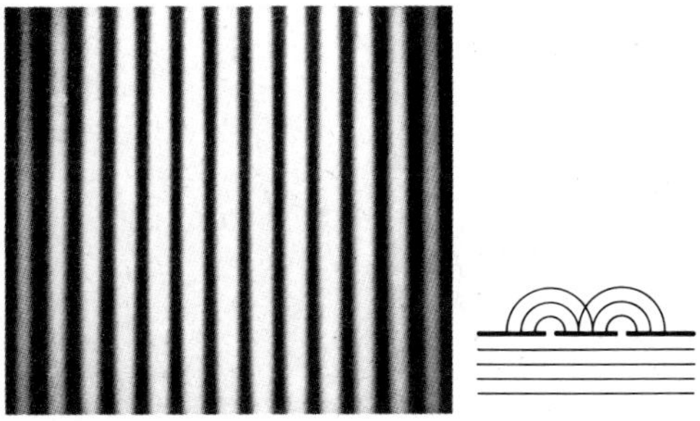

Abb. 7.91. Interferenzstreifen eines Doppelspaltes. (Nach R. W. Pohl)

An der Richtung der Interferenzmaxima ändert sich nichts, wenn man den Doppelspalt zu einem *Beugungsgitter* aus vielen äquidistanten Spalten erweitert (Abb. 7.92), wohl aber an der Strahlungsleistung dazwischen: Beim Doppelspalt fällt sie allmählich auf den Wert Null genau in der Mitte zwischen zwei Maximum-Richtungen, beim Gitter sind scharfe Maxima von breiten dunklen Streifen getrennt (Abb. 7.93). Der Grund leuchtet ein. Der Dop-

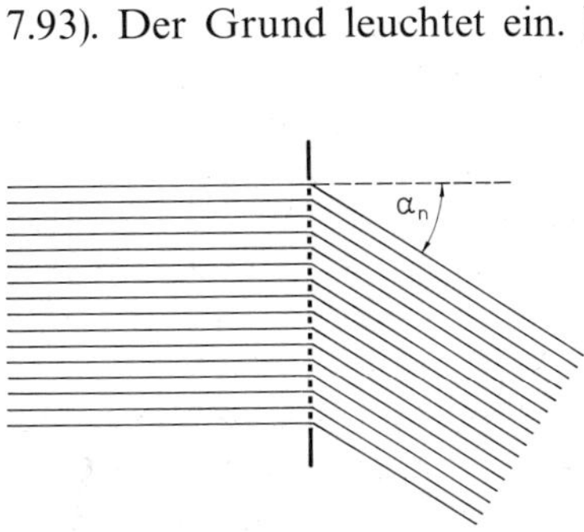

Abb. 7.92. Beugungsgitter, schematisch. Die Interferenzmaxima haben die gleichen Richtungen wie beim Doppelspalt – vgl. hierzu Abb. 7.87 – sind aber weitaus schärfer, weil auch Wellenzüge weit entfernter Spalte sich gegenseitig auslöschen können

Abb. 7.93. Beugungsfigur von Gittern mit 6, 10 und 250 Spalten – photographisches Negativ. (Nach R. W. Pohl)

pelspalt liefert nur zwei Wellenzüge – sie brauchen einen Gangunterschied von 0,5 λ, wenn sie sich voll durch Interferenz auslöschen sollen. Bei einem Gitter mit 1000 Spalten genügt aber schon ein Gangunterschied von $10^{-3}\,\lambda$ zwischen Nachbarn, denn dies bedeutet 0,5 λ Gangunterschied zwischen den Spalten 1 und 501, zwischen 2 und 502 usw.: Zu jedem Wellenzug aus einem Spalt findet sich bereits jetzt ein anderer, der die zur Interferenzauslöschung notwendige halbe Wellenlänge Gangunterschied mitbringt.

Optische Gitter haben erhebliche praktische Bedeutung: Beleuchtet man sie mit einem Parallelbündel weißen Lichtes, so fächern sie es in wellenlängensortierte Parallelbündel auf, ein jedes ausgesandt in die Richtung seines Interferenzmaximums. Ähnlich Prismen können auch Gitter Licht spektral zerlegen (*Gitterspektrometer*). Ihr Vorteil liegt unter anderem in der einfacheren Eichung: Sie ist von der Geometrie vorgegeben und hängt nicht an der krummen Dispersionskurve des Prismenmaterials.

Eine technische Komplikation muß hier freilich noch besprochen werden. Gleichmäßige Beugung aus einem Spalt heraus in den ganzen Halbraum hinter dem Schirm hinein setzt eine Spaltbreite voraus, die klein ist gegenüber der Wellenlänge. In der Wellenwanne läßt sich das noch einigermaßen erreichen, nicht aber bei sichtbarem Licht – zumindest nicht für hinreichend helle Interferenzfiguren. Ein breiter Spalt liefert aber schon für sich allein eine Beugungsfigur (Abb. 7.94). Begründen läßt sich diese Beobachtung in ähnlicher Weise wie die Beugung am Gitter. Man tut nämlich so, als befänden sich in der Spaltebene dicht an dicht elementare Wellenzentren, die dann von einer senkrecht einfallenden ebenen Welle zu gleichphasigen Schwingungen angeregt werden und entsprechend abstrahlen (Abb. 7.95). Nach der Rechnung aus dem

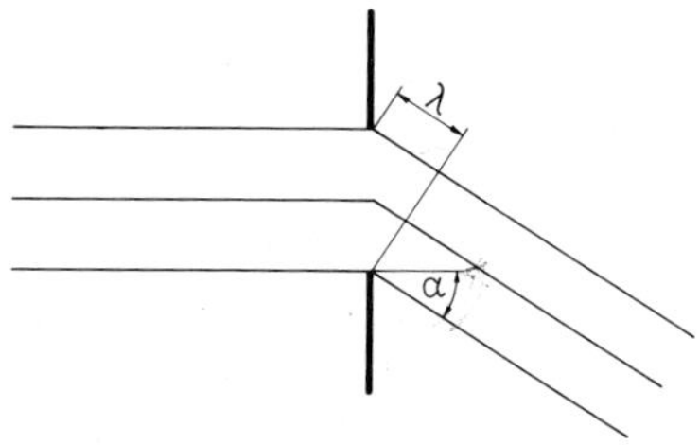

Abb. 7.95. Zur Beugung am Spalt. In der Spaltebene werden elementare Wellenzentren als Ausgangspunkte von *Huygensschen Elementarwellen* angenommen. Erstes Interferenz*minimum* bei einer vollen Wellenlänge Gangunterschied zwischen den Randstrahlen

vorletzten Kapitel haben die Randstrahlen eines Spaltes der Breite D dann einen Gangunterschied von genau einer Wellenlänge λ, wenn der Beugungswinkel α der Bedingung

$$\sin\alpha = \frac{\lambda}{D}$$

genügt. Dann bekommt aber ein Randstrahl gegenüber dem des Elementarzentrums in der Spaltmitte einen Gangunterschied von $\lambda/2$, und beide löschen sich durch Interferenz aus. Entsprechend läßt

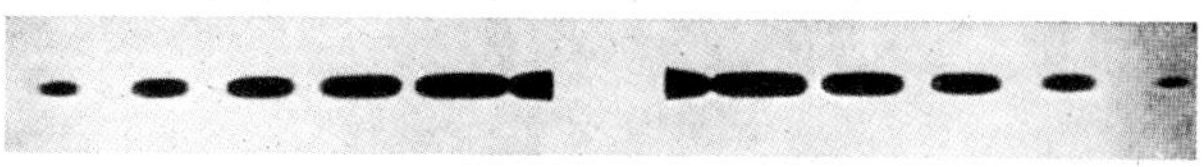

Abb. 7.94. Beugungsfigur eines 0,5 mm breiten Spaltes in etwa 5 m Abstand, photographisches Negativ, Bildmitte zur Vermeidung von Überstrahlung ausgeblendet. (Nach R. W. Pohl)

sich zu jedem Elementarzentrum in der einen Spalthälfte ein korrespondierendes in der anderen finden, mit dessen Welle es die seine weginterferiert: Richtung des Minimums der Beugungsfigur eines einzelnen Spaltes. Ähnliche Situationen wiederholen sich immer dann, wenn der Gangunterschied ein ganzzahliges Vielfaches von λ wird; dazwischen bleibt ein Teil elementarer Wellenzentren übrig, die keinen Partner zur Interferenzlöschung finden. Ein einzelner Spalt der Breite D liefert demnach Beugungs*minima* in Richtungen, die der Beziehung

$$\sin \alpha_n = \frac{n\lambda}{D}$$

gehorchen – sie ähnelt der Formel für die *Maxima* zweier punktförmiger Wellenzentren (Kap. 7.20).

Im letzten Absatz ist von einem wichtigen Prinzip Gebrauch gemacht worden: dem Prinzip der *Huygensschen Elementarwellen.* Man kann die Ausbreitung einer jeden Welle auch durch die Annahme deuten, daß alle Punkte im Raum des Wellenfeldes zu Sekundärstrahlern werden, die phasengleich mit der erregenden Welle schwingen. Normalerweise liegen diese Wellenzentren dicht an dicht, und ihre Sekundärwellen interferieren sich in allen Richtungen weg, außer in der Richtung der durchlaufenden Welle. Insofern liefert das Modell der Elementarwellen also nichts Neues. Sobald aber z.B. durch einen Schatten werfenden Schirm lokal Wellenzentren ausfallen, bekommt der Rest die Möglichkeit, eine Beugungsfigur zu bilden, wie sie Abb. 7.96 zeigt. Sie läßt sich in der Tat mit dem Huygensschen Prinzip deuten. Das gilt übrigens auch für die Brechung (Abb. 7.97).

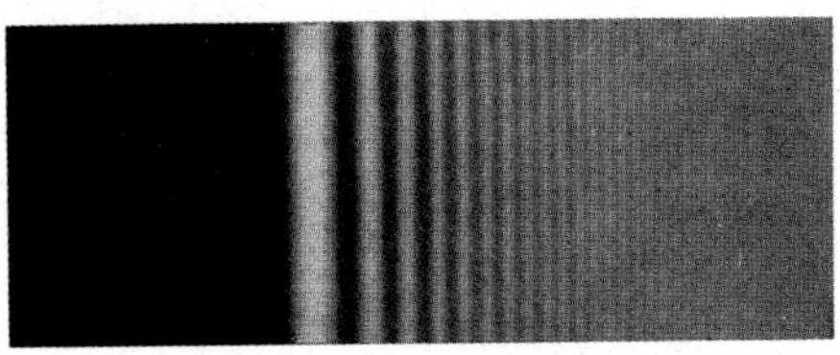

Abb. 7.96. Beugung an der Halbebene, photographisches Positiv. (Nach R.W. Pohl)

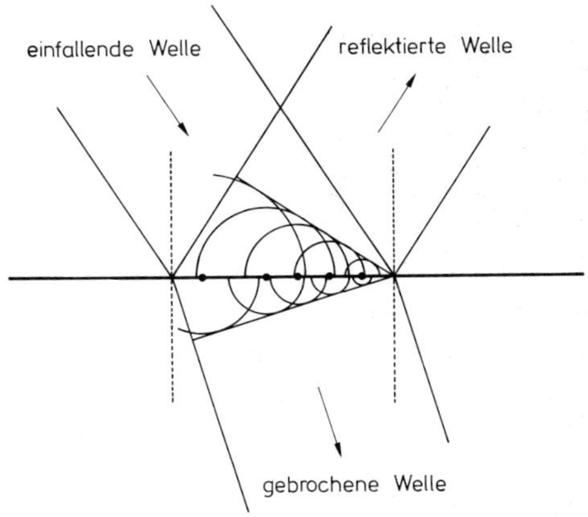

Abb. 7.97. Begründung von Reflexion und Brechung aus dem Huygensschen Prinzip: eine schräg einfallende ebene Welle regt die Elementarzentren an der Oberfläche phasenverschoben zu Schwingungen an. Die abgestrahlten Elementarwellen setzen sich wieder zu ebenen Wellen zusammen. Für die reflektierte Welle bleibt die Ausbreitungsgeschwindigkeit unverändert: Einfallswinkel gleich Ausfallswinkel. Für die gebrochene Welle ist mit der Ausbreitungsgeschwindigkeit auch der Ausfallswinkel vermindert

Das Phänomen der Beugung ist nicht auf Strichgitter, Spalte und Kanten beschränkt; grundsätzlich beugt jedes Hindernis, welche Form es auch hat, und dies in jeglichem Wellenfeld, ob es sich nun um Licht-, Schall- oder Wasserwellen handelt. Von einem kreisrunden Loch darf man ein kreisrundes *Beugungsscheibchen* ähnlich der Abb. 7.98 erwarten. In hinreichendem Abstand hinter dem Loch bilden hier die Minima und die Maxima konzentrische Kreiskegel, deren gemeinsame Achse als Maximum nullter Ordnung in das Zentrum der Beugungsringe zielt. Die Winkel α_n zwischen dieser Achse und den Kegelmänteln der *Minima* halten sich an eine Beziehung, die äußerlich ganz der für die Maxima (!) eines Strichgitters (Kap. 7.20) gleicht:

$$\sin \alpha_n = \frac{n\lambda}{D}$$

(D ist hier der Durchmesser des beugenden Loches). Der Unterschied liegt in den n: Sie sind keine fortlaufenden ganzen Zahlen mehr, sondern nehmen nacheinander die Werte 1,22, 2,23, 3,24 usw. an. Hinter diesen krummen Zahlen verbirgt sich die nun schon etwas anspruchsvollere Mathematik der sog. *Bessel-Funktionen.*

Die Beugungsfigur eines feinen Loches ist naturgemäß lichtschwach und läßt sich darum so sehr bequem nicht beobachten. Hier hilft aber ein experimenteller Trick: Statt des feinen Loches nimmt man ein Sieb mit einer großen Anzahl gleichartiger feiner Löcher, die allerdings vollkommen unregelmäßig

Abb. 7.98

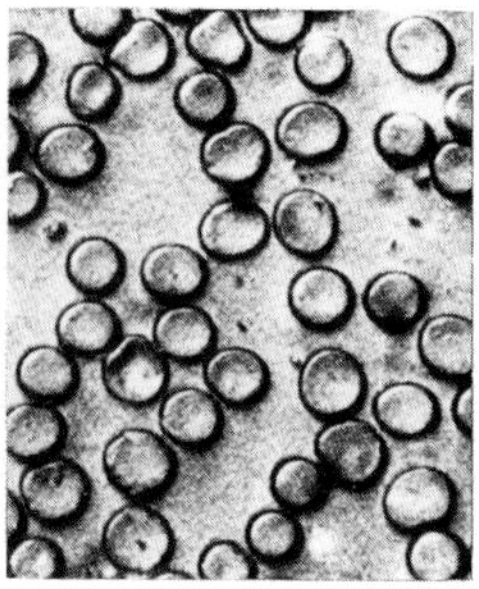

Abb. 7.99

Abb. 7.98. Beugungsfigur von ca. 5000 statistisch verteilten roten Blutkörperchen. In ihrer Form entspricht die Aufnahme (im wesentlichen) der Beugungsfigur eines kreisförmigen Loches oder einer Kreisscheibe. (Aufnahme von C. Ucke)

Abb. 7.99. Mikroskopische Aufnahme (Ausschnitt) des Präparates, das die Beugungsfigur der Abb. 7.98 geliefert hat: Erythrozyten aus dem Blut eines gesunden Menschen. Den Vergrößerungsmaßstab liefert Aufgabe 7.25. (Nach C. Ucke)

angeordnet sein müssen. Da sie gleiche Durchmesser haben, liefern sie auch gleiche Beugungskegel; daß deren Spitzen dicht nebeneinander liegen, stört in hinreichendem Abstand nicht mehr; die ganze Beugungsfigur ist halt verwaschen um den Durchmesser des Siebes (oder des beleuchtenden Laserbündels). Vor allem aber: sie ist heller entsprechend der Anzahl der beleuchteten Löcher. Deren unregelmäßige Anordnung hat dafür zu sorgen, daß sich den Beugungsringen nicht noch die Beugungsfigur eines Flächengitters überlagert.
Abb. 7.98 könnte die Beugungsfigur eines solchen Siebes oder auch eines einzelnen Loches sein, sie ist es aber nicht; sie stammt vielmehr von einer zum Sieb „komplementären" Struktur ab, von unregelmäßig angeordneten (nahezu) gleichen und (nahezu) kreisförmigen Scheibchen, von roten Blutkörperchen nämlich. Einem Arzt fällt es nicht schwer, ein entsprechendes Präparat herzustellen; er sticht sich in die Fingerspitze – eigens zu diesem Zweck hergestellte und keimfrei verpackte *Hämostiletten* hat er genügend im Schrank – verdünnt den austretenden Blutstropfen mit einer gerinnungshemmenden Lösung und streicht ihn auf einem mikroskopischen Deckgläschen zu dünner Schicht aus. Dann legen sich seine Erythrozyten flach und unregelmäßig nebeneinander auf das Glas (Abb. 7.99). Nach dem sog. *Babinetschen Theorem* liefern Scheibchen die gleiche Beugungsfigur wie entsprechend geformte Löcher (jedenfalls dort, wo das primäre Lichtbündel ohne Beugung nicht hingelangen würde).
Auf den ersten Blick mag das Babinetsche Theorem überraschen, unverständlich ist es aber keineswegs. Angenommen, man besitzt zwei exakt komplementäre beugende Strukturen, also ein Präparat mit beliebig geformten Scheibchen, die genau in die Löcher des komplementären Siebes passen. Dann lassen beide Präparate, gemeinsam in das Primärlichtbündel gestellt, überhaupt kein Licht hindurch. Für alle Gebiete außerhalb des Primärbündels, für dessen „Schattenbereich" also, ist es deshalb gleichgültig, ob beide Präparate gemeinsam vorhanden sind oder keines von beiden: So oder so bleibt es dunkel. Formal entsteht diese Dunkelheit aber durch Überlagerung der Beugungsfiguren beider Präparate; sie müssen sich überall im Schattenbereich gegenseitig weginterferieren. Das aber können sie nur, wenn ihre Wellensysteme überall gleiche Amplituden haben, diese aber in *Gegenphase*. Gleiche Amplituden bedeuten aber auch gleiche Beugungsfiguren, sofern nur jede für sich allein auftritt.
Je kleiner ein beugendes Scheibchen, desto größer sein Beugungsscheibchen. Schon 1823 hat Thomas Young aus Beugungsfiguren nach Art der Abb. 7.98 den mittleren Durchmesser von roten Blutkörperchen bestimmt. Auch heute ist dieses Verfahren weitaus einfacher als das Ausmessen unter dem Mikroskop, vor allem seit es den Laser als Lichtquelle gibt.

Aufgabe 7.25: Die Abb. 7.98 hat natürliche Größe. Sie ist entstanden im Licht eines He-Ne-Lasers ($\lambda = 632{,}8$ nm), bei der Aufnahme stand der photographische Film 65 mm hinter dem Präparat (menschliche Erythrozyten). Wie groß war deren mittlerer Durchmesser? – Wenn man den Ring des ersten Beugungsminimums auswertet, bleibt der Beugungswinkel klein genug, um Sinus und Tangens gleich setzen zu können.

Grundsätzlich liefert ein jedes beleuchtete Loch eine Beugungsfigur, selbst die Fassung einer Linse. Ein ideales, im Sinne der geometrischen Optik fehlerfreies Objektiv bildet deshalb eine punktförmige Lichtquelle nicht in einem Bild*punkt* ab, sondern als ausgedehntes Beugungsscheibchen. Dessen Durchmesser bestimmt z.B. das *Auflösungsvermögen* eines Mikroskopes: Zwei Detailpunkte eines Objektes können allenfalls dann noch getrennt wahrgenommen werden, wenn das Beugungsscheibchen des einen mit seinem Zentrum auf das erste Minimum des anderen fällt (Abb. 7.100). Um zu einer quantitativen Formel zu kommen, muß man freilich etwas weiter ausholen – der folgende Gedankengang gehört zur *Abbildungstheorie von Ernst Abbe.*

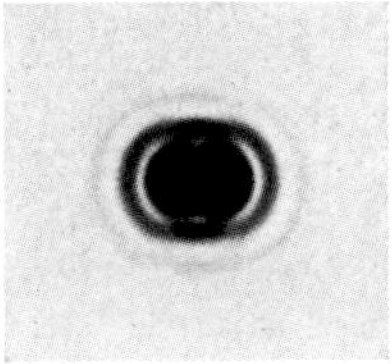

Abb. 7.100. Zum Auflösungsvermögen eines Mikroskopes: überlappende Beugungsscheibchen zweier Bildpunkte (photographisches Negativ). (Nach R.W. Pohl)

Von einer streng punktförmigen Lichtquelle würden streng kugelförmige Wellen ausgehen, die eine fehlerfreie Linse an sich in einen Punkt abbilden sollte. Die Beugung der Linsenfassung macht daraus ein Scheibchen, an dessen Form sich auch bei einem nicht mehr streng punktförmigen Wellenzentrum so lange nichts Wesentliches ändern wird, wie die Linse der Ansicht sein darf, bei ihr komme im Grunde eine Kugelwelle an. Dieser Ansicht darf sie aber sein, wenn sie nur von der 0. Ordnung der Beugungsfigur des nicht mehr punktförmigen Wellenzentrums getroffen und somit praktisch gleichmäßig ausgeleuchtet wird. Erst wenn die Linsenfassung auch das Maximum der ersten Beugungsordnung miterfaßt, kann die Linse das Bündel mit Sicherheit nicht mehr für eine Kugelwelle halten; folglich liefert sie nun am Bildort zwei mit Sicherheit trennbare Beugungsscheibchen. Wann das der Fall ist, bestimmt bei vorgegebenem Objekt der Öffnungswinkel des abbildenden Bündels vor dem Objektiv, genauer: dessen *numerische Apertur* (Kap. 7.13).
Angenommen, das Objekt sei ein mit parallelem Licht senkrecht beleuchteter Doppelspalt (Spaltabstand d). Dann verläßt ihn die erste Beugungsordnung unter einem Winkel α, gegeben durch $d \sin\alpha = \lambda$. Grundsätzlich kann sich das Objekt in einem Medium der Brechzahl n befinden, die sich in einem Immersionsöl über den ganzen Raum bis zur Frontlinse des Objektives ausbreitet. Dann sinkt die Wellenlänge auf den n-ten Teil ihres Wertes λ im Vakuum, weil ja die Ausbreitungsgeschwindigkeit des Lichtes (bei konstanter Frequenz) abnimmt. Daraus folgt

$$\sin\alpha = \frac{\lambda}{nd} \quad \text{und} \quad n \sin\alpha = \frac{\lambda}{d}.$$

Wenn das Licht der beiden ersten Beugungsordnungen noch von dem Objektiv erfaßt werden soll, so muß demnach für seine numerische Apertur A gelten

$$A = n \sin\varepsilon = \frac{\lambda}{d}.$$

Da A gegeben ist, bestimmt diese Beziehung den kleinsten auflösbaren Abstand d im Objekt. Hier zählt freilich nur die ausgenutzte, nicht die konstruktiv vorhandene Apertur: Wenn der Kondensor die Apertur des Objektives nicht erreicht, kostet das nicht nur Lichtstärke, sondern auch und vor allem Auflösungsvermögen.

7.23 Interferenzen in weißem Licht

Beugungsgitter als Spektralapparate haben einen wesentlichen Nachteil: Sie erfordern eine Vorzerlegung des einfallenden Lichtes, denn ihre Spektren überlagern sich in den verschiedenen Ordnungen, zumal den höheren.

Aufgabe 7.26: Für welche Wellenlänge fällt bei einem Beugungsgitter das Maximum 10. Ordnung zusammen mit dem Maximum 9. Ordnung von 500 nm?

Selbst in der ersten Ordnung darf das einfallende Licht nicht mehr als eine Oktave im Sinne der Akustik überdecken, also nicht mehr als den sichtbaren Bereich etwa. Daraus folgt aber auch, daß nur Interferenzen niedriger Ordnung so breite Bereiche aus dem sichtbaren Spektrum herausnehmen können, daß der Rest dem Auge farbig erscheint. Hierfür gibt es dann aber zahlreiche Beispiele, etwa die *Newtonschen Ringe*, die einen Photoamateur sehr ärgern können, wenn er seine Diapositive zwischen Glasplatten rahmt: Sie treten als Interferenzfigur zweier Spiegelbilder auf, sobald sich Film und Glasplatte auf etwa eine Wellenlänge nähern. Analog können dünne, großflächige und einigermaßen gleichmäßige Schichten herrliche Schillerfarben erzeugen, wie Öllachen im Hafenwasser. Kunstvoll gezüchtet wird ein entsprechender Effekt bei den *reflexvermindernden Schichten* auf Brillengläsern und photographischen Objektiven: Hier interferieren sich die Reflexionen von beiden Seiten der Schicht fast im ganzen sichtbaren Spektralbereich weg. Der Energiesatz verlangt, daß die nicht mehr reflektierte Strahlungsleistung durchgelassen werden muß.

Quantenoptik

7.24 Das Lichtquant

Die Wellennatur des Lichtes wird durch Beugung und Interferenz unwiderleglich bewiesen. Trotzdem gibt es optische Effekte, die sich mit der Vorstellung elektromagnetischer Wellen einfach nicht deuten lassen; zu ihnen gehört der *äußere Photoeffekt*, beobachtet und auch technisch genutzt in der *Vakuum-Photozelle* (Abb. 7.101). Ein evakuierter Glaskolben trägt

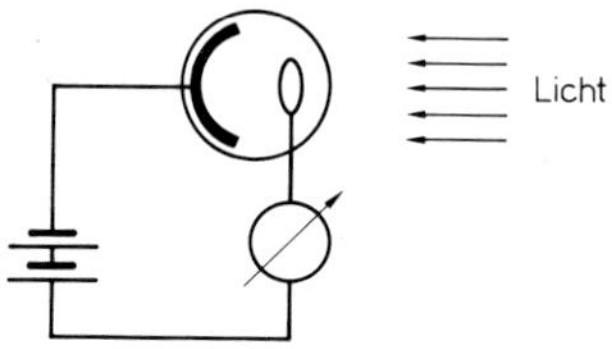

Abb. 7.101. Vakuum-Photozelle, schematisch

innen auf seiner Rückseite die großflächige *Photokathode*, ihr gegenüber steht eine bescheidene, meist ringförmig ausgebildete Anode. Wenn die Temperatur nicht ausreicht, so kann auch Licht Metallelektronen helfen, die Austrittsarbeit zu überwinden. Es fließt dann ein *Photostrom* durch die Zelle, der einen von der Bestrahlungsstärke des Lichtes abhängigen Sättigungswert annimmt, sobald die außen angelegte Hilfsspannung groß genug ist. Das Licht gibt aber den emittierten *Photoelektronen* auch von sich aus eine kinetische Energie mit, die ihnen erlaubt, auch ohne Hilfsspannung zur Anode zu kommen, ja sogar gegen eine negative äußere Spannung anzulaufen, solange diese einen Grenzwert nicht überschreitet – insofern entspricht die Kennlinie einer Vakuum-Photozelle der einer Vakuum-Diode mit Glühkathode (Abb. 5.104 von Kap. 5.29). Unterbricht man den Stromkreis, so stellt eine beleuchtete Photozelle diesen Grenzwert der Gegenspannung als Leerlaufspannung U_L selbst ein.

Hier nun liefert das Experiment ein zunächst völlig überraschendes Ergebnis: U_L ist unabhängig von der Bestrahlungsstärke, unabhängig also von der Stärke der hochfrequenten elektrischen und magnetischen Wechselfelder des Lichtes, aus denen die Photoelektronen ihre Energie beziehen müssen! Tatsächlich wird bei vorgegebener Photozelle die Leerlaufspannung allein bestimmt von der kürzesten Wellenlänge, die im Gemisch des einfallenden Lichtes vertreten ist. Strahlt man monochromatisch ein, so findet man den in Abb. 7.102 dargestellten Zusammenhang: Der Photoeffekt setzt überhaupt erst bei einer Grenzfrequenz ν_g ein – von da ab steigt U_L linear mit der Frequenz ν an. Die Bestrahlungsstärke beeinflußt lediglich die Anzahl der in der Zeiteinheit emittierten Photoelektronen, nicht ihre kinetische Energie.

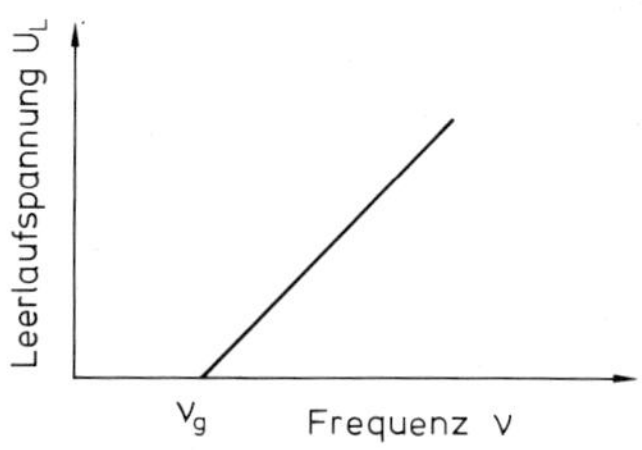

Abb. 7.102. Abhängigkeit der Leerlaufspannung U_L einer Vakuum-Photozelle von der Frequenz ν des Lichtes. Die Grenzfrequenz ν_g, von der ab der Photoeffekt erst auftritt, hängt vom Material der Photokathode ab, nicht aber von der Bestrahlungsstärke des Lichtes

Es mag verwundern, aber diese gar nicht so sehr aufregende Beobachtung läßt sich mit den Modellen der sog. *klassischen Physik*, wie sie bisher in diesem Buch behandelt wurden, nicht mehr erklären. Man muß schon die *Quantenmechanik* zu Hilfe nehmen, die in den zwanziger Jahren schier einen „Umsturz im Weltbild der Physik" ausgelöst hat (so der Titel eines Buches aus dieser Zeit). Ihre Grundlage, die *Quantenhypothese*, war nicht vorherzusehen, ist aber inzwischen durch zahllose Beobachtungen zuverlässig experimentell bestätigt. Sie besagt: Ein rotierendes Rad, ein schwingendes Pendel, kurz jedes System, das einen periodischen Vorgang mit der Frequenz ν ausführt, kann die Energie dieses Vorganges nicht kontinuierlich ändern, sondern nur in Sprüngen mit der

Quantenenergie $W_Q = h\nu$.

Hier ist h eine fundamentale Naturkonstante, das *elementare Wirkungsquantum*, nach dem Entdecker auch *Planckkonstante* genannt: $h = 6{,}6262 \cdot 10^{-34}$ Js $= 4{,}1357 \cdot 10^{-15}$ eV s.

Das ist nicht viel. Die Unruh einer Taschenuhr bringt es mit ihrer Frequenz von einigen Hertz auf eine Quantenenergie um 10^{-14} eV, bei weitem zu wenig für einen experimentellen Nachweis. Die Schwingungsenergie selbst liegt um viele Zehnerpotenzen höher; vor dem Stehenbleiben schwingt das Drehpendel praktisch kontinuierlich nach einer e-Funktion aus. Ganz anderes gilt für Molekülschwingungen. Viele liegen mit ihren Frequenzen bei 10^{14} Hz; das entspricht Quantenenergien nicht weit unter einem eV. Für ein Molekül ist das schon eine ganze Menge; ein paar Quanten genügen, um es zu sprengen.

Im Prinzip wird eine Welle immer von einem Oszillator ausgesandt oder absorbiert. Der aber kann der Welle Energie nur in Quanten zuführen oder entziehen:

Licht läuft als Welle – emittiert und absorbiert wird es aber in Quanten.

Infolgedessen kann auch ein Elektron in der Photokathode bei Lichteinstrahlung nicht mehr als die Energie eines absorbierten Quants aufnehmen. Es kommt dann aus dem Metall heraus, wenn W_Q die Austrittsarbeit W_A (s. Kap. 5.28) überschreitet, wenn also

$$h\nu = W_Q > h\nu_g = W_A .$$

Die Differenz behält das Elektron als kinetische Energie W_{kin}, mit ihr kann es gegen die Leerlaufspannung U_L gerade nicht mehr anlaufen, wenn

$$h\nu - W_A = h(\nu - \nu_g) = W_{\text{kin}} = e_0 U_L ;$$

daher also der lineare Zusammenhang zwischen ν und U_L. Eine Änderung der Bestrahlungsstärke bedeutet dagegen nur eine Änderung der Stromdichte der auftreffenden Quanten und damit der Stromdichte der emittierten Elektronen. Unter einer *energiereichen Strahlung* versteht man im Bereich der elektromagnetischen Wellen eine Strahlung hoher Quantenenergie, nicht etwa hoher Strahlungsleistung.

Leichter als die Planck-Konstante merkt man sich die Beziehung

$$W_Q = h\nu = h\frac{c}{\lambda} = \frac{1{,}24}{\lambda} \text{ eV } \mu\text{m}.$$

Zu nahem Infrarot ($\lambda < 1\ \mu$m) gehören Quanten um 1 eV.

Aufgabe 7.27: In welchem Energiebereich liegen die Quanten sichtbaren Lichts?

Aufgabe 7.28: Welchen „Quantenstrom“ (gemessen in Anzahl der Quanten durch Sekunde) gibt ein Laser in sein Lichtbündel, wenn er bei der Wellenlänge 632,8 nm ca. 5 mW abstrahlt?

7.25 Röntgenstrahlen

In der Photozelle geben Quanten ihre Energie an Elektronen ab. Just das Umgekehrte geschieht in der *Röntgenröhre:* Elektronen erzeugen Quanten. Sie stammen aus einer Glühkathode, werden durch ein elektrisches Feld beschleunigt und auf die Anode geschossen (Abb. 7.103). Diese bremst sie in wenigen Atomabständen wieder auf normale Geschwindigkeiten herunter; dabei geht der größte Teil der Elektronenenergie in Wärme über – nur einen kümmerlichen Rest in der Größenordnung Prozent übernehmen Quanten.

Jedes Elektron bezieht die kinetische Energie W_{kin}, die es an die Anode abgibt, aus

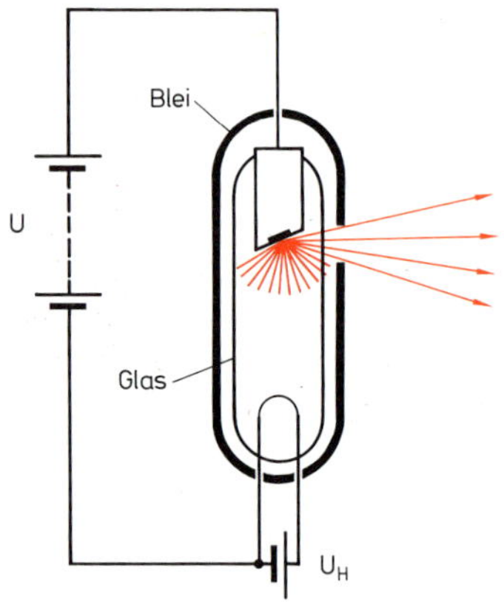

Abb. 7.103. Aufbau einer Röntgenröhre, schematisch. Aus der Glühkathode, geheizt mit der Heizspannung U_H, treten Elektronen aus, die von der Anodenspannung U beschleunigt mit der kinetischen Energie $e_0 U$ auf die Anode treffen und dort beim Abbremsen Röntgenquanten auslösen

der Anodenspannung U:

$$W_{\text{kin}} = e_0 U$$

(im praktischen Fall kann die thermische Energie, die es von der Glühkathode mitbringt, vernachlässigt werden). Im günstigsten Fall gibt ein Elektron diesen Betrag auch einmal voll an ein einzelnes Quant weiter, zumeist aber nur einen größeren oder kleineren Bruchteil.

Folglich existiert für die Quantenenergie $h\nu$ eine obere Grenze

$$h\nu \leq e_0 U$$

und für die Wellenlänge der ausgesandten Röntgenstrahlung eine untere Grenze

$$\lambda \geq \frac{hc}{e_0 U}.$$

Das vollständige *Röntgen-Bremsspektrum* zeigt Abb. 7.104. Es ist vom Material der Anode unabhängig und kann in seiner Verteilung nur durch die Anodenspannung beeinflußt werden. Steigert man sie, so verschiebt sich das Spektrum zu kürzeren Wellen: die

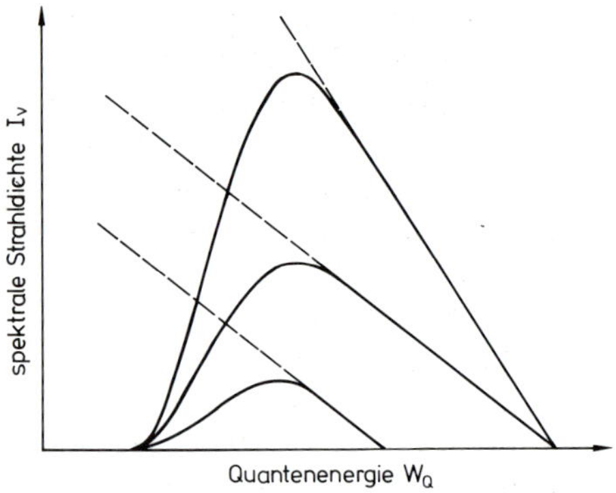

Abb. 7.104. Bremsspektrum einer Röntgenröhre, schematisch. Der Abfall bei kleinen Quantenenergien W_Q ist eine Folge der Filterung durch das Strahlenaustrittsfenster; im Vakuum der Röhre setzt sich das Spektrum entsprechend der gestrichelten Geraden fort. Eine Erhöhung der Anodenspannung U verschiebt die Gerade parallel zu sich selbst nach rechts (untere und mittlere Kurve), die gesamte Strahldichte I steigt dabei überproportional zu U an. Eine Erhöhung des Anodenstromes dreht die Gerade um ihren Schnittpunkt mit der Abszisse, um die kurzwellige Grenze des Spektrums (mittlere und obere Kurve), I steigt proportional zum Strom. Da W_Q der Frequenz ν proportional ist, muß als Ordinate die spektrale Strahldichte $I_\nu = dI/d\nu$ aufgetragen werden

Strahlung wird *härter*. Zugleich wird sie *intensiver*, weil die von den Elektronen umgesetzte Leistung zunimmt. Die Intensität läßt sich aber auch unabhängig von der Anodenspannung durch den *Heizstrom* der Glühkathode steuern: er bestimmt deren Temperatur und damit den Emissionsstrom.

Aufgabe 7.29: Eine Therapieröhre werde mit 150 kV Anodenspannung und 20 mA Elektronenstrom betrieben. a) Wie groß ist die höchste Quantenenergie im Bremsspektrum? b) Welche Leistung wird in der Röhre umgesetzt? c) In welcher Größenordnung liegt die Leistung der erzeugten Röntgenstrahlung?

Die letzte Aufgabe zeigt, daß in einer Röntgenröhre nicht wenig Energie in Wärme umgesetzt wird, der schlechte Nutzeffekt und die hohen Anodenspannungen sorgen dafür. Kleinere Anlagen wie die beim Zahnarzt dürfen für Aufnahmen deshalb immer nur sekundenweise eingeschaltet werden und brauchen dann eine längere Pause. Der Dauerbetrieb der Therapieröhre verlangt intensive Kühlung. In jedem Fall ist die thermische Belastung der Anode am Ort des *Brennfleckes*, auf den der Elektronenstrahl konzentriert wird, beträchtlich. Medizinisch genutzte Röhren tragen dort ein kräftiges Stück Wolfram-Blech (Schmelzpunkt 3650 K), eingelassen in Kupfer, das die Wärme gut ableitet. An kleinen Brennflecken muß man zumindest in der Diagnostik interessiert sein: Röntgenbilder sind Schattenbilder – es gibt kein Material, aus dem sich Röntgenlinsen im Sinne der geometrischen Optik herstellen ließen. Die Zeichenschärfe wird deshalb entscheidend vom Durchmesser der Lichtquelle, d.h. des Brennfleckes bestimmt.

Das volle Röntgenbremsspektrum läßt sich nur in Spezialapparaturen ausmessen; normalerweise nimmt bereits der Glaskolben der Röhre den langwelligen Teil heraus. In der Klinik werden zusätzlich Metallfilter (etwa aus Aluminium) in den Strahlengang gesetzt, die wiederum bevorzugt die langen Wellen absorbieren. Ziel ist, die Strahlung hart und durchdringungsfähig zu machen, denn damit sinkt bei der Durchleuchtung die Strahlenbelastung für den Patienten: Nur Energie, die auch absorbiert wird, hat biologische Wirkung und kann Strahlenschäden auslösen. Ein Teil freilich muß absorbiert werden, denn sonst gäbe es keinen Kontrast im Röntgenbild. Knochen erscheinen im Negativ hell – sie absorbieren stärker und sind darum auch stärker gefährdet. – Knochen absorbieren Röntgenlicht stärker, weil sie das verhältnismäßig schwere Element Calcium enthalten – das umgebende Gewebe besteht ja im wesentlichen nur aus den leichten Atomen des Kohlenstoffs, des Sauerstoffs und des Wasserstoffs.

Auch Röntgenstrahlen folgen beim Durchgang durch Materie dem Lambert-Beerschen Gesetz (Kap. 7.17) – jedenfalls näherungsweise. Nur definiert man statt der Absorptionskonstanten k einen *Schwächungskoeffizienten* μ:

$$\frac{I}{I_0} = \exp(-\mu d)$$

(I_0 = auffallende, I = von der Schicht der Dicke d durchgelassene Strahlungsleistung). Häufig benutzt wird auch die *Halbwertsdicke* Λ, um ein homogenes Material zu kennzeichnen; es gilt

$$\Lambda = \frac{\ln 2}{\mu}.$$

Aufgabe 7.30: Warum?

Atome absorbieren Röntgenstrahlen unabhängig von der chemischen Bindung, unabhängig von dem Molekül, in dem sie sich befinden. Nur ihre Art und ihre Anzahl sind von Bedeutung. Dadurch läßt sich die Absorption von Röntgenlicht in mancher Beziehung einfacher behandeln als die von sichtbarem. Die Anzahldichte n_i, mit der eine bestimmte, mit dem Index i gekennzeichnete Atomart in irgendeiner Substanz vertreten ist, bedeutet auch eine Massendichte ρ_i, mit der sie sich an der gesamten Massendichte ρ der Substanz beteiligt. Kennt man deren chemische Zusammensetzung, so kann man über Atomgewichtstabellen leicht aus ρ die einzelnen ρ_i bestimmen. Weil sich nun die Röntgenabsorptionen verschiedener Atomarten einer Substanz einfach addieren, genügt es, für alle chemischen Elemente einen (wellenlängenabhängigen) *Massenschwächungskoeffizienten* μ_m, definiert durch

$$\mu_m = \frac{\mu}{\rho},$$

zu tabellieren: Man kann dann für jede Substanz und jedes Substanzgemisch μ_m über die Dichteanteile ihrer Komponenten berechnen. Damit kennt man über ρ aber auch den *linearen* Schwächungskoeffizienten μ.

Röntgenstrahlen werden weit stärker gestreut als sichtbares Licht: Für Röntgenaugen wären die Menschen zwar bis zu einem gewissen Grade durchsichtig, die

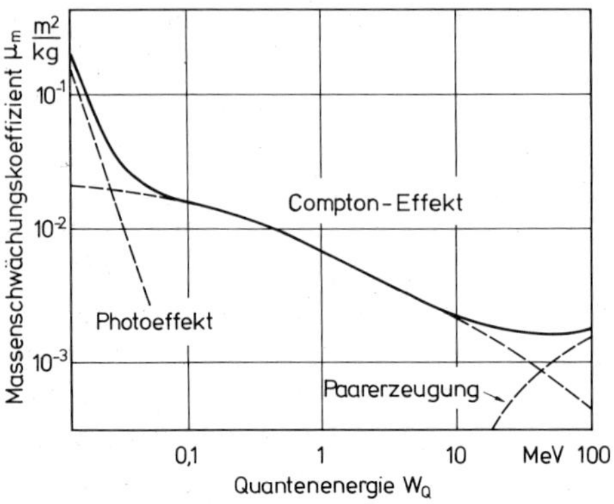

Abb. 7.105. Massenschwächungskoeffizient μ/ρ des Wassers; er stimmt praktisch mit dem des biologischen Gewebes überein. Bei kleinen Quantenenergien überwiegt der *Photoeffekt*, bei mittleren der *Compton-Effekt*, bei hohen die *Paarbildung*. Bei schwereren Atomen rücken Photoeffekt und Paarbildung aufeinander zu und engen den Bereich des Compton-Effektes ein

Welt läge aber auch in einem ständigen Dunstschleier. Der Schwächungskoeffizient μ_m setzt sich deshalb aus einem echten Absorptionskoeffizienten τ_m und einem Streukoeffizienten σ_m additiv zusammen:

$$\mu_m = \tau_m + \sigma_m .$$

Weil Strahlung, die aus einem Bündel herausgestreut worden ist, durch Vielfachstreuung wieder hereinkommen kann, hält sich die Schwächung auch monochromatischer Röntgenstrahlung nicht exakt an eine Exponentialfunktion. Zudem erschwert die auch in Zimmerluft beträchtliche Streuung den Strahlenschutz: Es genügt nicht, daß sich eine Röntgenschwester aus dem direkten, auf den Patienten gerichteten Bündel heraushält – sie muß sich schon hinter eine Schutzmauer ins Nebenzimmer begeben. Der Bestrahlungsraum ist völlig von Streulicht durchsetzt.
Leichte Atome, die am Anfang des *periodischen Systems der Elemente* stehen, absorbieren Röntgenstrahlung nur wenig; mit steigender *Atomnummer Z* nimmt das Schwächungsvermögen ganz erheblich zu (deshalb erscheinen, wie erwähnt, Knochen im Röntgen-Negativ hell). Langwellige, *weiche* Röntgenstrahlung wird allgemein weit stärker absorbiert als kurzwellige, *harte*. Das gilt in besonders hohem Maß für den *Photoeffekt*, bei dem ein einzelnes Elektron die gesamte Quantenenergie auf einen Schlag übernimmt. In biologischem Gewebe wird μ_m bis etwa 50 keV vom Photoeffekt bestimmt (Abb. 7.105), darüber herrscht der weniger frequenzabhängige *Compton-Effekt* (Kap. 8.06). Entgegengesetzten Frequenzgang hat die Absorption bei der *Paarbildung* (Kap. 8.11); sie setzt aber erst bei Quantenenergien ein, die medizinisch kaum genutzt werden.

Aufgabe 7.31: Welcher Anteil der Strahlungsenergie steht bei einer Durchleuchtung des Magen-Darm-Traktes für die Belichtung des Röntgenfilmes noch zur Verfügung, welcher Anteil wird im Gewebe absorbiert? Zur Vereinfachung der Abschätzung soll folgendes angenommen werden: die Röntgenstrahlung ist monochromatisch mit 50 keV Quantenenergie, das Gewebe verhält sich wie Wasser und besitzt eine gleichmäßige Schichtdicke von 20 cm. Der Massenschwächungskoeffizient wird der Abb. 7.105 entnommen. Wer diese Aufgabe löst, wundert sich etwas weniger darüber, daß die zivilisationsbedingte Strahlenbelastung des Mitteleuropäers im wesentlichen von der medizinischen Röntgendiagnose herrührt.

An dieser Stelle sei die Behandlung der Röntgenstrahlen vorerst unterbrochen; wie immer man die Physik in einzelne, säuberlich getrennte Abschnitte aufzuteilen versucht, bestimmte Gebiete werden dadurch zerschnitten.

7.26 Energiezustände

Die Quantenhypothese behauptet zunächst nur einen festen Zusammenhang zwischen Quantenenergie und Frequenz der zugehörigen Strahlung – blaues Licht liefert eine vorgegebene Leistung mit kleinerem Quantenstrom als rotes – grundsätzlich sind aber alle Wellenlängen und alle Quantenenergien erlaubt. Tatsächlich sendet eine Röntgenröhre ja auch ein kontinuierliches Bremsspektrum aus. Das ändert sich, wenn die zwischen Elektron und Quant ausgetauschte Energie zwischendurch von einem Atom aufbewahrt wird, und sei es auch für weniger als eine Nanosekunde. Einen experimentellen Beweis liefert der *Franck-Hertz-Versuch.*

Kernstück seiner Versuchsanordnung bildet eine etwas abgewandelte Vakuum-Triode (Kap. 5.29) – abgewandelt, weil sie einen Tropfen Quecksilber in den Glaskolben bekommt und in einen kleinen Ofen geschoben wird, so daß sich in ihr ein vorgebbarer Hg-Dampfdruck einstellt. Auch die Spannungen werden abweichend von der Norm angelegt (Abb. 7.106): ein hohes, variables und vor allem positives Potential U_G für das Gitter, ein ebenfalls positives, aber um eine relativ kleine Gegenspannung ΔU vermindertes Potential U_A für die Anode; die Glühkathode bleibt geerdet. Zum Anodenstrom I können demnach nur solche Elektronen beitragen, deren kinetische Energie

$$W_{\text{kin}} > e_0 \, \Delta U$$

ist, denn sonst vermöchten sie ja nicht, die Gegenspannung zu überwinden. Sobald $U_G > \Delta U$, sollte dies aber allen Elektronen möglich sein – es sei denn, sie hätten unterwegs, etwa durch Stoß mit den Hg-Atomen im Dampf, soviel Energie verloren, daß ihnen der kritische Betrag $e_0 \, \Delta U$ nicht mehr übrig bleibt.

Dies geschieht tatsächlich, und zwar auf recht merkwürdige Art, wie die in Abb. 7.107 dargestellten Meßergebnisse zeigen: Zwar steigt der Anodenstrom I mit wachsender Gitterspannung U_G zunächst an, weil höheres Feld mehr Elektronen aus der Glühkathode absaugt, bei 4,9 V Gitterspannung gibt es aber einen kräftigen Einbruch, der sich dann regelmäßig wiederholt. Man muß daraus schließen, daß die Wahrscheinlichkeit für einen energieübertragenden Stoß zwischen Elektron und Hg-Atom sprunghaft zunimmt, wenn die kinetische Energie des Elektrons 4,9 eV überschreitet; genau diesen Energiebetrag nimmt das Quecksilberatom dem stoßenden Elektron besonders gern weg. Ist U_G groß genug, so kann das Elektron nach dem Stoß noch ein zweites oder drittes Mal anlaufen. Wichtig ist nun dies: Sobald es zu den 4,9 eV übertragenden Stößen kommt, leuchtet der Hg-Dampf auf, wenn auch für das Auge nicht sichtbar. Er emittiert im Ultravioletten, monochromatisch mit $\lambda = 253{,}7$ nm.

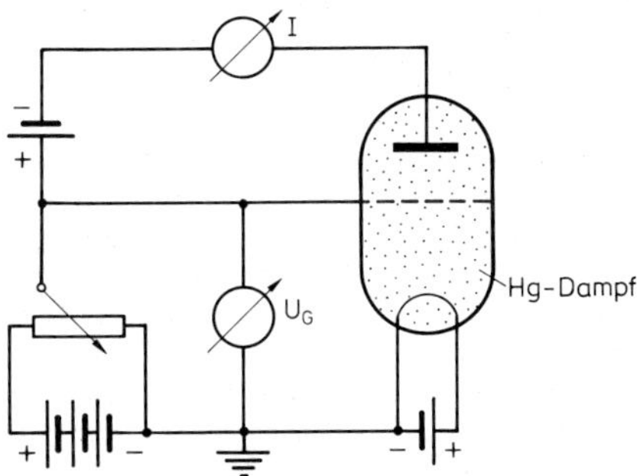

Abb. 7.106. Franck-Hertz-Versuch, schematisch. Die Elektronen aus der Glühkathode werden durch die Gitterspannung U_G beschleunigt. Eine Gegenspannung zwischen Gitter und Anode sorgt dafür, daß nur solche Elektronen zum Strom I beitragen können, die unterwegs keine nennenswerte Energie durch Stoß verloren haben

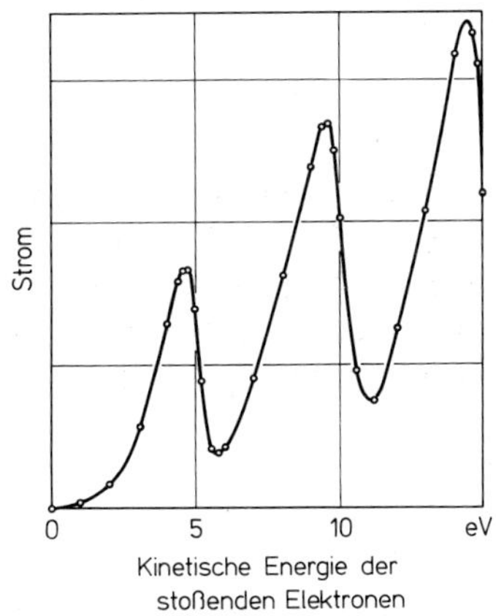

Abb. 7.107. Messung zum Franck-Hertz-Versuch: Hg-Atome nehmen bevorzugt eine Energie von 4,9 eV durch Elektronenstoß auf. (Nach R.W. Pohl)

Der Franck-Hertz-Versuch bekommt folgende Deutung: Das Hg-Atom besitzt einen *Grundzustand* und einen *angeregten Zustand*, der um 4,9 eV über dem Grundzustand liegt – nach der physikalischen Natur dieser „Zustände" soll zunächst nicht gefragt werden. Bringt das stoßende Elektron genügend kinetische Energie mit, so kann es das Atom mit 4,9 eV *anregen*. Kurz darauf fällt dieses wieder in den Grundzustand zurück (*Abregung*) und strahlt dabei die freiwerdende Energie, d.h. die Differenz von 4,9 eV zwischen den beiden *Energie-Niveaus*, als Lichtquant ab.

Aufgabe 7.32: Welcher Wert folgt aus den für den Franck-Hertz-Versuch an Quecksilber angegebenen Zahlen für das Elementarquantum h?

Quecksilberdampflampen – als *Höhensonnen* allgemeiner bekannt – strahlen neben dem zur Hautbräunung so begehrten ultravioletten Licht auch reichlich sichtbares ab, ein ganzes System diskreter *Spektrallinien*. Das Atom besitzt deshalb nicht nur einen einzigen angeregten Zustand: Ihm kommt ein verwickeltes *Niveau-Schema* zu (Abb. 7.108), das, durch *Auswahlregeln* begrenzt, mancherlei Übergänge mit entsprechend unterschiedlichen Quantenenergien erlaubt. Die Auswahlregeln legen nahe, die Niveaus zu Leitern zusammenzufassen; Einzelheiten brauchen hier nicht erörtert zu werden. Wichtig ist vor allem dies: Ein Atom kann lediglich diejenigen energetischen Zustände annehmen, die in seinem Niveau-Schema verzeichnet sind; Übergänge verlangen Aufnahme oder Abgabe eines entsprechenden festen Energiebetrages, möglicherweise, aber nicht notwendigerweise in Form eines Quants: Angeregte Atome senden ein *Linienspektrum* aus, Abb. 7.109 zeigt einen Ausschnitt aus dem des Wasserstoffs.

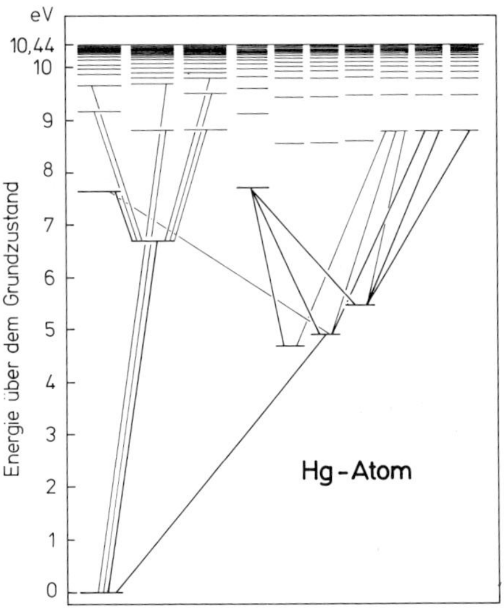

Abb. 7.108. Niveau-Schema des Quecksilbers. (Nach R.W. Pohl)

Auf den ersten Blick erkennt man hier zwei *Spektralserien;* sie tragen die Namen ihrer Entdecker. Alle Linien einer Serie entsprechen im Niveau-Schema Übergängen auf einen gemeinsamen unteren Zustand – bei der Lyman-Serie ist es der Grundzustand (Abb. 7.110). Daraus folgt: Die Differenz der Kehrwerte der Wellenlängen λ_1 und λ_2 der beiden ersten Linien der Lyman-Serie ist genau so groß wie der Kehrwert der Wellenlänge λ_B der ersten

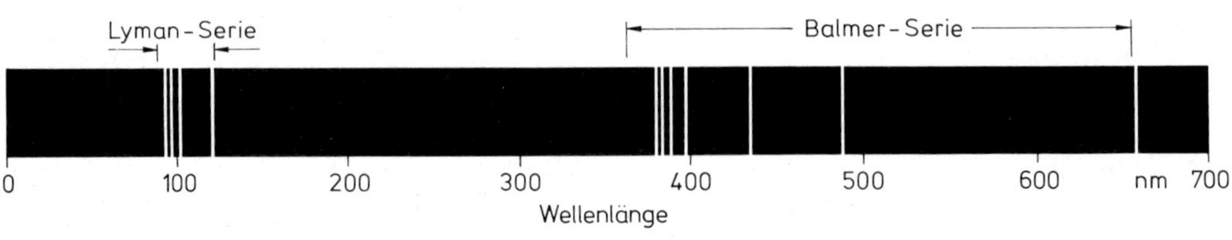

Abb. 7.109. Spektrum des Wasserstoffs (Ausschnitt), die stärkeren Linien nach einer Aufnahme gezeichnet. Bis zur kurzwelligen Seriengrenze folgen noch zahlreiche, dichterliegende schwächere Linien

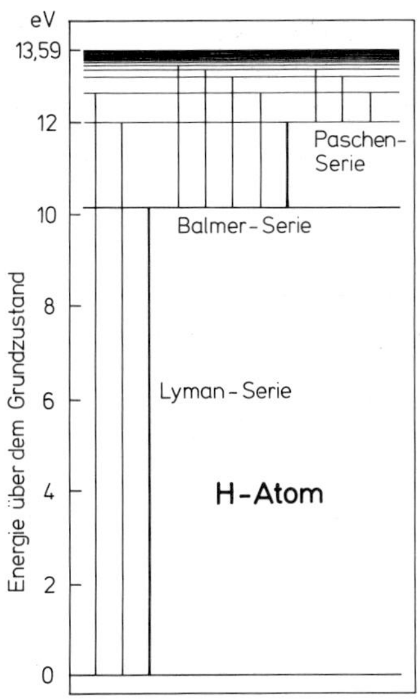

Abb. 7.110. Niveau-Schema des Wasserstoff-Atoms. (Nach R.W. Pohl)

Linie der Balmer-Serie, d.h.

$$\frac{1}{\lambda_1}-\frac{1}{\lambda_2}=\frac{1}{\lambda_B}.$$

Dieser Zusammenhang überraschte seine Entdecker noch sehr; Quantenhypothese und Niveauschema lassen ihn als selbstverständlich erscheinen.

Aufgabe 7.33: Wieso?

Allgemein läßt sich sagen: Kennt man zwei Linien aus dem Spektrum eines Atoms, so kann man aus ihnen auf eine dritte schließen; daß sie tatsächlich auftritt, stützt das Modell. Das Niveau-Schema eines jeden Atoms und Moleküls ist aus seinem Linienspektrum hergeleitet worden.

7.27 Spektren

Für die Emission eines Linienspektrums ist es gleichgültig, durch welchen Mechanismus die Atome angeregt wurden – ob nun durch Elektronenstoß in einer Gasentladung oder einfach nur durch die thermische Energie einer hinreichend hohen Temperatur. Die normalerweise fast unsichtbare Flamme eines Bunsenbrenners färbt sich leuchtend gelb, sobald auch nur eine Spur von Kochsalz in sie eingebracht wird; ein Fingerabdruck auf einem Stäbchen aus Quarzglas genügt bereits. Ursache ist eine charakteristische Doppellinie im Emissionsspektrum des Natrium-Dampfes (es handelt sich um die sog. D-Linien bei 589,0 und 589,6 nm). Diese *Flammenfärbung* liefert hier eine überaus empfindliche Nachweisreaktion für Natrium – zu anderen Elementen gehören andere Linien und Farben. In der *Spektralanalyse* wird diese Möglichkeit, chemische Elemente zu erkennen, zu hoher technischer Vollkommenheit getrieben.

Strahlt man Glühlicht durch Natriumdampf, so findet man im kontinuierlichen Spektrum zwei dunkle Linien, und zwar genau bei den Wellenlängen der D-Linien: Spektren erscheinen auch in Absorption, Atome können Quanten auch zur Anregung benutzen. Führt nun ein optisch angeregtes Atom bei der Abregung den gleichen *Quantensprung* aus wie zuvor, nur eben rückwärts, so sendet es auch ein Quant aus, dessen Energie mit der des aufgenommenen übereinstimmt: Die anregende Strahlung wird ohne Frequenzänderung *gestreut*. Zwischen Absorption und Emission vergeht aber eine gewisse Zeit; sie hängt von der *Lebensdauer* des angeregten Zustandes ab. Die beiden Quanten wissen also weiter nichts voneinander, die Phasen der zugehörigen Wellen stehen in keiner Beziehung: Die Streuung erfolgt *inkohärent*.

Führte der Quantensprung der Anregung über mehrere Niveaus, so darf das Atom in mehreren Einzelschritten zum Ausgangszustand zurückkehren. Jedes der emittierten Quanten ist dann kleiner, jede der zugehörigen Strahlungen langwelliger als bei der Absorption – nur in summa muß der Energiesatz eingehalten werden. Auf diesen Mechanismus lassen sich einige Substanzen geradezu züchten, die *Leuchtstoffe*. Sie erlauben z.B., ultraviolettes und Röntgenlicht sichtbar zu machen: Sie lassen sich von ihm anregen und strahlen dann selber im Sichtbaren wieder ab. Liegt die Lebensdauer der angeregten Zustände unter etwa 10^{-8} s, so spricht man offiziell von *Fluoreszenz*, andernfalls von *Phosphoreszenz*; Oberbegriff zu beidem ist *Lumineszenz*. Ein Leuchtstoff muß nicht auf optische Anregung hin gezüchtet werden; der Bildschirm des Fernsehapparates verlangt *Elektrolumineszenz*, das Glühwürmchen betreibt *Biolumineszenz*.

Aufgabe 7.34: Warum gibt es keinen Leuchtstoff, der infrarotes Licht sichtbar macht?

Atome tragen ihr Linienspektrum wie eine Visitenkarte mit sich herum, aber nur, solange sie selbständige Atome sind, also in Gas und Dampf. Sobald sie sich in chemischer Bindung einem Molekül anschließen, vergessen sie ihr Spektrum (jedenfalls im Ultravioletten und Sichtbaren); die Struktur des Moleküls bestimmt das neue Niveau-Schema. Hier nun kommt das Anschauungsvermögen des Menschen in Schwierigkeiten: In Kap. 7.17 waren die infraroten Absorptionsbanden organischer Moleküle als Resonanzkurven von Oszillatoren aufgefaßt worden, Molekülteile können gegeneinander schwingen – mit dem gleichen Recht darf man die Banden aber auch als Folge des energetischen Abstandes zweier angeregter Zustände im Molekül auffassen. Sie sind nur deshalb nicht scharf und monochromatisch, weil die Lage der Niveaus statistisch schwanken darf (auch Spektral*linien* sind nicht unendlich scharf). Die Schwankungen werden um so größer, je dichter man die Atome zusammenpackt und je mehr thermische Energie man ihnen zur Verfügung stellt. Deshalb sendet ja auch glühendes Metall ein kontinuierliches Spektrum aus, obwohl es aus Atomen besteht: Die Niveaus sind so sehr *verschmiert*, daß ihre Abstände alle gewünschten Quantensprünge erlauben.

Strenggenommen sind alle Vorgänge *gequantelt*, für die sich überhaupt eine Frequenz definieren läßt. Strenggenommen kann das Pendel einer Standuhr Reibungsenergie nur in Quanten abgeben. Praktische Bedeutung hat diese Quantelung nicht, weil die Quantenenergie so klein und die Schwingungsenergie so groß ist. Wäre es anders, so gehörten Quanteneffekte zu den Erfahrungen des Alltags, und das Anschauungsvermögen hätte sich auf sie eingestellt.

7.28 Der Laser

Normalerweise führen die Atome einer Gasentladung ihre Quantensprünge völlig unabhängig voneinander aus – entsprechend ist das ausgesandte Licht inkohärent. Von dieser Regel gibt es aber eine markante Ausnahme: den *Laser*. Sie sei am Beispiel des Helium-Neon-Lasers (He-Ne-Laser) besprochen.

Das Helium dient hier nur der leichteren Anregung; aus nicht weiter zu erörternden Gründen nimmt es relativ gern eine bestimmte Anregungsenergie durch Elektronenstoß auf. Zufällig besitzt auch das Neon einen angeregten Zustand dieser Energie; auf ihn kann das Helium seine Anregungsenergie übertragen und dabei strahlungslos in den Grundzustand zurückkehren. Damit hat es seine Schuldigkeit getan. Das Neon-Atom bevorzugt nun einen Übergang, bei dem es ein infrarotes Quant ($\lambda = 1{,}15$ µm) aussendet – und landet in einer Sackgasse: Der neue Anregungszustand ist *metastabil*, er hat übernormal hohe Lebensdauer.

Infolgedessen geraten ungewöhnlich viele Atome in diesen Zustand: Sie möchten zwar herunterspringen, aber sie wagen es nicht. Irgendwann riskiert es ein Atom im metastabilen Zustand aber doch: Dann sendet es ein Quant der *Laserlinie* von 632,8 nm Wellenlänge aus, und dieses Quant verbreitet die Kunde von dem mutigen Springer. Die Folge: andere wagen es nun auch. Weil sie aber nicht aus eigenem Entschluß gesprungen sind, sondern auf Abruf gewartet haben, darf die Strahlung des ersten Quantes die Phasenlage vorgeben: Alle anderen Quanten schließen sich ihr an. Abb. 7.111 versucht, diesen Vorgang der *stimulierten Emission* anschaulich darzustellen. Von ihm hat der Laser seinen Namen: *L*ight *A*mplification by *S*timulated *E*mission of *R*adiation. Weil die Strahlung der abgerufenen Quanten sich in der Phase an die des auslösenden Quants

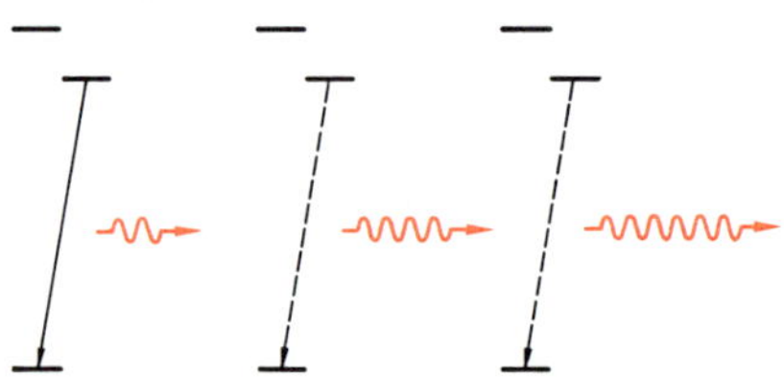

Abb. 7.111. Schema der stimulierten Emission beim Laser: das vom linken Atom beim Übergang aus dem metastabilen Zustand heraus emittierte Quant ruft die anderen phasenrichtig ab

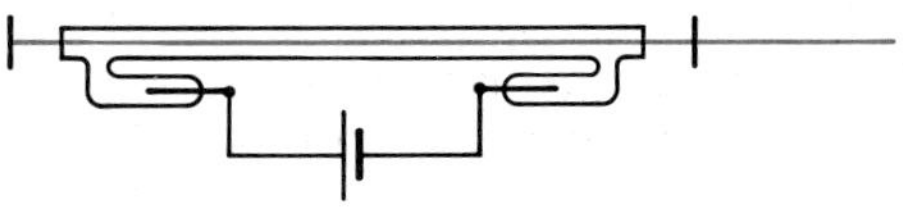

Abb. 7.112. Aufbau eines He-Ne-Lasers, schematisch. Das Entladungsgefäß bekommt die Form einer langen Röhre; es steht zwischen zwei Spiegeln, die den wirksamen Lichtweg für die stimulierte Emission verlängern. Der eine Spiegel ist zu wenigen Prozent lichtdurchlässig, bei ihm tritt das Laserbündel aus

anschließt, bekommt Laserlicht eine ungewöhnlich hohe Kohärenzlänge, bis in die Größenordnung Meter. Dies macht seine Besonderheit aus; sie erlaubt ungewöhnliche Interferenzversuche.
Die Abrufwahrscheinlichkeit im He-Ne-Laser ist nicht so sehr hoch, das abrufende Quant muß gewissermaßen dicht genug am wartenden Atom vorbeikommen. Man baut deshalb den Laser als langes, dünnes Entladungsrohr und verlängert den Lichtweg noch durch zwei Spiegel, zwischen denen man die Quanten hin und her jagt (Abb. 7.112). Der eine Spiegel ist dann zu wenigen Prozent lichtdurchlässig: Bei ihm tritt der scharf gebündelte, hochkohärente Laserstrahl aus. Nur ein Quant, das in dieser Richtung startet, hat eine Chance, Laserlicht abzurufen – wer quer läuft, bleibt allein und emittiert inkohärentes Licht, wie in jeder anderen Gasentladung auch.

Licht wird in Quanten emittiert und absorbiert, aber es breitet sich als Welle aus. Das Bild vom geradeausfliegenden, reflektierten, kohärent abrufenden Lichtquant überzieht das Modell. Es ist falsch. Trotzdem liefert es eine brauchbare Eselsbrücke für jeden, der eine Vorstellung vom Mechanismus des Lasers haben möchte, ohne den korrekten quantenmechanischen Gedanken- und Rechnungsgang nachzuvollziehen. Über die Brücke zu gehen ist erlaubt, weil man weiß, daß sie zum richtigen Ergebnis führt. Jeder weitere Schluß aus dem Bild kann aber gefährlich werden. Das gilt für alle Modelle: Sobald man sich von ihnen aus demjenigen Gelände herausführen läßt, für das sie entwickelt worden sind, muß man sich ausdrücklich davon überzeugen, daß sie noch gelten.

8. Atom- und Kernphysik

8.01 Das Bohrsche Atommodell

Die Sprossen aller Leitern im Niveauschema eines Atoms drängen sich bei einer Grenzenergie zusammen, wie Abb. 7.108 am Beispiel des Quecksilbers gezeigt hat. Versucht man, das Atom über diese Grenze hinaus anzuregen, so stößt es ein Elektron ab und wird zum positiven Ion. Die Vermutung liegt nahe, daß auch die Anregungsenergien vor der Ionisation von einem Elektron des Atoms aufgenommen werden.

Diese Vorstellung präzisiert das *Bohrsche Atommodell.* Es konzentriert (fast) die ganze Masse des Atoms in einem verschwindend kleinen *Kern,* der zudem gerade so viele positive Elementarladungen trägt, wie die *Ordnungszahl Z* des Atoms im *periodischen System* der Elemente angibt. Elektroneutralität wahren dann *Z* Elektronen in der *Hülle* des Atoms. Sie umkreisen den Kern wie Planeten ihr Zentralgestirn, nur werden sie von der Coulombkraft gehalten und nicht von der Gravitation. Möchte ein Elektron auf eine *höhere* Bahn mit größerem Radius, so braucht es Energie, denn es muß ja gegen die Coulombkraft Arbeit leisten: das Modell speichert Anregungsenergie in Elektronenbahnen, aber nur bis zur *Ionisationsenergie.* Darüber bricht das Elektron aus.

Spektrallinien und Niveau-Schema zwingen freilich zu zwei zusätzlichen Postulaten, die sich im Modell recht fremdartig ausnehmen:

1. nur ganz bestimmte Kreis- und Ellipsenbahnen sind den Elektronen erlaubt,

2. springt ein Elektron von einer Bahn auf eine andere, so wird die Energiedifferenz als Quant emittiert oder absorbiert.

Hinzu kommt dann noch das *Pauli-Prinzip,* das zunächst völlig aus der Luft gegriffen zu sein scheint. Es verlangt:

3. auf jeder Bahn dürfen sich nicht mehr als zwei Elektronen gleichzeitig aufhalten.

Auf das Pauli-Prinzip braucht nur der Wasserstoff nicht zu achten: mit der Atomnummer 1 kommt ihm auch nur ein Elektron in der Hülle zu. Die ersten ihm erlaubten Kreisbahnen sind in Abb. 8.01 maßstabsgerecht aufgezeichnet.

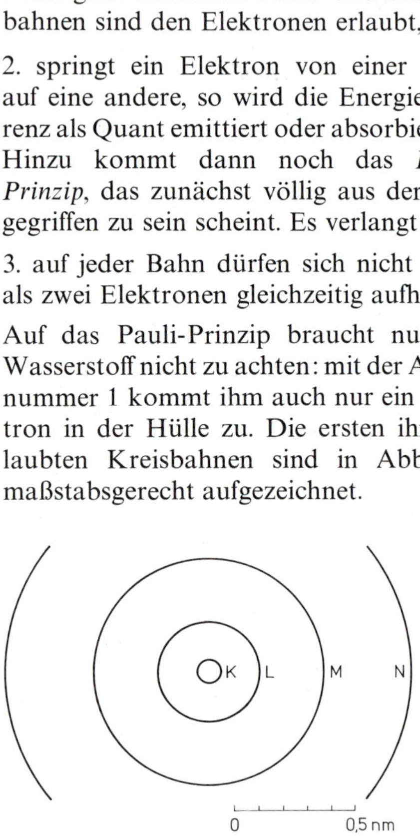

Abb. 8.01. Bohrsches Atommodell. Maßstabgerechte Zeichnung der Bahnen des H-Atoms. Der winzige Atomkern ist maßstabsgerecht nicht darzustellen und darum fortgelassen

Zu den höheren Kreisbahnen gehören immer noch einige erlaubte Ellipsen; sie bilden miteinander *Elektronenschalen,* die vereinbarungsgemäß fortlaufend mit den Buchstaben K, L, M, N usw. gekennzeichnet werden. Nach dem Pauli-Prinzip bietet jede Schale Platz für eine begrenzte, gerade Anzahl von Elektronen. Atome höherer Ordnungszahl müssen auch im Grundzustand Bahnen höherer Schalen besetzen, anders können sie ihre Elektronen in der Hülle nicht unterbringen.

Die K-Schale hat nur eine Bahn, bietet also Platz für zwei Elektronen. Das reicht im periodischen System bis zum Helium. Lithium mit der Ordnungszahl 3 muß sein drittes Elektron bereits in die L-Schale setzen. Diese faßt insgesamt 8 Elektronen, ausreichend bis zum Element mit der Atomnummer 10, dem Neon. Das nächste, Natrium, benötigt schon einen Platz in der M-Schale. Darüber wird es komplizierter: zuweilen setzt sich ein neues Elektron gleich in eine der Zählung nach höhere Schale und die innere wird erst bei einem Element mit größerer Atomnummer aufgefüllt. Immerhin erweisen sich alle Elemente, die gerade eine Schale voll mit Elektronen besetzen können, als abgeneigt, chemische Verbindungen einzugehen und Moleküle zu bilden: sie sind *Edelgase*. Ihre Nachbarn zu beiden Seiten entwickeln hingegen besondere chemische Aktivität, auf der einen Seite die *Halogene*, denen noch ein Elektron zur vollen Edelgasschale fehlt, auf der anderen die *Alkalimetalle*, die mit einem Elektron beginnen müssen, eine neue Schale zu besetzen. Anscheinend hängen die chemischen Eigenschaften eines Atoms weitgehend von seinem äußersten Elektron ab; es heißt *Leuchtelektron*, weil es auch für das Linienspektrum zuständig ist. Die inneren Elektronen sind an ihre Bahnen gefesselt.

Leider darf man das Bohrsche Atommodell, so anschaulich es ist, nicht allzu wörtlich nehmen: ein Wasserstoffatom benimmt sich wie eine kleine Kugel – es bildet keine Scheibe, wie das Modell erwarten ließe.

8.02 Die charakteristische Röntgenstrahlung

Das Niveau-Schema eines Atoms wird üblicherweise nur für das Leuchtelektron gezeichnet; alle anderen Elektronen haben über sich besetzte Bahnen und können nur mit relativ großem Energieaufwand ihre Plätze verlassen. Immerhin bringt das Elektron, das in der Röntgenröhre auf die Anode zujagt, genug Energie mit, um auch einmal einen Artgenossen aus der K-Schale eines Anodenatoms herauszuschlagen (Abb. 8.02). Natürlich bleibt dessen Platz nicht lange frei, z.B. kann ein Elektron aus der L-Schale nachrücken. Dabei wird dann ein energiereiches Quant aus dem Spektralgebiet der Röntgenstrahlen emittiert, es gehört zur *K_α-Linie* des Atoms.

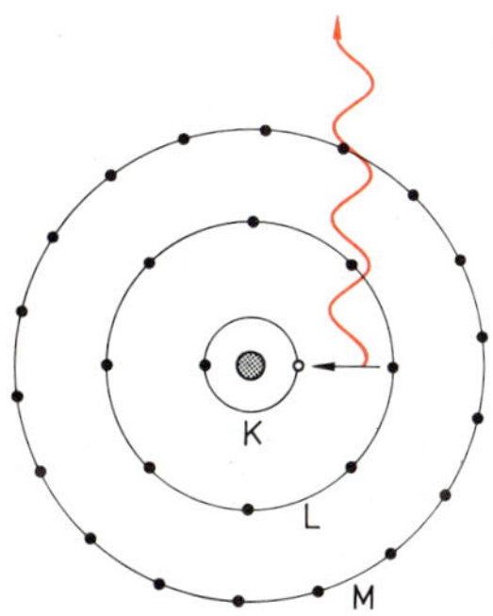

Abb. 8.02. Emission der K_α-Linie im Bohrschen Atommodell

Infolgedessen überlagert sich dem Bremsspektrum der Röntgenröhre ein das Anodenmaterial kennzeichnendes Linienspektrum, die *charakteristische Strahlung* (Abb. 8.03).

Ihre Quantenenergien W_Q haben einen monotonen Gang mit der Atomnummer Z (Abb. 8.04). In Absorption treten diese Linien nicht auf, stattdessen erscheinen etwas kurzwelligere *Absorptionskanten* (Abb. 8.05), deren W_Q ebenfalls monoton mit Z zunehmen.

Aufgabe 8.01: Warum kann ein Atom seine K_α-Linie nur emittieren und nicht absorbieren?

In Diagnose und Therapie hat die charakteristische Röntgenstrahlung keine praktische Bedeutung, wohl aber in der *Röntgen-Strukturanalyse*. Technisch ist es nahezu

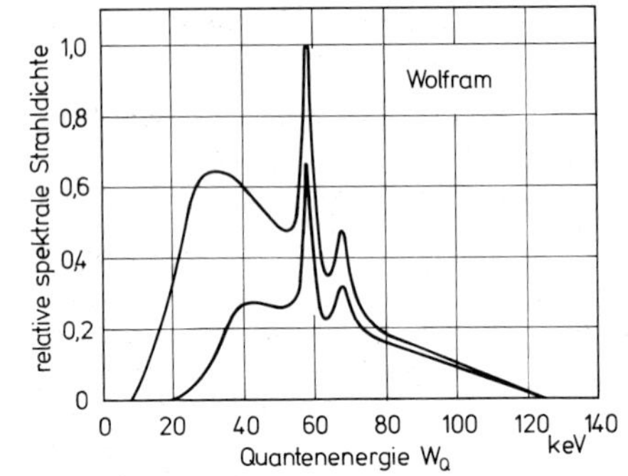

Abb. 8.03. Bremsspektrum mit überlagerter charakteristischer Strahlung. Der Abfall zu kleinen Quantenenergien wird durch Aluminium-Filter hervorgerufen. Obere Kurve: Filterdicke 1 mm; untere Kurve: 2 mm

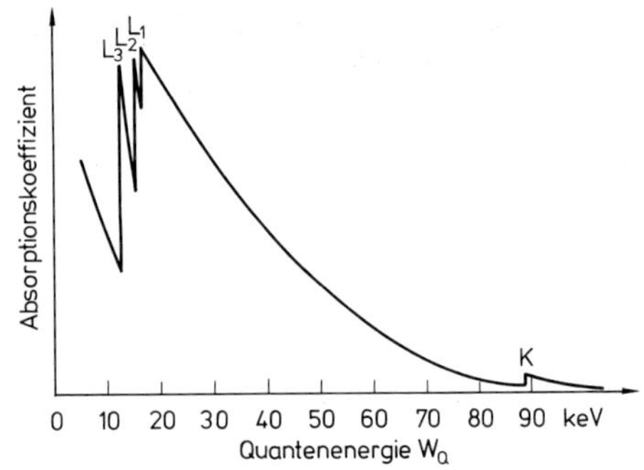

Abb. 8.05. Die Absorptionskanten von Blei

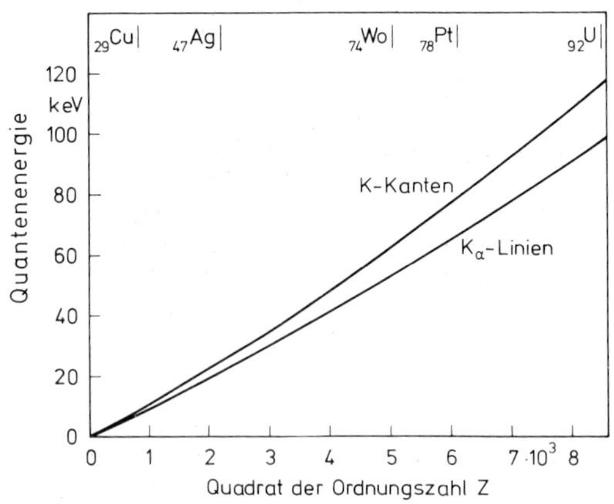

Abb. 8.04. Quantenenergien der K_α-Linien und der K-Kanten in Abhängigkeit vom Quadrat der Ordnungszahl Z der Atome. (Nach R.W. Pohl)

unmöglich, Beugungsgitter für Röntgenstrahlen herzustellen: die kurzen Wellen erfordern zu kleine Gitterkonstanten. Die Natur liefert aber selbst passende Beugungsgitter: die Atomabstände in kristallinen Festkörpern liegen gerade in der richtigen Größenordnung. Freilich ist es nicht leicht, die Beugungsfigur eines zunächst ja unbekannten dreidimensionalen Raumgitters richtig zu interpretieren. Von der Kristallographie ist aber die Strukturanalyse durch Röntgenbeugung zu großer Vollkommenheit entwickelt worden.

Inzwischen erlaubt die Strukturanalyse nicht nur Aussagen über die räumliche Anordnung von Gitterplätzen in einem Kristall, sondern auch über die Struktur dessen, der einen Gitterplatz besetzt – und sei es auch so ein kompliziertes Ding wie das Molekül des Insulins. Durch Röntgenbeugung gefunden wurde auch die *Doppel-Helix* der Nukleinsäure (Abb. 8.06), also des Trägers der Erbinformation von allem, was auf dieser Erde lebt und webt.

8.03 Heisenbergs Unschärferelation

Zu den Postulaten der Atomphysik, die das an der makroskopischen Welt entwickelte Vorstellungsvermögen des Menschen nur unwillig akzeptiert, gehört die *Unschärferelation*. In allgemeiner Formulierung besagt sie folgendes: Hat das Produkt zweier physikalischer Größen, die zusammen irgendeine Situation beschreiben, die physikalische Dimension einer Wirkung, so kann dieses Produkt grundsätzlich nur auf etwa ein Wirkungsquantum genau bestimmt werden, ganz unabhängig von der meßtechnischen Mühe, die man sich gibt. Man darf nicht einmal im Gedankenversuch annehmen, ein solches Produkt sei bekannt mit einem Fehler, kleiner als eben $\approx h$.

Die erste Bohrsche Bahn des Wasserstoffatoms hat einen Radius von 0,053 nm; wer auf ihr ein Elektron umlaufen „sieht", lokalisiert es in Gedanken mit einer linearen Ortsunschärfe, die gewiß nicht größer als ein Tausendstel Nanometer ist, also $\Delta l \approx 10^{-12}$ m. Nun hat das Produkt aus einer Länge l und einem mechanischen Impuls $p = m v$ die physikalische Dimension einer Wirkung. Die Unschärferelation verlangt also eine Unsicherheit Δp im Impuls des umlaufenden Elektrons, gemäß

$$\Delta p \cdot \Delta l \approx h.$$

Die Masse m_e des Elektrons beträgt $9{,}11 \cdot 10^{-31}$ kg, mit seiner Hilfe läßt sich leicht die Geschwindigkeitsunschärfe zu rund $6 \cdot 10^8$ m/s ausrechnen, dem Doppelten der Lichtgeschwindigkeit – und das kann ja wohl nicht sein! Man darf das Bohrsche Atommodell in der Tat so wörtlich nicht nehmen.

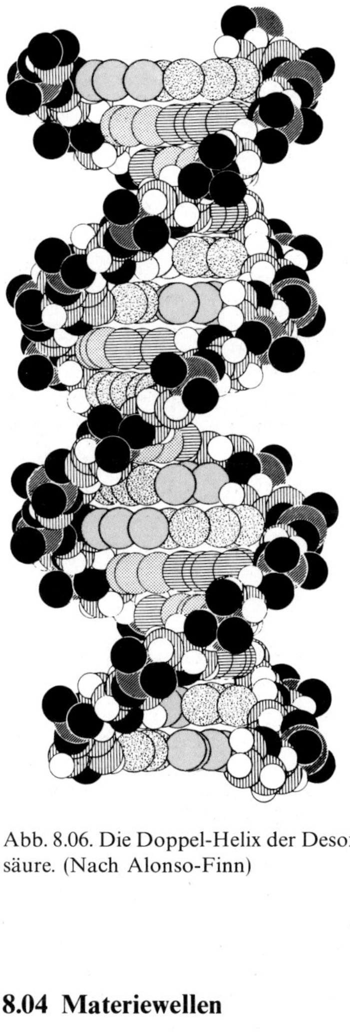

Abb. 8.06. Die Doppel-Helix der Desoxyribonukleinsäure. (Nach Alonso-Finn)

8.04 Materiewellen

Hält man in einen Strahl frei im Vakuum fliegender Elektronen von vielleicht 10 keV kinetischer Energie von der Seite her die Kante eines feinen Bleches, so kann man, wenn man sich Mühe gibt, eine Beugungsfigur beobachten, die sich von der sichtbaren Lichtes nicht wesentlich unterscheidet: man vergleiche die mit Elektronen gewonnene Abb. 8.07 mit der Abb. 7.97. Auch Elektronen zeigen Beugung und Interferenz, auch Elektronen breiten sich nach den Gesetzen einer Welle aus: der *Dualismus von Welle und Korpuskel* ist komplett. Dem menschlichen Vorstellungsvermögen entzieht er sich vollständig – nicht aber dem Formalismus der Mathematik.

Licht läuft als elektromagnetische Welle; seine Energiedichte, seine Strahlungsleistung und Bestrahlungsstärke sind dem Quadrat der Amplitude E_0 seiner lokalen elektrischen Feldstärke E proportional. Man kann auch sagen: E_0^2 ist ein Maß für die Wahrscheinlichkeit, mit der man irgendwo auf einem in das Wellenfeld gehaltenen Bildschirm absorbierte Quanten antreffen wird. Ganz analog ordnet man nun Elektronenstrahlen (und denen anderer Teilchen) formal eine *Wellenfunktion* ψ zu, deren einzige Bedeutung darin besteht, daß ihr Amplitudenquadrat ein Maß für die Wahrscheinlichkeit ist, mit der man ein Elektron (oder eines der anderen Teilchen) irgendwann irgendwo antrifft. Ob man es tatsächlich antrifft, darüber sagt die Wellenfunktion nichts aus; aber ein größeres ψ macht es wahrscheinlicher.

Abb. 8.07. Elektronenbeugung an der Halbebene – man vergleiche mit Abb. 7.97. Energie der Elektronen 34 keV – photographisches Positiv. (Nach R.W. Pohl)

Da ein Elektron als geladenes Teilchen auf elektrische Felder und Potentiale reagiert, muß es seine Wellenfunktion auch tun. Man kann sie darum auch gewissermaßen in den *Potentialtopf* einsperren, mit dem sich ein positiver Atomkern umgibt. Das Resultat ist eine Art stehender Welle, nicht ganz unähnlich der Schallwelle in einem Hohlraum oder einer Pfeife: ihnen sind nur einige bestimmte Wellenlängen und Frequenzen erlaubt. Bei einer Materiewelle bedeutet dies – jetzt in Analogie zum Licht und seinen Quanten – Beschränkung auf einige wenige Energiewerte: zwanglose Begründung für das erste Bohrsche Postulat.

Wo sich ein bestimmtes Hüllenelektron irgendeines Atomes zu einem bestimmten Zeitpunkt gerade aufhält, vermag die Wellenmechanik nicht zu sagen – sie liefert ja nur Angaben über die Aufenthaltswahrscheinlichkeit. Für das einsame Elektron eines Wasserstoffatoms ist diese im Grundzustand am größten auf einer Kugel vom Radius der ersten Bohrschen Bahn. Alle anderen Positionen sind dem Elektron aber nicht verboten; daß man es dort findet, ist nur weniger wahrscheinlich. Das genügt der Unschärferelation. An die Stelle der alten Bohrschen Bahnen treten verschmierte Elektronenwolken, wie sie Abb. 8.08 andeutet.

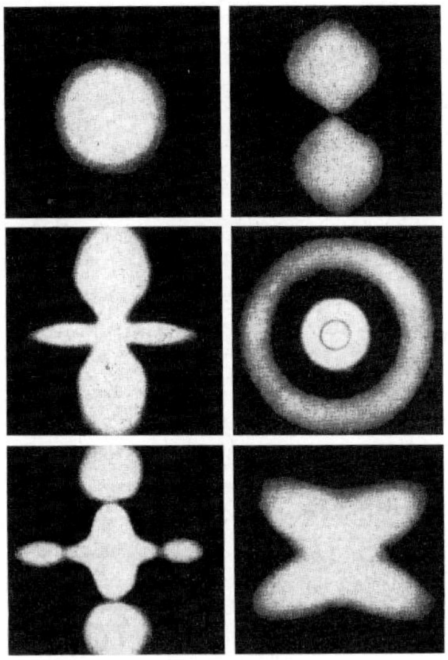

Abb. 8.08. Elektronenwolken markieren die Aufenthaltswahrscheinlichkeit eines Hüllenelektrons in verschiedenen angeregten Zuständen. (Nach Finkelnburg)

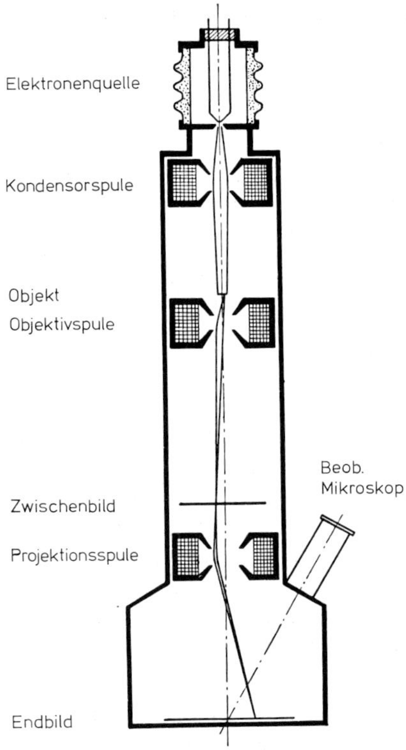

Abb. 8.09. Strahlengang eines Elektronenmikroskopes. (Nach Gerthsen)

8.05 Das Elektronenmikroskop

Durch geschickt angeordnete elektrische oder magnetische Felder kann man Elektronenstrahlbündel in ähnlicher Weise ablenken wie Lichtbündel mit Linsen, sie erlauben die Konstruktion eines *Elektronenmikroskopes*. Abb. 8.09 zeigt, daß es alle optischen Elemente eines Lichtmikroskopes besitzt, meist allerdings noch eine Zwischenabbildung mehr. Sein Auflösungsvermögen ist – wieder wie beim Lichtmikroskop – durch Apertur und Wellenlänge bestimmt. Das könnte grundsätzlich einen Gewinn um den Faktor 10^5 bedeuten; leider läßt er sich praktisch nicht erreichen, weil Elektronenlinsen bei weitem nicht so fehlerfrei gebaut werden können wie optische und darum nur sehr kleine Aperturen erlauben.

Die Frequenz einer Materiewelle bestimmt sich wie die des Lichtes aus der Gleichung

$$W = h\,\nu .$$

Wichtiger für das Elektronenmikroskop ist die Wellenlänge λ; sie hängt vom mechanischen Impuls p des Partikels ab nach

$$p = \frac{h}{\lambda}.$$

Nun gilt (jedenfalls im nichtrelativistischen Bereich)

$$p = m\,v = \sqrt{2m\,\tfrac{1}{2}\,m\,v^2} = \sqrt{2m\,W_{\text{kin}}}.$$

Daraus folgt

$$\lambda = \frac{h}{\sqrt{2m\,W}}.$$

Mit dieser Formel läßt sich die Wellenlänge λ eines Teilchens aus einer (kinetischen) Energie W berechnen. Als Gleichung zwischen physikalischen Größen ist sie eine *Größengleichung* – Normalform physikalischer Gleichungen. Wer sie aber häufiger benutzen und stets nur auf Elektronen anwenden will, für den lohnt es sich, Wirkungsquantum h und Elektronenmasse m_e zahlenmäßig einzurechnen und dann als (nur noch für Elektronen gültige) *Zahlenwertgleichung* zu schreiben

$$\lambda = \sqrt{\frac{1{,}5\ \text{eV}}{W}}\ \text{nm}.$$

Diese Schreibweise ist korrekt. Gefährlich wird es aber, wenn man die Einheiten nicht mit in die Formel aufnimmt. Zuweilen trifft man auf Schreibweisen der Art

$$\lambda = \sqrt{\frac{1{,}5}{W}} \quad (W \text{ in eV}, \lambda \text{ in nm})$$

– man sollte sie meiden! Das Gleichheitszeichen steht hier zu Unrecht, und wenn die in Klammern gesetzte Anmerkung verloren geht, ist die Formel nicht mehr zu verwenden.

Aufgabe 8.02: Welche Wellenlänge haben 50 keV-Elektronen? (Bestätigung des behaupteten Faktors 10^5 für die grundsätzlich mögliche Steigerung des Auflösungsvermögens gegenüber dem Lichtmikroskop.)

Elektronenoptik ist nur im Vakuum möglich, in Luft kommen Kathodenstrahlen nicht weit. Das verhindert die Beobachtung lebender oder auch nur wasserhaltiger Objekte – sie müssen ja mit in das Vakuum hinein. Elektronenmikroskopische Bilder wie das der Abb. 8.10 stammen gar nicht unmittelbar von dem abgebildeten Objekt, sondern zumeist von einer dünnen Metallschicht, die schräg auf einen Lackfilm aufgedampft worden ist, der zuvor seinerseits auf das Objekt aufgebracht, getrocknet und wieder abgezogen wurde. Die Präparationstechnik der Elektronenmikroskopie ist eine Kunst für sich.

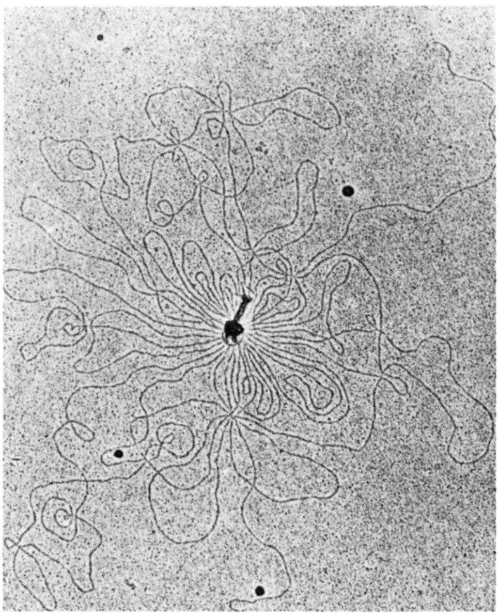

Abb. 8.10. Elektronenmikroskopisches Bild vom ausgebreiteten Genom eines Phagen; es war ursprünglich im Kopf des Phagen untergebracht. Länge des Phagen: 0,2 µm, Länge des Genoms: 34 µm

Nicht mit dem Elektronenmikroskop verwechselt werden darf das *Elektronen-Rastermikroskop*. Bei ihm wird ein feiner Elektronenstrahl – abgelenkt nach dem Schema einer Oszillographenröhre – dazu benutzt, das Objekt zeilenweise abzutasten. Alle Punkte seiner Oberfläche emittieren dann zeitlich nacheinander Sekundärelektronen. Sie liefern einen elektrischen Strom, der sich verstärken und zu einem Fernsehbild zusammensetzen läßt. Derartige Aufnahmen wirken überraschend plastisch, wie Abb. 8.11 zeigt.

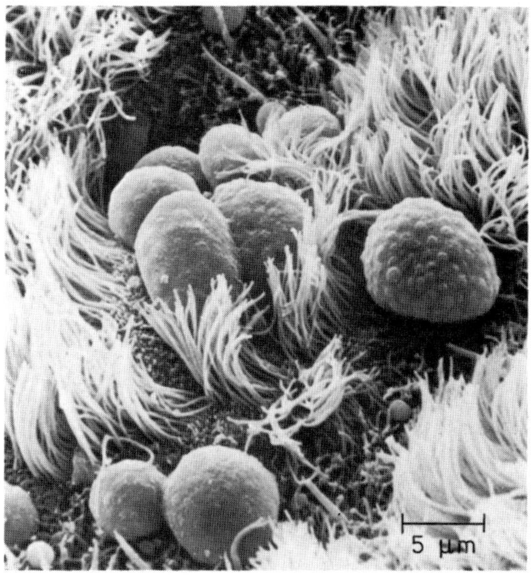

Abb. 8.11. Drüsen und Flimmerzellen in der *Mucosa olfactoria* des Goldfisches. (Aufnahme mit dem Rasterelektronenmikroskop von Breipohl, Bijvank und Zippel)

8.06 Der Compton-Effekt

Was Partikeln recht ist, ist Quanten billig. Auch für die gilt

$$p = \frac{h}{\lambda}.$$

Obwohl Quanten keine Masse besitzen, muß man ihnen doch einen Impuls zuschreiben. Obwohl man weiß, daß sich Licht als Welle ausbreitet und kein

Quant durch die Gegend fliegt, kann es zuweilen nützlich sein, so zu tun, als täte es dies doch. Trifft es dabei dann auf ein vagabundierendes Elektron, so stößt es mit ihm ganz nach den Regeln der Mechanik für einen elastischen Stoß, d.h. unter Einhaltung von Energie- und Impulssatz (Kap. 1.23). Trifft es zentral, so wird es zurückgeworfen; trifft es schief, so wird es zu der einen Seite abgelenkt und das Elektron zu der anderen (Abb. 8.12). Weil man Quanten nicht gezielt abschießen kann, lassen sich die Ablenkwinkel nicht vorhersagen, wohl aber nachmessen – und dazu die Energie, die das Elektron mitbekommen hat. Sie fehlt dem Quant: es muß seine Frequenz erniedrigen, seine Wellenlänge erhöhen – der Betrag hängt mit dem Streuwinkel zusammen. Für Röntgenquanten kann man in der Tat nachprüfen, daß sich dieser *Compton-Effekt* genannte Vorgang wirklich an die Stoßgesetze hält. Dabei muß das gestoßene Elektron nicht einmal frei sein: die Energie eines Röntgenquantes ist groß genug, um ein paar eV für die Ionisationsenergie eines äußeren Hüllenelektrons unauffällig zu liefern.

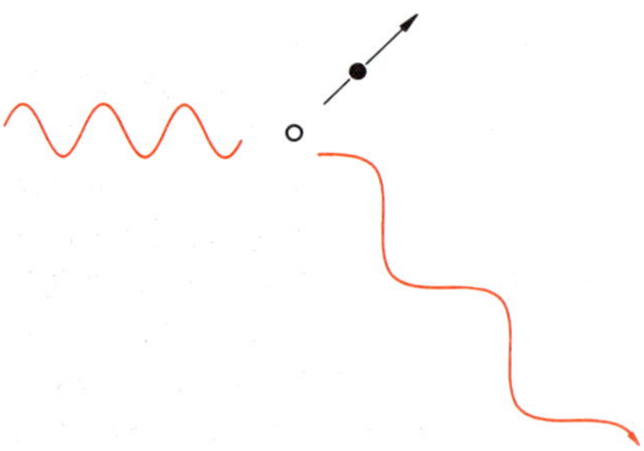

Abb. 8.12. Compton-Effekt. Ein Röntgenquant stößt mit einem Elektron zusammen und überträgt ihm nach den Regeln des elastischen Stoßes Impuls und Energie: das gestreute Quant entspricht weicherer Strahlung

Compton-Streuung spielt bei der Schwächung medizinisch genutzter Röntgenstrahlung ab 50 keV Quantenenergie eine gewichtige Rolle (s. auch Abb. 7.105). Wie beim Photoeffekt werden schnelle Elektronen geliefert; nur verschwindet das Quant nicht völlig, es fliegt mit kleinerer Energie („errötet", wenn man so will) zur Seite weiter. Quanten sind nicht unwandelbar.

8.07 Atomkerne

Auch der Atomkern, so klein er ist, läßt sich noch zerlegen: er besteht aus *Nukleonen*. Es sind ihrer zwei, das positiv geladene *Proton* und das elektrisch neutrale *Neutron*. Ihre Massen sind fast gleich und entsprechen fast der *atomaren Masseneinheit* $u = 1{,}661 \cdot 10^{-24}$ g. Das Neutron ist allerdings um rund zwei Elektronenmassen schwerer – tatsächlich kann es sich zum Proton umwandeln, indem es ein Elektron abstößt.

	Masse		Ladung	
	10^{-24} g	u	10^{-19} C	e_0
Proton	1,67265	1,00728	+1,602	+1
Neutron	1,67495	1,00867	0	0

Auf Distanz wollen Nukleonen nichts voneinander wissen, Protonen stoßen sich sogar elektrostatisch ab; geraten sie aber zufällig doch einmal dicht zusammen, so entwickeln sie *Kernkräfte* extrem kurzer Reichweite, mit denen sie sich fest aneinanderkleben und stabile Atomkerne bilden können, sogar gegen die Coulomb-Abstoßung vieler Protonen. Nach der Natur der Kernkräfte sei hier nicht gefragt; sie läßt sich nur durch wellenmechanische Rechnung erfassen.

Der leichteste aller Atomkerne ist der des normalen Wasserstoffs – er besteht aus einem einzigen Proton: seine *Kernladungszahl Z* ist demnach 1 und seine *Massenzahl A* ebenfalls. Man kann noch ein Neutron zu ihm dazutun; dann bleibt Z, die Anzahl der Protonen im Kern, gleich 1, aber A, die Anzahl der Nukleonen, steigt auf 2. Chemisch handelt es sich immer noch um Wasserstoff, denn die chemischen Eigenschaften eines Atoms werden von seiner Elektronenhülle bestimmt, die nur etwas von der Kernladungszahl oder *Atomnummer Z* weiß – das zusätzliche Neutron macht ihn aber zum *schweren Wasserstoff*, auch *Deuterium* genannt. Der Kern hält sogar dann noch zusammen, wenn man ein zweites Neutron in ihn hineinklemmt, aber nur für eine begrenzte Zeit. Früher oder später erinnert sich eines der beiden Neutronen im Kern des *überschweren Wasserstoffs* mit $A = 3$ seiner Möglichkeit, ein Elektron abzustoßen und zum Proton zu werden. Resultat ist ein neuer Kern mit der alten Massenzahl 3, aber mit der Kernladungszahl 2. Damit gehört er che-

misch zum Edelgas Helium, dessen Kern normalerweise allerdings ein Neutron mehr besitzt.
Durch schrittweises Einfügen zusätzlicher Nukleonen kann man weiterbauen, das ganze periodische System der Elemente hinauf – jedenfalls auf dem Papier. Als stabil erweisen sich aber zunächst nur Kerne, die Protonen und Neutronen in ungefähr gleicher Anzahl besitzen; bei höheren Atomnummern können dann die immer stärker abstoßenden Coulomb-Kräfte der Protonen nur durch immer größeren Neutronenüberschuß kompensiert werden. Ab $Z=83$ (Wismut) funktioniert auch das nicht mehr: noch schwerere Kerne wandeln sich irgendwann einmal um: sie sind *radioaktiv* wie der überschwere Wasserstoff.
Die Atomnummer Z entscheidet allein, zu welchem chemischen Element ein Atomkern gehört, mit welchem chemischen Symbol er bezeichnet werden muß. Vollständig bestimmt ist er aber erst durch die zusätzliche Angabe der Massenzahl. Üblicherweise schreibt man sie als Index oben rechts neben das Symbol – und setzt dann gern die Kernladungszahl unten links auch noch dazu, obwohl das an sich überflüssig ist, denn sie besagt ja nichts anderes als das chemische Symbol auch. Aber wer weiß schon die Atomnummern aller Elemente auswendig! Am Anfang des periodischen Systems finden sich also Kerne wie ${}^1_1H$, ${}^4_2He$ und ${}^7_3Li$. Grundsätzlich kann man in diese Reihe auch noch die drei *Elementarteilchen* aufnehmen, die bisher erwähnt worden sind: das Neutron ${}^1_0n$, das Proton ${}^1_1p$, das Elektron ${}^{\;0}_{-1}e$. Die Schreibweisen ${}^1_1p$ und ${}^1_1H$ besagen grundsätzlich dasselbe; allenfalls denkt man bei der ersten eher an das Elementarteilchen, bei der zweiten eher an das Atom.

Kerne gleicher Atomnummer, aber verschiedener Massenzahl bilden die *Isotope* eines Elementes. Sie sind chemisch nicht zu unterscheiden und darum auch nicht leicht voneinander zu trennen.

Eine gewisse Sonderrolle spielt hier der Wasserstoff: nur bei ihm bedeutet eine Einheit mehr in der Massenzahl gleich einen Faktor 2 in der Masse. Dieser Faktor ändert die Eigenschaften des Atoms so stark, daß es sich lohnt, für Deuterium ein eigenes chemisches Symbol einzuführen, das D. Der Kern des Deuterium-Atoms heißt *Deuteron.*
Der Kern ${}^4_2He$ des normalen Heliums erweist sich als überaus stabile Nukleonenkonfiguration; er wird bei vielen Kernumwandlungen gleich als Ganzes ausgestoßen, als sog. *α-Teilchen.* Die Sonne ist vorerst damit beschäftigt, ihren Wasserstoff zu Helium zu „verbrennen".

8.08 Radioaktivität

Jeder Atomkern, auch *Nuklid* geheißen, läßt sich durch seine Kernladungszahl Z und seine Massenzahl A kennzeichnen, zwei Zahlen also, die notwendigerweise *natürliche* (d.h. positive und ganze) Zahlen sein müssen. Das legt nahe, eine *Nuklid-Tafel* aufzustellen, in der jede denkbare Kernart ein flaches Kästchen zugewiesen bekommt und alle Kästchen mit gleichem Z übereinander, alle mit gleichem A nebeneinander gestapelt werden. Abb. 8.13 zeigt ihren Anfang bis zum Element Lithium mit $Z=3$.
Die in der Natur einigermaßen häufig vorkommenden Nuklide finden sich in

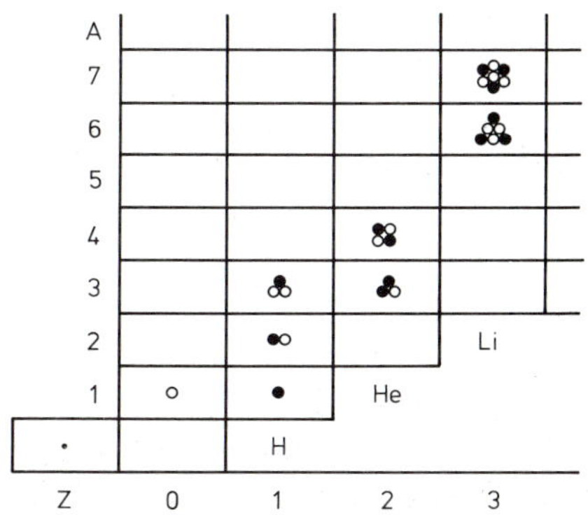

Abb. 8.13. Unteres Ende der Nuklid-Tafel bis zum Lithium. Die beiden Elementarteilchen Elektron und Neutron sind mit aufgenommen

einer recht schmalen *stabilen Rinne* (Abb. 8.14). Leichte Kerne brauchen, um die Coulomb-Abstoßung ihrer Protonen zu überwinden, die Bindungskräfte von ungefähr einem Neutron je Proton. Das bedeutet $A \approx 2Z$. Entsprechend startet die stabile Rinne in der Nuklid-Tafel unter 45°, die flache Form der Kästchen sorgt dafür. Vom Phosphor ($Z=15$) ab wird sie aber immer steiler und endet schließlich beim Wismut ($Z=83$) – alle schwereren Kerne sind nicht mehr stabil. Sie wandeln sich früher oder später um, zum Teil freilich so langsam, daß es manche von ihnen auf der Erde heute noch gibt, trotz ihrer Entstehung vor einigen Milliarden Jahren.

Jeder Atomkern besitzt, seinem Aufbau entsprechend, einen bestimmten Betrag an potentieller *Kernenergie*. Legt man die Nuklid-Tafel flach auf den Tisch und trägt man dann diese Energie nach oben über jedem Kästchen auf, so erhält man ein Energiegebirge, in dem sich die stabile Rinne als schmales Tal darstellt. Kerne am Berghang können grundsätzlich versuchen, unter Energieabgabe in die Rinne

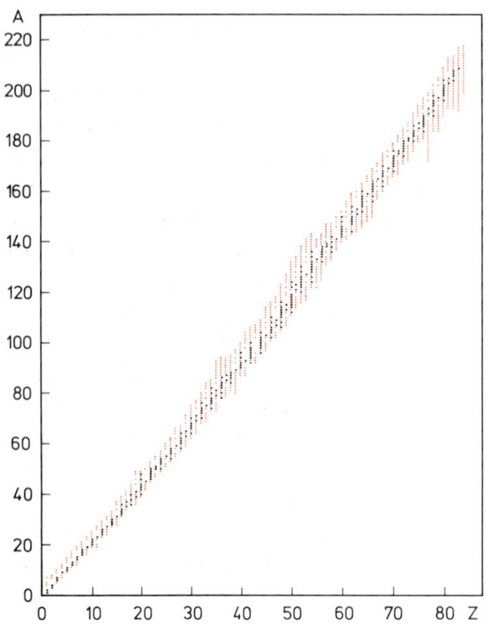

Abb. 8.14. Nuklid-Tafel bis zum Element 85. Stabile Kerne sind schwarz, natürlich wie künstlich radioaktive rot gezeichnet

hineinzukommen, dies allerdings nur in Sprüngen, gewissermaßen von Kästchen zu Kästchen. Welche Sprünge werden bevorzugt?

Ein schwerer Kern oberhalb vom Wismut muß vor allem Masse abgeben; wirkungsvoll ist hier die Emission eines α-Teilchens, eines ${}^4_2$He-Kernes also, denn das schafft schon einmal vier Einheiten in A. Zugleich vermindert es Z um 2 Einheiten, so daß auch zwei Elektronen aus der Hülle verschwinden müssen. In der Nuklid-Tafel bedeutet dies einen Sprung über zwei Spalten und vier Zeilen nach unten links (Abb. 8.15), also unter 45°. Die stabile Rinne verläuft steiler, folglich landet ein Kern nach Emission mehrerer α-Teilchen allemal oberhalb der Rinne. Um ihr wieder näherzukommen, kann er ein Neutron zum Proton umwandeln; dabei stößt er ein Elektron aus, das jetzt *β-Teilchen* heißt. In der Nuklid-Tafel bedeutet dies einen Schritt nach rechts: Z erhöht sich um 1, während A unverändert bleibt (Abb. 8.15). Das neue Atom muß, um neutral zu werden, ein Elektron in seine Hülle einfangen. Nach diesem Schema bilden schwere Elemente ganze *Zerfallsreihen*, Abb. 8.16 zeigt die des Radiums ${}^{226}_{88}$Ra.

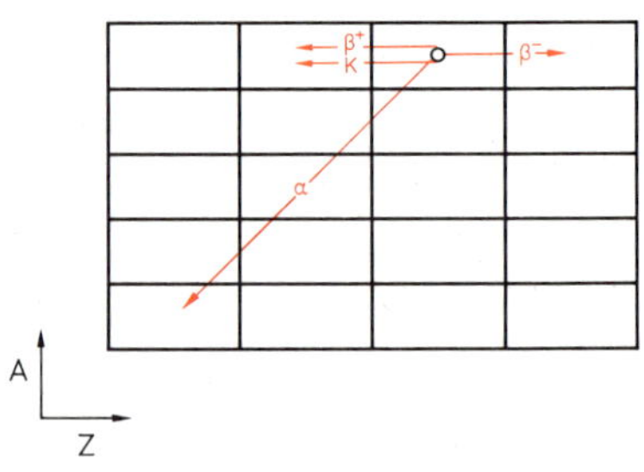

Abb. 8.15. Die wichtigsten Kernumwandlungen im Schema der Nuklid-Tafel

Kerne unterhalb der stabilen Rinne arbeiten sich zuweilen auf kürzerem Wege an sie heran als durch α-Zerfall: sie springen in der Nuklid-Tafel einen Schritt nach links. Dazu müssen sie ein Proton in ein Neutron umwandeln und hierfür gibt es zwei Möglichkeiten. Einmal kann das Nuklid ein Elektron einfangen; es holt es

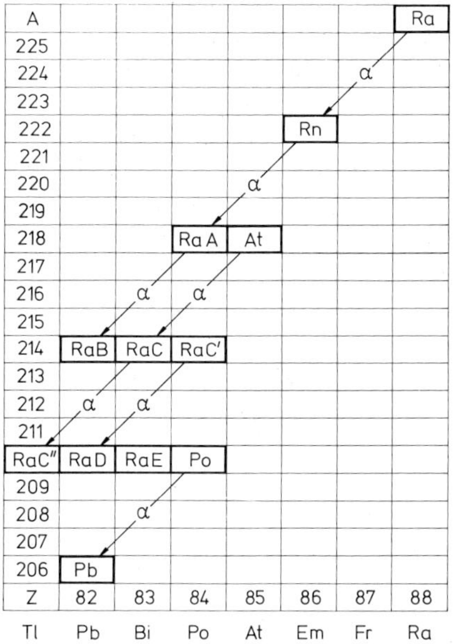

Abb. 8.16. Zerfallsreihe des $^{226}_{88}$Ra. Sie läuft über α- und β-Zerfälle (in der Tafel einen Schritt nach rechts führend). Bevor die Zwischenkerne als Isotope bestimmter Elemente chemisch identifiziert werden konnten, wurden manche von ihnen als Abkömmlinge des Radiums mit einem angehängten Großbuchstaben gekennzeichnet; das Edelgas *Emanation* (Em) bekam den Namen *Rhadon* (Rn). RaA und RaC können zwischen beiden Zerfallsarten wählen; immer endet die Reihe bei dem stabilen Isotop $^{206}_{82}$Pb

dort, wo es ihm am nächsten ist: aus der K-Schale seiner eigenen Hülle *(K-Einfang)*. Der zweite Weg bringt etwas grundsätzlich Neues: der Kern kann auch ein „Elektron mit positiver Elementarladung" ausstoßen, ein sog. *Positron*. Als Teilchen der *Antimaterie* ist es im Sonnensystem nicht lebensfähig. Von ihm wird in Kap. 8.11 noch kurz die Rede sein. Positronen zählen wie die Elektronen zu den β-Teilchen; zur Unterscheidung spricht man je nach Vorzeichen der Ladung von β^+- und β^--Strahlen.

Für das betroffene Nuklid ist eine Kernumwandlung ein höchst aufregender Vorgang; nach Emission des Teilchens braucht es noch ein Weilchen, um sich zu beruhigen: der neue Kern entsteht in einem angeregten Zustand, aus dem er unter Abstrahlung von Lichtquanten in den Grundzustand herunterspringt. Auch für Kerne kann man ein Niveau-Schema zeichnen, ähnlich dem der Atome, nur sind die energetischen Abstände der Leitersprossen sehr viel größer. Entsprechend kurzwellig ist das emittierte Licht; es heißt *γ-Strahlung* und besteht aus *γ-Quanten*.

Chemische Elemente, deren Kerne sich freiwillig umwandeln, sind *radioaktiv*, sie senden *radioaktive Strahlung* aus. Kernumwandlungen von Atom zu Atom haben eine entfernte Ähnlichkeit zu chemischen Reaktionen von Molekül zu Molekül. Man spricht zuweilen von *Kernchemie* und schreibt Reaktionsgleichungen auf, die dann auch entfernte Ähnlichkeit zu denen normaler Chemie haben. Der erste Schritt in der Zerfallsreihe des Radiums beispielsweise wäre zu schreiben

$$^{226}_{88}\text{Ra} \rightarrow {}^{222}_{86}\text{Em} + {}^{4}_{2}\text{He}.$$

Aufgabe 8.03: Zwischen welchen Kernreaktionen kann das Bi-Isotop Ra C in der Zerfallsreihe des Radiums (Abb. 8.16) wählen? Ein β-Teilchen wird in der Formel $_{-1}^{0}e$ geschrieben.

8.09 Nachweis radioaktiver Strahlung

Kernumwandlungen betreffen zunächst einmal immer nur ein einzelnes Atom und hier operiert ein jedes selbständig, unabhängig von seinen Artgenossen – unabhängig auch von Temperatur, Druck und chemischer Bindung: der allein betroffene Atomkern ist durch die Elektronenhülle weitgehend von der Außenwelt abgeschirmt. Auf den ersten Blick erscheint es hoffnungslos, die Aktion eines einzelnen Atoms nachweisen zu wollen. Die Teilchen und Quanten radioaktiver Strahlung verfügen aber über relativ viel Energie, meist weit über 100 keV: wenn solch ein Teilchen durch die Luft fährt, hinterläßt es eine aus Ionen gebildete Spur. Sie berichtet von einem einzelnen Kernprozeß.

Wichtigstes Meßinstrument der Kernphysik ist das *Zählrohr*, schon in Kap. 5.32 als Zwitter zwischen selbständiger und unselbständiger Gasentladung besprochen. Jeder Ionenschlauch, der durch sein empfindliches Volumen gezogen wird, löst einen kurzen Stromstoß aus, den zu registrieren und meßtechnisch auszuwerten immer raffiniertere elektronische Apparaturen entwickelt werden. Ohne tickenden Geigerzähler läßt sich keine experimentelle Kernphysik mehr betreiben.

Aber der Mensch ist ein Augentier und möchte die Spuren radioaktiver Zerfallsprodukte sehen. Auch das erlauben die Ionenschläuche, und zwar mit Hilfe der *Nebelkammer*. Sie nutzt aus, daß die Kondensation einer Flüssigkeit zu den Keimbildungsprozessen gehört (Kap. 4.10) und daß Ionen ausgezeichnete Kondensationskeime bilden. Zuvor muß freilich der Dampf kondensationswillig gemacht, d.h. übersättigt werden. Dies erreicht man einfach durch eine Unterkühlung, ausgelöst von einer raschen und damit praktisch adiabatischen Expansion (Kap. 4.23). Daraus ergibt sich die Konstruktion der Nebelkammer, schematisch dargestellt in Abb. 8.17. Fährt unmittelbar nach der Expansion z.B. ein α-Teilchen durch die Kammer, so kondensieren Nebeltröpfchen an seinem Ionenschlauch und markieren die Bahn als hellen Strich, deutlich sichtbar in scharfem seitlichen Licht. Er steht für eine knappe Sekunde – lange genug, ihn zu photographieren – und löst sich dann wieder auf.

Die verschiedenen Strahlenarten hinterlassen charakteristische Spuren. Typisch für α-Teilchen sind kurze, kräftige, gerade Bahnen einheitlicher Länge, wie sie Abb. 8.18 zeigt. Der Helium-Kern ist so schwer, daß er so leicht nicht aus seiner Bahn geworfen werden kann. Eben deshalb hat er aber auch eine hohe Ionisationsrate, verliert darum seine anfängliche kinetische Energie verhältnismäßig rasch und läuft sich schon nach wenigen Zentimetern tot. Seine *Reichweite* ist ein Maß für seine Startenergie. Der „Pinsel" der Abb. 8.18 läßt erkennen, daß alle aus gleichen Kernprozessen stammende α-Teilchen gleiche Energie mitbekommen haben. Ihre Bedeutung in der Strahlentherapie ist sehr begrenzt: einigen Zentimetern Reichweite in Zimmerluft entsprechen allenfalls Zehntelmillimeter in Wasser oder Gewebe.

β-Strahlen ionisieren weitaus schwächer, besonders wenn sie noch schnell und energiereich sind, denn dann haben sie nur wenig Zeit, im Vorbeifliegen Ionen zu

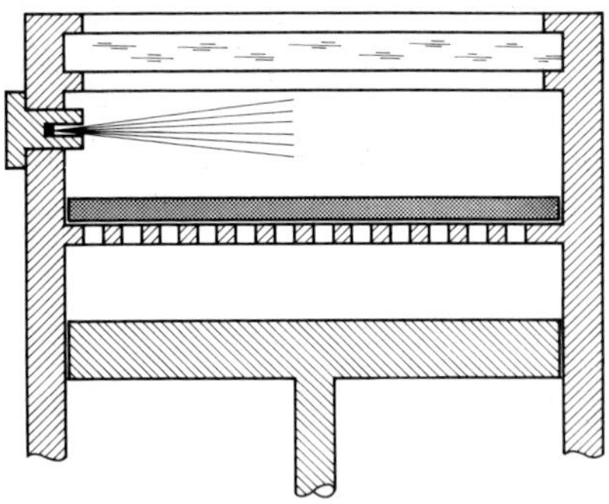

Abb. 8.17. Wilsonsche Nebelkammer, schematisch. Die eigentliche Beobachtungskammer enthält einen z.B. mit Alkohol oder Wasser getränkten Filz, der ständig für Sättigungsdampfdruck sorgt. Durch einen kurzen Zug am Stempel der Kolbenpumpe wird in adiabatischer Expansion die Temperatur der Kammerluft kurzzeitig abgesenkt und der Dampf übersättigt. Die Folge ist eine Kondensation dort, wo Kondensationskeime vorhanden sind: am Ionenschlauch eines in radioaktiver Strahlung ausgesandten Teilchens

Abb. 8.18. Bahnen von α-Teilchen in einer Nebelkammer: kurze, kräftige, gerade Bahnen einheitlicher Länge; das einzelne α-Teilchen mit höherer Reichweite stammt von einem angeregten Atomkern. Präparat Ra C′. (Aufnahme von Philipp; nach Finkelnburg)

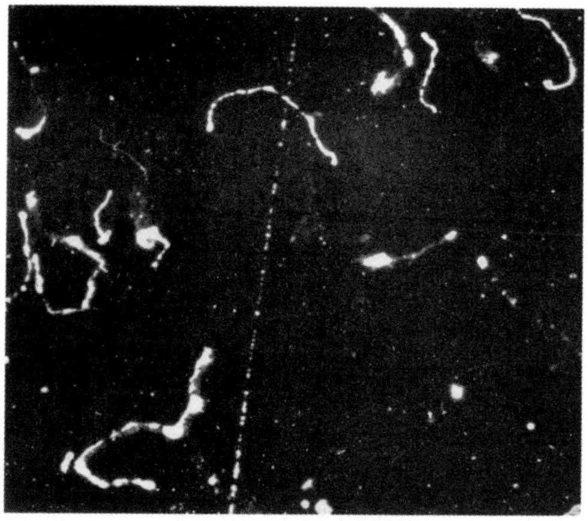

Abb. 8.19. Bahnen von β-Teilchen in einer Nebelkammer: kurze, verschlungene Bahnen von langsamen Teilchen, eine einzelne gerade Bahn mit nicht geschlossener Nebelspur von einem schnellen Teilchen. (Aufnahme von Rutherford; nach Westphal)

erzeugen. In der Nebelkammer hinterlassen sie lange, oftmals unterbrochene, selten gerade, zumal gegen Ende meist verschlungene Spuren (Abb. 8.19): Das leichte Elektron wird von jedem Molekül, das es halbwegs zentral trifft, aus seiner Bahn geworfen. Entsprechend gering ist seine Reichweite vor allem in Wasser und biologischem Gewebe. Medizinisch nutzen lassen sich β-Strahlen deshalb nur, wenn man das radioaktive Präparat unmittelbar an den Ort des Geschehens bringen kann. Ein Beispiel liefert $^{198}_{79}$Au, das – etwa als Goldchlorid – physiologischer Kochsalzlösung zugesetzt und in die Bauchhöhle eines Patienten eingebracht, dort herumvagabundierende Krebszellen abtöten soll. Leider emittieren β-Strahler gemeinhin auch noch durchdringende Quanten; der Patient wird also zu einer lebenden γ-Quelle. Die Aktivität des Gold-Präparates klingt aber mit einer Halbwertszeit von knapp drei Tagen ab (auch in der Kanalisation, in die einige der strahlenden Kerne ja doch entwischen).

γ-Quanten und Röntgenstrahlen hinterlassen in der Nebelkammer selbst überhaupt keine Spuren, sie lösen aber energiereiche Elektronen aus, die β-Teilchen entsprechen: sie starten irgendwo im Wellenbündel und laufen meist seitlich aus ihm heraus (Abb. 8.20).

α-, β- und γ-Strahlen sind zwar die wichtigsten Produkte radioaktiver Kernumwandlungen, aber nicht die einzigen. Abb. 8.21 zeigt die Spuren von Protonen. Die Krümmung der Bahnen hat einen sehr äußerlichen Grund: die Nebelkammer befand sich in einem Magnetfeld, Feldlinien in Blickrichtung der Kamera. Folglich wird jedes hindurchfliegende Teilchen, sofern es elektrisch geladen ist, von der Lorentz-Kraft auf eine Kreisbahn gezwungen (Kap. 5.45). Der Drehsinn hängt am Vorzeichen der Ladung, der Bahnradius an Geschwindigkeit und spezifischer Ladung q/m. Schwere α-Teilchen werden darum weniger stark abgelenkt als die leichten Elektronen – und in anderer Richtung. Die verbreitete Abb. 8.22 setzt die Existenz des Magnetfeldes stillschweigend voraus.

Abb. 8.20. Quanten hinterlassen selbst keine Spuren in der Nebelkammer; die von ihnen ausgelösten Primärelektronen ziehen aber Spuren nach Art von β-Teilchen seitlich aus dem Quantenbündel heraus. (Aufnahme von Auger; nach R.W. Pohl)

Abb. 8.21. Bahnen von Protonen in der Nebelkammer; sie sind gekrümmt, weil bei der Aufnahme ein Magnetfeld in Blickrichtung der Kamera gestanden hat. Die Aufnahme dient zum Nachweis schneller Neutronen, die von oben links eingefallen sind und selbst keine Nebelspuren hinterlassen, weil sie als neutrale Teilchen nicht ionisieren. Bei hinreichend zentralem Stoß auf in der Kammer vorhandene Moleküle gasförmigen Wasserstoffes übertragen sie aber ihre kinetische Energie auf nachweisbare Protonen (Aufnahme von Radiation Laboratory, University of California; nach Finkelnburg)

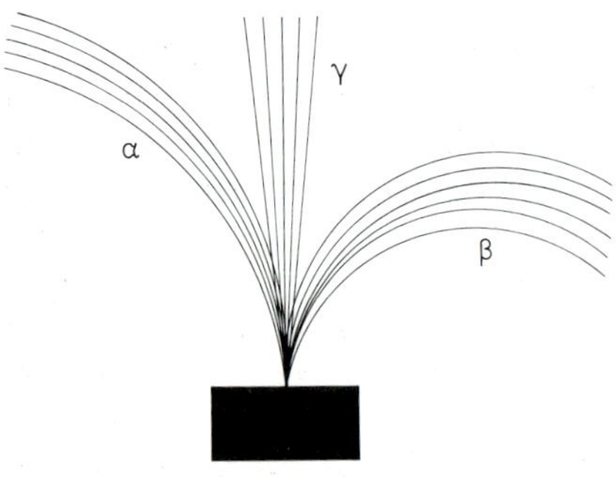

Abb. 8.22. Grobschematische Darstellung der Spuren radioaktiver Strahlen im Magnetfeld: Quanten werden gar nicht, Elektronen stark nach der einen, He-Kerne schwach nach der anderen Seite abgelenkt. Tatsächlich unterscheiden sich die auftretenden Lorentz-Kräfte in ihrer Auswirkung so sehr, daß experimentell die Bahnkrümmungen von α- und β-Teilchen nicht gemeinsam in einer einzigen Messung untersucht werden können

8.10 Das Gesetz des radioaktiven Zerfalls

Kein radioaktiver Kern weiß, wann er zerfällt; von keinem läßt es sich vorhersagen. Trotzdem hält sich der Zerfall an mathematisch korrekt formulierbare Gesetzmäßigkeiten, dies aber nur mit einer gewissen Wahrscheinlichkeit: man kann recht genau wissen, nach welcher Zeit die Hälfte oder zwei Drittel der ursprünglich vorhandenen Atome zerfallen sein werden, und dies um so genauer, je mehr von ihnen man hat – aber man kann nicht wissen, wer überleben wird. Die Kerne sterben statistisch. Für Menschen gilt ähnliches, die Versicherungsgesellschaften kennen die zugehörige Mathematik. Statistische Rechnungen werden in der Wirklichkeit um so exakter befolgt, je größer die *Population* gleicher Individuen ist – hier hat es die Physik der Atomkerne und Elementarteilchen weitaus leichter als die Versicherungsmathematik.

Eines leuchtet von vorneherein ein: je größer die Anzahl N der vorhandenen radioaktiven Kerne ist, um so größer wird auch die Anzahl dN sein, die in einer kurzen Beobachtungszeit dt zerfällt. Da sie N mindert, gebührt ihr negatives Vorzeichen. Daraus folgt

$$-\frac{dN}{dt} \propto N(t) \quad \text{oder}$$

$$\dot{N}(t) = -\lambda N(t).$$

Mit anderen Buchstaben als Symbole für andere physikalische Größen ist diese Differentialgleichung schon öfters aufgetaucht. Dort wie hier führt sie zur Exponentialfunktion, hier zu

$$N(t) = N_0 \exp(-\lambda t) = N_0 \exp(-t/\tau)$$

mit der Zerfallskonstanten λ und ihrem Kehrwert, der *mittleren Lebensdauer* τ. Beide werden freilich in der Kernphysik nicht so häufig verwendet wie die *Halbwertszeit* $T_{\frac{1}{2}}$, die Zeit also, in der von der Anzahl N_0 der anfangs vorhandenen radioaktiven Atome die eine Hälfte zerfallen und die andere noch intakt ist. Ihren Zusammenhang mit λ kann man jederzeit leicht herleiten. Definitionsgemäß muß ja sein

$$\tfrac{1}{2}N_0 = N_0 \exp(-\lambda T_{\frac{1}{2}}),$$

also auch

$$\tfrac{1}{2} = \exp(-\lambda T_{\frac{1}{2}}).$$

Das heißt aber

$$2 = \exp(\lambda T_{\frac{1}{2}})$$

oder

$$\ln 2 = \lambda T_{\frac{1}{2}}$$

und schließlich

$$\lambda = \frac{1}{\tau} = \frac{\ln 2}{T_{\frac{1}{2}}}.$$

Zur Erinnerung zeigt Abb. 8.23 die Kurve des radioaktiven Zerfalls in linearer und halblogarithmischer Darstellung.

Die Halbwertszeiten verschiedener radioaktiver Kerne überdecken einen ungeheuer weiten Bereich. Aus der Zerfallsreihe des Radiums (Abb. 8.16) seien drei der α-Strahler aufgeführt: ${}^{226}_{88}$Ra mit 1620 Jahren, ${}^{222}_{86}$Em mit 3,8 Tagen und ${}^{214}_{84}$Po mit 0,15 Millisekunden Halbwertszeit. Ein Radium-Präparat ist eine Anschaffung fürs Leben: auch zur Zeit der Urenkel hat es noch kaum von seiner Aktivität eingebüßt. Polonium-Kerne enthält es so gut wie keine, denn kaum hat sich einer aus ${}^{214}_{83}$Bi gebildet, so ist er auch schon wieder zerfallen. Der langsamste Einzelschritt bestimmt die Geschwindigkeit der ganzen Reihe.

Aufgabe 8.04: Angenommen, von jedem der drei eben genannten α-Strahler stünde ein Präparat mit genau $1{,}00 \cdot 10^{19}$ Kernen zur Verfügung: wieviel Kerne sind 24 Stunden später von dem Ra- und dem Em-Präparat zerfallen, von dem Po-Präparat noch vorhanden?

Die Häufigkeit $\dot{N} = dN/dt$, mit der ein bestimmtes radioaktives Präparat Teil-

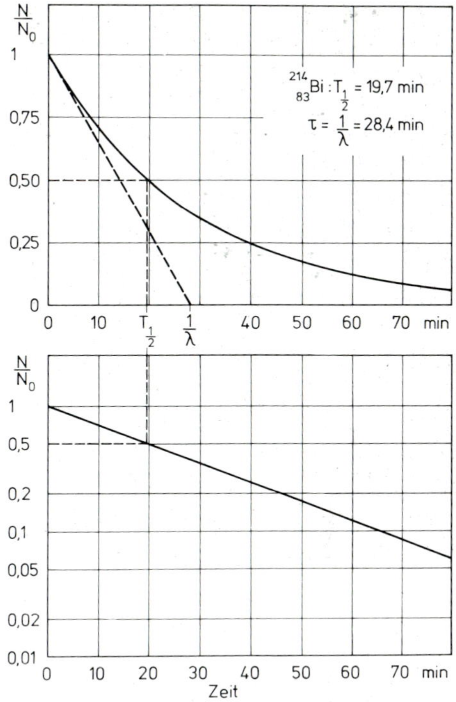

Abb. 8.23. Das Gesetz des radioaktiven Zerfalls: die Anzahl N der noch nicht zerfallenen Kerne nimmt mit der Zeit von seinem Ausgangswert N_0 nach einer e-Funktion ab. Die beiden Teilbilder zeigen den gleichen Zusammenhang in linearer und halblogarithmischer Darstellung. Der Abfall kann beschrieben werden mit Hilfe der Halbwertszeit $T_{\frac{1}{2}}$, der Zerfallskonstanten λ oder der mittleren Lebensdauer τ

chen oder Quanten aussendet, bezeichnet man als dessen *Aktivität A*; SI-Einheit ist die *reziproke Sekunde* (s^{-1}). Diese wird in der Schwingungslehre seit alter Zeit *Hertz* genannt, in der Strahlentherapie bekommt sie aber den Namen *Becquerel* (Bq)*. Neben ihr darf bis 1977 auch noch die alte Einheit *Curie* (Ci) $= 3{,}7 \cdot 10^{10}$ Bq verwendet werden – sie entspricht der Aktivität von einem Gramm Radium mit all seinen Folgeprodukten. Deren Anzahl *n*

* Man kann fragen, ob der Heroenkult bei der Benennung von Einheiten nicht zuweilen schon ein wenig übertrieben wird; Namen kann man schließlich nur als sinnarme Assoziationen auswendig lernen. Niemand wird es tun, aber wer da will, der darf die Geschwindigkeit seines Autos auch in Becquerel/Dioptrie angeben.

erhöht die Aktivität A eines Präparates aus N_0 aktiven Kernen, hohe Halbwertszeit (d.h. kleine Zerfallskonstante λ des langlebigen Ausgangskernes) vermindert sie:

$$A = n\lambda N_0 .$$

Über die biologische Wirksamkeit eines Präparates sagt dessen Aktivität freilich noch nicht viel aus, denn sie fragt nicht nach der Art der emittierten Strahlung – für sie ist Zerfall gleich Zerfall.

Aufgabe 8.05: $^{60}_{27}Co$ zerfällt ohne radioaktive Folgeprodukte mit einer Halbwertszeit von 5,27 Jahren. Wie viele aktive Kerne enthält ein Präparat der Aktivität $A = 2 \cdot 10^7$ Bq ungefähr?

8.11 $E = mc^2$

Die Massenzahl A hieße korrekter „Nukleonenanzahl", denn die wirklichen Kernmassen sind keineswegs so ganzzahlig, wie die Massenzahlen vortäuschen könnten; dafür sorgt allein schon der Massenunterschied zwischen Proton und Neutron. Zudem wird ein β-Teilchen in der Massenzahlenbilanz kernchemischer Formeln kurzerhand unterschlagen. Aber selbst wenn man es mitzählt stimmt die Rechnung schon beim Zerfall eines Neutrons nicht, denn zu

$$^1_0n \rightarrow {}^1_1p + {}^0_{-1}e$$

gehört als Massenbilanz

$$m_n \neq m_p + m_e ,$$

d.h. mit Zahlenwerten

$$1{,}6750 \cdot 10^{-24}\,g \neq 1{,}6726 \cdot 10^{-24}\,g + 0{,}0009 \cdot 10^{-24}\,g$$

– 1,5 Elektronenmassen fehlen. Wo sind sie geblieben?

Sie findet sich als Energie wieder. Zu den Aussagen der Relativitätstheorie gehört, daß Energie und Masse einander äquivalent sind. Jedes materielle Teilchen repräsentiert eine (beträchtliche) Energie, jede Energie wiegt (ein bißchen). Den Zusammenhang liefert eine weltbekannte Formel (aus historischen Gründen hier mit dem Buchstaben E für die Energie geschrieben). Sie lautet

$$E = mc^2$$

– wieder einmal spielt die Lichtgeschwindigkeit c eine fundamentale Rolle.

Jeder Atomkern besitzt eine Masse, die ein wenig unter demjenigen Wert liegt, den man durch harmlose Addition der Massen seiner Nukleonen herausrechnet. Die Differenz entspricht der Bindungsenergie des Kernes: sie wurde bei seiner Bildung frei und müßte bei einer Zerlegung in die Einzelteile wieder aufgebracht werden. Bei jeder freiwillig ablaufenden Kernreaktion besitzen die Reaktionsprodukte zusammen etwas weniger Masse als der Ausgangskern – der *Massendefekt* entspricht der Reaktionsenergie. Für chemische Reaktionen gilt im Prinzip das gleiche, nur ist bei ihnen der Energieumsatz so klein, daß sich der zugehörige Massendefekt jeder Messung entzieht.

Auch das Umgekehrte ist möglich: Energie läßt sich materialisieren, aus Licht lassen sich Partikel machen. Das leichte Elektron kommt naturgemäß mit einem relativ kleinen Quant aus – Schwierigkeiten macht nur die elektrische Ladung: das Quant kann sie nicht liefern. Folglich müssen gleich zwei β-Teilchen gebildet werden, ein normales Elektron (β^-) und eines mit positiver Elementarladung: ein *Positron* (β^+). Abb. 8.24 zeigt beider im Magnetfeld gegenläufig gekrümmte Bahnen: *Paarbildung* durch ein γ-Quant, das in einer Bleiplatte steckengeblieben ist.

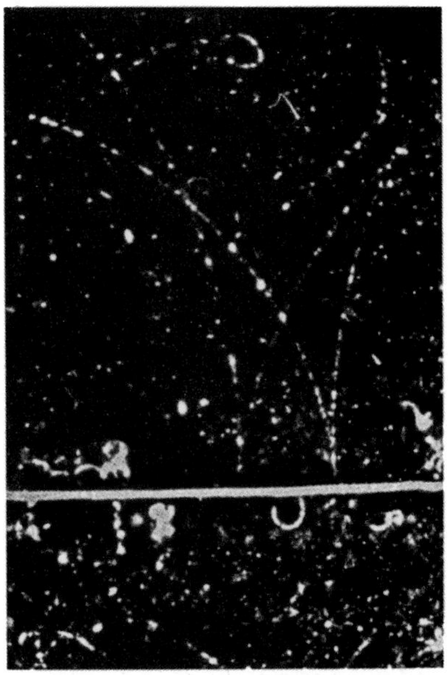

Abb. 8.24. Nebelkammeraufnahme einer Paarbildung. Elektron und Positron verlassen auf entgegengesetzt im Magnetfeld gekrümmten Bahnen eine Bleiplatte, erzeugt von einem γ-Quant, dessen Spur in einer Nebelkammer nicht erscheint. (Aufnahme von Fowler und Lauritsen; nach Finkelnburg)

Das Positron ist das *Antiteilchen* zum Elektron. Sobald es ein Elektron trifft, *zerstrahlt* es mit ihm wieder zum γ-Quant – lange kann es sich im Bereich normaler Materie nicht halten. Antiteilchen existieren kurzzeitig auch zu anderen Elementarteilchen, es gibt also Antineutronen und Antiprotonen mit negativer Elementarladung – denkbar ist ein ganzer Spiralnebel aus *Antimaterie*. Sie unterliegt den gleichen Naturgesetzen wie gewöhnliche Materie – da alle Ladungsvorzeichen vertauscht sind, ändert sich auch im elektrischen Verhalten nichts Wesentliches.

Nur müssen Materie und Antimaterie immer weit voneinander getrennt bleiben: sobald ihre Vertreter sich treffen, zerstrahlen sie zu energiereichen Quanten. Ein Meteorit aus Antimaterie hat wenig Chancen, von außen in die Milchstraße eindringend, bis zum Sonnensystem vorzustoßen.

Aufgabe 8.06: Die Masse eines Positrons beträgt wie die des Elektrons $9{,}11 \cdot 10^{-31}$ kg. Welche Energie muß ein γ-Quant für die Paarbildung mindestens mitbringen?

8.12 Kernspaltung

Die Äquivalenz von Masse und Energie ist Naturgesetz und darum nicht auf Kernprozesse beschränkt. Strenggenommen müssen auch zwei H_2O-Moleküle etwas leichter sein als ein Sauerstoff- und zwei Wasserstoff-Moleküle zusammen, denn Knallgas explodiert ja exotherm. Nur setzen chemische Reaktionen, verglichen mit den Massen der beteiligten Moleküle, so wenig Energie um, daß man ihr Äquivalent in der Massenbilanz einfach nicht mehr wiederfindet.

Aufgabe 8.07: Die Knallgasreaktion

$$H_2 + \tfrac{1}{2}O_2 = H_2O$$

entwickelt als (stoffmengenbezogene) Reaktionswärme 286 kJ/mol. Welcher Massendefekt ist mit der Bildung eines Wassermoleküls verbunden a) absolut und b) in Bruchteilen der Molekülmasse?

Bei Kernprozessen ist der Massendefekt weitaus höher. Daraus folgt sofort: Kernkraftwerke kommen mit überraschend wenig Brennstoff aus, allerdings verlangen sie recht wertvollen. Verwendbar ist $^{235}_{92}U$, ein Isotop, das Natururan nur zu etwa 0,7% enthält: vor der Verwendung im Reaktor muß es also erst einmal angereichert werden. Trifft nun ein vagabundierendes Neutron zufällig auf einen solchen Kern und bleibt es darin stecken, so entsteht $^{236}_{92}U$ – und das ist ein Kern, der sich nicht durch einen der üblichen Prozesse in eine Zerfallsreihe hineinretten kann: er platzt. Er zerplatzt in zwei nicht sehr ungleiche Teile. Diese liegen demnach etwa in der Mitte des periodischen Systems und können wegen der Krümmung der stabilen Rinne nicht alle Neutronen aufnehmen, die der Ausgangskern besaß. Jedes freigewordene Neutron löst nun aber, sobald es einen $^{235}_{92}U$-Kern trifft, eine neue *Kernspaltung* aus; wenn man nicht aufpaßt, schwillt die *Kettenreaktion* lawinenartig an: die Atombombe explodiert nach einer Exponentialfunktion mit positivem Exponenten. In *Kernreaktoren* werden deshalb die meisten der gebildeten Neutronen künstlich weggefangen, und zwar so, daß der Rest die Geschwindigkeit, mit der die Kernspaltung abläuft und Wärme entwickelt, dem momentanen Bedarf der angeschlossenen Dampfturbinen anpaßt. Das verlangt eine zuverlässige Regelanlage – sie muß in Sonderheit die Kettenreaktion bei einer Störung sofort unterbrechen, denn sonst „geht der Reaktor durch".

Aufgabe 8.08: Ergänze die Spaltungsreaktion

$$^{235}_{92}U + ^{1}_{0}n \rightarrow ^{236}_{92}U \rightarrow ^{140}_{56}Ba + ^{93}_{36}Kr +$$

um die freigesetzten Neutronen. Wieviele sind es? (Die angegebene Reaktion ist nur ein Beispiel, $^{236}_{92}U$ kann auch in andere Bruchstücke zerplatzen.)

Kernreaktoren liefern heutzutage nicht nur Energie, sondern zuweilen auch spaltbares Material wie das Plutonium-Isotop $^{239}_{94}Pu$, das als *Transuran* zu instabil ist, um auf der Erde noch in natürlichen Vorkommen vorhanden zu sein. Alle Reaktoren nutzen aber die Spaltung schwerer Kerne zur Energiegewinnung. Die Sonne macht es anders; sie betreibt *Kernverschmelzung* am unteren Ende des periodischen Systems: sie „verbrennt" Wasserstoff zu Helium – auch dabei wird Energie frei. Des Menschen Bemühen, es der Sonne gleichzutun, hat vorerst noch zu keinem Kraftwerk geführt, lediglich zur Wasserstoffbombe.

8.13 Künstliche Radioaktivität

Neutronen fallen in allen Kernreaktoren reichlich an. So gut wie jede Substanz, in ihren Strom gehalten, wird radioaktiv; sie bildet Kerne durch Neutroneneinfang, die in der Natur nicht mehr vorkommen, weil sie, wenn es sie je gab, längst zerfallen sind. Im Silber z.B. entstehen durch Neutronenbeschuß gleich zwei β^--aktive Isotope, die naturgemäß wieder zum Element Silber gehören, weil ein Neutron mehr im Kern ja die Atomnummer nicht erhöht. Es sind $^{110}_{47}Ag$ mit 24,17 s und $^{108}_{47}Ag$ mit 2,44 min Halbwertszeit.

Aufgabe 8.09: Aus welchen stabilen Isotopen besteht natürliches Silber?

Künstlich radioaktive Chemikalien erlauben es, komplizierte chemische Reaktionen, etwa die des organischen Stoffwechsels, zu verfolgen. Chemisch verhält sich ja ein aktiviertes Atom bis zu seinem Zerfall nicht anders als seine stabilen Artgenossen, durch seine Strahlung meldet es aber als „Tracer" den Platz, auf den es durch die Reaktion gebracht wurde. Spritzt man etwa einem Kaninchen radioaktives Jod in den Oberschenkel, so kann man mit einem Zählrohr die Aktivität nahe der Einstichstelle leicht nachweisen. Wenig später hat sie aber der Blutkreislauf gleichmäßig über das ganze Tier verteilt, es strahlt von Kopf bis Schwanz. Wieder einige Zeit später findet sich Aktivität nur noch in der Schilddrüse, denn diese speichert Jod und entzieht es dem Blutkreislauf.

$^{59}_{26}$Fe hat eine („physikalische") Halbwertszeit $T_{\frac{1}{2}}$ von 46 Tagen. Gibt man einem Menschen davon etwas in die Vene, so verschwindet die Aktivität aus seinem Blut recht gut nach einer Exponentialfunktion, allerdings mit einer deutlich kürzeren „effektiven" Halbwertszeit T_e. Ursache ist der Stoffwechsel: er scheidet ständig Eisen aus, und das bedeutet für ein aus der Nahrung nicht nachgeliefertes Isotop den Abbau nach einer eigenen e-Funktion mit der „biologischen" Halbwertszeit T_b. Wie kann man sie aus den beiden anderen bestimmen?

Die drei Halbwertszeiten $T_{\frac{1}{2}}$, T_e und T_b sind proportional zu den Kehrwerten der drei Zerfallskonstanten λ, λ_e und λ_b. Ohne den biologischen Abbau nähme die der Aktivität proportionale Anzahl N der aktiven Atome im Blut von ihrem Ausgangswert N^* ab nach der Gleichung

$$N(t) = N^* \exp(-\lambda t).$$

Ohne den radioaktiven Zerfall sorgte der biologische Abbau für eine Abnahme von N^* nach

$$N^*(t) = N_0 \exp(-\lambda_b t).$$

Beide Prozesse zusammen liefern

$$N(t) = N_0 \exp(-\lambda_b t - \lambda t) = N_0 \exp(-\lambda_e t).$$

Daraus folgt

$$\lambda_e = \lambda_b + \lambda$$

und

$$\frac{1}{T_e} = \frac{1}{T_b} + \frac{1}{T_{\frac{1}{2}}}.$$

Die Kehrwerte der beiden Halbwertszeiten addieren sich zum Kehrwert der effektiven Halbwertszeit.

Aufgabe 8.10: Einem Patienten wird ein Präparat mit dem Isotop $^{59}_{26}$Fe ins Blut gebracht. Wenn von der anfangs vorhandenen Aktivität nach genau 14 Tagen noch 69,8 % übrig geblieben sind, wie groß sind dann biologische und effektive Halbwertszeit?

Künstliche Radioaktivität gibt es auch in der Natur. Neutronen, die von der Sonne herüberkommen, erzeugen in der hohen Atmosphäre aus dem Stickstoff der Luft den β^--Strahler $^{14}_{6}$C nach der Kernreaktion

$$^{14}_{7}\mathrm{N} + ^{1}_{0}\mathrm{n} \rightarrow ^{15}_{7}\mathrm{N} \rightarrow ^{14}_{6}\mathrm{C} + ^{1}_{1}\mathrm{p}.$$

die abgekürzt auch geschrieben wird

$$^{14}_{7}\mathrm{N}(\mathrm{n}, \mathrm{p})^{14}_{6}\mathrm{C}$$

Der Kohlenstoff bildet CO_2, diffundiert in die oberflächennahe Atmosphäre und sorgt dort für eine stationäre Konzentration aktivierten Kohlendioxids, das die Pflanzen zusammen mit dem normalen, stabilen CO_2 aufnehmen und nicht wieder ausscheiden. $^{14}_{6}$C zerfällt mit einer Halbwertszeit von 5360 Jahren. Sein in prähistorischen Pflanzenresten verbliebener Anteil sollte Aussagen darüber erlauben, wann der Stoffwechsel durch Tod unterbrochen wurde. Voraussetzung für diese Altersbestimmung ist freilich, daß die Erdatmosphäre damals den gleichen Gehalt an $^{14}_{6}$C hatte wie heute. Pflanzen, die neben der Autobahn wachsen, erscheinen in diesem Meßverfahren uralt: sie haben ein CO_2 assimiliert, das vornehmlich den Abgasen der Autos entstammt – einem Benzin also, dessen $^{14}_{6}$C-Gehalt während langen Lagerns als fossiles Erdöl bei weitem nicht mehr dem des Kohlendioxids normaler Waldluft entspricht.

8.14 Dosimetrie

Über die biologische oder medizinische Wirksamkeit eines radioaktiven Präparates sagt dessen *Aktivität* kaum etwas aus, denn definitionsgemäß zählt sie ja nur Zerfallsprozesse als solche ohne Rücksicht auf das, was dabei herauskommt. Sind es α-Strahlen, so werden sie möglicherweise schon in der Luft oder in der Haut absorbiert, ehe sie empfindliche Organe erreichen. Sind es extrem harte γ-Strahlen, so durchdringen sie den Organismus fast ohne jede Wirkung – darin ähnlich den überaus energiereichen *Höhenstrahlen*, die ständig aus dem Weltenraum auf die Erde einfallen und noch metertief in den Boden eindringen. Wirken kann eine Strahlung immer nur insoweit, als sie auch Energie an den Absorber abgibt. Dabei verkraftet ein Elefant mehr als eine Mücke. Man bezieht die Energie deshalb auf die Masse des Absorbers und definiert die

Energiedosis $D = \dfrac{\text{absorbierte Energie } W}{\text{absorbierende Masse } m}$

mit der SI-Einheit J/kg; sie wird *Gray* genannt und Gy abgekürzt.

Vielen Radiologen mag vorerst noch die alte Einheit Rad = rd = 0,01 Gy geläufiger sein; offiziell soll sie nicht mehr verwendet werden.

40 Gray, einem Menschen am ganzen Körper rasch und gleichmäßig appliziert, sind allemal tödlich. Aufheizen würden sie ihr Opfer aber nur um ganze 10 mK. Von der Wärmeentwicklung geht die Wirkung ionisierender Strahlung nicht aus. Auch für eine praktische Dosimetrie ist sie zu gering. Darum hält man sich gern an die markante Eigenschaft der Strahlung, an die Ionisation, und mißt sie dort, wo das am leichtesten geht: in Luft. Man trennt die gebildeten Ionenpaare durch ein hinreichend hohes elektrisches Feld, zieht sie aus einem definierten Volumen mit der Luftmasse m heraus, bestimmt die Ladung Q der Ionen eines Vorzeichens und definiert die

Ionendosis $I = \dfrac{Q}{m}$

mit der Einheit C/kg.

Wieder dürfte manchem Radiologen die nicht mehr zulässige Einheit Röntgen = R = $2{,}58 \cdot 10^{-4}$ C/kg geläufiger sein.

Man kann zwischen Ionendosis und Energiedosis hin- und herrechnen, wenn man die Energie W_i kennt, die im Mittel umgesetzt werden muß, um ein Ionenpaar zu erzeugen. Das trägt dann mit einer Elementarladung e_0 zum Ionenstrom bei:

$$D = \frac{W_i}{e_0} I.$$

In Zimmerluft ist $W_i = 33{,}7$ eV; ein C/kg entspricht demnach 33,7 Gy. Bei den alten Einheiten gilt: 1 R $\hat{=}$ 0,869 rd = 8,69 mGy.

Mögliche Instrumente der Dosimetrie sind also *Ionisationskammern*. Soweit sie als Eichinstrumente der Reproduktion von Dosiseinheiten dienen, ist bei ihrer Konstruktion vor allem auf die folgenden zwei Punkte zu achten:

1. Das wirksame Meßvolumen muß genau bekannt sein. Das erfordert eine dicke Bleiblende zur Festlegung des Bündelquerschnittes sowie eine Meßelektrode definierter Länge. Zwei Hilfselektroden an ihren Enden sorgen dort für ein unverzerrtes Feld, liefern aber die von ihnen aufgesammelten Ladungen nicht beim Meßinstrument ab (Abb. 8.25).

2. Es dürfen nur solche Ionen in das Meßvolumen gelangen, die durch die Wirkung der primären Strahlung in der Kammerluft entstanden sind – alle Blenden und Elektroden sollten deshalb so weit vom Meßvolumen entfernt sein, daß sich die von ihnen ausgehenden Streustrahlen und Photoelektronen nicht störend bemerkbar machen.

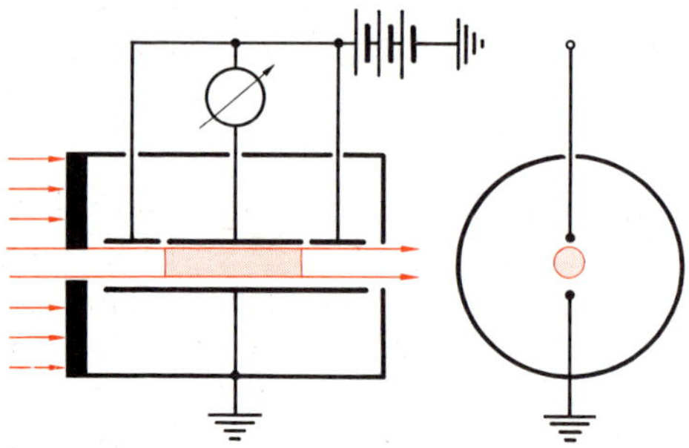

Abb. 8.25. Faßkammer zur Dosimetrie, Schnittzeichnung, schematisch – roter Raster: Meßvolumen

Über die biologische und medizinische Wirkung ionisierender Strahlung sagt deren Dosis allein noch nicht alles aus; man darf aber annehmen, daß Wirkung und Dosis unter sonst gleichen Bedingungen einander proportional sind. Die Worte „unter sonst gleichen Bedingungen" sind hier wichtig: Schon die Zeit, in der eine bestimmte Dosis appliziert wird, die *Dosisleistung*, mit der dies geschieht, kann die Wirkung beeinflussen.

Zu Ionen- und Energiedosis definiert man die beiden *Dosisleistungen* $\dot{I}$ und $\dot{D}$ mit den Einheiten A/kg und W/kg = Gy/s.

Im allgemeinen steigert hohe Dosisleistung, also kurze Bestrahlungszeit bei gleicher Dosis, die Wirkung. Bedeutung hat aber auch die sog. *Strahlenqualität*. So sind z.B. α-Teilchen, wenn sie Gewebe schon einmal erreichen, bei gleicher Energiedosis rund zehnmal wirksamer als schnelle Elektronen. Man berücksichtigt dies durch einen dimensionslosen *Bewertungsfaktor* und definiert so die

Äquivalentdosis = Bewertungsfaktor · Energiedosis.

Maßeinheit ist auch hier das J/kg, zur Unterscheidung wird es aber mit dem Namen *Sievert* (Sv) belegt. Früher üblich war das Rem (rem) = 0,01 Sv.

Normalerweise löst der Arzt Strahlenwirkungen durch schnelle Elektronen aus. Dabei ist es grundsätzlich gleichgültig, ob er sie unmittelbar aus dem Betatron bezieht (Kap. 6.10), ob er sich β-Teilchen von einem radioaktiven Präparat liefern läßt, oder ob er Photo- und Compton-Elektronen durch Röntgen- oder γ-Strahlen produziert. Allen diesen Strahlenarten kommt der gemeinsame Bewertungsfaktor 1 zu.

Elektronen sind klein und leicht. Sie ziehen relativ lange, dafür aber nur dünn mit Ionen besetzte Schläuche durch die Materie. Ihre biologische Wirkung wird dadurch vergleichsweise gering. α-Teilchen, aber auch schnelle Ionen, von entsprechenden Beschleunigern geliefert, richten mehr Unheil an, jedenfalls lokal längs kurzer Bahnen mit hoher Ionisationsdichte. Das führt zu relativ starker Wirkung und Bewertungsfaktoren so um die 10 herum. Eine Zwischenstellung nehmen Neutronen ein. Als neutrale Teilchen ionisieren sie nicht selbst. Schnelle Neutronen stoßen aber die im Gewebe stets vorhandenen Kerne der Wasserstoffatome wie Billardkugeln an, und dann fliegen schnelle Protonen, Ionen also, durch die Gegend: Bewertungsfaktor wieder um die 10 herum. Langsame Neutronen werden demgegenüber gern von stabilen Kernen eingefangen; sie lösen dann eine Kernreaktion aus, die zumeist β-Teilchen und γ-Quanten liefert: Bewertungsfaktor bei 1.

8.15 Strahlenschutz

Wilhelm Conrad Röntgen ist 77 Jahre alt geworden und Marie Curie 66 – aber beide sind an Leukämie gestorben, einer Blutkrankheit also, von der man heute weiß, daß sie durch ionisierende Strahlungen ausgelöst werden kann. Es hat seine Zeit gebraucht, bis man die Gefährlichkeit dieser Strahlungen erkannte, und diese Erkenntnis ist durch bittere Erfahrung gewonnen worden. Sorgfältige

Dosimetrie sollte eigentlich Grundlage aller Strahlennutzung sein, in der Medizin wie in der Technik – sie ist es nicht immer.

Allzu viel Angst braucht man auch wieder nicht zu haben. Die ionisierende Strahlung ist schließlich nicht erst im 20. Jahrhundert in die Welt gekommen, mit der modernen Medizin etwa oder mit den Kernkraftwerken; sie war von Anfang an dabei. Das Leben hat sie vorgefunden, als es sich zu entwickeln begann. Für den Bundesbürger summiert sich die natürliche Strahlung heute im Mittel auf eine sog. *Jahresdosis* von 1,1 mSv auf; gemeint ist damit eine ständige Dosisleistung von durchschnittlich 1,1 mSv/a. Daran ist die aus dem Weltraum einströmende *Höhenstrahlung* auf der Meeresoberfläche noch mit 0,3 mSv/a beteiligt. In den Bergen ist es mehr; wer über den Atlantik fliegt, setzt sich für Stunden einer Strahlung von mehr als 10 mSv/a aus. In der Bundesrepublik kommen im Schnitt 0,5 mSv/a aus dem Erdboden. Die Dosisleistung hängt aber sehr vom Wohnort ab, im bayerischen Wald steigt sie auf 2,9 mSv/a. Auch der Mensch enthält, wie alles um ihn herum, allerlei radioaktive Atome; er bestrahlt sich darum selbst mit ungefähr 0,3 mSv/a. Daran wesentlich beteiligt ist das Kalium. Es enthält zu einem Tausendstel Prozent das radioaktive Isotop $^{40}_{19}K$; das ist zwar mit seiner Halbwertszeit von 1,28 Milliarden Jahren fast schon stabil, aber schließlich treibt sich Kalium ja nicht als Spurenelement im Körper herum. Als Ion gelöst ist es lebensnotwendig.

Zivilisationsbedingter Strahlenbelastung hat sich der Mensch erstmals und völlig ahnungslos ausgesetzt, als er aus Holzhütten in Steinhäuser umzog: Massive Wände strahlen mehr als sie abschirmen, bis zu 250 μSv/a. Kernkraftwerke nehmen sich demgegenüber recht harmlos aus (solange sie ordnungsgemäß arbeiten): Auch wer in weniger als 3 km Entfernung wohnt, hat in der Bundesrepublik bisher (April 1980) noch kein μSv/a abgekriegt. Das Fernsehen liefert da schon mehr. Die Bildröhren der Empfänger sind kleine Röntgenröhren und teilen bei mittleren Sehgewohnheiten etwa 7 μSv/a aus.

Wenn in der Bundesrepublik die natürliche Strahlenbelastung aus dem Boden um mehr als 1 mSv/a schwankt, kann eine zivilisationsbedingte in dieser Größenordnung auch nicht lebensgefährlich sein. Die kerntechnische Industrie bleibt weit unter dieser Grenze, die Medizin keineswegs. Der kurze Blitz einer Röntgen-Reihenuntersuchung belastet die unmittelbar betroffene Lunge mit rund 2 mSv; mitsamt der Streustrahlung wird daraus eine effektive Ganzkörperdosis von immer noch 0,5 mSv – und das wird dem Bundesbürger alle 5 Jahre abverlangt, denn anders würde man der Lungentuberkulose nicht Herr. Alle Durchleuchtungen zusammen schätzt man auf 1 bis 1,5 mSv/a pro Person. Die Tendenz ist steigend.

Was darf der Mensch sich zumuten? Vermutlich läßt eine kurzzeitig applizierte Ganzkörperdosis von vielleicht 5 Sv dem Erwachsenen nur noch eine Überlebenschance von 50%. Schon 1 Sv löst einen handfesten Strahlenkater aus. Die gleiche Dosis, rasch oder über längere Zeit aufgenommen, erhöht die Wahrscheinlichkeit, an Krebs zu sterben, um schätzungsweise 1%. Noch gibt es keinen Grund zur Panik – aber schon gar keinen zum Leichtsinn.

Gegen Strahlenschäden gibt es vor allem drei vorbeugende Maßnahmen:

1. *Weggehen* – das quadratische Abstandsgesetz bietet immer noch den zuverlässigsten Schutz.
2. *Abschirmen* – d.h. ungewollte Strahlung, insbesondere Streustrahlung, abfangen.
3. *Dosis reduzieren* – d.h. gewollte Strahlung auf das absolut unerläßliche Maß beschränken.

Keine dieser Maßnahmen greift freilich gegenüber radioaktiven Isotopen, die mit der Nahrung aufgenommen und womöglich auch noch vom Stoffwechsel bevorzugt in bestimmten Organen abgelagert werden wie z.B. der Betastrahler $^{130}_{53}J$ in der Schilddrüse. Hier hilft nur Abstinenz, und zwar bereits bei der Kuh, die Milch oder Steaks liefern soll.

Wachsamkeit heischen die *Strahlenschutzverordnungen*, sobald die Möglichkeit besteht, daß jemand im Laufe eines Jahres aus künstlichen Strahlenquellen ungewollt mehr als 1,5 mSv Äquivalentdosis aufnimmt. Räume, in denen dies geschehen kann, müssen als „Strahlenschutzbereiche" gekennzeichnet werden; wer als „beruflich strahlenexponiert" gilt, muß sich laufend auf die Dosis hin überwachen, die er tatsächlich aufgenommen hat – meist mit einer am Rockaufschlag getragenen Plakette, die einen strahlenempfindlichen Film enthält.

9. Steuerung, Regelung, Information

9.01 Grundbegriffe

Wer im Treppenhaus eines Wohnblockes auf einen Knopf drückt, der erwartet je nach Art des Knopfes, daß es in einer bestimmten Wohnung klingelt, daß sich die Treppenhausbeleuchtung einschaltet oder daß der Fahrstuhl kommt. In allen drei Fällen ist die primäre Aktion die gleiche: ein Druck mit dem Finger auf einen Knopf; in allen drei Fällen wird dadurch ein elektrischer Stromkreis geschlossen – aber was dann geschieht, hängt ganz von dem jeweiligen Stromkreis ab. Ein Knopfdruck kann mancherlei auslösen. Wenn nun unter gegebenen Umständen ein und dieselbe Primäraktion, also ein Druck auf einen ganz bestimmten Knopf, mit technischer Sicherheit immer die gleiche Wirkung auslöst, so spricht man von einer *Steuerung*. Sie muß sich nicht elektrischer Schaltungen bedienen: der Verschluß eines Photoapparates wird ebenso auf rein mechanischem Wege ausgelöst wie die Notbremse eines Schnellzuges.

Kennzeichen der Steuerung ist ein *linearer Wirkungsablauf:* Ein ganz bestimmtes Eingangssignal *E* hat ein genau festgelegtes Ausgangssignal *A* zur Folge (Abb. 9.01), das selbst wieder aus einer Sequenz von Einzelsignalen bestehen kann.

Eine Fußgängerampel, einmal ausgelöst, spult ihre einprogrammierte Folge von Lichtsignalen treu und unbeirrbar ab, auch wenn dies sinnlos geworden ist, weil der Passant, aus welchen Gründen auch

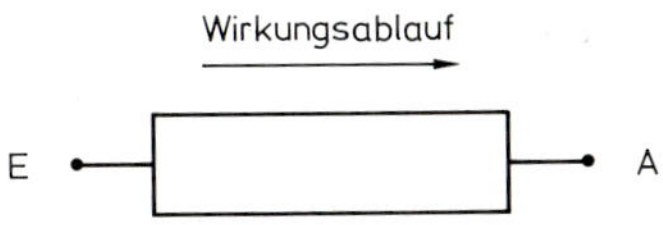

Abb. 9.01. Der Wirkungsablauf einer *Steuerung* ist linear vom Eingangssignal *E* zum Ausgangssignal *A* gerichtet

immer, die Fahrbahn längst vorzeitig überquert hat.

Die zum Druck auf den Knopf notwendige Handbewegung wird vom Zentralnervensystem ausgelöst; hierbei handelt es sich aber nicht mehr um eine Steuerung in dem eben definierten Sinne – der Vorgang ist komplizierter. Es liegt ja nicht unabänderlich fest, wo sich der fragliche Knopf befindet, in welcher Höhe über dem Erdboden, in welcher Richtung vom Betrachter – deswegen kann er auch nicht in einem ein für alle Mal fest einprogrammierten Bewegungsablauf erreicht werden. Das Zentralnervensystem braucht eine Möglichkeit, mit der es jederzeit korrigierend in die Bewegung eingreifen kann; dazu muß es freilich auch über den jeweiligen Stand der Bewegung informiert sein, und weil eine ganze Anzahl von Muskeln beteiligt sind, genügt hier eine etwas summarische Erfolgskontrolle über das Auge keineswegs. Tatsächlich meldet jeder Muskel über sensorische Nerven die Stellung, die er inzwischen angenommen hat, ständig an das Zentralnervensystem zurück und dieses richtet seine weiteren Kommandos nach solchen Rückmeldungen: der Wirkungsablauf ist nicht mehr linear, sondern in sich geschlossen (Abb. 9.02); er läßt sich als Kreis darstellen.

Zum Glück vermag das Zentralnerven-

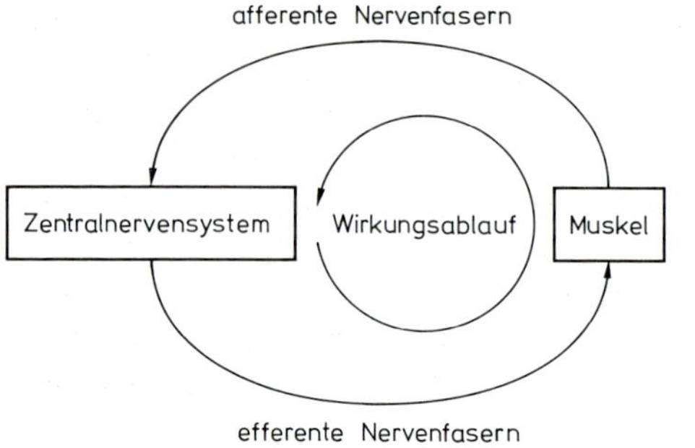

Abb. 9.02. Der Wirkungsablauf einer *Regelung* ist in sich geschlossen

system all diese Arbeit „unter der Hand“ zu erledigen, nämlich ohne sie in die Ebene des Bewußtseins vordringen zu lassen. Es wäre schrecklich, müßte man bei jedem Schritt über das rechte Zusammenspiel der beteiligten Muskeln auch noch nachdenken! Immerhin: Gehen muß der Mensch lernen.

Ist der Wirkungsablauf in dem beschriebenen Sinne geschlossen, so spricht man von *Regelung;* sie erfolgt in einem *Regelkreis.* Ihr Kennzeichen ist die *Rückkopplung*, zuweilen auch *feed back* genannt.

Ohne Regelung gäbe es kein Leben. Technisch gesprochen existiert der Mensch zur Zeit in über 4 Milliarden Exemplaren, alle vom gleichen Grundtyp, aber doch erheblich unterschieden in konstruktiven Details: der eine bringt zweieinhalb Zentner auf die Waage, der andere nicht einmal die Hälfte; der eine hat schokoladenbraune Hautfarbe, der andere weiße und beim dritten ist das gemischt; der eine ernährt sich vegetarisch, der andere bevorzugt Fisch; der eine ist Olympionike und der andere bewegt sich nur ungern. Wenn trotzdem alle, sofern sie gesund sind, auf wenige Zehntelgrad genau die gleiche Körpertemperatur haben, und das auch noch, obwohl der eine in den Tropen lebt und der andere in Alaska, so ist dies nur durch Regelprozesse zu erreichen. Sie zu entwickeln war mühsam und langwierig – Eidechsen sind noch nicht so weit.

Jeder Regelkreis bemüht sich um eine ganz bestimmte Größe, seine *Regelgröße.* Das kann die Körpertemperatur eines Menschen sein oder die Schlagfrequenz seines Herzens, ebensogut aber auch die Temperatur eines Kühlschrankes oder eines Bügeleisens. Wie auch immer, die Aufgabe des Regelkreises besteht darin, seine Regelgröße allen Störungen zum Trotz so gut wie möglich an eine *Führungsgröße* anzupassen, die ihm auf irgendeine Weise von außen genannt werden muß. Sie kann ein für allemal fest vorgegeben sein, wie die Körpertemperatur: ob Sonnenbad, ob Wellenbad, ihr Wert wird gehalten *(Festwertregelung);* sie kann sich, wie bei Kühlschrank und Bügeleisen, durch einen Drehknopf wahlweise einstellen lassen; sie kann sich auch quasi selbständig mit der Zeit ändern wie beim Puls: seine Frequenz steigt bei körperlicher Arbeit und sinkt im Schlaf – hier sorgt der Regelkreis dafür, daß seine Regelgröße der Führungsgröße folgt *(Folgeregelung).* Das Prinzip ist in jedem Fall das gleiche: der Regelkreis bemerkt eine *Regelabweichung*, einen Unterschied zwischen Regel- und Führungsgröße nämlich, und sucht sie abzustellen. Ob diese Regelabweichung nun durch eine Störung verursacht wurde oder durch eine Bewegung der Führungsgröße, interessiert erst in zweiter Linie.

9.02 Einzelheiten des Regelkreises

Einen biologischen Regelkreis, den man leicht im Selbstversuch beobachten kann, bildet die *Pupillenreaktion.* Man schaue sich in der Abenddämmerung über einen Spiegel fest in die Augen; leuchtet man jetzt mit einer hellen Lampe plötzlich in das eigene Gesicht, so sieht man deutlich, wie mit einigen Zehntelsekunden Verzögerung die anfangs weit geöffnete Pupille zusammenschnurrt. Der Regelkreis bemüht sich, trotz steigender *Strahlungs-*

flußdichte D den in das Auge gelangenden Strahlungsfluß $\Phi = DA$ einigermaßen konstant zu halten, indem er durch Pupillenkontraktion den Bündelquerschnitt A herabsetzt. Das gelingt freilich nur in Grenzen: von den acht Zehnerpotenzen in der Leuchtdichte zwischen Dämmerungssehen und Blendung (Kap. 7.14) kann die Pupillenreaktion nur einen kleinen Teil übernehmen; für den Rest müssen Regelkreise sorgen, die in die Übertragung und Verarbeitung der Nervensignale eingreifen. Immerhin, der Arzt, der mit einem Augenspiegel die Netzhaut anschauen will, benötigt dafür eine Beleuchtungsstärke, die den Patienten blendet. Seine Pupillenreaktion versperrte dem Arzt die Sicht, ließe sich der Mechanismus des Regelkreises nicht vorübergehend außer Betrieb setzen – auf chemischem Wege: durch Atropin.

Organisches Leben nutzt die Möglichkeiten der Naturgesetze auf weit raffiniertere und darum schwerer durchschaubare Weise als menschliche Technik. Aus diesem Grunde soll die Arbeitsweise eines Regelkreises hier nicht an der Pupillenreaktion selbst erläutert werden, sondern an einem simulierenden Labormodell; für das Prinzip einer Regelung ist nicht wesentlich, ob sie sich für die notwendige Informationsübertragung der Nervenleitung bedient oder elektrischer Leitung – oder auch irgendeines anderen Verfahrens.

Im Funktionsmodell wird die Retina des Auges durch ein Photoelement ersetzt; es bekommt den Namen *Wandler*, weil es die Größe, um die es geht, den Strahlungsfluß Φ nämlich, zu einer Photospannung U_{ph} umsetzt, die der Regelkreis unmittelbar verarbeiten kann. U_{ph} repräsentiert die *Regelgröße x*, die es konstant zu halten gilt (jedenfalls zunächst einmal). Φ stammt von einer Glühbirne, deren Helligkeit z.B. mit Hilfe einer Potentiometerschaltung verändert werden kann; dadurch bekommt das Modell eine willkürlich einstellbare *Störgröße*, deren Einfluß „ausgeregelt" werden soll. Möglich macht dies eine elektromechanische Blende, die das Lichtbündel einzuengen vermag – man kann sie durch Umbau eines Drehspulinstrumentes herstellen: an seinem Zeiger wird eine leichte Fahne aus Aluminiumblech befestigt, die sich mit steigender Spannung am Meßwerk immer weiter in das Lichtbündel hineinschiebt. Diese Spannung repräsentiert die *Stellgröße y*, sie wird dem *Stellglied* „elektromechanische Blende" zugeführt. Blende und Photoelement bilden zusammen die *Regelstrecke* mit y am Eingang und x am Ausgang.

Um überhaupt arbeiten zu können, muß der Regelkreis wissen, auf welchen Wert die Regelgröße eingestellt werden soll. Dies sagt ihm die *Führungsgröße w*. Sie wird von außen vorgegeben, im Modell beispielsweise durch eine Batterie mit variablem Potentiometer. Aufgabe des Regelkreises ist es, die

Regelabweichung $x_w = w - x$

nach Möglichkeit auf Null zu halten, Störungen zum Trotz. Dazu muß x_w erst einmal festgestellt werden. Dies geschieht im *Vergleicher*. Seine Aufgabe kann im elektrischen Modell ein „Differenzverstärker" übernehmen, ein Verstärker also, bei dem durch Schaltungstricks erreicht wird, daß keine seiner beiden Eingangsbuchsen auf Erde gelegt werden muß (wegen der Erdung von Verstärkern und anderer „black boxes" sei an Kap. 5.29 erinnert). Ist der Verstärkungsfaktor 1, so braucht man dem Eingang nur x und w zuzuführen, um am Ausgang x_w zu erhalten. Mit x_w besitzt der Regelkreis die entscheidende Information: läuft die Regelabweichung in der einen oder anderen Richtung davon, so muß er versuchen, durch entsprechende Betätigung des Stellgliedes gegenzusteuern. Dazu braucht er eine Stellgröße y; im allgemeinen wird x_w zu klein sein, um selbst als y fungieren zu können – aber die Verstärkung elektronischer Signale stellt kein technisches Problem dar. Verstärker und Vergleicher zusammen bilden die *Regeleinrichtung* mit x und w am Eingang und y am Ausgang. Die Stellgröße wird dem

Stellglied, also dem Eingang der Regelstrecke zugeführt und damit ist der Regelkreis geschlossen. Sein allgemeines Schema zeigt Abb. 9.03.

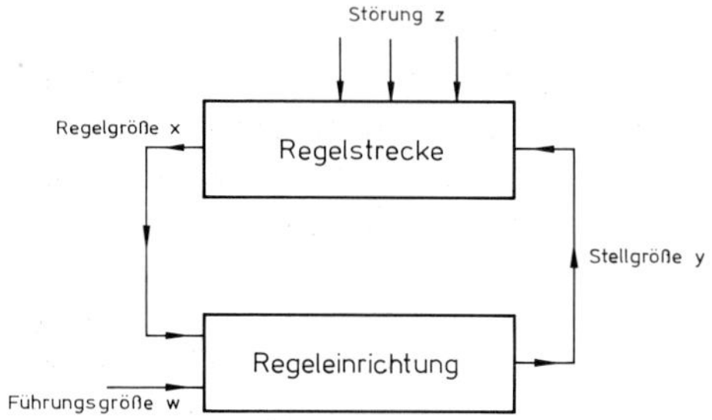

Abb. 9.03. Allgemeines Schema eines Regelkreises

Was in einem Regelkreis umläuft und verarbeitet wird, ist letzten Endes *Information* – im Beispiel: Information über den tatsächlichen Strahlungsfluß, repräsentiert durch die Regelgröße x; Information über ihren Sollwert, repräsentiert durch die Führungsgröße w; Information über die erforderliche Gegensteuerung, repräsentiert durch die Stellgröße y. Information selbst ist eine quantifizierbare Größe mit der Einheit *Bit* (Kap. 9.07); sie ist keine physikalische Größe, läßt sich aber durch physikalischen Größen darstellen. Das Funktionsmodell der Pupillenreaktion verwendet dafür variable elektrische Spannungen und leitet sie durch Drähte fort. Der lebende Organismus benutzt Nerven, auf denen kurze Impulse laufen – ihre Zeitabfolge enthält die Information.

9.03 Gegenkopplung und Mitkopplung

Wie immer ein Regelkreis in den technischen Einzelheiten aussieht, sein Kennzeichen ist die *Rückkopplung:* die Regelgröße x nimmt über die Regeleinrichtung Einfluß auf die Stellgröße y, die ihrerseits wieder die Regelgröße beeinflußt, dies in der Regelstrecke – x wirkt auf sich selbst zurück. Das geht freilich nur gut, wenn sich jede Änderung der Regelabweichung, ob sie nun durch eine Störung hervorgerufen wird oder durch ein Weglaufen der Führungsgröße, derart auswirkt, daß x wieder an w herangeführt wird: stellt man im Funktionsmodell der Pupillenreaktion die Glühbirne *heller*, so muß die elektromechanische Blende *schließen*. Eine solche Rückkopplung heißt *Gegenkopplung;* sie ist für einen funktionsfähigen Regelkreis unerläßlich.

Gegenkopplung ist aber nicht selbstverständlich. Im Funktionsmodell brauchte man nur die Anschlüsse beim Meßwerk des Stellgliedes zu vertauschen und die Blende würde bei steigender Strahlungsflußdichte nicht *schließen*, sondern *öffnen*. Die Folge wäre eine Katastrophe: der ohnehin schon wachsende Strahlungsfluß wüchse weiter und die Störung würde nicht ausgeregelt – im Gegenteil: die Blende öffnet sich bis zum Anschlag und die Strahlung dringt in voller Stärke bis zum Photoelement durch. Dreht man die Leistung der Glühbirne zurück, so bleibt die Blende so lange voll geöffnet, wie die Regelgröße über der Führungsgröße liegt. Erst wenn die Regelabweichung ihr Vorzeichen wechselt, tut dies die Stellgröße auch – die Blende schließt, soweit sie kann. Schließt sie völlig, so öffnet sie nie wieder, weil ja nun kein Licht mehr in die Regelstrecke eindringen kann. Eine derartige Rückkopplung mit falschem Vorzeichen heißt *Mitkopplung*. Sie verhindert allemal jede Regelung und zerstört möglicherweise den ganzen Regelkreis – nicht alle Bauelemente ertragen auf Dauer, am Anschlag zu liegen.

Nur ein gegengekoppelter Regelkreis kann *stabil* sein, also Störungen ausregeln oder einer wandernden Führungsgröße folgen, d.h. allgemein: die Regelabweichung klein halten. Er muß sie nicht unbedingt auf Null bringen – zumeist wird ein Regelkreis seine Funktion noch hinreichend erfüllen, wenn er sich mit einer nicht zu großen, aber durchaus merklichen Regelabweichung zufrieden gibt. Nimmt man im Funktionsmodell der Pupillenreaktion den Verstärkungsfaktor der Regeleinrichtung zurück, so wird ein immer größeres x_w erforderlich, um ein bestimmtes y zu erreichen: die Regelgenauigkeit nimmt ab.

Die Nahrungsaufnahme bei Mensch und Tier wird ganz wesentlich vom Regelkreis „Hunger" beeinflußt; er vermag ganz erhebliche motorische Aktivitäten auszulösen – notwendig für den Neandertaler, den es Mühe genug kostete, überhaupt ausreichend Nahrung zu beschaffen. Damals war es sinnvoll, den Regelkreis so einzustellen, daß auch nach einem an sich ausreichenden Mahl noch ein leichtes Hungergefühl zurückblieb, just groß genug für zehn gemächliche Schritte, die allenfalls ein paar Himbeeren einbrachten. Beim modernen Menschen ist der Regelkreis „Hunger", wie es scheint, noch genauso eingestellt – heute führen aber zehn gemächliche Schritte zum Kühlschrank. Das Resultat heißt Übergewicht.
Immerhin ist der Regelkreis „Hunger" durchaus gegengekoppelt, auf die Dauer mindert Essen den Appetit. Es gibt aber Substanzen, die, einmal aufgenommen, bei vielen Menschen den Wunsch nach mehr erwecken, Alkohol zum Beispiel oder auch Heroin. Das schadet nicht, solange die Beschaffung dieser Substanzen auf praktisch unüberwindliche Schwierigkeiten stößt. Werden sie aber beschaffbar, so zeigt sich, daß der Regelkreis mitgekoppelt ist: der Mensch verfällt einer *Sucht*. Teile des Regelkreises „gehen an den Anschlag" und werden dort schließlich und endlich durch permanente Überlastung ruiniert, wenn es nicht gelingt, den *circulus vitiosus* der Mitkopplung rechtzeitig zu unterbrechen.
Regelung verlangt Informationsfluß und Informationsfluß braucht Zeit: grundsätzlich kann die Regelgröße erst nach Ablauf einer *Totzeit* auf eine Änderung in der Regelabweichung reagieren. Unter Umständen führt dies zu *Regelschwingungen* wie bei dem bereits in Kap. 3.01 besprochenen *Schweinezyklus*. Regelabweichung ist hier eine mangelhafte Versorgung des Marktes mit Schweinefleisch, Stellgröße ein entsprechend hoher Preis, der viele Landwirte dazu anregt, zahlreiche Ferkel großzuziehen. Das braucht aber seine Zeit – die Preise bleiben weiterhin hoch und die Mast erscheint weiterhin lukrativ, bis plötzlich mehr Schweine auf den Markt drängen, als dieser aufnehmen kann. Der folgende Preisverfall löst mit entsprechender Verzögerung dann wieder eine unzureichende Versorgung des Marktes aus. Der Schweinezyklus kommt freilich zum Stehen, wenn nur wenige Landwirte auf den Schweinepreis achten und so eine Überproduktion vermieden wird. Es ist nicht die Verzögerung als solche, die Regelschwingungen auslöst.

Daß auch das Funktionsmodell der Pupillenreaktion grundsätzlich gegen Regelschwingungen nicht gefeit ist, geht schon aus der Konstruktion seines Stellgliedes hervor: mit Rückstellfeder und der trägen Masse der Drehspule bildet es für sich allein ein schwingungsfähiges Gebilde, das bei unzureichender Dämpfung den ganzen Regelkreis zum Schwingen bringen kann. Schwingungen des Regelkreises „Blutdruck" als Folge krankhafter Störungen hat bereits die Abb. 2.19 belegt. Für die Praxis der Regelungstechnik hat das Zeitverhalten eines Regelkreises wesentliche Bedeutung. Einige grundsätzliche Überlegungen hierzu sollen im folgenden Kapitel angestellt werden.

9.04 P-, I- und D-Regler

Wer einen technischen Regelkreis aufzubauen hat, dem ist im allgemeinen die Regelstrecke bereits vorgegeben (z.B. ein Ofen, der thermostatiert werden soll). Konstruktive Bewegungsfreiheit bleibt ihm dann nur für die Regeleinrichtung, kurz *Regler* genannt. Ein Regler ist unabhängig von der technischen Ausführung grundsätzlich gekennzeichnet durch die Art, in der Regelabweichung und Stellgröße miteinander verknüpft sind.
Die einfachste Verknüpfung ist eine Proportionalität:

$$y \propto x_w .$$

Zeitlich verhält sich ein solcher *Proportional-Regler* (P-Regler) „neutral", denn einem Sprung in der Regelabweichung folgt die Stellgröße unmittelbar (Abb. 9.04). Das Zeitverhalten des Regelkreises hängt dann nur von der Regelstrecke ab.

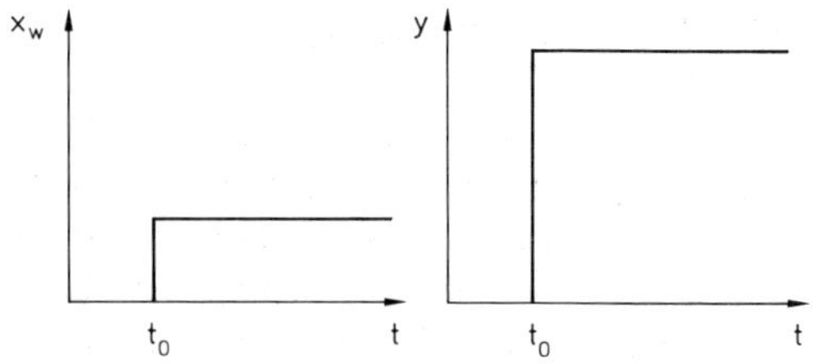

Abb. 9.04. Übergangsfunktion eines P-Reglers: er antwortet auf einen Sprung der Regelabweichung x_w mit einem proportionalen Sprung der Stellgröße y

Nun kann man auf elektronischem Wege eine physikalische Größe im Sinne der Mathematik über die Zeit integrieren; folglich läßt sich auch ein *Integral-Regler* (I-Regler) denken, bei dem

$$y \propto \int x_w \, dt$$

ist. Er arbeitet notwendigerweise langsam, denn wenn x_w springt, setzt sich y zwar momentan in Bewegung; damit es aber ein nennenswertes Stück vorankommt, muß x_w eine ganze Weile andauern (Abb. 9.05). Dafür arbeitet ein I-Regler möglicherweise besonders genau: solange die Regelabweichung nicht exakt zu Null geworden ist, ändert er laufend die Stellgröße.

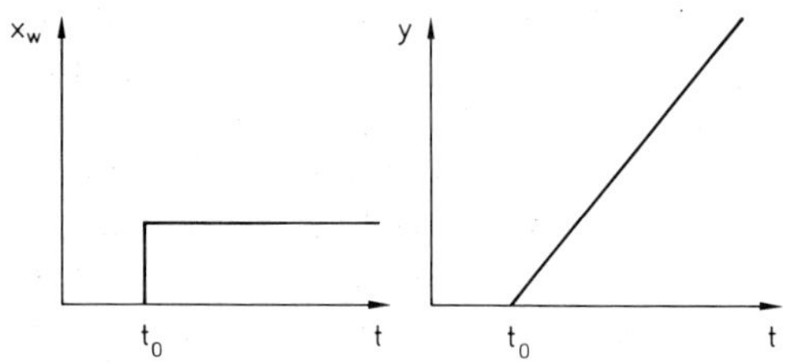

Abb. 9.05. Übergangsfunktion eines I-Reglers: er antwortet auf einen Sprung der Regelabweichung x_w mit einem langsamen Anstieg der Stellgröße y

Grundsätzlich denkbar wäre auch ein reiner *Differential-Regler* (D-Regler), gekennzeichnet durch

$$y \propto \dot{x}_w$$

(Abb. 9.06) – er *allein* könnte freilich nicht regeln: er gibt sich ja schon zufrieden und bringt die Stellgröße auf Null, wenn nur die Regelabweichung stehenbleibt, auf welchem Wert auch immer. Dafür liefert er dem Stellglied aber schon ein kräftiges y, sobald sich x_w nur in Bewegung setzt, zu einem Zeitpunkt also, zu dem sich die Regelabweichung noch kaum von ihrem alten Wert entfernt hat. Der D-Regler ahnt gewissermaßen kommende Veränderungen voraus, bevor ein P-Regler sie registriert. Das erlaubt ihm beispielsweise, Verzögerungen in der Regelstrecke zu kompensieren, jedenfalls in Grenzen.

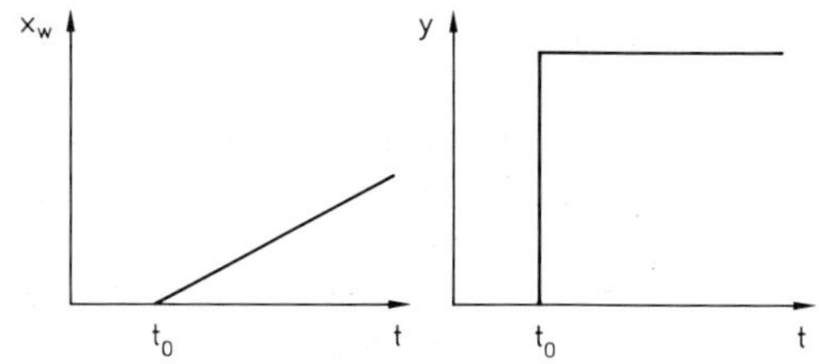

Abb. 9.06. Übergangsverhalten eines D-Reglers: sobald sich die Regelabweichung x_w in Bewegung setzt, antwortet die Stellgröße x mit einem Sprung. x_w hat zu diesem Zeitpunkt den Ausgangswert noch nicht (merklich) verlassen

Um zusammenzufassen: Der P-Regler kann als der „normale" Regler angesprochen werden, in praktischen Fällen wird man ihm aber D- und I-Anteile zumischen (elektronisch ist das ohne weiteres möglich), und zwar so, daß er zusammen mit der gegebenen Regelstrecke das Zeitverhalten des ganzen Kreises optimiert. Ziel ist, Störungen rasch und genau auszuregeln und die Regelgröße schnell und präzise der Führungsgröße folgen zu lassen. Ein Kompromiß zwischen diesen Zielen und dem vertretbaren Aufwand bleibt freilich unvermeidlich. Das Prinzip des Mischens von P-, D- und I-Anteilen kennt auch der biologische Regelkreis: Wenn Muskeln ihre jeweilige Position an das Zentralnervensystem zurückmelden, melden sie den Differentialquotienten dieser Position, also ihre Bewegungsgeschwindigkeit, gleich mit.

9.05 Biologische Regelkreise

Die Regelkreise sind nicht zu zählen, die eng ineinander verschachtelt gemeinsam funktionieren müssen, damit ein Mensch am Leben bleibt. Die Körpertemperatur, an der entsprechenden Stelle gemessen, hat 37 °C zu betragen, also 310 K. Nur 6 K mehr braucht ein Fieberthermometer nicht mehr anzeigen zu können – der Patient wäre schon tot. Wer eine Aspirintablette nimmt, greift auf chemischem Wege in das System der Regelkreise für die Körpertemperatur ein. Der diastolische Blutdruck, am Oberarm gemessen, soll 105 mbar betragen – steigt er um mehr als 25% an, so fühlt sich der Arzt zu Gegenmaßnahmen aufgerufen. Man übertreibt nur wenig, wenn man hinter jeder Krankheit gestörte Regelkreise sieht. Aufgabe der Medizin wäre demnach, sie zu

reparieren (oder durch Prothesen zu ersetzen).
Je weiter die Wissenschaft fortschreitet, um so empfindlicher werden die Regelkreise, an die sie sich herantraut. Der für die Körpertemperatur ist recht robust; er wird mit dem Blutgefäße erweiternden und darum auskühlenden Alkohol genauso fertig wie mit Nikotin, das die Gefäße verengt. Wer ein leichtes Fieber bekämpfen will, für den ist es gar nicht so wichtig, ob er nun eine Aspirin-Tablette nimmt oder zwei. Mit Digitalis-Präparaten gegen Herzschwäche sollte man schon vorsichtiger sein. Und wer einen Diabetiker „einstellen" will, muß Kostplan und Insulingaben recht genau aufeinander abstimmen. Noch ist es ein Traum, wenn auch kein utopischer mehr, stattdessen einen Meßfühler für Zucker in ein Blutgefäß einzusetzen und nach dessen Angaben mit Hilfe eines elektronischen Reglers die Insulinausschüttung aus einem Reservoir zu lenken: technischer Ersatz für einen ausgefallenen biologischen Regelkreis.
Manche Tätigkeiten, die ein Mensch nicht ohne Mühe erlernt, können von technischen Regelkreisen übernommen werden. Wenn ein Flugkapitän über dem Atlantik den Autopiloten einschaltet, hält seine Maschine den Kurs sauberer als mit einem menschlichen Piloten am Steuer. Schon ein Festwertregler erweckt den Eindruck einer gewissen Zielstrebigkeit: die Regelgröße wird auf dem einmal für gut und richtig erkannten Wert der Führungsgröße gehalten, Widrigkeiten zum Trotz. Noch stärker ist dieser Eindruck bei ineinander verschachtelten Regelkreisen, von denen etwa der eine die Regelgröße des anderen selbst als Stellgröße benutzt und entsprechend an dessen Führungsgröße dreht – vernünftigerweise steigen bei körperlicher Arbeit die Frequenzen von Puls und Atmung; hinter beider Regelkreisen steht ein Festwertregler, der auf diese Weise den Sauerstoffgehalt des Blutes trotz erhöhter Anforderungen der Muskeln konstant zu halten sich bemüht.

9.06 Informationsübertragung

Absolut lebenswichtig ist der Regelkreis der Pupillenreaktion nicht, sonst dürfte man ihn nicht zwecks Untersuchung des Augenhintergrundes mit Atropin vorübergehend lähmen. Ein Leben lang unter ständiger Kontrolle aber verbleiben muß z.B. der Blutdruck, und zwar so, daß der wichtigste aller Körperteile, das Gehirn, gut mit Sauerstoff versorgt wird. Zuständig ist letzten Endes der Herzschrittmacher; weil er aber aus Sicherheitsgründen dicht beim Herzen sitzt, aus eigener Kenntnis also nichts über den Blutdruck im Kopf wissen kann, darum muß er informiert werden. Diese Information zu liefern, ist Aufgabe eines speziellen Druckrezeptors, von der Natur im Hals des Menschen postiert und über einen Nervenstrang mit dem Schrittmacher verbunden. Was aber ist das: *Information*?
Hier läßt sich einmal das bewährte Prinzip „Definition durch Meßverfahren" auch außerhalb der Physik anwenden; das nächste Kapitel wird es zeigen. Vorher sollen aber noch einige Begriffe eingeführt werden – Begriffe, für die es keine Meßverfahren gibt, und deren Definitionen darum etwas unscharf bleiben werden.
Der Druckrezeptor am Hals informiert den Herzschrittmacher durch Nervensignale. Abstrakt gesprochen: der *Sender*, der seine Kenntnisse einem *Empfänger*, auch *Adressat* genannt, zukommen lassen will, übersetzt seine *Information* zunächst einmal in *Signale* oder Signalgruppen, er *codiert* seine *Nachricht* in *Zeichen*. Welche Zuordnungsliste, welchen *Code* er dabei verwendet, ist grundsätzlich seine Sache – trivial, daß er nur Zeichen verwenden darf, die der verfügbare *Übertragungskanal* ihrer Natur nach auch übertragen kann: ein Nerv verlangt andere Signale und anderen Code als ein Telefonkabel, auch wenn beide, was grundsätzlich ja denkbar wäre, einmal die gleiche Nachricht transportieren. Der Empfänger muß aus den Signalen, die bei ihm ankommen, die Nachricht herauslesen, er muß die Zeichen zur Infor-

mation *decodieren* – trivial wieder, daß dies nur dann gut geht, wenn er den Code des Codierers genau kennt (eine Forderung freilich, die leichter erhoben als erfüllt ist). Jedenfalls hält sich eine *Informationskette* immer an das Schema der Abb. 9.07, unabhängig von ihrer jeweiligen technischen Ausführungsform.

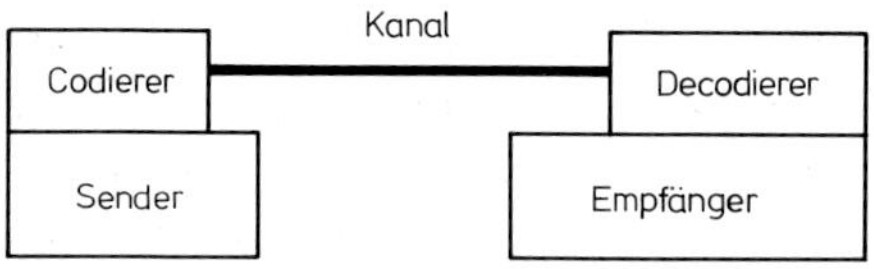

Abb. 9.07. Schema einer Informationskette

Die Information „Dort steht ein Haus" besorgt sich ein Mensch am zuverlässigsten dadurch, daß er hingeht und sich das Haus ansieht. Nimmt man einmal den ganzen Menschen einschließlich Auge, Sehnerv und Gerhirn als „Empfänger", so überträgt der Informationskanal seine Signale in Form von Licht. Der Sender „Haus" codiert, ohne es zu wissen, mit Hilfe wellenlängenabhängiger Streureflexion. Das Decodieren übt der Mensch von Jugend an. Sein Gesichtssinn liefert ihm übrigens weit mehr als nur die Grundinformation „Haus", er vermeldet auch „Wohnhaus", „Fachwerkhaus", „Giraffenhaus", je nachdem.

Der Mensch kann es auch komplizierter machen, ein Kamerateam des Fernsehens zum Haus schicken und sich selbst vor den Bildschirm setzen. Im wesentlichen bekommt er die gleiche Information, nur sind noch ein paar Informationskanäle mit entsprechenden Codiereinrichtungen zwischengeschaltet: Die Kamera übersetzt optische Signale in elektrische, leitet sie über den Kanal „Kabel" zum Sender, der codiert um auf elektromagnetische Wellen, die, von der Empfangsantenne aufgenommen, wieder in elektrische Signale umgesetzt und der Bildröhre zugeleitet werden. Diese strahlt dann wieder optische Signale ab, die zumindest eine gewisse Ähnlichkeit haben mit dem, was Kamera und Kameramann sehen.

Billiger ist es, einen Agenten zum Haus zu schicken und sich mündlich berichten zu lassen. Jetzt muß der Beobachter zunächst einmal die optisch empfangene Information im Gehirn speichern. Später ruft er sie ab und codiert mit Kehlkopf und Mundhöhle auf akustische Signale, die der Empfänger mit seinem Gehör decodiert. Hier wird besonders deutlich, daß Sender und Empfänger sich auf den gleichen Code geeinigt haben müssen: Einem Deutschen nützt es gemeinhin nur wenig, wenn ihm ein Japaner lebhaft die Vorzüge seines Hauses schildert, in seiner Muttersprache. Ihre akustischen Codes haben die Kulturvölker über Jahrtausende entwickelt, leider aber unabhängig voneinander.

Der Agent darf über das Haus auch schriftlich berichten. Er benutzt dann einen letzten Endes optischen Code, der sich durch eine besonders geringe Anzahl unterschiedlicher Signale auszeichnet: Eine Schreibmaschine besitzt normalerweise 45 Tasten, also 90 Zeichen. Den Code des Alphabetes zu erlernen, erfordert etliche Grundschuljahre; Karl der Große, man weiß es, hat dies nie geschafft. Auch hier müssen sich Sender und Empfänger zunächst einmal auf den gleichen Vorrat an Zeichen einigen, auf kyrillische, griechische oder eben lateinische Buchstaben zum Beispiel. Das aber genügt noch nicht. Wer über nur wenige Zeichen verfügt, der kann die Fülle seiner Nachrichten nur dadurch codieren, daß er Zeichen kombiniert und zusammenfaßt, die Buchstaben zu Worten, die Worte zu Sätzen. Auf diesen Gedanken ist übrigens, lange vor den Schriftgelehrten, der berühmte *genetische Code* gekommen, den alle lebenden Zellen auf dieser Erde einheitlich benutzen: Im Gegensatz zum Menschen schreiben und lesen sie in der gleichen Sprache. Wer aber Englisch nicht gelernt hat, der vermutet möglicherweise in der Zeichenfolge *house* einen Übertragungsfehler und decodiert falsch zu „Hose".

Decodieren ist kein zwangsläufiger, kein automatischer Vorgang; der Empfänger hat da so seine Freiheiten. Ein vergnüg-

Abb. 9.08. Alte Frau, junge Frau? Beispiel für die Freiheit des Empfängers beim Decodieren einer Nachricht. (Nach F. Bartlett)

liches Beispiel liefert die Abb. 9.08, hier freilich vom Codierer mit Fleiß geschaffen. Meist sieht der Betrachter das Portrait einer älteren, recht zahnlosen Frau mit einer Hakennase, die das rechte Auge halb verdeckt; die Dame blickt nach vorne-unten-links. Man kann die Hakennase aber auch als Wange mit Kinn interpretieren, die schmalen Lippen als Halsband und das halb verdeckte Auge als halb verdecktes Stupsnäschen, und schon hat man das Bild einer sehr viel jüngeren Dame, die nach hinten-links schaut. Mit etwas Übung kann man sogar beide „Nachrichten" gleichzeitig „decodieren". Vermutlich hätte sich die Doppeldeutigkeit mit ein paar zusätzlichen Strichen vermeiden lassen, aber dann wäre auch der Witz der Zeichnung dahin. Trotzdem: zusätzliche Zeichen sichern die Information.

Zusätzliche Zeichen sichern die Information auch gegen Übertragungsfehler, die sich niemals ganz ausschließen lassen. Besonders anfällig sind z.B. Telefonnummern: ein einziger kleiner Mißgriff bei nur einer der Ziffern, und schon ist man falsch verbunden. Postscheckämter hängen darum an die Kontonummern ihrer Kunden dreistellige Kontrollzahlen an, die der Computer aus der Kontonummer nach vorgegebenem Programm ausrechnet. Kommt er nicht zum erwarteten Ergebnis, so schickt er einen Menschen auf Fehlersuche. Wer seine Nachricht gegen Übertragungs- und Interpretationsfehler besser sichern will, der übermittelt Zusatzinformationen, die an sich nicht nötig wären; er kann auch die Nachricht wiederholen, am besten mit anderen Worten. In der Fachsprache: er macht seine Nachricht *redundant*. Grundschullehrer wiederholen ihr Pensum weit hartnäckiger als Universitätsdozenten, zu Recht, denn lesen und schreiben muß der Mensch sicher und wie im Schlafe.

Redundanz macht die Nachrichtenübermittlung zwar sicherer, aber auch langsamer, denn es muß eine größere Zahl von Zeichen übertragen werden. Wer allzu sicher gehen will, kann in seinem Leben allzu wenig Information absetzen – ein Kompromiß ist unvermeidlich. Die moderne Nachrichtentechnik, die beträchtliche Finanzmittel in Übertragungskanäle investiert, legt Wert darauf, nicht über den Daumen zu peilen, sondern solide zu rechnen. Das erfordert freilich quantitative Definitionen mit Meßverfahren und Einheit – Grundzüge bringt das nächste Kapitel. Zuvor sollen aber die wichtigsten bisher eingeführten Begriffe noch einmal zusammengestellt werden, lexikalisch gewissermaßen.

Signale, auch *Zeichen* genannt, sind physikalische, chemische, physiologische usw. Vorgänge oder Situationen, die bei entsprechender Anordnung Nachrichten repräsentieren können.

Nachrichten, auch *Informationen* genannt, werden demnach durch Signale und Signalgruppen repräsentiert, die unterschiedlicher Natur sein können, bei gleicher Nachricht aber einander äquivalent sind.

Codes sind die Zuordnungslisten zwischen Nachrichten und Gruppen geordneter Zeichen.

Codierungs- und *Decodierungseinrichtungen* übersetzen entsprechend dem jeweiligen Code Nachrichten in Signale und umgekehrt.

Informationskanäle (kurz: *Kanäle*) sind die Übertragungswege von Signalen.

Eine *Informationskette* besteht immer aus einer Nachrichten„quelle" *(Sender)*, aus Codierungseinrichtung, Kanal, Decodierungseinrichtung und einer Nachrichten-„senke" (*Empfänger*, auch *Adressat* genannt).

9.07 Wie mißt man „Information"?

Wem eine Information noch fehlt, der muß mit Eventualitäten rechnen, die der Informierte bereits ausschließen kann. Wer gesehen hat, wie seinen entflogenen Wellensittich die Katze fraß, der braucht auf dessen Rückkehr nicht zu hoffen. Informationen selektieren zwischen grundsätzlich vorhandenen Möglichkeiten, ihr *Informationswert* ist um so höher, je mehr Möglichkeiten sie ausschließen.

Ein Skatblatt besteht aus 32 Karten, aufgeteilt in vier Farben, zwei schwarze, nämlich *Kreuz* und *Pik*, zwei rote, nämlich *Herz* und *Karo*. Zu jeder Farbe gehören acht Karten, aufgeteilt in die vier *Bilder* Bube, Dame, König, As und die vier *Zahlen* Sieben, Acht, Neun und Zehn. Angenommen, so ein Skatblatt liegt, gut gemischt als Talon, verdeckt auf dem Tisch: Welchen Informationswert hat die oberste Karte? Welchen Informationsvorsprung hat Otto, der weiß, daß die oberste Karte Pik Sieben ist, vor Heinz, der dies nicht weiß? Die *Meßvorschrift* für den Informationswert besagt: Heinz soll fragen, und zwar so, daß Otto immer und nur mit „Ja" oder „Nein" antworten kann. Wieviel Fragen muß Heinz *mindestens* stellen, um Otto Informationsvorsprung mit *Sicherheit* einzuholen? Soviel Fragen, soviel *Bit* Informationswert. Selbstverständlich darf Otto nicht schwindeln.

Heinz kann eine der 32 Karten raten und nach ihr fragen – wenn er Glück hat und richtig rät, bekommt er die volle Information schon bei der ersten Frage. Wenn er aber Pech hat, dann rät er 31mal daneben, bis er endlich nach Pik Sieben nicht mehr zu fragen braucht. Darum tastet er sich besser schrittweise an sein Ziel heran, beispielsweise so:

Heinz: „Schwarz?" – Otto: „Ja"
Heinz: „Kreuz?" – Otto: „Nein"
– Pik ist damit schon mal sicher –
Heinz: „Bild?" – Otto: „Nein"
Heinz: „Ungerade?" – Otto: „Ja"
Heinz: „Neun?" – Otto: „Nein".

Fünf Fragen hat Heinz gebraucht. Demnach stecken in der Pik Sieben genau 5 Bit; für jede andere Karte hätte das Gleiche gegolten.

Was ist jetzt mit der zweiten Karte vom Talon, wo Heinz doch nun weiß, daß dort Pik Sieben nicht liegen kann? Schloß die volle Information über die erste Karte noch 31 von 32 Möglichkeiten aus, so sind es bei der zweiten nur noch 30 von 31; der Informationswert ist also geringer geworden. Trotzdem wird Heinz auch jetzt im allgemeinen fünf Fragen stellen müssen, um sicher an sein Ziel zu kommen. Nur wenn er Glück hat, weiß er schon nach vier Fragen bescheid, z.B. wenn er die gleichen Fragen stellt und zufällig Pik Neun suchen soll. Eine verfeinerte Meßvorschrift muß diesen möglichen Glücksfall mit einrechnen. Die Folge: auch nichtganzzahlige Bits sind erlaubt, Bits mit Stellen hinter dem Komma.

Wer richtig fragt, der kann mit jeder Antwort auf eine Ja-Nein-Frage seinen Bestand an noch offenen Alternativen halbieren, bis er schließlich Gewißheit erlangt hat. Für Heinz kamen von den 32 Karten des Skatblattes nach Ottos erster Antwort nur noch die 16 schwarzen Karten, nach der zweiten Antwort nur noch die 8 Karten der Farbe Pik in Frage. Umgekehrt formuliert: auseinanderhalten lassen sich

mit 1 Frage $2=2^1$ Fälle,
mit 2 Fragen $4=2^2$ Fälle,
mit 3 Fragen $8=2^3$ Fälle,
⋮ ⋮
mit i Fragen $n=2^i$ Fälle.

Daraus folgt rein mathematisch

$i = {}_2\log n = \mathrm{ld}\, n$

– der „Logarithmus zur Basis 2" wird auch *logarithmus dualis* genannt und „ld" geschrieben. Rechenschieber besitzen keine Skala für ihn und Taschenrechner keine Taste; man rechnet deshalb über den schon in Kap. 2.10 besprochenen Zusammenhang

$$\mathrm{ld}\, n = \frac{\ln n}{\ln 2} = \frac{\lg n}{\lg 2}.$$

Jedenfalls liegt jetzt die folgende Definition auf der Hand: Bezeichnet eine Nachricht mit Sicherheit eine einzige von n denkbaren, gleichwertigen Alternativen, so gehört zu ihr der Informationswert, die

Informationsmenge $I = \mathrm{ld}\, n$ bit.

Pik Sieben war eine von 32 Karten: $I_1 = \mathrm{ld}\, 32$ bit $= 5{,}00$ bit. Die nächste Karte ist nur noch eine von 31: $I_2 = \mathrm{ld}\, 31$ bit $=$ 4,95 bit. Die letzte Karte besitzt für Heinz überhaupt keinen Informationswert mehr – vorausgesetzt natürlich, er hat aufgepaßt und sich alle 31 bereits gespielten Karten gemerkt.

Aus der Informationsmenge einer Nachricht läßt sich ablesen, wieviel einzelne Zeichen für ihre Codierung gebraucht werden. Das hängt freilich vom verwendeten Code ab, von seinem Zeichenvorrat. Unter Computern ist der sog. *Binärcode* üblich; er besitzt nur zwei leicht unterscheidbare Zeichen, auf dem Papier gern als „1" und „0" geschrieben, in der *elektronischen Datenverarbeitung* (EDV) verständlicherweise meist durch „Spannung" (z.B. einige Volt) und „keine Spannung" (z.B. weniger als 0,1 Volt) realisiert. Ordnet man Ottos Antwort „Ja" eine „1" zu, so wäre in dem von Heinz verwendeten Frageschema die Pik Sieben mit der Zeichenfolge „10010" zu codieren. 5 Bit verlangen auch 5 Binärzeichen.

Computer jagen die Binärzeichen, ihrem Arbeitstakt entsprechend, in festem Zeitabstand Δt durch ihre Drähte. Angenommen, Δt betrage eine Mikrosekunde, dann hat der Kanal eine *Kanalkapazität* von 10^6 bit s^{-1}. Große Computer sind weitaus schneller. Was leistet demgegenüber der Mensch? Eine exzellente Stenotypistin bringt es vielleicht auf 600 Anschläge pro Minute, also auf eine Anschlagfrequenz von rund 10 s^{-1}. Allerdings schreibt sie nicht im Binärcode, die 45 Tasten ihrer Schreibmaschine stellen insgesamt 90 verschiedene Zeichen zur Verfügung, von denen dann ein jedes ld 90 Bit, also 6,5 Bit tragen kann*. Die Stenotypistin schafft also zusammen mit ihrer Schreibmaschine bestenfalls 65 bit s^{-1} – und auch das gewiß nicht für längere Zeit. Weiterhin darf man nicht von ihr erwarten, daß sie hinterher den soeben geschriebenen Text auswendig hersagen kann: vernünftigerweise hat sie den Informationsfluß nur durch ihr *Kurzzeitgedächtnis* laufen lassen und nicht im *Langzeitgedächtnis* abgespeichert. Hier vermuten die Experten eine Aufnahmekapazität von höchstens 10 bit s^{-1}; dies würde bei einem Leben von 70 Jahren $\approx 10^9$ s, von dem man einen guten Teil verschläft, eine Speicherkapazität zwischen 10^9 und 10^{10} Bit verlangen, wenn der Mensch nicht allerlei vergessen dürfte. Der Mechanismus des *Abspeicherns* im Gehirn, des „Behaltens" also, der Mechanismus des *Zugriffs* zu diesem Speicher, des „Sich-Erinnerns" also, beide gehören zu den Rätseln neuraler Datenverarbeitung, die wohl nicht so schnell gelöst werden.

Der Mensch „vergißt" schon, während er noch zuschaut – er nimmt über seine Sinnesorgane weit mehr Informationen auf, als ihm bewußt wird. Wer vor dem Fernsehempfänger sitzt, registriert optisch, was die Mattscheibe ihm anbietet: in der

* Diese 6,5 Bit setzen voraus, daß in einem geschriebenen Text alle Zeichen mit gleicher Häufigkeit auftreten. Tatsächlich sind aber Zeichen wie & und § weitaus seltener als der bevorzugte Buchstabe e. Dies mindert den mittleren Informationswert des einzelnen Zeichens in einer Weise, die sich ausrechnen läßt, wenn man aus Textanalysen die Häufigkeitsverteilung aller Zeichen kennt. Auf das Rechenverfahren soll hier aber nicht eingegangen werden.

Sekunde 25 Bilder, vom Elektronenstrahl gemalt in 625 Zeilen, von denen jede mehr als 800 Bildpunkte enthält. Im einfachsten Fall, etwa bei der Uhr vor einer Nachrichtensendung, besitzt das Bild keine Farben und keine Grautöne, die Bildpunkte sind nur schwarz oder weiß und tragen jeweils 1 Bit an Information. Das bedeutet mindestens $5 \cdot 10^5$ Bit pro Bild und mehr als 10^7 bit s^{-1} als untere Grenze für die Leistungsfähigkeit des Auges; schließlich kann es ja Farben und Grautöne wahrnehmen. Die vom Fernsehen übertragene Uhr meldet die Zeit, auf die Sekunde genau, dies in einem Schema, daß sich grundsätzlich nach jeweils 12 Stunden exakt wiederholt. Jede Anzeige ist demnach eine von $12 \cdot 60 \cdot 60 = 43\,200$ Alternativen und entspricht damit 15,4 Bit – jedenfalls für den, der unvorbereitet zum ersten Mal hinschaut; danach wundert er sich ja nicht mehr, wenn der Anzeige „7 Uhr 58 Minuten 11 Sekunden" die Anzeige „7 Uhr 58 Minuten 12 Sekunden" folgt. In diesem Beispiel setzt das Fernsehen seine Kanalkapazität recht verschwenderisch ein. Das Auge des Menschen ist diesen Aufwand gewohnt; das Fernsehen paßt sich nur an.

Solange der Mensch wach ist, empfangen seine Augen einen ungeheuren Fluß primärer Information; auf dem Wege zum Großhirn wird dieser Fluß drastisch reduziert, wichtiges wird von unwichtigem geschieden. Wem dies nur unvollkommen gelingt, „der sieht den Wald vor lauter Bäumen nicht". Was aber ist wichtig? Hinter sinnvoller Informationsreduktion verbirgt sich eine Intelligenzleistung, die den Menschen vom Computer unterscheidet.

Verschwenderischer Umgang mit Kanalkapazitäten hat durchaus seinen Nutzen. Angenommen, ein Computer codiere die 5-Bit-Information „Pik Sieben" nach dem eingangs besprochenen Schema in die 5 Binärzeichen „10010" und gebe sie als Spannungsimpulse in eine Übertragungsleitung; angenommen ferner, ein Blitz schlage irgendwo in der Nähe ein und induziere mit dem Magnetfeld seines Stromes kurzzeitig eine Spannung in die Übertragungsleitung; angenommen, schließlich, dies geschehe just in dem Moment, in dem das zweite Zeichen, die erste „0" also, unterwegs ist; dann besteht die Gefahr, daß der Empfänger die Zeichenfolge „11010" liest und ganz korrekt zu „Kreuz Sieben" decodiert. Wer dahingegen „Pik Sieben" mit der Schreibmaschine zu Papier bringt, der setzt für die 5 Bit Information 9 Zeichen zu je 6,5 Bit ein, zusammen also fast 60 Bit, er macht seine Nachricht *redundant* um mehr als den Faktor zehn und belastet entsprechend seine Kanalkapazität. Dafür kann er sich aber leisten, daß ein Drittel seiner Zeichen falsch übertragen wird, denn ein skatkundiger Empfänger wird auch die Nachricht „Puk Siibem", verwundert zwar, aber doch richtig entziffern. Vor Übertragungsfehlern ist keine Übertragungskette absolut sicher. Redundanz erhöht die Sicherheit, sie kostet aber Zeit. Jeder praktische Einzelfall muß deshalb nach einem Kompromiß suchen zwischen der Genauigkeit der Übertragung und ihrer Geschwindigkeit.

Auch der genetische Code, über den lebende Zellen – etwa die Hautzellen am Rand einer Wunde – erfahren, wann und in welcher Form sie zu wachsen haben, kommt um diesen Kompromiß nicht herum. Verzichtete er auf Redundanz, so könnten die Zellen am Wundrand zwar rasch wachsen, aber die Reproduktion wäre zu unsicher, vielleicht wüchse etwas Wucherndes oder etwas gar nicht richtig Lebensfähiges. Übertriebe der Code die Redundanz, so heilte die Wunde zu langsam. Der Mittelweg muß eine gewisse (wenn auch zum Glück geringe) Fehlerquote bei der genetischen Informationsübermittlung in Kauf nehmen. Die Konsequenz ist für das Individuum gravierend: Die Übertragungsfehler summieren sich im Laufe eines Lebens – setzen sie ihm schließlich ein Ende?

Lösungen der Aufgaben

1. Mechanik starrer Körper

1.01

$r=\frac{d}{2}=10\ \text{cm};$

Halbkugel: $V=\frac{1}{2}\frac{4}{3}\pi r^3 \approx 2000\ \text{cm}^3$

1.02

$l=5{,}67\ \text{cm}$

1.03

mit Wimpern 1,01 mm;
Körper allein 0,90 mm

1.04

$A=2r\pi h+2r^2\pi=2r\pi(h+r)$

1.05

$h_M=1{,}75\ \text{m}; \quad U_M=0{,}95\ \text{m};$

$r=\frac{U_M}{2\pi}\approx 0{,}15\ \text{m};$

$A_M=U_M(h_M+r)\approx 1{,}8\ \text{m}^2$

1.06

$1\ \text{a}\approx 365\ \text{d}=365\cdot 24\ \text{h}=365\cdot 24\cdot 60\ \text{min}$
$=3{,}65\cdot 2{,}4\cdot 6{,}0\cdot 10^4\ \text{min}\approx 5{,}3\cdot 10^5\ \text{min};$

1 Mikrojahrhundert $\approx$ 53 min

1.07

Hilfsfrage: bei Kilometerstein 15;

$\bar{v}=\frac{5\ \text{km}}{5\ \text{min}}=60\ \text{km/h}$

1.08

$\boldsymbol{s}_0=9{,}0\ \text{km}; \quad t_0=7.49\ \text{Uhr}; \quad \boldsymbol{v}=60\ \text{km/h}$

1.09

ca. 45 km/h

1.10

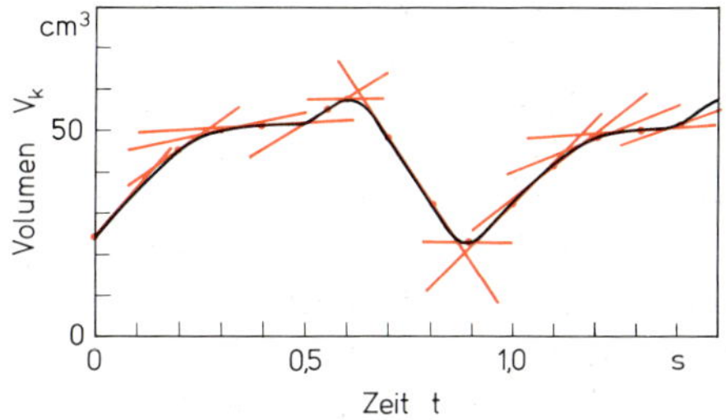

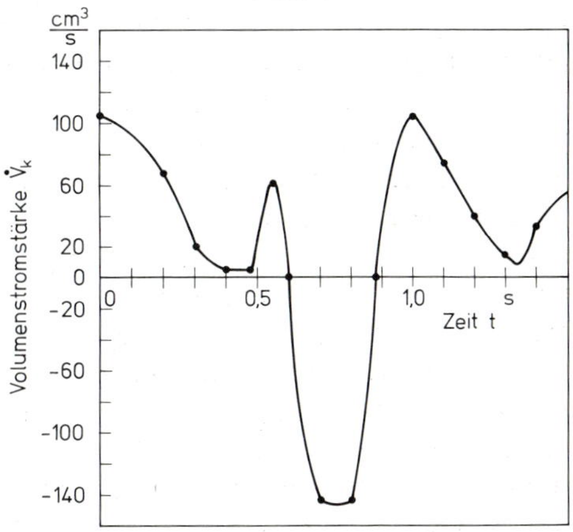

1.11

$\boldsymbol{v}_b \perp \boldsymbol{v}_f; \quad v_f=3\ \text{m/s}; \quad v_b=5\ \text{m/s};$
$v_g^2=v_f^2+v_b^2=(9+25)\ \text{m}^2\ \text{s}^{-2};$
$v_g=5{,}83\ \text{m/s}; \quad b=160\ \text{m};$

$T=\frac{b}{v_b}=32\ \text{s}; \quad x=v_f\cdot T=96\ \text{m};$

$\boldsymbol{v}_g \perp \boldsymbol{v}_f; \quad x=0;$
$v_g^2=v_b^2-v_f^2=(25-9)\ \text{m}^2\ \text{s}^{-2};$

$v_g=4\ \text{m/s}; \quad T=\frac{b}{v_g}=40\ \text{s}$

1.12

$v = 27{,}8$ m/s; $t = 9{,}3$ s;

$$a = \frac{v}{t} \approx 3{,}0 \text{ m s}^{-2}$$

1.13 und **1.15**

Freier Fall ($\Delta t = 0.05$ s)

t	s	Δs	$\bar{v}$	Δv	a
s	cm	cm	cm s^{-1}	cm s^{-1}	cm s^{-2}
0	0				
		1,2	24		
0,05	1,2			50	1000
		3,7	74		
0,10	4,9			48	960
		6,1	122		
0,15	11,0			52	1040
		8,7	174		
0,20	19,7			46	920
		11,0	220		
0,25	30,7			50	1000
		13,5	270		
0,30	44,2			46	920
		15,8	316		
0,35	60,0			54	1080
		18,5	370		
0,40	78,5			46	920
		20,8	416		
0,45	99,3			50	1000
		23,3	466		
0,50	122,6				

1.14

975 cm s^{-2}

1.16

$s_{\bar{x}} = 19 \text{ cm s}^{-2}$

1.17

$r = (9{,}8 \pm 0{,}1)$ cm;

$V = \frac{4}{3}\pi r^3 \approx \frac{4}{3}\pi(9{,}8^3 \pm 3 \cdot 9{,}8^2 \cdot 0{,}1) \text{ cm}^3$

$\approx (3\,940 \pm 120) \text{ cm}^3$

1.18

$$\frac{1}{\cos 30^\circ} = 1{,}15$$

1.19

$m = 920$ kg; $a = 3{,}0 \text{ m s}^{-2}$;

$F_s = m\,a = 2{,}76$ kN;

$v = 100$ km/h; $s = 52$ m;

$$F_b = \frac{m\,v^2}{2\,s} = 6{,}83 \text{ kN}$$

1.20

$m = 1{,}2 \cdot 10^4$ kg; $t = 180$ s;

$v = 8 \text{ km s}^{-1}$; $a = \frac{v}{t}$;

$F_s = m(a+g) = 6{,}5 \cdot 10^5$ N;

fast $1{,}2 \cdot 10^5$ N werden allein zur Überwindung der Erdbeschleunigung g gebraucht

1.21

$m = 68{,}3$ kg; $g = 9{,}81 \text{ m s}^{-2}$;

$F_G = m\,g = 670$ N

1.22

$m = 72$ kg; $a_{\text{Mond}} = 1{,}6 \text{ m s}^{-2}$;

$F_G = m \cdot a_{\text{Mond}} = 115$ N;

$\alpha = a_{\text{Mond}}/g \approx \frac{1}{6}$

1.23

Nein, denn beide Waagschalen erfahren die gleichen Trägheitskräfte

1.24

$h = 1{,}5$ m; $s = 5 \cdot 10^{-3}$ m;

$$\alpha = \frac{a}{g} = \frac{h}{s} = 300$$

1.25

$$\alpha = \frac{2\pi}{360^\circ}\,60^\circ = \frac{\pi}{3}$$

1.26

$\nu = 6{,}0 \cdot 10^4 \text{ min}^{-1} = 1{,}0 \cdot 10^3 \text{ s}^{-1} = 1$ kHz;

$\omega = 2\pi\nu = 6{,}28 \cdot 10^3 \text{ s}^{-1}$

1.27

$r = 0{,}10$ m; $\nu = 16{,}7 \text{ s}^{-1}$;

$a_r = \omega^2 r = 1{,}1 \cdot 10^3 \text{ m s}^{-2} \approx 110\,g$

1.28

$m = 82$ kg; $\Delta h = 429$ m;

$W = m\,g\,\Delta h = 3{,}45 \cdot 10^5$ N m $= 3{,}45 \cdot 10^5$ Ws

$= 9{,}6 \cdot 10^{-2}$ kWh;

1 kWh $\triangleq 10^{-1}$ DM;

W entspricht ungefähr einem Pfennig.

1.29

$m=70\,\text{kg}$; $s=4\,\text{m}$; $P=500\,\text{W}$;

$$t=\frac{m\,g\,s}{P}=5{,}5\,\text{s}$$

1.30

$m=60\,\text{kg}$; $s=0{,}65\,\text{m}$;

$$T=\frac{m}{2}\,g\,s\approx 190\,\text{N m}$$

1.31

$l_1=0{,}03\,\text{m}$; $l_2=0{,}3\,\text{m}$; $m=2{,}3\,\text{kg}$

$F_1=F_2\,l_2/l_1=6\,m\,g\,l_2/l_1\approx 1{,}4\,\text{kN}$

1.32

$$m=2\cdot 10^8\,\text{kg};\quad v=\frac{15\cdot 1{,}8}{3600}\,\frac{\text{km}}{\text{s}};$$

$$W=\frac{m}{2}\,v^2=1{,}56\,\text{MWh}\mathrel{\hat=}156\,\text{DM}$$

1.33

$v=50\,\text{km/h}$; $g=9{,}8\,\text{m s}^{-2}$;

$$h=\frac{v^2}{2\,g}\approx 10\,\text{m}$$

1.34

um den Faktor 5

1.35

a) Impulssatz: $m\,v_1=2\,m\,v_2$;

$$\Delta W=\frac{m}{2}v_1^2-m\,v_2^2=W_{\text{kin}}-\tfrac{1}{2}W_{\text{kin}}=\tfrac{1}{2}W_{\text{kin}}$$

b) Impulssatz: $v_2=0$;

$\Delta W=2\,W_{\text{kin}}$

2. Mechanik deformierbarer Körper

2.01

$l_0=10\,\text{m}$; $E\approx 10^{11}\,\text{N m}^{-2}$; $F_G=80\cdot 9{,}8\,\text{N}$;

$A=\pi\,r^2=\pi\,10^{-6}\,\text{m}^2$;

$$\Delta l=\sigma\,\frac{l_0}{E}=\frac{F_G}{A}\,\frac{l_0}{E}\approx 2{,}5\,\text{cm}$$

2.02

$\rho=1{,}0\,\text{g cm}^{-3}$; $h=1{,}75\,\text{m}$; $p_0=10\,\text{kPa}$;

$\Delta p=\rho\,g\,\Delta h=1{,}72\cdot 10^4\,\text{Pa}=0{,}172\,\text{bar}$

$$\frac{\Delta p}{p_0}=170\,\%$$

2.03

$h=83\,\text{m}$; $r=6{,}34\cdot 10^3\,\text{km}$;

$$a^2=(r+h)^2-r^2=r^2\left[\left(1+\frac{h}{r}\right)^2-1\right];$$

$$a\approx\sqrt{2\,r\,h}=32{,}4\,\text{km}$$

2.04

1. Klumpen und Krone haben gleiche Masse.
2. Die Krone hat kleinere Dichte, also größeres Volumen; folglich ist ihr Auftrieb in Wasser größer als der des Klumpens.
3. Stellt man die Waage mit Krone und Klumpen in Wasser, so kommt sie aus dem Gleichgewicht: die Krone steigt auf.

2.05

$\Delta p=12\,\text{cm}\,H_2O$; $p_0\approx 10\,\text{m}\,H_2O$;

$$V_z=V_g\,\frac{p_s}{p_0}=V_g\,\frac{p_0+\Delta p}{p_0}=1{,}012\,V_g$$

2.06

a) $p_0=1013\,\text{mbar}$; $\rho_0=1{,}20\,\dfrac{\text{g}}{l}$;

$$h^*=\frac{p_0}{\rho_0\,g}\,\ln 2\approx 6\,\text{km}$$

b) in $2\,h^*$: $p=p_0/4$

2.07 (s. S. 346 oben links)

2.08

$d=50\,\text{mm}$; $m=3{,}1\,\text{g}$; $F=53\,\text{mN}$

$F_\sigma=F-m\,g=(53-30)\,\text{mN}=23\,\text{mN}$

$$\sigma=\frac{F_\sigma}{2\,\pi\,d}=7{,}3\cdot 10^{-2}\,\text{N m}^{-1}$$

2.07

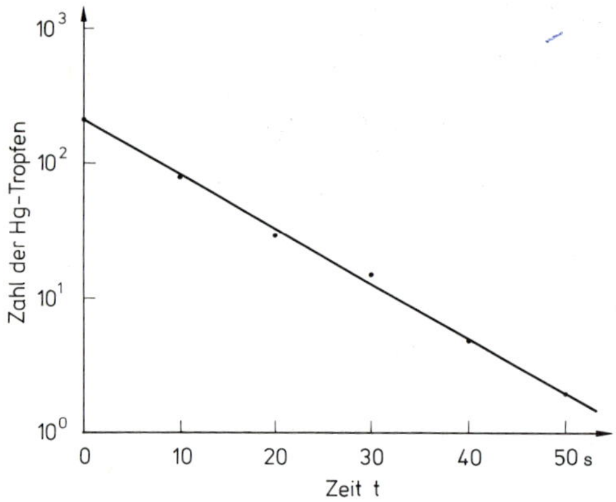

2.09

$\Delta W = \sigma\, \Delta A = p\, \Delta V;$

$V = \frac{4}{3} r^3 \pi; \quad A = 4\pi r^2;$

$V + \Delta V = \frac{4}{3}(r + \Delta r)^3 \pi;$

$A + \Delta A = 4(r + \Delta r)^2 \pi;$

$\Delta V \approx 4 r^2 \pi \Delta r; \quad \Delta A \approx 8 r \pi \Delta r;$

$$\sigma = \frac{\Delta W}{\Delta A} = p \frac{\Delta V}{\Delta A} \approx p \frac{r}{2};$$

$$p \approx 2 \frac{\sigma}{r}$$

2.10

$\sigma = 7{,}2 \cdot 10^{-2}\ \mathrm{N\,m^{-1}}; \quad h = 15\ \mathrm{m};$

$$r < \frac{2\sigma}{h \rho g} = 1\ \mu\mathrm{m}; \quad d < 2\ \mu\mathrm{m}$$

2.11

$I = 6\ \mathrm{l\,min^{-1}}; \quad \Delta p = p_s = 0{,}16\ \mathrm{bar};$

$P = I\, \Delta p = 1{,}6$ Watt

2.12

$$R_1 \propto \frac{1}{r_1^4} \propto \frac{1}{A_1^2}; \quad R_2 \propto \frac{1}{100 A_2^2};$$

$$A_2 = \frac{A_1}{100}; \quad R_2 = 100 R_1$$

2.13

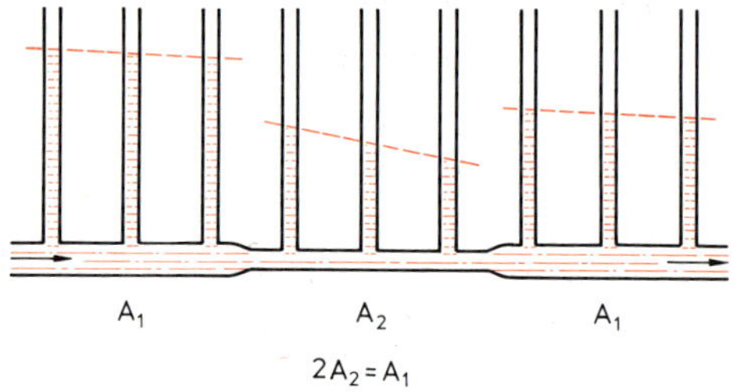

3. Mechanische Schwingungen und Wellen

3.01

$T = 2\ \mathrm{s}; \quad g \approx 10\ \mathrm{m\,s^{-2}}$

$$l = \left(\frac{T}{2\pi}\right)^2 \cdot g \approx 1\ \mathrm{m}$$

auf dem Mond: $l \approx 17$ cm

3.02

$F = m a = m \ddot{x}; \quad F = -2 \rho g r^2 \pi x;$

$m = \rho V = \rho r^2 \pi l;$

$-2 \rho g r^2 \pi x = \rho r^2 \pi l \ddot{x};$

$$\ddot{x} = -\frac{2g}{l} x;$$

$T = 2\pi \sqrt{\frac{l}{2g}}$; unabhängig von ρ und r.

3.03

$5 = 10 \lg(W_1/W_2); \quad W_1/W_2 = 3{,}16;$

$5 = 20 \lg(A_1/A_2); \quad A_1/A_2 = 1{,}78$

3.04

$\nu = 440\ \mathrm{Hz}; \quad \lambda = c/\nu;$

Luft: $c = 330\ \mathrm{m\,s^{-1}}; \quad \lambda = 0{,}75\ \mathrm{m};$

Wasser: $c = 1480\ \mathrm{m\,s^{-1}}; \quad \lambda = 3{,}36\ \mathrm{m};$

Aluminium: $c \propto 5 \cdot 10^3\ \mathrm{m\,s^{-1}}; \quad \lambda \approx 11\ \mathrm{m}$

3.05

$$\sin\alpha = \frac{c}{v} = \frac{c}{2c} = 0{,}5; \quad \alpha = 30°;$$

Öffnungswinkel $= 2\alpha = 60°$

3.06

$\rho = 1{,}2\,\text{g/l}$; $c = 330\,\text{m/s}$;
$v \approx 10^{-4}\,\text{m/s}$; $A \approx 1\,\text{cm}^2$;
$P = IA \approx 2 \cdot 10^{-10}$ Watt

3.07

Schalleistung eines einzelnen Sängers $= P$;
Schalleistung bei 0 Phon $= P_0$;
„65 Phon" bedeutet: $65 = 10 \lg \frac{P}{P_0}$;
Schalleistung des Chores $= 65\,P$;
$$10 \lg \frac{65\,P}{P_0} = 10 \lg 65 + 10 \lg \frac{P}{P_0} = 83;$$
das bedeutet: „83 Phon"

3.08

$l = \frac{\lambda}{2} = 37{,}5\,\text{cm}$ (s. Aufgabe 3.04)

4. Wärmelehre

4.01

Körpertemperatur: $T = 37\,°\text{C}$;
absoluter Nullpunkt: $0\,\text{K} \mathrel{\hat{=}} -273\,°\text{C}$;
$T = 310\,\text{K}$

4.02

$\alpha \approx 10^{-5}\,\text{K}^{-1}$; $l_0 = 135\,\text{m}$; $\Delta T = 55\,\text{K}$;
$\Delta l = \alpha\, l_0\, \Delta T = 74\,\text{mm}$

4.03

$pV = NkT$; $m = N\mu$; $\rho = \frac{m}{V}$;
$\rho_L = 1{,}29\,\text{g}\,\text{l}^{-1}$; $p \approx 1\,\text{bar} = 10^5\,\text{N}\,\text{m}^{-2}$;
$T = 0\,°\text{C} = 273\,\text{K}$; $k = 1{,}38 \cdot 10^{-23}\,\text{J}\,\text{K}^{-1}$;
$$\mu_L = \frac{\rho}{p}\, kT \approx 4{,}9 \cdot 10^{-26}\,\text{kg}$$

4.04

$\rho_L = 1{,}29\,\text{g}\,\text{l}^{-1}$; $V_n = 22{,}4\,\frac{1}{\text{mol}}$;
$$M_L = \frac{m}{n}\,\frac{\text{mol}}{\text{g}} = \rho_L\, V_n\, \frac{\text{mol}}{\text{g}} = 28{,}9$$

4.05

$k = 1{,}38 \cdot 10^{-23}\,\text{J}\,\text{K}^{-1}$;
$N_A = 6{,}02 \cdot 10^{23}\,\text{mol}^{-1}$;
$pV = nRT = NkT$; $N_A = \frac{N}{n}$;
$R = kN_A = 8{,}31\,\text{J}\,\text{mol}^{-1}\,\text{K}^{-1}$

4.06

$T = 293\,\text{K}$; $k = 1{,}38 \cdot 10^{-23}\,\text{J}\,\text{K}^{-1}$;
$\mu_L = 4{,}8 \cdot 10^{-26}\,\text{kg}$;
$$v_{\text{th}} = \sqrt{\frac{3kT}{\mu_L}} \approx 500\,\text{m}\,\text{s}^{-1}$$

4.07

$m = 200\,\text{g}$; $U = 10\,\text{V}$; $I = 4{,}7\,\text{A}$;
$t = 50\,\text{s}$; $\Delta T = 2{,}8\,\text{K}$;
$$c_{H_2O} = \frac{UIt}{m\,\Delta T} = 4{,}2\,\text{J}\,\text{g}^{-1}\,\text{K}^{-1}$$

4.08

$$m_{Cu}\, c_{Cu} (T_3 - T_2) = m_{H_2O}\, c_{H_2O} (T_2 - T_1)$$

4.09

Brennwert Bier $c_B = 188\,\text{kJ}/100\,\text{g}$;
$T = 8\,°\text{C}$; $\Delta T = 29\,\text{K}$;
$c_{H_2O} = 4{,}2\,\text{J}\,\text{g}^{-1}\,\text{K}^{-1}$;
$$\alpha = c_{H_2O}\,\frac{\Delta T}{c_B} \approx 6{,}4\,\%$$

4.10

Brennwert Schokolade
$$c_b = 2{,}3\,\frac{\text{MJ}}{100\,\text{g}} = 0{,}64\,\frac{\text{kWh}}{100\,\text{g}};$$
$$\alpha = \frac{\text{DM}\ 1{,}10}{\text{DM}\ 0{,}064} \approx 17$$

4.11

1. Man mißt die Dampfdruckerniedrigung Δp_1 durch eingewogene Masse m_1 gelöster Substanz.

2. Man mißt die Dampfdruckerniedrigung Δp_0 durch eine Eichsubstanz bekannter Stoffmenge n_0 im gleichen Lösungsmittel.

3. Stoffmenge der gelösten Substanz

$$n_1 = n_0 \frac{\Delta p_1}{\Delta p_0}.$$

4. $M_1 = \frac{m_1}{n_1}$.

4.12

$V = 75\ \mathrm{m^3}$; rel. Luftfeuchtigkeit: 75 %;
$\rho_D(20\ °\mathrm{C}) = 17{,}3\ \mathrm{g\,m^{-3}}$;
$m = 0{,}75\ \rho_D V \approx 1\ \mathrm{kg} \mathrel{\hat{=}} 1\ \mathrm{l}$

4.13

$p_L = p_0 = 1000\ \mathrm{mbar}$; $V_0 = 3{,}9\ \mathrm{l}$;
$T_0 = 293\ \mathrm{K}$; $T_L = 310\ \mathrm{K}$;
$p_{Do} = 23{,}3\ \mathrm{mbar}$; $p_{DL} = 62{,}8\ \mathrm{mbar}$;

a) $V_L = V_0 \frac{T_L}{T_0} \frac{p_0}{p_0 - p_{DL}} = 4{,}4\ \mathrm{l}$;

b) $V_L = V_0 \frac{T_L}{T_0} \frac{p_0 - p_{Do}}{p_0 - p_{DL}} = 4{,}3\ \mathrm{l}$

4.14

Grundumsatz $c_g \approx 80\ \mathrm{W}$;
$c_D \approx 2{,}4\ \mathrm{kJ/g}$;

$$\dot{V} \approx \frac{c_g}{c_D \rho_{H_2O}} = 120\ \mathrm{cm^3\,h^{-1}}$$

4.15

$P_0 \approx 1{,}6\ \mathrm{W}$; $\eta \approx 0{,}25$; $P = \frac{P_0}{\eta} \approx 6{,}4\ \mathrm{W}$;

Heizwert Glukose $c_b \approx 17\ \mathrm{kJ/g}$;

$\dot{m} = \frac{P}{c_b} \approx 0{,}4\ \mathrm{mg\,s^{-1}}$; $c \approx 1\ \mathrm{mg\,cm^{-3}}$;

$I_{\min} = \frac{\dot{m}}{c} \approx 0{,}4\ \mathrm{cm^{-3}\,s^{-1}}$; $\Delta x \approx 0{,}1\ \mathrm{mm}$;

$c' = \frac{c}{\Delta x} \approx 0{,}1\ \mathrm{g\,cm^{-4}}$;

$D \approx 10^{-6}\ \mathrm{cm^2\,s^{-1}}$;

$j = D c' \approx 10^{-7}\ \mathrm{g\,cm^{-2}\,s^{-1}}$;

$A = \frac{\dot{m}}{j} \approx 0{,}4\ \mathrm{m^2}$

4.16

$R = 8{,}32\ \mathrm{J\,mol^{-1}\,K^{-1}}$; $M = 58{,}5$;
physiologische Kochsalzlösung: $9\ \mathrm{g\,l^{-1}}$;
Molarität: $n = 0{,}154\ \mathrm{mol/l}$;
Osmolarität: $n_{osm} = 0{,}308\ \mathrm{mol/l}$;
$p_{osm} = n_{osm} R T \approx 8 \cdot 10^5\ \mathrm{Pa} = 8\ \mathrm{bar}$

4.17

$\alpha = 6{,}5\ \mathrm{W\,m^{-2}\,K^{-1}}$
$\lambda = 3{,}8 \cdot 10^{-2}\ \mathrm{W\,m^{-1}\,K^{-1}}$
$j_Q = 44\ \mathrm{W\,m^{-2}}$
$T_H = 37\ °\mathrm{C}$; $T_L = 10\ °\mathrm{C}$
$T_x - T_L = j_Q/\alpha \approx 7\ \mathrm{K}$; $T_x \approx 17\ °\mathrm{C}$

$$d = \frac{\lambda}{j_Q}(T_H - T_x) = \frac{\lambda}{j_Q}(T_H - T_L) - \frac{\lambda}{\alpha}$$
$$= (23 - 6)\ \mathrm{mm} = 17\ \mathrm{mm}$$

4.18

$\Delta T = 3\ \mathrm{K}$; $T_0 = 310\ \mathrm{K}$;

$\frac{\Delta T}{T_0} \approx 1\,\%$; $\frac{\Delta S}{S} \approx 4\,\%$

4.19

$V = 25\ \mathrm{l}$; $\kappa = 1{,}4$; $p_0 = 1{,}0\ \mathrm{bar}$;
$p = 2{,}6\ \mathrm{bar}$;

a) $V_0 = V \left(\frac{p}{p_0}\right)^{1/\kappa} = 49{,}5\ \mathrm{l}$;

b) $p^* = p_0 \frac{V_0}{V} \approx 2{,}0\ \mathrm{bar} \mathrel{\hat{=}} 1\ \mathrm{bar}$ Überdruck

4.20

$T_1 = 310\ \mathrm{K}$; $T_2 = 293\ \mathrm{K}$;

$$\eta = \frac{T_1 - T_2}{T_1} = 5{,}5\,\%$$

4.21

$\sigma = 5{,}67 \cdot 10^{-11}\ \mathrm{kW\,m^{-2}\,K^{-4}}$;
Solarkonstante $s = 1{,}36\ \mathrm{kW\,m^{-2}}$;

$$T = \left(\frac{s}{4\sigma}\right)^{\frac{1}{4}} = 278\ \mathrm{K} = 5\ °\mathrm{C}$$

5. Elektrizitätslehre und Magnetismus

5.01

0 V; ± 9 V; ± 18 V

5.02

a) $P = 125$ W; $U = 220$ V;
$I = P/U = 0{,}57$ A;

b) $U = 8 \cdot 10^4$ V; $I = 5 \cdot 10^{-3}$ A;
$P = U\,I = 400$ W

5.03

$U = 10^9$ V; $I = 10^5$ A; $t = 10^{-4}$ s;
$W = U\,I\,t = 10^{10}$ Ws $= 2{,}8 \cdot 10^3$ kWh

entspricht ca. DM 300

5.04

$R_1 = 1{,}9$ kΩ; $I_1 = 0{,}21$ A;
$R_2 = 0{,}75$ kΩ; $I_2 = 0{,}53$ A

5.05

$U_1 = 125$ V; $I_1 = 93$ mA; $U_2 = 42$ V;
$I_2 = I_1\,U_2/U_1 \approx 31$ mA

5.06

$$L = L_1 + L_2 = \frac{1}{R} = \frac{1}{R_1} + \frac{1}{R_2} = \frac{R_2 + R_1}{R_1 R_2};$$

$$R = \frac{R_1 R_2}{R_1 + R_2}$$

5.07

$R = 50\,\Omega$;

g) 12,5 Ω; h) 20 Ω;
e) 37,5 Ω; c) 50 Ω;
f) 66,7 Ω; d) 83,3 Ω;
b) 125 Ω; a) 200 Ω

5.08

$l = 4$ m; $A = 0{,}75$ mm²;
$\rho_{Cu} = 1{,}72\ 10^{-6}\ \Omega$ cm;

$$R = \rho\,\frac{2l}{A} = 181\ \text{m}\Omega \approx 0{,}2\ \Omega \quad \text{(zwei Adern)}$$

5.09

Widerstand der Spule: $R_s = 600\,\Omega$;
Vollausschlag: $U_0 = 60$ mV;
$I_0 = 0{,}1$ mA;

a) $U = 300$ V;

$$R + R_s = \frac{U}{I_0} = 3{,}0\ \text{M}\Omega \gg R_s;$$

b) $I = 6$ A;

$$L + L_s = \frac{I}{U_0} = 100\ \Omega^{-1} \gg L_s = \frac{1}{R_s};$$

$R = 1/L \approx 10$ mΩ

5.10

$U_0 = 4{,}6$ V; $I_K = 3{,}8$ A;
$R_i = U_0/I_K \approx 1{,}2\ \Omega$

5.11

a) 30 V; b) 20 V

5.12

$R_1 = 3752\ \Omega$; $R_2 = 6248\ \Omega$;
$R_3 = 5000\ \Omega$;

$$R_4 = \frac{R_2}{R_1}\,R_3 = 8326\ \Omega$$

5.13

Drehfrequenz $f = 33\frac{1}{3}\ \text{min}^{-1} = (1{,}8\ \text{s})^{-1}$;
Lichtfrequenz $f_s = 100$ Hz.

In der Umlaufzeit $T = 1/f$ muß ein Strich der Stroboskopscheibe $n = f_s \cdot T$ Male den Platz eines anderen Striches eingenommen haben, ehe er auf seinen Ausgangsplatz zurückkehrt. Folglich sind n = 180 Striche auf der Scheibe erforderlich.

5.14

$U_{eff} = 220$ V; $U_s = \sqrt{2}\,U_{eff} = 311$ V

5.15

1. -6 V; 2. 0 V; 3. $+3$ V; 4. $+4$ V

Lösungen der Aufgaben

5.16

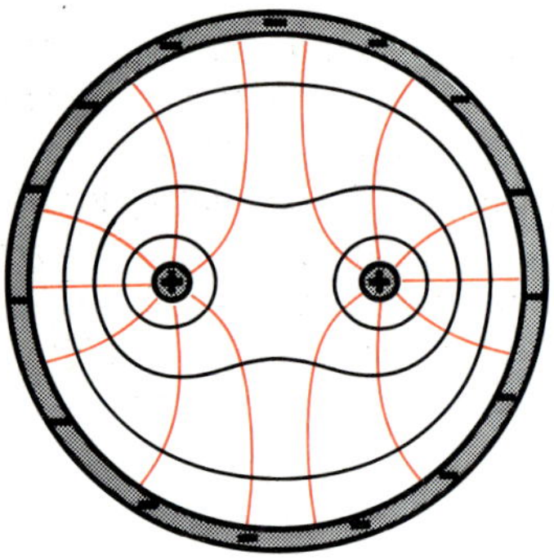

5.17

$j = \sigma E;$

$I = jA = \sigma E A = \sigma \frac{U}{l} A = \frac{1}{\rho} \frac{U}{l} A = \frac{U}{R}$

5.18

$E(r) = U_0 \frac{r_1}{r^2}; \quad r_1 = r_0;$

$U = -\int E\, ds; \quad ds = dr;$

$U = -\int_{\infty}^{r} \frac{U_0 r_0}{r^2} dr = U_0 r_0 \left(\frac{1}{r} - \frac{1}{\infty}\right)$

$= \frac{U_0 r_0}{r}$

5.19

$d = 1$ mm; $\quad C = 1\ \mu$F;

$\varepsilon = 1; \quad \varepsilon_0 = 8{,}854 \cdot 10^{-12} \frac{\mathrm{C}}{\mathrm{V\,m}};$

$A = \frac{C d}{\varepsilon \varepsilon_0} \approx 113\ \mathrm{m}^2$

5.20

$\dot{V} \propto p$; Newtonsche Flüssigkeit

5.21

$\mathrm{F}\,\Omega = \frac{\mathrm{A\,s}}{\mathrm{V}} \frac{\mathrm{V}}{\mathrm{A}} = \mathrm{s}$

5.22

$C = 2\ \mu$F; $\quad \tau = 0{,}4$ s;

$R = \frac{\tau}{C} = 200\ \mathrm{k\Omega}$

5.23

$C = 10\ \mu$F; $\quad U_0 = 272$ V; $\quad R = 1$ MΩ;
$\tau = RC = 10$ s;

a) $t = 10$ s; $\quad U = 100$ V;
b) $t = 20$ s; $\quad U = 36{,}8$ V;
c) $t = 27{,}2$ s; $\quad U = 18$ V

5.24

$Q = CU; \quad \dot{Q} = I = C\dot{U}$

5.25

$C = 1\ \mu$F; $\quad \nu = 50$ Hz;

$R_C = \frac{1}{\omega C} = 3{,}2\ \mathrm{k\Omega}$

5.26

$U = 220$ V; $\quad W = 1$ kWh;

$C = 2\,W/U^2 = 149$ F

5.27

$D = \frac{Q}{A} = C \frac{U}{A} = \varepsilon \varepsilon_0 \frac{A}{d} \frac{U}{A} = \varepsilon \varepsilon_0 E$

5.28

$2r = 15$ cm; $\quad d = 10$ mm; $\quad U = 3 \cdot 10^3$ V;

$\varepsilon = 1; \quad \varepsilon_0 = 8{,}9 \cdot 10^{-12} \frac{\mathrm{C}}{\mathrm{V\,m}};$

$F = \frac{1}{2} \varepsilon \varepsilon_0 E^2 A = \frac{\pi}{2} \varepsilon \varepsilon_0 \frac{U^2}{d^2} r^2 \approx 7 \cdot 10^{-3}$ N

5.29

$\rho = 0{,}91$ g cm^{-3}; $\quad 2r = 3{,}5\ \mu$m;
$g = 9{,}8$ m s^{-2}; $\quad U = 7{,}5$ kV; $\quad d = 12$ mm;
$e_0 = 1{,}6\ 10^{-19}$ C

mechanische Kraft $F_m = \frac{4}{3} \pi r^3 \rho g$;

elektrische Kraft $F_e = n e_0 \frac{U}{d}$;

$n = 2$

5.30

$j_{max} = 6$ A mm^{-2}; $\quad n = 10^{23}$ cm^{-3};
$\sigma = 6 \cdot 10^7\ \Omega^{-1}$ m^{-1}; $\quad e_0 = 1{,}6 \cdot 10^{-19}$ C;

a) $E_{max} = \frac{j_{max}}{\sigma} = 0{,}1\ \mathrm{V\,m^{-1}}$;

b) $\bar{v} = \frac{j_{max}}{n e_0} = 0{,}37\ \mathrm{mm\,s^{-1}}$;

c) $\mu = \frac{\bar{v}}{E_{max}} = 37\ \frac{\mathrm{cm^2}}{\mathrm{V\,s}}$

5.31

Auf den geladenen Löffel wirkt die Kraft des Feldes, gegen sie muß beim Herausziehen Arbeit geleistet werden.

5.32

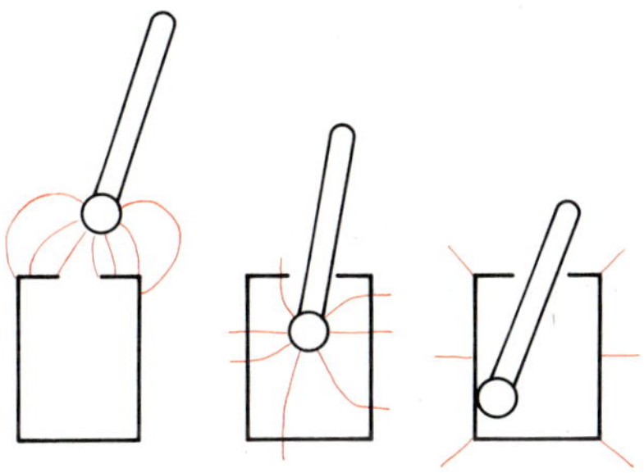

Die Feldlinien sind nur qualitativ gezeichnet.

5.33

Der Dipol richtet sich im Feld so aus, daß die Kraft auf diejenige Ladung, die sich im höheren Feld befindet, in Richtung höherer Feldstärke wirkt.

5.34

$$R = \frac{\Delta U_R}{\Delta I_A} = \frac{10\,\Delta U_G}{\Delta I_A} = 10 \cdot \frac{0{,}7\ \mathrm{V}}{1{,}4\,\mathrm{mA}} = 5\ \mathrm{k\Omega}$$

5.35

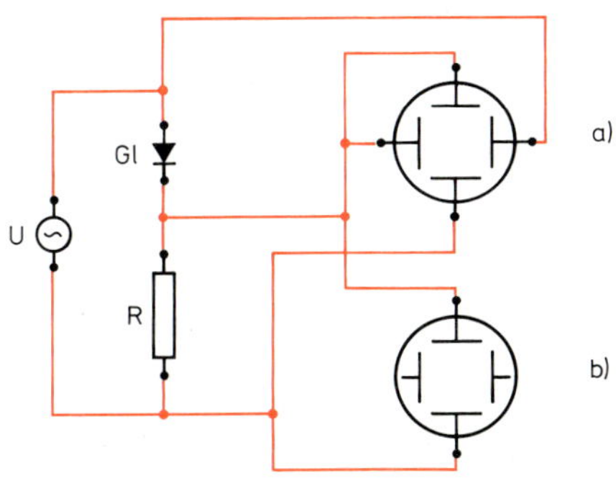

5.36

Die Verstärker der Oszillographen verlangen Erdung des Punktes zwischen Gleichrichter und Widerstand. Würde der untere Pol der Spannungsquelle ebenfalls geerdet, so wäre R kurzgeschlossen. Dann läge auch in Durchlaßrichtung die volle Generatorspannung am Gleichrichter und überlastete ihn durch zu hohen Strom.

5.37

$E = 10^2\ \mathrm{V\,cm^{-1}}$; $s = 1\ \mathrm{cm}$;

$e_0 = 1{,}6 \cdot 10^{-19}\ \mathrm{C}$; $m_e = 9{,}1 \cdot 10^{-31}\ \mathrm{kg}$;

$$t = \sqrt{\frac{2\,s\,m_e}{e_0\,E}} \approx 3{,}4\ \mathrm{ns}$$

5.38

$U = 120\ \mathrm{V}$; $I = 5\ \mathrm{mA}$;

$e_0 = 1{,}6 \cdot 10^{-19}\ \mathrm{C}$; $m_e = 9{,}1 \cdot 10^{-31}\ \mathrm{kg}$;

b) $W_{kin} = e_0\,U = 120\ \mathrm{eV}$;

a) $v = \sqrt{\frac{2\,W_{kin}}{m_e}} = \sqrt{\frac{2\,e_0\,U}{m_e}} = 6{,}5 \cdot 10^6\ \mathrm{m\,s^{-1}}$;

c) $P = U\,I = 0{,}6\ \mathrm{W}$

5.39

$r = 1{,}49 \cdot 10^8\ \mathrm{km}$; $T = 365\ \mathrm{d}$;

$c = 3 \cdot 10^8\ \mathrm{m\,s^{-1}}$;

a) $v = \frac{2\,r\,\pi}{T} \approx 10^5\ \mathrm{km\,h^{-1}}$;

b) $\frac{v}{c} \approx 10^{-4}$

5.40

$U = 220\ \mathrm{V}$; $R = 25\ \Omega$; $I = 4{,}2\ \mathrm{A}$;

$P_L = P - P_R = U\,I - R\,I^2 \approx 480\ \mathrm{W}$

Lösungen der Aufgaben

5.41

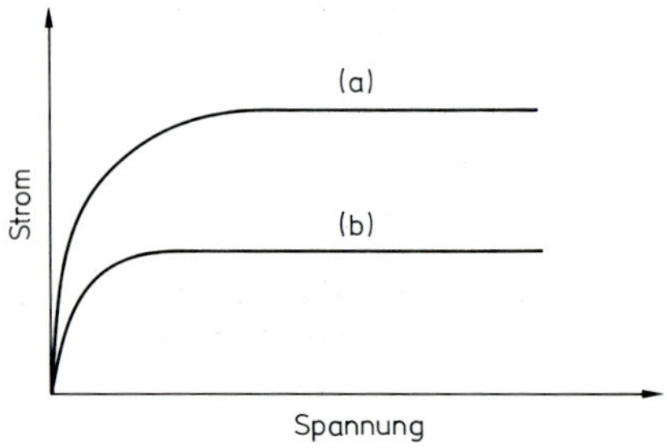

Kurve a) volle, Kurve b) halbierte Dosisleistung.

5.42

$$\text{Dosisleistung} \mathrel{\hat{=}} 3 \cdot 10^8 \frac{e_0}{\text{cm}^3\,\text{a}}$$
$$= 1{,}5 \cdot 10^{-18}\ \text{A cm}^{-3}$$

$V = 100\ \text{cm}^3$; $I = 1{,}5 \cdot 10^{-16}$ A

Elektrische Ströme der Größenordnung 1000 Elektronen/s lassen sich nur schwer zuverlässig messen.

5.43

$$\frac{K(T_2)}{K(T_1)} = e^1 = \exp\left(-\frac{W}{kT_2} + \frac{W}{kT_1}\right);$$

$$1 = \frac{W}{kT_1} - \frac{W}{kT_2};$$

Aktivierungsenergie aus Abb. 5.118: $9{,}3 \cdot 10^{-20}\ \text{J} = 0{,}58\ \text{eV}$

5.44

$$c_{\text{H}^+} = 10^{-2}\ \frac{\text{mol}}{\text{l}};$$

$$c_{\text{OH}^-} = 10^{-12}\ \frac{\text{mol}}{\text{l}}$$

5.45

$z = 1$; $F = 96{,}5\ \dfrac{\text{kC}}{\text{mol}}$; $\dfrac{\Delta m}{\Delta Q} = 1{,}1179\ \dfrac{\text{mg}}{\text{C}}$;

$u = 1{,}66 \cdot 10^{-23}$ g;

$N_A = 6{,}02 \cdot 10^{23}\ \text{mol}^{-1}$;

$$M_{\text{Ag}} = \frac{zF\Delta m}{uN_A\Delta Q} = 108$$

5.46

$$c_{\text{H}^+} = 2 \cdot 10^{-3}\ \frac{\text{mol}}{\text{l}} = 10^{-3+\lg 2}\ \frac{\text{mol}}{\text{l}}$$
$$= 10^{-2{,}7}\ \frac{\text{mol}}{\text{l}} \mathrel{\hat{=}} \text{pH } 2{,}7$$

5.47

Molvolumen $V_s = 22{,}4\ \dfrac{\text{l}}{\text{mol}}$; $t = 900$ s;

H_2-Volumen $V = 1$ l

$F = 96{,}5\ \dfrac{\text{kC}}{\text{mol}}$; $I = 2\dfrac{FV}{V_s t} = 9{,}6$ A

5.48

a) untere Grenzkurve, Ordinate: $2\ \text{k}\Omega \cdot 0{,}4\ \text{mA} = 0{,}8$ V;

b) 25 mA, obere Grenzkurve: 100 V;

c) 100 mA, obere Grenzkurve: 250 V;

d) 100 mA, untere Grenzkurve: 130 V

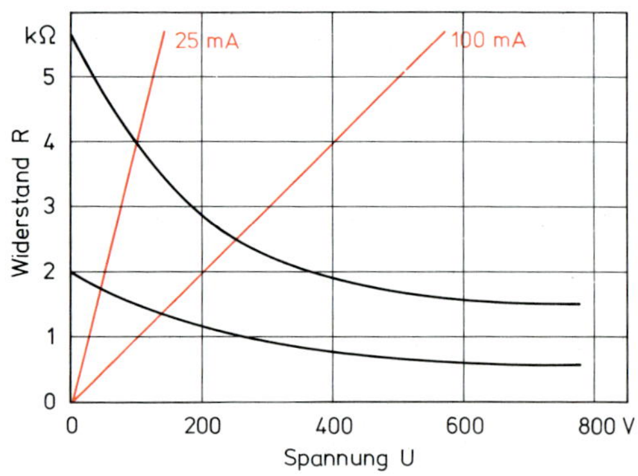

5.49

a) +59 mV; b) +118 mV;

c) −59 mV; d) +17,7 mV

5.50

$U = 177\ \text{mV} = 3 \cdot 59\ \text{mV}$; $c_i = 10^{-7}\ \dfrac{\text{mol}}{\text{l}}$;

a) $3 = \lg \dfrac{c_a}{c_i} \Rightarrow c_a = 10^{-4}\ \dfrac{\text{mol}}{\text{l}} \Rightarrow \text{pH } 4$;

b) $3 = \lg \dfrac{c_i}{c_a} \Rightarrow c_a = 10^{-10}\ \dfrac{\text{mol}}{\text{l}} \Rightarrow \text{pH } 10$

5.51

Lorentz-Kraft auf ein Teilchen $= F_L = q\,v\,B$;
Lorentz-Kraft auf $N = V n$ Teilchen:
$F = V n\,q\,v\,B = n\,q\,v\,A\,B\,l = I\,B\,l$

5.52

$$\frac{e_0}{m_e} = \frac{v}{r\,B}; \quad \frac{m_e}{2} v^2 = e_0\,U;$$

$$v^2 = \frac{e_0^2\,r^2\,B^2}{m_e^2} = 2\,\frac{e_0\,U}{m_e}$$

5.53

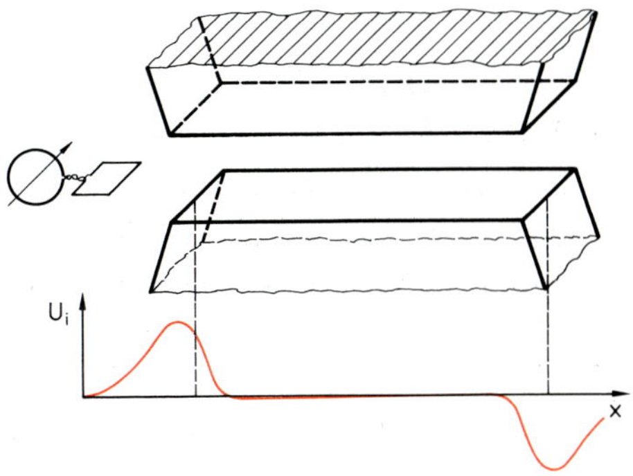

5.54

a) $n_p = 500$; $n_s = 25000$; $U_s = 11$ kV;
b) $n_p = 1000$; $n_s = 24$; $U_s = 5{,}28$ V

5.55

Einschalten $\tau = \dfrac{L}{R_s}$;

Ausschalten $\tau = \dfrac{L}{R_s + R}$

6. Elektrische Schwingungen und Wellen

6.01

$C = 25\ \mu\text{F}$; $L = 0{,}5$ H; $R_R = 70\ \Omega$

6.02

mechanisches Pendel	elektrisches Pendel
$m\ddot{x} + D x = 0$	$L\ddot{Q} + \dfrac{Q}{C} = 0$
x	Q
$\dot{x} = v$	$\dot{Q} = I$
potentielle Energie	elektrische Energie des Kondensators
$W_{pot} = \dfrac{1}{2} D x^2$	$W_e = \dfrac{1}{2}\dfrac{1}{C} Q^2$
kinetische Energie	magnetische Energie der Spule
$W_{kin} = \frac{1}{2} m v^2$	$W_m = \frac{1}{2} L I^2$

6.03

$C = 100\ \mu\text{F}$; $L = 300$ H;

a) $\nu_0 = \dfrac{1}{2\pi\sqrt{LC}} = 0{,}92$ Hz;

b) $D \mathrel{\hat{=}} \dfrac{1}{C}$ (s. Aufgabe 6.02),

$$2D \mathrel{\hat{=}} \frac{2}{C} = \frac{1}{C/2};$$

c) $\nu'_0 = 1{,}3$ Hz

6.04

1:2; 2:3; 3:4; 2:5; 2:3

6.05

$\nu_0 = 100$ MHz; $C = 25$ pF; $d = 7{,}5$ mm;

$l = 3$ cm; $\mu_0 = 1{,}3 \cdot 10^{-6}\,\dfrac{\text{V s}}{\text{A m}}$; $\mu = 1$;

$$n = \frac{1}{2\pi\,\nu_0}\sqrt{\frac{l}{\mu\,\mu_0\,A\,C}} \approx 7{,}5$$

6.06

l = Dipollänge; λ = Wellenlänge;
T = Schwingungsdauer; ν = Frequenz;
c = Ausbreitungsgeschwindigkeit;

$$T = \frac{1}{\nu} = \frac{\lambda}{c} = \frac{2l}{c}$$

6.07

a) 6000 km; b) ≈ 3 m;
c) $6{,}7 \cdot 10^{14}$ Hz; d) $3 \cdot 10^{19}$ Hz

7. Optik

7.01

$d = 4 \cdot 10^3$ m; $\quad l = 3{,}84 \cdot 10^8$ m;

$\omega \approx \frac{d}{l} \approx 10^{-5}$ rad

7.02

a) $h = \frac{H}{2}$; b) von d unabhängig

7.03

$n = 1{,}34$;

$\sin\beta = \frac{1}{n}$; $\quad \beta = 48{,}3°$

7.04

Im Medium gilt nach S. 247

$$v = \frac{1}{\sqrt{\varepsilon\,\varepsilon_0\,\mu\,\mu_0}} = \frac{1}{\sqrt{\varepsilon_0\,\mu_0}}\,\frac{1}{\sqrt{\varepsilon\,\mu}}.$$

Wenn $\mu = 1$ (andere Substanzen sind zumeist lichtundurchlässig), dann

$$v = \frac{c}{\sqrt{\varepsilon}} = \frac{c}{n}$$

7.05

$\varphi = 60°$; $\quad n = 1{,}646$; $\quad \beta = \varphi/2$;

$n = \frac{\sin\alpha}{\sin\varphi/2}$; $\quad \alpha = 55{,}4°$; $\quad \delta = 2\alpha - \varphi = 50{,}8°$

7.06

$$\delta = \alpha - \alpha' = \alpha - \frac{n}{n'}\alpha = \alpha\left(1 - \frac{n}{n'}\right) = \alpha\frac{n' - n}{n'}$$

$$\delta = \alpha - \alpha' = \alpha'\,\frac{n'}{n} - \alpha' = \alpha'\left(\frac{n'}{n} - 1\right) = \alpha'\,\frac{n' - n}{n}$$

7.07

Forderung: $f' = 2r \;\Rightarrow\; \frac{n'}{n' - n} = 2$

günstigste Annahme: $n = 1{,}0 \;\Rightarrow\; n' = 2$

7.09

$a = a' = 2f$

weil $\frac{1}{a} + \frac{1}{a} = \frac{2}{a} = \frac{1}{f}$

7.10

Glaskörper: $n = 1{,}34$;

$f' = 23$ mm $=$ Bulbuslänge;

Brechkraft $= \frac{n}{f'} = 58$ dpt

7.11

-4 dpt

7.12

Sonne: $9{,}3 \cdot 10^{-3}$ rad;

Mond: $9{,}2 \cdot 10^{-3}$ rad;

beide $\approx 0{,}5°$

7.08

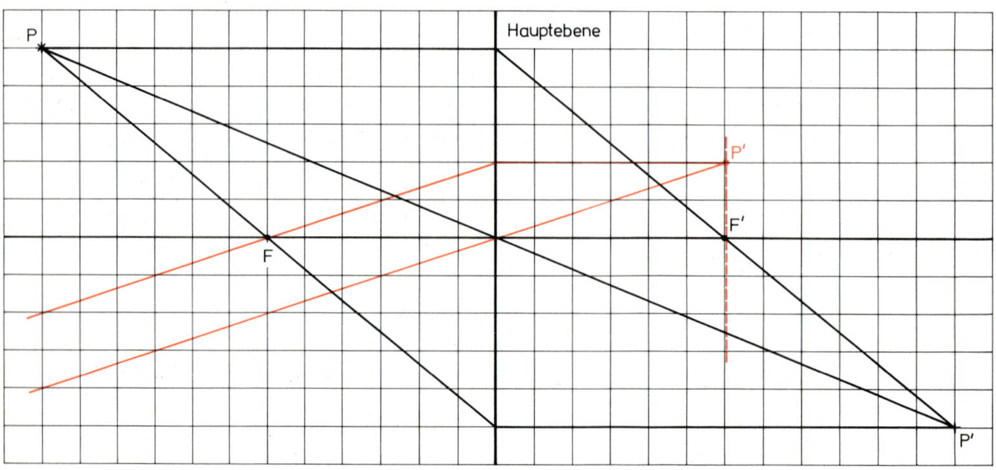

7.13

31,25 mm

7.14

Nennt man den Abstand des Konvergenzpunktes von der optischen Achse h, so ist

Sehwinkel ohne Instrument $\varphi_0 = \frac{h}{f_{obj}}$;

Sehwinkel mit Instrument $\varphi_m = \frac{h}{f_{ok}}$;

Vergrößerungsfaktor $\Gamma_F = \frac{\varphi_m}{\varphi_0} = \frac{h}{f_{ok}} \frac{f_{obj}}{h}$.

7.15

a) 4π sr;

b) Erdradius $r_e = 6{,}38 \cdot 10^3$ km,
Erdbahnradius $R_E = 1{,}49 \cdot 10^8$ km,

$$\omega = \frac{r_e^2 \pi}{R_E^2} = 5{,}76 \cdot 10^{-9} \text{ sr}$$

7.16

Radius Jupiterbahn: $R_J = 7{,}78 \cdot 10^8$ km;
Solarkonstante Erde: $\varphi_E = 1{,}36 \text{ kW m}^{-2}$;
Solarkonstante Jupiter:
$\varphi_J = \varphi_E (R_E/R_J)^2 = \frac{1}{27} \varphi_E \approx 50 \text{ W m}^{-2}$

7.17

1. Strahlungsflußdichte;

2.a) $\Phi = \varphi_E \, 4\pi R_E^2 \approx 3{,}8 \cdot 10^{26}$ W;

b) $M = \frac{\Phi}{4\pi r_s^2} \approx 6{,}3 \cdot 10^7 \text{ W m}^{-2}$;
r_s = Radius der Sonne $= 6{,}95 \cdot 10^5$ km;

3. $\alpha = 51{,}5°$;
$E = \varphi_E \cos\alpha \approx 1 \text{ kW m}^{-2}$;

4. $5 \cdot 10^{43}$ J

7.18

von ca. 495 nm bis ca. 565 nm

7.19

$D_1 = 0{,}60$; $D_2 = 0{,}35$; $d_1 = 0{,}50$ mm;

a) $k = -\frac{\ln D_1}{d_1} = 1{,}02 \text{ mm}^{-1}$;

b) $d_2 = d_1 \frac{\ln D_2}{\ln D_1} = d_1 \frac{\lg D_2}{\lg D_1} = 1{,}03$ mm;

c) $D = D_1 D_2 = 0{,}21$

7.20

1. 100 Skt.;
2. 0 Skt.;
3. 0,67;
4. 55 Skt.

7.21

$$\frac{\text{W m}^{-2} \text{ sr}^{-1}}{\text{m}} = \text{W m}^{-3} \text{ sr}^{-1}$$

7.22

$T_1 = 6000$ K; $T_2 = 310$ K;
Maximumwellenlänge $\lambda_1 = 480$ nm

a) $\lambda_2 = \lambda_1 \, T_1/T_2 = 9{,}3$ µm;

b) $\approx 2{,}9 \cdot 10^{-3}$ K m

7.23

Licht mit vertikalem elektrischen Vektor muß durchgelassen werden.

7.24

$d = 0{,}11$ mm; $\lambda = 546$ nm;

$n = \frac{2d}{\lambda} \approx 400$;

Kohärenzlänge $> 0{,}25$ mm

7.25

Durchmesser des 1. Minimums $= d = 13{,}5$ mm
Abstand des Präparates $= l = 65$ mm
Lichtwellenlänge $= \lambda = 633$ nm
mittlerer Durchmesser der Blutkörperchen

$$D = \frac{n\lambda}{\sin\alpha} = n\lambda \frac{2l}{d} = 1{,}22 \cdot 633 \frac{130}{13{,}5} \text{ nm} = 7{,}4 \text{ µm}$$

7.26

$n_1 = 10$; $n_2 = 9$; $\lambda_1 = 500$ nm;

$\lambda_2 = \frac{n_2}{n_1} \lambda_1 = 450$ nm

7.27

Sichtbarer Spektralbereich (grob):
Wellenlänge von 400–800 nm,
Quantenenergie von 1,55–3,1 eV

7.28

$\lambda = 632{,}8\,\text{nm}; \quad P = 5\,\text{mW};$

$$\frac{dN}{dt} = \frac{P}{W_Q} = 1{,}6 \cdot 10^{16}\,\text{s}^{-1}$$

7.29

$U = 150\,\text{kV}; \quad I = 20\,\text{mA};$

a) $W_{max} = 150\,\text{keV};$

b) $P = IU = 3\,\text{kW};$

c) $\Phi_R \approx 0{,}01\,P = 30\,\text{W}$

7.30

$I_0/2 = I_0 \exp(-\mu \Lambda)$

7.31

$\mu/\rho = 0{,}02\,\text{m}^2/\text{kg}; \quad \rho = 1{,}0\,\text{kg/m}^3$

$\mu = 20\,\text{m}^{-1}; \quad d = 0{,}2\,\text{m}; \quad \mu d = 4$

$I/I_0 = \exp(-\mu d) = \exp(-4) = 0{,}02$

98 % der Strahlung wird absorbiert!

7.32

$\lambda = 253{,}7\,\text{nm}; \quad W_Q = 4{,}9\,\text{eV};$

$$h = \frac{W_Q\,\lambda}{c} = 6{,}62 \cdot 10^{-34}\,\text{W}\,\text{s}^2$$

7.33

$$W_B + W_2 = W_1; \quad W = \frac{h\,c}{\lambda}$$

7.34

Quanten infraroten Lichtes haben weniger Energie als die sichtbaren Lichtes.

8. Atom- und Kernphysik

8.01

Für die Absorption eines K_α-Quantes müßte ein Platz in der L-Schale frei sein. Das ist normalerweise nicht der Fall.

8.02

$W = 50\,\text{keV};$

$$\lambda = \sqrt{\frac{1{,}5\,\text{eV}}{W}}\,\text{nm} = 5{,}5 \cdot 10^{-3}\,\text{nm}$$

8.03

${}^{214}_{83}\text{Bi} \rightarrow {}^{0}_{-1}\text{e} + {}^{214}_{84}\text{Po}$

${}^{214}_{83}\text{Bi} \rightarrow {}^{4}_{2}\text{He} + {}^{210}_{81}\text{Tl}$

8.04

${}^{226}_{88}\text{Ra}: \quad T_{\frac{1}{2}} = 1\,620\,\text{a};$

${}^{222}_{86}\text{Em}: \quad T_{\frac{1}{2}} = 3{,}8\,\text{d};$

${}^{214}_{84}\text{Po}: \quad T_{\frac{1}{2}} = 0{,}15\,\text{ms};$

$N_0 = 1{,}00 \cdot 10^{19}; \quad t_1 = 24\,\text{h};$

für $t_1 \ll T_{\frac{1}{2}}$ gilt $N(t_1) \approx N_0$ und damit $N/t_1 \approx -\lambda\,N_0$;

a) zerfallen sind $1{,}2 \cdot 10^{13}$ Atome

b) zerfallen sind $0{,}17 \cdot 10^{19}$ Atome

c) übriggeblieben ist kein Atom.

8.05

$A = 2 \cdot 10^7\,\text{sec}^{-1};$

$T_{\frac{1}{2}}(\text{Co}) \approx 5{,}27\,\text{a};$

$$N = \frac{|\dot{N}|}{\lambda} = \frac{|\dot{N}|\,T_{\frac{1}{2}}}{\ln 2} \approx 4{,}8 \cdot 10^{15}$$

8.06

$m_e = 9{,}11 \cdot 10^{-28}\,\text{g};$

$W = 2\,m_e\,c^2 = 1{,}64 \cdot 10^{-13}\,\text{N}\,\text{m} \approx 1\,\text{MeV}$

8.07

atomare Masseneinheit $u = 1{,}66 \cdot 10^{-24}\,\text{g}$;
relative Molekülmasse des H_2O: 18;

a) $\Delta m = W/c^2 = 5{,}3 \cdot 10^{-33}\,\text{g};$

b) $\dfrac{\Delta m}{18\,u} = 1{,}77 \cdot 10^{-10}$

8.08

3 Neutronen

$\rightarrow {}^{140}_{56}\mathrm{Ba} + {}^{93}_{36}\mathrm{Kr} + 3\,{}^{1}_{0}\mathrm{n}$

8.09

Aus ${}^{108}_{47}\mathrm{Ag}$ und ${}^{107}_{47}\mathrm{Ag}$

8.10

$A_0/A_1 = 0{,}698^{-1} = 1{,}43$

$T_{\frac{1}{2}} = 46\,\mathrm{d}; \quad t_1 = 14\,\mathrm{d}$

$$T_e = t_1 \frac{\ln 2}{\ln(A_0/A_1)} = 27\,\mathrm{d};$$

$$\frac{1}{T_b} = \frac{1}{T_e} - \frac{1}{T_{\frac{1}{2}}}; \quad T_b = 65{,}3\,\mathrm{d}$$

Anhang

(rot unterlegte Daten sollte man auswendig wissen)

Erweiterung von Einheiten

Vorsilbe	Kennbuchstabe	Zehnerpotenz
atto	a	10^{-18}
femto	f	10^{-15}
pico	p	10^{-12}
nano	n	10^{-9}
mikro	µ	10^{-6}
milli	m	10^{-3}
centi	c	10^{-2}
dezi	d	10^{-1}

Vorsilbe	Kennbuchstabe	Zehnerpotenz
deka	da	10
hekto	h	10^{2}
kilo	k	10^{3}
mega	M	10^{6}
giga	G	10^{9}
tera	T	10^{12}
peta	P	10^{15}
exa	E	10^{18}

Das Système International d'Unités

Basisgrößen und Basiseinheiten

Länge:	m	= Meter
Masse:	kg	= Kilogramm
Zeit:	s	= Sekunde
Strom:	A	= Ampere
Temperatur:	K	= Kelvin
Stoffmenge:	mol	= Mol
Lichtstärke:	cd	= Candela

Abgeleitete Einheiten mit eigenem Namen

Zeit:	min	= Minute	= 60 s
	h	= Stunde	= 3600 s
	d	= Tag	= 86400 s
	a	= Jahr	= 365,24 d
Frequenz:	Hz	= Hertz	$= s^{-1}$
Aktivität:	Bq	= Becquerel	$= s^{-1}$
Kraft:	N	= Newton	$= kg\,m\,s^{-2}$
Energie:	J	= Joule	$= kg\,m^2\,s^{-2}$
	eV	= Elektronenvolt	$= 1{,}602 \cdot 10^{-19}$ J

Leistung:	W	= Watt	$= J\,s^{-1}$
Druck:	bar	= Bar	$= 10^5\,N\,m^{-2}$
	Pa	= Pascal	$= N\,m^{-2}$
Winkel:	rad	= Radiant	= 1
Raumwinkel:	sr	= Steradiant	= 1
Spannung:	V	= Volt	$= W\,A^{-1}$
Widerstand:	Ω	= Ohm	$= V\,A^{-1}$
Leitwert:	S	= Siemens	$= A\,V^{-1}$
Ladung:	C	= Coulomb	= A s
Kapazität:	F	= Farad	$= C\,V^{-1}$
Kraftfluß:	Wb	= Weber	= V s
Kraftflußdichte:	T	= Tesla	$= Wb\,m^{-2}$
Induktivität:	H	= Henry	$= Wb\,A^{-1}$
Energiedosis:	Gy	= Gray	$= J\,kg^{-1}$
Äquivalentdosis:	Sv	= Sievert	$= J\,kg^{-1}$
Lichtstrom:	lm	= Lumen	= cd sr
Beleuchtungsstärke:	lx	= Lux	$= lm\,m^{-2}$

Einige nicht mehr zulässige Einheiten

Energie:	cal	= Kalorie	= 4,18400 J
Kraft:	kp	= Kilopond	= 9,80665 N
Druck:	Torr	= mm Hg	= 1,333 mbar
Ionendosis:	R	= Röntgen	$= 2{,}58 \cdot 10^{-4}\,C\,kg^{-1}$
Energiedosis	rd	= Rad	$= 0{,}01\,J\,kg^{-1}$
Äquivalentdosis:	rem	= Rem	$= 0{,}01\,J\,kg^{-1}$
Aktivität	Ci	= Curie	$= 3{,}77 \cdot 10^{10}$ Bq
Kraftflußdichte:	G	= Gauß	$= 10^{-4}$ T

Umrechnung von Energieeinheiten

1,000 Joule = 1,000 Newtonmeter = 1,000 Wattsekunde

	J	kWh	kcal	eV
1 Joule =	1	$2{,}78\ 10^{-7}$	$2{,}39\ 10^{-4}$	$6{,}24\ 10^{18}$
1 Kilowattstunde =	$3{,}60\ 10^{6}$	1	860	$2{,}25\ 10^{25}$
1 Kilokalorie =	$4{,}18\ 10^{3}$	$1{,}16\ 10^{-3}$	1	$2{,}61\ 10^{22}$
1 Elektronenvolt =	$1{,}60\ 10^{-19}$	$4{,}45\ 10^{-26}$	$3{,}83\ 10^{-23}$	1

Einige Naturkonstanten

Vakuum-Lichtgeschwindigkeit	$c \approx 300000 \frac{\text{km}}{\text{s}}$
	$c = 2{,}9979246 \cdot 10^{8} \frac{\text{m}}{\text{s}}$.
elektrische Feldkonstante	$\varepsilon_0 = 8{,}8541878 \cdot 10^{-12} \frac{\text{As}}{\text{Vm}}$
magnetische Feldkonstante	$\mu_0 = 1{,}2566371 \cdot 10^{-6} \frac{\text{Vs}}{\text{Am}}$
Elementarladung	$e_0 = 1{,}60219 \cdot 10^{-19}$ C
Planck-Konstante	$h = 6{,}6262 \cdot 10^{-34}$ J s $= 4{,}1357 \cdot 10^{-15}$ eV s
atomare Masseneinheit	$u = 1{,}66057 \cdot 10^{-27}$ kg
Avogadro-Konstante	$N_A = 6{,}0220 \cdot 10^{23}\ \text{mol}^{-1}$
Boltzmann-Konstante	$k = 1{,}3807 \cdot 10^{-23} \frac{\text{J}}{\text{K}}$
universelle Gaskonstante	$R = k N_A = 8{,}3144 \frac{\text{J}}{\text{mol K}}$
Faraday-Konstante	$F = e_0 N_A = 9{,}6484 \cdot 10^{4} \frac{\text{C}}{\text{mol}}$

Einige astronomische Konstanten

extraterrestrische Solarkonstante	1,36 kW m^{-2}
Erdbeschleunigung g	9,81 m s^{-2}
Mondbeschleunigung	1,67 m s^{-2}
Sonnenradius	6,95 10^5 km
Erdradius	6,38 10^3 km
Mondradius	1,74 10^3 km
Abstand Sonne–Erde	1,49 10^8 km
Sonne–Jupiter	7,78 10^8 km
Erde–Mond	3,84 10^5 km

Kernladungszahlen und relative Atommassen einiger Elemente

(rel. Atommassen für natürliche Isotopengemische)

Element	Kernladungszahl = Atomnummer	relative Atommasse
Wasserstoff	1	1,0079
Helium	2	4,0026
Lithium	3	6,939
Kohlenstoff	6	12,0112
Stickstoff	7	14,0067
Sauerstoff	8	15,9994
Aluminium	13	26,9815
Silber	47	107,868
Blei	82	207,19

Einige Eigenschaften des Wassers

Dampfdruck p_D

T	p_D
°C	mbar
0	6,10
4	8,13
10	12,27
15	17,0
20	23,4
25	31,6
30	42,4
37	62,7
40	73,7
45	95,8
50	123,2
60	199
70	310
80	473
90	700
100	1013
110	1432
120	1984
130	2699

Dichte ρ und Dampfdichte ρ_D

T	ρ	ρ_D
°C	$g\,cm^{-3}$	$10^{-6}\,g\,cm^{-3}$
0	0,9998	4,85
4	1,0000	6,40
10	0,9998	9,40
20	0,9983	17,3
37	0,9914	45,4
50	0,9881	83,0
100	0,9583	600
120	–	1122

kritischer Punkt: 374,2 °C, 221,1 bar
Tripelpunkt: 0,0075 °C, 6,1 mbar

Brechzahl bei 25 °C

λ	n
nm	
667,8	1,33
601,5	1,36
402,6	1,42
320,3	1,54

	Temperatur				
	0 °C	20 °C	37 °C	100 °C	
Viskosität	1,79	1,00	0,69	0,282	$10^{-3}\,N\,s\,m^{-2}$
spezifische Verdampfungsenthalpie	2,50	2,45	2,41	2,26	$10^3\,J\,g^{-1}$
molare Schmelzwärme	6,02				$10^3\,J\,mol^{-1}$
spezifische Wärmekapazität	4,218	4,182	4,178	4,216	$J\,g^{-1}\,K^{-1}$
kubischer Ausdehnungskoeffizient		1,8			$10^{-4}\,K^{-1}$
Dielektrizitätszahl	87,90	80,18	74,51	55,58	
elektrische Leitfähigkeit (reines H_2O)	1,58	4,96	11,05		$10^{-8}\,\Omega^{-1}\,cm^{-1}$
Schallgeschwindigkeit		1480			$m\,s^{-1}$
Oberflächenspannung		72,75	69,97		$mN\,m^{-1}$

Verschiedene Eigenschaften einiger Substanzen

Dichte

Aluminium	$2{,}70\,g\,cm^{-3}$
Kupfer	$8{,}93\,g\,cm^{-3}$
Silber	$10{,}50\,g\,cm^{-3}$
Blei	$11{,}34\,g\,cm^{-3}$
Quecksilber	$13{,}60\,g\,cm^{-3}$
Gold	$19{,}28\,g\,cm^{-3}$
Platin	$21{,}46\,g\,cm^{-3}$
Luft	$1{,}205\,10^{-3}\,g\,cm^{-3}$ (20 °C, 1013 mbar)
Luft	$1{,}293\,10^{-3}\,g\,cm^{-3}$ (0 °C, 1013 mbar)

Linearer Ausdehnungskoeffizient
(bei 100 °C).

Quarzglas	$0{,}5\,10^{-6}\,K^{-1}$
Jenaer Glas	$8{,}1\,10^{-6}\,K^{-1}$
Eisen	$12\,10^{-6}\,K^{-1}$
Kupfer	$16{,}7\,10^{-6}\,K^{-1}$
Aluminium	$23{,}8\,10^{-6}\,K^{-1}$

Schallgeschwindigkeit

Luft	$334\ m\ s^{-1}$
Wasserstoff	$1306\ m\ s^{-1}$
Wasser	$1480\ m\ s^{-1}$
Aluminium	$5000\ m\ s^{-1}$ (Longitudinalwellen in dünnen Stäben)
Aluminium	$6420\ m\ s^{-1}$ (Longitudinalwellen in ausgedehnten Körpern)

Physiologischer Brennwert

	$kcal\ g^{-1}$	$kJ\ g^{-1}$
Kohlehydrate	4,1	17,2
Fett	9,3	38,9
Eiweiß	4,1	17,2
Schokolade	5,5	23,0
Bier	0,45	1,88

Spezifische Wärmekapazität

	$\frac{cal}{g\,K}$	$\frac{J}{g\,K}$
Wasser	1,000	4,19
Kupfer	0,092	0,39
Aluminium	0,214	0,90
Quecksilber	0,033	0,14

Resistivität (bei 18 °C)

Silber	$1{,}6\ 10^{-6}\ \Omega\,cm$
Kupfer	$1{,}7\ 10^{-6}\ \Omega\,cm$
Aluminium	$2{,}8\ 10^{-6}\ \Omega\,cm$
Eisen	$9{,}8\ 10^{-6}\ \Omega\,cm$
Konstantan	$50\ 10^{-6}\ \Omega\,cm$
Quecksilber	$96\ 10^{-6}\ \Omega\,cm$

Wärmeleitfähigkeit (bei 0 °C)

	$\frac{cal}{cm\,s\,K}$	$\frac{J}{cm\,s\,K}$
	10^{-3}	10^{-3}
Wasser	1,3	5,4
Seide	0,1	0,42
Quarzglas	3,3	13,8
Luft	0,06	0,25
Aluminium	550	2300

Dielektrizitätszahl

Wasser	81,1 (bei 18 °C)
Quarzglas	3,7
Glas	5–10
Luft	1,000576 (bei 0 °C, 1013 mbar)

Die Farben des sichtbaren Spektrums

	Wellenlängenbereich nm
violett	400–440
blau	440–495
grün	495–580
gelb	580–600
orange	600–640
rot	640–750

Einige Formeln aus der Mathematik

Potenzen und Logarithmen

$a^3 = a \cdot a \cdot a$

$$a^n \cdot a^m = a^{n+m}$$

$$a^{-n} = \frac{1}{a^n}$$

$$a^{1/n} = \sqrt[n]{a}$$

$$(a^n)^m = a^{nm}$$

Wenn $a^b = c$,
dann $b = {}_a\log c$ und $a = \sqrt[b]{c}$
ferner $\lg c = {}_{10}\log c$
$\ln c = {}_e\log c$
$\log c + \log d = \log (c \cdot d)$
$n \log c = \log c^n$
$\log c - \log d = \log \frac{c}{d}$

Umrechnung zwischen dekadischem und natürlichem Logarithmus

$$\ln c = \ln 10 \cdot \lg c = \frac{\lg c}{\lg e}$$

Konstanten $e = 2{,}718\,281\,82\ldots$
$\ln 10 = 2{,}303$
$\lg e = 0{,}4343$

Schreibweise: $\exp x = e^x$

Geometrie (mit Winkelfunktionen)

Kreisumfang $s_U = 2r\pi$
Kreisfläche $A = r^2\pi$
Rechteck $A = ab$
Dreieck $A = \frac{1}{2}ah$

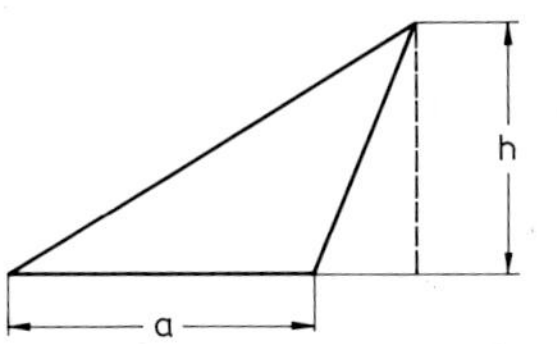

Quader (Volumen) $V = abc$
Kreiszylinder $V = r^2\pi h$
Kugeloberfläche $A = 4\pi r^2$
Kugelinhalt $V = \frac{4}{3}\pi r^3$

Konstante $\pi = 3{,}141\,592\,65\ldots$

im rechtwinkligen Dreieck gilt

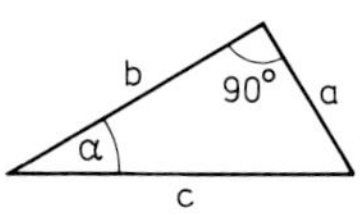

Pythagoras $a^2 + b^2 = c^2$

„Das Hypotenusenquadrat ist gleich der Summe der Kathetenquadrate"

Sinus $= \frac{\text{Gegenkathete}}{\text{Hypotenuse}}$; $\sin\alpha = \frac{a}{c}$

Cosinus $= \frac{\text{Ankathete}}{\text{Hypotenuse}}$; $\cos\alpha = \frac{b}{c}$

Tangens $= \frac{\text{Gegenkathete}}{\text{Ankathete}}$; $\tan\alpha = \frac{a}{b}$

Kotangens $= \frac{\text{Ankathete}}{\text{Gegenkathete}}$; $\cot\alpha = \frac{b}{a}$

$$\tan\alpha = \frac{\sin\alpha}{\cos\alpha}; \quad \sin^2\alpha + \cos^2\alpha = 1$$

Vektoren

Vektoraddition

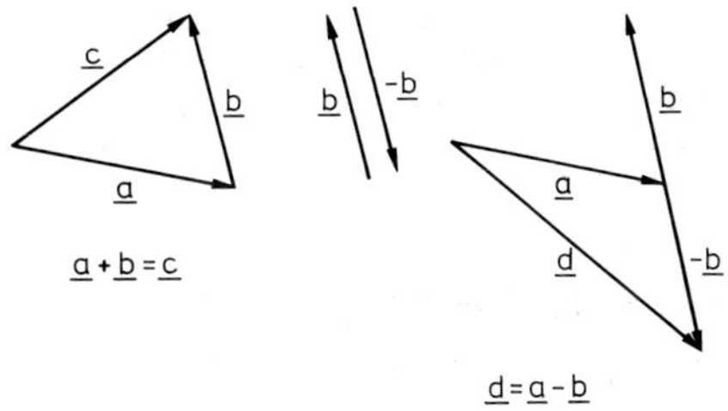

Komponentenzerlegung

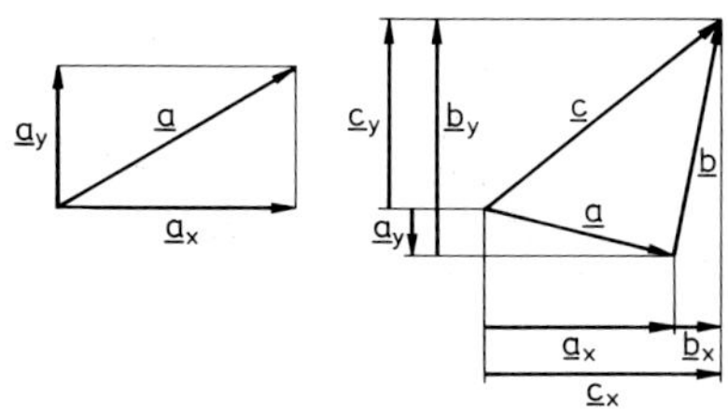

Differential- und Integralrechnung

Schreibweisen

$$y' = \frac{dy}{dx}; \quad y'' = \frac{dy'}{dx} = \frac{d^2y}{dx^2};$$

$$\dot{y} = \frac{dy}{dt}; \quad \ddot{y} = \frac{d\dot{y}}{dt} = \frac{d^2y}{dt^2};$$

$$\int \dot{y}\, dt = y + \text{const.}$$

formale Differentiation

$y = \text{const.}; \quad \dot{y} = 0;$

$y = vt + a; \quad \dot{y} = v;$

$y = \frac{g}{2} t^2; \quad \dot{y} = gt;$

Kettenregel: $\frac{dy}{dt} = \frac{dy}{dx} \cdot \frac{dx}{dt}$

$y = A_0 \sin \omega t; \quad \dot{y} = \omega A_0 \cos \omega t;$

$y = A_0 \cos \omega t; \quad \dot{y} = -\omega A_0 \sin \omega t;$

$y = y_0 \exp(-\lambda t);$

$y = -y_0 \lambda \exp(-\lambda t) = -\lambda y$

graphische Differentiation und Integration

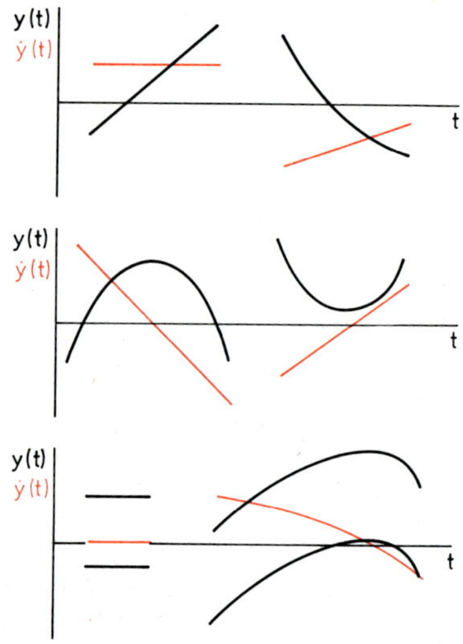

Sachverzeichnis

A

abbildender Strahlengang 277
Abbildung durch Brechung 258
– durch Linsen 262
Abbildungsgleichung 262
–, Graph der 270
Abbildungsmaßstab 268
Abbildungstheorie von Ernst Abbe 298
Aberration 266
abgeschlossenes System 45
Ableitung 10
Abregung 306
Abschirmung, elektrische 188
Absolutwert (Vektor) 14
Absorption von Gasen 130
–, optische 284
Absorptionskante 311
Absorptionsspektrum 286
Absorptionsvermögen 134
Abstandsgesetz, quadratisches 98, 279, 329
Achromat 266
Achse, freie 47
–, optische 263, 267
Achsenabschnitt 20
actio = reactio 21
Adaptation (Auge) 282
Adhäsion 69
Adiabate 138
Adressat 337, 340
Adsorption 130
Aggregatzustand 115, 123
Akkommodation 270, 272
Aktionspotential 209
Aktivierungsenergie 200
Aktivität 323
Akzeptor 213
Alkalimetall 311
Alterssichtigkeit 272
α-Teilchen 317, 320
α-Zerfall 318
Amboß (Ohr) 99
Ampere 24, 147, 220
Amplitude 83
Analogrechner 173
Analysator 290
Anfangsbedingung 35
Anfangsgeschwindigkeit 17
angeregter Zustand 306
Anion 202
Anode 191
Antimaterie, Antiteilchen 319, 324
Anzahldichte 117, 119, 125, 185, 205
Aorta (Windkesselfunktion) 61
aperiodischer Grenzfall 86, 236
Apertur, numerische 278, 299
Äquipotentialfläche 163
Äquivalent (Einheit) 206
Äquivalentdosis 328
Äquivalentenmenge 206
Aräometer 59
Arbeit 32
Archimedisches Prinzip 58
Astigmatismus 266, 273
Atemzugvolumen 63
Atmosphäre (Druckeinheit) 54
Atmung 79
Atom 184, 310
atomare Masseneinheit 109, 316
Atomgewicht 109
Atomkern 310, 316
Atommasse, relative 109
Atommodell 310
Atomnummer 304, 310, 316
Auflösungsvermögen (eines Mikroskopes) 299
Auftrieb 58
Auge 271
–, Fehlsichtigkeit 272
Augenlinse 259, 270
Ausbreitungsgeschwindigkeit
–, Licht 248, 256
–, Schall 94
Ausdehnung, thermische 103
Ausdehnungskoeffizient, linearer 106
– Volumen- 107
Ausstrahlung, spezifische 280
Austrittsarbeit 194, 300
Avogadro-Konstante 110
azeotrophisches Gemisch 120

B

Babinetisches Theorem 298
Bahnbeschleunigung 15
Ballistokardiograph 47
Balmer-Serie 307
bar 54
Barometer 60
barometrische Höhenformel 64
Basilarmembran 99
Basiseinheit 24, 358
Basisgröße 24, 358
Becquerel 323
Beersches Gesetz 287
beleuchtender Strahlengang 277
Benetzung 69
Bernoulli 78
Beschleunigung 14
Beschleunigungsarbeit 43
Bestrahlungsstärke 279
β-Strahlen 321
β-Teilchen 318
Betatron 243
Betrag (Vektor) 14
Beugung 95, 294
– am Spalt 296
Beugungsgitter 295
Beugungsscheibchen 298
Beweglichkeit 185, 202
Bewegung, gleichförmig beschleunigte 17, 23
–, thermische 49, 110
Bewegungsgröße 44
Bewertungsfaktor 328
Beziehung, lineare 20
Bezugssehweite 272
Bezugssystem 26
Biegung 53
Bild, reelles 255, 258, 270
–, virtuelles 254, 264, 268, 270
Bildkonstruktion 267
Bildkraft 191
Bildpunkt 259
Bildweite 260
Bimetallstreifen 106
Binärcode 341
Bindung, chemische 48
biologische Halbwertszeit 326
– Strahlenwirkung 327

Biolumineszenz 308
Bit 341
black box 194
Blende 252, 265
Blindstrom 179
Blutdruck 1, 57, 61
Blutsenkungsgeschwindigkeit 72
Bogenmaß 29
Bohrsches Atommodell 310
Boltzmann-Faktor 201
Boltzmann-Konstante 108
Boyle-Mariotte, Gesetz von 62, 111
Braunsche Röhre 193
Brechkraft 262
Brechung 95, 255
Brechungsgesetz 256
Brechungsindex 256, 258
Brechwert 262
Brechzahl 256, 258
Bremsspektrum 302, 312
Brennebene 263
Brennfläche 259
Brennfleck 303
Brennpunkt 263, 267
Brennstrahl 267
Brennweite 260, 263
Brennwert (physiologischer) 115
Brewstersches Gesetz 291
Brille 272
Brownsche Molekularbewegung 111, 131
Brückenschaltung, Wheatstonesche 158
Bündelbegrenzung 252
Bunsenbrenner 78
Bürette 7

C

Candela 24, 281
Carnotscher Kreisprozeß 104, 136
Celsius 104
centi (c) 4
charakteristische Strahlung 311
Chladnische Klangfigur 107
Code 337
–, binärer 341
–, genetischer 338
Compton-Effekt 315
Cortisches Organ 99
Cosinus 83
Cosinusgesetz, Lambertsches 281
Coulomb 172
Coulomb-Kraft 48, 183
Coulombsches Gesetz 182
Curie 323
Curie-Punkt 218

D

Dämmerungssehen 282
Dämpfung 234
Dampf 117
Dampfdichte 108, 118
Dampfdruck 118, 123
Dampftopf 119
dB 87
Defektelektron 213
Dehnung 20, 52
Destillation 119
Deuterium 316
Dewar-Gefäß 113, 134
dezi (d) 4
Dezibel 87
Diastole 1, 12
Dichroismus 289
Dichte 25
Dielektrikum 168
Dielektrizitätszahl 172, 190, 258
Differentialquotient 9
Differential-Regler 336
Differentiation 10
–, graphische 11
Differentiationsschaltung 173
Differenzenquotient 9
Diffusion 125
Dimension 3
Dingpunkt 258
Dingweite 260
Diode 191
Dioptrie 262
Dipol, elektrischer 169, 189, 244
–, magnetischer 217
Dipolmoment 190
Dipolstrahlung 245, 289
Dispersion 258
Dissoziation 200
Donator 213
Doppelbrechung 290
Doppel-Helix 312
Doppelspalt 295
Doppler-Effekt 95
Dosimetrie 327
Dosis, Dosisleistung 199, 327
Drehbewegung 28
Drehfeld, magnetisches 225
Drehfrequenz 29
Drehimpuls 46
Drehkondensator 175
Drehmoment 38
Drehpendel 85
Drehspulinstrument 221
Drehstrom 225
Drehzahl 29
Dreieckspannung 177
Dreifingerregel 221
Driftgeschwindigkeit 185, 202
Drillung 53
Druck 54
–, Blut- 1, 57, 61
–, hydrostatischer 53
–, osmotischer 128
Druckgefälle 74
Dualismus von Welle und Korpuskel 313
Dunkelfeldkondensor 279
Durchbruchsfeldstärke 198
Durchlässigkeit 284
Durchlaßrichtung 214

E

e-Funktion 64, 175
Ebene, schiefe 38
Edelgas 311
Effektivwert 159
Eigenfrequenz 88, 236
Eigenleitung 215
Eigenvolumen 110
Eindringtiefe 285
Einfallslot 253
Eingangswiderstand 155
Einheit 2
–, SI- 24, 358
Einkristall 50
Einschwingvorgang 240
Einthovensches Dreieck 168
EKG 89, 143, 169
elastischer Stoß 46
elastische Verformung 19, 51
Elastizitätsmodul 52
elektrische Energie 147
– Feldkonstante 360
– Ladung 172
– Leitfähigkeit 154, 167
– Schaltung 144
– Spannung 144
– Unfälle 206
elektrischer Dipol 169, 189, 244
– Isolator 144, 154
– Leiter 144, 154
– Löffel 187
– Strom 24, 146
– Widerstand 148
elektrisches Feld 163, 240, 245
– Potential 161
Elektrokardiogramm 89, 143, 169
Elektrolumineszenz 193, 308
Elektrolyt 202
elektrolytische Zersetzung 204
elektrolytischer Trog 163
Elektromagnet 219

Elektrometer 182
elektromotorische Kraft (EMK) 156
Elektron 184, 195, 222
–, freies 191
Elektronenbeugung 313
Elektronenblitz 197
Elektronenkanone 193
Elektronenlawine 197
Elektronenmikroskop 314
Elektronenröhre 191
Elektronenschale 310
Elektronenschleuder 243
Elektronenstoß 197, 305
Elektronenwolke 314
Elektronvolt 195
Elektrophorese 203
elektrostatisches Instrument 182
Element, chemisches 304, 310
–, galvanisches 210
Elementarladung 184
Elementarteilchen 317
Elementarwellen, Huygenssche 297
Emanation 319, 323
Emission 306
–, kalte 192
–, stimulierte 308
Emissionsstrom 191
endotherm 115
Energie 32, 148, 179
–, Einheit 32, 359
–, elektrische 147, 179
–, innere 136
–, Kern- 318
–, kinetische 41
–, magnetische 228
–, mechanische 32
–, potentielle 32, 37, 183
–, Wärme- 113
Energiedichte 96, 181, 228
Energiedosis 327
Energie-Niveau 306
Energiesatz 35, 39, 46, 55, 69, 78, 82, 136
Energieverbrauch 36
Energiezustand 305
Entglasung 116
Enthalpie 122
Entropie 140
Erdbeschleunigung 16
Erdpotential 162
Ergometer 36
Erreger 87, 233
Erstarrungswärme 116
Eustachische Röhre 99
exotherm 115
Expansion 138
Exponentialfunktion 64, 175
Extinktionskonstante 285

F

Fadenpendel 42, 84
Fahrenheit 105
Fahrradergometer 36
Fahrstrahl 28
Fallbeschleunigung 16
Fangpendel 42
Farad 172
Faraday-Käfig 188
Faraday-Konstante 204, 206
Farbfehler 266
Farbfilter 284
Farbmischung 283
Farbsehen 282
Faßkammer 328
Feder 19
Federkonstante 20, 82, 236
Federpendel 82, 235
feed back 332
Fehler, absoluter 18
–, persönlicher 8
–, relativer 18
Fehlsichtigkeit 272
Feld, elektrisches 163, 240, 245
–, magnetisches 216, 235, 245
Feldemission 192
Fenster, ovales 99
–, spektrales 248
Fernpunkt 272
Fernrohr 277
Ferroelektrikum 172
Ferromagnetikum 216
Festkörper 50
Festwertregelung 332
Fieberthermometer 103
Fixpunkt 104
Fläche 3
Flächendichte der Ladung 180
Flammenfärbung 307
Flaschenzug 37
Fließgleichgewicht 142
Flüssigkeit 50, 53, 66
–, inkompressible 56
–, interpleurale 79
–, newtonsche 73
Flüssigkeitsheber 66
Flüssigkeitsmanometer 59
Flüssigkeitsthermometer 106
Fluoreszenz 308
Flußdichte, magnetische 219
Folgeregelung 332
Fourier-Analyse 89, 239
Fouriersynthese 89
Fovea 271
Frank-Hertz-Versuch 305
freie Weglänge 126
freier Fall 15
freies Elektron 191
Freiheitsgrad 111
Frequenz 29, 85, 93
Frequenzanalyse 239
Führungsgröße 332
Funktionsgenerator 177

G

galvanisches Element 210
Galvani-Spannung 210
γ-Strahlung 319
Gangunterschied 292, 296
Gas 50, 61
–, ideales 62, 108, 123, 136
–, permanentes 124
Gasdruck 62
Gasentladung 197
Gasgesetz 107
Gaskonstante, allgemeine 109
Gasthermometer 104
Gauß 219
Gedächtnis 341
Gefrierpunktserniedrigung 117
Gegenkopplung 334
Gegenphase 88, 292, 298
Gehalt 117
Geiger-Müller-Zählrohr (Geiger-Zähler) 199, 319
Gemisch, azeotropisches 120
genetischer Code 338
Geschwindigkeit 9
–, thermische 62, 112
Geschwindigkeitsverteilung, Maxwellsche 112
Gesetz von Boyle-Mariotte 62
–, Brewstersches 291
– von Hagen-Poiseuille 74
– von Henry-Dalton 130
–, Lambert-Beersches 285
–, Lambertsches Cosinus- 281
–, Ohmsches 151
– des radioaktiven Zerfalls 322
– von Stefan-Boltzmann 133, 289
– von Stokes 72
–, Weber-Fechnersches 96
–, Wiensches Verschiebungs- 133, 288
Gewichtskraft 19, 25
Gitter, Kristall- 48
–, optisches 295
Gitterenergie 117
Gitterspektrometer 296
Glaselektrode 211
Glaskörper (Auge) 271
Gleichgewicht 21, 118
–, stabiles, labiles und indifferentes 40
–, thermodynamisches 127, 288
Gleichrichter 161, 191

Gleichung von Bernoulli 78
Gleichverteilungssatz 111
Gleitebene 53
Gleitreibung 25
Glimmlampe 198
Glühkathode 191
Goldblattelektroskop 182
Grad Celsius 104
– Fahrenheit 105
–, Winkel- 29
Gradient 125, 131, 167
Graph 11
Graufilter 285
Gravitation 22, 25
Gray (Einheit) 327
Grenzflächenspannung 211
Grenzfrequenz 300
Grenzwinkel der Totalreflexion 257
Größe, abgeleitete 24
–, physikalische 1
Größengleichung 314
Grundfrequenz 90, 101
Grundgesetz der Mechanik 24
Grundgröße 24
Grundschwingung 90
Grundumsatz 114
Grundzustand 306

H

Haarhygrometer 120
Hämatokrit 73
Hämoglobin 127, 285
Häufigkeitsverteilung 112
Haftreibung 25
Hagen-Poiseuille 74
Halbleiter 213
halblogarithmisches Papier 66
Halbwellen-Gleichrichtung 194
Halbwertsdicke 303
Halbwertszeit 322
–, biologische 326
Hallraum 98
Halogen 311
Haltepunkt 116
Hammer (Ohr) 99
Harmonische 90
harmonischer Oszillator 84
Hauptebene 263, 267
Hebel 38
Heißleiter 215
Heizspannung 191, 302
Helium 317
Henry 229
Henry-Daltonsches Gesetz 130
Hertz 29
Herzminutenvolumen 12, 72
Herzzyklus 1
Histogramm 112
Hochpaß 177
Hochpolymere 51
Höhenschichtlinie 163
Höhensonne 198, 306
Höhenstrahlen 329
Hörschall 94
Hörschwelle 96
Hohlspiegel 255
homogenes Feld 166, 218
Hookesches Gesetz 52
Hornhaut 270
Hubarbeit 32
Huygens, Christian 250, 297
Huygenssches Prinzip 297
Hydratation 117, 190
hydraulische Presse 54
hydrodynamisches Paradoxon 77
hydrophil, hydrophob 69
hydrostatisches Paradoxon 57
Hygrometer 120

I

ideales Gas 62, 108, 123, 136
Immersionsobjektiv 278
Impedanz 231
Impuls 44, 316
Induktion 222
Induktionsgesetz 224
Induktionskonstante 219
induktiver Widerstand 229
Influenz 187
Influenzkonstante 172
Information 337, 339, 341
Infrarot 248
Infraschall 94
inkohärent 294
inkompressibel 56
Innenwiderstand 154
innere Energie 136
– Verdampfungswärme 122
Integral 34
Integralgleichung 63
Integral-Regler 336
Integrationskonstante 34
Integrationsschaltung 173
Interferenz 89, 95, 248, 291
Interferenzmaximum 293
Interferenzstreifen 292, 295
interpleurale Flüssigkeit 79
Ion 48, 185, 193, 200, 208, 310, 327
Ionendosis 327
Ionenkristall 48
ionensensitiv 208
Ionisationsenergie 197, 310
Ionisationskammer 198, 327
ionisierende Strahlung 198, 327
Ionisierungsarbeit 197, 310
Ion(t)ophorese 203
Isobare, Isochore, Isotherme 123
Isolator, elektrischer 144, 154
Isopotentialfläche 163
isotherme Expansion 138
Isotherme, kritische 124
isotonisch 129
Isotop 317
isotrop 53
isotrop (optisch) 290

J

Jahr 8
Jahresdosis 329
Joule (Einheit) 32, 114, 148
Joulesche Wärme 150

K

Kalomel-Elektrode 211
Kalorie 114
Kalorientabelle 115
Kalorimeter 113
Kammerton 162
Kanalkapazität 341
Kapazität 172
Kapillarwirkung 69
Kardinalelement 269
Kathode 191, 202, 302
Kathodenstrahl-Oszillograph 193
Kation 202
Kehlkopf 102
Keimbildungsprozeß 116
K-Einfang 319
Kelvin 24, 105
Kern, Atom- 310, 316
Kernchemie 319
Kernenergie 318
Kernkräfte 316
Kernladungszahl 316
Kernphysik 310
Kernprozeß 325
Kernreaktion 319
Kernreaktor 325
Kernschatten 252
Kernspaltung 325
Kernumwandlung 318
Kernverschmelzung 325
Kettenreaktion 325
Kettenregel 64
Kilogramm 23
Kilopond 20
Kilowattstunde 33
kinetische Energie 41

Klangfarbe 101
Klemmspannung 156
Knallgasreaktion 325
Knotenpunkt 26
Knotenregel 152
Kobalt 60 324
Kochsalzlösung, physiologische 129
Körper, starrer 1, 51
Körperoberfläche (Mensch) 6
Koexistenzbereich 124
Kohärenz 293, 309
Kohäsion 66
Kohlenstoff 14 326
Kolbenpumpe 79
Kollimator 284
Komma, pythagoreisches 100
kommunizierende Röhren 57
Kompaß 217
Kompensation 158
Komplementärfarbe 283
Komponente 13
Kompressibilität 63
Kompressionsmodul 63
Kondensation 118, 123
Kondensator 170
Kondensatorentladung 172
Kondensor 277
Konstantan 154
Konvektion 126, 132
Konzentration 117
Konzentrationsgradient 125
Konzentrationspotential 208
Kopfwelle 95
Kräfte im elektrischen Feld 180
– im Magnetfeld 220
–, van der Waals- 49
Kräftedreieck 22
Kräftepolygon 21
Kraft 19
–, Coulomb- 48, 183
–, rücktreibende 82
Kraftarm 38
Krafteinheit 24
Kraftfluß 219
Kraftgesetz, lineares 20
Kraftstoß 44
Kreisfrequenz 29, 84
Kreiszylinder 3
Kriechfall 86
Kristallgitter 48
kritischer Druck 124
– Punkt 124
K-Schale 311
Kubikmeter 3
Kubikzentimeter 7
Kugel 3, 166
Kugelwelle 253
Kurzschluß 156
Kurzsichtigkeit 273
Kurzzeitgedächtnis 341

L

Ladung, elektrische 172
–, Elementar- 184
–, spezifische 222
Ladungstrennung 186
Länge 3, 24
Längswelle 93
Lambert-Beersches Gesetz 287
Lambertsches Cosinusgesetz 281
Lambertsches Gesetz 285
laminare Strömung 72
Langzeitgedächtnis 341
Laser 308
Lastarm 38
Lautheit 97
Lautsprecher 101
Lautstärke 96
Lebensdauer 307
Leckwiderstand 178
Leerlaufspannung 156
Leerstelle 52
Leistung 36, 147
Leiter, elektrischer 144, 154
Leiterschleife 152
Leitfähigkeit, elektrische 154, 167
–, Wärme- 131
Leitsalz 163, 204
Leitwert 73, 148
Lenzsche Regel 227
Lesebrille 272
Leuchtelektron 311
Leuchtstoff 308
Leuchtstoffröhren 198
Licht 247, 251
–, kohärentes 294, 309
–, natürliches 289
–, polarisiertes 289
Lichtbogen 198
Lichtbündel 251
Lichtgeschwindigkeit 246, 248
Lichtleiter 257
Lichtmeßgrößen 281
Lichtmikroskop 276
Lichtquant 300
Lichtstärke 24, 281
linearer Ausdehnungskoeffizient 106
– Zusammenhang 20
lineares Kraftgesetz 20
Linienintegral 166, 242
Linienspektrum 306
Linse 263, 266
Linsenfehler 264
Lissajous-Figuren 238
Liter 7
Löschspannung 198
Lösung 119
Lösungswärme 117
Logarithmus 64
–, dekadischer 65
– dualis 341
–, natürlicher 65
longitudinale Welle 93
Lorentz-Kraft 221
L-Schale 311
Luftfeuchtigkeit 120
Lufthülle 50
Luftkissenfahrzeug 23
Lumen 281
Lumineszenz 308
Lunge 79
Lupe 275
Lux 281
Lyman-Serie 306

M

Mach 95
magnetische Feldkonstante 219, 360
– Feldstärke 218
– Induktion 219
magnetischer Dipol 217
magnetisches Feld 216
Magnetometer 216
Manometer 59
Maschenregel 152
Masse 23
–, relativistische 196
Massenbilanz 324
Massendefekt 324
Massendichte 25
Masseneinheit, atomare 109, 316
Massenschwächungskoeffizient 303
Massenwirkungsgesetz 200
Massenzahl 316
Materiewelle 313
Maxwellsche Geschwindigkeitsverteilung 112
Mayer, Robert 35
Mechanik, Grundgesetz der 24
mega (M) 4
Membran, ionensensitive 208
–, semipermeable 127
Membranpumpe 79
Membranspannung 208
Meßbereichumschalter 144
Meßfehler 17
Meßgröße 17
–, photometrische 281
Meßwandler 145, 159
Meßzylinder 6
metastabil 308
Meter 3, 24
mikro (μ) 4
Mikrophon 100
Mikroskop 4, 276

milli (m) 4
Millikan-Versuch 184
Milliliter 7
Minute (min) 8
Mischen 117
Mitkopplung 334
Mittelpunktsleiter 162
Mittelpunktstrahl 263
Mittelwert 17
Mol 24, 109
Molalität 129
Molarität 129, 205
Molekül 48, 286
Molekülmasse, relative 109
Molekularbewegung, Brownsche 111, 131
Molekulargewicht 109
Molenbruch 117
Molvolumen 110
Molwärme 113
Momentangeschwindigkeit 10
Monochromator 284
Monopol 168
Mosfet 215
M-Schale 311

N

Nachhall 98
Nachricht 337, 339
Nahpunkt 272
nano 4
Natururan 325
Nebelkammer 320
Nernstsche Formel 208
neutrale Faser 53
Neutron 316
Neutroneneinfang 325
Newton (Einheit) 20, 24
Newton, Isaak 21, 250
Newtonmeter 32, 114, 148
newtonsche Flüssigkeit 73
– Ringe 299
Netzhaut 259, 270
Niveau-Schema 306
n-Leitung 213
Nonius 4
Normalbedingung 108
Normalelektrode 211
Normalität 205
Normalspannung 53
Normalton 96
Normzustand 121
Nukleon 316
Nuklid 317
Nulleiter 162
Nullinstrument 158
Nullpunkt, absoluter 105
numerische Apertur 278, 299
Nutzeffekt 136, 140

O

Oberfläche 6
Oberflächenenergie 67
Oberflächenspannung 66
Oberschwingung 90
Oberton 101
Objektiv 264, 276
Objektmikrometer 5, 276
Öffnungsfehler 266
Öffnungswinkel 251, 253
Öltropfenversuch von Millikan 184
Ohm 148
Ohmscher Widerstand 73, 151
Ohmsches Gesetz 151
Ohr 99
Oktave 100
Okular 275
Okularmikrometer 4, 276
Optik 247
–, geometrische 251
–, Quanten- 300
–, Wellen- 289
optisch aktiv 290
– dicht (dünn) 256
– isotrop 291
optische Abbildung 254, 258
– Absorption 284
– Achse 263, 267
– Instrumente 274
Ordnungszahl 310
Orientierungspolarisation 190
Osmolarität 129
osmotischer Druck 128
Oszillator 81
–, harmonischer 84
Oszillographenröhre 193

P

Paarbildung 324
Paradoxon, hydrodynamisches 77
–, hydrostatisches 57
Parallellichtbündel 252
Parallelogramm der Kräfte 21
Parallelschaltung 153
Parameterdarstellung 122
Partialdruck 108, 118
Partialvolumen 108
Pascal (Pa) 54
Paß 177
Pauli-Prinzip 310
Pegelmaß 87
Peltier-Effekt 213
Pendel 82
–, gekoppelte 92
Pendelkette 45
periodisches System 304, 310
Permanentmagnet 218
Permeabilität 219
Permeabilitätskoeffizient 127
Perpetuum mobile 35
Pfeife 101
Pferdestärke (PS) 36
pH-Wert 201
Phase (Drehstrom) 226
– (Schwingung) 84
– (Thermodynamik) 123
Phasengrenze 210
Phasenverschiebung 84, 178, 230
Phasenwinkel 84, 229
Phon 96
Phosphoreszenz 308
Photoeffekt 300
Photoelement 215
Photokathode 300
photopischer Apparat 282
Photostrom 300
Photosynthese 142
Photowiderstand 215
Photozelle 300
physikalische Größe 1
physiologische Kochsalzlösung 129
Pipette 7
Plancksche Konstante 289, 301
Plankonvexlinse 266
plastische Verformung 19, 52
Plattenkondensator 172
p-Leitung 214
Plutonium 325
pn-Übergang 214
Polarisation, elektrische 189
–, optische 289
Polschuhe 220
polykristallin 50
Polymerisation 51
Positron 319, 324
Potential 161
potentielle Energie 32, 37
Potentiometer 157
Presse, hydraulische 54
Prisma 258
–, Nicolsches 290
Produkt, skalares 33
–, vektorielles 39
Projektionsapparat 277
Proportionalität 16, 20
Proportional-Regler 335
Proton 316
Pumpe 79
Pumpspeicherwerk 55
Pupillenreaktion 332
Purpurgerade 283
p-V-Diagramm 123
Pythagoras, Satz des 13

Q

Quader 3
quadratisches Abstandsgesetz 98, 279, 329
Quant 289, 300, 307
Quantenenergie 301, 305
Quantensprung 307
Quecksilberdampflampe 306
Querwelle 93, 289

R

Rad (Einheit) 327
Radialbeschleunigung 15, 30
Radiant 29
radioaktive Strahlung 319
Radioaktivität 317
–, künstliche 325
Radium 318
Randbedingung 35
Raumladungszone 214
Raumwinkel 279
Rauschen 186
RC-Glied 174, 177
Reaktion, chemische 115
–, Kern- 319
Rechenverstärker 173
Rechteckspannung 177
Redundanz 339, 342
reelles Bild 255, 258, 270
Reflexionsgesetz 253
Reflexionsvermögen 134, 255
Reflexverminderung 299
Regelkreis 332
Regelschwingung 81, 335
Regelung 331
Regler 335
Reibung 22, 25
Reibungsarbeit 43
Reichweite 320
Reihenschaltung 145, 153
relative Atommasse 109, 204
– Luftfeuchtigkeit 120
relativistische Masse 196
Relativitätstheorie 196, 324
Rem 328
Resistivität 153
Resonanz, elektrische 233
–, mechanische 88
Resonanzkurve 88, 234
Retina 271
reversibel 141
Reynoldsche Zahl 76
Rhadon 319
Richtungsstrahl 269
Rinne, stabile 318
Röhren, kommunizierende 57
Röntgen (Einheit) 327
Röntgenbild 303
Röntgen-Bremsspektrum 302
Röntgen-Reihenuntersuchung 329
Röntgenröhre 301
Röntgenstrahlung 302, 312, 321
Röntgen-Strukturanalyse 311
Rückkopplung 332
rücktreibende Kraft 82
Ruhemasse 196
Ruhepotential 209

S

Saccharimetrie 290
Sägezahn 193
Sammellinse 264
Schärfentiefe 264
Schall 94
Schallerzeugung 100
Schallgeschwindigkeit 94
schallhart 98
schallweich 98
Schallwellenwiderstand 98
Schatten (Akustik) 95
– (Optik) 249, 252
Scherfestigkeit 57
schiefer Wurf 17
Schmelze 50
Schmelzpunkt 116
Schmelzsicherung 156
Schmelzwärme 115
Schnecke (Ohr) 99
Schraubenfeder 19
Schublehre 5
Schubspannung 53
Schutzkontakt 162
Schutzring 182
Schwächungskoeffizient 303
schwarze Strahlung 134, 288
schwarzer Körper 134, 288
Schwebung 89
Schweinezyklus 81
Schweredruck 55
Schwerelosigkeit 27
Schwerkraft 19
Schwerpunkt 40
Schwimmblase 59
Schwingfall 86, 236
Schwingkreis 234
Schwingung, anharmonische 91
–, elektrische 231
–, erzwungene 87, 233
–, gedämpfte 85
–, harmonische 82
–, ungedämpfte 86, 236
Schwingungen, Überlagerung von 88, 239
Schwingungsbauch 93
Schwingungsdauer 29, 83
Schwingungsdifferentialgleichung 83, 236
schwingungsfähiges Gebilde 81
Schwingungsknoten 93
Seebeck-Effekt 213
Sehweite, deutliche 272
Sehwinkel 274
Seilwelle 91
Sekunde (s) 8
Sekundenpendel 85
Selbstinduktion 227
Selbststeuerung 87, 236
semipermeabel 127
Sicherung 156
Siedepunkt 117
SI-Einheiten 24, 358
Siemens (Einheit) 148
Sievert (Einheit) 328
Signal 337, 339
Signal-Rausch-Verhältnis 186
Simulation, elektronische 237
Sinus 83
sinusförmige Wechselspannung 159
Sinusschwingung 84
Skalar 13
skalares Produkt 33
skotopischer Apparat 282
Solarkonstante, extraterrestrische 141, 279
Solar-Zelle 215
Solvatation 117, 190
Sone 97
Spaltungsreaktion 325
Spannung, elastische 52
–, elektrische 144
Spannungsabfall 152
Spannungsamplitude 159
Spannungsdoppelbrechung 291
Spannungsquelle 146, 156
Spannungsreihe 211
Spannungsstoß 224
Spannungsteiler 157
Spannungsverstärker 193
Speicherkapazität 341
Speicher-Oszillograph 194
Spektralanalyse 307
Spektralbereich, sichtbarer 247
spektrales Fenster 248
Spektralfarben 283
Spektrallinie 306
Spektralphotometer 284
Spektralserien 306
Spektrometer 284
Spektrum (Mechanik) 90
– (Optik) 306
– elektromagnetischer Wellen 245
Sperrichtung 214
spezifische Ausstrahlung 280
– Ladung 222

spezifische Verdampfungsenthalpie 121
– Wärmekapazität 113
spezifischer elektrischer Widerstand 154
spezifisches Volumen 62
Spiegelung 253
Spirometer 63
stabile Rinne 318
Stabmagnet 217
Stalagmometer 69
Standardabweichung 17
Standardbedingung 121
Standardfehler 18
Statik 21
stationärer Zustand 142
Staudruck 77
Steckdose 144
Stefan-Boltzmann, Gesetz von 133, 289
Steigbügel (Ohr) 99
Steigrohr 57
Steigung 11
Stellglied 333
Stellgröße 333
Stellknorpel (Kehlkopf) 102
Stempeldruck 55, 123
Steradiant 279
Stereoskop 274
Steuerung 331
Stimmbänder 102
Stimmung (Musik) 100
Störgröße 333
Störleitung 215
Stoffmenge 24, 109
Stoffmengendichte 117
Stokessches Gesetz 72
Stoppuhr 8
Stoß 45
Stoßionisation 197
Strahl 251
–, ordentlicher 290
Strahldichte 280
Strahlenbelastung 328
Strahlengang 277
Strahlenqualität 328
Strahlenschutz 328
Strahlung, Brems- 302, 312
–, charakteristische 311
–, energiereiche 301
–, schwarze 288
Strahlungsdämpfung 246
Strahlungsfluß 279
Strahlungsmeßgrößen 279
Strahlungsthermoelement 280
Streufeld 166
Stroboskop 197
Strömung, laminare 72
–, turbulente 75
Strömungswiderstand 73
Strom, elektrischer 24, 146
Stromdichte 167
Stromfaden 75
Stromkreis 146
Stromlinienform 76
Stromrichtung 185
Strom-Spannungs-Kennlinie 149, 151, 161
Stromstoß 171
Stromwärme 150
Strom-Zeit-Integral 171
Strukturanalyse 311
Stufenversetzung 52
Stunde (h) 8
Sublimation 115
Summenvektor 170
Supraleiter 154
Systeme international d'unites 24, 358
Systole 1, 12

T

Tag (d) 8
Taschenlampenbatterie 144
Taupunkt 120
Teilchenanzahldichte 117
Teilchenbahnen 320
Teilchenstromdichte 125
Teilchenstromstärke 74
Teleobjektiv 263
Temperatur 24, 103
–, absolute 105
Temperaturstrahlung 133, 287
thermische Ausdehnung 103, 106
– Bewegung 49, 110
thermodynamische Temperaturskala 104
thermodynamisches Gleichgewicht 125, 288
Thermoelement 106, 212, 280
Thermogramm 134
Thermometer 103
Thermospannung 212
Thorax 80
Tiefpaß 177
Torr 54
Torricelli 60
Totalreflexion 255
Totzeit 335
Trägheit 23
Trägheitskraft 26
Trägheitsmoment 43
Transformator 226
Transurane 325
transversale Welle 93, 289
triggern 194
Triode 192
Tripelpunkt 124
Trommelfell 99
turbulente Strömung 75

U

Überdruck 56
Übersättigung 119
Überschall-Knall 95
Übertragungskanal 337, 339
Uhr 8
Ultraschall 94
Ultraschall-Diagnose 99
Ultraviolett 249
Ultrazentrifuge 31
Umwandlungswärme 115, 122
unelastischer Stoß 46
Unschärferelation 312
Unterkühlung 116
Uran 325
Urmeter 3
Urometer 59

V

Vakuum-Lichtgeschwindigkeit 246
Valenzwinkel 49
van de Graaff-Generator 189
van der Waals-Gleichung 110
van der Waals-Kräfte 49
van t'Hoffsche Gleichung 129
Varianz 17
Vektor 13
Vektorprodukt 39
Verdampfung 117
Verdampfungsenthalpie 121
Verdampfungswärme 118, 121
Verformung 19, 51
Vergrößerung 275
Verhältnis der spezifischen Wärmen 138
Verschiebungsdichte 187
Verschiebungspolarisation 189
Versetzung 52
Vielfachmeßinstrument 144
virtuelles Bild 254, 264, 268
Viskoelastizität 51
Viskosität 71
Volt 144
Volumen 3
–, spezifisches 62
Volumenarbeit 55
Volumenausdehnungskoeffizient 107
Volumenelastizitätsmodul 63
Volumengehalt 73, 117
Volumenstromstärke 9, 12, 72
Vorwärtsstreuung 281

W

Waage 39
Waals, van der 49, 110
Wärme 113
Wärmeaustausch 132
Wärmebewegung 131
Wärmekapazität 113, 137
–, spezifische 113
Wärmekraftmaschine 135
Wärmelehre, 1. Hauptsatz der 137
–, 2. Hauptsatz der 141
Wärmeleitung 131
Wärmemenge 131
Wärmestrahlung 133
Wärmestrom 131
Wärmetod 141
Wärmeübergangszahl 132
Wasserstoff, schwerer 316
Wasserstoffelektrode 211
Wasserstrahlpumpe 78
Watt 36, 147
Wattsekunde 32, 114, 148
Weber-Fechnersches Gesetz 96
Wechselspannung 159
Wechselstromwiderstand 175, 229, 232
Weißpunkt 283
Weitsichtigkeit 273
Welle, elektromagnetische 245
–, longitudinale 93
–, stehende 93
–, transversale 93, 289
Wellen, Ausbreitungsgeschwindigkeit von 93
Wellenfunktion 313
Wellengruppe 294
Wellenlänge 93, 245, 258, 282, 292
Wellenoptik 289
Wellenwanne 248, 292
Wellenzentrum 249
Wertetabelle 15
Wheatstonesche Brücke 158
Widerstand, elektrischer 148
–, induktiver 229
–, kapazitiver 178
–, Ohmscher 73, 151
–, spezifischer elektrischer 154
–, Strömungs- 73
Widerstandsthermometer 106, 154
Wiensches Verschiebungsgesetz 133, 288
Wilsonsche Nebelkammer 320
Windkessel 60
Winkel 29
Winkelbeschleunigung 43
Winkelfunktion 83
Winkelgeschwindigkeit 29
Winkelgrad 29
Winkelrichtgröße 85
Winkelspiegel 253
Wirbel (Flüssigkeit) 76
Wirbelströme 225
Wirkleistung 230
Wirkungsquantum, elementares 301
Wurfparabel 17

Y

Young, Thomas 250

Z

Zähigkeit 71
Zählrohr 199, 319
Zahlenwertgleichung 314
Zeichen 337, 339
Zeit 7, 24
Zeiteinheit 8
Zeitkonstante 175
Zentralkraft 28, 30
Zentralstrahl 252, 263, 267
Zentrifuge 31
Zerfall, radioaktiver 322
Zerfallskonstante 322
Zerfallsreihe 318
Zerreißfestigkeit 66
Zerstreuungslinse 264
Zündspannung 198
Zusammenhang, linearer 10
Zustand, angeregter 306
–, stationärer 142
Zustandsänderung 136
Zustandsdiagramm 123
Zustandsgleichung, idealer Gase 108, 122
– nach van der Waals 110
Zustandsgröße 108
Zwischenbild 275
Zylinderlinse 266

K. Jungermann, H. Möhler

Übungen und Prüfungsfragen Biochemie

Begleittext zum Lehrbuch Biochemie
1980. XI, 229 Seiten
DM 19,80
ISBN 3-540-09300-1

Inhaltsübersicht: Einführung in die Stoffwechselbiochemie. – Stoffwechsel der Energieversorgung. – Stoffwechsel der Arbeitsleistungen. – Antworten zu den Prüfungsfragen.

Examens-Fragen Physiologische Chemie

Zum Gegenstandskatalog
Herausgeber: W. Kersten, K. Brand
3., neubearbeitete und erweiterte Auflage. 1979.
1145 Fragen. Im Anhang 177 Fragen des IMPP.
XI, 379 Seiten
ISBN 3-540-09334-6

Inhaltsübersicht: Physikalisch-chemische Grundbegriffe. – Aminosäuren und Proteine, Enzyme, Coenzyme. – Stoffwechsel der Aminosäuren. – Nucleinsäuren und Molekularbiologie. – Kohlenhydrate. – Lipide. – Biologische Oxidation. – Mineralstoffwechsel. – Allgemeine Mechanismen der Stoffwechselregulation. – Hormonelle Regulation. – Immunchemie. – Vitamine und Coenzyme. – Ernährung und Verdauung. – Topochemie der Zelle. – Blut. – Leber. – Niere und Harn. – Fettgewebe. – Muskelgewebe. – Nervengebewe. – Binde- und Stützgewebe. – Antwortenschlüssel. – Anhang: Fragen des Instituts für Medizinische und Pharmazeutische Prüfungsfragen (IMPP) in Mainz aus den ärztlichen Vorprüfungen 1976–1978. – Antwortenschlüssel zu den Fragen des IMPP. – Ausklapptafel.

Examens-Fragen Chemie für Mediziner

Zum Gegenstandskatalog
H. P. Latscha, G. Schilling, H. A. Klein
3., ergänzte und neubearbeitete Auflage. 1980.
425 Fragen mit 6 Abbildungen. VIII, 198 Seiten
DM 19,80
ISBN 3-540-09775-9

Inhaltsübersicht: Allgemeine Chemie: Atombau. Chemische Bindung, Molekülbegriff. Zustandsformen der Materie. Reaktionen der Stoffe. Homogene Gleichgewichte. Heterogene Gleichgewichte. Kinetik, Energetik. Formelanhang. – Organische Chemie: Struktur und Stereochemie organischer Moleküle. Reaktionen mit Kohlenwasserstoffen. Heterocyclen. Monofunktionelle und einfache polyfunktionelle Verbindungen. Polyfunktionelle, natürlich vorkommende Verbindungen. Funktionelle Gruppen in Naturstoffen und Arzneimitteln. Name und Strukturformel spezifischer Verbindungen. – Antwortenschlüssel.

Examens-Fragen Physiologie

Herausgeber: K. Brück, W. Jänig, R. Rüdel, H. Schaefer, R. F. Schmidt, W. Steinhausen, R. Taugner, V. Thämer, G. Thews, H.-V. Ulmer
4., überarbeitete Auflage. 1977. 7 Abbildungen, 1 Ausklapptafel. IX, 356 Seiten
DM 19,80
ISBN 3-540-08500-9

Inhaltsübersicht: Blut. – Herz. – Blutkreislauf. – Atmung. – Verdauung. – Energie- und Wärmehaushalt. – Wasser- und Elektrolythaushalt. – Hormonale Regulationen. - Sexualfunktion. – Angewandte Physiologie: Arbeit, Sport, Umwelt.- Vegetatives Nervensystem. – Grundlagen der Erregungs- und Neurophysiologie. – Muskelphysiologie. – Spinale Sensomotorik und supraspinale Kontrollen. – Zentrale Sensomotorik. – Allgemeine Informations- und Sinnesphysiologie. – Sehen. – Gehörsinn. – Somatoviscerale Sensibilität. – Vestibuläres System. – Geschmack und Geruch. – Gehirn, höhere Funktionen.

Examens-Fragen Anatomie

Zum Gegenstandskatalog
Herausgeber H. Frick, H. Leonhardt, T. H. Schiebler
3., völlig neubearbeitete Auflage. 1979. 1284 Fragen. 34 Abbildungen. XII, 502 Seiten
Geheftet DM 27,80
ISBN 3-540-09397-4

Inhaltsübersicht: Hinweise zur Benutzung der Fragensammlung. – Allgemeiner Teil: Cytologie. Histologie. Allgemeine Entwicklungsgeschichte und Placentation. Allgemeine Anatomie. – Spezieller Teil: Obere Extremität. Untere Extremität. Kopf. Hals. Leibeswand. Brusteingeweide. Bauch- und Beckeneingeweide. Beckenboden und äußere Geschlechtsorgane. Zentralnervensystem. Sehorgan. Hör- und Gleichgewichtsorgan. Antwortenschlüssel.

Springer-Verlag
Berlin
Heidelberg
New York